水利行业职业技能培训教材

灌 排 工 程 工

主　编　樊惠芳

黄河水利出版社

内 容 提 要

本书依据人力资源和社会保障部、水利部制定的《灌排工程工国家职业技能标准》编写。全书分为水利职业道德、基础知识和操作技能等三大部分。基础知识部分介绍了工程测量、工程材料、灌排渠系及量测水、相关法律法规等知识;操作技能部分按照职业技能标准要求按初级工、中级工、高级工、技师、高级技师分级、分模块编写,包括灌排工程施工、灌排工程运行和灌排工程管护等内容。

本书和《灌排工程工》试题集(光盘版)构成灌排工程工完整配套的资料体系,可供灌排工程工职业技能培训、职业技能竞赛和职业技能鉴定使用,也可作为相关职业院校师生及专业技术人员的参考用书。

图书在版编目(CIP)数据

灌排工程工/樊惠芳主编. —郑州:黄河水利出版社,
2015.10
水利行业职业技能培训教材
ISBN 978 – 7 – 5509 – 1169 – 7

Ⅰ.①灌… Ⅱ.①樊… Ⅲ.①排灌工程 – 技术培训 –
教材 Ⅳ.①S277 – 43

中国版本图书馆 CIP 数据核字(2015)第 158206 号

出 版 社:黄河水利出版社
　　　　地址:河南省郑州市顺河路黄委会综合楼 14 层　　　邮政编码:450003
发行单位:黄河水利出版社
　　　　发行部电话:0371 – 66026940、66020550、66028024、66022620(传真)
　　　　E-mail:hhslcbs@ 126. com
承印单位:河南承创印务有限公司
开本:787 mm × 1 092 mm　1/16
印张:42.5
字数:980 千字　　　　　　　　　　　　　印数:1—4 000
版次:2015 年 10 月第 1 版　　　　　　　　印次:2015 年 10 月第 1 次印刷

定价:98.00 元

水利行业职业技能培训教材及试题集编审委员会

水利行业职业技能培训教材及试题集
编审委员会办公室

《灌排工程工》编委会

主　　编　　樊惠芳（杨凌职业技术学院）

主　　审　　李远华（水利部农田水利司）

编写人员　　（按姓氏笔画排列）

杨凌职业技术学院　　卜贵贤

水利部精神文明建设指导委员会办公室　　王卫国

陕西省宝鸡峡引渭灌溉管理局　　史朝辉

水利部精神文明建设指导委员会办公室　　刘千程

杨凌职业技术学院　　杜旭斌

陕西省渭南市东雷二期抽黄工程管理局　　李娟红

西北农林科技大学　　张忠潮

杨凌职业技术学院　　赵旭升

水利部精神文明建设指导委员会办公室　　袁建国

杨凌职业技术学院　　郭旭新

杨凌职业技术学院　　穆创国

前　言

　　为了适应水利改革发展的需要,进一步提高水利行业从业人员的技能水平,根据 2009 年以来人力资源和社会保障部、水利部颁布的河道修防工等水利行业特有工种的国家职业技能标准,水利部组织编写了相应工种的职业技能培训教材及试题集。

　　各工种职业技能培训教材的内容包括职业道德,基础知识,初级工、中级工、高级工、技师、高级技师的理论知识和操作技能,还包括该工种的国家职业技能标准和职业技能鉴定理论知识模拟试卷两套。随书赠送试题集光盘。

　　本套教材和试题集具有专业性、权威性、科学性、整体性、实用性和稳定性,可供水利行业相关工种从业人员进行职业技能培训和鉴定使用,也可作为相关工种职业技能竞赛的重要参考。

　　本次教材编写的技术规范或规定均采用最新的标准,涉及的个别计量单位虽属非法定计量单位,但考虑到这些计量单位与有关规定、标准的一致性和实际使用的现状,本次出版时暂行保留,在今后修订时再予以改正。

　　编写全国水利行业职业技能培训教材及试题集,是水利人才培养的一项重要工作。由于时间紧,任务重,不足之处在所难免,希望大家在使用过程中多提宝贵意见,使其日臻完善,并发挥重要作用。

水利行业职业技能培训教材及试题集

编审委员会

2011 年 12 月

编写说明

《灌排工程工》职业技能培训教材是依据人力资源和社会保障部、水利部制定的《灌排工程工国家职业技能标准》(见本书附录)编写的。按照该标准体系和灌排工程工职业技能的特点,本书按照水利职业道德,基础知识,初级工、中级工、高级工、技师、高级技师操作技能及相关知识进行编写。各技术等级之间的内容从初级工的具体、简单操作,逐步向高级技师的宏观全局发展,依次递进,高级别涵盖低级别的要求。编写时力求做到深入浅出、循序渐进、内容精炼、重点突出、注重理论知识与实践操作的有机结合。

本书内容分为三部分:第一部分为水利职业道德,包括职业道德基本知识和职业守则。第二部分为基础知识,包括测量、工程材料、农作物田间管理、灌排渠系、量测水、机井与水泵、施工机械、安全生产与环境保护、工程设施运行、质量管理、法律法规等内容。第三部分为操作技能,初级工、中级工、高级工分别包括灌排工程施工、灌排工程运行、灌排工程管护 3 个操作技能及相关知识模块;技师包括灌排工程施工、灌排工程运行、灌排工程管护及培训与管理 4 个操作技能及相关知识模块;高级技师包括灌排工程疑难问题处理、培训与管理、技术改造与试验研究 3 个操作技能及相关知识模块。

本书的编写严格遵守了有关灌排工程施工、运行、管理的最新标准及规范;充分反映了从事灌排工程工职业活动所需要的核心知识与技能,较好地体现了科学性、先进性、实用性;突出了适应职业技能培训和技能鉴定的特色,按技术等级及知识模块单元编写,有助于职工的培训学习,更能帮助职工有针对性地系统自学。

与本书配套的《灌排工程工》试题集(光盘版)由黄河水利出版社同时出版发行。《灌排工程工国家职业技能标准》《灌排工程工》职业技能培训教材、《灌排工程工》试题集三者构成灌排工程工职业技能培训和职业技能鉴定实施较完整配套的资料体系。

本书由杨凌职业技术学院樊惠芳担任主编。水利部精神文明建设指导委员会办公室袁建国、王卫国、刘千程编写职业道德部分;杨凌职业技术学院穆创国编写了基础知识部分的测量基本知识、施工机械知识、安全生产与环境保护、工程设施运行部分;杨凌职业技术学院杜旭斌编写了基础知识部分的工程材料、质量管理知识及高级技师的工程质量管理部分的内容;杨凌职业技术学院郭旭新编写了基础知识部分农作物田间管理知识、灌排渠系知识、量测水知识部分；西北农林科技大学张忠潮编写了基础知识部分的法律法规知识；杨凌职业技术学院卜贵贤编写了初级工、中级工、高级工、技师部分的灌排工程施工的灌排渠（沟）施工及灌排渠（沟）系建筑物施工部分的内容；杨凌职业技术学院赵旭升编写了初级工、中级工、高级工及技师部分的灌排工程管护中的灌排渠（沟）管护及灌排渠（沟）系建筑物管护部分的内容，高级技师部分的灌排工程疑难问题处理部分的内容；陕西省宝鸡峡引渭灌溉管理局史朝辉编写了基础知识部分的机井与水泵知识，初级工、中级工、高级工、技师部分的机井和小型泵站的施工、运行和管护部分的内容，高级技师的机电泵站设备高效节能运行部分的内容；陕西省渭南市东雷二期抽黄工程管理局李娟红编写了初级工、中级工、高级工及技师部分灌排工程运行中的灌排渠（沟）运行及灌排渠（沟）系建筑物运行部分的内容；樊惠芳编写了技师部分的技术培训及高级技师部分的培训与试验和研究部分的内容。全书由樊惠芳统稿，水利部农田水利司李远华负责审查。

本书在编写中参考引用了许多标准、规范、规程的内容（具体灌排工程施工、运行、管理，应严格执行有关标准、规范、规程的详细规定和质量标准），还参阅了大量文献资料（包括网络材料和一些单位的技术材料），在此谨向原作者致谢！

在编写过程中得到了水利部人事司、水利部农田水利司、人力资源和社会保障部职业技能鉴定中心、杨凌职业技术学院、陕西省宝鸡峡引渭灌溉管理局、陕西省渭南市东雷二期抽黄工程管理局等单位的大力支持，在此表示诚挚的谢意。

由于时间紧迫，加之编者水平有限，书中如有不妥之处，敬请专家、读者不吝赐教。

编　者
2015 年 3 月

目 录

第6篇 操作技能——技师

第7篇 操作技能——高级技师

第 1 篇　水利职业道德

第 1 章　水利职业道德概述

1.1　水利职业道德的概念

道德是一种社会意识形态,是人们共同生活及行为的准则与规范,道德往往代表着社会的正面价值取向,起判断行为正当与否的作用。

职业道德,就是同人们的职业活动紧密联系的符合职业特点所要求的道德准则、道德情操与道德品质的总和,它既是对本职人员在职业活动中行为的要求,又是职业对社会所负的道德责任与义务。

水利职业道德是水利工作者在自己特定的职业活动中应当自觉遵守的行为规范的总和,是社会主义道德在水利职业活动中的体现。水利工作者在履行职责过程中必然产生相应的人际关系、利益分配、规章制度和思想行为。水利职业道德就是水利工作者从事职业活动时,调整和处理与他人、与社会、与集体、与工作关系的行为规范或行为准则。水利职业道德作为意识形态,是世界观、人生观、价值观的集中体现,是水利人共同的理想信念、精神支柱和内在力量,表现为价值判断、价值选择、价值实现的共同追求,直接支配和约束人们的思想行为。具体界定着每个水利人什么是对的,什么是错的,什么是应该做的,什么是不应该做的。

1.2　水利职业道德的主要特点

(1)贯彻了社会主义职业道德的普遍性要求。水利职业道德是体现水利行业的职业责任、职业特点的道德。水利职业道德作为一个行业的职业道德,是社会主义职业道德体系中的组成部分,从属和服务于社会主义职业道德。社会主义职业道德对全社会劳动者有着共同的普遍性要求,如全心全意为人民服务、热爱本职工作、刻苦钻研业务、团结协作等,都是水利职业道德必须贯彻和遵循的基本要求。水利职业道德是社会主义职业道德基本要求在水利行业的具体化,社会主义职业道德基本要求与水利职业道德是共性和个性、一般和特殊的关系。

(2)紧紧扣住了水利行业自身的基本特点。水利行业与其他行业相比有着显著的特点,这决定了水利职业道德具有很强的行业特色。这些行业特色主要有:一是水利工程建设量大,投资多,工期长,要求水利工作者必须热爱水利,具有很强的大局意识和责任意识。二是水利工程具有长期使用价值,要求水利工作者必须树立"百年大计、质量第一"的职业道德观念。三是工作流动性大,条件艰苦,要求水利工作者必须把艰苦奋斗、奉献社会作为自己的职业道德信念和行为准则。四是水利科学是一门复杂的、综合性很强的自然科学,要求水利工作者必须尊重科学、尊重事实、尊重客观规律、树立科学求实的精神。五是水利工作是一项需要很多部门和单位互相配合、密切协作才能完成的系统工程，要求水利工作者必须具有良好的组织性、纪律性和自觉遵纪守法的道德品质。

（3）继承了传统水利职业道德的精华。水利职业道德是在治水斗争实践中产生，随着治水斗争的发展而发展的。早在大禹治水时，就留下了他忠于职守、公而忘私、三过家门不入、为民治水的高尚精神。李冰父子不畏艰险、不怕牺牲、不怕挫折和诬陷，一心为民造福，终于建成了举世闻名的都江堰分洪灌溉工程，至今仍发挥着巨大的社会效益和经济效益。新中国成立以来，随着水利事业的飞速发展，水利职业道德也进入了一个崭新的发展阶段。在三峡水利枢纽工程、南水北调工程、小浪底水利枢纽工程等具有代表性的水利工程建设中，新中国水利工作者以国家主人翁的姿态自觉为民造福而奋斗，发扬求真务实的科学精神，顽强拼搏、勇于创新、团结协作，成功解决了工程技术上的一系列世界性难题，并涌现出许多英雄模范人物，创造出无数动人的事迹，表现出新中国水利工作者高尚的职业道德情操，极大地丰富和发展了中国传统水利职业道德的内容。

1.3　水利职业道德建设的重要性和紧迫性

一是发展社会主义市场经济的迫切需要。建设社会主义市场经济体制，是我国经济振兴和社会进步的必由之路，是一项前无古人的伟大创举。这种经济体制，不仅同社会主义基本经济制度结合在一起，而且同社会主义精神文明结合在一起。市场经济体制的建立，要求水利工作者在社会化分工和专业化程度日益增强、市场竞争日趋激烈的条件下，必须明确自己职业所承担的社会职能、社会责任、价值标准和行为规范，并要严格遵守，这是建立和维护社会秩序、按市场经济体制运转的必要条件。

二是推进社会主义精神文明建设的迫切需要。《公民道德建设实施纲要》指出：党的十一届三中全会特别是十四大以来，随着改革开放和现代化事业的发展，社会主义精神文明建设呈现出积极向上的良好态势，公民道德建设迈出了新的步伐。但与此同时，也存在不少问题。社会的一些领域和一些地方道德失范，是非、善恶、美丑界限混淆，拜金主义、享乐主义、极端个人主义有所滋长，见利忘义、损公肥私行为时有发生，不讲信用、欺诈欺骗成为公害，以权谋私、腐化堕落现象严重。特别是党的十七届六中全会关于推动社会主义文化大发展、大繁荣的决定明确指出"精神空虚不是社会主义"。思想道德作为文化建设的重要内容，必须加强包括水利职业道德建设在内的全社会道德建设。

三是加强水利干部职工队伍建设的迫切需要。2011 年，中央一号文件和中央水利工作会议吹响了加快水利改革发展新跨越的进军号角。全面贯彻落实中央关于水利的决策部署，抓住这一重大历史机遇，探索中国特色水利现代化道路，掀起治水兴水新高潮，迫切要求水利工作要为社会经济发展和人民生活提供可靠的水资源保障和优质服务。这就对水利干部职工队伍的全面素质提出了新的更高的要求。水利职业道德作为思想政治建设的重要组成部分和有效途径，必须深入贯彻落实党的十七大精神和《公民道德建设实施纲要》，紧紧围绕水利中心工作，以促进水利干部职工的全面发展为目标，充分发挥职业道德在提高干部职工的思想政治素质上的导向、判断、约束、鞭策和激励功能，为水利改革发展实现新跨越提供强有力的精神动力和思想保障。

四是树立行业新风、促进社会风气好转的迫切需要。职业活动是人生中一项主要内容,人生价值、人的创造力以及对社会的贡献主要是通过职业活动实现的。职业岗位是培养人的最好场所,也是展现人格的最佳舞台。如果每个水利工作者都能注重自己的职业道德品质修养,就有利于在全行业形成五讲、四美、三热爱的行业新风,在全社会树立起水利行业的良好形象。同时,高尚的水利职业道德情怀能外化为职业行为,传递感染水利工作的服务对象和其他人员,有助于形成良好的社会氛围,带动全社会道德风气的好转。

1.4　水利职业道德建设的基本原则

(1)必须以科学发展观为统领。通过水利职业道德进一步加强职业观念、职业态度、职业技能、职业纪律、职业作风、职业责任、职业操守等方面的教育和实践,引导广大干部职工树立以人为本的职业道德宗旨、筑牢全面发展的职业道德理念、遵循诚实守信的职业道德操守,形成修身立德、建功立业的行为准则,全面提升水利职业道德建设的水平。

(2)必须以社会主义价值体系建设为根本。坚持不懈地用马克思主义中国化的最新理论成果武装水利干部职工头脑,用中国特色社会主义共同理想凝聚力量,用以爱国主义为核心的民族精神和以改革创新为核心的时代精神鼓舞斗志,用社会主义荣辱观引领风尚。把社会主义核心价值体系的基本要求贯彻到水利职业道德中,使广大水利干部职工随时都能受到社会主义核心价值的感染和熏陶,并内化为价值观念,外化为自觉行动。

(3)必须以社会主义荣辱观为导向。水利是国民经济和社会发展的重要基础设施,社会公益性强、影响涉及面广、与人民群众的生产生活息息相关。水利职业道德要积极引导广大干部职工践行社会主义荣辱观,树立正确的世界观、人生观和价值观,知荣辱、明是非、辨善恶、识美丑,加强道德修养,不断提高自身的社会公德、职业道德、家庭美德水平,筑牢思想道德防线。

(4)必须以和谐文化建设为支撑。要充分发挥和谐文化的思想导向作用,积极引导广大干部职工树立和谐理念,培育和谐精神,培养和谐心理。用和谐方式正确处理人际关系和各种矛盾;用和谐理念塑造自尊自信、理性平和、积极向上的心态;用和谐精神陶冶情操、鼓舞人心、相互协作;成为广大水利干部职工奋发有为、团结奋斗的精神纽带。

(5)必须弘扬和践行水利行业精神。"献身、负责、求实"的水利行业精神,是新时期推进现代水利、可持续发展水利宝贵的精神财富。水利职业道德要成为弘扬和践行水利行业精神的有效途径和载体,进一步增强广大干部职工的价值判断力、思想凝聚力和改革攻坚力,鼓舞和激励广大水利干部职工献身水利、勤奋工作、求实创新,为水利事业又好又快的发展,提供强大的精神动力和力量源泉。

第 2 章　水利职业道德的具体要求

2.1　爱岗敬业，奉献社会

爱岗敬业是水利职业道德的基础和核心，是社会主义职业道德倡导的首要规范，也是水利工作者最基本、最主要的道德规范。爱岗就是热爱本职工作，安心本职工作，是合格劳动者必须具备的基础条件。敬业是对职业工作高度负责和一丝不苟，是爱岗的提高完善和更高的道德追求。爱岗与敬业相辅相成，密不可分。一个水利工作者只有爱岗敬业，才能建立起高度的职业责任心，切实担负起职业岗位赋予的责任和义务，做到忠于职守。

按通俗的说法，爱岗是干一行爱一行。爱是一种情感，一个人只有热爱自己从事的工作，才会有工作的事业心和责任感；才能主动、勤奋、刻苦地学习本职工作所需要的各种知识和技能，提高从事本职工作的本领；才能满腔热情、朝气蓬勃地做好每一项属于自己的工作；才能在工作中焕发出极大的进取心，产生出源源不断的开拓创新动力；才能全身心地投入到本职工作中去，积极主动地完成各项工作任务。

敬业是始终对本职工作保持积极主动、尽心尽责的态度。一个人只有充分理解了自己从事工作的意义、责任和作用，才会认识本职工作的价值，从职业行为中找到人生的意义和乐趣，对本职工作表现出真诚的尊重和敬意。自觉地遵照职业行为的要求，兢兢业业、扎扎实实、一丝不苟地对待职业活动中的每一个环节和细节，认真负责地做好每项工作。

奉献社会是社会主义职业道德的最高要求，是为人民服务和集体主义精神的最好体现。奉献社会的实质是奉献。水利是一项社会性很强的公益事业，与生产生活乃至人民生命财产安全息息相关。一个水利工作者必须树立全心全意为人民服务、为社会服务的思想，把人民和国家利益看得高于一切，才能在急、难、险、重的工作任务面前淡泊名利、顽强拼搏、先公后私、先人后己，以至在关键时刻能够牺牲个人的利益去维护人民和国家的利益。

张宇仙是四川省内江市水文水资源勘测局登瀛岩水文站职工。她以对事业的执着和忠诚、爱岗敬业的可贵品质、舍小家顾大家的高尚风范，获得了社会各界的广泛赞誉。1981 年，石堤埝水文站发生了有记录以来的特大洪水，张宇仙用一根绳子捆在腰上，站在洪水急流中观测水位。1984 年，她生小孩的前一天还在岗位上加班。1998 年，长江发生百年不遇的特大洪水，其一级支流沱江水位猛涨，这时张宇仙的丈夫病危，家人要她回去，然而张宇仙舍小家顾大家，一连五个昼夜，她始终坚守在水情观测第一线，收集洪水资料156 份，准确传递水情 18 份，回答沿江垂询电话 200 余次，为减小洪灾损失做出了重要贡献。当洪水退去，她赶回丈夫身边时，丈夫已不能说话，两天后便去世了。她上有八旬婆母，下有未成年的孩子，面对丈夫去世后沉重的家庭负担，张宇仙依然坚守岗位，依然如故地孝敬婆母,依然一次次毅然选择了把困难留给自己,把改善工作环境的机会让给他人。她以自己的实际行动表达了对党、对人民、对祖国水利事业的热爱和忠诚,获得了人们的高度赞扬,被授予"全国五一劳动奖章""全国抗洪模范""全国水文标兵"等光荣称号。

曹述军是湖南郴州市桂阳县樟市镇水管站职工。他在 2008 年抗冰救灾斗争中,视灾情为命令,舍小家为大家,舍生命为人民,主动请缨担任架线施工、恢复供电负责人。为了让乡亲们过上一个欢乐祥和的春节,他不辞劳苦、不顾危险,连续奋战十多个昼夜,带领抢修队员紧急抢修被损坏的供电线路和基础设施。由于体力严重透支,不幸从 12 m 高的电杆上摔下,英勇地献出了自己宝贵的生命。他用自己的实际行动生动地诠释了"献身、负责、求实"的行业精神,展现了崇高的道德追求和精神境界,被追授予"全国五一劳动奖章"和"全国抗冰救灾优秀共产党员"等光荣称号。

2.2　崇尚科学,实事求是

崇尚科学,实事求是,是指水利工作者要具有坚持真理的求实精神和脚踏实地的工作作风。这是水利工作者必须遵循的一条道德准则。水利属于自然科学,自然科学是关于自然界规律性的知识体系以及对这些规律探索过程的学问。水利工作是改造江河,造福人民,功在当代,利在千秋的伟大事业。水利工作的科学性、复杂性、系统性和公益性决定了水利工作者必须坚持科学认真、求实务实的态度。

崇尚科学,就是要求水利工作者要树立科学治水的思想,尊重客观规律,按客观规律办事。一要正确地认识自然,努力了解自然界的客观规律,学习掌握水利科学技术。二要严格按照客观规律办事,对每项工作、每个环节都持有高度科学负责的精神,严肃认真,精益求精,决不可主观臆断,草率马虎;否则,就会造成重大浪费,甚至造成灾难,给人民生命财产造成巨大损失。

实事求是,就是一切从实际出发,按客观规律办事,不能凭主观臆断和个人好恶观察和处理问题。要求水利工作者必须树立求实务实的精神。一要深入实际,深入基层,深入群众,了解掌握实际情况,研究解决实际问题。二要脚踏实地,干实事,求实效,不图虚名,不搞形式主义,决不弄虚作假。

中国工程勘察大师崔政权,生前曾任水利部科技委委员、长江水利委员会综合勘测局总工程师。他一生热爱祖国、热爱长江、热爱三峡人民,把自己的毕生精力和聪明才智都献给了伟大的治江事业。他一生坚持学习,呕心沥血,以惊人的毅力不断充实自己的知识和理论体系,勇攀科技高峰。为了贯彻落实党中央、国务院关于三峡移民建设的决策部署,给库区移民寻找一个安稳的家园,保障三峡工程的顺利实施,他不辞劳苦,深入库区,跑遍了周边的山山水水,解决了移民搬迁区一个个地质难题,避免了多次重大滑坡险情造成的损失。他坚持真理,科学严谨,求真务实,敢于负责,鞠躬尽瘁,充分体现了一名水利工作者的高尚情怀和共产党员的优秀品质。

2.3　艰苦奋斗,自强不息

艰苦奋斗是指在艰苦困难的条件下,奋发努力,斗志昂扬地为实现自己的理想和事业而奋斗。自强不息是指自觉地努力向上,发愤图强,永不松懈。两者联系起来是指一种思想境界、一种精神状态、一种工作作风,其核心是艰苦奋斗。艰苦奋斗是党的优良传统,也是水利工作者常年在野外工作,栉风沐雨,风餐露宿,在工作和生活条件艰苦的情况下,磨炼和培养出来的崇高品质。不论过去、现在、将来,艰苦奋斗都是水利工作者必须坚持和弘扬的一条职业道德标准。

早在新中国成立前夕,毛主席就告诫全党:务必使同志们继续保持谦虚、谨慎、不骄、不躁的作风,务必使同志们继续保持艰苦奋斗的作风。新中国成立后又讲:社会主义的建立给我们开辟了一条到达理想境界的道路,而理想境界的实现,还要靠我们的辛勤劳动。邓小平在谈到改革中出现的失误时说:最重要的一条是,在经济得到了可喜发展,人民生活水平得到改善的情况下,没有告诉人民,包括共产党员在内应保持艰苦奋斗的传统。当前,社会上一些讲排场、摆阔气,用公款大吃大喝,不计成本、不讲效益的现象与我国的国情和艰苦奋斗的光荣传统是格格不入和背道而驰的。在思想开放、理念更新、生活多样化的时代,水利工作者必须继续发扬艰苦奋斗的光荣传统,继续在工作生活条件相对较差的条件下,把艰苦奋斗作为一种高尚的精神追求和道德标准严格要求自己,奋发努力,顽强拼搏,斗志昂扬地投入到各项工作中去,积极为水利改革和发展事业建功立业。

"全国五一劳动奖章"获得者谢会贵,是水利部黄河水利委员会玛多水文巡测分队的一名普通水文勘测工。自1978年参加工作以来,情系水文、理想坚定,克服常人难以想象和忍受的困难,三十年如一日,扎根高寒缺氧、人迹罕见的黄河源头,无怨无悔、默默无闻地在平凡的岗位上做出了不平凡的业绩,充分体现了特别能吃苦、特别能忍耐、特别能奉献的崇高精神,是水利职工继承发扬艰苦奋斗优良传统的突出代表。

2.4　勤奋学习,钻研业务

勤奋学习,钻研业务,是提高水利工作者从事职业岗位工作应具有的知识文化水平和业务能力的途径。它是从事职业工作的重要条件,是实现职业理想、追求高尚职业道德的具体内容。一个水利工作者通过勤奋学习,钻研业务,具备了为社会、为人民服务的本领,就能在本职岗位上更好地履行自己对社会应尽的道德责任和义务。因此,勤奋学习、钻研业务是水利职业道德的重要内容。

科学技术知识和业务能力是水利工作者从事职业活动的必备条件。科学技术的飞速发展和社会主义市场经济体制的建立,对各个职业岗位的科学技术知识和业务能力水平的要求越来越高,越来越精。水利工作者要适应形势发展的需要,跟上时代前进的步伐,就要勤奋学习,刻苦专研,不断提高与自己本职工作有关的科学文化和业务知识水平;就要积极参加各种岗位培训,更新观念,学习掌握新知识、新技能,学习借鉴他人包括国外的先进经验;就要学用结合,把学到的新理论知识与自己的工作实践紧密结合起来,干中学,学中干,用所学的理论指导自己的工作实践;就要有敢为人先的开拓创新精神,打破因循守旧的偏见,永远不满足工作的现状,不仅敢于超越别人,还要不断地超越自己。这样才能在自己的职业岗位上不断有所发现、有所创新、有所前进。

刘孟会是水利部黄河水利委员会河南河务局台前县黄河河务局一名河道修防工。他参加治黄工作 26 年来,始终坚持自学,刻苦研究防汛抢险技术,在历次防汛抢险斗争中都起到了关键性作用。特别是在抗御黄河“96·8”洪水斗争中,他果断采取了超常规的办法,大胆指挥,一鼓作气将口门堵复,消除了黄河改道的危险,避免了滩区 6.3 万亩(1 亩 = 1/15 hm²,下同)耕地被毁,保护了 113 个行政村 7.2 万人的生命财产安全,挽回经济损失 1 亿多元。多年的勤奋学习,钻研业务,使他积累了丰富的治理黄河经验,并将实践经验上升为水利创新技术,逐步成长为河道修防的高级技师,并在黄河治理开发、技术人才培训中发挥了显著作用,创造了良好的社会效益和经济效益。荣获了“全国水利技能大奖”和“全国技术能手”的光荣称号。

湖南永州市道县水文勘测队的何江波同志恪守职业道德,立足本职,刻苦钻研业务,不断提升技能技艺,奉献社会,在一个普通水文勘测工的岗位上先后荣获了“全国五一劳动奖章”“全国技术能手”“中华技能大奖”等一系列荣誉,并逐步成长为一名干部,被选为代表光荣地参加了党的十七大。

2.5　遵纪守法,严于律己

遵纪守法是每个公民应尽的社会责任和道德义务,是保持社会和谐安宁的重要条件。在社会主义民主政治的条件下,从国家的根本大法到水利基层单位的规章制度,都是为维护人民的共同利益而制定的。社会主义荣辱观中明确提出要“以遵纪守法为荣,以违法乱纪为耻”,就是从道德观念的层面对全社会提出的要求,当然也是水利职业道德的重要内容。

水利工作者在职业活动中,遵纪守法更多体现为自觉地遵守职业纪律,严格按照职业活动的各项规章制度办事。职业纪律具有法规强制性和道德自控性。一方面,职业纪律以强制手段禁止某些行为,靠专门的机构来检查和执行;另一方面,职业道德用榜样的力量来倡导某些行为,靠社会舆论和职工内心的信念力量来实现。因此,一个水利工作者遵纪守法主要靠本人的道德自律、严于律己来实现。一要认真学习法律知识,增强民主法治观念,自觉依法办事,依法律己,同时懂得依法维护自身的合法权益,勇于与各种违法乱纪行为作斗争。二要严格遵守各项规章制度,以主人翁的态度安心本职工作,服从工作分配,听从指挥,高质量、高效率地完成岗位职责所赋予的各项任务。

优秀共产党员汪洋湖一生把全心全意为人民群众谋利益作为心中最炽热的追求。在他担任吉林省水利厅厅长时发生的两件事,真实生动地反映了一个领导干部带头遵纪守法、严格要求自己的高尚情怀。他在水利厅明确规定:凡水利工程建设项目,全部实行招标投标制,并与厅班子成员“约法三章”:不取非分之钱,不上人情工程,不搞暗箱操作。1999 年,汪洋湖过去的一个老上级来水利厅要工程,没料想汪洋湖温和而又毫不含糊地对他说:你想要工程就去投标,中上标,活儿自然是你的,中不上标,我也不能给你。这是规矩。他掏钱请老上级吃了一顿午饭,把他送走了。女儿的丈夫家是搞建筑的,小两口商量想搞点工程建设。可是谁也没想到,小两口在每年经手20亿元水利工程资金的父亲那里,硬是没有拿到过一分钱的活。

2.6　顾全大局,团结协作

顾全大局,团结协作,是水利工作者处理各种工作关系的行为准则和基本要求,是确保水利工作者做好各项工作、始终保持昂扬向上的精神状态和创造一流工作业绩的重要前提。

大局就是全局,是国家的长远利益和人民的根本利益。顾全大局就是要增强全局观念,坚持以大局为重,正确处理好国家、集体和个人的利益关系,个人利益要服从国家利益、集体利益,局部利益要服从全局利益,眼前利益要服从长远利益。

团结才能凝聚智慧,产生力量。团结协作,就是把各种力量组织起来,心往一处想,劲往一处使,拧成一股绳,把意志和力量都统一到实现党和国家对水利工作的总体要求和工作部署上来,战胜各种困难,齐心协力搞好水利建设。

水利工作是一项系统工程,要统筹考虑和科学安排水资源的开发与保护、兴利与除害、供水与发电、防洪与排涝、国家与地方、局部与全局、个人与集体的关系,江河的治理要上下游、左右岸、主支流、行蓄洪配套进行。因此,水利工作者无论从事何种工作,无论职位高低,都一定要做到:一是牢固树立大局观念,破除本位主义,必要时牺牲局部利益,保全大局利益。二是大力践行社会主义荣辱观,以团结互助为荣,以损人利己为耻。要团结同事,相互尊重,互相帮助,各司其职,密切协作,工作中虽有分工,但不各行其是,要发挥各自所长,形成整体合力。三是顾全大局、团结协作,不能光喊口号,要身体力行,要紧紧围绕水利工作大局,做好自己职责范围内的每一项工作。只有增强大局意识、团结共事意识,甘于奉献,精诚合作,水利干部职工才能凝聚成一支政治坚定、作风顽强、能打硬仗的队伍,我们的事业才能继往开来,取得更大的胜利。

1991年,淮河流域发生特大洪水,在不到2个月的时间里,洪水无情地侵袭了179个地(市)、县,先后出现了大面积的内涝,洪峰严重威胁淮河南岸城市、工矿企业和铁路的安全,将要淹没1 500万亩耕地,涉及1 000万人。国家防汛抗旱总指挥部下令启用蒙洼等三个蓄洪区和邱家湖等14个行洪区分洪。这样做要淹没148万亩耕地,涉及81万人。行洪区内的人民以国家大局为重,牺牲局部,连夜搬迁,为开闸泄洪赢得了宝贵的时间,为夺取抗洪斗争的胜利做出了重大贡献,成为了顾全大局、团结治水的典型范例。

2.7　注重质量,确保安全

注重质量,确保安全,是国家对社会主义现代化建设的基本要求,是广大人民群众的殷切希望,是水利工作者履行职业岗位职责和义务必须遵循的道德行为准则。

注重质量,是指水利工作者必须强化质量意识,牢固树立"百年大计,质量第一"的思想,坚持"以质量求信誉,以质量求效益,以质量求生存,以质量求发展"的方针,真正做到把每项水利工程建设好、管理好、使用好,充分发挥水利工程的社会经济效益,为国家建设和人民生活服务。

确保安全,是指水利工作者必须提高认识,增强安全防范意识。树立"安全第一,预防为主"的思想,做到警钟长鸣,居安思危,长备不懈,确保江河度汛、设施设备和人员自身的安全。

注重质量,确保安全,对水利工作具有特别重要的意义。水利工程是我国国民经济发展的基础设施和战略重点,国家每年都要出巨资用于水利建设。大中型水利工程的质量和安全问题直接关系到能否为社会经济发展提供可靠的水资源保障,直接关系千百万人的生产生活甚至生命财产安全。这就要求水利工作者必须做到:一是树立质量法制观念,认真学习和严格遵守国家、水利行业制定的有关质量的法律、法规、条例、技术标准和规章制度,每个流程、每个环节、每件产品都要认真贯彻执行,严把质量关。二是积极学习和引进先进科学技术和先进的管理办法,淘汰落后的工艺技术和管理办法,依靠科技进步提高质量。三是居安思危,预防为主。克服麻痹思想和侥幸心理,各项工作都要像防汛工作那样,立足于抗大洪水,从最坏处准备,往最好处努力,建立健全各种确保安全的预案和制度,落实应急措施。四是爱护国家财产,把行使本职岗位职责的水利设施设备像爱护自己的眼睛一样进行维护保养,确保设施设备的完好和可用。五是重视安全生产,确保人身安全。坚守工作岗位,尽职尽责,严格遵守安全法规、条例和操作规程,自觉做到不违章指挥、不违章作业、不违反劳动纪律、不伤害别人、不伤害自己、不被别人伤害。

长江三峡工程建设监理部把工程施工质量放在首位,严把质量关。仅 1996 年就发出违规警告 50 多次,停工、返工令 92 次,停工整顿 4 起,清理不合格施工队伍 3 个,核减不合理施工申报款 4.7 亿元,为这一举世瞩目的工程胜利建成做出了重要贡献。

第3章　职工水利职业道德培养的主要途径

3.1　积极参加水利职业道德教育

水利职业道德教育是为培养水利改革和发展事业需要的职业道德人格,依据水利职业道德规范,有目的、有计划、有组织地对水利工作者施加道德影响的活动。

任何一个人的职业道德品质都不是生来就有的,而是通过职业道德教育,不断提高对职业道德的认识后逐渐形成的。一个从业者走上水利工作岗位后,他对水利职业道德的认识是模糊的,只有经过系统的职业道德教育,并通过工作实践,对职业道德有了一个比较深层次的认识后,才能将职业道德意识转化为自己的行为习惯,自觉地按照职业道德规范的要求进行职业活动。

水利职业道德教育,要以为人民服务,树立正确的世界观、人生观、价值观教育为核心,大力弘扬艰苦奋斗的光荣传统,以实施水利职业道德规范,明确本职岗位对社会应尽的责任和义务为切入点,抓住人民群众对水利工作的期盼和关心的热点、难点问题,以与群众的切身利益密切相关,接触群众最多的服务性部门和单位为窗口,把职业道德教育与遵纪守法教育结合起来,与科学文化和业务技能教育结合起来,采取丰富多彩、灵活多样、群众喜闻乐见的形式,开展教育活动。

每个水利工作者要积极参加职业道德教育,才能不断深化对水利职业道德的认识,增强职业道德修养和职业道德实践的自觉性,不断提高自身的职业道德水平。

3.2　自觉进行水利职业道德修养

水利职业道德修养是指水利工作者在职业活动中,自觉根据水利职业道德规范的要求,进行自我教育、自我陶冶、自我改造和自我锻炼,提高自我道德情操的活动,以及由此形成的道德境界,是水利工作者提高自身职业道德水平的重要途径。

职业道德修养不同于职业道德教育,具有主体和对象的统一性,水利工作者个体就是这个主体和对象的统一体。这就决定了职业道德修养是主观自觉的道德活动,决定了职业道德修养是一个从认识到实践、再认识到再实践,不断追求、不断完善的过程。这一过程将外在的道德要求转化为内在的道德信念,又将内在的道德信念转化为实际的职业行为,是每个水利工作者培养和提高自己职业道德境界,实现自我完善的必由之路。

水利职业道德修养不是单纯的内心体验,而是水利工作者在改造客观世界的斗争中改造自己的主观世界。职业道德修养作为一种理智的自觉活动,一是需要科学的世界观作指导。马克思主义中国化的最新理论成果是科学世界观和方法论的集中体现,是我们改造世界的强大思想武器。每个水利工作者都要认真学习,深刻领会马克思主义哲学关于一切从实际出发,实事求是、矛盾分析、归纳与演绎等科学理论,为加强职业道德修养提供根本的思想路线和思维方法。二是需要科学文化知识和道德理论作基础。科学文化知识是关于自然、社会和思维发展规律的概括和总结。学习科学文化知识,有助于提高职业道德选择和评价能力,提高职业道德修养的自觉性;有助于形成科学的道德观、人生观和价值观,全面、科学、深刻地认识社会,正确处理社会主义职业道德关系。三是理论联系实际,知行统一为根本途径。要按照水利职业道德规范的要求,勇于实践和反复实践,在职业活动中不断学习、深入体会水利职业道德的理论和知识。要在职业工作中努力改造自己的主观世界,同各种非无产阶级的腐朽落后的道德观作斗争,培养和锻炼自己的水利职业道德观。要以职业岗位为舞台,自觉地在工作和社会实践中检查和发现自己职业道德认识和品质上的不足,并加以改正。四是要认识职业道德修养是一个长期、反复、曲折的过程,不是一朝一夕就可以做到的,一定要坚持不懈、持之以恒地进行自我锻炼和自我改造。

3.3　广泛参与水利职业道德实践

水利职业道德实践是一种有目的的社会活动,是组织水利工作者履行职业道德规范,取得道德实践经验,逐步养成职业行为习惯的过程;是水利工作者职业道德观念形成、丰富和发展的一个重要环节;是水利职业道德理想、道德准则转化为个人道德品质的必要途径,在道德建设中具有不可替代的重要作用。

组织道德实践活动,内容可以涉及水利工作者的职业工作、社会活动以及日常生活等各方面。但在一定时期内,须有明确的目标和口号,具有教育意义的内容和丰富多彩的形式,要讲明活动的意义、行为方式和要求,并注意检查督促,肯定成绩,找出差距,表扬先进,激励后进。如在机关里开展"爱岗敬业,做人民满意公务员"活动,在企业中开展"讲职业道德,树文明新风"活动,在青年中开展"学雷锋,送温暖"活动,组织志愿者在单位和宿舍开展"爱我家园、美化环境"活动等。通过这些活动,进行社会主义高尚道德情操和理念的实践。

每一个水利工作者都要积极参加单位及社会组织的各种道德实践活动。在生动、具体的道德实践活动中,亲身体验和感悟做好人好事、向往真善美所焕发的高尚道德情操和观念的伟大力量,加深对高尚道德情操和观念的理解,不断用道德规范熏陶自己,改进和提高自己,逐步把道德认识、道德观念升华为相对稳定的道德行为,做水利职业道德的模范执行者。

第 2 篇　基础知识

第 1 章　测量基本知识

1.1　灌排工程工常用仪器

1.1.1　水准仪

水准仪的类型很多,我国按其精度指标划分为 DS_{05}、DS_1、DS_3 和 DS_{10} 四个等级,工程中常用的是 S_3 型水准仪,如图 2-1-1 所示。

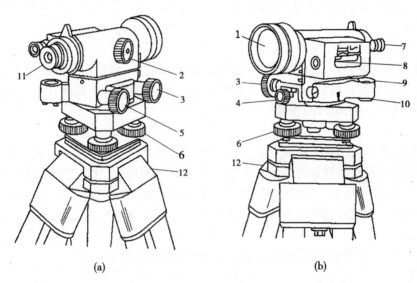

(a)　　　　　　　　　　　　　　　(b)

1—物镜;2—物镜对光螺旋;3—水平微动螺旋;4—水平制动螺旋;
5—微倾螺旋;6—脚螺旋;7—水准管观测窗;8—水准管;9—圆水准器;
10—圆水准器校正螺旋;11—目镜及目镜对光螺旋;12—三脚架

图 2-1-1　S_3 型水准仪

1.1.1.1　水准仪器组合

(1)望远镜。望远镜由物镜、目镜和十字丝三个主要部分组成,它的主要作用是能使我们看清远处的目标,并提供一条照准读数值用的视线。

(2)圆水准器。水准器的作用是把望远镜的视准轴安置到水平位置。水准器有圆水准器和管水准器两种形式。

圆水准器是一个玻璃圆盒,圆盒内装有化学液体,加热密封时留有气泡而成。

管水准器简称水准管,它是把玻璃管纵向内壁磨成曲率半径很大的圆弧面,管壁上有刻划线,管内装有酒精与乙醚的混合液,加热密封时留有气泡而成。

(3)微调手轮。

（4）水平制动手轮。

（5）调整手轮。

（6）水平微调手轮。

（7）三脚架。

1.1.1.2　水准仪的使用方法

水准仪的使用包括水准仪的安置、粗平、瞄准、精平、读数五个步骤。

1）安置

安置是将仪器安装在可以伸缩的三脚架上并置于两观测点之间。首先打开三脚架并使高度适中，用目估法使架头大致水平并检查脚架是否牢固，然后打开仪器箱，用连接螺旋将水准仪器连接在三脚架上。

2）粗平

粗平是使仪器的视线粗略水平，利用脚螺旋置圆水准气泡居于圆指标圈之中。在整平过程中，气泡移动的方向与大拇指运动的方向一致。

3）瞄准

瞄准是用望远镜准确地瞄准目标。首先把望远镜对向远处明亮的背景，转动目镜调焦螺旋，使十字丝最清晰。其次松开固定螺旋，旋转望远镜，使照门和准星的连接对准水准尺，拧紧固定螺旋。最后转动物镜对光螺旋，使水准尺的像清晰地落在十字丝平面上，再转动微动螺旋，使水准尺的像靠于十字竖丝的一侧。

4）精平

精平是使望远镜的视线精确水平。微倾水准仪，在水准管上部装有一组棱镜，可将水准管气泡两端折射到镜管旁的符合水准观察窗内，若气泡居中，气泡两端的像将符合成一抛物线形，说明视线水平。若气泡两端的像不相符合，说明视线不水平。这时可用右手转动微倾螺旋使气泡两端的像完全符合，仪器便可提供一条水平视线，以满足水准测量基本原理的要求。

注意：气泡左半部分的移动方向，总与右手大拇指的方向不一致。

5）读数

用十字丝截读水准尺上的读数。现在的水准仪多是倒像望远镜，读数时应由上而下进行。先估读毫米级读数，后报出全部读数。

注意：水准仪使用步骤一定要按上面顺序进行，不能颠倒，特别是读数前的符合气泡调整，一定要在读数前进行。

1.1.1.3　水准仪的测量

测定地面点高程的工作，称为高程测量。高程测量是测量的基本工作之一。

水准测量的原理是利用水准仪提供的水平视线，读取竖立于两个点上的水准尺上的读数，来测定两点间的高差，再根据已知点高程计算待定点高程。

水准测量的基本测法是：在图 2-1-2 中，已知 A 点的高程为 H_A，只要能测出 A 点至 B 点的高程之差，简称高差 h_{AB}，则 B 点的高程 H_B 就可用下式计算求得

$$H_B = H_A + h_{AB} \qquad\qquad (2-1-1)$$

用水准测量方法测定高差 h_{AB} 的原理如图 2-1-2 所示，在 A、B 两点上竖立水准尺，并

在 A、B 两点之间安置一架可以得到水平视线的仪器即水准仪,设水准仪的水平视线截在尺上的位置分别为 M、N,过 A 点作一水平线与过 B 点的竖线相交于 C。因为 BC 的高度就是 A、B 两点之间的高差 h_{AB},所以由矩形 $MACN$ 就可以得到计算 h_{AB} 的计算式

$$h_{AB} = a - b \tag{2-1-2}$$

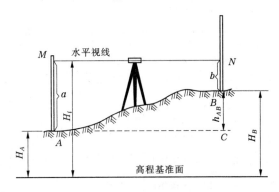

图 2-1-2　水准测量原理示意图

测量时,a、b 的值是用水准仪瞄准水准尺时直接读取的数值。因为 A 点为已知高程的点,通常称为后视点,其读数 a 为后视读数,而 B 点称为前视点,其读数 b 为前视读数,则

$$h_{AB} = 后视读数 - 前视读数$$

视线高
$$H_i = H_A + a \tag{2-1-3}$$

B 点高程
$$H_B = H_i - b \tag{2-1-4}$$

综上所述,要测算地面上两点间的高差或点的高程,所依据的就是一条水平视线,如果视线不水平,上述公式不成立,测算将发生错误。因此,视线必须水平是水准测量中要牢牢记住的操作要领。

1.1.1.4　成果处理

五等水准测量的成果处理就是当外业观测成果的高差闭合差在容许范围内时,所进行的高差闭合差的调整,使调整后的各测段高差值等于应有值,也就是使高差闭合差 $f_h = 0$。最后用调整后的高差计算各测段水准点的高程。

高差闭合差的调整原则是按与水准路线的测段站数或测段长度成正比,将闭合差反号分配到各测段上,并进行实测高差的改正计算。

1)按测站数调整高差闭合差

若按测站数进行高差闭合差的调整,则某一测段高差的改正数 V_i 为

$$V_i = -\frac{f_h}{\sum n} n_i \tag{2-1-5}$$

式中　$\sum n$——水准路线各测段的测站数总和;

　　　n_i——某一测段的测站数。

按测站数调整高差闭合差和高程计算示例如图 2-1-3 所示,并参见表 2-1-1。

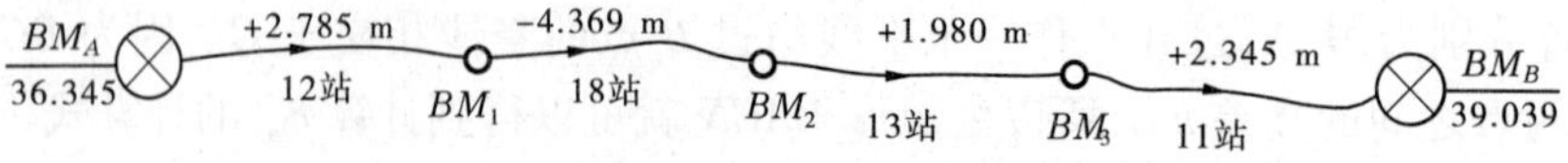

图 2-1-3　附合水准路线

表 2-1-1　按测站数调整高差闭合差及高程计算

测段编号	测点	测站数（个）	实测高差（m）	改正数（m）	改正后的高差（m）	高程（m）	备注
1	BM_A	12	+2.785	−0.010	+2.775	36.345	$H_{BM_B} - H_{BM_A} = 2.694$
2	BM_1	18	−4.369	−0.016	−4.385	39.120	$f_h = \sum h - (H_{BM_B} - H_{BM_A})$
3	BM_2	13	+1.980	−0.011	+1.969	34.735	$= 2.741 - 2.694 = +0.047$
4	BM_3	11	+2.345	−0.010	+2.335	36.704	$\sum n = 54$
	BM_B					39.039	$V_i = -\dfrac{f_h}{\sum n} n_i$
Σ		54	+2.741	−0.047	+2.694		

2）按测段长度调整高差闭合差

若按测段长度进行高差闭合差的调整，则某一测段高差的改正数 V_i 为

$$V_i = -\frac{f_h}{\sum L} L_i \qquad (2\text{-}1\text{-}6)$$

式中　$\sum L$——水准路线各测段的总长度；

L_i——某一测段的长度。

按测段长度调整高差闭合差和高程计算示例如图 2-1-3 所示，并参见表 2-1-2。

表 2-1-2　按测段长度调整高差闭合差及高程计算

测段编号	测点	测段长（km）	实测高差（m）	改正数（m）	改正后的高差（m）	高程（m）	备注
1	BM_A	2.1	+2.785	−0.011	+2.774	36.345	$f_h = \sum h - (H_{BM_B} - H_{BM_A})$
2	BM_1	2.8	−4.369	−0.014	−4.383	39.119	$= 2.741 - 2.694$
3	BM_2	2.3	+1.980	−0.012	+1.968	34.736	$= +0.047$
4	BM_3	1.9	+2.345	−0.010	+2.335	36.704	$\sum L = 9.1$
	BM_B					39.039	$V_i = -\dfrac{f_h}{\sum L} L_i$
Σ		9.1	+2.741	−0.047	+2.694		

需要指出的是：在水准测量成果处理时，无论是按测站数调整高差闭合差（见表 2-1-1），还是按测段长度调整高差闭合差（见表 2-1-2），都应满足下列关系

$$\sum V = -f_h$$

也就是说,水准路线各测段的改正数之和与高差闭合差大小相等、符号相反。

1.1.2　经纬仪

目前,我国把经纬仪按精度不同分为 DJ_{07}、DJ_1、DJ_2、DJ_6 型和 DJ_{10} 型等几种类型。DJ_6 型光学经纬仪是工程测量中最常用的一种测角仪器,国产 DJ_6 型光学经纬仪外型及各部件名称如图 2-1-4 所示。

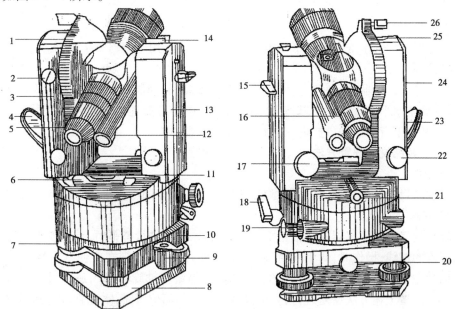

1—粗瞄器;2—护盖;3—望远镜调焦环;4—照明反光镜;5—望远镜目镜;6—照准部水准器;
7—度盘变换器;8—基座脚螺旋;9—圆形水准器;10—底座;11—校正螺丝;12—读数显微镜目镜;
13—右侧盖板;14—磁针插榫;15—望远镜制动手柄;16—分划板护罩;17—望远镜微动螺旋;18—水平制动手柄;
19—水平微动螺旋;20—底座制紧螺丝;21—光学对中器目镜;22—竖盘水准器微动螺旋;23—照明窗;
24—左侧盖板;25—竖盘指标水准器;26—指标水准器反光镜

图 2-1-4　DJ_6 型光学经纬仪

1.1.2.1　光学经纬仪的构造

光学经纬仪主要由照准部(包括望远镜、竖直度盘、水准器、读数设备)、水平度盘、基座三部分组成。现将各组成部分分别介绍如下。

1)望远镜

经纬仪望远镜的构造和水准仪望远镜的构造基本相同,都是用来照准远方目标。

2)水平度盘

水平度盘是用光学玻璃制成圆盘,在盘上按顺时针方向从 0°到 360°刻有等角度的分划线。相邻两分划线的格值有 1°或 30′两种。

3)读数设备

我国制造的 DJ_6 型光学经纬仪采用分微尺读数设备,它把度盘和分微尺的影像通过一系列透镜的放大和棱镜的折射,反映到读数显微镜内进行读数。在读数显微镜内就能看到水平度盘和分微尺影像。度盘上两分划线所对的圆心角,称为度盘分划值。

4)竖直度盘

竖直度盘固定在横轴的一端,当望远镜转动时,竖盘也随之转动,用以观测竖直角。另外,在竖直度盘的构造中还设有竖盘指标水准管,它由竖盘水准管的微动螺旋控制。每次读数前,都必须首先使竖盘水准管气泡居中,以使竖盘指标处于正确位置。目前,光学经纬仪普遍采用竖盘自动归零装置来代替竖盘指标水准管,既提高了观测速度又提高了观测精度。

5)水准器

照准部上的管水准器用于精确整平仪器,圆水准器用于概略整平仪器。

6)基座部分

基座是支撑仪器的底座。基座上有三个脚螺旋,转动脚螺旋可使照准部水准管气泡居中,从而使水平度盘水平。基座和三脚架头用中心螺旋连接,可将仪器固定在三脚架上,中心螺旋下有一小钩可挂垂球,测角时用于仪器对中。

1.1.2.2　经纬仪的安置方法

1)对中

对中的目的是使仪器的中心与测站的标志中心位于同一铅垂线上。

2)整平

整平的目的是使仪器的竖轴铅垂,水平度盘水平。进行整平时,首先使水准管平行于两脚螺旋的连线,操作时,两手同时向内(或向外)旋转两个脚螺旋使气泡居中。气泡移动方向和左手大拇指转动的方向相同;然后将仪器绕竖轴旋转90°,旋转另一个脚螺旋使气泡居中。按上述方法反复进行,直至仪器旋转到任何位置时,水准管气泡都居中。

上述两步技术操作称为经纬仪的安置。目前生产的光学经纬仪均装置有光学对中器,若采用光学对中器进行对中,应与整平仪器结合进行,其操作步骤如下:

(1)将仪器置于测站点上,三个脚螺旋调至中间位置,架头大致水平。使光学对中器大致位于测站上,将三脚架踩牢。

(2)旋转光学对中器的目镜,看清分划板上的圆圈,拉或推动目镜使测站点影像清晰。

(3)旋转脚螺旋使光学对中器对准测站点。

(4)伸缩三脚架腿,使圆水准气泡居中。

(5)用脚螺旋精确整平管水准器,转动照准部90°,水准管气泡均居中。

(6)如果光学对中器分划圈不在测站点上,应松开连接螺旋,在架头上平移仪器,使分划圈对准测站点。

(7)重新整平仪器,依此反复进行直至仪器整平后,光学对中器分划圈对准测站点。

3)瞄准

经纬仪安置好后,用望远镜瞄准目标,首先将望远镜照准远处,调节对光螺旋使十字丝清晰;然后旋松望远镜和照准部制动螺旋,用望远镜的光学瞄准器照准目标。转动物镜对光螺旋使目标影像清晰;而后旋紧望远镜和照准部的制动螺旋,通过旋转望远镜和照准部的微动螺旋,使十字丝交点对准目标,并观察有无视差,如有视差,应重新对光,予以消除。

4)读数

打开读数反光镜,调节视场亮度,转动读数显微镜对光螺旋,使读数窗影像清晰可见。读数时,除分微尺型直接读数外,凡在支架上装有测微轮的,均需先转动测微轮,使双指标线或对径分划线重合后方能读数,最后将度盘读数加分微尺读数或测微尺读数,才是整个读数值。

1.1.2.3　经纬仪的角度测量原理

1)水平角测量原理

地面上两条直线之间的夹角在水平面上的投影称为水平角。如图 2-1-5 所示,A、B、O 为地面上的任意点,过 OA 和 OB 直线各作一垂直面,并把 OA 和 OB 分别投影到水平投影面上,其投影线 Oa' 和 Ob' 的夹角 $\angle a'Ob'$,就是 $\angle AOB$ 的水平角 β。

如果在角顶 O 上安置一个带有水平刻度盘的测角仪器,其度盘中心 O' 在通过测站 O 点的铅垂线上,设 OA 和 OB 两条方向线在水平刻度盘上的投影读数为 a_1 和 b_1,则水平角 β 为

$$\beta = b_1 - a_1 \tag{2-1-7}$$

按测回法测角计算示例见表 2-1-3。

表 2-1-3　测回法测角记录

测站	盘位	目标	水平度盘读数	水平角		备注
				半测回角	测回角	
O	左	A	0°01′24″	60°49′06″	60°49′03″	A 60°49′03″ B
		B	60°50′30″			
	右	A	180°01′30″	60°49′00″		
		B	240°50′30″			

2)竖直角测量原理

在同一竖直面内视线和水平线之间的夹角称为竖直角或垂直角。如图 2-1-6 所示,视线在水平线之上称为仰角,符号为正;视线在水平线之下称为俯角,符号为负。

如果在测站点 O 上安置一个带有竖直刻度盘的测角仪器,其竖盘中心通过水平视线,设照准目标点 A 时视线的读数为 n,水平视线的读数为 m,则竖直角 α 为

$$\alpha = n - m \tag{2-1-8}$$

竖直角观测记录见表 2-1-4。

1.1.3　量距设备

1.1.3.1　丈量工具

通常使用的丈量工具为钢尺、皮尺、竹尺和测绳,还有测钎、标杆和垂球等辅助工具。

皮尺有手柄式和皮盒式两种,长度有 20 m、30 m、50 m 几种。尺的最小刻划为 1 cm、5 mm 或 1 mm。尺按零点位置不同可分为端点尺和刻线尺两种。端点尺是从尺的端点开始的。端点尺适用于从建筑物墙边开始丈量。刻线尺是从尺上刻的一条横线作为起点。使用钢尺时必须注意钢尺的零点位置,以免发生错误。

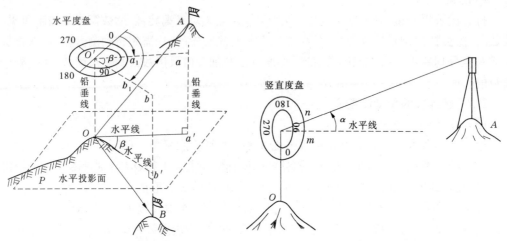

图 2-1-5　水平角测量原理图　　　图 2-1-6　竖直角测量原理图

表 2-1-4　竖直角观测记录

测站	目标	盘位	竖盘读数	半测回竖直角	指标差	一测回竖直角	备注
O	M	左	59°29′48″	+30°30′12″	−12″	+30°30′00″	盘左 270 180 0 90
		右	300°29′48″	+30°29′48″			
	N	左	93°18′40″	−3°18′40″	−13″	−3°18′53″	盘右 90 180 0 270
		右	266°40′54″	−3°19′06″			

标杆又称花杆,长为 2 m 或 3 m,直径为 3～4 cm,用木杆或玻璃钢管或空心钢管制成,杆上按 20 cm 间隔涂上红白漆,杆底为锥形铁脚,用于显示目标和直线定线。

测钎用粗铁丝制成,长为 30 cm 或 40 cm,上部弯一个小圈,可套入环内,在小圈上系一醒目的红布条,一般一组测钎有 6 根或 11 根。在丈量时用它来标定尺端点位置和计算所量过的整尺段数。

垂球是由金属制成的,似圆锥形,上端系有细线,是对点的工具。有时为了克服地面起伏的障碍,垂球常挂在标杆架上使用。

1)在平坦地面上丈量

要丈量平坦地面上 A、B 两点间的距离,其做法是:先在标定好的 A、B 两点立标杆,进行直线定线,然后进行丈量。丈量时后尺手拿尺的零端,前尺手拿尺的末端,两尺手蹲下,后尺手把零点对准 A 点,喊"预备",前尺手把尺边靠近定线标志钎,两人同时拉紧尺子,当尺拉稳后,后尺手喊"好",前尺手对准尺的终点刻划将一测钎竖直插在地面上,这样就量完了第一尺段。用同样的方法,继续向前量第二、第三……第 N 尺段。量完每一尺段时,后尺手必须将插在地面上的测钎拔出收好,用来计算量过的整尺段数。最后量不足一整尺段的距离,如图 2-1-7 所示。当丈量到 B 点时,由前尺手用尺上某整刻划线对准终点

B,后尺手在尺的零端读数至毫米,量出零尺段长度 Δl。

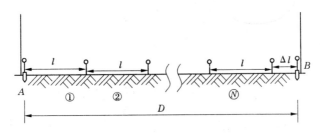

图 2-1-7　距离丈量示意图

上述过程称为往测,往测的距离用下式计算

$$D = nl + \Delta l \qquad (2\text{-}1\text{-}9)$$

式中　l——整尺段的长度;

　　　n——丈量的整尺段数;

　　　Δl——零尺段长度。

接着再调转尺头用以上方法,从 B 至 A 进行返测,直至 A 点。然后依据式(2-1-9)计算出返测的距离。一般往返各丈量一次称为一测回,在符合精度要求时,取往返距离的平均值作为丈量结果。

2)在倾斜地面上丈量

当地面稍有倾斜时,可把尺一端稍许抬高,就能按整尺段依次水平丈量,如图 2-1-8(a)所示,分段量取水平距离,最后计算总长。若地面倾斜较大,则使尺子一端靠高地点桩顶,对准端点位置,尺子另一端用垂球线紧靠尺子的某分划,将尺拉紧且水平。放开垂球线,使它自由下坠,垂球尖端位置,即为低点桩顶。然后量出两点的水平距离,如图 2-1-8(b)所示。在倾斜地面上丈量,仍需往返进行,在符合精度要求时,取其平均值作为丈量结果。

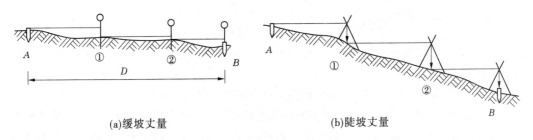

(a)缓坡丈量　　　　　　　　　　　　　　(b)陡坡丈量

图 2-1-8　倾斜地面丈量示意图

1.1.3.2　距离丈量的注意事项

1)影响量距成果的主要因素

(1)尺身不平。

(2)定线不直。定线不直使丈量沿折线进行,如图 2-1-9 中的虚线位置,其影响和尺身不平的误差一样,在起伏较大的山区或直线较长或精度要求较高时应用有关仪器定线。

(3)拉力不均。钢尺的标准拉力多是 100 N,故一般丈量中只要保持拉力均匀即可。

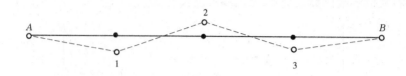

图 2-1-9　定线误差示意图

（4）对点和投点不准。丈量时用测钎在地面上标志尺端点位置，若前、后尺手配合不好，插钎不直，很容易造成 3～5 mm 误差。如在倾斜地区丈量，用垂球投点，误差可能更大。在丈量中应尽力做到对点准确，配合协调，尺要拉平，测钎应直立，投点要准。

（5）丈量中常出现的错误。主要有认错尺的零点和注字，例如 6 误认为 9；记错整尺段数；读数时，由于精力集中于小数而对分米、米有所疏忽，把数字读错或读颠倒；记录员听错、记错等。为防止错误就要认真校核，提高操作水平，加强工作责任心。

2）注意事项

（1）丈量距离会遇到地面平坦、起伏或倾斜等各种不同的地形情况，但不论何种情况，丈量距离有三个基本要求："直、平、准"。直，就是要量两点间的直线长度，不是折线或曲线长度，为此定线要直，尺要拉直；平，就是要量两点间的水平距离，要求尺身水平，如果量取斜距也要改算成水平距离；准，就是对点、投点、计算要准，丈量结果不能有错误，并符合精度要求。

（2）丈量时，前后尺手要配合好，尺身要置水平，尺要拉紧，用力要均匀，投点要稳，对点要准，尺稳定时再读数。

（3）钢尺在拉出和收卷时，要避免打卷。在丈量时，不要在地上拖拉钢尺，更不要扭折，防止行人踩和车压，以免折断。

（4）尺子用过后，要用软布擦干净，涂以防锈油，再卷入盒中。

1.1.4　全站仪及其使用

全站型电子速测仪简称全站仪，它是一种可以同时进行角度（水平角、竖直角）测量、距离（斜距、平距、高差）测量和数据处理，由机械、光学、电子元件组合而成的测量仪器。由于只需一次安置，仪器便可以完成测站上所有的测量工作，故被称为"全站仪"。

全站仪的结构上半部分包含测量的四大光电系统，即水平角测量系统、竖直角测量系统、水平补偿系统和测距系统。通过键盘可以输入操作指令、数据和设置参数。以上各系统通过 I/O 接口接入总线与微处理机联系起来。

微处理机（CPU）是全站仪的核心部件，主要有寄存器系列（缓冲寄存器、数据寄存器、指令寄存器）、运算器和控制器。微处理机的主要功能是根据键盘指令启动仪器进行测量工作，执行测量过程中的检核和数据传输、处理、显示、储存等工作，保证整个光电测量工作有条不紊地进行。输入输出设备是与外部设备连接的装置（接口），输入输出设备使全站仪能与磁卡和微机等设备交互通信、传输数据。

不同型号的全站仪，其具体操作方法会有较大的差异。下面简要介绍全站仪的基本操作与使用方法。

1.1.4.1　水平角测量

(1)按角度测量键,使全站仪处于角度测量模式,照准第一个目标 *A*。

(2)设置 *A* 方向的水平度盘读数为 $0°00'00''$。

(3)照准第二个目标 *B*,此时显示的水平度盘读数即为两方向间的水平夹角。

1.1.4.2　距离测量

(1)设置棱镜常数。测距前须将棱镜常数输入仪器中,仪器会自动对所测距离进行改正。

(2)设置大气改正值或气温、气压值。光在大气中的传播速度会随大气的温度和气压而变化,15 ℃ 和 760 mmHg 是仪器设置的一个标准值,此时的大气改正为 0 ppm(1 ppm = 10^{-6})。实测时,可输入温度和气压值,全站仪会自动计算大气改正值(也可直接输入大气改正值),并对测距结果进行改正。

(3)量仪器高、棱镜高并输入全站仪。

(4)距离测量。照准目标棱镜中心,按测距键,距离测量开始,测距完成时显示斜距、平距、高差。

全站仪的测距模式有精测模式、跟踪模式、粗测模式三种。精测模式是最常用的测距模式,测量时间约 2.5 s,最小显示单位为 1 mm;跟踪模式,常用于跟踪移动目标或放样时连续测距,最小显示一般为 1 cm,每次测距时间约 0.3 s;粗测模式,测量时间约 0.7 s,最小显示单位为 1 cm 或 1 mm。在距离测量或坐标测量时,可按测距模式(MODE)键选择不同的测距模式。

应注意,有些型号的全站仪在距离测量时不能设定仪器高和棱镜高,显示的高差值是全站仪横轴中心与棱镜中心的高差。

1.1.4.3　坐标测量

(1)设定测站点的三维坐标。

(2)设定后视点的坐标或设定后视方向的水平度盘读数为其方位角。当设定后视点的坐标时,全站仪会自动计算后视方向的方位角,并设定后视方向的水平度盘读数为其方位角。

(3)设置棱镜常数。

(4)设置大气改正值或气温、气压值。

(5)量仪器高、棱镜高并输入全站仪。

(6)照准目标棱镜,按坐标测量键,全站仪开始测距并计算、显示测点的三维坐标。

1.2　放线、记录、计算基本知识

1.2.1　基本元素的放样

在测量工作中,不论采用哪种测量方法,都是通过测量角度(方向)、长度和高程来求得点的空间位置;而在放样工作中,同样,不论采用哪种放样方法,也都是通过放样角度

（方向）、长度和高程来标定实地点位。因此,把放样角度、长度和高程称为基本元素的放样。

1.2.1.1　放样角度

放样角度（水平角）,又称拨角。它是通过某一顶点的固定方向为起始方向,再通过同一顶点设定另一方向线,使两方向线的夹角等于设计角度值。

直接法放样角度:如图 2-1-10 所示 ,OA 是已知方向线,现要求过 O 点设置第二条方向线,使其与 OA 方向线的夹角等于 β（β 为设计角度值）,直接放样角度的步骤是:于 O 点安置经纬仪,用盘左(正镜)位置以 OA 方向定向（后视方向）,转动照准部,拨出设计角值 β ,固定望远镜 ,在视准线内适当位置标定 B_1（要求 OB_1 尽量长些）。为消除仪器误差影响,用盘右(倒镜)位置,以同样方法标定 B_2 ,且使 OB_2 和 OB_1 尽量相等。取 B_1、B_2 连线的中点 B_0 ,并将 B_0 用标志固定下来,得方向线 OB_0 ,则 $\angle AOB_0$ 即为测设于实地的设计角值。

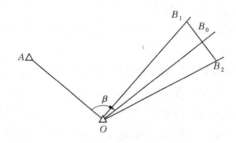

图 2-1-10　直接法放样角度

用永久标志固定 B_0 点,则 OB_0 就是最后所求的方向线。

1.2.1.2　放样长度

放样长度(水平距离),就是在给定的方向上标定两点,使两点间的长度等于设计长度。

当放样长度的精度要求不高时,可采用直接法进行放样。若放样的长度不超过一尺段 ,可自固定点标志起,沿设定方向拉平尺子,在尺上读取设计长度,并在实地作标志,按同法标定两次,取其中数作为最后标定的依据。

若设计长度超过一尺段,应先进行定线,在给定的方向上定出各尺段的端点桩。在定线方向上量取整尺段长度,然后量取不足一尺段的长度值,一般量取两次,取其中数进行标定。

定线一般采用经纬仪,根据现场情况,可采用内插定线法或外插定线法。不论采用哪种定线方法,都要用正、倒镜取中数,定线的距离也不宜太长,以免影响定线的精度。

1.2.1.3　放样高程

在各种工程的施工过程中,都需要放样设计高程。放样高程的方法主要有几何水准测量法、钢卷尺直接丈量法和三角高程测量法等。用几何水准测量方法放样高程时,要求以必要的精度和密度引测高程控制点,要求设一个站就能放样出设计点的高程。下面介绍设一站测设高程的方法。

如图 2-1-11 所示, A 点为水准点, 其高程为 H_A , B 点为设计高程位置, 其设计高程为 H_B 。现在要用水准测量的方法, 根据水准点 A 和 B 的设计高程, 标定 B 的位置。在 A 、 B 之间安置水准仪, 并在 A 、 B 点上设立水准标尺。若水准仪对 A 点上水准标尺上的读数为 a , 则水准仪在 B 点上水准标尺上的读数应为 b 。

$$b = H_A + a - H_B \qquad (2\text{-}1\text{-}10)$$

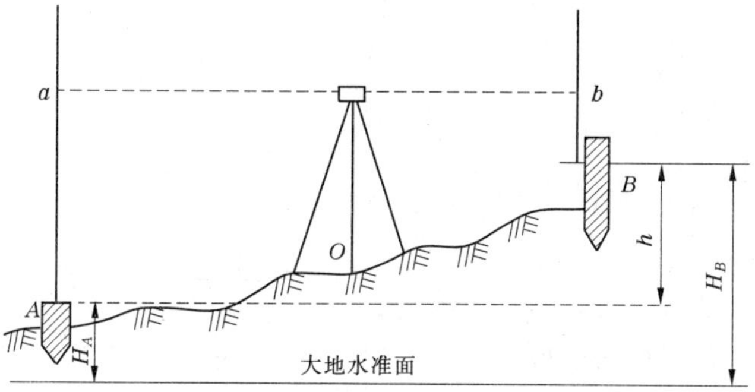

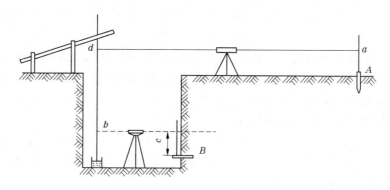

图 2-1-11　高程放样示意图

这时观测员指挥 B 点标尺员上下移动标尺, 当仪器在 B 点标尺上的读数正好为 b 时, 标记标尺底面的位置, 此即高程为 H_B 的 B 点位置。

若放样的高程与水准点高程相差较大, 例如, 往高层建筑物或往坑道内放样高程等。可采用两台水准仪和借助悬挂钢尺的方法进行放样。

图 2-1-12 是向坑道内放样高程。设 A 点为水准点, 其高程为 H_A , B 点的设计高程为 H_B 。这时在坑道内悬挂一根经过检定的钢尺 L , 在地面和坑道内同时安置水准仪。若地面上水准仪在 A 点标尺上的读数为 a , 在钢尺上的读数为 d ; 地下水准仪在钢尺上的读数为 b , 则在 B 点标尺上的读数应为 c 。

$$b = H_A + a - (c - d) - H_B \qquad (2\text{-}1\text{-}11)$$

这时 B 点标尺底面正是设计高程的位置。在高程放样精度要求较高或水准点高程与放样点高程相差较大时, 观测结果应加入钢尺的尺长、温度和拉力改正数。

图 2-1-12　坑道放样高程示意图

为了测设高程, 通常在建筑场地上加密有足够密度的临时水准点, 安置一次仪器即可将高程从临时水准点上传递到待设点上。

1.2.2　放样的基本方法

1.2.2.1　直角坐标法直接放样点位

如果施工控制网的边与施工坐标系的坐标轴平行,用直角坐标法放样点位是比较方便的。其放样元素就是设站点与待设点之间的坐标差。

如图 2-1-13 所示,A、B、C 为控制点,且 AB 和 AC 分别平行于施工坐标系的 X 轴和 Y 轴。P 为待设点,则在 A 点设站用直角坐标法放样 P 点的放样元素为

$$\Delta X = X_P - X_A \qquad (2\text{-}1\text{-}12)$$
$$\Delta Y = Y_P - Y_A \qquad (2\text{-}1\text{-}13)$$

具体放样步骤是:首先在 A 点安置仪器,以 AB 边定向,在定向方向上量取距离 ΔX,得垂足点(过渡点)O。然后在垂足点 O 安置仪器、以 OA(或 OB)定向,顺时针拨角 270°(或 90°)。自 O 点沿视准面方向量取距离 ΔY,即得放样点 P 的位置,用标志将 P 点标定下来,

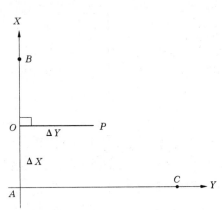

图 2-1-13　直角坐标法直接放样点位

根据场地具体情况,也可沿 AC 方向设置垂足点放样 P 点。

直角坐标法放样点位,实质上是放样长度(ΔX,ΔY)和放样角度(90°或 270°)。

1.2.2.2　极坐标法直接放样点位

极坐标法放样点位,是在一个控制点上设站,根据一已知方向,通过放样角度和放样长度来实现放样点位的。它要求设站点必须与另一个控制点和放样点通视。

图 2-1-14 中,A、B 是彼此通视的两个控制点,P 为放样点。我们可以根据控制点 A、B 和放样点 P 的坐标,按极坐标法放样元素。

$$\alpha_{BA} = \arctan \frac{(y_A - y_B)}{(x_A - x_B)} \qquad (2\text{-}1\text{-}14)$$
$$\beta = \alpha_{BP} - \alpha_{BA} \qquad (2\text{-}1\text{-}15)$$
$$S = \sqrt{(x_P - x_B)^2 + (y_P - y_B)^2} \qquad (2\text{-}1\text{-}16)$$

极坐标法直接放样点位的步骤是:在 B 点安置经纬仪,正镜以 A 点方向,顺时针方向拨角 β,定 BP'方向线,倒镜按上述方法定 BP''方向线,取两方向线的平均值 BP。自 B 点沿 BP 方向量取距离 S(量两次取中数)得 P 点。

1.2.2.3　角度前方交会法直接放样点位

在通视良好而又不便于量距的情况下,例如,在桥梁施工中放样桥墩位置时,用角度前方交会法是方便的。角度前方交会法是从两个或两个以上的控制点上测设角度,利用所测设的方向线就可交会出放样点点位。

图 2-1-15 是从两个控制点进行前方交会的情况,图中 A、B 为控制点。

先用控制点坐标和放样点设计坐标计算方位角 α_{AP} 和 α_{BP},再计算角度前方交会的放样元素 β_a 和 β_b。

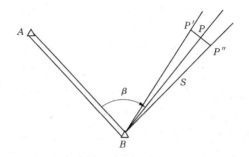

图 2-1-14　极坐标法直接放样点位

$$\beta_a = \alpha_{AP} - \alpha_{AB} \qquad (2\text{-}1\text{-}17)$$
$$\beta_b = \alpha_{BA} - \alpha_{BP} \qquad (2\text{-}1\text{-}18)$$

具体放样的步骤是:在 A 点安置经纬仪,以 B 点定向,顺时针方向转角($360°-\beta_a$),得方向线 AP,倒镜再放样一次,取平均值,并在 P 点附近设置方向线 1—1′,同法在 B 点安置经纬仪,以 A 点定向,顺时针转角 β_b,在 P 点附近设置方向线 2—2′。用拉线法或骑马桩法定出两方向线的交点,这个交点就是放样点 P。

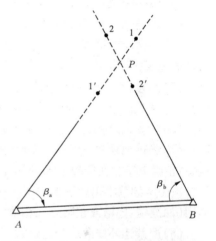

若条件许可,在 A、B 两点同时安置仪器,分别以 B、A 定向,拨出设计角度($360°-\beta_a$)和 β_b,两台仪器观测员同时指挥放样点处的工作人员移动标志,用逐渐趋近的方法,使标志位于两台仪器的视准轴线的交点上。

图 2-1-15　角度前方交会法直接放样点位

1.2.2.4　距离交会法直接放样点位

距离交会法,又称长度交会法。当场地平坦、便于量距和控制点到待设点的距离不长时,用这种方法测设点位是方便的。

图 2-1-16 中 A、B 为控制点,P 为待设点。根据控制点和待设点的坐标,计算放样元素(两交会边长)a 和 b

$$a = \sqrt{(X_P - X_B)^2 + (Y_P - Y_B)^2} \qquad (2\text{-}1\text{-}19)$$

$$b = \sqrt{(X_P - X_A)^2 + (Y_P - Y_A)^2} \qquad (2\text{-}1\text{-}20)$$

如果两交会边长不超过一尺段,可分别以 A、B 为圆心,以 b、a 为半径,钢尺在实地画

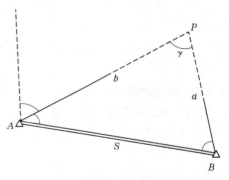

图 2-1-16　距离交会法直接放样点位

圆弧,两圆弧的交点即为待设点 P。如果两交会边较长和具有两台电磁波测距仪的条件下,可用电磁波测距仪直接测设 P 点,这时需在 A、B 点上同时设置测距仪,在 P 点附近设

镜站,测距仪根据所测边长值,指挥镜站移动棱镜,用逐渐趋近的方法,使两台测距仪所测距离正好分别等于b、a,这时棱镜位置即放样点P。

1.2.3　数据记录

（1）记录的测量数据是重要的原始观测资料,是内业数据处理的依据,要保证真实性,严禁伪造,谨防丢失。

（2）测量记录应用2H铅笔书写,字高应稍大于格子的一半,字脚靠近底线,字迹应工整、清晰。一旦记录中出现错误,便可在留出的空隙处对错误的数字进行更正。

（3）记录观测数据之前,应将表头栏目填写齐全,不得空白。凡记录表格上规定填写的项目应填写齐全。

（4）观测过程中,坚持回报制度。观测者读完读数,记录者复诵,防止读错、听错或记错。得到观测者默许后,方可记入手簿。若记录者复诵错误,观测者应及时纠正后,记录者方可记录于手簿中。

（5）读数和记录数据的位数应齐全,不得随意缺省。如在普通水准测量中,水准尺读数0325,度盘读数$4°03'06''$,其中的"0"均不能省略。

（6）观测记录必须直接填写在规定的表格内,不得用其他纸张记录再行转抄。

（7）测量记录严禁擦拭、涂改、挖补或就字改字。发现错误应在错误处用细横线划去,将正确数字写在原数上方,不得使原字模糊不清。淘汰某整个部分时可用斜线划去,保持被淘汰的数字仍然清晰。所有记录的修改和观测成果的淘汰,均应在备注栏内注明原因（如测错、记错或超限等）,但观测数据的尾数出错不得更改,而必须重测重记。

（8）严禁连环修改。若已修改了平均数,则不准再改动计算得此平均数的任何一个原始数据。若已改正了一个原始读数,则不准再改其平均数。假如两个读数均错误,则应重测重记,即相关的记录数字只能改正一个。

（9）凡废去的记录或页码,应从左下角至右上角以细实线划去,不得涂抹或撕页,并在备注栏注明原因。

（10）应保持原始记录的整洁,严禁在记录表格内外和背面书写无关的内容。

（11）每测站观测结束,应在现场完成计算和检核,确认合格后方可迁站。试验结束,应按规定每人或每组提交一份记录手簿或试验报告。

1.2.4　计算

1.2.4.1　外业计算

根据外业观测数据完成外业的相关计算,并对观测结果进行计算检核和精度检核。观测结果若达到规定精度要求,可进行后续内业数据计算处理工作;否则,应查找原因,进行补测或重测。

1.2.4.2　内业数据计算处理

内业数据计算处理应遵循内业计算不得降低外业观测精度的原则进行。

观测值平差值计算:根据闭合差及其影响因素计算改正数,进而求出观测值的平差值。

推算元素计算:观测值函数的最或然值(即算术平均值)计算应根据起算数据和观测值的平差值按相应的函数关系进行推算。

精度评定:按相应的计算公式进行。

1.2.4.3　测量计算应遵循的规定

测量计算应遵循"步步有检核"的规定,必须完成规定的计算检核项目。本步检核未通过,不得进行下一步计算,以确保计算结果的正确性,避免不必要的返工。

1.2.4.4　数值的近似计算

有效数字:如果一个近似数的最大凑整不超过该数最末位的 0.5 个单位,则从这个数字起一直到该数最左面第一个不为零的数为止,称为该数的有效数字,并用其位数表示。

数值舍入规定:"4 舍 6 入,5 前单进双不进",即舍去部分的数值大于所保留末位的 0.5 时,末位加一;舍去部分的数值小于所保留末位的 0.5 时,末位不变;舍去部分的数值恰好等于所保留末位的 0.5 时,末位凑整为偶数。如 1.314 4、1.313 6、1.314 5、1.313 5 等数,若取三位小数,则均记为 1.314。

数字运算中的取位:对于加减运算,以小数位数字最少的数为标准,其余各数均凑整成比该数多一位;对于乘除运算,积的有效数字的个数与计算因子中有效数字个数最小的相同。最后成果的有效数字应不超过原始资料的有效数字。

第 2 章　工程材料

2.1　土的物理性质及其工程分类

自然界的土是由岩石经风化、搬运、堆积而形成的。因此,母岩成分、风化性质、搬运过程和堆积的环境是影响土的组成的主要因素,而土的组成又是决定地基土工程性质的基础。

2.1.1　土的三相组成

土是由固体颗粒、水和气体三部分组成的,通常称为土的三相组成。

2.1.1.1　土的固相

土的固相物质包括无机矿物颗粒和有机质,是构成土的骨架最基本的物质,称为土粒。土粒应从其矿物成分、颗粒的大小和形状来描述。

1) 土的矿物成分

土的矿物成分可以分为原生矿物和次生矿物两大类。

原生矿物是指岩浆在冷凝过程中形成的矿物,如石英、长石、云母等。

次生矿物是由原生矿物经过风化作用后形成的新矿物,如三氧化二铝、三氧化二铁、次生二氧化硅、黏土矿物以及碳酸盐等。

2) 土的粒度成分

天然土是由大小不同的颗粒组成的,土粒的大小称为粒度。一般描述土粒大小及各种颗粒的相对含量的方法有两种:对粒径大于 0.075 mm 的土粒常用筛分析的方法,而对粒径小于 0.075 mm 的土粒则用沉降分析的方法。工程上常用不同粒径颗粒的相对含量来描述土的颗粒组成情况,这种指标称为粒度成分。

A. 土的粒组划分

天然土的粒径一般是连续变化的,为了描述方便,工程上常把大小相近的土粒合并为组,称为粒组。粒组的划分,各个国家不尽相同,我国现在常用的各粒组名称及其分界粒径尺寸见表 2-2-1。

表 2-2-1　粒组划分标准

粒组名称	粒组范围(mm)	粒组名称	粒组范围(mm)
漂石(块石)粒组	>200	砂粒粒组	0.075 ~ 2
卵石(碎石)粒组	20 ~ 200	粉粒粒组	0.005 ~ 0.075
砾石粒组	2 ~ 20	黏粒粒组	<0.005

B. 粒度成分及其表示方法

土的粒度成分是指土中各种不同粒组的相对含量(以干土质量的百分比表示),常用的粒度成分的表示方法有表格法、累计曲线法。

(1)表格法。是以列表形式直接表达各粒组的相对含量。它用于粒度成分的分类是十分方便的,例如表 2-2-2 给出了 3 种土样的粒度成分分析结果。

表 2-2-2　粒度成分分析结果　　　　　　　　　　(%)

粒组(mm)	土样 A	土样 B	土样 C	粒组(mm)	土样 A	土样 B	土样 C
10 ~ 5	—	25.0	—	0.10 ~ 0.075	9.0	4.6	14.4
5 ~ 2	3.1	20.0	—	0.075 ~ 0.01	—	8.1	37.6
2 ~ 1	6.0	12.3	—	0.01 ~ 0.005	—	4.2	11.0
1 ~ 0.5	16.4	8.0	—	0.005 ~ 0.001	—	5.2	18.0
0.5 ~ 0.25	40.5	6.2	—	< 0.001	—	1.5	11.0
0.25 ~ 0.10	25.0	4.9	8.0				

(2)累计曲线法。是一种图示的方法,通常用半对数纸绘制,横坐标(按对数比例尺)表示某一粒径,纵坐标表示小于某一粒径的土粒的百分含量。表 2-2-2 中三种土的累计曲线如图 2-2-1 所示。

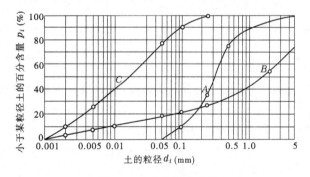

图 2-2-1　土的累计曲线

在累计曲线上,可确定两个描述土的级配的指标:

不均匀系数

$$C_u = \frac{d_{60}}{d_{10}} \tag{2-2-1}$$

曲率系数

$$C_s = \frac{(d_{30})^2}{d_{60}d_{10}} \tag{2-2-2}$$

式中　d_{10}、d_{30}、d_{60}——相当于累计百分含量为 10%、30% 和 60% 的粒径;

　　　d_{10}——有效粒径;

　　　d_{60}——限制粒径。

不均匀系数 C_u 反映大小不同粒组的分布情况，$C_u < 5$ 的土称为匀粒土，级配不良；C_u 越大，表示粒组分布范围越广，$C_u > 10$ 的土级配良好。但如 C_u 过大，表示可能缺失中间粒径，属不连续级配，故需同时用曲率系数来评价。曲率系数则是描述累计曲线整体形状的指标。

3) 粒度成分分析方法

对于粗粒土，可以采用筛分法；而对于细粒土，则必须用沉降分析法分析粒度成分。

筛分法是用一套不同孔径的标准筛把各种粒组分离出来。目前，我国用筛的最小孔径为 0.075 mm。在采用最小孔径的筛子做筛分试验时应当采用水筛的方法，才能把连结在一起的细颗粒分开。通过孔径 0.075 mm 筛子的土粒用筛分法无法再加以细分，这就需要用沉降分析法。

沉降分析法测定土的粒度成分可用两种方法，即比重计法和移液管法。比重计是用来测定液体密度的一种仪器，对于不均匀的液体，从比重计读出的密度只表示浮泡形心处的液体密度。移液管法是用一种特定的装置在一定深度处吸出一定量的悬液，用烘干的方法求出其密度。用上述二种方法都可以求出土粒的粒径和累计百分含量。

2.1.1.2　土的液相

土的液相是指存在于孔隙中的水。按照水与土相互作用程度的强弱，可将土中水分为结合水和自由水两大类。

2.1.1.3　土的气相

土的气相是指充填在土的孔隙中的气体，包括与大气连通的和不连通的。

2.1.2　土的物理状态

2.1.2.1　土的密度

土的密度按孔隙中充水程度不同，有天然密度（湿密度）、干密度之分。

1) 天然密度

天然状态下土的密度称天然密度，用下式表示

$$\rho = \frac{m}{V} = \frac{m_s + m_w}{V_s + V_v} \tag{2-2-3}$$

式中　ρ——土的天然密度，g/cm^3；

　　　m——土的质量，g；

　　　V——土的体积，cm^3；

　　　m_s——干固体颗粒的质量，g；

　　　m_w——土中所含水的质量，g；

　　　V_s——土固体颗粒的体积，cm^3；

　　　V_v——土中孔隙部分的体积，cm^3。

土的密度取决于土粒的密度、孔隙体积的大小和孔隙中水的质量多少，它综合反映了土的物质组成和结构特征。

2) 干密度

土的孔隙中完全不含水时的密度，称干密度，是指土单位体积中土粒的重量，即固体

颗粒的质量与土的总体积之比值

$$\rho_{\mathrm{d}} = \frac{m_{\mathrm{s}}}{V} \qquad (2\text{-}2\text{-}4)$$

土的干密度一般为 $1.4 \sim 1.7$ g/cm^3。

在工程上常把干密度作为评定土体紧密程度的标准,以控制填土工程的施工质量。

2.1.2.2　含水率(含水量)

土的含水率定义为天然土中水的质量与土粒质量之比,以百分数表示,即

$$w = \frac{m_{\mathrm{w}}}{m_{\mathrm{s}}} \times 100\% = \frac{m - m_{\mathrm{s}}}{m_{\mathrm{s}}} \times 100\% \qquad (2\text{-}2\text{-}5)$$

土的含水率也可用土的密度与干密度计算得到

$$w = \frac{\rho - \rho_{\mathrm{d}}}{\rho_{\mathrm{d}}} \times 100\% \qquad (2\text{-}2\text{-}6)$$

室内测定一般用"烘干法",先称小块原状土样的湿土质量,然后置于烘箱内维持 $100 \sim 105$ ℃ 烘至恒重,再称干土质量,湿、干土质量之差与干土质量的比值就是土的含水率。

天然状态下土的含水率称土的天然含水率。一般砂土天然含水率都不超过 40%,以 10% ~30% 最为常见;一般黏土大多在 10% ~80%,常见值为 20% ~50%。

2.1.2.3　黏性土的界限含水率

1)黏性土的状态与界限含水率

含水率很大时土就会成为泥浆,是一种黏滞流动的液体,称为流动状态;含水率逐渐减少时,黏滞流动的特点渐渐消失而显示出塑性。当含水率继续减少时,则发现土的可塑性逐渐消失,从可塑状态变为半固体状态。同时土的体积随着含水率的减小而减小,但当含水率很小的时候,土的体积却不再随含水率减小而减小了,这种状态称为固体状态。从一种状态变到另一种状态的分界点称为分界含水率,流动状态与可塑状态间的分界含水率称为液限 w_{L};可塑状态与半固体状态间的分界含水率称为塑限 w_{P};半固体状态与固体状态的分界含水率称为缩限 w_{S}。

塑限 w_{P} 是用搓条法测定的。把塑性状态的土在毛玻璃板上用手搓条,在缓慢的、单方向的搓动中土膏内的水分渐渐蒸发,如搓到土条的直径为 3 mm 左右断裂为若干段,则此时的含水率即为塑限 w_{P}。

液限 w_{L} 可用两种方法测定。我国采用平衡锥式液限仪测定,平衡锥重为 76 g,锥角为 30°。试验时使平衡锥在自重作用下沉入土膏,当达到规定的深度时的含水率即为液限 w_{L}。

2)塑性指数

可塑性是黏性土区别于砂土的重要特征。可塑性的大小用土处在塑性状态的含水率变化范围来衡量,从液限到塑限含水率的变化范围愈大,土的可塑性愈好。这个范围称为塑性指数 I_{P}

$$I_{\mathrm{P}} = w_{\mathrm{L}} - w_{\mathrm{P}} \qquad (2\text{-}2\text{-}7)$$

塑性指数习惯上用不带百分号的数值表示。由于塑性指数在一定程度上综合反映了

影响黏性土特征的各种因素,故工程上常按塑性指数对黏性土进行分类。

　　3)液性指数

　　液性指数是指黏性土的天然含水率和塑限的差值(除去%)与塑性指数之比,用 I_L 表示,即

$$I_L = \frac{w - w_P}{w_L - w_P} = \frac{w - w_P}{I_P} \tag{2-2-8}$$

　　根据液性指数,可将黏性土划分为坚硬、硬塑、可塑、软塑及流塑五种状态,其划分标准见表2-2-3。

表2-2-3　黏性土状态的划分

状态	坚硬	硬塑	可塑	软塑	流塑
液性指数	$I_L \leqslant 0$	$0 < I_L \leqslant 0.25$	$0.25 < I_L \leqslant 0.75$	$0.75 < I_L \leqslant 1.0$	$I_L > 1$

2.1.3　土的压实性

　　通常采用击实试验测定扰动土的压实性指标,即土的压实度(压实系数);在现场通过夯打、碾压或振动达到工程填土所要求的压实度。

2.1.3.1　击实(压实)试验及土的压实特性

　　击实试验是在室内研究土压实性的基本方法。击实试验分重型和轻型两种,它们分别适用于粒径不大于20 mm 的土和粒径小于5 mm 的黏性土。该试验所用的仪器称为击实仪,击实仪主要包括击实筒、击锤及导筒等。击锤质量分别为4.5 kg 和2.5 kg,落高分别为457 mm 和305 mm。试验时,将含水率一定的土样分层装入击实筒,每铺一层(共3~5层)后均用击锤按规定的落距和击数锤击土样,试验达到规定击数后,测定被击实土样含水率和干密度 ρ_d,如此取6~7个不同含水率的试样,并分别用上述方法击实,将结果以含水率 ω 为横坐标,干密度 ρ_d 为纵坐标,绘制一条曲线,该曲线即为击实曲线。

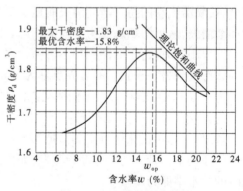

图 2-2-2　土的压实曲线

由图2-2-2可见,击实曲线具有如下特征:

　　(1)曲线具有峰值。峰值点所对应的纵坐标值为最大干密度 ρ_{dmax},对应的横坐标值为最优含水率,用 w_{op} 表示。最优含水率 w_{op} 是在一定击实(压实)功能下,使土最容易压实,并能达到最大干密度的含水率。w_{op} 一般为 w_P,工程中常按 $w_{op} = w_P + 2$ 选择制备土样含水率。

　　(2)当含水率低于最优含水率时,干密度受含水率变化的影响较大,即含水率变化对干密度的影响在偏干时比偏湿时更加明显。因此,击实曲线的左段(低于最优含水率)比右段的坡度陡。

（3）击实曲线必然位于饱和曲线的左下方，而不可能与饱和曲线有交点。这是因为当土的含水率接近或大于最优含水率时，孔隙中的气体越来越处于与大气不连通的状态，击实作用已不能将其排出土体，即击实土不可能被击实到完全饱和状态。

2.1.3.2 影响土压实性的因素

影响土压实性的因素主要有土类、级配、压实功能和含水率，另外土的毛细管压力以及孔隙压力对土的压实性也有一定的影响。

1）土类及级配的影响

在相同压实功能条件下，土颗粒越粗，最大干密度就越大，最优含水率越小，土越容易压实；土中含腐殖质多，最大干密度就小，最优含水率则大，土不易压实；级配良好的土压实后比级配均匀土压实后最大干密度大，而最优含水率要小，即级配良好的土容易压实。

2）压实功能的影响

压实功能是指压实每单位体积土所消耗的能量。击实试验中的压实功能是击锤质量、击锤落距与锤击数三者乘积除以击实筒的体积。图 2-2-3 表示同一种土样在不同的压实功能作用下所得到的压实曲线。由图 2-2-3 可见，随着压实功能的增大，压实曲线形态不变，但位置发生了向左上方的移动，即最大干密度 ρ_{dmax} 增大，而最优含水率 w_{op} 却减小，且压实曲线均靠近于饱和曲线，一般土达 w_{op} 时饱和度为 80% ~ 85%。图中曲线形态还表明，当土为偏干时，增加压实功能对提高干密度的影响较大，偏湿时则收效不大，故对偏湿的土企图用增大压实功能的办法提高它的密度是不经济的。所以，在压实工程中，土偏干时提高压实功能比偏湿时效果好。因此，若需把土压实到工程要求的干密度，必须合理控制压实时的含水率，选用适合的压实功，才能获得预期的效果。

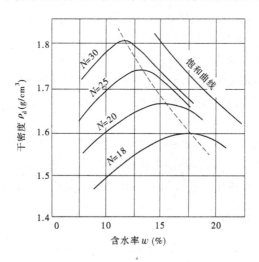

图 2-2-3 不同压实功能的压实曲线

3）含水率的影响

含水率的大小对土的压实效果影响极大，尤其是黏性土。在同一压实功能作用下，当土样含水率小于最优含水率时，随含水率增大，压实土干密度增大；而当土样含水率大于最优含水率时,随含水率增大,压实土干密度减小。

2.2　普通混凝土的组成材料

水泥混凝土是由水泥、砂、石、水这四种最基本的材料组成的,有时为改善其性能,常加入适量的外加剂和外掺料。在混凝土中,水泥与水形成水泥浆,水泥浆包裹在集料表面并填充其空隙。在硬化前,水泥浆与外加剂起润滑作用,赋予拌和物一定的和易性,便于施工。水泥浆硬化后,则将集料胶结成一个坚实的整体。砂、石称为集料,起骨架作用,砂子填充石子的空隙,砂、石构成的坚硬骨架可抑制由于水泥浆硬化和水泥石干燥而产生的收缩。

2.2.1　水泥

水泥在混凝土中起胶结作用,是混凝土中最重要的组成材料。水泥的品种和强度等级是影响混凝土强度、耐久性及经济性的重要因素。配制混凝土一般可选用硅酸盐水泥、普通硅酸盐水泥、矿渣硅酸盐水泥、火山灰质硅酸盐水泥和粉煤灰硅酸盐水泥。必要时也可以选用快硬水泥或其他水泥。选用何种水泥,应根据工程特点和所处的环境条件,参照有关规范规定选用。水泥强度等级的选择应与混凝土的设计强度等级相适应。一般在灌溉渠道中对混凝土强度要求不是很高,故一般情况下所选水泥强度以混凝土强度的1.5 ~ 2.0 倍为宜。

2.2.2　细集料(砂)

粒径在 0.15 ~ 4.75 mm 之间的集料称为细集料(砂);粒径大于 4.75 mm 的集料称为粗集料。混凝土的细集料主要采用天然砂和人工砂。

天然砂是岩石经风化、水流搬运和分选、堆积所形成的大小不等、由不同矿物散粒组成的混合物,按其产源不同又可分为河砂、湖砂、山砂及淡化海砂。河砂和海砂由于长期受水流的冲刷作用,颗粒表面比较圆滑、洁净,且产源较广,但海砂中常含有贝壳碎片及可溶盐等有害杂质。

人工砂是由人工采集的块石经破碎、筛分制成的,是未经除土处理的机制砂和混合砂的统称,包括机制砂、混合砂。机制砂是由机械破碎、筛分制成的,粒径小于 4.75 mm 的岩石颗粒。其颗粒尖锐,有棱角,较洁净,但片状颗粒及细粉含量较多,成本较高。

2.2.3　粗集料(石子)

混凝土中的粗集料是指粒径大于 4.75 mm 的岩石颗粒。粗集料是组成混凝土骨架的主要组分,其质量对混凝土工作性、强度及耐久性等有直接影响。因此,粗集料除应满足集料的一般要求外,还应对其颗粒形状、表面状态、强度、粒径及颗粒级配有一定的要求。

常用的粗集料有碎石和卵石。卵石又称砾石,它是由天然岩石经自然风化、水流搬运和分选、堆积形成的,按其产源可分为河卵石、海卵石及山卵石等几种,其中以河卵石应用较多。卵石中有机杂质含量较多,但与碎石比较,卵石表面光滑,棱角少,空隙率及表面积小,拌制的混凝土水泥浆用量少,和易性较好,但与水泥石胶结力差。在相同条件下,卵石混凝土的强度较碎石混凝土低。碎石由天然岩石或卵石经破碎、筛分而成,表面粗糙,棱角多,较洁净,与水泥浆黏结比较牢固。

2.2.4 混凝土拌和及养护用水

混凝土用水,按水源可分为引用水、地表水、地下水和海水,以及经适当处理或处置过的工业废水,拌制和养护混凝土。采用引用水、地表水和地下水,常溶有较多的有机质和矿物盐类,必须按标准规定检验合格后,方可使用。海水中含有较多的硫酸盐和氯盐,影响混凝土的耐久性和加速混凝土中钢筋的锈蚀,因此对于钢筋混凝土和预应力混凝土结构,不得采用海水拌制。对有饰面要求的混凝土,也不得采用海水拌制,以免因表面产生盐析而影响装饰效果。工业废水经检验合格后,方可用于拌制混凝土。生活污水的水质比较复杂,不能用于拌制混凝土。

2.2.5 混凝土外加剂

混凝土外加剂是一种在混凝土搅拌之前或拌制过程中加入的、用以改善新拌混凝土和(或)硬化混凝土性能的材料。以下简称外加剂。

根据国家标准《混凝土外加剂的分类、命名与定义》(GB 8075—2005),混凝土外加剂按其主要功能可分为四类:

(1)改善混凝土拌和物流变性能的外加剂,包括各种减水剂和泵送剂等。

(2)调节混凝土凝结时间、硬化性能的外加剂,包括缓凝剂、促凝剂和速凝剂等。

(3)改善混凝土耐久性的外加剂,包括引气剂、防水剂、阻锈剂和矿物外加剂等。

(4)改善混凝土其他性能的外加剂,包括膨胀剂、防冻剂、着色剂等。

2.2.6 混凝土的掺合料(外掺料)

为了节约水泥,改善混凝土性能,在普通混凝土中可掺入一些矿物粉末,称为掺合料。常用的有粉煤灰、烧黏土、硅粉及各种天然火山灰质混合材料等。

2.3 混凝土的主要技术性质

2.3.1 混凝土拌和物性能分析及评价

水泥混凝土在尚未凝结硬化以前,称为混凝土拌和物或新拌混凝土。新拌混凝土具有良好的工艺性质,称之为工作性(或和易性)。

2.3.1.1 和易性的概念

和易性是指混凝土拌和物易于施工操作(拌和、运输、浇筑、捣实)并能获得质量均匀、成型密实的性能。它是一项综合的技术性质,通常认为它包括流动性、黏聚性和保水性等三方面的含义。

1）流动性

流动性是指混凝土拌和物在本身自重或施工机械振捣的作用下,能产生流动,并均匀密实地填满模板的性能。其大小直接影响施工时振捣的难易和成型的质量。

2）黏聚性

黏聚性是指混凝土拌和物在施工过程中其组成材料之间有一定的黏聚力,不致产生分层和离析的现象。它反映了混凝土拌和物保持整体均匀性的能力。

3）保水性

保水性是指混凝土拌和物在施工过程中,保持水分不易析出、不致产生严重泌水现象的能力。有泌水现象的混凝土拌和物,分泌出来的水分易形成透水的开口连通孔隙,影响混凝土的密实性而降低混凝土的质量。

混凝土拌和物的流动性、黏聚性和保水性之间是互相联系、互相矛盾的。和易性就是这三方面性质在某种具体条件下矛盾统一的概念。

2.3.1.2　和易性的测定及指标选择

对塑性和流动性混凝土拌和物,用坍落度测定;对干硬性混凝土拌和物,用维勃稠度测定。

（1）坍落度。

坍落度测定方法是将被测的混凝土拌和物按规定方法装入高为 300 mm 的标准圆锥筒(称坍落筒)内,分层插实,装满刮平,垂直向上提起坍落筒,拌和物因自重而下落,其下落的距离(以 mm 为单位,精确至 5 mm),即为该拌和物的坍落度,以 T 表示,如图 2-2-4 所示。

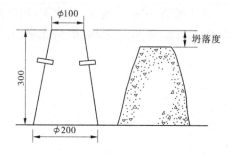

图 2-2-4　坍落度测定示意图　（单位:mm）

坍落度愈大,混凝土拌和物流动性愈大。根据坍落度的大小,可将混凝土拌和物分为:低塑性混凝土(10 ~ 40 mm),塑性混凝土(50 ~ 90 mm),流动性混凝土(100 ~ 150 mm),大流动性混凝土(160 ~ 190 mm),流态混凝土(200 ~ 220 mm)等 5 种级别。

（2）维勃稠度(VB 稠度)。

对于干硬或较干稠的混凝土拌和物(坍落度小于 10 mm),坍落度试验测不出拌和物稠度变化情况,宜用维勃稠度测定其和易性。

用图 2-2-5 所示装置,将坍落筒置于容器之内,并固定在规定的振动台上。先在坍落筒内填满混凝土,抽出坍落筒。然后,将附有滑杆的透明圆板放在混凝土顶部,开动马达振动至圆板的全部面积与混凝土接触时为止。测定所经过的时间秒数(s)作为拌和物的稠度值,称为维勃稠度值。维勃稠度值越大,混凝土拌和物越干稠。这种测定方法适用于集料不大于 40 mm、维勃稠度在 5~30 s 之间的拌和物稠度的测定。

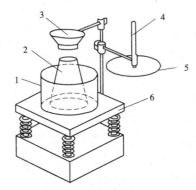

1—圆柱形容器;2—坍落度筒;3—漏斗;
4—测杆;5—透明圆盘;6—振动台

图 2-2-5　维勃稠度测定示意图

混凝土按维勃稠度值大小可分四级:超干硬性(≥31 s),特干硬性(≥30~21 s),干硬性(≥20~11 s),半干硬性(≥10~5 s)。

黏聚性的检查方法是用捣棒在已坍落的混凝土锥体侧面轻轻敲打。如果锥体逐渐下沉,则表示黏聚性良好,如果锥体倒坍、部分崩裂或出现离析现象,则表示黏聚性不好。

保水性以混凝土拌和物中稀浆析出的程度来评定,坍落筒提起后如有较多的稀浆从底部析出,锥体部分的混凝土也因失浆而集料外露,则表明此混凝土拌和物的保水性能不好。如坍落筒提起后无稀浆或仅有少量稀浆自底部析出,则表示此混凝土拌和物保水性良好。

2.3.1.3　影响和易性的主要因素

1)水泥品种及水泥浆的数量

不同品种的水泥,需水量不同,因此相同配合比时,拌和物的稠度也有所不同。需水量大者,其拌和物的坍落度较小,一般采用火山灰质硅酸盐水泥、矿渣硅酸盐水泥时,拌和物的坍落度较普通水泥时小些。

混凝土拌和物中水泥浆的多少也直接影响混凝土拌和物流动性的大小。在水灰比不变的条件下,单位体积拌和物中水泥浆愈多,拌和物的流动性愈大。若水泥浆过多,将会出现流浆现象,使拌和物的黏聚性变差,对混凝土的强度与耐久性会产生一定影响,且水泥用量也大,不经济;水泥浆过少,则不能填满集料空隙或不能很好包裹集料表面,不宜成型。因此,混凝土拌和物中水泥浆的含量应以满足流动性要求为准。

2)水灰比

在水泥用量不变的情况下,水灰比愈小,则水泥浆愈稠,混凝土拌和物的流动性愈小。当水灰比过小时,会使施工困难,不能保证混凝土的密实性。增加水灰比会使流动性加大,但水灰比过大,又会造成混凝土拌和物的黏聚性和保水性不良,产生泌水、离析现象,并严重影响混凝土的强度及耐久性。所以,水灰比不能过大或过小。水灰比应根据混凝土强度和耐久性要求,通过混凝土配合比设计确定。

无论是水泥浆的多少,还是水泥浆的稀稠,对混凝土拌和物流动性起决定作用的是用水量。

3)单位用水量

单位用水量实际上决定了混凝土拌和物中水泥浆的数量。在组成材料确定的情况下,混凝土拌和物的流动性随单位用水量的增加而增大。当水灰比一定时,若单位用水量小,则水泥浆数量过少,集料颗粒间没有足够的黏结材料,混凝土拌和物的黏聚性较差,易发生离析和崩坍,且不宜成型密实;若单位用水量过多,在混凝土拌和物流动性增加的同时,黏聚性和保水性也将随之变差,会由于水泥浆过多而出现泌水、分层或流浆现象,致使拌和物离析。单位用水量过多还会导致混凝土产生收缩裂缝,使混凝土强度和耐久性严重降低。此外,在水灰比不变的情况下,水泥用量也随着单位用水量的增加而增加,不经济。

4)砂率

砂率是指混凝土拌和物内,砂的质量占砂、石总质量的百分数。单位体积混凝土中,在水泥浆量一定的条件下,砂率过小,则砂浆数量不足以填满石子的空隙体积,而且不能形成足够的砂浆层以包裹石子表面,这样,不仅拌和物的流动性小,而且黏聚性及保水性均较差,产生离析、流浆现象。若砂率过大,集料的总表面积及空隙率增大,包裹砂子表面的水泥浆层相对减薄,甚至水泥浆不足以包裹所有砂粒,使砂浆干涩,拌和物的流动性随之减小。砂率对坍落度的影响如图2-2-6所示。因此,砂率不能过小也不能过大,应选取最优砂率,即在水泥用量和水灰比不变的条件下,拌和物的黏聚性、保水性符合要求,同时流动性最大的砂率。同理,在水灰比和坍落度不变的条件下,水泥用量最小的砂率也是最优砂率。为了节约水泥,在工程中常采用最优砂率。

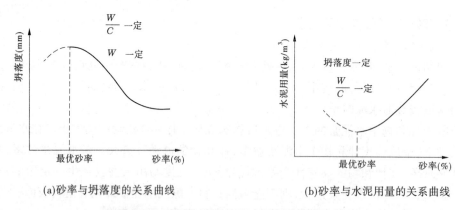

(a)砂率与坍落度的关系曲线　　　　　(b)砂率与水泥用量的关系曲线

图2-2-6　砂率与坍落度及水泥用量的关系曲线

5)原材料品种及性质

水泥的品种、颗粒细度,集料的颗粒形状、表面特征、级配、外加剂等对混凝土拌和物和易性都有影响。采用矿渣硅酸盐水泥拌制的混凝土流动性比普通硅酸盐水泥拌制的混凝土流动性小,且保水性差;水泥颗粒越细,混凝土流动性越小,但黏聚性及保水性较好。

卵石拌制的混凝土拌和物比碎石拌制的流动性好;河砂拌制的混凝土流动性好;级配好的集料,混凝土拌和物的流动性也好。加入减水剂和引气剂可明显提高拌和物的流动性;引气剂能有效地改善拌和物的保水性和黏聚性。

6)外加剂

外加剂对混凝土拌和物的影响较大,在混凝土拌和物中加入少量的外加剂,可在不增加用水量和水泥用量的情况下,有效地改善混凝土拌和物的和易性,同时可提高混凝土的强度和耐久性。

7)其他方面

影响混凝土拌和物和易性的因素还有温度、湿度、养护时间等。环境温度升高,水泥水化速度加快,水分蒸发增加,将导致混凝土拌和物坍落度减小,因此在夏季长距离运输时,应采取措施减少混凝土拌和物流动性的损失。

2.3.2　混凝土的强度

强度是混凝土最重要的力学性质。混凝土的强度包括抗压强度、抗拉强度、抗弯强度和抗剪强度及与钢筋的黏结强度等,其中抗压强度最大,抗拉强度最小,故混凝土主要用来承受压力。

2.3.2.1　混凝土的抗压强度

混凝土的抗压强度,是指其标准试件在压力作用下直到破坏时单位面积所能承受的最大应力。混凝土结构物常以抗压强度为主要参数进行设计,而且抗压强度与其他强度及变形有良好的相关性。因此,抗压强度常作为评定混凝土质量的指标,并作为确定强度等级的依据,在实际工程中提到的混凝土强度一般是指抗压强度。

按照国家标准《普通混凝土力学性能试验方法标准》(GB/T 50081—2002),制作边长为 150 mm 的立方体试件,在标准养护条件(温度(20 ± 2)℃、相对湿度 95% 以上)下,养护至 28 d 龄期,用标准试验方法测得的极限抗压强度,称为混凝土标准立方体抗压强度,以 f_{cu} 表示。

按《混凝土结构设计规范》(GB 50010—2001)的规定,在立方体极限抗压强度总体分布中,具有 95% 强度保证率的立方体试件抗压强度,称为混凝土立方体抗压强度标准值(以 MPa 即 N/mm^2 计),以 $f_{cu,k}$ 表示。立方体抗压强度标准值是按数理统计处理方法达到规定保证率的某一数值,它不同于立方体试件抗压强度。

混凝土强度等级是按混凝土立方体抗压强度标准值来划分的,采用符号 C 和立方体抗压强度标准值表示(混凝土的标准养护时间为 28 d,若采用长龄期养护,须在符号 C 右下角注明养护时间,如养护时间为 90 d,强度 15 MPa,则表示为 $C_{90}15$)。混凝土强度可分为 C7.5、C10、C15、C20、C25、C30、C35、C40、C45、C50、C55、C60 等 12 个等级。例如,强度等级为 C25 的混凝土,是指 25 MPa ≤ $f_{cu,k}$ < 30 MPa 的混凝土。

2.3.2.2　影响混凝土强度的因素

影响混凝土强度的因素主要有水泥石的强度及其与骨料的黏结强度,另外还与材料之间的比例关系(水灰比、灰骨比、集料级配)、施工方法(拌和、运输、浇筑、养护)以及试验条件(龄期、试件形状与尺寸、试验方法、温度及湿度)等有关。

1)水泥强度等级和水灰比

水泥强度的大小直接影响着混凝土强度的高低。在配合比相同的条件下,所用的水泥强度等级越高,配制的混凝土强度也越高。当用同一种水泥(品种及强度等级相同)时,混凝土的强度主要取决于水灰比。水灰比愈大,混凝土强度愈低;水灰比愈小,拌和物愈干硬,在一定的捣实成型条件下,无法保证浇筑质量,混凝土中将出现较多的蜂窝、孔洞,强度也将下降。试验证明,混凝土强度随水灰比的增大而降低,呈曲线关系,而混凝土强度和灰水比的关系,则呈直线关系。

2)集料的种类与级配

集料中有害杂质过多且品质低劣时,将降低混凝土的强度。集料表面粗糙,则与水泥石黏结力较大,混凝土强度高。集料级配良好、砂率适当,能组成密实的骨架,混凝土强度也较高。

3)混凝土外加剂与掺合料

在混凝土中掺入早强剂可提高混凝土早期强度;掺入减水剂可提高混凝土强度;掺入一些掺合料可配制高强度混凝土。详细内容见混凝土外加剂及掺合料部分。

4)养护温度和湿度

混凝土浇筑成型后,所处的环境温度和湿度对混凝土的强度影响很大。混凝土的硬化,在于水泥的水化作用,周围温度升高,水泥水化速度加快,混凝土强度发展也就加快;反之,温度降低,水泥水化速度降低,混凝土强度发展将相应迟缓。湿度适当时,水泥水化能顺利进行,混凝土强度得到充分发展。如果湿度不够,会影响水泥水化作用的正常进行,甚至停止水化。因此,混凝土成型后一定时间内必须保持周围环境有一定的温度和湿度,使水泥充分水化,以保证获得较好质量的混凝土。

5)硬化龄期

混凝土在正常养护条件下,其强度将随着龄期的增长而增长。最初 7~14 d 内,强度增长较快,28 d 达到设计强度。以后增长缓慢,若保持足够的温度和湿度,强度的增长将延续几十年。

6)施工工艺

混凝土的施工工艺包括配料、拌和、运输、浇筑、养护等工序,每一道工序对其质量都有影响。若配料不准确、误差过大,搅拌不均匀,拌和物运输过程中产生离析,振捣不密实,养护不充分等均会降低混凝土强度。因此,在施工过程中,一定要严格遵守施工规范,确保混凝土的强度。

2.3.2.3　提高混凝土强度的技术措施

1)采用高强度水泥和特种水泥

为了提高混凝土强度可采用高强度水泥,对于抢修工程、桥梁拼装接头、严寒的冬季施工以及其他要求早强的结构物,则可采用特种水泥配制的混凝土。

2)采用低水灰比和浆集比

采用低水灰比,可以减少混凝土中的游离水,从而减少混凝土中的空隙,提高混凝土的密实度和强度。另外降低浆集比,减小水泥浆层的厚度,充分发挥集料的骨架作用,对混凝土的强度也有一定的帮助。

3)掺加外加剂

在混凝土中掺加外加剂,可改善混凝土的技术性质。掺加早强剂,可提高混凝土的早期强度;掺加减水剂,在不改变流动性的条件下,可减小水灰比,从而提高混凝土的强度。

4)采用湿热处理方法

(1)蒸汽养护。是使浇筑好的混凝土构件经 1 ~ 3 h 预养后,在 90% 以上的相对湿度、60 ℃以上温度的饱和水蒸气中进行养护,以加快混凝土强度的发展。普通水泥混凝土经过蒸汽养护后,其早期强度提高很快,一般经过 24 h 的蒸汽养护,混凝土的强度能达到设计强度的 70%,但对于后期强度增长有影响,所以,普通水泥混凝土的养护温度不宜太高,时间不宜太长,一般养护温度为 60 ~ 80 ℃,恒温养护时间以 5 ~ 8 h 为宜。用火山灰质硅酸盐水泥和矿渣硅酸盐水泥配制的混凝土,蒸汽养护的效果比普通水泥混凝土好。

(2)蒸压养护。是将浇筑成型的混凝土构件静置 8 ~ 10 h,放入蒸压箱内,通入高压(≥8 个大气压)、高温(≥175 ℃)饱和蒸汽进行养护。在高温、高压的蒸汽养护下,水泥水化时析出的氢氧化钙不仅能充分与活性氧化硅结合,而且也能与结晶状态的氧化硅结合生成含水硅酸盐的结晶,从而加速水泥的水化和硬化,提高混凝土的强度。此法比蒸汽养护的混凝土的质量好,特别是对采用掺活性混合材料的水泥及掺磨细石英砂的混合硅酸盐水泥配制的混凝土更为有效。

(3)采用机械搅拌和振捣。混凝土拌和物在强力搅拌和振捣的作用下,水泥浆的凝聚结构暂时受到破坏,因而降低了水泥浆的黏度和集料间的摩阻力,提高了拌和物的流动性,混凝土拌和物能更好地充满模型并均匀密实,进而提高了混凝土强度。

2.3.3　混凝土的耐久性

硬化后的混凝土除具有设计要求的强度外,还应具有与所处环境相适应的耐久性。混凝土的耐久性是一项综合性质,所处的条件不同,其耐久性的含义也不同,有时指单一性质,有时指多个性质。混凝土的耐久性通常包括抗渗性、抗冻性、抗侵蚀性、抗磨性、抗气蚀性等。

2.3.3.1　混凝土的抗渗性

抗渗性是指混凝土抵抗压力水、油等液体渗透的性能。混凝土的抗渗性主要与其密实度及内部孔隙的大小和构造有关。

混凝土的抗渗性用抗渗等级(P)表示,即以 28 d 龄期的标准试件,按标准试验方法进行试验时所能承受的最大水压力(MPa)来确定。混凝土的抗渗等级可划分为 P2、P4、P6、P8、P10、P12 等 6 个等级,相应表示混凝土抗渗试验时一组 6 个试件中 4 个试件未出现渗水时的最大水压力分别为 0.2 MPa、0.4 MPa、0.6 MPa、0.8 MPa、1.0 MPa、1.2 MPa。

提高混凝土抗渗性能的措施有:提高混凝土的密实度,改善孔隙构造,减少渗水通道,减小水灰比,掺加引气剂,选用适当品种的水泥;注意振捣密实、养护充分等。

2.3.3.2　混凝土的抗冻性

混凝土的抗冻性是指混凝土在饱和水状态下能经受多次冻融循环而不破坏,同时强度也不严重降低的性能。混凝土受冻后,混凝土中水分受冻结冰,体积膨胀,当膨胀力超过其抗拉强度时,混凝土将产生微细裂缝,反复冻融使裂缝不断扩展,混凝土强度降低甚至破坏,影响建筑物的安全。

混凝土的抗冻性以抗冻等级(F)表示。抗冻等级按28 d龄期的试件用快冻试验方法测定,分为F50、F100、F150、F200、F300、F400等6个等级,相应表示混凝土抗冻性试验能经受50次、100次、150次、200次、300次、400次的冻融循环。

影响混凝土抗冻性能的因素主要有水泥品种、强度等级、水灰比、集料的品质等。提高混凝土抗冻性的最主要的措施是:提高混凝土密实度;减小水灰比;掺加外加剂;严格控制施工质量,注意捣实,加强养护等。

提高混凝土抗冻性的有效途径是掺入引气剂,在混凝土内部产生互不连通的微细气泡,不仅截断了渗水通道,使水分不易渗入,而且气泡有一定的适应变形能力,对冰冻的破坏有一定的缓冲作用,除此之外,可采取减小水灰比、提高水泥强度等级等措施。

混凝土抗冻等级应根据工程所处环境及工作条件,按有关规范来选择。

2.3.3.3　混凝土的抗侵蚀性

混凝土在外界侵蚀性介质(软水,含酸、盐水等)作用下,结构受到破坏、强度降低的现象称为混凝土的侵蚀。混凝土侵蚀的原因主要是外界侵蚀性介质对水泥石中的某些成分(氢氧化钙、水化铝酸钙等)产生破坏作用。

2.3.3.4　混凝土的抗磨性及抗气蚀性

磨损冲击与气蚀破坏,是水工建筑物常见的病害之一。当高速水流中挟带砂、石等磨损介质时,这种现象更为严重。因此,水利工程要有较高的抗磨性及抗气蚀性。

提高混凝土抗侵蚀性的主要途径是:选用坚硬耐磨的集料,选C_3S含量较多的高强度硅酸盐水泥,掺入适量的硅粉和高效减水剂以及适量的钢纤维;采用C50以上的混凝土;集料最大粒径不大于20 mm;改善建筑物的体型;控制和处理建筑物表面的不平整度等。

2.3.3.5　提高混凝土耐久性的措施

混凝土所处的环境和使用条件不同,对其耐久性的要求也不同,根据其具体的条件采取相应措施以提高混凝土的耐久性。从上述对混凝土的耐久性的分析来看,耐久性的各个性能与混凝土的组成材料、孔隙率、孔隙构造密切相关,因此提高混凝土耐久性的措施主要有以下内容:

(1)合理选择水泥品种。

(2)严格控制混凝土的水灰比及保证足够的水泥用量。

(3)长期处于潮湿和严寒环境中的混凝土,应掺用引气剂。

(4)严格控制原材料的质量,使之符合规范要求。

(5)掺用加气剂或减水剂。

(6)严格控制施工质量。在混凝土施工中,应搅拌均匀、振捣密实及加强养护。

2.4　橡胶、沥青止水材料的性能及常识

2.4.1　橡胶止水材料

橡胶止水带和止水橡皮是以天然橡胶与各种合成橡胶为主要原料,掺加各种助剂及填充料,经塑炼、混炼、压制成型的。主要是利用橡胶的高弹和压缩变形的特性,在各种压力下产生弹性变形来起到紧固密封作用,从而有效地防止结构的渗漏水并起到减震缓冲的作用。其品种规格较多,有桥型、山型、P 型、U 型、Z 型、T 型、H 型、E 型、Q 型等。该止水材料具有良好的弹性、耐磨性、耐老化性和抗撕裂性能,适应变形能力强、防水性能好,温度使用范围为 -45 ~ +60 ℃。当温度超过 70 ℃,或橡胶止水带受强烈的氧化作用或受油类等有机溶剂侵蚀时,均不得使用橡胶止水带。

止水带是在混凝土浇筑过程中部分或全部浇埋在混凝土中,混凝土中有许多尖角的石子和锐利的钢筋头,由于塑料和橡胶的撕裂强度比拉伸强度低,止水带一旦被刺破或撕裂,则不需很大外力裂口就会扩大,所以在止水带定位和混凝土浇捣过程中,应注意定位方法和浇捣压力,以免止水带被刺破,影响止水效果。具体注意事项如下:

(1)止水带不得长时间露天暴晒,防止雨淋,勿与污染性强的化学物质接触。

(2)在运输和施工中,防止机械、钢筋损伤止水带。

(3)在施工过程中,止水带必须可靠固定,避免在浇筑混凝土时发生位移,保证止水带在混凝土中的正确位置。

(4)固定止水带的方法有:附加钢筋固定、专用卡具固定、铅丝和模板固定等。如需穿孔,只能选在止水带的边缘安装区,不得损伤其他部分。

(5)用户定货时,应根据工程结构、设计图纸计算好产品长度,异型结构要有图纸说明,尽量在工厂中将止水带连接成整体;如需在现场连接,可采用电加热板硫化黏合或冷粘接(橡胶止水带)或焊接(塑料止水带)的方法。

遇水膨胀橡胶止水条是由橡胶加入水溶性高分子遇水材料经混炼加工而成的产品。它既有一般橡胶制品特性,又有遇水自行膨胀以水止水的功能。该材料具有弹性接缝止水材料的密封防水作用,当接缝两侧距离加大到弹性防水材料的弹性复原率以下时,由于该材料遇水后产生 2 ~ 3 倍的膨胀变形,并充满接缝的所有不规则表面、空穴及间隙,同时产生巨大的接触压力,彻底防止渗漏。当接缝或施工缝发生位移,造成间隙超出材料的弹性范围时,普通型橡胶止水材料则失去止水作用。该材料可以通过吸水膨胀来止水,且膨胀体具有橡胶性质,更耐水、耐酸、耐碱。本产品使用极为简便,随工程各种管道和穿墙管螺栓尺寸大小可任意组合密封,又可与橡胶止水带组合成遇水膨胀橡胶止水带,能彻底解决橡胶止水带与混凝土构筑物绕渗问题。可用于地下管道堵漏,将遇水膨胀橡胶多用途密封带,紧紧缠绕于裂缝处或渗漏点,然后用混凝土密封,也可用其他方法密封。

2.4.2　沥青止水材料

沥青是一种棕黑色的有机胶凝状材料,它是复杂的高分子碳氢化合物及非金属(氧、

硫、氮等)衍生物的混合物。它有光泽,在常温下呈固体、半固体或黏性液体状态,能溶于多种有机溶剂,如汽油、二氧化硫等。沥青极难溶于水,具有良好的憎水性、黏结性和塑性。

常用的沥青止水材料有沥青防水卷材、高聚物改性沥青防水卷材、沥青防水涂料和高聚物改性沥青防水涂料等。

2.4.2.1　沥青防水卷材

沥青防水卷材是在基胎(如原纸、纤维织物)上浸涂沥青后,再在表面撒布粉状或片状的隔离材料而制成的可卷曲、片状防水材料。

1)石油沥青纸胎油毡

油毡是采用高软化点沥青涂盖油纸的两面,再涂撒隔离材料所制成的一种纸胎防水材料。涂撒粉状材料(如滑石粉)称"粉毡",涂撒片状材料(如云母)称"片毡"。油毡按卷重和物理性能分为Ⅰ型、Ⅱ型和Ⅲ型,幅宽为1 000 mm,其他规格可由供需双方商定。一般Ⅰ型、Ⅱ型油毡适用于辅助防水、保护隔离层、临时性建筑防水防潮及包装等;Ⅲ型油毡适用于屋面工程的多层防水。石油沥青纸胎油毡的物理性能见表2-2-4。

表 2-2-4　石油沥青纸胎油毡的物理性能(GB 326—2007)

项目		指标		
		Ⅰ型	Ⅱ型	Ⅲ型
卷重(kg/卷),≥		17.5	22.5	28.5
不透水性	单位面积浸涂材料总量(g/m²),≥	600	750	1 000
	压力(MPa),≥	0.02	0.02	0.10
保持时间(min)		20	30	30
吸水率(%),≤		3.0	2.0	1.0
耐热度		(85±2)℃,2 h涂盖层无滑动、流淌和集中性气泡		
拉力(纵向)(N/50 mm),≥		240	270	340
柔度		(18±2)℃,绕φ20 mm棒或弯板无裂纹		

注:本标准Ⅲ型产品物理性能要求为强制性的,其余为推荐性的。

2)石油沥青玻璃布油毡

石油沥青玻璃布油毡是采用玻璃布为胎基,浸涂石油沥青并在两面涂撒隔离材料所制成的一种防水卷材。玻璃布油毡按物理性能分为一等品(B)和合格品(C),幅宽为1 000 mm。玻璃布油毡适用于铺设地下防水、防腐层,并用于屋面作防水层及金属管道(热管道除外)的防腐保护层。还具柔性好、耐腐蚀性强、耐久性高的特点。

3)铝箔面石油沥青防水卷材

铝箔面石油沥青防水卷材以玻纤毡为胎基,浸涂石油沥青,其上表面用压纹铝箔,下表面采用细砂或聚乙烯膜作为隔离处理的防水卷材。产品分为30、40两个标号,幅宽1 000 mm。其物理性能及检验方法等详见《铝箔面石油沥青防水卷材》(JC/T 504—2007)。

2.4.2.2 高聚物改性沥青防水卷材

普通沥青防水卷材的低温柔性、延伸性、拉伸强度等性能尚不理想,耐久性也不高,使用年限一般为 5 ~ 8 年。采用新型胎料和改性沥青,可有效地提高沥青防水卷材的使用年限、技术性能、冷施工及操作性能,还可降低污染,有效地提高了防水质量。目前,我国常用的高聚物改性沥青防水卷材主要有以下几种。

1) SBS 改性沥青防水卷材

SBS(苯乙烯—丁二烯)改性沥青防水卷材是以聚酯毡、玻纤毡、玻纤增强聚酯毡为胎基,以苯乙烯—丁二烯—苯乙烯热塑性弹性体做石油沥青改性剂,两面覆以隔离材料所制成的防水卷材。

SBS 改性沥青防水卷材按胎基分为聚酯毡(PY)、玻纤毡(G)和玻纤增强聚酯毡(PYG);按上表面隔离材料分为聚乙烯膜(PE)、细砂(S)、矿物粒料(M);按材料性能可分为Ⅰ型、Ⅱ型。SBS 防水卷材规格见表 2-2-5。

表 2-2-5 SBS 防水卷材规格

规格(公称厚度)(mm)		3			4			5		
上表面材料		PE	S	M	PE	S	M	PE	S	M
下表面材料		PE	PE、S		PE	PE、S		PE	PE、S	
面积(m²/卷)	公称面积	10、15			10、7.5			7.5		
	偏差	±0.1			±0.1			±0.1		
单位面积质量(kg/m²),≥		3.3	3.5	4.0	4.3	4.5	5.0	5.3	5.5	6.0
厚度(mm)	平均值,≥	3			4			5		
	最小单值	2.7			3.7			4.7		

2) APP 改性沥青防水卷材

APP 改性沥青防水卷材是以聚酯毡、玻纤毡和玻纤增强聚酯毡为胎基,以无规聚丙烯(APP)或聚烯烃类聚合物等作为石油沥青改性剂,两面覆以隔离材料所制成的防水卷材。

APP 改性沥青防水卷材按胎基分为聚酯毡(PY)、玻纤毡(G)和玻纤增强聚酯毡(PYG);按上表面隔离材料分为聚乙烯膜(PE)、细砂(S)、矿物粒料(M);按材料性能可分为Ⅰ型、Ⅱ型。

APP 改性沥青防水卷材具有良好的橡胶质感,加之用优质聚酯毡或玻纤毡做胎基,故抗拉强度大、延伸率高、老化期长。它适用于工业与民用建筑的屋面和地下的防水工程,如各种屋面、墙体、楼地面、地下室、水池、桥梁、公路和水坝等的防水、防护工程,也适用于各种金属容器、管道的防腐保护,又因其耐紫外线能力强,适应温度范围广,特别适合用于有强烈阳光辐射的地区。

3) 改性沥青聚乙烯胎防水卷材

改性沥青聚乙烯胎防水卷材是以改性沥青为集料,以高密度聚乙烯膜为胎体,以聚乙烯膜或铝箔为上表面覆盖材料,经滚压、水冷、成型制成的防水材料。上表面覆盖聚乙烯膜的卷材适用于非外露防水工程,覆盖铝箔的卷材适用于外露防水工程。按基料分,它主要有改性氧化沥青防水卷材、丁苯橡胶改性氧化沥青防水卷材等。

改性沥青聚乙烯胎防水卷材的物理力学性能应符合 GB 18967—2003 中的规定。

2.4.2.3　防水涂料

防水涂料是一种可以抗渗、防水的柔性防水材料,指由合成高分子聚合物、高分子聚合物与沥青、高分子聚合物与水泥为主要成膜物质,加入各种助剂、改性材料、填充材料等加工制成的溶剂型、水乳型或粉末型的涂料。

1) 沥青防水涂料

沥青防水涂料是指以沥青、合成高分子材料为主体,在常温下呈无定型液态,经涂布并能在结构物表面形成坚韧防水膜的物料的总称。

A. 水乳型沥青防水涂料

水乳型沥青防水涂料是以乳化沥青为基料的防水涂料,它借助于乳化剂作用,在机械强力搅拌下,将熔化的沥青微粒均匀地分散于溶剂中,使其形成稳定的悬浮体。根据建材行业标准《水乳型沥青防水涂料》(JC/T 408—2005) 中的规定,产品分为 H 型和 L 型,要求样品搅拌后均匀无色差、无凝胶、无结块、无明显沥青丝。水乳型沥青防水涂料物理力学性能应满足表 2-2-6 的要求。

表 2-2-6　水乳型沥青防水涂料物理力学性能

项目		L 型	H 型
固体含量(%),≥		45	
耐热度(℃)		80 ± 2	100 ± 2
		无流淌、滑动、滴落	
不透水性		0.1 MPa 30 min 无渗水	
黏结强度(MPa),≥		0.3	
表干时间(h),≤		8	
实干时间		24	
低温柔度(℃)	标准条件	−15	0
	碱处理		
	热处理	−10	5
	紫外线处理		
断裂伸长率(%),≥	标准条件		
	碱处理		
	热处理	600	
	紫外线处理		

B.冷底子油

冷底子油是用稀释剂(汽油、柴油、煤油、苯等)对沥青进行稀释的产物。它多在常温下用于防水工程的底层,故称冷底子油。冷底子油黏度小,具有良好的流动性。涂刷在混凝土、砂浆或木材等基面上,能很快渗入基层孔隙中,待溶剂挥发后,便与基面牢固结合。冷底子油形成的涂膜较薄,一般不单独做防水材料使用,只做某些防水材料的配套材料。施工时在基层上先涂刷一道冷底子油,再刷沥青防水涂料或铺油毡。冷底子油应涂刷于干燥的基面上,不宜在有雨、雾、露的环境中施工。

配制法有热配法和冷配法两种。热配法是先将沥青加热熔化脱水后,待冷却再缓缓加入溶剂,搅拌均匀而成;冷配法则是将沥青打碎成小块后,按质量比加入到溶剂中,不停搅拌至沥青全部溶化为止。

C.沥青胶

沥青胶又称沥青玛琋脂,是沥青与矿质填充料及稀释剂均匀拌和而成的混合物。沥青胶按所用材料及施工方法不同可分为热用沥青胶及冷用沥青胶。热用沥青胶是由加热熔化的沥青与加热的矿质填充料配制而成的;冷用沥青胶是由沥青溶液或乳化沥青与常温状态的矿质填充料配制而成的。沥青胶应具有良好的黏结性、柔韧性、耐热性,还要便于涂刷或灌注。工程中常用的热用沥青胶,其性能主要取决于原材料的性质及其组成。

一般工地施工采用热用沥青胶,配制时,先将矿粉加热到 $100 \sim 110$ ℃,然后慢慢地倒入已熔化的沥青中,继续加热并搅拌均匀,直到具有需要的流动性方可使用,热用沥青胶用于黏结和涂抹石油沥青油毡。冷用时需加入稀释剂将其稀释后于常温下施工运用,可以涂刷成均匀的薄层,但成本较高,不常使用。

热用沥青胶的各种材料用量:一般沥青材料 $70\% \sim 80\%$,粉状矿质填充料(矿粉) $20\% \sim 30\%$,纤维状填充料 $5\% \sim 15\%$ 。矿粉越多,沥青胶的耐热性越高,黏结力越大,但柔性降低,施工流动性也较差。

沥青胶的用途较广,可用于黏结沥青防水卷材、沥青混合料、水泥砂浆及水泥混凝土,并可用作接缝填充材料、大坝伸缩缝的止水等。

2)高聚物改性沥青防水涂料

高聚物改性沥青防水涂料是以沥青为基料,用合成高分子聚合物进行改性、配制而成的水乳型或溶剂型防水涂料。常用的高聚物为各类橡胶和乳胶,我国生产的水乳型高聚物改性沥青防水涂料的品种有:氯丁橡胶改性沥青防水涂料、再生橡胶改性沥青防水涂料、改性沥青防水涂料、丁苯橡胶改性沥青防水涂料等。下面介绍几种常用的高聚物改性沥青防水涂料。

A.水乳型氯丁橡胶改性沥青防水涂料

水乳型氯丁橡胶改性沥青防水涂料又名氯丁胶乳沥青防水涂料,是以阳离子型氯丁胶乳与阳离子型沥青乳液混合构成的,是氯丁橡胶及石油沥青的微粒,借助于阳离子型表面活性剂的作用,稳定分散在水中而形成的一种乳状液。

水乳型氯丁橡胶改性沥青防水涂料兼有橡胶和沥青的双重特性,与溶剂型同类涂料相比较,两者都以氯丁橡胶和石油沥青为主要成膜物质,故性能相似,但水乳型氯丁橡胶改性沥青防水涂料以水代替有机溶剂,不但成本低,而且具有无毒、无燃爆,施工中无环境污染等优点,主要产品属阳离子水乳型。

B.水乳型再生橡胶改性沥青防水涂料

水乳型橡胶沥青类防水涂料是国外通用的一种防水涂料,但这类涂料在国外是以合成胶乳(如丁苯胶乳、氯丁胶乳等)为原料的,我国近几年发展起来的氯丁胶乳沥青防水涂料即属此范畴。以合成胶乳与沥青乳液配成的这类涂料,其性能虽较好,但对我国来说,合成胶乳仍是价格较昂贵而来源有限的材料。为了获取合成胶乳的替代物,我国科技工作者用再生橡胶(由废橡胶再生而得)通过人工水分散制得再生胶乳,从而配制出水乳型橡胶沥青类防水涂料中的新品种——水乳型再生橡胶改性沥青防水涂料。

水乳型再生橡胶改性沥青防水涂料是以石油沥青为基料,以再生橡胶为改性材料复合而成的水性防水材料。本品的主要成膜物质是再生橡胶和石油沥青,与溶剂型的同类产品相比较,由于以水代替了汽油,因而具备了水乳型涂料的一系列优点。

C.溶剂型再生橡胶沥青防水涂料

溶剂型再生橡胶沥青防水涂料是以沥青为主要成分,以再生橡胶为改性剂,汽油为溶剂,添加其他填料,经热搅拌而成的。这种涂料适用于工业与民用建筑混凝土屋面的防水层,楼层厕、浴、厨房间防水;旧油毡屋面维修和翻修,地下室、水池、冷库等抗渗防潮以及一般工程的防潮层。

2.5　土工合成材料性能及应用常识

土工合成材料是以高分子聚合物为原材料制成的各种产品的统称。它具有满足多种工程需要的性能,而且由于其寿命长(在正常使用条件下,寿命可达50～100年)、强度高(在埋置20年后,强度仍保持75%)、柔性好、抗变形能力强、施工简易、造价低廉、材料来源丰富,在灌排工程中得到了广泛的应用。

2.5.1　土工合成材料的种类

我国《土工合成材料应用技术规范》(GB 50290—1998)将土工合成材料分为土工织物、土工膜、土工复合材料和土工特种材料四大类。

2.5.1.1　土工织物

土工织物又称土工布,它是由聚合物纤维制成的透水性土工合成材料。按制造方法不同,土工织物可分为织造型(有纺)土工织物与非织造型(无纺)土工织物两大类。

1)织造型土工织物

织造型土工织物又称有纺土工织物,是由单丝或多丝织成的,或由薄膜形成的扁丝编织成的布状卷材。织造型土工织物有三种基本的织造形式:平纹、斜纹和缎纹。平纹是最简单、应用最多的织法,其形式是经、纬纹一上一下。斜纹是经丝跳越几根纬丝,最简单的形式是经丝二上一下。缎纹是经丝和纬丝长距离地跳越,如经丝五上一下,这种织法适用于衣料类产品。

2)非织造型土工织物

非织造型土工织物又称无纺土工织物,是由短纤维或喷丝长纤维按随机排列制成的絮垫,经机械缠合,或热黏合,或化学黏合而成的布状卷材。

(1)热黏合。是将纤维在传送带上成网,让其通过两个反向转动的热辊之间热压,纤维网受热达到一定温度后,部分纤维软化熔融,互相粘连,冷却后得到固化。

(2)化学黏合。是通过不同工艺将黏合剂均匀地施加到纤维网中,待黏合剂固化,纤维之间便互相粘连,使之得以加固,厚度可达 3 mm。常用的黏合剂有聚烯酯、聚酯乙烯等。

(3)机械黏合。是以不同的机械工具将纤维加固。

2.5.1.2 土工膜

土工膜是透水性极低的土工合成材料。根据原材料不同,土工膜可分为聚合物和沥青两大类。按制作方法不同,土工膜可分为现场制作和工厂预制两大类。为满足不同强度和变形需要,又有加筋和不加筋之分。聚合物膜在工厂制造,而沥青膜则大多在现场制造。

制造土工膜的聚合物有热塑塑料(如聚氯乙烯)、结晶热塑塑料(如高密度聚乙烯)、热塑弹性体(如氯化聚乙烯)和橡胶(如氯丁橡胶)等。

现场制造是指在工地现场地面上喷涂一层或敷一层冷或热的黏性材料(沥青和弹性材料混合物或其他聚合物)或在工地先铺设一层织物在需要防渗的表面,然后在织物上喷涂一层热的黏性材料,使透水性低的黏性材料浸在织物的表面,形成整体性的防渗薄膜。

工厂制造是采用高分子聚合物、弹性材料或低分子量的材料通过挤出、压延或加涂料等工艺过程所制成的,是一种均质薄膜。挤出是将熔化的聚合物通过模具制成土工膜,厚 0.25~4.0 mm。压延是将热塑性聚合物通过热辊压成土工膜,厚 0.25~2.0 mm。加涂料是将聚合物均匀涂在纸片上,待冷却后将土工膜揭下来而成的。

2.5.1.3 土工复合材料

土工复合材料是两种或两种以上的土工合成材料组合在一起的制品。这类制品将各种组合料的特性相结合,以满足工程的特定需要。

1)复合土工膜

复合土工膜是将土工膜和土工织物(包括织造型和非织造型)复合在一起的产品。应用较多的是非织造针刺土工织物。复合土工膜具有许多优点,例如:以织造型土工织物复合,可以对土工膜加筋,保护不受运输或施工期间的外力损坏;以非织造型土工织物复合,可以对土工膜起加筋、保护、排水排气作用,提高膜的摩擦系数。

2)塑料排水带

塑料排水带是由不同凹凸截面形状并形成连续排水槽的带状芯材,外包非织造型土工织物(滤膜)构成的排水材料。心板的原材料为聚丙烯、聚乙烯或聚氯乙烯。心板截面形式有城垛式、口琴式和乳头式等。心板起骨架作用,截面形成的纵向沟槽供通水之用,而滤膜多为涤纶无纺织物,作用是滤土、透水。

3)软式排水管

软式排水管又称为渗水软管,是由高强钢丝圈作为支撑体及具有反滤、透水、保护作用的管壁包裹材料两部分构成的。高强钢丝由钢线经磷酸防锈处理,外包一层 PVC 材料,使其与空气、水隔绝,避免氧化生锈。包裹材料有三层:内层为透水层,由高强度尼龙纱作为经纱,特殊材料为纬纱制成;中层为非织造型土工织物过滤层;外层为与内层材料相同的覆盖层。在支撑体和管壁外裹材料间、外裹各层之间都采用了强力黏结剂黏合牢固,以确保软式排水管的复合整体性。软式排水管兼有硬水管的耐压与耐久性能,又有软水管的柔软和轻便特点,过滤性强,排水性好,可用于各种排水工程中。

2.5.1.4 土工特种材料

土工特种材料是为工程特定需要而生产的产品。常见的有以下几种。

1)土工格栅

土工格栅是在聚丙烯或高密度聚乙烯板材上先冲孔,然后进行拉伸而成的带长方形孔的板材。土工格栅强度高、延伸率低,是加筋的好材料。土工格栅埋在土内,与周围土之间不仅有摩擦作用,而且由于土石料嵌入其开孔中,还有较高的啮合力,它与土的摩擦系数高达 0.8 ~ 1.0。

2)土工网

土工网是由聚合物经挤塑成网,或由粗股条编织,或由合成树脂压制成的具有较大孔眼和一定刚度的平面结构网状材料。网孔尺寸、形状、厚度和制造方法不同,其性能也有很大差异。一般而言,土工网的抗拉强度都较低,延伸率较高。这类产品常用于坡面防护、植草、软基加固垫层或用于制造复合排水材料。

3)土工模袋

土工模袋是由上下两层土工织物制成的大面积连续袋状材料,袋内充填混凝土或水泥砂浆,凝固后形成整体混凝土板,可用作护坡。模袋上下两层之间用一定长度的尼龙绳来保持其间隔,可以控制填充时的厚度。浇注在现场用高压泵进行。混凝土或砂浆注入模袋后,多余水量可从织物孔隙中排走,故而降低了水分,加快了凝固速度,提高了强度。

4)土工格室

土工格室是由强化的高密度聚乙烯宽带,每隔一定间距以强力焊接而形成的网状格室结构。典型条带宽 100 mm、厚 1.2 mm,每隔 300 mm 进行焊接。格室张开后,可填土料,由于格室对土的侧向位移的限制,可大大提高土体的刚度和强度。土工格室可用于处理软弱地基,增大其承载力,还可用于护坡等。

2.5.2 土工合成材料的功能

土工合成材料在土建工程中应用时,不同的材料用在不同的部位,能起到不同的作用,这就是土工合成材料的功能。其主要功能可归纳为六类,即反滤、排水、隔离、防渗、防护和加筋。

2.5.2.1 反滤功能

由于土工织物具有良好的透水性和阻止颗粒通过的性能,是用作反滤设施的理想材料。用作反滤的土工织物一般是非织造型土工织物,有时也可使用织造型土工织物,基本要求如下:

(1)被保护的土料在水流作用下,土粒不得被水流带走,即需要有"保土性",以防止管涌破坏。

(2)水流必须能顺畅通过织物平面,即需要有"透水性",以防止积水产生过高的渗透压力。

(3)织物孔径不能被水流挟带的土粒所阻塞,即要有"防堵性",以避免反滤作用失效。

2.5.2.2　排水功能

一定厚度的土工织物或土工席垫,具有良好的垂直和水平透水性能,可用作排水设施,有效地把土体中的水分汇集后予以排出。土工织物用作排水时兼起反滤作用,除满足反滤的基本要求外,还应有足够的平面排水能力以导走来水。

2.5.2.3　隔离功能

隔离是将土工合成材料放置在两种不同材料之间或两种不同土体之间,使其不互相混杂。例如,将碎石和细粒土隔离、软土和填土之间隔离等。隔离可以产生很好的工程技术效果,当结构承受外部荷载作用时,隔离作用使材料不致互相混杂或流失,从而保持其整体结构和功能。用来隔离的土工合成材料应以它们在工程中的用途来确定,应用最多的是有纺土工织物。如果对材料的强度要求较高,可以土工网或土工格栅做材料的垫层,当要求隔离防渗时,用土工膜或复合土工膜。用于隔离的材料必须具有足够的抗顶破能力和抵抗刺破的能力。

2.5.2.4　防渗功能

防渗是防止液体渗透流失的作用,也包括防止气体的挥发、扩散。土工膜及复合土工膜防渗性能很好,其渗透系数一般为 $10^{-11} \sim 10^{-15}$ cm/s,在水利工程中利用土工膜或复合土工膜,可有效防止水或其他液体的渗漏。例如,可用于渠道和蓄水池的衬砌防渗;涵闸、海漫与护坦的防渗;隧洞和堤坝内埋管的防渗;施工围堰的防渗等。

土工膜防渗效果好、质量轻、运输方便、施工简单、造价低,为保证土工膜发挥其应有的防渗作用,应注意以下几点:

(1)土工膜材质选择。土工膜的原材料有多种,应根据当地气候条件进行适当选择。例如在寒冷地带,应考虑土工膜在低温下是否会变脆破坏,是否会影响焊接质量;土和水中的某些化学成分会不会给膜材或黏结剂带来不良作用等。

(2)排水、排气问题。铺设土工膜后,由于种种原因,膜下有可能积气、积水,如不将它们排走,可能因受顶托而破坏。

(3)表面防护。聚合物制成的土工膜容易因日光紫外线照射而降解或破坏,故在储存、运输和施工等各个环节,必须注意封盖遮阳。

2.5.2.5　防护功能

防护功能是指土工合成材料及由土工合成材料为主体构成的结构或构件对土体起到的防护作用。例如,把拼装大片的土工织物或者是用土工合成材料做成土工模袋、土枕、石笼或各种排体铺设在需要保护的岸坡、堤脚及其他需要保护的地方,用以抵抗水流及波浪的冲刷和侵蚀;将土工织物置于两种材料之间,当一种材料受力时,它可使另一种材料免遭破坏。水利工程中利用土工合成材料的常见防护工程有:江河湖泊岸坡防护、水库岸坡防护、水道护底和水下防护、渠道和水池护坡;水闸护底、岸坡防冲植被;水闸、挡墙等。用于防护的土工织物应符合反滤准则和具有一定的强度。

2.5.2.6　加筋功能

加筋是将具有高拉伸强度、拉伸模量和表面摩擦系数较大的土工合成材料（筋材）埋入土体中,通过筋材与周围土体界面间摩擦阻力的应力传递,约束土体受力时侧向位移,从而提高土体的承载力或结构的稳定性。用于加筋的土工合成材料有织造型土工织物、土工带、土工网和土工格栅等,较多地应用于软土地基加固、堤坝陡坡、挡土墙等。用于加筋的土工合成材料与土之间结合力良好,蠕变性较低。目前,土工格栅最为理想。

第 3 章　农作物田间管理知识

3.1　作物的需水规律

3.1.1　农田水分消耗的途径

农田水分消耗的途径主要有植株蒸腾、棵间蒸发和深层渗漏。

3.1.1.1　植株蒸腾

植株蒸腾是指作物根系从土壤中吸入体内的水分,通过叶片的气孔扩散到大气中去的现象。试验证明,植株蒸腾要消耗大量水分,作物根系吸入体内的水分有 99% 以上消耗于蒸腾,只有不足 1% 的水量留在植物体内,成为植物体的组成部分。植株蒸腾一般占作物总需水量的 60% ~80%。

植株蒸腾过程是由液态水变为气态水的过程,在此过程中,需要消耗作物体内的大量热量,从而降低作物的体温,以免作物在炎热的夏季被太阳光所灼伤。蒸腾作用还可以增强作物根系从土壤中吸取水分和养分的能力,促进作物体内水分和无机盐的运转。所以,作物蒸腾是作物的正常活动,这部分水分消耗是必需的和有益的,对作物生长有重要意义。

3.1.1.2　棵间蒸发

棵间蒸发是指植株间土壤或水面的水分蒸发。棵间蒸发一般占作物总需水量的 20% ~40%。棵间蒸发和植株蒸腾都受气象因素的影响,但蒸腾因植株的繁茂而增加,棵间蒸发因植株造成的地面覆盖率加大而减小,所以蒸腾与棵间蒸发二者互为消长。一般作物生育初期植株小,地面裸露大,以棵间蒸发为主;随着植株生长,叶面覆盖率增大,植株蒸腾逐渐大于棵间蒸发;到作物生育后期,作物生理活动减弱,蒸腾耗水又逐渐减小,棵间蒸发又相对增加。棵间蒸发虽然能增加近地面的空气湿度,对作物的生长环境产生有利影响,但大部分水分消耗和作物的生长发育没有直接关系。因此,应采取措施,减少棵间蒸发,如农田覆盖、中耕松土、改进灌水技术等。

3.1.1.3　深层渗漏

深层渗漏是指由于降雨量或灌溉水量太多,使土壤水分超过了田间持水率,向根系活动层以下的土层产生渗漏的现象。深层渗漏对旱作物来说是无益的,且会造成水分和养分的流失,合理的灌溉应尽可能地避免深层渗漏。由于水稻田经常保持一定的水层,所以深层渗漏是不可避免的,适当的渗漏可以促进土壤通气,改善还原条件,消除有毒物质,有利于作物生长。但是渗漏量过大,会造成水量和肥料的流失,与开展节水灌溉有一定矛盾。

3.1.2　作物需水量与作物的田间耗水量

植株蒸腾和棵间蒸发合称为腾发,两者消耗的水量合称为腾发量,通常又把腾发量称为作物需水量。腾发量的大小及其变化规律,主要取决于气象条件、作物特性、土壤性质和农业技术措施等。渗漏量的大小主要与土壤性质、水文地质条件等因素有关,它和腾发量的性质完全不同,一般将蒸发蒸腾量与渗漏量分别进行计算。旱作物在正常灌溉情况下,不允许发生深层渗漏,因此旱作物需水量即为腾发量。作物田间耗水量是作物生长过程中,田间正常消耗的水量。对于旱作物,田间耗水量就等于作物需水量。对于稻田来说适宜的渗漏是有益的,通常把水稻腾发量与稻田渗漏量之和称为田间耗水量。

3.1.3　作物需水量的影响因素、需水强度及需水规律

作物需水规律是指作物生育期内日需水量的变化规律。研究和掌握作物需水规律,是进行合理灌溉和排水、科学调节农田水分状况,适时适量满足作物需水要求、保证作物高产稳产的前提。

3.1.3.1　影响作物需水量的因素

影响作物需水量的因素很多,主要有气候条件、作物特性、土壤性质和农业技术措施等。

1)气候条件

气温、日照、空气湿度、风速等气候条件对作物需水量有很大影响。气温越高、日照时间越长、太阳辐射越强、空气湿度越低、风速越大,作物的需水量越大;反之则越小。

2)作物特性

不同种类的作物其需水量不同,一般来说,生长期长、叶面积大、生长速度快、根系发达的作物需水量大;含蛋白质或油脂多的作物比含淀粉多的作物需水量大。即使是同种作物,因品种不同也常有很大差异,耐旱和早熟品种需水量较少。作物按需水量多少大致可分为三类:需水量较多的有水稻、麻类、豆类等,需水量中等的有麦类、玉米、棉花等,需水量较少的有高粱、谷子、薯类等。

3)土壤性质

土壤水分是作物需水的主要来源,对需水量的影响很大。在一定的土壤湿度范围内,作物需水量随土壤含水率的提高而增多。土壤的颗粒组成、土层厚度、孔隙状况、团粒结构、有机肥料的含量等,都对作物需水量有着不同程度的影响。一般来说,土壤结构不良、砂性过大、地表板结、粗糙的农田,作物需水量大。

4)农业技术措施

农业技术措施对作物需水量也有一定的影响。如密植使作物蒸腾量大大增加;施肥促使作物生长茂盛,也使作物蒸腾量加大等。

3.1.3.2　需水强度

需水强度是指作物每昼夜所需的水量,以 m^3/d 或 mm/d 表示。不同作物、同一作物的不同品种、同一作物同一品种在不同生育阶段的需水强度不同。某种作物某一时段需水量等于该时段日平均需水强度与该时段天数的乘积。

3.1.3.3　作物需水规律

作物全生育期中的日需水量(需水强度)是逐日变化的,一般规律是:生育初期日需水量较少,随着作物的生长发育,日需水量将逐渐增加,开花结果时最大,到作物快要成熟时,

日需水量又逐渐减少。这种中间多、两头少的需水过程是各种作物需水量变化的一般规律。

3.2　主要农作物的需水特性

3.2.1　小麦需水特性

我国小麦种植面积较广,有冬、春小麦之分。冬小麦大致分布在长城以南、六盘山以东地区。春小麦大致分布在长城以北、六盘山以西地区。由于分布较广,其生长期长短相差较大,因此其需水量有一定的差异。

3.2.1.1　冬小麦

冬小麦于秋季播种,翌年夏初收割,生长期一般为220~240 d。播种后种子在适宜的水分、热量、空气条件下即可发芽,当小麦芽鞘露出表土2 cm、长出第一片真叶时,为出苗。当小麦出苗后15~20 d,长出第三片真叶时,就进入分蘖期。一般出苗和冬前分蘖期适宜土壤含水率为田间持水率的70%~80%。小麦经越冬期到第二年春后即进入返青期。小麦进入返青期后,对弱苗田,土壤含水率应高一些,以促弱苗转壮;对苗壮或偏旺麦田,土壤水分应略低一些,以控制分蘖的再生。小麦返青后麦苗由匍匐状变为直立状即进入拔节孕穗期。当第一节露出地面1.5~2 cm,茎高5~7 cm时,称为拔节。返青期至拔节期土壤适宜含水率为田间持水率的60%~80%。拔节标志着作物由以营养生长为主进入以生殖生长为主,幼穗开始分化。当第三节间显著伸长,幼穗分化结束,开始孕穗,此时已进入生长旺盛期。小麦茎上第四节间伸长,麦穗由最上旗叶中伸出为抽穗。拔节期至抽穗期对水、肥的需求大量增加,土壤含水率以保持在田间持水率的65%~90%为宜。小麦抽穗后2~5 d即开花,此时的水分要充足,才能促进开花,但水分不能过多,过多会造成花药破裂不受孕。小麦开花授粉后即形成麦粒,进入成熟期,水分不足会抑制籽粒发育,形成秕粒,降低千粒重,影响产量。抽穗期至成熟期土壤含水率应保持在田间持水率的60%~80%。

3.2.1.2　春小麦

春小麦为春种秋收作物,全生育期一般为100~130 d。春麦播种时气温较低,从播种至出苗时间较长,幼苗一般较弱,叶片也小,出苗后,随着气温增高,10~15 d后即分蘖,分蘖较少,分蘖15~25 d后即拔节,小穗定型。由于春麦苗期发育基础差,必须满足其对水分和养料的要求,以促生长。拔节后,分蘖仍在进行。孕穗后叶面增至最大,穗部器官处于分化形成期,需大量的水分和肥料,以促正常发育。从抽穗开花至成熟,为攻籽粒阶段,也是夺取丰产的最后时期,必须加强田间管理。

3.2.2　玉米需水特性

玉米在我国分布广泛,全国各地均有栽培,主要集中在华北、东北,以河北、四川、山东、黑龙江等省栽培面积最大。玉米不仅产量高,而且营养价值也很高。玉米有五个生长发育阶段:播种至出苗、出苗至拔节、拔节至抽穗、抽穗至灌浆、灌浆至成熟。玉米植株高大,叶片茂盛,生长期间又多处于高温季节,叶面蒸腾及棵间蒸发量大,需要消耗较多的水分。由于品种、气候和栽培条件不同,全生育期的总需水量差别很大。

玉米在整个生育期内水分的消耗因土壤、气候条件和栽培技术不同有很大差异;相同栽培技术,不同生育期需水量也不同。

玉米发芽至出苗期,土壤水分和温度是需水量的主要影响因素。据试验资料,此生长期需水量占总需水量的 4% ~6%,土壤含水率达田间持水率的 70% 左右时,能保证出苗率 90% 以上。出苗至拔节期,由于玉米叶面积不大,蒸发、蒸腾量较小,阶段需水量占总需水量的 16% ~18%,此阶段土壤含水率应控制在田间持水率的 60% 左右,以利蹲苗,促进根系发育,增粗茎秆,防止倒伏。拔节至孕穗期,是根、茎、叶生长最旺盛时期,雌、雄穗不断地分化和形成,是营养生长和生殖生长并进时期,对水分的需求量增加,加上气温升高、蒸发强烈,此期需水量占总需水量的 24% ~30%,适宜土壤含水率为田间持水率的 70% ~80%。抽穗期至开花期,进入生长最旺盛期,为"需水临界期",这时玉米对水分极为敏感,此时气温高、空气干燥,若缺水就会造成缺粒或千粒重降低,而导致减产。此阶段土壤含水率应保持在田间持水率的 80% 左右。灌浆期至成熟期,为产量形成的关键时期,此时期应有一定的水分,才能将茎叶中的营养物质输送到籽粒中去;如果水分不足,会缩短灌浆过程,降低灌浆强度而使籽粒减轻而减产。但随着气温的逐渐下降,加上灌浆后,籽粒已定型进入成熟期,需水量也随着减少,此期适宜的土壤含水率应为田间持水率的 60% ~70%。

3.2.3　水稻需水特性

水稻是我国也是亚洲最主要的粮食作物之一。它在我国已有 5 000 年的栽培历史,是世界上生产水稻最多的国家,亚洲水稻种植面积占世界水稻总面积的 90% 以上,其中中国和印度的水稻种植面积又占亚洲的 60%。

水稻对外界环境条件的适应性强,所以在我国的分布地区很广,南自海南岛,北至黑龙江的漠河,东自台湾省,西至新疆;低自东南沿海的潮田,高至海拔 2 400 m 以上的云贵高原,都有水稻栽培。水稻生理结构特殊,具有喜温、喜水的特性。水稻在整个生长期内都须保持一定的水层,水稻的生育期包括:返青期、分蘖期、拔节期、孕穗期、抽穗期、开花期、乳熟期、成熟期等。

返青:秧苗从秧田移至本田,因根系和叶片受到伤害,吸水力弱,叶片出现枯黄,一般经过 8 ~10 d 才能长出新根、叶,呈现绿色,这个时期称为返青期。此时本田要维持一定的水层,以防止风和气温过高、过低的不利影响,促进生根和分蘖。

分蘖期:当移栽水稻长出 2 ~3 片新叶即开始分蘖,一般分蘖期为 20 ~25 d。水稻分蘖能成穗的为有效分蘖。双季稻的有效分蘖期短,不超过 10 d,而中季稻、单季稻的有效分蘖期长,分别为 10 ~20 d 和 15 ~25 d。根据试验,分蘖的迟早、有效分蘖的多少与淹灌水层及气温有一定的关系,采用湿润灌溉或浅层灌溉对有效分蘖有利,同时水稻分蘖的发生和根系的生长、分蘖的快慢和发根的多少,在一定范围内几乎和温度的升降成平行关系。因此,气温控制在 22 ~27 ℃最适宜,能促进早发分蘖。根据有关的试验结果,分蘖期灌水越浅,土壤温度越高,分蘖率也越高。

拔节孕穗期:分蘖后期植株基部由扁平状变为圆筒状,节间随之伸长,即为圆秆、拔节。同时茎顶端生长点细胞分裂,进行穗分化形成幼穗,使叶鞘膨大,称为孕穗。这时期为营养生长与生殖生长两旺阶段。根、茎、叶迅速增长,是决定穗大、粒重的重要阶段。拔节孕穗期是水稻一生中需水、肥最多的时期,在这个时期需水量增大,耐旱力差,需深水保胎,决不可断水。

抽穗开花期:当水稻的幼穗从剑叶及叶鞘中抽出即为抽穗。抽穗后当气温达到20 ℃以上时即开花,为生殖生长最为旺盛的时期,也正值高温期,需水量增加,这时如干旱缺水,会影响养分向籽粒运输,造成小花不孕,秕粒增多。

灌浆成熟期:水稻从开花授粉后即进入灌浆期,籽粒内部充满乳白浆液,此时如缺水,会影响养分向籽粒输送,造成秕粒,在这个时期要保持浅水层,以提高空气湿度,调节水温,以利开花授粉。灌浆完成后进入水稻成熟期,此阶段气温也逐渐下降,需水量又逐渐减少,水层也随之变浅,蜡熟后可采取干干湿湿、以干为主的灌水方法。

稻田的耗水量一般由叶面蒸腾、棵间(水面)蒸发及深层渗漏量组成。一般是北方稻田需水量大于南方稻田,晚季稻大于早季稻。总需水量在不同地区之间有着很大的差异。总的趋势是南方小、北方大。

3.3　农作物的灌溉制度制定的有关知识

3.3.1　灌溉制度的内容

农作物的灌溉制度是指作物播种前(或作物移栽前)及其全生育期内的灌水次数、每次的灌水时间、灌水定额以及灌溉定额。它是根据作物需水特性和当地气候、土壤、农业技术及灌水技术等条件,为作物高产及节约用水而制定的适时适量的灌水方案。灌水定额是指一次灌水单位灌溉面积上的灌水量,灌溉定额是指播种前和全生育期内单位面积上的总灌水量,即各次灌水定额之和。灌水定额和灌溉定额常以 m^3/hm^2 或 mm 表示,它是灌区规划及管理的重要依据。

3.3.2　制定灌溉制度的方法

常采用以下三种方法来确定灌溉制度:

(1)总结群众丰产灌水经验。群众在长期的生产实践中,积累了丰富的灌溉用水经验。能够根据作物生育特点,适时适量地进行灌水,夺取高产。这些实践经验是制定灌溉制度的重要依据。灌溉制度调查应根据设计要求的干旱年份,调查这些年份当地的灌溉经验,灌区范围内不同作物的灌水时间、灌水次数、灌水定额及灌溉定额。根据调查资料,分析确定这些年份的灌溉制度。

(2)根据灌溉试验制定灌溉制度。为了实施科学灌溉,我国许多灌区设置了灌溉试验站,试验项目一般包括作物需水量、灌溉制度、灌水技术和灌溉效益等。试验站积累的试验资料,是制定灌溉制度的主要依据。但是,在选用试验资料时,必须注意原试验的条件(如气象条件、水文年度、产量水平、农业技术措施、土壤条件等)与需要确定灌溉制度地区条件的相似性,在认真分析研究对比的基础上,确定灌溉制度,不能生搬硬套。

（3）按水量平衡原理分析制定作物灌溉制度。这种方法有一定的理论依据,比较完善,但必须根据当地具体条件,参考群众丰产灌水经验和田间试验资料,才能使制定的灌溉制度更加切合实际。下面分别就水稻和旱作物介绍这一方法。

3.3.2.1 水稻的灌溉制度

水稻的灌溉制度,可分为泡田期及插秧以后的生育期两个时段进行计算。

1）泡田期泡田定额的确定

泡田定额由三部分组成:一是使一定土层的土壤达到饱和;二是在田面建立一定的水层;三是满足泡田期的稻田渗漏量和田面蒸发量。

泡田定额可用下式确定

$$M_1 = 10^3 H \rho_{干土} (\beta_饱 - \beta_0)/\rho_水 + h_0 + t_1(s_1 + e_1) - P_1 \qquad (2\text{-}3\text{-}1)$$

式中 M_1——泡田期泡田定额,mm;

       $\beta_饱$、β_0——土壤饱和含水率和泡田前土壤含水率(占干土重的百分比);

       H——稻田犁底层深度,m;

       $\rho_{干土}$、$\rho_水$——饱和土层土壤的干密度和泡田水的密度,t/m^3;

       h_0——插秧时田面所需的水层深度,mm;

       s_1——泡田期稻田的渗漏强度,mm/d;

       t_1——泡田期的天数,d;

       e_1——泡田期内水田田面平均水面蒸发强度,mm/d;

       P_1——泡田期内的有效降雨量,mm。

泡田定额通常参考土壤、地下水埋深和耕犁深度相类似田块上的实测资料确定。一般情况下,当田面水层为30~50 mm时,泡田定额可参考表2-3-1中的值。

表 2-3-1   不同土壤及地下水埋深的泡田定额   （单位:mm）

土壤类别	地下水埋深	
	≤2 m	>2 m
黏土和黏壤土	75~120	—
中壤土和沙壤土	110~150	120~180
轻沙壤土	120~190	150~240

2）生育期灌溉制度的确定

在水稻生育期中任何一个时段(t)内,农田水分的变化,取决于该时段内的来水和耗水之间的消长,它们之间的关系,可用下列水量平衡方程表示

$$h_1 + P + m - E - c = h_2 \qquad (2\text{-}3\text{-}2)$$

式中 h_1——时段初田面水层深度,mm;

       h_2——时段末田面水层深度,mm;

       P——时段内降雨量,mm;

       m——时段内灌水量,mm;

       E——时段内田间耗水量,mm;

c——时段内田间排水量,mm。

为了保证水稻正常生长,必须在田面保持一定的水层深度。不同生育阶段田面水层有一定的适宜范围,即有一定的允许水层上限(h_{max})和下限(h_{min})。在降雨时,为了充分利用降雨量,节约灌水量,减少排水量,允许蓄水深度 h_p 大于允许水层上限(h_{max}),但以不影响水稻生长为限。各种水稻的适宜水层上、下限及允许最大蓄水深度见表 2-3-2。当降雨深超过最大蓄水深度时,即应进行排水。

表 2-3-2 水稻各生育阶段适宜水层下限—上限—最大蓄水深度 (单位:mm)

生育阶段	作物		
	早稻	中稻	双季晚稻
返青	5 ~ 30 ~ 50	10 ~ 30 ~ 50	20 ~ 40 ~ 70
分蘖前	20 ~ 50 ~ 70	20 ~ 50 ~ 70	10 ~ 30 ~ 70
分蘖末	20 ~ 50 ~ 80	30 ~ 60 ~ 90	10 ~ 30 ~ 80
拔节孕穗	30 ~ 60 ~ 90	30 ~ 60 ~ 120	20 ~ 50 ~ 90
抽穗开花	10 ~ 30 ~ 80	10 ~ 30 ~ 100	10 ~ 30 ~ 50
乳熟	10 ~ 30 ~ 60	10 ~ 20 ~ 60	10 ~ 20 ~ 60
黄熟	10 ~ 20	落干	落干

在天然情况下,田间耗水量是一种经常性的消耗,而降雨量则是间断性的补充。因此,在不降雨或降雨量很小时,田面水层就会降到适宜水层的下限(h_{min}),这时如果没有降雨,则需进行灌溉,灌水定额即为

$$m = h_{max} - h_{min} \qquad (2\text{-}3\text{-}3)$$

这一过程可用图 2-3-1 所示的图解法表示。如在时段初 A 点,水田应按 1 线耗水,至 B 点田面水层降至适宜水层下限,即需灌水,灌水定额为 m_1;如果时段内有降雨 P,则在降雨后,田面水层回升降雨深 P,再按 2 线耗水至 C 点时进行灌溉;如降雨 P_1 很大,超过最大蓄水深度,多余的水量需要排除,排水量为 d,然后按 3 线耗水至 D 点时,进行灌溉。

根据上述原理可知,当确定了各生育阶段的适宜水层 h_{max}、h_{min}、h_p 以及阶段需水强度 e_i,便可用图解法或列表法推求水稻灌溉制度。

3.3.2.2 旱作物的灌溉制度

旱作物是依靠其主要根系从土壤中吸取水分,以满足其正常生长的需要。因此,旱作物的水量平衡是分析其主要根系吸水层储水量的变化情况,旱作物的灌溉制度是以作物主要根系吸水层作为灌水时的土壤计划湿润层,并要求该土层内的储水量能保持在作物所要求的范围内,使土壤的水、气、热状态适合作物生长。因此,用水量平衡原理制定旱作物的灌溉制度就是通过对土壤计划湿润层内的储水量变化过程进行分析计算得来的。

水量平衡方程:旱作物生育期内任一时段计划湿润层中含水率的变化,取决于需水量和来水量的多少,其来去水量见图 2-3-2,其关系可用下列水量平衡方程式表示

$$W_t - W_0 = W_T + P_0 + K + M - ET \qquad (2\text{-}3\text{-}4)$$

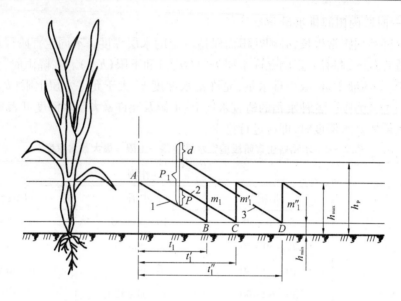

图 2-3-1　水稻生育期中任一时段水田水分变化图解法

式中　W_0、W_t——时段初和时段末土壤计划湿润层内的储水量,$\mathrm{m^3/hm^2}$;

　　　　W_T——由于计划湿润层增加而增加的水量,$\mathrm{m^3/hm^2}$;

　　　　P_0——时段内保存在土壤计划湿润层内的有效雨量,$\mathrm{m^3/hm^2}$;

　　　　K——时段内的地下水补给量,$\mathrm{m^3/hm^2}$;

　　　　M——时段 t 内的灌溉水量,$\mathrm{m^3/hm^2}$;

　　　　ET——时段 t 内的作物田间需水量,$\mathrm{m^3/hm^2}$。

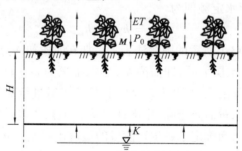

图 2-3-2　土壤计划湿润层水量平衡示意图

　　为了满足农作物正常生长的需要,任一时段内土壤计划湿润层内的储水量必须经常保持在一定的适宜范围以内,即通常要求不小于作物允许的最小储水量($W_{\min}$)和不大于作物允许的最大储水量($W_{\max}$)。在天然情况下,由于各时段内需水量是一种经常的消耗,而降雨则是间断的补给,因此当某些时段内降雨很小或没有降雨量时,往往使土壤计划湿润层内的储水量很快降低到或接近于作物允许的最小储水量,此时即需进行灌溉,以补充土层中消耗掉的水量。

　　例如,某时段内没有降雨,显然这一时段的水量平衡方程可写为

$$W_{\min} = W_0 - ET + K = W_0 - t(e - k) \qquad (2\text{-}3\text{-}5)$$

式中　　W_{min}——土壤计划湿润层内允许最小储水量;

　　　　e——时段 t 内平均每昼夜的作物田间需水量;

　　　　k——时段 t 内平均每昼夜的地下水补给量;

　　　　其余符号意义同前。

　　如图 2-3-3 所示,设时段初土壤储水量为 W_0,则由式(2-3-5)可推算出开始进行灌水时的时间间距为

$$t = \frac{W_0 - W_{min}}{e - k} \tag{2-3-6}$$

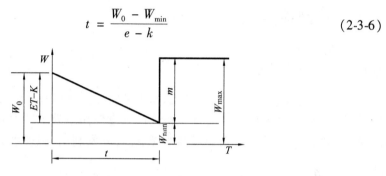

图 2-3-3　土壤计划湿润层(H)内储水量变化

　　而这一时段末的灌水定额 m 为

$$m = W_{max} - W_{min} = 10^4 H(\beta_{max} - \beta_{min})\rho_{干土}/\rho_水 \tag{2-3-7}$$

式中　　m——灌水定额,m^3/hm^2;

　　　　H——该时段内土壤计划湿润层的深度,m;

　　　　β_{max}、β_{min}——该时段内允许的土壤最大含水率和最小含水率(以占干土重的百分比计);

　　　　$\rho_{干土}$、$\rho_水$——计划湿润层内土壤的干密度和水的密度,kg/m^3。

　　同理,可以求出其他时段在不同情况下的灌水时距与灌水定额,从而确定出作物全生育期内的灌溉制度。

第4章　灌排渠系知识

4.1　灌溉水源

4.1.1　灌溉水源类型

农田灌溉使用的水源有河川径流、当地地面径流、地下径流等。目前大量利用的是河川径流及当地地面径流,地下径流也被广泛开发应用。为了扩大灌溉面积和提高农业灌溉保证程度,必须充分利用各种灌溉水源、综合开发利用,实现水资源的可持续利用和农业的持续发展。

4.1.2　灌溉对水质的要求

灌溉水质是指灌溉水的化学、物理性状和水中含有成分及数量。

4.1.2.1　水温

水温对农作物的生长影响颇大:水温偏低,对作物的生长起抑制作用;水温过高,会降低水中溶解氧的含量并提高水中有毒物质的毒性,妨碍或破坏作物、鱼类的正常生长和生活。因此,灌溉水要有适宜的水温。

4.1.2.2　水中的含沙量

灌溉对水中泥沙的要求主要指泥沙的数量和组成。粒径小的泥沙具有一定肥分,送入田间对作物生长有利,但过量输入,会影响土壤的通气性,不利作物生长。粒径过大的泥沙,不宜入渠,以免淤积渠道,更不宜送入田间。一般认为,粒径小于 0.005 mm 的泥沙颗粒,含有较丰富的养分,可以适量入田;粒径 0.005 ~ 0.1 mm 的泥沙,可少量输入田间;粒径大于 0.1 mm 的泥沙,不允许入渠。

4.1.2.3　水中的盐类

作物耐盐能力有一定限度,灌溉水的含盐量(或称矿化度)应不超过许可浓度。含盐浓度过高,使作物根系吸水困难,形成枯萎现象,还会抑制作物正常的生理过程。此外,还会促进土壤盐碱化的发展。灌溉水的允许含盐量一般应小于 2 g/L。

4.1.2.4　水中的有害物质

灌溉水中含有某些重金属如汞、铬、铅和非金属砷以及氰和氟等元素是有毒性的。这些有毒物质可使灌溉过的作物、饮用过的人畜或生活在其中的鱼类中毒。因此,灌溉用水对有毒物质的含量需有严格的限制。

总之,对灌溉水源的水质,必须进行化验分析,要求符合我国的《农田灌溉水质标准》(GB 5084—2005)。如表 2-4-1 列出了农田灌溉用水水质基本控制项目标准值。不符合该标准,应设立沉淀池或氧化池等,经过沉淀、氧化和消毒处理后,才能用来灌溉。

表 2-4-1　农田灌溉用水水质基本控制项目标准值

序号	项目类别	作物种类		
		水作	旱作	蔬菜
1	五日生化需氧量(mg/L)，≤	60	100	40ᵃ,15ᵇ
2	化学需氧量(mg/L)，≤	150	200	100ᵃ,60ᵇ
3	悬浮物(mg/L)，≤	80	100	60ᵃ,15ᵇ
4	阴离子表面活性剂(mg/L)，≤	5	8	5
5	水温(℃)，≤	35		
6	pH 值	5.5 ~ 8.5		
7	全盐量(mg/L)，≤	1 000ᶜ(非盐碱土地区),2 000ᶜ(盐碱土地区)		
8	氯化物(mg/L)，≤	350		
9	硫化物(mg/L)，≤	1		
10	总汞(mg/L)，≤	0.001		
11	镉(mg/L)，≤	0.01		
12	总砷(mg/L)，≤	0.05	0.1	0.05
13	铬(六价)(mg/L)，≤	0.1		
14	铅(mg/L)，≤	0.2		
15	粪大肠菌群数(个/100 mL)，≤	4 000	4 000	2 000ᵃ,1 000ᵇ
16	蛔虫卵数(个/L)，≤	2		2ᵃ,1ᵇ

注:1. a 加工、烹调及去皮蔬菜。

2. b 生食类蔬菜、瓜类和草本水果。

3. c 具有一定的水利灌排设施,能保证一定的排水和地下水径流条件的地区,或有一定淡水资源能满足冲洗土体中盐分的地区,农田灌溉水质全盐量指标可以适当放宽。

4.2　灌溉设计标准、灌溉用水量

4.2.1　设计标准

进行灌溉工程的水力计算以前,必须首先确定灌溉工程的设计标准。我国表示灌溉设计标准的指标有两种,一是灌溉设计保证率,二是抗旱天数。

4.2.1.1　灌溉设计保证率

灌溉设计保证率是指一个灌溉工程的灌溉用水量在多年期间能够得到保证的概率,以正常供水的年数占总年数的百分数表示,通常用符号 P 表示。例如,$P = 80\%$,表示一个灌区在长期运用中,平均 100 年里有 80 年的灌溉用水量可以得到水源供水的保证,其余 20 年则供水不足,作物生长受到影响。可用下式计算

$$P = \frac{m}{n+1} \times 100\% \qquad\qquad (2\text{-}4\text{-}1)$$

式中　P——灌溉设计保证率(%);

　　　m——灌溉设施能保证正常供水的年数;

　　　n——灌溉设施供水的总年数,一般计算系列年数不宜少于 30 年。

灌溉设计保证率的选定,不仅要考虑水源供水的可能性,同时要考虑作物的需水要求。在水源一定的条件下,灌溉设计保证率定得高,灌溉用水量得到保证的年数多,灌区作物因缺水而造成的损失小,但可发展的灌溉面积小,水资源利用程度低;定得低时则相反。在灌溉面积一定时,灌溉设计保证率越高,灌区作物因供水保证程度高而增产的可能性大,但工程投资及年运行费用越大;反之,虽可减小工程投资及年运行费用,但作物因供水不足而减产的概率将会增加。因此,灌溉设计保证率定得过高或过低都是不经济的。

灌溉设计保证率选定时,应根据水源和灌区条件,全面考虑工程技术、经济等各种因素,拟订几种方案,计算几种保证率的工程净效益,从中选择一个经济上合理、技术上可行的灌溉设计保证率,以便充分开发利用地区水土资源,获得最大的经济效益和社会效益。具体可参照《灌溉与排水工程设计规范》(GB 50288—99)所规定的数值,见表 2-4-2。

表 2-4-2　灌溉设计保证率

灌水方法	地区	作物种类	灌溉设计保证率(%)
地面灌溉	干旱地区或水资源紧缺地区	以旱作为主	50 ~ 75
		以水稻为主	70 ~ 80
	半干旱、半湿润地区或水资源紧缺地区	以旱作为主	70 ~ 80
		以水稻为主	75 ~ 85
	湿润地区或水资源丰富地区	以旱作为主	75 ~ 85
		以水稻为主	80 ~ 95
喷灌、微灌	各类地区	各类作物	85 ~ 95

注:1. 作物经济价值较高的地区,宜选用表中较大值;作物经济价值不高的地区,可选用表中较小值。

　　2. 引洪淤灌系统的灌溉设计保证率可取 30% ~ 50%。

4.2.1.2　抗旱天数

抗旱天数是指在作物生长期间遇到连续干旱时,灌溉设施的供水能够保证灌区作物用水要求的天数。用抗旱天数作为灌溉设计标准,概念明确具体,易于被理解接受,适用于以当地水源为主的小型灌区,在我国南方丘陵地区使用较多。

选定抗旱天数时也应进行经济分析,抗旱天数定得越高,作物缺水受旱的可能性越小,但工程规模大,投资多,水资源利用不充分,不一定是经济的;反之,定得过低,工程规模小,投资少,水资源利用较充分,但作物遭受旱灾的可能性也大,也不一定经济。

应根据当地水资源条件、作物种类及经济状况等,全面考虑,分析论证,以期选取切合实际的抗旱天数。根据《灌溉与排水工程设计规范》(GB 50288—99)的规定:以抗旱天数为标准设计灌溉工程时,单季稻灌区可用 30 ~ 50 d,双季稻灌区可用 50 ~ 70 d。经济发达地区,可按上述标准提高 10 ~ 20 d。

4.2.2　灌溉用水量

灌溉用水量和灌溉用水流量是指灌区需要从水源引入的水量和流量。它们是流域规划和区域水利规划不可缺少的数据,也是灌区规划、设计和用水管理的基本依据。因此,在制定灌溉制度的基础上,需要进行灌溉用水量和灌溉用水流量的计算。

灌溉用水量和灌溉用水流量是根据灌溉面积、作物组成、灌溉制度及灌水延续时间等直接计算。为了简化计算,常用灌水率来推求灌溉用水量。

4.2.2.1　灌水率

灌水率是指灌区单位灌溉面积(以 100 hm² 计)上所需的净灌溉用水流量,又称灌水模数。这里所指的灌溉面积是指灌区的总灌溉面积,而不是某次灌水的实际受水面积。

1)灌水率的计算

由灌水率的定义,可以得出其计算公式

$$q_{ik} = \frac{\alpha_i m_{ik}}{864 T_{ik}} \tag{2-4-2}$$

式中　q_{ik}——第 i 种作物第 k 次灌水的灌水率,m³/(s·100 hm²);

m_{ik}——第 i 种作物第 k 次灌水的灌水定额,m³/hm²;

T_{ik}——第 i 种作物第 k 次灌水的灌水延续时间,d;

α_i——第 i 种作物的种植比例,其值为第 i 种作物的灌溉面积与灌区灌溉面积之比,$\alpha_i = (A_i/A) \times 100\%$,$A_i$ 为第 i 种作物的种植面积,100 hm²,A 为灌区的灌溉面积,100 hm²。

灌水延续时间 T 是指某种作物灌一次水所需要的天数。它与作物种类、灌区面积大小及农业技术条件等有关,应根据作物的需水特性和当地的具体条件而定。

不同作物允许的灌水延续时间不相同。对于大中型灌区,灌溉面积在万亩以上的,我国各地主要作物灌水延续时间如表 2-4-3 所示。

表2-4-3　万亩以上灌区作物灌水延续时间　　　　　(单位:d)

作物	播前	生育期
水稻	5 ~ 15(泡田)	3 ~ 5
冬小麦	10 ~ 20	7 ~ 10
棉花	10 ~ 20	5 ~ 10
玉米	7 ~ 15	5 ~ 10

2)灌水率图的绘制与修正

根据灌水率的计算结果,以灌水时间为横坐标、以灌水率为纵坐标,即可绘出初拟灌水率图,如图 2-4-1 所示。由图 2-4-1 可见,各时期的灌水率大小相差悬殊,渠道输水断断续续,不利于管理。因此,必须对初步灌水率图进行必要的修正。修正后的灌水率图见图 2-4-2。

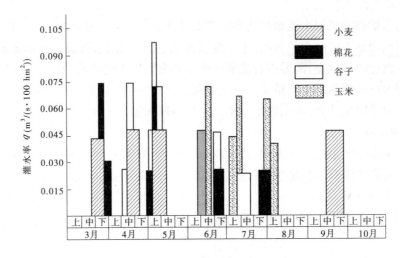

图 2-4-1　北方某灌区初步灌水率图

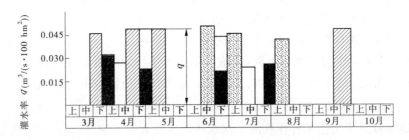

图 2-4-2　北方某灌区修正后的灌水率图

修正时,应以不影响作物的需水要求为原则。其方法:一是提前或推迟灌水时间,移动日期不得超过 3 d;二是延长或缩短灌水时间,变化时间与原定时间相差不应超过 20%;三是改变灌水定额,灌水定额的调整值不应超过原定额的 10%,同一种作物不应连续两次减小灌水定额。当上述要求不能满足时,可适当调整作物组成。

修正后的灌水率图应与水源供水条件相适应,全年各次灌水率大小应比较均匀。以累计 30 d 以上的最大灌水率为设计灌水率,短期的峰值不应大于设计灌水率的 120%,最小灌水率不应小于设计灌水率的 30%;应避免经常停水,特别应避免小于 5 d 的短期停水现象。

设计灌水率,应从图 2-4-2 中选取延续时间较长,即累计 30 d 以上的最大灌水率值作为设计灌水率,如图中所示 q 值,而不是短暂的高峰值,这样不致使设计的渠道断面过大,增加渠道工程量。在渠道运用过程中,对短暂的大流量,可由渠堤超高部分的断面去满足。

根据调查统计,大面积水稻灌区(100 hm² 以上)的设计灌水率(q)一般为 0.067 ~ 0.09 m³/(s · 100 hm²);大面积旱作灌区的设计净灌水率一般为 0.030 ~ 0.052 m³/(s · 100 hm²);水、旱田均有的大中型灌区,其综合净灌水率可按水旱面积比例加权平均求得。以上数值也可作为调整后灌水率最大值的控制数值。对管理水平较高的地区可选用小一些数值,反之取大值,否则会造成设计灌水率偏小,使渠道流量偏小,会导致在现有管理水平条件下不能按时完成灌溉任务。

4.2.2.2　灌溉水的利用效率

一个灌区从渠首引水,在各级渠道的输水过程中不可避免地有蒸发、渗漏等损失。灌溉水通过末级固定渠道进入田间后,仍会有深层渗漏和田间损失。为了反映灌溉水的利用效率,衡量灌区工程质量、管理水平和灌水技术水平,通常用以下四个指标来表示。

1) 渠道水利用系数

某渠道的净流量(Q_{dj})与毛流量(Q_d)的比值称为该渠道的渠道水利用系数,用符号 η_0 表示。

$$\eta_0 = \frac{Q_{dj}}{Q_d} \tag{2-4-3}$$

渠道水利用系数反映一条渠道的水量损失情况,或反映同一级渠道水量损失的平均情况。

2) 渠系水利用系数

灌溉渠系的净流量与毛流量的比值称为渠系水利用系数,用符号 η_s 表示。渠系水利用系数的数值等于各级渠道水利用系数的乘积。即

$$\eta_s = \eta_干 \eta_支 \eta_斗 \eta_农 \tag{2-4-4}$$

渠系水利用系数反映整个渠系的水量损失情况。《灌溉与排水工程设计规范》(GB 50288—99)规定,全灌区渠系水利用系数设计值不应低于表2-4-4规定的数值,否则采取措施予以提高。

表 2-4-4　渠系水利用系数

灌区面积(万亩)	>30	30 ~ 1	<1
渠系水利用系数	0.55	0.65	0.75

3) 田间水利用系数

田间水利用系数是实际灌入田间的有效水量和末级固定渠道(农渠)放出水量的比值,用符号 η_f 表示。

$$\eta_f = \frac{m_n A_农}{w_{农净}} \tag{2-4-5}$$

式中　$A_农$——农渠的灌溉面积,hm^2;
　　　m_n——净灌水定额,m^3/hm^2;
　　　$w_{农净}$——农渠供给田间的水量,m^3。

田间水利用系数是衡量田间工程状况和灌水技术水平的重要指标。旱作农田的田间水利用系数设计值不应低于0.90,水稻田的田间水利用系数设计值不应低于0.95。

4) 灌溉水利用系数

灌溉水利用系数是实际灌入农田的有效水量和渠首引入水量的比值,用符号 η 表示。它是评价渠系工作状况、灌水技术水平和灌区管理水平的综合指标,可按下式计算

$$\eta = \eta_s \eta_f \tag{2-4-6}$$

4.2.2.3　灌溉用水流量

灌区所需的灌溉用水流量在年内的变化叫作灌溉用水流量过程线。把调整后的灌水率图中的各纵坐标值分别乘以灌区总灌溉面积 A ，再除以灌溉水利用系数，即把灌水率图扩大 A/η 倍，便可得到灌区设计年的毛灌溉用水流量。其计算式为

$$Q_i = \frac{q_i A}{\eta} \tag{2-4-7}$$

式中　Q_i——某时段的毛灌溉用水流量，$\mathrm{m^3/s}$；

q_i——相应时段的灌水率，$\mathrm{m^3/(s \cdot 100\ hm^2)}$；

A——灌区总的灌溉面积，$100\ \mathrm{hm^2}$；

η——灌溉水利用系数，为灌入田间的水量（或流量）与渠道引入总水量（或流量）的比值，一般 η 可取 $0.50 \sim 0.70$。

4.2.2.4　年灌溉用水量

年灌溉用水量可用以下三种方法进行推算。

1）利用灌水率图推算

灌溉用水流量与灌水时间的乘积即为灌溉用水量。

$$W_i = Q_i \Delta T = \frac{q_i A}{\eta} \Delta T \tag{2-4-8}$$

式中　W_i——某时段的毛灌溉用水量，$\mathrm{m^3}$；

ΔT——该时段的时长，s；

其他符号意义同前。

2）利用灌水定额和灌溉面积直接计算

某种作物某次的灌溉用水量 W_i 等于该作物该次灌水的灌水定额 m_i 与该作物的灌溉面积 A_i 的乘积再除以灌溉水利用系数，即

$$W_i = \frac{m_i A_i}{\eta} \tag{2-4-9}$$

当设计年的各种作物的灌水定额和灌溉面积确定后，即可用公式（2-4-9）计算出各种作物各次灌水的灌溉用水量。全灌区任一时段的灌溉用水量等于该时段内各种作物灌溉用水量之和。

3）利用综合灌水定额推算

全灌区综合灌水定额是同一时段内各种作物灌水定额的面积加权平均值，即

$$m_{净,综} = \alpha_1 m_1 + \alpha_2 m_2 + \alpha_3 m_3 \cdots \tag{2-4-10}$$

式中　$m_{净,综}$——某时段内净综合灌水定额，$\mathrm{m^3/hm^2}$；

m——某种作物的灌水定额，$\mathrm{m^3/hm^2}$；

α——某种作物的种植比例。

任一时段的灌溉用水量为

$$W_i = \frac{m_{净,综} A}{\eta} \tag{2-4-11}$$

式中　A——全灌区的灌溉面积,hm^2。

4.3　灌溉渠系规划布置

在现代灌区建设中,灌溉渠道系统和排水沟道系统是并存的,两者互相配合,协调运行,共同构成完整的灌区水利工程系统,如图2-4-3所示。灌溉渠系由各级灌溉渠道和退(泄)水渠道组成。灌溉渠道按其使用寿命分为固定渠道和临时渠道两种。按控制面积大小和水量,灌溉渠道应依干渠、支渠、斗渠、农渠顺序设置固定渠道,农渠以下的小渠道一般为季节性的临时渠道。退、泄水渠道包括渠首排沙渠、中途泄水渠和渠尾退水渠,其主要作用是定期冲刷和排放渠首段的淤沙、排泄入渠洪水、退泄渠道剩余水量及下游出现工程事故时断流排水等,以达到调节渠道流量、保证渠道及建筑物安全运行的目的。

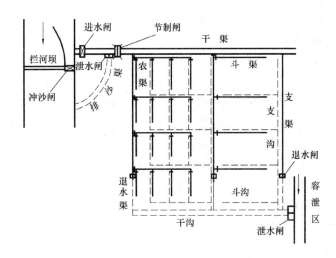

图 2-4-3　灌溉排水系统示意图

4.3.1　灌溉渠系布置原则

灌溉渠道系统布置应符合灌区总体设计和灌溉标准要求,并应遵循以下原则:

(1)沿高地布置,力求自流控制灌溉面积最大。

(2)灌溉渠系规划应和排水系统结合考虑,统一规划布置。

(3)要安全可靠,尽量能避免深挖方、高填方和难工险段,以求渠床稳固,施工方便,输水安全。

(4)4级及4级以上土渠的弯道曲率半径应大于该弯道段水面宽度的5倍;受条件限制不能满足上述要求时,应采取防护措施。石渠或刚性衬砌渠道的曲率半径可适当减小,但不小于水面宽度的2.5倍。通航渠道的弯道曲率半径还应符合航运部门的有关规定。灌排渠沟工程分级指标见表2-4-5。

(5)井渠结合灌区不宜在同一地块布置自流与提水两套灌溉渠道系统。

(6)灌溉渠道的位置应参照行政区划确定,尽可能使各用水单位都有独立的用水渠道,以利管理。

表 2-4-5　灌排渠沟工程分级指标

工程级别	1	2	3	4	5
灌溉流量(m³/s)	>300	300～100	100～20	20～5	<5
引水流量(m³/s)	>500	500～200	200～50	50～10	<10

（7）要考虑综合利用,尽可能满足其他用水部门的要求。

（8）积极开源节流,充分利用水土资源。有条件的灌区应建立长藤结瓜灌溉系统,以发挥塘库的调蓄作用,扩大灌溉水源。

4.3.2　干、支渠规划布置

由于各地自然条件不同,国民经济发展对灌区开发的要求不同,灌区渠系布置的形式也各不相同。按照地形条件,一般可分为山丘区灌区、平原区灌区、圩垸区灌区等。下面讨论各类灌区的特征及渠系布置的基本形式。

4.3.2.1　山丘区灌区

山区、丘陵区地形比较复杂,岗冲交错,起伏剧烈,坡度较陡,河床切割较深,比降较大,耕地分散,位置较高。一般需要从河流上游引水灌溉,输水距离较长。所以,这类灌区干、支渠道的特点是:渠道高程较高,比降平缓,渠线较长而且弯曲较多,深挖、高填渠段较多,沿渠交叉建筑物较多。渠道常和沿途的塘坝、水库相联,形成"长藤结瓜"式水利系统,以求增强水资源的调蓄利用能力和提高灌溉工程的利用率。

山区、丘陵区的干渠一般沿灌区上部边缘布置,大体上和等高线平行,支渠沿两面溪间的分水岭布置,如图 2-4-4 所示。在丘陵地区,如灌区内有主要岗岭横贯中部,干渠可布置在岗脊上,大体和等高线垂直,干渠比降视地面坡度而定,支渠自干渠两侧分出,控制岗岭两侧的坡地。

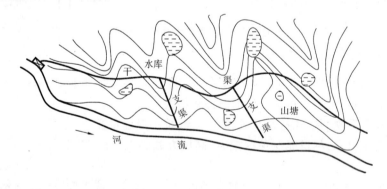

图 2-4-4　山区、丘陵区干、支渠

4.3.2.2　平原区灌区

平原区灌区大多位于河流的中、下游,由河流冲积而成,地形平坦开阔,耕地大片集中。由于灌区的自然地理条件和洪、涝、旱、渍、碱等灾害程度不同,灌排渠系的布置形式也有所不同。

1）山前平原灌区

此类灌区一般靠近山麓,地势较高,排水条件较好,渍涝威胁较轻,但干旱问题比较突出。当灌区的地下水丰富时,可同时发展井灌和渠灌,否则,以发展渠灌为主。干渠多沿山麓方向大致和等高线平行布置,支渠与其垂直或斜交,视地形情况而定,见图 2-4-5(a)。这类灌区和山麓相接处有坡面径流汇入,与河流相接处地下水位较高,因此还应建立排水系统。

　　2)冲积平原灌区

　　这类灌区一般位于河流中、下游,地面坡度较小,地下水位较高,涝碱威胁较大。因此,应同时建立灌、排系统,并将灌排分开,各成体系。干渠多沿河流岸旁高地与河流平行布置,大致和等高线垂直或斜交,支渠与其成直角或锐角布置,如图 2-4-5(b)所示。

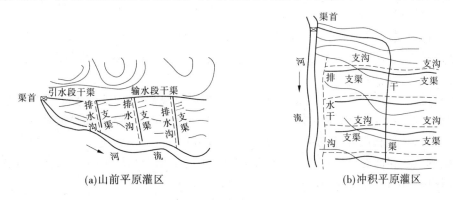

(a)山前平原灌区　　　　　　　　　　(b)冲积平原灌区

图 2-4-5　平原灌区干支渠布置

4.3.2.3　圩垸区灌区

　　圩垸区灌区分布在沿江、滨湖低洼地区的圩垸区,地势平坦低洼,河湖港汊密布,洪水位高于地面,必须依靠筑堤圈圩才能保证正常的生产和生活,一般没有常年自流条件,普遍采用机电排灌站进行提排、提灌。面积较大的圩垸,往往一圩多站,分区灌溉或排涝。圩内地形一般是周围高、中间低。灌溉干渠多沿圩堤布置,灌溉渠系通常只有干、支两级,如图 2-4-6 所示。

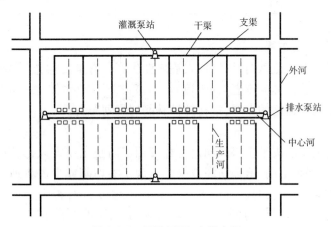

图 2-4-6　圩垸区干、支渠布置

4.3.3　斗、农渠的规划布置

　　由于斗、农渠深入基层,与农业生产要求关系密切,并负有直接向用水单位配水的任

务,所以在规划布置时除遵循前面讲过的灌溉渠道规划原则外,还应满足下列要求:

(1)适应农业生产管理和机械耕作要求。

(2)便于配水和灌水,有利于提高灌水工作效率。

(3)有利于灌水和耕作的密切配合。

(4)土地平整工程量较少。

4.3.4　灌区内部道路及防护林带布置

4.3.4.1　道路的布置

灌区道路是农田基本建设的重要组成部分,灌区道路的建设对于发展农业生产、改善交通运输条件、繁荣农村经济、提高农民生活水平和实现农业机械化都有着极其重要的作用。

农村道路一般可分为乡镇公路(干道)、机耕道路(支路)和田间道路等几级。农村道路应根据便利生产、生活,减少交叉建筑物和少占耕地等原则,结合灌排渠系和新农村规划统一布置,尽量利用开挖沟渠的土方进行修筑,做到路随沟渠走,沟渠随路开,沟渠建好,道路修成。路面宽度要因地制宜确定,人少地多的地区可适当宽些。表2-4-6为农村道路的规格标准,可供参考。

表2-4-6　农村道路规格标准

类别		路面宽(m)		高出地面(m)
		南方地区	北方地区	
乡镇公路		4~6	6~8	0.7~1.0
机耕道路		2.5~3.5	4~6	0.5~0.7
田间道路	手扶拖拉机、胶轮车	1.5~2.0	3~4	0.3~0.5
	人行	1	2	0.3

4.3.4.2　防护林带的布置

营造防护林网对于改善自然条件、发展农业生产具有重要意义,并能提供一定农副产品。各地营造农田防护林应本着"因地制宜,因害设防"的原则设置。在灌区规划时必须紧密结合灌排渠系与道路的布局,进行防护林网的规划布置。

1)林带的方向

林带的方向主要取决于主害风向。主林带用于防止主要害风,其方向应尽量与主害风向垂直,以扩大保护范围,增强防风效果。但为了不切割或少占耕地,允许主林带与主害风向的垂直方向有一定偏离,一般要求偏离角不超过30°,否则防护效果将显著降低。林带的防风范围一般为树高的15~20倍,主林带的间距不应大于这个有效间距。副林带与主林带垂直,用以防止次要害风,增强林网的防护效果,副林带的间距要根据地形和田块布设情况而定,以适应机耕为原则。

2)林带的栽植

在平原地区植树造林,应在固定灌排沟渠、道路的两侧或一侧,植树1~2行,株距一般为 1~3 m。对于填方渠道,树应栽在渠堤的外坡脚下,挖方渠道则应栽在渠顶的外沿,渠道的内坡不宜栽树。种树应选择树冠小,侧根少,不会给农作物带来病虫害的树种。

4.4　渠系建筑物

为了安全输水,合理配水,精确量水,以达到灌溉、排水及其他用水目的而在渠道上修建的水工建筑物称为渠系建筑物。渠系建筑物又称灌区配套建筑物,渠系建筑物按照用途分为控制调节和配水建筑物、交叉建筑物、衔接建筑物、泄水建筑物等。

4.4.1　控制调节和配水建筑物

这类建筑物用于调节水位、分配流量,如进水闸、节制闸、分水闸等。

4.4.1.1　进水闸

进水闸是从灌溉水源取水的控制性建筑物。一般由上游连接段、闸室、下游连接段等组成。上游连接段的主要作用是引导水流从河道平稳地进入闸室,同时有防冲、防渗作用;闸室是挡水和控制水流的主体部分,一般由水闸底板、闸墩、边墩、胸墙、启闭台及交通桥组成;下游连接段的主要作用是消除下泄水流的动能,顺利与下游渠道水流连接,避免发生不利冲刷现象,一般由护坦、海漫、下游防冲槽、下游翼墙、护底和两岸护坡等组成。

4.4.1.2　节制闸

节制闸是农田灌溉、发电蓄水或改善航运的需要,横跨河道、渠道修建的水闸,以达到调节上游水位,控制下泄流量的目的。

渠道上的节制闸位于分水闸口上游,如图 2-4-7 所示,调节上游水位和下泄流量,以满足向下一级渠道分水或控制、截断水流的需要。常建在分水闸、泄水闸的稍下游,以利分水和泄水;或建在渡槽、倒虹吸管等的稍上游,以利控制输水流量和事故检修。

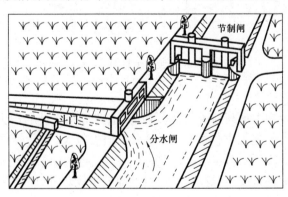

图 2-4-7　节制闸与分水闸示意图

4.4.1.3　分水闸

分水闸是位于干渠以下各级渠道口的进水闸。作用是将上一级渠道的流量按需分配给其所在的渠道。位于斗渠口的闸门称为斗门,位于分渠口的闸门称为分门。

4.4.2　交叉建筑物

当渠道穿越河渠、洼谷、道路及障碍物时,必须修建交叉建筑物,如渡槽、倒虹吸管、隧洞、桥梁等。

4.4.2.1　渡槽

渡槽又称高架渠、输水桥,是输送水流跨越渠道、河流、道路、山冲、谷口等的架空输水建筑物。当挖方渠道与冲沟相交时,为避免山洪及泥沙入渠,还可在渠道上面修建排洪渡槽,用来排泄冲沟来水及泥沙。渡槽一般适用于渠道跨越深宽河谷且洪水流量较大、渠道跨越广阔滩地或洼地等情况。它比倒虹吸管水头损失小,通航便利,管理运用方便,是交叉建筑物中采用最多的一种形式。渡槽由进出口段、槽身、支承结构和基础等部分组成。槽身置于支承结构上,槽身重及槽中水重通过支承结构传给基础,再传至地基。

进出口段:包括进出口渐变段、与两岸渠道连接的槽台、挡土墙等。其作用是使槽内水流与渠道水流平顺衔接,减小水头损失并防止冲刷。

槽身:主要起输水作用。槽身横断面形式有矩形、梯形、U 形、半椭圆形和抛物线形等,常用的有矩形与 U 形。

支承结构:其作用是将支承结构以上的荷载通过它传给基础,再传至地基。按支承结构形式的不同,可将渡槽分为梁式、拱式、梁型桁架式及桁架拱(或梁)式以及斜拉式等。如图 2-4-8、图 2-4-9 所示。

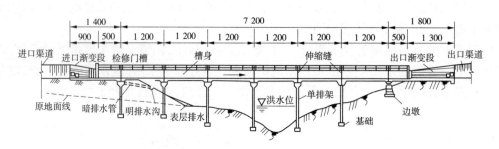

图 2-4-8　梁式渡槽示意图　(单位:cm)

4.4.2.2　倒虹吸管

倒虹吸管是设置在渠道与河流、山沟、谷地、道路等相交处的压力输水建筑物。它与渡槽相比,具有造价低、施工方便的优点,但水头损失较大,运行管理不如渡槽方便。如图 2-4-10 所示。

倒虹吸管一般由进口段、管身段、出口段三部分组成。进口段包括进水口、拦污栅、闸门、启闭台、进口渐变段及沉沙池等。进口段的结构形式,应保证通过不同流量时管道进口处于淹没状态,以防止水流在进口段发生跌落、产生水跃而引起管身振动。进口具有平顺的轮廓,以减小水头损失,并应满足稳定、防冲和防渗等要求。出口段包括出水口、闸门、消力池、渐变段等,其布置形式与进口段相似。为防止对耕作的不利影响,管道应埋设在耕作层以下;在冰冻区,管顶应布置在冰冻层以下;在穿越河道时,管顶应布置在冲刷线以下 0.5 m;穿越公路时,为改善管身的受力条件,管顶应埋设在路面以下 1.0 m 左右。

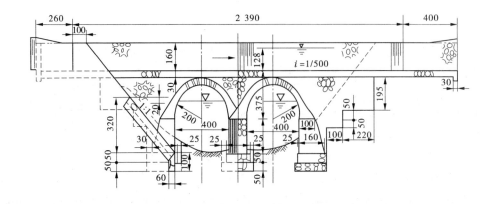

图 2-4-9　拱式渡槽示意图　（单位:cm）

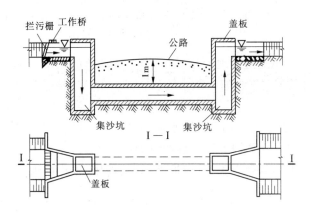

图 2-4-10　倒虹吸管示意图

4.4.2.3　隧洞

在山体或地下开凿的通道称为隧洞。隧洞按照洞内水力条件的不同分为无压隧洞和有压隧洞。输水隧洞一般为无压隧洞,无压隧洞断面形式一般采用马蹄形或城门洞形。隧洞一般由进口段、洞身段、出口段三部分组成。

4.4.2.4　桥梁

供铁路、公路、渠道、管线等跨越河流、山谷或其他交通线,使车辆行人等能顺利通行的建筑物,称为桥梁。桥梁一般由桥跨结构(或称桥孔结构)、支座系统、桥墩、桥台、墩台基础五部分组成。桥梁按用途分为铁路桥、公路桥、公铁两用桥、人行桥、机耕桥、过水桥。桥梁按结构形式和受力特点分为梁式桥、拱桥、桁架拱桥等。

4.4.3　衔接建筑物

当渠道通过地面过陡的地段时,为了保持渠道的设计比降,避免大填方或深挖方,往往将水流落差集中,修建建筑物连接上下游渠道,这种连接上下游水流的建筑物称为衔接建筑物,又称为落差建筑物。常用的衔接建筑物包括跌水和陡坡两种类型,如图 2-4-11

所示。

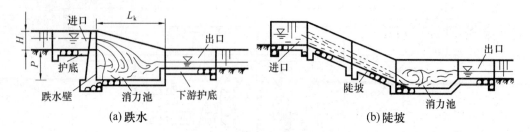

图 2-4-11　跌水与陡坡示意图

4.4.3.1　跌水

使上游渠道或水域的水安全地自由跌入下游渠道或水域,用于调整引水渠道的底坡,克服过大的地面高差而引起的大量挖方或填方,将天然地形的落差适当集中所修筑的阶式建筑物称为跌水。跌水是明渠工程中最常见的落差建筑物,多用于落差集中处,也用于渠道的泄洪、排水和退水。根据落差大小,跌水可分为单级跌水和多级跌水。

1)单级跌水

单级跌水是根据渠道通过的地形状况,只作一次跌落的跌水。单级跌水的落差一般为 3～5 m,由进口连接段、控制缺口、跌水墙、消力池、出口连接段五部分组成。

2)多级跌水

落差在 5 m 以上时,一般采用多级跌水。多级跌水的结构与单级跌水相似。其中间各级的上级跌水消力池的末端,即下一级跌水的控制堰口,一般采用相同的跌差与布置。多级跌水的分级数目和各级落差大小,应根据地形、地质、工程量大小等具体情况综合分析确定。

4.4.3.2　陡坡

使上游渠道或水域的水沿陡槽下泄到下游渠道或水域的落差建筑物称为陡坡,多用于落差集中处,也用于泄洪排水和退水。单级陡坡由进口连接段、控制堰口、陡坡段、消能设施和下游连接段组成。其进口连接段、控制堰口和下游连接段的结构布置同跌水。陡坡段的坡度一般大于临界坡,常用坡比为 1:3～1:10。横断面多为梯形,槽底在平面布置上常采用扩散式、菱形和等宽式三种。为降低流速和改善流态,常在槽底等距离建阻水条坎(糙条)加糙。陡坡段末端常接消力池,但泄水、退水和溢洪道上的陡坡段后也常采用挑流消能。当落差很大时,可采用多级陡坡,其结构与单级陡坡相似,其中间各级的上级陡坡消力池末端,即下一级陡坡的控制堰口。

4.4.4　泄水建筑物

为了防止渠道水流超过允许最高水位,酿成决堤事故,或下游出现险情时,保护危险段及重要建筑物的安全,或为了排放多余水量、泥沙、冰凌等而修建的水工建筑物称为泄水建筑物,如泄水闸、退水闸、溢流堰等。

在主要渠系建筑物上游或主要渠道上每隔一定距离应设置泄水闸,泄水闸设在具有排水出路的地方。出现险情时,迅速打开泄水闸,排空渠道洪水,保证重要建筑物和渠道安全。还可根据情况在泄水闸下游设置节制闸。

4.5　灌溉渠道流量

渠道流量是渠道和渠系建筑物设计的基本依据。正确地推求渠道流量,关系到工程造价、灌溉效益和农业增产,在灌溉实践中,渠道的流量是在一定范围内变化的,设计渠道的纵横断面时,要考虑流量变化对渠道的影响。通常用渠道设计流量、最小流量、加大流量三种特征流量涵盖渠道运用中流量变化范围,以代表在不同运行条件下的工作流量。

4.5.1　渠道设计流量

渠道设计流量指在设计标准条件下,为满足灌溉用水要求,需要渠道输送的最大流量,也称正常流量。它是设计渠道纵横断面和渠系建筑物的主要依据,渠道的设计流量与渠道控制的灌溉面积、作物组成、灌溉制度、渠道的工作制度及渠道的输水损失等因素有关。设计流量对应的水位为设计水位。渠道的设计流量是由设计灌水率推求出的毛流量。

渠道的毛流量的计算式如下

$$Q_d = Q_{dj} + Q_L \tag{2-4-12}$$

式中　Q_d——渠道引水口处的流量,即毛流量;

Q_{dj}——同时自该渠道引水的所有下一级渠道分水口的流量之和,即净流量;

Q_L——渠道损失流量,是指渠道在输水过程中损失掉的流量,渠道输水损失包括水面蒸发损失、漏水损失和渗水损失三部分,损失水量主要计算渗水损失部分,可由经验公式确定。

4.5.2　渠道的最小流量

渠道的最小流量是指在设计标准条件下,渠道在正常工作中输送的最小灌溉流量。应用渠道最小流量可以核对下一级渠道的水位控制条件和不淤流速,并确定节制闸的位置。最小流量对应的水位为最小水位。

4.5.3　渠道的加大流量

考虑到在灌溉工程运行过程中,可能会出现规划设计时未能预料到的情况,如作物种植比例变更,灌溉面积扩大,气候特别干旱,渠道发生事故后需要短时间加大输水等,都要求渠道通过比设计流量更大的流量。通常把在短时增加输水的情况下,渠道需要通过的最大灌溉流量称为渠道的加大流量。它是设计渠道堤顶高程的依据,并依此校核渠道输水能力和不冲流速。

4.6 灌排渠道纵横断面

4.6.1 横断面结构形式

由于渠道过水断面和渠道沿线地面的相对位置不同,渠道断面有挖方、填方和半挖半填三种形式,其结构各不相同。

4.6.1.1 挖方渠道

对于挖方渠道,为了防止坡面径流的侵蚀、渠坡坍塌以及便于施工和管理,除正确选择边坡系数外,当渠道挖深大于 5 m 时,应每隔 3～5 m 高度设置一道平台。挖方渠道横断面结构见图 2-4-12。

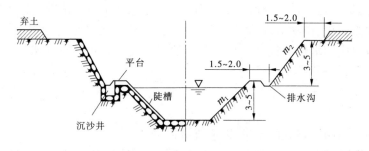

图 2-4-12 挖方渠道横断面结构 (单位:m)

4.6.1.2 填方渠道

填方渠道易于溃决和滑坡,要认真选择内、外边坡系数。填方高度大于 3 m 时,应通过稳定分析确定边坡系数,有时需在外坡脚处设置排水的滤体。填方渠道横断面结构见图 2-4-13。

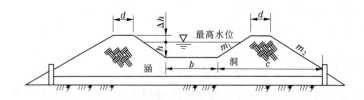

图 2-4-13 填方渠道横断面结构

4.6.1.3 半挖半填渠道

半挖半填渠道的挖方部分可为筑堤提供土料,而填方部分则为挖方弃土提供场所。当挖方量等于填方量时,工程费用最少。半挖半填渠道横断面见图 2-4-14。

农渠及其以下的田间渠道,为使灌水方便,应尽量采用半挖半填断面或填方断面。

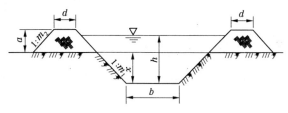

图 2-4-14　半挖半填渠道横断面

4.6.2　渠道纵断面图的绘制

渠道纵断面图是渠道纵断面设计成果的具体体现和集中反映,主要包括沿渠地面高程线、渠道设计水位线、渠道最小水位线、渠底高程线、堤顶高程线以及分水口和渠道建筑物的位置与形式等内容,见图 2-4-15,绘制步骤如下:

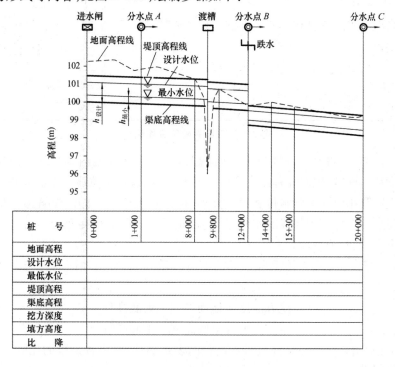

图 2-4-15　渠道纵断面设计

(1)选择比例尺,建立坐标系。建立直角坐标系,横坐标表示距离、纵坐标表示高程;高程比例尺视地形高差大小而定,一般设计中,采用 1∶100 或 1∶200;距离比例尺视渠道长短而定,一般设计中采用 1∶5 000 或 1∶10 000。

(2)绘制地面高程线。根据渠道沿线各点的桩号和地面高程,点绘地面高程线。

(3)绘制渠道设计水位线。参照水源或上一级渠道的设计水位、沿渠地面坡度、各分水点的水位要求和渠道建筑物的水头损失,确定渠道的设计比降,绘出渠道的设计水位线。

(4)绘制渠底高程线、最小水位线和堤顶高程线。从设计水位线向下,以设计水深为间距,作设计水位线的平行线,即为渠底高程线。从渠底高程线向上,分别以最小水深和加大水深与安全超高之和为间距,作渠底线的平行线,即为最小水位线和堤顶高程线。

(5)标出建筑物位置和形式。根据需要确定出建筑物的位置和形式,按图 2-4-16 所示的图例在纵断面上标出。

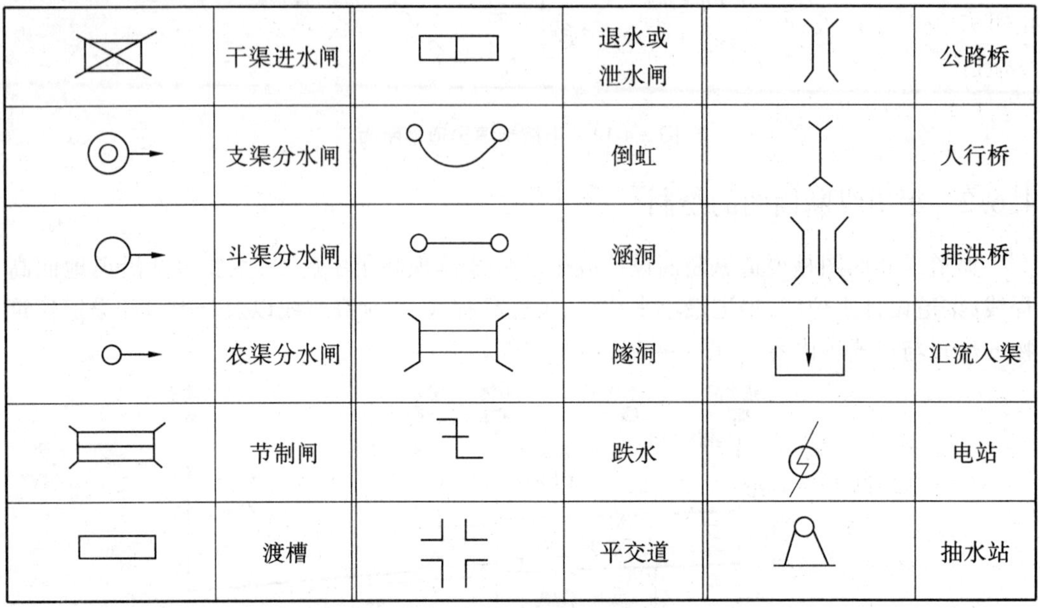

⊠	干渠进水闸	▭▭	退水或泄水闸	)(	公路桥
⊙→	支渠分水闸	⌣	倒虹	)(	人行桥
○→	斗渠分水闸	○—○	涵洞	)(	排洪桥
○→	农渠分水闸	▯▯	隧洞	↓	汇流入渠
▭	节制闸	⌐_	跌水	⌀	电站
▭	渡槽	✛	平交道	△	抽水站

图 2-4-16　渠系建筑物图例

(6)标注桩号和高程。在渠道纵断面的下方画一表格(见图 2-4-15),把分水口和建筑物所在位置的桩号、地面高程线突变的桩号和高程、设计水位线和渠底高程线突变处的桩号和高程以及相应的最低水位和堤顶高程,标注在表格内相应的位置上。桩号和高程必须写在表示该点位置的竖线的左侧,并应侧向写出。在高程突变处,要在竖线左、右两侧分别写出高、低两个高程。

(7)标注挖深和填高。沿渠各桩号的挖深和填高数,可由地面高程与渠底高程之差求出,即

$$挖方深度 = 地面高程 - 渠底高程$$
$$填方高度 = 渠底高程 - 地面高程$$

(8)标注渠道比降。在标注桩号和高程的表格底部,标出各渠段的比降。到此,渠道纵断面图绘制完毕。

4.7　排水系统相关知识

农田水分过多,将会产生涝、渍和盐碱危害,影响作物的生长。农田排水的根本任务,就是汇集和排除农田中多余水量,降低和控制地下水位,改善作物的生长环境,防治和消除涝、渍及盐碱灾害,为农业增产创造良好条件。

4.7.1　排水系统的组成

排水系统一般由田间排水系统、各级输水沟道、各类建筑物及容泄区等部分组成。农田过多的地面水、土壤水和地下水,先由田间排水系统汇集起来,经由各级输水沟道排至容泄区。

4.7.1.1　田间排水系统

田间排水系统一般是指排水系统中末级固定沟道(一般为农沟)控制范围内的田间沟网或暗管系统,如毛沟、墒沟、暗管、鼠道等,它起着汇集农田地面径流、降低地下水位和调节土壤水分的作用。

4.7.1.2　各级输水沟道

各级输水沟道是指干沟、支沟、斗沟、农沟(也叫大沟、中沟、小沟),也称为骨干排水系统,其作用是把田间排水网汇集起来的水输送到容泄区去。对于有盐碱或有盐碱威胁的地区,还担负着降低地下水位的作用,因此应有必要的深度。

4.7.1.3　各类建筑物

各类建筑物主要是指各级沟道上的桥、涵、闸、抽水站以及上级沟道汇入下级沟道的衔接工程等,其作用是保证排水和交通畅通,并调节控制排水区内的水量与地下水位。

4.7.1.4　容泄区

容泄区是指位于排水区以外,容纳排水区排出水量的区域。除海洋、江河、湖泊、洼淀、溪涧等可作容泄区外,有时地下深厚的透水层及岩溶洞也可作为容泄区。容泄区应与排水网相协调,能容纳排水沟泄入的全部来水,保证排水沟有良好的出流条件。

4.7.2　田间排水系统的布置

田间排水系统一般有明沟排水系统、暗管排水系统和竖井排水三种方式。

4.7.2.1　明沟排水系统

明沟排水系统是在我国被广泛采用的田间排水方式,它与田间灌溉工程一起构成田间工程的一个重要组成部分,布置时应与田间灌溉工程结合考虑。

在地下水埋深较大、无控制地下水位要求的易旱易涝地区,或虽有控制地下水位要求,但由于土质较轻,要求的末级固定排水沟间距较大(如 200 ~ 300 m 以上)的易旱、易涝、易渍地区,排水农沟可兼排地面水和控制地下水位,农田内部的排水沟只起排多余地面水的作用,这时,田间渠系应尽量灌排两用。若农田的地面坡度均匀一致,则毛渠和输水垄沟可全部结合使用,农沟以下可不布置排水沟道,见图 2-4-17。若农田地面有微地形起伏,则只须在农田的较低处布置临时毛沟,其输水垄沟可以结合使用,见图 2-4-18。

4.7.2.2　暗管排水系统

暗管排水系统一般由吸水管、集水管(或明沟)、检查井和出口控制建筑物等几部分组成,有的还在吸水管的上游端设置通气孔。吸水管是利用管壁上的孔眼或接缝,把土壤中过多的水分,通过滤料渗入管内。集水管则是汇集吸水管中的水流,并输送至排水明沟排走。检查井的作用是观测暗管的水流情况和在井内进行检查和清淤操作。出口控制建筑物用以调节和控制暗管水流。暗管排水有一级暗管排水系统和二级暗管排水系统。

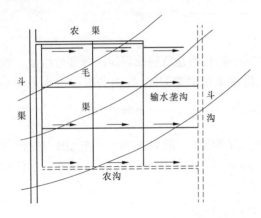

图 2-4-17　毛渠、输水垄沟灌排两用的田间渠系

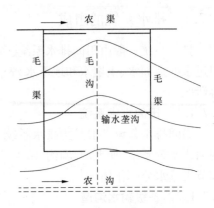

图 2-4-18　垄沟灌排两用的田间渠系

　　一级暗管排水系统田间只布置吸水管。二级暗管排水系统,暗管由吸水管和集水管两级组成,吸水管垂直于集水管,集水管垂直于明沟,其布置见图 2-4-19。地下水先渗入吸水管,再汇入集水管,最后排入明沟。为减少管内泥沙淤积和便于管理,管道比降可采用 1/500～1/1 000,以使管内流速大于不淤流速,地形条件许可时可适当加大管道比降,以提高管内的冲淤能力,且每隔 100 m 左右设置一个检查井。这种类型土地利用率较高,有利于机械耕作,但布置较复杂,增加了检查井等建筑物,水头损失较大,用材和投资较多,适用于坡地地区。

　　如图 2-4-19 和图 2-4-20 所示,每个田块的吸水管通过控制建筑物与集水暗管相连。

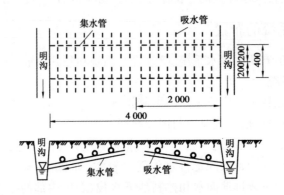

图 2-4-19　二级排水暗管排水网布置图　（单位:cm）

4.7.3　骨干排水系统的规划布置

4.7.3.1　规划布置原则

　　排水沟道系统分布广、数量多、影响大。因此,在规划布置时,应在满足排水要求的基础上,力求做到经济合理、施工简单、管理方便、安全可靠、综合利用。规划布置时应遵循以下主要原则。

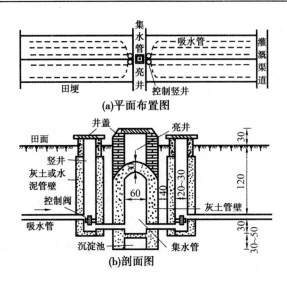

图 2-4-20　二级排水暗管田间布置图　（单位:cm）

1）低处布置

各级排水沟道应尽量布置在各自控制排水范围内的低洼地带,以便获得自流排水的、良好的控制条件,及时排除排水区内的多余水量。

2）经济合理

骨干排水沟道尽量利用原有的排水工程以及天然河道,既节省工程投资,减少占地面积,又不打乱天然的排水出路,有利于工程安全。干沟出口应选在容泄区水位低、河床稳定的地段,以便排水畅通、安全可靠。

3）高低分排

各级排水沟道应根据治理区的灾害类型、地形地貌、土地利用、排水措施和管理运用要求等情况,进行排水分区。做到高水高排、低水低排、就近排泄、力争自流、减少抽排。

4）统筹规划

排水沟道规划应与田、林、路、渠和行政区划等相协调,全面考虑、保证重点、照顾一般、优化设计方案,减少占地面积和交叉建筑物数量,便于管理维护、节省投资。

5）综合利用

为充分利用淡水资源,在有条件的地区,可充分利用排水区的湖泊、洼地、河沟网等滞蓄涝水,既可用于补充灌溉水源,减轻排水压力,又可满足航运和水产养殖等要求。但在沿海平原区和有盐碱化威胁的地区,因需要控制地下水位,故应实行灌排分开两套系统。

在排水沟道的实际规划布置中,上述规划布置原则往往难以全面得到满足,应根据具体情况分清主次,满足主要方面,尽量照顾次要方面,经多方案比较,选择最优规划布置方案。

4.7.3.2　排水沟道布置

排水沟道的布置方式与地形地貌、水文地质、容泄区、治理区自然条件以及行政区划和现有工程状况等多种因素有关。一般可根据地形地势和容泄区的位置等条件先规划布置干沟线路,然后规划布置其他各级沟道。因为地形条件和排水任务对排水沟的规划布置影响最大,所以地形条件和排水任务不同,排水沟道的规划布置也具有不同的特点。根据地形条件常把排水区分为山区丘陵区、平原区和圩垸区等三种基本类型。

1)山区丘陵区

山区丘陵区的特点是地形起伏较大,地面坡度较陡,耕地零星分散,暴雨容易产生山洪,对灌溉渠道和农田威胁很大,冲沟与河谷是天然的排水出路,排水条件较好。规划布置时应根据山势地形、坡面径流和地下径流等情况,采取冲顶建塘、环山撇洪、山脚截流、田间排水和田内泉水导排等措施,同时应与水土保持、山丘区综合治理和开发规划紧密结合。梯田区应视里坎部位的渍害情况,采取适宜的截流排水措施。骨干排水沟道布置一般总是利用天然河谷与冲沟,既顺应原有的排水条件,节省投资,安全可靠,又不打乱天然的排水出路,排水效果良好。

2)平原区

平原区的特点是地形平缓,河沟较多,地下水位较高,旱、涝、渍和盐碱等威胁并存,排水出路大多不畅,控制地下水位是主要任务。排水系统规划时应充分考虑地形坡向、土壤和水文地质等特点,在涝碱共存地区,可采取沟、井、闸、泵站等工程措施,有条件的地区还可采取种稻洗盐和滞涝等措施;在涝渍共存地区,可采取沟网、河网和排涝泵站等措施。骨干排水沟道规划布置应尽量利用原有河沟,新开辟的骨干排水沟道应根据灌区边界、行政区划和容泄区的位置,本着经济合理、效益显著、综合利用、管理方便的原则,通过多方案比较,选择最佳的布置方案。

3)圩垸区

圩垸区是指周围有河道并建有堤防保护的区域,主要分布在我国南方沿江、沿湖和滨海三角洲地带。这类地区地形平坦低洼,河湖港汊较多,水网密集,汛期外河水位常高于两岸农田,存在着外洪内涝的威胁,平时地下水位经常较高,作物常受渍灾,因而防涝排渍是主要任务。排水系统规划应按地形条件采取高低分开、分片排水、高水自排、坡水抢排、低水抽排的排水措施。为增大沟道滞蓄能力,加速田间排水,减小排涝强度和抽排站装机容量,规划时应考虑留有一定的河沟和内湖面积,一般以占排水总面积的 5% ~ 15% 为宜,以滞蓄部分水量。干支沟应尽量利用原有河道。对于无法自流排水的地区,应建立排水闸站进行抽排。

4.7.4　排水沟断面

4.7.4.1　横断面

排水沟横断面结构形式多为挖方断面,如图 2-4-21 所示。但当排水沟通过洼地或受容泄区水位顶托发生塞水时,为了防止漫溢,应在两岸筑堤形成半挖半填的沟道。对于某些较大的排水沟,当排涝流量和排渍相差悬殊且要求的沟深也显著不同时,可以采用复式断面。如图 2-4-22 所示。

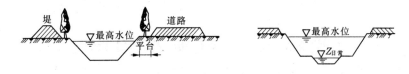

图 2-4-21　全挖方断面排水沟　　　　　　　　**图 2-4-22　复式断面**

4.7.4.2　纵断面

为了有效地控制地下水位,一般要求排除日常流量时,不发生壅水现象,所以上下级沟道的日常水位之间、干沟出口水位与容泄区水位之间要有 0.1~0.2 m 的水面落差。在通过排涝设计流量时,沟道之间出现短暂的壅水现象是允许的。但在设计时,应尽量使沟道中的最高水位低于两岸地面 0.2~0.3 m。此外还应注意,下级沟道的沟底不能低于上级沟道的沟底,例如,支沟沟底不能低于干沟的沟底。排水沟纵断面见图 2-4-23。

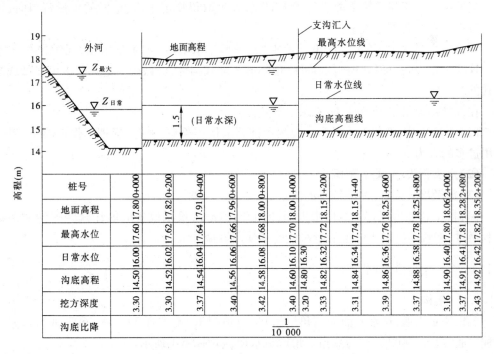

桩号	0+000	0+200	0+400	0+600	0+800	1+000	1+200	1+40	1+600	1+800	2+000	2+080	2+200
地面高程	17.80	17.82	17.91	17.96	18.00	18.00	18.15	18.15	18.25	18.25	18.06	18.28	18.35
最高水位	17.60	17.62	17.64	17.66	17.68	17.70	17.72	17.74	17.76	17.78	17.80	17.81	17.82
日常水位	16.00	16.02	16.04	16.06	16.08	16.10 / 16.30	16.32	16.34	16.36	16.38	16.40	16.41	16.42
沟底高程	14.50	14.52	14.54	14.56	14.58	14.60 / 14.80	14.82	14.84	14.86	14.88	14.90	14.91	14.92
挖方深度	3.30	3.30	3.37	3.40	3.42	3.40 / 3.20	3.33	3.31	3.39	3.37	3.16	3.37	3.43
沟底比降	$\dfrac{1}{10\,000}$												

纵坐标：高程(m)。图中标注：外河、$Z_{最大}$、$Z_{日常}$、地面高程、支沟汇入、最高水位线、日常水位线、沟底高程线、1.5（日常水深）。

图 2-4-23　排水沟纵断面　（单位:m）

排水沟纵断面的桩号通常从排涝设计出口处算起,且一般将水位线和沟底线由右向左倾斜,以与灌溉渠道的纵断面相区别。

第 5 章　　量测水知识

　　灌区测水量水是合理调度和充分利用水资源、实施计划用水的一项必要措施,也是按经济规律管理灌区的必不可少的手段。

　　灌区量水方法有利用测流设备量水、建筑物量水及特设量水设备量水等,测流设备量水、建筑物量水见相关教材,这里仅介绍特设量水设备。

5.1　特设量水设备

　　当渠系上水工建筑物不能满足量水需要,或为取得特定渠段、地段的水量资料时,可利用特设量水设备测定流量。

　　特设量水设备常用的有:三角形量水堰、梯形量水堰、巴歇尔量水槽、无喉段量水槽等。这些量水设备可以就地施工,可以预制成装配式构件,可做成固定式的也可以做成活动式的。

　　在选择特设量水设备时,应考虑以下几点:

　　(1)测算简捷、管理工作量小。观测和计算水量要简单、易行,管理工作量要小,以免占用过多的人力。

　　(2)水头损失小,测流范围大。

　　(3)灵敏度较高,能测准较小的流量。

　　(4)抗干扰能力强。农业用水中泥沙和杂物较多,量水设备应能让这些泥沙和杂物顺利通过,不致影响量水设备的量水精度和使用寿命。

5.1.1　三角形量水堰

5.1.1.1　结构

　　三角形量水堰,过水断面为三角形缺口,角顶朝下,角度有 20°、45°、60°、90°、120° 等几种。通常采用 90° 的,称为直角三角形量水堰,如图 2-5-1 所示。

　　三角形量水堰的堰口应制成锐缘,倾斜面向下游,由钢板、木板堰口加铁皮或钢筋混凝土薄板堰口加铁皮做成。口缘应保持在同一平面内,无扭曲情况。为了保证出流有足够的收缩余地,堰口两侧与渠坡的距离 T 及角顶与渠底的距离 P,不得小于最大过堰水深 H。

　　直角三角形量水堰的结构尺寸如表 2-5-1 所示,供制作时参考。

5.1.1.2　特点

　　三角形量水堰优点是结构简单、施工容易、造价低廉、观测方便、精度较高。缺点是过水能力小、水头损失大。一般适用于比降较大或有跌差的小型渠道(如毛渠和试验地段的输水沟)。

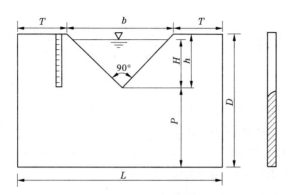

图 2-5-1　直角三角形量水堰

表 2-5-1　直角三角形量水堰结构尺寸

编号	渠道流量 （L/s）	最大水头 H （cm）	口高 h （cm）	槛高 P （cm）	堰高 D （cm）	边宽 T （cm）	堰宽 L （cm）	堰口宽 b （cm）
1	50 ~ 70	30	35	30	75	30	150	70
2	70 ~ 100	35	40	35	85	35	170	80
3	100 ~ 140	40	45	40	95	40	190	90
4	140 ~ 185	45	50	45	105	45	210	100
5	185 ~ 240	50	55	50	115	50	230	110
6	240 ~ 300	55	60	55	125	55	250	120
7	300 ~ 375	60	65	60	135	60	270	130

注：表中的堰高 D 和堰宽 L 已包括安装尺寸，采用时可视实际需要适当增减。

5.1.1.3　流量计算公式

（1）自由流（下游水位低于堰口）条件下的直角三角形量水堰流量计算公式为

$$Q = 1.343H^{2.47} \qquad (2\text{-}5\text{-}1)$$

或

$$Q = 1.4H^{2.5} \qquad (2\text{-}5\text{-}2)$$

式中　Q——过堰流量，m^3/s；

　　　H——过堰水深，m，要求 $0.05\ m \leqslant H \leqslant 0.3\ m$。

（2）潜流（下游水位高于堰口）条件下的直角三角形量水堰流量计算公式为

$$Q = 1.343\sigma H^{2.47} \qquad (2\text{-}5\text{-}3)$$

或

$$Q = 1.4\sigma H^{2.5} \qquad (2\text{-}5\text{-}4)$$

$$\sigma = \sqrt{0.756 - (h/H - 0.13)^2} + 0.145 \qquad (2\text{-}5\text{-}5)$$

式中　σ——潜没系数；

　　　h——下游水尺读数，m；

　　　H——上游水尺读数，m。

试验证明，当 H 为 5 ~ 30 cm 时，三角形量水堰量水精度较高。实际运用时可使用事先绘制的流量图表。

5.1.2　梯形量水堰

5.1.2.1　结构

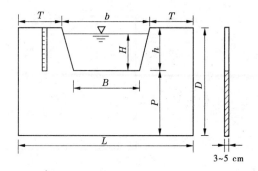

梯形量水堰为一具有梯形缺口的量水堰(见图 2-5-2),可用钢板、木板堰口加铁皮或钢筋混凝土薄板堰口加铁皮做成。堰槛宽度 B 一般为 0.25 ~ 1.5 m,缺口断面大小由渠道大小决定。堰口侧边通常为 4:1(竖:横)的斜边,堰口呈锐缘形状,倾斜面朝向下游。标准梯形量水堰各部分的尺寸及适测流量范围见表 2-5-2 所列数值。如采用堰宽为 1.5 ~ 3.0 m 的非标准梯形量水堰,流量系数须另行测定。其他应用条件与标准梯形量水堰相同。

图 2-5-2　梯形量水堰

表 2-5-2　常用梯形量水堰结构尺寸　　　　　　　　　(单位:cm)

堰槛宽 B	b	$H_{最大}$	h	T	P	D	L	适宜施测流量 $Q(L/s)$
25	31.6	8.3	13.3	8.3	8.3	26.6	64.2	2 ~ 12
50	60.8	16.6	21.6	16.6	16.6	43.2	110.0	10 ~ 63
75	90.0	25.0	30.0	25.0	25.0	60.0	156.0	30 ~ 178
100	119.1	33.3	38.3	33.3	33.3	76.6	201.7	61 ~ 365
125	148.3	41.6	46.6	41.6	41.6	93.2	247.5	102 ~ 640
150	177.5	50.0	55.0	50.0	50.0	110.0	293.5	165 ~ 1 009

注:1. D 和 L 包括安装尺寸(5 ~ 8 cm),可视实际需要适当增减。

2. 表中 $b = B + h/2$,$H_{最大} = B/3$,$h = B/3 + 5$,$T = B/3$,$P \geq B/3$,$D = P + h + 5$,$L = b + 2T + 16$。

5.1.2.2　特点

梯形量水堰结构简单、造价低廉、易于制造、观测方便,但壅水较高、水头损失大、堰前易淤积泥沙,适于安设在比降大、含沙量小的渠道上。当流量为 100 ~ 1 000 L/s 时,量测精度较高。

5.1.2.3　流量计算公式

(1)自由流量(下游水位低于堰槛),见图 2-5-3。

$$Q = 1.86BH^{3/2} \qquad (2-5-6)$$

式中　Q——流量,m³/s;

1.86——流量系数,经试验求得,当来水流速大于 0.3 m/s 时,则采用 1.9;

B——堰槛宽,m;

H——过堰水深,m。

(2)潜流时(下游水位高出堰槛,上、下游水位差与堰槛高之比 f/P 小于 0.7),如

图 2-5-3 所示。

$$Q = 1.86\sigma_n BH^{3/2} \tag{2-5-7}$$

$$\sigma_n = \sqrt{1.23 - (h_n/H)^2} - 0.127 \tag{2-5-8}$$

式中　σ_n——潜没系数；

　　　h_n——下游水位高出堰槛的水深，m；

　　　其他符号意义同前。

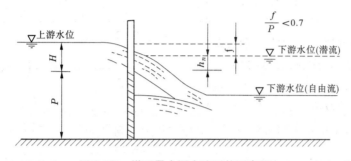

图 2-5-3　梯形量水堰水流形状示意图

5.1.3　巴歇尔量水槽

5.1.3.1　结构

巴歇尔量水槽结构较为复杂，如图 2-5-4 所示。其各部尺寸经试验确定为常数：$F = 60$ cm，$G = 90$ cm，$K = 8$ cm，$N = 23$ cm，$X = 5$ cm，$Y = 8$ cm。经试验决定喉道宽 W 的函数：

$$A = 0.51W + 122 \text{ cm}$$

$$B = 0.5W + 120 \text{ cm}$$

$$C = W + 30 \text{ cm}$$

$$D = 1.2W + 48 \text{ cm}$$

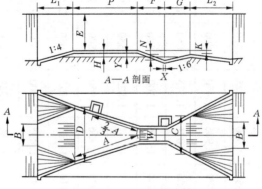

图 2-5-4　巴歇尔量水槽

经试验决定槽底高 H 的函数：上游护底长 $L_1 = 4H$，下游护底长 $L_2 = 6H \sim 8H$。

当喉道宽 W 确定后，即可确定各部分的尺寸。通常采用的巴歇尔量水槽尺寸见表 2-5-3。

表 2-5-3　巴歇尔量水槽标准尺寸　　　　　　　　　　　　　　　　　　　　　　　　　（单位：m）

W	A	$\frac{2}{3}A$	B	C	D	E	F	G	K	N	X	Y	可测量的流量 $Q(\text{m}^3/\text{s})$	
													最小	最大
0.250	1.351	0.900	1.325	0.550	0.780								0.006	0.561
0.500	1.479	0.986	1.450	0.800	1.080								0.012	1.159
0.750	1.606	1.071	1.575	1.050	1.380								0.016	1.772
1.000	1.734	1.156	1.700	1.300	1.680								0.021	2.330
1.250	1.861	1.241	1.825	1.550	1.980	0.600 到 1.000	0.600	0.900	0.080	0.230	0.050	0.080	0.026	2.920
1.500	1.988	1.326	1.950	1.800	2.280								0.032	3.500
1.750	2.116	1.411	2.075	2.050	2.580								0.037	4.080
2.000	2.243	1.495	2.200	2.300	2.880								0.041	4.660
2.250	2.370	1.580	2.325	2.550	3.180								0.046	5.240
2.500	2.498	1.665	2.450	2.800	3.480								0.051	5.820
2.750	2.625	1.750	2.575	3.050	3.780								0.056	6.410
3.000	2.753	1.835	2.700	3.300	4.080								0.060	6.990

5.1.3.2　特点

巴歇尔量水槽是应用较广的一种量水设备。其特点是壅水低、淤积小、精度高、适用范围广、观测方便,但结构复杂、造价高。可用混凝土、砖、石或木等材料制成。

5.1.3.3　**流量计算公式**

(1)水流为自由流$\left(\dfrac{H_b}{H_a}<0.7\right)$时

$$Q = 0.372W\left(\frac{H_a}{0.305}\right)^{1.569W^{0.026}} \tag{2-5-9}$$

式中　Q——流量,$\mathrm{m^3/s}$;

$\quad\quad$ H_a——上游水尺读数,m;

$\quad\quad$ H_b——下游水尺读数,m;

$\quad\quad$ W——喉道宽,m。

自由流流量计算,还可采用下面的简化公式,按 $W^{0.026}=1$ 代入式(2-5-9)而得

$$Q = 2.4WH_a^{1.57} \tag{2-5-10}$$

经试算证明,当 $W=0.5\sim1.5$ m 时,用简化公式计算流量对精度影响不大。

(2)水流为潜流$\left(0.95>\dfrac{H_b}{H_a}>0.7\right)$时,按式(2-5-10)计算出来的流量,减去按式(2-5-11)计算出来的改正值,即得潜流流量。

$$\Delta W = \left\{0.07\left[\frac{H_a}{\left[\left(\frac{1.8}{K}\right)^{1.8}-2.45\right]\times0.035}\right]^{4.57-3.14K}+0.007\right\}W^{0.815} \tag{2-5-11}$$

即

$$Q' = Q - \Delta W$$

式中　ΔW——流量修正值,$\mathrm{m^3/s}$;

$\quad\quad$ H_a——上游水尺读数,m;

$\quad\quad$ K——潜没度,等于$\dfrac{H_b}{H_a}$;

$\quad\quad$ W——喉道宽,m;

$\quad\quad$ Q'——潜流流量,$\mathrm{m^3/s}$;

$\quad\quad$ Q——按自由流公式计算的流量,$\mathrm{m^3/s}$。

巴歇尔量水槽计算比较复杂,为了方便应用,对不同喉道宽度 W(分为 0.25 m、0.5 m、0.75 m、1.0 m、1.25 m、1.5 m、1.75 m、2.0 m、2.25 m、2.5 m、2.75 m、3.0 m),上游水尺读数在 120 cm 以下的自由流量及潜没度 $K=0.7\sim0.95$ 的潜流情况下的过槽流量,可根据 W、H_a(自由流)或 W、H_a、$K=\dfrac{H_b}{H_a}$(潜流)制成流量表,过槽流量可直接从表中查得,不必通过公式计算。

5.1.4　U 形渠道抛物线形无喉段量水槽

5.1.4.1　结构

抛物线形无喉段量水槽主要由进口收缩渐变段、抛物线形喉口和出口扩散渐变段三

部分组成,如图2-5-5所示。

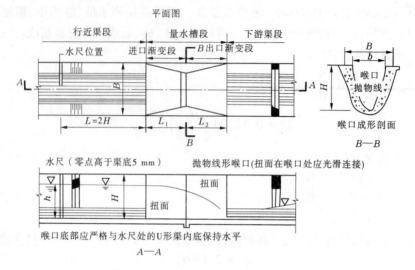

图 2-5-5　平底抛物线形无喉段量水槽

抛物线形无喉段量水槽的进口收缩渐变段和出口扩散渐变段的收缩、扩散比皆为1:6。进、出口渐变段的长度相同,为 $L_1 = L_2 = 3(B-b)$,其中,B 为行近渠槽断面口宽,m;b 为抛物线形收缩断面上口宽,m,$b = 2\sqrt{H/P}$,其中,H 为渠深,m,P 为抛物线的形状系数,m^{-1}。

水位测量位于量水槽上游,距进口渐变段前沿的距离为 $2H$,水尺可直接印在 U 形渠内壁上,便于观测。水尺零点位于收缩断面底部水平面以上 5 mm 处。收缩断面的底部安装高程应与水尺位置处渠道的内底严格水平。

5.1.4.2　特点

平底抛物线形无喉段量水槽具有过流能力强、流量公式简单、测流精度高、施工方便、造价低廉等特点,适用于在 U 形渠道内修建。

5.1.4.3　流量公式

自由出流流量公式

$$Q = C_d C_v h^2 \sqrt{P} \qquad (2\text{-}5\text{-}12)$$

式中　Q——过槽流量,m^3/s;

C_d——流量系数,$C_d = \dfrac{\pi}{4}\sqrt{2g}\,C_1$,$C_1$ 为修正系数;

C_v——流速系数,其值由式(2-5-13)确定。

$$C_v = \left(1 + \frac{\alpha_0 C_d^2 C_v^2 h^2}{2gPA}\right)^2 \qquad (2\text{-}5\text{-}13)$$

式中　α_0——行近流速分布均匀系数,对顺直行近渠,$\alpha_0 = 1$;

A——行近渠中水深为 $h(\text{m})$ 时的过水断面面积,m^2;

P——抛物线的形状系数,m^{-1}。

5.2　测水、量水站网的布设

5.2.1　测水、量水站网的布设要求

(1)水源测站设在引水上游,观测水源水位、流量和含沙量变化情况。

(2)渠首测站设在干渠(或总干渠)进水口或下游渠道,观测从水源引入的流量及水量。

(3)配水点测站设在配水渠(支、斗渠)进水口或下游渠段,观测从上一级渠道配得的流量及水量。

(4)分水点测站设在分水渠(斗、农渠)进水口或下游渠段,观测从配水渠配得的流量及水量。

(5)退排水测站设在灌区退水渠、排水沟末端及排水枢纽上,观测灌区的退泄和排出水量。

(6)为观测、收集渠道输水损失、糙率、流速、流量与冲淤关系等而设的专用测站,其位置视实际需要选定。

5.2.2　测水、量水设施

(1)大型输水渠道上应设置固定测水断面,利用水尺观测水位,利用流速仪和浮标测流。

(2)配水渠上应优先考虑利用水工建筑物测水、量水。在没有水工建筑物或现有水工建筑物不能用以量水或量水精度达不到要求时,可采用特设量水设备量水。渠底比降较小的浑水渠道上,可选用巴歇尔量水槽或无喉段量水槽量水;渠底比降较大或有跌水的清水渠道上,可选用梯形量水堰量水。

(3)分水渠上应采用特设量水设备量水。比降小的浑水渠道上,可选用无喉段量水槽量水;比降较大、含沙量较小的渠道上,可选用梯形量水堰量水。

(4)毛渠、输水沟、试验地段可采用固定或移动三角形量水堰量水。

(5)U形渠道上可选用平底抛物线形无喉段和过流通畅的其他量水槽量水。

(6)灌溉管道量水可采用孔板式、旋杯式、滑片式、超声波式等量水表。选择量水表时,应以量程合适、量测稳定、可靠、耐用为原则。

5.2.3　量水方法选择的要求

(1)水头损失小,不淤积,不堵塞,不妨碍加大流量通过。

(2)灵敏度高,抗干扰能力强,精度符合要求。

(3)造价低,施工简便,维修费用低,并尽量使一个测站能兼作其他测站的用途。

(4)观测计算方便,便于群众掌握。

(5)量水误差不应大于 ±5%。

第6章　机井与水泵知识

6.1　机井结构

管井是指直径小于0.5 m的小口径井,管井(机井)的一般结构如图2-6-1所示。井壁管安装在隔水层或咸水层处,滤水管安装在与含水层相对应的位置,起阻沙和滤水的作用。井的最下部为沉淀管,长2~8 m,用以沉淀沙粒。在井管与井孔的环状间隙中,填入按设计要求的填料,起拦沙进水、增大出水量的作用。

管井的结构因水文地质条件、施工方法、配套水泵和用途不同,其结构形式也不同。但总的来说,可分为井口、井身、进水部分和沉砂管四部分。

(1)井口:通常将管井接近地面的一部分称井口。

(2)井身:通常将井口以下至进水部分的一段井柱称井身。如果管井是多层取水的,则为各隔水层部分对应的分段井柱。井身部分不要求进水,在松散地层中,采用实管加固,在坚固稳定的岩层中,也可不用井管加固。但如要求隔离有害的和不计划开采的含水层,则必须用实管严密封闭,且要有足够的强度,以承受井壁侧土的压力。

(3)进水部分:管井的进水部分,是使含水层中的水通畅地进入管井的结构部分。它是管井的关键部位,包括滤水管与滤料。其结构设计是否合理,对整个管井至关重要。因此,设计和施工时须给予充分的重视。

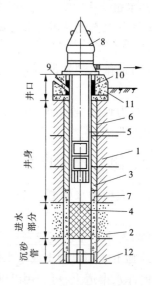

1—非含水层;2—含水层;3—井壁管;
4—滤水管;5—泵管;6—封闭物;7—滤料;
8—水泵;9—水位观测孔;10—护管;
11—泵座;12—不透水层

图2-6-1　管井结构

(4)沉淀管:管井最下部装设的一段不进水的实管,称为沉淀管。它的作用是沉淀随水带进井内的泥沙,以备定期清除。

沉淀管的长度,一般按含水层的厚度和颗粒大小而定。若管井所开采的含水层的颗粒细且厚度大,则沉淀管可长一些,反之可短一些。一般含水层的厚度在30 m以上且颗粒细时,沉淀管长度不应小于5 m。

6.2　常用水泵的类型、结构及性能参数

水泵是一种进行能量转换的机械。它能把原动机的机械能传给被抽送的液体,使流

体的能量增加,从而把流体从低处提升到高处或压送到使用液体的地点。

6.2.1　水泵的结构及工作原理

水泵的种类较多,有离心泵、轴流泵、混流泵、潜水电泵等,下面主要介绍离心泵及潜水电泵的结构和工作原理。

6.2.1.1　离心泵

1)离心泵的工作原理

离心泵是利用离心力压水和利用离心力吸水,两者同时发生在一个简单的机构内,离心泵依靠它的叶轮在原动机的驱动下,高速旋转时产生的离心力,将叶轮内的水沿叶片向外甩入蜗形流道,然后沿着蜗形流道及压水管路流出。由于叶轮内的水被甩出,从而在叶轮内形成真空状态,进水池里的水在大气压的作用下,不断地进入叶轮,进入叶轮的水又不断地被甩出,这样循环往复,水就源源不断地被抽到高处、远处。这就是离心泵的工作原理。

2)离心泵的构造

离心泵根据水流进入叶轮的方式,可分为单吸和双吸两种。单吸式离心泵常用字母"BA"或"B"表示;双吸式离心泵用字母"Sh"或"S"表示。如图 2-6-2 所示为 BA 型泵的外形。它主要由泵体、泵盖、叶轮、口环、泵轴、填料函和泵座等部件组成。Sh 型泵主要由泵体、泵盖、叶轮、泵轴、口环、轴承和填料函等组成。

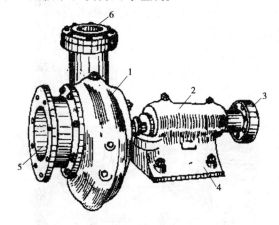

1—泵体;2—轴承盒;3—联轴器;4—泵座;5—吸水口;6—出水口

图 2-6-2　BA 型泵外形

(1)叶轮是离心泵的核心部分,它转速高、出力大,叶轮上的叶片起到主要作用,叶轮在装配前要通过静平衡试验。叶轮上的内外表面要求光滑,以减小水流的摩擦损失。

(2)泵体也称泵壳,它是水泵的主体。起到支撑固定作用,并与安装轴承的托架相连接。

(3)泵轴的作用是借联轴器和电动机相连接,将电动机的转矩传给叶轮,所以它是传递机械能的主要部件。

(4)轴承是套在泵轴上支撑泵轴的构件,有滚动轴承和滑动轴承两种。滚动轴承使用牛油作为润滑剂,加油要适当,一般为 2/3 ~ 3/4 的体积,太多会发热,太少又有响声并发热。滑动轴承是用透明油作为润滑剂的,加油到油位线。太多油要沿泵轴渗出并且漂溅,太少轴承又要过热烧坏造成事故。在水泵运行过程中,轴承的温度最高在 85 ℃,一般运行在 60 ℃左右,如果高了就要查找原因(是否有杂质,油质是否发黑,是否进水)并及时处理。

(5)密封环又称减漏环。叶轮进口与泵壳间的间隙过大会造成泵内高压区的水经此间隙流向低压区,影响泵的出水量,效率降低。间隙过小会造成叶轮与泵壳摩擦产生磨损。为了增加回流阻力减少内漏,延缓叶轮和泵壳的使用寿命,在泵壳内缘和叶轮外缘结合处装有密封环,密封的间隙以保持在 0.25 ~ 1.10 mm 为宜。

(6)填料函主要由填料、水封环、填料筒、填料压盖、水封管组成。填料函的作用主要是封闭泵壳与泵轴之间的空隙,不让泵内的水流流到外面,也不让外面的空气进入到泵内,始终保持水泵内为真空。当泵轴与填料摩擦产生热量就要靠水封灌注水到水封圈内使填料冷却,保持水泵的正常运行。所以,在水泵的运行、巡回检查过程中,对填料函的检查要特别注意,在运行 600 h 左右就要对填料进行更换。

BA(B)型泵的特点是体积小,重量轻,简单可靠,维护检修容易,泵的出水口方向可根据需要左右调整,可与动力机直接传动,这种泵出水量小,扬程高。它适用于丘陵山区的小型灌区。

Sh 型泵泵壳是水平中开式的。检修水泵时,只要掀开,就可检修泵内全部零件,不需拆卸进出水管路及动力,所以维修十分方便;但它体积大,较笨重,多用联轴器直接传动。它具有扬程较高、流量较大的特点,被广泛应用于面积较大的灌区。

DA 型泵是多级离心泵,如图 2-6-3 所示,主要由泵体、电动机、出水口、进水口构成。它的特点是:扬程高,流量小,但结构复杂,多用于山丘扬程高的地区。

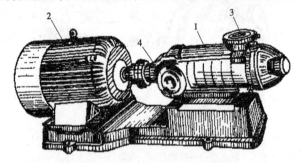

1—泵体;2—电动机;3—出水口;4—进水口

图 2-6-3 DA 型泵外形

6.2.1.2 潜水电泵

潜水电泵是电机与水泵直联一体潜入水中工作的提水机具,具有结构简单,体积小,重量轻,安装、维修方便,运行安全、可靠、高效节能等特点。

潜水电泵的水泵为离心式或混流式;采用水润滑轴承;与电机的联接采用联轴器刚性联接。泵叶轮在电机带动下旋转产生离心力,使液体能量增加经泵壳的导流作用进行提水。在水泵上端设有逆止阀体,防止电泵停机时,因扬水管中倒流的水损坏工作部件。阀上有泄水孔,可将管路中的水缓缓放掉,防止冬天冻裂管路。

潜水电泵主要适用于从深井提取地下水,也可用于河流、水库、水渠等提水工程;主要用于农田灌溉及高原山区的人畜用水,亦可供城市、工厂、铁路、矿山、工地供排水使用。

6.2.2　水泵性能参数

水泵的性能参数,标志着水泵的性能。水泵的性能除用性能曲线表示外,常常在水泵样本、产品目录和水泵铭牌上表示出来。水泵的扬程、流量、轴功率、效率、转速、比转速、容许吸上真空高度或气蚀余量等是主要的性能参数。

(1)扬程。指水泵进出口截面单位重量水流能量之差,也就是水泵能够扬水的高度,单位为 m,以字母"H"表示。

(2)流量。指单位时间内从水泵出口排出并进入管路系统的水的体积,以字母"Q"表示,单位是 m^3/s、m^3/h 和 L/s 等。

(3)功率。指水泵在单位时间内所做功的大小,用字母"N"表示,单位为 kW。水泵的功率有轴功率和有效功率之分。水泵的轴功率又称水泵输入功率,是动力机通过传动设备输送给泵轴的功率,以字母"$N_轴$"表示;水泵的有效功率又称水泵输出功率,是指单位时间内传到泵出口水流的能量,以字母"$N_效$"表示。

(4)效率。指水泵在提水过程中对动力的利用状况,它可衡量水泵性能的好坏,用希腊字母"η"表示。水泵的轴功率在提水过程中,一部分用于直接提水,以有效功率形式表达;另一部分则消耗在泵内,以泵内损失功率形式表达,即轴功率包括有效功率和损失功率两部分。

效率就是有效功率与轴功率的比值,用百分数表示

$$\eta = N_效 / N_轴 \times 100\% \qquad (2\text{-}6\text{-}1)$$

(5)转速。指水泵叶轮每分钟旋转的次数,用字母"n"表示,单位为 r/min。

(6)比转数。又称比速,是水泵的扬程为 1 m、流量为 0.075 m^3/s 时的转速,用符号"n_s"表示。

(7)允许吸上真空高度或气蚀余量。允许吸上真空高度是指水泵不发生气蚀时的水泵进口处允许的最低压力,用符号"H_s"表示,单位为 m;目前根据资料,抗气蚀能力不是用允许吸上真空高度 H_s 表示的,而是用气蚀余量"Δh"来表示的。气蚀余量是指水泵进口处单位重量的水具有超过气化压力的多余能量,单位为 m。泵的气蚀余量 Δh 和泵的允许吸上真空高度 H_s 是一个意义,只是表示的方法不同而已。

6.2.3　水泵站进出水建筑物

6.2.3.1　水泵站进水建筑物

水泵站进水建筑物一般包括进水闸、进水渠、前池、进水池等。

(1)进水闸:是泵站的取水口。

(2)进水渠:是将水从取水口引至泵房的进水建筑物。

(3)前池:是衔接进水渠与进水池的渐变段,其作用是使进水池中的水流平稳。

(4)进水池:是供水泵或进水管吸水的水池。

6.2.3.2　水泵站出水建筑物

连接水泵装置的出水口与灌溉渠道或泄水渠道的建筑物称泵站出水建筑物,包括出水池和防逆设施。

(1)出水池是衔接水泵出水管和渠道的建筑物,用以消缓管中出流的动能,水流平稳地进入渠道,以免冲刷渠道。

(2)防逆设施。为了防止停机时出水池的水向水泵倒流,需设置防逆设施,通常有虹吸管出流、出口装设拍门、装设真空破坏阀三种形式。

第 7 章　施工机械知识

7.1　土方机械

7.1.1　挖掘机械

7.1.1.1　单斗式挖掘机

以正向铲挖掘机为代表的单斗式挖掘机,有柴油或电力驱动两类,后者又称电铲。挖掘机有回转、行驶和挖掘三个装置。图 2-7-1 是液压正向铲挖掘机。

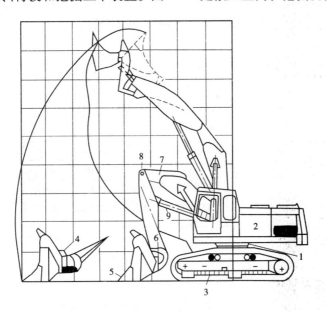

1—底座齿轮;2—发动机;3—履带行驶机构;4—挖斗;5—斗齿;

6—斗柄;7—动臂;8—铰;9—斗柄液压缸

图 2-7-1　液压正向铲挖掘机

正向铲挖掘机有强力的推力装置,能挖掘 Ⅰ ～ Ⅳ 级土和破碎后的岩石。机型常根据挖斗容量来区分。这种挖掘机主要挖掘停机地面以上的土石方,也可以挖掘停机地面以下不深的地方,但不能用于水下开挖。挖掘停机地面以下,可用由它改装的土斗向内、向下挖掘的反向铲,如图 2-7-2 所示。

若要挖掘停机地面以下深处和进行水下开挖,还可将正向铲挖掘机的工作机构改装成用索具操作铲斗的索铲和合瓣式抓斗的抓铲。

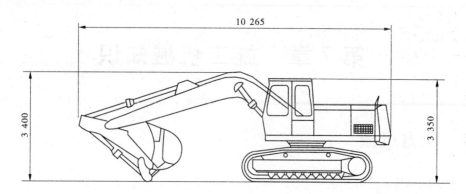

图 2-7-2　液压反向铲挖掘机　（单位:mm）

7.1.1.2　推土机

以拖拉机为原动机械,另加切土片的推土器,既可薄层切土又能短距离推运。它又按推土器在平面能否转动分为固定式和万能式,前者结构简单而牢固,应用普遍,多用液压操作。图 2-7-3 为国产移山－120(马力)型推土机的外形。

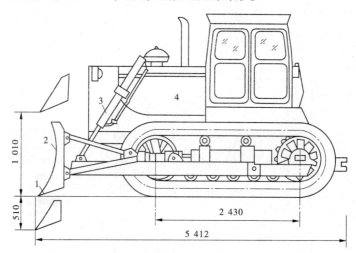

1—刀片;2—推土器;3—切土液压装置;4—拖拉机

图 2-7-3　国产移山－120(马力)型推土机　（单位:mm）

若长距离推土,土料从推土器两侧散失较多,有效推土量大为减少。推土机的经济运距为 60～100 m,堆高 3 m。为了减少推土过程中土料的散失,可在推土器两侧加挡板,或先推成槽,然后在槽中推土,或多台并列推土。

7.1.1.3　翻斗车

1)油翻斗车

翻斗车具有车身小巧、转向灵活、结构紧凑、操作舒适、维护简便、不受路面限制、能自动卸料,并能自动回斗复位的特点,有较大的装载量和强有力的运载性能,适应狭小的场地,可进行高效率的装载和运输作业。它是建筑、筑路、矿山、工厂和农村等施工场地作短途运输的理想机械。

2) 自卸汽车

自卸汽车又称翻斗车,它是依靠自身动力驱动液压举升机构,使货箱具有自动倾卸货物功能与复位功能的一种重要专用汽车。

自卸汽车主要运输砂、石、土、垃圾、建材、煤、矿石、粮食和农产品等散装并可散堆的货物。它最大的优点是实现了卸货的机械化,从而提高卸货效率,减轻劳动强度,节约劳动力。

7.1.2 压实机械

根据压实机械产生的压实作用外力不同,压实机械大体可分为碾压、夯击和震动三种基本类型。

7.1.2.1 羊脚碾

羊脚碾的外形如图 2-7-4 所示。它适于黏性土料的压实。它与平碾不同,在碾压滚筒表面设有交错排列的截头圆锥体,状如羊脚。钢铁空心滚筒侧面设有加载孔,加载大小根据设计需要确定。加载物料有铸铁块和砂砾石等。碾滚的轴由框架支承,与牵引的拖拉机用杠辕相连。羊脚的长度随碾滚的重量增加而增加,一般为碾滚直径的 1/6 ~ 1/7。羊脚过长,其表面积过大,压实阻力增加,羊脚端部的接触应力减小,影响压实效果。

羊脚碾的羊脚插入土中,不仅使羊脚端部的土料受到压实,而且使侧向土料受到挤压,从而达到均匀压实的效果,如图 2-7-5 所示。在压实过程中,羊脚对表层土有翻松作用,无须刨毛就能保证土料良好的层间结合。

1—羊脚;2—加载孔;3—碾滚筒;4—杠辕框架

图 2-7-4 羊脚碾外形图

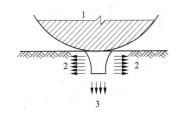

1—碾滚;2—侧压力;3—正压力

图 2-7-5 羊脚对土料的正压力和侧压力

7.1.2.2 震动碾

震动碾是一种震动和碾压相结合的压实机械,如图 2-7-6 所示。

它是由柴油机带动与机身相连的附有偏心块的轴旋转,迫使碾滚产生高频震动。震动功能以压力波的形式传到土体内。震动碾压实效果好,使非黏性土料的相对密度大为提高,稳定性明显增强,使土工建筑物的抗震性能大为改善。因此,抗震规范明确规定,对有防震要求的土工建筑物必须用震动碾压实。震动碾结构简单,制作方便,成本低廉,生产率高,是压实非黏性土石料的高效压实机械。

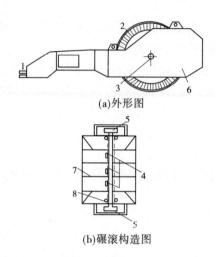

(a)外形图

(b)碾滚构造图

1—牵引挂钩;2—碾滚;3—轴;4—偏心块;5—皮带轮;6—车架侧壁;7—隔板;8—弹簧悬架

图 2-7-6　SD－80－13.5 震动碾示意图

7.1.2.3　气胎碾

气胎碾有单轴和双轴之分。单轴的主要构造是由装载荷重的金属车箱和装在轴上的 4～6 个气胎组成。碾压时在金属车箱内加载,并同时将气胎充气至设计压力。为防止气胎损坏,停工时用千斤顶将金属箱支托起来,并把胎内的气放掉,如图 2-7-7 所示。

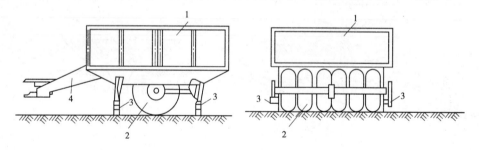

1—金属车厢;2—充气轮胎;3—千斤顶;4—牵挂杠辕

图 2-7-7　拖行单轴式气胎碾

气胎碾可根据压实土料的特性调整其内压力,使气胎对土体的压力始终保持在土料的极限强度内。通常气胎的内压力,对黏性土以 $(5～6)×10^5$ Pa、非黏性土 $(2～4)×10^5$ Pa 最好。

7.1.2.4　夯板

夯板可以吊装在去掉土斗的挖掘机臂杆上,借助卷扬机操纵绳索系统使夯板上升。夯击土料时将索具放松,使夯板自由下落。

夯板工作时,机身在压实地段中部后退移动,随夯板臂杆的回转,土料被夯实的夯迹呈扇形。为避免漏夯,夯迹与夯迹之间要套夯,其重叠宽度为 10～15 cm,夯迹排与排之间也要搭接相同的宽度。为充分发挥夯板的工作效率,避免前后排套压过多,夯板的工作转角以不大于 80° ~ 90° 为宜,如图 2-7-8 所示。

7.2　振捣机械

振捣是振动捣实的简称,它是保证混凝土浇筑质量的关键工序。振捣的目的是尽可能减少混凝土中的空隙,以清除混凝土内部的孔洞,并使混凝土与模板、钢筋及埋件紧密

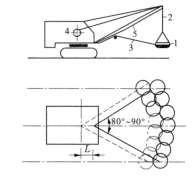

1—夯板;2—提升索;3—操纵索;4—机房;5—支杆

图 2-7-8　夯板及其工作示意图

结合,从而保证混凝土的最大密实度,提高混凝土质量。

混凝土振捣主要采用振捣器进行,振捣器产生小振幅、高频率的振动,使混凝土在其振动的作用下,内摩擦力和黏结力大大降低,使干稠的混凝土获得了流动性,在重力的作用下集料互相滑动而紧密排列,空隙由砂浆所填满,空气被排出,从而使混凝土密实,并填满模板内部空间,且与钢筋紧密结合。下面仅介绍插入式振捣器。

插入式振捣器在水利水电工程混凝土施工中使用最多。它的主要形式有电动硬轴式(见图 2-7-9)、电动软轴式(见图 2-7-10)。电动硬轴插入式振捣器构造比较简单,使用方便,其振动影响半径大(35 ~ 60 cm),振捣效果好,故在水利工程的混凝土浇筑中应用最普遍。电动软轴插入式振捣器则用于钢筋密、断面比较小的部位。插入式振捣器的构造及适用范围见表 2-7-1。

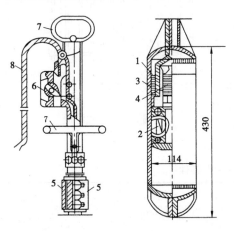

1—振动棒外壳;2—偏心块;3—电动机定子;
4—电动机转子;5—橡皮弹性连接器;
6—电路开关;7—把手;8—外接电源

图 2-7-9　电动硬轴插入式振捣器　(单位:mm)

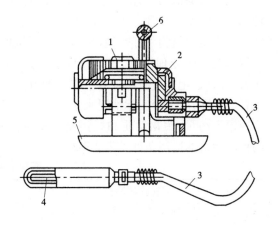

1—电动机;2—机械增速器;3—软轴;
4—振动棒;5—底盘;6—手柄

图 2-7-10　电动软轴插入式振捣器

表 2-7-1　电动插入式振捣器构造及适用范围

序号	名称	构造	适用范围
1	串激式振捣器	串激式电机拖动,直径 18~50 mm	小型构件
2	软轴振捣器	有偏心式、外滚道行星式、内滚道行星式,振捣棒直径 25~100 mm	除薄板以外各种混凝土工程
3	硬轴振捣器	直联式,振捣棒直径 80~133 mm	大体积混凝土

7.3　清污、启闭机械的性能

7.3.1　清污机

清污机是设在进水口前,用于拦阻水流挟带的水草、漂木等杂物(一般称污物)的框栅式结构。拦污栅由边框、横隔板和栅条构成(见图 2-7-11),支承在混凝土墩墙上,一般用钢材制造。栅条间距视污物大小、多少和运用要求而定。

拦污栅在平面上可以布置成直线形或呈半圆的折线形,在立面上可以是直立的或倾斜的,依水流挟带污物的性质、多少、运用要求和清污方式决定。

拦污栅的清污常用的有人工清污和机械清污两种。人工清污主要用于水草和杂物不多的小型建筑物。对大型建筑物,一般设置专门的清污机械和相应的转运设备来处理污物。目前自动清污机主要有回转式清污机、耙斗式清污机等。它们的特点及适用范围各不相同,应结合实际情况来选用。清污机的选用应根据来污量、污物性质和拦污栅的布置方式而定。两种清污机的适用条件见表 2-7-2。

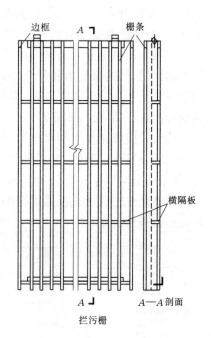

图 2-7-11　拦污栅

表 2-7-2　两种清污机的适用条件

回转式清污机				耙斗式清污机		
工作级别	使用时间(h/d)	工作条件	载荷状态	工作级别	总设计寿命(h)	载荷状态
Q2—轻	4~8	清水	一半以下齿耙上有污物	Q2—轻	1 600	不经常使用,抓取污物满斗率小于70%
Q3—中	8~16	污水	一半以上齿耙上有污物	Q3—中	3 200	经常使用,抓取污物满斗率大于70%
Q4—重	≥16	污水	每个齿耙上挂满了污物	Q4—重	6 300	每天使用,抓取污物满斗率100%

7.3.1.1　回转式清污机

固定安装在泵站、电站、倒虹吸等水工建筑物的进水口处,主要由栅体、清污耙(齿耙)、传动系统三个部分组成。根据引水道的污物情况,有时在栅体底部增设辅助栅。它以拦污栅拦截水流中所挟带的污物(树枝、树叶、杂草、生活垃圾、浮冰等),并通过回转的齿耙将其捞到桥面上,用皮带输送机或其他方式运走,避免污物进入引水道内,保证机组或其他设备顺利运行。

该机构造简单,整机刚性好,运行平稳,故障率低,操作维修简便,清污效果好,耗能低,效率高。

结构及工作原理:ZHG 型回转式格栅清污机主要由机架、栅条、清污耙板、提升链、电机减速驱动、缓冲自净卸污等装置组成。工作时,由固定于提升链上的清污耙板在驱动装置的带动下,将水下格栅部分截留的污物捞上,清污耙板依靠两侧提升链同步由栅后至栅前顺时针回转运动,当耙板到达机体上部时,由于转向轨道及导轮的作用,一部分污物依靠重力自行落下,剩余黏附在耙板上的污物通过缓冲自净卸污装置进行刮除。

ZHG 型回转式格栅清污机的驱动装置处设置剪切式安全销,当超载或发生意外时,剪切式安全销瞬时切断,以保护设备不被损坏。水下链轮及链条具有防堵保护装置,运行可靠,缓冲自净卸污,排渣干净。

7.3.1.2　耙斗式清污机

耙斗式清污机根据布置方式可以采用固定式、移动式和单轨悬吊式。它由三部分组成:悬挂单轨系统、移动小车和抓爪装置,见图 2-7-12。

结构特点:悬挂单轨由厚钢板制成,和移动小车顶部配合,为移动驱动和支撑滚轮提供轨道。悬挂的轨道由空心方管支撑,延伸至所有工作位及卸料区域。移动小车由抓爪提升装置和负责抓爪开闭的液压站组成。移动小车由安装在小车一端部的减速箱驱动。驱动滚轮和减速箱输出轴直接配合,在悬挂单轨内侧运动,另外一对自由运动的支撑轮确保小车和轨道保持平行。小车的动力由包含动力和控制信号的移动电缆提供,电缆由电缆小车支撑带动沿悬挂单轨移动。抓爪单元由一系列齿条组成,它们可以通过液压顶杆开启或闭合。液压油管将动力从移动小车上的液压站传送至液压顶杆,油管缠绕在一张紧的鼓上,和耙斗提升装置同步运转。耙斗通过装有弹簧的摆动限位板在移动时可保持平稳。

主要优点:

(1)可处理多种不同杂物(水草、塑料制品、饮料罐、城市垃圾、污物、橡胶制品、油桶等)。

(2)处理量大(500 型 70 t/d)。

(3)适合各种格栅及较远的排放区;开放式结构使工作平台洁净。抓爪直接将污物排放在收集处,无须再次处理。

(4)格栅从上至下全部清理。

(5)抓爪齿尖穿入格栅,因而可去除格栅周围毛发状污物。

(6)无永久性浸泡部件,故障少。

(7)安装简便,节约土建投资。

(8)可通过计时器、液位差控制实现全自动控制,或人工启动,自动完成。

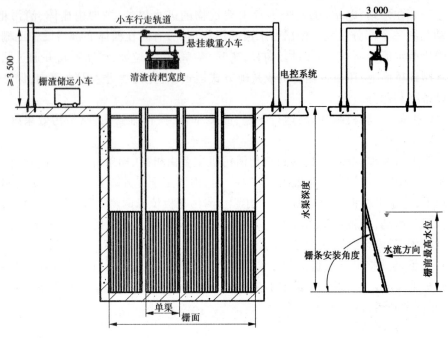

图 2-7-12　耙斗式清污机　(单位:mm)

7.3.2　启闭机

启闭机是开启和关闭闸门所用的起重机械,也称闸门操作设备。它是按照运行条件控制闸门的活动部分,以达到开启或关闭孔口的目的。闸门启闭机关系到水工建筑物的正常运行,启闭机通常以其综合的特征命名闸门的操作设备,如螺杆式启闭机、链式启闭机、卷扬式启闭机、液压式启闭机、台车式启闭机、门式启闭机(起重机)等。灌排工程中常用的启闭机有螺杆式启闭机、卷扬式启闭机、液压式启闭机。

7.3.2.1　螺杆式启闭机

1)一般性能

螺杆式启闭机是灌区水工建筑物中小型闸门比较普遍采用的启闭机。它是一种既能产生启门力,又能根据螺杆的支承情况,适当地产生一些闭门力的、简单可靠的启闭设备。

2)机体构造

螺杆式启闭机在基本构造上通常包括下列三种:

(1)平轮式。渠系放水建筑物小型平面闸门常采用这种简单的螺杆启闭机。如图 2-7-13 所示,承重螺母 1 直接与手动平轮 2 相连,没有减速程序。单靠手动平轮的直径产生较大的转动力矩,从而驱动承重螺母,升降螺杆以启闭闸门。同时,承重螺母为铸铁制造,它直接与机盒 3 的上下支承面相接触。有的则装配滚珠轴承以减少驱动时的摩擦阻力。因此,这种螺杆式启闭机一般只能提供 0.5 ~ 3 t 的启闭力,并且采用手动操作。它的结构简单,机体轻巧,常做成封闭的盒状,安设在混凝土的底座上。

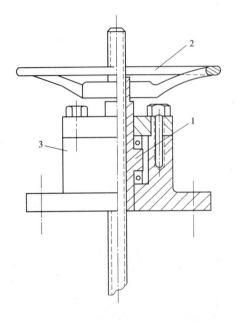

1—承重螺母；2—手动平轮；3—机盒

图 2-7-13　平轮式螺杆启闭机简图

　　这种螺杆式启闭机的手动平轮有时可在承重螺母顶部做成十字形的留孔。启闭闸门时将用作手柄的木棒插入。或者是将平轮做成一根穿过承重螺母顶部而两端向上翘起的钢杆，以转动承重螺母，启闭闸门。

　　(2)伞齿轮式。伞齿轮式螺杆启闭机如图 2-7-14 所示，是通过一对伞形齿轮(又名锥形齿轮或八字轮)减速的。承重螺母 1 与水平放置的大伞形齿轮 2 相连，而小伞形齿轮 3 则与伸出机壳的手柄轴成为一体。手柄轴则又外接手摇把 4，形成较大的转动力矩。同时，承重螺母的本身，镶用铜合金做的螺纹套以与螺杆 5 啮合。而承重螺母的上下支承面，各设滚珠轴承 6 以减小摩擦阻力。为了启闭操作方便，机体盒下面联系支架及底座，与启闭台大梁的预埋螺栓相接。

　　伞齿轮式螺杆启闭机的采用比较普遍。这种螺杆启闭机一般多用手摇启闭。如需采用电动，则宜增设中间的减速装置以加大速比。

　　(3)蜗轮蜗杆式。采用蜗轮蜗杆代替伞形齿轮，如图 2-7-15 所示，可以得到较大的速比。因此，蜗轮蜗杆式的启闭能力可比伞齿轮式大，它与伞齿轮式比较，所不同的只是承重螺母 1 与蜗轮 2 相连，而蜗杆 3 则与伸出机壳的手柄轴成为一体。其他的构造则与伞齿轮式螺杆启闭机相同。不过，采用蜗轮蜗杆传动的机械效率较低，对加工条件的要求也比较高。其中蜗轮一般采用铸铁，在启闭吨位较大时，则用铜合金镶制的齿圈。因此，这种螺杆启闭机的采用不及伞齿轮式普遍。它一般采用手摇启闭，也可直接与电动机连接，电动启闭。

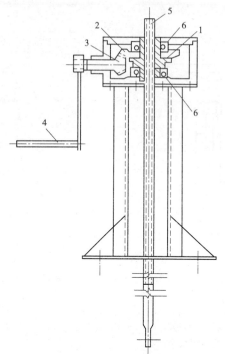

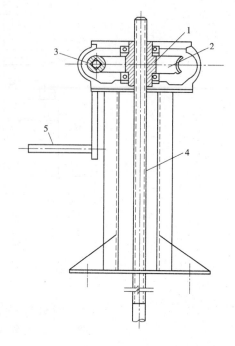

1—承重螺母;2—大伞形齿轮;3—小伞形齿轮;
4—手摇把;5—螺杆;6—滚珠轴承
图 2-7-14　伞齿轮式螺杆启闭机简图

1—承重螺母;2—蜗轮;3—蜗杆;
4—螺杆;5—手摇把
图 2-7-15　蜗轮蜗杆式螺杆启闭机简图

7.3.2.2　卷扬式启闭机

1)一般性能

卷扬式启闭机的钢丝线,有时直接连接于闸门的吊头来提升闸门;有时则通过滑轮组作倍率放大,将启门力增大数倍以后再行提升闸门(闸门的吊头则是与动滑轮组连接)。后者的布置也可以说它只需提供较小的钢丝绳的拉力,就可以得到较大的启门力。这在机体的传力机构上可得到较大的节省。

卷扬式启闭机的绳鼓容量一般是较大的,因而可以得到较大的启闭行程,适宜用于孔口较大的闸门和深孔闸门。启闭能力可达 $2 \times 5\,000$ kN。

2)机体构造

卷扬式启闭机根据它的系列定型设计和成批生产供应的情况,分为平面闸门卷扬式启闭机和弧形闸门卷扬式启闭机两种,这里主要介绍平面闸门卷扬式启闭机。

(1)平面闸门卷扬式启闭机。平面闸门双吊点卷扬式启闭机一般是二体式机架,如图 2-7-16 所示。电动机 1 通常安设在一端,通过电磁制动装置 2 进入减速箱 3。减速箱的出轴除与安设于本机架的小齿轮 4 连接外,还通过联轴节和刚性轴 5 与安设于相邻机架的小齿轮 4 连接。这两只小齿轮分别与两只大齿轮 6 相互啮合,同时带动两只绳鼓 7。两只绳鼓各有钢丝绳通过定滑轮和动滑轮作倍率放大,而后与闸门吊头相连接。因此,当电动机启动旋转时,左右两个机架的钢丝绳可以同时收放,从而启闭闸门。

(2)弧形闸门卷扬式启闭机的结构参看相关手册。

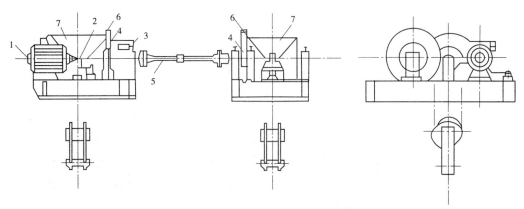

1—电动机;2—电磁制动装置;3—减速箱;4—小齿轮;5—刚性轴;6—大齿轮;7—绳股

图2-7-16　平面闸门双吊点卷扬式启闭机

7.3.2.3　液压式启闭机

液压式启闭机一般由液压系统和液压缸组成。液压系统包括动力装置、控制调节装置、辅助装置等。液压缸见图2-7-17。多套启闭机可共用一个液压系统。

液压缸是液压传动中的执行元件,把液压油的液压能转化为机械能。液压缸由缸体、端盖、活塞、活塞杆、吊头等零件组成。根据液压缸内压力油的作用方向可分单作用液压缸和双作用液压缸两类。单作用液压缸通常是柱塞式或者套筒式,也可以是活塞式。双作用液压缸只有活塞式,活塞式液压缸形成两个油腔,两个油腔都可以进出压力油。

7.4　机械设备的日常维护知识

正确使用与维护设备是设备管理工作的重要环节,是由操作工人和专业人员根据设备的技术资料及参数要求和保养细则来对设备进行一系列的维护工作,也是设备自身运动的客观要求。

7.4.1　设备维护保养

设备维护保养工作包括:日常维护保养(一保),设备的润滑和定期加油换油,预防性试验,定期调整精度和设备的二、三级保养。维护保养的好坏直接影响到设备的运行情况、产品的质量及企业

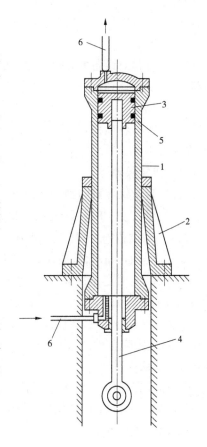

1—缸体;2—支座;3—活塞;
4—活塞杆(接闸门);5—油封;
6—油管(接液压系统)

图2-7-17　液压缸示意图

的生产效率。

7.4.1.1　设备的检查

设备的检查是及时掌握设备技术状况,实行设备状态监测维修的有效手段,是维修的基础工作,通过检查及时发现和消除设备隐患,防止突发故障和事故,是保证设备正常运转的一项重要工作。

1)日常检查(日常点检)

日常检查是操作工人按规定标准,以五官感觉为主,对设备各部位进行技术状况检查,以便及时发现隐患,采取对策,尽量减少故障、停机损失。对重点设备,每班或一定时间由操作者按设备点检卡逐项进行检查记录。维修人员在巡检时,根据点检卡记录的异常进行及时有效的排除,以保证设备处于完好工作状态。

2)定期检查

按规定的检查周期,由维修工对设备性能进行全面检查和测量,发现问题除当时能解决之外,将检查结果认真做好记录,作为日后决策该设备维修方案的依据。

3)精度检查

精度检查是对设备的几何精度、加工精度及安装水平的测定、分析、调整。此项工作由专职检查员按计划进行,其目的是确定设备的实际精度,为设备调整、修理、验收和报废提供参考依据。

对设备进行各项检查、准确地记录设备的状态信息,能为日后维修提供可靠的依据及降低维修成本。

7.4.1.2　日常保养

设备的日常保养可归纳为八个字——整齐、清洁、润滑、安全。

(1)整齐:工具、工件、附件放置整齐,安全防护用品齐全,线路管道安全完整。

(2)清洁:设备内外清洁干净;各滑动面、丝杆、齿条、齿轮、手柄手轮等无油垢、无损伤;各部位不漏油、漏水,铁屑垃圾清扫干净。

(3)润滑:定时定量加油换油,油质符合要求,油壶、油枪、油杯齐全;油标、油线、油刮保持清洁,油路畅通。

(4)安全:实行定人、定机、凭证操作和交接班制度;熟悉设备结构,遵守操作规程,合理使用,精心保养,安全无事故。

7.4.1.3　二级保养

该级保养以操作工人为主,维修工人配合。保养周期可根据设备的工作环境和工作条件而定,如金切机械可定为400~600运转小时。

1)二级保养内容

(1)根据设备使用情况,进行部分零件的拆卸、清洗、调整,更换个别易损件。

(2)彻底清扫设备内外部,去"黄袍"及污垢。

(3)检查、清理润滑油路,清洗油刮、油线、滤油器,适当添加润滑油,并检查滑动面的上油情况。

(4)对设备的各运动面配合间隙进行适当的调整。

(5)清扫电气箱(电工配合)及电气装置,做到线路固定整齐、安全防护牢靠。

(6)清洗设备附件及冷却系统。

2)保养标准

二级保养后达到设备内外清洁,呈现本色;油路畅通,油标明亮,油位清晰可见;操作灵活,运转正常。保养完毕后由专人负责验收,认真填写保养完工记录单。

7.4.2　设备修理

设备在使用运行过程中,由于某些零部件的磨损、腐蚀、烧损、变形等缺省,影响到设备的精度、性能和生产效率,正确操作和精心维护虽然可以减少损伤、延长设备使用寿命,但设备运行毕竟会磨损和损坏,这是客观规律。所以,除了正确使用和保养外,还必须对已磨损的零部件进行更换、修理或改进,安排必要的检修计划,以恢复设备的精度及性能,保证加工产品的质量和发挥设备应有的效能。

7.4.2.1　设备维修方式

(1)预防维修:为防止设备性能劣化或降低设备故障的概率,按事先规定的计划和技术条件所进行的维修活动。预防维修通常根据设备实际运作情况来编排计划。

(2)故障维修:设备发生故障或性能降低时采取的非计划性维修,亦称事后维修。

(3)生产维修:从经济效益出发提高设备生产效率的维修方法,它根据设备对生产的影响程度区别对待。不重要的设备采用事后维修,重点关键设备则进行预防维修。

(4)预知维修:根据状态监测和诊断技术所提供的信息,在故障发生前进行必要和适当的维修,也称状态监测维修。

(5)除以上几种维修方式外,还有改善维修、定期维修及无维修设计等方式。

7.4.2.2　设备维修的主要类别

1)三级保养(亦称小修)

小修是以维修工人为主、操作工人参加的定期检修工作。对设备进行部分解体、清洗检修,更换或修复严重磨损件,恢复设备的部分精度,使之达到工艺要求。

金属切削设备的保养间隔一般为 2 500~3 000 运转小时,主要内容是:

(1)更换设备中部分磨损快、腐蚀快、烧损快的零部件。

(2)清洗部分设备零部件,清除可以调整的被扩大了的问题。紧固机件里的卡楔和螺丝。

(3)按照规定周期更换润滑脂。

(4)测量并记录设备的主要精度及部分零配件的磨损、烧损变形和腐蚀的情况。

2)针对性修理(亦称项修)

针对设备的结构和使用特点及存在问题,在满足工艺要求的前提下,对设备的一个或几个项目进行的部分修理。其工作量相当于设备大修的 20%~70%。

3)整机大修

这是工作量最大的一种修理方式。大修设备全部解体,修理基准件,更换或修复所有损坏零配件,全面消除缺陷,恢复原有精度、性能、效率,达到出厂标准或满足工艺要求的标准。

在设备进行大修时,应尽量结合技术改造进行,提高原设备的精度和性能。

4)验收标准

可将大修的验收标准分为验收精度、相关精度、无关精度三类,其中验收精度即项修中所恢复的部位精度,必须达到出厂标准;相关精度则要求不低于修前精度即可;无关精度可不作检查。

第 8 章　安全生产与环境保护

8.1　输水过程安全防范

8.1.1　输水过程安全问题

8.1.1.1　建筑物安全

渠道存在的安全问题主要有：高地下水位的挖方段扬压力破坏；高筑方段、穿渠建筑物渗水导致管涌，甚至溃堤；堤外洪水导致渠道破坏；强降雨导致渠道内外坡破坏；地质灾害；衬砌冻胀破坏等。

机电设备的主要安全问题有：电气设备因故障或外来因素（如雷击、人为破坏）引起的功能失效、停电、失火等；机械设备及金属结构功能失效、失窃等。

8.1.1.2　人身安全

从渠道运行经验来看，人身安全的主要问题是：落水和供用电安全。其中外来人员落水导致死亡是明渠调水安全管理的重点和难点。外来人员落水的主要原因是：乘坐交通工具沿渠或穿越跨渠交通桥出现交通事故；进入渠道（取水、洗衣、洗手、清洗农用工具、游泳）滑落水中。内部工作人员的人身安全管理重点是用电安全。

8.1.1.3　水质安全

水质安全的主要问题是水质污染。水质污染分为水源性污染和外来污染。水源性污染是指水源地水质不达标，这种情况较为少见；外来污染可能有：交通事故导致污染性货物落水，生产生活性活动带入污染物，人为投毒等。

8.1.1.4　运行安全

运行安全的主要问题是：调度措施失效；工程设施或水质污染造成的运行状态紊乱。较易发生的具体问题主要有：输水通道过流能力发生较大变化甚至堵塞（冰、草、外来物体落水、闸门失控下滑等）；水位等基本运行工况观测错误造成调度决策失误；水量额外损失，主要指渠道溃堤，水量外溢；停电或设备故障造成无法改变运行状态；水体遭受污染需要处理等。

按照上述分类，可以清楚地看出来，有些安全问题是具有关联性的。关键是找准问题的根本，分析问题的影响范围，分别采取处置措施。

8.1.2　输水工程安全管理的措施

8.1.2.1　安全管理需要掌握的原则

（1）坚持预防为主原则。任何措施，都应该预防为主、预防在先，尽可能避免安全问题的出现，尽最大可能避免事故的发生。

（2）各种措施并重原则。

（3）相关性原则。注意问题的相关性，避免处理问题中出现遗漏或带来新的问题。

（4）先急后缓原则。

8.1.2.2　安全管理措施分类

1）技术措施

技术措施主要是指采用设备或仪器，对工程或运行状况进行观测，以便了解工程或运行是否处于安全状态。

2）管理措施

管理措施分为法制措施和内部管理措施。

法制措施主要依据是国家和地方制定的法律法规，除法律依据外，需要对危及工程安全的违法行为进行制止，即执法。

内部管理措施是按照单位职责，针对工程管理内容制定的各项管理办法，其中涵盖了安全管理的内容。一般有：工程管理办法、工程维修养护标准、调度运行管理办法、安全生产管理办法、调度运行规程、各类设备的操作规程等。为保证运行的安全，需要明确工程运行时工程设施如何运用、运行工作的具体工作内容有哪些。

3）应急措施

应急措施一般包含在各类应急预案中。作为输水工程，运行过程中出现应急情况时，一般需要对运行状况进行紧急调整，即应急控制，同时采取措施进行抢险、紧急检修等。

8.2　水环境保护

8.2.1　施工期水环境保护措施

8.2.1.1　施工废水防护措施

工程施工废水主要包括基坑排水、砂石料冲洗废水、养护废水、机械冲洗废水等。

（1）砂石料冲洗地点应该选在施工场地较低洼处，可从砂石料冲洗作业点开挖排水沟（其中排水沟应该做简单防渗处理），每一主要施工场地修建 1 个简易沉淀池，把砂石料冲洗废水和混凝土搅拌废水引至沉淀池自然沉淀。

（2）混凝土拌和废水：施工中混凝土拌和系统间断排水、水量小，采取沉砂和中和沉淀两级处理后回用。

（3）对于基坑废水，据以往工程实际经验，基坑废水静置 2 h 后，废水中悬浮物含量将低于 300 mg/L，可达到削减 80%的要求，废水中的污染指标 pH 值可进行中和处理。这种基坑水排放技术措施合理有效，经济节约。当实际运行时发生基坑水含油较高的情况，可投加絮凝剂解决。

（4）施工机械及车辆冲洗废水。施工机械及车辆冲洗废水的主要污染指标是悬浮物和少量石油类。

8.2.1.2　生活污水防治措施

施工期生活污水防治措施：修建简易厕所，生活污水及粪便必须排入简易厕所粪便池，依靠当地村民回收做农肥使用。

8.2.1.3　水质保护措施

在施工期，要进行水质监测，把握水质变化情况，以便发生问题及时处理。同时要加强施工队伍的管理，严格各项规章制度，教育施工人员注意保护环境、提高环保意识，禁止随意倾倒废水废物。

8.2.2　运营期水环境保护措施

8.2.2.1　堤岸保护措施

在运营中应特别注意如下两点：定期清理残落的树枝枯叶，加强植被保护；岸边四周一定距离，应竖牌警示，加强宣传，严禁戏水游玩。

8.2.2.2　营养化防治措施

富营养化的污染源主要是上游地区的水土流失挟带进入的污染物质。因此，防止水库富营养化主要是保护周边植被，严禁生活污水排到库区。

8.2.3　水土流失防治措施

建设项目水土流失防治措施体系在实施进度上，重点防治时段为施工期，同时兼顾运行期。防治措施重点在于加强施工管理，以预防为主导，同时因地制宜布置工程措施和植物措施。

"点"状位置，以工程措施为主，通过覆土、土地整治和植树造林，有效控制水土流失。根据各地段的不同情况布设工程和植物措施，使进场道路沿线的水土流失得到有效控制；在场地清理和覆土后，进行植树造林和绿化；在整个施工作业面上，以土地整治和绿化工程相结合，合理利用土地资源，改善生态环境。

主要防治措施采取工程措施与生物措施相结合，毁坏的山体、边坡依情况修建挡土墙，采用浆砌石护坡、植草种树，设置相应的排水沟，防治水土流失，美化家园。

8.3　电气安全相关知识

8.3.1　电气安全基础知识

电在工程建设和排灌工作实践及日常生活中起着重要作用，因此安全用电至关重要。如果不遵守电气安全操作规程，不注意电气安全或使用不当，都会造成严重的人身触电事故，甚至伤亡事故以及损毁设备，给国家和人民生命财产带来巨大损失。电气安全主要包括人身安全与设备安全两个方面。人身安全是指从事电气工作和在电气设备操作使用过程中人员的安全；设备安全是指电气设备及有关其他设备的安全。

8.3.1.1　触电

触电有两种情况,即单相触电和两相触电。

(1)单相触电是由人体接触电源的相线或电气设备的带电外壳引起的,它的危险程度与电压的高低、绝缘情况、电网的中性点是否接地和每相对地电容的大小等因素有关。

在电压低于 1 kV、中性点不接地的电力系统中,人碰任何一根相线时,电流经过人体和其他两根相线的对地绝缘电阻形成回路,通过人体的电流,不但取决于人体的电阻,同时也取决于线路绝缘电阻的大小。如果线路的对地绝缘电阻非常大,人又穿着橡胶底鞋,可能不至于发生危险。如果线路比较长,电压又比较高,这时,线路的对地电容就相当大,即使线路的对地绝缘电阻非常大,也可能发生危险。

在中性点接地的电力系统中,如果人体接触任何一根相线,人体承受着相电压,电流经过人体、大地和中性点的接地电阻形成回路,这种情况比中性点不接地的电力系统中发生的单相触电更加危险。

(2)两相触电。两相触电是指人体同时接触带电的任何两相,不论电力系统的中性点是否接地,人体处于线电压之下,这是最危险的触电形式。

8.3.1.2　触电伤害

发生触电事故后,触电人受到的伤害主要有电击和电伤两种。电击是指因电流通过人体而使内部器官受伤的现象,它是最危险的触电事故。电伤是指人体外部由于电弧飞溅起的金属末等造成的烧伤现象。触电伤害程度与下列因素有关:

(1)电流的大小。电流是触电伤害的直接原因,电流越大,伤害越严重,一般认为通过人体的工频交流电流超过 100 mA,直流电流超过 50 mA,就有生命危险。

(2)电压的高低。电压越高越危险。我国规定的安全电压为 36 V、24 V、12 V,视场所的潮湿程度而定。

(3)人体的电阻。人体的电阻主要取决于皮肤的角质层。在皮肤干燥而无损伤时,人体的电阻一般在 6 000～10 000 Ω。如果人体的电阻较大,则触电的危险性相对要小些。

(4)电流通过人体的途径。电流通过人体的呼吸器官、神经中枢时,危险性较大,通过心脏时最危险。

(5)触电时间。触电持续时间越长,伤害越严重。

8.3.1.3　触电的紧急救护

触电者的现场急救,是抢救过程中的一个关键。如果处理及时和正确,就可能使因触电而呈假死的人获救,反之,则贻误时机,将带来不可弥补的损失。因此,从事电气工作有关的人员,对触电的紧急救护方法必须熟悉和掌握。

1)脱离电源

当发现有人触电时,第一件事,就是要马上设法使触电者脱离电源。如果救护人员在控制开关的附近,那么,可以立即断开开关,很快切断通过触电者身体的电流。如果发生触电的场所离开关很远,没有办法立即断开开关,则应加强安全措施,使触电者脱离电源,避免救护人员自身也发生触电。

如果电线被触电者的手抓住、压在身下或缠在身上,此时应立即剪断电线。在剪断电线时,救护人员应注意自身安全,并且不能同时将几根电线切断,以免引起相间短路。

如果触电者的位置较高,应采取必要的措施,防止切断电源后触电者从高处跌下受伤。

2) 急救处理

触电者脱离电源后,应立即进行紧急救护。如果触电者还没有失去知觉,应将触电者抬到空气流通、温暖(夏季要凉爽)舒适的地方去休息,保证触电者的安静,同时请医生来检查诊治,或送医院治疗。如果触电者已经失去知觉,但呼吸还没有停止,则应当使触电者平睡,并解开衣服,使呼吸不受阻碍,并给触电者闻氨水,进行全身摩擦,以帮助恢复知觉,同时请医生来诊治。如果触电者的呼吸、脉搏及心脏都已停止工作,但是四肢尚未变冷,这种现象称为触电假死。必须注意,因触电而呈假死的人,只有人工呼吸才能救活。用其他的方法,比如掐人中、泼冷水、搀起来走等,只有害处,往往贻误时间,错过了救活的机会。

在进行人工呼吸之前,应该先将触电者身上妨碍呼吸的衣领、裤带等解开。如果触电者牙关紧闭,应想法将他的嘴掰开,并掏出嘴里的脏物、黏液等东西,舌头也应拉到嘴外,以免呼吸受到阻碍。

在进行人工呼吸时,应随时注意触电者的脸部,如果发现嘴唇、眼皮稍有活动以及喉部有咽东西的动作,说明触电者可能已开始自动呼吸,这时人工呼吸可暂时停几秒钟观察触电者自动呼吸情况,如果呼吸仍不正常,救护人员应立即继续进行人工呼吸,直到能自然呼吸为止。

当触电者清醒后,应继续躺卧而不能坐起或站起来。救护人员必须在旁看护,一旦发现呼吸不正常,就应再次进行人工呼吸。

8.3.1.4　预防触电的技术措施

电气设备的金属外壳在正常情况下是不带电的,但当设备发生意外"碰壳"故障时,人们可能因接触电压和跨步电压而触电。为了保证安全,在工程上广泛采用"保护接地"或"保护接零"的安全措施。

1) 保护接地

A. 保护接地的概念

所谓保护接地,就是把在故障情况下可能呈现危险的对地电压的金属部分同大地紧密地连接起来。保护接地应用很广,无论是通电设备还是静电设备,是高压还是低压,都经常采用保护接地,以保障安全。

B. 保护接地的原理

在不接地的供电系统中,当设备的外壳未采取保护接地措施时,若设备一相发生"碰壳"漏电,此时,工作人员一旦触及设备外壳,则危险性很大,如图 2-8-1 所示。接地电流通过人体和电网对地的绝缘阻抗形成回路,此时漏电设备对地存在电压差。当电网对地绝缘正常时,漏电设备对地电压很低;但当电网绝缘性能显著下降或电网分布很广时,对地电压可能上升到危险程度。为了保证安全,则在不接地系统中采取保护接地的措施,如图 2-8-2 所示。

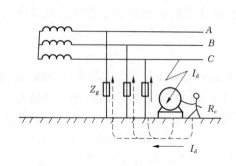

图 2-8-1　设备外壳未接地的危险性

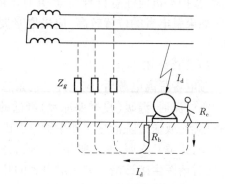

图 2-8-2　保护接地原理图

C. 保护接地的适用范围

保护接地仅适用于不接地电网。在这种电网中,无论环境如何,凡由于绝缘破坏或其他原因而可能呈现危险电压的金属部分,一般都应采取保护接地措施。因为 6.3 kV、10 kV 等级的高压供电网基本上是不接地电网,所以保护接地主要用于高压电网。另外,一部分三相四线制、380/220 V 的低压电网采取不接地体制,对这种低压电网也要采用保护接地。

对于以下设备和装置必须采取保护接地的安全措施:

(1)变压器、电机、开关设备、照明器具以及其他电气设备的金属外壳、底座及与其连接的传动装置。

(2)配电屏、控制台、配电柜(箱)及保护屏的金属框架和外壳。

(3)户内外配电装置的金属构架或钢筋混凝土构架以及靠近带电体的金属遮栏。

(4)电缆接头盒、终端盒的金属外壳,电缆的金属外皮和配线钢管。

(5)架空线路的金属杆塔和钢筋混凝土杆塔、互感器的二次线圈等。

安装在已接地的金属构架或金属底座上的电气设备(如控制台、配电柜等)可不接地。

2)保护接零

A. 保护接零的概念

所谓保护接零,简单地说,就是把电气设备在正常情况下带电的金属部分与电网的零线紧密地连接起来。

B. 保护接零的安全原理

(1)采用保护接零的安全作用。在中性点直接接地的低压电网中,如果用电设备不采取任何安全措施,当设备漏电时,设备外壳对大地存在 220 V 的相电压。人若触及漏电设备外壳,220 V 的电压将加在人体上,这显然是很危险的。为了保证安全,设备的外壳必须采用保护接零,如图 2-8-3 所示。

有了保护接零以后,若某相发生碰壳漏电,则通过设备外壳形成该相对零线的单相短路,将碰壳故障转化为短路故障,单相短路产生的短路电流很大,使线路上的短路保护装置迅速动作,断开电源,消除了触电危险,保证了人身和设备安全。

(2)在中性点接地的系统中,只能采用保护接零而不允许采用保护接地。

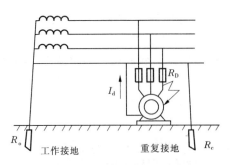

图 2-8-3　保护接零原理图

（3）在中性点接地的系统中，绝对不允许一部分电气设备采用保护接零，而另外一部分电气设备却采用保护接地。

C. 保护接零的适用范围

保护接零作为很重要的安全技术措施被广泛采用。它适用于 380/220 V 的三相四线制，变压器低压侧中性点直接接地的供电系统。在这种供电系统中，凡由于绝缘破坏或其他原因而可能出现对地危险电压的金属部分，除另有规定外，均应接零。应接零的设备和装置同保护接地。

3）重复接地

A. 重复接地的概念

在中性点接地系统中，将零线上一处或多处通过接地装置与大地再次连接，称为重复接地。如图 2-8-4 所示。

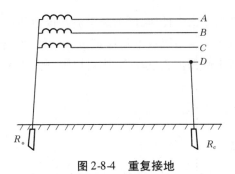

图 2-8-4　重复接地

B. 重复接地的作用

（1）降低漏电设备的对地电压。

（2）减轻零线断线后的危险性。

（3）缩短故障持续时间。

（4）改善防雷性能。

C. 重复接地的形式和要求

（1）重复接地，可以在零线上直接接地，也可从接零设备外壳上接地。

（2）户外架空线路宜采用集中重复接地。架空线路始、终两端，分支线长度超过 200 m 的分支处以及高压线路与低压线路同杆架设时，共同架设段的零线两端应装设重复接地。以金属外皮作为零线的低压电缆，也要求作重复接地。

（3）车间内部宜采用环形重复接地。零线与接地装置至少有二点相连,除进线处一点外,其对角处最远点也应连接,而且车间周边超过 400 m 时,每 200 m 应有一点连接。

（4）配电线路零线每一重复接地装置的接地电阻值不应超过 10 Ω。

（5）在电力设备接地装置的接地电阻允许达到 10 Ω 的电力网中,每一重复接地装置的接地电阻不应超过 30 Ω,但重复接地不应少于 3 处。

4）工作接地

（1）工作接地的概念。变压器低压中性点的接地称工作接地。工作接地能够减轻系统故障接地后的危险,稳定系统电位,保证系统可靠运行。

（2）工作接地的作用。

①减轻一相接地后的危险性。如果电网中性点不接地,当有一相碰地时,由于接地电流不大,故障可能长时间存在。这样,不但没有碰地的另外两相对地电压显著升高到接近线电压,且零线对地电压升高到接近相电压。此时,人若站在地上触及未碰地的相线或零线都十分危险,这将大大增加触电的危险程度。特别是零线对地存在着很高的电压,后果是严重的。通常采取将变压器低压中性点进行接地的安全措施。

②稳定系统电位。工作接地能够稳定供电系统的电位,限制系统对地电压不超过某一范围,减轻高压窜入低压后的危险。

假若变压器低压中性点不接地,当高压侧因变压器绝缘损坏或高压线折断而窜入到低压系统时,则整个低压系统的对地电压升高到高压系统的对地电压,这对整个低压系统的工作人员将是非常危险的。为了减轻高压窜入低压后的危险性,可将低压中性点进行工作接地。

有了工作接地后,一旦高压窜入低压,则故障电流经接地装置流入大地。该电流为高压接地短路电流,它可能引起高压系统过电流保护装置动作,断开高压电源,如果这个电流不是很大,不足以引起高压侧保护装置动作,则可以限制低压零线对地电压升高不超过安全范围。

8.3.2　电气火灾的扑救

8.3.2.1　电气火灾的原因

电气装置引起火灾的原因很多,如绝缘强度降低、导线超负荷、安装质量不佳、设备选型不符合防火要求、设备过热、短路、机械损伤、使用不当等。

8.3.2.2　电气防火要求

（1）电气装置要保证符合规定的绝缘强度。

（2）限制导线的载流量,不得长期超载。

（3）严格按照安装标准装设电气装置,经质量检验合格后方可使用。

（4）根据环境条件（如潮湿、多尘、易燃、易爆、腐蚀性等）选择适当的设备。

（5）经常监视负荷,不使设备过热。

（6）防止由于机械损伤、绝缘破坏、接线错误等造成的短路。

（7）按电气装置的性能合理使用。

（8）导线或其他导体的接触点必须牢固,防止过热氧化,铜—铝导线连接时,还要注意防止电化腐蚀;注意检查导线接头有无腐蚀松动或过热现象。

(9)工艺过程中产生静电时要设法消除。

(10)遇有电气火灾,要先切断电源。对于已切断电源的电气火灾的扑救,可以使用水和各种灭火机。但在扑救未切断电源的电气火灾时,则需使用以下几种灭火机:

四氯化碳灭火机——对电气设备发生的火灾具有较好的灭火作用,四氯化碳不燃烧,也不导电。

二氧化碳灭火机——最适宜扑救电器及电子设备导致的火灾,二氧化碳没有腐蚀作用,不致损坏设备。

干粉灭火机——综合了四氯化碳、二氧化碳和泡沫灭火机的长处,适用于扑救电气火灾,灭火速度快。

8.4　水利工程施工安全

目前,全国的水利工程施工安全生产形势严峻,特别是建筑领域伤亡事故多发的状况尚未根本扭转,安全生产基础比较薄弱,保障体系和机制不健全;部分地方和生产经营单位安全意识不强,责任不落实,投入不足;安全生产监督管理机构、队伍建设以及监管工作亟待加强。因此,对待施工安全决不可掉以轻心,应努力做到安全第一,预防为主,防消结合,避免和减少安全事故的发生。

8.4.1　健全安全组织机构与规章制度

安全组织机构的设置应体现高效精干,工作人员应既有较强的责任心,又有一定的吃苦精神;既有较丰富的理论知识、法律意识,又有丰富的现场实际经验;既有一定的组织分析能力,又有良好的道德修养。也就是说,安全机构不能是框架,不能是迫于形式要求的一个摆设。组织机构要对国家法律、法规知识了解掌握,并贯穿到基层中,在组织机构建立完善的同时,层层建立安全生产责任制,责任制要深入到单位、部门和岗位。

8.4.2　做好安全教育与培训

职工的安全教育在施工单位中应该是一堂必修课,而且应该具有计划性、长期性和系统性,安全教育由单位的人力资源部门纳入职工统一教育、培训计划,由安全职能部门归口管理和组织实施,目的在于通过教育和培训提高职工的安全意识,增强安全施工知识,有效地防止不安全行为,减少人为失误。安全教育培训要适时、适地,内容合理、方式多样,形成制度,做到严肃、严格、严密、严谨。

8.4.3　危险源的识别与控制

全面做好安全施工的一项重要工作是:准确、及时地对危险源进行识别和有效的控制。危险源的识别和控制是一项事前控制,安全施工只有事前进行有效的控制才能避免和减少事故的发生。危险源的确定一般考虑的因素有:一是容易发生重大人身、设备、爆破、洪水、塌方、高边坡、滑坡危害等;二是作业环境不良,事故发生率高;三是具有一定的事故频率和严重度、作业密度高和潜在危险性大。施工单位在生产经营活动中最常见的危险源有:施工生产用电、民用爆破器材管理与使用、特种设备作业现场、地下涌水、有毒有害气体、高空作业、滑坡、塌方危险地质段、重点防火防盗区域等。对危险源的识别和确定准确才能有效地制定针对危险所采取的相应的技术措施和防护方法。危险源一经确定,就必须纳入控制管理范围,及时传达到施工作业区的每位工作人员,并设置危险源安全标志牌,任何单位和个人不得破坏危险源区域内的安全警示标志,现场指挥人员和施工人员要高度重视本区域安全动态,危险源若发生变化,尤其是升级,应采取有效措施,保证人身和机械设备的安全。危险源的撤离和销毁必须在确定无安全隐患时才能实施。

8.4.4　建立安全生产的检查与奖罚制度

安全施工奖罚机制与单位制定的其他奖罚制度一样,目的在于奖勤罚赖、奖优罚劣。单位的安全工作是一项重要的工作,是关系到人身安全的大事。安全工作做不好,单位遭受损失、职工生命受到威胁,所以对那些管理混乱、无视安全施工、违规指挥、违规操作、有禁不止、有令不行的单位和个人应按制度和规定给予处理。后果严重的按照安全法律法规程序予以惩罚。同时对那些认真贯彻执行国家有关安全方针、政策、法规规定,在改善劳动条件及防止工伤事故和职工危害方面做出显著成绩,消除事故隐患、避免重大事故发生,发生事故积极抢救并采取措施防止事故扩大以及提出重要建议,有科研成果的按相关规定给予奖励,使安全施工工作走向正规化、制度化。

第 9 章　工程设施运行

9.1　水工建筑物运行观测

9.1.1　观测的目的

(1)监测水工建筑物运用期间的状态变化和工作情况,在发现不正常现象时及时分析原因,采取措施,防止事故发生,并改进运用方式,以保证工程安全运用。

(2)了解施工期间水工建筑物状态变化,以保证施工质量。

(3)通过在施工和运行期间对水工建筑物的状态变化和工作情况的分析研究,验证规划设计的合理性。

(4)为水工建筑物的设计、施工、管理及科研工作提供资料。

9.1.2　渠系建筑物的主要观测项目

9.1.2.1　平面位移观测

平面位移观测的目的,是验证建筑物各部位的抗滑稳定性,对较大的建筑物,必须掌握平面位移情况,了解位移与水头、温度、时间的关系,以便指导控制运用。平面位移观测点应在施工过程中设立,以便及时观测,竣工后 1～2 年内,一般每月观测一次,以后随着建筑物变形趋于稳定,观测次数逐步减少,但每年不得少于 2 次。当上游水位接近设计水位和校核水位,以及建筑物发生显著变形时,应增加观测次数。

1)观测标点及基点布置

水工建筑物的变形观测是在建筑物上设置固定的标点,然后用仪器测量出它的位移量(在铅直方向和水平方向)。观测点包括:

(1)水准基点,是由国家水准网的水准点直接测的点位。

(2)位移标点,是设置在堰体和堰基上的需要观测位移的点位。位移标点有不同的形式,土工建筑物的位移标点如图 2-9-1 所示。标点通常由底板、立柱和标点头三部分组成。

混凝土建筑物的位移标点比较简单(见图 2-9-2)。对于只需观测竖直位移的标点,一般只需用直径 15 mm、长 80 mm 的铜螺栓埋入混凝土中,而将螺栓头露出混凝土外面 5～10 mm 作为标点头。

(3)工作基点(起测基点),是测定位移标点的起始或终点的点位。工作基点是供安置经纬仪和觇标以构成视准线,埋设在两岸山坡上的基点,一般布置在建筑物两岸便于观测且不受建筑物变形影响的岩基上或坚实的土基上,每一个纵向观测断面的两端各布置一个。

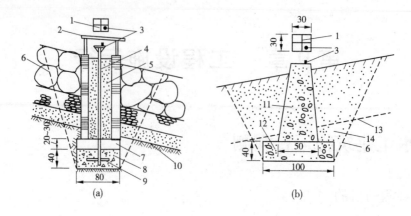

1—十字线；2—保护盖；3—标点头；4—φ50 mm 管；5—填砂；6—开挖线；7—回填土；
8—混凝土；9—铁销；10—坝体；11—立柱；12—底板；13—最深冰冻线；14—回填土料

图 2-9-1　土工建筑物的位移标点

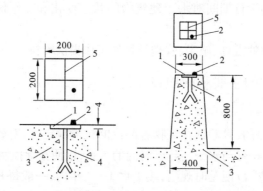

1—铁板；2—铜标头；3—混凝土；4—直径 20 mm、长 200 mm 的钢筋；5—十字线

图 2-9-2　混凝土建筑物的位移标点　（单位：mm）

观测水平位移的工作基点应布置在不受建筑物变形影响，且便于观测的岩基上或坚实的土基上。

工作基点的结构如图 2-9-3 所示。工作基点用钢筋混凝土浇筑，其构造分两部分，底部为 1 m×1 m×0.3 m 的底板，要求浇筑到冻土层以下，上部为方形柱体，上端面为 0.4 m×0.4 m，下端面为 0.5 m×0.5 m，高 1~1.2 m。顶部混凝土内埋设铜制和钢制的支承测量仪器的托架，托架的三个支柱高一般为 0.5 m，下部埋入混凝土内 0.3 m。托架顶板上有一个圆洞，其直径与仪器的座螺丝紧密吻合，圆洞中心应对准工作基点中心，利用这种装置，仪器的对中错误可减少到 0.1~0.3 mm。为便于在支承托架损坏后准确地补设，可在柱体顶面埋入刻有十字线的角铁十字线交点即为工作基点的中心位置。支承托板应水平，两边高差不应大于 0.05 mm，工作基点周围应设有栅栏，保护工作点。

（4）校核点。设在建筑物附近便于观测，而且基础坚实、不受建筑物变形影响的地方。校核点和工作基点应同在一条视准线上。

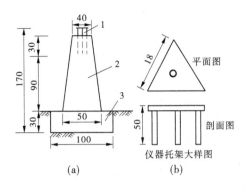

1—支承托架;2—混凝土方形锥柱体;3—底座

图 2-9-3　水平位移工作基点结构图　（单位:mm）

2) 观测方法

常用视准线法进行观测,在闸、站隔墩上或坝身沿垂直水流方向设一排位移标点,测量建筑物各点的位移量。在建筑物的两端、位移标点连线的延长线上,设工作基点 A、B 和校核点 A'、B',并与位移点在同一视准线上,如用 a、b、c…为建筑物上的位移点的起始位置,a'、b'、c'…为建筑物产生位移后的位移点位置,则 aa'、bb'、cc'、dd'…即为建筑物垂直于视准线的位移量。

测量时 A、B、A'、B' 是地面上的固定点,经纬仪放在 A 点后视 B 点的测针,视准线 AB 就定下来了。在 AB 线上确定 a、b、c、d…位移点位置,如果建筑物产生位移后,再次测量时,a、b、c、d…的位置将移至 a'、b'、c'、d'…则 aa'、bb'、cc'、dd'…即为建筑物上各点的水平位移量,见图 2-9-4。

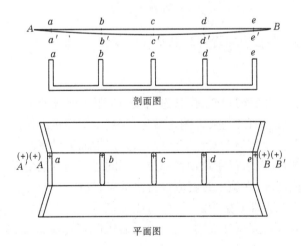

图 2-9-4　工作点、校核点、位移点布置示意图

工作基点设在建筑物两端,为了提高观测精度,分别在 A 点及 B 点架设经纬仪,由两端工作点进行观测,测定原始成果和校测工作点时,正反镜各测 3~6 次取其平均值。经纬仪的瞄准精度为 ±1″,即 100 m 视距有 ±0.5 mm 的误差。

3）观测记录

（1）工作点、校核点、位移点均应编号，并把位置、安设日期、最初测量成果填入考证表内，并附设位置图及结构图。水平位移点考证表如表2-9-1所示。

（2）观测成果表如表2-9-2所示。

表2-9-1　水平位移点考证表

编号	形式及规格	埋设日期（年-月-日）	埋设位置	基础情况	测定日期（年-月-日）	高程（m）	备注

主管：　　　　校核：　　　　观测：　　　　埋设：

表2-9-2　水平位移观测成果

上次观测日期：　　　　　　　本次观测日期：　　　　　　　间隔时间：

测点		上次观测读数（mm）	本次观测读数（mm）	累计水平位移量（mm）	备注
部位	编号				

主管：　　　　校核：　　　　计算：　　　　观测：

（3）每年应对观测资料进行整理并绘制平面位移图、上游水位与水平位移关系曲线图。

9.1.2.2　沉陷观测

沉陷即垂直位移，是判断建筑物工作状态与安全程度的重要标志。如泵站底板发生不均匀沉陷，将会破坏机组轴孔同心，影响正常运行，甚至缩短机组使用寿命。

沉陷观测的方法是在建筑物上安设沉陷标点，并以地面上设置的水准点为标准，对沉陷标点进行精密水准测量，以求得建筑物各部位在不同时期的沉陷量。

为了精确掌握沉陷情况，在施工时就应设置水准点、校核点和沉陷点，以便及时观测。一般在混凝土浇筑的第二天即开始观测，以后每次浇筑增加荷重前后各测量一次，直至完工。工程竣工后1~2年内，应每月观测一次，以后若沉陷量速度减慢，测次可适当减少，一般要求大型建筑物每年不少于4次，中型建筑物每年不少于2次。在观测中如发现沉陷量显著增加，或遇特大洪水、地震等特殊情况，应增加测次。

为了保证观测精度，应尽量采用精密水准仪观测。测前要仔细校正仪器，要求对水工建筑物往返测量的误差值不超过 $\pm 1.4\sqrt{n}$ mm，式中 n 为测站数值。

1）观测点设置

（1）水准基点。是观测建筑物各点沉陷量的基准点。应设置在坚实基础上，在土基上埋设时,先挖一坑,深达冰冻线下 50 cm,在坑内浇筑混凝土方墩,底边 50 ~ 70 cm,顶边 40 cm。在墩顶部埋一铜标点头,露出混凝土表面 0.5 ~ 1.0 cm,坑内回填细砂,砂面低于标点头约 5 cm。在岩基上埋设水准基点时,一般浇混凝土方墩底边 40 cm、高 50 cm,墩顶标点头露出混凝土表面 0.5 ~ 1.0 cm。

水准基点应由精密水准仪引测。接测前需向有关单位索取工地周围两点以上的水准资料(两点最好间隔 3 km 以上)进行接测比较,检查其高差确实无误后才能使用。校正时水准闭合差为 $10\sqrt{k}$ m,k 值为接测距离公里数。

(2)沉陷标点。采用不易锈蚀的金属制成,上部为一半球形的圆盘,中间为一个正方形圆柱,下部为一凸出的正方形底座。当建筑物混凝土浇筑到顶部时,把它直接埋置在所需要位置上,或在建筑物上留预留孔,再进行二次浇筑。混凝土表面高出圆盘上缘。

2)沉陷标点布置

(1)泵站、水闸的四角及两伸缩缝之间,各布置一个沉陷标点,并在沿中心线方向布置两个沉陷标点,上下游挡土墙及翼墙的四角各设一点。沉陷标点的布置应尽量与位移标点结合使用。

(2)渡槽在两伸缩缝之间的槽身四角布设沉陷标点,在渡槽柱基处和拱座处也应布设沉陷标点。

(3)倒虹吸在进出口处、两伸缩缝间沿轴线的管顶应布设沉陷标点,在地基地质和土壤变化处的基础上也应布设沉陷标点。

3)观测记录及资料整理

(1)水准基点、沉陷标点均应编号,并把它的位置、形式、高程和安设日期等,填入考证表内,并附位置图及结构图。垂直位移工作点考证表如表 2-9-3 所示。

表 2-9-3　垂直位移工作点考证表

编号	形式及规格	埋设日期（年-月-日）	埋设位置	基础情况	测定日期（年-月-日）	高程（m）	备注

引据水准点:形式:　　　　　　　　　　　编号:　　　　　　　　　高程:
　　　　　　位置:　　　　　　　　　　　接测距离:　　　　km
主管:　　　　　　　校核者:　　　　　　观测者:　　　　　　埋设者:

(2)建筑物的沉陷观测成果。要整理分析,用以了解建筑物的沉陷过程和不均匀沉陷情况,以便发现问题,及时处理。垂直位移(沉陷)观测成果表如表 2-9-4 所示。

9.1.2.3　裂缝及伸缩缝观测

观测时注意裂缝的部位、走向,如垂直、水平、倾斜度以及曲线形状、长度及宽度等。裂缝较多时,应将裂缝进行编号,以便观测记录。为了掌握裂缝走向和长度发展情况,应在裂缝的两端,用油漆作出标记,或绘制方格坐标进行观测,必要时还要对各个发展阶段裂缝开展情况进行拍照,以便分析比较。常用的裂缝宽度观测方法有以下三种:

表 2-9-4　　垂直位移(沉陷)观测成果表

上次观测日期：　　　　　　　　本次观测日期：　　　　　　　　间隔时间：

测点		上次观测高程(m)	本次观测高程(m)	间隔时间内垂直位移量(mm)	累计垂直位移量(mm)	备注
部位	编号					

主管：　　　　校核者：　　　　计算者：　　　　观测者：

(1)在裂缝上选定一处,用带有刻度尺的裂缝放大镜直接测量,也可用塞尺、塞规进行测量。

(2)在裂缝两侧的混凝土中埋入金属标点。用游标卡尺测量点间的距离,读数准确到 0.1 mm。

(3)在裂缝处设百分表,观测裂缝宽度变化,观测精度可达 0.01 mm。

为了研究裂缝及伸缩缝与混凝土或砌体温度的关系,可在裂缝侧混凝土或砌体中埋设电阻温度计或特制的水银温度计,观测砌体内部温度与裂缝时,应注意观测有无漏水、钢筋有无锈蚀等情况。裂缝发现后,应视裂缝发展及危害情况,一天可观测一到数次,裂缝趋于稳定后,可逐渐减少观测次数。

裂缝观测资料应记入裂缝观测记录表,并将各发展阶段的观测成果,编制成裂缝综合情况表,同时绘制裂缝分布图、裂缝平面形状图等,以便进行分析比较。

9.2　渠道输水运行观测

渠道输水运行观测主要包括渠道水位、流量、渗漏量及运行状况观测等。

9.2.1　渠道渗漏量观测

开展渠道渗漏观测的目的在于掌握渗漏量的大小和变化情况,以分析判断渠道运行情况是否正常,为渠道防渗和安全运用提供依据。测定渠道渗漏的方法有如下几种。

9.2.1.1　动水测定法

在渠段上设置上下两个断面(间距不宜太短),在流量稳定的情况下分别进行流量测定,其流量差即为该渠段的渗漏损失(水面蒸发损失忽略不计),再推算单位长度的渠道渗漏量。区间如有分水口,应把分水口流量计算在内。渠道上下断面也可利用进水闸、涵洞、渡槽、跌水等建筑物量水。其计算公式为

$$q = Q_{进} - \left(\sum Q_{分} + Q_{出} \right) \tag{2-9-1}$$

$$\delta = \frac{q}{Q_{进} L} \times 100\% \tag{2-9-2}$$

式中　q ——渠段渗漏损失流量,m^3/s;

δ——每千米渠长渗漏损失流量百分数；

$Q_进$、$Q_出$——进入上游和下游断面的流量，m^3/s；

$\Sigma Q_分$——流入各分渠口的流量总和，m^3/s；

L——渠段长度，km。

9.2.1.2　静水测定法

选择平直、纵坡较缓、上下游断面水深差不超过 5 cm 的渠段，长度为 30 ~ 50 m，临时在两端筑坝隔水（见图 2-9-5），然后向渠段中充水至正常水位，每隔一定时段，加入水量，维持其正常水位（水位由事先在渠中设置的水尺或测针控制）。如此反复进行，直到稳渗阶段（即连续时段加水量不再变化时），将稳渗期某一时段内所加水量除以该时段的时间，再除以渠长得到单位长度渠段的渗漏量。

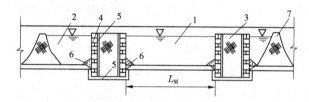

1—渗漏测验段；2—渗漏平衡区；3—横隔堤；4—砖墙；5—塑膜；6—止水；7—外侧隔堤

图 2-9-5　渠道封堵示意图

9.2.2　渠道冲刷与淤积观测

在进行渠道设计时，流速是按大于不淤流速和小于不冲流速进行设计的。但是由于设计时选取参数不合理，施工时未能保证质量，以及运行不合理等，常发生渠道冲刷与淤积等缺陷，并对渠系建筑物（如渡槽、涵洞、虹吸、跌水、分水闸、节制闸、船闸及地下渠、暗管等）造成冲蚀、冲刷、气蚀及泥沙淤积等破坏现象。因此，必须对渠道和渠系建筑物进行冲刷与淤积观测。

渠道及渠系建筑物的冲刷与淤积观测采用静态与动态两种方法。所谓静态观测，是指渠道在停水期间进行观测，其目的是观测冲刷与淤积造成渠道及渠系建筑物的破坏情况；所谓动态观测，是指渠道在放水运行期间进行冲刷与淤积成因的观测，两者缺一不可。

在渠道停水期间，应观测渠道有无泥沙淤积、冲刷，渠系建筑物有无裂缝（冲刷基础，引起沉陷），建筑物表面有无轻微冲蚀破坏、严重的冲刷破坏、气蚀破坏、泥沙磨损破坏；对于浆砌石渠道还应观测有无砌体悬空和勾缝脱落现象，对于有伸缩缝的渠道还要观测伸缩缝填料脱落等现象。将观测时间、位置、破坏程度记录在册，供分析破坏原因之用。

在渠道过水运行期间，进行动态观测，此时应观测各渠段流态，是否有阻水、冲刷等破坏现象，有无较大的漂浮物冲击渠坡及风浪影响等。

经常测量渠道内水流速度，在渠道运用上设法控制流速，使其不大于渠道不冲流速，不小于渠道不淤流速，或保持冲淤平衡。

第 10 章　质量管理知识

10.1　ISO 质量管理认证相关知识

ISO(International Organization for Standardization)是国际标准化组织的简称,是世界上最大的国际标准化组织之一。

ISO 的宗旨是"在世界上促进标准化及其相关活动的发展,以便商品和服务的国际交换,在智力、科学、技术和经济领域开展合作。"ISO 的最高权力机构是每年一次的"全体大会",其日常办事机构是中央秘书处,设在瑞士的日内瓦。

ISO 9000 系列是众多由 ISO 设立的国际标准中最著名的标准。此标准并不是评估产品的质素,而是评估产品在生产过程中的品质控制,是一个组织管理的标准。到目前为止,ISO 9000 标准已经经历了三个版本,即 1987 版、1994 版和 2000 年 12 月 15 日 ISO 通过的 2000 版。

ISO 9000 认证需要一个同 ISO 9001、ISO 9002 或 ISO 9003 相一致的正在运行的质量体系,由注册团体所作的成功且独立的评估。为了维持认证,注册团体需要每 6 个或 12 个月进行监督评估,每 3 年还要进行一次全面再评估。

认证过程有 8 个步骤:第 1 步,制订一项实施 ISO 质量体系标准的计划;第 2 步,参照 ISO 质量体系标准对现存的质量体系进行评价;第 3 步,采取正确行动来遵守所有 ISO 质量体系要求;第 4 步,建立文件和记录系统;第 5 步,完成质量手册并使其行之有效;第 6 步,让注册团体安排一次评估前的审核;第 7 步,被认证组织为正式评估做准备;第 8 步,注册团体实行评估审核。

10.2　质量管理基础知识

10.2.1　质量

ISO 9000 中质量的定义是指一组固有特性满足要求的程度。

固有的就是指某事或某物中本来就有的,尤其是那种永久的特性。

一般来说,我们日常接触的质量有:产品质量、工作质量、服务质量、成本质量。质量的特点如下:

(1)质量的经济性:由于要求汇集了价值的表现,价廉物美实际上是反映人们的价值取向,物有所值,就是表明质量有经济性的表征。虽然顾客和组织关注质量的角度是不同的,但对经济性的考虑是一样的。高质量意味着以最少的投入,获得最大效益的产品。

(2)质量的广义性:在质量管理体系所涉及的范畴内,组织的相关方对组织的产品、过程或体系都可能提出要求。而产品、过程和体系又都具有固有特性,因此质量不仅指产品质量,也可指过程和体系的质量。

(3)质量的时效性:由于组织的顾客和其他相关方对组织和产品、过程和体系的需求和期望是不断变化的,例如,原先被顾客认为质量好的产品会因为顾客要求的提高而不再受到顾客的欢迎。因此,组织应不断地调整对质量的要求。

(4)质量的相对性:组织的顾客和其他相关方可能对同一产品的功能提出不同的需求;也可能对同一产品的同一功能提出不同的需求;需求不同,质量要求也就不同,只有满足需求的产品才会被认为是质量好的产品。

10.2.2　质量管理

ISO 9000 中质量管理的定义是指在质量方面指挥和控制组织的协调的活动。通常包括制定质量方针和质量目标以及质量策划、质量控制、质量保证和质量改进。

质量方针是指由组织的最高管理者正式发布的该组织总的质量宗旨和质量方向。质量方针是企业经营总方针的组成部分,是企业管理者对质量的指导思想和承诺。企业最高管理者应确定质量方针并形成文件。质量方针的基本要求应包括供方的组织目标和顾客的期望和需求,也是供方质量行为的准则。

质量目标是组织在质量方面所要达到的目的,是组织质量方针的具体体现,目标既要先进,又要可行,便于实施和检查。

质量策划是质量管理中致力于设定质量目标并规定必要的作业过程和相关资源以实现质量目标的部分。质量策划是一系列的活动。

质量控制是质量管理中致力于达到质量要求的部分。质量要求是对产品、过程和体系的固有特性要求。质量控制应贯穿于产品形成的全过程,应包括所有环节和阶段中与质量有关的作业技术和活动。质量控制应注意:计划、评价和验证、分析和改进。质量控制是一个动态的过程。

质量保证是质量管理中致力于对达到质量要求提供信任的部分。质量保证已不是一般意义上的保证质量,它具有特殊含义。它强调对用户负责,即为了使用户或其他相关方能够相信组织的产品、过程和体系的质量能够满足规定的要求,必须提供充分的证据,以证明组织有足够的能力满足相应的质量要求。质量保证分为内部质量保证和外部质量保证。

质量改进是质量管理中致力于提高有效性和效率的部分。质量改进是为了向组织自身和顾客提供更多的利益。任何一个活动、过程的效果和效率的提高都会形成一定的质量改进。质量改进不仅与产品、过程等概念相关,还与质量损失、纠正和预防措施、质量控制等概念有密切联系。

质量管理的发展,大致经历了质量检验、统计质量控制和全面质量管理三个阶段。

10.2.3　质量管理的国际化

随着国际贸易的迅速扩大,产品和资本的流动日趋国际化,相伴而产生的是国际产品质量保证和产品责任问题。为此,国际标准化组织(ISO)于 1979 年单独建立质量管理和质量保证技术委员会（TC176），负责制定质量管理的国际标准。1987 年 3 月正式发布 ISO 9000 ~ ISO 9004 质量管理和质量保证系列标准。该标准总结了各先进国家的管理经验，将之归纳、规范。发布后引起世界各国的关注，并予以贯彻，适应了国际贸易发展需要，满足了质量方面对国际标准化的需求。

10.3　质量管理的基本方法

10.3.1　直方图法

直方图法即频数分布直方图法，它是将收集到的质量数据进行分组整理，绘制成频数分布直方图，通过频数分布分析研究数据的集中程度和波动范围的统计方法。其优点是：计算、绘图方便，易掌握，且直观、确切地反映出质量分布规律。其缺点是：不能反映质量数据随时间的变化；要求收集的数据较多，一般要 50 个以上，否则难以体现其规律。

通过用直方图分布和公差比较判断工序质量，如发现异常，应及时采取措施预防产生不合格品。

理想直方图是左右基本对称的单峰型。直方图的分布中心与公差中心重合；直方图位于公差范围之内。

出现非正常型直方图时，表明生产过程或收集数据作图有问题。这就要求进一步分析判断找出原因，从而采取措施加以纠正。非正常型直方图一般有五种类型：

（1）折齿型。由于分组过多或组距太细所致。

（2）孤岛型。由于原材料或操作方法的显著变化所致。

（3）双峰型。由于将来自两个总体的数据（如两种不同材料、两台机器或不同操作方法）混在一起所致。

（4）缓坡型。图形向左或向右呈缓坡状，即平均值过于偏左或偏右，这是由于工序施工过程中的上控制界限或下控制界限控制太严所致。

（5）绝壁型。由于收集数据不当，或是人为剔除了下限以下的数据所致。

10.3.2　控制图法

控制图又称管理图，是指以某质量特性和时间为轴，在直角坐标系所描的点，依时间为序连成的折线，加上判定线以后，所画成的图形。管理图法是研究产品质量随着时间变化，如何对其进行动态控制的方法。它的使用可使质量控制从事后检查转变为事前控制，借助管理图提供的质量动态数据，人们可随时了解工序质量状态，发现问题、分析原因，采取对策，使工程产品的质量处于稳定的控制状态。

控制图一般有三条线：上面的一条线为控制上限，用符号 UCL 表示；中间的一条叫中心线，用符号 CL 表示；下面的一条叫控制下限，用符号 LCL 表示。在生产过程中，按规定取样，测定其特性值，将其统计量作为一个点画在控制图上，然后连接各点成一条折线，即表示质量波动情况。

绘制控制图的主要目的是分析判断生产过程是否处于稳定状态。控制图主要通过研究点是否超出了控制界线以及点在图中的分布状况,以判定产品(材料)质量及生产过程是否稳定,是否出现异常现象。如果出现异常,应采取措施,使生产处于控制状态。

控制图的判定原则是:对某一具体工程而言,小概率事件在正常情况下不应该发生。换言之,如果小概率事件在一个具体工程中发生了,则可以判定出现了某种异常现象,否则就是正常的。由此可见,控制图判断的基本思想可以概括为"概率性质的反证法",即借用小概率事件在正常情况下不应发生的思想作出判断。这里所指的小概率事件是指概率小于 1% 的随机事件。

10.3.3　排列图法

排列图法又称巴雷特图法,也叫主次因素分析图法,它是分析影响工程(产品)质量主要因素的一种有效方法。

排列图是由一个横坐标,两个纵坐标,若干个矩形和一条曲线组成的,横坐标表示影响质量的各种因素,按出现的次数从多至少、从左到右排列。右边的纵坐标表示频率,即各因素的频数占总频数的百分比;矩形表示影响质量因素的项目或特性,其高度表示该因素频数的影响因素(从大到小排列)高低;曲线表示各因素依次的累计频率,也称为巴雷特曲线。

通常将巴雷特曲线分成三个区,即 A 区、B 区和 C 区。累计频率在 80% 以下的区域为 A 区,它所包含的因素为主要因素或关键项目,是应该解决的重点;累计频率在 80% ~ 90% 的区域为 B 区,为次要因素;累计频率在 90% ~ 100% 的区域为 C 区,为一般因素,一般不作为解决的重点。

10.3.4　分层法

分层法又叫分类法,是将调查收集的原始数据,根据不同的目的和要求,按某一性质进行分组、整理的分析方法。分层的结果使数据各层间的差异突出地显示出来,层内的数据差异减少了,在此基础上再进行层间、层内的比较分析,可以更深入地发现和认识质量问题的原因。由于产品质量是多方面因素共同作用的结果,因而对同一批数据,可以按不同性质分层,使我们能从不同角度来考虑、分析产品存在的质量影响因素。

10.3.5　相关图法

我们可以用 Y 和 X 分别表示质量特性值和影响因素,通过绘制散布图、计算相关系数等,分析研究两个变量之间是否存在相关关系,以及这种关系密切程度如何,进而对相关程度密切的两个变量,通过对其中一个变量的观察控制,去估计控制另一个变量的数值,以达到保证产品质量的目的。这种统计分析方法,称为相关图法。

相关图中点的集合,反映了两种数据之间的散布状况,根据散布状况可以分析两个变量之间的关系。归纳起来,有以下六种类型:①正相关;②弱正相关;③不相关;④负相关;⑤弱负相关;⑥非线性相关。

10.3.6　调查表法

　　调查表法也叫调查分析表法或检查表法,是利用图表或表格进行数据收集和统计的一种方法。也可以对数据稍加整理,以达到粗略统计,进而发现质量问题的效果。所以,调查表除了收集数据,很少单独使用。调查表没有固定的格式,可根据实际情况和需要自己拟订合适的格式。

第 11 章　　相关法律、法规知识

11.1　《中华人民共和国水法》的相关知识

11.1.1　总则

　　《中华人民共和国水法》是合理开发、利用、节约和保护水资源,防治水害,实现水资源的可持续利用,适应国民经济和社会发展需要的法律。水资源属于国家所有,水资源的所有权由国务院代表国家行使。农村集体经济组织的水塘和由农村集体经济组织修建管理的水库中的水,归该农村集体经济组织使用。开发、利用、节约、保护水资源和防治水害,应当全面规划、统筹兼顾、标本兼治、综合利用、讲求效益,发挥水资源的多种功能,协调好生活、生产经营和生态环境用水。国家对水资源依法实行取水许可制度和有偿使用制度,国务院水行政主管部门负责全国取水许可制度和水资源有偿使用制度的组织实施。国家对水资源实行流域管理与行政区域管理相结合的管理体制,国务院水行政主管部门负责全国水资源的统一管理和监督工作,在国家确定的重要江河、湖泊设立流域管理机构(以下简称流域管理机构),流域管理机构在所管辖的范围内行使法律、行政法规规定的及国务院水行政主管部门授予的水资源管理和监督职责。县级以上地方人民政府水行政主管部门按照规定的权限,负责本行政区域内水资源的统一管理和监督工作。

11.1.2　水资源规划

　　规划分为流域规划和区域规划。流域规划包括流域综合规划和流域专业规划;区域规划包括区域综合规划和区域专业规划。综合规划,是指根据经济社会发展需要和水资源开发利用现状编制的开发、利用、节约、保护水资源和防治水害的总体部署。专业规划,是指防洪、治涝、灌溉、航运、供水、水力发电、竹木流放、渔业、水资源保护、水土保持、防沙治沙、节约用水等规划。流域范围内的区域规划应当服从流域规划,专业规划应当服从综合规划。流域综合规划和区域综合规划以及与土地利用关系密切的专业规划,应当与国民经济和社会发展规划以及土地利用总体规划、城市总体规划和环境保护规划相协调,兼顾各地区、各行业的需要。制定规划,必须进行水资源综合科学考察和调查评价,水资源综合科学考察和调查评价,由县级以上人民政府水行政主管部门会同同级有关部门组织进行。国家确定的重要江河、湖泊的流域综合规划,由国务院水行政主管部门会同国务院有关部门和有关省、自治区、直辖市人民政府编制,报国务院批准。跨省、自治区、直辖市的其他江河、湖泊的流域综合规划和区域综合规划,由有关流域管理机构会同江河、湖泊所在地的省、自治区、直辖市人民政府水行政主管部门和有关部门编制,其他江河、湖泊的流域综合规划和区域综合规划,由县级以上地方人民政府水行政主管部门会同同级有关部门和有关地方人民政府编制,报本级人民政府或者其授权的部门批准,并报上一级水行政主管部门备案。专业规划由县级以上人民政府有关部门编制,征求同级其他有关部门意见后,报本级人民政府批准。规划一经批准,必须严格执行。经批准的规划需要修改时,必须按照规划编制程序经原批准机关批准。建设水工程,必须符合流域综合规划。

11.1.3　水资源开发利用

国家鼓励单位和个人依法开发、利用水资源,并保护其合法权益。开发、利用水资源的单位和个人有依法保护水资源的义务。开发、利用水资源,应当坚持兴利与除害相结合,兼顾上下游、左右岸和有关地区之间的利益,充分发挥水资源的综合效益,并服从防洪的总体安排。开发、利用水资源,应当首先满足城乡居民生活用水,并兼顾农业、工业、生态环境用水以及航运等需要。跨流域调水,应当进行全面规划和科学论证,统筹兼顾调出和调入流域的用水需要,防止对生态环境造成破坏。地方各级人民政府应当加强对灌溉、排涝、水土保持工作的领导,促进农业生产发展;在容易发生盐碱化和渍害的地区,应当采取措施,控制和降低地下水的水位。农村集体经济组织或者其成员依法在本集体经济组织所有的集体土地或者承包土地上投资兴建水工程设施的,按照谁投资建设、谁管理和谁受益的原则,对水工程设施及其蓄水进行管理和合理使用。农村集体经济组织修建水库应当经县级以上地方人民政府水行政主管部门批准。任何单位和个人引水、截(蓄)水、排水,不得损害公共利益和他人的合法权益。

11.1.4　水资源、水域和水工程的保护

国家保护水资源,主要采取保护植被,植树种草,涵养水源,防治水土流失和水体污染,改善生态环境等有效措施。县级以上人民政府水行政主管部门、流域管理机构以及其他有关部门在制定水资源开发、利用规划和调度水资源时,应当注意维持江河的合理流量和湖泊、水库以及地下水的合理水位,维护水体的自然净化能力。国家建立饮用水水源保护区制度,防止水源枯竭和水体污染,保证城乡居民饮用水安全。从事工程建设,占用农业灌溉水源、灌排工程设施,或者对原有灌溉用水、供水水源有不利影响的,建设单位应当采取相应的补救措施;造成损失的,依法给予补偿。国家对水工程实施保护。国家所有的水工程应当按照国务院的规定划定工程管理和保护范围。国务院水行政主管部门或者流域管理机构管理的水工程,由主管部门或者流域管理机构协商有关省、自治区、直辖市人民政府划定工程管理和保护范围。其他水工程,应当按照省、自治区、直辖市人民政府的规定,划定工程保护范围和保护职责。在水工程保护范围内,禁止从事影响水工程运行和危害水工程安全的爆破、打井、采石、取土等活动。

11.1.5　水资源配置和节约使用

国家厉行节约用水,大力推行节约用水措施,推广节约用水新技术、新工艺,发展节水型工业、农业和服务业,建立节水型社会。各级人民政府应当采取措施,加强对节约用水的管理,建立节约用水技术开发推广体系,培育和发展节约用水产业。新建、扩建、改建建设项目,应当制订节水措施方案,配套建设节水设施。节水设施应当与主体工程同时设

计、同时施工、同时投产。国务院发展计划主管部门和国务院水行政主管部门负责全国水资源的宏观调配。地方的水中长期供求规划,由县级以上地方人民政府水行政主管部门会同同级有关部门依据上一级水中长期供求规划和本地区的实际情况制定,经本级人民政府发展计划主管部门审查批准后执行。水中长期供求规划应当依据水资源供需协调、综合平衡、保护生态、厉行节约、合理开源的原则制定。流域规划和水中长期供求规划是流域制订水量分配方案的基本依据。国家对用水实行总量控制和定额管理相结合的制度。各级人民政府应当推行节水灌溉方式和节水技术,对农业蓄水、输水工程采取必要的防渗漏措施,提高农业用水效率。

11.2　《中华人民共和国防洪法》的相关知识

11.2.1　总则

　　《中华人民共和国防洪法》是为了防治洪水,防御、减轻洪涝灾害,维护人民的生命和财产安全,保障社会主义现代化建设顺利进行的法律。防洪工作应当遵循全面规划、统筹兼顾、预防为主、综合治理、局部利益服从全局利益的原则。应当将防洪工程设施建设纳入国民经济和社会发展计划。防洪费用按照政府投入同受益者合理承担相结合的原则筹集。开发利用和保护水资源,应当服从防洪总体安排,实行兴利与除害相结合的原则。江河、湖泊治理以及防洪工程设施建设,应当符合流域综合规划,与流域水资源的综合开发相结合。防洪工作按照流域或者区域实行统一规划、分级实施和流域管理与行政区域管理相结合的制度。国务院水行政主管部门在国务院的领导下,负责全国防洪的组织、协调、监督、指导等日常工作。国务院水行政主管部门在国家确定的重要江河、湖泊设立流域管理机构,在所管辖的范围内行使法律、行政法规规定和国务院水行政主管部门授权的防洪协调和监督管理职责。县级以上地方人民政府水行政主管部门在本级人民政府的领导下,负责本行政区域内防洪的组织、协调、监督、指导等日常工作。县级以上地方人民政府建设行政主管部门和其他有关部门在本级人民政府的领导下,按照各自的职责,负责有关的防洪工作。

11.2.2　防洪规划

　　防洪规划是指为防治某一流域、河段或者区域的洪涝灾害而制定的总体部署,包括国家确定的重要江河、湖泊的流域防洪规划,其他江河、河段、湖泊的防洪规划以及区域防洪规划。防洪规划应当服从所在流域、区域的综合规划;区域防洪规划应当服从所在流域的流域防洪规划。防洪规划是江河、湖泊治理和防洪工程设施建设的基本依据。编制防洪规划,应当遵循确保重点、兼顾一般,以及防汛和抗旱相结合、工程措施和非工程措施相结合的原则,充分考虑洪涝规律和上下游、左右岸的关系以及国民经济对防洪的要求,并与国土规划和土地利用总体规划相协调。防洪规划应当确定防护对象、治理目标和任务、防洪措施和实施方案,划定洪泛区、蓄滞洪区和防洪保护区的范围,规定蓄滞洪区的使用原则。

11.2.3　治理与防护

防治江河洪水,应当蓄泄兼施,充分发挥河道行洪能力和水库、洼淀、湖泊调蓄洪水的功能,加强河道防护,因地制宜地采取定期清淤疏浚等措施,保持行洪畅通。防治江河洪水,应当保护、扩大流域林草植被,涵养水源,加强流域水土保持综合治理。整治河道和修建控制引导河水流向、保护堤岸等工程,应当兼顾上下游、左右岸的关系,按照规划治导线实施,不得任意改变河水流向。河道、湖泊管理实行按水系统一管理和分级管理相结合的原则,加强防护,确保畅通。禁止围湖造地,禁止围垦河道。

11.2.4　防洪区和防洪工程设施的管理

防洪区是指洪水泛滥可能淹及的地区,分为洪泛区、蓄滞洪区和防洪保护区。洪泛区是指尚无工程设施保护的洪水泛滥所及的地区。蓄滞洪区是指包括分洪口在内的河堤背水面以外临时贮存洪水的低洼地区及湖泊等。防洪保护区是指在防洪标准内受防洪工程设施保护的地区。洪泛区、蓄滞洪区和防洪保护区的范围,在防洪规划或者防御洪水方案中划定,在防洪工程设施保护范围内,禁止进行爆破、打井、采石、取土等危害防洪工程设施安全的活动。

11.2.5　防汛抗洪

防汛抗洪工作实行各级人民政府行政首长负责制,统一指挥、分级分部门负责。省、自治区、直辖市人民政府防汛指挥机构根据当地的洪水规律,规定汛期起止日期。在汛期,气象、水文、海洋等有关部门应当按照各自的职责,及时向有关防汛指挥机构提供天气、水文等实时信息和风暴潮预报;电信部门应当优先提供防汛抗洪通信的服务;运输、电力、物资材料供应等有关部门应当优先为防汛抗洪服务。在汛期,水库、闸坝和其他水工程设施的运用,必须服从有关防汛指挥机构的调度指挥和监督。在汛期,水库不得擅自在汛期限制水位以上蓄水,其汛期限制水位以上的防洪库容的运用,必须服从防汛指挥机构的调度指挥和监督。

11.3　《取水许可和水资源费征收管理条例》的相关知识

11.3.1　总则

为加强水资源管理和保护,促进水资源的节约与合理开发利用,根据《中华人民共和国水法》,制定《取水许可和水资源费征收管理条例》。取水,是指利用取水工程或者设施直接从江河、湖泊或者地下取用水资源。取用水资源的单位和个人应当申请领取取水许可证,并缴纳水资源费。取水工程或者设施,是指闸、坝、渠道、人工河道、虹吸管、水泵、水井以及水电站等。县级以上人民政府水行政主管部门按照分级管理权限,负责取水许可制度的组织实施和监督管理。县级以上人民政府水行政主管部门、财政部门和价格主管部门依照本条例规定和管理权限,负责水资源费的征收、管理和监督。

下列情形不需要申请领取取水许可证：

（1）农村集体经济组织及其成员使用本集体经济组织的水塘、水库中的水的。

（2）家庭生活和零星散养、圈养畜禽饮用等少量取水的。

（3）为保障矿井等地下工程施工安全和生产安全必须进行临时应急取（排）水的。

（4）为消除对公共安全或者公共利益的危害临时应急取水的。

（5）为农业抗旱和维护生态与环境必须临时应急取水的。

取水许可应当首先满足城乡居民生活用水，并兼顾农业、工业、生态与环境用水以及航运等需要。实施取水许可必须符合水资源综合规划、流域综合规划、水中长期供求规划和水功能区划。实施取水许可应当坚持地表水与地下水统筹考虑，开源与节流相结合、节流优先的原则，实行总量控制与定额管理相结合。流域内批准取水的总耗水量不得超过本流域水资源可利用量。行政区域内批准取水的总水量，不得超过流域管理机构或者上一级水行政主管部门下达的可供本行政区域取用的水量。取水许可和水资源费征收管理制度的实施应当遵循公开、公平、公正、高效和便民的原则。

11.3.2　取水的申请和受理

申请取水的单位或者个人（以下简称申请人），应当向具有审批权限的审批机关提出申请。申请利用多种水源，且各种水源的取水许可审批机关不同的，应当向其中最高一级审批机关提出申请。申请取水应当提交下列材料：

（1）申请书。

（2）与第三者有利害关系的相关说明。

（3）属于备案项目的，提供有关备案材料。

（4）国务院水行政主管部门规定的其他材料。建设项目需要取水的，申请人还应当提交由具备建设项目水资源论证资质的单位编制的建设项目水资源论证报告书。论证报告书应当包括取水水源、用水合理性以及对生态与环境的影响等内容。

11.3.3　取水许可的审查和决定

取水许可实行分级审批。下列取水由流域管理机构审批：

（1）长江、黄河、淮河、海河、滦河、珠江、松花江、辽河、金沙江、汉江的干流和太湖以及其他跨省、自治区、直辖市河流、湖泊的指定河段限额以上的取水。

（2）国际跨界河流的指定河段和国际边界河流限额以上的取水。

（3）省际边界河流、湖泊限额以上的取水。

（4）跨省、自治区、直辖市行政区域的取水。

（5）由国务院或者国务院投资主管部门审批、核准的大型建设项目的取水。

（6）流域管理机构直接管理的河道（河段）、湖泊内的取水。其他取水由县级以上地方人民政府水行政主管部门按照省、自治区、直辖市人民政府规定的审批权限审批。

批准的水量分配方案或者签订的协议是确定流域与行政区域取水许可总量控制的依据。按照行业用水定额核定的用水量是取水量审批的主要依据。审批机关受理取水申请后，应当对取水申请材料进行全面审查，并综合考虑取水可能对水资源的节约保护和经济社会发展带来的影响,决定是否批准取水申请。取水申请经审批机关批准,申请人方可兴建取水工程或者设施。建设项目中取水事项有较大变更的,建设单位应当重新进行建设项目水资源论证,并重新申请取水。取水工程或者设施竣工后,申请人应当按照国务院水行政主管部门的规定,向取水审批机关报送取水工程或者设施试运行情况等相关材料;经验收合格的,由审批机关核发取水许可证。

11.3.4　水资源费的征收和使用管理

取水单位或者个人应当缴纳水资源费。取水单位或者个人应当按照经批准的年度取水计划取水。超计划或者超定额取水的,对超计划或者超定额部分累进收取水资源费。水资源费征收标准由省、自治区、直辖市人民政府价格主管部门会同同级财政部门、水行政主管部门制定,报本级人民政府批准,并报国务院价格主管部门、财政部门和水行政主管部门备案。制定水资源费征收标准,应当遵循下列原则:

(1)促进水资源的合理开发、利用、节约和保护。

(2)与当地水资源条件和经济社会发展水平相适应。

(3)统筹地表水和地下水的合理开发利用,防止地下水过量开采。

(4)充分考虑不同产业和行业的差别。各级地方人民政府应当采取措施,提高农业用水效率,发展节水型农业。农业生产取水的水资源费征收标准应当根据当地水资源条件、农村经济发展状况和促进农业节约用水需要制定。农业生产取水的水资源费征收标准应当低于其他用水的水资源费征收标准,粮食作物的水资源费征收标准应当低于经济作物的水资源费征收标准。农业生产取水的水资源费征收的步骤和范围由省、自治区、直辖市人民政府规定,水资源费由取水审批机关负责征收。

11.3.5　监督管理

县级以上人民政府水行政主管部门或者流域管理机构应当依照本条例规定,加强对取水许可制度实施的监督管理。县级以上人民政府水行政主管部门、财政部门和价格主管部门应当加强对水资源费征收、使用情况的监督管理。上一级水行政主管部门或者流域管理机构发现越权审批、取水许可证核准的总取水量超过水量分配方案或者协议规定的数量、年度实际取水总量超过下达的年度水量分配方案和年度取水计划的,应当及时要求有关水行政主管部门或者流域管理机构纠正。

第 3 篇　操作技能——初级工

模块 1　灌排工程施工

1.1　灌排渠(沟)施工

1.1.1　渠(沟)断面识图

在水利水电工程中表达水工建筑物设计、施工和管理的图样称为水利工程图,简称水工图。

水工图主要有规划图、布置图、结构图、施工图等。

规划图主要表示流域内一条或一条以上河流的水利水电建设的总体规划、某条河流梯级开发的规划、某地区农田水利建设的规划等。

布置图主要表示整个水利枢纽的布置,某个主要水工建筑物的布置等。

结构图主要包括水工建筑物体型结构设计图(简称体型图)、钢筋混凝土结构图(简称钢筋图)、钢结构和木结构图等。

施工图是表示施工组织和方法的图样,主要包括施工布置图、开挖图、混凝土浇筑图、导流图等。

规划图和布置图中一般画有地形等高线、河流及流向、指北针、各建筑物相互位置,主要尺寸等。规划图中各建筑物均采用图例表示。

结构图和施工图一般较详细地表达该建筑物的整体和各组成部分的形状、大小、构造和材料。

水工图按设计阶段分,主要有规划设计阶段图、初步设计阶段图、技术设计阶段图和施工设计阶段图。

1.1.1.1　**水工图中的表达方法**

1)视图名称

水利工程图中物体向投影面投射所得的投影称为视图,六个基本视图的名称规定为正视图、俯视图、左视图、右视图、仰视图和后视图。俯视图也可称为平面图,正视图、左视图、右视图、后视图也可称为立面图(或立视图)。在水工图中,当剖切面平行于建筑物轴线或顺河流流向时,称为纵剖视图或纵剖面(水工图中剖面即断面)图,如图 3-1-1 所示。当剖切面垂直于建筑物轴线或河流流向时,称为横剖视图或横剖面图,如图 3-1-2 所示。水工图中视图名称一般注写在该视图的上方,如图 3-1-1、图 3-1-2 所示。

2)水工图中建筑材料图例

表 3-1-1 为水工图中常用的建筑材料图例。

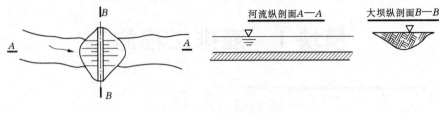

图 3-1-1　纵剖视(面)图

图 3-1-2　横剖视(面)图

表 3-1-1　水工图中常用的建筑材料图例

序号	名称	图例	序号	名称	图例	序号	名称	图例
1	岩石		7	砂卵石		13	夯实土	
2	卵石		8	回填土		14	黏土	
3	二期混凝土		9	浆砌块石		15	砂(土)袋	
4	沥青混凝土		10	防水材料		16	梢捆	
5	堆石		11	铜丝网水泥板		17	花纹钢板	
6	干砌块石		12	笼筐填石		18	草皮	

3) 水工建筑物平面图例

水工建筑物的平面图例主要用于规划图、施工总平面布置图,枢纽总布置图中非主要建筑物也可用图例表示。表 3-1-2 为水工图中常用的平面图例。

表 3-1-2　水工图中常用的平面图例

序号	名称	图例	序号	名称	图例	序号	名称	图例
1	水库		9	水电站		17	船闸	
2	混凝土坝		10	变电站		18	升船机	
3	土石坝		11	泵站		19	水池	
4	水闸		12	水文站		20	溢洪道	
5	渡槽		13	渠道		21	堤	
6	隧洞		14	丁坝		22	淤区	
7	涵洞	（大）（小）	15	险工段		23	灌区	
8	虹吸	（大）（小）	16	护岸		24	分洪区	

4）图线

水工图中的粗实线除表示可见轮廓线外，还用来表示结构分缝线（见图 3-1-3（a））和地质断层线及岩性分界线（见图 3-1-3（b））。水工图中的"原轮廓线"除可用双点画线表示外，还可以用虚线表示，如图 3-1-3（b）所示。

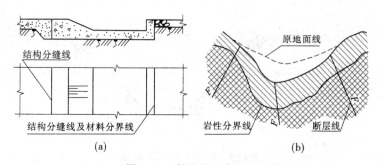

图 3-1-3　粗实线和虚实线用法

5）符号

水工图中水流方向用箭头符号表示，如图 3-1-4 所示。

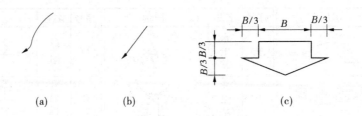

图3-1-4　水流方向符号

平面图中指北针,根据需要可按图 3-1-5 所示的式样绘制,其位置一般在图的左上角,必要时也可画在图纸的其他适当位置。

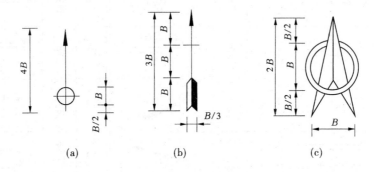

图 3-1-5　指北针

6)尺寸

水工图中标注尺寸的单位,除标高、桩号及规划图、总布置图的尺寸以"m"为单位外,其余尺寸以"mm"为单位,图中不必标注单位。若采用其他尺寸单位(如 cm),则必须在图中加以说明。

7)标高的标注及标高图

(1)在立视图和铅垂方向的剖视图、剖面图中,被标注高度的水平轮廓线或其引出线均可作为标高界线。标高符号采用图 3-1-6 所示的符号"▽"。标高符号的直角尖端必须指向标高界线,并与之接触。标高数字一律注写在标高符号的右边。

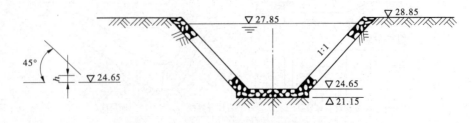

图 3-1-6　立视图、剖视图、剖面图标高注法

(2)地形标高以细实线绘制成地形等高线,每 5 条地形等高线的第 5 条取为计曲线,计曲线用中粗实线绘制。以整数为等高高差,其标高值的尾数应为 5 或 10 的整倍数,并

符合地形图测绘规定。标高图中地形等高线高程数字的字头,应朝向高程增加的方向,必要时可按字头向上、向左注写。

(3)开挖和填筑坡面图。填筑坡面在其平面图、立面图中,沿填筑坡面顶部轮廓线,以示坡线表示坡面倾斜方向,并允许只绘出一部分示坡线,见图 3-1-7。

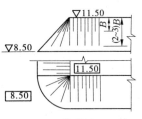

图 3-1-7　填筑坡面画法

沿开挖坡面顶部开挖线用示坡线表示坡面倾斜方向,并允许只绘一部分示坡线;也可沿其开挖线绘制"Y"形开挖符号,其方向大致平行该坡面的示坡线,见图 3-1-8。

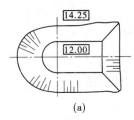 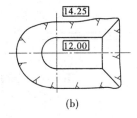

(a)　　　　　　　(b)

图 3-1-8　开挖坡面画法

(4)标高图坡面投影图在标高投影中,剖切位置线一般为一条垂直于斜道底部边线的直线。在不影响精度要求的条件下,允许用横剖面两侧斜线的坡度 i_1 代替斜坡道两侧坡面的坡度 i_0,绘制标高图中近似的坡边线,见图 3-1-9。

(5)标高投影的平面图与立面图符合投影对应关系。立面图、剖视图不画地形等高线。当平面图中同时有填、挖两种坡面时,既可以画出开挖坡面的剖视图,也可以画出开挖及填筑坡面的立面图,作为合成视图,见图 3-1-10。

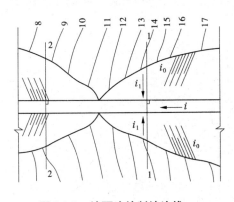 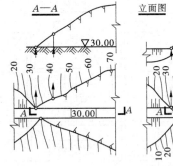

图 3-1-9　坡面法绘制坡边线　　　图 3-1-10　标高投影的剖视图和合成视图

8)展开图

当水工建筑物的轴线或中心线为曲线时,可以将曲线展开成直线后,绘制成视图、剖视图或剖面图。图 3-1-11 所示为一侧有分水闸的弯曲渠道,沿曲线(中心线)的 A—A 剖视图为展开剖视图,这时,应在图名后注写"展开"两字。

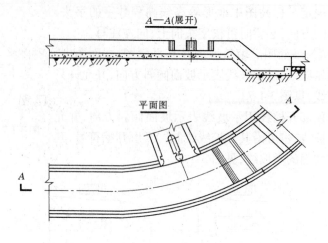

图 3-1-11　弯曲渠道展开图

9）拆卸图

　　当视图或剖视图中所要表达的结构被另外的结构或填土遮挡时,可以假想将其拆掉或掀掉,然后进行投影。例如图 3-1-12 为进水闸,在平面图中为了清楚地表达闸墩和挡土墙,将对称线下半部的一部分桥面板假想拆掉,填土也被假想掀掉。因为平面图是对称的,所以与实线对称的虚线可以省略不画,使平面图表达得更清晰。

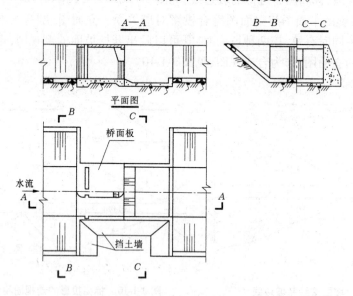

图 3-1-12　进水闸结构图

10）分层图

　　当建筑物或某部分结构有层次时,水工图中往往按其构造层次进行分层绘制,相邻层用波浪线分界,并且可用文字注写各层结构的名称。图 3-1-13 为混凝土坝施工中常用的真空模板,采用了分层画法。分层画法相当于分层剖切画法。

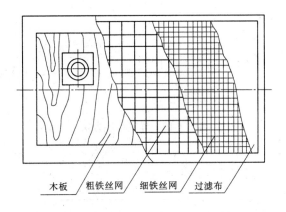

图 3-1-13　混凝土真空模板的分层画法

11）合成视图

对称或基本对称的图形,可将两个相反方向的视图或剖视图、剖面图各画一半,并以对称线为界,合成一个图形,称为合成视图。

图 3-1-12 中进水闸的侧视图为合成剖视图,$B—B$ 剖视由上游方向投射,$C—C$ 剖视则由下游方向投射。

图 3-1-14 为渠道渐变段扭面(双曲抛物面)挡土墙,侧视方向用渐变段的 $B—B$ 剖视图和 $C—C$ 断面图组成的合成视图,表达扭面上、下游两端的形状。

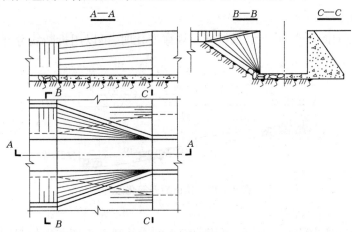

图 3-1-14　渠道渐变段合成视图

12）详图

(1)详图可根据需要画成视图、剖视图、剖面图。必要时可采用一组视图或剖面图完整地表达该被放大部分的结构。

(2)详图的标注:在被放大的部位用细实线圆弧圈出,用引出线指明详图的编号(如"详 A""详图××"等),所另绘的详图用相同编号标注其图名,并注写放大后的比例,如图 3-1-15 和图 3-1-16 所示。

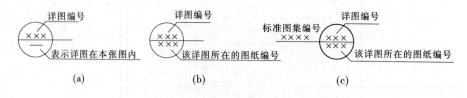

图 3-1-15　详图标注方法

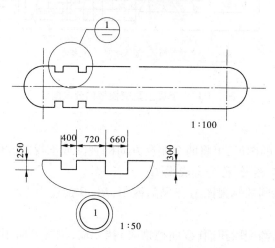

图 3-1-16　详图标注方法

13）较长的图形

当沿长度方向的开头为一致，或按同一规律变化时，可以用折断线分开绘制，省去其中部位的图形，见图 3-1-17。

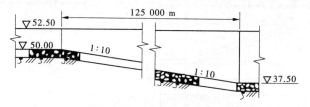

图 3-1-17　渠道断开简化法

14）曲面

（1）结构或部件中曲面的视图，可用曲面上的素线或截面所截得的截交线来表达，曲面、素线和截交线均用细实线绘制，见图 3-1-18。

（2）柱面图，在沿柱轴线的视图中画出平行柱轴线由密到疏（或由疏到密）的直素线。线的疏密间距，原则上是由曲面的垂直截面上的截曲线上等分的线段，在相应视平面上的投影间距决定的，但实际不需要绝对地严格绘制，见图 3-1-19。

（3）锥面图。在反映圆弧实形的视图中，以均匀的放射状直素线表示，如图 3-1-20 所示。

（4）渐变段、扭曲面画法。斜平面渐变段和扭曲面构成的渐变段用直素线法表示。

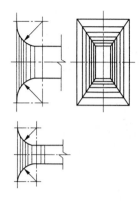

图 3-1-18　曲面画法

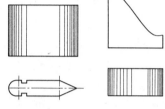

图 3-1-19　柱面画法

斜平面渐变段画法,见图 3-1-21。

扭锥面渐变段画法,见图 3-1-22。

扭柱面渐变段画法,见图 3-1-23。

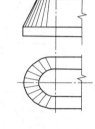

图 3-1-20　锥形墩头画法

1.1.1.2　建筑物体型图

(1)建筑物体型图应准确标示建筑物结构尺寸,复杂的细部应放大加绘详图。渠道体型图一般由横断面图、平面图及细部放大图组成,如图 3-1-24 所示。

(2)体型图应包括如下细部结构部分:①止水的位置、材料、

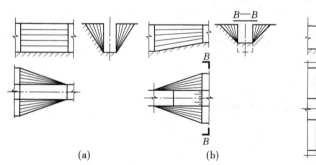

(a)　　　　　　　　(b)

图 3-1-21　斜平面渐变段

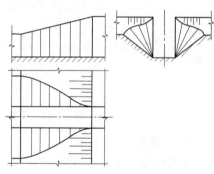

图 3-1-22　扭锥面渐变段

规格尺寸,基坑回填混凝土要求大样及缝面填缝用的材料及其厚度。②预制构件槽埋件、预制构件结构、安装位置、编号等。③栏杆或灯柱预埋件、排水管、工业取水口等构筑物的体型、位置及预埋件。

(3)在体型图的右上或左上角绘制表明本图结构物在整体建筑物或总布置图中位置的索引图。索引图可按体型图比例的 1/10 左右绘简图,并以斜影线明确标明本部体型的位置。

表达一个水利工程的图样往往数量很多,视图一般也比较分散。读图时,应以特征明显的视图为主,结合剖视图或剖面图、详图以及图中的标高和尺寸,弄清楚投影对应关系,并注意水工图中的其他表达方法,以了解建筑物的整体形状。

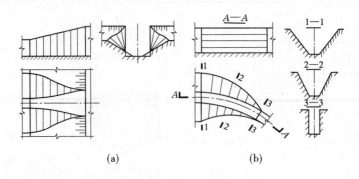

图 3-1-23　扭柱面渐变段

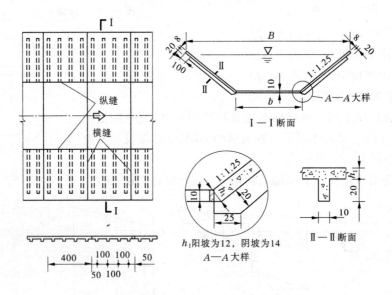

图 3-1-24　某灌区肋梁板衬砌渠坡　（单位:cm）

1.1.1.3　读图

读图可按以下步骤和方法进行:

(1)概括了解。识读水工图应从标题栏开始,并结合图样了解设计阶段,各类建筑物的名称、作用、相互位置、外形及制图的比例、尺寸单位和施工要求等内容。

(2)分析视图。建筑物的形状、大小、结构与构造、使用材料等,通常是通过所配置的各种视图、剖视图和剖面图等来表达的,所以要通过视图的名称和比例来了解该视图的作用、视图的投影方向及相应实物的大小。

由于水工图中各视图的布置是比较灵活的,有时在同一张图纸上,有时又分别在不同张图纸上。所以,读图时应先了解各视图的相互关系及作用。比如找出剖视图或剖面图的剖切位置、表达细部构造的详图;弄清视图的表达方法,尤其是特殊表达法、尺寸注法等。通过视图分析,便可了解整个视图的表达方案,从而找到各视图之间的一一对应关系,为形体分析打下基础。

(3)形体分析。将建筑物分成几个主要组成部分,并读懂各部分的形状、大小、结构及使用材料等。应根据各部分的特点和作用来划分建筑物的组成部分。可以沿水流方向分建筑物为几段;沿高程方向分建筑物为几层;按处理位置或结构分建筑物为上、下游、左、右岸,内、外部等,应灵活掌握。根据已分析出的主要组成部分的形体,采用对线条、找投影、分线框、识体型的方法,以形体分析为主、线面分析为辅的方法进行读图。形体分析中应以一两个视图(平面图、立面图)为主,结合其他视图和有关尺寸、材料、符号读懂图上每一条线、每一符号、每个尺寸及每一种示意图的意义和作用。

(4)综合整理。进一步了解各组成部分的相互位置,综合整理出整个建筑物的形状、大小、结构及使用材料。

读图中应注意将几个视图或几张图纸联系起来同时阅读,不能孤立地去读一个视图或一张图纸。读建筑物结构图时,如果有几个建筑物连为一体,可先读主要建筑物的结构图,然后读其他建筑物的结构图。根据结构图可以详细了解各建筑物的构造、形状、大小、材料及各部分的相互关系。对于附属设备,一般先了解其位置和作用,然后通过有关的图纸作进一步了解。

1.1.2　渠(沟)纵断面图的测绘

1.1.2.1　渠道测量的工作内容

按照工程建设的阶段和目的不同,渠道测量分为两个方面:一是在规划及设计阶段所进行的渠道测定工作,包括选线测量、中线测量、纵横断面测量;二是在施工阶段依据渠道设计进行的测设工作,即施工放样测量,包括中线恢复测量、控制桩的测设和渠道边坡放样等。渠道测量与各类建筑物的测量一样,也是应用基本的测量方法和一定的控制方法来完成的。

1.1.2.2　路线测量

渠道属于窄长型的线形工程,同河道、道路等各项工程一样,开挖渠道必须将设计好的路线,在地面上定出其中心位置,然后沿路线方向测出其地面起伏情况,并绘制成带状地形图或纵横断面图,作为设计路线坡度和计算土石方工程量的依据,这项工作称为路线测量。

路线测量的内容一般包括:踏勘选线、中线测量、纵横断面测量、土方计算和断面的放样等。路线测量贯穿于设计与施工的全过程。

1.1.2.3　渠道测量的步骤

1)踏勘选线

渠道选线的任务就是要在地面上选定渠道的合理路线,标定渠道中心线的位置。

选线时应依渠道大小的不同按一定的方法步骤进行。对于灌区面积大、渠线较长的渠道,一般应经过实地查勘、室内选线、外业选线等步骤;对于灌区面积较小、渠线不长的渠道,可以根据已有资料和选线要求直接在实地查勘选线。

(1)实地查勘。查勘前最好先在地形图(比例尺一般为1∶1万～1∶10万)上初选几条比较渠线,然后依次对所经地带进行实地查勘,了解和收集有关资料(如土壤、地质、水文、施工条件等),并对渠线某些控制性的点(如渠首、沿线沟谷、跨河点等)进行简单测量,了解其相对位置和高程,以便分析比较,选取渠线。

（2）室内选线。在室内进行图上选线,即在合适的地形图上选定渠道中心线的平面位置,并在图上标出渠道转折点到附近明显地物点的距离和方向（由图上量得）。如该地区没有适用的地形图,则应根据查勘时确定的渠道线路,测绘沿线宽 100～200 m 的带状地形图,其比例尺一般为 1:5 000 或 1:1 万。

在山区丘陵区选线时,为了确保渠道的稳定,应力求挖方。因此,环山渠道应先在图上根据等高线和渠道纵坡初选渠线,并结合选线的其他要求对此线路作必要修改,定出图上的渠线位置。

（3）外业选线。将室内选线的结果转移到实地上,标出渠道的起点、转折点和终点。外业选线还要根据现场的实际情况,对图上所定渠线作进一步研究和补充修改,使之完善。实地选线,一般应借助仪器选定各转折点的位置。对于平原地区的渠线应尽可能选成直线,如遇转弯,则在转折处打下木桩。在丘陵山区选线时,为了较快地进行选线,可用经纬仪按视距法测出有关渠段或转折点间的距离和高差。由于视距法的精度不高,对于较长的渠线,为避免高程误差累积过大,最好每隔 2～3 km 与已知水准点校核一次。如果选线精度要求高,则用水准仪测定有关点的高程,探测渠线位置。

渠道中线选定后,应在渠道的起点、各转折点和终点用大木桩或水泥桩在地面上标定出来,并绘略图注明桩点与附近固定地物的相互位置和距离,以便寻找。

2）水准点的布设与施测

为了满足渠线的探高测量和纵断面测量的需要,在渠道选线的同时,应沿渠线附近每隔 1～3 km 在施工范围以外布设一些水准点,并组成附合或闭合水准路线,当路线不长（15 km 以内）时,也可组成往返观测的支水准路线。水准点的高程一般用四等水准测量的方法施测（大型渠道有的采用三等水准测量）。

3）中线测量

中线测量的任务是根据选线所定的起点、转折点及终点,通过量距测角把渠道中心线的平面位置在地面上用一系列的木桩标定出来。

（1）距离丈量。一般用皮尺或测绳沿中线丈量（用经纬仪或花杆目视定直线）,为了便于计算路线长度和绘制纵断面图,沿路线方向每隔 100 m、50 m 或 20 m 钉一木桩,以距起点的里程进行编号,称为里程桩（整数）。如起点（渠道是以其引水或分水建筑物的中心为起点）的桩号为 0 + 000,若每隔 100 m 打一木桩,则以后各桩的桩号为 0 + 100、0 + 200…“ + ”号前的数字为千米数,“ + ”号后的数字是米数,如 1 + 500 表示该桩离渠道起点 1 km 又 500 m。在两整数里程桩间如遇重要地物和计划修建工程建筑物（如涵洞、跌水等）以及地面坡度变化较大的地方,都要增钉木桩,称为加桩,其桩号也以里程编号。如图 3-1-25 中的 1 + 185、1 + 233 及 1 + 266 为路线跨过小沟边及沟底的加桩。里程桩和加桩通称中心线桩（简称中心桩）,将桩号用红漆书写在木桩一侧,面向起点打入土中,为了防止以后测量时漏测加桩,还应在木桩的另一侧依次书写序号。

在距离丈量中为避免出现差错,一般需用皮尺丈量两次,当精度要求不高时可用皮尺或测绳丈量一次,再在观测偏角时用视距法进行检核。

测角和测设曲线,距离丈量到转折点,渠道从一直线方向转向另一直线方向,此时,经纬仪安置在转折点,测出前一直线的延长线与改变方向后的直线间的夹角 I,称为偏角,

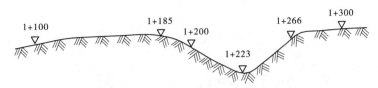

图 3-1-25　路线跨沟时的中心桩设置图

在延长线左的为左偏角，在延长线右的为右偏角，因此测出的角应注明左或右。如图 3-1-26 中 IP_1 为右偏角，即 $I_右 = 23°20'$。根据规范要求：当 $I < 6°$，不测设曲线；$I = 6° \sim 12°$ 及 $I > 12°$ 且曲线长度 $L < 100$ m 时，只测设曲线的三个主点桩；在 $I > 12°$ 同时曲线长度 $L > 100$ m 时，需要测设曲线细部。

（2）绘出草图。在量距的同时，还要在现场绘出草图（见图 3-1-26）。图中直线表示渠道中心线，直线上的黑点表示里程桩和加桩的位置，IP_1（桩号为 0 + 380.9）为转折点，在该点处偏角 $I_右 = 23°20'$，即渠道中线在该点处，改变方向右转 23°20'。但在绘图时改变后的渠线仍按直线方向绘出，在转折点用箭头表示渠线的转折方向（此处为右偏，箭头画在直线右边），并注明偏角角值。

渠道两侧的地形则可根据目测勾绘。

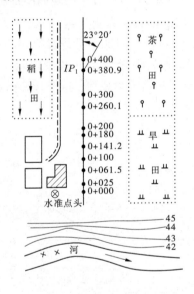

图 3-1-26　渠道测量草图示例

在山区进行环山渠道的中线测量时，为了使渠道以挖方为主，将山坡外侧渠堤顶的一部分设计在地面以下（见图 3-1-27），此时一般要用水准仪来探测中心桩的位置，见图 3-1-28。首先根据渠首引水口高程、渠底比降、里程和渠深（渠道设计水深加超高）计算堤顶高程，而后用水准测量探测该高程的地面点。

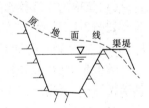

图 3-1-27　环山渠道断面图

图 3-1-28　环山渠道中线探测示意图

4)纵断面测量

渠道纵断面测量的任务,是测出中心线上各里程桩和加桩的地面高程,了解纵向断面高低的情况,并绘出纵断面图,其工作包括外业和内业。

A.纵断面测量外业

渠道纵断面测量是以沿线测设的三、四等水准点为依据,按五等水准测量的要求,由一个水准点开始引测,测出一段渠线上各中心桩的地面高程后,附合到下一个水准点进行校核,其闭合差不得超过 $\pm 10\sqrt{n}$ mm(n 为测站数)。如图 3-1-29 所示,从 BM_1 (高程为76.605 m)引测高程,依次对 0+000,0+100…进行观测,由于这些桩相距不远,按渠道测量的精度要求,在一个测站上读取后视读数后,可连续观测几个前视点(水准尺距仪器最远不得超过 150 m),然后转至下一站继续观测。这样计算高程时采用"视线高法"较为方便。其观测与记录及计算步骤如下:

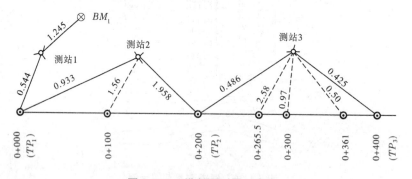

图 3-1-29　纵断面测量示意图

(1)读取后视读数,并算出视线高程:视线高程 = 后视点高程 + 后视读数。

如图 3-1-29 所示,在第 1 站上后视 BM_1 ,读数为 1.245,则视线高程为 76.605 m +1.245 m =77.850 m,见表 3-1-3。

(2)观测前视点并分别记录前视读数。由于在一个测站上前视要观测好几个桩点,其中仅有一个点是起着传递高程作用的转点,而其余各点只需读出前视读数就能得出高程,为区别于转点,称为中间点。中间点上的前视读数精确到厘米即可,而转点上的观测精度将影响到以后各点,要求读至毫米,同时还应注意仪器到两转点的前、后视距离大致相等(差值不大于 20 m)。用中心桩作为转点,要置尺垫于桩一侧的地面,水准尺立在尺垫上,若尺垫与地面高差小于 2 cm,可代替地面高程。观测中间点时,可将水准尺立于紧靠中心桩旁的地面,直接测算得地面高程。

(3)计算测点高程:测点高程 = 视线高程 - 前视读数。

例如,表 3-1-3 中 0 + 000 作为转点,它的高程 = 77. 850 - 0. 544(第 1 站的视线高程 - 前视读数) = 77. 306(m),凑整成 77. 31 m,为该桩的地面高程。0 + 100 为中间点,其地面高程为第二站的视线高程减前视读数 = 78. 239 - 1. 56 = 77. 679(m),取整为 77. 68 m。

表 3-1-3　纵断面水准测量记录

| 测站 | 测点 | 后视读数 (m) | 视线高 (m) | 前视读数(m) | | 高程 (m) | 备注 |
				中间点	转点		
1	BM_1	1. 245	77. 850			76. 605	已知高程
	$0 + 000(TP_1)$	0. 933	78. 239		0. 544	77. 306	
2	100			1. 56		76. 68	
	$200(TP_2)$	0. 486	76. 767		1. 958	76. 281	
3	265. 5			2. 58		74. 19	
	300			0. 97		75. 80	
	361			0. 50		76. 27	
	$400(TP_3)$				0. 425	76. 342	
…	…	…	…	…	…	…	
7	$0 + 800(TP_6)$	0. 848	75. 790		1. 121	74. 942	
	BM_2				1. 324	74. 466	已知高程 为 74. 451
计算校核		$\sum$ 8. 896			11. 035	74. 466	
		$\frac{11. 035(-}{-2. 139}$				$\frac{76. 605(-}{-2. 139}$	

(4)计算校核和观测校核。当经过数站(如表 3-1-3 中为 7 站)观测后,附合到另一水准点 BM_2(高程已知,为 74. 451 m),以检核这段渠线测量成果是否符合要求。为此,先要按下式检查各测点的高程计算是否有误,即 $\sum$ 后视读数 - $\sum$ 转点前视读数 = BM_2 的高程 - BM_1 的高程。

如表 3-1-3 中,$\sum$ 后 - $\sum$ 前(转点)与终点高程(计算值) - 起点高程的值均为 - 2. 139 m,说明计算无误。但 BM_2 的已知高程 74. 451 m,而测得的高程是 74. 466 m,则此段渠线的纵断面测量误差为:74. 466 - 74. 451 = +15(mm),此段共设 7 个测站,允

许误差为 $\pm 10\sqrt{7} = \pm 26(\text{mm})$,观测误差小于允许误差,成果符合要求。由于各桩点的地面高程在绘制纵断面图时仅需精确至厘米,其高程闭合差可不进行调整。

B. 纵断面图的绘制

纵断面图一般绘在方格纸上,以水平距离为横轴,其比例尺通常取 1:1 000 ~ 1:10 000,依渠道大小而定;高程为纵轴,为了能明显地表示出地面起伏情况,其比例尺比距离比例尺大 10~50 倍,可取 1:50 或 1:500,依地形类别而定。图 3-1-30 所绘纵断面图的水平距离比例尺为1:5 000,高程比例尺为1:100,由于各桩点的地面高程一般都很大,为了节省纸张和便于阅读,图上的高程可不从零开始,而从一合适的数值(如 72 m)起绘。根据各桩点的里程和高程在图上标出相应地面点的位置,依次连接各点绘出地面线。再根据设计的渠首高程和渠道比降绘出渠底设计线。至于各桩点的渠底设计高程,则是根据起点(0 +000)的渠底设计高程、渠道比降和离起点的距离计算求得,注在图下"渠底高程"一行的相应点处,然后根据各桩点的地面高程和渠底高程,即可算出各点的挖深或填高数,分别填在图中相应位置。

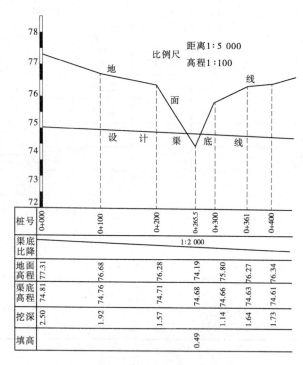

图 3-1-30　渠道纵断面图　(单位:m)

5)横断面测量

A. 横断面测量外业

进行横断面测量时,以中心桩为起点测出横断面方向上地面坡度变化点间的距离和高差。测量的宽度随渠道大小而定,也与挖(或填)的深度有关,较大的渠道、挖方或填方大的地段应该宽一些,一般以能在横断面图上套绘出设计横断面为准,并留有余地。其施测的方法步骤如下:

（1）定横断面方向。在中心桩上根据渠道中心线方向，用木制的十字直角器（见图3-1-31）或其他简便方法即可定出垂直于中线的方向，此方向即该桩点处的横断面方向。

（2）测出坡度变化点间的距离和高差。测量时以中心桩为零起算，面向渠道下游分为左、右侧。对于较大的渠道，可采用经纬仪视距法或水准仪测高配合量距（或视距法）进行测量。较小的渠道可用皮尺拉平配合测杆读取两点间的距离和高差（见图3-1-32），读数时，一般取位至0.1 m，按表3-1-4的格式作好记录。如0+100桩号左侧第1点的记录，表示该点距中心桩3.0 m，低0.5 m；第2点表示它与第一点的水平距离是2.9 m，低于第1点0.3 m；第2点以后坡度无变化，与上一段坡度一致，注明"同坡"。

图3-1-31　十字直角器

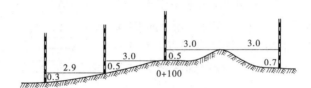

图3-1-32　横断面测量示意图

表3-1-4　横断面测量手簿

$\dfrac{高差}{距离}$ 左侧			中心桩 高程	右侧 $\dfrac{高差}{距离}$		
同坡	$\dfrac{-0.3}{2.9}$	$\dfrac{-0.5}{3.0}$	$\dfrac{0+000}{77.31}$	$\dfrac{+0.5}{3.0}$	$\dfrac{-0.7}{3.0}$	同坡
同坡	$\dfrac{-0.3}{2.9}$	$\dfrac{-0.5}{3.0}$	$\dfrac{0+100}{76.68}$	$\dfrac{+0.5}{3.0}$	$\dfrac{-0.7}{3.0}$	平
…	…		…	…	…	

B.横断面图的绘制

绘制横断面图仍以水平距离为横轴、高差为纵轴绘在方格纸上。为了计算方便，纵横比例尺应一致，一般取1:100或1:200，小型渠道也可采用1:50。绘图时，首先在方格纸适当位置定出中心桩点，如图3-1-33的0+100点，从表3-1-4中可知，由该点向左侧按比例量取3.0 m，再由此向下（高差为正时向上）量取0.5 m，即得左侧第1点，同法绘出其他各点，用实线连接各点得地面线，即为0+100桩号的横断面图。

1.1.3　渠沟土方施工

1.1.3.1　渠道开挖

1）渠道基槽的开挖方法

渠道基槽开挖有挖方渠槽、填方基础渠槽和旧渠改建工程中将原渠槽填筑满顶时渠

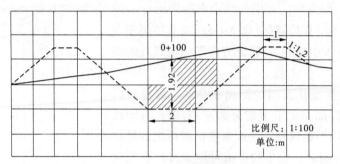

图 3-1-33　渠道横断面图

槽的开挖等几种形式,几种形式的开挖方法与步骤基本相近。开挖方法因渠道断面大小、土质情况及地层含水率的大小将有所不同。

(1)平地土质地基渠道开挖方法。按作业形式分为人工与机械开挖方法,按渠槽成形方式分为一次到底和分层开挖两种方法。

①一次到底法:如图 3-1-34 所示,适用于土质较好(黏土、壤土)、地下水来量小、挖深小于 3 m 的浅渠道。开挖时先将排水沟挖到设计高程以下 0.3 ~ 0.5 m,沟底宽 0.3 m 左右,然后按阶梯状逐层向下开挖,直至渠底。

②分层开挖法:适用于土质不好、挖深较大的渠道。

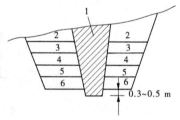

1—排水沟;2~6—开挖顺序

图 3-1-34　一次到底法

中心龙沟法:将排水龙沟布置在渠道中部,逐层先挖排水沟,再扩挖渠道,直至挖到渠底。适用于工期短,地下水来量小和平地开挖的情况,如图 3-1-35(a)所示。

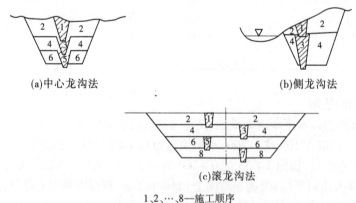

(a)中心龙沟法　　　　　　　(b)侧龙沟法

(c)滚龙沟法

1、2、…、8—施工顺序

图 3-1-35　分层开挖法

侧龙沟法:当挖方一侧靠近高岗或河滩只能一侧出土时,将龙沟布置在另一侧,便于出土,如图 3-1-35(b)所示。

滚龙沟法:当渠道断面较大、土质较差、地下水来量较大时,可采用双龙沟分层交叉下挖的方法,如图 3-1-35(c)所示。

分层开挖法的龙沟分层开挖,沟的断面小,坡陡,土方量小,成本低,效果好,施工安全,在开挖时,如土层含水率过大应注意排水,其原则是首先开挖排水沟(龙沟),并在施工中逐步加深,按先下游后上游的顺序进行,有利于排水。由基坑中心向外,先深后宽,分层进行,边坡部分采用先台阶后削坡成形的办法,便于人工运土。

(2)沿山渠道开挖根据山坡的坡度可分为三种情况:

山坡较陡时(坡度大于45°),先开挖平台,外侧用砌石(一般是浆砌石)作渠堤,减少石方开挖量,如图3-1-36所示。

山坡坡度为25°~45°时,可采用挖槽形式开渠,使渠道全部在挖方内,如图3-1-37所示。

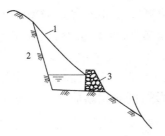
1—地面线;2—开挖线;3—砌石渠堤
图3-1-36 陡坡渠道

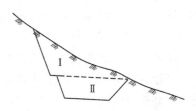
Ⅰ—开出平台;Ⅱ—挖槽
图3-1-37 挖方渠道

坡度较缓(缓于25°)时,多采用半挖半填的形式(见图3-1-38)。渠堤填筑前要求对填筑基础面清理,清除表层风化岩石和植土层,并削成台阶,使填方和基础结合牢靠。

沿山渠道爆破开挖装药量不宜过大,以免留下坍方和漏水的隐患,尽量采用光面爆破,可降低渠道糙率,减少超挖,防止塌方。

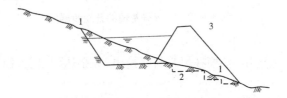
1—地面线;2—清理面;3—渠堤
图3-1-38 半挖半填渠道

(3)机械开挖渠道基槽。可采用挖土机、U形开渠机等。机械开挖以后,仍应辅以人工最后的检查及反复的修整工作。

采用机械开挖,当渠道断面较浅时,可采用反向单斗挖掘机,停机在原地面,顺着渠槽方向倒退挖掘,开挖土料采用自卸汽车运走,如果渠道断面较深,可采用正铲挖掘机,分层开挖。

(4)半挖半填式渠道基槽的开挖。此种基槽的开挖必须与填方施工结合进行。亦即开挖基槽挖方部分的粗土(主要是基槽中心部分的土,开挖时边坡及底都要按设计预留足够厚度的土层),按前述填方填筑的方法填筑渠道两岸的填方部分至设计高程。然后按前述整修渠槽的方法整修渠槽(含填方及挖方部分),以达到设计要求。

（5）旧土渠改建防渗渠道时,采用局部填筑补齐法填筑渠道基槽。该类填筑法填筑的基础,开挖时,仅开挖填筑时加宽 50 cm 的部分土体,然后按修整渠槽的方法修整渠道基槽,以达到设计要求。

（6）石质基础渠道基槽的开挖。对于石质基础渠槽,一般多用人工开挖。开挖时宜采用小炮,以免造成渠基裂缝,甚至使渠基稳定性降低。开挖好的渠道基槽,亦应尺寸准确,满足设计要求。

2）开挖步骤

（1）按设计平整好基面,定好渠线中心桩,测量好高程,沿渠口尺寸洒好两侧开挖灰线。

（2）不论是 U 形渠渠槽的开挖,还是其他(如梯形或弧形底梯形)断面渠槽的开挖,其方法基本相同。亦即先粗略开挖至渠底再将中心桩移至渠底,重新测量高程后,再挖除剩下的土方。

（3）整修渠槽。将渠槽内的土基挖完后,每 10 m 长按设计挖出标准开挖断面,在两个标准断面间拉紧横线,按横线从坡上至坡下边挖边刷坡,同时用断面样板逐段检查,反复修整,直至符合设计要求。

U 形渠基槽的开挖步骤见图 3-1-39。

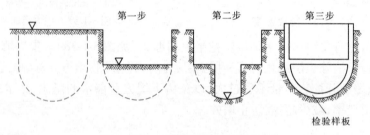

图 3-1-39　U 形渠基槽的开挖步骤

1.1.3.2　渠堤填筑

为了使防渗层经久耐用,基槽在填筑与开挖中,务必达到坚实、稳定、平稳和尺寸准确的要求。

（1）新建渠道填方基础的填筑,填筑前应清除填筑范围以内的草皮、树根等杂物,刨松表面,适当洒水湿润,然后摊铺选定的土料,分层压实。每层铺土厚度,机械施工时,不大于 30 cm;人工施工时,不大于 20 cm。土料含水率一般应按最优含水率控制。小型工程或无条件做土工试验时,可按表 3-1-5 选用最优含水率,或采用近似的方法确定,即用手将土捏成紧密的圆球后,挤不出水来,松手后土球仍能保持紧密圆球形状时的含水率,可近似地认为是此种土的最优含水率。

表 3-1-5　土壤最优含水率　　　　　　　　　　　　　　　（%）

土壤名称	砂壤土	轻黏壤土	黄土	中黏壤土	重黏壤土	黏土	黑土
含水率	12~15	15~17	19~21	21~23	22~25	25~28	22~30

填筑施工中,应注意作好新土层与老土层、新填土与岸边土、铺筑层之间的连接,使之

紧密结合。

(2)新建半挖半填式渠道基础的填筑:①应尽量利用挖方土料进行填筑。②填方的范围见图 3-1-40 中的 T。T 值随渠道大小、渠线位置、防渗材料的不同而不同。一般最大流量为 3 m^3/s 左右时,T 值为 0.6~1.2 m;对于大型渠道,T 值可达 2~2.5 m。③在开挖和填筑施工中,应尽量避免扰动挖方基槽土的结构。

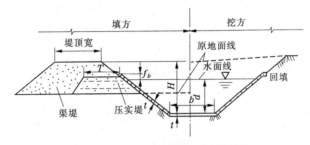

图 3-1-40　半挖半填防渗渠基的填筑

(3)旧土渠改建防渗渠道时基础的填筑。旧土渠原多为梯形断面,但经过长期输水运用,在水面以下的断面均已变成弧形等不规则的断面。要在此种渠槽基础上修建防渗工程,必须对基础进行填筑。填筑时应注意以下几点:

如渠基含水率很大,甚至为饱和状态,为了填筑施工,应提前停水,使基土风干;或采用抽排、翻晒等方法降低其含水率。如前述方法无效,则宜采用干土、湿土掺混的方法填筑。对大型工程,或有防冻害要求的工程,可考虑采用换土(换含水率合适的土或砂、砾石等)的方法填筑。

旧渠运用中往往长草、泥土淤积,或砖块等杂物堆积较多,填筑时应按要求彻底清除。

填筑方法及注意事项同前所述。一般应尽量把全渠槽填满至设计高程后,再按设计开挖至防渗层铺筑断面。这样工程质量虽好,但方量较大,故往往多采用局部填筑补齐的方法进行填筑。用此法填筑时,填筑面的宽度应较设计加宽 50 cm 以上,且要更严格地使新老土接合紧密,以免新填土体沿旧渠坡滑塌。

1.1.4　回填土的取样

1.1.4.1　回填土取样数量

施工试验是整个施工过程中的一个重要环节。回填土工程开始前应绘制"回填土试验取点平面示意图",简单表示回填土部位平面形状、相关轴线、尺寸,确定检测点数量、取点位置及顺序编号(见表 3-1-6)。

表 3-1-6　回填土压实系数检验点数量

项目	检验点的数量(至少)
大基坑	每100 m^2 取1点;3 000 m^2 以上,每300 m^2 取1点
基槽	每20 延长米取1点
独立柱基	每一柱基取1点
房心	每50~100 m^2 取1点

1.1.4.2　回填土取样方法

回填土取样方法有:环刀法、灌水法、灌砂法。

(1)环刀法取样。按取样平面图标明的点号和位置,取素土、灰土试样时,在取样处挖约 200 mm×200 mm 的小坑,深度应保证本层余下的厚度大于环刀高度 30 mm 左右,再往下挖成一个直径和高均约为 80 mm 的小柱,将环刀内壁用粘有凡士林或机油的纱布擦净,刃朝下,垂直向下压,环刀上口与土柱齐平时,套上环盖,再稍往下压 10 ~ 20 mm,削平环刀两端,擦净环刀外壁。称量环刀和土的总质量。土样在试验前应妥善保管,并应采取措施防止水分蒸发。

取纯砂土样时,挖到深度后,将环刀刃口向下,套上环盖,用木锤或橡皮锤打至环刀上口入砂中 10 ~ 20 mm,取下环盖,修平上口,取一片稍大于环刀直径的玻璃板压在环刀上口,用铲从侧面挖至环刀下口以下,连环刀带砂一起挖出,压住玻璃板,迅速翻倒刃口向上,用刀修平,擦净环刀外壁。

(2)灌水法取样(适用于现场测定原状砂和砾质土的密度)。将选定的试坑地面整平。按确定的试坑直径划出坑口轮廓线,在轮廓线内下挖至要求深度,将落于坑内的试样装入盛土容器内,称试样质量,精确至 5 g,并应测定含水率。

试坑挖好后,将大于试坑容积的塑料薄膜袋平铺于坑内。

记录储水筒内初始水位高度,拧开储水筒的注水管开关,将水缓缓注入塑料薄膜袋中,当袋内水面接近坑口时,将水流调小,直至袋内水面与坑口齐平时关闭注水管,持续 3 ~ 5 min 记录储水筒内水高度。当袋内出现水平面下降时,应另取塑料薄膜袋重做试验。

(3)灌砂法取样(适用于测定原状砂和砾质土的密度)。用洁净的粒径为 0.25 ~ 0.50 mm、密度为 1.47 ~ 1.51 g/cm^3 的标准砂,按《土工试验方法标准》(GBJ 123—88)的方法测定标准砂的密度。

按灌水法取样的方法挖好试坑。容砂瓶内注满标准砂,称密度测定器和砂的总质量,将密度测定器倒置(容砂瓶口向上)于挖好的坑口上,打开阀门,将标准砂注入试坑,当标准砂注满试坑时关闭阀门。称量密度测定器和余砂的总质量,并计算注满试坑所用的标准砂的质量。在注砂过程中不应振动。

灌砂法比较复杂,利用均匀颗粒的砂,从一定高度下落到一规定容积的筒和洞内,按其单位重不变的原理来测量试洞的容积。对灌砂桶、量砂要反复多次精密标定,此方法只适用于专业人员对个别点的测定。施工现场一般不用。

基坑和室内填土,每层按 100 ~ 500 m^2 取样 1 组;场地平整填方,每层按 400 ~ 900 m^2 取样 1 组;基坑和管沟回填每 20 ~ 50 m 取样 1 组,但每层均不少于 1 组,取样部位在每层压实后的下半部。用灌砂法取样应为每层压实后的全部深度。

1.1.4.3　取样须知

(1)采取的土样应具有一定的代表性,取样量应能满足试验的需要。

(2)鉴于基础回填材料基本上是扰动土,在按设计要求及所定的测点处,每层应按要求夯实,采用环刀取样时,应注意以下事项:①现场取样必须是在见证人监督下,由取样人员按要求在测点处取样,而取样、见证人员,必须通过资格考核。②取样时应使环刀在测点处垂直而下,并应在夯实层 2/3 处取样。③取样时应注意免使土样受到外力作用,环刀内应充满土样,如果环刀内土样不足,应用同类土样补足。④尽量使土样受最低程度的扰动,并使土样保持天然含水率。⑤如遇到原状土测试情况,除土样尽可能免受扰动外,还应注意保持土样的原状结构及其天然湿度。

1.1.4.4 土样存放及运送

在现场取样后,原则上应及时将土样运送到实验室。土样存放及运送中,还须注意以下事项。

1)土样存放

(1)将现场采取的土样,立即放入密封的土样盒或密封的土样筒内,同时贴上相应的标签。

(2)如无密封的土样盒和密封的土样筒,可将取得的土样,用砂布包裹,并用蜡融封密实。

(3)密封土样宜放在室内常温处,使其避免日晒、雨淋及冻融等有害因素的影响。

2)土样运送

土样运送的关键问题是使土样在运送过程中少受振动。

1.1.4.5 送样要求

为确保基础回填的公正性、可靠性和科学性,有关人员应认真、准确地填写好土样试验的委托单、现场取样记录及土样标签等有关内容。

1)土样试验委托单

在见证人员陪同下,送样人应准确填写下述内容:委托单位、工程名称、试验项目、设计要求、现场土样的鉴别名称、夯实方法、测点标高、测点编号、取样日期、取样地点、填单日期、取样人、送样人、见证人以及联系电话等。同时还应附上测点平面图。

2)现场取样记录

(1)测点标高、部位及相对应的取样日期。

(2)取样人、见证人。

3)土样标签

(1)标签纸以选用韧质纸为佳。

(2)土样标签编号应与现场取样记录上的编号一致。

1.1.5 林草种植

渠道两旁植树造林是灌区建设的重要内容。营造渠道防护林带既可以防风固沙,防止渠堤冲蚀,延长工程寿命,调节小气候,又可为防汛抢险提供木材,是灌区节约开支、增加收入的一项重要措施,应当因地制宜地搞好营造和管护工作。

各级灌排渠道造林要根据渠道级别、规模及营林性质,确定树种及株行距。在树种选择上要以适应当地自然条件的速生快长、枝干抗弯和枝叶防风的乔木为主。

(1)沿灌排渠道和道路两旁植树,应视宜林地带的宽窄而定。在土地较多地段,可沿干渠或较大支渠每边种植两行、四行甚至六行;土地较少地段,灌排渠道两旁至少各种一行高乔木。路旁植树应尽可能栽种树冠高、呈塔形半塔形乔木。穿越城镇的渠道两旁植树要结合城镇规划,在临渠界限内进行绿化和美化。在闸、站等周围可栽植果树、花草,搞好园林化建设。土地集中的渠段可开辟果园或从事花草种植,发展综合经营。

　　(2)支、斗灌排渠两侧一般要求植树一行,行中可夹杂一些灌木,其比例为 1∶1。田间固定灌排渠道,可根据具体情况由当地农民自行植树,最好两旁各种一行树干高、遮荫少的速生树种,如钻天杨等。一般渠旁种树行距,乔木、灌木均为 1.5 ~ 2.0 m;株距,乔木为 1.0 ~ 2.0 m,灌木为 0.75 ~ 1.0 m。填方渠道及半挖半填渠道,植于距渠堤外坡脚约 1.0 m 以外,干、支渠填方渠段,如土地较宽广,可结合护田林带,每边植树三行,乔灌间种,也可只种乔木,行距 1 ~ 3 m,株距 0.75 ~ 1.0 m。挖方渠道可栽植在渠道岸边,与山坡交界处可直接栽于山坡上。

　　(3)遮荫渠道林带,有浓密树冠遮荫的渠道可抑制杂草丛生,减轻渠道养护工作。每边可种一行或两行遮荫树,可选择杨树、榆树、柳树、桑树、胡桃树等。株距 1.0 ~ 1.5 m。行距视土堤大小而定。一边植两行的植于渠堤内坡岸、外坡脚,一边植一行的植于外坡脚下,距渠堤 1.0 ~ 1.5 m。

　　(4)渠道冲刷段的护渠林,宜因地制宜地选择根系发达,有很强的固土防冲护堤功能的乔灌树种或草本植物。一般多种柳树护堤,盐碱地多种紫穗槐或刺槐固堤防塌。

　　(5)渠道防护林带树种的选择,应根据林带立地条件选择具有生长快、封闭早、寿命长、防护作用持久、根系发达、耐旱耐涝、耐瘠薄、再生力强、繁殖容易等特点的树种。

　　(6)根据地形及树种,清除造林地段杂物,搞好整地,准备好底肥。渠道植树一般采用开穴栽植法,开穴的深度、宽度应大于苗木的根幅与根长。栽植裸根苗木应将苗木栽正扶直、深浅适宜,根系舒展,先填表土湿土,后填新土干土,分层覆土,层层踏实,最后覆一层细土。有的小苗可挖坑靠壁栽植。

1.2　灌排渠(沟)系建筑物施工

1.2.1　施工现场日志及表格记录

　　施工日记也叫施工日志,是在建筑工程整个施工阶段的施工组织管理、施工技术等有关施工活动和现场情况变化的真实的综合性记录,也是处理施工问题的备忘录和总结施工管理经验的基本素材,是工程交竣工验收资料的重要组成部分。

1.2.1.1　施工日记的要求

　　(1)施工日记应按单位工程填写。

　　(2)记录时间:从开工到竣工验收时止。

　　(3)逐日记载不许中断。

　　(4)按时、真实、详细记录,中途发生人员变动,应当办理交接手续,保持施工日记的连续性、完整性。施工日记应由栋号工长记录。

1.2.1.2　施工日记应记录的内容

　　施工日记的内容可分为五类:基本内容、工作内容、检验内容、检查内容、其他内容。

　　1)基本内容

　　(1)日期、星期、气象、平均温度。平均温度可记为××～×× ℃,气象按上午和下午分别记录。

(2)施工部位。施工部位应将分部、分项工程名称和轴线等写清楚。

(3)出勤人数、操作负责人。出勤人数一定要分工种记录,并记录工人的总人数。

2)工作内容

(1)当日施工内容及实际完成情况。

(2)施工现场有关会议的主要内容。

(3)有关领导、主管部门或各种检查组对工程施工技术、质量、安全方面的检查意见和决定。

(4)建设单位、监理单位对工程施工提出的技术、质量要求、意见及采纳实施情况。

3)检验内容

(1)隐蔽工程验收情况。应写明隐蔽的内容、轴线、分项工程、验收人员、验收结论等。

(2)试块制作情况。应写明试块名称、轴线、试块组数。

(3)材料进场、送检情况。应写明批号、数量、生产厂家以及进场材料的验收情况,以后补上送检后的检验结果。

4)检查内容

(1)质量检查情况:当日混凝土浇筑及成型、钢筋安装及焊接、砖砌体、模板安拆等的质量检查和处理记录;混凝土养护记录,砂浆、混凝土外加剂掺用量;质量事故原因及处理方法,质量事故处理后的效果验证。

(2)安全检查情况及安全隐患处理(纠正)情况。

(3)其他检查情况,如文明施工及场容场貌管理情况等。

5)其他内容

(1)设计变更、技术核定通知及执行情况。

(2)施工任务交底、技术交底、安全技术交底情况。

(3)停电、停水、停工情况。

(4)施工机械故障及处理情况。

(5)冬雨季施工准备及措施执行情况。

(6)施工中涉及的特殊措施和施工方法,新技术、新材料的推广使用情况。

1.2.1.3　填写施工日志的注意事项

(1)书写时一定要字迹工整、清晰,最好用仿宋体或正楷字书写。

(2)当日的主要施工内容一定要与施工部位相对应。

(3)养护记录要详细,应包括养护部位、养护方法、养护次数、养护人员、养护结果等。

(4)焊接记录也要详细记录,应包括焊接部位、焊接方式(电弧焊、电渣压力焊、搭接双面焊、搭接单面焊等)、焊接电流、焊条(剂)牌号及规格、焊接人员、焊接数量、检查结果、检查人员等。

(5)其他检查记录一定要具体详细,不能泛泛而谈。检查记录记得很详细还可代替施工记录。

(6)停水、停电一定要记录清楚起止时间,停水、停电时正在进行什么工作,是否造成损失。

施工日志的格式见表 3-1-7。

表 3-1-7　施工日志

日期：　　年　　月　　日　　　　　　　　　　　班次

天气	上午	温度	上午
	下午		下午
	夜间		夜间
生产情况记录	（施工部位、施工内容、机械设备投入及运行情况、管理人员及作业人员情况、施工过程中存在的问题）		
技术、质量、安全工作记录	（质量检查验收情况、安全生产情况、业主监理及上级领导的指令要求,是否有设计变更等）		
备注			

记录人(施工员)：　　　　　　　项目负责人：

1.2.2　围堰安全检查

围堰安全检查可分为日常检查、特别检查。日常检查在正常观测时进行,特别检查在汛期和围堰出现险情时进行。

1.2.2.1　土石围堰的检查

1)裂缝检查

对围堰顶及围堰坡全面检查有无开裂、错动现象,必要时,挖开围堰面或护坡块石进一步检查。如果发现围堰体已产生裂缝,应立即将裂缝编号,测量裂缝所在的桩号、与围堰轴线距离、长度、宽度和走向,一一详细记录,并绘出平面分布图。以后定期观察其发展情况并逐次详细记载。对横向裂缝和较严重的纵向裂缝,进行专项观测。

2)滑坡检查

围堰如发生纵向裂缝,应进一步检查是否发生滑坡。可参考以下特征判别是沉陷裂缝还是滑坡裂缝：

(1)纵向沉陷裂缝一般近于直线,基本垂直向下延伸。滑坡裂缝一般呈弧形,上游围堰边坡的裂缝两端弯曲向上,下游围堰边坡的裂缝两端弯曲向下。

(2)纵向沉陷裂缝的缝宽较小,一般只有几毫米至几厘米,错距一般不超过 30 cm。滑坡裂缝的缝宽可达 1 m,错距可达数米。

(3)纵向沉陷裂缝的发展,随着土体固结而逐步减缓。滑坡裂缝开始发展较慢,到滑体失稳后就突然加快。

（4）滑坡裂缝的下部往往有隆起现象，纵向沉陷裂缝则无。当已判定堰体裂缝为滑坡裂缝时，应立即测量裂缝的部位、走向、缝长、缝宽，做好详细记录，绘出平面位置图。必要时可进行照相和坑探。另外，还要同时加强变形和渗透观测。

检查围堰滑坡要特别注意一些关键时刻，暴雨期及发生四级以上地震后对上、下游围堰坡要同时检查。

3）塌坑检查

要经常检查围堰体有无塌坑，一旦发现，要立即测量塌坑的桩号、高程、与围堰轴线的距离、坑面直径、形状和深度等，做出详细记录，绘出平面图。必要时可进行照相。同时要加强渗透观测，分析产生塌坑的原因，以便采取相应的处理措施。

4）渗水检查

经常检查围堰堰体、堰基等处有无明显渗水或翻砂冒水，堰体与岸坡结合处有无渗水情况，有渗水情况的应加强观测和分析原因，采取必要的处理措施。

5）堰面检查

对土围堰堰体除检查有无裂缝、滑坡、塌坑、渗水外，还要检查有无以下现象：

（1）沿围堰面处有无旋涡或浑浊。

（2）围堰面排水系统有无堵塞损坏。

（3）大风期要注意观察波浪对围堰面及护坡石有无冲击、损坏。

（4）北方地区在冻期要注意观察水面冰盖对坡面有无挤坏。

如有上述现象发生，应及时修补或采取处理措施。

1.2.2.2　混凝土围堰检查

（1）裂缝检查。检查围堰顶、围堰面及廊道内有无裂缝。对于目测有困难的较高围堰面，可利用经纬仪远镜观察。上游围堰面还可在船上观察。一旦发现裂缝，应按土围堰裂缝检查要求进行测量和记录。对于较重要的裂缝，要设置标志定期专项观测。

（2）渗水检查。检查下游围堰面、围堰后地基表面有无渗水。如发现有渗水现象，应测定渗水点部位、高程、桩号等，并详加记载，绘制渗水图，或进行照相。必要时，需定期进行渗水量观测。

（3）排水设施检查。检查集水井、排水管等排水设施是否正常，有无堵塞现象。

（4）北方地区的冰期检查。检查冰盖对围堰体的影响，同时要加强变形观测。

1.2.3　基面清理的质量规定

清基就是把建筑物地基范围内的所有草皮、树木、坟墓、乱石、淤泥、有机质含量大于2%的表土，自然干密度小于 $1.48\ g/cm^3$ 的细砂和极细砂清除掉，清除深度一般为 0.3～0.8 m，对勘探坑，应把坑内积水与杂物全部清除，并用土料分层回填夯实。土坝坝体与两岸岸坡的结合部位是土坝施工的薄弱环节，处理不好会引起绕坝渗流和坝体裂缝。因此，岸坡与塑性心墙、斜墙或均质土坝的结合部位均应清至不透水层。对于岩石岸坡，清理坡度不应陡于 1∶0.75，并应挖成坡面，不得削成台阶和反坡，也不能有突出的变坡点；在回填前应涂 3～5 mm 厚的黏土浆，以利结合。如有局部反坡而削坡方量又较大，可采用混凝土或砌石补坡处理。对于黏土或湿陷性黄土岸坡，清理坡度不应陡于 1∶1.5。岸坡与坝体的非防渗体的结合部位,清理坡度不得陡于岸坡土在饱水状态下的稳定坡度,并不得有反坡。

对于河床基础,当覆盖层较浅时,一般采用截水墙(槽)处理。截水墙(槽)施工受地下水的影响较大,因此必须注意解决不同施工深度的排水问题,特别注意防止软弱地基的边坡受地下水影响引起的塌坡。对于施工区内的裂隙水或泉眼,在回填前必须认真处理。对于截水墙(槽),施工前必须对其建基面进行处理,清除基面上已松动的岩块、石渣等,并用水冲洗干净。坝体土方回填工作应在地基处理和混凝土截水墙浇筑完毕并达到一定强度后进行,回填时只能用小型机具。截水墙两侧的填土,应保持均衡上升,避免因受力不均而引起截水墙断裂。只有当回填土高出截水墙顶部 0.5 m 后,才允许用羊脚碾压实。

当垫层底部存在古井、古墓、洞穴、旧基础、暗塘等软硬不均的部位时,应根据建筑对不均匀沉降的要求予以处理,并经检验合格后,方可铺填垫层。

对含有淤泥或淤泥质土层的地基,在进行清基时,严禁扰动垫层下卧层的淤泥或淤泥质土层,防止其被践踏、受冻或受浸泡。在碎石或卵石垫层底部宜设置 150 ~ 300 mm 厚的砂垫层,以防止淤泥或淤泥质土层表面的局部破坏。如淤泥或淤泥质土层厚度较小,在碾压荷载下抛石能挤入该层底面时,可采用抛石挤淤处理。先在软弱土面上堆填块石、片石等,然后将其压入以置换和挤出软弱土。

1.2.4　地基土的处理

1.2.4.1　地基土处理的基本方法概述

土基是一种分布较广的地基类型,在地基中杂填土、软弱土、膨胀土、淤泥、地质条件复杂的地基土都属于构成土基的土料。土基常常由于土质的问题,不能满足承载上部建筑物的承载要求,一般在修建建筑物的时候,都需要进行一定程度的处理,使其满足设计要求。根据地基的土质类型、厚度与承载上部建筑物的重量的大小等因素,地基土的处理有多种方法,常用的方法有:换土夯实法、强夯法、砂井预压法、深孔爆破加密法、灰砂桩法(包括灰砂碎石桩、石灰粉煤灰桩)、振冲碎石桩法、水泥土桩法、水泥旋喷桩法、混凝土灌注桩法等。

1)换土夯实法

当浅层天然土质为淤泥、淤泥质土、湿陷性黄土、素填土等不宜作为建筑物基础的持力层或天然地基的承载力标准值达不到设计要求时,设计上常采用灰土、砂土、砂石等材料换天然土层作为人工地基,设计上一般要求用换填材料的压实系数作为控制施工质量的依据。回填时应分层夯实,严格掌握压实质量。我国现行规范一般要求分层检验。例如,《建筑地基处理技术规范》(JGJ 79—2002)规定,垫层的质量检验必须分层进行。每夯压完一层,应检验该层的平均压实系数。当压实系数符合设计要求后,才能铺填上层。

2)强夯法

当地基软土层厚度不大时,可以不开挖,采用强夯法处理。强夯法是采用履带式起重机,配缓冲装置、自动脱钩器、夯锤等配件,锤重 10 t、落距 10 m。可以省去大挖大填,有效深度可达 4 ~ 5 m。

3)砂井预压法

为了提高软土地基的承载能力,可采用砂井预压法。砂井直径一般采用20～30 cm,井距采用6～10倍井径,常用范围为2～4 m。一般砂井深度以10～20 m为宜。

4)深孔爆破加密法

深孔爆破加密法就是利用人工进行深层爆破,使饱和松砂液化,颗粒重新排列组合成为结构紧密、强度较高的砂。此法适用于处理松散饱和的砂土地基。

5)振动水冲法

振动水冲法是用一种类似插入式混凝土振捣器的振冲器,在土层中振冲造孔,并以碎石或砂砾填成碎石或砂砾桩,以达到加固地基的一种方法。

6)桩基础

桩基础是由若干个沉入土中的单桩组成的一种深基础。按桩的施工方法不同,可分为预制桩和灌注桩两类。

1.2.4.2　砂石土料置换施工

1)砂石土料置换应用

当土质地基承载力不能满足设计要求时,要对地基进行处理。将原土挖出,换填砂石是地基处理的方法之一。在砂石地基施工中,有振捣法、夯实法和碾压法等。砂石地基作为地基处理的一种方法,有其适用范围和适用条件。

对于中小型建筑物,采用砂石垫层作为浅层地基处理方法,效果显著。这种方法可就地取材,施工机具简单、快捷而经济,因此在浅层软弱地基处理中得到广泛应用。当建筑物基础下持力层较软弱又不太厚时,不能满足上部结构对地基承载力及变形的要求,采用砂石垫层置换部分软弱土层,以提高基础下地基承载力,减少地基沉降量和不均匀变形。此外,砂石垫层还可以加速软弱土层的排水固结,提高其强度,避免地基土塑性破坏;在膨胀土中,砂石垫层可以调整甚至消除膨胀土的胀缩作用,以控制建筑物的变形。

2)砂石地基施工方法

(1)材料选择与要求。①采用天然砂卵石或人工级配砂(碎)石、碎石应级配良好,粒径2～5 mm的颗粒占总重的45%以上,粒径5～50 mm的颗粒占总重的50%以下,粒径小于0.074 mm的颗粒不超过5%,不符合要求的天然砂卵石可采用人工级配。②砂石料要坚硬,不得含植物根、垃圾及腐殖质,含泥量不大于5%。③当见地下水时应用粗(中)砂取代石屑,下部有淤泥时可采用平铺一层毛石加以处理,有地下水时改碾压法为平振法。超出水位线后改用碎石、石屑配比,压路机碾压。

(2)材料拌和。采用碎石、石屑配比,在施工中应将干料按配比加水,用350 L搅拌机拌和,拌和加水量控制在10%～12%。加水量可根据气候及材料含水率加以调整。现场可采用目测,"手抓成团,落地开花"即为合格。在碾压过程中"粘碾"即为含水率大,多次碾压仍松散即含水率小。

(3)机械。平板振捣器、蛙式打夯机和压路机。

(4)施工方法:①振捣法。砂石最佳含水率为15%～20%,每层铺筑250 mm厚。用平板振捣器往复振捣,行间振捣搭接宽度不小于1/3。②夯实法。砂石最佳含水率为8%～12%,每层铺筑200 mm厚。蛙式打夯机往复夯打,每遍一夯压半夯。③碾压法。

砂石最佳含水率为 7% ~ 11% , 每层铺筑 250 ~ 350 mm 厚。用 80 ~ 100 kN 压路机往复碾压。

3) 检验

级配砂石施工应分层检验, 每检验层厚度不超过 600 mm, 可采用干容重法或动力触探法。

地基处理完后, 上部施工时应及时观测建筑物的沉降, 一般主体施工期间控制在 15 d 一次; 主体完工后, 每 30 d 一次; 竣工后 90 d 一次。

4) 注意事项

(1) 地下水位高于基底面时, 采用人工降水, 使之降至基底 500 mm 以下。

(2) 按地基施工面积大小、使用的机械、每层铺筑厚度立皮数杆, 以控制砂石标高 (步数)。

(3) 基底标高不同时, 要挖成台阶, 按先深后浅的顺序进行施工。

(4) 铺筑砂石前, 严禁各种车辆在基底上行驶, 以免扰动基底下卧层。

(5) 振、夯、碾实的遍数应根据设计要求和参照干密度试验结果确定, 要确保压实系数大于 95%。

(6) 超宽碾压范围的确定。垫层顶面每边宜超出基础底边不小于 300 mm, 或从垫层底面两侧向上按当地开挖基坑经验的要求放坡。同时, 基槽边如有空洞必须人工填充、捣实, 砂石垫层宜满槽铺设。

1.2.5　土方开挖及回填

1.2.5.1　土方开挖

土方开挖是将土和岩石进行松动、破碎、挖掘并运出的作业过程。按岩土性质, 土石方开挖分土方开挖和石方开挖。按施工环境是露天、地下或水下, 分为明挖、洞挖和水下开挖。在水利工程中, 土方开挖广泛应用于场地平整和削坡, 水工建筑物 (水闸、坝、溢洪道、水电站厂房、泵站建筑物等) 地基开挖, 地下洞室 (水工隧洞、地下厂房、各类平洞、竖井和斜井) 开挖, 河道、渠道、港口开挖及疏浚, 填筑材料、建筑石料及混凝土骨料开采, 围堰等临时建筑物或砌石、混凝土结构物的拆除等。

1) 开挖方式

土方开挖是工程初期以至施工过程中的关键工序。在施工前, 需根据工程规模和特性, 地形、地质、水文、气象等自然条件, 施工导流方式和工程进度要求, 施工条件以及可能采用的施工方法等, 研究选定开挖方式。明挖有全面开挖、分部位开挖、分层开挖和分段开挖等。全面开挖适用于开挖深度浅、范围小的工程项目。开挖范围较大时, 需采用分部位开挖。如开挖深度较大, 则采用分层开挖, 对于石方开挖常结合深孔梯段爆破 (见深孔爆破) 按梯段分层。分段开挖则适用于长度较大的渠道、溢洪道等工程。对于洞挖, 则有全断面掘进、分部开挖和导洞法等开挖方式。

2) 施工方法

土石方开挖施工, 包括松动、破碎、挖装、运输出渣等工序。石方开挖, 除松软岩石可用松土器以凿裂法开挖外, 一般需以爆破的方法进行松动、破碎。人工和半机械化开挖,使用锹镐、风镐、风钻等简单工具,配合挑抬或者简易小型的运输工具进行作业,适用于小型水利工程。有些灌溉排水沟渠的施工直接使用开沟机,可以一次成形。大中型水利工程的土石方开挖,多用机械施工。

(1)明挖。除使用各类凿岩、钻孔机械钻孔,进行爆破作业外,主要使用挖掘机械(如各种单斗挖掘机或多斗挖掘机)、铲运机械(如推土机、铲运机和装载机)、有轨运输机械(如机车牵引矿车)、无轨运输机械(如自卸汽车)等。根据不同条件,采用各种配合方式,进行挖、装、运、卸等各项作业。要根据工程规模、施工条件,合理选用适宜的施工机械和相应的施工方法,特别要注意机械设备的配套协调,避免存在薄弱环节。在特定条件下,可采用水力开挖的方法开挖土方;也有采用爆破开挖的方法,即用抛掷爆破或扬弃爆破技术,不仅将土石破碎,并全部或部分地将其抛弃到设计边界以外。

(2)洞挖。一般常用钻孔爆破法掘进,用机械进行挖装、运卸作业;也可采用全断面隧洞掘进机开挖;在土质或松软岩层中可用盾构法施工(见隧洞开挖、地下厂房开挖)。

3)水下开挖

可以采用索铲、抓斗等陆上开挖机械,但通常使用各式挖泥船,配合拖轮、驳船等水上运输设备联合作业。

基坑挖好后,应紧接着进行下一工序,尽量减少暴露时间。否则,基坑底部应保留100~200 mm 厚的土暂时不挖,作为保护,待下一工序开始前再挖至设计标高。

4)软基开挖

软基开挖方法与一般土方开挖相同,但在基坑中遇到淤泥和流砂等难工时如采用正常开挖方法施工,必须降低地下水位。如限于施工条件,而又想使基坑工作能够顺利进行,则必须采取一些稳定边坡的措施。

当基坑坡面较长,基坑需要开挖较深时,可采用柴枕拦砂法。这种方法,一方面可截住因降水而造成的坡面流砂;另一方面可防止因坡内动水压力造成的坡脚坍陷。堆填柴枕时要紧密,以免泥沙从柴枕间流出。

若基坑不大和不深,可采用砂石护面法。这种方法可保护坡面不受地面径流冲刷并能起到反滤作用,防止坡内渗流挟带泥沙。

1.2.5.2　土方填筑压实

1)土料选择与填筑方法

为了保证填土工程的质量,必须正确选择土料和填筑方法。

碎石类土、砂土、爆破石渣及含水率符合压实要求的黏性土均可作为填方土料。冻土、淤泥、膨胀性土及有机物含量大于8%的土、可溶性硫酸盐含量大于5%的土均不能做填土。填方土料为黏性土时,应检验其含水率是否在控制范围内,含水率大的黏土不宜做填土用。

填方应尽量采用同类土填筑。当采用土料的透水性不同时,不得掺杂乱倒,应分层填筑,并将透水性较小的土料填在上层,以免填方内形成水囊或浸泡基础。

填方施工应接近水平地分层填土、分层压实,每层铺填的厚度应根据土的种类及使用的压实机械而定。每层填土压实后,应检查压实质量,符合设计要求后,方能填筑上层。当填方位于倾斜的地面时,应先将斜坡挖成阶梯状,然后分层填筑,以防填土横向移动。

2)填土压实方法

填土压实方法有:碾压法、夯实法及振动压实法。

平整场地等大面积填土多采用碾压法,小面积的填土工程多用夯实法,而振动压实法主要用于非黏性土的密实。

A. 碾压法

碾压法是利用机械滚轮的压力压实土壤,使之达到所需的密实度。碾压机械有平碾、羊脚碾及各种压路机等。压路机是一种以内燃机为动力的自行式碾压机械,质量为6~15 t,有钢轮式和胶轮式。平碾、羊脚碾一般都没有动力,靠拖拉机牵引。其中羊脚碾有单筒、双筒两种。根据碾压要求,又可分为空筒及装砂、注水等三种。羊脚碾虽与土接触面积小,但单位面积的压力比较大,土壤压实的效果好。羊脚碾一般用于碾压黏性土,不适于砂性土,因在砂土中碾压时,土的颗粒受到羊脚碾较大的单位压力后会向四面移动而使土的结构破坏。

碾压时,对松土不宜用重型碾压机械直接滚压,否则土层有强烈起伏现象,效率不高。如果先用轻碾压实,再用重碾压实就会取得较好效果。碾压机械行驶速度不宜过快。一般平碾不应超过2 km/h,羊脚碾不应超过3 km/h。

B. 夯实法

夯实法是利用夯锤下落的冲击力来夯实土壤,主要用于小面积回填土。夯实法分机械夯实和人工夯实两种。人工夯实所用的工具有木夯、石夯等;常用的夯实机械有夯锤、内燃夯土机和蛙式打夯机等。

C. 振动压实法

振动压实法是将振动压实机放在土层表面,借助振动机构使压实机振动,土颗粒发生相对位移而达到紧密状态。振动压路机是一种振动和碾压同时作用的高效能压实机械,比一般压路机提高功效1~2倍,可节省动力30%。这种方法适于填料为爆破石渣、碎石类土、杂填土和粉土等非黏性土的密实。

在压实时应注意控制好压实次数、土的含水率以及每层铺土厚度。在实际施工中,不要盲目过多地增加压实遍数。避免因土料较为干燥,由于颗粒间的摩阻力较大而不易压实,或因含水率过高,又易压成"橡皮土"。

1.2.6　建筑材料的储存与保管

1.2.6.1　水泥的储存与保管

(1)不同的生产厂家,不同品种、强度等级和不同生产日期的水泥应分别堆放,不得混装。堆放时,应按品种、强度等级(或标号)、出厂编号、到货先后或使用顺序排列成垛。堆垛高度以不超过10袋为宜。堆垛应至少离开四周墙壁20 cm,各垛之间应留置宽度不小于70 cm 的通道。

(2)水泥是防潮物资,必须注意防潮。

(3)存放水泥的仓库,必须注意干燥,门窗不得有漏雨、渗水的情况,以免潮气侵入,导致水泥变质。临时存放的水泥,必须选择地势较高、干燥的场地做料棚,并做好上盖下垫工作。当限于条件,水泥露天堆放时,应在距地面不少于30 cm 垫板上堆放,垫板下不得积水。水泥堆垛必须用布覆盖严密,防止雨露侵入使水泥受潮。

(4)水泥储存期不宜过长,若过长,则其活性将会降低。一般存储 3 个月以上的水泥,强度降低 10% ~20%,6 个月降低 15% ~30%,一年后降低 25% ~40%。对已进场的每批水泥,根据在场的存放情况重新采样检验其强度和安全性。存放期超过 3 个月的通用水泥和存放期超过 1 个月的快硬水泥,使用前必须复验,并按复验结果使用。

1.2.6.2　钢材的储存与保管

1)选择适宜的场地和库房

(1)保管钢材的场地或仓库,应选择在清洁干净、排水通畅的地方,远离产生有害气体或粉尘的厂矿。在场地上要清除杂草及一切杂物,保持钢材干净。

(2)在仓库里不得与酸、碱、盐、水泥等对钢材有侵蚀性的材料堆放在一起。不同品种的钢材应分别堆放,防止混淆,防止接触腐蚀。

(3)大型型钢、钢轨、厚钢板、大口径钢管、锻件等可以露天堆放。

(4)中小型型钢、盘条、钢筋、中口径钢管、钢丝及钢丝绳等,可在通风良好的料棚内存放,但必须上苫下垫。

(5)一些小型钢材、薄钢板、钢带、硅钢片、小口径或薄壁钢管,各种冷轧、冷拔钢材以及价格高、易腐蚀的金属制品,可存放入库。

(6)库房应根据地理条件选定,一般采用普通封闭式库房,即有房顶、有围墙、门窗严密,设有通风装置的库房。

(7)库房要求晴天注意通风、雨天注意关闭防潮,经常保持适宜的储存环境。

2)合理堆码、先进先放

(1)堆码的原则要求是在码垛稳固、确保安全的条件下,做到按品种、规格码垛,不同品种的材料要分别码垛,防止混淆和相互腐蚀。

(2)禁止在垛位附近存放对钢材有腐蚀作用的物品。

(3)垛底应垫高、坚固、平整,防止材料受潮或变形。

(4)同种材料按入库先后分别堆码,便于执行先进先发的原则。

(5)露天堆放的型钢,下面必须有木垫或条石,垛面略有倾斜,以利排水,并注意材料安放平直,防止造成弯曲变形。

(6)堆垛高度,人工作业的不超过 1.2 m,机械作业的不超过 1.5 m,垛宽不超过 2.5 m。

(7)垛与垛之间应留有一定的通道,检查道一般为 0.5 m,出入通道视材料大小和运输机械而定,一般为 1.5~2.0 m。

(8)垛底垫高,若仓库为朝阳的水泥地面,垫高 0.1 m 即可;若为泥地,须垫高 0.2~0.5 m。若为露天场地,水泥地面垫高 0.3~0.5 m,沙泥面垫高 0.5~0.7 m。

(9)露天堆放角钢和槽钢应俯放,即口朝下;工字钢应立放,槽面不能朝上,以免积水生锈。

3)保护材料的包装和保护层

钢材出厂前涂的防腐剂或其他镀层及包装,是防止材料锈蚀的重要措施,可延长材料的保管期限,在运输装卸过程中须注意保护,不能损坏。

4)保持仓库清洁,加强材料养护

(1)材料在入库前要注意防止雨淋或混入杂质,对已经淋雨或弄污的材料要按其性质采用不同的方法擦净,如硬度高的可用钢丝刷,硬度低的用布、棉等物。

(2)材料入库后要经常检查,如有锈蚀,应清除锈蚀层。

(3)一般钢材表面清除干净后,不必涂油,但对优质钢、合金薄钢板、薄壁管、合金钢管等,除锈后其内外表面均需涂防锈油后再存放。

(4)对锈蚀较严重的钢材,除锈后不宜长期保管,应尽快使用。

1.2.6.3　木材的储存与保管

木材从立木伐倒、贮存、流通,到最终使用的全部过程,都存在着损害的问题。如果保管、处理不善,木材会产生开裂、变形,遭受真菌腐朽、昆虫蛀蚀、火灾危害,导致木材败坏变质,降低以至丧失原有的利用价值。为了使木材始终保持原有的质量,合理地利用木材资源,对木材防护保管是十分必要的。

造成木材败坏的因素多种多样,主要有三个方面:生物败坏、物理破坏和化学降解。其中最主要的是生物败坏,即真菌变色、腐朽和虫害,它们不但侵害立木、贮存和运输过程中的原木和锯材,还能破坏气干木材的制品。对于木材保管来说,这是需要考虑的首要因素。

对于原木,大多采用干存法、湿存法和水存法;对于锯材则采用干燥方法。

1)干存法

干存法是使木材含水率在短期内尽快降到25%以下,以达到抑制菌、虫生长繁殖和侵害的目的。适于干存法的原木含水率一般在80%以下,且尽可能剥去树皮,或树皮损伤已超过1/3。原木剥皮时尽量保留韧皮部,并采取在原木两端留存10～15 cm的树皮圈,以及在端面涂防裂涂料,如10%石蜡乳剂、石灰水、煤焦油、聚醋酸乙烯乳液与脲醛树脂(30∶70)混合液,或钉"S"形钉子等措施,以防止原木开裂。对于木材材身上有损伤和树节的,要涂刷防腐剂(如氯化锌、硫酸铜、硫酸锌、氟化钠、五氯酚钠等),以免菌、虫的侵入和蔓延。

干存法保管木材的场地应选地势较高、地位空旷、通风良好的地方;堆垛时要清出场地内的枯枝、树皮、木屑和腐木等杂物,保持清洁;场地以水泥地面为佳,或煤屑碎石铺平压实,可防止潮湿或杂草丛生。干存原木楞的原则以利于垛内空气流通,使木材迅速干燥为目的。

2)湿存法

湿存法是使原木边材保持较高的含水率,以避免菌害、虫害和开裂的发生。此法适于新伐材和水运材,原木边材含水率通常高于80%。已气干和已受菌、虫害的原木以及易开裂、湿霉严重的阔叶树材原木不可采用此法,南方易遭白蚁危害的地区也不宜采用湿存法。

湿存法保管的原木应具有完整的树皮,或树皮损伤不超过1/3。楞堆的结构是要密集堆紧并尽量堆成大楞。新伐或新出河原木应立即归成大楞,归楞前的原木不应在露天存放5 d以上,归楞后的原木应立即封楞,施行遮阴覆盖。为防止原木断面失水而发生开裂或菌、虫感染,可用防腐剂湿涂料涂刷端面;还可在涂料上面再涂一层石灰水,以避免日光照射使涂料融化消失。如有水源条件或有喷雾装置的地方,可使用喷水法。施行喷水的木材,可不必覆盖和遮阴。喷水时应均匀地喷射在冷垛内,使每根原木都能浸湿,喷浇时间一般在 4～9 月。归楞后 10 d 内开始喷水,第一次喷浇时间要长,以使每次喷浇 10～20 min,每昼夜 3～4 次。

3)水存法

原木水存保管是将原木侵入水中,以保持木材最高含水率,防止菌、虫危害和避免木材开裂。水存法一般利用流速缓慢的河湾、湖泊、水库以及制材车间旁的贮木池等贮存原木,但海水中因有船蛆等,不适于贮存木材。

水存法有水浸楞堆法和多层木排水浸法等,目的是尽可能使原木存入水中,层层堆垛或扎排,并注意捆扎牢固,用木桩、钢索等加固拴牢,以防被流水或风浪冲走。楞堆露出水面的部分,还应定期喷水,以保证原木湿度。

4)木材的干燥

对木材进行干燥是锯材保管的最重要和最有效的措施,这不仅可防止变色菌、腐朽菌核昆虫的危害,还可以减少开裂和变形,减轻木材重量,增强木材的韧性、机械强度、硬度和握钉力,改善木材表面涂饰性能。木材干燥有自然干燥和人工干燥两种。

自然干燥又称气干,它是将木材堆放在空旷的场所利用空气作传热、传湿介质,利用太阳辐射热量,使木材内的水分逐渐排除,达到一定的干燥程度。气干不需要建筑费用和较大的设备投资,也不需热源和电源,干燥成本较低;其工艺和技术比较简单,易于实施。但气干受外界因素,主要是气候条件和季节影响很大,人工不易调节或控制,干燥速度慢。干燥期间木材可能遭菌、虫危害,气干过程中也难以杀死或除尽已蛀入木材内的害虫。气干木材的最低含水率受自然条件下的平衡含水率的限制,通常为 12%～18%。此外,气干木材的质量也受堆垛方式、板院布置的影响。

人工干燥方法很多,目前国内外广泛应用的是对流加热的窑干干燥方法。窑干(或称室干)是将木材置于保温性和气密性都很好的建筑物或金属容器内,人为地控制干燥介质的温度、湿度及气流循环方向和速度,促使木材在一定时间内干燥到指定含水率的一种干燥方法。木材窑干法的优点是可以把木材干燥到比气干程度低的任何最终含水率,干燥速度快、周期短(比气干快很多倍),干燥条件可灵活调节,干燥质量好,装卸和运装作业集中,便于实现机械化和自动化。窑干过程中由于高温热力的作用,对于已蛀入木材的害虫能全部杀死,是一种非常有效的杀虫方法。但窑干的设备和工艺比气干复杂,投资较大,成本较高。

1.2.7　混凝土拌和

用拌和机拌和混凝土,能提高拌和质量和生产率,应用较广泛。

1.2.7.1　混凝土搅拌机类型与构成

拌和机械有自落式和强制式两种。

1)自落式混凝土搅拌机

自落式混凝土搅拌机是通过筒身旋转,带动搅拌叶片将物料提高,在重力作用下物料自由坠下,反复进行,互相穿插、翻拌、混合使混凝土各组分搅拌均匀。

A. 锥形反转出料搅拌机

锥形反转出料搅拌机是中、小型建筑工程常用的一种搅拌机,正转搅拌,反转出料。由于搅拌叶片呈正、反向交叉布置,拌和料一方面被提升后靠自落进行搅拌,另一方面被迫沿轴向作左右窜动,搅拌作用强烈。

图3-1-41为锥形反转出料搅拌机外形。它主要由上料装置、搅拌筒、传动机构、配水系统和电气控制系统等组成。图3-1-42为锥形反转出料搅拌机的搅拌筒示意图,当混合料拌好以后,可通过按钮直接改变搅拌筒的旋转方向,拌和料即可经出料叶片排出。

图 3-1-41　锥形反转出料机外形

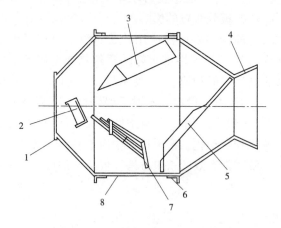

1—进料口;2—挡料叶片;3—主搅拌叶片;4—出料口;

5—出料叶片;6—滚道;7—副叶片;8—搅拌筒筒身

图 3-1-42　锥形反转出料搅拌机的搅拌筒

B. 双锥形倾翻出料搅拌机

双锥形倾翻出料搅拌机进出料在同一口,出料时由气动倾翻装置使搅拌筒下旋$50° \sim 60°$,即可将物料卸出,双锥形倾翻出料搅拌机,卸料迅速,拌筒容积利用系数高,拌和物的提升速度低,物料在拌筒内靠滚动自落而搅拌均匀,能耗低,磨损小,能搅拌大粒径集料混凝土。它主要用于大体积混凝土工程。

2)强制式混凝土搅拌机

强制式混凝土搅拌机一般筒身固定,搅拌机叶片旋转,对物料施加剪切、挤压、翻滚、滑动、混合使混凝土各组分搅拌均匀。

强制式混凝土搅拌机有涡浆强制式搅拌机、单卧轴强制式混凝土搅拌机等。

1.2.7.2　搅拌机的使用

1)搅拌机使用前的检查

搅拌机使用前应按照"十字作业法"(清洁、润滑、调整、紧固、防腐)的要求检查离合器、制动器、钢丝绳等各个系统和部位,是否机件齐全、机构灵活、运转正常,并按规定位置加注润滑油脂。检查电源电压,电压升降幅度不得超过搅拌电气设备规定的 5%。随后进行空转检查,检查搅拌机旋转方向是否与机身箭头一致,空车运转是否达到要求值。供水系统的水压、水量应满足要求。在确认以上情况正常后,搅拌筒内加清水搅拌 3 min 然后将水放出,才可投料搅拌。

2)搅拌机的操作(混凝土拌和)

A. 开盘操作

在完成上述检查工作后,即可进行开盘搅拌,为不改变混凝土设计配合比,补偿黏附在筒壁、叶片上的砂浆,第一盘应减少石子约30%,或多加水泥、砂各15%。

B. 正常运转

(1)投料顺序。普通混凝土一般采用一次投料法或两次投料法。一次投料法是按砂(石子)—水泥—石子(砂)的次序投料,并在搅拌的同时加入全部拌和水进行搅拌;二次投料法是先将石子投入拌和筒并加入部分拌和用水进行搅拌,清除前一盘拌和料黏附在筒壁上的残余,然后将砂、水泥及剩余的拌和用水投入搅拌筒内继续拌和。

(2)搅拌时间。混凝土搅拌质量直接和搅拌时间有关,搅拌时间应满足表3-1-8 的要求。

表 3-1-8　混凝土搅拌的最短时间　　　　　　　(单位:s)

混凝土坍落度(cm)	搅拌机机型	搅拌机容量(L)		
		<250	250~500	>500
≤3	强制式	60	90	120
	自落式	90	120	150
>3	强制式	60	60	90
	自落式	90	90	120

注:掺有外加剂时,搅拌时间应适当延长。

(3)操作要点。搅拌机操作要点如表 3-1-9 所示。

(4)搅拌质量检查。混凝土拌和物的搅拌质量应经常检查,混凝土拌和物颜色均匀一致,无明显的砂粒、砂团及水泥团,石子完全被砂浆所包裹,说明其搅拌质量较好。

表 3-1-9　搅拌机操作要点

序号	项目	操作要点
1	进料	1. 应防止砂、石落入运转机构 2. 进料容量不得超载 3. 进料时避免水泥先进,避免水泥黏结机体
2	运行	1. 注意声响,如有异常,应立即检查 2. 运行中经常检查紧固件及搅拌叶,防止松动或变形
3	安全	1. 上料斗升降区严禁任何人通过或停留。检修或清理该场地时,用链条或锁闩将上料斗扣牢 2. 进料手柄在非工作时或工作人员暂时离开时,必须用保险环扣紧 3. 出浆时操作人员应手不离开操作手柄,防止手柄自动回弹伤人(强制式搅拌机更要重视) 4. 出浆后,上料前,应将出浆手柄用安全钩扣牢,方可上料搅拌 5. 停机下班,应将电源拉断,关好开关箱 6. 冬季施工下班,应将水箱、管道内的存水排清
4	停电或机械故障	1. 快硬、早强、高强混凝土,及时将机内拌和物掏清 2. 普通混凝土,在停拌 45 min 内将拌和物掏清 3. 缓凝混凝土,根据缓凝时间,在初凝前将拌和物掏清 4. 掏料时,应将电源拉断,防止突然来电

C. 停机处理

每班作业后应对搅拌机进行全面清洗,并在搅拌筒内放入清水及石子运转 10～15 min 后放出,再用竹扫帚洗刷外壁。搅拌筒内不得有积水,以免筒壁及叶片生锈,如遇冰冻季节应放尽水箱及水泵中的存水,以防冻裂。

每天工作完毕后,搅拌机料斗应放至最低位置,不准悬于半空。电源必须切断,锁好电闸箱,保证各机构处于空位。

1.2.8　混凝土振捣器的使用

混凝土振捣的目的是使混凝土密实,并使混凝土与模板、钢筋及预埋件紧密结合,从而保证混凝土的最大密实性。振捣是混凝土施工中最关键的工序,应在混凝土平仓后立即进行。

混凝土振捣主要采用振捣器进行。其原理是利用振捣器产生的高频率、小振幅的振动作用,减小混凝土拌和物的内摩擦力和黏结力,从而使塑态混凝土液化、集料相互滑动而紧密排列、砂浆空隙中空气被排出,以保证混凝土密实,并使液化后的混凝土填满模板内部的空间,且与钢筋紧密结合。

振捣在平仓之后立即进行,此时混凝土流动性好,振捣容易,捣实质量好。

(1)振捣器的选用。对于素混凝土或钢筋稀疏的部位,宜用大直径的振捣棒;坍落度小的干硬性混凝土,宜选用高频和振幅较大的振捣器。

(2)振捣操作方式。振捣路线应保持一致,并顺序依次进行,以防漏振。振捣棒尽可能垂直地插入混凝土中。如振捣棒较长或把手位置较高,垂直插入感到操作不便,也可略带倾斜,但与水平面夹角不宜小于 45°,且每次倾斜方向应保持一致,否则下部混凝土将会发生漏振。这时作用轴线应平行,如不平行也会出现漏振点,如图 3-1-43 所示。

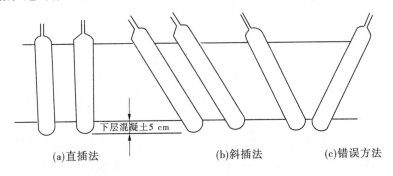

下层混凝土 5 cm

(a)直插法   (b)斜插法   (c)错误方法

图 3-1-43 插入式振捣器操作示意图

(3)振捣棒在每一孔位的操作控制。振捣棒操作时应快插、慢拔。插入过慢,上部混凝土先捣实,就会阻止下部混凝土中的空气和多余的水分向上逸出;拔得过快,周围混凝土来不及填铺振捣棒留下的孔洞,将在每一层混凝土的上半部留下只有砂浆而无集料的砂浆柱,影响混凝土的强度。为使上下层混凝土振捣密实均匀,可将振捣棒上下抽动,抽动幅度为 5~10 cm。振捣棒的插入深度,在振捣第一层混凝土时,以振捣器头部不碰到基岩或老混凝土面,但相距不超过 5 cm 为宜;振捣上层混凝土时,则应插入下层混凝土 5 cm 左右,使上下两层结合良好。在斜坡上浇筑混凝土时,振捣棒仍应垂直插入,并且应先振低处,再振高处,否则在振捣低处的混凝土时,已捣实的高处混凝土会自行向下流动,致使密实性受到破坏。软轴振捣棒插入深度为棒长的 3/4,过深时软轴和振捣棒结合处容易损坏。

振捣棒在每一孔位的振捣时间,以混凝土不再显著下沉,水分和气泡不再逸出并开始泛浆为准。振捣时间与混凝土坍落度、石子类型及最大粒径、振捣器的性能等因素有关,一般为 20~30 s。振捣时间过长,不但降低工效,且使砂浆上浮过多,石子集中下部,混凝土产生离析,严重时,整个浇筑层呈"千层饼"状态。

(4)振捣器的插入间距控制与插点布置。在振捣器有效作用半径的 1.5 倍以内,实际操作时也可根据振捣后在混凝土表面留下的圆形泛浆区域能否在正方形排列(直线行列移动)的 4 个振捣孔位的中点(如图 3-1-44(a)中的 A、B、C、D 点)或三角形排列(交错行列移动)的 6 个振捣孔位的中点(如图 3-1-44(b)中的 A、B、C、D、E、F 点)相互衔接来判断。在模板边、预埋件周围、布置有钢筋的部位以及两罐(或两车)混凝土卸料的交界处,宜适当减小插入间距,以加强振捣,但不宜小于振捣棒有效作用半径的 1/2,并注意不能触及钢筋、模板及预埋件。

为提高工效,振捣棒插入孔位尽可能呈三角形分布。据计算,三角形分布较正方形分布工效可提高 30%。此外,将几个振捣器排成一排,同时插入混凝土中进行振捣。这时

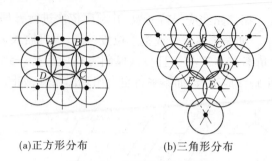

(a)正方形分布　　　　　　(b)三角形分布

图 3-1-44　振捣器插点布置图

两台振捣器之间的混凝土可同时接收到这两台振捣器传来的振动,振捣时间可因此缩短,振动作用半径也加大。

(5)振捣问题处理。振捣时出现砂浆窝时应将砂浆铲出,用脚或振捣棒从旁边将混凝土压送至该处填补,不可将别处石子移来(重新出现砂浆窝)。如出现石子窝,按同样方法将松散石子铲出填补。振捣中发现泌水现象,应经常保持仓面平整,使泌水自动流向集水地点,并用人工掏除。泌水未引走或掏除前,不得继续铺料、振捣。集水地点不能固定在一处,应逐层变换掏水位置,以防弱点集中在一处。也不得在模板上开洞引水自流或将泌水表层砂浆排出仓外。

(6)振捣器使用安全控制。振捣器的电缆线应注意保护,不要被混凝土压住。万一压住时,不要硬拉,可用振捣棒振动其附近的混凝土,使其液化,然后将电缆线慢慢拔出。

软轴式振捣器的软轴不应弯曲过大,弯曲半径一般不宜小于 50 cm,也不能多于两弯,电动直联偏心式振捣器因内装电动机,较易发热,主要依靠棒壳周围混凝土进行冷却,不要让它在空气中连续空载运转。

工作时,一旦发现有软轴保护套管橡胶开裂、电缆线表皮损伤、振捣棒声响不正常或频率下降等现象,应立即停机处理或送修拆检。

1.2.9　混凝土养护

混凝土浇筑完毕后,在一个相当长的时间内,应保持其适当的温度和足够的湿度,以造成混凝土良好的硬化条件,这就是混凝土的养护工作。混凝土表面水分不断蒸发,如不设法防止水分损失,水化作用未能充分进行,混凝土的强度将受到影响,还可能产生干缩裂缝。因此,混凝土养护的目的,一是创造有利条件,使水泥充分水化,加速混凝土的硬化;二是防止混凝土成型后因暴晒、风吹、干燥等自然因素影响,出现不正常的收缩、裂缝等现象。

1.2.9.1　混凝土养护要求

(1)应在浇筑完毕后的 12 h 之内对混凝土加以浇水和覆盖,对干硬性混凝土应在浇筑后 1～2 h 之内覆盖并适时浇水,具体而言,初凝后可以覆盖,终凝后开始浇水。混凝土强度未达到 1.2 N/mm² 以前,不得让人踩踏或安排模板或支架。

(2)覆盖物可用麻袋片、草帘、竹帘、锯末、砂及炉渣等。浇水次数以使混凝土保持湿润为准,养护用水应与拌制用水相同。

(3)有条件时可以采用塑料布覆盖养护,混凝土敞漏的表面应全部覆盖严密,并保持塑料布内有凝结水。大面积混凝土或表面不便浇水或覆盖时可涂刷薄膜养生液进行养护。

(4)混凝土在养护过程中,如发现遮盖不全、浇水不足以致表面泛白或出现细小干裂缝时,应立即仔细遮盖、充分浇水、加强养护,并延长浇水日期加以补救。

1.2.9.2　养护操作技术

混凝土的养护见表 3-1-10、混凝土养护时间见表 3-1-11。

表 3-1-10　混凝土的养护

类别	名称	说明
自然养护	洒水(喷雾)养护	在混凝土面不断洒水(喷雾),保持其表面湿润
	覆盖浇水养护	在混凝土面覆盖湿麻袋、草袋、湿砂、锯末等,不断洒水保持其表面湿润
	围水养护	四周围成土埂,将水蓄在混凝土表面
	铺膜养护	在混凝土表面铺上薄膜,阻止水分蒸发
	喷膜养护	在混凝土表面喷上薄膜,阻止水分蒸发
热养护	蒸汽养护	利用热蒸汽对混凝土进行湿热养护
	热水(热油)养护	将水或油加热,将构件搁置在其上养护
	电热养护	对模板加热或微波加热养护
	太阳能养护	利用各种罩、窑、集热箱等封闭装置对构件进行养护

表 3-1-11　混凝土养护时间　　　　　　　　　　　　(单位:d)

水泥种类	养护时间
硅酸盐水泥、普通硅酸盐水泥	14
火山灰质硅酸盐水泥、矿渣硅酸盐水泥、粉煤灰硅酸盐水泥、硅酸盐大坝水泥	21

注:重要部位和利用后期强度的混凝土,养护时间不少于 28 d。夏季和冬季施工的混凝土,以及有温度控制要求时,混凝土养护时间按设计要求进行。

1.3　机井施工

1.3.1　钻孔用固壁泥浆的调制

1.3.1.1　泥浆

泥浆是黏土和水组成的一种胶体混合物。它在机井施工中具有固壁、挟砂、冷却钻头、润滑钻具等作用。

固壁作用是泥浆的一种主要作用。泥浆在钻孔中所形成的泥浆柱,其静压力能起平衡地层压力及地下水压力的作用,有助于孔壁的稳定。同时,泥浆在循环过程中,形成一层黏结力较强的泥皮,对保护孔壁也起了很大的作用。

泥浆有挟砂作用。在钻进过程中,可以将孔底岩屑、破碎物悬浮起来或挟出孔外,使钻头始终钻进新岩层,减少重复破碎,这对提高钻进效率具有显著作用。

泥浆对钻具有冷却作用。钻具在孔内回转或冲击时,与孔壁、孔底摩擦产生热量,这些热量靠泥浆来散失和冷却。

泥浆还有润滑作用。由于泥浆形成孔壁泥皮,可以减轻孔壁对冲击或回转钻具的摩擦,而起润滑作用,同时对延长钻具的使用寿命也大有好处。

泥浆主要性能有黏度、含砂量、比重、失水量、胶体率、静切率等。其中又以黏度、比重及含砂量最为重要,并称为泥浆的三大性能指标。一般野外机井施工中主要测定下述几种指标。

1)黏度

黏度表示泥浆的黏滞程度,常用野外标准黏度计来测定,单位为 s。野外标准黏度计包括漏斗和量杯,均由白铁皮制成。漏斗与量杯的形状和规格如图 3-1-45 所示。

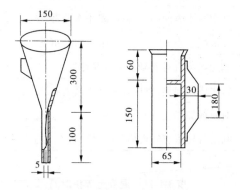

图 3-1-45　野外标准黏度计　(单位:mm)

量杯小头的容积为 200 mL,大头为 500 mL。测定时用手堵住漏斗的流出口,然后将量杯的小头盛满泥浆(200 mL),并倒入漏斗内,再把量杯大头倒盛泥浆(500 mL),也倒入漏斗内,此时漏斗内就有 700 mL 泥浆。量杯大头向上放置,并对准漏斗出水口,松开手指,同时用秒表记时,量杯大头充满泥浆的时间,即为该泥浆的黏度值。如黏度计制作得很标准,500 mL 清水从漏斗流出的时间是 15 s。如流出的时间不是 15 s,用下式换算泥浆的真实黏度

$$T = T_1 / T_2 \times 15 \text{ s} \tag{3-1-1}$$

式中　T——泥浆的真实黏度,即 500 mL 泥浆流出标准漏斗所需要的时间,s;

　　　T_1——500 mL 泥浆流出漏斗所需时间,s;

　　　T_2——500 mL 清水流出漏斗所需时间,s。

例如:500 mL 泥浆从漏斗流出需 22 s,清水为 18 s,这时,泥浆的真实黏度即为

$$T = T_1 / T_2 \times 15 \text{ s} = 22/18 \times 15 \text{ s} = 18 \text{ s}$$

2)含砂量

含砂量是泥浆内所含的砂,加上没有分散的黏土颗粒的体积百分比。测定含砂量多用小肚量杯(见图 3-1-46)进行,小肚量杯由玻璃制成。

测定时,将 100 mL 泥浆及 900 mL 清水倒入小肚量杯内并充分摇动,将小肚量杯垂直静放 3 min 后,小肚量杯下端沉淀物的体积,即为泥浆的含砂量。如沉淀 8 mL,含砂量即为 8%。

3) 胶体率

胶体率表示悬浮状态黏土颗粒与水分离程度,是当泥浆静放 24 h 后,泥浆的体积与原体积的比值,用百分数表示。胶体率值越大越好,胶体率大,可减轻泥浆沉淀,对孔壁的稳定有好处。

测定胶体率用 1 000 mL 量筒。在量筒内倒入 1 000 mL 搅拌均匀的泥浆,上盖玻璃板,静放 24 h 后,泥浆发生沉淀现象,即上部为清水,下部为泥浆,下部泥浆的体积与原体积的百分比,即为胶体率值。如下部泥浆的体积为 970 mL,胶体率值即是 97%。

4) 比重

泥浆与水相比(水的比重为 1),泥浆单位体积的相对重量,称为泥浆的比重。

在钻进过程中,应根据岩层稳定情况、地下水压力的大小,适当确定泥浆比重。既要有足够大的泥浆比重,又不要过大,以免给洗井增加困难。其比重大小以能保护孔壁不坍塌为原则。

现场测定比重常用量杯式比重计,如图 3-1-47 所示。量杯式比重计本身重 0.13 kg。测定方法是:向比重计内注入 400 mL 的泥浆,然后将比重计放在装满清水的桶里,比重计沉没深度与水面相对应的刻度,就是泥浆比重。

5) 失水量

失水量是泥浆的重要性能之一。泥浆受外界压力后,其中游离的水分被分离出去,这种现象称为失水性。在一定时间内分离出去的水,用数量来表示就叫失水量。

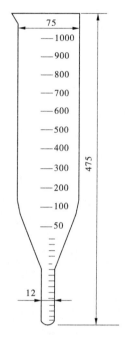

图 3-1-46　小肚量杯
(单位:mm)

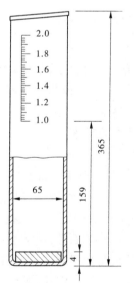

图 3-1-47　量杯式比重计　(单位:mm)

泥浆失水量愈大,形成泥皮愈厚,使钻孔直径变小。在膨胀的地层中如果失水量大,就会使地层吸水膨胀造成钻孔掉块、坍塌。因此,一般泥浆,其失水量要求在 30 min 内,滤纸上湿圈直径为 25 ~ 30 mm,亦即失水量为 20 ~ 30 mL/30 min。

泥浆失水量的测定有真空法、加压法、滤纸法三种。野外常用滤纸法测定:用一张 12 cm × 12 cm 的滤纸放在水平玻璃板或金属板上,在滤纸的中央部分,先用铅笔画一直径 29 ~ 30 cm 的圆圈。然后将大约 2 cm³ 的泥浆滴入圆圈内,记下时间,经过 30 min 后,用刻度尺测量湿圆圈的直径,取其平均值的毫米数即相当于泥浆失水量。

1.3.1.2 各种岩层钻进对泥浆的要求

钻孔用的泥浆,质量指标应符合下列规定:

(1)一般地层泥浆密度应为 1.1 ~ 1.2 g/cm³,遇高压含水层或易塌地层,泥浆密度可酌情加大。

(2)砾石、粗砂、中砂含水层泥浆黏度应为 18 ~ 22 s,细砂、粉砂含水层应为 16 ~ 18 s。不同地层的泥浆适合黏度见表 3-1-12。

表 3-1-12　不同地层的泥浆适合黏度

地层名称	黏度要求(s)
基岩	15(清水)
黏土、亚黏土	15 ~ 17
中砂、细砂	17 ~ 18
粗砂、砾石	18 ~ 20
卵石、漂石	18 ~ 20
裂隙、破碎带	20 ~ 22

(3)冲击钻进时,孔内泥浆含砂量应不大于 8%;回转钻进时,应不大于 12%。

(4)冲击钻进时,胶体率应不低于 70%;回转钻进时,应不低于 80%。井孔较深时,胶体率应适当提高。

1.3.1.3 泥浆的制造

1)造浆黏土的识别

泥浆的原料一般使用黏土,黏土应使用含砂量少、致密细腻、可塑性强、遇水易散、吸水膨胀的材料。其含砂量不得超过 10%。正常钻进中,不得在钻孔内填入干土代替泥浆。在野外分辨黏土质量,可根据黏土在自然风干状态下具有的特征来识别:

(1)有很高的抗断性,用手不易掰开,用力砸也不易砸开。

(2)破碎时形成坚硬的、尖锐的棱角。

(3)用小刀切下一泥片,泥片卷曲。刀切断面好像磨光似的,而颜色比破碎面深。

(4)用手捻感觉砂子不多。

(5)水浸后有黏性感,和成泥后易搓成很细的泥条。

2)泥浆的制造

泥浆的制造有人工和机械两种。

农用机井施工用泥浆,多数是黏土以小颗粒状态分散在水中形成的溶胶悬浮体,配制泥浆用水,应为淡水。

人工制造:将胶泥晒干、砸碎倒入贮浆池内,注入清水使其浸泡 1~2 h 后,用人力反复搅拌,直至黏度适宜时。

机械制造:用搅拌机搅拌,搅拌时,先向搅拌机内加入适量清水,开动搅拌机后,将晒干、砸碎的黏土根据需要的数量慢慢分次倒入搅拌机内,搅拌一定时间后,确认黏度适宜时即可放入贮浆池内。

1.3.1.4　钻孔泥浆盈亏的调制补充

(1)钻进中,钻孔内的泥浆水面,不得低于地面以下 0.5 m。

(2)停止钻进时,超过 1 h 以上的,每小时必须将钻孔内上下部位泥浆充分搅匀,并随时补浆。

(3)停钻期间,应将钻具提至安全孔段位置并定时循环或搅动孔内泥浆;泥浆漏失必须随时补充;如孔内发生故障,应视具体情况调整泥浆指标或提出钻具。

1.3.1.5　泥浆池砌筑

为使泥浆充分沉淀净化,应采用多坑、长槽的泥浆循环系统,要求沉淀坑不少于 2 个,规格为 1 m×1 m×1 m。循环槽不短于 15 m。贮浆池规格为:3 m×3 m×2 m。泥浆循环系统的贮浆池和沉淀坑的容积,必须满足施工贮浆和沉砂的要求。

由于泥浆池属于临时性建筑,泥浆池在打井之前就应开挖好。在池底铺一层塑料布,以防止池内水分渗漏。在冬季施工时泥浆池应采用砖砌形式。

1.3.2　井管长度测量及排列组合

井管排列是成井施工中的第一步,排管合理与否直接关系到机井涌水量大小、水质和机井造价。应根据钻孔柱状图和电测井资料综合分析,确定含水层的埋深、厚度、共有几个含水层、是否有咸水层,以及含水层颗粒粒度等,正确确定滤水管的排列位置、长度和实管的长度。如果沿井孔深度有几个含水层,滤水管可分段对应含水层排列,其间用实管连接;如果有咸水层,必须排设实管并予以严密封闭,一般应画出排管图,按图下管,以防出错。测量井管长度,并按井管排列顺序编号。具体方法如下:

全部井管应按照井孔岩层柱状图及井管安装设计图次序排列、丈量及编号。

(1)用钢尺准确丈量每节井壁管和滤水管的单根长度。

(2)必须使滤水管与含水层位置相对应。

(3)按照下管顺序以井孔最底部一节井管为 1 号,对井管进行编号,并详细记录,最后检查井管总长与井管安装图是否相符。

(4)找中器(扶正器)的数量和位置,在井管排列时,应按井管安装设计图把找中器放在相应位置的井管上,同时排列,以便下管安装。

模块 2　灌排工程运行

2.1　灌排渠(沟)运行

2.1.1　用水计划的执行与水量调配

灌区水量调配工作是实施计划用水的重要环节,是提高灌溉管理水平和保证灌区均衡受益、全面增产的重要措施,尤其在我国北方水源不足、自然条件多变的干旱、半干旱地区,水量调配工作就更为重要。

灌区配水计划,是根据灌区引水计划和灌区用水计划进行平衡计算后而编制的。其任务是将渠首引入流量正确而合理地配给下级渠道或用水单位。

2.1.1.1　配水方式

灌区配水一般有两种方式:

(1)续灌方式。上级渠道同时向所有下级渠道配水。其特点是流量小,同时工作的渠道长度长,输水损失大。在水源正常的情况下,供、需水量基本平衡时,一般干、支渠道都采用续灌方式。

(2)轮灌方式。上一级渠道分组向下级渠道配水。其特点是渠道流量大、输水损失小,灌水集中,易于管理,便于机动调配水量,多适用于斗、农渠。如遇天气干旱,水源供水不足,干、支渠也可实行轮灌,一般当渠首引水流量低于正常流量的 40% ~ 50% 时,干、支渠即应进行轮灌。

2.1.1.2　配水量的计算

在水源供水量确定后,各配水点要求分配的水量,可按下列两种方法确定。

1)按灌溉面积比例分配

如某灌区干渠布置,如图 3-2-1 所示。

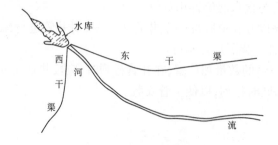

图 3-2-1　某灌区干渠配水点示意图

灌区总面积为 8.4 万亩,有东、西两条干渠,东干渠灌 4.6 万亩,西干渠灌 3.8 万亩。

在东、西干渠渠首设①和②两个配水站,负责向东西干渠完成灌区第一级配水任务。以某一次灌水为例,若这次灌区渠首的取水量为 420 万 m^3,则按灌溉面积的比例分配水量计算如下

$$W_{东} = \frac{A_{东}}{A_{总}} W_{总} = \frac{4.6}{8.4} \times 420 = 230 (万\ m^3)$$

$$W_{西} = \frac{A_{西}}{A_{总}} W_{总} = \frac{3.8}{8.4} \times 420 = 190 (万\ m^3)$$

按面积比例分配水量,计算方法简便,但没有考虑灌区各处的作物种类和土壤等差异的影响。它适用于以水稻单一灌溉为主且土质较均匀的南方部分灌区。

2)按毛灌溉用水量的比例分配

如果灌区内种植多种作物,灌水定额各不相同,这时就不能单凭灌溉面积分配水量,而应考虑不同作物及其用水量。通常采用的方法,先统计各配水点控制范围的作物种类、灌溉面积及灌水定额等,加以综合,求出要求的毛灌溉用水量,然后按照各配水点要求的毛灌溉用水量比例,计算出各点应配水量。计算方法见表 3-2-1。

表 3-2-1　某灌区东、西干渠配水比例计算

配水单位	灌溉面积（万亩）	综合灌水定额（m^3/亩）	田间净灌溉用水量（万 m^3）	灌溉水利用系数	要求的配水量（万 m^3）	配水百分比	
						计算值	采用值
①	②	③	④	⑤	⑥	⑦	⑧
东干渠	4.6	60	276	0.75	368	$\frac{368}{709}=51.9\%$	52%
西干渠	3.8	70	266	0.78	341	$\frac{341}{709}=48.1\%$	48%
全灌区	8.4		542		709		100%

若第一次灌水的渠首可取水量为 420 万 m^3,则按此比例计算

东干渠应配水量:$W_{东} = \frac{52}{100} \times 420 = 218.4 (万\ m^3)$

西干渠应配水量:$W_{西} = \frac{48}{100} \times 420 = 201.6 (万\ m^3)$

按毛灌溉用水量比例分配水量的办法,考虑各种不同作物的需水差异,因此适合北方部分多种作物同时种植的灌区。

2.1.1.3　配水流量与配水时间的计算

(1)续灌条件下渠首的引水时间就是各续灌渠道的配水时间。因此,配水的主要任务就是把渠首的引水流量合理地分配到各配水点,计算出各配水点的流量。配水流量可以按灌溉面积比例和毛灌溉用水量的比例进行分配。在上述算例中如果第一次灌水时渠首的引水量为 5.6 m^3/s,则按灌溉面积比例分配流量的结果为:

东干渠配水流量:$Q_{东} = \frac{4.6}{8.4} \times 5.6 = 3.07 (m^3/s)$

西干渠配水流量: $Q_{西} = \dfrac{3.8}{8.4} \times 5.6 = 2.53 (\text{m}^3/\text{s})$

按毛灌溉用水量比例计算配水流量结果为:

东干渠配水流量: $Q_{东} = \dfrac{52}{100} \times 5.6 = 2.91 (\text{m}^3/\text{s})$

西干渠配水流量: $Q_{西} = \dfrac{48}{100} \times 5.6 = 2.69 (\text{m}^3/\text{s})$

(2)轮灌条件下配水顺序与时间的确定。在轮灌配水时,编制配水计划的主要内容是划分轮灌组并确定各组的轮灌顺序、每一轮灌周期的时间和分配给每组的轮灌时间。

轮灌组的划分应使各轮灌组流量或控制的灌溉面积基本相等;每一轮灌组渠道的总输水能力应与上一级渠道供给的流量相适应;同一轮灌组内的渠道相对集中,以便管理,并减少渠道同时输水的长度,减小输水损失;照顾农业生产条件和群众用水习惯,尽量把一个生产单位的渠道划分在一个轮灌组内,以利于与农业措施和灌水工作配合,便于调配劳力和组织灌水。

轮灌顺序的确定要根据有利于及时满足灌区内各处作物的用水要求,有利于节约用水等条件来安排轮灌的先后顺序。一般要求先远后近,先高后低,先急后缓。

轮灌时间是指在一个轮灌期内各条轮灌渠道或轮灌组所需的灌水时间。对于各条(或各轮灌组)轮灌时间的确定,也是按各渠(或各组)灌溉面积比例或毛灌溉用水量比例进行计算。各轮灌组轮灌时间(t)的总和等于一个轮期,即 $\sum_{i=1}^{n} t_i = T$,其中 T 为轮期,n 为轮灌区内轮灌组数。

2.1.1.4 配水计划表的编制

根据全灌区配水方式计算出配水点的配水量、配水流量和轮灌时的配水时间,就可以编制配水计划表,如表 3-2-2 所示。

表 3-2-2　某灌区第一、第二次灌水一级配水计划

灌水次数、日期、历时	第一次 5 月 1 ~ 9 日 (8 d 16 h)		第二次 6 月 10 ~ 23 日 (13 d 21 h)	
配水方式	续灌		轮灌	
渠首引水流量(m³/s)	5.6		5.0	
引水量(万 m³)	420		600	
配水渠道名称	东干渠	西干渠	东干渠	西干渠
配水比例(%)	52%	48%	52%	48%
配水量(万 m³)	218.4	201.6	312	288
配水流量(m³/s)	2.91	2.69	5.0	5.0
配水时间(h)	8d 16h	8d 16h	7d 5h	6d 16h

　　表3-2-2为灌区一级配水方案。第二级配水计划即各干渠向支渠配水点配水的方案,应由各干渠管理处根据干渠引来的水量(或流量)和各支渠的需水情况分析编制。分配水量、流量和时间的方法仍可采用按灌溉面积或按毛灌溉用水量比例的办法进行。

2.1.2　水位观测记录的方法

　　水位是指河流或其他水体的自由水面相对于某一基面的高程,其单位以米(m)表示,全国统一采用青岛附近黄海海平面为基准面。灌排工程中所说的水位一般是以渠底中心线为零点水面线对应的水尺读数,此时,水位等于水深。

2.1.2.1　影响水位变化的因素

　　水位的变化主要取决于水体自身水量的变化,约束水体条件的改变,以及水体受干扰的影响等因素。在水体自身水量的变化方面,江河、渠道来水量的变化和蒸发、渗漏等使总水量发生变化,使水位发生相应的涨落变化。在约束水体条件的改变方面,河道的冲淤和水库、渠道的淤积,改变了河道、水库、渠道底部的平均高程;闸门的开启与关闭引起水位的变化;河渠道内水生植物的生长、垃圾使河道糙率发生变化进而导致水位变化。有些特殊情况,如堤防渠堤的溃决、柴草的拥堵、河流流冰、封冻与开河等,都会导致水位的急剧变化。

2.1.2.2　水位及观测设备

　　水位的观测设备可分为直接观测设备和间接观测设备两种。直接观测设备是人工直接读取水尺读数即得水位。它的设备简单,使用方便,但工作量大,需人值守。间接观测设备是利用电子、机械、压力等感应作用,间接反映水位变化。它的设备构造复杂,技术要求高,不需人值守,工作量小,可以实现自记,是实现水位观测自动化的重要条件。

　　间接观测设备主要由感应器、传感器与记录装置三部分组成。感应水位的方式有浮筒式、水压式、超声波式等多种类型。

2.1.2.3　水位观测的基本要求

　　(1)水位的观读精度一般记至1 cm,有计量要求时应精确至0.5 cm。

　　(2)每日观测次数以能测得完整的水位变化过程、满足流量计算和水情预报要求为原则。水位平稳时,每2 h观测一次;水位有缓慢变化时,每1 h观测1次;水位变化较大或出现壅冰、壅草、流冰和发生冰凌堆积、冰塞的时期应增加观测次数。

　　(3)读数时要平视,水位上下波动时,以平均读数作为水位。

　　(4)记录要求:水位观测记录要连续、及时、如实填写,观测与记录同步,不得补记,不得串行、空行。

　　(5)记录的填写。

　　表3-2-3适用于有水位监测要求的断面观测。例如:桥涵、隧洞进出口、交接断面等。

　　表3-2-4适用于有计量要求的监测断面观测。例如:支渠、斗渠、分渠等。

表 3-2-3　闸点水位观测记录表

时间：　月　　日

观测时间	闸前水位 （cm）	闸后水位 （cm）	观测人	备注

填表说明：

1. 观测时间指观测水位并上报的时间。一般为整点,当水位变化时,需加测加报。

2. 备注栏填写闸前闸后流态、工程运行情况。

3. 该记录表随时观测,随时填写,随时上报。

表 3-2-4　支、斗渠水位观测记录表

时间：　月　　日

观测 时间	堰前水 位(cm)	堰后水 位(cm)	过堰流量 （m³/s）	历时	时段水 量(m³)	观测 人	渠道管理 员签字
当日水量合计(m³)							

单位：　　　　　　　　　　　　　　　　　　　　复核：

填表说明：

(1)观测时间指观测水位并上报的时间。一般为整点或配水时间。

(2)堰前水位指位于量水堰上游的水尺读数,读数精确到 0.5 cm。

(3)堰后水位指位于量水堰下游的水尺读数,读数精确到 0.5 cm。

(4)过堰流量指根据堰前水位和堰后水位在相应断面量水手册上查找的对应流量。

(5)历时是指该段时间的长短,例如:2:00 到 3:00,历时 1 h。

(6)时段水量是指该时段内经过断面的水量,等于历时乘以过堰流量。

(7)渠道管理员是指负责该渠道水量计量和管理的人员。

(8)复核人员一般为水调配人员,根据下达的指令和配水人员汇报的指令完成情况对记录的内容和水量计算结果进行复核。

2.1.3　渠道巡查

2.1.3.1　巡查任务

渠道巡查是保证渠道正常运行的一项很重要的工作。渠道巡查是监视渠道水情和水流状态、工程状态和工作情况,掌握水情和工程变化,及时发现异常迹象,分析原因,采取措施,防止事故发生,保证工程安全。

2.1.3.2　巡查内容

(1)渠道存在的隐患和缺陷,高填方段、填方外坡有无渗水、漏水及其他可能造成决口的隐患。

(2)人为原因或自然原因对渠道的破坏,如渠道上有无任意扒口和拦堵、截水等不法行为。

(3)渠道在运行和使用过程中所发生的损害,渠段流态是否平稳、均匀,有无壅水、旋涡等异常现象,渠岸有无裂缝、沉陷、冲刷及塌岸等情况。

(4)渠道范围内有无禁止的物品、垃圾堆放。

(5)管坡、渠道、渠堤、保护区、坡角有无禁止的无保护输水和排污。

(6)渠道内有无禁止的截水和提水机具。

(7)停水期间各级闸门是否处于开启状态。

(8)降雨后有无洪水无序入渠。

(9)保护区内有无违章垦殖及架设、埋设各类设施。

(10)专用道路是否畅通,有无禁止的车辆停放和通行。

(11)保护区外的取土或建设是否危及工程设施安全。

(12)有无未经许可的横穿工程设施的其他工程施工和运行。

(13)各种水位观测标记、工程管护标语、安全标语是否齐全、完好。

(14)冬季行水时,注意监测水流结冰情况,防止建筑物进水口冻实,发生漫堤决口等不安全事故。流凌期间,组织人员巡渠破冰,避免渠道堵塞造成溢流决口事故。

2.1.3.3　巡查办法

巡查一般依靠目视、耳听、手摸,还可以借助榔头、钢钎等简单工具进行。

(1)工程巡查以检查工程设施是否符合《工程设施管护标准》为目的。采用定期和不定期相结合的办法进行。

(2)渠道工程设施定期巡查规定为每周一次,不定期巡查规定为:①法定节假日收假后;②形成地面径流的降水过程后;③每轮灌溉开始前;④每轮灌溉首日随水头巡查;⑤行水期间隔日;⑥冬季气温骤降;⑦行水期间遇大风天气;⑧每轮灌溉停水后。

(3)站区工程及其他工程,定期巡查规定为每周一次,不定期巡查规定为:①法定节假日收假后;②形成地面径流的降水过程后;③站区周围主要作物收割后。

(4)工程巡查由工程管护员携带专用工具进行,他人不得替代。

(5)每次巡查,均要填写"巡查情况表",归入工程管护档案。

(6)行水期间,巡查的重点为倒虹、渡槽、跌水等重点建筑物,高填方渠段,建筑物连接段,挖填方结合段等,发现并处理工程设施所发生的渗漏、湿陷、裂缝、堵塞等险情。

（7）发生暴雨、洪水、台风、地震、河库水位骤降及持续高水位行洪期间，要派专人昼夜巡查。重点检查有无裂缝、冲刷、坍塌、滑坡、塌坑等险情发生。

2.1.3.4　巡查上报制度

对于在巡查过程中发现的问题分三类处理：

（1）报总站请示处理。

（2）由管护员或协理员联系交涉处理，做好记录。

（3）由管护员或协理员书面通知护理员进行处理。

渠道巡查记录表见表3-2-5。

表3-2-5　渠道巡查记录表

渠道名称：　　　　　　　　　　　　　　　　　单位名称：

日期		桩号位置		巡查人	
巡查内容	1.渠道上有无设障堵水、私开取水口及架设各种提水机具,有无任意扒口和拦堵、截水等不法行为。 　2.水流是否畅通,有无堵塞壅水现象。 　3.渠道水位是否正常,是否位于安全水位以下。 　4.渠道水流状态、工程状态和工作情况,注意有无渗水、跑冒滴漏现象。 　5.观测渠道流速,有无流速过小,造成渠道淤积;有无流速过大冲刷渠道。 　6.水面有无漂浮物或流冰冲撞渠道。 　7.水面有无旋涡、回流现象。 　8.渠堤有无塌陷、变形情况。 　9.其他情况				
存在问题					
采取措施及结果					
需请示汇报的问题			受理人		
备注	输水渠道重点巡查部位:高填方段、隐蔽工程、险工段等				

2.2　灌排渠（沟）系建筑物运行

2.2.1　闸门启闭操作

2.2.1.1　闸门

闸门是关闭水工建筑物过水孔的设备,用它来控制流量、调节上下游水位、排除浮冰及其漂浮物等。闸门按制造的主要材料可分为木闸门、钢筋混凝土闸门和金属闸门三种。按闸门工作性能可分为工作闸门、事故闸门和检修闸门三种。按其结构特点分为平面闸门、弧形闸门、人字闸门、扇形闸门、圆辊闸门、圆筒闸门等。按孔口性质可分为露顶式闸门和潜孔式闸门两类。下面重点介绍常用的平面钢闸门和弧形闸门。

1）平面钢闸门

平面钢闸门由活动的门叶结构和门槽的埋设构件两部分组成。

A. 门叶结构

闸门的门叶结构是一种活动的挡水结构,见图 3-2-2。门叶结构由面板、梁格、横向和纵向联结系、行走支承（滚轮或滑道）、吊耳以及止水装置等部件组成。

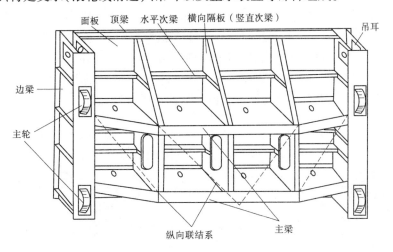

图 3-2-2　平面钢闸门门叶结构立体示意图

（1）面板。是用一定厚度的钢板焊接而成的,它用来直接挡水,通常设在闸门上游面。

（2）梁格。用来支承面板,以缩小面板的跨度,减小面板的厚度。梁格一般包括主梁、次梁（包括水平次梁、竖直次梁、顶梁和底梁）和边梁,共同支承着面板,并将面板传来的水压力依次通过次梁、主梁、边梁传给闸门的行走支承。

（3）空间联结系有横向联结系和纵向联结系两种。横向联结系用来支承顶梁、底梁和水平次梁,并将所承受的力传给主梁。同时横向联结系保证着门叶结构在横向竖平面内的刚度,不使门顶和门底产生过大的变形。纵向联结系一般采用桁架结构或框架式结构,它支承在边梁上,主要作用是承受门叶自重及其他可能产生的竖向荷载,并配合横向联结系保证整个门叶在空间的刚度。

（4）行走支承。是支承闸门,保证门叶结构能上下移动,并将面板所承受的水压力传给埋设在闸墩中的轨道上的装置。

（5）吊耳。是用来连接启闭闸门的牵引机构,由吊耳轴和吊耳座板组成。吊耳一般设在闸门顶部。

（6）止水装置。为了防止闸门周边漏水。在门叶结构与孔口周底通常设置止水（水封）,止水是闸门的重要部件。止水材料有木材、金属、橡皮等。目前工程中常用的止水材料是橡皮。

B. 埋设构件

平面闸门的埋设构件主要有:主轨,即主轮或主滑块的轨道;侧轨、反轨,即侧轮和反轮的轨道;止水埋设部件;门槽护角护面,其作用是保护混凝土不受漂浮物撞击、泥沙磨损和空蚀剥落,门槽护角常兼作侧轨或侧止水的埋件。在严寒地区的闸门,为防止门槽冻结,还需埋设加热器部件或压缩空气管路,升卧式闸门的轨道除主轨和反轨外还有弧轨和斜轨。

2)弧形闸门

弧形闸门是指具有弧形挡水面板,并绕水平铰轴旋转启闭的闸门,见图 3-2-3。其支臂的支承铰位于圆心,启闭时闸门绕支承铰转动。弧形闸门按门顶以上水位的深度分为露顶式和潜孔式,水库水位不超过门顶称露顶式弧形闸门,也称表孔弧形闸门;按传力支臂形式分为斜支臂式和直支臂式;按支承铰轴的形式分为圆柱铰、圆锥铰、球形铰和双圆柱铰式;按门叶结构分为主纵梁式和主横梁式等(受背水压的称反向弧门)。弧形闸门不设门槽,启闭力较小,水力学条件好,运转可靠,泄流条件好,因此得到广泛应用。

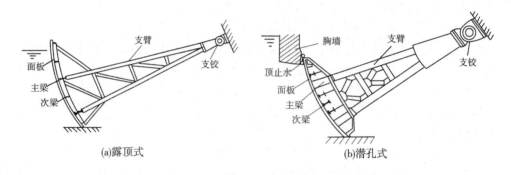

(a)露顶式　　　　　　　　　　　(b)潜孔式

图 3-2-3　弧形闸门门体形式

弧形闸门由门体、埋设构件两部分组成。弧形闸门的本体由门叶、支臂、支承铰和止水装置四部分组成。门叶是近似平面体系的弧形受压面,由弧形面板和主次梁的梁格体系构成。支臂支撑门叶并传递径向合力于支铰轴上。支臂有直支臂和斜支臂。支承铰由连接支臂的铰链、固定轴和固定铰座组成。支承铰的形式有圆柱铰和圆锥铰等。中、小型及承受总水压力不大的弧形闸门止水装置用一般橡皮,潜孔式高压力弧形闸门用特制密封橡皮。

2.2.1.2　闸门操作

1)闸门启闭时的一般要求

(1)启闭闸门时,不应导致闸门发生不正常水流状态,如冲刷、淤积等现象。

(2)建筑物安全无损。

(3)闸门不能长期处于高速振动状态。

(4)闸门启闭灵活。

(5)闸前室水位不得超过设计水位。

2)闸门操作运行的要求

(1)闸门泄流时,必须和下游水位相适应,使水跃发生在消力池内。

(2)双孔闸门不允许先启闭一孔。多孔闸门如不能全部同时启闭,应由中间孔依次向两边对称开启,由两端向中间对称关闭。

(3)控制压力输水洞的闸门充水、放水时,不应使流量增减太急。停水过程应适当延长,通气孔应畅通,应避免洞内产生超压、负压、气蚀和水锤等现象。

(4)进水拦污栅必须完整牢固。水泵、水闸运行过程中应及时清除栅前污物。

(5)闸门启闭机械必须保持完整无损、操作灵活。各种表计、保护装置应准确可靠。闸门开关的最高位置和最低位置应有明显标志,操作设备应清洁整齐。

(6)闸门启闭,必须严格按照批准的控制运用计划进行。

(7)闸门启闭必须由专人按操作规程启闭,并对闸门启闭运行情况进行记录。严禁闲人任意进入闸房并接触机电等设备。

(8)启闭机械的运行应严格遵守有关操作规程的规定,定期检查维护,及时修复。使用卷扬式启闭机关闭闸门时,不得在切断电源的情况下单独松开制动器降落闸门。在闸门下降过程中,棘轮、棘爪制动器不得突然刹停。

(9)多孔闸门启闭时先开中孔,然后对称地开至边孔,如开启高度较大,应分别逐次提高到预定高度;闭闸时则先从两边开始闭闸,而后至中间闭闸。

(10)当分水闸、泄水闸(排沙闸)与节制闸联合运用时,应先开分水闸或泄水闸,然后根据分水、泄水要求,开全部或部分节制闸,或者同时缓开缓闭,互相配合进行,避免发生渠道壅水漫堤事故。

3)启闭闸门应注意的问题

(1)启闭前对启闭机是否灵活,丝杠有无损坏、扭曲,闸门及闸槽有无阻碍、破损等进行检查。

(2)放水前各闸孔均应试行启闭一次。

(3)闸下游无水或上、下游水头差过大(超过 1 m 左右)放水时,应逐步放大,并尽可能设法逐渐提高下游水位,以便消能防冲。

(4)闸门启闭时,如发现启闭不灵活、声音失常等异常现象,应及时检查修理,如发生故障,严防强行操作,以免损坏机件。

(5)闸门启闭时,闸门与闸槽、闸门槛应密切配合,以防漏水。闭闸时,应注意清除闸底上的碎石、树根等杂物,不得用力下压,以免关闭不严,甚至损坏闸门及启闭机。

(6)闭闸过程中应注意随时观测闸门开启度标尺,以免闸门落到底时,仍继续旋转摇臂而压弯丝杠或损坏闸台。同时当闸门快落到底时,要降低下降速度,以免下降过猛损坏机件。

(7)所有闸门、斗门的启闭操作,指定专人负责,摇把、钥匙要妥善保存,严禁随意开关。

4)闸门运行工况记录

闸门在运行过程中,应进行观测记录,其观测记录表如表 3-2-6 所示。

表 3-2-6　　闸点水位观测记录表　　　　　　时间：　月　　日

观测时间	闸门开启 组合 （cm）	闸门开启 度（cm）	闸前水位 （cm）	闸后水位 （cm）	建筑物运行 工况	发令人	观测人

填表说明：

1. 观测时间指观测水位并上报的时间。一般为整点，当水位变化时，需加测加报。
2. 闸门开启组合是指开启的是第几孔闸。
3. 闸门开启度是指闸门开启的高度，一般有专门刻度尺用来反映闸门的开启度。
4. 闸前水位是指布设在节制闸前渠道上的水尺的读数。
5. 闸后水位是指布设在节制闸后渠道上的水尺的读数。
6. 闸门运行工况是指闸的启闭是否正常，零部件是否完好，电气设备是否运行正常，无其他异常现象，闸前有无大面积的漂浮物、冰凌、堆积物等，闸底无淤积、无卡住现象，运行水位未超过安全水位，水位变化是否异常。
7. 发令人是指发布调度指令的人员。

表 3-2-6 适用于有调蓄功能和水位监测要求的断面的观测。例如：节制闸、联合闸。

2.2.2　建筑物清污机的操作

在水工建筑物进水口前，常有漂木、树枝、树叶、杂草、垃圾、浮冰等漂浮物顺流而下（尤其是洪水期）进入进水口，影响进水能力，为防止这种影响一般需设置拦污栅。

拦污栅被污物堵塞水头损失明显增大，因此拦污栅必须及时清污，以免造成额外的水头损失。堵塞不严重时清污方便；堵塞过多则过栅流速大，水头损失加大，污物被水压力紧压在栅条上，清污困难，有时会造成被迫停机或压坏拦污栅的事故。因此，拦污栅必须定期进行清污，特别是在水草和漂浮物多的河流上更应注意。拦污栅的清污常用的有人工清污和机械清污两种。对于小型水电站或泵站的浅水倾斜拦污栅，一般是人工用齿耙扒掉拦污栅上的污物；大、中型水电站常用清污机清除污物。无清污设备的，可根据情况采用在进口前设拦污筏、临时设简单的抓污设备或人工潜水等方法进行清污。下面主要介绍两种常用清污机械的操作。

2.2.2.1　抓斗清污机操作

1）抓斗清污机操作程序

操作控制模式采用手动模式：

（1）合上总电源开关、小车电机电源开关、升降机电源开关、油泵电机电源开关、控制电源。将控制按钮放在手动位置,保证清污机在起始状态,抓斗在打开状态。

(2)操作控制盒上的左(右)行按钮,将清污机小车移至清污位置,按下降按钮,让抓斗下降,下降时应注意观察耙齿是否插入格栅内,若未插入,则点左(右)行按钮,使耙齿插入格栅内。

(3)抓斗继续下降,钢丝绳微松,停止下降,按闭合按钮,使抓斗关闭。

(4)按上升按钮,将抓斗升到上限位置,按右行按钮,使清污机行到卸料位置,待清污机抓斗左右摆动停止后,再按下降按钮,使抓斗到卸料高度,按开启按钮,开启抓斗将垃圾卸掉。

(5)重复(2)~(4)项工作,进行清污,直到进水口清污完成。

(6)工作完成后,断开总电源开关、小车电机电源开关、升降机电源开关、油泵电机电源开关、控制电源,锁上控制箱门。

2)清污时安全注意事项

(1)抓斗和重物重量之和不能超过清污机额定起重量,超过额定重量时,严禁用抓斗抓出水面上,应用其他方式把垃圾提上来。

(2)抓斗工作前,各机构需要进行短时间的空运转,查看是否正常;抓斗工作时,为避免垃圾掉出,应将抓斗闭合紧密,不许摇晃。

(3)当抓起上升时,小车轨道受力很大(导轨震动幅度大时),应将抓斗下降到水面,同时打开抓斗,减少抓取的垃圾。当抓斗没有完全闭合前,抓斗需稍抬起再闭合,以防止过载。

(4)在抓起过程中,由于水流及垃圾的原因,抓斗漂离原下降的轨道时,应调整小车位置,使两根钢丝绳受力均匀。

(5)抓斗左(右)行使,停止后抓斗在左右摆动时,严禁按左(右)行使按钮继续行使,待停止摆动后,再操作行使。

(6)在清污时,当单边抓到一个较重的垃圾时,严禁将重物提到水面以上,应将抓斗松开,将抓斗移到垃圾中间,再抓取垃圾,以免两端钢丝绳受力不均。

(7)钢丝绳及电缆应正确卷绕在卷筒上,发生错槽乱卷现象时,应及时处理,正常后再工作。

(8)不工作时抓斗应完全打开落至地面。

2.2.2.2 回转式清污机操作

1)准备

(1)在未送电源之前检查电源控制箱各元器件接线情况,桩头应连接牢固,无锈蚀。

(2)按规定对除污机进行润滑、保养,检查机组各部件,应无明显缺陷故障,链条应无裂断。

(3)检查机械各部无卡堵。

(4)检查机械各部润滑良好,有足够的油脂。

(5)检查动力臂液压等各部无渗漏。

(6)检查耙斗是否平衡。

(7)检查输送机上有足够存放清捞物的空间。

(8)各限位开关正常,无超行程。

2)运行

回转除污机可实行手动/自动两种操作模式。其操作步骤为:

(1)合上电源,检查电源电压,应符合要求。

(2)手动。①手动仅限于调试、检修、处理较大异物和紧急故障时使用。②应将"状态按钮"置于手动位置。启动除污机,观测机组各部分运转情况,捞污、排渣、翻耙等动作应准确到位,无异常声响、振动,链条应传动平稳。③在手动状态下正常运转至少10 min,方可切换为自动状态。在自动状态中,操作者应观察至少10 min,方可离开。操作者的常规巡视时间间隔应不大于0.5 h。④清除除污机打捞的垃圾,由带式输送机运至下一工作区域,现场应及时清理,保持干净。⑤工作结束后将格栅除污机的小车停在规定位置。拔掉插头,与设备断开即完成手动操作。

(3)自动操作。在这种模式下,开/停耙斗按预先设定的位置和程序连续运行,一般有格栅前后水位差和定时两种控制方式,具体步骤如下:①在控制面板上设定成自动运行状态。②定时控制(一般不采用),可根据具体情况设定间隔时间和运行时间。③液位控制,在控制箱上设定格栅前后液位差大于设定值时自动开始清捞,当液位差小于设定值时自动停机(液位差根据实际情况设定)。

3)停机

(1)正常停机在切断电源后应按设备要求保持耙斗的停留位置合适,各按钮等应复位,并用高压水把残留在除污机各部位上的垃圾冲洗干净,并按要求涂上润滑剂。

(2)在运行过程中,如过载(遇障碍物或耙齿无法插入)应联动液压推杆开合导轨,重复运行排除障碍,或因其他故障造成机组停止工作的情况,自动报警系统应能报警或自动停机,操作人员应立即到位,根据故障情况切断电源,及时排除故障,检查有关部件,如有损伤,及时修复。待一切正确无误,才能再次启动。

(3)除污机每日至少运作0.5 h,并按规定在各润滑点定时、定量加注指定型号的润滑剂,同时保持机组表面油漆完整,无残留垃圾。

4)运行后检查及注意事项

(1)冲洗耙斗,清除耙斗上的垃圾。

(2)检查各润滑点润滑良好。

(3)检查运行各部分无卡堵。

(4)耙齿下降时,如链索张紧失效,升降机构应停止下降,并作返回。

2.3　机井和小型泵站运行

2.3.1　机井运行管理

机井管理养护的目的是保证机井安全,延长机井的使用寿命,保护地下水资源,充分发挥机井效益,为农业生产服务。

机井、机电设备及附属建筑物等在管理运行过程中,要经常保证处于良好状态。每眼机井或井群应有固定的机泵手,各项设备验收交付使用后,机泵手应亲自试车,仔细观测其运行情况,熟悉各项设备的性能。

2.3.1.1　日常性养护

(1)机井在停用期间,应保持机泵干燥,轴承及其他有关部位应上油保护,并安装防护盖,固定螺栓要拧紧,以防松动丢失,孔管口要加以防护,以免异物入内。井孔周围要清理干净,裂缝要及时修补,井孔周围排水设施要通畅,以免雨水倒灌入井。电器操作设备及配电盘要防尘、防潮湿。总之,应使机井建筑物和机电设备处于良好的状态,随时能够投入正常运用。

(2)机井在使用前应检查水泵与动力机是否转动正常,电器接线是否良好,电压是否正常,深井泵启动前还要加水润滑。机井在使用过程中应检查转速是否正常,有无异常气味和声响,温度是否正常等。

(3)抽水前后,要测定其动、静水位,以比较有无异常现象。

(4)在不同灌水季节,应定期按规定采取水样,以查明含沙量及水质变化。

(5)机井在使用中,如发现水中的含沙量突然增加或水质变咸,应立即停止使用,查清原因,进行处理。如发现出水量明显减少和水位变化较大,应检查是否由于井内淤积严重或其他原因造成,处理好后再使用。如发现机井周围有沉陷,要挖开一段进行检查,然后根据具体情况进行处理。井孔要很好保护,严禁掉入金属、砖石等杂物。

(6)对于在寒冷地区容易冻坏的部件或井段要采取有效的防护措施。

(7)每年抽水前、后,必须做一次彻底性检查,进行全面修复与补换。

2.3.1.2　维护性抽水

机井停用时间较长,容易发生水量减少现象,冲积平原粉细砂地区或矿化度较高地区的机井,因水中含碳酸盐类或铁离子较多,往往使滤水管堵塞或孔隙锈结。因此,在非灌溉季节要每隔 20 ~ 40 d 进行一次维护性抽水,每次 1 ~ 2 h。抽水时要观测出水状况、井的深度、井孔变化等,如发现坏管等情况,应及时修复。

2.3.1.3　维护性清淤

机井在使用过程中,有时会出现井底淤沙,其原因有:滤料不合格,颗粒级配不符合设计要求,挡不住泥沙;有井管接头处理不好,泥沙从接头缝隙流入井内;抽水洗井不及时、不彻底,井底泥沙存量过多;管理不善,井口未加盖、没有井房、掉进杂物,或风雨将泥沙带入井内等。发现井内淤积应立即清除或在非抽水季节清淤。清淤方法视井深及井径大小而不同,可采用双泵清淤、单泵清淤、空压机清淤、淘砂桶(管)清淤等。

2.3.1.4　防止水泵启动涌砂

对于细颗粒含水层,特别在细粉砂中的机井,在水泵出水口应加设闸阀,以控制水泵启动时的出水量由小逐渐增大,防止井水位突然下降,井内外水头差突然增大,造成水泵启动涌砂。

2.3.2　泵房、电源线路安全隐患的排查

2.3.2.1　泵房安全隐患的排查

中小型泵站的站身机房,主要由厂房、机墩或井筒、进出水管等部分组成。大型泵站

则可分为厂房、电机层、水泵层、进出水流道及四周墙身等部分。对站身机房的安全隐患的排查主要有以下要求:

(1)及时检查和修理漏雨屋顶。

(2)机房室内应保持清洁,防止灰尘进入机器。室外排水沟要畅通,以免雨水进入机房,影响机组安全。

(3)要经常检查站身机房的墙身、中墩、板、梁、柱以及相互之间的连接处有无裂缝。如有,要查明原因,及时处理。

(4)做好地基沉陷观测工作。倘若沉陷不匀,会破坏机组同心,危及安全运行。一旦发现,应及早处理。

2.3.2.2　电源线路安全隐患的排查

泵站电源故障管理与诊断是泵站运行管理的重要组成部分,是保证正常运行的关键之一。

1)泵站电源故障的表现

(1)故障控制系统没有反应,各种指示全无,这是一种比较明显的故障,在单相电源供电时,出现这种现象的概率较多。

(2)故障控制系统部分电路正常工作,另外部分电路工作不正常。例如,指示灯部分正常,但按下按钮却无反应;或控制电路正常,但执行部分不正常,如加热部分升温过慢,电机噪声增大等,这种故障一般发生在三相电源供电或多电源供电线路中。

(3)时好时坏,屡烧保险。部分功能时好时坏,这种故障一般由接触不良、漏电、打火等引起。

(4)设备外壳带电,有麻电感,或电器断开开关后,电器两接线端子仍带电。

2)泵站电源故障的诊断

泵站电源可分为外电源直接引入式和电源转换式。与此相似,电源故障也可分为外线故障和电源部分线路故障。

外电源故障可分为几种:相线和零线接反,零线误接入相线的电压升高,零线断线造成的电压升高、电压过低,或断线、缺相等。其中,前几种故障,控制线路整体同时受到影响,所以易于辨别,但最后一种故障缺相,却往往不易判断。

A. 接地故障的判断

遇到接地故障时,需要作出准确的判别,正确找出相线和零线。如果出现下列故障现象,通常应考虑是否是相线与零线接反了:

(1)已经接地和接零的电气设备金属外壳有带电现象,可能是金属外壳接到相线上。

(2)断开开关后,电器两接线端子仍然有电(或者确切地说仍处于高电位),则相线与零线接反。

B. 三相故障的诊断

三相电源供电时,采用三相四线制,相线与零线接反时,可能会造成三相负载电压发生较大的波动,严重时会烧坏负载,甚至设备完全不能工作。

三相电压不平衡是三相电源故障的主要方面。电压不平衡故障的主要表现形式有:电源变压器高压侧一相缺电、低压一相或两相缺电、三相电压不等。查找低压三相电压不平衡故障可采用试电笔、万用表等进行测量。

C.电源缺相

国际上普遍采用的动力电源为三相交流电源。当三相电源不对称,特别是电源缺相时,很容易造成电气设备不能工作甚至损坏。缺相是比较常见的故障,最常见的是三相缺一,由于控制电路使用的一般为单相,所以有时控制电路工作完全正常,但电机不启动,或控制电路不工作,但电源指示灯全亮。

缺相故障的表现通常是不明显的,有时还比较隐蔽。缺相故障对电机的危害很大,特别对于自动启动电路,由于电机热继电器反复动作而最终导致元件损坏或电机损坏,所以应引起足够重视,必要时电路设计应具备缺相保护功能。

缺相的另一种形式是外电源正常,经过控制线路后,主电路一根相线不同,造成断相。断相和缺相的后果是相同的,要想从电路上进行防范比缺相困难,且投资较高,目前已有成品问世,且有断相、过载、短路等保护功能。

2.3.3　水泵及泵站运行

2.3.3.1　水泵开车及停车

水泵开车前必须事先做好开车前的准备工作,严格执行运行、操作规程,切不可敷衍了事或违章操作。

1)试车前的检查

为了保证安全运行,在开车启动前,应对整个抽水装置做全面仔细的检查,发现问题,及时处理。检查内容有:

(1)机组转子的转动是否灵活,叶轮旋转时是否有摩阻的声音。

(2)各轴承中的润滑油是否充足干净,用机油润滑的轴承,油位应正常;用黄油润滑的轴承,油量应占轴承室体积的50%~70%。

(3)填料压盖螺栓松紧是否合适,填料函内的盘根是否硬化变质,引入填料函内的润滑水封管路有无堵塞。

(4)水泵和动力机的地脚螺丝及其他各部件螺丝是否有松动。

(5)检查进水池内是否有漂浮物,吸水管口有无杂物阻塞,拦污栅是否完整。

(6)出水闸门与出水闸阀应严密,并灵活可靠。开机前出水闸阀的位置是:离心泵应关闭,轴流泵应开启。

(7)水泵各部分的冷却管是否畅通,冷却管道上的阀门是否灵活,装有压力表、真空表时,其表针指示应在"0"位。

(8)新安装的机组,在第一次启动时,应检查动力机旋转方向与水泵旋转方向是否一致。

(9)检查安全防护工作,工具物品应准备齐全。

上述内容的检查符合要求后,对于离心泵、混流泵和卧式轴流泵来说,就可进行启动前的充水工作。

2)水泵充水

(1)离心泵、混流泵和卧式轴流泵在启动前,必须充水。

(2)立式和斜式轴流泵在启动前,无须充水,因为它们的叶轮是浸在水中的。

（3）离心泵和混流泵的充水工作完毕以后，即可进行启动。

3）启动

（1）离心泵在充水前已将出水管路上的阀门关闭，在充水后应把抽气孔或灌水装置的阀门关闭，同时启动动力机，并逐渐加速，待达到额定转速后，旋开真空表和压力表的阀门，观察它们的指针位置是否正常。如无异常现象，可慢慢将出水阀门开到最大。整个启动任务完成。

（2）必须注意的是，在无须监视真空表和压力表时，要关闭小阀门。此外，机组转速稳定后开起阀门的时间要尽量短，一般最多不超过 $3 \sim 5$ min；否则将引起泵内发热而使泵的零部件损坏。

（3）鉴于混流泵的流量—轴功率曲线与离心泵不同，所以在启动时不需要关闸，一般只在抽真空充水时，才把管路闸阀关闭。

（4）轴流泵的启动比较简单容易，在检查及准备工作做完后，只要加水润滑上橡皮轴承即可启动运转，待水泵出水后不再加水，靠水泵自己的压力水润滑。启动时，转速应慢慢升高，逐步达到额定转速。

4）停车

机组的停车方法与所使用的动力机类型有直接关系。如果使用内燃机，可以关闭点火开关或油门；如果使用电动机，可以切断电源。星形三角形启动的电动机，可推星形三角形开关到停车位置，如变阻器，其启动手柄应放在启动位置。离心泵在停车时，应先关闭压力表，再慢慢关闭出水阀门，使动力机处于轻载状态，然后关闭真空表，最后停止动力机。有底阀装置的水泵，如用柴油机拖动，应逐步降速而停车；如用电动机拖动，可先打开通气孔或灌水装置上的阀门，以防将底阀打坏。水泵停车后，如须隔几天再开车的，应将各部的放水开关旋开，放空泵内余水。临时停车的，可以不放空。

2.3.3.2　泵站的运行巡查

泵站在运行过程中要定期进行巡查，发现问题及时上报。巡查内容如下。

1）主水泵运行巡查内容

（1）机组声响和振动。要求在正常运行时，机组平稳，声音正常。

（2）轴承温度和检查油质、油量。其允许温度，滑动轴承不得超过 70 ℃，滚动轴承不得超过 95 ℃。轴承润滑油的油质，应符合规定。

（3）各种仪表指针的变化。如果发生振动和较大变化，应立即进行检查校验。

（4）填料是否正常。填料不可太紧或太松，运转时须保持有水陆续滴出，每分钟以 30 滴为宜。

（5）进出水池的水位。注意水面、水流的变化，防止把空气吸入泵内，并防杂物堵塞。

2）电动机运行巡查内容

A. 运行前的检查

（1）对新安装和大修后的电动机应根据电动机铭牌规定的额定电压及电源电压，检查电动机的绕组接法是否正确，接线是否牢固，启动设备的接线有无错误。

（2）检查电动机外壳接地是否良好，接地螺丝是否松动，有无脱落，接地引线有无中断。

（3）电动机的保护装置是否合格，装接是否牢固可靠，保险丝有无熔断，过流继电器信号指示有无掉牌。

(4)线绕式电动机应检查滑环与电刷接触面是否良好,电刷压力是否合适,启动变阻器的手柄是否在启动位置上。

(5)查看电压表电压是否正常,一般农用电动机可在额定电压 ±10% 范围内启动和运行。

(6)用摇表测量电动机的绝缘电阻和吸收比,其标准:额定电压 1 kV 以下电动机定子绕组绝缘电阻值不低于 0.5 MΩ;额定电压 1 kV 以上电动机定子绕组绝缘电阻值每 1 kV 工作电压不低于 1 MΩ,转子绕组绝缘电阻每 1 kV 工作电压不低于 1 MΩ。1 kV 以上的电动机都应测量吸收比,其值一般为 R60/R15≥1.3。

(7)检查轴承中的油质和油量是否符合要求。

(8)转动电动机转子查看是否灵活,有无卡阻现象。

(9)电动机上或周围必须保持清洁,不得堆放杂物、易燃品、爆炸品。

(10)检查被拖带的水泵,是否做好启动准备。

B.电动机启动时的注意事项

(1)电动机启动时,应严格遵守安全操作规程顺序开机,不得违章操作。

(2)启动后,如电动机发出"嗡嗡"声音,应立即停机检查,不经检查不得连续再试机。

(3)电动机启动后,如电流、电压表指针有剧烈摆动等异常现象,应立即停机,待查明原因并纠正后,方可重新开机。

(4)电动机的启动次数不能太频繁,一般空载不能连续启动 3~5 次,在运行中停止再启动不得超过 2~3 次。

(5)多台机组的泵站应按次序逐台启动,以减小启动电流。

(6)电动机旋转方向必须在电动机空转时与水泵转向一致后再连接水泵。

C.电动机运行时的监视维护

电动机运行时监视维护的内容包括:定子及转子电流、电压、功率指示是否正常;定子线圈、铁芯及轴承温度是否正常;油缸油位、油色、油质是否正常,有无渗油现象;供水水压、进出水温差及示流信号是否正常;有无异常振动和异常声音。具体如下:

(1)监视电动机的运行电压,大中型电机允许在额定电压的 95%~110% 范围内工作。三相电压不平衡允许不等率不超过 5%。

(2)监视电动机电流,不得超过电动机铭牌规定的电流值,三相电流不平衡值之差与额定电流之比,不得超过 10%。

(3)监视电动机和轴承温度。电动机绕组最高容许温度等于最大容许温升加周围空气温度,在运行中不得超过最高容许温度。

(4)监视电动机的振动,用弹簧式振动表测定其振动,电动机振幅值不得超过规定值。

(5)注意电动机的声音和气味,注意电刷工作情况和传动装置的安全情况。

模块 3　灌排工程管护

3.1　灌排渠(沟)管护

3.1.1　渠(沟)断面清理

农田排灌渠道要保证"三度"(宽度、深度、坡度)完好,及时维修、清淤,做到旱能灌、涝能排,排灌畅通。不准在排灌渠道上乱开口子、乱筑挡子、修建建筑物、任意取土、挖填渠道或种植农作物,影响通水。

必须保证机耕路、作业道的宽度,不得将其改作农田或擅自缩窄路面,不得在道路上开沟取土或建房,不准堆放其他杂物和设障,不准挖取道路上的砂石作他用。经常性地加强道路养护,保证路面平整,无积水坑。可采取分段管护,也可划地段交受益农户管理。

渠道断面清理施工前,应对渠道进行简单施工放样,放样尺寸应按照原设计要求进行。放样出渠道底脚线和渠口线共四条线,然后进行土方的开挖回填。

渠道清理包括对淤积部分的清除开挖和对冲刷部分的填筑。挖方式渠道的基础比较坚硬,但其开挖面在开挖清理的过程中容易发生松动,对已经松动的必须将其清理干净,然后回填,渠基整平、夯实。填方式渠道的基础比较松散,在清理前应考虑灌溉用水,有意识地加大水位对渠道进行浸蚀预沉,但必须全断面进行夯实。回填夯实前,必须将渠床内的淤泥、腐殖土、垃圾及隐藏的砖石清理干净。

在渠道清理施工过程中,为避免表面干燥,施工时人为因素的践踏、雨水的冲刷而造成的起尘和破坏,渠道削坡完成后要注意保护,削坡时应严格控制高程和表面平整度,采用人工挂线精削。如果渠道开挖或回填与设计的误差较大,可以采用多次修坡的方法。如果削坡过量,不能用浮土回填,应采用新土回填夯实。

3.1.2　渠顶路面管护

渠顶公路的主要组成部分有路基、路面、桥梁、涵洞和隧道。此外,还有沿线设施、绿化等。渠顶公路养护按其工程性质、复杂程度、规模大小,分为保养和小修、中修、大修、改建工程。

渠顶路面养护就是要求经常保持渠顶公路及其附属设施的完好状态,及时修复损坏部分。在渠顶路面的养护施工中,要吸收和采用新技术、新工艺、新材料、新设备,不断改善养护施工手段,提高渠顶公路养护质量,延长公路的使用寿命。对于渠顶公路,要贯彻"预防为主、防治结合"方针,提高渠顶公路及其结构物、附属设施的抗灾害能力,减少灾害损失。渠顶公路的养护生产应贯彻"因地制宜、就地取材"的原则,努力降低养护成本。

保养是对渠顶公路及其附属设施进行日常保洁、疏通边沟、整修路肩,涵洞、桥梁、隧道等结构物的维护、绿化管养等,使之经常保持良好的使用状态。

小修是对渠顶公路及其附属设施进行经常性、预防性维护,修复其轻微损坏部分,使之常年处于完好状态。

中修是对渠顶公路及其附属设施的一般性磨损和局部损坏进行定期的修整、加固,以恢复其原有技术状况。

大修是对渠顶公路及其附属设施的较大损坏进行周期性的综合治理和修复,以全面恢复到原设计标准或在原有技术等级范围内进行局部改善或增建,以逐步提高公路通行能力。

改建工程是对渠顶公路及其附属设施因不适应交通量增长及载重的要求而提高其技术等级指标,显著提高其通行能力的较大工程项目。

路面养护要求路肩表面平整坚硬,无高低起伏、坑洼不平现象,无车轮碾压痕迹;与路面接槎平顺,有一定横坡度,能较好地满足路面排水要求;方便行人和车辆交会且保障停靠安全。经常性养护,特别是在雨、雪、冰冻天气过后和山洪前后,对于土路肩,当横坡过大时,应用良好的砂性土填补、压实、植草;当横坡过小时,应铲削整修至规定坡度,草高不过半尺,无坑凹积水,使水流畅通。

路肩边缘被流水冲缺,或牲畜踩蹋,或车轮碾压形成缺口,应及时修补,必要时也可用片石或水泥混凝土预制块铺砌(或现浇)路肩边缘带。路肩上严禁种植农作物和堆放任何杂物,植草应及时修剪。

路基两侧边坡应保持稳定、坚固、平顺;无冲沟、无坑凹和潜流涌水;坡度符合规定;无危及行人、行车的安全隐患。特别是在雨、雪、冰冻天气过后和山洪前后要经常性地进行养护。

土路堤边坡因雨水冲刷形成冲沟和缺口时,要及时用黏结性良好的土修补拍实。对较大的冲沟和缺口,修理时应将原边坡挖成台阶形,然后分层填筑压实,注意与原坡面衔接平顺。开挖时要注意渠道的安全。

土质路堤边坡可直接种草或平铺草皮。路堤边坡常年受水淹和风浪袭击,冲刷较严重,堤脚被淘空时,可采用抛石护坡或石笼护坡。河道水小或干旱河滩、水库,可用浆砌片石护坡。对土质边沟、截水沟、排水沟,要保持设计断面,及时清除淤塞和杂草,保持排水畅通。如被雨水冲刷、损坏,应结合纵坡、地质、地形等实际情况选择加固方法。

做好地面排水措施,妥善处理出水口的排水通道,不致使发生紊流冲刷路面以及影响渠道安全或防止泥土流入农田。

养护人员要经常对可能发生或已经发现的滑坡体进行检查,特别是在暴雨、冰雪天气之后,检查渠道是否有变形,边坡是否有裂缝出现。

若地表土体松散,地表水下渗,把地表整平与夯实,并在坡面种植植物防止表土下滑。渠顶路面一般容易发生不均匀沉降和滑移,具体表现为破坏路面、路堤坍塌、路基防护设施破坏,危及行车安全,严重的导致渠道破坏。

在阴雨连绵的雨季,土质路基若排水不良,道路有行车情况,一般会发生道路翻浆。应做好预防工作,尤其是要让路面、路肩的水顺利地流入边沟,保障边沟不积水,防止地表水渗入路基。当检查路面时,发现经常出现潮湿斑点,发生龟裂、鼓包、车辙等现象,表明翻浆已开始,应及时修补路面坑槽和路肩坑洼,保持路面和路肩平整。

3.1.3　护渠林草管护

护渠林草管护主要包括病虫害的防治和林草的修剪管理。病害通常指由于微生物所造成的林草受害情况。微生物包括真菌、细菌、病毒、类病毒、线虫等,在树木上由真菌引起的病害占80%以上,其次是细菌病害,这些微生物也统称病原。

虫害是由昆虫取食或由其生活习性而对树木产生的危害,比如"哈虫"蛀干,"蛴螬"蛀根。

在管护上,必须弄清楚树木受害是由害虫引起的还是由病原菌引起的,才能进行防治。杀虫剂和杀菌剂具有不同的作用,只有在正确使用的条件下才能发挥功效;否则,不但达不到预期防治效果,反而会产生负面作用。

当树木感染病毒后,会在全株表现出病状,这是病毒病害的一个重要特点。另外,树木病毒病害只有明显的病状而无病症。这在诊断上有助于区别病毒和其他病原物所引起的病害。病毒侵染树木,病变主要发生在叶片上,表现为褪绿、白化、黄化、紫(或红)化、变褐等,还有畸形生长,生长萎缩或矮化、卷叶、线叶、皱缩、蕨叶、小叶等。病毒在树木间的传播分为介体传播和非介体传播。介体传播就是病毒依附在其他生物体上,借助其他生物的活动而传播。非介体传播是枝叶摩擦、嫁接、种子及种用材料的传播。介体传播主要靠一些昆虫实施,如飞虱、蚜虫等。昆虫传播病毒的方式很多,有的是昆虫取食已染病毒的树木后,口器上沾染了病毒,再去取食没染病的树木时,就把病毒传播上去了。因此,防治植物病毒病,要防治传毒昆虫。

树木病毒病的病状分为三种类型:一是褪色,主要表现为花叶和黄化两种;二是组织坏死;三是畸形,主要表现为萎缩、小叶、皱叶、丛枝等,畸形可以单独发生或与其他症状结合发生,如叶片短小,整个树木矮缩。一种病毒的不同株系侵染同一树木,其病状的表现可能不同。一种病毒引起的病状也可随树木种类和品种不同或随树木砧木与接穗的组合不同而异。此外,有些病毒侵入树木后在任何条件下均不表现症状,这种现象称为带毒现象。一些病毒引起树木发病后,由于环境条件不适宜,病状暂时消失的现象称为隐状现象。强光能促进某些病毒病害发展。寄主的营养条件也能使病状发生变化,一般增加氮素营养可以促进病状表现,增加磷、钾肥则相反。微量元素对病毒病状的发展也有影响。

如何诊断树木患病或遭受虫害,第一要进行症状观察。树木得病后出现的现象被称为症状,为病症与病状的简称。病症为病原菌本身的形态,病状为树木受害后的现象。由真菌、细菌、病毒等微生物引起的病害会在树木上产生斑点、腐烂、枯萎、丛枝、流胶等症状。由营养缺乏、气候不适而产生的生理性病害没有上述症状,叶片变色通常比较均匀。第二要进行病树分布观察。由病原物引起的传染性病害发病初期为点片状,零星分布,健康树和病树混杂存在;由环境条件不适引起的生理性病害表现的病株发生成片,树木受害现象较为一致。

以昆虫为害的树木,其叶片上有明显的缺损,枝干有坑道、孔洞或粉屑,即使由蚜虫、介壳虫、螨类等刺吸式口的危害,也可见到蜜滴,找到虫体。

此外,还要了解林木的种源、栽培管理过程以及气候等情况,以有助于病虫害的诊断。

目前,主要是用农药来防治病虫害,应用化学农药防治病虫害也称化学防治。它是当前防治病虫害的主要手段。化学防治具有防治效果好、收效快、使用方法简单、受季节性限制小、适于大面积推广使用等特点。在防治多发性和爆发性病虫害时,化学防治具有其他防治措施无法比拟的优势。特别是当病虫害突发时,化学防治几乎是目前唯一的解救办法。

农药还具有生产吨位大、来源容易、贮存容易等特点,所以无论是农药经销商或林农用户,都可以对农药进行预备性贮藏,以备应急之用。与其他防治方法相比,农药还具有应用剂型多、价格低廉等优势。

另外,农药还具有杀病虫范围广的特点。如用一种杀虫剂可以防治多种害虫,扩大了农药的应用范围。

以上这些农药的优点决定了当前化学防治仍是防治病虫害的主要措施。

但是,农药也会产生严重的后果,如使用不当会引起人畜中毒、污染环境、杀伤天敌等,而且由于连年用药,病虫害的抗药性会得到加强,还会使病虫害再次爆发成灾或者使原来不重要的病虫害上升为主要病虫害。农药使用不当还会对树木产生药害或加大防治成本。

因此,目前在使用农药方面,应当与其他防治方法相结合,做到扬长避短,提高防治效果,维持生态平衡,实现可持续发展。

病虫害的发生受自然环境和各种生态因素的影响,单纯依靠化学防治,不能从根本上防治和消除病虫害。因此,要根据病虫害与树木、有益生物等因素之间的关系,选用抗(耐)病虫的品种,合理施肥,科学管护,保护天敌等。长期单用一种农药会使生态环境恶化,病虫害更加严重。应尽量选用低毒高效农药,把握住用药时机,做到科学用药。要改单用一种农药为两种农药混用或各种农药交替使用,以防止病虫害产生抗药性。

冬季是各种林木植物休养生息的季节,也是各种病虫休眠越冬的特殊阶段。认真搞好冬季林木养护管理,对增强林木等绿化树木的抗病虫能力、恶化病虫生存条件、减轻下年病虫发生危害具有重要意义,是一项事半功倍的举措。具体措施如下:

(1)根据树形结构进行适当修剪,有利于增加透明度、更好利用光能、增强树势。剪除病枝、虫枝更可直接减少来年病虫发生基数。

(2)枯枝落叶、杂草是多种病虫越冬场所,要及时清除,并集中处理,减少侵染来源。

(3)构骨、紫薇等树种主茎顶部带有大量病原体和蚧虫,要在早春前用高浓度(波美3~5度)石灰硫黄液铲除。

(4)在树干基部1.2 m左右以下涂白,以生石灰10份、硫黄1份、少许食盐配制而成的白涂剂,既可杀死五小类害虫(蚜、蚧、木虱、粉虱、螨),又可防止冻害。

(5)钩杀:天牛等钻蛀性害虫在树根、树干等处越冬。可选择晴暖天气,逐株察看,见有虫粪排出的植株,采用细铁丝等进行人工钩杀进行防治。

(6)翻土:树冠下根际周围翻土,可有效降低地下害虫危害,杀死越冬虫蛹。有利于熟化土壤和植物根系生长。

(7)理沟:多数树种根系生长喜高爽滋润的土壤环境。经过一年的劳作和风雨,不少沟系不畅通,尚须进行清理。既可减少病源、虫源,又可防止大雨积水,降低地下水位,改善植物根系生长环境。

3.2　灌排渠(沟)系建筑物管护

3.2.1　安全警示标志牌的设置

安全警示标志牌包括永久性安全警示标志牌和临时性安全警示标志牌两种。永久性安全警示标志牌分为一类标志牌和二类标志牌:一类标志牌尺寸为 1.0 m×0.6 m (宽×高),二类标志牌尺寸为 0.6 m×0.4 m(宽×高),临时性的警示标志牌参照永久性安全警示标志牌执行。设置高度具体根据现场确定。安全警示标志牌的内容既要突出重点,又要简明易懂。如:水深危险,注意安全;水深危险,禁止钓鱼,禁止下水游泳等,特殊地段警示内容根据建筑物管护要求及危险情况确定。警示标志牌的材质以水泥牌等防老化、防盗为宜。

安全警示标志牌的设置重点地段是:

(1)水利建设施工工地。进入施工现场的交通道口等,必须设置明显的安全警示标志牌,主要道口使用一类安全警示标志牌,次要道口使用二类安全警示标志牌;施工道路两旁相隔一定距离(一般 1 000 m 内)应设置安全警示标志牌。

施工现场规模较大的设置一类安全警示标志牌,重要地段和现场设置二类安全警示标志牌,严防高处坠落、施工车辆和机械伤害、起重机械与脚手架倒塌而引发的意外事故;深基坑、高边坡等必须设置安全防护措施。

(2)海塘、水闸旁。进入沿海海塘的道路叉口设置一类或二类安全警示标志牌,沿海海塘沿途相隔一定距离必须涂写或悬挂安全警示标志。进入大型水闸的公路、道路叉口处必须设置一类安全警示标志牌,进入一般水闸的道路、公路等叉口处必须设置二类安全警示标志牌;水闸建筑物外必须涂写或悬挂安全警示标志。

(3)河道、池塘、水产养殖塘、农渔家乐点。

重点骨干河道沿线有村庄的,或群众日常洗刷的河道道口处必须设置一类安全警示标志牌。

一般河道疏浚施工现场要设立安全警示标志牌。

池塘周边应设置二类安全警示标志牌。

水产养殖塘按辖区管理督促养殖户、养殖塘周边设二类安全警示标志牌。

农渔家乐点按规范设置二类安全警示标志牌。

安全警示标志牌按照"属地管理、分级负责"和"谁主管、谁负责"的原则进行。原则上按以下分工:水利建设工地由施工单位负责设置,建设单位要督促、检查。海塘由海塘管理站负责设置;水闸按管理权属负责设置,镇管理水闸由海塘管理站负责设置,村级管理水闸由村委会负责设置;河道按管理范围负责设置;池塘由所在地的村委会负责设置。

3.2.2　建筑物的检查观察

渠道及其建筑物的检查观察是掌握工程动态、保证工程安全运用的一个重要手段,其基本任务是:①监视水情和水流状态、工程状态和工作情况,掌握水情和工程变化规律,为管理运用提供科学依据。②及时发现异常迹象,分析原因,采取措施,防止事故发生。工程检查观察主要是对渠道及其建筑物的表面状态的变化进行观察,一般采用眼看、耳听、手摸、敲打等方法进行。检查观察的内容因建筑物的类别不同而有所区别,现分类介绍如下。

3.2.2.1　土工建筑物的检查观察

应注意堤身有无雨淋沟、塌陷、滑坡、裂缝、渗漏;排水系统、导渗和减压设施有无堵塞,损坏和失效;渠堤与闸端接头和穿渠建筑物交叉部位有无渗漏、管涌等迹象。在进行检查观察时,特别要注意以下几点:

(1)发现有裂缝时要观察有无滑坡迹象,对横缝要观察是否能形成漏水通道。

(2)发现轻微塌陷或洞隙时,要注意观察有无獾窝、鼠洞、蚁穴等隐患痕迹。

(3)要注意渠堤外坡(又称背水坡)及外坡脚一带有无散浸、鼓泡等现象。

3.2.2.2　砌石建筑物的检查观察

应注意护坡块(条)石或卵石有无松动、塌陷、隆起和人为破坏,浆砌石结构有无裂缝、倾斜、滑动、错位、悬空等现象。

3.2.2.3　混凝土和钢筋混凝土建筑物的检查观察

应注意有无裂缝、渗漏、剥落、冲刷、磨损和气蚀;伸缩缝止水有无损坏,填充物有无流失等。其中特别应注意裂缝、渗漏的检查观察。

3.2.2.4　闸门和启闭机的检查观察

应注意结构有无变形、裂纹、锈蚀、焊缝开裂,铆钉和螺栓是否松动,闸门止水设备是否完整,启闭机运转是否灵活,钢丝绳有无断丝,转动部分润滑油是否充足,机电及安全保护设施是否完好。

3.2.2.5　水流流态的观察

观察时应注意渠道水流是否平顺,流态是否正常。有水闸设施的渠段,应注意闸口段水流是否平直,出口水跃或射流形态及位置是否正常稳定,跃后水流是否平稳,有无折冲水流、摆动流、回流、滚波、水花翻涌等现象。在观察渠道水流形态时,应特别注意有渠下涵管等设施的渠段,如有渗漏现象发生,其水流形态会有管状旋涡出现。

3.2.2.6　其他项目的检查观察

(1)附属设施如动力、照明、通信、安全防护和观测设备、测量标志、管护范围界桩、里程桩等,应注意检查是否完好,有无人为破坏或遗失。

(2)闸房设施应注意房顶是否有漏雨,门窗有无腐朽、损坏,墙体有无裂缝、风蚀,房梁有无异常变化。

(3)渠道防护林应注意有无盗伐、损毁等现象。

检查观察可分为日常检查、定期检查、特别检查。定期检查指每年汛前、汛后及放水期前后,北方地区冰冻期间。特别检查是指发生地震、特大洪水等异常情况后进行的检查。各种检查都必须认真对待,详细记录并存入工程档案,常用的记载方法有填写检查日志和表格式或卡片式记载。

填写检查日志是逐日将工程检查情况记入日志内。记载的内容主要有检查时间、工程名称、检查情况、检查人签名。若有异常,应详细记载发现异常的部位、性质、程度及处理情况(包括自行处理和上级处理)。这种记载方式无一定格式限制,可繁可简,适合渠道工程日常检查内容广泛的特点,但需要对记载内容加以规范,以便核查。

表格式是将检查内容按表记录。工程检查记载表是将检查内容表格化的一种记载方式,如表 3-1-1 所示。这种记载方式具有分门别类、简明详细的特点,记载时,要按照管理单位规定的要求填写检查情况。

表 3-1-1　灌区管理养护段工程检查记载表

检查时间:　　　年　　　月　　　日

检查项目	检查情况	处理情况
渠道工程 渠系建筑物 附属设施 管护范围 闸门启闭机械 水流形态		

检查人签名:

3.2.3　钢构件的锈蚀物清除和油漆养护方法

3.2.3.1　钢构件锈蚀物的清除

水工钢结构在防腐处理之前,首先要彻底清除锈蚀物,常见的除锈方法有以下三种。

1)手工除锈法

这是一种最简单的除锈方法。用刮刀、手锤、钢刷、砂布(纸)、砂轮等工具,进行敲、铲、磨、刮等除掉锈污。这种方法的优点是简单易行、成本低;缺点是劳动强度大、工作效率低、质量不稳定、劳动环境差。手工除锈,尽管其工效低,劳动条件差,除锈不彻底,但因其人工除锈费用低,仅为喷砂除锈的 16% ~ 19%,在漆种对钢结构表面处理要求不高的情况下,此种方式仍可采用。

2)机械除锈法

在除锈质量要求较高的情况下,就要采用喷砂除锈。喷砂除锈是一种较为先进的除锈方法,对于同一种油漆,同样条件下,喷砂除锈较手工除锈的漆膜寿命可延长 3 ~ 5 倍。它不仅除锈较彻底,而且工效高,操作简便,目前已广泛采用。这种方法的原理是利用冲击和摩擦作用有效地除掉锈蚀及其污物。常用的工具有手提式电动砂轮、电动刷、风动刷、除锈枪等。该法的优点是除锈质量、效率都较高,但缺点是这些工具还需要人工操作,劳动强度较大,对几何形状复杂及精密零件不太适用,也不适合大规模除锈的需要。因此,当前应用较广泛的还是喷射和抛丸两种处理锈污的方法。

(1)喷射处理:这种方法主要是喷砂、喷丸、真空喷砂、高压水砂以及高压水等。

(2)抛丸处理:利用高速旋转抛丸器的叶轮抛出的高速铁丸(或其他材料的弹丸)的冲击,与被清理零件表面相互摩擦而达到除锈的目的。

3）化学处理法

化学处理法也称酸洗法。酸洗除锈及酸洗磷化处理虽然除锈彻底,工效高,但仅适用于形状复杂及小型和薄壁型钢结构件。因酸洗槽设备的限制,目前大型构件尚应用不多。其原理就是利用酸液与被清理金属表面的锈污(氧化物)发生化学反应,使之溶解在酸液内,另外酸与金属作用产生的氢气又使氧化皮机械脱落。

下面主要介绍黑色金属的酸洗处理的两种方法:

(1)浸渍法。浸渍酸洗是当前广泛用来酸洗黑色金属的一种处理方法。浸渍酸洗的工艺流程:酸洗除锈→清水冲洗→碱液中和→清冷水冲洗→热水冲洗(或继续进行磷化处理)。黑色金属酸洗液配方及工艺见表 3-1-2。

表 3-1-2　酸洗液配方及工艺

配方及工艺	配方编号				
	1	2	3	4	5
工业硫酸(%)	13.2~19.3	18~20	—	—	9.1
工业盐酸(%)	19.9~28.4	—	—	18.6~9.7	—
硝酸(%)	—	—	—	80~89.4	—
磷酸(%)	—	—	8.5	—	—
酪酐(%)	—	—	15	—	90.9
氯化钠(%)	66.2~51.5	4~5	—	—	—
KC 缓蚀剂(%)	0.7~0.8	—	—	—	—
硫脲(%)	—	0.3~0.5	—	—	—
水(%)	—	74.5~77.7	76.5	—	—
若丁(%)	—	—	—	1.4~0.9	—
处理温度(℃)	20~60	65~80	85~95	40~50	80~90
处理时间(min)	5~50	25~40	72	15~16	<10
适用范围	钢及铸钢件	铸铁及大块氧化皮,铸铁件表面有砂型可加 2.5%氢氟酸	除轻锈(精密零件和轴承)	高合金钢零件	精密零件,仪表零件,对光洁度影响不大、重锈处理时间较长的零件

(2)综合处理法。这是将金属的除油、除锈、磷化和纯化合并起来处理的一种方法,这种"四合一"处理液配方及工艺条件见表 3-1-3。

表 3-1-3　　"四合一"处理液配方及工艺条件

序号	工序	溶液成分	配比(g/L)	处理温度(℃)	处理时间(min)	备注
1	除油、除锈和氧化物	硫酸 硫脲 烷基磺酸钠	60~65(mL) 5~7(mL) 20~50(mL)	75~85	5~20	处理时间根据油污、锈斑情况定,严重时可增加硫酸量
3	磷化	磷酸 氧化锌 硝酸锌 磷酸二氢铬 硫酸氧基钛 酒石酸或其他盐类 烷基磺酸钠 OP乳化剂	58 15 200 0.3~0.4 0.1~0.3 5 15(mL) 15(mL)	65~75	3~8	工艺条件: 游离酸度 8~12 总酸度 130~150
2,4	水洗			温	1~2	
5	干燥					电泳涂漆可略
6	涂漆					视需要选择

3.2.3.2 钢结构的油漆养护方法

防锈涂料钢结构的防腐蚀,除要彻底除锈外,还应选择防锈性能好的涂料。选用涂料时应根据结构所处的环境、使用功能、经济性和耐久性、稳定性等因素来选用合适的防锈涂料。

1) 基层处理

先将钢结构表面上的浮土、砂、灰浆、油污、锈斑、焊渣、毛刺等清除干净,然后进行表面除锈,方法可用手工处理。如金属表面是一般浮铁锈,可先用钢丝刷往复刷打,然后用粗砂布打磨出新的光亮表面,再用旧布或棉纱将打磨下的浮灰、锈擦干净;如果钢构件的金属表面锈蚀比较严重(鳞状锈斑),先用铲刀将锈鳞铲掉,也可用锤子或刮刀清理,然后用钢丝刷刷打清理,再用砂布打磨光亮,即可涂防锈漆。大面积锈蚀可先用砂轮机、风磨机及其他电动除锈工具除锈,然后配以钢丝刷、锉刀、钢铲及砂布等工具,经刷、锉、磨除去剩余铁锈及杂物。

2) 涂防锈漆

在一般的钢结构工程中,常选用防锈能力强,有较好的坚韧性、防水性和附着力的油性红丹防锈漆作为防锈底漆,醇酸磁漆为面漆。红丹防锈漆的原理是采用处于晶格外层的铅离子与腐蚀初始阶段的铁离子产生离子置换生成难溶物质,红丹在水和氧的存在下与油基漆生成铅皂,其裂解的单羟酸铅、二羟酸铅盐具有缓蚀作用。铅离子与许多腐蚀介质生成如硫酸铅等不溶性盐,铅皂的封闭作用随时间生成物愈来愈致密和结实,这是油性红丹漆的特性。涂红丹防锈漆时,构件表面必须干燥,如有水珠、水气必须擦干。施涂时一定要涂刷到位、刷满、刷匀。对小型钢结构构件或花样复杂的金属制品可两人合作,一人用棉纱蘸漆揩擦;一人用油刷理顺、理通。对于钢构件中不易涂刷到的缝隙处(如角钢组合构件的角钢背),应在拼装前将拼合缝隙处的除锈和涂漆等工序做完,但铆孔内不得涂入涂料,以免铆接后钉眼中有夹渣。

　　3)刮腻子

　　待防锈漆干燥后,购买与油漆配套的腻子将构件表面缺陷处刮平。腻子中可适量加入厚漆或红丹粉,以增加其干硬性。腻子干燥后应打磨平整并清扫干净。钢结构构件在工厂制成后应预先涂刷一遍防锈漆。运到工地后,如堆放时间较长,已有一部分剥落生锈,应再涂刷一遍防锈漆。

　　4)涂磷化底漆

　　为了使金属表面的油漆能有较好的附着力,延长油漆的使用期,避免生锈腐蚀,可在钢结构构件表面先涂一层磷化底漆。磷化底漆由两部分组成,一部分为底漆,另一部分为磷化液。常用的磷化液的配合比为:工业磷酸70%,一级氧化锌5%,丁醇5%,乙醇10%,水10%。磷化底漆的配合比为:磷化液:底漆 = 1:4(重量)。有时也可单独使用磷化液来处理。涂刷时以薄为宜,不能涂刷得太厚,太厚易起皮,附着力差。漆稠可用三份乙醇(95%以上)与一份丁醇的混合液稀释。乙醇、丁醇的含水率不能太大,否则漆腊易泛白,影响效果。磷化底漆涂刷 2 h 后,即可涂饰其他底漆或面漆。一般情况下,涂饰 24 h后,就可以用清水冲洗和用毛刷除去表面的磷化剩余物。待干燥后,做外观检查,如金属表面生成一种灰褐色的均匀的磷化膜,则达到磷化的要求。

　　5)涂刷面漆

　　钢结构构件表面打磨平整,清扫干净,即可涂装面漆。涂刷顺序:从上至下,先难后易。涂刷时要多刷多理,刷油漆要饱满、不流不坠、光亮均匀、色泽一致。刷后反复检查,以免漏刷,钢结构面漆一般刷二遍。如设计有特殊要求,则按设计要求完成。

3.2.4　钢丝绳、启闭机的保养

3.2.4.1　钢丝绳的维护与保养

　　钢丝绳使用前应进行检查。检查范围包括钢丝绳的磨损、锈蚀、拉伸、弯曲、变形、疲劳、断丝、绳芯露出的程度,确定其安全起重量(包括报废)。

　　钢丝绳保养注意事项如下:

　　(1)钢丝绳保养使用期限与使用方法有很大的关系,因此应做到按规定使用,禁止拖拉、抛掷,使用中不准超负荷,不准使钢丝绳发生锐角折曲,不准急剧改变升降速度,避免冲击载荷。

　　(2)钢丝绳有铁锈和灰垢时,用钢丝刷刷去并涂油。

　　(3)钢丝绳每使用 4 个月涂油一次,涂油时最好用热油(50 ℃左右)浸透绳芯,再擦去多余的油脂。

　　(4)钢丝绳盘好后应放在清洁干燥的地方,不得重叠堆置,防止扭伤。

　　(5)钢丝绳端部用钢丝扎紧或用熔点低的合金焊牢,也可用铁箍箍紧,以免绳头松散。

(6)使用中,钢丝绳表面如有油滴挤出,表示钢丝绳已承受相当大的力量,这时应停止增加负荷,并进行检查,必要时更换新钢丝绳。

3.2.4.2　启闭机的维护与保养

启闭机的维护与保养可概括为清洁、紧固、调整、润滑八字作业。

1)清洁

清洁是针对启闭机的外表、内部和周围环境的脏、乱、差所采取的最简单、最基本却很重要的保养措施。

2)紧固

对连接部位的螺栓等的松动进行检查和校紧。螺栓连接的,要求所有螺栓必须牢牢拧紧。对于容易松动的螺栓必须采取弹簧圈、开口销、双螺母等防松措施。对于脱扣的螺栓、螺母应更换。按图纸规定,螺栓应露出螺母 2~3 扣,弹簧垫圈失效后应更换。当键连接的部位在受力时有冲击声,就应修理或更新连接键。修理轴或毂部磨坏键槽时,如键槽的宽度较原尺寸增大,但不超过 15% 时,准许修理键槽的侧壁,但必须同时更换平键。松动的键应更换。为了防止毂部产生裂纹,键和键槽配合不应过紧。禁止放置垫片来使键与键槽紧密配合。

3)调整

启闭设备在运行过程中由于松动、磨损等原因,引起零部件相互关系和工作参数的改变,需进行调整。通常有以下几个方面的调整:

(1)各种间隙调整:如轴瓦与轴颈、滚动轴承的配合间隙,齿轮啮合的顶侧间隙等。

(2)行程调整:包括制动器的松闸调整,离合器的离合调整,安全限位开关的限位行程等。

(3)松紧调整:如转动皮带、链条等松紧的调整。

(4)工作参数调整:如电流、电压、制动力矩、油压启闭机的流量、压力、速度等。

4)润滑

钢丝绳的使用期限在很大程度上取决于钢丝绳是否按时正确地涂润滑油。钢丝绳涂润滑油前,不能用金属刷子和其他锐利的东西来清理。钢丝绳应定期涂钢丝绳油。当发现钢丝绳整股折断以及表面钢丝绳被腐蚀达钢丝绳原直径的 10% 时,不能继续使用,应当更换。钢丝绳在一个捻距内的折断根数达到规范要求的数值时,也应当报废。钢丝绳锈蚀磨损,其断根数达到规范的标准时,应报废。钢丝绳的规格、直径应符合图纸要求,并有出厂合格证明书。钢丝绳的绳头捆扎长度不应小于钢丝绳直径的 5 倍。钢丝绳与卷筒壁要固定牢固,压紧程度应使钢丝绳压扁 1/3 高度。钢丝绳缠绕在卷筒上的最小安全圈数不小于 2 圈。

3.3　机井和小型泵站管护

3.3.1　泵站枢纽的管护

泵站枢纽一般由进水建筑物、出水建筑物和泵房三部分组成。

3.3.1.1 进水建筑物

进水建筑物与引渠相连接,它把来水均匀地扩散,使水流平顺而均匀地进入水泵或水泵的吸水管路。前池的池底一般在最低水位以下 1~2 m,设有反滤层,两侧与护坡相连接。池内常布置拦污栅,以防止水草杂物进入泵内。池旁装有水尺,供观测水位用。对进水建筑物的管理要注意以下几点:

(1)检查护坡工程有无冲刷损坏现象。发现问题,应及时修复,以免发生塌坡。

(2)检查护底工程的反滤排水是否畅通,有无流土、管涌现象。如有要及时降低上游水位,查明原因,进行修复,以免淘空泵房底板下基础,引起重大事故。

(3)在供排水期间,严禁在池内游泳,以免发生危险。

(4)不准在池内捕鱼炸鱼,不准扒石或抛投杂物。

(5)泵站运行时,要及时清除拦污栅前的水草杂物,否则,一方面会增加水流过拦污栅的水头损失,降低进水池的效率;另一方面又会使进水池内的流速分布不均匀,影响水泵的性能,降低水泵运行的效率。(打捞方式见灌排渠系建筑物运行)

(6)每年供排水结束后,应清除池底淤泥、杂物,保持进水池处于清洁完好状态。

3.3.1.2 出水建筑物

出水建筑物由墙身、护底、渐变段等几部分组成,与泵房或管道相连接。池壁装有水尺,用以观测水位。

(1)对墙身和底板分开砌筑的出水池,往往由于不均匀沉陷出现裂缝,造成漏水,如漏水严重,可能引起地下水位过高,危及泵房的稳定。因此,要经常注意观察它有无裂缝,一经发现要及时修补。

(2)当出水池与泵房合建时,靠近泵房一侧往往因回填土过厚,引起不均匀沉陷,致使出水池底板产生裂缝,两侧墙身断裂。因此,要经常注意观察,如有裂缝,要将其凿开,用水泥砂浆填塞,必要时进行灌浆处理。

(3)当用拍门断流时,要加强拍门的检查与维护,对转轴处要经常加润滑油。否则造成拍门不能全部打开或不能顺利关闭,给泵站运行造成事故。

(4)出水池墙身禁止堆放重物,池底禁止撞击。

(5)出水池内禁止洗衣、游泳和抛投杂物。

3.3.1.3 泵房

泵房由电机层、水泵层、进水层及四周壁墙等组成。

对泵房的管理要求是:

(1)及时修理漏雨屋顶,室外排水要畅通,以免雨水进入泵房,影响机组的安全运行。

(2)泵房内应保持清洁。防止灰尘进入机器。清扫工作的过程是和设备零距离接触的过程。在这个过程中,有些小的、不起眼的、在日常巡检过程中很容易被遗漏的问题,都可以被及时发现并解决,例如机泵设备可能出现的跑、冒、漏、滴、螺丝松动、电气线路老化、附属配件损坏等现象。因此,清扫工作也是设备表面全面检查的工作,必须得到重视。

(3)要经常检查泵房的墙身、中墩、板、梁、柱以及相互之间的连接处,如有裂缝应查明原因,及时处理。

(4)做好地基沉陷观测工作。若沉陷不均匀,会破坏机组的同心,危及机组的安全运行。一旦发现，应及早处理。

3.3.2　机组和管路保养

水泵在排灌季节结束或运行一定时期后，应做好下列几项维护保养工作：

（1）将水泵和管路内的剩水全部放空。

（2）如水泵和管路拆卸方便，可将它们拆下来，用钢丝刷把铁锈擦刷干净。如油漆剥落，可把管子在太阳下晒热后再涂红丹，然后涂沥青，待干后放置在干燥的地方储藏。铁皮管更易锈蚀，最好每年涂油漆一次。

（3）检查轴承有无磨损，如有滚珠磨损或表面有斑点和松动等现象，都要更换，如还是好的，应用汽油或煤油清洗轴承，并涂上黄油后装好。

（4）检查叶轮上是否有裂痕和被气蚀的小孔，叶轮固定螺帽是否松动，如有损坏应修理或更换。

（5）检查泵轴有无弯曲和磨损，如有损坏应进行修理。

（6）检查叶轮在减漏环处的间隙，如果测出间隙超过规定数值，应该更换或修理减漏环。

（7）对于皮带传动的机组，应把皮带拆下用温水清洗并擦干净后挂在干燥的地方。注意不要与油脂接触，以防腐蚀，缩短寿命。

（8）若水泵和管道都不拆卸时，应用盖板将出水口封好，防止杂物进入里面。

（9）清除填料上的潮气和腐蚀物，重新整修填料函或更换填料。

（10）将进水底阀或逆止阀上的牛皮拆下，洗净晒干后保存待用。

（11）把所有的螺丝（底座和接管螺丝）用钢丝刷在水中冲刷干净，并涂上废机油或浸在废柴油内保存。

（12）将需要修理的水泵、管子及其他大小零件，标出小修、中修或大修等类别，说明损坏情况和修理要求，作好修理的准备工作。

3.3.3　水泵轴承润滑油的添加

润滑油具有很好的黏附性、耐磨性、耐温性、防锈性和润滑性，能够提高高温抗氧化性，延缓老化，能溶解积碳，防止金属磨屑和油污的结聚，提高机械的耐磨、耐压和耐腐蚀性。需要注意的是，轴承中的润滑油不宜过多，润滑油多了不但浪费，而且是有害的，润滑油填充量愈多，摩擦转矩愈大，轴承的转速愈高，危害性愈大。同样的填充量，密封式轴承的摩擦转矩大于开放式轴承。润滑油填充量相当于轴承内部空间容积的60%以后，摩擦转矩不再明显增大。这是由于开放式轴承中的润滑油大部分已被挤出，而且密封式轴承中的润滑油也已经漏失的缘故。随着润滑油填充量的增加，轴承温升会直线提高。一般认为，密封式滚动轴承的润滑油填充量，最多不得超过内部空间的50%左右。试验表明，滚珠轴承以20%~30%最为适宜。

水泵轴承润滑油的添加应注意以下问题：

（1）新投入使用的水泵，一般在运行100 h后须更换润滑油，以后每运行500 h更换一次。

（2）采用润滑油润滑的滚动轴承,运行 1 500 h 后,应更换润滑油,加注的油量不可太多或太少,因为润滑油太多或太少都会引起轴承发热。

（3）对于采用润滑油润滑的轴承,油量应加到规定位置。

（4）电动机轴承一般采用钠基润滑油,这种润滑油的特点是能耐高温(125 ℃),但易溶于水,所以不能把它用于水泵轴承的润滑。

第4篇　操作技能——中级工

模块 1　灌排工程施工

1.1　灌排渠(沟)施工

1.1.1　渠道施工测量放样

渠道施工测量放样的主要任务是:按每个中心桩的填高或挖深以及渠道设计横断面的尺寸,在实地标定出填挖范围和深(高)度,以便施工。其具体工作包括以下几方面。

1.1.1.1　施工控制桩的测设

中线桩在施工过程中要被锯掉或填埋。为了施工中及时、方便、可靠地控制中线位置,需要在不易受施工破坏、便于引测、易于保存桩位的地方测设施工控制桩。控制桩有以下两种测设方法:

(1)平行线法。平行线法是在设计渠道宽度以外测设两排平行于中线的施工控制桩,如图 4-1-1 所示,控制桩的间距一般取 10 ~ 20 m。此法多用于地势较平坦、直线段较长的渠段。

(2)延长线法。延长线法是在渠道转折处的中线延长线上,以及曲线中点至交点的延长线上打下施工控制桩,如图 4-1-2 所示。此法多用于地形起伏较大、直线渠段较短的山区。

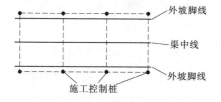

图 4-1-1　测设控制桩—平行线法

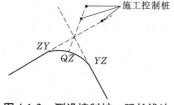

图 4-1-2　测设控制桩—延长线法

1.1.1.2　标定中心桩的填高与挖深

由于渠道从勘测设计到开始施工要有一段时间,施工前必须检查中心桩有无丢失或位置变动。如发现位置有疑问的中心桩,应根据附近的中心桩或转折点处的中心桩(此处为加固的中心桩)进行检测,以校核其位置的正确性。如有丢失应进行恢复。然后根据纵断面图上所计算各中心桩的挖深或填高数,分别用红油漆写在各中心桩上。

1.1.1.3　渠道边坡放样

为了指导渠道的开挖和填土,需要在实地标明开挖线和填土线。根据设计横断面与原地面线的相交情况,渠道的横断面形式一般有三种:①挖方断面(当挖深达 5 m 时应加修平台)(见图 4-1-3(a));②填方断面(见图 4-1-3(b));③挖、填方断面(见图 4-1-3(c))。在挖方断面上需标出开挖线,填方断面上需标出填方的坡脚线,挖、填方断面上既有开挖线也有填土线,这些挖、填线在每个断面处是用边坡桩标定的。所谓边坡桩,就是设计横断面线与原地面线交点的桩(见图 4-1-4 中的 d、e、f 点),在实地用木桩标定这些交点桩的工作称为边坡桩放样。标定边坡桩的放样数据是边坡桩与中心桩的水平距离,通常直接从横断面图上量取。为便于放样和施工检查,现场放样前先在室内根据纵横断面图将有关数据制成表格,如表 4-1-1 所示。

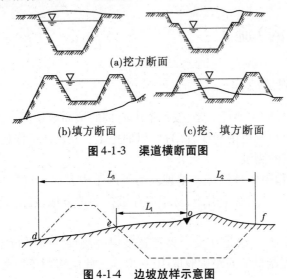

(a)挖方断面

(b)填方断面　　　　　　(c)挖、填方断面

图 4-1-3　渠道横断面图

图 4-1-4　边坡放样示意图

表 4-1-1　渠道断面放样数据表

计算者×××　　（单位:m）

桩号	地面高程	设计高程		中心桩		中心桩至边坡桩的距离			
		渠底	渠堤	填高	挖深	左外坡脚	左内边坡	右内边坡	右外坡脚
0 + 000	77.31	74.81	77.31		2.50	7.38	2.78	4.40	
0 + 100	76.68	74.76	77.26		1.92	6.84	2.80	3.65	6.00
0 + 200	76.28	74.71	77.21		1.57	5.62	1.80	2.36	4.15
…	…	…	…	…	…	…	…	…	…

表 4-1-1 内的地面高程、渠底高程、中心桩的填高或挖深等数据由纵断面图上查得;堤顶高程为设计的水深加超高加渠底高程;左内边坡宽、右内边坡宽、外坡脚宽等数据是以中心桩为起点在横断面图上量得的。放样时,先在实地用十字直角器定出横断面方向,然后根据放样数据沿横断面方向将边坡桩标定在地面上。如图 4-1-4 所示,从中心桩 o 沿左侧方向量取 L_1 得到左内边坡桩 e,量 L_3 得到左外坡脚桩 d,再从中心桩沿右侧方向量取 L_2,得到右内边坡桩 f,分别打下木桩,即为开挖、填筑界线的标志,连接相邻断面对应的边坡桩,用白灰画线,即为开挖线和填土线。

1.1.2　回填土的含水率及干密度的测定

1.1.2.1　回填土试样含水率检验

1)砂浴烘干测含水率

(1)仪器设备:①砂浴:将薄钢板加工成圆形或方形盘,深 60 mm,底部铺 25 mm 厚洁净的中粗砂。大小依据加热的电炉或火炉的大小确定,保证底部均匀受热。②试样盘:用白铁皮或薄铝板制成。深 50 mm,稍小于砂浴尺寸。③天平:称量 500 g,最小分度值 0.1 g。④油灰刀、毛刷。

将环刀内的全部试样称取质量,待捣碎后均匀地散布在试样盘中,将试样盘放在砂浴内加热,不断用油灰刀翻拌试样,促使水分蒸发。试样干燥后,取出试样盘,稍予冷却,称其质量。灰土、素土、纯砂精确到 0.1 g,级配砂石精确到 1 g。

应提前做测定,确定各种试样(灰土、素土、砂、砂石)某一定量时,烘干所需最短时间。如果试样量大,可分几次烘干,将试样再烘 1 min 后,质量损失不超过该样品称量时精确度要求,即认为已烘干(通常 1 h 足够)。

(2)含水率计算。试样含水率按式(4-1-1)计算,填写含水率试验记录。

$$w = (m_0 - m_d)/m_d \times 100\% \qquad (4\text{-}1\text{-}1)$$

式中　w——含水率;

　　　m_0——试样湿质量;

　　　m_d——试样干质量。

2)酒精燃烧法测定含水率

称取代表性试样 m_0(灰土、素土 15～20 g,砂 20～30 g)放入试样盒内,将纯度95%的酒精注入盒中,使酒精充分浸透试样并混合均匀,点燃酒精,燃烧至火焰熄灭。以上操作共进行二次后称取干试样质量 m_d,精确至 0.1 g。按式(4-1-1)计算含水率(精确至 0.1%)。填写含水率试验记录,见表4-1-2。

表 4-1-2　含水率试验记录

工程名称_____　　　　　　　　　　　　　　　　试验员_____

试验日期_____年____月____日　　　　　　　　　　　　　　　试验方法_____

试样编号	1	2	3	4	5	6
盘＋湿质量(g)						
盘＋干质量(g)						
盘质量(g)						
湿试样质量(g)						
干试样质量(g)						
水质量(g)						
含水率(%)						

复核_____

1.1.2.2 回填土密度测定

1)环刀法

环刀法适用于测定细粒土及无机结合料稳定细粒土的密度,可用于施工过程中的压实度检验,但无机结合料稳定土龄期不宜超过 2 d。

A. 主要仪器设备

环刀:内径 6～8 cm,高 2～3 cm,壁厚 1.5～2 mm。

天平:感量 0.1 g。

其他:修土刀、钢丝锯、凡士林等。

B. 方法与步骤

(1)称量环刀质量。

(2)按工程要求取原状土或制备所需状态的扰动土样,整平两端,环刀内壁涂一薄层凡士林,刀口向下放在土样上。

(3)用修土刀或钢丝锯将土样上部削成略大于环刀直径的土柱,然后将环刀垂直下压,边压边削,至土样伸出环刀上部。削去两端余土,使环刀口面齐平,并用剩余土样测定含水率。

(4)擦净环刀外壁,称环刀与土的合质量,精确至 0.1 g。

C. 结果整理

$$\rho = (m_2 - m_1)/V \tag{4-1-2}$$

$$\rho_d = \rho/(1 + w) \tag{4-1-3}$$

式中 ρ——湿密度,g/cm^3;

V——环刀体积,cm^3;

m_1——环刀质量,g;

ρ_d——干密度,g/cm^3;

m_2——环刀与土的质量,g;

w——含水率(%)。

D. 精度和允许差

本试验须进行二次平行测定,取其算术平均值,其平行差值不得大于 0.03 g/cm^3。

E. 注意事项

(1)环刀压入土中时用力要适度,不可太大,以免试件的变形和开裂破坏了土样原密度。

(2)环刀压到位后,先修平上部,然后削去下部的余土后再来修平下部,而不要先削去两端余土再来修平。

(3)两端修平要仔细,不可出现太多坑洼、麻点。

(4)修平时削土量不能太大,否则难以达到要求。

F. 试验记录

试验记录表见表 4-1-3。

表4-1-3　试验记录表

土样编号					
环刀号					
环刀容积	cm³	①			
环刀质量	g	②			
土＋环刀质量	g	③			
土样质量	g	④	③－②		
湿密度	g/cm³	⑤	④÷①		
含水率	%	⑥			
干密度	g/cm³	⑦	⑤/(1＋⑥)		
平均干密度	g/cm³	⑧	(⑦＋⑦)÷2		

2）灌水法

（1）仪器设备：玻璃量筒 2 000 mL、1 000 mL、100 mL 各一个；聚氯乙烯薄膜；台秤：称量 50 kg，最小分度值 5 g；护口板：3 mm 厚钢板，中间按试坑直径要求开圆孔，见表4-1-4。

表4-1-4　回填土试坑尺寸　　　　　　　　（单位：mm）

最大粒径	试坑直径	试坑深度
31.5	150	200
40	200	250
60	250	300

若每层实际厚度小于表4-1-4内试坑深度，取实际厚度。回填层碾压平整后，按取样平面示意图标明的位置，放好护口板，从中间圆孔内下挖至要求深度，试样装入盛土容器内称质量，用四分法取出试样 1 000 g，用砂浴法或酒精燃烧法测含水率。

将聚氯乙烯薄膜沿试坑内壁及地表铺好，上口用护口板压住，用量筒往坑内注水，直至与地表平齐，持续 3 min，记录用水量，精确到 1 mL。

（2）计算湿密度

$$\rho_0 = m_0/V \tag{4-1-4}$$

式中　ρ_0——试样湿密度，g/cm³；

　　　m_0——试样湿质量，g；

　　　V——试坑体积（等于灌水量，按 1 mL ＝ 1 cm³ 计）。

计算干密度

$$\rho_d = \rho_0/(1＋w) \tag{4-1-5}$$

式中　ρ_d——试样干密度，g/cm³；

ρ_0——试样湿密度,g/cm^3;

w——试样含水率(%)。

填写干密度试验记录,见表 4-1-5。

表 4-1-5　干密度试验记录

工程名称＿＿＿＿＿＿＿＿＿＿　　　　　　　　　　　　　试验员＿＿＿＿＿

试验日期＿＿＿＿年＿＿月＿＿日　　　　　　　　　　　　试验方法＿＿＿＿

试坑编号	用水量 (mL)	试坑体积 (cm^3)	试坑量 (g)	湿密度 (g/cm^3)	含水率 (%)	干密度 (g/cm^2)
	1	2	$3 = \dfrac{2}{1}$	4	$5 = \dfrac{3}{1+4}$

复核＿＿＿＿＿

3)灌砂法

本试验法适用于在现场测定基层(或底基层)、砂石及基土的各种材料压实层的密度和压实度,但不适用于填石等有大孔洞或大孔隙材料的压实度检测。

A. 仪器用具与材料

(1)灌砂筒:有大小两种,根据需要采用,当集料的最大粒径小于 15 mm、测定层的厚度不超过 150 mm 时,宜采用 ϕ100 mm 的小型灌砂筒测试;当集料的最大粒径等于或大于 15 mm,但不大于 40 mm,测定层的厚度超过 150 mm,但不超过 200 mm 时,应用 ϕ150 mm 的大型灌砂筒测试。灌砂筒和标定罐的尺寸见表 4-1-6,储砂筒筒底中心有一圆孔,下部装一倒置的圆锥形漏斗,漏斗上端开口,直径与储砂筒的圆孔相同。漏斗焊接在一块铁板上,铁板中心有一圆孔与漏斗上开口相接,在储砂筒筒底与漏斗顶端铁板之间设有开关,开关为一薄铁板,一端与筒底及漏斗铁板铰接在一起,另一端伸出筒身外。开关铁板上也有一个相同直径的圆孔。

表 4-1-6　灌砂仪的主要尺寸

结构		小型灌砂筒	大型灌砂筒
储砂筒	直径(mm)	100	150
	容积(cm^3)	2 120	4 600
流砂孔	直径(mm)	10	15
金属标定罐	内径(mm)	100	150
	外径(mm)	150	200
金属方盘基板	边长(mm)	350	400
	深(mm)	40	50
	中孔直径(mm)	100	150

注:如集料的最大粒径超过 40 mm,则应相应地增大灌砂筒和标定罐的尺寸;如集料的最大粒径超过 60 mm,灌砂筒和现场试洞的直径应为 200 mm。

（2）金属标定罐：用薄铁板制作的金属罐，上端周围有一罐缘。

（3）基板：用薄铁板制作的金属方盘，盘的中心有一圆孔。

（4）玻璃板：边长为 500~600 mm 的方形板。

（5）试样盘：小筒挖出的试样可用饭盒存放，大筒挖出的试样可用 300 mm×500 mm×40 mm 的搪瓷盘存放。

（6）天平或台秤：称量 10~15 kg，感量不大于 1 g，用于含水率测定的天平，精度对细粒土、中粒土、粗粒土宜分别为 0.01 g、0.1 g、1.0 g。

（7）含水率测定器具：如铝盒、烘箱等。

（8）量砂：粒径 0.30~0.60 mm 或 0.25~0.50 mm 清洁干燥的均匀砂，20~40 kg，使用前须洗净、烘干，并放置足够的时间，使其与空气的湿度达到平衡。

（9）盛砂的容器：塑料桶等。

（10）其他：凿子、螺丝刀、铁锤、长把勺、长把小簸箕、毛刷等。

B. 方法与步骤

（1）按现行试验方法对检测对象试样用同种材料进行击实试验，得到最大干密度（ρ_{dm}）及最佳含水率（w_0）。

（2）选用适宜的灌砂筒。

（3）按下列步骤标定灌砂筒下部圆锥体内砂的质量：

①在灌砂筒筒口高度上，向灌砂筒内装砂至距离筒顶 15 mm 左右为止。称取装入筒内砂的质量（m_1），精确至 1 g。以后每次标定及试验都应该维持装砂高度与质量不变。

②将开关打开，使灌砂筒筒底的流砂孔、圆锥形漏斗上端开口圆孔及开关铁板中心的圆孔上下对准，让砂自由流出，并使流出砂的体积与工地所挖试坑内的体积相当（或等于标定罐的容积），然后关上开关。

③不晃动储砂筒的砂，轻轻地将灌砂筒移至玻璃板上，将开关打开，让砂流出，直到筒内砂不再下流时，将开关关上，并细心地取走灌砂筒。

④收集并称量留在玻璃板上的砂或称量筒内的砂，精确至 1 g，玻璃板上的砂就是填满筒下部圆锥体的砂（m_2）。

⑤重复上述测量三次，取其平均值。

（4）按下列步骤标定量砂的单位质量 γ_s（g/cm³）：

①用水确定标定罐的容积 V，精确至 1 mL。

②在储砂筒中装入质量为 m_1 的砂，并将灌砂筒放在标定罐上，将开关打开，让砂流出。在整个流砂过程中，不要碰动灌砂筒，直到储砂筒内的砂不再下流时，将开关关闭，取下灌砂筒，称取筒内剩余砂的质量（m_3），精确至 1 g。

③按式（4-1-6）计算填满标定罐所需砂的质量 m_a（g）

$$m_a = m_1 - m_2 - m_3 \tag{4-1-6}$$

式中　m_a——标定罐中砂的质量，g；

m_1——灌砂筒内的砂的总质量，g；

m_2——灌砂筒下部圆锥体内砂的质量，g；

m_3——灌砂入标定罐后，筒内剩余砂的质量，g。

④重复上述测量三次,取其平均值。

⑤按式(4-1-7)计算量砂的单位质量 γ_s

$$\gamma_s = m_a/V \tag{4-1-7}$$

式中　γ_s——量砂的单位质量,g/cm^3;

　　　V——标定罐的体积,cm^3。

(5)试验步骤:

①在试验地点,选一块平坦表面,并将其清扫干净,其面积不得小于基板面积。

②将基板放在平坦表面上,当表面的粗糙度较大时,则将盛有量砂(m_5)的灌砂筒放在基板中间的圆孔上,将灌砂筒的开关打开,让砂流入基板的中孔内,直到储砂筒内的砂不再下流时关闭开关。取下灌砂筒,并称量筒内砂的质量(m_6),精确至 1 g。

注:当需要检测厚度时,应先测量厚度后再进行这一步骤。

③取走基板,并将留在试验地点的量砂收回,重新将表面清扫干净。

④将基板放回清扫干净的表面上(尽量放在原处),沿基板中孔凿洞(洞的直径与灌砂筒一致)。在凿洞过程中,应注意不使凿出的材料丢失,并随时将凿松的材料取出装入塑料袋中,不使水分蒸发。也可放在大试样盒内,试洞的深度应等于测定层厚度,但不得有下层材料混入,最后将洞内的全部凿松材料取出。对土基或基层,为防止试样盘内材料的水分蒸发,可分几次称取材料的质量。全部取出材料的总质量为 m_w,精确至 1 g。

⑤从挖出的全部材料中取有代表性的样品,放在铝盒或洁净的搪瓷盘中,测定其含水率(w 以％计)。样品的数量如下:用小灌砂筒测定时,对于细粒土,不小于 100 g;对于各种中粒土,不小于 500 g。用大灌砂筒测定时,对于细粒土,不小于 200 g;对于各种中粒土,不小于 1 000 g;对于粗粒土或水泥、石灰、粉煤灰等无机结合料稳定材料,宜将取出的全部材料烘干,且不少于 2 000 g,称其质量(m_d),精确至 1 g。

注:当为沥青表面处治或沥青贯入式结构类材料时,则省去测定含水率步骤。

⑥将基板安放在试坑上,将灌砂筒安放在基板中间(储砂筒内放满砂到要求质量 m_1),使灌砂筒的下口对准基板的中孔及试洞,打开灌砂筒的开关,让砂流入试坑内,在此期间,应注意勿碰动灌砂筒。直到储砂筒内的砂不再下流时,关闭开关,仔细取走灌砂筒,并称量筒内剩余砂的质量(m_4),精确至 1 g。

⑦如清扫干净的平坦表面的粗糙度不大,可省去 ii 和 iii 的操作。在试洞挖好后,将灌砂筒直接对准放在试坑上,中间不需要放基板,打开筒开关,让砂流入试坑内,在此期间,应注意勿碰动灌砂筒。直到储砂筒内的砂不再下流时,关闭开关。仔细取走灌砂筒,并称量筒内剩余砂的质量(m'_4),精确至 1 g。

⑧仔细取出试筒内的量砂,以备下次试验时再用。若量砂的湿度已发生变化或量砂中混有杂质,则应该重新烘干、过筛,并放置一段时间,使其与空气的湿度达到平衡后再用。

C. 计算

(1)按式(4-1-6)或式(4-1-7)计算填满试坑所用的砂的质量 m_b(g):

灌砂时,试坑上放基板

$$m_b = m_1 - m_4 - (m_5 - m_6) \tag{4-1-8}$$

灌砂时,试坑上不放基板

$$m_b = m_1 - m_4 - m_2 \tag{4-1-9}$$

式中　m_b——填满试坑的砂的质量,g;

　　　m_1——灌砂前灌砂筒内砂的总质量,g;

　　　m_2——灌砂筒下部圆锥体内砂的质量,g;

　　　m_4、m_4'——灌砂后,灌砂筒内剩余砂的质量,g;

　　　$m_5 - m_6$——灌砂筒下部圆锥体内及基板和粗糙表面间砂的合计质量,g。

（2）按式(4-1-10)计算试坑材料的湿密度ρ_w(g/cm^3)

$$\rho_w = \frac{m_w}{m_b}\gamma_s \tag{4-1-10}$$

式中　m_w——试坑中取出的全部材料的质量,g;

　　　γ_s——量砂的单位质量,g/cm^3。

（3）按式(4-1-11)计算试坑材料的干密度ρ_d(g/cm^3)

$$\rho_d = \frac{\rho_w}{1 + w} \tag{4-1-11}$$

式中　w——试坑材料的含水率(%)。

（4）当为水泥、石灰、粉煤灰等无机结合料稳定土的场合,可按式(4-1-12)计算干密度ρ_d(g/cm^3)

$$\rho_d = \frac{m_d}{m_b}\gamma_s \tag{4-1-12}$$

式中　m_d——试坑中取出的稳定土的烘干质量,g。

（5）按式(4-1-13)计算施工压实度

$$K = \frac{\rho_d}{\rho_{dm}} \times 100\% \tag{4-1-13}$$

式中　K——测试地点的施工压实度(%)。

　　　ρ_d——试样的干密度,g/cm^3;

　　　ρ_{dm}——由击实试验得到的试样的最大干密度,g/cm^3。

注:当试坑材料组成与击实试验的材料有较大差异时,可以试坑材料作标准击实,求取实际的最大干密度。

1.1.3　砌石、混凝土、膜料等防渗衬砌的施工方法

1.1.3.1　浆砌石防渗工程施工

1)砌石胶结材料的拌制

按选定并制备好的、质量满足要求的原材料及根据设计强度等级所确定的配合比,拌制砂浆或细粒混凝土。拌制时,如条件许可,最好采用砂浆或混凝土拌和机拌和,以保证浆料的均匀性。如用人工拌和,应先在薄钢板上把干料反复拌和均匀,使颜色完全一致后,再分几次加入应加的拌和水。每次加水后,均应翻搅多次,直至拌和均匀。如为水泥石灰砂浆或石灰砂浆,应先将石灰膏加入拌和水中,搅匀后,再加入水泥拌和。拌制浆料中,切忌随意加水及耗失水量。浆料要随用随拌,不宜拌得过多和停放的时间过长。自出

料到用完料的允许间歇时间不应超过 1.5 h。

2）浆砌石前的准备与砌筑顺序

因石材不同,其砌法亦不同。但不管是哪种砌法,砌石前,为了控制好衬砌断面及渠道坡降,都要隔一段距离(直段 10~20 m,弯段可以更短一些)先砌筑一个标准断面,后以此断面为准,拉线开始砌筑。砌筑时,梯形明渠,宜先砌渠底后砌渠坡,砌渠坡时,从坡脚开始,由上而下分层砌筑;U 形和弧形明渠、拱形暗渠,从渠底中心线开始,向两边对称砌筑;矩形明渠,宜先砌两边侧墙,后砌渠底。

3）浆砌块石渠道的施工

浆砌块石渠道的施工通常采用坐浆法。

(1)在渠道基础上先铺好砂浆,其厚度为石料高度的 1/3~1/2,然后砌石。砌块石一般采用花砌法分层砌筑。砌时,先将表面石定位,再砌填腹石。砌填腹石时,应根据石块的自然形状,交错放置,尽量使石块之间缝隙最小,但不能没有间隙,然后在孔隙中填砂浆至一半高度,再根据各个缝隙的大小和形状,填入合适的中小石块,用手锤轻轻敲击,使石块全部挤入缝隙的砂浆中,直到填满整个缝隙。

(2)砌缝要密实紧凑,但也应避免石块口缝太小,影响砂浆进入。浆缝宽度一般为 1~3 cm。

(3)面石与腹石相互交错连接,上下二层石料亦应错缝,不能出现通天缝。

(4)砌石总的要求是要做到稳、紧、满(浆料满实)、表面平整、上下错缝、内外搭砌,避免通缝等。砌筑渠坡时,相邻两个砌石段间应尽可能等高地进行施工,其高差最好不大于 1 m。

(5)砌好的石体,在砂浆初凝后,不得再有移动,不能用锤击或冲击,也不能在上面拖拉重物,以免影响砌体的整体性和结构强度。如确有必要移动,应轻轻垂直提起石块,清除旧砂浆,重新坐浆再砌。

(6)砌筑完毕后,在砌筑砂浆初凝前,应及时进行勾缝,最好是随砌随勾缝,以便使砌筑砂浆与勾缝砂浆结合紧密,共同凝固和发挥作用。勾缝的形式有平缝、凹缝、凸缝三种。一般砌石渠道防渗工程,为了减少糙率,多用平缝。有的也采用凹缝,不采用凸缝。勾缝工作一般应在剔好缝(剔缝深度不得小于 3 cm)并刷洗干净、没有污物浮土、保持湿润的情况下进行。勾缝时,所有砂浆都要符合设计要求;填塞要压实压紧,表面要反复抹压平整,使之与石体结合紧密。对凹形缝的勾缝工作,尤应注意保证质量。砌石及勾缝完成,开始凝结后,应及时清理现场,扫除残留的砂浆,立即作好养护工作,防止干裂。一般应覆盖草帘或草席,经常洒水保湿,其时间不少于 14 d。特别是夏季施工,应做到随砌随盖随洒水养护。一般最好不要在冬季施工,如必须施工,应按冬季混凝土及砂浆施工的要求和有关规定办理。或做到随砌随盖草帘(但不要洒水),起到保湿保温、促进凝结、防止裂缝的作用。如温度过低,可以增加草帘的层数,使其保温防冻。总之,勾缝是砌石渠道防渗效果好坏的关键性工序,务必做到勾缝严密、光滑、无毛边、无裂纹等。

4）浆砌卵石渠道的施工

浆砌卵石一般和浆砌块石的施工方法及质量要求基本相同。但甘肃、新疆、贵州等省(区)为了提高浆砌卵石渠道的防渗抗冲能力,采用坐浆干靠挤浆法、干砌灌浆法及干砌灌细粒混凝土法,而不采用宽缝坐浆砌卵石法。这是由于此种砌法,卵石互相不紧靠,没有结构强度,虽有砂浆凝固连接,但其强度较低,一旦被水流冲坏,将引起整个卵石砌体的破坏。

（1）坐浆干靠挤浆法。如图 4-1-5 所示,先铺厚 3 ~ 5 cm 的砂浆,然后按干砌卵石的施工方法砌卵石。使卵石互相紧靠,下端嵌入砂浆内,较长的卵石嵌得深些,以期砌石面平整。底部的石缝随砌随用砂浆填实并挤紧,将砂浆挤出,沿缝压实。如进行勾缝,则砂

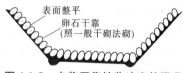

图 4-1-5   坐浆干靠挤浆法砌筑渠道

浆面应低于卵石面 2 ~ 3 cm。砌筑时,砂浆摊铺面不宜过大,应与砌筑速度互相配合,以免砂浆初凝。

（2）干砌灌浆法。先按干砌卵石的施工方法砌好,然后向砌缝中灌注砂浆。灌浆要用小铁铲或专门的半圆形小槽逐缝喂灌,并用铁钎细心插捣,直至灌满。较大的三角缝宜应用细长的卵石填塞,使其密实。砂浆一般灌至卵石与卵石接触点的中部即可,不可太多,也不需要专门进行勾缝,只需要略加整平即可。

（3）干砌灌细粒混凝土法。干砌卵石完成以后,即可灌细粒混凝土。有人工灌缝及机械振捣灌缝两种方法。机械法较人工法可节约劳力 55%,提高工效 1.25 倍,同时可以保证灌缝的质量,提高防渗效果。

1.1.3.2 膜料防渗工程施工

膜料防渗工程施工过程大致可分为基槽开挖、膜料加工及铺设、保护层施工等三个阶段。岩石、砾石基槽或用砂砾料、刚性材料作保护层的膜料防渗工程,在铺膜前后还要进行过渡层施工。

1）渠床清理

要清除渠床杂草、树根、瓦砾、碎砖、料姜石、硬土块等杂物和淤积物。

2）膜料加工

膜料加工包括剪裁、接缝等项工作。

A. 剪裁

成卷膜料应根据铺膜基槽断面尺寸大小及每段长度剪裁。纵向铺膜时,要按基槽断面尺寸计算所需膜料的幅数。横向铺膜时,以铺设基槽断面的长度为一幅。由于膜料具有一定的伸缩性,并考虑到温度变化和施工时不能拉得太紧等因素,剪裁时,一般应比基槽实际轮廓长度长 5%。剪裁的长度,应以其大块膜料便于搬运和铺设为宜,小型渠道一般为 50 ~ 60 m,大中型渠道可选用 20 ~ 40 m。

B. 接缝

膜料连接的处理方法有搭接法、焊接法和粘接法等。

（1）搭接法。主要用于小型的膜料防渗渠道,或大块膜料施工中的现场连接。搭接宽度一般为 20 cm。膜层应平整,层间要洁净,而且要上游一幅压下游一幅,并使缝口吻合紧密。

（2）焊接法。可用专用焊接机焊接,也可用电熨斗焊接。用电熨头焊接时,需配备一个木模架,见图 4-1-6,具体长度视需要而定。焊接方法是:先在横架顶部铺一层稍宽于顶

部的、平整的纸(报纸或水泥袋纸),再将下层膜料齐模
架沿接缝口拉顺拉齐、铺平、擦拭干净,然后铺上层接
缝膜料,最后再铺一层纸,用预热至规定温度(一般为
160～180 ℃,可在现场试验决定)的调温电熨斗,以约
30 cm/min 的速度沿模架顶均匀加压行进。行进中所
加的压力,可在接缝接合好的前提下,经试验确定。焊
接宽度一般为 5～6 cm。

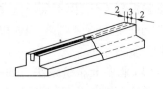

图 4-1-6　热接法木模架　(单位:cm)

(3)粘接法。聚氯乙烯膜的粘接法。黏结剂配方(重量比):丙酮 60%,环己酮 15%,
二甲苯 8%,过氯乙烯树脂 15% 及少量邻苯二甲酸二辛酯等。黏结剂配制方法:因丙酮易
挥发,应在粘膜前 1 h 配制,随配随用。配制时,先将环己酮、二甲苯、过氯乙烯树脂、丙酮
及邻苯二甲酸二辛酯等按重量比配好,搅拌均匀。若聚氯乙烯树脂(固体)溶解不彻底,
再加丙酮(总量不得超过 60%),搅拌至固体完全溶解,即可使用。粘接塑膜:将下层膜料
铺在一个长约 2 m、宽约 1.2 m 的平台上,用配好的黏结剂,沿接缝宽度涂匀,随即将上层
膜料对准接缝宽度。由一端向另一端均匀压下,使其粘接紧密。粘接宽度一般为 15～20
cm。粘接面必须干净。如在现场粘接,则以在较长、较平整的木板上粘接为好。

3)膜料铺设

铺膜基槽检验合格后,在基槽表面洒水湿润,以保证膜料能紧密地贴在基床上。铺设
时,将按设计尺寸加工的大幅膜料叠成"琴箱"式,先横向放在下游基槽内,再将一端与先
铺设好的膜料或原建筑物在现场焊接(或粘接)并填土压实后,再向上游拉展铺开。但不
要拉得太紧,要留有均匀的小褶皱。铺好后,随即用湿土先压住边缘,再全面压实;或者填
筑过渡层。也可将成卷的膜料,由渠道一岸经渠底向另
一岸铺设。铺膜速度应和过渡层、保护层的填筑速度相
配合,当天铺膜,应当天填筑好过渡层和保护层,以免膜
层裸露时间过长。无论什么基槽形式和铺膜方式,都必
须使膜料与基槽紧密吻合和平整,并将膜下空气完全排
出来。膜层顶部按图 4-1-7 铺设,注意检查并粘补已铺膜
层的破孔,粘补膜应超出破孔周边 10～20 cm。施工人
员应穿胶底鞋或软底鞋,谨慎施工。

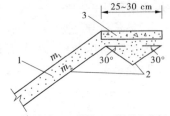

1—保护层;2—膜料;3—混凝土盖板

图 4-1-7　膜层顶部铺设形式

4)保护层的填筑

(1)土保护层的施工。土保护层施工,一般采用压
实法;如果保护层土料系砂土、湿陷性黄土等不易压实的土类,可采用浸水泡实法。

①压实法。填土时,应先将土中的草根、苇根、树根、乱砾等杂物拣出。第一层最好使
用湿润松软的土料,从上游向下游填土,并注意排气。根据保护层的厚度,可一次回填或
分层回填。人工夯实,每次铺土厚约 20 cm;履带式拖拉机碾压,每次铺土厚 30 cm;禁止
使用羊脚碾压实。在直接靠近膜料处应用木夯、小铁杵等轻型夯具小心夯实。夯实干密
度按设计要求控制。层与层之间,需洒水、扒松,以利结合。各回填段接槎处应按斜面衔
接,并交错行夯,使各回填段形成牢固的整体。边坡需宽出 20～25 cm,以便削坡。保护
层高程和厚度应严格控制。

②浸水泡实法。一次性填筑好保护层,填筑过程中,将填土稍加拍实。填筑断面尺寸留 10% ~15% 的沉陷量。先放小水后逐渐抬高水位,待保护层反复浸水沉陷稳定后,缓慢泄水,填筑裂缝,并拍实、整修成设计断面。

(2)砂砾料和刚性材料保护层的施工。砂砾料保护层的施工程序是:当膜料铺好后,先铺膜面过渡层,再铺符合级配要求的砂砾料保护层,并逐层插捣或振压密实。关键是过渡层的铺设。要特别注意防止刚性材料撞破膜料。发现膜料有孔洞或被穿破,要立刻采用粘贴法修补。

1.1.3.3　混凝土防渗渠道的施工

1)梯形渠道混凝土防渗渠道的施工

A. 模板制作

现浇法施工的模板与防渗层结构形式有关。目前,等厚板、楔形板、肋梁板和中部加厚板等结构形式的施工,多采用活动模板浇筑。

B. 立模

浇筑渠底板,若系单数块,四侧均立侧板,用木桩固定;浇双数块时,纵向侧立侧板,横向侧紧靠已浇块立缝子板。板高应与混凝土衬砌面齐平。

渠坡在浇单数块时,按浇筑块的长度先立两边的侧挡,后立中部的压梁,压梁下端均用脚蹬钩固定,压梁上端及两边侧挡分别设固定钎固定;浇双数块时,先立两边的缝子板(和已浇块紧靠),后立中间的 2 个压梁。不论浇单、双块,如用人工或插入式振捣器插捣,均安设仓板,并用对头木楔固定。如用平面振捣器振捣,则仅立侧挡或缝子板不安设压梁和仓板。所用的缝子板,为便于拆卸,事先应泡水。所有模板接触混凝土的表面应刷以废机油或肥皂水。

C. 入仓振捣

浇筑边坡时,将拌好的混凝土倒入仓板内,随倒随平,使浆与集料均匀分布。待装至一块仓板的 2/3 高度后,即用人工(用小洋镐、木榔头、捣固铲等工具)或插入式振捣器插捣,至出浆为止,再安设第二块仓板,使板缝合好,上下齐平,用木楔固定牢靠。如此,继续入仓振捣,直至 5 块活动模板用完。此时即拆除第一块仓板,清理干净,随即安设在最上部,继续浇筑。以此类推,直至浇完。

如用平面振捣器振捣,则将混凝土按侧挡(或缝子板)的高度(应高出 1 ~ 2 cm)全部铺满仓面(速度要快,否则早铺的料,未振前可能初凝,影响振实),整平表面,即可开始振捣。施工人员站在堤顶,拉住平面振捣器(有卷扬机拖拉更好),接通电源,自下而上依次振捣,振捣器下行时,必须关闭电源,停止振捣,且最好放在木板上或已硬化的混凝土板上滑下,否则会错动或推移摊铺的混凝土料,以致形成横向裂缝。一般振捣两遍即可。第一遍了了振实,移动速度均匀而较慢,至表面泛浆;第二遍为了振平,移动速度可稍快,并应注意边角处的振实,必要时辅以人工插捣。

浇筑渠底板,如用人工夯捣,可以边铺料边用小木夯夯捣;如用平面振捣器,则待铺满摊平一个仓面后,再开始振捣,直至出浆。由于人工浇筑较难保证施工质量,所以随着施工机械化的发展,应逐步推广平面振捣器及插入式振捣器施工的办法。

渠坡混凝土浇筑的一种半机械法,是用一个颇重的钢面滑动板,滑板跨度等于浇筑分块长度,宽约 70 cm,滑板用设在堤上的绞车或其他动力拖动,或者在滑板上装自升机,自动升降。混凝土用插入式振捣器在滑板前振捣(见图 4-1-8),随铺随振,效率较高,混凝土表面平整。人工捣固时,应定人、定工具,并明确工作范围和职责。捣固程度以混凝土不再下沉、表面出浆为止,并应特别注意靠近模板和钢筋下部及棱角处的捣实工作。

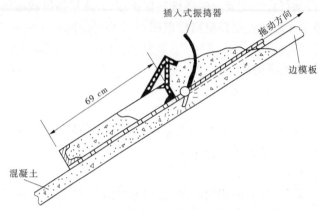

图 4-1-8　拖动滑动板浇筑渠坡混凝土

在保证质量的前提下,每块混凝土板的浇筑速度越快越好,否则,混凝土整平和收面工作不易保证质量,更不要中途无故停顿。如因某些原因不得不暂停浇筑,其间歇时间,一般在常温下不得超过 90 min,否则应按接缝处理。即将表面打毛,用清水冲洗干净,并铺设砂浆,再进行浇筑,以便结合牢固。

D. 收面

采用仓板浇筑的,在浇完后即拆去压梁和仓板,整平表面,开始收面。不用仓板浇筑的,在振捣完后即可开始收面工作。

做好渠道衬砌混凝土的收面工作,可以降低糙率,提高过水能力,增强防渗效果,延长使用时间。因此,收面工作是浇筑中重要的工序,必须十分注意。收面工作要求做到表面平整光滑,无石子外露,无蜂窝麻面。收面应在混凝土浇筑完后,立即用原浆收面,不得另拌砂浆收面。实践证明,另拌砂浆收面的办法,往往因与原浆配合比不同,结合不好,冬季受冻后,容易造成表层大量脱落,费料费工,对工程无益。收面的工序是:先用长木泥抹(30~50 cm 长)粗抹一遍,使表面平整,稍停,再用铁泥抹细抹一遍,最后待大量水分蒸发后,再用铁泥抹压抹一次,直至达到密实、平整、光滑。

E. 拆模

压梁和仓板在浇筑完后,即可拆除。侧挡最好在混凝土初凝后拆卸。拆模必须小心,不可扰动混凝土的结构。缝子板应在 2~3 d 以后再拆除。拆缝子板时,应先将其松动的一头略微撬起,然后用木榔头沿板背轻轻敲打,待全部松动后,再从另一头撬起取出,这样板子不易拆坏,同时可以保证缝壁完整。所有模板拆卸后,要立即整修,清除附着物,然后平放保管,以备再用。

F. 养护

混凝土的养护是保证和提高质量的重要环节。尤其是渠道衬砌板,一般结构较薄,外露面大,养护工作尤为重要,故应有专人负责,切实做好。养护方法最常用的是,在混凝土面上覆盖湿草帘、湿芦席。一般,在正常气温下,混凝土浇筑后 12 h 左右,即应开始养护。养护的时间随水泥品种、气候条件的不同而不同。如用普通硅酸盐水泥,至少养护 10 ~ 14 d;用火山灰质硅酸盐水泥、矿渣硅酸盐水泥或有掺合料的水泥,则应养护 14 ~ 21 d。养护过程中应勤洒水,经常保持混凝土湿润状态。

此外,还可在混凝土面上覆盖塑料薄膜,为混凝土营造一个保温、保湿环境,从而使混凝土得以充分养护。每幅塑料薄膜应能将敞露的混凝土全部表面覆盖严密,其四周要压严,以保持膜盖内的凝结水不会蒸发。塑料薄膜覆盖养护与草帘浇水养护相比,一般可缩短养护期 25% 左右,不需要浇水,具有节省能源、操作简便、成本低等优点。所以,应用较广泛。

2)U 形渠槽浇筑

U 形渠槽浇筑法基本与等厚板浇筑法相同。其施工顺序是先立边挡板架,浇筑底部中间部分,再立内模架,安设弧面部分的模板,两边同时浇筑,最后立直立段模板,直至顶部。其他如浇捣要求、拆模、收面、养护等均同等厚板浇筑。

U 形渠道砌体薄,为一曲面,人工浇筑较困难。近年来,用衬砌机浇筑较为广泛。它具有混凝土密实、质量好、效率高、模板用材少、施工费用低等优点。现将目前多用的几种衬砌机简介如下。

D40、D60、D80、D100、D120 衬砌机,是全断面连续浇筑机械,可分别衬砌直径 40 cm、60 cm、80 cm、100 cm、120 cm 的 U 形渠道,每种机械又可完成 5 种不同的衬砌高度。D80 衬砌机见图 4-1-9。主要部件有:导向部分——导向滑板,较基土断面稍小,借以控制成型的方向和内膜的位置;振动部分——振动梁,其断面和需要浇筑的渠道断面相同,内装振动器;进料部分——包括漏斗和分料格板,将混凝土送至周缘部位,漏斗后两侧设有可调整浇筑高度的插板;收面部分——拖板及后拖板,断面与衬砌断面相同,维护已成型的混凝土渠道形状,收抹表面使之平滑,两侧的收顶板可调节高度,将衬砌顶面压实收平;连接部分——槽钢梁架,将上述各部分连为整体。施工时,用慢速卷扬机或绞盘牵引。可以用人工配合,即人工拌和混凝土,架子车运输,人工绞盘牵引衬砌机,共需 27 ~ 29 人。也可以用辅助机械配合,即用拌和机、翻斗车、卷扬机,包括衬砌机装料、抹面、切制伸缩缝,每班需 14 人。无论是人工配合或辅助机械配合,生产效率均较人工衬砌显著提高。

3)施工质量的控制和检查

为了保证施工质量,必须在施工过程中,经常对混凝土组成材料和配合比、坍落度等进行检查。一般混凝土组成材料的质量,应每天检查一次。如材料的品质有较大变化,应更换合格材料或调整混凝土的配合比;混凝土的配合比应严格控制,不能在拌和过程中任意加水;坍落度每班至少检查三次,坍落度如不在允许范围内,应及时检查原因并作处理。检查的结果应做出记录。在混凝土浇筑期间,应根据浇筑量的大小、配合比的变化、浇筑部位的不同、施工班组的不同等情况,浇制混凝土强度试件,视需要亦可浇制抗渗和抗冻试件。强度试件每组 3 块,抗渗试件每组 6 块,抗冻试件数量根据试验要求而定。试件的浇制和养护方法应与施工条件相同。试件制好后应登记、编号,注明取样部位、制样时间等。待到设计龄期时,送有关单位进行试验。试验成果记入施工档案备查。

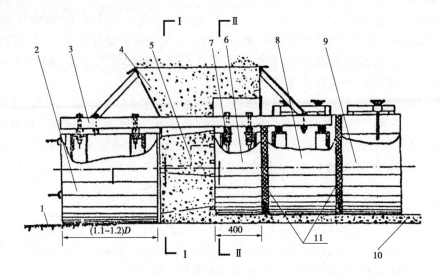

1—土基面;2—导向滑板;3—槽钢梁;4—进料漏斗;5—分料格板;6—振动梁;
7—弹簧;8—拖板;9—后拖板;10—混凝土面;11—U 形胶胎

图 4-1-9　D80 U 形渠道混凝土衬砌机示意图

1.1.4　管道工程的施工方法

1.1.4.1　管槽开挖

1)管槽断面形式和尺寸

管槽的断面形式根据现场土质、地下水位、管材种类和规格、最大冻土层深度以及施工方法确定。目前,管道铺设多采用沟埋式,其断面形式主要有矩形、梯形和复合式三种(见图 4-1-10)。根据实践经验,管槽的底部开挖宽度和深度一般按式(4-1-14)~式(4-1-16)计算。

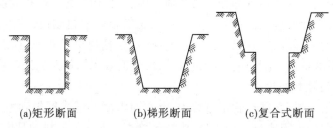

(a)矩形断面　　　　　　(b)梯形断面　　　　　　(c)复合式断面

图 4-1-10　管槽断面形式

$$D \leqslant 200 \text{ mm 的管材} \qquad B = D + 0.3 \qquad\qquad (4\text{-}1\text{-}14)$$
$$D > 200 \text{ mm 的管材} \qquad B = D + 0.5 \qquad\qquad (4\text{-}1\text{-}15)$$
$$H \geqslant D + h + 0.1 \qquad\qquad (4\text{-}1\text{-}16)$$

式中　B——管槽底部宽度,m;

　　　D——管子的外径,m;

　　　H——管槽的开挖深度,m;

h——最大冻土层深度，m。

管槽的开挖深度除满足式(4-1-16)外，还应满足外载结构设计要求，如对于塑料管，其最小埋深不能小于 0.7 m。人工开挖并将土抛于槽边的管槽壁的最大允许坡度可参考表 4-1-7 和图 4-1-11。

表 4-1-7　管槽壁最大允许坡度

土质	砂土	亚砂土	亚黏土	黏土	含砾石、卵石土	泥炭岩、白垩土	干黄土	石槽
边坡坡度	1:1.0	1:0.67	1:0.5	1:0.33	1:0.67	1:0.33	1:0.25	1:0.05

注：1. 表中砂土不包括细砂和粉砂，干黄土不包括类黄土。

2. 在个别情况下，如有足够依据或采用机械挖槽，均不受此表限制。

2) 管槽开挖应注意的问题

(1) 管槽槽底为弧形时，管子的受力情况最好，因此应尽可能将管基挖成弧形。

(2) 管线应尽量避开软弱、不均质地带和岩石地带。如无法避开，必须进行基础处理。

(3) 对于塑料管、钢管、铸铁管或石棉水泥管一般采用原土地基即可。对于松软土或填土应进行夯实，夯实密实度应达到设计要求；当地下水位较高，土层受到扰动时，一般应铺 150~200 mm 的碎石垫层进行处理；对于坚硬岩石可采取超挖再回填砂土的办法来处理(见图 4-1-12)。

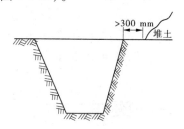

图 4-1-11　管槽边坡

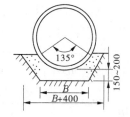

图 4-1-12　砂基础　(单位:mm)

(4) 为方便管道连接安装，管槽弃土应堆放在管槽的同一侧，最少 0.3 m 以外处。

1.1.4.2　管道系统安装

1) 管道的连接

硬塑料管道的连接形式有扩口承插式、套管式、锁紧接头式、螺纹式、法兰式、热熔焊接式等。同一连接形式中又有多种方法，不同的连接方法其适用条件、适用范围不同。因此，在选择连接形式、连接方法时，应根据被连接管材的种类、规格、管道系统设计压力、施工环境、连接方法的适用范围、操作人员技术水平等进行综合考虑。

A. 扩口承插式连接

扩口承插式连接是目前管道灌溉系统中应用最广的一种形式。其连接方法有：热软化扩口承插连接法、扩口加密封圈承插连接法和胶接黏合式承插连接法三种。

(1) 热软化扩口承插连接法。它是利用塑料管材对温度变化灵敏的热软化、冷硬缩的特点，在一定温度的热介质里(或用喷灯)加热，将管子的一端(承口)软化后与另一节管子的一端(插口)现场连接，使两节管子牢固地接合在一起。接头的适宜承插长度视系统设计工作压力和被连接管材的规格而定。利用热介质软化扩口，温度比较容易控制，加热均匀，简单易学，但受气候因素影响较大；利用喷灯直接加热扩口，受气候因素的影响较小,温度不易控制,但熟练后施工速度较快。热软化扩口承插连接法的特点:承口不需预先制作,田间现场施工,人工操作,方法简单,易掌握;连接速度快;接头费用低;适用于管道系统设计压力不大于 0.15 MPa、管壁厚度不小于 2.5 mm 的同管径光滑管材的连接。热介质软化扩口安装时,管子的一端为承口,另一端为插口。将承口端长为 1.2～1.6 倍公称外径浸入温度为(130±5)℃的热介质中软化 10～20 s,再用两把螺丝刀(或其他合适的扩口工具)稍微扩口的同时插入被连接管子的插口端。扩口用设备有加热筒、热介质(多用甘油或机油)、螺丝刀、简易炉具、燃料(木柴或煤炭)等,加热装置见图 4-1-13。

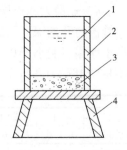

1—甘油或机油;2—贮油筒;
3—砂石;4—加热炉

图 4-1-13　加热装置示意图

喷灯直接加热法安装前,先将插口端外壁用锉刀加工成一小斜面。施工时,打开喷灯均匀地加热管子承口端,加热长度为 1.2～1.6 倍的公称外径,待其柔软后,用两把螺丝刀(或其他合适的扩口工具)稍微扩口的同时插入被连接管子的插口端。加热法的扩口工具有汽油喷灯、螺丝刀等。

(2)扩口加密封圈承插连接法。它主要适宜于双壁波纹管和用弹性密封圈连接的光滑管材。管材的承口是在工厂生产时直接形成或生产出管子后再加工制成的,为达到一定的密封压力,插头处套上专用密封橡胶圈。

其特点基本与热软化扩口承插连接法相同,但接头密封压力有所提高,可用于管道系统设计压力为 0.4 MPa(或更高)的光滑、波纹管材的连接,接头密封压力不小于 0.50 MPa。接头连接形式见图 4-1-14。

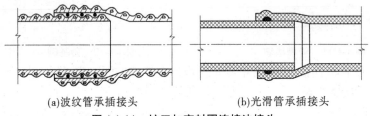

(a)波纹管承插接头　　　　　　　　(b)光滑管承插接头

图 4-1-14　扩口加密封圈连接法接头

操作步骤:①对于两端等径、平口的管子。施工前,根据系统设计工作压力和管材的规格来确定承口长度,并先加工承口。即将管子的一端浸入温度为(130±5)℃的热介质中软化(或其他加热方式),用直径稍大于管材外径的专用撑管工具(见图 4-1-15)插入已软化的管端,加工成如图 4-1-16 所示的承口,再运到施工现场进行连接安装。②出厂时已有承口的管材,可直接进行现场承插连接。

(3)胶接黏合式承插连接法。它是利用黏合剂将管子或其他被连接物胶接成整体的一种应用较广泛的连接方法。通过在承口端内壁和插头端外壁涂抹黏合材料承插连接管段,接头密封压力较高。常用的黏合材料有胶接塑料的溶剂、溶液黏合剂和单体或低聚物三大类。①溶剂粘接,利用溶剂既易溶解塑料又易挥发的特点,把溶剂均匀涂抹在承口内壁和插口外壁上,承插管子并将插口管旋转 1/2 圈,使两节管子紧紧地黏合在一起。硬聚氯乙烯常用的溶剂有环己酮、四氢呋喃、二氯甲烷等。②黏合剂胶接是利用与被胶接塑料相同或相似的树脂溶液来进行连接的。硬聚氯乙烯可用重量比为 24% 的环己酮、50% 的

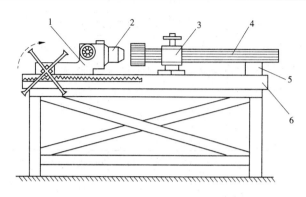

1—刀架;2—扩口器;3—夹钳;4—塑料管;5—管支撑架;6—工作台

图 4-1-15　管材扩口设备

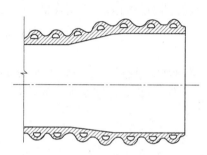

图 4-1-16　双壁波纹管承接

四氢呋喃、12%的二氯甲烷、6%的邻苯二甲酸二辛酯、8%的聚氯乙烯树脂配成的黏合剂进行连接。与溶剂粘接相比,黏合剂溶液中的树脂可以填塞胶接面上的微小孔隙,从而提高了胶接强度。另外,由于溶液黏合剂的黏度较纯溶剂大,挥发速度较纯溶剂小,因此对胶接施工比较方便有利。管道灌溉系统中多采用此法。③利用单体或低聚物连接时,需在所用的单体或低聚物中加入催化剂和促进剂,以使其能在常温或稍微加热的情况下迅速固化。该种方法除用于硬聚氯乙烯等热塑性塑料的胶接外,还可用于塑料与金属之间的胶接。

黏合剂的品种很多,除市场上出售的供选择外,还可自己配制。在管道灌溉系统中使用时,应根据被胶接管道的材料、系统设计压力、连接安装难易、固结时间长短等因素来选配合适的黏合剂。

使用黏合剂连接管子时,应注意几点:①被胶接管子的端部要清洁,不能有水分、油污。②黏合剂要涂抹均匀。③接头间缝隙较大的连接件不能直接进行连接,应先用石棉等物填塞后再进行涂胶连接。④涂有黏合剂的管子表面发黏时,应及时进行胶接,并稳定一段时间。⑤固化时间与环境温度有关,使用不同的黏合剂连接,其固化时间也大不相同。

几种常见管材连接时所适用的黏合剂见表 4-1-8。

表 4-1-8　几种常见管材连接时所适用的黏合剂

连接管材	适用黏合剂
聚氯乙烯与聚氯乙烯	聚酯树脂、丁腈橡胶、聚氨酯橡胶
聚乙烯与聚乙烯、聚丙烯与聚丙烯	环氧树脂、苯醛甲醛聚乙烯醇缩丁醛酯、天然橡胶或合成橡胶
聚氯乙烯与金属	聚酯树脂、氯丁橡胶、丁腈橡胶
聚乙烯与金属	天然橡胶

B. 螺纹式连接

螺纹式连接多用于管径较小(不大于 75 mm)、管壁较厚(不小于 2.5 mm)的管材连接。其连接形式是将被连接管材一端加工成外螺纹,另一端加工成内螺纹,依次连接。用螺纹连接的管子,由于管端套丝,其端部的强度有所降低,影响了管道的整体使用压力,选用时应考虑到这一点。

C. 管件的连接

材质和管径均相同的管材、管件的连接方法与管道连接方法相同;管径不同时由变径管来连接。材质不同的管材、管件连接需通过加工一段金属管来连接(见图 4-1-17),接头方法与铸铁管连接方法相同。

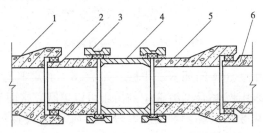

1,6—水泥预制管或其他管材;2——端为插口、一端为平口的水泥短管;
3—金属套管;4—金属短管;5——端为承口、一端为平口的水泥短管
图 4-1-17　管件连接示意图

2) 软管的连接

软管的连接方法有揣袖法、套管法、快速接头法等。

A. 揣袖法

揣袖法就是顺水流方向将前一节软管插入后一节软管内,插入长度视输水压力的大小决定,以不漏水为宜。该法多用于质地较软的聚乙烯软管的连接,特点是连接方便,不需专用接头或其他材料,但不能拖拉。连接时,接头处应避开地形起伏较大的地段和管路拐弯处。

B. 套管法

套管法一般用长 15~20 cm 的硬塑料管作为连接管,将两节软管套接在硬塑料管上,用活动管箍固定,也可用铁丝或其他绳子绑扎。该法的特点是接头连接方便,承压能力高,拖拉时不易脱开。

C.快速接头法

软管的两端分别连接快速接头,用快速接头对接。该法连接速度快,接头密封压力高,使用寿命长,是目前地面移动软管灌溉系统应用最广的一种连接方法,但接头价格较高。

3)附属设备的安装

附属设备的安装方法一般有螺纹连接、承插连接、法兰连接、管箍式连接、黏合连接等。这些连接方法中有的拆卸比较方便,如法兰连接、管箍连接、螺纹连接等;有的拆卸比较困难或不能拆卸,如承插连接、黏合连接等。在工程设计时,应根据附属设备维修、运行等情况来选择连接方法。

公称直径大于 50 mm 的阀门、水表、安全阀、进(排)气阀等多选用法兰连接,给水栓则可根据其结构形式,选用承插或法兰连接等方法;对于压力测量装置以及公称直径小于 50 mm 的阀门、水表、安全阀、进(排)气阀等多选用螺纹连接。

与不同材料管道连接时,需通过一段钢法兰管或一段带丝头的钢管与之连接,并应根据管材的材料采取不同的方法。与塑料管连接时,可直接将法兰管或钢管与管道承插连接后,再与附属设备连接。与混凝土管及其他材料管连接时,可先将钢法兰管或带丝头的钢管与管道连接后(连接方法可参考钢筋混凝土管连接方法),再将附属设备连接上。

(1)承插连接。以 G1Y3-H/L 型系列平板阀移动式给水栓为例。该系列给水栓可用于塑料管道、混凝土管道、外护圬工管道等系统,与地下管道连接方式如图 4-1-18 所示。①地下主管道为塑料管时,立管可用塑料管或现浇混凝土管,连接方式如图 4-1-18(a)、(b)所示。②地下主管道为混凝土管时,连接方式如图 4-1-18(c)所示。

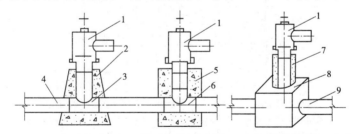

(a)主管道为塑料管　(b)主管道为塑料管　(c)主管道为混凝土支管

1—给水栓;2—混凝土固定墩;3—PVC 长三通;4—PVC 地下管道;5—现浇混凝土立管兼固定墩;
6—PVC 短三通;7—预制混凝土立管;8—混凝土三通;9—地下混凝土管道

图 4-1-18　G1Y3 – H/L 型系列给水栓与管道的连接

(2)法兰连接。以 G3B1-H 型平板阀半固定式给水栓和阀门为例。施工安装时,给水栓通过法兰、三通与地下主管道连接(见图 4-1-19)。阀门则通过金属法兰短管与管道连接。

1.1.4.3　试水回填

管道系统铺设安装完毕后,必须进行水压试验(俗称试水),符合设计要求后方可回填。

1)试水

(1)试水的检验内容。试水的检验内容主要包括强度试验和渗漏量试验。

强度试验主要是检查管道的强度和施工质量。试验压力一般为管道系统的设计压力,保压时间与管道的类型有关。对于塑料管道和水泥预制管,其保压时间一般要求不小于 1 h;对于现场浇筑的混凝土管,其保压时间一般要求不小于 8 h。

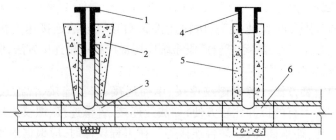

1—铸铁长法兰立管;2—混凝土固定墩;3—PVC长三通;4—铸铁短法兰;
5—现浇混凝土立管;6—PVC短三通

图 4-1-19　G3B1-H 型给水栓与管道的连接

渗漏量试验主要是检查管道的漏水情况。渗漏损失量应符合管道水利用系数要求,一般不能超过总输水量的 5%。

(2)试压前的准备工作。

①备齐各种试压用具。试压设备及装置见图 4-1-20。

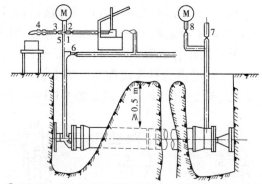

注:①从水源向试验管道送水时,开放 6、7 号阀门,关闭 5 号阀门;
　　②用水泵加压时,开放 1、2、5、8 号阀门,关闭 4、6、7 号阀门;
　　③不用量水槽测渗水量时,开放 2、5、8 号阀门,关闭 1、4、6、7 号阀门;
　　④用量水槽测渗水量时,开放 2、4、5、8 号阀门,关闭 1、6、7 号阀门;
　　⑤用水泵调整 3 号调节阀时,开放 1、2、4 号阀门,关闭 5 号阀门

图 4-1-20　管道试压装置示意图

②堵塞试压管段中所有已安装的三通与管段端口,并做好后背支撑。支撑面积大小,应根据管径、试验压力、土质情况计算确定。支撑面应与管中心线垂直。采用一个支撑点时,应支撑在管段面的正中心点上。支撑物与承压物应相互垂直。采用多点支撑时,必须均匀布置。支撑物一般用千斤顶或活动支撑,支撑力要保证能够均匀地传到承压物的全部面积上。为保证支撑稳定,特殊配件两侧必须用土填实。千斤顶两侧也应加固,以防失去稳定。

③安装排气管(孔),便于管道充水时排除管内空气。排气管应装在管道的最高点。排气管直径以 20 mm 左右为宜。

④进行管道冲洗。试压前应自上而下逐级冲洗管道,并按管道设计流量冲洗,直到出水口流出清洁的水。冲洗过程中及冲水结束后,应检查管道情况,做好冲洗记录。

（3）试水验收标准。渗漏量测定，试验前管内需充水 24 h。试验时先将水压升至设计压力，保压时间不小于 10 min（为保持压力恒定，此间允许向管内充水），检查管材、管件、接口阀门等，如未发生破坏或明显的渗漏水现象，则可同时进行渗漏量试验。渗漏量试验，是观察在试验压力下单位时间内试验管段的渗水量，当渗水量为一稳定值时，此值即为试验管段的渗漏量。试验过程中，如未发生管道破坏，且渗漏量符合要求，即认为试水合格，可回填。

试水时，应沿线检查渗漏情况并做好记录并标记，以便于维修。试水不合格的管段应及时修复，在修复处达到试水要求后，可重新试水，直至合格。

2）回填

管槽回填应严格按设计要求和程序进行。回填的方法一般有水浸密实法、分层压实法等，但不论采用哪种方法，管道周围的回填土密实度都不能小于最大密实度的 90%。

（1）水浸密实法。回填土至管沟深度一半时，将管沟填土每隔一定距离（一般为 10 ~ 20 m）打一横埝分隔成若干段，然后分段进行充水。第一次充水 1 ~ 2 d 后，可进行第二次回填、充水，使回填土密实后与地表相平。

（2）分层压实法。该法是分层回填、分层夯实（见图 4-1-21），使回填土密实度达到设计要求。管槽回填应在管道充水的情况下进行。一般分两步回填，第一步回填管身（Ⅰ区）和管顶以上 300 mm（Ⅱ区），第二步回填Ⅲ区。Ⅰ区（包括操作坑或接头坑）和Ⅱ区应用松散并比较纯净的土，不能抛填。回填土不得含有砖、石、瓦片以及冻土和大的硬土块等。其余部分允许用有少量不大于 150 mm 的砖、石、硬土块进行回填。第一步回填的土应均匀摊开，每层土厚不超过 300 mm，并需仔细夯

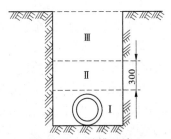

图 4-1-21 管槽回填土
分区图 （单位:mm）

实，密实度分别要求达到95%（Ⅰ区）与85%（Ⅱ区）。管身和接头部分的回填要求两侧同时进行。第二步回填时，每次回填厚度亦不能超过 300 mm，夯实后密实度根据管路情况确定。特殊要求的地方还需用砂土回填。考虑回填后的沉陷，回填土应略高于地面。

1.1.5 排水沟边坡防护、施工方法

排水沟在使用期间应保持排水系统排水通畅；保持排水沟断面标准，防止排水沟边坡坍塌垮岸。排水沟边坡防护在工程实践中总结出了很多方法，下面介绍其中的几种。

1.1.5.1 土工织物加筋土挡墙

在渗透变形和渗透流量较大的地方可以采用土工织物加筋土挡墙进行排水沟边坡防护，具体施工方法为：

（1）修坡。沿排水沟方向对边坡进行整形（削坡或垫土夯实），使边坡比为 1:1。

（2）砌基础。沿排水沟方向在加筋土挡墙迎水面底部砌筑块石基础，以防止冲刷和渗透破坏。浆砌块石基础宽 0.5 m，深 1.0 m。

（3）铺布。首先在设计沟以下 20 cm 处，浆砌石基础以上水平铺设土工织物。沿排水沟道方向将土工织物每 10 ~ 30 m 长分为一段。沿排水沟道横向自下而上以 2.0 m 和

1.8 m 幅宽顺着织物宽径交错折叠与填砂相间向上铺设,最上 2 层折叠幅宽为 2.2 m,见图 4-1-22。土工织物纵向和横向搭接长度均为 10 cm,搭接处用尼龙线加密缝合。另外,应使土工织物有均匀褶皱,使之保持一定松紧度,以防在填充砂土时,产生超出织物弹性极限的变形。

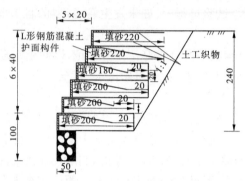

图 4-1-22　土工织物与 L 形构件组合加筋土挡土墙横断面图　(单位:cm)

（4）填砂。在土工织物上面填充的土料一般为粗砂或碎石,以提高抗剪切能力和挡土墙内侧排水能力。填充粗砂的高度和宽度要达到设计要求。

（5）整平、浇水。每一层土工织物所包的砂料在填充到设计要求的高度和宽度后,要进行浇水、整平,使砂料平整密实。

（6）折包。每层所填充的砂料达到要求后,用土工织物把砂料包 1 次,然后留 0.8～1.5 m 长的土工织物再折回,填砂后再包 1 次,反复折包并保持台阶一直到设计高度,台阶的宽度为 20 cm,高度为 40 cm。

（7）铺装 L 形构件。为了防止人畜破坏或日光照射,使排水沟道过水断面规则,水力条件得到良好改善,挡墙坚固耐用和便于养护管理,在每层填充砂料的土工织物表面铺装 L 形构件,构件结构为钢筋混凝土。构件的厚度为 5 cm,每个构件宽 40 cm。挡墙顶层 L 形构件的厚度要达到 10 cm,以抵抗外力的破坏。

L 形钢筋混凝土构件配筋见图 4-1-23。

1.1.5.2　其他排水沟边坡防护方法

1）天然砂卵石和丙纶流砂袋反滤体护砌

天然砂卵石和丙纶流砂袋反滤体护砌是多层砂石反滤体的改进和发展。根据反滤排水要求,采用丙

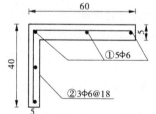

图 4-1-23　L 形预制钢筋混凝土护面板构件配筋图　(单位:cm)

纶反滤布或丙纶流砂袋滤水保土,用天然砂卵石或任意级配的卵碎石排滤水。这是一种散体柔性结构,排水性能好,抗地基冻胀性能强。由于所用砂石料级配不受限制,只要求能畅通排水,且能利用一部分当地流砂,因而施工方便、造价低廉。其结构形式如图 4-1-24 所示。

2）排水式丙纶流砂袋挡土墙

排水式丙纶流砂袋挡土墙是吸取内部排水型的优点,进一步突出畅通排水而设计的。它是暗管排水和滤水式钢筋混凝土板桩的综合改进。丙纶流砂袋本身具有较好的渗透

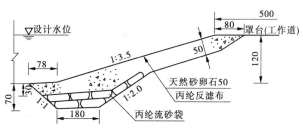

图4-1-24 天然砂卵石和丙纶流砂袋反滤体护砌 （单位:cm）

性。为畅通排水,特设内部排水体。内部排水体由反滤布、透水体和排水通道组成。地下渗流通过反滤布进入透水体,很快通过排水通道排出。排水式挡土墙是由丙纶流砂袋堆砌而成的柔性结构,冬季低温地基冻胀对排水影响较小。排水式丙纶流砂袋挡土墙结构见图4-1-25。

3)塑料网格装卵碎石边坡护砌

塑料网格装卵碎石边坡护砌是厚层砂卵石反滤排水体的简化和发展。砂卵石或卵碎石边坡护砌,稳定边坡一般需3.0~3.5,采用塑料网格装卵碎石,把松散体改进成柔性砌块,稳定边坡比可到1:1,其特点是排水性好,工程造价低,施工方便,不足之处是塑料网格暴露在空气中,使用寿命较短,仅10年。塑料网格装卵碎石边坡护砌结构见图4-1-26。

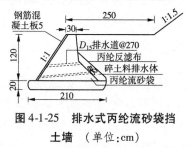

图4-1-25 排水式丙纶流砂袋挡
土墙 （单位:cm）

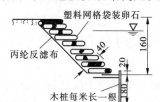

图4-1-26 塑料网格装卵碎石边
坡护砌 （单位:cm）

4)丙纶流砂袋边坡护砌

丙纶流砂袋边坡护砌也是厚层砂卵石反滤排水体的简化和发展。采用丙纶流砂袋护砌边坡,另设内部排水管,用当地材料以流砂代替砂卵石和卵碎石,并把松散体改进成柔性砌块,稳定边坡比可到1:1。其特点是就地取材,有较好的排水性能,造价低廉。不足之处是丙纶袋耐日晒性差,需要建造保护层。丙纶流砂袋边坡护砌见图4-1-27。

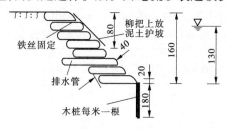

图4-1-27 丙纶流砂袋边坡护砌 （单位:cm）

5)施工

对于常年有水的排水沟道,如果采用以上方法进行排水沟防护,可采用水下施工,用机械从排水沟坡角开始,向下超挖一定深度,向外侧超挖一定宽度。按施工设计断面清理排水沟,用水准仪检查开挖深度、宽度。深度不够的用机械开挖或吸泥泵吸出,也可用水枪冲走。

1.1.6　渠道排水设施类型及施工方法

1.1.6.1　渠道排水设施

1)排除地面水的设施

(1)挖方渠道的排水。对于深挖方渠道,自渠底算起,每挖深 5 m 应设平台,平台一般宽 1.5 ~ 2.0 m。有两种必须设置的排水设施:一种是排水天沟,在山坡与接近挖方边界线的适当地方设天沟,以防山坡雨水漫沟冲刷渠道,天沟拦截坡面径流后,流入两边溪沟,或由排水陡坡流入渠道。另一种是排水沟,每一平台内侧均作排水沟,由两头汇流入沉砂井,经排水沟泄水入渠,陡坡与泄水井之间,用涵管或暗管相接。

(2)填方渠道的排水。填方渠道的高度超过 5 m 又大于 2 倍设计水深时,一般应在渠堤内加做纵横排水暗沟,在渠道两堤底各做一条与渠道中心线平行的纵向排水沟,每相距 100 m 做一横向排水暗沟,延伸至堤脚,以集中导泄堤身渗漏水。在做排水暗沟困难时,也可在填方渠道两外坡脚加做斜卧式排水层,自内向外按排水棱体要求施工,高度为1/5 堤高。斜卧式排水层顶部也要做排水沟,收集坡面水排至堤脚外。

基础为透水层的填方渠道,堤身内不做排水设备。

2)地下排水设施

对地下水位高于渠底(要考虑汛期和灌溉后地下水上升的情况)的,或地下水位虽不很高,但渠基土透水性差,渠道的渗漏水和浸入渠基的雨水不能很快渗入基层深处时,为了消释地下水对刚性材料和膜料防渗层的浮托力,减少基土水分,防止土壤冻胀(对冻胀性土壤)、防止湿陷(对大孔性黄土)、防止滑塌(对傍山、塬边渠道)等事故,应区别情况,按下列方法设置排水设施:

(1)渠基未设砂、砾石换填层且附近又无洼地时的排水。这种情况下,可采取下列两种排水设施排水入渠。①由排水沟与渠底集水井组成排水设施,排水沟中可填砾石、碎石。集水井上设逆止阀,逆止阀及排水管、沟埋设的数量,可参照表4-1-9选用。排水沟与集水井组合式排水见图4-1-28,其周围做反滤处理。②由排水管、排水沟与渠坡渠底排水阀组成排水设施,见图4-1-29。逆止阀与图4-1-30相同。

表 4-1-9　排水管及底部排水沟的设置

渠道边坡高度 H(m)	地下水位高的透水性地基	地下水位高的不透水性地基
$H < 2.5$	设或不设底部排水沟	
$2.5 \leq H < 5.0$	边坡上设 1 ~ 2 层排水管和底部排水沟(每40 m 设逆止阀)	边坡上设 1 ~ 2 层排水管
$H \geq 5.0$	边坡上设 2 ~ 3 层排水管和底部排水沟(每40 m 设逆止阀)	边坡上设 2 ~ 3 层排水管及底部排水沟

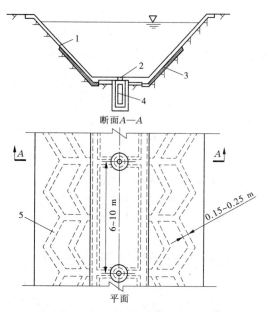

1—混凝土防渗板;2—塑料逆止阀;3—碎石卵石过滤层;4—集水井;5—排水沟

图 4-1-28　排水沟与集水井组合式排水

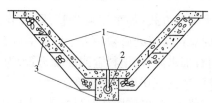

1—塑料逆止阀;2—排水沟(管);3—滤水砂砾料

图 4-1-29　排水沟(管)和排水阀组合式排水

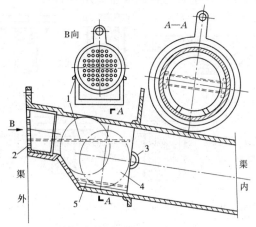

1—水平定位线;2—拦污盖;3—挡条;4—橡皮球塞;5—导轨

图 4-1-30　逆止阀

（2）渠基设有砂砾石换填层且附近有低洼地时的排水。这种情况下,可采取纵向集水管和横向排水暗沟组成的排水设施,见图4-1-31。集水管采用带孔石棉水泥管、塑料管或混凝土管等。其管径根据排水量大小确定,但不宜小于15 cm。纵比降不得小于0.001~0.002。集水管周围采取反滤措施。集水管宜设置在渠底中部,或分设坡脚两边。为了减少横向排水沟的数量,可将纵向集水管从两个方向引向排水暗沟,见图4-1-32。

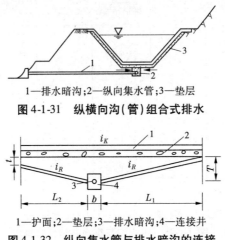

1—排水暗沟;2—纵向集水管;3—垫层
图4-1-31　纵横向沟(管)组合式排水

1—护面;2—垫层;3—排水暗沟;4—连接井
图4-1-32　纵向集水管与排水暗沟的连接

排水垫层的水进入集水管的方式,如采用陶瓷管,则两节管间预留小于10 mm的缝隙,使渗水进入管内,管四周靠近接缝处必须用大于缝隙的砾石包住;如用多孔混凝土管,水通过孔隙进入管内;如用石棉水泥管、塑料管或混凝土管,为了使水进入,则需要在管壁打孔。引向集水管的排水层,应具有0.005的比降。

为了防止土粒进入纵向集水管,可按图4-1-33(a)、(b)、(c)三种结构形式设置反滤层。有时不用集水管,改用大粒径材料(块石、大卵石等)填塞的集水沟图(见图4-1-33(d)、(e)),其中以图4-1-33(d)把反滤料做成垂直层较合理。

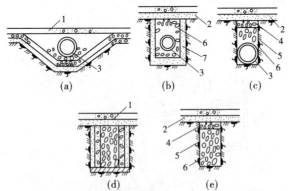

1—护面;2—垫层;3—纵向集水管;4—反滤层;5—止水层;6—卵石或块石;7—砂子
图4-1-33　纵向集水管的形式

（3）气候温暖地区且主要为排渗漏水时的情况。这种情况下,可采用更简单的排水系统,即由渠坡的横向引水沟和沿坡脚或渠轴线的纵向集水沟组成,见图4-1-34。横向引水沟可设在伸缩缝的下面,用砾石或碎石填塞。浇筑护面混凝土时,在砾石上面铺设沥青油毡,一方面防止水泥浆流失,同时减少行水时接缝处的渗漏。渠底下面的纵向集水沟内填大卵石或块石,将渗漏水引走。集水沟的断面、比降等计算同前。

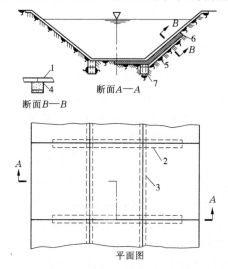

1—混凝土护面;2—引水沟;3—集水沟;4—沥青油毡;
5—砂子;6—砾石;7—卵石或块石

图 4-1-34　引水沟和集水沟排水

1.1.6.2　渠基排水设施的施工

1)施工准备

根据排水设施的设计,施工前应做好以下准备工作:

(1)备好各种管材,需要管壁打孔的应按设计打好孔。

(2)买好逆止阀等器材。

(3)制备好反滤层和填充排水沟用的砂、砾石、卵石和块石等,分别堆放,并做好质量检查和试验工作。

2)排水设施的施工

(1)在验收合格的渠道基槽上,挖好排水沟、集水井,埋排水管的基槽和排水暗沟等。如有砂砾料换填层,基槽应按此项设计开挖。开挖时,断面尺寸应准确、平整,并控制好比降。

(2)在挖好的沟、井中填好卵石或块石,或做好反滤层。

(3)如为集水管排水,则应在挖好的基槽中安装集(排)水管,控制好比降,做好管段之间的接头和管道周围的反滤层工作。

(4)施工时务必做好排水沟与集水井、排水管与排水沟、集水管和横向排水暗沟、横向引水沟和纵向集水沟等之间的接头工作,确保排水通畅。

(5)在做好以上工作并验收合格后,即可安设逆止阀。此项工作宜与防渗层施工结合进行,应使逆止阀的周边与防渗层紧密连接,密不透水。

(6)排水设施为地下工程,如发生工程质量问题,很难返工和修补。因此,施工中必须随时检查,严格控制施工质量。

1.2　灌排渠(沟)系建筑物施工

1.2.1　建筑物施工测量放样

灌排工程建筑物较多,这里仅介绍水闸施工测量放样。

水闸施工测量应先放出整体基础开挖线;在基础浇筑时,为了在底板上预留闸墩和翼墙的连接钢筋,应放出闸墩和翼墙的位置。具体放样步骤和方法如下。

1.2.1.1　主轴线的测设和高程控制网的建立

水闸主轴线由闸室中心线(横轴)和河道中心线(纵轴)两条互相垂直的直线组成。从水闸设计图上可以量出两轴交点和各端点的坐标,根据坐标反算出它们与邻近测图控制点的方位角,用前方交会法定出它们的实地位置(见图4-1-35)。主轴线定出后,应在交点检测它们是否相互垂直,若误差超过10″,应以闸室中心线为基准,重新测设一条与它垂直的直线作为纵向主轴线,其测设误差应小于10″。主轴线测定后,应向两端延长至施工影响范围之外,每端各埋设两个固定标志以表示方向。

高程控制采用三等或四等水准测量方法测定。水准基点布设在河流两岸不受施工干扰的地方,临时水准点尽量靠近水闸位置,可以布设在河滩上。

1.2.1.2　基础开挖线的施工测量

水闸基坑开挖线是由水闸底板的周界以及翼墙、护坡等与地面的交线决定的。为了定出开挖线,可以采用前文所述的套绘断面法。首先,从水闸设计图上查取底板形状变换点至闸室中心线的平距,在实地沿纵向主轴线标出这些点的位置,并测定其高程和测绘相应的河床横断面图。然后根据设计数据(相应的底板高程和宽度、翼墙和护坡的坡度)在河床横断面图上套绘相应的水闸断面(见图4-1-36),量取两断面线交点到测站点(纵轴)的距离,即可在实地放出这些交点,连成开挖边线。

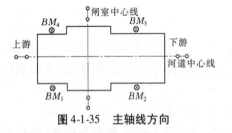

图 4-1-35　主轴线方向

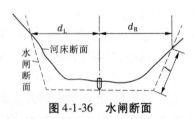

图 4-1-36　水闸断面

为了控制开挖高程,可将斜高标注在开挖边桩上。当挖到接近底板高程时,一般预留0.3 m左右的保护层,待底板浇筑时再挖去,以免间隙时间过长,清理后的地基受雨水冲刷而变化。在挖去保护层时,要用水准测量测定底面高程,测定误差不能大于10 mm。

1.2.1.3　水闸底板的施工测量

底板是闸室和上、下游翼墙的基础。闸孔较多的大中型水闸底板是分块浇筑的。底板放样的目的首先是放出每块底板立模线位置,以便装置模板进行浇筑。底板浇筑完后,要在底板上定出主轴线、各闸孔中心线和门槽控制线,并弹墨标明。然后以这些轴线为基准标出闸墩和翼墙的立模线,以便安装模板。

(1)底板立模线的标定和装模高度的控制。为了定出立模线,应先在清基后的地面上恢复主轴线及其交点的位置,于是必须在原轴线两端的标桩上安置经纬仪进行投测。轴线恢复后,从设计图上量取底板四角的施工坐标(至主轴线距离),便可在实地上标出立模线的位置。模板装完后,用水准测量在模板内侧标出底板浇筑高程的表面,并弹出墨线表示。

(2)翼墙和闸墩位置及其立模线的标定。由于翼墙与闸墩是和底板结成一个整体的,因此它们的主筋必须一道绑扎。于是在标定底板立模线时,还应标定翼墙和闸墩的位置,以便竖立连接钢筋。翼墙、闸墩的中心位置及其轮廓线,也是根据它们的施工坐标进行放样,并在地基上打桩标明。

底板浇筑完后,应在底板上再恢复主轴线,然后以主轴线为依据,根据其他轴线对主轴线的距离定出这些轴线(包括闸孔和闸墩中心线以及门槽控制线等),且弹墨标明。因为墨线容易脱落,故必须每隔 2～3 m 用红漆画一圆点表示轴线位置。各轴线应按不同的方式进行编号。根据墩、墙的尺寸和已标明的轴线,再放出立模线的位置。圆弧形翼墙的立模线可采用弦线支距法进行放样。

1.2.2　排水法进行软基处理

软弱土一般指土质疏松、压缩性高、抗剪强度低的软土和未经处理的填土。持力层主要由软弱土组成的地基称作软弱地基。在珠江三角洲地区,最常见的软土主要为淤泥、淤泥质土、泥炭土等,它们共同的特点就是:沉积时间短,含水率高,压缩性高,抗剪强度低,灵敏度高。在软弱土层上建造建(构)筑物时,采用天然地基其强度往往不能满足设计要求,遇到诸如土体稳定、变形等一系列问题。于是,需采取措施对软弱地基进行处理,以满足设计的要求,确保建筑物的安全与正常使用,软弱地基处理方法如下所述。

1.2.2.1　塑料板排水法

排水固结法对天然地基的作用方式有两种:一种是在地基中设置排水系统,随建筑物的建造过程中自重的提升,达到逐级加载;另一种是在建造建筑物前,在软土地基中预先加载,从而使孔隙水排出,逐渐固结沉降,同时提高土体强度。

排水固结法适用于各类淤泥、淤泥质土和冲填土的饱和黏性土地基。砂井法特别适用于存在连续薄砂层的地基。用砂井法处理地基时,如果地基土变形较大或施工质量稍差常会发生砂井被挤压截断,不能保持砂井在软土中排水通道的畅通,影响加固效果。近年来,在砂井的基础上,出现了以袋装砂井和塑料排水板代替普通砂井的方法,避免了砂井不连续的缺点,而且施工简便,加快了地基的固结,节约用砂,在工程中得到日益广泛的应用。

1)塑料板排水法加固机理

饱和软黏土地基在荷载作用下,孔隙水慢慢排出,孔隙体积随之减小,地基发生固结变形。同时,随着超静孔隙水压力逐渐消散,有效应力逐渐提高,从而地基土的强度逐渐增长。

（1）堆载预压加固机理。如果在建筑场地上先加一个和上部结构相同的压力进行预压（压缩曲线从 a 点变化到 c 点），使土层固结，此时地基土的强度已发生改变；然后卸除荷载（回弹曲线从 c 点变化到 f 点），从图 4-1-37 可以看出在 f 点处，地基土的孔隙比减小，抗剪强度增加；再施工建筑物（再压缩曲线从 f 点变化到 c 点），施加上部结构的压力，可以使地基沉降减少。

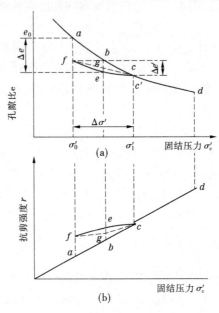

图 4-1-37　堆载顶压加固机理

　　如进行超载预压（预压荷载大于建筑物荷载）则效果将更好，软弱黏性土将处于超固结状态，而使土层在正常使用荷载下的变形大大减小。但预压荷载不应大于地基土的容许承载力。

（2）排水固结机理。地基土层的排水固结效果与土体的排水条件有关。

根据固结理论，在达到某一固结度时，所需固结时间与排水路径长度平方成正比。

软黏土渗透系数很低，为了缩短加载预压后排水固结的时长，对较厚的软土层，常在地基中设置排水通道，使水较快从土中孔隙排出，可在软黏土中设置一系列的竖向排水通道（砂井、袋装砂井或塑料排水板），在软土顶层设置横向排水砂垫层，如图 4-1-38 所示。借此缩短排水距离，增加排水通道，改善地基渗透性能。

（3）塑料排水板。塑料排水板是基于厚纸板发展起来的排水结构。其类型可以分为多孔单一结构型塑料排水板和复合结构型塑料排水板。塑料排水板结构见图 4-1-39。

塑料排水板与砂井具有不同的特性，各具优缺点。塑料板与砂井的优点见表 4-1-10。

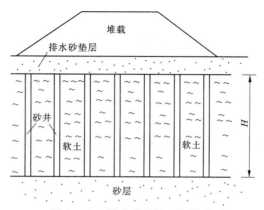

图 4-1-38 排水法设置竖向排水

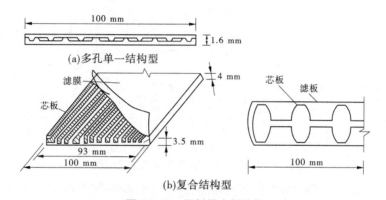

(a)多孔单一结构型

(b)复合结构型

图 4-1-39 塑料排水板结构

表 4-1-10 塑料板与砂井的区别

竖向排水通道	塑料排水板	砂井
相比优点	可在工厂中进行量产,结构均匀,排水效果稳定; 质量轻,运输方便; 土中断面均匀,对任何软弱地基均可形成排水通道; 施工管理简便,布置间距较砂井小,可缩短排水通道的距离,排水加固速度快; 造价低廉	砂的来源丰富,造价经济; 砂是良好的透水性材料,渗透系数较塑料板要大,不会因土侧压力而产生变形,降低渗透系数; 材料强度高,塑料板在潮湿时可能被折断; 地基施工中遇到障碍物,可继续施工; 砂桩与周围土体产生复合地基作用; 可以用于海底软弱地基的施工

2)塑料板排水法的施工工艺

A.施工准备

(1)平整场地。清除场地内的建筑物、块石、树木、池塘等障碍物,施工现场要保证场地平整。测量人员放出加固地基的边线、中线、标高等,用竹竿标示出轮廓线。

(2)施工机械。根据地基条件、设计要求,选择合适的机械设备,包括碾压机、施打机械、套管、推土机。

（3）设置沉降标。用钻孔机垂直钻孔，深度达到入基岩 0.5 m，下沉 PVC 管清孔，安放质量可靠的水管。深度较深而水管不够长时，可在管端加工出丝扣，下管时驳接加长。沉降标上安放混凝土管，并加以警告标示。

（4）碾压基底。用碾压机碾压三遍基底，用细粒土换填至原地面线，形成封闭基底。其作用是使地表雨水和塑料板抽出水顺利排出基底，减少浸泡时间。

（5）设置排水沟。在预压区边缘两侧挖排水沟，尺寸可以为底部宽 1.0 m×高 0.8 m，并保证沟底有 1% 的纵坡。在预压区内宜设置与砂垫层连通的排水暗沟。

B. 施工流程

塑料板排水法的主要施工工艺流程图如图 4-1-40 所示。

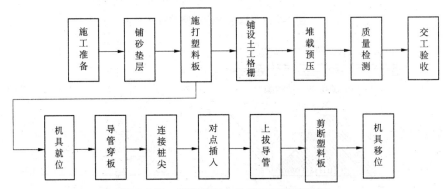

图 4-1-40　塑料板排水法施工工艺流程图

（1）铺砂垫层。在基面上铺设一般中粗砂进行封闭，砂垫层厚度不小于 0.5 m，碾压 2～3 遍。摊铺时，利用自卸车将中粗砂运至预压区边缘，用推土车逐渐推平，保证压实后的平整度、厚度。为保证碾压机的压实效果，可同时洒水使其干密度不小于 1.5 g/cm³。

（2）施打塑料板。塑料板的施打方法有两种：一种是使用套管打入，对塑料板的保护较好，且容易打入地基，但是施打机械较大，对地基表层的强度要求较高，另外施工造价也较高；另一种是不使用套管的简易裸打法，特点是施工机械轻便简单，成本低廉，适用于沼泽地，但塑料板表面容易受到损坏。

（3）施打过程：①机具就位，采用履带式施打机械；②将塑料排水板穿过导管，从导管靴中穿出，塑料板长度不够时，原则上不允许搭接，以确保流水通畅；③连接钻杆尖部与排水板，在钻尖处塑料板包入长 15～20 cm 的 $\phi 6$ 或 $\phi 8$ 的钢筋，防止塑料排水板被回带；④插入塑料板至设计深度，塑料排水板的定位误差不超过 5 cm，打入过程中要求塑料板不弯曲，垂直允许误差小于板长的 1.5%；⑤上拔导管，上拔过程中注意避免塑料板被回带，如果塑料板被带出超过 0.5 m，应在原位旁重新补打；⑥剪断塑料板，要求塑料板的板头埋入砂垫层的长度至少 0.5 m，保证与砂垫层的流水通畅；⑦机具移位，进行下一桩位的插板。

（4）铺设土工格栅。完成施工现场的塑料排水板插板工序后，将砂垫层整平、起拱后即可铺设土工格栅。确定起、终点，土工格栅展开后拉平，从一端向另一端推进，铺好后用沙袋压在土工格栅的四周，防止被风吹起褶皱。土工格栅的连接用绑扎丝绑扎，接头错开。在土工格栅上铺砂垫层，厚度根据设计决定，用刮板刮平后碾压至紧密状态。

(5)堆载预压。填土高度达到验收合格后,可以对插板范围进行堆载预压处理。堆载土的材料选用粉土或砂土,堆载过程中控制堆载土的干密度在 1. 5 g/cm³ 以上。可以分层碾压,在加载过程中对竖向变形、孔隙水压力等项目进行监测,根据监测结果调整加载速度,并根据数据资料分析地基的稳定性。通过沉降曲线确定固结度,若固结度达到 90% 以上且堆载预压达到 3 个月即可以卸载,卸载后应用振动式压路机进行碾压。

C. 质量控制

(1)塑料板选择。塑料板的选择应根据《塑料排水板地基设计规程》(GTAG 02—97)中的要求,满足其抗拉强度、抗老化强度、排水性能等指标。在施工前注意检查出厂合格证及复检结果。

(2)技术控制。塑料排水板的定位误差不超过 5 cm,打入过程中要求塑料板不弯曲,垂直允许误差小于板长的 1. 5%;上拔导管过程中注意避免塑料板被回带,如果塑料板被带出超过 0. 5 m,应在原位旁重新补打。塑料板的板头埋入砂垫层的长度至少 0. 5 m,以保证与砂垫层的流水通畅。

塑料板长度不够时,原则上不允许搭接,以确保流水通畅。按照《建筑地基处理技术规范》(JGJ 79—2002)的规定,塑料排水板需要接长时,应采用滤膜内芯带平搭接的连接方法,搭接长度宜大于 200 mm。

(3)安全控制。沉降标上要安放混凝土管,并加以警告标示。严格控制好打入深度,可用油漆在导管上标注深度控制线,派专人监测并记录。打板结束后及时清理拔管时塑料板周围带出的泥土并用砂填实,保证塑料板的清洁。

(4)质量检测。沉降标安放好后,按照二等水准精度测量其高程,每 3 天观测一次,持续观测 3 个月,之后每 7 天观测一次。通过沉降曲线确定固结度,卸载的时间确定应根据固结度达到 90% 以上且堆载预压达到 3 个月以上才可以进行。

高程测量内容包括施工前的场地标高、砂垫层标高、堆载土层标高及卸载并碾压后地面标高。

在加载过程中对沉降、孔隙水压力等项目进行监测,根据监测结果调整加载速度,并根据数据资料分析地基的稳定性。

1.2.2.2 动力排水固结法

1)动力排水固结法特点及工艺流程

动力排水固结法的基本特点为:根据场地条件、工程情况与技术要求进行排水体系设计,视需要设置水平排水体(一般情况下即铺设砂垫层,是否设置盲沟及集水井则视具体情况决定)与竖向排水体(可根据当地砂价来选用塑料排水板、砂袋或打设砂井),然后根据交工面高程填土至预定位置,再进行动力夯击;利用逐遍增大的动力荷载(这种夯击能由小至大的加载方式与传统的强夯法截然不同)及填土静载促使软土加速排水固结,排出的孔隙水经塑料排水板或砂井向上排至砂垫层,再排至指定位置或经盲沟汇集于集水井,用水泵外排。由于动载的多次作用及排水条件的改善,软土之上的人工水平排水体及上覆土层又使动载作用产生的附加压力保持一定时间,促使软土地基中孔隙水快速消散且不断地排出,地基强度则不断提高。一般而言,动力排水固结法在工期上要比堆载预压法短,在造价上要比块石强夯法、粉喷桩法低,在使用范围上要比传统的强夯法宽。

该法主要工艺流程如下：排除积水、整平场地→定位放线、工前检测→设置水平与竖向排水体、监测→填土、监测→多遍强夯、监测→推平碾压、工后检测→竣工技术报告。

2）质量控制

采用信息化施工，以确保质量。信息主要来源于两方面：①施工过程中各道工序、各工段出现的信息；②检测与监测所得的资料，是指导施工、了解实际处理效果最宝贵的信息。为此，应做好如下工作：

（1）做好施工现场记录。

（2）加强检测与监测工作。检测主要是指触探与十字板剪切试验、土样物理性质试验；监测主要是指施工过程中孔隙水压力与分层沉降的现场观测。

（3）派专业人员到现场了解情况，指导工作，根据反馈的信息及时调整工艺参数甚至工艺流程。

1.2.3　土方开挖机械的选择

土方机械化施工常用的机械有推土机、铲运机、挖掘机（包括正铲、反铲、拉铲、抓铲等）、装载机等。

土方施工机械选择要点如下：

（1）当地形起伏不大，坡度在20°以内，挖填平整土方的面积较大，土的含水率适当，平均运距短（一般在1 km以内）时，采用铲运机较为合适；如果土质坚硬或冬季冻土层厚度超过100~150 mm，必须由其他机械辅助翻松再铲运；当一般土的含水率大于25%或黏土含水率超过30%时，铲运机要陷车，必须将水疏干后再施工。

（2）地形起伏大的山区丘陵地带，一般挖土高度在3 m以上，运输距离超过1 000 m，工程量较大且集中，一般可采用正（反）铲挖掘机配合自卸汽车进行施工，并在弃土区配备推土机平整场地。当挖土层厚度在5~6 m以上时，可在挖土段的较低处设置倒土漏斗，用推土机将土推入漏斗中，并用自卸汽车在漏斗下装土并运走。漏斗上口尺寸为3.5 m左右，由钢框架支承，底部预先挖平以便装车，漏斗左右及后侧土壁应加以支护。也可以用挖掘机或推土机开挖土方并将土方集中堆放，再用装载机把土装到自卸汽车上运走。

（3）开挖基坑时，如土的含水率较小，可结合运距、挖掘深度，分别选用推土机、铲运机或正铲（或反铲）挖掘机配以自卸汽车进行施工。当基坑深度为1~2 m、基坑不太长时，可采用推土机；长度较大、深度在2 m以内的线状基坑，可用铲运机；当基坑较大、工程量集中时，可选用正铲挖掘机。当地下水位较高，又不采用降水措施，或土质松软，可能造成机械陷车时，则采用反铲、拉铲或抓铲挖掘机配以自卸汽车施工较为合适。移挖作填以及基坑和管沟的回填，运距在60~100 m以内时可用推土机。

1.2.4　基坑开挖及不稳定边坡的支挡措施

1.2.4.1　基坑开挖

为修建建筑物，需要将其基础范围内底面以上的土和岩石挖除。其目的是将不符合设计要求的风化、破碎、有缺陷和软弱的岩层、松软的土和冲积物等挖掉，使建筑物修建在可靠的地基上；或者是根据结构设计的要求，将建筑物建在指定的高程上。地基开挖的具体施工方法,包括松土(或爆破)、挖掘、装车、运输、卸渣等工序,与一般的土石方开挖类似。在施工前,应根据建筑物情况、地形地质条件、水文气象资料、工期要求等,编制施工组织设计或施工技术措施。

(1)岩基开挖。对岩石地基,多采用爆破方法将岩石破碎,再用人工或机械将石渣挖掉运走。如为软岩,也可用带有松土器的重型推土机直接用凿裂法开挖,无需爆破。开挖施工中,根据建筑物的特点、开挖范围的大小和深浅、基坑形状、施工导流方式等,采用不同的开挖方式和方法。在水利工程的大面积地基开挖中,广泛采用深孔梯段爆破结合预裂爆破、光面爆破的施工方法,分层开挖,利用挖掘机配合自卸汽车出渣。在施工前,常先进行爆破试验,选定爆破参数。一般情况下,地基开挖须从岸坡到基坑,自上而下进行,不采用自下而上或造成岩体倒悬的开挖方式。为防止爆破对基岩产生破坏性的影响,保证地基质量,需要采取一定的防护措施。许多国家都采用预留保护层的办法,即在临近基础底建基面的一定范围内,对爆破分层、钻孔深度、孔径、装药量和起爆方式等,均予限制。采用预裂爆破或光面爆破,也是一种防护措施。在坝基或厂房地基的开挖中,还要注意保持要求的体型和断面形状。为防止由于爆破振动影响而破坏基岩和损害邻近的建筑物或已经完工的灌浆地段,须根据被保护对象的质点振动速度允许值,控制爆破规模或采取防振措施。对高边坡开挖,要充分注意边坡稳定的问题,做好稳定分析、观测、排水等方面的工作,并且要采用正确的施工程序和施工方法。

(2)软基开挖。对土质或砂砾石地基,包括岩基上的覆盖层的开挖,同样要根据工程条件,采用不同的施工方式和方法。软基开挖需要注意边坡稳定,根据地质条件和开挖深度,确定开挖坡度。如因地质原因或周围条件不允许按要求的坡度放坡开挖,则要设置坑壁支撑,防止塌方和滑坡。还要注意做好施工排水措施,防止外水流入施工场地,并将地表积水、雨水排至场外。开挖低于地下水位的基坑时,可采用集水坑、井点排水或其他措施,降低地下水位,使基坑底部和边坡在施工期间保持无水状态,改善施工条件,稳定施工边坡。对于坝基和坝头岸坡,需按要求的坡度、深度及坝岸结合形态进行开挖。开挖后不能立即回填的部分,要预留保护层,在回填前再行挖除。

1.2.4.2　不稳定边坡

开挖基坑(槽)时,如地质条件及周围环境许可,采用放坡开挖是较经济的。但在建筑稠密地区施工、放坡不能保证安全或现场无放坡条件时,就需要进行基坑(槽)支护,以保证施工的顺利和安全,并减少对相邻建筑、道路、管线等的不利影响。

1)基槽支护结构

开挖较窄的沟槽,多用横撑式土壁支撑。横撑式土壁支撑根据挡土板的设置方向不同,分为水平挡土板式(见图4-1-41(a))以及垂直挡土板式(见图4-1-41(b))两类。前者挡土板的布置又分为间断式和连续式两种。对湿度小的黏性土,当开挖深度小于3 m时,可用间断式水平挡土板支撑;对松散、湿度大的土,宜用连续式水平挡土板支撑,挖土深度可达5 m。对松散和湿度很高的土,可用垂直挡土板支撑随挖随撑,其挖土深度不限。

横撑式土壁支撑适用于沟槽宽度较小,且内部施工操作较简单的工程。

2)基坑支护结构

基坑支护结构一般根据地质条件、基坑开挖深度、对周边环境保护要求及降排水情况

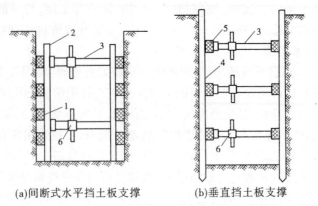

(a)间断式水平挡土板支撑　　　　(b)垂直挡土板支撑

1—水平挡土板;2—立柱;3—工具式横撑;4—垂直挡土板;5—横楞木;6—调节螺栓

图 4-1-41　横撑式支撑

等选用。在支护结构设计中首先要考虑安全可靠性,其次要满足本工程地下结构施工的要求,并应尽可能降低造价和便于施工。

A. 土钉墙支护

土钉墙支护,是在开挖边坡表面每隔一定距离埋设土钉,并铺钢筋网喷射细石混凝土,使其与边坡土体形成共同工作的复合体,从而有效提高边坡的稳定性,增强土体破坏的延性,对边坡起到加固作用。

土钉墙支护的构造如图 4-1-42 所示。

(a)临时性土钉构造　　　　　　(b)永久性土钉构造

图 4-1-42　土钉与面层垫板连接构造图

(1)土钉墙支护的施工。

①开挖工作面:工作面计划分四个层次。第一层工作面为坑面 -2.0 m,第二层工作面为坑面 -4.0 m,第三层工作面为坑面 -6.0 m,第四层工作面为坑面 -8.7 m。

②喷射第一层混凝土:混凝土为 C20,机械搅拌。采用 32.5 级普通硅酸盐水泥,水灰比为 0.45,配合比参照水泥:中砂:碎石为1:2:2.5,石子粒径为 5 ~ 15 mm,第一层混凝土厚度控制在 40 ~ 50 mm。喷射前应先对机械设备、风、水管路和电线进行全面检查及试运行,埋设好喷射混凝土厚度的标志。喷射作业应按分段分片依次进行。同一分段喷射顺序应自下而上。喷射混凝土终凝后及时喷水养护 3 d 左右。

③安设土钉:包括钻孔、安装钢筋、注浆等几道工序。

钻孔:钻孔前采用经纬仪、水准仪、钢卷尺等进行土钉放线确定钻孔位置。土钉布孔距允许偏差为 ±50 mm。成孔采用冲击钻、洛阳铲等机械。成孔中严格按操作规程钻进。钻孔偏斜度不大于30%,孔深允许偏差为 ±50 mm。终孔后,应及时安设土钉,以防止塌孔。

安装钢筋:土钉钢筋制作应严格按施工图施工,使用前应调直并除锈去污。土钉长12 m以内,原则采用通长筋不接驳,如需接长,采用帮条焊接长,每条焊缝不小于$5d$(d为钢筋直径),土钉定位器按图施工,以保证土钉钢筋保护层厚度。

土钉安装之前进行隐蔽检查验收。安放时,应避免杆体扭压、弯曲,注浆管与土钉杆一起放入孔内,注浆管应插至距孔底250~500 mm,为保证注浆饱满,在孔口部位设置浆塞及排气管。

注浆:注浆采用水灰比为0.4~0.5的纯水泥浆,水泥采用32.5级普通硅酸盐水泥,水泥浆结晶体强度等级C20。若采用钢管压浆,注浆采用水灰比为0.45~0.6的纯水浆,水泥采用42.5级普通硅酸盐水泥。钢筋钢管压浆锚杆控制在1.5 MPa以内,并根据试验锚杆由设计单位确定注浆技术质量要求。

注浆前,将孔内残留及松动的废土清理干净,注浆开始或中途停止不能超过30 min,应用水或稀水泥浆润滑注浆泵及管路。

④绑扎钢筋网:钢筋网为ϕ6@200×200双向,与土钉连接牢固,保证在喷射混凝土时钢筋不晃动。搭接度为$35d$(d为钢筋直径),全部采用梅花形绑扎。加强筋2ϕ20及∟100×6角钢在钢筋网安装合格后进行,并与锚杆筋或钢管焊牢。钢筋网安装完毕,自检查合格后及时进行隐蔽验收。

⑤喷射第二层混凝土:操作基本上与第一次喷射第一层混凝土一致。不同之处在于喷射第二层混凝土时,应对第一层混凝土检查,松散、松动部分应除去并湿润。第二层混凝土总厚度应控制在100 mm,同时,又应将所在钢筋网盖住,并保证面层25 mm厚钢筋保护层。

⑥养护:第二层喷射完毕终凝后,应及时喷水养护,日喷水不少于3次,养护时间不少于3 d。

(2)特点与适用范围。土钉墙支护为一种边坡稳定式支护结构,具有结构简单,可以阻水,施工方便、快速,节省材料,费用较低廉等优点。适用于淤泥、淤泥质土、黏土、粉质黏土、粉土等土质,且地下水位较低,开挖深度在15 m以内的基坑。

B.喷锚网支护

(1)喷锚网支护,简称喷锚支护。其形式与土钉墙支护类似,亦是在开挖边坡表面铺钢筋网,喷射混凝土面层,并在其上成孔,但不是埋设土钉,而是埋设预应力锚杆,借助锚杆与滑坡面以外土体的拉力,使边坡稳定。喷锚支护见图4-1-43。

(2)施工要点。喷锚支护施工顺序及施工方法与前述土钉墙支护基本相同。区别在于,每个开挖层的土壁面层喷射混凝土后须经常养护,对锚杆进行预应力张拉,锚定后再开挖下层土。

锚杆的钢筋或钢绞线束拉杆的制作应符合设计要求,保证其直径和长度。一般自由端长度以伸达土体破裂面1 m为宜。拉杆的自由端应套塑料管,以防止注浆材料对其产生约束。

(3)特点与适用范围。喷锚支护具有结构简单,承载力高,安全可靠;可用于多种土层,适应性强;施工机具简单,施工灵活;污染小,噪声低,对邻近建筑物影响小;可与土方开挖同步进行,不占绝对工期;不需要打桩,支护费用低等优点。

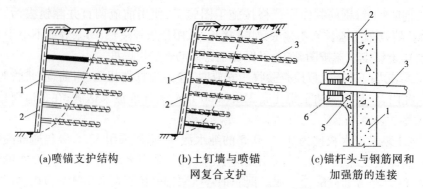

(a)喷锚支护结构　　　　(b)土钉墙与喷锚　　　　(c)锚杆头与钢筋网和
　　　　　　　　　　　　网复合支护　　　　　　　加强筋的连接

1—喷射混凝土面层;2—钢筋网层;3—锚杆头;4—锚杆(土钉);
5—加强筋;6—锁定筋二根与锚杆双面焊接

图 4-1-43　喷锚支护

喷锚支护适用于土质不均匀、稳定土层、地下水水位较低、埋置较深,基坑开挖深度在18 m 以内;对硬塑土层,可适当放宽;对风化泥岩、页岩开挖,深度可不受限制。但不适用于有流砂土层或淤泥质土层。同时还有排桩式挡墙、板柱挡墙、板墙式挡墙、逆作拱墙支护等,具体使用方法可查相关资料。

1.2.5　石料质量要求及检验规定

1.2.5.1　技术性质

天然石材因成分结构与构造不同,各具不同的性质。即使是同一种类,同一产区,它们的性质也可能有很大差别,因此在石料的勘察、开采及使用时,都必须重视其性质的检定工作。

石料性质有比重、容重、孔隙率、吸水率、软化系数、抗冻性及抗压强度等,必要时尚需做抗剪、抗弯、抗拉、摩擦系数及撞击韧性试验。现将主要性质介绍如下。

1)比重与容重

石料的比重取决于其矿物组成,含重矿物越多比重越大。石料的容重除与矿物成分含量有关外,还与构造关系密切。一般容重大的石料较密实,吸水率小,抗冻性好,强度也高,故水工建筑中常要求用容重较大、孔隙率较小的岩石。

2)抗压强度

石料的强度一般以单向抗压强度表示。根据标准试件(20 cm × 20 cm × 20 cm)在水饱和状态下求得的抗压强度值,可将石材分为不同标号:容重小于 18 kN/m³ 的轻石,分为5、10、50、75、100 及 150 等 6 个标号;容重大于 18 kN/m³ 的重石,分为 100、150、200、400、800 及 1 000 等 6 个标号。试验时也可用非标准尺寸的立方体试件或圆柱体试件,但试验结果要乘以换算系数(见表 4-1-11)。轻石多用于房屋墙壁,重石可用以砌筑基础、闸、坝和护坡等水工建筑物。

表 4-1-11　石料强度换算系数

立方体试件尺寸 (cm × cm × cm)	4 × 4 × 4	5 × 5 × 5	7 × 7 × 7	10 × 10 × 10	15 × 15 × 15	20 × 20 × 20
换算系数	0.55	0.6	0.7	0.75	0.9	1.0

3）抗冻性

石料抗冻性的影响因素有矿物成分含量、结构及构造。石料中黑云母、黄铁矿、黏土等含量增多,会降低岩石的抗风化能力及抗冻性。具有结晶结构的石料,较玻璃质或斑状结构的石料抗冻性好。此外,疏松多孔或具有层理构造的石料,因孔隙率及吸水率较大,抗冻性较均匀致密的石料差。

石料的抗冻性是根据石料在水饱和状态下能经受的冻融循环次数(强度降低值不超过 15%)来表示的。根据能经受的冻融循环次数,可将石料分为 5、10、15、25、50、100 及 200 等标号。吸水率小于 0.5% 的石料,则认为是抗冻的,可不进行抗冻试验。

4）软化系数

石料的软化系数是表示石料在水饱和状态下,强度降低的情况。当岩石中含有较多的黏土或易溶物质时,软化系数则较小。根据软化系数大小,可将石料分为:小于 0.60、0.60 ~ 0.75、0.75 ~ 0.90、大于 0.90 等 4 级。

5）耐久性

石料能抵抗风化作用(经常作用于结构物的气候因素,如风、雨、阳光和温度变化等),抵抗渗透水对岩石的渗透压及环境水的侵蚀等作用,而不破坏的性质称为耐久性。石料中含有黄铁矿,则易分解产生硫酸,石灰岩易溶于水,因此均不宜用于水中建筑。

1.2.5.2　水工建筑物对石料的要求

水工建筑物的特点是经常与水接触,因此要求石料的耐水性、抗冻性、耐久性较高,还应考虑就地取材和经济问题。现将主要水工建筑物对石料的要求列于表 4-1-12。

表 4-1-12　水工建筑物对石料的要求

结构物种类	抗压强度 （MPa）	软化系数	耐久性	容重 （kN/m³）	备　注
防波堤	≥30	≥0.9 （变质岩） ≥0.7 （沉积岩）	要求无裂缝、未风化的岩石,冰冻地区要求抗冻	≥25 （岩浆岩） ≥23 （变质岩） ≥21 （沉积岩）	
堆石坝	25 次冻融循环后 60 ~ 90	0.85 ~ 0.90	要求抗冻、抗腐蚀		需抗撞击
土坝、堤、渠道、河岸等的护面	≥30		要求无裂缝未风化的岩石、冻融循环不小于 25 次	≥20	

1.2.5.3　工程中常用的砌筑石材

砌筑用石材分为毛石、料石两类。

1）毛石

毛石是由爆破直接获得的石块。按其平整程度又分为乱毛石与平毛石两类。

（1）乱毛石。乱毛石形状不规则，见图4-1-45，一般在一个方向的尺寸达300~400 mm，质量为20~30 kg。常用于砌筑基础、勒角、墙身、堤坝、挡土墙等，也可作毛石混凝土的集料。

（2）平毛石。平毛石是由乱毛石略经加工而成的，形状较乱毛石平整，其形状基本上有6个面，见图4-1-45，但表面粗糙，中部厚度不小于200 mm。常用于砌筑基础、墙角、勒角、桥墩、涵洞等。

图4-1-44　乱毛石

图4-1-45　平毛石

2）料石

料石（也叫条石）是由人工或机械开采出的较规则的六面体石块，经略加凿琢而成。按其加工后的外形规则程度，分为毛料石、粗料石、半细料石和细料石四种。

（1）毛料石。毛料石外形大致方正，一般不加工或仅稍加修整，高度不应小于200 mm，叠砌面凹入深度不大于25 mm。

（2）粗料石。粗料石截面的宽度、高度不小于200 mm，且不小于长度的1/4，叠砌面凹入深度不大于20 mm。

（3）半细料石。半细料石的规格尺寸同上，但叠砌面凹入深度不应大于15 mm。

（4）细料石。通过细加工，外形规则、规格尺寸同上，叠砌面凹入深度不大于10 mm。

在工程中常用的石材除了毛石和料石，还常用饰面板材、石子、石渣（石米、米石、米粒石）及石粉等石材品种。

1.2.6　砌筑、勾缝水泥砂浆的配制

水泥砂浆是由水泥、水、砂子及外加剂配制而成的，根据其使用条件的不同分为砌筑水泥砂浆、勾缝水泥砂浆、抹面砂浆。使用条件不同，砂浆的配比不同。

1.2.6.1　原材料要求

1）水泥

水泥的强度等级应根据设计要求进行选择。水泥砂浆采用的水泥，其强度等级不宜大于32.5级；水泥混合砂浆采用的水泥，其强度等级不宜大于42.5级。水泥进场使用前，应分批对其强度、安定性进行复验。检验批应以同一生产厂家、同一编号为一批。当在使用过程中对水泥质量有怀疑或水泥出厂超过3个月（快硬硅酸盐水泥超过1个月）时，应做复验试验，并按其结果使用。不同品种的水泥，不得混合使用。

2）砂

砂宜采用中砂，其中毛石砌体宜用粗砂。砂浆用砂不得含有害杂物。砂的含泥量：对水泥砂浆和强度等级不小于M5的水泥混合砂浆，不应超过5%；对强度等级小于M5的水泥混合砂浆，不应超过10%。

3）水

拌制砂浆须采用不含有害物质的水,水质应符合国家现行标准《混凝土用水标准》（JGJ 63—2006）的规定。

4）外掺料

砂浆中的外掺料包括石灰膏、黏土膏、电石膏和粉煤灰等。采用混合砂浆时,应将生石灰熟化成石灰膏,并用滤网过滤,使其充分熟化,熟化时间不得少于 7 d;磨细生石灰粉的熟化时间不得少于 2 d。配制水泥石灰砂浆时,不得采用脱水硬化的石灰膏。

采用黏土或粉质黏土制备黏土膏时,宜用搅拌机加水搅拌,通过孔径不大于 3 mm×3 mm 的网过筛。

电石膏为电石经水化形成的青灰色乳浆,然后泌水、去渣而成,可代替石灰膏。

粉煤灰的品质等级可用Ⅲ级,砂浆中的粉煤灰取代水泥率不宜超过 40%,取代石灰膏率不宜超过 50%。

5）外加剂

凡在砂浆中掺入有机塑化剂、早强剂、缓凝剂、防冻剂等,应经检验和试配符合要求后,方可使用。有机塑化剂应有砌体强度的型式检验报告。

1.2.6.2　砂浆的性能

砂浆的配合比应该通过计算和试配获得。

水泥砂浆:由于水泥砂浆的保水性比较差,其砌体强度低于相同条件下用混合砂浆砌筑的砌体强度,所以水泥砂浆通常仅在要求高强度砂浆与砌体处于潮湿环境时使用。

砂浆的强度是以边长为 70.7 mm 的立方体试块,在标准养护（温度（20±5）℃、正常湿度条件、室内不通风处）下,经过 28 d 龄期后的平均抗压强度值。强度等级划分为 M15、M10、M7.5、M5、M2.5、M1 和 M0.4 等 7 个等级。

砂浆应具有良好的流动性和保水性。

流动性好的砂浆便于操作,使灰缝平整、密实,从而可以提高砌筑效率、保证砌体质量。砂浆的流动性是以稠度表示的,见表 4-1-13。

表 4-1-13　砌筑砂浆的稠度

序号	砌体类别	砂浆稠度（mm）
1	烧结普通砖砌体	70～90
2	烧结多孔砖、空心砖砌体	60～80
3	轻集料混凝土、小型空心砌块砌体	60～90
4	烧结普通砖平拱式过梁、空斗墙、筒拱、普通混凝土小型空心砌块砌体、加气混凝土砌块砌体	50～70
5	石砌体	30～50

稠度的测定值是用标准锥体沉入砂浆的深度表示的,沉入度越大,稠度越大,流动性越好。一般来说,对于干燥及吸水性强的块体,砂浆稠度应采用较大值;对于潮湿、密实、吸水性差的块体宜采用较小值。

保水性是指当砂浆经搅拌运送到使用地点后,砂浆中的水分与胶凝材料及集料分离快慢的程度,通俗来说,就是指砂浆保持水分的性能。保水性差的砂浆,在运输过程中,容易产生泌水和离析现象,从而降低其流动性,影响砌筑;在砌筑过程中,水分很快会被块材吸收,砂浆失水过多,不能保证砂浆的正常硬化,降低砂浆与块材的黏结力,从而会降低砌体的强度。砂浆的保水性测定值是以分层度来表示的,分层度不宜大于 20 mm。

1.2.6.3　砂浆的拌制

砌筑砂浆应采用机械搅拌,搅拌机械包括活门卸料式、倾翻卸料式或立式砂浆搅拌机,其出料容量一般为 200 L。

自投料完算起,搅拌时间应符合下列规定:

(1)水泥砂浆和水泥混合砂浆不得少于 2 min。

(2)水泥粉煤灰砂浆和掺用外加剂的砂浆不得少于 3 min。

(3)掺用有机塑化剂的砂浆,应为 3~5 min。

拌制水泥砂浆,应先将砂与水泥干拌均匀,再加水拌和均匀;拌制水泥混合砂浆,应先将砂与水泥干拌均匀,再加外掺料(如石灰膏、黏土膏)和水拌和均匀;拌制粉煤灰水泥砂浆,应先将水泥、粉煤灰、砂干拌均匀,再加水拌和均匀;如掺用外加剂,应先将外加剂按规定浓度溶于水中,在拌和水投入时投入外加剂溶液,外加剂不得直接投入拌制的砂浆中。

1.2.6.4　砂浆的使用

砂浆应随拌随用,水泥砂浆和水泥混合砂浆应分别在拌成后 3 h 和 4 h 内使用完毕;当施工期间最高气温超过 30 ℃时,必须分别在拌成后 2 h 和 3 h 内使用完毕;对掺用缓凝剂的砂浆,其使用时间可根据具体情况延长。

(1)砌筑砂浆的应用。水泥砂浆和水泥混合砂浆宜用于砌筑潮湿环境以及强度要求较高的砌体,但对于湿土中的砖石基础一般采用水泥砂浆。石灰砂浆宜用于砌筑干燥环境中的砌体。多层房屋的墙、柱采用强度等级不小于 M2.5 的水泥混合砂浆;砌体基础采用强度等级不小于 M5 的水泥砂浆。

(2)勾缝砂浆。在砌体表面进行勾缝,既能提高灰缝的耐久性,又能增加建筑物的美观。勾缝采用 M10 或 M10 以上的水泥砂浆,并用细砂配制。勾缝砂浆的流动性必须调配适当,砂浆过稀则灰缝容易变形走样,过稠则灰缝表面粗糙。火山灰质硅酸盐水泥的干缩性大,灰缝易开裂,故不宜用来配制勾缝砂浆。

1.2.7　浆砌石的砌筑

1.2.7.1　石料的选用

砌石体的石料应选用材质坚实,无风化剥落层或裂纹,表面无污染垢、水锈等杂质,用于表面的石材,应色泽均匀。石料的物理力学指标应符合国家施工规范的要求。

1.2.7.2　浆砌石体砌筑

(1)砌筑前,应将砌体外石料表面的泥垢冲净,砌筑时保持表面湿润。

(2)放样定位好,最好是挂线施工。

(3)浆砌石施工采用坐浆法分段砌筑。砌筑时先在基础面上铺一层 3~5 cm 厚的稠砂浆,然后安放石块。

　　（4）砌筑程序为先砌"角石"，再砌"面石"，最后砌"腹石"，见图4-1-46。

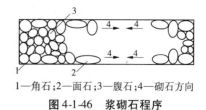

1—角石；2—面石；3—腹石；4—砌石方向
图4-1-46　浆砌石程序

　　角石用以确定建筑的位置和开头，在选石与砌筑时须加倍注意，要选择比较方正的石块，先行试放，必要时须稍加修凿，然后铺灰安砌，角石的位置、砌筑方法必须准确，角石砌好后，就可把样线挂到角石上。面石可选取长短不等的石块，以便与腹石交错衔接。

　　面石的外露面应比较平整，厚度略同角石。砌筑面也要先行试放和修凿，然后铺好砂浆，将石翻回，并使灰浆挤紧。

　　腹石用较小的石块分层填筑，填筑前先铺坐浆。放填第一层腹石时，须大面向下放稳，尽量使石缝间隙最小，再用灰浆填满空隙的1/3～1/2，并放入合适的石片，轻轻敲，使石块挤入灰缝中。

　　砌筑时石块宜分层卧砌，每砌3～4皮为一个分层高度，每个分层高度找平一次。要求平整、稳定、密实、错缝、内外搭接，且两个分层高度间的错缝不得小于8cm。必要时设置拉结石，不得采用外面块石、中间填心的方法，不得有空缝，砌缝一般宽2～3.5cm，严禁石块间直接接触。

　　在继续砌筑前，应将原砌体表面和浮渣清除，砌筑时应避免振动下层砌体。

　　（5）砌筑形式及要求。砌石的施工要领是"平、稳、满、错"。

　　"平"：同一层的石块应大致砌平，相邻石块高差不宜过大，以利于上下层水平缝坐浆结合密实，亦有利于丁、顺石的交错安砌。

　　"稳"：单块石料的安砌务求自身稳定，要求大面向下放置，切忌轻重倒置或依赖支撑稳定。上下两面应稍加平整，四角应无尖角突出。无论块石、料石均不得有扭曲、楔形等异形石。

　　"满"：砌体的上下左右砌缝中的胶结料必须饱满密实，使各单块石料能互相胶结紧密。水平砌缝应防止被石瘤或小石架空，如需要垫片石者，应在砌缝灌满水泥砂浆后填塞，不允许先塞片石后灌砂浆。竖缝和水平缝吃浆不饱，将影响砌体的强度和密实度。

　　"错"：同一砌筑层内，石块应互相错缝砌筑。上下相邻砌筑层的石块也应当错缝搭接，避免形成竖向通缝。应力求做到同一层径向错缝，上下层竖向错缝。砌体中灰缝的类型有水平缝、径向缝和轴向缝。这些灰缝常常不能做到全部错缝，通常只能做到两向错缝，个别有特殊要求者，可做到三向错缝。当分层砌筑时，水平可形成通缝。

1.2.7.3　勾缝

　　勾缝应在砌筑施工24h以后进行，先将缝内深度不小于2倍缝宽的砂浆刮去，用水将缝内冲洗干净，再用标号较高的砂浆进行填缝，要求勾缝砂浆采用细砂和较小的水灰比，其灰砂比控制在1:1～1:2。勾缝宽度一般不大于3cm。勾缝形式有凹缝、凸缝和平缝三种。在水工建筑物中，一般采用平缝。勾平缝时，先在墙面洒水，使缝槽湿润后，将砂浆勾于缝中赶光压平，使砂浆压住石边，即成平缝。勾凸缝时，先浇水湿润缝槽，用砂浆打底与石面相平，而后用扫把扫出麻面，待砂浆初凝后抹第二层，其厚度约为1cm，然后用灰抿拉出凸缝形状。凸缝多用于不平整石料。砌缝不平时，把凸缝移动一点，可使表面美观。勾凹缝时,先用铁钎子将缝修凿整齐,再在墙面上浇水湿润,然后将浆勾入缝内,再用板条或绳子压成凹槽,用灰抿赶压光平。砌体的隐蔽回填部分,可不专门做勾缝处理,对有防渗要求的,应在砌筑过程中,用原浆将砌缝填实抹平。

1.2.7.4　浆砌石体养护

砌体完成后,须用麻袋或草覆盖,并经常洒水养护,保持表面潮湿。养护时间一般不小于 5~7 d,冬季期间不再洒水,而应用麻袋覆盖保温。在砌体未达到要求的强度之前,不得在其上任意堆放重物或修凿石块,以免砌体受振动破坏。

1.2.8　钢筋加工及绑扎连接技术

1.2.8.1　钢筋场内加工

1)钢筋调直与除锈

钢筋在使用前必须经过调直,钢筋调直应符合下列要求:

(1)钢筋的表面应洁净,使用前表面应无油渍、漆皮、锈皮等。

(2)钢筋应平直,无局部弯曲,钢筋中心线同直线的偏差不超过其全长的 1% 。成盘的钢筋或弯曲的钢筋均应调直后才允许使用。

(3)钢筋调直后其表面伤痕不得使钢筋截面面积减少 5% 以上。

钢筋可用钢筋调直机、弯筋机、卷扬机等调直。钢筋调直切断机用于圆钢筋的调直和切断,并可清除其表面的氧化皮和污迹。目前,常用的钢筋调直切断机有 GT 16/4、GT 3/8、GT 6/12 和 GT 10/16。钢筋调直切断机主要由放盘架、调直筒、传动箱、牵引机构、切断机构、承料架、机架和电控箱等组成,其基本工作原理如图 4-1-47 所示。

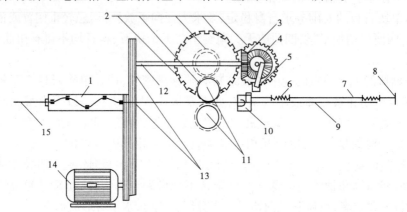

1—调直筒;2—传送减速齿轮;3—转向锥形齿轮;4—曲柄轮;5—锤头;6—压缩弹簧;
7—定尺拉杆;8—定尺板;9—调直钢筋;10—滑动刀台;11—传送压辊;12—轴;13—皮带轮;
14—电动机;15—未调直钢筋

图 4-1-47　钢筋调直切断机工作原理

钢筋表面的一般浮锈可不必清除,磷锈可用除锈机或钢丝刷清除。

2)钢筋切断

钢筋切断有手工切断、机械切断、氧气切割等三种方法。直径大于 40 mm 的钢筋一般用氧气切割。手工切断的工具有断线钳(见图 4-1-48)和手动液压钢筋切断机(见

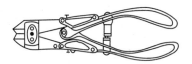

图 4-1-48　断线钳

图 4-1-49）。手动液压钢筋切断机能切断直径 16 mm 以下的钢筋和直径 25 mm 以下的钢绞线；手压切断器用于切断直径 16 mm 以下的 I 级钢筋。

钢筋切断机用来把钢筋原材料或已调直的钢筋切断,其主要类型有机械式、液压式和手持式。机械式钢筋切断机构造如图 4-1-50 所示。

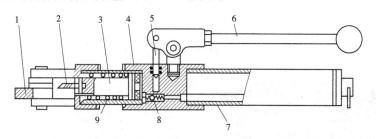

1—滑轨;2—刀片;3—活塞;4—缸体;5—柱塞;6—压杆;
7—储油筒;8—吸油阀;9—回位弹簧

图 4-1-49　GJ5Y-16 型手动液压钢筋切断机

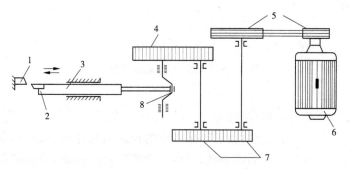

1—固定刀片;2—冲切刀片;3—连杆;4—变速齿轮组;5—皮带轮;
6—电动机;7—变速齿轮组;8—偏心轴

图 4-1-50　机械式钢筋切断机构造示意图

3）钢筋弯曲成形

钢筋弯曲成形有手工弯曲和机械弯曲两种方法。

（1）手工弯曲。手工弯曲是在工作台上固定挡板、板柱,采用扳手或扳子实施人工弯曲。主要工具见图 4-1-51。

（2）机械弯曲。机械弯曲由钢筋弯曲机完成。钢筋弯曲机由电动机、工作盘、插入座、蜗轮、蜗杆、皮带轮、齿轮和滚轴等组成。也可在底部装设行走轮,便于移动。其构造如图 4-1-52 所示。

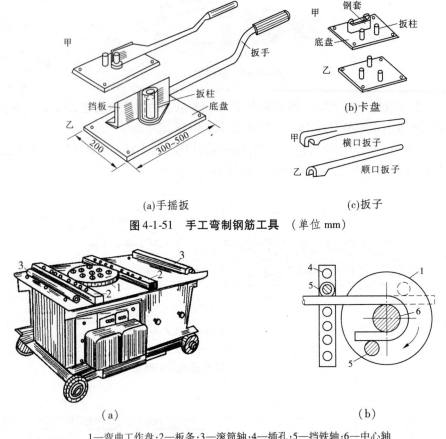

(a)手摇扳　　　　　　　　　　　　(c)扳子

图 4-1-51　手工弯制钢筋工具　（单位 mm）

1—弯曲工作盘;2—板条;3—滚筒轴;4—插孔;5—挡铁轴;6—中心轴

图 4-1-52　GJ7-40 型钢筋弯曲机

4）钢筋的冷加工

钢筋的冷加工方法有冷拉、冷拔等。

钢筋冷拉是在常温下,以超过钢筋屈服强度的拉应力拉伸钢筋,使其发生塑性变形,改变内部晶体排列。经过冷拉后的钢筋,长度一般增加 4% ~6%,截面稍许减小,屈服强度一般提高 20% ~25%,从而达到节约钢材的目的。但冷拉后的钢筋,塑性降低,材质变脆。根据规范规定,在水工结构的非预应力钢筋混凝土中,不应采用冷拉钢筋。

钢筋冷拉的机具主要是千斤顶、拉伸机、卷扬机和夹具等,如图 4-1-53 所示。冷拉的方法有两种:一种是单控制冷拉法,仅控制钢筋的拉长率;另一种是双控制冷拉法,要同时控制拉长率和冷拉应力。控制的目的是使钢筋冷拉后有一定的塑性和强度储备。拉长率一般控制在 4% ~6%,冷拉应力一般控制在 $44 \times 10^4 \sim 52 \times 10^4$ kPa。

1.2.8.2　钢筋的连接

钢筋的连接方法有焊接、机械连接和绑扎接头三类。常用的钢筋焊接机械有闪光对焊机、电阻点焊机、电弧焊接机和电渣压力焊机等。钢筋机械连接方法主要有钢筋套筒挤压连接、锥螺纹套筒连接等。下面仅介绍钢筋绑扎连接。

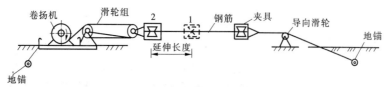

图 4-1-53 钢筋单控冷拉设备示意图

1）钢筋绑扎的一般要求

（1）钢筋的交叉点应采用 20～22 号铁丝绑扣,绑扎不仅要牢固可靠,而且铁丝长度要适宜。

（2）板和墙的钢筋网,除靠近外围两行钢筋的交叉点全部扎牢外,中间部分交叉点可间隔交错绑扎,但必须保证受力钢筋不产生位置偏移;对双向受力钢筋,必须全部绑扎牢固。

（3）梁和柱的箍筋,除设计有特殊要求外,应与受力钢筋垂直设置;箍筋弯钩叠合处,应沿受力钢筋方向错开设置。

（4）在柱中竖向钢筋搭接时,角部钢筋的弯钩平面与模板面的夹角,对矩形柱应为45°,对多边形柱应为模板内角的平分角。圆形柱钢筋的弯钩平面应与模板的切线平面垂直;中间钢筋的弯钩平面应与模板面垂直;当采用插入式振捣器浇筑小型截面柱时,弯钩平面与模板面的夹角不得小于 15°。

（5）板、次梁与主梁交接处,板的钢筋在上,次梁钢筋居中,主梁钢筋在下;主梁与圈梁交接处,主梁钢筋在上,圈梁钢筋在下,绑扎时切不可放错位置。

2）绑扎允许偏差

钢筋绑扎要求位置正确、绑扎牢固,成型的钢筋骨架和钢筋网的允许偏差,应符合规定。

3）钢筋的绑扎接头

（1）钢筋的接头宜设置在受力较小处,同一受力筋不宜设置两个或两个以上接头。接头末端距钢筋弯起点的距离不应小于钢筋直径的 10 倍。

（2）同一构件中相邻纵向受力钢筋之间的绑扎接头位置宜相互错开。钢筋绑扎搭接接头连续区段的长度为 1.3 倍搭接长度,凡搭接接头中点位于该连续区段长度内的搭接接头均属于同一连接区段。同一连接区段内,纵向钢筋搭接接头面积百分率应符合有关规定。当设计无具体要求时,应符合下列规定:①对梁类、板类及墙类构件,不宜大于25%;②对柱类构件,不宜大于 50%;③当工程中确有必要增大接头面积百分率时,对梁类构件,不宜大于 50%,对其他构件,可根据实际情况放宽;④绑扎接头中的钢筋的横向净距,不应小于钢筋直径,且不小于 25 mm。

（3）在梁、柱类构件的纵向受力钢筋搭接长度范围内,应按设计要求配置箍筋。当设计无具体要求时,应符合下列规定:①箍筋的直径不应小于搭接钢筋较大直径的 0.25 倍;②受拉区段的箍筋的间距不应大于搭接钢筋较小直径的 5 倍,且不应大于 100 mm;③受压区段的箍筋的间距不应大于搭接钢筋较小直径的 10 倍,且不应大于 200 mm;④当柱中纵向受力钢筋直径大于 25 mm 时,应在搭接接头两个端外面 100 mm 范围内各设置两个箍筋,其间距宜为 50 mm。

1.2.9　螺杆式启闭机的安装

螺杆式启闭机是中小型平面闸门普遍采用的启闭机,由摇柄、主机和螺栓组成。螺杆的下端与闸门的吊头连接,上端利用螺杆与承重螺母相扣合。当承重螺母通过与其连接的齿轮被外力(电动机或手摇)驱动而旋转时,它驱动螺杆作垂直升降运动,从而启闭闸门。安装过程包括基础埋件的安装、启闭机安装、启闭机单机调试和启闭机负荷试验。

安装前,首先检查启闭机各传动轴、轴承及齿轮的转动灵活性和啮合情况,着重检查螺母螺纹的完整性,必要时应进行妥善处理。

1.2.9.1　螺杆式启闭机的安装步骤

(1)在安装螺杆式启闭机时一定要保持底座基础布置平面呈水平 180°;启闭机底座与基础布置平面的接触面积要达到 90% 以上;螺杆轴线要垂直闸台上横梁的水平面;要与闸板吊耳孔相互垂直,避免螺杆倾斜,造成局部受力而损坏机件。

(2)将手动螺杆启闭机置于安装位置。把一个限位盘套在螺杆上,将螺杆从横梁的下部旋入机器中,当螺杆从机器的上方露出后,再套上限位盘。螺杆的下方与闸门连接。

(3)安装启闭机的基础必须稳固安全。机座和基础构件的混凝土,按图纸的规定浇筑,在混凝土强度未达到设计强度时,不准拆除和改变启闭机的临时支撑,更不得进行试调和试运转。

(4)在安装时根据闸门起吊中心线,找正中心使纵横向中心线偏差不超过 ±3 mm,高程偏差不超过 ±5 mm。然后浇筑二期混凝土或与预埋钢板连接。

(5)对于产品的电气设备的安装,一定要符合图纸及说明书的规定,全部电气设备均可靠地接地。

(6)在产品安装完毕,要对机器进行清理,补修已损坏的保护油漆,灌注润滑脂。

安装完毕,应以"螺杆式启闭机外围安装质量评定标准"予以鉴定,其安装质量标准见表 4-1-14。

表 4-1-14　螺杆式启闭机外围安装质量评定标准

序号	检测项目	质量标准允许偏差	
		合格	优良
1	机身纵横向中心线	3.0 mm	2.5 mm
2	高程	±5.0 mm	±4.0 mm
3.	水平度	0.5‰	0.4‰
4	螺杆垂直度	0.6‰且全长不超过 1/4 000L	
5	机座与基础板接触间隙	≤0.5 mm	<0.5 mm
6	双吊点螺杆启闭机主副机联轴器同轴度	0.5‰	0.4‰

注:L 为螺杆长度。

1.2.9.2　启闭机调试

(1)启闭机在无荷载的情况下,保证三相电流不平衡不超过 ±10%,并测出电流值。

（2）上、下限位的调节：当闸门处于全闭的状态时，将上限位盘压紧上行程开关并固定在螺杆上；当闸门处于全开时，将下限位盘压紧下行程开关并固定在螺杆上。

（3）启闭机的主令控制器调整，必须保证闸门升降到上、下限位时的误差不超过1cm。

（4）安装后，一定要做试运行，做无载荷试验，即让螺杆做两个行程，听其有无异常声响，检测安装是否符合技术要求。

1.2.9.3　作载荷试验

在额定载荷下，做两个行程，观察螺杆与闸门的运行情况，有无异常现象。确认无误后方可正式运行。

1.2.10　平面闸门、拦污栅的安装

闸门是水工建筑物的孔口上用来调节流量、控制上下游水位的活动结构。它是水工建筑物的一个重要组成部分。

闸门主要由三部分组成：①主体活动部分，用以封闭或开放孔口，通称闸门或门叶；②埋固部分，是预埋在闸墩、底板和胸墙内的固定件，如支承行走埋设件、止水埋设件和护砌埋设件等；③启闭设备，包括连接闸门和启闭机的螺杆或钢丝绳索和启闭机等。

拦污栅是设在进水口前，用于拦阻水流挟带的水草、漂木等杂物（一般称污物）的框栅式结构。

1.2.10.1　预埋件安装

预埋件是预先埋于混凝土中的金属构件，其安装应与混凝土的浇筑配合协调进行。

1）预埋件运输

门槽（栅槽）埋件运输前由业主组织监理人及安装单位进行出厂检查，合格后，制作单位将埋件运至现场堆放场。根据各单项安装工程的工期先后，将门槽（栅槽）埋件分别由现场堆放场运至各安装工作面。

2）埋件安装前准备

（1）埋件安装前，对安装基准线和基准点进行复核检查，并经监理人确认合格后，才能进行安装。

（2）当底槛或闸门孔口闸墩开始浇混凝土时，由土建人员随闸墩的升高而预埋调整加固门槽（栅槽）用的工艺埋件。待土建一期混凝土浇完拆模凿毛后，先对门槽（栅槽）孔进行检查，调直插筋，再进行闸门（拦污栅）埋件安装。

（3）门槽（栅槽）控制点放样。在槽口左右侧分别焊制测量架，将门槽（栅槽）中心线、门槽（栅槽）左右控制点线打在测量架上。在槽底两侧分别焊测量架，将门槽（栅槽）底槛的中心线、左右控制基准点打在测量架上。门槽（栅槽）安装高程控制点打在两边侧墙上。

（4）根据门槽（栅槽）安装的需要准备好量测器具和工器具。

（5）门槽（栅槽）埋件安装时，首先从存放场地调运出进行安装的该套门槽（栅槽）的结构全部进行检查：①检查该套门槽（栅槽）埋件的工厂制造件是否齐全，各部件在运输、存放过程中有否损伤；②检查各部件在拼装处的安装标记是否属于本套门槽（栅槽）埋

件,凡是不属于本套门槽(栅槽)埋件的不准许组装到一起;③在组装检查中发现设备损伤或零件丢失等需进行修整,零件补齐后才准许进行安装。

3)预埋件的安装

(1)一期预埋件安装:①埋件埋设前,应按不同种类堆放,并采取有效的措施,防止埋件受潮锈蚀以及油脂和各类有机物的污染。②需承受外荷载的埋件,在浇混凝土 28 d 后,方可承受外载。③一期锚筋、锚栓、锚板预埋根据土建进度配合进行,其中,锚筋、锚栓的埋入深度应符合设计图纸的要求;若施工图纸未作要求,埋入一期混凝土的长度应不小于其直径的 20 倍,且尾部应做成弯钩或燕尾开叉。④一期锚筋、锚栓、锚板应与土建钢筋绑牢或焊接牢靠,安装完毕浇灰前,应重新检查,拆模后,立即进行表面清理,并保证其有足够的与二期埋件的搭接长度。

(2)二期预埋件安装:①二期预埋件的安装应严格按照施工图纸及《水利水电工程钢闸门制造安装及验收规范》(DL/T 5018—94)第 9.1 条相关规定。②安装前,应先对一期混凝土预留槽进行检查,对一期混凝土中预留的插筋进行调直,并对一、二期混凝土的接触面进行凿毛处理。③对土建移交的基准线及基准点进行复核,复核无误后,利用经纬仪、钢卷尺、钢板尺定位门槽中心线、闸孔中心线,利用水准仪确定各底坎高程。④将门槽中心线、闸门支撑中心线、止水中心线、底坎中心线用墨斗分别弹在侧轨、主轨及反轨上,线粗细不宜超过 0.5 mm。⑤根据门槽中心线和孔口中心线及高程定位底坎,调整好后,加固、复核。在门槽上方架设、悬吊钢丝架,挂上 15 kg 垂球,为防止垂球轻微摆动,将垂球浸没在自制油桶中,通过调整主反轨及侧轨与钢丝的距离及孔口中心线的距离来调整轨道的垂直度及其对孔口中心线的距离,定位加固,用经纬仪复核。⑥埋件工作面对接接头的错位均应进行缓坡处理,过流面及工作面的焊疤和焊缝余高应铲平磨光,凹坑应补焊磨光,并按原设计要求进行防腐处理。⑦埋件安装完,经检查合格,应在 5～7 d 内浇筑二期混凝土。若过期或有碰撞应予复测,复测合格后,方可浇筑混凝土,混凝土一次浇筑高度不宜超过 5 m,浇筑时,应注意防止混凝土跑模并采取措施捣实混凝土。⑧二期混凝土拆模后,应对埋件进行复测,并做好记录。同时检查混凝土面的尺寸,清除遗留的杂物,以免影响闸门启闭。复核无误后,将以上安装精度做好记录,在混凝土浇筑前报请监理工程师验收。在混凝土浇筑过程中,应注意对门槽构件的工作面进行必要保护,避免碰伤及污物贴附,影响止水及支承的正常工作。

4)安装技术要求

埋件的测量点要精确可靠地放在线架上或其他部位。埋件就位调整完毕,应与一期混凝土中的锚筋(板)焊牢。严禁将加固材料直接焊在主轨、反轨、侧轨、门楣(胸墙)等的工作面上或水封座板上。埋件所有不锈钢材料的焊接接头,必须使用相应的不锈钢焊条进行焊接。埋件所有工作面上的连接焊缝,应在安装工作完毕和浇筑二期混凝土后仔细进行打磨,其表面粗糙度应与焊接构件一致。埋件安装完毕后,应对所有的工作表面进行清理,门槽范围内影响闸门安全运行的外露物必须清除干净。应特别注意清除不锈钢水封座板表面的水泥浆,并对埋件的最终安装精度进行复测。如不锈钢水封座板有划痕,非常浅的划痕用角向磨光机打磨平;如果非常深,要用不锈钢焊条补焊并打磨平,满足图纸的技术要求,做好记录报给监理人。安装好的门槽,除主轨不锈钢表面、水封座板的不锈钢表面外,其余外露表面,均应按有关施工图纸、防腐技术要求或制造厂技术说明书的规定,进行防腐处理。启闭机一期地脚螺栓应与梁中钢筋(网)焊牢。

1.2.10.2　平面闸门(拦污栅栅体)安装

各类平面闸门(拦污栅栅体)的安装工艺如下。

1)平面闸门(拦污栅)的运输及吊装方案

平面闸门(拦污栅)安装时,选用合适的运输车辆将分块闸门(拦污栅)从堆放场经场内运输道路运抵相应的孔口位置。当闸门顶部装有启闭机时,一般采用启闭机分节吊装拼接;当闸门上部无启闭设备时,闸门的吊装根据实际施工情况采用汽车吊或土建施工用的门塔机进行吊装和拼接。

2)平面闸门(拦污栅)的安装

(1)安装前检查:对各平面闸门(拦污栅)及其附件认真检查各零部件是否齐全,在运输、存放过程中是否损伤;在检查中发现损伤、缺陷或零件丢失,要进行修整,补齐零件后方可进行安装。检查整个槽孔(栅孔),对遗留的钢筋头和杂物全部清除;检查门槽(栅槽)各控制尺寸,如有问题及时处理。

(2)各平面闸门(拦污栅)分节运到安装位置后,吊放入槽进行整体拼装。

(3)第一节闸门(拦污栅)入槽后先用锁定装置固定在槽口,接着吊装第二节,待第二节与第一节连接合格后,进行门叶现场拼接、焊缝的焊接和拦污栅的现场铰接,闸门组合缝焊接前要制定出焊接工艺措施并报监理工程师批准后方可实施焊接。在闸门(拦污栅)拼装及焊接过程中注意控制门叶(栅体)形位尺寸。

(4)焊接质量经无损探伤检测合格后用事先布置好的临时起吊设备或已安装好的该套闸门(拦污栅)启闭机吊起该两节门叶(栅体),同时抽掉锁定,并将该两节组合件下放,直到第二节能用锁定固定,停止下落并用锁定装置将该两节门叶(栅体)组件固定在槽口。

(5)同样的办法安装后面的门叶(栅体),待全部闸门(拦污栅)分节门叶(栅体)安装完毕后再用临时起吊设备或已安装好的该套闸门(拦污栅)启闭机将整扇门叶(拦污栅)提出槽口安装水封、滑道等附件。闸门水封安装时,按门叶或止水压板定出水封螺孔位置,水封螺孔必须根据施工图纸的要求采用专用钻头使用旋转法加工。水封接头用预先制作好的模子热胶合。拧紧止水压板压紧螺栓,螺栓端头低于止水橡皮自由表面 8 mm 以上。止水橡皮安装后,两侧止水中心距离和顶止水中心至底止水底缘距离偏差控制在 ±3 mm 以内,止水面的平面度控制在 2 mm 以内,止水压缩量达到图纸要求。平面闸门(拦污栅)安装完毕,清除埋件表面和门叶(拦污栅)上的所有杂物,清除水封座板表面的水泥浆,滑道支承面和滚轮轴套涂抹或灌注润滑脂。

(6)平面闸门(拦污栅)主支承部件的安装调整在门叶(栅体)结构拼装铰接完毕,经过测量校正合格后才能进行,所有主支承面应当调整到同一平面上,其误差不得大于施工图纸的规定。平面闸门充水装置和自动挂脱梁定位装置的安装,除按施工图纸要求外,还须注意与自动挂脱梁的配合,以确保安全可靠地动作。

(7)平面闸门(拦污栅)安装完毕后的整体误差不得大于施工设计详图和规范 DL/T 5018—2004 的相关规定。

（8）平面闸门安装完毕后，如施工图纸有要求则还应做相应的静平衡试验。试验方法为：将平面闸门自由地吊离地面 100 mm，通过滚轮（滑道）的中心测量上、下游方向与左、右方向的倾斜，单吊点平面闸门的倾斜不应超过门高的 1/1 000，且不大于 8 mm；平面链轮闸门的倾斜不超过门高的 1/1 500，且不大于 3 mm；当超过上述规定时，予以配重调整。

（9）对安装焊缝处进行补漆，平面闸门门叶（拦污栅栅体）安装后的防腐严格按招标文件、施工设计详图及规程规范的要求进行。待整体安装合格，经发包人和监理工程师检查验收后，由临时起吊设备或已安装好的该套闸门（拦污栅）启闭机将闸门（拦污栅）整体吊入其工作位置。

1.2.10.3　启闭试验

平面闸门（拦污栅）安装完成后，经监理工程师检查验收，符合图纸、规范 DL/T 5018—2004 及标书有关要求即可进行启闭试验。试验前检查并确认自动挂脱梁、挂脱钩动作灵活可靠；充水装置在其行程内升降自如、密封良好；吊杆的连接情况良好。闸门（拦污栅）的启闭试验需由该套闸门启闭机配合，进行各平面闸门（拦污栅）与相应门槽的启闭试验。平面闸门（拦污栅）的试验项目包括：

（1）无水情况下的全行程启闭试验。试验过程检查滑道或滚轮的运行无卡阻现象，双吊点闸门的同步须达到设计要求。在闸门全关位置，水封橡皮无损伤，漏光检查合格，止水严密。在本项试验的全过程中，必须对水封橡皮与不锈钢水封座板的接触面采用清水冲淋润滑，以防损坏水封橡皮。

（2）静水情况下的全行程启闭试验。本项试验在无水试验合格后进行。试验、检查内容与无水试验相同（水封装置漏光检查除外）。

（3）动水启闭试验。对于事故闸门、工作闸门按施工图纸要求进行动水条件下的启闭试验，试验水头尽可能与设计水头相一致。动水试验前，根据施工图纸及现场条件，编制试验大纲报送监理人批准后实施。

（4）通用性试验。对一门多槽使用的平面闸门，必须分别在每个门槽中进行无水条件下的全行程启闭试验，并经检查合格；对一套自动抓梁操作多扇闸门的情况，则应逐孔、逐扇进行配合操作试验，并确保挂脱钩工作 100% 可靠。

（5）拦污栅的试验。活动式拦污栅栅体吊入栅槽后，须做升降试验，检查栅体在槽中的运行情况，做到无卡阻和各节连接可靠。采用自动挂脱梁起吊的活动式潜孔拦污栅，逐孔进行挂脱动作试验合格。使用清污机清污的拦污栅，按施工图纸进行清污试验无异常。以上试验均由监理人主持，并做好试验记录，只有上述试验均符合施工图纸的要求，才能认定合格，通过验收。

1.2.11　混凝土试块取样

1.2.11.1　试块取样规定

在混凝土结构产品的施工中，为了对产品质量作出科学的检验与评价，在产品生产过程中同步留取试样以测试混凝土有关性能指标，据此评价混凝土产品质量。试块取样应科学，符合数理统计规律，为此应按规范严格取样。

(1)混凝土的试样应在混凝土浇筑地点随机采取。每拌制 100 盘,但不超过 100 m³ 的同配合比混凝土,至少采取试样 1 次;每工作班拌制的同配合比的混凝土不足 100 盘时,亦至少采取试样 1 次。

(2)每个试样的混凝土,制作标准养护 28 d 强度的试件至少 1 组。此外,还应根据测定构件的出池、起吊、拆模、预应力钢筋张拉和放松、出厂强度等的需要制作试件,其组数由生产单位按实际需要确定。

(3)每组混凝土试件由 3 个立方体试件组成。每组试件的强度应按 3 个试件强度的算术平均值确定。当一组内 3 个试件中强度的最大值或最小值与中间值之差,超过中间值的 15% 时,取中间值为该组试件强度的代表值;当一组试件中强度的最大值和最小值与中间值之差,均超过中间值的 15% 时,该组试件强度不应作为评定依据。用于检验评定的混凝土强度应以边长为 150 mm 的标准尺寸立方体试件强度试验结果为准。当采用非标准尺寸的试件时,应将其抗压强度乘以表 4-1-15 所列换算系数换算成标准试件强度。

表 4-1-15 非标准尺寸试件强度换算系数

立方体试件边长(mm)	换算关系
100	0.95
200	1.05

1.2.11.2 试件制作过程及注意事项

(1)成型前,应检查试模(150 mm 边长)尺寸及角度,试模不变形。试模内表面应涂一薄层矿物油或其他不与混凝土发生反应的脱模剂。

(2)取样拌制的混凝土应在拌制后尽量短的时间内成型,一般不宜超过 15 min。

(3)检验现浇混凝土或预制构件的混凝土,试件成型方法宜与实际采用的方法相同。

(4)取样的混凝土拌和物应至少用铁锹再来回拌和三次。

(5)用振动台振动成型的(现场平板振动现浇混凝土),要将拌和物一次装入试模,装料时应用抹刀沿各试模壁插捣,并使混凝土拌和物高出试模口。振动时试模不得有任何跳动,振动应持续到表面出浆为止,不得过振。刮除试模上口多余的混凝土,待混凝土临近初凝时,用抹刀抹平。

(6)用插入式振捣棒振实制作时(插入式振捣现浇混凝土),将混凝土拌和物一次装入试模,装料时应用抹刀沿各试模壁插捣,并使混凝土拌和物高出试模口;宜用直径为 25 mm 的插入式振捣棒,插入试模振捣时,振捣棒距试模底板 10～20 mm,且不得触及试模底板,振动应持续到表面出浆为止,且应避免过振,防止混凝土离析;一般振捣时间为 20 s。振捣棒拔出时要缓慢,拔出后不得留有孔洞。刮除试模上口多余的混凝土,待混凝土临近初凝时,用抹刀抹平。

(7)试模制作好后移动要小心,防止大幅振动,特别是初凝后,也就是"硬化"后。

（8）制作过程中不要认为振动时间长就能密实或强度高，严格按上述方法振动。试模在用前要装紧挤紧。

（9）每次宜同时制作最少两组（6个试模），其中一组是标养试块。试件抹刀抹平后，标养试模要用塑料布捆好，包装尽量严密，防止水分丢失。有条件的工地标养试块要尽快移入温度（20±5）℃的房间养护。24 h左右当试块凝固可以脱模时要尽快脱模送入标准养护室养护。同条件养护的试块要与代表构件同条件、同环境养护，拆模时间与代表构件拆模板一同进行。中间要注意与构件一同加水、覆盖养护。记录同条件的温度，每天记录最少2次，并且是最高温度值和最低温度值，但0℃以下不计算在内。可以这两个值的平均值作为当天的成熟度值。每天的成熟度值累加不小于600 ℃·h时，应送试验室破型。

1.3　机井和小型泵站施工

1.3.1　洗井和抽水试验

1.3.1.1　洗井

1）洗井方法

洗井的目的是清除井孔内和含水层中的泥浆及细小颗粒，同时破坏孔壁上的泥皮，以增大机井涌水量。洗井应在成井后立即进行，防止泥浆与含水砂层胶结，减少出水量甚至使机井报废。因此，洗井是成井工艺中重要的一环。

洗井方法很多，常用的有活塞洗井、空压机洗井、掏筒洗井和水泵洗井等。近年来，国内外水文地质勘探中，已采用化学洗井法（多磷酸盐洗井、盐酸洗井）和物理洗井法（干冰洗井和液态二氧化碳井喷洗井法），均可起到增加单井涌水量的作用。

A.活塞洗井

活塞洗井是破坏井孔泥浆壁，清除已渗入含水层泥浆的有效方法。

（1）活塞洗井原理。活塞洗井是用带活门的活塞，利用钻杆的压力迫使活塞下降，在井内形成水力冲击。当活塞迅速向下时，迫使水流通过滤水管向井外溢出，然后猛提活塞，使井孔下部形成真空。在真空的影响下，水层的水以很高的速度流向井中，冲破井孔泥壁，并将含水层中的泥、泥沙及渗入含水层中的泥浆带入井内，如图4-1-54所示。

（2）活塞构造。洗井活塞分为两种：一种为木制活塞，一种为铁制活塞。木制活塞由两块半圆木合成。其形状为中间圆，两头尖，似枣核形，在中间圆的部分钉以麻袋或废胶皮带，其外径比井管内径小8～12 mm。其结构见图4-1-55。

铁制活塞在钻杆上安装一个或数个由法兰盘夹紧的橡胶板以构成活塞。为不使活塞下降受阻，在活塞上部的钻杆上设有排水孔，下端则装有进水活门。其结构见图4-1-56。

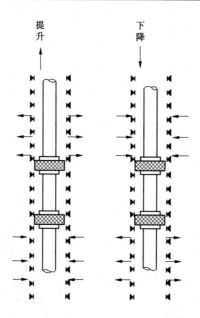

图4-1-54 活塞洗井原理示意图

（箭头表示地下水在含水层中流动方向）

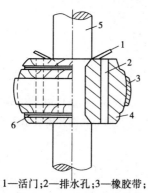

1—活门；2—排水孔；3—橡胶带；
4—木塞；5—钻杆；6—铅丝

图4-1-55 木制活塞示意图

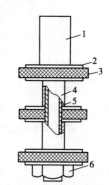

1—带花眼的钻杆；2—法兰盘；3—橡胶板；
4—隔离木套管；5—钻杆；6—紧固螺母

图4-1-56 铁制活塞示意图

（3）活塞洗井注意事项：①活塞直径要由小变大，逐渐增至所要求的直径。木制活塞应在水中浸泡一昼夜后才能应用，以免活塞膨胀卡于井内。②洗井应由第一含水层开始，每抽清一层，再转向下一层。切勿在刚开始就将活塞放到井底，以防泥沙将活塞埋住。③活塞提升速度不宜过快，以防损坏管子。但速度过慢洗井效果不好，一般应控制在0.5～1.0 m/s。④洗井时间，在粗砂以上含水层，可拉至井内不再进砂为止；在中、细砂含水层，则拉开泥壁抽清泥浆至进入少量细砂为止。然后改用抽筒掏出沉淀淤泥，再用水泵将水洗清为止。

B. 空压机洗井

空压机洗井原理：用风将压缩空气送到井内后，即与水混合成为二相混合体，其体积便增大，比重也相应减少。由于不断向井内运气，水气混合体便会不断涌出井口，井内压力随之减小,井管周围含水层中的地下水就通过滤水管急速流向井内,因而便可冲掉泥皮,同时挟带含水层中的细颗粒也进入井内,即达到洗井的目的,如图 4-1-57、图 4-1-58所示。

空压机为常用洗井设备,具有洗井干净、安全等特点。但安装较为复杂,洗井成本较高,且受地下水位的深度影响。

常用空压机有两种:一种是 9 m³,另一种是 6 m³。实际工作中应根据井孔结构、出水量、地下水位埋深等情况来选定。

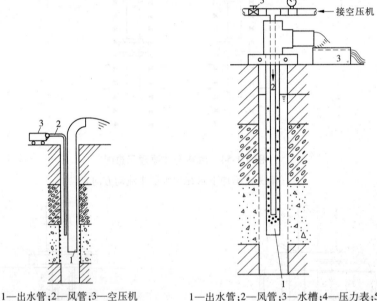

1—出水管;2—风管;3—空压机
图 4-1-57　并列式洗井安装示意图

1—出水管;2—风管;3—水槽;4—压力表;5—放气阀
图 4-1-58　同心式洗井安装示意图

C. 水泵洗井

离心式水泵和深井泵洗井是目前农用机井最常用的洗井方法。它具有设备简单,装卸方便,洗井成本低,乡村均能自行解决等优点。

一般讲,对第四纪砂层深井,原则上应采用活塞来破壁和空压机或水泵(包括深井泵)洗井。对于石灰岩地区,在无空压机设备时,视地下水埋深可用离心泵或深井泵洗井。对于浅机井,不论砂层还是石灰岩均可用离心泵洗井。

2)洗井时的注意事项

(1)洗井泵的选择应是先小后大,逐渐加大抽水降深。

(2)抽水时间应根据含水层分选情况,连续抽水不少于 48 h,有条件时,可结合抽水试验进行。

(3)为了加速含水层内泥浆的启动,可将出水管插入井管内洗一段时间,然后向井外排水。

3)洗井的质量要求

(1)洗井完毕后,井底沉淀物厚度应不小于井深的 5/1 000。

（2）洗井完毕后，进行试验抽水，水泵出水后 30 min 采取水样。用容积法测定的含砂量：中、细砂含水层不得超过 1/20 000，粗砂、砾石、卵石含水层不得超过 1/50 000。

1.3.1.2　抽水试验

试验抽水是管井施工的最后一道工序，目的在于了解水位的下降值、涌水量大小，从而选用水泵类型和规格。

1）抽水试验设备

抽水试验的设备，主要包括水泵（或空压机）、量水堰（或水表）、电测水位计等。离心泵一般最大吸程为 8.5 m，仅适用于地下水位浅的井；深井泵或潜水泵能汲取深层水，出水也较均匀，但不适于涌水量较大的井；空压机在水位埋深不超过 70 m 时，不受水位高低的限制，还可输送含砂量较高的水，但需大功率发动机，出水不够均匀。

2）抽水试验要求

（1）水位降深。抽水试验中的水位下降次数比抽水试验要求低，通常只进行一次下降。而抽水试验的水位下降次数，一般为 3 次，至少要 2 次。

水位降深值的大小，主要取决于井的最大可能出水量。其最大降深值的确定，对于潜水含水层，采用其厚度的 1/3 ~ 2/3；对于承压含水层，一般不超过其顶板高度。

（2）抽水时间。抽水试验的延续时间，一般取决于当地的水文地质条件，在富水地区，水位、水量易于稳定，因而延续时间可以短一点；而贫水地区延续时间必须加长。因为在抽水过程中，井的影响半径逐渐扩大，必须在水的补给来源与井的出水量达到平衡时，水位才能确定。对抽水试验，要求动水位和出水量都达到稳定后，再连续抽水 4 ~ 8 h；对于抽水试验，其抽水延续时间一般按表 4-1-16 进行。

抽水试验时，要连续抽水，不允许中间停歇，对于潜水层尤为重要。

表 4-1-16　抽水稳定水位后延续时间

含水层	稳定水位后延续时间（h）		
	第一次抽降	第二次抽降	第三次抽降
砂层	12	12	24
砂砾石层	8	8	16
砾石夹砂土层	24	24	48

（3）观测内容。抽水试验的观测内容，包括静水位、动水位、恢复水位、出水量、含砂量以及抽水过程中的水质变化等。

观测时，对水位、出水量都应要求达到稳定。在连续数小时内，出水量变化的差数，小于平均出水量的 5% 时，即可认为出水量已经稳定。连续测量水位 3 次，每次间隔时间 0.5 h。在下列情况下，即可认为水位已经稳定：使用离心泵或深水泵时，其误差不超过 ±2 cm；使用空压机时，误差不超过 ±10 cm。此外，水质也应达到稳定。

抽水试验结束后，应观测水位的恢复情况。最初 1 ~ 2 min 一次，以后逐渐延长间隔时间。如水位在 3 ~ 4 h 内，变化不超过 1 cm，即可认为水位已经恢复。

1.3.2 泵站施工的基坑排水

1.3.2.1 概述

泵房基坑排水,在土基上是一个很重要的问题。首先,开挖过程中由于基坑深,四周环水,坑内地下水出露高,挖至一定高程,地下水渗透出露,有的可以采取表面排水,即在基坑周围挖排水沟并配合集水坑抽出,有的地下水渗漏量大,水压力大,泥沙液化,甚至于翻砂管涌,无法施工。实践证明,不少泵站由于忽视地下水的危害,施工中未采取有效措施处理好地基,以致发生了管涌,泵站虽勉强建成,但结果造成过大的沉陷和沉陷不均,建筑物裂缝和机组歪斜,泵站不能正常运行。

泵站基坑排水,应考虑地下水位与需要降低水位的高程和土壤的种类及其渗透系数,选用适当的处理方法。排除或处理地下水的方法有表面排水法、人工降低地下水位法、板桩法、沉井和帷幕法等,在泵站施工中多采用前两种方法,下面分别介绍其主要内容。

1.3.2.2 表面排水

表面排水,它是利用设置在基坑内的排水沟、集水井和抽水设备,把地下水从集水井中不断排走,保持基坑干燥。当土质较好而基坑又不深时,是简单易行的。因表面排水的设施简单,成本低,管理方便,对人工开挖基坑尤为适宜,所以应用较广。

当开挖接近地下水位时,沿坑底四周挖排水沟,并在坑内设置一个或几个集水井。如图 4-1-59 渗入坑内的地下水经排水沟汇集于集水井内,用水泵抽出坑外,而后再开挖基坑中间部分的土方。挖到排水沟底附近时,再加深排水沟和集水井,如图 4-1-60 以保持排水通畅。排水沟和集水井应经常保持一定的高差,集水井底一般应比排水沟底低 0.4 ~ 0.5 m,排水沟底又比挖土面低 0.3 ~ 0.4 m。这样,边挖土,边排水,以达到坑底设计标高。抽水应在挖土、浇筑基础以及回填等整个过程中连续进行,始终保持基坑的干燥。

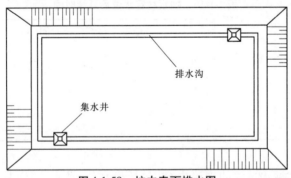

图 4-1-59　坑内表面排水图

排水沟和集水井应设置在基础的轮廓线以外,并距基础边缘一定距离,排水沟边缘应离开坡脚不小于 0.5 m。排水沟的断面尺寸和纵向坡度主要取决于排水量的大小,其底宽一般不小于 0.5 m,坡度为 0.001 ~ 0.005。当排水时间较长而土质又较差时,为防止沟壁坍塌,影响排水,沟壁可设置木板支撑(包括竖向铺设的挡木板和横撑)。集水井最好设在地下水的上游,以便截住地下水。井的容量至少要保证当水泵停止抽水 10 ~ 15 min后,不致使井水溢出井外。

表面排水有下列缺点:

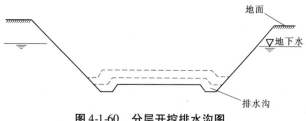

图 4-1-60　分层开挖排水沟图

（1）不能完全防止流砂现象的发生。

（2）随着大量地下水涌进坑内,由于动水压力的作用,坑四周的土也将跟着涌进,可能导致坑壁滑坍。

（3）若为了防止地下水的渗入和加固坑壁而采用板桩围护,需用大量支撑材料,造价高。

（4）降低坑底土的强度等。

1.3.2.3　人工降低地下水位

人工降低地下水位法的主要原理是从井中连续抽水,使井周围的地下水位下降而形成所谓的"下降漏斗",如图 4-1-61 所示。下降漏斗从开始形成到最后稳定,要经过一定时间,它与土壤颗粒组成有关。如在基坑四周布置一些井,并从这些井中同时连续抽水,则这些井之间的地下水位也将降低,并降低到坑底设计标高以下,从而保证开挖等工作可在干燥无水的情况下进行。

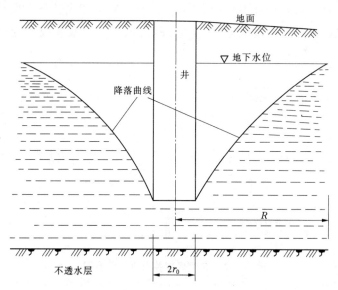

图 4-1-61　从井中抽水时的下降漏斗图

这个方法的主要优点在于:

（1）在整个施工过程中,由于连续抽水使地下水位下降到坑底标高以下,基坑处于无水状态,便于施工。

（2）抽水时,地下水流的运动方向朝下,土受到动水压力的作用而得到压实,从而改善坑周和坑底土的性质。

（3）坑壁可以较陡,减少土方量。

（4）坑内可以通行各种机械而不会造成泥泞状态。

因此,当基础土质不好时,就需要采用如前所述的一些特殊施工方法,而其中又以人工降低地下水位法用得较为广泛,效果也较好。

人工降低地下水位法目前主要有轻型井点和喷射井点两种,可按土壤渗透系数、要求降低水位的深度、设备情况以及工程特点,参照表4-1-17选用。

表4-1-17　各种井点的适用范围

井点类别	土壤渗透系数（m/d）	降低水位深度（m）
一级轻型井点	0.1～80	3～6
二级轻型井点	0.1～80	6～9
喷射井点	0.1～50	8～20

（1）轻型井点。轻型井点适用于渗透系数为0.1～80 m/d的土壤,而对渗透系数为2～50 m/d的土壤特别有效。如土壤渗透系数过小,则井点抽水效率将大为降低;如过大,则即使缩小井点管间距,也很难抽干坑内的渗水。

井点降水是利用真空的作用而抽吸地下水的,所以它的降水深度取决于抽吸系统中真空度的大小,一般单级轻型井点的抽吸高度可达7～8 m,相当于降水深度4～5 m(基坑中央)。因此,如要求降水深度大于4～5 m,就得采用二级或多级的轻型井点系统,如图4-1-62所示。

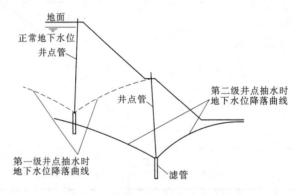

图4-1-62　二级轻型井点系统示意图

井点系统的布置视基坑的平面形状及大小、地下水流方向和所要求的降水深度和土质情况等因素而定,可布置成环形或线形。如基坑面积较大,井点一般按封闭的环形布置在基坑四周。有时为了挖土机械出入基坑,也可在地下水流的下游方向留出一段不予封闭,布置成U字形。井点管的中心间距视土质情况和所要求的降水深度而定,可通过现场试验确定,一般为0.8～1.6 m,不超过3 m。

（2）轻型井点系统的计算。井点系统计算的目的为确定在给定降水深度条件下所需排出的地下水流量和必要的抽水设备。由于受到一些不易确定的因素影响，计算结果不可能精确。如降水施工经验比较丰富，往往不一定进行计算，按惯用的井管间距进行布置就可解决问题。

1.3.3 水泵的安装调试

1.3.3.1 水泵安装

安装工作是建设排灌站的重要环节。如果水泵的选型合适，配套也合理，但安装不正确，同样也会降低机械效率和水泵的使用寿命。所以，不论是大泵还是小泵，一定要按照安装规范规定的程序和要求认真安装，保证质量。

1）基础施工

水泵基础一方面用来固定水泵位置，使水泵与动力机运行时的相对位置不会变动，另一方面用来承受水泵重量和机组运转时的振动力。所以，基础应有足够的强度和刚度，一般中、小型立式轴流泵都安装在钢筋混凝土排架或特制的水泵梁上，而卧式离心泵、混流泵大多是安装在混凝土块体基础上（固定式抽水站）或桩木基础上（临时性抽水装置）。

A. 混凝土基础

混凝土基础应有足够的平面尺寸，以保证水泵的安装和固定。一般基础面应比水泵底座或机组底座四周大 8～10 cm。水泵底座的尺寸在水泵样本中可以查到，因而基础的平面尺寸也就可以确定。基础体积可依据电动机或水泵的功率确定，基础的体积确定后，从上面已确定的基础面积，就可定出基础的高度。

基础施工时，要求在规定的地点先挖好机坑，下面铺一层 50 mm 厚的石子或碎砖，用夯打实，然后浇筑混凝土。混凝土的配合比可用重量来计算。混凝土的配合比一般应根据现场配合比试验资料确定或根据设计要求确定。在浇筑时，要在靠近地面以及高出地面的部分放置模框，模框要根据基础尺寸钉好。一般基础面要比地面高出 5～10 cm。

B. 地脚螺丝的固定

机组底座地脚螺丝的固定，一般有两种方法，即二次灌浆法和一次灌浆法。

用二次灌浆法浇制基础时，在基础中需预留地脚螺丝孔，待机组设备就位和上好螺丝后，再向预留孔灌注混凝土，使地脚螺丝固结在基础内。这种方法的缺点是：增加了基础模板工程和浇筑工作量，而且分两次浇筑，前后凝固的混凝土有时结合得不好，影响地脚螺丝的稳固性。

一次灌浆法就是在浇筑混凝土前，把地脚螺丝预先安装固定在模型架上，在浇筑基础时不须预留螺孔，而是一次浇成就把地脚螺丝固定在基础内。这种方法的优点是：缩短了施工期限，增强了地脚螺丝在基础内的稳固性，保证了安装质量。但螺丝正确位置的确定比较困难。究竟采用哪种方法固定地脚螺丝，可参考表4-1-18。

表 4-1-18　二次灌浆法和一次灌浆法应用范围

水泵型号	灌浆法	
	水泵	电动机
12 英寸以下	一次灌浆	一次灌浆
14 ~ 20 英寸	一次灌浆	二次灌浆
24 英寸以上	二次灌浆	二次灌浆

注:1 英寸 = 2.54 cm。

　　小型水泵的基础一般都采用一次灌浆法。通常按照规定尺寸要求用木板或砖头立好模框,同时在各地脚螺丝的位置钉上有螺丝孔的纵横板条,以固定地脚螺丝位置,如图 4-1-63 所示。然后再浇筑混凝土。

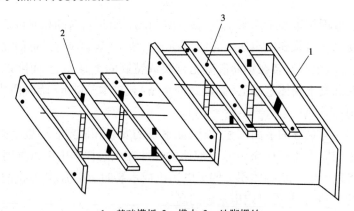

1—基础模板;2—横木;3—地脚螺丝
图 4-1-63　一次浇筑地脚螺丝固定法

　　采用二次灌浆法时,需预先立好模框,并在地脚螺丝位置处立上预留孔模板。预留孔的尺寸一般比地脚螺丝直径大 5 cm 左右。如果不用预留孔模板,也可在地脚螺丝外面套一根比螺栓直径大 1.5 ~ 2 倍粗的铁管或竹管。把地脚螺丝固定在如图 4-1-64 所示的样板架上便于对准底座上的地脚螺丝孔。

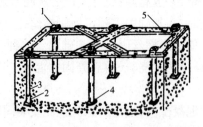

1—螺丝帽;2—地脚螺丝;3—套管;4—垫片;5—样架
图 4-1-64　悬挂地脚螺丝的样板架示意图

　　C.临时性桩木基础

　　临时性基础也应固定好。固定的方法是一般用两根长短合适的方木作为地脚木,并按规定尺寸钻上水泵和动力机的地脚螺丝孔,安上底座,装上地脚螺丝,把方木与机组底座固定在一起,如图4-1-65所示。安装的地方,先要夯实,然后在地面上挖两条沟,沟的宽窄、长短要比地脚木稍大些,安装时将地脚木嵌在沟内,再把四周夯实。为了使机组牢固,也可以在地脚木四周打几根木桩。这种木基座安装移动简便,宜使用于直接传动的机组。

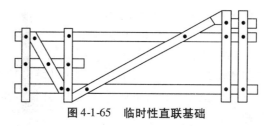

图4-1-65 临时性直联基础

另一种临时性基础是为水泵和动力机分别做一个木基座,使用时用木桩分别固定住,如图4-1-66所示。这种木基座,安装时较为麻烦,固定也困难。但两个基础间的长度不受材料限制,宜用于皮带传动的机组。

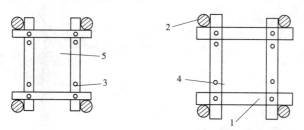

1—地脚木;2—木桩;3—地脚螺丝孔;4—动力机基础;5—水泵基础

图4-1-66 临时性分开基础

地脚木的大小,要根据机组的功率来确定,一般常用的是10 cm×15 cm或15 cm×20 cm的方木;木料的长度可以根据水泵与动力机的地脚尺寸以及它们之间的安装距离来确定。

2)离心泵和混流泵的安装

目前离心泵和混流泵的产品,分有底座和无底座两种。小型离心泵一般在出厂时规定与电机用共同底座。6英寸以上的泵除用户订货需要外,一般不附底座。底座大多是铸铁的,带底座的水泵必须先安装好底座后,再将水泵装上,无底座的水泵可直接安装在混凝土基础上。

水泵在安装前必须对基础进行一次全面的清扫。

(1)有底座水泵的安装。先安装底座,其安装质量非常重要,因为整个机组都要装在上面,对今后的安全运行,有密切的关系。

如用二次灌浆法安装底座,底座与基础面之间必须加垫楔形垫铁或薄铁片。垫铁的作用:一方面是增加水泵在基础上的稳定性;另一方面便于二次灌浆。放置垫铁以前,基础面应预先铲平,使基础表面与垫铁接触良好。垫铁的垫起高度最好在30~60 mm,过低会影响二次灌浆,过高使水泵在基础上不容易稳定。

垫铁放在地脚螺丝的两旁,离螺丝的距离为1~2倍的地脚螺丝直径,太近和太远都是不恰当的。垫铁必须很平稳,每堆垫铁的数目不超过3块,以免过多时会发生滑动或弹跳等现象。当垫铁放置的位置、高度、块数适当,接触情况以及底座的位置和水平等均符合要求后,便可拧紧地脚螺丝。再用水泥砂浆填入机座的下面,进行二次灌浆。待水泥浆凝固后,再安装水泵。

在抬、吊水泵时,必须注意钢丝绳应拴在泵体上,不应拴在轴承座上,更不能拴在泵轴上,以免发生泵轴弯曲和伤及轴承座与泵体的连接螺丝。

(2)无底座水泵的安装。先把水泵抬、吊到基础上,使基础上地脚螺丝对准并插入泵体地脚螺孔。水泵就位后,在水泵地脚四角各垫一块楔形垫铁。然后调整水泵的水平位置和轴中心标高,其方法如图4-1-67所示。最后用混凝土从缝口填塞基础与泵体地脚间的空隙。注意在灌浆时四周应用木板挡住,不让浆体流出,并保证里边不得存有空隙,等混凝土凝固后,拧紧地脚螺母。

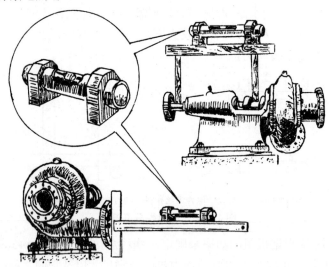

图 4-1-67　找水平示意图

3)动力机的安装

由于传动方式的不同,对动力机安装的要求也不一样。

直接传动水泵与电动机在转速和转向一致时,一般都采用联轴器直接传动。电动机安装时要求水泵轴与电动机轴在一条直线上(同心),同时两联轴器之间应保持一定的间隙。否则,机组运行时会发生振动。不但浪费功率,而且轴承也容易损坏。

两联轴器之间的间隙,称为轴向间隙,是用来防止水泵轴或电动机轴窜动时互相影响。因此,这个间隙一般应大于两轴的窜动量之和,安装时轴向间隙可参考下列数据进行调整:12英寸以下水泵机组的轴向间隙为 2～4 mm,14～20 英寸水泵机组的轴向间隙为 4～6 mm,20 英寸以上水泵机组的轴向间隙为 4～8 mm。

轴向间隙的找正,可用直角尺初校,再用平面规和塞尺在联轴器中间分上下、左右四点测量,如图4-1-68所示。四周间隙允许偏差应不超过 0.3 mm,如超过规定数值应再进行调整。

检查两联轴器的同心度,如图4-1-69所示。把直角尺平放在两个联轴器上,对称检查上下、左右四点。如果直角尺与两个联轴器表面之间贴得很紧,没有缝隙,说明两联轴

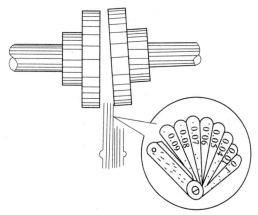

图 4-1-68 用塞尺测量轴向间隙

器同心。如果一个联轴器与尺面接触很紧,另一个联轴器与尺面有空隙,再检查对面一点时,情况正好相反,说明两轴不同心。其允许偏差不得超过 0.1 mm。如超过此值,应当调整。调整的方法是:在电动机地脚下增加或减少铁垫片,或者用撬棒稍微撬动一下电动机的方向进行调整,直到符合要求后,再拧紧电动机地脚螺丝和联轴器螺丝。

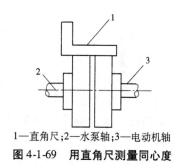

1—直角尺;2—水泵轴;3—电动机轴

图 4-1-69 用直角尺测量同心度

在调整联轴器间隙时应注意下列各点:

(1)每次测量必须注意联轴器的轴向移动。

(2)塞尺的精度要有足够的要求(最小薄片为 0.03 mm 或 0.05 mm 厚),塞入时不能用力过大,而且每次用力要均匀一致。

(3)电动机机座下只能垫薄铁片,不能垫木片、竹片之类易于压缩变形或破裂的东西。

(4)每次调整后必须在拧紧电动机地脚螺丝后再行测量。

4)轴流泵的安装

轴流泵有立式、斜式和卧式之分,其安装方法也不一样。其中,斜式和卧式的安装与离心泵、混流泵的安装基本类同。唯立式轴流泵的安装与之不同,它安装在专设的水泵梁上,而动力机安装在水泵上方的电机梁上。

A. 梁的安装

水泵梁和电机梁是在土建过程中进行定位的。水泵梁和电机梁的垂直高度、各地脚螺丝孔的间距尺寸以及它们之间的相对位置等是否符合设计要求和水泵样本的规定,对今后的机组安装能否保质保量顺利进行有很密切的关系。因此,在土建施工时,就要重视梁的安装。

当进水池两侧隔墙(或边墙)砌到水泵梁底面的高程时,应用水准仪找平各墙在安装水泵梁处的高程。如偏高,应凿去部分混凝土,如偏低,则应浇筑混凝土,使其符合计划高程,然后将水泵梁吊抬到墙顶上就位,并进行校正定位。

初步校正时,可先在底板上放出水泵中心位置。利用墙上预设的角铁龙门架,用测锤吊线将水泵中心引到龙门架上,并根据地脚螺丝中心距,在架上放出水泵梁中心铅丝线。水泵梁上也应根据地脚螺孔弹出梁的中心墨线。水泵梁便根据铅丝线位置用撬棍拨移,使墨线与铅丝线重合,梁即到位。因为梁体比较笨重,这样施工比较方便,特别是对多机组泵站,可使各机组中心都在同一直线上。

水泵梁初步校正到位后,用放有地脚螺孔的木样板架在两水泵梁上,校正水泵梁上的预留孔位置,并用测锤吊线检查样板中心与底板上的水泵中心位置,如果符合,即可对水泵梁最后定位。这样,今后安装地脚螺丝时不致发生困难。

电机梁也用龙门架吊线法,同水泵梁一样找正位置。但必须注意两梁面间的垂直距离,必须符合轴长所要求的高度。

B. 水泵安装顺序和方法

(1)泵体部件就位先将泵的进水喇叭口吊入进水室内,再将泵体弯管和导叶体的组合件吊到水泵梁上就位,使地脚螺丝孔与梁上的预留螺孔对准,垫上校正垫铁,检查弯管,使其符合出水方向后,穿上地脚螺丝。螺帽不要拧紧,注意地脚螺丝应自下向上穿入。10英寸以下的小型轴流泵,其导叶座连同泵体弯管一齐起吊,14英寸以上的轴流泵,其导叶座是与泵体分开起吊的。

(2)上机座就位。将电机座(如皮带传动,即为皮带轮座)吊到电机梁上。同样使机座地脚螺孔与梁上预留孔对准,就位后并自下而上穿入地脚螺栓,垫上校正垫铁,螺母暂不拧紧。

(3)初校水平。电机座以轴承座面为校准面,泵体弯管则以上橡皮轴承座面为校准面。它们均为精加工面。校水平时,先校电机座,后校泵体弯管。一般用方形水平仪或铁水平尺。校正时,将水平仪放在校准面上,松紧调整垫铁上的螺丝,使水泡居中即可。一般小型轴流泵,不用调整垫铁,而用厚薄不均的一组塞铁片来改变和调整地脚四角的相对高度。

(4)找正找平。找正就是找上机座上的传动轴孔与泵体弯管上的泵轴孔同心。其方法是:在轴孔内紧嵌一薄木板,用圆规在木板上画出轴孔中心。这步工作虽然简单,但要认真准确,不能有丝毫的差错。轴孔中心找出后,在电机座轴孔内的木板中心钻一小孔,以能穿过测锤吊线或钢丝为宜。将吊线穿过上木板小孔,使测锤悬挂在下板中心。为了找正方便,测锤距下木板面不超过 1 mm。测锤重量根据传动轴长短而定,以能将吊线绷紧即可。找正时,一般以电机座为准,撬动泵体弯管,如果水泵梁地脚螺孔活动余地有限不能撬准,也可撬动电机座,直到测锤尖端与下木板中心重合。找正的同时要找平,多次反复进行,直到水平与同心完全符合要求才能结束。

(5)固定地脚螺丝。上机座与泵体对正找平后,就可拧紧地脚螺丝。在拧紧过程中,仍应不断地注意对中和校平。地脚螺丝也应拧得松紧一致。这一步必须坚持质量标准,切不可迁就马虎给以后的安装留下隐患。

(6)泵体安装。先把导叶座抬到弯管下方装上导叶座,后把泵轴吊装插入泵体内,装上叶轮,然后装喇叭口。叶轮外缘与球形体内壁间隙应均匀,不能有偏在一边的现象,最后将填料函装上。泵轴上端的联轴器上要撑一木块,以防泵轴往下掉。

(7)传动轴安装。先把滚动轴承和轴套压到传动轴上,同时把轴承盖、传动轴上的圆螺帽、推力盘上的上钢圈等也都装上。然后装上弹性联轴器,再将推力轴承装入电机座内的轴承体内,把传动轴吊装插入机座轴孔中,传动轴下端装上刚性联轴器,拧紧拼帽螺丝。把传动轴和滚动轴承一齐压入轴承体内,拧紧轴承压盖螺丝。随后检查传动轴和泵轴的垂直度及刚性联轴器的同心度;待符合要求后(一般垂直度允许偏差应小于 0.03 mm/m)拧紧对销螺丝。最后调节传动轴上的圆螺帽,使叶轮与导叶座的间隙符合要求。注意叶轮要调得比规定标准略高一些为好。

(8)基础灌浆。待整个泵体和上机座安装完毕后,用水泥砂浆将地脚螺丝孔和底座接触梁面的空隙全部填实牢固。砂浆最好在底座四周浇高 5 cm 左右,便于以后检修定位。

(9)吊装电机。最后将电机(如间接传动则为皮带轮)吊装在机座上,装好弹性联轴器,拧紧地脚螺丝,即安装完毕。

5)管路安装

在管路安装之前,必须检查管子和附件的质量,以及大小、长度、数量、规格是否符合要求。

管道接头有法兰连接、承插式接头两种形式。法兰连接时要在两节管的法兰之间夹一层 0.3~0.5 cm 的胶皮垫圈,拧紧螺丝时应上下、左右交替进行,每个螺丝应分几次上紧,四周各螺栓要逐渐一齐上紧,在铺设承插式管道时,管子承口向前,将管子的插口插入已铺好的管子的承口中。插口顶端与承口内支承面之间应留有 3~8 mm 的空隙。插口外壁和承口内壁之间要有一均匀环状空隙,便于嵌塞接头填料,并用石棉水泥封口。管子要严格找正,浇筑混凝土垫层或支墩,固定管路。

1.3.3.2　水泵调试

1)启动前准备

(1)查看进出口阀门是否完好,有无堵塞,泵及附件管路有无泄露。

(2)泵在启动时要关闭出口阀门(自吸泵除外),不满载,否则转动扭距过大,泵有可能会有损伤,电机也因电流过大容易烧毁。

(3)打开进口阀门,打开排气阀使液体充满整个泵腔,然后关闭排气阀。

(4)对于机械密封的水泵,应用手盘动泵转子以使润滑液进入机械密封端面。避免启动时机械密封干磨造成机封损坏。

(5)确定转向:点动电机,确定转向是否正确。通常电机是三相三线制。如果反转,就把其中任意二根电线对调,那样电机就会形成正转。

(6)手动盘车:转子部件应转动灵活,无卡壳、摩擦现象。

2)启动与运行

(1)再次检查全开阀门,关闭出管路阀门。

(2)接通电源,当泵达到正常转速后,再逐渐打开出管路上的阀门,注意关闭阀门运行时间不得超过 5 min。否则,轴承、机械密封容易损坏。

(3)调节工况:让运行工况在说明书使用范围内,尽量靠近设计点。由于流量和功率一般无法看到,因此要调节压力(出口压力 - 进口压力 = 水泵扬程)和电流在额定范围内。

(4)检查轴封情况:机械密封:10 滴/min,填料密封:1~2 滴/s,如超过标准,应及时处理。

(5)检查振动和噪声情况。

3)停车

(1)逐渐关闭出口管路阀门,切断电源。

(2)如环境温度低于 0 ℃,应该把泵内的液体放尽,以免冻坏。

(3)如长期停用,应将泵拆卸清洗,包装保管。

模块 2　灌排工程运行

2.1　灌排渠(沟)运行

2.1.1　渠道安全运行

2.1.1.1　渠道正常工作标志

(1)输水能力符合设计要求。

(2)水流平稳均匀,不淤不冲。

(3)渠道水量的管理损失和渗漏损失量最小,不超过设计要求。

(4)渠堤断面规则完整,符合设计要求,输水安全。

(5)渠道内没有杂草与输水障碍物。

(6)沿渠堤绿化达到要求标准,林木生长良好。

2.1.1.2　渠道正常运行应达到的要求

(1)在正常引水时,水位、流量、流速须符合设计要求。正确掌握渠道流量和通水情况,过水能力应符合设计要求,以防止渠道由于流速的突然变化引起冲刷和淤积,保证渠道稳定输水,满足灌溉要求。

(2)禁止在渠道内修建和设置足能引起偏流的工程和物体,避免引起渠道产生冲刷、淤积和渠岸坍塌。

(3)保持水面线坡降和设计一致,防止任意抬高水位、增设壅水建筑物等而引起冲刷淤积情况,以满足输水要求。

(4)渠道渗漏损失符合设计要求。减少渗漏损失是提高水利用系数的有效途径。

(5)渠道工程安全可靠。渠坡和渠床有足够的稳定性,不崩塌和滑坡阻塞渠道。

2.1.1.3　渠道控制运用的一般原则

1)水位控制

为保证渠道安全输水,避免渠道溢堤决口,各渠道必须明确规定最高运行水位,或规定渠顶超高,不得超限输水。最高水位的确定,一般按照渠道设计正常水位为警戒水位,设计校核水位为保证水位。实际工作中尚需考虑渠段工程设施及自然地理条件的变化,包括工程老化程度和区间径流对渠道等影响情况。汛期、风力较大时应适当降低运行水位。

2)流速控制

渠道中流速过大会冲刷渠道,流速过小会造成渠道淤积,总的要求是渠道最大流速不应超过开始冲刷渠床流速的 90%,最小流速不应小于落淤流速(一般不小于 0.2～0.3 m/s)。

3）流量控制

渠道流量一般不应超过正常设计流量,有特殊要求时,可适当加大流量,但时间不宜过长,尤其是有滑坡危险或冬季放水的渠道不宜加大流量。浑水淤灌的渠道可适当加大,冰冻期间渠道输水,在不影响用水要求的前提下,尽量缩短输水时间,并要密切注意气温变化和冰情发生情况,及时清除冰凌,防止流凌壅塞,造成渠堤漫溢成灾。渠道放水时采取逐渐增加或减少流量的方法,尽量避免猛增猛减,以免造成渠道冲淤或垮岸事故,每次改变流量最好不要超过 10% ~ 20%。

2.1.1.4　渠道控制运行

（1）渠道初次放水时,应每隔 0.5 ~ 1.0 h 逐级加大至正常流量,切忌骤然泄放大流量。

（2）为确保渠道安全输水,防止溢水决口,渠内水位距渠道衬砌顶应保持足够的超高,见表 4-2-1。当风力较大时,超高值中还应计入波浪高度。

表 4-2-1　渠堤超高

渠道流量（m³/s）	超高（m）
< 0.5	0.2
0.5 ~ 1.0	0.2 ~ 0.3
1.0 ~ 10.0	0.4
10.0 ~ 30.0	0.5

（3）灌溉停水时,应每隔 3 ~ 4 h 逐级减少流量,切忌由正常流量骤然停水。

（4）多泥沙河道引水,含沙量超过 1% 时,要控制渠道最低流速。一般最低平均流速控制在不低于 0.4 m/s,表面流速控制在 0.5 m/s 以上。

（5）当河道含沙量在上涨趋势达到 5% 时,应关闸停水。含沙量下降趋势达到 6% 时,可启闸放水。

（6）冬季行水:①冰冻期间输水,应在不影响用水要求的原则下,尽量缩短输水时间,控制平均流速在 0.4 m/s 以上。②连续 2 ~ 3 日最低气温低于 - 8 ℃时,立即停水。

2.1.2　渠堤裂缝、沉陷变形检查

2.1.2.1　渠道裂缝

1）裂缝的分类与特征

（1）按裂缝发生的部位分类,有表面裂缝与内部裂缝。

（2）按裂缝的走向分类,有横向裂缝、纵向裂缝、龟纹裂缝三种。横向裂缝一般在填方或半挖半填的渠段。纵向裂缝一般在渠底或渠坡,也有发生在渠堤顶的。龟纹裂缝一般发生在土料防渗渠表面。

（3）按裂缝成因分类,有沉陷裂缝、滑坡裂缝、干缩裂缝、冻胀裂缝等。沉陷裂缝多发生于渠床新旧土结合段、渠道与渠系建筑物上下游连接段、渠道大填方段、渠下埋涵管的部位等。滑坡裂缝多发生在土石交界的渠道、半挖半填或盘山开挖渠道以及黄土塬边的

渠道等。干缩裂缝多在土料防渗、塑料膜防渗土料作保护层的渠道,冻胀裂缝多发生在冰冻影响深度范围以内,也有因冬季放水结冰而引起的,缝深与宽度随气温而异。

2)影响渠道裂缝的因素

(1)渠道水位骤降,渠坡产生较大的孔隙水压力,当超过极限平衡状态时,产生纵向裂缝。

(2)渠顶堆放弃土或弃石等重物,超过荷重,造成裂缝。

(3)衬砌防渗渠道,由于伸缩缝太少或填塞不好,造成纵向、横向裂缝。

(4)渠道长期不过水,可能产生裂缝,因此应定期放水湿润渠道。

2.1.2.2 沉陷

发生沉陷时应区分以下情况:

(1)新渠放水发生沉陷,应先测量沉陷尺寸,再按原设计要求加高培厚。

(2)旧渠出现沉陷或深坑,应及时查明原因,如不危及工程安全运行,可加强观测,待停水后进行锥探,查清隐患深度及范围,及时灌浆堵塞或重新翻修夯实。

2.1.2.3 渠堤滑坡

渠道滑坡是指渠道局部失去稳定,发生滑动,上部坍塌、下部隆起外移的现象。

1)影响渠道滑坡稳定性的因素

(1)渠道的物质组成。有些渠建在抗剪强度比较低的页岩、泥岩、黏土、砾石、黄土等基础上,如果边坡过陡,过水后常易产生滑坡,特别是初放水时或雨季更容易产生滑坡。

有些渠道在开挖后即出现裂缝,至降雨后雨水沿缝下渗,则更加剧了渠道的滑塌。

(2)渠道基础的内部结构。渠道基础的内部结构包括不同土石层的结合,岩石中的断层和断层裂隙的倾向等。特别是岩石断层的倾向对滑坡关系很大,当岩层倾向渠内,渠道开挖后,岩层下部失去支撑,上部岩体常会滑塌,在有地下水的影响下,更加大滑动。另外,傍山渠道常是半挖半填的,渠道断面有一部分在新填土或新砌石上,如新老土石结合不好,将会造成漏水、滑坡等现象。

(3)渠道边坡太陡。由于边坡太陡,形成渠堤抗剪强度不足,因而基土与渠坡体同时滑动。滑动力主要与渠坡缓陡有关,边坡越陡,滑动力越大。抗滑力与渠道压实程度及渗水压力的大小有关。夯实程度越差,渗透水压力越大,抗滑力就越小,反之抗滑力就大。

(4)水的作用。渠道渗水、地面水、降水等浸湿渠道土石体,会降低其抗滑力。如果地下水在隔水层上汇集,还会对上面覆盖的土石层产生浮托力,降低抗滑力,地下水位升高,还会产生较大的静水或动水压力,这些都可能促成滑坡。

(5)人为因素。人为因素很多,如设计不合理,渠道选线不当,施工质量要求不严格,土石方的开挖、堆放不合理,采用不适宜的爆破方法,冬季施工时填方段内有冻土层冻土块,废土废石乱堆乱放,在渠旁取土等,都会造成滑坡的产生。

(6)防渗渠道塌坡。混凝土板或浆砌石衬砌渠道,因勾缝脱落后,长期未修复,造成渠水沿缝渗流,防渗层土壤呈饱和或半饱和状态,特别是冬灌后的渠道,冬季冻胀严重,部分预制板隆起,春季解冻后,形成大面积的脱缝塌坡并堆积渠底。渠道阴坡尤为严重。

(7)冬灌放水。北方地区冬灌后,渠道边坡土壤渗水冻结,早春放水时,渠坡融解不均,水面线以下由于水温较高而开始融解,以上仍然冻结,且解冻后下层土壤疏松,停水后形成边坡脱落。

2)滑坡的预防与治理

(1)加强滑坡段的检查观察,有滑坡迹象时,应采取削坡减压、砌石护坡、开沟排水、渠岸绿化等措施。

(2)管好排水系统,使沿渠山坡降水从截水沟或排洪槽等设施流向预定的地方,保证排泄畅通。

(3)检查渠道衬砌防渗工程,如有损坏及时修复。

(4)禁止在滑坡体脚取土、开石,保持局部土体的稳定。

(5)防止滑坡体受淘刷。当滑坡体坡脚伸入在河流中,应在外坡脚修建挡土墙,一方面防止土体下滑,一方面防止河流淘刷。

(6)渠道放水停水不能骤涨骤落,特别是大型土渠塑膜防渗渠道,更要防止骤然停水,造成滑坡。

2.1.2.4　渠道安全检查

渠道安全检查是一项很重要的任务,是为了及时发现和处理病害,保证渠道正常运用。渠道安全检查的内容如下:

(1)日常检查包括平时检查和汛期检查。平时检查应检查渠道有无裂缝、缺口、沉陷、滑坡情况,淤积、冲深情况,渠道边缘和内边坡是否完整,渠道衬砌面及伸缩缝是否完好,止水是否严密;渠道有无砖石、土块和其他废弃物堆积可能阻碍水流情况;渠道有无鼠穴、蚁穴及其他可能导致溃渠的情况;渠道上的泄水道、溢洪口有无堵塞、损坏。汛期主要检查思想、组织、物资及工程等方面的准备落实情况及措施。

(2)行水期间检查,应检查观测渠段流态,是否有阻水、冲刷淤积和漏水、滑坡和渗漏损坏现象,有无较大漂浮物冲击渠坡及风浪影响,渠顶超高是否足够等。

(3)临时性检查,在发生暴雨、洪水、台风、地震、河库水位骤降时的检查,重点检查洪水入渠情况,排洪建筑物泄洪情况,渠堤挡水情况及防洪抢险的准备工作。若发现异常情况,分析原因,及时上报并采取措施,确保工程安全。

(4)定期检查,包括汛前、汛后、封冻前、解冻后进行全面细致的检查,如发现弱点和问题,应及时采取措施加以修复解决。

对北方地区有冬灌任务的渠道,应注意冰凌冻害对渠道的损坏情况。

2.1.3　排水渠沟工程运行

排水渠系网建成后变形的原因有自然形成和人为造成两个方面。有些明式排水渠道投入使用后由于渠床土壤质地、地下水状况、气温冻胀等不同情况而变形。有的排水渠系设计施工中对流速、泥沙、冻胀等因素考虑不周,在运用过程中,形成变形。有的在管理运用过程中由于人为的堵塞、拦截、破坏等原因,也会造成局部变形损坏。

2.1.3.1　排水沟变形原因

(1)在排水条件下黄土或腐殖土层的沉陷。

(2)沟底或断面出现淤积,淤积现象经常出现在沟道凸岸,形成部分沟段出现浅滩。

(3)沟道生长杂草和灌木。

（4）由于凹岸常受水流冲刷，使岸边土粒被冲走，从而使沟道横断面增大甚至形成弯曲的沟道。

（5）由于沟道边坡系数选择不当，或由于风化、冻融等作用，形成沟堤坍塌变形影响正常排水。

2.1.3.2　排水沟安全检查

排水沟安全检查主要内容包括：有无变形、移位、损毁、淤堵，排水能力是否满足要求等。

（1）汛前对各级排水系统进行检查，编制岁修计划。汛后根据损坏情况，安排大修或小修以及必要时的抢修。

（2）经常清理沟内的堆积物，清除杂草。及时拆除排水沟各种障碍，包括临时抗旱抽水横堤、小坝、临时人行便桥等。

（3）保持沟道断面完整，对不稳定沟段，采取有效的防坍、固坡措施，发动群众在堤坡外侧种草植树，严禁滥伐护渠林，以及在沟边坡上垦殖、铲草。

（4）不得在沟内设障，或在保护范围内取土、挖坑、耕种、铲草皮。

（5）及时发现和清除鼠穴、兽洞、古墓等隐患。

（6）不允许在沟道内倾倒垃圾、废渣，堆放杂物。

（7）为防止沟道淤积，不得向沟内任意排放含沙量大的灌溉水，坚持逐级排水。

（8）保持沟内各种建筑物的完整，防止变形和破坏。

检查完后，填写灌排渠（沟）安全检查记录（见表4-2-2）。

表 4-2-2　灌排渠（沟）安全记录表

日期		桩号位置		检查人	
存在问题					
采取措施及结果					
需请示汇报的问题				受理人	
备注	输水渠道重点巡查部位：高填方段、隐蔽工程、险工段等				

2.1.4　管道及配套设施运行状况检查

管道工程包括管道灌溉工程及管道排水工程。管道灌溉工程有低压管道灌溉工程、微灌工程、喷灌工程等，主要由枢纽工程、管道系统及灌水器组成；管道排水工程主要是暗管排水系统。

2.1.4.1　压力管道的正常运行要求

（1）初次投入使用时，进行全面检查、试水或冲洗。

（2）保持管道通畅，无污物杂质和泥沙淤积。

（3）各类闸门、闸阀及安全保护装置启闭灵活，动作自如。

（4）无渗水漏水现象，给水栓、出水口以及暴露在地面的连接管道保持完整。

（5）量测仪表或装置盘面清晰、方便测读，指示灵敏。

（6）灌溉季节结束，对压力管道进行维修。严寒地区做好防冻措施。

2.1.4.2　排水管道系统的正常运行要求

（1）排水应通畅、达到工程设计标准。

（2）对于出流量明显减少者应查找原因，及时处理。暗管在运行初期应经常检修维护，每年可定期检修一次。

（3）鼠道应视其出流减少情况，及时进行处理或全部更新。

2.1.4.3　管道检查

地埋暗管应按灌水计划确定的轮灌顺序进行输水或灌水，同时在输水和灌水过程中，应经常检查暗管工作状况，发现有损坏或漏水的管段要立即修复。地埋暗管漏水的检查（简称检漏）是管理运用的一项日常工作。暗管如有漏水，不仅浪费水量，而且会影响管道和建筑物基础的稳固。

1）暗管漏水的原因

（1）暗管质量有问题或使用期长而破损。

（2）暗管接头不严密或基础不平整而引起损坏。

（3）因使用不当，例如闸门、闸阀关闭过快产生水锤而爆管。

（4）闸门、闸阀磨损、锈蚀或被污物杂质嵌住无法关闭严密等。

2）检漏方法

暗管检漏方法有实地观察、听漏和分区检漏等方法，可根据具体条件运用。

（1）实地观察法，是从地面上观察漏水迹象，如暗管上部填土有浸湿痕迹或清水渗出、局部管线土面下沉、暗管管线附近低洼处有清水渗出等。该法简单易行，但较粗略。

（2）听漏法，是确定漏水部位的有效方法。但需在夜间进行，以免受车辆行驶和其他杂声的干扰。听漏法所使用的工具是一根简单的听漏棒，使用时将听漏棒一端放在管线地面上、闸门或闸阀上，即可从棒的另一端听到漏水声，但听漏时要和夜间出水口给水栓放水、灌水声相区别。听漏点间距依暗管使用年限和漏水发生的可能性，凭经验选定。

听漏也可使用半导体检漏仪。它是一个简单的高频放大器，利用晶体探头将地下漏水的低频振动转化为电信号，放大后即可在耳机中听到漏水声，或从输出电表的指针摆动看出漏水情况。检漏仪的灵敏度极高，所有杂声均被放大，以致较难区别真正的漏水声。

（3）分区检漏，是按暗管分级、分段或分小区，利用水表、量水堰或量水装置测量出管道的输水损失量，若超过正常输水损失量过多，就表明该条、该段或该小区内的暗管有损坏。

（4）定时测定地埋暗管管网的压力和流量，以便了解管网输水、配水和灌水情况，管道的运行情况。

根据压力变化判断是否漏水。在输水、灌水阶段,应经常测定各级暗管的水压,以便了解管网系统的工作情况和水压变化动态。确定管网规划设计是否合理;运行期间有无可能发生水压超过暗管管材的承受能力,并采取措施,多开出水口或改变轮灌方式等以降低水压;有无可能因水压过低或招致产生负压现象等。

通过流量变化判断是否漏水。为准确计量暗管的输水流量和总量、灌水流量和总量,必须定时对各级暗管和出水口或给水栓进行量水。

3)排水暗管检查

(1)排水暗管和鼠道的出流检查应在灌溉或雨后进行,如发现出流量减少或不出流,应及时查找原因并确定局部淤堵部位,立即维修。

(2)暗管、鼠道出流量异常的检查方法有:①采用直观检查。检查暗管、鼠道出口段有无淤堵。②利用测压管检查。沿管线用螺纹钻(手土钻)打一排观察孔,在观测孔内装设测压管。其管径一般为 2.5～7.5 cm,管深最好达地下水位以下,管材可用金属管、塑料管和混凝土管等,管下端的进水口用裹料包扎,周围填粗砂或砂砾石,再回填土。为固定测压管,并防止地表水与回填材料直接接触,在管周地表需浇筑混凝土密封体。定期观测测压孔内的地下水位,并分析其地下水面线的变化规律,以根据地下水位的反常现象确定出暗管、鼠道的淤堵部位。③利用检查井检查。一般集水管每隔一定距离设置一个检查井,并可兼作沉沙池。检查井可用砖石砌筑或预制混凝土构件现场安装。井口需露在地面以上 10～30 cm,也可加盖埋在地面以下,以方便交通。井径一般不小于 60 cm,以便于下井检查。检查方法同测压管。

2.2　灌排渠(沟)系建筑物运行

2.2.1　渠系建筑物安全运行的常识

2.2.1.1　建筑物完好率和正常运用的基本标志

(1)过水能力符合设计要求,能准确、迅速地控制运用。

(2)建筑物各部分应保持完整、无损坏。

(3)挡土墙、护坡和护底填实无空虚部位,挡土墙后及护底板下无危险性渗流。

(4)闸门和启闭机械工作正常,闸门与门槽无漏水现象。

(5)建筑物上游壅高水位时不能超过设计水位。

(6)建筑物上游无冲刷淤积现象。

(7)各种用于测流、量水的水尺标志完好,标记明显。

2.2.1.2　渠系建筑物在经常性管理中的要求

渠系建筑物管理是指渠系上各类建筑物进行合理运用、养护、维修,使其处于正常技术状态的管理工作。

(1)各类建筑物应配备一定的照明设备,行水期和防汛期应由专人管理,不分昼夜轮流值班。

（2）对主要建筑物应建立健全检查制度及操作规程，切实做好检查观察工作，认真记录，发现问题要分析原因，及时研究处理措施，并报主管机关。

（3）在配水枢纽的边墙、闸门上及大渡槽、倒虹吸、涵洞、隧洞的入口处，必须标出最高水位，运行时不得超过最高运行水位。

（4）在建筑物管理范围内严禁进行爆炸活动，200 m 范围内不准用炸药炸岩石，500 m 范围内不准在水内炸石。

（5）禁止在建筑物上堆放超过设计荷重的重物，各种车路距护坡边墙至少保持 2 m 以上距离。

（6）建筑物中允许行人的部分应设置栏杆等保护设施，重要桥梁应设置允许荷重标志。

（7）重要建筑物应有管理闸房，启闭机应有房罩等保护设施。重要建筑物上游附近应有退水闸、泄水闸。

（8）未经管理单位批准，不允许在渠道及建筑物管理范围内增建或改扩建建筑物。渠道和建筑物要根据管理需要，划定管理范围，任何单位或个人不得侵占。

（9）与河沟交叉工程，应注意做好导流、防淤、护岸工程，防止洪水冲毁渠系建筑物。

2.2.1.3　建筑物安全运行

1）渡槽

（1）渡槽入口处设置最高水位标记，严禁超高水位运行。

（2）水流应均匀平稳，过水时不冲刷进口及出口部分，为此，对渡槽与渠道衔接处应经常进行检查，如发现沉陷、裂缝、漏水、弯曲变形现象，应立即停水修理。

（3）渡槽槽身漏水严重的应及时进行修补，钢筋混凝土渡槽在渠道停水后，槽内应排干积水，特别是严寒地区更应注意。

（4）渡槽两端无人行道设施的应禁止人畜通行，必要时可在两端设置栏杆、盖板等设施。

（5）放水期间，应防止柴草、树木、冰块等漂浮物堵塞，产生上淤下冲的现象，或决口漫溢事故。

（6）渡槽的伸缩缝必须保持良好状态，缝内不能有杂物充填堵塞，如有损坏应照原设计修复。

（7）跨越河沟的渡槽，要经常清理滞留于支墩上的漂浮物，减少支墩的外加的负荷。同时要注意做好河岸及沟底护砌工程的维护工作，防止洪水淘刷槽墩基础。

（8）在渡槽中部，特别要注意支座、梁和墙的工作状况，以及槽底和侧墙的渗水及漏水，如发现漏水严重应停水处理。

2）倒虹吸

（1）倒虹吸管上的保护设施，如有损坏或失效，应及时修复。

（2）进出口应设立水尺，标示出最小的极限水位，经常观测水位流量变化，保证通过的流量、流速符合设计要求。

（3）进出水流状态应保持平稳，不冲刷淤塞，进出口两侧必须设拦污栅，及时清除漂浮物，防止杂物入管或壅水漫堤。

（4）经常检查倒虹吸管与渠道连接部位有无不均匀沉陷、裂缝、漏水，管道是否变形，进出口护坡是否完整，如有异常现象，应立即停水修理。

（5）倒虹吸管停水后，应关闭进出口闸门，无闸门设施的采取其他封拦措施，防止杂物进入管内或发生人畜伤亡事故。

（6）管道及沉沙、排沙设施，应经常清理。暴雨季节要防止山洪淤积管道。有管底排水设施的在管内淤积时应在停水后开启闸阀，排水冲淤，以保持管道畅通。

（7）裸露式倒虹吸管，在高温或低温季节要采取降温、防冻保护措施，严防暴晒冻裂，以防管道发生胀裂破坏。

（8）倒虹吸管顶冒水者，停水后在内部做勾缝填塞处理，严重者应挖开填土，彻底处理。

（9）初次放水或冬修后，不应放水太急，以防回水的顶涌破坏。与河谷交叉的倒虹吸管，要做好护岸工程，并经常保持完整，防止冲刷顶部的覆土。

（10）顶部上弯的管顶应设放气阀，第一次放水时，要把其打开，排除空气，以免造成负压，引起管道破坏。

（11）寒冷地区，冰冻前应将管内积水抽干。若抽水困难较大，也可将进出口封闭，使管内温度保持在 0 ℃以上，以防冻裂管道。

（12）闸门、拦污栅、排气阀要经常维护，确保操作运用灵活。

3）隧洞与涵洞

（1）避免在明流、满流过渡状态下运行，通水或放空应缓慢进行，避免流量猛增猛减，禁止人为因素招致洞内产生超压、负压、水锤等现象。

（2）涵洞顶部严禁堆放超过设计允许的重物或修建其他建筑物。

（3）隧洞内不使用的工作支洞和灌浆管道等应清理并堵塞严密，如有漏水现象应及时停水处理。

（4）进出口有冲刷或气蚀现象，洞身有坍塌渗漏等应查明原因，进行处理。

（5）渠道下的涵管应特别注意涵洞顶部渠道的渗漏，防止涵洞周围填料被淘刷流失，造成基础沉陷、建筑物悬空或涵管崩裂等。

（6）涵洞放水时，如发现涵洞震动、流水浑浊或其他异常现象，应立即放水，查明原因，予以处理。

4）跌水与陡坡

（1）严禁超过设计流量的水流对建筑物及下游护坡、护坦的冲刷，特别注意防止跌坎的崩塌与陡坡的滑塌、鼓起及开裂现象。

（2）冬季停水期间和用水前对下游消力池应进行详细检查，损坏者应进行修补。消力池内的杂物应及时进行清理，以免影响消能。

（3）与渠道连接处的上下游护坡，如有沉陷、裂缝，应及时夯实，防止冲刷。

（4）严寒地区冬季停水期间应对下游消能设施进行全面检查，消除积水，防止冻裂。

（5）利用跌水、陡坡进行水能利用时，应另修进水口，严禁在跌水、陡坡口设闸壅水。

陡坡口上游较近的拦水闸,下泄渠水时应按设计规定控制流速与流量,切忌猛排猛泄。

(6)跌水陡坡下游出现渠道冲刷,可采取护坦后加长砌石的办法,以保证下游渠道安全。

5)桥梁

(1)桥梁应设标志,标明其载重能力和行车速度,严禁超负荷和超速的车辆通行。

(2)行车桥梁栏杆两端应埋设大块石料或混凝土桩,防止车辆撞坏栏杆。

(3)钢筋混凝土桥或砌石桥,应定期进行桥面养护,防止桥面钢筋裸露而被磨损。

(4)木桥应定期涂刷防腐剂,定期检查各部件,及时维修更新。

(5)及时清理桥梁前及桥孔的漂浮、堆积物,防止阻塞壅水。

2.2.2　渠系建筑物运行的检查

水工建筑物的检查观察,一般是在现场凭眼看、手摸、耳听等感官感觉,有时辅以简单工具进行检查;为了特定目的或围绕专门问题,必要时还要结合工程勘测、设计、施工、运行等方面的资料进行全面分析判断。水工建筑物检查的目的是:了解水工建筑物的变化情况,及时发现问题,进行观测分析,以评价工程安全程度和实际工作能力。水工建筑物的变化,一方面表现在观测到的物理量上,另一方面常表现在发生的表面现象上。表面现象能够在一定程度上反映工程本质,且检查观察具有全面、及时、易行等特点,所以世界各国在努力提高观测技术的同时,都充分重视检查观察工作。

2.2.2.1　建筑物检查内容

(1)倒虹吸:①检查进出口及管身有无淤积。②检查管壁有无裂缝。检查时使用红漆标明裂缝的位置、大小及其随温度升降变化的规律,并绘制成裂缝位置图,作为分析成因和确定处理措施的参考。③检查管壁有无渗漏。渗漏按其严重程度可分为潮湿(看出水痕)、湿润(手摸有水)、渗出(形同冒汗)3种形式。对渗漏部位、发生时间、渗漏面积、渗漏量及其变化情况要做详细记录,并用红漆标明位置。④定期检查管道变形情况。⑤检查附属设施有无缺损。⑥负压和振动检查。注意用耳倾听管内的过水声,用眼观察进口管内的水流流态。检查中若听到阵发性的咚咚响声,应立即将放气阀缓缓打开,排出空气,当阀门开始喷水,即可关闭阀门。倒虹吸放水过急,也易在管道进口下游产生负压。所以,倒虹吸管进口下游应设通气孔,并应经常检查,以免杂物堵塞。有时在进口管内发生水跃时会引起管道产生振动。

(2)渡槽:检查槽身有无裂缝、渗漏,变形、淤积,接缝是否漏水,支撑结构是否完好,槽内水流是否平稳顺畅。检查渡槽伸缩止水缝和其填料是否完好。渡槽基础周围排水是否畅通、是否有积水。基础有无沉陷,槽身及排架有无裂缝。栏杆是否完好。

(3)桥梁:检查桥面铺装层有无脱落、铺装不平整现象,有无裂缝、坑槽、车辙、拥包、磨光和起皮等;伸缩缝装置有无沥青挤出或冷缩、钢板破坏等;桥面排水设施有无破坏以及尘土、树叶、淤泥等堵塞;栏杆、扶手,钢制构件是否锈蚀、脱漆,人行道的路缘石是否有破碎;照明设备、交通设施是否完整,电路是否正常,灯柱有无损坏、锈蚀、变形,标志、标线是否完整、清晰、有效。桥孔上下游护坡应经常检查,如有淘空、塌坡、砌面松动或勾缝脱落,应及时整修。

(4)隧洞:①检查洞壁有无裂缝、变形、位移、渗漏、磨损、气蚀等。②检查洞内水流是否存在明满流交替的异常现象。③检查附近山区有无山体坍塌滑坡、地表排水系统受阻、泄流状态异常或回流淘刷、漂浮物撞击或堵塞泄水口、乱挖砂石等人为破坏现象。④检查洞口有无杂物堵塞,洞内有无塌方及其他杂物堵塞,与渡槽或渠道衔接处应无漏水,洞内衬砌应完好无破损、无崩塌。

(5)压力管道:检查基础有无沉陷、变形、裂缝、漏水及锈蚀。检查支座滑轨是否有足够的润滑油。检查伸缩节的盘根有无老化、喷水。检查管道两边的排水沟有无杂草杂物堵塞影响排水,有无渗漏。检查压力(钢)管外表防锈漆有无剥蚀,其内壁有无气蚀。

(6)量水堰:①检查水尺的位置与高程,如有错位、变动等情况应及时修复。②检查标尺是否清晰,不清晰的应及时描画清楚,随时清洗标尺上的浮泥,以便准确观测。③检查量水设施上下游冲刷和淤积情况,如有冲刷、淤积要及时处理,尽量恢复原来的水流状态以保持量水精度。④对边墙、翼墙、底板、梯形测流断面的护坡、护底等部位要定期检查,发现有淘空、冲刷、沉陷、错位等情况,应及时修复。⑤钢木构件的量水设施,应注意各构件连接部位有无松动、扭曲、错位等情况,并应及时进行防腐、防锈处理,以延长其使用年限。

2.2.2.2　检查记录和报告

1)记录和整理

(1)每次检查均应做详细的现场记录,记录的内容应包含检查人员姓名、记录人员姓名、天气情况、运行情况(水位、流量等)、检查的部位、发现的问题及详细描述、对问题的初步判断等,必要时应附有略图、素描和照片。

(2)现场记录必须及时整理,登记专项卡片,还应将本次检查结果与上次或历次检查结果对比,分析有无异常迹象。在整理分析过程中,如有疑问或发现异常迹象,应立即对该检查项目进行复查,以保证资料准确无误。

2)报告

(1)日常检查中发现异常情况时,应立即编写检查报告,及时上报。若遇到危及安全的紧急情况,应立即采取防护措施并尽快上报。其报告内容应包括:①检查日期;②本次检查的目的和任务;③检查人员名单及职务;④对规定项目的检查结果(包括文字记录、略图、素描和照片);⑤历次检查结果的对比、分析和判断;⑥不属于规定检查项目的异常情况发现、分析及判断;⑦必须加以说明的特殊问题;⑧检查结论(包括对某些检查结论的不一致意见)。

(2)特殊情况下的检查,在现场工作结束一个星期内必须写出详细报告。

(3)检查的各种记录、报告应妥善保管,至少应保留一份副本,存档备查。

2.2.2.3　建筑物运行工况记录

应对建筑物运行期间的水流及工况进行记录并填写如表4-2-3所示的表格。

表 4-2-3　　渠系建筑物工况记录表

建筑物名称：　　　　　　　　　　　　　　　　　　　　单位名称：

日期		桩号位置		巡查人	
渠系建筑物的运行工况					
存在问题					
采取措施及结果					
需请示汇报的问题				受理人	
备注					

2.3　机井和小型泵站运行

2.3.1　机井常见病害检查和记录方法

机井由于设计不周,施工质量不好或管理使用不当,常出现井孔淤积,水质、水量变坏等问题。严重的将直接影响生产,甚至报废。因此,当发现上述情况后,应及时检查,找出问题产生的原因,以便修复。

2.3.1.1　机井损坏类型及原因

机井出现的质量问题,有时涉及方面很广,且影响质量的因素也较复杂。一般常见的坏井,多是出水含砂过多、水质变咸、水量减少、井管损坏等。

经过广大灌排工人多年来的生产实践,在分析机井质量问题产生的原因方面,积累了丰富的经验。现简要介绍如下。

1) 出水含砂过多的原因

(1)砾料不合规格,颗粒偏大。

(2)井孔不直,造成填料薄厚不匀。

(3)井管接口不严。

(4)滤水管缠丝、包网质量不合规格或被损坏。

(5)洗井不彻底。

(6)管理使用不当,抽水过猛。

2)水质变咸的原因

(1)施工时管口包扎不严。

(2)井管外封闭物移动。

(3)封闭咸水层位置不对。

(4)围填封闭不严实,管外形成空洞,咸水渗入井内。

(5)井管坏了,咸水沿坏口流入井内。

3)水量减少的原因

(1)滤水管部分被淤砂阻塞。

(2)砾料不合格。

(3)井孔大量涌砂,井壁坍塌错层。

(4)滤水管被水中沉淀物所堵塞,或滤水管附近的含水层颗粒被沉淀物所胶结。

(5)井孔堵塞。

(6)水位下降或由于井距不合理,受邻近井抽水的影响。

4)井管损坏的原因

(1)井管质量差,下管前检查不严,局部伤残未发现。

(2)下管时碰伤或压坏。

(3)井孔大量涌砂,井壁坍塌,井管被砸弯或砸坏。

(4)抽水时,由于水泵进水管底阀,或深井泵出水管摆动而碰坏井管,以及井口不牢固,由于抽水机具的震动造成井管损坏。

(5)检修井内泵管时,提管不慎,井管被碰坏。

2.3.1.2 机井损坏情况的检查方法

在判断机井质量问题时,首先需要进行调查研究,摸清产生质量事故的原因,以便修理。一般检查判断时,常用以下几种方法:

(1)胶囊(气囊)封闭法。它是一种比较彻底的检查方法。该法所用工具如图 4-2-1 所示,采用两端带胶皮囊,直径 100 ~ 150 mm 的圆管,胶囊用厚胶皮制成,其上、下两端用铁垫挡住,并用气门连接胶皮管和铁管至地面。使用时将该段圆孔管,安装在拟检查的某层滤水管处,两个胶囊正好置于其上、下端,用高压气泵向胶囊内注气,使其充气胀起,紧紧封住滤水管的两端,然后用空气压缩机自井内抽水。这样可检查出该层的出水量、水质及含砂量情况。用同样方法逐次检查其他各含水层,至全部查清异状及产生的原因。

(2)测绳丈量法。如井管损坏,井内淤积泥沙,可用绳子或测绳悬吊重锤,测量其淤积深度,因为泥沙沉积至坏管处即停止上淤,就可知坏管深度。

(3)吊桶测试法。当井孔大量涌砂,修理前必须首先摸清

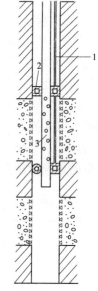

1—注气管;2—胶皮囊;
3—圆孔管清洗器

图 4-2-1 胶囊封闭示意图

涌砂位置。根据经验,可采用测绳悬吊小水桶放入井中,在其滤水管位置上、下移动盛水,提出井口,视其水桶中含砂量多少,进而判断是否涌砂和涌砂的位置。

　　(4)电测法。修理咸水井之前首先要进行调查研究,摸清机井出咸水的位置,才能进行修理。判断机井出咸水的位置可用电测。其装置由电测仪、电缆、电池、电极系等组成,线路连接如图 4-2-2(a)所示。

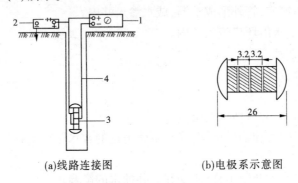

(a)线路连接图　　　　　　　(b)电极系示意图

1—电测仪;2—电源;3—电极系;4—电缆

图 4-2-2　线路连接图　　(单位:cm)

　　从电源(45~72 V)的正极引出两根导线,一根接电测仪电源柱的正极,另一根接电极系上、下两极。电测仪的负极接电极系的中间极,电池的负极接地面。

　　电极系用一节长 26 cm,其中装有三道 20 A 保险丝的圆形空心木筒制成,如图 4-2-2(b)所示。

　　电极系的上、下两端为屏蔽电极,它用来控制中间极电流不向上、下流动而保持电流水平向四周放射。

　　从井管上端开始放入电缆,观察电测仪的指针,如仪器指针稳定,说明井管封闭严实;若仪器指针来回摆动,证明井管接口处有裂缝或破裂;如果指针突然大幅度地摆动,电流增大,证明该处井管有大漏洞进了咸水。

　　记录方法:认真填写机井日记,机井在使用中应建立日记,由机手负责详细填写,记录内容包括:机井抽水起止时间,静、动水位变化,出水量、含砂量、水质变化情况等。如机井因发生漏砂、水量减少或水质变坏等问题进行修理时,应在日记中认真填写机井损坏原因、采取的修理措施及修理后的情况,并加以摘录整理存档保存。表格形式如表 4-2-4所示。

表 4-2-4　××号机井使用卡片

月	日	开车时间 (时:分)	耗电或燃料量 (kWh 或 kg)	井水位	出水量	水质	实际浇地亩数	井、机、泵发生过什么 故障? 如何处理的?

2.3.2　水泵、主电机的运行情况检查

2.3.2.1　水泵运行情况检查

在水泵运行时,运行人员要严守岗位,加强监视,发现并排除故障,确保安全运行。

(1)随时注意水泵的响声与振动。倘若地脚螺丝松动,传动装置不良,泵轴弯曲,轴承间隙过大,叶轮槽道被杂物堵塞,或产生气蚀等,都可能产生噪声或振动,应及时查明原因并消除之。

(2)检查填料函的松紧是否合适。一般以每分钟渗出 20~30 滴水为宜。滴水过多,说明盘根磨损,填料压盖过松,起不了水封作用,空气易于进入泵体,降低水泵效率,减少出水量。滴水太少,说明填料压盖过紧,盘根容易磨损发热,变质损坏,而且增加泵轴磨损,增加机组功率损失。

(3)检查轴承的温度和润滑油的油质、油位。滑动轴承的温度不得超过 70 ℃,滚动轴承不得超过 95 ℃。如水泵轴承未装温度计,可经常用手触摸轴承外壳,如果太烫,手背不能久触,可能轴承温度过高。水泵轴承温度过高,将使润滑油质分解,摩擦面油膜破坏,润滑失效,引起烧轴瓦或滚动体破裂,致使泵轴咬死或发生断轴事故。因此,发现轴承温度过高,应立即查明原因并消除。

同时,对轴承的润滑油量、油质及润滑装置情况,如油环是否转动灵活,油管、油孔是否堵塞等,也要经常观察。

轴流泵的橡胶轴承,由水泵自身的压力水进行冷却润滑,一般在水流不中断、水质基本清洁的运行条件下,不会产生温度过高现象。运行中对上橡胶轴承的监视,只要察看并调节上填料压盖的螺栓,有滴水甩出即可。

(4)装有真空表或压力表的,应注意其指示是否正常。如真空表读数下降,一定是吸水管路或泵盖结合面漏气。如指针摆动,很可能是前池水位过低或者吸水管进口堵塞。压力表指针如摆动很大或显著下降,很可能是转速降低或泵内吸入空气。应查明原因,排除故障。

(5)有吸上扬程的离心泵和混流泵,应注意进水管路有无漏气现象,并定时打开泵壳上的放气阀门,排除空气。

(6)经常观察前池的水位情况,清理拦污栅上堵塞的枯枝、杂草、冰屑等,及时清除进水池处的漂浮物,使进水池水位保持在设计水位左右,保证吸水管口的淹没水深。当进水池水位较低时,要注意水泵吸水管口附近是否有旋涡,倘有旋涡,可用漂放木板等办法消除。否则,空气进入泵内,使水泵效率降低,并产生噪声、振动,甚至发生气蚀。

(7)观测水流的含沙量与水泵性能参数的关系。多泥沙河流上的泵站,要检查水源含沙量,一般不超过 7%;否则,将引起过负荷运行,并加速叶轮、口环、泵壳等机件磨损。

2.3.2.2　电动机的运行检查

(1)电动机启动前应测量定子和转子回路的绝缘电阻值。测量电动机定子回路绝缘电阻,可包括联结在电动机定子回路上不能用隔离开关断开的各种电气设备。绝缘电阻值及吸收比应符合规定要求,如不符合要求应进行干燥处理。

(2)电动机启动前应检查电动机及相关设备,短接线和接地线应拆除,电动机转动部

件和空气间隙内应无遗留杂物,电动机及附近无人工作,油缸油位正常,技术供水正常,启动前的各种试验(开关分合、联锁动作等)符合技术要求,制动器已经落下且有一定间隙。

(3)电动机的运行电压和电流应在下列规定范围内:①电动机的运行电压应在额定电压的95%～110%范围内。②电动机的电流不应超过额定电流,一旦发生超负荷运行,应立即查明原因,并及时采取相应措施。③电动机运行时其三相电流不平衡之差与额定电流之比不得超过10%。④同步电动机运行时励磁电流不宜超过额定值。

(4)电动机定子线圈的温升不得超过制造厂规定允许值,如制造厂未作规定,可按表4-2-5的规定取值。

表 4-2-5　电动机温升限值　　　　　　　　　　　　　　　　　（单位:℃）

项目	电动机类别	绝缘等级											
		e 级			b 级			f 级			h 级		
		温度计值	电阻值	检温计值	温度计值	电阻值	检温计值	温度计值	电阻值	检温计值	温度计值	电阻值	检温计值
1	$p \leqslant 5\,000$ kW		70	70		80	80		100	100		125	125
2	$p > 5\,000$ kW	65	75	75	70	80	80	85	100	100	105	125	125

(5)电动机运行时轴承的允许最高温度不应超过制造厂的规定值。如制造厂未作规定,轴承允许最高温度:滑动轴承为70℃,滚动轴承为95℃,弹性金属塑料轴承为65℃。当电动机各部温度与正常值有很大偏差时,应根据仪表记录检查电动机和辅助设备有无不正常运行情况。

电动机运行时的允许振幅不应超过表4-2-6的规定。

表 4-2-6　电动机运行的允许振幅值　　　　　　　　　　　　　　　（单位:mm）

序号	项目		额定转速(r/min)						
			100～250	250～375	375～500	500～750	750～1 000	1 000～1 500	1 500～3 000
1	立式机组	带推力轴承支架的垂直振动	0.12	0.10	0.08	0.07	—	—	—
2		带导轴承支架的水平振动	0.16	0.14	0.12	0.10	—	—	—
3		定子铁芯部分机座的水平振动	0.05	0.04	0.03	0.02	—	—	—
4	卧式机组各部轴承振动		0.18	0.16	0.14	0.12	0.10	0.08	0.06

(6)注意电动机有无绝缘烧焦或润滑油燃烧的气味,有无烟雾火花,声音是否均匀平

稳。如有巨大的嗡嗡声,可能是电动机过负荷或缺相运行;如有嘶嘶的响声,可能是电动机铁芯松弛;如内部有碰擦声,可能是转子与定子碰擦或风扇与外壳或与定子线圈外部相碰擦。

(7)检查电刷是否冒火(稍有火花是允许的),电刷在刷握内是否有晃动或卡阻现象。

(8)保持电动机周围清洁、干燥、通风流畅。勿堆放杂物,擦拭电动机可用抹布,勿用纱头;勿用水喷洒,以免电动机受潮。

(9)电动机在运行中,如发现下列现象,应立即停机:①发生人身事故。②电动机或启动器冒烟着火。③电动机缺相运行或电动机电流超过最大允许值。④电动机响声很大,转速急速下降。⑤电动机强烈振动,定、转子摩擦。⑥电动机过热。⑦轴承过热或严重漏油。⑧电动机进水。⑨电动机所拖动的水泵或传动机构损坏。

2.3.3　泵站防冻害基本知识

在泵站设计、运行管理等方面,对设备防冻应给予足够重视,避免因严寒造成设备损坏,因而造成不必要损失。

2.3.3.1　严寒造成设备损坏的原因

冬季严寒造成设备损坏的原因主要是:设备及管路内部充满水,冬季温度降低,水冻成冰膨胀,造成设备及管路破裂。因此,必须采取措施,使设备及管路内部水不至于冻成冰,或者排除设备及管路内部的水,避免设备的损坏。

2.3.3.2　泵站冬季防冻措施

1)潜水电泵

采用潜水电泵的泵站,一般采用钢制或混凝土井筒,自动耦合安装,安装拆卸简单。在出水管末端装设拍门或闸门,冬季泵站不运行,泵体经井筒盖吊出,关闭出水管末端拍门或闸门,出水管水经井筒倒流至进水池,井筒水下部分内外均是水,膨胀系数一样,不至于冻胀破裂,泵站防冻安全可靠。

2)离心式水泵

采用离心式水泵的泵站,尽量采用抽真空启动方式,这样在吸程允许下,既可以抬高水泵的安装高程,减少土建开挖,停泵后进水管及泵壳内大部分水又可倒流回进水池,避免冬季冻胀。

出水管的防冻,若出水池水可排空,出水管内水放空即可。若出水池水无法排空,则需在每台水泵出水管末端加设闸门或拍门,冬季关闭,放空出水管内积水。

若泵站采用自充水启动方式,可采用电加热方法防冻,即关闭进水管检修阀门及厂内出水管路最后阀门,两阀门内设备及管路内积水放空,进水管阀门及阀前厂内管路,出水管阀门及阀后厂内管路采用电加热,防止管内水冻冰。

3)立式混流泵、轴流泵

A. 湿式结构

湿式结构厂房多为中小型泵站,采用喇叭口进水,水泵基础在水下,水泵整体及出水弯管部分均淹没在水中,由于水泵及管路内外均为水,冬季冻在冰内不至于造成设备损坏。

B. 干式结构

干式结构厂房水泵基础在水上,水泵层为密封,水泵层以上为干式。水泵泵壳一部分及出水管置于水泵层以上,必须保证此部分泵壳及出水管内部有水又冻成冰。该形式泵站有以下几种防冻措施:

(1)水泵层充水防冻。中小型干式结构厂房泵站,水泵层不布置机电设备,冬季停泵后,在水泵层充满水,与进水池水位同高,使水泵整体及出水弯管部分均淹没在水中,变成湿式结构厂房,不会造成设备损坏。春季气温升高,排除水泵层积水,恢复为干式结构厂房,有利于设备运行维护。

(2)电伴热带加热保温,即在水泵层以上泵壳及出水管路充水部分缠绕自限温电伴热带,外加保温层。

电伴热带技术主要是运用高分子导电塑料为发热元件,采用并联线路设计,使每根伴热电缆内母线之间的导电电阻、发热功率随温度的变化而变化,实现了电缆自身的温度感应和全自动的温度调控。

自限温电伴热带周围的温度降低时,导电材料的分子收缩,分子间的碳键间距变小,从而材料的电阻减小,流经材料的电流增加,使得伴热电缆的输出热量增加;周围温度升高则反之。

自限温电伴热带的选择,按照管道所在地区的冬季最低温度与所需维持的管道温度(一般水管道防冻设定为5 ℃)的温差值,计算管道所需维持温度下的热损失量。根据所设计的管道直径、选用的保温材料及厚度,一般保温材料采用岩棉,保温厚度为50 mm。根据管道的热损失量,查找自调控伴热的特性曲线,按所需维持温度下的伴热电缆的发热功率大小,选择自调控伴热电缆的型号和长度。要求电伴热电缆在所需维持温度的发热功率比管道或容器的热损失量多于20%。

该方案运行维护简单,但从节能角度说不经济。

(3)冬季防冻排水,即冬季排空水泵进出水流道内积水,防止冻胀,损坏设备。此方案需要在每台水泵进水流道进口和出水流道出口均设置一道闸门,冬季停泵,关闭进出口闸门,排空流道内积水,同时必须考虑随时排除流道内闸门漏水。防冻排水可与检修排水同时考虑,共用一套设备管路。

检修及防冻需设置一集水井,在每台水泵进水流道最低点设置排水管及相应排水阀,排水管经排水总管或排水廊道排水至集水井。冬季排空流道内积水,打开每台机组流道排水阀门,使闸门漏水及时顺畅地排至集水井,集水井内设排水泵,由液位信号器自动控制。

寒冷地区,冬季设备防冻是个不可忽视的问题,无论是设计、施工还是运行管理,必须引起足够重视。应根据各泵站不同特点及实际情况,采取切实有效的防冻措施,做到既经济适用,又安全可靠。

潜水电泵冬季防冻较简单,安全可靠,从泵站选型考虑,可尽量采用;离心泵需采用排除泵及管路内积水的方法防冻;小型立式轴流泵、混流泵可采用湿式厂房结构或采用冬季水泵层充水的防冻方法;大中型立式轴流泵、混流泵可采用电伴热带加热保温的方法或流道排水的防冻方法。

2.3.4　含沙量检测方法

　　自然界的河流往往挟带泥沙,其来源主要是流域内的土壤侵蚀。中国 960 万 km^2 的国土上,据初步调查,土壤侵蚀总量每年约 50 亿 t,入海泥沙年平均约 19.4 亿 t。泥沙给水利事业带来许多不利的影响,例如淤塞河流,抬高洪水位,酿成水灾;淤塞水库、渠道、进水闸及其他水工建筑物,使其不能正常工作,需要耗费大量人力、物力进行清淤和建筑物的维护。河道的泥沙一般分为推移质泥沙和悬移质泥沙,推移质泥沙为沿河床床面滚动、滑动或跳跃前进的泥沙,悬移质泥沙是悬浮于河道中随水流一起运动的泥沙。下面主要介绍悬移质泥沙的检测方法。

2.3.4.1　悬移质泥沙测验仪器

　　测定悬移质含沙量常用悬移质采样器汲取水样。悬移质采样器类型很多,按其采样历时来分,有两种基本形式:

　　(1)瞬时式采样器,如横式采样器。

　　(2)积时式采样器,如瓶式采样器、调压积时式采样器和抽气式采样器。

　　另外,还有同位素测沙仪、光电测沙仪,这类仪器不需采取水样,而通过物理方法间接测得含沙量。

　　采样器所应具有的良好性能是:在不受扰动或扰动轻微的天然水流情况下,能取得水样。

　　1)瞬时式采样器

　　瞬时式采样器主要指横式采样器。我国使用的横式采样器如图 4-2-3 所示。它以一个薄壁钢管作为圆筒,容积为 500 ~ 5 000 cm^3,两端有筒盖,盖内有橡皮垫,以保证筒盖关紧时不致漏水;盖上装有弹簧,把筒盖拉紧。取样时,把仪器安置在悬杆或悬吊着铅鱼的悬索上,将仪器置入测点位置,器身和水流方向一致,操纵开关,即可取得水样。横式采样器结构简单,操作方便,适用于各种水深、流速情况下用积点法或混合法取样。缺点是只能取得瞬时水样,由于泥沙脉动影响大,所测得的含沙量误差较大,代表性差。

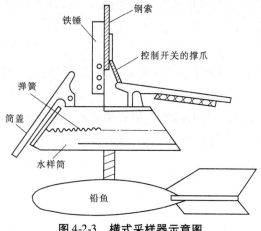

图 4-2-3　横式采样器示意图

2）瓶式采样器

普通瓶式采样器为容积 $500 \sim 2\,000\ \mathrm{cm}^3$ 的玻璃瓶,瓶口加橡皮塞,塞上各装一进水管和排气管,如图4-2-4所示。取样时,将其倾斜地装在悬杆或铅鱼上,进水管迎向水流方向,放入测点位置,即可采取水样。

瓶式采样器结构简单,操作方便,且因是一种积时式采样器,取样历时长,故可减少含沙量

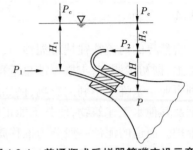

图4-2-4　普通瓶式采样器管嘴安设示意图

脉动影响。但由于在采样器突然进注过程中,进口流速与天然流速之比不断变化,从而影响了含沙量的成果精度,因此瓶式采样器不宜在深水处使用,且取样时不宜灌满。

3）抽气式采样器

抽气式采样器由进水管、真空箱和抽气机三部分组成。抽气式采样器可用于积点法、积深法及混合法取样。

因仪器是积时式的,能消除含沙量脉动影响,成果较准确,但不宜在水深流急时使用。

2.3.4.2　悬移质输沙率测次和悬移质含沙量测次

关于测次的具体布置方法,这里只介绍一般原则。

一年内输沙率的测次,以能准确推算出输沙率的关系曲线为原则,主要布置在洪水期,平、枯水期可适当布置一些,含沙量很小时可以不测。而单位含沙量的测次布置则以能满足推算逐日平均输沙率的需要为原则。在洪水期,测次宜多布置一些,平、枯水期测次可适当布置。

另外,堰闸、水库站应根据闸门变动和含沙量变化,适当布置悬移质测次。

2.3.4.3　悬移质输沙率测验垂线布置和垂线上的取样方法

1）垂线布置

垂线布置应以能控制含沙量横向变化为原则。一般应大致均匀分布于断面上,中泓较两边密。

2）垂线上的取样方法

进行输沙率测验时,在断面上布设一定量的测沙垂线后,就可以开始取样工作。具体取样方法介绍如下:

（1）积点法。它指在垂线上不同测点位置采水样,分别处理。最初开始进行输沙率测验的测站,宜用多点法,以便为简化取样方法积累资料。

各种积点法的测点位置与适用水深见表4-2-7。用积点法可以测得断面上含沙量的变化,也便于对各点沙样进行颗粒分析。

表 4-2-7　各种积点法的测点位置与适用水深

河流情况	方法名称	测点位置	适用水深或有效水深（m）	
			用悬杆悬吊	用悬索悬吊
畅流期	五点法	水面、0.2、0.6、0.8 水深及河底	>1.50	>3.00
	三点法	0.2、0.6、0.8 水深	>0.75	>1.50
	二点法	0.2、0.8 水深	>0.75	>1.50
	一点法	0.5 或 0.6 水深	<0.75	<1.50
封冻期	六点法	冰底或冰花底、0.2、0.4、0.6、0.8 有效水深及河底	>1.50	>3.00
	二点法	0.15、0.85 有效水深	>1.00	>2.00
	一点法	0.5 有效水深	<1.00	<2.00

（2）定比混合法。在垂线上不同测点位置按一定容积比例取样,混合处理水样后,得到垂线平均含沙量,为定比混合法。该方法需通过在垂线上用多点法取样,进行垂线含沙量分析后使用;若含沙量很小或在水情变化急剧需要缩短测验时间的情况下也可使用此法。定比混合法比较简单,处理水样工作量小,但只能测得各垂线的平均含沙量和平均颗粒级配。定比混合法的测点位置与适用水深见表 4-2-8。

表 4-2-8　定比混合法的测点位置与适用水深

河流情况	定比比例	测点位置	适用水深或有效水深（m）	
			用悬杆悬吊	用悬索悬吊
畅流期	2:1:1	0.2、0.6、0.8 水深	>0.75	>1.50
	1:1	0.2、0.8 水深	>0.75	>1.50
封冻期	1:1:1	0.2、0.5、0.8 有效水深	>0.75	>1.50
	1:1	0.15、0.85 有效水深	>1.00	>2.00

（3）积深法。用瓶式或抽气式采样器积深取样。取样时,仪器在垂线上匀速下放和上提,采取整个垂线上的水样。取样时可以匀速下放,再匀速提出水面双程取样,上提和下放的速率可以不同,也可用开关控制匀速单程取样,但无论如何取样,采样器均不得装满。采用积深法取样时,一类站的水深不宜小于 2.0 m,二、三类站的水深应大于 1.0 m。积深法同样只能测得各垂线的平均含沙量和平均颗粒级配。

3）相应单位含沙量测验

拟建立单位含沙量（单沙）和断面平均含沙量（断沙）关系的测站,在施测输沙率的同时,在单沙测验位置测得和输沙率相应的含沙量,称为相应单位含沙量。相应单位含沙量应有足够的代表性和精度。取样次数取决于一次输沙率测验过程中含沙量的变化情况。一般在输沙率测验开始和终了,各取一次单位水样。含沙量变化复杂时,应适当增加取样次数。

2.3.4.4　悬移质单位含沙量测验

1)取样位置

首先通过悬移质输沙率资料分析选定取样位置。选定位置后,所测得的单沙和断沙应有较好的关系,且取样方便。具体表述如下:

(1)在断面比较稳定、含沙量横向分布比较有规律的测站,在主流附近选一条垂线取样。

(2)河面较宽、主流摆动或含沙量横向分布无规律的测站,在中泓选 2~3 条垂线取样;若河面宽浅、主流分散、含沙量变化复杂的测站,可用横渡法或斜航法取样。

(3)在非常时期(如洪水、流冰等),由于条件限制,不能选定位置取样时,应尽量远离岸边,在河水显著流动处取样。

2)取样方法

水深时,一般采用定比混合法或积深法取样,水浅时用一点法(0.6 或 0.5 水深)取样。

2.3.4.5　悬移质水样处理

所取水样应全部参加处理。量度水样容积应在取样后及时进行,处理水样的方法有三种。

1)烘干法

将水样静置足够时间使泥沙沉淀,吸去上部清水浓缩水样,然后倒入烘杯放入烘箱内烘干,称出杯沙总重,减去杯重即得干沙重。烘干法精度较高。

2)过滤法

将水样沉淀、浓缩,然后把浓缩水样用滤纸进行过滤,烘干滤纸和沙,称出重量,求得含沙量。

3)置换法

(1)测量方法。把经过沉淀、浓缩的水样装入比重瓶,用澄清的河水加装到一定刻度,称出瓶和浑水重,则水样中干沙重为

$$W_s = \gamma_s / (\gamma_s - \gamma) \times (W_{ws} - W_w) = K(W_{ws} - W_w) \tag{4-2-1}$$

式中　W_s——水样中泥沙质量,g;

　　　　W_w——瓶加清水重,g;

　　　　W_{ws}——瓶加浑水重,g;

　　　　γ_s——泥沙容重,N/m^3;

　　　　γ——水的容重,N/m^3;

　　　　K——置换系数,由水温和泥沙容重确定。

具体计算方法见表 4-2-9。

置换法适用于含沙量较大的河流。

(2)使用置换法时需注意以下几点:①测量时一定要将比重瓶内的水加满,即水量要足。②测量时一定要将比重瓶内的水摇匀。③测量过程中一定要将比重瓶内外擦洗干净,以减少测量误差。④称重设备必须满足精度要求。

表 4-2-9　含沙量测验计算表

（单位：容积，L；质量，g）

日	时	水温（℃）	置换系数 K	比重瓶容积 (1)	比重瓶重 (2)	瓶加浑水重 (3)	瓶加清水重 (4)	浑清水重量差 (5) = (3) − (4)	泥沙重 (6) = $K \times$ (5)	浑水重 (7) = (3) − (2)	含沙量 kg/m³ (8) = (6)/ (1)	含沙量 % (9) = (6)/ (7)	起点距（m）	测点深（m）

模块 3　灌排工程管护

3.1　灌排渠(沟)管护

3.1.1　渠道隐患类型及其探测

3.1.1.1　渠道隐患类型

由于渠道修筑质量差、边坡高度不够、经多年水力冲刷带走细颗粒土、基础塌陷造成不均匀沉降和生物侵害等原因,渠道存在多种缺陷,或称为隐患。有的隐患存在于渠道边坡上,也有的存在于覆盖层和渠底基础内。当这些隐患发展严重时,遇高水位,渠道发生渗漏。归纳起来,渠道的隐患有三类:

(1)渠堤漏洞:蚁穴、鼠洞、烂树根、塌陷产生的孔洞以及浅层基础内细颗粒土被冲走形成的孔洞等。

(2)渠道裂缝:纵缝、横缝、斜缝、隐蔽缝、开口缝等。

(3)渠堤不实:密实度低(孔隙率大)或填料为沙土等。

3.1.1.2　电法隐患探测

隐患探测是利用机具或仪器设备对水工建筑物内部隐患所做的探查和量测。其目的是及时发现隐患,进行修复、防治,保障工程的安全运行。

隐患探测的方法可分为破损法和无损法。破损法包括坑探、槽探、井探和钻探等。无损法中有电阻率剖面法、自然电场法、高密度电阻率法等电法勘探方法。

电法隐患探测是根据岩土电学性质差异,利用仪器探测闸、坝、堤防工程隐患的一种无伤探测方法。在工程表面或水面布设电极,通过电探仪器观测人工或天然电场的强度,分析这些场的特点和变化规律,以达到探测工程隐患的目的。这种方法适用于堤坝裂缝、集中渗流、管涌通道、基础漏水、闸坝绕渗、接触渗漏、软土夹层及白蚁洞穴等隐患的探测。探测方法有:自然电场法、直流电阻率法、直流激发极化法和电测深剖面法。使用时可选择一种或多种方法结合,以确定隐患的性质、位置及其分布状况。现将自然电场法作一简要介绍。

自然电场法是根据岩土孔隙、裂缝充水后,固相与液相的界面上自然形成双电层,当水流挟带溶液中的电介质离子在孔隙、裂隙中渗流时会产生渗透电位,形成渗透电场的原理而设计的一种探测方法。它对探测集中渗流、岩溶裂隙、接触漏水、闸坝绕渗、水下基础及库底落水洞等都有较好的效果。

探测的方法是在工程表面或水面平行闸坝、堤防、渠堤工程轴线或垂直隐患走向,布置若干剖面,每 5 ~ 10 m 设一测点,应用铜—硫酸铜不极化电极和输入阻抗大、精度高电位仪,测量各测点相对于某点的电位差,绘制电剖面曲线及各剖面的电位等值线图。根据渗漏及水流下降区呈负电位,水流溢出带及上升区呈正电位的规律,应用曲线异常值的大小、极值点、半幅值等技术指标,判断有无隐患及其性质、位置、走向和埋深。

应用电位曲线判断隐患的基本技术要领是:电位曲线峰顶朝上为高值异常,峰顶朝下为低值异常。一般出现异常值都对应着隐患部位,但不是所有异常值都是隐患的反映,而是峰值越大,隐患概率越高。经过数理统计,隐患的可靠异常值为:异常峰值/两侧正常值≥1.5,隐患埋深(H)的经验公式为

$$H(m) = (0.4 \sim 0.5)n \tag{4-3-1}$$

式中 n——异常峰幅宽,m。

一般来说,幅宽则隐患深,幅窄则隐患浅。具体又分为以下五种异常形态:

(1)窄幅异常:由三四个测点形成的高(低)值异常。通常,它是埋藏较浅的单一独立的集中渗漏带的反映。

(2)宽幅异常:由五六个以上测点组成的近似对称的宽幅高(低)值异常。它对应的多是埋藏深度大或渗漏范围宽的集中渗漏带。

(3)宽幅双峰异常:有两个峰值的宽幅高(低)值异常,两个峰(谷)各自对应着不同的集中渗漏带。

(4)多峰异常:曲线呈锯齿状,高低起伏相似,它反映的渗漏带较宽,每个峰(谷)值点对应着一个主要渗漏带。

(5)塔式异常:主峰(谷)两侧电位缓慢降低(升高),然后趋于正常,峰(谷)值与主要渗漏通道对应,两侧是较弱的渗漏带。

上述集中渗流在自电曲线上的五种基本形态,参见图 4-3-1,有时遇上比较复杂的组合异常,可以根据上述五种基本形态分别解释。

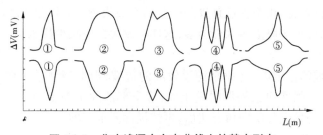

图 4-3-1 集中渗漏在自电曲线上的基本形态

3.1.2 排水沟塌坡维护

3.1.2.1 排水沟塌坡的原因

1)地质方面的原因

大部分开挖排水沟的地区是由河流冲积而成的土壤组成的。土壤各层次的质地和组成不同,如排水沟断面靠下层的土层是容易被水流挟带而流动的泥沙,在排除地下水的同时也容易造成排水沟边坡的坍塌淤积。有些排水沟段为河湖沉积区,土壤质地虽属粉质黏土或黏土,由于此类土壤含有易吸水膨胀的亲水性黏土矿物(如多水高岭石、高岭石、伊利石等),其晶体结构由一层或两层氧化硅夹一层氢氧化铝叠积而成,对含水率的变化十分敏感,当地面开挖成沟暴露在空气中时,含水率变化很大,失水即开裂松散,遇水则膨

胀崩解,常在短期内就会产生开裂或崩解现象,当外界水分渗入后将会出现软塑、流动状态从而导致抗剪强度急剧下降,造成滑坡坍塌。

2)灌溉渠道的渗漏

如灌溉渠道与排水沟道平行布置,当灌溉渠道放水时,由于深层渗漏造成渠水与地下水连接,从而增大了地下水的排除量。靠灌溉渠道一侧的排水沟边坡,由于土壤水增加极易发生滑坡。有时灌溉渠与排水沟相邻很近,即使地下水埋藏很深,也会发生滑坡。

3)排水沟边波的冲刷

排水沟有的因地表径流而冲刷,有的由于灌溉余水的冲刷,如渠床土质比较疏松又缺乏保护边坡的必要措施,则在暴雨期间或超定额灌溉时,常会引起边坡的冲刷而发生坍塌。

4)设计方面的原因

设计排水渠边坡时,采用的边坡较陡,排涝后造成坍塌淤积。

5)施工方面的原因

开挖排水沟道时,弃土堆离沟边太近,造成沟顶压力太大,影响沟道边坡稳定,有些弃土堆不仅妨碍排水,而且形成积水下渗,使边坡土体达到饱和或过饱和状态,促成滑坡产生。

6)排水沟所经土壤的原因

排水沟经过土壤含盐较大的地区,边坡渗水后被溶解为流体状态,很容易使边坡坍塌。

3.1.2.2　排水沟塌坡的防治

1)衬砌防渗

与排水沟平行布置、相距很近且渗漏严重的灌溉渠道,应采取衬砌防渗措施,减少渠道渗漏,防止相邻排水沟堤土壤水分增多,这样可以大大地减少排水沟道边坡滑坍。

2)调整边坡

为了提高边坡的稳定性,将原来沟道较陡的边坡,根据当地土壤质地及地下水位情况,适当削坡放缓。削坡前已松散滑塌土体,应全部清除干净。如清除后的边坡仍不稳定,可用附近较好的黏土分层回填夯实后,再按设计要求削坡。

3)减轻沟顶的载重量

如沟坡的坍塌是由于沟顶载重过大造成的,应将沟顶弃土堆物用人工或推土机运送到距沟边 15~20 m 以外,或结合附近土地的平田整地将弃土填于低凹地区。

4)沟堤护坡

(1)由于沟道弯曲或建筑物上下游流速加大或地面径流排入沟中等原因造成的冲刷坍塌,一般用块石、卵石或混凝土块等进行护砌,砌石厚一般为 30 cm 左右。这种护砌方式,既能起到防止沟堤坍塌的作用,又能不妨碍地面水与地下水的排入,如沟床土质为重质土壤或砂砾可以不做反滤层,如为轻质土壤则应做反滤层。

(2)有些排水沟道经过地下水较高的流泥或流砂层,甚至发生管涌,这样的沟段,除护砌外,必须做反滤层。现在一般用土工织物做反滤层,效果良好,造价也不高,其结构如图 4-3-2 所示。其排水防塌体为四层。第一层为干砌块石、卵石或带排水孔的预制混凝土块,用作保护层并防冲,厚为 20~30 cm;第二层为垫层,由粗砂或小砾石组成,厚 10~15 cm;第三层为土工织物反滤层,可根据各种工程设计选用;第四层为砂过滤层,位于被保护土层与土工织物之间,该层设置与否,应视保护土的粒径及管涌的情况而定。

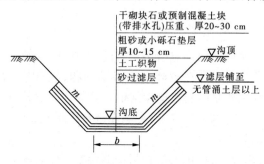

图 4-3-2　梯形沟道排水反滤结构图

（3）由于地面径流或田间灌溉跑水时排水沟边坡造成的冲刷坍塌,除修好田间工程时采用良好的灌水技术,严格控制灌水定额外,还可以沿排水沟两岸修筑小土埂,拦截地面径流,使水流在固定地点流入排水沟,这些固定排水地点,亦应修建跌水、喇叭口等排泄水建筑物,进行护坡、护底,防止冲刷坍塌。

（4）在有些坍塌滑坡不太严重的地段,可在沟外坡种柳,以巩固沟堤,减少坍塌,有些深挖方的排水干、支沟,可在最大排水位以上种草固坡,草的种类各地不同,原则上宜采用滋生力强,根株密结的草类,如牛毛草、香矛草等。有些排水沟凹岸有局部冲刷,可用打桩编柳等办法,防冲防塌。

3.1.3　管道工程维修技术

管道系统中的连接控制和保护设备,应符合设计和运行技术要求。运行过程中应定期检查,加强维修养护。使用中的地面移动软管使用前应认真检查质量,使用时应铺放平顺,跨沟用托架保护。喷、微灌地面固定金属管道应定期进行防锈处理。用于机械移动的田间作业道路应保持坚实、平整、畅通。

地下管道运行时,若发现地面渗水,应在停水后待土壤变干时将渗水处挖开露出管道破损位置,根据相应管材的维修方法进行维修。硬质 PVC 塑料管,材质硬脆,易老化,运行时注意接口和局部管段是否损坏漏水,若发现漏水应立即处理,一般接口处漏水,可用 4105 或 4755 专用黏结剂堵漏;若管道产生纵向裂缝漏水,需要更新管道;地埋塑料软管,一般在软管拆线处和砂眼点漏水,可用硬塑料管或软管予以更换,更换后充满水再回填土,具体维修方法是把土层开挖,待有一工作面时,将有孔洞漏水的软管剪去,剩余在土中的两侧软管立即用手向上托起,以防两端管路水泄空,然后迅速用同管径的塑料硬管插入两端,插入硬管的长度为截断软管的长度加上两端插入长度 10 cm,然后用涂有黄油的布裹缠,最后用铁丝捆扎牢固,放回原处,充满水覆土回填或回填灰土。

3.2 灌排渠(沟)系建筑物管护

3.2.1 渡槽伸缩缝止水修补形式及更换方法

随着渡槽采用壳槽、薄壁结构日益增多,构件间的接头、接缝和槽壁防漏、防渗问题也日益增加。目前,已建渡槽普遍存在较严重的渗漏问题,故有"十槽九漏"之称。各种伸缩缝、沉降缝等接缝止水失效是引起渡槽渗漏的首要原因。渡槽伸缩缝漏水,影响渡槽安全运行,同时造成灌溉水资源的惊人浪费,影响灌区抗旱保收。

3.2.1.1 槽身接缝止水形式

槽身接缝止水的形式很多,按止水材料与接缝混凝土结合形式来分,可分为搭接型与嵌缝对接型两大类。搭接型是止水材料与接缝混凝土材料采用搭接形式结合在一起。嵌缝对接型则是在接缝中嵌入止水材料。

1)搭接型止水结构形式

搭接型止水结构形式按施工方法来分,主要有黏合式、埋入式及压板式三种。

黏合式止水是用胶粘剂将橡胶止水带或其他材料止水带粘贴在混凝土上并压紧,再用回填防护砂浆(如沥青砂浆等)保护止水表层的一种止水结构形式。黏合式搭接止水结构形式的影响因素众多,任一因素都可能产生绕渗的问题,从而造成止水失败。

中部埋入式搭接止水是将止水带埋置于接缝槽身侧墙及底板混凝土中。此种止水形式存在以下的问题:振捣不实,将影响止水效果,产生绕渗现象,且止水带一旦损坏,难以更换。

压板式止水结构形式是在伸缩缝两侧预埋螺栓,通过螺母压紧扁钢,将止水带固定在接缝处。此种止水形式止水效果受紧固平整度与紧固力大小的制约,如能保证施工质量,可以做到不漏水,且适应接缝变形的性能较好,但维修时会造成麻烦,易发生螺栓锈蚀、更换止水带不便的问题。

2)嵌缝对接型止水结构形式

嵌缝对接型止水结构形式主要是指填料类止水材料通过嵌填在接缝处来达到止水目的。操作上的主要要求是把混凝土板清理干净,无任何杂物;对止水材料的主要要求是与混凝土板具有很好的黏结性能,黏结不好,会造成止水失败。

3.2.1.2 渡槽伸缩缝止水处理方法

渡槽伸缩缝的止水方式均为常见的沥青橡皮止水。根据工程资料记载与近年来灌区工程运行情况看,除了少量的伸缩缝为人为毁坏,其余绝大部分的伸缩缝中的止水均已老化,水量损失严重。据统计,从渡槽伸缩缝漏掉的水量占总灌水量的 3.5% ~5%,这一方面造成水资源的浪费和经济损失;另一方面与提倡的节水灌溉极其不相适应,这些问题亟待解决。

从多年运行情况和实地查看资料分析,造成伸缩缝破坏和漏水的原因主要有两点:一是止水橡皮自然老化严重,由于橡皮裸露,在气温高低交替变化时,橡皮老化较快,特别是在渠道停止放水时橡皮老化更快,当渡槽槽身受热伸长时,大部分的橡皮被拉裂破坏;另外预埋螺栓在水流的侵蚀下锈蚀很快,大部分的螺栓锈死而无法更换。二是伸缩缝被人为毁坏也十分严重,特别是止水橡皮被人为破坏的现象普遍存在。据工程技术人员调查,一座新建的渡槽,在 5 年左右止水设施基本上就不能正常工作。

过去常采用棉絮加杉木条的方法进行填堵。实践证明,这种处理措施效果很不理想,一般情况下,只能维持一年或更短的时间,甚至有些年份一年内需要更换几次。用这种方法处理造成失败的主要原因是:当渠道停水时大部分杉木就会自然破坏或人为损坏,同时,在管理上也十分不方便,既费时又浪费资金,而且,仍然无法从根本上解决,水资源浪费现象依然存在。

在调查伸缩缝处理和止水更换的实践中,有大量的成功经验,各地管理人员和科研人员根据当地的实际情况,采取了多种处理方法,下面介绍两种简单实用的处理方法。

1)SK 手刮聚脲封闭法

由于伸缩缝贴式止水带鼓胀造成迎水面止水失效,因此需要剔除贴式止水带和缝内松动的嵌缝材料。将伸缩缝清理干净后采用聚合物水泥砂浆修缝、找平,基本干燥后(7 d 时间),缝内涂柔性防渗胶,嵌填 GB 柔性止水材料,再在表面涂刷 BE14 界面剂,刮涂第一道 SK 手刮聚脲,粘贴复合胎基布,再在表面刮涂 2 ~ 3 道 SK 手刮聚脲。SK 手刮聚脲封闭法见图 4-3-3。

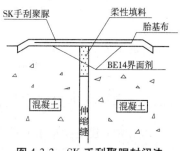

图 4-3-3　SK 手刮聚脲封闭法

施工工艺:

(1)处理前,必须保证伸缩缝处于干燥状态,因此需要搭设围堰,排除渡槽底板的积水。

(2)烘干、打毛、洁净混凝土面,采用聚合物水泥砂浆重新找平伸缩缝。

(3)在伸缩缝内部充填柔性填料或密封膏。如果原材料未老化,可以直接使用,对于填缝材料已经老化的,则应剔除后重新充填柔性填料或密封膏。

(4)混凝土表面涂刷 BE14 界面剂。

(5)待界面剂固化后即可涂刷 SK 手刮聚脲,表干后涂刷 1 遍 SK 手刮聚脲,粘贴胎基布加强。再涂刷 2 遍 SK 手刮聚脲,总厚度大于 4.0 mm。

(6)聚脲表面养护 3 d 即可过水。

2)橡皮、沥青砂浆和杉木压条三结合法(见图 4-3-4)

这种处理方法具有如下优点:

(1)螺栓不用预埋可以随时更换。

(2)橡皮埋置在沥青砂浆下面,不易自然老化和人为破坏,更换也十分方便。

(3)施工处理较为简便。

(4)投资额较预埋方案小。

(5)便于工程维修和管理。

(6)维修后使用时间较长。

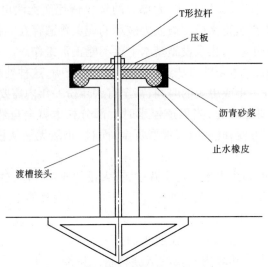

图 4-3-4　橡皮、沥青砂浆和杉木压条三结合法

3.2.2　建筑物进出口水尺设置

利用水工建筑物量水简便易行、经济实惠。一般在水工建筑物的进出口处都画有水尺,闸前、闸后、上游和下游水尺,应在同一高程点,必要时要用仪器校对。河渠堰闸上游基本水尺断面应设在堰闸进口渐变段的上游,其距离应根据表 4-3-1 确定。

表 4-3-1　上游基本水尺断面距堰闸距离

堰闸总宽(m)	上游水尺断面与堰闸进口渐变段上游端距离(相当于最大水头倍数)	备注
<50	3~5	当堰闸进口无渐变段时水尺断面距离应从堰口或闸门处算起
50~100	5~8	
>100	8~12	

水尺被青苔等水生物盖住应清除,闸后水尺要绘于闸门后 40 cm 处,提起高度尺,绘于墩上,零点与闸全关时闸门顶部相平。水尺刻度要清晰准确,否则会直接影响量水质量。

当堰闸上游水流受到弯道浅滩等影响可能产生横比降时则应在两岸同一断面线上分别设立。

3.2.2.1　水尺设置的基本要求

水尺的刻度必须清晰,数字必须清楚且大小适宜,数字的下边缘应放在靠近相应的刻度处。刻度面宽不应小于 5 cm。刻度、数字、底板的色彩对比应鲜明,且不易褪色,不易剥落。水尺设置见图 4-3-5。最小刻度为 1 cm,误差不大于 0.5 mm。当水尺长度在 0.5 m 以下时,累积误差不得超过 0.5 mm;当水尺长度在 0.5 m 以上时,累积误差不得超过该段长度的 1‰。

选择水尺形式时,应优先选用直立式水尺,当直立式水尺设置或观读有困难而断面附近有固定的岸坡或水工建筑物的护坡时,可选用倾斜式水尺;在易受流冰、航运、浮运或漂浮物等冲击以及岸坡十分平坦的断面,可选用矮桩式水尺。当断面情况复杂时,可按不同的水位级分别设置不同形式的水尺。

图 4-3-5　水尺设置

3.2.2.2　水尺布设的相关规定

(1)水尺设置的位置必须便于观测人员接近,直接观读水位,并应避开涡流、回流、漂浮物等影响。在风浪较大的地区,必要时应采用静水设施。

(2)水尺布设的范围,应高于测站历年最高水位,低于测站历年最低水位 0.5 m。

(3)同一组的各支基本水尺,应设置在同一断面线上。当因地形限制或其他原因必须离开同一断面线设置时,其最上游与最下游一支水尺之间的水位差不应超过 1 cm。

(4)同一组的各支比降水尺,当不能设置在同一断面线上时,偏离断面线的距离不得超过 5 m,同时任何两支水尺的顺流向距离不得超过上、下比降断面间距的 1/200。

(5)相邻两支水尺的观测范围宜有 0.1 ~ 0.2 m 的重合,当风浪经常较大时,重合部分可适当放大至 0.4 m。

3.2.2.3　水尺的编号要求

(1)对设置的水尺必须统一编号,各种编号的排列顺序应为:组号、脚号、支号、支号辅助号。组号应代表水尺名称,脚号应代表同类水尺的不同位置,支号应代表同一组水尺中从岸上向河心依次排列的各支水尺的次序,支号辅助号应代表该支水尺零点高程的变动次数或在原处改设的次数。当在原设一组水尺中增加水尺时,应从原组水尺中最后排列的支号连续排列。当某支水尺被毁,新设水尺的相对位置不变时,应在支号后面加辅助号,并用连接符"—"与支号连接。

(2)当设立临时水尺时,在组号前面应加一符号"T",支号应按设置的先后次序排列,当校测后定为正式水尺时,应按正式水尺统一编号。

(3)当水尺变动较大时,可经一定时期后将全组水尺重新编号,可一年重编一次。

(4)水尺编号(见表 4-3-2)应标在直立式水尺的靠桩上部、矮桩式水尺的桩顶上,或倾斜式水尺的斜面上的明显位置,以油漆或其他方式标明。

表 4-3-2　水尺编号

类别	编号	意义	类别	编号	意义
组号	P	基本水尺	脚号	u	设于上游的
	C	流速仪测流断面水尺		l	设于下游的
	S	比降水尺		a,b,c, d…	一个断面上有多股水流时,自左岸开始的序号
	B	其他专用或辅助水尺			

注:1.设在重合断面上的水尺编号,按 P、C、S、B 顺序,选用前面一个,当基本水尺兼流速仪测流断面水尺时,组号用"P"。

　　2.必要时,可另行规定其他组号。

3.2.2.4　直立式水尺的安装规定

（1）直立式水尺的水尺板应固定在垂直的靠桩上，靠桩宜做成流线形。靠桩可用型钢、铁管或钢筋混凝土等材料做成，或用直径 10 ~ 20 cm 的木桩做成。当采用木质靠桩时，表面应做防腐处理。安装时，应将靠桩浇注在稳固的岩石或水泥护坡上，或直接将靠桩打入，或埋设至河底。

有条件的测站，可将水尺刻度直接刻绘或将水尺板安装在阻水作用小的坚固岩石上，或混凝土块石的河岸、桥梁、水工建筑物上。

（2）水尺靠桩入土深度宜为 1.0 ~ 1.5 m；松软土层或冻土层地带，宜埋设至松土层或冻土层以下至少 0.5 m；在淤泥河床上，入土深度不宜小于靠桩在河床以上高度的 1.5 ~ 2 倍。

（3）水尺应与水面垂直，安装时应吊垂线校正。

直立式水尺见图 4-3-6。

图 4-3-6　直立式水尺

3.2.2.5　倾斜式水尺的安装规定

（1）倾斜式水尺应将金属板固紧在岩石岸坡上或水工建筑物的斜坡上，按斜线与垂线长度的换算，在金属板上刻划尺度，或直接在水工建筑物的斜面上刻划，刻度面的坡度应均匀，刻度面应光滑。

（2）刻划尺度可采用下列两种方法：一种是用水尺零点高程的水准测量方法在水尺板或斜面上测定几条整分米数的高程控制线，然后按比例内插需要的分划刻度；另一种是先测出斜面与水平面的夹角 α，然后按照斜面长度与垂直长度的换算关系绘制水尺。倾斜式水尺见图 4-3-7。

3.2.2.6　临时水尺的设置和安装规定

（1）发生下列情况之一时，应及时设置临时水尺：①发生特大洪水或特枯水位，超出测站原设水尺的观读界线；②原水尺损坏；③断面出现分流，超出总流量的 20%；④河道情况变动，原水尺处干涸；⑤结冰的河流，原水尺冻实，需要在断面上其他位置另设水尺；⑥分洪溃口。

（2）临时水尺可采用直立式或矮桩式，并应保证临时水尺在使用期间牢固可靠。

（3）当发生特大洪水、特枯水位或水尺处干涸冻实时，临时水尺宜在原水尺失效前设

图 4-3-7　倾斜式水尺

置。

（4）当在观测时间才发现观测设备损坏时，可打一个木桩至水下，使桩顶与水面齐平或在附近的固定建筑物、岩石上刻上标记，用校测水尺零点高程的方法测得水位后，再设法恢复观测设备。

3.2.2.7　水尺设置后的规定

水尺设置后，应测定其零点高程，并应符合下列规定：

（1）水尺零点高程的测量，应按四等水准的要求进行，当受条件限制时，可按表 4-3-3 的要求执行。

表 4-3-3　水尺零点高程测量允许高差不符值和视线长度

同尺黑红面读数差（mm）	同站黑红面所测高差之差（mm）	往返不符值（mm）		视线长度视距（m）		单站前后视距不等差（m）
		不平坦	平坦	不平坦	平坦	
3	5	$\pm 3\sqrt{n}$	$\pm 4\sqrt{n}$	5 ~ 50	50 ~ 100	≤5

注：1. 仪器类型可采用 S_3 或 S_{10}。

2. 采用单面尺时，变换仪器高度前后所测两尺高差之差与同站黑红面所测高差之差限差相同。

3. n 为单程仪器站数，当往返站数不等时，取平均值计算。

4. 测量过程中应注意不使前后视距不等差累积增大。

（2）往返两次水准测量应由校核水准点开始推算各测点高程。往返两次测量水尺零点高程之差，在允许误差之内时，以两次所测高程的平均值为水尺零点高程。当超出允许误差时，应予重测。

3.2.2.8　水尺设置的其他规定

（1）水尺零点高程应记至毫米。当对计算水位无特殊要求时，水尺零点高程可按四舍六入法则取至厘米。

（2）水尺零点高程的校测次数与时间，应以能掌握水尺零点高程的变动情况，取得准确连续的水位资料为原则。在每年年初或汛前应将所有水尺全部校测一次，汛后应将本年洪水到达过的水尺全部校测一次。有封冻的测站，还应在每年封冻前和解冻后将全部水尺各校测一次。当汛后与封冻或汛前与解冻相隔时间很短时，可以减少校测次数。冲淤严重或漂浮物较多的测站,在每次洪水后,必须对洪水到达过的水尺校测一次。当发现水尺变动或在整理水位观测结果时发现水尺零点高程有疑问,应及时进行校测。

(3)校测水尺零点高程时,当校测前后高程相差不超过本次测量的允许不符值,或虽超过允许不符值,但对一般水尺小于 10 mm 或对比降水尺小于 5 mm 时,可采用校测前的高程。当校测前后高程之差超过该次测量的允许不符值,且对一般水尺大于 10 mm 或对比降水尺大于 5 mm 时,应采用校测后的高程,并应及时查明水尺变动的原因及日期,以确定水位的改正方法。

3.2.2.9　量水建筑物水尺位置设置要求

(1)上游水位。设在上游距离建筑物等于 3 倍闸前最大水深处;如水流从侧面流入建筑物,则设立在上游距建筑物等于 1.5～2 倍闸前最大水深处(见图 4-3-8)。

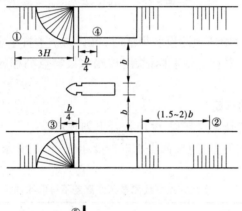

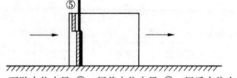

①—上游水位水尺;②—下游水位水尺;③—闸前水位水尺;④—闸后水位水尺;⑤—启闸高度水尺

图 4-3-8　水位测量位置示意图

(2)下游水位。设在水流出口处以下,距离建筑物等于单孔口宽的 1.5～2 倍处。

(3)闸前水位。设在距离闸门前约等于 1/4 单孔闸宽;入闸水流如不对称,闸前两侧均需测量水位,取其平均值。

(4)闸后水位。设在距离闸门后约等于 1/4 单孔闸宽(但不得超过 40 cm)。

以上四种水位的零点高程均与槛高(或闸底)在同一高程上。

(5)启闸高度。它的零点是在闸孔完全关闭时闸门顶部,若闸底部有门槽,则水尺的零点应提高为门槽的深度。

观测水位的水尺可以直接绘在建筑物的侧墙上,力求精细、清晰和牢固,也可以固定专用水尺。有条件的可用连通管件将水引到建筑物旁边的观测井内测水位,测量比较精确,如果配合自记水位计则更为简便。

3.2.3　砌石护坡的维修方法

(1)砌石护坡包括干砌石和浆砌石。根据护坡损坏的轻重程度,可采用下列方法进行修理:①出现局部松动、塌陷、隆起、底部淘空、垫层流失等现象时,可采用填补翻筑。②出现局部破坏淘空,导致上部护坡滑动坍塌时,可增设阻滑齿墙。③对于护坡石块较小,不能抗御风浪冲刷的干砌石护坡,可采用细石混凝土灌缝和浆砌石或混凝土框格结构;对于厚度不足、强度不够的干砌石护坡或浆砌石护坡,可在原砌体上部浇筑混凝土盖面,增强抗冲能力。④沿海台风地区和北方严寒冰冻地区,为抵御大风浪和冰层压力,修理时应按设计要求的块石粒径和重量的石料竖砌,如无大块径的石料,可采用细石混凝土填缝或框格结构加固。

(2)材料要求:①护坡石料应选用石质良好、质地坚硬、不易风化的新鲜石料,不得选用页岩做护坡块石;石料几何尺寸应根据工程所在地区的风浪大小和冰冻程度来确定。②垫层材料应选用具有良好的抗水性、抗冻性、耐风化和不易被水溶解的砂砾石、卵石或碎石,粒径和级配根据工程使用情况而定。③浆砌材料中的水泥强度等级不低于 32.5 级;砂料应选用质地坚硬、清洁、级配良好的天然砂或人工砂;天然砂中含泥量要小于5%,人工砂中石粉含量要低于 12%。

(3)坡面处理要求:①清除需要翻修部位的块石和垫层时,应保护好未损坏的部分砌体。②修整坡面,要求无坑凹,坡面密实平顺;如有坑凹,应用与工程实体相同的材料回填夯实,并与原工程结合紧密、平顺。③严寒冰冻地区应在堤坡土体与砌石垫层之间增设一层用非冻胀材料铺设的防冻保护层;防冻保护层厚度应大于当地冻层深度。④西北黄土地区粉质壤土堤,回填坡面坑凹时,必须选用重黏性土料回填。

(4)垫层铺设规定:①垫层厚度必须根据反滤层的原则设计,一般厚度为 0.15~0.25 m;严寒冰冻地区的垫层厚度应大于冻层的深度。②根据堤坡土料的粒径和性质,按碾压式土石坝设计规范设计垫层的层数及各层的粒径,由小到大逐层均匀铺设。

(5)铺砌石料要求:①砌石应以原坡面为基准,在纵、横方向挂线控制,自下而上,错缝竖砌,紧靠密实,塞垫稳固,大块封边,表面平整,注意美观。②浆砌石应先坐浆,后砌石;水泥砂浆强度等级:在无冰冻地区不低于 M5,冰冻地区根据抗冻要求选择,一般不低于 M7.5;砌缝内砂浆应饱满,缝口应比砌体砂浆高一等级的砂浆勾平缝;修补的砌体,必须洒水养护。

(6)采用浆砌框格或增建阻滑齿墙时,应符合以下规定:①浆砌框格护坡一般应做成菱形或正方形,框格用浆砌石或混凝土筑成,其宽度一般不小于 0.5 m,深度不小于 0.6 m,冰冻地区按防冻要求加深,框格中间砌较大石块,框格间距视风浪大小确定,一般不小于 4 m,并每隔 3~4 个框格设变形缝,缝宽 1.5~2.0 cm。②阻滑齿墙应沿堤坡每隔 3~5 m 设置一道,平行堤轴线嵌入坝体;齿墙尺寸,一般宽 0.5 m、深 1 m(含垫层厚度);沿齿墙长度方向每隔 3~5 m 应留排水孔。

(7)采用细石混凝土灌缝时,应满足以下要求:①灌缝前,应清除块石缝隙内的泥沙、杂物,并用水冲洗干净。②灌缝时,缝内要灌满捣实,缝口抹平。③每隔适当距离,应留一狭长缝口不灌注,作为排水出口。

(8)采用混凝土盖面方法修理时,应满足以下要求:①护坡表面及缝隙应刷洗干净。②混凝土盖面厚度根据风浪大小确定,一般厚 5~7 cm。③混凝土强度等级,无冰冻地区不低于 C10;严寒冰冻地区要根据抗冻的要求,一般在 C15 以上。④盖面混凝土应自下而上浇筑,仔细捣实;每隔 3~5 m 应分缝。⑤如原护坡垫层遭破坏,应补做垫层,修复护坡,再加盖混凝土。

3.2.4　混凝土建筑物常见病害处理方法

3.2.4.1　混凝土建筑物常见病害

1)裂缝

裂缝属于物理性病害,是材料的不连续现象,是影响水工混凝土耐久性的首要因素。主要原因有:由外部荷载(包括施工期间和使用阶段的静荷载、动荷载)引起的裂缝,由变形(包括温度、湿度变形,不均匀沉降等)引起的裂缝,由施工操作(如混凝土浇筑、脱模、养护、堆放、运输、吊装等)引起的裂缝。裂缝的存在直接导致混凝土抗拉性能的降低,造成常见灌溉、蓄水的水工混凝土结构渗漏,影响水工建筑物的正常使用,裂缝也会使有害物质进入混凝土内部,造成钢筋锈蚀,甚至造成混凝土结构破坏,威胁水工建筑物结构的稳定和安全。

2)碱-集料反应

水泥或混凝土中的碱(Na_2O、K_2O)会与集料中含有的氧化硅等物质发生反应,即碱-集料反应,该反应会有一种吸水膨胀的碱硅凝胶生成,该凝胶会促使混凝土发生开裂,该病害是一种化学病害。水工建筑物一般长期处于水中,在这种环境下,混凝土的拌和水是不可能蒸发而失去的。当然,由于混凝土中水泥的水化反应,可以消耗掉一部分拌和水,但外部的水可以通过水泥石的孔隙源源不断地补充。因此,水工混凝土一般长期处于饱和水状态。在这样的条件下,混凝土中一旦存在着活性集料和足够数量的碱,它们便会充分地发挥其潜能去破坏混凝土结构。由此看来,从环境条件上讲,水工混凝土具有更大的危险性。

3)渗漏溶蚀

混凝土属于多相非均匀材料,其内部会有大量空隙和毛细孔的存在,在整个实体中占 1%~10%,透过这些空隙和毛细孔环境,水分可以渗透侵入其中。硅酸盐水泥是水工建筑物的混凝土通常所采用的材料,该水泥在进行化学反应时,会生成结晶体与凝胶体两种新的物质,其中,结晶体起到硬化水泥结构的作用,凝胶体在硬化体中间起到填充的作用,进而相应的强度、黏度以及其他性能也会随之产生。在 $Ca(OH)_2$ 的极限浓度时,水泥石中的水化铝酸钙、水化硅酸钙和水化铁铝酸钙等主要成分才能够稳定存在于固相中,并与液相维持着平衡。当混凝土内有水汽渗透侵入时,水泥石中的 $Ca(OH)_2$ 就会被溶析出来,不断被水带走,这样就会降低 $Ca(OH)_2$ 的浓度,从而失去了平衡,迫使其他水化物在 $Ca(OH)_2$ 饱和溶液中才能稳定地不断分解,水泥石中的水化铝酸钙、水化硅酸钙、水化铁铝酸钙中的 CaO 就会再转入水中,这样就会不断增大增多水泥石的结构孔隙,致使混凝土结构变得疏松,降低了其强度,若混凝土中 CaO 被溶出约 33% 以上,此时混凝土的强度就会变为零。

4)冻融

由于我国北方地区冬季气候寒冷,水工建筑物普遍存在冬季冻害问题。渠系水工建筑物因线长、面广、工程数量多,冻害造成的危害及损失更为严重。当混凝土受冻时,结构内部毛细孔隙中的水就会冻结、膨胀,增加混凝土毛细孔壁的压力,引发混凝土裂缝的产生。在反复的冻融作用下,混凝土就会不断变疏松、被剥落,最终致使混凝土被破坏。

5)环境水侵蚀

环境水侵蚀是一种化学病害,其主要是受到环境水质造成的危害,虽然该病害并不普遍,但也有部分工程深受该病害的影响。例如,在一些地下水丰富地区的泵站厂房、挖方渠道,会经常出现混凝土侵蚀破坏,当含 SO_4^{2-} 的地下水与混凝土中的 $Ca(OH)_2$ 发生反应生成 $CaSO_4$ 时,第一次的体积膨胀随之产生,当混凝土中的 C_3A 又与 $CaSO_4$ 发生反应生成硫铝酸钙,就会产生第二次的体积膨胀,此时混凝土就会受到巨大的膨胀应力,而使其胀裂、变酥。另外的原因就是氯盐的渗入,处于含有氯盐的海水、岩土或空气环境中的混凝土结构,氯离子会从混凝土表面逐渐扩散到钢筋表面,一般状态下,由于水泥的水化作用,混凝土内的 pH 值为 12 ~ 13,在此环境下,钢筋周围形成一种保护膜,即钝化膜,可保护钢筋不被锈蚀;当 pH 值小于 9 时,该钝化膜即遭破坏,最终致使钢筋脱钝而锈蚀。

6)碳化

碳化是由于空气中的 CO_2 不断地透过混凝土中的粗毛细孔(该毛细孔未完全被充水)逐渐扩散到混凝土内部的毛细孔中(该毛细孔已充水),与其中的空隙液所溶解的 $Ca(OH)_2$ 发生中和反应,就会有碳酸盐或其他物质的生成,使得混凝土孔隙溶液的 pH 值降低到 10 以下,此时钢筋的钝化膜就会遭到破坏,发生锈蚀。钢筋在生锈后还会促使混凝土体积不断膨胀,引发混凝土开裂,降低混凝土与钢筋的黏结力,混凝土保护层就会脱落,钢筋断面面积发生缺损,从而使得混凝土的耐久性受到严重影响。

3.2.4.2　混凝土病害治理

(1)混凝土更新。对于已出现病害的部位要进行全部凿除,进而更换新混凝土。开凿通常采用风镐进行,疏松表面被清除后,再使用喷砂进行喷洗,然后将主模板架上,在新老混凝土的结合面上喷砂浆后,再进行混凝土的浇筑。在混凝土中适量加入铝粉或膨胀剂、膨胀水泥等外加剂,可以使新旧混凝土紧密结合在一起。

(2)混凝土表面缺陷的修复。对于混凝土表面已出现剥落或裂缝的,可以先将疏松部分清除,然后用一层新混凝土进行填补。如果需要修复的表面面积较大,或是厚度较深,此时就可以将钢筋网埋设其中,再进行新混凝土的浇筑。

(3)表面涂层。表面涂层的办法适合于病害较轻,或者深度较浅,或者因其他原因而不能将表面混凝土凿除的部位。采用环氧树脂漆、有机硅、橡胶涂料等物喷涂在混凝土表面,以使混凝土表面的强度得以增加。

(4)裂缝修补。对于裂缝较深或较宽的部位,要先将裂缝凿出新茬后,再将粉煤灰无机灌浆、化学灌浆等灌入其中。

总之,混凝土经常受到裂缝、碱 - 集料反应、渗漏溶蚀、冻融、侵蚀、碳化等病害的威胁,且病害成因复杂多变。为此,在实践过程中,要根据具体工程情况,采取合适的修补材料和修补处理方法。

3.3　机井和小型泵站管护

3.3.1　井管修复

3.3.1.1　斜井修复

由于凿井不直、接管不当、填料不匀、井壁坍塌等原因造成井管弯曲、倾斜。修复斜井的方法有：

(1)沉筒修复法。在原井壁的外边开挖直径为 3 m 的土筒,挖一段提取一段井管,直挖到接近水面,在井盘上砌砖井筒,然后安装深井泵抽水,采取边抽水边淘边落井筒的办法,直至井管弯曲段以下。该法适用于弯管离地下水位较近的情况。否则因排水量增大,施工难度亦增加。

(2)光锥修复法。利用光锥把井管周围淘空,深度与弯管部位相等,然后下光锥将深井扶正,再在井管外围填实胶泥即成。

3.3.1.2　坏管井的修理

坏管井的修理,包括管壁破洞或错口的处理。

(1)堵塞法。该法适用于修理内径大于 70 cm 的管井或筒井中动水位以上部分的坏管。对小缝隙可用杨木楔子打入缝隙内;对于较大的漏洞可向洞内塞棕皮,然后用木板或铁板堵塞。

(2)套补法。在已损坏的破裂井管处再下一套管。套补前需先清淤,打捞各种堵塞物,寻找损坏位置。根据井壁管内径、损坏程度,选用各种套管(如混凝土管、木管、条管、铁皮管、竹棕管、塑料管或钢管等),如果是修补滤水管,则需用滤水管套补。

3.3.1.3　井台沉陷修复

井台是机井井口建筑物,也是井泵的基础,因此井台的尺寸和强度都要符合相应的技术要求。井台沉陷,可能是由于施工原因或井内涌砂造成的,对于是施工时没有将开口部分回填封闭、夯实稳定的井台沉陷,应重新按设计回填夯实封闭。对于是井内涌砂过大造成井台沉陷的,一般修理较困难,可选配较小水泵,减少出水量和抽水降深,使含沙量降低。

为保证井台底面有足够的强度,采用现浇钢筋混凝土结构。为防止地基不均匀沉陷,井台以下用 3∶7 灰土夯实,其厚度不小于 30 cm,回填范围大于井台底面积,浇筑混凝土前,应用草绳或油毡包缠井壁管,使井台与井壁成柔性连接。

3.3.2　油系统的保养维护知识

油、气、水系统中的机电设备和安全装置应定期检查、维护和保养,发现缺陷应及时修理或更换。油、气、水管道接头应密封良好,发现漏油、漏气、漏水现象应及时处理,并定期涂漆防锈。

泵站用油包括润滑油和绝缘油两类。润滑油中有供主机组轴承润滑和叶片调节操作的透平油,供空气压缩机润滑用的空气压缩机油,供小型电动机和厂用水泵轴承、起重机润滑用的中等技术油,供滚动轴承润滑用的黄油等。绝缘油主要是供给油开关和变压器用,如变电站与泵站由一个机构管理,则油量较大,仅泵站本身的用油量是不大的,除透平油外,其他润滑用油量都比较少,一般在泵站中贮备适量的净油,及时向设备注油或添油,油质劣化时再换油即可。

3.3.2.1　透平油系统

设备中润滑用的透平油,其主要作用是在轴承间造成油膜,将固体干摩擦变为液体摩擦,从而减轻设备的发热和磨损,再通过装在油槽内的水冷却器将热量带走。调节叶片用的透平油,主要作为传递能量的工作液体,由专用的油压装置将油加压成为高压油,推动活塞调整叶片角度。透平油的精制程度很高,并加入了抗氧、防锈、防泡剂。外观呈浅黄色,透明度好。

3.3.2.2　绝缘油系统

变压器和油开关用的绝缘油,主要对设备起绝缘、散热和消弧的作用。变电站与泵站由一个机构管理时,绝缘油用油量最大的设备为主变压器和油开关,一般在变电站附近设露天油库,供油的贮存和处理。变电站与泵站分开管理时,泵站的绝缘油量很少,可用 0.2 m^3 油桶数只,盛存于小间内。

3.3.2.3　油的标准及化验

1)透平油的标准及化验

(1)泵站用的透平油有 20 号、30 号、40 号、45 号等几种。黏度大的透平油易于保持液体摩擦状态,但产生较大的阻力,增加摩擦损失和引起振动,散热能力亦较差。黏度小的透平油不易保持良好的油膜,使摩擦面有损坏的危险,但阻力小,摩擦损失少,散热能力也较快。因此,宜在保持液体摩擦条件下尽可能选用黏度小的透平油,一般在压力大和转速慢的设备使用黏度较大的油,反之用黏度小的油。具体采用哪一种油号,应符合机组制造厂的要求,如无特殊要求,以采用 30 号透平油较多。

(2)使用过程中必须执行透平油的有关标准,对新油应进行全面分析。运行中的透平油,应每班进行现场检查,观察外形,看其是否有水分及机械混合物;如果颜色有变化应该及时进行化验,根据结果更换,否则导致泵轴承损坏、泵组停运,当油完全透明,酸价不超过 0.2KOH mg/g 时,每月进行一次运行试验;当油的酸价超过此值时,每半月进行一次运行试验。运行试验包括:酸价、酸碱反应、黏度、闪点、机械混合物、水分等内容。

2)绝缘油的标准及化验

(1)绝缘油有 10 号、25 号变压器油,以及适用于低温下工作、凝固点为 −45 ℃的油开关用油。

(2)用于户外变电所开关的绝缘油,其凝固点不应高于下列标准:①气温不低于 −10 ℃的地区: −25 ℃;②气温不低于 −20 ℃的地区: −35 ℃;③气温低于 −20 ℃的地区: −45 ℃。

(3)凝固点为 −25 ℃的变压器油,用在变压器内时,可不受地区气温的限制。在月平均最低气温不低于 −10 ℃的地区,变压器用油如无凝固点为 −25 ℃的油,允许使用凝固点为 −10 ℃的油。

(4)使用过程中同样必须执行绝缘油的标准,对新的绝缘油应进行全面分析,备用油每年进行耐压试验二次和简化试验一次。运行中变压器和备用变压器内的油,应按下列期限进行耐压试验和简化试验:①简化试验电压为 35 kV 以下的变压器每三年至少一次,电压为 35 kV 及以上的变压器每年至少一次,此外在变压器大修后亦应进行。充油量少的配电变压器和油套管可以换油代替简化试验。②耐压试验在前后两次简化试验之间至少进行一次。耐压试验包括是否有机械混合物、游离碳、水分、电气绝缘强度等内容。简化试验包括闪点、机械混合物含量、游离碳含量、有机酸含量(酸价)、电气绝缘强度、是否有溶于水的酸及碱、水分等内容。变压器油的黏度和凝固点试验根据需要进行。运行中油的酸碱反应应呈中性,当发现有酸或碱性反应时,即需换油,如油量很大则应送至有关部门进行油的再生。

透平油和绝缘油的化验,对泵站并不经常,而且设备要求配套完整,投资较多,宜集中设置在省或地区的有关油务管理机构内,由各站送油样去化验,较为经济合理。

3.3.3　润滑油系统和压力油系统

3.3.3.1　润滑油系统

润滑油系统主要是为润滑电动机上、下导轴承和水泵轴承服务。

(1)推力轴承担负着整个机组转动部件的重量和水的轴向推力,大多采用刚性支柱式,推力头和主轴紧密配合在一起转动,把转动部分的荷载通过镜板直接传给推力轴瓦,然后经托盘、抗重螺栓、底座、推力油槽、机架最后传给混凝土基础。

镜板和推力轴瓦,无论在停机或运转状态,都是被油淹没的。由于推力轴瓦的支点和其重心有一定的偏心距,所以当镜板随同机组旋转时,推力轴瓦会沿着旋转方向轻微地波动,从而使润滑油顺利地进入镜板和推力轴瓦之间,形成一个楔型油膜,这样增加了摩擦的润滑和散热的作用。

停机时机组转动部件的荷重通过镜板紧紧压在推力轴瓦上,时间越长,镜板和推力轴瓦之间的油膜被挤得越薄,甚至干燥无油膜,因此停机时间越长的机组,在下次开机前,必须用高压油顶起制动器,从而顶起机组的转动部分 3 ~ 5 mm,让油重新进入镜板与推力轴瓦之间的间隙,重新形成油膜,然后开机。一般规定,停机 48 h 均需顶车。

(2)电动机上、下导轴承的润滑。大轴和轴颈一起转动时,弧形导轴瓦分块分布在轴颈外的圆周上,大轴转动时的颈向摆动力由轴颈传给导轴瓦、支柱螺栓、油槽、机架。

停机时,油槽油淹没到支柱螺栓的一半。机组运行时,轴颈随着一起转动,一方面把因摩擦而产生的热传给油,热油也随之作圆周运动,又由于导轴瓦和轴颈的间隙经常变化,造成一定的负压,使油槽中心部分的冷油,经挡环和油颈内圈之间的间隙而上移,再经轴颈上导油孔喷射到导轴瓦面上,使热油和冷油形成对流,起到润滑和散热作用。

(3)水泵导轴承润滑。水泵导轴承有橡胶轴承和稀油筒式轴承等几种。橡胶轴承是用一定压力水润滑或直接在水中自行润滑,因其抵抗横向摆动能力较差,所以时间不长其间隙就增大,若不及时更换,将影响机组摆度。

稀油筒式轴承用巴氏合金浇铸,稀油润滑,因长期浸在水中,依靠密封装置将油与水分开。水泵导轴承的油存在转动油盆内和固定油盆内,油的循环是依靠大轴带动转动油盆旋转,使油盆内的油产生动能,受离心力驱使,形成中间低、边缘高的抛物线状,经毕托管上升到固定油盆、润滑轴和轴承后,再返回转动油盆循环使用。

　　水泵导轴承的密封装置在一定时间运行后,可能因变形、老化、损坏而漏水,当发现水泵导轴承浸水和有泥沙浸入时(可检查转动油盆中的油即知)必须停机修理,防止磨坏轴颈和水泵导轴承。

3.3.3.2　压力油系统

　　压力油系统是用来传递全调节机构所需能量的系统,主要由油压装置等组成。

　　油压装置主要由回油箱、压力油箱、电动油泵及管道、阀门等组成,大部分部件都安装在回油箱顶上,如图 4-3-9 所示。回油箱呈矩形,由钢板焊成,内储一半无压透平油,油箱内由钢丝滤网分割,一边是回收的脏油,一边是过滤的干净油,箱盖上装着油压装置的大部分部件,其中两台螺杆或齿轮油泵,互为备用,工作时从油箱中将清洁的油打入压力油箱,向叶片调节系统送压力油。用过的油经操作管回到回油箱的脏油区,由本身过滤再用。油泵至压力油箱管路上装有安全阀,以保安全。

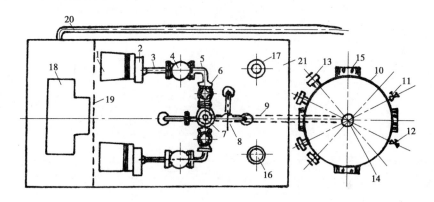

1—电动机;2—压力油泵;3—连接管道;4—逆止阀;5—弯管;
6—截止阀;7—安全阀连接法兰;8—溢流阀;9—压力油输油管;
10—压力油箱;11—压缩空气进气及放气阀;12—放油截止阀;
13—电接点压力表;14—压力油箱吊环;15—压力油箱底脚;
16—空气过滤器;17—回油箱油位指示器;18—进人孔盖;
19—滤油网;20—回油管;21—回油箱

图 4-3-9　油压装置平面布置示意图

　　压力油箱是封闭式圆筒形,由钢板焊成,储存压力油,按承受压力定壁厚。筒上装透明油位计、压力表等,并由管道与油泵和高压压缩空气连接。筒内储油 1/3 左右,另 2/3 充满压缩空气。工作时,压力油从压力油箱中送到叶片调节系统。油位高时,要补充压缩空气,油位低时,则用空气阀放出多余的压缩空气,但压力要保证在工作压力范围之内,压力表就是监视油压的。电接点压力表不但监视油压,而且能自动控制油泵启动,以保持压力。

　　压力油箱内储存有压缩空气,箱上装有四只电接点压力表。在主机组运行过程中,压力油箱向机组叶片调节装置供油,油压逐渐下降,当降到正常工作压力下限值时,第一只电接点闭合,使工作油泵启动,运转工作,向压力油箱补油,当压力升到正常工作压力上限值时,电接点断开,使工作油泵停止运转。当工作泵发生故障,油箱内压力继续下降到低于正常压力下限值时,第二只电接点压力表接通,备用油泵启动运转。同理到时断开停止。在特殊情况下,若压力油箱压力仍继续下降或到时仍继续不停地上升,油泵未能切断,继续运转,此时,第三只电接点压力表发出压力过低或压力过高的信号,通知值班人员处理。第四只为备用。

回油箱有油位信号指示器,亦可发出油位过高的信号,回油箱的正常油位一般为容器的 50% ~ 60% 。正常情况下,压力油系统在工作过程中耗油量是不大的。使用的透平油应清洁无水分、杂质等。吸入油泵的油应经过过滤,滤网要定期清洗,尤其要注意金属粉末和机械杂质,防止磨损配压阀等精密部件。

第 5 篇　操作技能——高级工

模块 1　灌排工程施工

1.1　灌排渠(沟)施工

1.1.1　测量仪器的校正

1.1.1.1　微倾式水准仪的检验与校正

1)水准仪应满足的条件

根据水准测量原理,水准仪必须提供一条水平视线,才能正确地测出两点间的高差。为此,水准仪应能满足如下条件:

(1)圆水准器轴 $L'L'$ 应平行于仪器的竖轴 VV。

(2)十字丝的中丝(横丝)应垂直于仪器的竖轴。

(3)如图 5-1-1 所示,水准管轴 LL 应平行于视准轴 CC。

2)水准仪的检验与校正

上述水准仪应满足的各项条件,在仪器出厂时已经过检验与校正而得到满足,但由于仪器在长期使用和运输过程中受到震动和碰撞等原因,使各轴线之间的关系发生变化,若不及时检验校正,将会影响测量成果的质量。所以,在水准测量之前,应对水准仪进行认真的检验和校正。检校的内容有以下三项。

(1)圆水准器轴平行于仪器竖轴的检验校正。

检验:如图 5-1-2(a)所示,用脚螺旋使圆水准器气泡居中,此时圆水准器轴 $L'L'$ 处于竖直位置。如果仪器竖轴 VV 与 $L'L'$ 不平行,且交角为 α,那么竖轴 VV 与竖直位置便偏差 α 角。将仪器绕竖轴旋转 $180°$,如图 5-1-2(b)所示,圆水准器转到竖轴的左面,$L'L'$ 不但不竖直,而且与竖直线 ll 的交角为 2α,显然气泡不再居中,而离开零点的弧长所对的圆心角为 2α。这说明圆水准器轴 $L'L'$ 不平行竖轴 VV,需要校正。

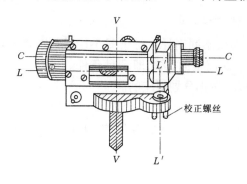

图 5-1-1　圆水准器

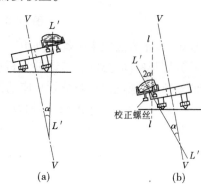

图 5-1-2　圆水准器仪器轴

校正：如图 5-1-2(b)所示，通过检验证明了 $L'L'$ 不平行于 VV，则应调整圆水准器下面的三个校正螺丝。圆水准器校正结构如图 5-1-3 所示，校正前应先稍松中间的固紧螺丝，然后调整三个校正螺丝，使气泡向居中位置移动偏离量的一半，如图 5-1-4(a)所示。这时，圆水准器轴上，$L'L'$ 与 VV 平行。然后用脚螺旋整平，使圆水准器气泡居中，竖轴 VV 则处于竖直状态，如图 5-1-4(b)所示。校正工作一般都难于一次完成，需反复进行，直至仪器旋转到任何位置圆水准器气泡皆居中。最后应注意拧紧固紧螺丝。

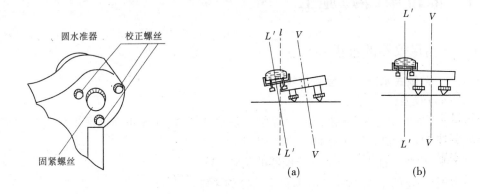

图 5-1-3　圆水准器校正结构图　　　　图 5-1-4　圆水准器校正图

(2)十字丝横丝应垂直于仪器竖轴的检验与校正。

检验：安置仪器后，先将横丝一端对准一个明显的点状目标 M，如图 5-1-5(a)所示。然后固定制动螺旋，转动微动螺旋，如果标志点 M 不离开横丝，如图 5-1-5(b)所示，则说明横丝垂直竖轴，不需要校正。否则，如图 5-1-5(d)所示，则需要校正。

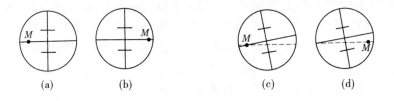

(a)　　　　　(b)　　　　　(c)　　　　　(d)

图 5-1-5　十字丝横丝校正图

校正：校正方法因十字丝分划板座装置的形式不同而异。对于图 5-1-6 形式，用螺丝刀松开分划板座固定螺丝，转动分划板座，改正偏离量的 1/2，即满足条件。也有卸下目镜处的外罩，用螺丝刀松开分划板座的固定螺丝，拨正分划板座的。

(3)视准轴平行于水准管轴的检验校正。

检验：如图 5-1-7 所示，在 S_1 处安置水准仪，从仪器向两侧各量约 40 m，定出等距离的 A、B 两点，打木桩或放置尺垫标志。

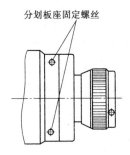

图 5-1-6　十字丝分划板座装置

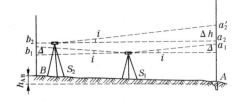

图 5-1-7　视准轴平行于水准管轴的校正图

在 S_1 处用变动仪高(或双面尺)法,测出 A、B 两点的高差。若两次测得的高差之差不超过 3 mm,则取其平均值 Δh 作为最后结果。由于距离相等,两轴不平行的误差 Δh 可在高差计算中自动消除,故 h 值不受视准轴误差的影响。

安置仪器于 B 点附近的 S_2 处,离 B 点约 3 m,精平后读得 B 点水准尺上的读数为 b_2,因仪器离 B 点很近,两轴不平行引起的读数误差可忽略不计,故根据 b_2 和 A、B 两点的正确高差 h 算出 A 点尺上应有读数为

$$a_2 = b_2 + h_{AB} \tag{5-1-1}$$

然后,瞄准 A 点水准尺,读出水平视线读数 a_2',如果 a_2' 与 a_2 相等,则说明两轴平行。否则存在 i 角,其值为

$$i'' = \Delta h / D_{AB} \cdot \rho'' \tag{5-1-2}$$

式中　$\Delta h = a_2' - a_2$；$\rho'' = 206\ 265''$。

对于 DS$_3$ 级微倾水准仪,i'' 值不得大于 $20''$,如果超限,则需要校正。

校正:转动微倾螺旋使中丝对准 A 点尺上正确读数 c,此时视准轴处于水平位置,但管水准气泡必然偏离中心。为了使水准管轴也处于水平位置,以达到视准轴平行于水准管轴的目的,可用拨针拨动水准管一端的上、下两个校正螺丝(见图 5-1-7),使气泡的两个半象符合。在松紧上、下两个校正螺丝前,应稍旋松左、右两个螺丝,校正完毕再旋紧。这项检验校正要反复进行,直至 i 角误差小于 $20''$。

1.1.1.2　经纬仪的检验和校正

经纬仪在使用之前要经过检验,必要时需对其可调部件加以校正,使之满足要求。经纬仪的检验、校正项目很多,现只介绍几项主要轴线间几何关系的检校,即照准部水准管轴垂直于仪器的竖轴($LL \perp VV$),横轴垂直于视准轴($HH \perp CC$),横轴垂直于竖轴($HH \perp VV$),以及十字丝竖丝垂直于横轴的检校。另外,由于经纬仪要观测竖角,竖盘指标差的检验和校正也在此作一介绍。

1)照准部水准管轴应垂直于仪器竖轴的检验和校正

检验:将仪器大致整平。转动照准部使水准管平行于一对脚螺旋的连线,调节脚螺旋使水准管气泡居中。转动照准部 $180°$,此时如气泡仍然居中则说明条件满足,如果偏离量超过一格,则应进行校正。

校正:如图 5-1-8(a)所示,水准管轴水平,但竖轴倾斜,设其与铅垂线的夹角为 α。将

照准部旋转 180°,如图 5-1-8(b)所示,竖轴位置不变,但气泡不再居中,水准管轴与水平面的交角为 2α,通过气泡中心偏离水准管零点的格数表现出来。改正时,先用拨针拨动水准管校正螺丝,使气泡退回偏离量的 1/2(等于 α),如图 5-1-8(c)所示,此时几何关系即得满足。再用脚螺旋调节水准管气泡居中,如图 5-1-8(d)所示,这时水准管轴水平,竖轴竖直。此项检验校正需反复进行,直到照准部转至任何位置,气泡中心偏离零点均不超过一格为止。

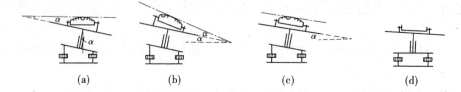

图 5-1-8　照准部水准管轴校正图

2)十字丝竖丝应垂直于仪器横轴的检验校正

检验:用十字丝交点精确照准远处一清晰目标点 A。旋紧水平制动螺旋与望远镜制动螺旋,慢慢转动望远镜微动螺旋。如点 A 不离开竖丝,则条件满足(见图 5-1-9(a)),否则需要校正(见图 5-1-9(b))。

校正:旋下目镜分划板护盖,松开 4 个压环螺丝(见图 5-1-10),慢慢转动十字丝分划板座,然后做检验,待条件满足后再拧紧压环螺丝,旋上护盖。

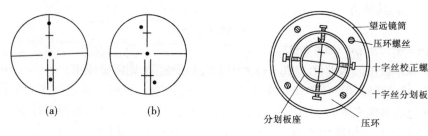

图 5-1-9　十字丝竖丝校正图　　　　　图 5-1-10　目镜分划板护盖

3)视准轴应垂直于横轴的检验和校正

检验:检验 J_6 级经纬仪,常用四分之一法。

选择一平坦场地,如图 5-1-11 所示,A、B 两点相距 60～100 m,安置仪器于中点 O,在 A 点立一标志,在 B 点横置一根刻有毫米分划的小尺,使尺子与 OB 垂直。标志、小尺应大致与仪器同高。盘左瞄准 B 点,旋转望远镜在 B 点尺上读数 B_i(见图 5-1-11(a))。盘右再瞄准 B 点,旋转望远镜,又在小尺上读数 B_2(见图 5-1-11(b))。若 B_1 与 B_2 重合,则条件满足。如不重合,由图 5-1-11 可见,∠$B_1OB_2 = 4c$),由此算得

$$c'' = \frac{B_1B_2}{4D}\rho''\tag{5-1-3}$$

式中　D——O 点至小尺的水平距离。

若 $c'' \geq 60''$,则必须校正。

校正:在尺上定出一点 B_3,使 $B_2B_3 = 1/4B_1B_2$,OB_3 便和横轴垂直。用拨针拨动图 5-1-11 中左右两个十字丝校正螺丝,一松一紧,左右移动十字丝分划板,直至十字丝交点对准 B_3。这项检验校正也需反复进行。

4)横轴与竖轴垂直的检验和校正

检验:在距一高目标约 50 m 处安置仪器,如图 5-1-12 所示。盘左瞄准高处一点 P,然后将望远镜放平,由十字丝交点在墙上定出一点 P_1。盘右再瞄准 P 点,放平望远镜,在墙上又定出一点 P_2(P_1、P_2 应在同一水平线上,且与横轴平行),则 i 角可依下式计算

$$i'' = \frac{P_1P_2}{2D}\cot\alpha \cdot \rho'' \tag{5-1-4}$$

式中　α——P 点的竖直角;

　　　D——仪器至 P 点的水平距离。

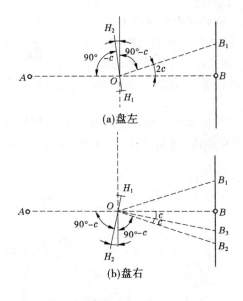

(a)盘左

(b)盘右

图 5-1-11　视准轴校正图

图 5-1-12　横轴与竖轴校正图

对于 J_6 级经纬仪,i 角不超过 20″可不校正。

校正:此项校正应打开支架护盖,调整偏心轴承环,如需校正,一般应交专业维修人员处理。

5)竖盘指标差的检验和校正

检验:安置仪器,用盘左、盘右两个镜位观测同一目标点,分别使竖盘指标水准管气泡居中,读取竖盘读数 L 和 R,计算指标差 x。如 x 超出 $\pm 1''$ 的范围,则需改正。

校正:经纬仪位置不动(此时为盘右,且照准目标点),不含指标差的盘右读数应为 $R - x$。转动竖直度盘指标水准管微动螺旋,使竖盘读数为 $R - x$,这时指标水准管气泡必然不再居中,可用拨针拨动指标水准管校正螺旋使气泡居中。这项检验校正也需反复进行。

6) 光学对中器的检验校正

常用的光学对中器有两种,一种装在仪器的照准部上,另一种装在仪器的三角基座上。无论哪一种,都要求其视准轴与经纬仪的竖直轴重合。

A. 装在照准部上的光学对中器

检验:安置经纬仪于三脚架上,将仪器大致整平(不要求严格整平)。在仪器下方地面上放一块画有"十"字的硬纸板。移动纸板,使对中器的刻划圈中心对准"十"字影像,然后转动照准部180°。如刻划圈中心不对准"十"字中心,则需进行校正。

校正:找出"十"字中心与刻划圈中心的中点 P。松开两支架间圆形护盖上的两颗螺钉,取下护盖,可见图 5-1-13 所示的转象棱镜座。调节螺钉 2 可使刻划圈中心前后移动,调节螺钉 1 可使刻划圈中心左右移动,直至刻划圈中心与 P 点重合。

B. 三角基座上的光学对中器

检验:先校水准器,沿基座的边缘,用铅笔把基座轮廓画在三脚架顶部的平面上,然后在地面放一张毫米纸,从光学对中器视场里标出刻划圈中心在毫米纸上的位置;稍松连接螺旋,转动基座120°后固定。每次需把基座底板放在所画的轮廓线里并整平,分别标出刻划圈中心在毫米纸上的位置,若三点不重合,则找出示误三角形的中心以便改正。

校正:用拨针或螺丝刀转动光学对中器的调整螺丝,使其刻划圈中心对准示误三角形中心点。

如图 5-1-14 所示为 T_2 型经纬仪的光学对点器外观图。用拨针将光学对中器目镜后的三个校正螺丝(图中只见两个,另一个在镜筒下方)都略为松开,根据需要调整,使刻划圈中心与示误三角形中心一致。

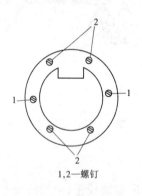

1,2—螺钉

图 5-1-13　转象棱镜座

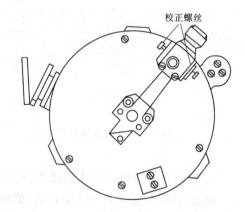
图 5-1-14　T_2 型经纬仪的光学对点器外观图

1.1.1.3　全站仪的检验校正

全站仪由于经常在野外使用及在运输途中的震动和缺乏保养措施,导致仪器的结构发生变化、电子元器件的自然老化等,也会导致仪器性能发生变化,造成技术指标降低。为了全面掌握仪器的性能,合理使用仪器并观测到合格的测量成果,仪器在使用过程中必须定期进行检定。由于全站仪是精密电子仪器,在使用过程中如出现问题或故障不要随意拆卸和调整,应到具有仪器鉴定资质的部门进行鉴定和维修。国家计量检定规程规定,全站仪的检定周期不能超过 1 年。

全站仪的检定项目可分为三部分,即光电测距系统的检定、电子测角系统的检定、数据采集系统的检定。全站仪的三部分是一个整体,为便于学习,把公用部分放在一起作为全站仪的综合检定。全站仪综合检定的项目有:

(1)水准器的正确性。

(2)光学对中的正确性。

(3)望远镜十字丝的正确性。

(4)望远镜调焦的正确性。

(5)外观和键盘功能的检验。

(6)工作电压显示的正确性。

(7)照准部旋转的正确性。

(8)测距轴与视准轴的重合性。

以上各项检定工作须在常温下进行,检定时气象条件相对稳定,仪器安置稳定可靠,可以在室内设置的检验校正台上或室外进行,其中(1)～(4)项的检验与校正与光学经纬仪相同,并注意水准器的检验与校正应先长水准器后圆水准器。其他检验项目具体如下所述。

1)外观和键盘功能的检验

外观和键盘功能的检验项目如下:

(1)仪器表面不得有碰伤、划痕、脱漆和锈蚀;盖板及部件接合整齐,密封性好。

(2)光学部件表面清洁、无擦痕、霉斑、麻点、脱膜等现象;望远镜十字丝成像清晰、粗细均匀、视场明亮、亮度均匀;目镜调焦及物镜调焦转动平稳,不得有分划影像晃动或自行滑动的现象。

(3)长水准器和圆水准器不应有松动;脚螺旋转动松紧适度,无晃动;水平和竖直制动及微动机构运转平稳可靠、无跳动现象;组合式全站仪中,电子经纬仪与测距仪的连接机构可靠。仪器和基座的连接锁紧机构可靠。

(4)操作键盘上各按键反应灵敏,每个键的功能正常;通过键的组合读取显示数据及存储或传送数据功能正常。

(5)液晶显示屏显示提示符号,字母及数字清晰、完整、对比度适当。

(6)数据输出接口、外接电源接口完好,内接电池接触良好,内(外)接电池,容量充足,充电器完好。

(7)记录存储卡完好无损,表面清洁,在仪器上能顺当地装入或取下,存储卡内装钮扣电池,容量充足,磁卡阅读器完好。

(8)使用中和修理后的仪器,其外表或某些部件不得有影响仪器准确度和技术功能的一些缺陷。

2)工作电压显示的正确性检验

工作电压显示的正确性检验项目如下:

(1)仪器开机后如有电压指示,可读记仪器显示的电压指示数据,其电压应与说明书提供的额定电压数据一致。

（2）若仪器显示的电压指示数据与说明书上不一致,应测试仪器正常工作状态下的工作电压,可读记稳压电源的电压或用万能表测试仪器电源电池的电压,其电压应为该仪器的工作电压。

（3）仪器开机后,显示的工作电压和测试的工作电压均与说明书上的要求不一致时,则该仪器工作状态不正常,应进行维修。

3）全站仪照准部旋转正确性的检验

机内没有测试垂直轴稳定性的专门指令程序的全站仪,其检验方法和技术要求与光学经纬仪相同。机内配有测试垂直轴倾斜专门指令的全站仪,可从显示的垂直轴倾斜量的变化幅度检验其照准部旋转的正确性。检验步骤如下:

（1）仪器安置于稳定的仪器观测墩上并精确整平,顺时针和逆时针转动照准部几周,设置水平方向读数为零。

（2）输入测试指令,顺时针转动照准部,从显示屏记下0°位置和每隔45°各位置上垂直轴倾斜量(带符号),连续顺时针转两周。

（3）再逆转照准部并每隔45°读记一次,连续逆转两周。

（4）计算照准部对应180°位置的两读数之和,测回内的互差值应小于4″,整个过程中各次读数的最大差值应小于15″。

4）测距轴和视准轴重合性的检定

全站仪的测距轴和视准轴重合条件为发射出的调制光束应以视准轴为轴心,上下左右对称,其不对称偏差应≤1.5′。

在相距50~100 m的水平距离两端分别安置仪器与棱镜,检定步骤为:

（1）照准棱镜中心,读取水平方向读数 H 及垂直角 α。

（2）分别向左、右(水平方向)偏移望远镜,直到接收信号减弱到临界值(不能正常测距),分别读取水平读数 H_1 和 H_2。

（3）分别向上、下(竖直方向)偏移望远镜,直到接收信号减弱到临界值,分别读取垂直角 α_1 和 α_2。

（4）计算水平角及垂直角的张角绝对值:

$$\Delta H_1 = |H_1 - H|; \Delta H_2 = |H_2 - H|; \Delta\alpha_1 = |\alpha_1 - \alpha|; \Delta\alpha_2 = |\alpha_2 - \alpha|$$

若($\Delta H_1 - \Delta H_2$)及($\Delta\alpha_1 - \Delta\alpha_2$)均小于等于1.5′,则合格。

以上检定操作,也可以与偏移法进行光电测距单元相位均匀性的检定结合起来进行。对于组合式全站仪检定,还需要检定测距光轴与经纬仪视准轴的平行性。

1.1.2　渠基隐患探测和处理

1.1.2.1　渠基要求

渠道防渗工程多为表面式、薄层结构,本身的强度有限,必须铺设在坚固、稳定的基础上才能发挥作用。因此,要求渠道基础坚实、稳定、平整。为此,新建渠道选线时,应尽量避开冻胀性、湿陷性地基,以及存在可溶性盐类、裂隙、溶洞、滑坡体和地下水位高的不良地段;无法避开时,对不良地基应做专门处理。

前面中级工部分学习了电探法,下面主要介绍探坑、探槽、探井法及锥探法。

1）探坑、探槽、探井法

这是了解渠堤等土工建筑物内部是否存在隐患或隐患情况常用的方法。一般通过渠道检查观察发现或判断有隐患迹象后，再确定位置开挖探坑、探槽或挖掘竖井。探坑、探槽、探井应根据探查范围、深度及土质情况选定。探坑的探查范围较小，深度较浅；探槽，一般是顺渠堤开挖成一长方形的槽，其截面形状有倒梯形、矩形及阶梯形三种，其长度、宽度和深度以完全暴露隐患为准，这种方法适用于隐患埋深较浅的地方，如隐患部位较深则宜于采用探井法。

2）锥探法

锥探法多用于渠堤隐患探测，是由人工或机械操纵管形锥杆，插入堤身，凭操作人员的感觉或灌砂、灌泥浆等，以判断新堤质量和旧堤内部有无隐患的一种探测方法。这是一种比较简便、可靠的方法。

（1）探测准备及场地布置。在锥探前首先对被锥探堤段进行勘查、测量，结合调查访问，查找历史资料，了解堤身情况，以确定锥探范围、深度、工作程序等。如利用灌浆或灌砂判断隐患，应选择合适的土砂料，并按锥眼数目计算使用量，存贮在适当地点。如是砂料存贮，还应注意防潮。锥探现场应设临时修锥站，以便及时修理锥身和锥头。锥眼排列，一般纵距（顺堤方向）0.5 m，横距 1.0 m，排成梅花形，如发现隐患还应加密。锥探深度要超过临堤脚连线以下 1.0 m。如果是几个锥眼同时锥探，要相隔一定距离，以免相互影响。遇有坚硬表土或黏土，可在锥眼部位浇少量水，润湿表土，以利下锥。

（2）人工锥探。

①锥探工具。主要是钢丝锥，选用碳素工具钢制成，直径 10～22 mm，长度比预计锥眼深度超出 1.0～1.2 m，锥身顺直。锥头须加工成三棱尖或四棱尖。锥头的长短大小与锥身的粗细要适应，过粗则眼大费力，过细则夹锥难下，感觉不灵。三棱尖适用于沙土，下锥利，阻力小，锥尖长度可采用锥直径的 1.2 倍；四棱尖适用于黏硬土，不夹锥，锥尖长度可采用锥直径的 1.3～1.5 倍。钳夹用以钳紧锥身，便于锥工操作，提高工效。锥架用以稳定锥身，防止摆动。锥身长度超过 8 m 的必须使用锥架。

②锥探方法。锥探时，4 人挟锥，动作要协调一致。开始时将锥提高，照准定位，垂直猛打进入地面，接着低提猛压，入土深 7 m 后，高提深压，一次压深以 3～5 m 为宜，过深感觉不灵。在打够深度后拔锥时，即高提猛举，当锥头快要拔出堤面时，要小心慢拔，防止锥杆伤人。不同土质的打法也不相同：沙松土可用连续下压法；一般土可用高提深压法；硬土层如系硬淤土可用旋转打法，如系堤面硬土或硬板沙可用小提小打法；堤面 1 m 以下的硬层，如较薄者，可用高提猛打法。如遇最硬土层，人力打不进或是拔不出锥时，可用钳夹打拔，或顺锥浇少量水。拔锥时，一般松土浅锥可用单手大拔，硬土深锥可用双手小拔。无论采用什么拔法，在拔锥时第 4 人要握紧锥杆，防止回锥。

③隐患判断与鉴别。主要凭操作者在打锥时的感觉加以判断和鉴别。锥工在打锥时集中精力仔细辨别虚实情况，一般土下锥感觉轻松；有腐烂木料感觉松软而微发涩；遇洞穴、裂缝下锥感觉空虚，锥身有闪动；遇砖石则发声不下。如发现有异常情况应在锥眼插上明显标志，做好记录，以便进一步追查与处理。锥探后要灌注锥眼：一是灌实锥孔使不产生新的隐患；二是用定量的砂或泥浆灌注锥眼，以便进一步探测裂缝或洞穴隐患。

（3）机械锥探。

机械锥探一般采用打锥机,常用的有黄河744型打锥机,打锥机由锥架、挤锥结构、锤卡结构及动力等四部分组成。锥杆长11 m,直径22 mm,锥头直径30 mm,锥孔深度9 m,挤锥轴心压力4 000 N,挤锥速度50 cm/s,动力为5～10马力(3.675～7.35 kW)柴油机,总质量约600 kg,锥架底部有活动车轮,移动方便。打锥机的进锥与提锥在结构原理上和普通300型钻机上的升降结构原理大体相同,其操作方法如下:

挤压法:通常在松土层中使用。将锥杆直接压入堤身,达到要求深度后起锥,待锥头离开地面后,移动机架,更换孔位。

锤击法:通常在硬土层中使用。将锥杆立在孔位上,利用打锥机带动吊锤进行锤击,达到要求深度后,用打锥机起拔锥杆。

冲击法:通常在比较坚硬的土层中使用。先用锤击法锤锥入地几十厘米后,使锥与锤联合动作,同时起锥提锤,进行冲击锥进。

上述三种方法可视堤身土层变化而交替使用。

机械锥孔后,用灌砂、灌泥浆办法探测隐患,即在锥孔中灌砂或泥浆,若砂或泥浆不漏,说明土堤无裂隙、洞穴等隐患;若砂或泥浆很快漏走,称为"漏锥",则表明有隐患。

1.1.2.2　隐患处理

1)灭草处理

如果渠基为芦苇丛生地区,或为宾草和茅草等易透防渗层的杂草地段,当采用膜料及沥青混凝土防渗渠道时,为了防止穿透破坏,对渠基应做灭草处理。灭草剂可选用稳杀得和茅草枯两种。

2)特种土基处理

对不良的特种土渠基,应区别情况按下列方法进行处理:

（1）弱湿陷性地基和新建过沟填方渠道,可采用浸水预沉法处理。沉陷稳定的标准为连续5 d内的日平均下沉量小于1.0～2.0 mm。

（2）强湿陷性地基,除采用浸水预沉法处理外,也可采用深翻回填渠基,设置灰土夯实层、打孔浸水重锤夯压或强力夯实等处理方法。

（3）傍山、黄土塬边渠道,可用灌浆法填堵裂缝、孔隙和小洞穴,灌浆材料可选用纯黏土浆或水泥黏土浆。灌浆的各项技术参数宜经过试验确定。对浅层窑洞、墓穴和大孔洞,可采用开挖回填法处理。

（4）对软弱土、膨胀土和冻胀量大的地基,可采用换填法处理。

（5）对石膏土渠基,可在混凝土等刚性材料防渗层上面加抹一层砂浆层,或在防渗层下加铺膜料层,或加铺特定的黏土压实层,以提高防渗层的防渗效果,减少渗水溶解石膏的可能性,保证防渗层的使用寿命。

（6）改建防渗渠道的地基,应特别注意渠坡新、老土的结合。填筑时,应将老渠坡挖成台阶,再在上面夯填新土后,整修成设计要求的渠道断面。中小型渠道可以采用全部回填压实法,然后根据设计断面重新开挖。

3)地基遇枯井、墓穴、防空洞的处理

有的枯井是明井,已废弃多年不用;有的枯井已经杂填。墓穴有土穴、砖穴。防空洞

有砖拱、混凝土拱。对于这类空洞,一般的处理方法如下:

(1)夯填法。对于枯井之类的深坑,一般可用素土或灰土分层夯实。

(2)开挖夯填法。对于墓穴、防空洞之类无保留价值的,可将其顶部挖开,用素土或灰土夯填,而离基础底 1~1.5 m 范围内,可用与周围土质相同的土夯填。处理范围宜为建筑物基础外缘以外 3~5 m。

(3)梁、板跨越法。一般洞穴埋置较深,现场开挖条件受限制,可用此法。

(4)基础加深法。当防空洞埋置深度不深及靠近建筑物,可采取此法。与防空洞底取平,建筑物基础对防空洞不直接传递压力。如果防空洞较深,也可适当加深建筑物的基础,使防空洞承受部分传递压力。

4)地基局部松软的处理

一般软土层较薄,经常采取换素土夯填或灰土夯填法,尽量做到与邻近土层均匀一致。如果局部软土层较深,采用换土法受到条件限制且不经济,可采用灰砂挤密桩局部挤密,根据要求土层承载能力,用调整布桩间距解决。这种方法须配合试验,切忌局部过硬,又造成新的土层软硬不一。

5)地基局部浸水的处理

地下排水管道长期渗水,使局部地基软化。处理方法是,首先将排水管道移出地基范围以外 3~5 m,即截断水源,然后采用晾槽法或填土法,处理有困难时,也可局部采用砂桩等。

1.1.3　渠基裂缝灌浆处理

注浆法是将浆液注入到岩土的孔隙、裂隙或孔洞中,浆液经扩散、凝固、硬化以减小岩土的渗透性,增加其强度和稳定性,达到岩土加固和堵水的目的。注浆法的分类方法很多,可以按注浆时间、浆液注入形态、浆液材料类型、被注浆的岩土类别和注浆的目的进行分类。

按浆液注入形态,注浆施工可分为渗透注浆、割裂注浆、压密注浆和充填注浆。渗透注浆是将浆液均匀地注入岩石的裂隙或砂土孔隙,形成近似球状或柱状注浆体。该种注浆基本上不破坏受注岩土结构与颗粒排列。割裂注浆是将浆液注入岩土裂隙,为增大扩散范围、获得良好封堵效果,可用高压加宽裂隙、促进浆液压入。此种注浆改变了岩土结构,在砂土中浆液固结形成骨架。压密注浆被用以压实松散土及砂,常用高压力注入高固体含量的浆液,具有低注入速度的特点。充填注浆主要用以充填并稳定自然孔洞与废矿空间。下面主要介绍压密注浆法及渗透注浆法。

1.1.3.1　压密注浆法

1)压密注浆机理

注入到黏土中的浆液通常是一个先压密后劈裂的过程,注浆浆液在软黏土中的流动过程可分成三个阶段:

第一阶段——鼓泡压密阶段。浆液由注浆泵加压后,通过联管进入注浆管内,然后流入地层。由于这时浆液所具备的能量不大,不能劈裂地层,因此浆液最初都聚集在注浆孔口附近,形成沿注浆管的椭球形泡体,随着后继浆液的不断注入,泡体向四周发展或上下泡体相互连通,或相邻泡体相互接触。这一阶段的特点是:时间短,起压快。

第二阶段——劈裂流动阶段。当压力大到一定程度时(启裂压力值),浆液就沿地层的结构面产生劈裂流动。此时由于泵的供浆量小于该时的吃浆量,因此压力自动降落到直至供浆与返浆平衡。如果注浆孔邻近土层交界面被浆液劈裂成片状体,或者地层中存在孔洞,浆液将沿劈裂裂缝和孔洞流动,并自然地寻找地层软弱处劈裂发展。这一阶段的基本特征是:压力值先是很快降低,维持在低压值左右摆动,但是由于浆液在劈裂面上形成的压力推动裂缝迅速发展,而在裂缝的最前端出现应力集中,所以这时压力虽然低,却能使裂缝迅速发展。

第三阶段——被动土压力阶段。裂缝发展到一定程度,注浆压力又上升,由于裂缝的发展,压力的上升,地层中大小主应力方向开始转化,水平向主应力转化为被动土压力状态,这时需要有更大的注浆压力才能使土中裂缝加宽,出现第二个压力峰值(土体极为松软或注浆孔深很小时,可能不出现)。由于此时水平向应力大于垂直向应力,地层开始出现水平向裂缝,当注浆液沿注浆管壁向上冒浆至地面时,压力值又重新下降。

2)压密注浆加固地基的主要效应

(1)挤压效应:用较高的压力灌入浆液,在注浆管端部附近形成"浆泡",由浆泡挤压土体,排挤出孔洞中存在的自由水和气体,从而使土体密实。

(2)充填效应:浆液在压力作用下渗入土颗粒的孔隙之中,即浆液中的水泥颗粒、陶土粉颗粒及粉煤灰颗粒填充到土颗粒间的孔隙之中。

(3)固化效应:水泥的固化能使土体固结硬化,粉煤灰也有低强度等级水泥之称,粉煤灰与水泥中的钙成分结合,起到固化结硬的化学作用。

(4)骨架效应:由于浆液劈入土体是脉状的,但又是连续的,形成网状,这种脉状的浆液凝固体,在土体中起到骨架作用,犹如鱼骨支撑鱼体一样。

3)压密注浆的浆液

压密注浆的浆液通常采用以水泥浆为主的水泥基浆液(纯水泥浆、水泥黏土浆、水泥粉煤灰浆和水泥砂浆等)。这种浆液能形成强度较高和渗透性较小的结石体。它取材容易,配方简单,价格便宜,又不污染环境,故成为常用的浆液。

4)压密注浆法施工工艺与流程

压密注浆法施工,通常有以下两种方式:①自上而下分段施工方式,主要用于堤坝及建筑物基础压密加固处理。②自下而上分段施工方式,主要用于建筑物纠偏扶正等。

两种施工方式的流程见图 5-1-15。

在图 5-1-15 所示的流程中,钻孔、拌制浆材与注浆三个环节在压密注浆中是关键。

(1)钻孔。钻孔的目的就是为压密注浆施工进行造孔。具体施工时,以下四道工序尤为重要并要求做好。

注浆前先放轴线,沿轴线测量地面高程,一般每 50 m 设 1 根控制桩。根据设计孔底高程要求,分段计算控制钻孔深度。

采用干法造孔,不得用清水循环钻进,孔深不小于设计深度。实际操作中有时遇到块石障碍,则采取平移的方法,绕开障碍。

机架调平,控制垂直度在 1% 以内。其计算方法为:在机架上、下部标出中心点 A、B,

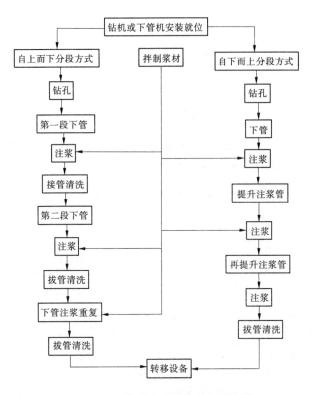

图 5-1-15　通用压密注浆施工流程图

A、B 间距 H;A 点上悬挂垂线,根据垂线与下部中心点的偏移量 Δ,计算偏移角的正切值 $\tan(\Delta/H)$ 作为垂直度 i。本工序一般控制在 0.5% 以内,这样可避免孔斜,有利于钻孔施工和造孔质量检查。

检验孔深的方法有计算钻杆长度、下吊锤、插注浆管等 3 种。但是吊锤和注浆管往往到不了孔底,主要原因为:孔斜、孔中有障碍物、底部缩孔等。

(2)制浆与浆液控制。设计配合比是,水泥与黏土的质量占浆液总质量的比例分别不小于 15% 和 5%。实际操作中,以搅拌桶为单位,放 1 包 50 kg 水泥、17 kg 黏土、268 kg 水(以制浆机箱相应水位线控制),用比重计测量浆液密度,然后通过调整水泥和黏土的相应比例,对施工中的浆液进行控制。

(3)注浆。应保证孔口压力表显示正常。一般选用量程 1 MPa、直径 12 cm 的压力表,容易识读。若量程大或直径小,则不容易识读。

压密注浆应分排单独注浆,先注上游排孔,后注下游排孔,不得同时注两排。孔口应设置不小于 1.0 m 深的阻浆塞。浆液应连续供应。

终注标准:当孔口附近出现冒浆时,停止注浆,但注浆压力低于 0.05 MPa 时,须重新移位打孔注浆;当孔口未发生冒浆时,若压力已达 0.2 MPa,需要连续注浆 3 次。根据大量的注浆原始记录数据,绘制了注浆压力 P、注浆时间 t(吸浆量)与堤身土状关系图,见图 5-1-16。

图 5-1-16(a)表明堤身内部孔洞或裂缝较大,持续时间长、吃浆量大,有的单孔注浆量

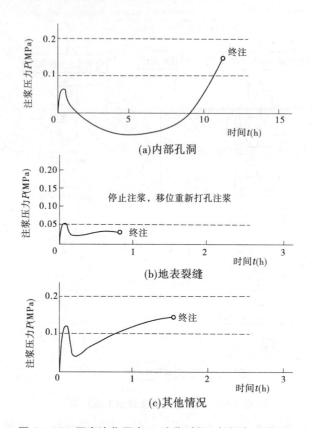

图 5-1-16　压密注浆压力 P、注浆时间 t 与堤身土状关系

达 90 m³。堤身内部不密实问题是施工要解决的主要问题,因此达到规定压力或孔口附近冒浆时方可终注。

图 5-1-16(b)表明孔口附近地面表层裂缝较多,一般情况下注浆压力 $P < 0.05$ MPa 时,孔口附近即发生冒浆,但是未达到注浆效果,因此要移位重新打孔、注浆。

图 5-1-16(c)为其他情况下的注浆示意图,均可达到终注标准。

达到终注标准后,采用密度大于 1.6 g/cm³ 的稠浆封孔。

1.1.3.2　渗透注浆法施工工艺与流程

渗透注浆施工工艺流程(单孔)如图 5-1-17 所示。

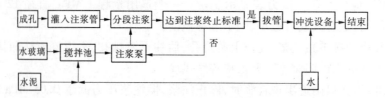

图 5-1-17　渗透注浆施工工艺流程(单孔)框图

(1)成孔。成孔由布设钻孔、钻机定位和钻孔三个工序组成。布设钻孔,是根据渗透注浆工程的要求与目的来规划设计的;钻机定位则是据设计方案的施工图按各钻孔中心定位的;钻孔,对渗透注浆而言,有采用口径 ϕ110 mm 的三翼刮刀钻头为切削具、清水为清洗液的,有采用 ϕ 91 mm 金刚石钻头的。不同钻头及其直径均从渗透注浆最佳效果来考虑。

（2）灌入注浆管。灌入注浆管指的是将 ϕ 20 mm 的中等硬度 PVC 塑管放置距孔底 10～20 cm 钻孔,孔外需留长 0.5～1 m。注浆前,先对注浆管线与设备进行检查,在确认可按施工设计程序正常运转后再配制浆液。

（3）配制双液浆材。渗透注浆多采用水泥、水玻璃以及缓凝剂混合构成的双浆液。配制浆液时一定要严格按照设计计算的配比进行操作,其搅拌时间应大于 10 min。

（4）注浆。采用分段注浆或全孔注浆,刚开始送浆时,以低压(0.1 MPa)、慢速(15 L/s)和稀浆(小于 1.2 g/cm³)施注,这样既可清洗管道,又为后续分级施注开畅输送途径。接着再提高压力(设计要求的压力)、浓浆(大于 1.5 g/cm³)、设计计算的注浆量(40 L/s)分级分序施注。

（5）终止注浆。渗透注浆终止标准依不同目的而给出不同终止注浆标准。有以注浆压力譬如 0.5 MPa 或某一压力值来终止,有以地面抬升譬如 7 mm 或某一变形量来终止,或者是以上两者的结合来终止注浆。

1.1.4　伸缩缝止水处理

刚性材料防渗层,均应按要求设置伸缩缝。伸缩缝宜采用黏结力强、变形性能好、耐老化、在当地最高气温下不流淌、最低气温下仍具柔性的弹塑性止水材料,如用焦油塑料胶泥填筑,或缝下部填焦油塑料胶泥、上部用沥青砂浆封盖,还可用制品型焦油塑料胶泥填筑。有特殊要求的伸缩缝宜采用高分子止水带或止水管等。可按图 5-1-18 的要求,与焦油塑料胶泥结合使用。刚性材料防渗层和膜料防渗的刚性材料作保护层,伸缩缝的填充工作应按下列步骤进行。

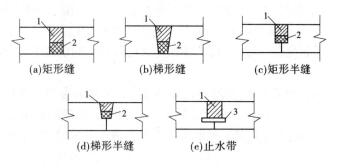

(a)矩形缝　　(b)梯形缝　　(c)矩形半缝

(d)梯形半缝　　(e)止水带

1—封盖材料;2—弹塑性胶泥;3—止水带
图 5-1-18　刚性材料防渗层伸缩缝形式

1.1.4.1　施工准备

填充伸缩缝是一项很细致的工作,施工前除做好材料、工具等的准备工作外,对初次参加操作的人员还要进行培训。

1.1.4.2　清缝

伸缩缝如果潮湿和不干净,填料便不能与缝壁黏结,因此清缝非常重要。清缝主要包括:打扫现场,用小钩或扒钉掏去缝中杂物,用竹刷或钢丝刷刷净缝壁、缝底,用吹风器

(如"皮老虎")吹净缝中尘末,或用破布、棉纱擦净缝底及缝壁。如缝壁潮湿,应设法弄干。

1.1.4.3　填缝材料制作

1)沥青砂浆制作

沥青砂浆是用沥青、普通水泥(或滑石粉、粉煤灰)、细砂或中砂制成的。制作步骤如下:

(1)将沥青在锅中加热,使之熔化、脱水,捞去杂质。如为大块沥青,可敲碎至5 cm左右,再入锅熔化。脱水时,要边加热边搅拌,直到不冒气泡时,此时水已脱净。为避免溢锅和其他事故,锅内沥青不能超过其容积的2/3。

(2)按设计配比分别称取砂料和水泥(或粉煤灰等),一并倒入另一锅内,在搅拌下,均匀加热至160 ℃。如砂料为湿料,称料时应进行校正。

(3)按配比称取脱了水并加热至180 ℃的热沥青,徐徐倒入已加热至160 ℃的砂料和水泥的锅内,边倒边搅拌,直至稀稠均匀,颜色一致,即成沥青砂浆。

2)焦油塑料胶泥(或聚氯乙烯胶泥)制作

焦油塑料胶泥(或聚氯乙烯胶泥)是由煤焦油、废聚氯乙烯薄膜(或新鲜的聚氯乙烯粉)、癸二酸二辛酯(或T50)、粉煤灰(或滑石粉)等制成的。制作步骤如下:

(1)将煤焦油徐徐加热到140 ℃,并不断搅拌,使其脱水,同时捞去杂质。然后盛入铁桶中,降温到110 ~ 120 ℃。要注意,煤焦油脱水时最容易溢锅、着火,故锅内煤焦油不得超过锅容积的1/2。

(2)按设计配比称取脱过水、温度为110 ~ 120 ℃的煤焦油,倒入熬制"胶泥"的锅中备用。

(3)把废聚氯乙烯薄膜洗净晾干,并撕成碎片。

(4)按配比称取废聚氯乙烯碎片(或新鲜的粉状)和癸二酸二辛酯(或T50),加入盛有煤焦油的锅中。边加边搅拌约30 min,使其全部熔化和塑化。

(5)按配比称取粉煤灰(或滑石粉),徐徐加入已经塑化的浆液中,边加边搅拌。加完拌匀后,即成胶泥。

(6)胶泥从制成到用完为止,温度必须始终保持在110 ℃左右。在使用过程中,搅拌不能中断,以防滑石粉(或粉煤灰)下沉或锅底胶泥老化。制好的胶泥要用完,否则将造成浪费,继续使用则影响灌缝质量。抛洒的和工具上清理下来的胶泥,可重新掺入新制作的胶泥中,熔化拌匀后再用。

1.1.4.4　填充伸缩缝

根据设计,伸缩缝下部填充胶泥,上部填充沥青砂浆,故填充伸缩缝分如下两个工序:

(1)填充胶泥。胶泥制好后,用带有V形缺口的小铁桶趁热向伸缩缝中灌注,边灌边用小木棍靠缝边搅动,使胶泥与缝壁、缝底充分黏结,并均匀地达到设计厚度。灌坡缝时,为了防止胶泥流至缝外,可用一根胶管(粗细按缝宽大小而定),外包一层水泥袋纸,管内装水。将其捏扁塞入缝中,作为挡板封闭缝口。灌胶泥时,先把管子下端提起一点,排除缝中空气,以防胶泥被气泡隔断。待胶泥冷却后,胶管即可抽出。

(2)填充沥青砂浆。待胶泥冷却以后,即可填充沥青砂浆。填充时,将制好的沥青砂浆向已灌了胶泥和清理干净的缝中填塞,边填边用窄小的木板或小铁抹子填满压实抹光,使沥青砂浆与缝壁紧密黏结。

如果采用预制沥青砂浆板条填充,则先将制好的沥青砂浆倒入按伸缩缝尺寸制成的木模中,待冷却后,即预制成板条。填充时,将预制板条填入伸缩缝中,板条与缝壁之间用热沥青填塞,务使密实且不漏水。

1.1.4.5　施工应注意的问题

(1)原材料应放在防雨、避风、阴凉、干燥的地方,并设专人保管。

(2)熬制填料时一定要注意防火。

(3)填料施工所用的工具要随时清理干净,尤其是锅底积渣太多,不仅会影响填料制作的速度和质量,甚至会造成锅底炸裂事故。

(4)为了防毒、防烫伤事故,填料施工人员可配备适当的劳保用品,如手套、口罩、脚盖、眼镜、工作服等。

(5)为了保证填缝质量,提高工效和节约填料,在填充伸缩缝施工中,要做到缝形整齐、尺寸合格、填充密实、表面平整。

1.2　灌排渠(沟)系建筑物施工

1.2.1　施工围堰的填筑

1.2.1.1　土石围堰填筑施工

河道中修建建筑物,多数采用土石围堰。土石围堰填筑的基本程序一般是在洪水期过后或者在枯水期(应根据施工工期缓紧而定),先由河床的一侧或两侧向河床中用自卸汽车抛投土石料填筑戗堤,逐步缩窄河床。戗堤进占到一定程度,河床束窄,形成流速较大的泄水缺口叫龙口。随之对龙口采取工程防护措施,两侧堤端和底部使之抗冲稳定,随后在枯水季节选择适宜时间封堵龙口,最后对戗堤全线设置防渗措施(即进行闭气),并对戗堤进一步加高培厚,即可修筑成设计围堰。

土石围堰填筑可采用自卸汽车后退法或进占法卸料,推土机摊平。后退法的优点是汽车可在压平的坝面上行驶,减轻轮胎磨损;缺点是推土机摊平工作量大,且影响施工进度。进占法卸料,虽料物稍有分离,但对堰体质量无明显影响,并且显著减轻了推土机的摊平工作量,使堆石填筑速度加快。垫层料的摊铺多用后退法,以减轻料物的分离。当压实厚度大时,可采用混合法卸料,即先用后退法卸料呈分散堆状,再用进占法卸料铺平,以减轻料物的分离。垫层料粒径较粗,又处于倾斜部位,通常采用斜坡振动碾压实,压实过程中有时表层石块有失稳现象。下面仅对围堰的水下填筑施工进行介绍。

1)施工布置

施工道路应满足通行相应载重吨位的自卸汽车的路况要求。如果填筑施工强度较高,料种较多,要求施工场地开阔时,应在堰体填筑的端头 10~20 m 范围设置为卸料区,20~25 m 范围设置为倒车编队区。

2）施工程序

当围堰断面构成简单、堰体厚度不大时,可以全断面整体填筑推进;当断面较大、构成复杂时,可分区跟进填筑。

3）施工方法

(1)填筑施工参数。在实际工程中,对于水下部分填筑,如果未获得现场生产性试验施工参数,填筑施工参数可按照经验性参数进行施工,具体可参考表 5-1-1 中参数。堰体抛填出水面后,填筑采用分层碾压施工。

表 5-1-1　堰体填筑碾压参数

填料	风化砂	石渣混合料	石渣料	填料	风化砂	石渣混合料	石渣料
碾重(t)	17	17	17	限制粒径(cm)	$d≤2/3$ 层厚	$d≤60$	$d≤60$
铺筑厚度(cm)	80	80	80	碾压条件	充分洒水	充分洒水	充分洒水
碾压遍数	8	8	8	控制干密度(t/m³)	>1.90	>2.05	>2.1

(2)堰体水下抛填施工。一般水下围堰填筑推进时,堰面高程始终保持高于水面 1.0 m 以上。在围堰堰面高程以下,堰体采用抛填法施工,用自卸汽车运输,戗堤合龙前从一岸(或两岸)端进占抛填,推土机平料压实;如果为防渗墙形式的围堰,为尽早提供一岸防渗墙施工平台,截流戗堤合龙后,采用左右岸双向进占抛填施工。

当堰体材料构成复杂时,各部分应按顺序跟进填筑。如某工程石渣混合料和过渡层反滤料尾随戗堤进占填筑,经验收合格后,再填筑风化砂,迎水面石渣料尾随混合料戗堤填筑,并控制石渣混合料堰体进占长度滞后于截流戗堤 30～40 m。各种填筑料区均在地面上按堰体设计断面定出测量标志,严格按测量标志控制填筑,不得超欠或混填。各类填料分别设专职人员负责施工。

反滤料铺填施工:在截流戗堤预进占阶段,反滤料填筑滞后截流戗堤 20 m 左右。

风化砂填筑施工:风化砂填筑滞后反滤料 20 m 跟进,风化砂跟进填筑初期因施工场面还不够宽阔,自卸汽车进场、回车、编队需借用截流戗堤部分场地,随着风化砂跟进距离的延长,施工场面逐渐宽阔时,在风化砂堤头划分出进场编队区、卸料区、空回路线,使施工干扰降到最低,以加快跟进填筑的速度。

混合料填筑施工:混合料填筑滞后截流戗堤 30 m,超前风化砂 10 m。

石渣料填筑施工:石渣料填筑滞后混合料戗堤 10 m,与风化砂填筑堤头并进截流戗堤合龙后,也增加部分运输设备从左至右填筑。

1.2.1.2　充填砂料模袋围堰施工

充填模袋采用防老化扁丝编织土工模袋,填筑砂料因此可以就地取材,施工中应尽量采用排水性较好的砂性土、粉细砂类料。

1）施工工艺流程

充填砂料模袋围堰形式如图 5-1-19 所示。

充填砂料模袋围堰施工程序一般为:测量定位,清除堰基浮淤、杂草,基底铺设土工格栅,低水位以下砂垫层敷设,低水位以上敷设充灌袋吹砂施工,堰体逐层加高,迎水面护面

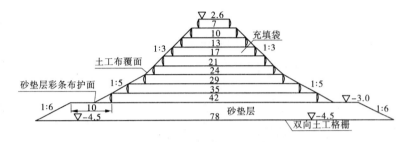

图 5-1-19　充填砂料模袋围堰示意图　（单位:m）

施工。

2）施工方法及技术要求

（1）模袋成型与布置。模袋袋体宽度根据围堰尺寸的实际需要选取,模袋可根据填筑尺寸要求在现场加工或由厂家在车间加工成型。模袋充填口布置在袋体表面,砂性土一般按每 16 ~ 20 m² 布置一个为宜,分层布设。

（2）模袋储运。模袋在运输、储存和施工过程中,均不宜直接暴露在太阳光下,以免老化变脆、降低强度。模袋填筑前,应对其下基层进行找平处理,直接铺放的模袋,应将基层可能有损织物的凸出物、杂物清除。

（3）模袋充填砂施工。模袋充填砂土采用挖泥船或抽砂船吹填,施工中应根据充灌速度、袋体大小、输送距离等要求进行选择。用人工将泵管与砂袋的灌砂口绑扎结实后,用抽砂船将砂料以一定的压力灌送到模袋中。在充填砂时应先充填模袋的 4 个角,再充填模袋的中部,在充填中部同时应将用来固定模袋 4 个角的绳索松开,让模袋在充填砂的同时均匀下沉,保证模袋能准确地沉降到预定的位置。围堰出水以后,为了保证砂袋充填饱满均匀,在充填砂的同时应配备人员对砂袋进行踩压。模袋铺设时应满足以下要求:上下袋体应错缝铺设,同层相邻袋体接缝处模袋铺设时应预留收缩量,确保充填时两袋相互挤紧。充填后的两袋之间不得有贯通缝隙,如有应做相应处理。模袋随铺随充,且采用阶梯式向前推进。模袋在铺设及充填过程中若出现袋体损伤,应及时修复。

（4）模袋围堰断面及安全控制。为使围堰断面最终能够满足设计要求,堰体填筑需要预留沉降量和断面富余度。预留沉降量和断面富余度应根据现场施工观测确定。施工中必须加强围堰沉降观测,在模袋砂充填完成 4 ~ 6 d,待水面上部的砂袋渗水稳定后再进行基坑抽水,基坑内水位每天下降量为 0.6 ~ 0.8 m,以保证砂袋有充分的排水时间,保证围堰稳定。在基坑抽水及抽水完成后一周内应安排测量人员每天多次对围堰的水平位移及沉降进行观测,如发现异常情况,应及时采取相应措施,保证围堰的安全。

（5）模袋围堰抛石护脚。用石驳运输船运输块石至抛投作业面,人工按设计要求抛投,充填模袋。

（6）迎水面防护施工。为防止水流对围堰工程冲刷,确保围堰工程的安全,在围堰工程迎水坡采用预制混凝土栅栏板护坡,设计栅栏板标准尺寸为长 4 500 mm,宽 3 600 mm,厚度 450 mm,混凝土强度等级为 C35。栅栏板须在底部垫层铺筑完成后采用起重机配合人工安装,安放时应充分考虑风浪及水流的影响,分段施工,自上而下纵向错缝安放,底部块体应与预制混凝土压脚块紧密接触。

(7)在围堰砂袋充填完成并且稳定后,利用基坑开挖土方,在围堰背水坡坡脚处吹填砂土平台,作为基坑内的施工临时道路,同时在该砂土平台上进行基坑截渗处理。防渗工程一般采用多头小直径深层搅拌桩截渗,截渗墙顶部高程高于多年平均高潮水位。

1.2.2　回填土料的选择

回填土指的是工程施工中,完成基础等地面以下工程后,再返还填实的土。

为了保证填土工程的质量,必须正确选择土料。回填土料必须要满足回填土体的性能要求,所以在渠系建筑物回填施工中应根据回填部位和施工条件选择适宜的土料。

1.2.2.1　土料防渗对原材料的质量要求

1)土料

选用的土料,一般为高、中、低液限的黏质土和黄土。其中,高液限土包括黏土和重黏土;中液限土包括砂壤土,轻、中、重粉质壤土,轻壤土和中壤土。无论选用何种土料,采用时都必须清除含有机质多的表层土和草皮、树根等杂物。

2)砂石和掺合料

(1)砂宜选用天然级配的粗、中粒的河砂或山砂,但河砂及人工砂的含泥量应不大于3%,山砂的含泥量应不大于15%,极细砂则不宜选用。砂在灰土中主要起骨架作用,可以降低其孔隙率,减少灰土的干缩。另外,长期作用时,在砂的表面也可以与石灰中的活性氧化钙发生一定的水化反应,提高灰土的强度。极细砂因颗粒小、比表面积大,掺加后会相对降低土的胶凝作用和胶结能力,所以一般不宜采用。

(2)掺入三合土、四合土或黏砂混合土中的卵石或碎石,主要是增强其骨架作用,减少土的干缩,增强其抗压及防冻的能力。但粒径不宜过大,一般以 10~20 mm 为宜。

(3)掺合料是提高灰土的早期强度和改善其水中稳定性的措施。试验表明,在重量比为1:5的灰土中,掺入为灰土干重1%~5%的强度等级40的硅酸盐水泥,与同龄期的灰土比较,其 14 d 的强度可提高50%~110%。在灰土中加入粉煤灰等工业废渣,也能增加灰土的早期强度和水稳定性能。所以,对于施工期短、用水紧迫、渠道要提前通水的土料防渗工程,在土料中掺加水泥、工业废渣等掺合料是有利的。

1.2.2.2　建筑物填筑土料要求

(1)填料的选择:填料的选择应符合设计要求。如设计无特殊规定,应符合建筑工程施工规范的基本规定:①碎石类土、砂土和爆破石渣,用于表层以下的填料。使用粉细砂时,应征得设计单位的同意。②含水率符合压实要求的黏性土,用于各层填料。③碎石、草皮和有机质含量>8%的土,用于无压实要求的填方。④淤泥和淤泥质土一般不能用作填料,但在软土或沼泽地区,该类土经过处理后,其含水率符合压实要求后,可用于填方中的次要部位。⑤含盐量符合规定的盐渍土也可以使用,但填料中不得含有盐晶、盐块或含盐植物的根茎。

(2)填料的处理:施工前 5~10 d(阴雨天、冬季根据实际情况确定)对填料集中筛选,将填料(土)集中在一起,除掉杂草、碎砖块,将大砖块挑出并破碎。

按不同土质将其分类并均化,分类取样进行击实试验,测定填料(土)的含水率。如果填料的含水率高于试验中达到控制干密度时填料对应的最高含水率或者黏性土的含水率高于最优含水率的 +2% 时,应及时将填料进行翻松、晾晒或均匀地掺入同类干土进行调整,保证施工时预填料(土)的最优含水率。对于一次用不完的填料(土),应对其做好记录并标识,下次使用时可不进行击实试验。

1.2.2.3　反滤料

反滤料一般要满足坚固度要求,要求级配严格,一般采用混凝土砂石料生产系统生产,但不要求冲洗,也可采用天然冲积层砂砾石经筛分生产。

1.2.3　土方压实机械的选择方法

土方填筑压实的效果受多种因素的影响,主要有土的性质、压实的方法及地基或下卧层的强度(刚度)等因素。为使压实工作能经济、有效地进行,应根据土的种类、压实要求、机械性能和工地条件,合理地选配压实机械,控制压实土壤的厚度和湿度,确定相应的压实遍数和操作规则,并分层做好压实质量的检查。

1.2.3.1　选择压实机械的原则

选择压实机械通常需考虑以下原则:

(1)与压实土料的物理力学性质相适应。

(2)能够满足设计压实标准。

(3)可能取得的设备类型。

(4)满足施工强度要求。

(5)设备类型、规格与工作面的大小、压实部位相适应。

(6)施工队伍现有装备和施工经验等。

1.2.3.2　压实机械的选择

土料不同,其物理力学性质也不同,因此使之密实的作用外力也不同。黏性土料黏结力是主要的,要求压实作用外力能克服黏结力;非黏性土料(砂性土料、石渣料、砾石料)内摩擦力是主要的,要求压实作用外力能克服颗粒间的内摩擦力。目前,压实机械的种类很多,按照作用原理,基本上可分为静碾、夯击和振动三大类。选择机械时应考虑机械的工作特性和使用场合。静碾压机是依靠自身质量,在相对的铺层厚度上以线载荷、碾压次数和压实速度体现其压实能力的,压实厚度不超过 25 cm,碾压速度为 2 ~ 4 km/h,需要碾压 8 ~ 10 遍才可达到要求;而振动压实机则通过振动轮高频振动产生的冲击力作用于土壤,迫使土壤内部颗粒排列发生变化,使小颗粒渗入到大颗粒的孔隙中,从而达到压实效果。由于激振力较大,振动压实机的压实厚度可达 50 ~ 60 cm,某些 20 t 级以上重型振动压实机的压实厚度甚至可以超过 1 m,在碾压速度为 4 ~ 6 km/h 的情况下碾压 4 ~ 6 遍就可达到标准要求的密实度,施工效率是静碾压机的 2 ~ 3 倍。为了有效提高施工进度,一些高寒时间较长、施工季节较短的地区应考虑选择振动压实机;而在山体土壤疏松的工作场地施工宜选用静碾压机。夯击压实机械,是利用夯具多次下落时的冲击作用将材料压实,包括夯锤、夯板及夯实机。夯具对地表产生的冲击力比静压力大得多,并可传至较深处,压实效果也好,适用于各种性质的土。表 5-1-2 列出了各种压实机械的使用场合,以供选配参考。

表 5-1-2　各种压实机械的使用场合

机械名称	巨粒土	粗粒土	细粒土	适合使用的条件
2～8 t 两轮光面压实机	A	A	A	用于预压整平
25～50 t 轮胎碾	A	A	A	压实要求高时最宜使用
羊脚(凸块、条式)碾	C	C 或 B	A	粉、黏土质砂可用
振动碾	A	A	B	压实要求高时最宜使用,巨粒石宜用 12 t 以上的重碾
振动凸块碾	A	A	A	最宜使用于含水率较高的细粒土
手扶式振动压实机	C	A	B	用于狭窄地点
振动平板夯	B 或 C	A	B	用于狭窄地点,机械质量0.8 t 以上的可用于巨粒土
手扶式振动夯	B	A	A	用于狭窄地点
夯锤或夯板	A	A	A	夯击影响深度最大,巨粒土宜用2.5 t 以上的重锤
推土机、铲运机	A	A	A	仅用于摊平土层和预压

注:表中符号 A 代表适用,B 代表无适当机械时可用,C 代表不适用。

1.2.4　开挖回填土方量的计算

在土石方工程施工之前,通常需要计算土石方的工程量。但土石方工程的外形往往比较复杂、不规则,要得到精确的计算结果很困难。一般情况下,都是将其假设划分为一定的几何形状近似计算。土石方工程计算内容较多,在水利工程中常用的计算方法有:基坑沟槽土石方计算、场地平整土方量计算与土石方平衡调配等。

1.2.4.1　基坑的土石方量计算

基坑的土石方量可以近似地按台体计算,如图 5-1-20 所示,计算公式如下:

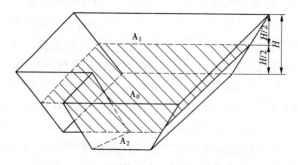

图 5-1-20　基坑土石方工程量计算示意图

$$V = (A_1 + 4A_0 + A_2) H/6 \qquad (5\text{-}1\text{-}5)$$

式中　V——土石方工程量,m³;

H——基坑的深度，m；

A_1，A_2——基坑的上、下底面面积，m²；

A_0——A_1 与 A_2 之间的中截面面积，m²。

1.2.4.2　沟槽土方量计算

基槽是一狭长的沟槽，其土石方量的计算可沿其长度方向分段进行，根据选定的断面及两相邻断面间的距离，按其几何体积计算出区段间沟槽土方量，然后相加求得总方量。当基槽某段内横断面尺寸不变时，其土方量即为该段横截面面积乘以该段基槽长度。如基槽某段内横断面尺寸变化，取该渠段横断面的平均值乘以该段基槽长度。

1.2.4.3　场地平整土方量计算

场地平整是将施工现场平整为满足施工要求的一块平整场地。场地平整前，应确定场地的设计标高，计算挖、填土方工程量，进行填、挖平衡调配。

场地平整土方量的计算，是为了制订施工方案，对填挖方进行合理调配，同时也是检查及验收实际土方数量的依据。土方量的计算方法，通常有方格网法和断面法。

1）方格网法

（1）方格网法的计算步骤：①在地形图（一般用 1:500）上，将整个场地划分为若干个网格，网格的边长一般取 10 ~ 40 m。②测定各方格角点的自然标高。③确定场地设计标高，并根据设计坡度要求计算各方格角点的设计标高。④确定各角点的填挖高度。⑤确定零线，即填挖的分界线。⑥计算各方格内填挖土方量和场地边坡土方量，汇总后累加求得整个场地土方量。

这种方法适用于场地平缓或台阶宽度较大的场地。计算时可用专门的土方工程量计算表。在大规模场地土方量计算时，则需用计算机进行。

（2）土方量计算。划分的方格网中，一般有三种类型，应分别进行计算。

方格网四个角点全部为填或挖时，如图 5-1-21 所示，其土方量计算公式为

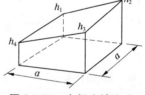

$$V = (h_1 + h_2 + h_3 + h_4)\ a^2/4 \qquad (5\text{-}1\text{-}6)$$

图 5-1-21　全部为填方或
全部为挖方的方格

式中　V——挖方或填方体积，m³；

a——方格边长，m；

h_1，h_2，h_3，h_4——方格角点的填挖高度，m。

方格的相邻两角点为挖方，另两角点为填方的网格，如图 5-1-22（a）所示。

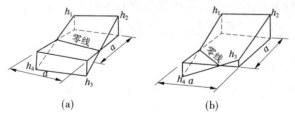

(a)　　　　　　　　　　　　(b)

图 5-1-22　部分为填方或挖方的方格

挖方部分的土方量为

$$V_{1,2} = \frac{a^2}{4}\left(\frac{h_1^2}{h_1 + h_4} + \frac{h_2^2}{h_2 + h_3}\right) \tag{5-1-7}$$

填方部分的土方量为

$$V_{3,4} = \frac{a^2}{4}\left(\frac{h_3^2}{h_2 + h_3} + \frac{h_4^2}{h_1 + h_4}\right) \tag{5-1-8}$$

方格的三个角点为挖(填)方,另一角点为填(挖)方,如图 5-1-22(b)所示。

挖方部分的土方量为

$$V_{1,2,3} = \frac{a^2}{6}(2h_1 + h_2 + 2h_3 - h_4) + V_4 \tag{5-1-9}$$

填方部分的土方量为

$$V_4 = \frac{a^2}{6}\frac{h_4^3}{(h_1 + h_4)(h_3 + h_4)} \tag{5-1-10}$$

2)断面法

沿场地取若干个相互平行的断面,将所取的每个断面(包括边坡断面)划分为若干个三角形和梯形,如图 5-1-23 所示,则面积为

$$\left.\begin{aligned} f_1 &= \frac{h_1}{2}d_1 \\ f_2 &= \frac{h_1 + h_2}{2}d_2 \end{aligned}\right\} \tag{5-1-11}$$

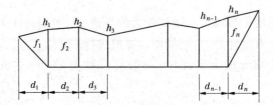

图 5-1-23　断面法

某一断面面积为

$$F_1 = f_1 + f_2 + f_3 + \cdots + f_n \tag{5-1-12}$$

若 $d_1 = d_2 = d_3 = \cdots = d$,则

$$F_1 = d(h_1 + h_2 + h_3 + \cdots + h_n) \tag{5-1-13}$$

断面面积求出以后,即可进行土方体积的计算。设各断面面积分别为 $F_1, F_2, \cdots, F_n$,相邻两断面的距离分别为 $l_1, l_2, \cdots, l_n$,则所求土方的体积为

$$V = \frac{F_1 + F_2}{2}l_1 + \frac{F_2 + F_3}{2}l_2 + \frac{F_3 + F_4}{2}l_3 + \cdots + \frac{F_{n-1} + F_n}{2}l_{n-1} \tag{5-1-14}$$

1.2.4.4　边坡土方量计算

为了保持土体的稳定和安全,挖方和填方的边沿,都应做成一定坡度的边坡。边坡的坡度应根据不同填挖高度、土的物理力学性质和工程的重要性由设计确定。

场地边坡的土方工程量,一般可根据近似的几何体进行计算。如图 5-1-24 所示为一场地边坡的示意图,根据其形体可以分为三角棱锥体和三角棱柱体,再分别计算其体积。

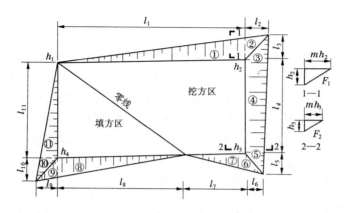

图 5-1-24　场地边坡示意图

1.2.5　砌石护坡的砌筑

1.2.5.1　砌石材料的选择

砌石石块选用材质应坚实新鲜,无风化剥落层或裂纹,石材表面无污垢、水锈等杂质。块石应大致方正,上下面大致平整,无尖角,石料的尖锐边角应凿去。所有垂直于外露面的镶面石的表面凹陷深度不得大于 20 mm。石料最小尺寸不宜小于 50 cm。一般长条形丁向砌筑,不得顺长使用。砌石材料的物理力学性质及块石护坡和大块石抛填质量检测项目与标准见表 5-1-3 及表 5-1-4。

表 5-1-3　砌筑石料的物理力学性质

项目	质量标准
天然密度	不小于 2.4 t/m³
饱和极限抗压强度	不小于 45 MPa
最大吸水率	不大于 10%
软化系数	一般岩石不小于 0.7 或符合设计要求

表 5-1-4　块石护坡和大块石抛填质量检测项目与标准

项次	检测项目	质量标准
1	抛填石料	粒径大小合理搭配,质地坚硬,不得使用风化石料
2	面石用料	大小均匀、质地坚硬,不得使用风化石料,单块质量不小于 25 kg,最小边长不小于 20 cm,粒径不小于 50 cm
3	抛石填筑	石料排紧填严,无淤泥杂质
4	面石砌筑	禁止使用小石块,不得出现通缝、浮石、空洞
5	缝宽	无宽度在 1.5 cm 以上、长度在 0.5 m 以上的连续缝
6	砌石厚度	允许偏差为设计厚度的 ±10%
7	坡面平整度	用 2 m 直尺测量,凹凸不超过 5 cm

1.2.5.2　干砌石防护

1）砌石前的准备工作

（1）削平或平整底面。砌石前，应先将土坡或底面铲至规定的标准，坡面或底面必须平整，以利于铺砂或砌石工作，必要时须将坡面或底面夯实后才能进行铺砌。

（2）放样。土坡削平后，沿建筑物轴线方向每隔 5 m 钉立坡脚、坡中和坡顶木桩各一排，测出高程，在木桩上划出铺反滤料和砌石线，顺排桩方向，拴竖向细铅丝一根，再在两竖向铅丝之间，用活结拴横向铅丝一根，便于此横向铅丝能随砌筑高度向上平行移动。铺砂、砌石即以此线为准，见图5-1-25。

（3）铺设反滤层。为了防止地下渗水逸出时把基础的土粒带走，在干砌石下面应铺设反滤料。在斜坡铺设反滤料时，应与砌石密切配合，自下而上，随铺随砌。分段铺设反滤料时，必须做好接头处各层间的连接工作，以防发生混淆现象。

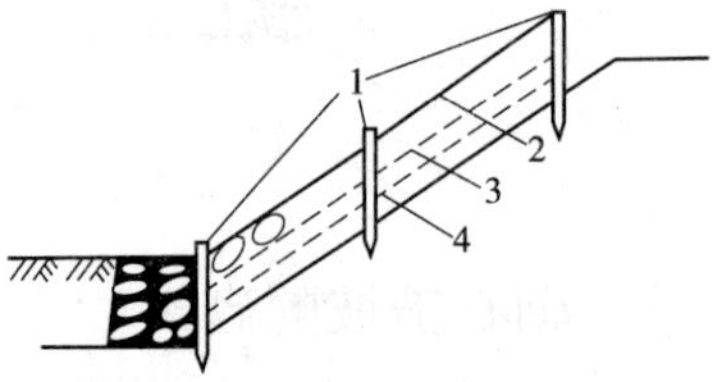

1—样桩；2—砌石线；3—铺砾石线；4—铺砂线

图 5-1-25　护坡砌石放样示意图

2）干砌石施工

干砌石施工工序为选石、试放、修凿和安砌。砌石方法有花缝砌石与平缝砌石两种。

（1）花缝砌石。这种砌筑方法多用于干砌片石。砌筑时，依石块原有形状，使尖对拐、拐对尖，相互联系砌成。砌石不分层，一般大面向上（见图5-1-26）。这种砌筑方法的缺点是底部空虚，容易被水流淘刷发生变形，稳定性较差；优点是表面比较平整。因此，用于流速不大或不承受风浪淘刷的排水沟道护坡工程。

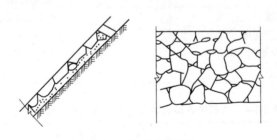

图 5-1-26　花缝砌石

（2）平缝砌石。平缝砌石多用于干砌块石。砌筑时使块石的宽面与坡面横向平行，在砌筑前应先行试放，不合适处用锤加以修凿，修凿程度以石缝能够紧密接触为准，砌石拐角处如有空隙，可用小片石塞紧（见图5-1-27）。砌石表面应与样线齐平，横向有通缝，但竖向直缝必须错开。砌筑底部如有空隙，均要用合适的片石塞紧，一定要做到底实上紧，以免底砂砾由缝隙中间冲出，从而造成塌陷事故。

（3）封边。干砌块石是依靠石块之间挤紧的力量维持稳定的。若砌体发生局部移动或变形，将导致整体破坏。边口部位是最易损坏的，均须用较大的块石封边。图 5-1-28（a）、（b）为坡面封边的两种形式。洪水位以上的坡顶边口如图5-1-28（c）所示，多为人行道，可采用较大的方正的石块砌成整齐坚固的封边，使砌成的边口不易损坏。块石封边以

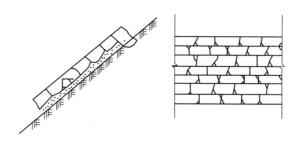

图 5-1-27 平缝砌石

外所留空隙,用黏土回填夯实,以加强边口的稳定。

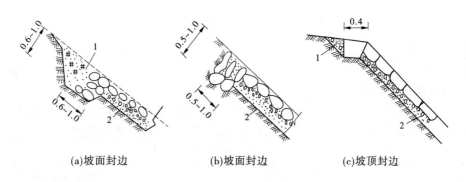

(a)坡面封边 (b)坡面封边 (c)坡顶封边

1—黏土夯实;2—反滤料

图 5-1-28 干砌块石封边 (单位:m)

3)质量控制与要求

干砌石的质量一般要求是,缝宽不大于1cm,底部严禁架空,人在砌石上行走无松动感觉;砌体上任何块石即使是砌缝的小片石,用手扒也不松动。此外,坡面一定要平整,砌缝内尽量少用片石填塞,并严禁使用过薄的片石填塞砌缝。严禁出现缝口不紧、底部空虚、鼓肚凹腰、蜂窝石等缺陷。

1.2.5.3 浆砌石护坡

1)施工程序

浆砌护坡面的砌筑施工程序包括:底面整平,石料准备,放样挂线,砂浆拌制,摊铺砂浆垫层,选择铺置石料,勾缝,养护。

2)浆砌石护坡施工

浆砌石常采用坐浆砌筑的方法,对于土质坡面,对砌筑前坐浆坡面,先拍打夯实,并在坡面上铺一层3~5cm厚的稠砂浆,然后安放石块。砌筑用的石块表面必须干净,砌筑前应洒水湿润,以便砂浆黏结。由于护坡砌筑结构厚度较薄边坡坡度倾斜较缓,砌筑时应由侧边向中部,先底面后表面,由下向上逐层进行。砌筑时,要先试放石料,对不规整的石料应做修凿,再铺砂浆,铺筑砂浆时先铺基面砂浆,再摊铺石块之间砂浆,最后翻石坐砌,并使灰浆挤紧。

一般应交错砌筑,灰缝不规则,外观要求整齐的坡面,其外皮石材可做适当加工。在坡底第一皮石应选用较大平整毛石砌筑,第一皮大面向下,以后各皮上下错缝,内外搭接,砌体中不应采用铲口石,也不能出现全部对合石。中间填心的砌筑方法如图 5-1-29 所示。

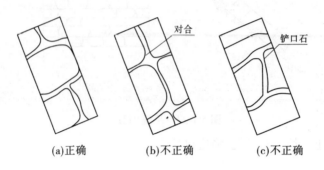

（a)正确　　　　　　　（b)不正确　　　　　　　（c)不正确

图 5-1-29　毛石砌筑

1.2.6　模板作业的技术要求

1.2.6.1　模板的制作

大中型混凝土工程模板通常由专门的加工厂制作,采用机械化流水作业,以利于提高模板的生产率和加工质量。模板制作的允许偏差应符合表 5-1-5 的规定。

表 5-1-5　模板制作的允许偏差

模板类型	偏差名称	允许偏差（mm)
木模板	1. 小型模板,长和宽	±3
	2. 大型模板(长和宽大于 3 m),长和宽	±5
	3. 模板面平整度(未经刨光）:	
	①相邻两板面高差	1
	②局部不平(用 2 m 直尺检查)	5
	4. 面板缝隙	2
钢模板	5. 模板,长和宽	±2
	6. 模板面局部不平(用 2 m 直尺检查)	2
	7. 连接配件的孔眼位置	±1

1.2.6.2　模板安装后的质量检查

模板安装好后,要进行质量检查,检查合格后,才能进行下一道工序。应经常保持足够的固定设施,以防模板倾覆。对于大体积混凝土浇筑块,成型后的偏差不应超过木模板安装允许偏差的 50% ~100% ,取值大小视结构物的重要性而定。水工建筑物混凝土木模板安装的允许偏差,应根据结构物的安全、运行条件、经济和美观要求确定,一般不得超过表 5-1-6 所规定的偏差值。

表 5-1-6　大体积混凝土木模板安装的允许偏差　　　　　　（单位:mm）

项次	偏差项目		混凝土结构和部位	
			外露表面	隐蔽内面
1	面板平整度	相邻两面板高差	3	5
2		局部不平(用 2 m 直尺检查)	5	10
3	结构物边线与设计边线		10	15
4	结构物水平截面内部尺寸		±20	
5	承重模板标高		±5	
6	预留孔、洞尺寸及位置		10	

1.2.7　混凝土分层铺料和平仓振捣的技术

1.2.7.1　混凝土铺料

混凝土入仓铺料多采用平层浇筑法,逐层连续铺填,如图 5-1-30 所示。由于设备能力所限,也可采用斜层浇筑和阶梯浇筑。

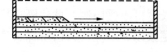
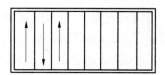

图 5-1-30　平层浇筑法

1)平层浇筑法

采用平层浇筑法时,对于闸、坝工程的迎水面仓位,铺料方向要与坝轴线平行。基岩凹凸不平或混凝土工作缝在斜坡上的仓位,应由低到高铺料,先行填坑,再按顺序铺料。采用履带吊车浇筑的一般仓位,按履带吊车行走方便的方向铺料。有廊道、钢管或埋件的仓位,卸料时,廊道、钢管两侧要均衡上升,其两侧高差不得超过铺料的层厚(一般 30～50 cm)。混凝土的铺料厚度应由混凝土入仓速度、铺料允许间隔时间和仓位面积大小决定。仓内劳动组合、振捣器的工作能力、混凝土和易性等都要满足混凝土浇筑的需要。闸、坝混凝土施工中,铺料厚度多采用 30～50 cm。但胶轮车入仓、人工平仓时,其厚度不宜超过 30 cm。采用平层浇筑法时,因浇筑层之间的接触面积大(等于整个仓面面积),应注意防止出现冷缝(铺填上层混凝土时,下层混凝土已经初凝)。为了避免产生冷缝,仓面面积 A 和浇筑层厚度 H 必须满足式(5-1-15)要求

$$AH \leqslant KQ(T_2 - f_1) \tag{5-1-15}$$

式中　A——浇筑仓面最大水平面积,m^2;

　　　H——浇筑厚度,取决于振捣器的工作深度,一般为 0.3～0.5 m;

　　　K——时间延误系数,可取 0.80～0.85;

　　　Q——混凝土浇筑的实际生产能力,m^3/h;

　　　T_2——混凝土初凝时间,h;

　　　f_1——混凝土运输、浇筑所占时间,h。

平层浇筑法的特点如下:

(1)铺料的接头明显,混凝土便于振捣,不易漏振。

(2)入仓强度要求较高,尤其在夏季施工时,为不超过允许间隔时间,必须加快混凝土入仓的速度。

(3)平层浇筑法能较好地保持老混凝土面的清洁,保证新老混凝土之间的结合质量。

平层浇筑法适用范围为:

(1)混凝土入仓能力要与浇筑仓面的大小相适应。

(2)平层浇筑法不宜采用汽车直接入仓浇筑方式。

(3)可以使用平仓、振捣于一体的混凝土平仓振捣机械。

2)阶梯浇筑法

阶梯浇筑法的铺料顺序是从仓位的一端开始,向另一端推进,并以台阶形式,边向前推进,边向上铺筑,直至浇筑到规定的厚度,把全仓浇筑完,如图 5-1-31(a)所示。阶梯浇筑法的最大优点是缩短了混凝土上、下层的间歇时间;在铺料层数一定的情况下,浇筑块的长度可不受限制。此法既适用于大面积仓位的浇筑,也适用于通仓浇筑。阶梯浇筑法的层数以 3 ~ 5 层为宜,阶梯长度不小于 3 m。

3)斜层浇筑法

当浇筑仓面大,混凝土初凝时间短,混凝土拌和、运输、浇筑能力不足时,可采用斜层浇筑法,如图 5-1-31(b)所示。斜层浇筑法由于平仓和振捣使砂浆容易流动和分离。为此,应使用低流态混凝土,浇筑块高度一般限制在 1 ~ 1.5 m 以内,同时应控制斜层的层面斜度不大于 10°。

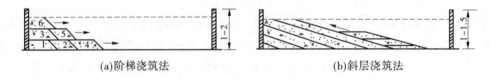

(a)阶梯浇筑法　　　　　　　　　　　　(b)斜层浇筑法

图 5-1-31　阶梯浇筑法和斜层浇筑法　(单位:m)

无论采用哪一种浇筑方法,都应保持混凝土浇筑的连续性。如相邻两层浇筑的间歇时间超过混凝土的初凝时间,将出现冷缝,造成质量事故。此时应停止浇筑,并按施工缝处理。

1.2.7.2　平仓

平仓就是把卸入仓内成堆的混凝土铺平到要求的均匀厚度。

1)人工平仓

人工平仓的适用范围:

(1)在靠近模板和钢筋较密的地方,用人工平仓,使石子分布均匀。

(2)水平止水、止浆片底部要用人工送料填满,严禁料罐直接下料,以免止水、止浆片卷曲和底部混凝土架空。

(3)门槽、机组埋件等二期混凝土。

(4)各种预埋仪器周围用人工平仓,防止仪器位移和损坏。

2）振捣器平仓

振捣器平仓工作量，主要根据铺料厚度、混凝土坍落度和级配等因素而定。一般情况下，振捣器平仓与振捣的时间比大约为1∶3，但平仓不能代替振捣。

3）机械平仓

大体积混凝土施工采用机械平仓较好，以节省人力和提高混凝土施工质量。混凝土平仓振捣机是一种能同时进行混凝土平仓和振捣两项作业的新型混凝土施工机械。闽江水电工程局研制的 P2-50-1 型平仓振捣机，杭州机械设计研究所、上海水工机械厂试制的 PCY-50 型液压式平仓振捣机，可以在低流态和坍落度 7～9 cm 以下的混凝土上操作，使用效果较好。平仓振捣机如图 5-1-32 所示。

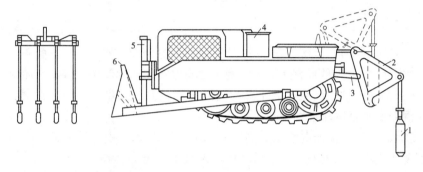

1—振捣器；2—起吊梁；3—臂杆；4—司机台；5—活塞缸；6—推土刀片

图 5-1-32　平仓振捣机

采用平仓振捣机，能代替繁重的劳动，提高振实效果和生产率，适用于大体积混凝土机械化施工。但要求仓面大、无模板拉条、履带压力小，还需要起重机吊运入仓。

根据行走底盘的形式，平仓振捣机主要有履带推土机式和液压臂式两种基本类型。为了便于使用平仓振捣机械，浇筑仓内不宜有模板拉条，应采用悬臂式模板。

1.2.8　混凝土垂直入仓的方法

1.2.8.1　混凝土运输要求

混凝土运输是整个混凝土施工中的一个重要环节，对工程质量和施工进度影响较大。由于混凝土料拌和后不能久存，而且在运输过程中对外界的影响敏感，运输方法不当或疏忽大意，都会降低混凝土质量，甚至造成废品。如供料不及时或混凝土品种错误，正在浇筑的施工部位将不能顺利进行。因此，要解决好混凝土拌和、浇筑、水平运输和垂直运输之间的协调配合问题，还必须采取适当的措施，保证运输混凝土的质量。

混凝土料在运输过程中应满足下列基本要求：

（1）运输设备应不吸水、不漏浆，运输过程中不发生混凝土拌和物分离、严重泌水及过多降低坍落度。

（2）同时运输两种以上强度等级的混凝土时，应在运输设备上设置标志，以免混淆。

（3）尽量缩短运输时间、减少转运次数。运输时间不得超过表 5-1-7 的规定。因故停歇过久，混凝土产生初凝时，应做废料处理。在任何情况下，严禁中途加水后运入仓内。

表 5-1-7　混凝土允许运输时间

气温(℃)	混凝土允许运输时间(min)
20 ~ 30	30
10 ~ 20	45
5 ~ 10	60

注:本表数值未考虑外加剂、混合料及其他特殊施工措施的影响。

(4)运输道路基本平坦,避免拌和物振动、离析、分层。

(5)混凝土运输工具及浇筑地点,必要时应有遮盖或保温设施,以避免因日晒、雨淋、受冻而影响混凝土的质量。

(6)混凝土拌和物自由下落高度以不大于 2 m 为宜,超过此界线时应采取缓降措施。

混凝土运输包括两个运输过程:一是从拌和机前到浇筑仓前,主要是水平运输;二是从浇筑仓前到仓内,主要是垂直运输。混凝土运输方案的选用应保证混凝土质量,并根据混凝土浇筑方案、施工特点、地形条件及施工总布置,通过技术经济比较后确定。

1.2.8.2　混凝土垂直运输辅助设备

混凝土运输中为了保证混凝土的质量需要一些辅助设备,有吊罐、集料斗、溜槽、溜管等,用于混凝土装料、卸料和转运入仓,对保证混凝土质量和运输工作顺利进行起着相当大的作用。

(1)溜槽与振动溜槽。溜槽为钢制槽子(钢模),可从皮带机、自卸汽车、斗车等受料,将混凝土转送入仓。其坡度可由试验确定,常采用45°左右。当卸料高度过大时,可采用振动溜槽。振动溜槽装有振动器,单节长 4 ~ 6 m,拼装总长可达 30 m,其输送坡度由于振动器的作用可放缓至15°~20°。采用溜槽时,应在溜槽末端加设 1 ~ 2 节溜管或挡板(见图 5-1-33),防止混凝土料在下滑过程中分离。利用溜槽转运入仓,是大型机械设备难以控制部位的有效入仓手段。

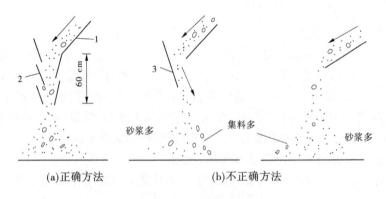

(a)正确方法　(b)不正确方法

1—溜槽;2—两节溜筒;3—挡板
图 5-1-33　溜槽卸料

(2)溜管与振动溜管。溜管(溜筒)由多节铁皮管串挂而成。每节长 0.8 ~ 1 m,上大下小,相邻管节铰挂在一起,可以拖动,如图 5-1-34 所示。采用溜管卸料可起到缓冲消能作用,以防止混凝土料分离和破碎。

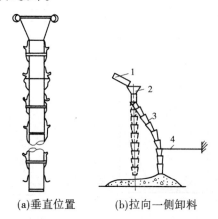

(a)垂直位置　　　　(b)拉向一侧卸料

1—运料工具;2—受料斗;3—溜管;4—拉索

图 5-1-34　溜管

溜管卸料时,其出口离浇筑面的高差应不大于 1.5 m。并利用拉索拖动均匀卸料,但应使溜管出口段约 2 m 长与浇筑面保持垂直,以避免混凝土料分离。随着混凝土浇筑面的上升,可逐节拆卸溜管下端的管节。

溜管卸料多用于断面小、钢筋密的浇筑部位,其卸料半径为 1 ~ 1.5 m,卸料高度不大于 10 m。

振动溜管与普通溜管相似,但每隔 4 ~ 8 m 的距离装有一个振动器,以防止混凝土料中途堵塞,其卸料高度可达 10 ~ 20 m。

(3)吊罐。吊罐有卧罐和立罐之分。卧罐通过自卸汽车受料,立罐置于平台列车直接在搅拌楼出料口受料,如图 5-1-35、图 5-1-36 所示。

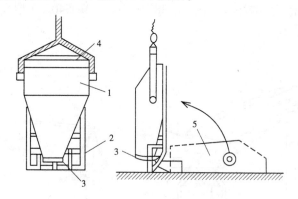

1—装料斗;2—滑架;3—斗门;4—吊梁;5—平卧状态

图 5-1-35　混凝土卧罐

1.2.8.3　混凝土垂直运输机械

混凝土垂直运输又称为浇筑仓前到仓内的运输,由起重机完成。常用的起重机有以下几种。

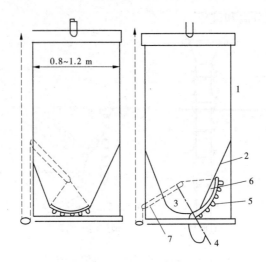

1—金属桶;2—料斗;3—出料口;
4—橡皮垫;5—辊轴;6—扇形活门;7—手柄

图 5-1-36　混凝土立罐

1)门式起重机

10/20 t 门式起重机(门机)如图 5-1-37 所示,它是一种可沿钢栈桥轨道移动的大型起重机。门架中间可通行 2~3 列平台机车,近距离起吊 20 t,远距离起吊 10 t。门机形式有单杆臂架(如丰满门机)和四连杆臂架(如大连产 10/20 t 门机)。前者结构简单,控制范围小;后者臂架可以收缩,减小空间占位,便于相邻门机靠近浇筑同一浇筑块,生产率高,可加快浇筑速度,但结构较复杂。

高架门机是 20 世纪 40 年代由门机发展起来的,起重幅度大,控制范围大,很适合于高坝、进水塔和大型厂房的浇筑。图 5-1-38 为三门峡 MQ540/30 型高架门机示意图。常用门、塔机性能见表 5-1-8。

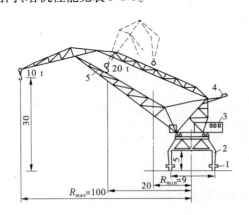

1—行驶装置;2—门架;3—机房;
4—平衡重;5—起重臂

图 5-1-37　10/20 t 四连杆门机　(单位:m)

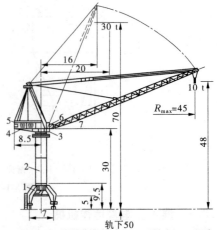

1—门架;2—圆筒高架塔身;3—回转盘;4—机房;
5—平衡重;6—操纵台;7—起重臂

图 5-1-38　10/20 t 高架门机　(单位:m)

表 5-1-8　常用门、塔机性能

性能指标	10 t 丰满门机	10/20 t 四连杆门机	10/25 t 塔机	MQ540/30 高架门机	SDMQ1260/60 高架门机
最大起重力矩 （kN·m）	5 292	3 920	4 410	5 880	12 348
起重量（t）	10/30	10/20	10/25	10/30	20/60
起重幅度（m）	（18－37） /18	（9－40）/ （9－20）	（7－40）/ （7－18）	（14－45）/ （16－21）	（18－45）/ （18－21）
总扬程（m）	90/39.5	75/75	88/42	120/70	115/72
轨上起重高度（m）	37	30	42	70	52/72
最大垂直轮压（kN）	450	307	392	490	465
轨距（m）	7	10	10	7	10.5
机尾回转半径（m）	8.1	8	20.7	8.5	11.2
电源电压（V）	6 000	380	380	6 000	6 000 或 10 000
功率（kW）	215	284	217	230	419
整机质量（t）	151	239	293	210	358
产地	吉林	大连	太原、天津	三门峡	吉林

2）塔式起重机

10/25 t 塔式起重机（塔机）如图 5-1-39 所示。起重臂一般为水平状,塔身高,伸臂长,配两台起重小车,可沿起重臂移动。塔机本身有行走装置,可在栈桥上行走,可以增加其控制范围。塔机的控制范围大,但转动有限制,相邻塔机运行时的安全距离要求大,不如门机灵活,且在 6 级以上大风时,应停止运行,防止倒塌。常用塔机性能见表 5-1-8。

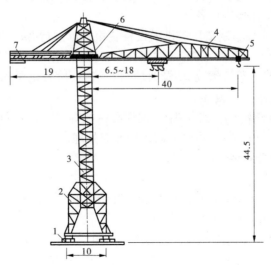

1—车轮;2—门架;3—塔身;4—起重臂;5—起重小车;6—回转塔架;7—平衡重

图 5-1-39　10/25 t 塔机　（单位:m）

3）其他垂直运输机械

除上述几种常用的混凝土垂直运输机械外,还有履带式起重机(或是反铲改装)、汽车式起重机、桅杆式起重机、升降塔和小型塔机等。一般适用于小型工程,或作为大中型工程运输混凝土的辅助设备。

1.2.8.4　泵送混凝土运输机械

混凝土输送泵有活塞式和风动式两种。混凝土输送能力为水平距离 200 ~ 450 m,垂直高度 40 ~ 80 m。主要用于浇筑配筋稠密或仓面狭窄部位,如隧洞衬砌与封堵、边墙混凝土浇筑。

混凝土输送泵运行须注意保持输送管道清洁,输送混凝土前,先通砂浆予以润滑管道,浇筑完毕应立即清洗输送泵及管道;保持进料斗始终处在满料状态;严格控制混凝土流动性和集料粒径,混凝土坍落度一般为 100 ~ 160 mm,水泥用量 250 ~ 300 kg/m³,集料最大粒径在 40 mm 左右。使用完毕后立即清洗机身和输送泵管。

1.2.8.5　塔带机运输

塔带机将混凝土水平运输和垂直运输合二为一,具有连续运输、生产效率高、运行灵活等特点。但由于运输强度大、速度快、高速入仓,给铺料、平仓和振捣带来不利影响。

1.2.9　设备安装前的检查

设备在安装前都应进行相关的检查与检验,确保安装的顺利与质量。

1.2.9.1　设备检验

1）外观检验

(1)设备开箱检查前,必须查明所到设备的名称、型号和规格,检查设备的箱号和箱数以及包装情况有无损坏等。

(2)设备开箱验收时,先将设备顶板上的尘土打扫干净,防止尘土落入设备内。开箱时一般自顶板开始,查明情况后,再采取适当办法拆除其他箱板,要选择合适的开箱工具,不要用力过猛,以免损坏箱内设备。

(3)设备的清点应根据制造厂提供的设备装箱清单进行,清点时,首先应核实设备的名称、型号和规格,清点设备的零件、部件、附件、备件、专用工具及技术文件是否与装箱单相符,对于缺件或规格不符等情况,要及时填写在清点、检查记录内,并经厂家代表、责任公司代表认可签字并落实补救办法。

(4)检查设备的外观质量,如有缺陷、损坏和锈蚀等情况,填写在检查记录内,并经厂家确认,分析原因,查明责任,报主管部门进行研究处理。

2）内部尺寸和性能检验

检验内容如下:

(1)水泵在安装过程中必须按说明书和原装图中的规定进行尺寸检验。

(2)高压电动机安装前的检验。

(3)风机、排水泵安装前应检验盘动转子是否灵活,有无卡阻碰装,润滑油是否完好。

(4)蝶阀、伸缩节应检验:闸板、套管的密封性,转轴回转配合情况;液控系统油箱、油管、配电箱等设备情况。

(5)桥式起重机应检验:根据供货清单清点各类设备、材料,对于缺损件要及时反馈,以免影响设备的安装、调试及试运行。

1.2.9.2　设备基础检验

工程主机泵、桥式起重机均为钢筋混凝土基础,由于设备安装要求保持相对位置不变,以及设备重量和运行振动力的存在,要求基础必须有足够的强度和刚度。因此,设备安装前必须对设备基础进行检验。

1)主机泵基础检验

(1)按照主机泵、电动机的实际组合尺寸和设计图纸给定的标高,检验基础高程,偏差不大于±10 mm。

(2)基础纵向中心线应垂直于横向中心线,与泵站机组设计中心线要平行,偏差不大于±5 mm。

(3)基础预留螺栓孔方位尺寸要符合设计尺寸的要求,内孔无积水杂物,孔位垂直。

2)起重机基础检验

桥式起重机梁应平直,外观平滑整齐;螺孔位置准确,无堵塞。

1.2.9.3　钢管安装前的验收

(1)土建、水工工程的验收:与钢管安装有关的基础已施工完毕,基础的高程、方位必须符合设计要求,钢管支墩应有足够的强度和稳定性。

(2)钢管的验收:钢管的验收按照有关规程、规范标准,检查钢管的材质、外径、内径、椭圆度、长度、角度、节口、防腐等项均符合设计要求。

1.2.10　钢筋加工单的编制

1.2.10.1　钢筋配料的步骤

钢筋配料的步骤包括:熟悉图纸,审核图纸,掌握库存钢筋的规格、数量进行代用换算,计算下料长度,编制配料单及填写下料牌等。下料牌是加工的依据,钢筋半成品加工完毕后应将它系于钢筋半成品上,以便识别。

1.2.10.2　钢筋下料长度计算

钢筋在配料计算长度时,应根据构件配筋详图,考虑配筋构造要求,先绘出各种形状和规格尺寸的单根钢筋简图并加以编号,然后分别计算钢筋的下料长度、根数及重量,填写下料通知单和下料牌,按下料牌加工。各种钢筋半成品的下料长度计算如下:

直钢筋下料长度 = 构件长度 - 保护层厚度 + 弯钩增加长度

弯起钢筋下料长度 = 直段长度 + 斜段长度 + 弯钩增加长度 - 弯曲量度差值

箍筋下料长度 = 箍筋内周长 + 箍筋调整值

上述钢筋需要接头,还应增加钢筋各种接头的长度。

1)弯钩长度的计算

钢筋的弯钩形式有三种:半圆弯钩、直弯钩及斜弯钩(见图 5-1-40)。半圆弯钩是最常用的一种弯钩。直弯钩仅用在柱钢筋的下部、箍筋和附加钢筋中。斜弯钩仅用在直径较小的钢筋中。当弯心直径为 $2.5d_0$ 时,弯钩增加长度的计算方法如下。

(1)半圆弯钩增加长度计算(见图 5-1-40(a)):

弯钩全长　　　　　　　　　$3d_0 + 3.5d_0\pi/2 = 8.5d_0$

弯钩增加长度(包括量度差值)为

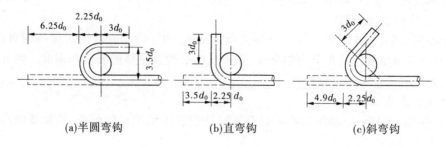

(a)半圆弯钩　　　　　(b)直弯钩　　　　　(c)斜弯钩

图 5-1-40　钢筋的弯钩形式

$$8.5d_0 - 2.25d_0 = 6.25d_0$$

(2)直弯钩增加长度计算(见图5-1-40(b)):

弯钩全长　　　　　$3d_0 + 3.5d_0\pi/4 = 5.75d_0$

弯钩增加长度(包括量度差值)为

$$5.75d_0 - 2.25d_0 = 3.5\ d_0$$

(3)斜弯钩增加长度计算(见图5-1-40(c)):

弯钩全长　　　　　$3d_0 + 1.5 \times 3.5d_0\pi/4 = 7.12d_0$

弯钩增加长度(包括量度差值)为

$$7.12d_0 - 2.25d_0 = 4.9d_0$$

2)弯起筋斜长计算

弯起筋斜长计算简图见图5-1-41。

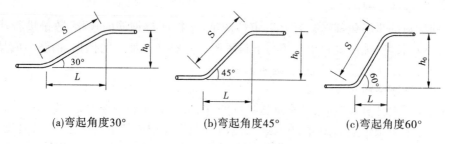

(a)弯起角度30°　　　　(b)弯起角度45°　　　　(c)弯起角度60°

图 5-1-41　弯起筋斜长计算简图

3)弯曲量度差值

钢筋弯曲后的特点:一是在弯曲处内皮收缩,外皮延伸,轴线长度不变;二是在弯曲处形成圆弧。钢筋的量度方法是沿直线量外包尺寸(见图5-1-42),而实际的下料尺寸是轴线长度。弯起钢筋的量度尺寸大于下料尺寸,两者之间的差值称为弯曲量度差值。在实际生产中,弯心不可能随钢筋的直径每次更换,而实际弯心直径与理论弯心直径亦有所出入。所以,在计算弯曲量度差值时,结合实际经验数据来确定其弯曲量度差值。

图 5-1-42　钢筋量度方法

4)箍筋调整值

箍筋的调整值,即为弯钩增加长度和弯曲量度差值两项之差或和,根据箍筋量外包尺寸或内皮尺寸而定。在计算箍筋调整值时,首先应确定箍筋量度是外包尺寸,还是内皮尺寸,对一般梁柱来说,混凝土保护层是指受力钢筋至混凝土外表的尺寸,这样箍筋量度应是内皮尺寸,箍筋的调整值还需考虑到受力钢筋直径的大小。

1.2.10.3　配料计算中的注意事项

(1)钢筋的配料计算是一项细致而又重要的工作,因为它是钢筋加工的唯一依据。所以,在配料计算前要认真看懂图纸,审核图纸,配料时应仔细运算,认真进行复核。

(2)在配料计算时,应参照配筋的构造要求处理。

(3)在配料计算时,要考虑钢筋的形状和尺寸在满足设计要求的前提下要有利于加工安装。

(4)配料计算时,还要考虑施工需要的附加钢筋。例如,双层钢筋网中固定钢筋间距用钢筋撑铁,防止钢筋骨架变形的斜撑铁及预应力构件固定预留孔道管子的定位钢筋井字架等。

(5)配料计算完成以后,需要认真填写配料单,作为钢筋工进行钢筋加工的依据。

1.2.10.4　配料计算实例

现以一根 L-1 预制矩形梁为例(见图5-1-43),来说明钢筋下料长度的计算步骤。

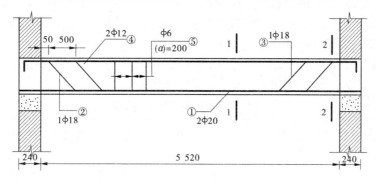

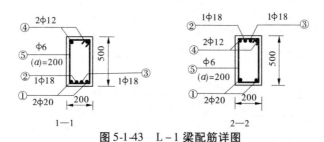

1—1　　2—2
图 5-1-43　L-1 梁配筋详图

L-1 梁由 5 个编号的钢筋组成,其形状可以分为直钢筋、弯起钢筋、架立钢筋和箍筋四种。

1)直钢筋的计算

①号钢筋是 2 根直径 20 mm 的受力钢筋,伸入支座的锚固长度 L_m(螺纹钢筋) = $10d_0 = 10 \times 20 = 200$(mm),实际长度不小于 $10d_0$,满足配筋构造要求。

①号钢筋下料长度 = 构件长度 - 两端钢筋保护层厚度 = 6 000 - 50 = 5 950(mm)。

2）弯起钢筋的计算

②号钢筋是 1 根直径 18 mm 的弯起钢筋，弯终点外的锚固长度 $L_m = 20d_0 = 20 \times 18 = 360(mm)$，因此弯起筋端头需向下弯 360－265＝95(mm)，为满足操作需要，应向下弯 150 mm。

②号钢筋下料长度＝直段长度＋斜段长度－弯曲量差值＝4 520＋265×2＋150×2＋635×2－6×18＝6 510(mm)。

③号钢筋是 1 根直径 18 mm 的弯起钢筋，其下料长度同②号钢筋。

3）架立钢筋的计算

④号钢筋是 2 根直径 12 mm 的架立钢筋，伸入支座的锚固长度 L_m（作构造负筋）＝$25d_0 = 25 \times 12 = 300(mm)$，为满足操作需要，应向下弯 150 mm。

④号钢筋下料长度＝直段长度＋下弯长度＋弯钩增加长度－弯曲量差值＝5 950＋150×2＋150－4×12＝6 350(mm)。

4）箍筋的计算

⑤号钢筋是直径 6 mm 的箍筋，间距为 200 mm。

箍筋下料长＝箍筋内周长＋箍筋调整值＝450×2＋150×2＋100＝1 300(mm)。

箍筋的个数＝(主筋长度÷箍筋间距)＋1＝(5950÷200)＋1＝31(个)。

1.2.10.5　下料单与下料牌

钢筋配料计算完成以后，需填写钢筋下料通知单，作为钢筋加工的依据。以 L－1 梁配料计算为例填写的钢筋下料通知单，如表 5-1-9 所示。

表 5-1-9　钢筋下料通知单

构件名称	编号	简图	钢号与直径	下料长度(mm)	单位根数	合计根数	质量(kg)
L－1（共5根）	①		φ20	5 950	2	10	149
	②		φ18	6 510	1	5	65
	③		φ18	6 510	1	5	65
	④		φ12	6 350	2	10	57
	⑤		φ6	1 300	31	155	45
	合计	φ20，149 kg；φ18，130 kg；φ12，57 kg；φ6，45 kg；合计381 kg					

在钢筋加工中仅有钢筋下料通知单还不够,因为钢筋加工的工序很多,型号复杂,为防止钢筋在加工过程中造成混淆和错误,必须将每一个编号的钢筋填写一块料牌,料牌可用薄木板、纤维板或薄铁板等制成,下料牌上写明工程名称,构件代号、钢筋编号,简图、直径,钢号、根数及下料长度等(见图 5-1-44)。

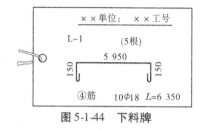

图 5-1-44　下料牌

1.3　机井和小型泵站施工

1.3.1　钻机设备各零部件检查

1.3.1.1　转盘式钻机

转盘式钻机为回转式钻机类的一种,主要靠钻头在井底回转切削或研磨破碎岩石。

1)转盘式钻机工作原理

(1)钻机的动力经转盘的大小锥形齿轮把水平轴的回转运动改变为钻具的回转运动,即动力由转盘直接传给主动钻杆(方钻杆),再由主动钻杆经钻杆传给钻头。

(2)钻具的孔底轴心压力,主要是由钻具自重产生的,钻进过程中可通过操作卷扬机,松、紧卷筒上的钢丝绳进行减压、给进,从而适当调整孔底轴心压力。这样,钻具便在回转力矩和轴心压力的共同作用下,切削破碎地层钻进。

(3)钻进过程中,泥浆泵将高压冲洗液,经过高压胶管、水笼头、钻杆和钻头送入孔底,借以冷却钻头并将切削下来的岩屑,通过钻杆与孔壁间的环形间隙,带出地面。这样,周而复始,循环不已地进行,不断排出岩屑,使钻孔延深。同时,也起到泥浆固壁、稳定钻孔的作用。

所以,转盘钻机打井,就是通过转盘、卷扬机和泥浆泵三者有机的配合,合理调整转盘的转速、孔底轴心压力和泥浆泵的排量,便可达到高速优质地打井钻进。

2)转盘式钻机的基本组成

转盘式钻机主要由回转系统、升降系统和传动系统及泥浆泵、动力机组成,如图 5-1-45 所示。

(1)回转系统。包括转盘、变速箱、摩擦离合器等组装为一体,有利于三者之间的良好配合和减少功率损失。

转盘各部件的关系是:外壳下部装置着下轴承承受钻具自重产生的轴向力或冲击力。空心轴位于下轴承上,工作时凭着大伞齿轮的带动,在下轴承上转动。空心轴内装有补心,当转盘转动时,补心即将动力传给方转杆从而驱动钻具。

(2)升降系统。

升降系统的作用是钻具、给进钻具和安装井管等,主要由卷扬机、塔架和滑轮组等组成。

卷扬机亦称绞车,它是靠其卷筒缠绕的钢丝绳,以升降钻具等。简易卷扬机由卷扬机

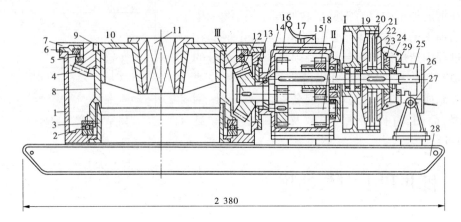

1—外壳;2—下轴承;3—挡油盘;4—大伞型齿轮;5—上轴承;6—上压盖;7—铁盖;8—空心轴;
9—圆柱销;10—大补心;11—小补心;12—小伞形齿轮;13—法兰盘;14—轴承;15—变速箱;
16—齿轮;17—手柄;18—双联齿轮;19—皮带轮;20—被动片;21—主动片;22—压盖;23—支架;
24—压爪;25—放松肩;26—限位器;27—铰链支架;28—底架;29—调速螺母;

Ⅰ、Ⅱ、Ⅲ—变速箱轴

图 5-1-45　转盘、变速箱、离合器结构示意图

轴、卷扬机大齿轮、卷筒和制动机构等组成。

　　井架也称塔架,它是配合卷扬机而工作的,所以井架必须要有足够的强度,能保证在较大的动荷载条件下安全使用。同时又要求重量轻,拆装方便和有较好的运移性。

　　井架可分为"人"字架、"三角架"和"四角架"等,视负荷大小而定,负荷较大者多用四角架。一般由型钢组焊或钢管制成架腿,用横向拉条链接,以增强稳定性。井架高度和承载力可参考表 5-1-10。

表 5-1-10　井架技术规格参考表

井深(m)	<150	150~300	300~500	500~800
井架高(m)	6~10	10~12	12~15	15~18
安全荷重(t)	5~15	15~20	20~30	30~40
所用材料	木材、钢管	钢管、型钢	钢管、型钢	型钢

　　(3)传动系统。传动系统是将动力通过主动传动轴(动力分配轴)减速后再分配给转盘、卷扬机和泥浆泵等,主动传动轴是由大皮带轮、小皮带轮、锥形摩擦离合器、传动轴、卷扬机传动小齿轮以及瓦架等组成的。

　　(4)主要配套设备有:泥浆泵和动力机,泥浆泵用于冲洗液的循环。动力机是把电能(热能)转换为机械能以带动钻机及其附属设备。

　　3)转盘式钻机的使用和维护

　　工作人员要正确而熟练地使用和操作钻机,除要熟悉钻机的构造、各部件的作用以及严格遵守操作规程外,还须注意如下问题:

　　(1)开车前必须检查各零部件螺栓是否紧固,皮带松紧程度是否合适,离合器是否灵活可靠,刹车带的间隙是否妥当,必要时进行调整和检修。

(2)防止油、水溅在摩擦离合器摩擦片、传动皮带以及制动带上。

(3)对于变速箱、转盘及各润滑部位要经常注意添足润滑油。

(4)钻机工作前,应进行试运转,确认各部分机件工作正常后,才可正式开车钻进。

(5)在进行变速箱换挡、卷扬机传动齿轮的离合、钻具的提升以及对运转机具的调整和添油等工序时,必须打开相应的离合器,或停车后方可进行。

(6)卷扬机下降重物时必须分离小齿轮。

(7)注意检查钢丝绳两端固定的可靠性,及其磨损情况。

1.3.1.2　冲击式钻机

1)冲击式钻机的基本组成

冲击式钻机是利用机械的动力,使钻具自由下落产生的冲击力,冲击和剪切地层进行打井的一种机械。

冲击式钻机的基本组成部分有:冲击装置、传动装置、卷扬装置、钻具、桅杆等。

下面以 CZ-22 型为例进行说明:

(1)冲击装置由冲击大齿轮、曲柄连杆、冲击梁、压绳轮等所组成:①冲击大齿轮用键固定于冲击轴,冲击轴则通过轴承安装在机架上。②曲柄连杆为双臂曲柄连杆,用销固定在大齿轮上。由冲击大齿轮带动而旋转,通过改变曲柄销的位置,可以调节钻头的冲程大小。③冲击梁为双臂冲击梁,用型钢焊制而成,中间有一缓冲装置,通过压缩缓冲装置中的弹簧改变冲击梁的刚性,可以保证钻头在井底的冲击功接近于自由降落的冲击功。

(2)传动系统。是动力机通过三角皮带与传动主轴连接,传动主轴有四个摩擦离合器向四个方向分配动力。

(3)桅杆与机架。CZ-22 型钻机是桅杆式井架,桅杆为可升降的两段组成,搬迁运行时,上半段可缩于下半段的腹腔内,横卧于机架上,缩小体积便于运输。在桅杆顶端装设有钻进工具钢丝绳用的天车滑轮、抽砂筒钢丝绳用的天车滑轮各一个,为增加桅杆的稳定性,除有辅助支架与机架连接外,还必须用绷绳连接与地锚连接,从四个方向给予固定。

2)冲击式钻机的维护和保养

(1)摩擦离合器的维护和保养。摩擦离合器的维护和保养的主要目的是减轻摩擦片的磨损和防止油水溅在摩擦片上。为了减轻磨损,在不必要开动时,就要停止开动。开动摩擦离合器时,必须使凸轮拨轮通过死点,且能停留住。当松开凸轮时应离开停留位置,不能压及摩擦盘。一旦发现摩擦片磨损后应立即进行调整,其调整方法是:抽出夹圈上的销子,将夹圈向右移,使销子移在新的孔位上,凸轮即与压盘接近。

(2)齿轮和链条的维护和保养。齿轮和链条的维护保养的主要内容是经常检查、清洗污垢和加润滑油。对于齿轮传动装置,还应检查齿轮中心距离是否正确。链条装置则应检查链条张力的松紧程度是否合适。

(3)滚珠轴承的维护和保养。滚珠轴承的维护和保养主要是定期检查和添足润滑油,擦去污垢。若滚珠轴承的油封质量低劣,润滑油将从轴承体内挤出,遇到此现象时应立即处理。当轴承发热超过 40 ℃时,应检查原因,若是由于轴承安装得不正确,可用钢质垫片调整;若是由于轴的歪斜产生的,则可调整轴承座,同时,应经常注意把轴承螺栓上的螺帽扣紧。

（4）操纵系统的维护和保养。操纵系统的维护和保养主要是检查、润滑和擦除污垢，并使各连接部位灵活。当拉杆弯曲、倾斜时，应及时调整；当闸把的活动轴磨损时，应及时拆换，以免因轴孔的间隙过大而造成行程太大的现象。

（5）制动抱闸的保养。对抱闸的保养就是要定期地按照闸带的磨损情况将闸带拉紧。其做法是：利用带端螺栓的螺帽和吊持闸带的弹簧螺栓来调整，使其在停止状态时闸带不摩擦制动圈，但间隙应不大于 1.5 mm，同时，应防止油脂粘在刹带上。

（6）曲柄连杆机构的保养。曲柄连杆机构是钻机上重要的机件，对它的维护和保养就是要检查曲柄销子是否牢固，此外，应该按润滑表规定对曲柄连杆机构的零件涂抹润滑油。

1.3.2　钻机和附属设施的准备和安装

1.3.2.1　钻机安装的一般要求

（1）安装钻机前，要深入进行调查，严防把钻机安装在上下水道、电缆、废井等地方。

（2）钻机安装的位置，应距高低压线适当距离，即距 380 V 低压线（包括电话线）至少 10 m；距 6.6 kV、10 kV 高压配电线路至少 15 m，距 33 kV 高压输电线路至少 20 m，距超高压线路，应按供电部门有关规定执行。

（3）钻机地基要夯实铲平，软硬均匀，垫好方木，用水平尺测平，然后安装钻机。钻具位于钻孔正中心，并使桅杆底部中心与钻孔中心的连线和主绳垂直。再用水平尺测量钻机的纵横大梁，使之平整。

（4）逐个检查钻机各部位的机件和螺丝的松紧度，并给各油点注好润滑油，试车正常后，再开始工作。

1.3.2.2　冲击式钻机设备安装及钻进前的准备

冲击式钻机打井就是借助冲击钻机上的冲击机构的作用，时而提升钻具，时而下降钻具，使钻头冲击破碎岩层的一种钻进方法。它适于钻进以黏土、砂、砾石、卵石、漂石为主的松散地层，特别是钻进漂石、卵石、砾石层效率高于回转钻机。施工时可根据地层情况、井孔直径、深度等，结合钻机性能，选择钻机类型。

1）设备安装

设备安装的好坏，对整个钻进工作有很大影响。桅杆、主机、动力机必须安装得水平、坚固，这样才能防止空斜，少出事故，保证钻进工作顺利进行。现以 150 m 钢丝绳冲击式打井机为例，叙述冲击式钻机的一般安装方法。

（1）在安装设备前，先将场地平好，夯实。如果场地软硬不均，应进行处理。雨季在低洼地区打井，应将场地垫高，以确保施工的顺利进行。

（2）场地平好后即可安装钻机。首先将 2 根基台木与主机固定，在桅杆、电动机及主机下面分别放置 3～4 根枕木，其截面 200 mm×100 mm。桅杆下面的一根应长一些，然后用水平尺在基台木上找平，确认水平后，推上钻机并用螺栓将其与基台木固定。钻机稳当后，将其后面的两根钻机绷绳，通过调节器与地锚连接，地桩为直径不小于 100 mm、长不小于 1 m 的圆木。圆木中间用地锚环（或钢丝绳套）横埋在深 1 m 的地下，让地锚环（或钢丝绳套）露出地面，埋好后夯实。扭转调节器即可将钻机绷绳拉紧。钻机安装完毕，可在适当位置安装动力机。

竖立桅杆时,应先埋好地锚。把桅杆子放在钻机的正前方,将桅杆轴放入桅杆座内,用螺栓将其固定。在竖立桅杆前,应先将 4 根桅杆绷绳,用绳卡固定在桅杆上头,并将前面两根桅杆绷绳,通过调节器与地锚连接。在桅杆起落范围内不准站人,检查刹车带及其桅杆钢丝是否良好。为使竖立桅杆省劲,在竖立桅杆前应将桅杆靠天车一头垫起一人多高,然后竖立桅杆。竖立桅杆可开动工具卷筒用主钢丝绳拉起,也可用人力拉起。桅杆竖起后,将后面两根桅杆绷绳也与地锚连接,扭转调节器调节四根桅杆绷绳的松紧,使其松紧适当。此时检查桅杆是否有左、右倾斜现象,如有,可通过调节左、右两边桅杆座下的垫片来纠正。最后,用钢丝绳将钻头吊起,调节四根桅杆绷绳的长短,等钻头中心(也即钻孔中心)距桅杆轴中心 900 ~ 1 200 mm 时,将 4 根桅杆绷绳绷紧,安装即告结束。

2)钻进前的准备

(1)设备安装妥当后,即可安装护筒,挖蓄水池及排浆坑。

(2)开孔钻进时,孔内泥浆柱对地层的压力很小,而泥浆的动荡却较大,加上开孔多是松散易坍的表土、流砂、卵石、砂砾石地层,很易发生坍孔漏水现象。因此,为防止钻孔坍塌漏水,除地表为较厚的黏土、亚黏土等稳定地层外,均需安装护筒。护筒多是钢板卷制或木制,为节约钢板木材,也有用砖垒砌而成。护筒的口径及安装深度,可据开孔口径及地层情况定。护筒内径应比开孔口径大 100 mm 为宜。其安装深度应下到隔水层,或潜水水位以下 1 m。如遇潜水水位太深,护筒长度不够,可在下入一定长度护筒后,采用边钻进、边填黏土的方法,保护孔壁不使坍塌。下完护筒后,护筒与孔壁之间的间隙应填入黏土夯实,防止孔内泥浆与护筒外串通。

(3)蓄水池应挖在离孔口不远的适当位置,以不妨碍操作为原则。蓄水池、护筒、水源之间有水沟连接,钻进时蓄水池中的水源源不断地补充到护筒内,使蓄水池的水位最低与地面平,在自然水位较低处,蓄水池水位应高于自然水位 2.5 ~ 3.0 m。凭借水头压力的作用,避免或减轻孔壁的坍塌。

(4)排浆坑应挖在钻孔前方适当位置,用以存放从孔内掏出的含有大量泥沙的泥浆。开钻前必须准备足够的黏土,需要泥浆护壁的钻孔,准备黏土应多些,清水钻进的钻孔,也要准备一定数量的黏土,以防急用时措手不及。

1.3.2.3　回转钻机设备安装及钻进前的准备

回转钻机打井是回转钻机在动力机带动下,通过钻杆驱动钻头在孔内回转,对地层进行切削和研磨破碎而成孔的。适用于钻进各种土、砂、砂砾及基岩地层,在松散的土层、砂层中钻进效率较高。

1)竖立三脚架

在竖立三脚架前,必须先将场地平好夯实。在河滩及低洼地区施工时,应考虑雨季对施工的影响,将地基适当加高,并在周围挖排水沟或修建防水埝。场地平好后即可立架。

竖立三脚架的方法有多种,这里介绍一种。

先将各架腿连接丝扣上紧,放在 2 ~ 2.5 m 高的支架上,用穿钉将三根架腿顶端串起并上好 U 形环。或置于平地摆好后,用倒链吊起 2 ~ 2.5 m,以克服死点。在中腿下端 150 ~ 200 mm 处卡一个弯环角铁卡,下拴直径 19 mm 钢丝绳套,系上单轮或双轮滑车。将卷扬机放在两侧腿正中,紧靠卷扬机在两侧腿间锁好拉条并辅以两根钻杆,以增加其强度,将卷扬机与拉条,钻杆靠紧。把卷扬机上的钢丝绳穿入中腿滑车,绳头拴在卷扬机前的拉条和钻杆上。立架前,详细检查架子中腿是否置于正中,两侧腿是否一样平;中腿垫木是否向着中腿,U形环和左、右两侧绷绳是否已拴妥当等。一切准备工作切实做好后,方可开动卷扬机(也可人力扳轮),将三脚架慢慢升起。立架时两侧应有专人拉住绷绳,以防架子倾倒造成人身事故。三脚架升起后发现倾斜时,不可松动卷扬机钢丝绳,应慢慢校正中腿垫木,纠正倾斜。三脚架升至要求高度后,即可安装拉条和梯子等,并用绷绳将三脚架固定。

2)设备安装与开钻前的准备

(1)按照设备形式,依次安装转盘、卷扬机、中间车、动力机、泥浆泵。各种机械设备必须安装得水平、周正、牢固。

(2)各设备间的距离要合适,既要便于操作,又要保证操作者的安全。

(3)设备安装完毕后,要检查钻孔中心、转盘中心(或立轴中心)、天车三者是否在一条垂直线上。

(4)认真安装好各种安全设施。如机器运转部分要有防护罩,皮带传动部分及塔上要设防护栏杆,雷雨季节施工要安装避雷针,电动机外壳应接地等。

(5)工作棚要搭得坚固实用,以保证施工时不受风、雨、雪的袭击。

(6)为使泥浆充分沉淀净化,应采用多坑、长槽的泥浆循环系统,要求沉淀坑不少于2个,规格为1 m×1 m×1 m。循环槽不短于15 m。贮浆池规格为3 m×3 m×2 m。

(7)如开孔遇流砂、粉砂等易坍塌地层,为避免开孔后孔眼坍塌,在开孔前一定要下入护筒。其下入深度应在不透水层或潜水位以下1 m。护筒内径一般比开孔钻头大50~100 mm。为了防止孔内泥浆与护筒外串通,或井台塌陷,护筒与孔壁间应填入黏土并夯实。

还须注意如下问题:

(1)开车前必须检查各零部件螺栓是否紧固,皮带松紧程度是否合适,离合器是否灵活可靠,刹车带的间隙是否妥当,必要时进行调整和检修。

(2)钻机工作前,应进行试运转,确认各部分机件工作正常后,才可正式开车钻进。

1.3.3 钻进中采样和地层编录

在钻进过程中必须经常观察和记录岩层的变化,变层的深度和厚度,为机井的合理结构设计提供可靠的依据。因此,应及时采样并做好地层编录工作。

(1)松散层钻进时,采取岩(土)样应符合下列规定:

①一般只采鉴别样,冲击钻进时,可用抽筒或钻头带取鉴别样;回转无岩芯钻进时,可在井口冲洗液中捞取鉴别样。所采鉴别样应准确反映原有地层的埋深、岩性、结构及颗粒组成。

②鉴别样的数量,每层至少一个。含水层2~3 m采一个,非含水层与不宜利用的含水层3~5 m采一个,变层处加采一个。当有较多钻孔资料或进行电测时,鉴别样的数量可适当减少。

③探采结合井、试验井等应采颗粒分析样,在厚度大于4 m的含水层中,宜每4~6 m

取一个;当含水层厚度小于 4 m 时,应采一个。岩(土)样质量(干重)不得少于:砂 1 kg,圆(角)砾 3 kg,卵(碎)石 5 kg。

(2)基岩层钻进必须采岩芯的,岩芯采取率:完整基岩为 70% 以上,构造破碎带、岩溶带和风化带为 30% 以上。取芯特别困难的溶洞充填物和破碎带,要求顶底板界线清楚,并取出有代表性的岩样。

(3)土样和岩样(岩芯)必须按地层顺序存放,及时描述和编录。土样和岩样(岩芯)可保存至工程验收,必要时可延长存放时间。

(4)土的分类,可按表 5-1-11 的规定进行。

表 5-1-11　土的分类

类别	名称	定名标准
碎石类土	漂石	圆形及亚圆形为主,粒径大于 200 mm 的颗粒超过全重的 50%
	块石	棱角形为主,粒径大于 200 mm 的颗粒超过全重的 50%
	卵石	圆形及亚圆形为主,粒径大于 20 mm 的颗粒超过全重的 50%
	碎石	棱角形为主,粒径大于 20 mm 的颗粒超过全重的 50%
	圆砾	圆形及亚圆形为主,粒径大于 2 mm 的颗粒超过全重的 50%
	角砾	棱角形为主,粒径大于 2 mm 的颗粒超过全重的 50%
砂类土	砾砂	粒径大于 2 mm 的颗粒占全重的 25% ~50%
	粗砂	粒径大于 0.5 mm 的颗粒超过全重的 50%
	中砂	粒径大于 0.25 mm 的颗粒超过全重的 50%
	细砂	粒径大于 0.075 mm 的颗粒超过全重的 85%
	粉砂	粒径大于 0.075 mm 的颗粒不超过全重的 50%
黏性类土	粉土	塑性指数 $I_P \leq 10$
	粉质黏土	塑性指数 $10 < I_P \leq 17$
	黏土	塑性指数 $I_P > 17$

(5)土样和岩样(岩芯)的描述,可按表 5-1-12 的规定。

表 5-1-12　土样和岩样(岩芯)描述内容

类别	描述内容
碎石类土	名称、岩性、磨圆度、分选性、粒度大小占有比例、胶结情况和填充物(含砂、黏性土的含量)
砂土类	名称、颜色、分选性、粒度大小占有比例、矿物成分、胶结情况和包含物(黏性土、动植物残骸、卵砾石的含量)
黏性土类	名称、颜色、湿度、有机物含量、可塑性和包含物
岩石类	名称、颜色、矿物成分、结构、构造、胶结物、化石、岩脉、包裹物、风化程度、裂隙性质、裂隙和岩溶发育程度及其填充情况

（6）土样和岩样（岩芯）的编录，内容包括采样时间、地点、名称、编号、深度、采样方法和岩性描述以及分析结果。各种原始资料最终表示在岩层柱状图，柱状图的形式如图5-1-46所示。

（7）松散层中的深井、地下水质和地层复杂的井、全面钻进的基岩井，必须进行井孔电测，校正含水层位置、厚度和分析地下水矿化度。

××号井地质柱状图

井位：　　　　　　　　　　　　　　　　　　　开工日期：
地面高程　　　　　　　　　　　　　　　　　　竣工日期：

地层时代	井深（m）1:5 000	厚度（m）	地层柱状剖面图	岩性描述	取样位置及编号	备注
	5.0	5.0		地表土		
第四系	11.0	6.0		黄色粉砂	1—1	
	14.0	3.0		褐黄色淤泥		
	20.0	6.0		黄色中砂	2—1 2—2	
	28.0	8.0		砂砾石层	3—1 3—2 3—3	
奥陶系	36.0	8.0		石灰岩		

图 5-1-46　岩层柱状图

1.3.4　压力钢管除锈防腐方法

1.3.4.1　除锈等级标准的要求

国家标准《涂覆涂料前钢材表面处理 表面清洁度的目视评定 第1部分:未涂覆过的钢材表面和全面清除原有涂层后的钢材表面的锈蚀等级和处理等级》(GB/T 8923.1—2011)将除锈等级分成喷射或抛射除锈、手工和动力除锈、火焰除锈三种类型。

（1）喷射或抛射除锈,用字母"Sa"表示,分四个等级:

Sa1:轻度的喷射或抛射除锈。钢材表面无可见的油脂或污物,没有附着不牢的氧化皮、铁锈和油漆涂层等附着物。

Sa2:彻底的喷射或抛射除锈。钢材表面应无可见的油脂和污垢,氧化皮、铁锈等附着物已基本清除,其残留物应是牢固附着的。钢材表面均匀布置抛丸后形成的抛射凹痕,抗滑移系数达到0.35~0.45。

Sa2.5:非常彻底的喷射或抛射除锈。钢材表面应无可见的油脂、污垢、氧化皮、铁锈和油漆涂层等附着物,任何残留的痕迹应仅是点状或条状的轻微色斑。钢材表面均匀布置抛丸后形成的抛射凹痕,抗滑移系数达到0.45~0.50。

Sa3:使钢材表观洁净的喷射或抛射除锈。钢材表面应无可见的油脂、污垢、氧化皮、铁锈和油漆等附着物,该表面应显示均匀的金属光泽。

（2）手工和动力除锈:以字母"St"表示,分为两个等级:

St2:彻底手工和动力除锈。钢材表面无可见的油脂、污垢,没有附着不牢的氧化皮、铁锈和油漆涂层等附着物。

St3:非常彻底的手工和动力除锈。钢材表面应无可见的油脂、污垢,并且没有附着不牢的氧化皮、铁锈和油漆涂层等附着物。除锈比 St2 更为彻底,底材显露部分的表面应具有金属光泽。

（3）火焰除锈,以字母"F1"表示,它包括在火焰加热作业后,以动力钢丝刷清除加热后附着在钢材表面的产物。只有一个等级。

1.3.4.2　压力钢管除锈方法

钢管在实施防腐蚀措施前,彻底清除铁锈、氧化皮、焊渣、油污、灰尘、水分等,使之露出灰白色金属光泽,并经检查验收合格后,才能进行防腐蚀工作。除锈方法有以下几种。

1）清洗

利用溶剂、乳剂清洗钢材表面,以去除油、油脂、灰尘、润滑剂和类似的有机物,但它不能去除钢材表面的锈、氧化皮、焊渣等,因此在防腐生产中只作为辅助手段。

2）工具除锈

主要使用钢丝刷等工具对钢材表面进行打磨,可以去除松动或翘起的氧化皮、铁锈、焊渣等。手动工具除锈能达到 St2 级,动力工具除锈可达到 St3 级。若钢材表面附着牢固的氧化铁皮,工具除锈效果不理想,达不到防腐施工要求的锚纹深度。

3）酸洗

一般用化学和电解两种方法做酸洗处理,管道防腐只采用化学酸洗,可以去除氧化皮、铁锈、旧涂层,有时可用其作为喷砂除锈后的再处理。化学清洗虽然能使表面达到一定的清洁度和粗糙度,但其锚纹浅,而且易对环境造成污染。

4）喷（抛）射除锈

（1）喷（抛）射除锈是通过大功率电机带动喷（抛）射叶片高速旋转,使钢砂、钢丸、铁丝段、矿物质等磨料在离心力作用下对钢管表面进行喷（抛）射处理,不仅可以彻底清除铁锈、氧化物和污物,而且钢管在磨料猛烈冲击和摩擦力的作用下,还能达到所需要的均匀粗糙度。

（2）喷（抛）射除锈后,不仅可以扩大管子表面的物理吸附作用,而且可以增强防腐层与管子表面的机械黏附作用。因此,喷（抛）射除锈是管道防腐的理想除锈方式。一般而言,喷丸（砂）除锈主要用于管子内表面处理,抛丸（砂）除锈主要用于管子外表面处理。采用喷（抛）射除锈应注意几个问题。

①除锈等级。对于钢管常用的环氧类、乙烯类、酚醛类等防腐涂料的施工工艺,一般要求钢管表面达到近白级（Sa2.5）。实践证明,采用这种除锈等级几乎可以除掉所有的氧化皮、锈和其他污物,锚纹深度达到 $40 \sim 100~\mu m$,充分满足防腐层与钢管的附着力要求,而喷（抛）射除锈工艺可用较低的运行费用和稳定可靠的质量达到近白级（Sa2.5）技术条件。

②喷（抛）射磨料。为了达到理想的除锈效果,应根据钢管表面的硬度、原始锈蚀程

度、要求的表面粗糙度、涂层类型等来选择磨料,对于单层环氧、二层或三层聚乙烯涂层,采用钢砂和钢丸的混合磨料更易达到理想的除锈效果。钢丸有强化钢表面的作用,而钢砂则有刻蚀钢表面的作用。钢砂和钢丸的混合磨料(通常钢丸的硬度为 40 ~ 50 HRC,钢砂的硬度为 50 ~ 60 HRC 可用于各种钢表面,即使是用在 C 级和 D 级锈蚀的钢表面上,除锈效果也很好。

③磨料的粒径及配比。为获得较好的均匀清洁度和粗糙度分布,磨料的粒径及配比设计相当重要。粗糙度太大易造成防腐层在锚纹尖峰处变薄;同时由于锚纹太深,在防腐过程中防腐层易形成气泡,严重影响防腐层的性能。

粗糙度太小会造成防腐层附着力及耐冲击强度下降。对于严重的内部点蚀,不能仅靠大颗粒磨料高强度冲击,还必须靠小颗粒打磨掉腐蚀产物来达到清理效果,同时合理的配比设计不仅可减缓磨料对管道及喷嘴(叶片)的磨损,而且磨料的利用率也可大大提高。通常,钢丸的粒径为 0.8 ~ 1.3 mm,钢砂粒径为 0.4 ~ 1.0 mm,其中以 0.5 ~ 1.0 mm 为主要成分。砂丸比一般为 5 ~ 8。

应该注意的是,在实际操作中,磨料中钢砂和钢丸的理想比例很难达到,原因是硬而易碎的钢砂比钢丸的破碎率高。为此,在操作中应不断抽样检测混合磨料,根据粒径分布情况,向除锈机中掺入新磨料,而且掺入的新磨料中,钢砂的数量要占主要的。

④清洗和预热。在喷(抛)射处理前,采用清洗的方法除去钢管表面的油脂和积垢,采用加热炉对管体预热至 40 ~ 60 ℃,使钢管表面保持干燥状态。在喷(抛)射处理时,由于钢管表面不含油脂等污垢,可增强除锈的效果,干燥的钢管表面也有利于钢丸、钢砂与锈和氧化皮的分离,使除锈后的钢管表面更加洁净。

1.3.4.3　压力钢管防腐措施

1)金属喷涂

(1)压力钢管防腐蚀措施有金属喷涂和涂料保护两大类。应根据应用条件、防腐蚀的要求,经济合理地选用防腐蚀材料,以有效地防止锈蚀、磨损及细菌的腐蚀。

(2)对钢管喷锌防腐蚀较任何一种涂料都好,具有附着力强、硬度高、抗磨蚀、适应变形性能强,且一次喷好,可保护 20 ~ 40 年,虽一次投资较大,但总的费用仅为涂料防腐费用的 40%,故应予推广采用。

(3)金属表面采用喷镀锌防腐蚀时还应符合下列要求:①对喷镀的金属表面除除锈要求外,还应有一定的粗糙度,以利镀层附着;②锌丝纯度不低于 99.9%;③钢管外壁喷锌厚度 0.1 ~ 0.15 mm,内壁喷锌厚度为 0.2 ~ 0.3 mm,喷镀分二次进行,第一次为全厚的 70% ~ 80%;④喷距为 15 ~ 20 cm,喷角25°左右为宜,ZQP-1 气喷枪的乙炔压力及氧气压力为 0.1 ~ 0.16 MPa;⑤喷镀完,经检查合格后,应用涂料封闭,且宜在镀层尚有余温时进行。

2)涂料保护

(1)金属表面采用涂料防腐蚀时,钢管外壁可采用醇酸涂料或氯化橡胶涂料。钢管内壁宜采用以下涂料:①聚氨酯沥青涂料;②环氧沥青涂料,环氧红丹防锈漆;③氯化橡胶涂料;④已有同类工程实践经验的其他涂料。

(2)涂料防腐蚀应符合下列要求:①使用的涂料应符合图纸规定。涂料的层数,每层厚度、间隔时间,调配方法和涂装时注意事项,均应按图纸和厂家说明书上规定执行。②涂料涂装宜在气温 5 ℃以上时进行,涂装场地应通风良好。当构件表面潮湿或尘土飞扬,烈日直接暴晒时,均应采取措施,否则不得涂装。③钢管外壁涂料保护层厚度为 0.1 ~ 0.15 mm,内壁为 0.15 ~ 0.20 mm。④涂刷前应按要求进行除锈处理,并按涂料特性、工艺要求,严格控制质量。漆膜厚薄均匀,每层附着坚固,不得有漏漆部位,干燥后检查表面应均匀、细致、光亮、颜色一致,不得有裂纹和脱皮现象。⑤与混凝土接触的钢管表面,在经过除锈处理后,可均匀涂一层含 30% 苛性钠的水泥浆,其水灰比为 1:2.6,初凝后养护约 10 d。⑥金属结构出厂前应涂底漆,面漆宜在安装前完成,但在安装焊缝两侧 10 ~ 20 cm 范围内,均应留待安装后涂装。如采用喷涂,除安装焊缝两侧外,宜全部在出厂前完成。

1.3.5　冬季施工方法

1.3.5.1　冬季施工特点

(1)冬季施工由于施工条件及环境不利,是工程质量事故的多发季节,尤以混凝土工程居多。

(2)质量事故出现的隐蔽性、滞后性。即工程是冬天干的,大多数在春季才开始暴露出来,因而给事故处理带来很大的难度,轻者进行修补,重者重来,不仅给工程带来损失,而且影响工程的使用寿命。

1.3.5.2　冬季施工规定

(1)砖石砌体工程:在预计 10 d 内的平均气温低于 5 ℃,即进入冬季施工阶段。

(2)混凝土工程:室外日平均气温连续 5 d 稳定低于 5 ℃或最低气温降至 0 ℃或 0 ℃以下时,混凝土施工进入冬季施工。

1.3.5.3　冬季施工措施

1)土方工程

(1)土在冬季,由于遭受冻结,变为坚硬,挖掘困难,施工费用比常温时高,所以新开工项目的土方及基础工程应尽量抢在冬季施工前完成。

(2)必须进行冬期开挖的土方,要因地制宜地确定经济合理的施工方案和制订切实可行的技术措施,做到挖土快,基础施工快,回填土快。

(3)地基土以覆盖草垫保温为主,对大面积土方开挖应采取翻松表土、耙平法进行防冻,松土深度 30 ~ 40 cm。

(4)冬期施工期间,若基槽开挖后不能马上进行基础施工,应按设计槽底标高预留 300 mm 余土,边清槽边作基础。一般气温 0 ~ - 10 ℃覆盖 2 层草垫, - 10 ℃以下覆盖 3 ~ 4 层草垫。

(5)准备用于冬期回填的土方应大堆堆放,上覆盖 2 层草垫,以防冻结。

(6)土方回填前,应清除基底上的冰雪和保温材料。

(7)土方回填每层铺土厚度应比常温施工减少 20% ~ 25%,预留沉降量比常温施工时适当增加。用人工夯实时,每层铺土厚度不得超过 20 cm,夯实厚度为 10 ~ 15 cm。

(8)当用含有冻土块的土料用作填方时,室内的基坑(槽)或管沟不得含有冻土块的土回填;室外的基坑(槽)或管沟可用含有冻土块的土回填,但冻土块体积不得超过填土总体积的15%,管沟底至管顶0.5 m范围内不得用含有冻土块的土回填,冻土块的粒径不得大于15 cm,铺填时,冻土块应分散开,并逐层压实。

(9)灰土垫层可在气温不低于-10 ℃时施工,但必须采取保温措施,使基槽、素土、白灰不受冻,白灰施工时应采取随闷、随筛、随拌、随夯、随覆盖的"五随"措施,当天夯实后并覆盖草垫2~3层。

2)混凝土工程

在室外日平均气温连续5 d低于5 ℃的冷天施工应符合下列规定:

(1)应做好冷天施工的各种准备,集料应在进入冷天前筛洗完毕。

(2)混凝土浇筑应尽量避开寒流到来之时,或尽量安排在白天温度较高时进行。

(3)基底保护层土壤挖除后,应立即采取保温措施,尽快浇筑混凝土。在老混凝土或基岩上浇筑混凝土,必须加热处理基面上的冰冻,经验收合格后再浇筑混凝土。

(4)未掺防冻剂的混凝土,其允许受冻强度不得低于10 MPa。

(5)配制冷天施工的混凝土,应优先选用硅酸盐水泥或普通硅酸盐水泥。

(6)冷天浇筑的混凝土中,宜使用引气型减水剂,其含气量宜为4%~6%。在钢筋混凝土中,不得掺用氯盐。与镀锌钢材或与铝铁相接触部位及靠近直流电源、高压电源的部位,均不得使用硫酸钠早强剂。

(7)合理确定混凝土离开拌和机的温度,入仓温度不宜低于10 ℃,覆盖混凝土的温度不宜低于3 ℃。

(8)制备混凝土应先将热水与集料混合,然后加水泥,水泥不得直接加热,水及集料的加热温度不应超过表5-1-13的规定。

表5-1-13　水及集料加温允许最高温度　　　　　　　　(单位:℃)

项目	水	集料
强度等级小于52.5的普通硅酸盐水泥、矿渣硅酸盐水泥	80	60
强度等级等于或大于52.5的硅酸盐水泥、普通硅酸盐水泥	60	40

(9)拌制混凝土时集料中不得带有冰雪及冻团,搅拌时间应适当延长。

(10)浇筑前应清除模板、钢筋、止水片和预埋件上的冰雪和污垢,运输器具应有保温措施。

(11)当室外气温不低于-15 ℃,且表面系数不大于5的结构,应首先采用蓄热法或蓄热与掺外加剂并用的方法。

当采用上述方法不能满足强度增长要求时,可选用蒸汽加热、电流加热或暖棚保温的方法。

(12)采用蓄热法养护应按下列要求进行:①随浇筑,随捣固,随覆盖;②保温保湿材料应紧密覆盖模板或混凝土表面,迎风面宜增设挡风措施;③细薄结构的棱角部分,应加强保护;④流道、廊道和泵井的端部及其他结构上的孔洞,应暂时封堵。

(13)模板和保温层的拆除,除按模板使用及拆除的基本规定执行外,尚应符合下列要求:①混凝土强度必须大于允许受冻的临界强度。②在混凝土冷却到 5 ℃后,方可拆除。③避免在寒流袭击、气温骤降时拆除。当混凝土与外界温差大于 14 ℃时,拆模后的混凝土表面,应覆盖使其缓慢冷却。

(14)冷天施工时应做好下列各项观测记录:①室外气温和暖棚内气温,每天(昼夜)观测 4 次。②水温和集料温度,每天观测 8 次。③混凝土离开拌和机温度和浇筑温度,每天观测 8 次。④混凝土浇筑完毕后 3 ~ 5 d 内,应加强混凝土内部温度的观测。用蓄热法养护时,每天观测 4 次;用蒸汽或电流加热时,每小时观测 1 次,在恒温期间每 2 h 观测 1 次。

模块 2　灌排工程运行

2.1　灌排渠(沟)运行

2.1.1　渠道运行过程中的应急处理

渠道在大汛期或平时高水位时经常出现的缺陷主要是渗漏,甚至有时也可能出现漏洞、漫溢等严重事故。因此,在运用中应维持渠道的流量、流速在正常范围内,控制过大的流量,减少溢流,定期进行清淤,排除堆积物和杂草,出现缺陷后要注意加强观测,一旦出现问题应及时修理。

2.1.1.1　渠道渗漏变形类型及处理方法

土渠经过长时间运行,土堤常有不同程度的渗漏。引水渠道正常运行期间存在少量渗漏损失是允许的,如果渗流小、水不浑,一般来说没大问题。但当土堤渗流是浑水时,且水量不断增大,就应及时处理,否则会危及渠道安全,造成渠岸坍塌等事故。其处理办法:

(1)若渗漏量不大,细看迎水面,如有气泡、旋涡出现,或渗流加大,可在迎水坡面对应处进行黏土铺盖直到不渗水。具体方法是:①散抛黏土截渗:当渠内水深较小,水流不大,附近有黏性土料而且取土较易时采用。②土袋前戗截渗:当临渠水浅但流速较大,散抛土料易冲失时采用,先在水面以下堤坡脚以外用土袋筑一隔墙,然后抛填土料。③土工膜(或蓬布、彩条布)加土袋保护层:当缺乏黏性土时采用,先清理铺设范围内堤坡和堤脚地面,将土工膜卷在滚筒上从堤肩上往下滚,尺寸以铺满堤坡并伸入临水堤脚外 1 m 以上为宜,铺好后由下往上压满一层土袋保护。

(2)若渗漏严重,用黏土铺盖不奏效,或因渠道内水流很急,黏土铺盖被冲走时,可采取"回填法"处理。如图 5-2-1 所示。在与渗流对应的堤顶中心线左右,挖一个与渠道平行的长方形截水槽,其宽度一般 30 cm 即可,长度与深度可挖到发现槽内靠近迎水面的一侧有渗流,并观其与原堤渗流差不多时为止。然后用准备好的黏土回填。填一层,夯实一层,一直填实到堤顶。这种施工方法简单,省工省时效果好,而且不受天气影响,也不影响渠道的正常运行。

2.1.1.2　渠道漏洞堵塞

渠道在运行状态下,出现较大漏水量或管涌等异常情况,尤其是在渠道水深、流急、量大而又不能停水中断农业灌溉的情况下,实施堵漏抢险技术更要安全及时、准确可靠。

1)洞口堵塞法

(1)技术要点。派熟悉水性的人员潜入水中寻找洞口,把棉衣、破棉被或编织袋等物品捆成长度为 20 ~ 50 cm 的圆锥状进行堵塞。为防止堵塞物品在水里上浮,棉衣、棉被

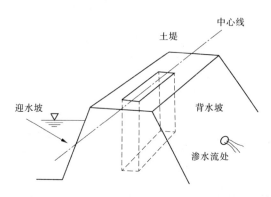

图 5-2-1　用"回填法"处理土堤渗漏示意图

可以先湿裹部分黏土。堵塞物大小视漏洞进口的尺寸而定。洞口用棉被团堵塞后,再用编织袋装土压实。出口用大、小石子及块石等反滤堆导渗。在铺设反滤料之前,先清理铺设范围内的杂物和软泥,在已清理好的漏洞出口范围内,普遍盖压一层厚 20 cm 的大石子,以消杀水势,再由下自上铺粗砂、小石子和大石子各 1 层,厚度均约 20 cm,最后压盖块石 1 层,予以保护。

（2）适用条件和范围。渠道水深 3 m 以内,流速小于 0.6 m/s,漏洞进口周围土质较好或者有混凝土衬砌。

2）抽槽回填法

（1）技术要点。在漏洞进水口难以探明的情况下,在堤顶内侧沿漏水道垂直面开挖坑槽,长度 3 ~ 4 m、宽度约 1.5 m、深度超过漏水通道 0.5 m 左右。通道挖出来后,用麻袋或破棉被团堵住漏水道出口,迅速用黏土进行回填,并分层夯实。

（2）适用条件和范围。渠堤高度在 2.5 m 以内,漏水量为 0.01 ~ 0.1 m^3/s。

3）冲填灌浆法

（1）技术要点。根据漏水点部位,沿渠堤轴线内侧布孔,采用冲击钻钻孔,孔径为 30 cm,孔距为 60 cm,钻孔深度超过漏水通道 1 m 以上。完成钻孔后,把 M8 水泥砂浆或 C15 混凝土灌入钻孔内,用钻头进行冲挤。通过钻头对砂浆和混凝土的挤压,使渠堤内漏水通道获得充填,疏松土体挤压密实,从而达到堵漏的目的。

（2）适用条件和范围。适于渠道水位较深、渠堤较高、漏洞进口难以探明,且渠顶能够满足钻孔施工条件的情况,漏水洞漏水量达 0.01 ~ 0.08 m^3/s。

2.1.1.3　渠堤坍塌的应急处理

因水流冲刷堤身,土体内部摩擦力和黏结力抵抗不住土体的自重和其他外力,使土体失去平衡而坍塌。岸坡坍塌抢护,应以护坡、固基为主,阻止继续坍塌。发生坍塌事故时,若坍塌面积较大,影响正常输水,应及时停水。当坍塌面积较小,不影响输水或影响较小,短期内可完成修复时,可采用适当控制事故点上游节制闸,降低事故点水位,进行渠道修复或加固。渠堤坍塌的应急处理方法如下:

（1）临水侧抛石、石笼、织造土工织物土枕或袋土,或在崩岸段沉放织造土工织物（或非织造土工织物）软体排,在其上加足够压载以抵抗水流冲力。如果堤身太单薄,还需视情况在背水坡加筑防汛袋土内帮,内帮用袋土透水性要适当大些,见图 5-2-2。

（2）如果堤坡发生严重崩塌,可在迎水坡采取防汛袋土垒坡外帮,边垒袋土,边填土还坡,分层填筑,使外帮顶面高出水面 0.5 m 以上,或与堤顶齐平。堤身特别单薄处也可以再加筑内帮,如图 5-2-3 所示。

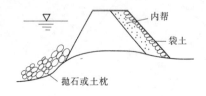
图 5-2-2　堤身内帮示意图

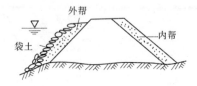
图 5-2-3　堤身外帮（及内帮）示意图

（3）渠堤陡坎抢护。经急流顶冲,堤坝前形成陡坎险情时,可采用织造土工织物土枕防护,其方法为:用织造土工织物或其与土工膜复合制成土枕,枕内装土,沉放时把长土袋放在陡坎边缘,齐力往下推滚,如此一个接一个往下沉放,直到陡坎处土枕高出水面。

2.1.1.4　渠堤裂缝的应急处理

1）险情判别

裂缝抢险,首先要进行险情判别,分析其严重程度。先要分析产生裂缝的原因,是滑坡性裂缝,还是不均匀沉降引起;是施工质量差造成,还是由振动引起。而后要判明裂缝的走向,是横缝还是纵缝。对于纵缝,应分析判断是否是滑坡或崩岸性裂缝,如果是横缝,要判别探明是否贯穿堤身。

2）应急处理原则

根据裂缝判别,如果是滑动或坍塌崩岸性裂缝,应先按处理滑坡或崩岸方法进行抢护。待滑坡或崩岸稳定后,再处理裂缝,否则达不到预期效果。纵向裂缝如果仅是表面裂缝,可暂不处理,但须注意观察其变化和发展,并封堵缝口,以免雨水侵入,引起裂缝扩展。较宽较深的纵缝,即使不是滑坡性裂缝,也会影响堤防强度,降低其抗洪能力,应及时处理,消除裂缝。横向裂缝是最为危险的裂缝。如果已横贯堤身,在水面以下时水流会冲刷扩宽裂缝,导致非常严重的后果。即使不是贯穿性裂缝,也会因缩短渗径,浸润线抬高,造成堤身土体的渗透破坏。因此,对于横向裂缝,不论是否贯穿堤身,均应迅速处理。窄而浅的龟纹裂缝,一般可不进行处理。较宽较深的龟纹裂缝,可用较干的细土填缝,用水洇实。

3）应急处理方法

渠堤发生裂缝险情的应急处理方法,一般有开挖回填、横墙隔断、封堵缝口等。

A. 开挖回填

这种方法适用于经过观察和检查已经稳定,缝宽大于 1 cm,深度超过 1 m 的非滑坡（或坍塌崩岸）性纵向裂缝,施工方法如下:

（1）开挖。沿裂缝开挖一条沟槽,挖到裂缝以下 0.3 ~ 0.5 m 深,底宽至少 0.5 m,边坡的坡度应满足稳定及新旧填土能紧密结合的要求,两侧边坡可开挖成阶梯状,每级台阶高宽控制在 20 cm 左右,以利稳定和新旧填土的结合。沟槽两端应超过裂缝 1 m,如图 5-2-4 所示。

（2）回填。回填土料应和原堤土类相同,含水率相近,并控制含水率在适宜范围内。

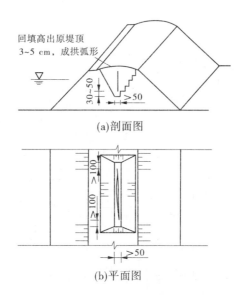

回填高出原堤顶
3~5 cm,成拱弧形

(a)剖面图

(b)平面图

图 5-2-4　开挖回填处理裂缝示意图　（单位:cm）

土料过干时应适当洒水。回填要分层填土夯实,每层厚度约 20 cm,顶部高出堤面 3 ~ 5 cm,并做成拱弧形,以防雨水入浸。

B. 横墙隔断

此法适用于横向裂缝,施工方法如下:

(1)沿裂缝方向,每隔 3 ~ 5 m 开挖一条与裂缝垂直的沟槽,并重新回填夯实,形成梯形横墙,截断裂缝。墙体底边长度可按 2.5 ~ 3.0 m 掌握,墙体厚度以便利施工为度,但不应小于 50 cm。开挖和回填的其他要求与上述开挖回填法相同,如图 5-2-5 所示。

(2)如裂缝临水端已与渠水相通,或有连通的可能,开挖沟槽前,应先在渠堤临水侧裂缝前筑前戗截流。若沿裂缝在堤防背水坡已有水渗出,还应同时在背水坡修做反滤导渗,以免将堤身土颗粒带出。

(3)当裂缝漏水严重,险情紧急,来不及全面开挖裂缝时,可先沿裂缝每隔 3 ~ 5 m 挖竖井,并回填黏土截堵,待险情缓和后,再伺机采取其他处理措施。

C. 封堵缝口

(1)灌堵缝口。裂缝宽度小于 1 cm,深度小于 1 m,不甚严重的纵向裂缝及不规则纵横交错的龟纹裂缝,经观察已经稳定时,可用灌堵缝口的方法。具体做法如下:①用小而细的砂壤土由缝口灌入,再用木条或竹片捣塞密实。沿裂缝做宽 5 ~ 10 cm、高 3 ~ 5 cm 的小土埝,压住缝口,以防雨水浸入。②未堵或已堵的裂缝,均应注意观察、分析,研究其发展趋势,以便及时采取必要的措施。如灌堵以后,又有裂缝出现,说明裂缝仍在发展中,应仔细判明原因,另选适宜方法进行处理。

(2)裂缝灌浆。缝宽较大、深度较小的裂缝,可以用自流灌浆法处理。即在缝顶开宽、深各 0.2 m 的沟槽,先用清水灌下,再灌水土重量比为 1:0.15 的稀泥浆,然后灌水土重量比为 1:0.25 的稠泥浆,泥浆土料可采用壤土或砂壤土,灌满后封堵沟槽。

当裂缝较深,采用开挖回填困难时,可采用压力灌浆处理。先逐段封堵缝口,然后将

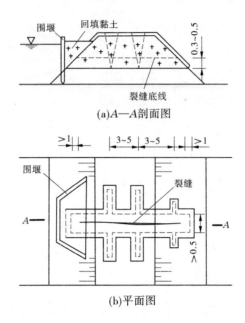

(a)A—A剖面图

(b)平面图

图 5-2-5　横墙隔断处理裂缝示意图　（单位:m）

灌浆管直接插入缝内灌浆,或封堵全部缝口,由缝侧打眼灌浆,反复灌实。灌浆压力一般控制在 $50 \sim 120$ kPa($0.5 \sim 1.2$ kg/cm²),具体取值由灌浆试验确定。

2.1.1.5　渠道漫溢应急处理

渠堤的漫溢是渠道水位超过堤顶而出现漫沉或溢流的现象,极易造成渠堤垮塌决口,因此必须及时处理。

1)渠堤漫溢的主要原因

(1)渠道实际过水流量超过了渠道的设计标准。

(2)渠堤本身未达到设计标准。这可能是投入不足,堤顶未达设计高程,也可能因地基软弱,夯填不实,沉陷过大,使堤顶高程低于设计值。

(3)渠道严重淤积、过水断面减小并对上游产生顶托,使淤积渠段及其上游渠段水位升高。

(4)因渠道上人为建筑物阻水,影响了输水能力,使建筑物上游水位增高。

2)防止漫溢的方法和措施

(1)合理运用工程,加强管理养护。渠道的运用要严格按照规定的最高水位运行,搞好水量调配及泄水退水工作,杜绝违章运用。在岁修或汛前加固工程时,对高度不够或已发生沉陷、坍塌的薄弱地段,以及违章在渠堤、堤防上开口修路的缺口等应进行加高培厚、封填缺口。渠道内的阻水建筑物应按照规定进行清障处理。渠内杂草及两岸边坡淤积浮泥应定期清除,以保证有足够的过水断面。

(2)采取紧急泄水措施。在水位高涨,可能出现漫溢时,应采取断然措施,可打开临近泄水闸、退水闸,排走渠道水流;在渠道应急控制过程中,事故点下游应注意控制水位降落速度,避免渠道边坡滑坡或衬砌板破坏。

2.1.1.6　渠堤决口

灌溉渠道决口的原因很多,主要表现在以下几个方面:

(1)水量调配不合理。未执行计划用水,渠道内水位过高或流速、流量过大都可导致渠道决口。防止办法:放水期间严格控制渠道内的水位、流速、流量,骨干渠道要有专业技术人员巡堤、检测。渠道放水、停水,应逐渐增减,尽量避免猛增猛减。

(2)客水灌入。客水灌入,水位超高,导致漫堤决口。防止办法:发生暴雨及时泄掉渠道内多余的水;对于傍山的渠道,要设拦洪、排洪沟道,将坡面的雨水、洪水就近引入天然河沟。

(3)蚁穴、鼠洞、兽洞等隐患。对这类洞穴没有及时发现和消除,造成放水溃堤。防止办法:加强巡堤检查,最好是在放水前仔细巡堤,发现隐患,及时进行开挖回填夯实或采用灌装处理等办法,同时辅助放有毒药剂,将其毒死,以绝后患。

(4)渠系建筑物与土渠连接处没处理好。如渡槽、涵洞、倒虹吸等与土渠连接处没处理好,发生漏水,由小漏到大漏,最后导致溃堤。防止办法:保证施工质量;对这些重点部位经常检查、观测,及早发现及早处理,防止小问题变成大问题。

渠堤发生决口时,立即关闭事故点相临的上游节制闸,同时开启配套的退水闸,尽快关闭事故点上游其他各节制闸。事故点上游节制闸关闭应采取从下到上的顺序或同步关闭的方式。同时注意观察各闸前水位,适时提起相应的退水闸使闸前水位不超过设计水位。事故点以下各级节制闸适当调节控制,避免水位的降速过大,引起衬砌板滑坡。事故点相临的下游节制闸,对不能承受反向水压力(反向水位差)的弧形闸门(暂定为弧形闸门不能承受反向水压力),则不要关闭,但应尽快关闭检修闸门,提起配套的退水闸,以防止或减少水体向事故点倒流,影响抢险。

2.1.2　水位、流速测量及流量、水量的计算

2.1.2.1　水位观测设备

水位观测设备包括水尺、电子水尺、浮子水位计、超声波水位计、压力式水位计、跟踪式水位计、激光水位计等。其中水尺用于人工观测,其余方法均用于自动观测。

1)水尺

水尺观测是水位的最原始观测方式。水面在水尺上的读数加水尺零点的高程即为当时的水位值。水尺见图 5-2-6。

2)JLWL-3 型光电水位计

该水位计采用光电原理进行水位的变化检测,微电脑计算实时水位。配置一个RS485 有线通信口,可向上位机传送实时水位值。设备可挂接专用无线数字传输电台(如MDS2710、日精 MD889),视距通信距离可达 5 km。各外接接口均有防雷击、抗电磁干扰措施,可在复杂环境下使用。标准配置下,整机输入功耗仅 2 mA,可长期工作。在外接10 Ah 蓄电池供电的情况下,设备可连续工作 150 d 以上而无需充电。具备水位数据实时采集、显示、有线短传、无线远传等功能,具有功耗低、接口简单、性能可靠等特点。JLWL-3型光电水位计见图 5-2-7。

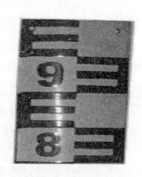

图 5-2-6　水尺示意图

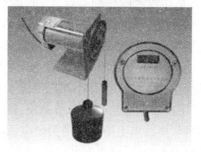

图 5-2-7　JLWL-3 型光电水位计

3）超声波水位计

超声波水位计是一种把声学和电子技术相结合的水位测量仪器。一般由换能器、超声发收控制部分、数据显示记录部分和电源组成。换能器是作为水位感应器件，完成声能和电能之间的转换。超声收发控制部分与换能器相结合，发射并接收超声波，从而形成一组与水位直接并联的发收信号。超声传感器是将换能、超声发收控制部分和数据处理部分组合在一起的部件。它既可以作为超声波水位计的传感器部件，与该水位计的显示记录相连，又可以作为一种传感器与通用型数据传输（有线或无线）设备相连。

4）浮子式水位计

浮子式水位计利用浮子跟踪水位升降，以机械方式直接传动记录。用浮子式水位计需有测井设备（包括进水管），适合岸坡稳定、河床冲淤不大的低含沙河段。浮子式水位计在我国应用较广。浮子式水位计见图 5-2-8。

图 5-2-8　浮子式水位计

仪器以浮子感测水位变化,工作状态下,浮子、平衡锤与悬索连接牢固,悬索悬挂在水位轮的"V"形槽中。平衡锤起拉紧悬索和平衡作用,调整浮子的配重可以使浮子工作于正常吃水线上。在水位不变的情况下,浮子与平衡锤两边的力是平衡的。当水位上升时,浮子产生向上的浮力,使平衡锤拉动悬索带动水位轮作顺时针方向旋转,水位编码器的显示读数增加;水位下降时,则浮子下沉,并拉动悬索带动水位轮逆时针方向旋转,水位编码器的显示读数减小。可以用于测量 10 ~ 40 m 水位变幅。通过与仪器插座相连接的多芯电缆线可将编码信号传输给观察室内的电显示器或计算机,用作观测、记录或进行数据处理;安装有 RS485 数字通信接口(或 4 ~ 20 mA)的水位计,可以直接与通信机、计算机或相应仪表相连接,组成水文自动测报系统。仪器的内置式 RS485 数字通信接口(选装),具备选址、选通功能,能以二线制方式远距离传输信息,在一对双绞线信号线上可以驱动或接收多台水位(或闸位)传感器,实现遥测组网。

2.1.2.2　流速测量

1)流速测量设备

在渠道断面上,流速随水平和垂直方向位置的不同而变化。垂线上的流速分布,一般水面的流速大于河底,且曲线呈一定形状。断面的流速分布一般河底与岸边附近流速最小;近两岸边的流速小于中泓,水最深处水面流速最大。垂线上最大流速,畅流期出现在水面至 $0.2h$(h 为水深)范围内,封冻期则由于盖面冰的影响,对水流阻力增大,最大流速从水面移向半深处,等流速曲线形成闭合状。流速断面分布图见图 5-2-9。

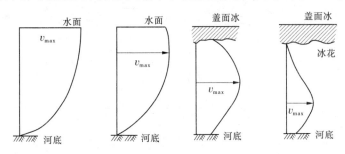

图 5-2-9　流速断面分布图

流速仪测流法是将过水断面划分为很多部分,用普通测量手段测定各部分的面积,用流速仪测定各面积上的平均流速,二者之积为部分面积上的部分流量,将部分流量累加即为断面流量。其基本步骤为:

(1)根据河流情况在测流横断面布设测流垂线(见图 5-2-10)。测流垂线的位置和数目,应能控制河床变化的转折点,主槽部分较滩地为密。

(2)沿各条垂线测定其起点距和水深。常用的水深测量的方法包括测深杆测深、测深锤测深、铅鱼测深、超声波测深仪测深。

(3)在各测速垂线上测量各点的流速。

用流速仪测量流速,常用的流速仪有旋桨式流速仪。国内生产的旋桨式流速仪有LS25-1 型、LS25-1A 型、LS120B 型、LS25-3 型等几种,如图 5-2-11 所示。

LS25-1 型旋桨式流速仪广泛应用于江河、湖泊、渠道、水库等测量水流速度。可配在

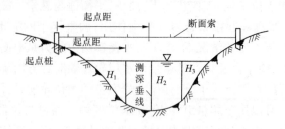

图 5-2-10　测速垂线布设

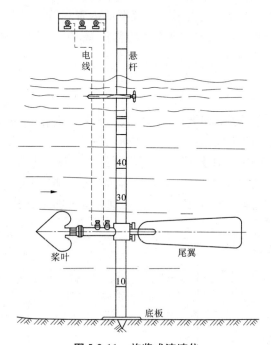

图 5-2-11　旋桨式流速仪

测杆、悬索测船、水文缆道上测流,也可在浅水中作涉水测流。

LS25-1 型旋桨式流速仪是由旋转、身架和尾翼三大部件组成的。

(1)旋转部件。旋转部件包括感应部分、支承系统和传讯机构等三大部分。感应部分是一个螺旋桨,装在一个水平安置的支承系统上。支承的结构采用精密仪表微型轴承,使螺旋桨能灵敏地感应水流流速变化而旋转;螺旋桨的转数通过传讯机构减速,利用机构触点转换为电脉冲讯号,经由导线传送到岸上的计数器。

(2)身架部件。身架部件为流速仪的支座,前端有一圆柱孔,孔壁上有固轴螺丝,用以安装和固定旋转部件,身架前部的喇叭口与旋转部件的反牙螺丝套连接,构成许多曲折的通道,防止水流侵入轴承室,达到密封的目的。身架上部有接线柱,供接装讯号线。身架后部的圆柱孔,用以安装尾翼;另外两个带有固定螺丝的垂直圆柱孔,在测量时用来安装和固定仪器。

(3)尾翼部件。尾翼为一长形平面舵,用来调整流速仪对准水流方向,是仪器的平衡和定向部分。在管道和渠道中用多台流速仪测速时,可不用尾翼,而用其他方法使流速仪对准水流方向。

流速仪转子的转速 n 与流速 v 的关系,在流速仪检定槽中通过试验确定,其关系式一般为

$$v = Kn + C \tag{5-2-1}$$

其中

$$n = N/T$$

式中　K、C——仪器检定常数与摩阻系数;

　　　　T——测速历时;

　　　　N——总转数,$T \geqslant 100$ s。

2)测流渠段要求

用流速仪在明渠中测流,测流断面应选择在渠段平直、水流均匀、无旋涡或回流的地方,断面应与水流方向垂直。测流段应尽可能具有稳定而有规则的断面,测流断面前、后要分别具有大于 20 倍和 5 倍水面宽度的平直段,以保证测流渠段内的水流为均匀流或渐变流状态。

当测流断面附近流速分布不规则或水流不稳定时,可在离开测流断面 3 m 以外处加设稳流装置,以改善水流条件。稳流装置包括稳流栅、稳流筏、稳流板,可根据需要选择其中的一种或两种。

3)测流方法和计算

A. 测定断面

测定断面时,先在渠道两岸拉一带有尺度的绳索,测出测深线的起点距(与断面起点的水平距离)。测定断面各测线深度时,可用木制或竹制的测深杆,测杆上刻度不应小于 2 cm,杆底装置有铁盘或木盘,盘底与测杆零点齐平。测线(水面至渠底)的深度(水深),应在施测流速前测定,一般观测 2 次,取其平均值。同时观测相应的水位,然后将测定结果绘成测流断面图。将测得数据填在测速记载表上。

B. 施测流速

各测线的平均流速可用下列几种方法测定。

(1)一点法。测线平均流速,一般均假定在水深的 6/10 处(自水面向下算,下同),将流速仪放置在该测点上,测得的流速即为该测线上的平均流速,即

$$v_{cp} = v_{0.6} \tag{5-2-2}$$

式中　$v_{0.6}$——测点深度与水深的比值为 0.6 处的流速。

(2)二点法。将流速仪放置在水深 2/10 及 8/10 两处,分别测定流速,取其平均值即为平均流速,即

$$v_{cp} = (v_{0.2} + v_{0.8})/2 \tag{5-2-3}$$

(3)三点法。将流速仪放置在水深 2/10、6/10 及 8/10 处,分别测定流速,取其平均值,即

$$v_{cp} = (v_{0.2} + v_{0.6} + v_{0.8})/3 \tag{5-2-4}$$

或

$$v_{cp} = (v_{0.2} + 2v_{0.6} + v_{0.8})/4 \tag{5-2-5}$$

(4)五点法。将流速仪放在水面,水深 2/10、6/10、8/10 及渠底处,分别测定流速,按式(5-2-6)算出平均值,即

$$v_{\mathrm{cp}} = (v_{0.0} + 3v_{0.2} + 3v_{0.6} + 2v_{0.8} + v_{1.0})/10 \qquad (5\text{-}2\text{-}6)$$

水深小于 1 m 时,通常采用一点法或二点法测定;水深为 1~3 m 时,流速分布不均匀,则用三点法或五点法测定。

每一测点测速历时不宜少于 120 s,以控制不稳定流速在时间上的变化。

2.1.2.3　流量计算

流量由流速与过水断面面积相乘而得。由于流速在全断面内分布不均,需将全断面按测线分成若干部分,分别求出每部分的平均流速与面积。再用部分平均流速乘部分面积,求得部分流量,部分流量之和即为全断面总流量。计算方法、步骤如下(各符号含义见图 5-2-12)。

1)计算部分平均流速

在相邻两测速垂线均有实测流速的部分,其平均流速为两侧测速垂线平均流速的平均值,即

$$\left.\begin{aligned} v_2 &= \frac{1}{2}(v_{\mathrm{cp1}} + v_{\mathrm{cp2}}) \\ v_3 &= \frac{1}{2}(v_{\mathrm{cp2}} + v_{\mathrm{cp3}}) \\ &\cdots\cdots \end{aligned}\right\} \qquad (5\text{-}2\text{-}7)$$

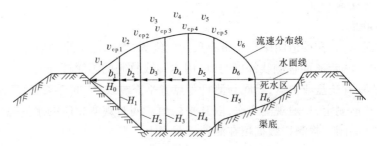

图 5-2-12　测流断面、流速分布示意图

对于梯形土渠,岸边至第一条测速垂线部分间的平均流速,等于从岸边第一条测速垂线平均流速的 2/3,即

$$v_1 = \frac{2}{3}v_{\mathrm{cp1}} \qquad (5\text{-}2\text{-}8)$$

对于混凝土衬砌或其他低糙率衬砌的渠道,矩形渠道或陡岸边,在岸边至第一条测速垂线间的平均流速为

$$v_1 = a v_{\mathrm{cp1}} \qquad (5\text{-}2\text{-}9)$$

式中,α 取 0.8~0.9。

当河渠边有不流动的死水部分时(紧接死水边有流水),其平均流速等于自死水边起第一条测线平均流速的 1/2,即

$$v_6 = \frac{1}{2}v_{\mathrm{cp5}} \qquad (5\text{-}2\text{-}10)$$

2)计算部分面积

相邻测线之间的面积为部分面积 f,部分面积由相邻两测速垂线深 H 的平均值与其

间水平距离 b 相乘而得,即

第一部分面积　　　　$f_1 = \dfrac{1}{2}(H_0 + H_1)b_1$

第二部分面积　　　　$f_2 = \dfrac{1}{2}(H_1 + H_2)b_2$　　　　(5-2-11)

$\vdots$

第六部分面积　　　　$f_6 = \dfrac{1}{2}(H_5 + H_6)b_6$

3) 计算部分流量

部分平均流速与部分面积相乘,求得部分流量 q,即

$$q_1 = v_1 f_1$$
$$q_2 = v_2 f_2$$
$$\vdots$$
$$q_n = v_n f_n$$

(5-2-12)

4) 计算总流量

总流量 Q 等于部分流量之和,即

$$Q = q_1 + q_2 + q_3 + \cdots + q_n \qquad (5\text{-}2\text{-}13)$$

流量仪测速记载表见表 5-2-1,流量计算表见表 5-2-2。

总流量除以全断面面积(F),即求得断面平均流速,即

$$v = Q/F \qquad (5\text{-}2\text{-}14)$$

表 5-2-1　流速仪测速记载表式

年　月　日

测线号数	起点距（m）	水深（m）	流速仪流量	测速记录	一组信号转数	总转数	每秒转数	测点流速（m/s）	备注

计算者:_____　　　　　记载者:_____　　　　　施测者:_____

表 5-2-2　流速仪流量计算表式

渠道名称			断面位置				地点		
施测时间		年　月　日　时　分				仪器号数	流速计算公式		
测线流速　　测点流速	1	2	3	4	5	6	7	天气	
1								风向	风速
2									
3									
4									
5									
								总计流量	
测线平均流速(m/s)									
测线水深(m)									
部分平均速度(m/s)								说明	
部分断面宽度(m)									
部分断面平均水深(m)									
部分断面面积(m²)									
部分断面流量(m³/s)									

校核者：　　　　　　　　　　　　　　计算者：

2.2　灌排渠(沟)系建筑物运行

2.2.1　启闭机、闸门及机电设备的安全运行

2.2.1.1　闸门、启闭机及机电设备的检查

启闭机、闸门及机电设备安全运行检查：一是与闸门和启闭机相关的水力学条件、水工建筑物的检查；二是闸门和启闭机附属设施的检查。以灌前检查最为重要。灌前检查可以及时发现隐患，能将问题消灭在萌芽状态。灌溉过程中检查主要是及时发现和记录汇总运行中出现的问题和发现的隐患，对不影响灌溉运行的隐患和问题可在灌后进行集中维修和处理，对影响灌溉运行的要及时进行维修，不得延误，以免因小失大，影响灌溉运行。灌后要对灌溉过程发现的问题和隐患进行集中维修和处理。

1)闸门的检查

A.闸门工作状态的标准

闸门工作状态的标准是指闸门吊具运行可靠,表面清洁无变形、无锈蚀,没有附着水生物、污垢和杂物;所有运转部位油路畅通,油量适中,油质合格,润滑良好;闸门止水装置密封完好、可靠,闸门闭门时无翻滚、冒流现象,当门后无水时,无明显水流散射现象;闸门行走支撑装置无锈蚀、磨损、裂缝、变形;闸门提出水面后,各处不能存水;锁定装置合理;冬季破冰装置运行可靠。

B.钢闸门的检查

钢闸门按构造特征分为平面闸门、弧形闸门、扇形闸门等,其中以平面钢闸门与弧形钢闸门在水闸工程中运用较广。按检查的范围和作用可分经常检查与定期检查两种。

(1)经常检查。闸门的经常检查项目一般有止水、主滚轮与侧滚轮、门叶、支臂、支座等检查。

止水检查主要是检查有无漏水,最直接的检查方法是观察其漏水量,弧形与平面钢闸门上橡皮止水的漏水量要求应小于 $0.2 \text{ L}/(\text{m} \cdot \text{s})$,当漏水量超过此标准的10%时,应全部更换。应经常检查闸门止水固定螺栓周围有无锈水流淌现象。

主侧滚轮的检查方法比较简单:一是闸门启动过程中,观察滚轮是否转动;二是闸门开启出水面后,用手拨滚轮,看其是否转动灵活。

门叶的检查主要看油漆保护层是否完好,可用手抹漆面看有无粉化,眼观面板的油漆层色泽是否一致,有无龟裂、翘皮、锈斑等现象。对于龟裂比较严重的部位应用放大镜观察,区分是罩面层还是底层油漆的龟裂,如果是底层油漆的龟裂,应采取局部修补措施。

弧形钢门支臂腹板和翼缘板主要是检查有无局部变形和整体变形,焊缝有无裂缝和开裂,检查支铰连接螺栓及支臂与门叶连接螺栓是否损坏。

闸门吊耳与吊杆也应经常检查,吊耳与吊杆应动作灵活,紧固可靠。应经常用小锤敲击,检查零件有无裂缝,焊缝有无开裂,螺栓有无松动等,注意止轴板不得有丢失,销轴不得有窜出。闸门运行时应注意观察闸门是否平衡,有无倾斜跑偏现象。

(2)定期检查。定期检查是指按检查制度所规定的时间进行的检查。

在定期检查中可以针对专门问题进行专题检查,包括振动检测、锈蚀厚度的测量、焊缝的检查。

面板、杆件的锈蚀可用目测、手摸、量具等或用超声波测厚仪对现有的厚度进行检查;焊缝检查采用射线探伤法或超声波探伤法进行。

2)启闭机的检查

启闭机检查内容包括:启闭机械是否运转灵活、制动准确,有无腐蚀和异常声响;钢丝绳有无断丝、磨损、锈蚀、接头不牢、变形;零部件有无缺损、裂纹、磨损及螺杆有无弯曲变形;油路是否通畅,油量、油质是否合乎规定要求;丝杆有无损伤、弯曲、变形,闸槽有无障碍。

3)机电设备的检查

机电设备及防雷设施的设备、线路是否正常,接头是否牢固,安全保护装置是否动作准确可靠,指示仪表是否指示正确、接地可靠,绝缘电阻值是否合乎规定,防雷设施是否安全可靠,备用电源是否完好可靠。

4)其他方面的检查

上、下游有无船只、漂浮物或其他障碍物等影响行水情况;观测上、下游水位、流量、流态;应注意闸口段水流是否平直,出口水跃或射流形态及位置是否正常稳定,跃后水流是否平稳,有无折冲水流、摆动流、回流、滚波、水花翻涌等现象。有通气孔的建筑物,要检查通气孔是否堵塞。

2.2.1.2　检查时间

每个灌季灌前都要对启闭机、闸门和机电设备进行全面检查。最好在灌前 5 ~ 10 d检查,检查时间的长短要根据工作量合理安排,留有足够的维修时间。时间过早,在距上水前的这段时间可能存在损坏和人为破坏,行水前还得检查;时间过晚,检查出的问题维修时间过短,过于仓促,可能影响正常行水。如果各灌季时间间隔过长,比如有的灌区不进行冬灌,而夏灌结束一般在 8 月中旬,这样距下一年的春灌有 4 ~ 5 个月的时间,这就要求中间必须加强巡查次数,定期保养和检修。

2.2.1.3　检查要求

(1)检查观测应按规定的内容(或项目)、测次和时间执行。

(2)观测成果应真实、准确、精度符合要求,资料应及时整理、分析,并定期进行整编。检查资料应详细记录,及时整理、分析。

(3)检测设施应妥善保护,检测仪器和工具应定期校验、维修。

(4)检查要细致认真,逐项检查,不能漏项,不能只听汇报,要对所检查的项目进行空载试运行,实际感觉和观察运行状况,并形成检查记录(见表5-2-3)。

表 5-2-3　启闭机、闸门及机电设备安全运行检查记录表

单位名称:　　　　　　　　　　　灌季:　　　　　　　　　　日期:

项目	检查内容	检查结果	对灌溉运行的影响程度	备注
启闭机	①启闭机是否灵活; ②钢丝绳有无断丝; ③丝杆有无损伤、弯曲、变形; ④闸槽有无障碍			
闸门	①闸门有无扭曲; ②闸门结构有无变形、裂纹、锈蚀; ③闸门有无焊缝开裂、铆钉和螺栓松动			
机电设备	①接线是否牢固; ②保护设施是否完好			

需要维修的问题及处理建议:

存在的隐患及处理建议:

审核:　　　　　　　检查人:

2.2.2　建筑物运行中出现问题的应急处理

2.2.2.1　闸门启闭螺杆弯曲的抢修

因闸门开度指示器不准确或限位开关失灵、电动机接线相序错误、闸门底槛上有石块等障碍物,以及由于违反操作规程,致闭门动力超过螺杆允许压力而引起的弯曲。

(1)需要材料:活动扳手、千斤顶、支撑杆件、钢撬等。

(2)处理方法:在不用把螺杆从启闭机拆卸的情况下,先将闸门与螺杆的连接销子或螺栓拆除,把螺杆向上提升,使弯曲段靠近启闭机,在弯曲段的两端,靠近闸室侧墙设置反向支撑,然后在弯曲凸面用千斤顶加压,把弯曲段矫正(见图5-2-13);如螺杆直径较小,经拆卸及支承定位后,可用手动螺杆矫正器把弯曲段矫正(见图5-2-14);对小直径螺杆,可考虑在不拆卸的情况下支承定位后,用带弯头的钢撬把螺杆矫正。

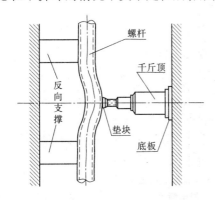

图 5-2-13　千斤顶矫正螺杆弯段示意图

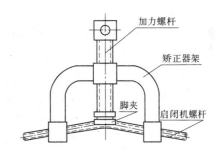

图 5-2-14　手动螺杆矫正示意图

2.2.2.2　提升闸门门体变位的抢修

闸门开关过程中,发生左右方向的倾斜,卡住门槽,处于半开关状态。

(1)需要材料:铸铁(或混凝土)加重块、环氧树脂、玻璃布、钢丝绳、调节螺栓等。

(2)应急处理方法。对单吊点闸门的处理:

加重调整法:若吊耳位置偏差小于 2 mm,而门叶与提杆同一轴销的两孔同心,门体仅有轻微倾斜,可利用铸铁块或混凝土块作为加重件,放置在闸门翘高一侧的格梁上,使门体处于端正状态(见图5-2-15)。也可以在闸门倾斜的低侧扎上钢丝绳,钢丝绳的另一端缠绕在闸顶新设置的绞车上,在开启门设备的同时,徐徐开动绞车,增大该侧的启门力,使闸门得以平衡开启。

调整门耳法:如吊耳的中心线与门体的重心偏差大于 2 mm,或门叶与提杆同一轴销的两孔不同心,必须拆除重新调整安装,校正闸门。

对双吊点闸门的处理:

当卷扬式启闭机的两个卷筒或同一个卷筒上左右绳槽底直径的相对误差超过允许的公差标准,闸门启闭时出现左右倾斜,可用环氧树脂与玻璃布混合粘贴补救,使卷筒绳槽底的直径一致。也可采用两根不同直径的钢丝绳进行调整。例如,其中一个卷筒的直径偏小 2 mm,且属单层缠绕时,可把该卷筒原用的钢丝绳拆除,以直径较大 2 mm 的钢丝绳取代,以达到调整的目的。

　　因钢丝绳缠绕松紧不一致,引起闸门左右倾斜时,可重新缠绕钢丝绳或在闸门吊耳上加装调节螺栓与钢丝绳连接,调整闸门。

2.2.2.3　注意事项

　　调整闸门必须考虑:

　　(1)利用加重件调整闸门后的总重量不得超过启闭设备的允许能力。

　　(2)加重块的大小应便于放置,不影响闸门安全运用(见图5-2-15)。

　　(3)采用不同直径的钢丝绳进行调整时,决不允许以直径小的取代直径大的钢丝绳。

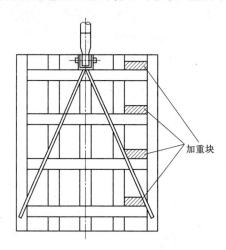

图 5-2-15　加重块安置示意图

2.3　机井和小型泵站运行

2.3.1　机井隐患及处理方法

2.3.1.1　机井隐患、坏机井常见的类型

　　(1)出水含砂量高(涌砂)与井淤。机井出水含砂的多少与机井使用寿命有密切关系,含砂量高,会使井泵迅速损坏,是机井的致命隐患。井淤也是一种普遍的病坏井现象,每年坏井中,井淤不出水的约占50%。

　　(2)出水量减少或者不出水。这会直接影响使用效果,甚至丧失使用价值。

　　(3)水质变坏。在地下有碱水层或碱性苦水层的地方,水中含盐碱增多,则使水质变坏,变咸变苦,超过灌溉用水标准。

2.3.1.2　隐患处理方法

　　经过详细测量检查,摸清机井井孔涌砂、水质、水量变坏的原因以后,即可针对坏井的原因进行修理。目前修理坏井常用的方法有以下几种。

　　1)井孔涌砂的治理

　　(1)机井由于洗井不彻底或砾料质量差,造成井孔少量涌砂,使井孔淤积,一般可用人工架掏砂清淤,但此法所用劳力多,时间长,且易碰坏井管。目前各地多采用空压机或泥浆泵冲洗清淤,效果很好。浅机井也可用一般离心泵冲洗清淤。

(2)如果机井因滤水管缠丝或包网等被损坏,而造成井孔大量涌砂,就需采用下面的方法修理。

①套管封闭法:它多适用于井壁涌砂的情况。就是在井内套装小口径的井管,如原来井管直径为 200 mm,小口径井管直径可选为 100 ~ 150 mm,如图 5-2-16 所示。

在处理之前,首先要了解井孔涌砂段的长度和涌砂的深度。然后选用比涌砂段长 1 ~ 1.5 m 的管子,在管子下端用已制成的长 30 ~ 40 cm 喇叭状的短管焊接。短管比原井管直径要小 1 ~ 2 cm,并在它上面焊 10 ~ 12 mm 钢筋圈 2 ~ 3 道,在圈上再缠绕软胶管 2 ~ 3 道(也可用棕片),借以在封闭时阻挡滤料。在管下部可用异径反正丝接头和钻杆连接。将套管下入井内涌砂位置,如两管之间隙需要回填砾料,要计算好所需数量。在回填砾料之前,先填入少量豆类,待膨胀后即可填料。填完料可将钻杆由反正丝接头反扣处卸开提出,进行抽水,检查封闭效果。

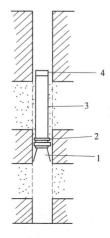

1—喇叭口;2—钢筋圈;
3—短管;4—反丝接头
图 5-2-16 套管封闭示意图

封闭时要注意,下入井里的套管长度都要超过涌砂段上、下部位 1 ~ 2 m。

②堵塞封闭法:机井底部滤水管损坏或井底来砂,造成井底涌砂,机井出水量变小,多采用堵塞井底封闭处理。操作方法是:首先将井内淤积的泥沙掏净至原井深,弄清底部来砂的原因。例如,如果是井底反砂,可直接填入砾石进行堵塞。填砾时,应先填小砾石,后填较大砾石,分层填入,即可防止井底涌砂。

2)治理咸水井

修井之前,必须摸清咸水的来源,如接口裂缝、管壁砂眼或坏管漏洞的情况和位置,方可进行修理。如果由于井管接口不严或管壁有砂眼,咸水漏入井内,使水质变咸时,目前多采用胶泥球封闭法。即利用钻机、半机械化钻机(人推钻杆、泥浆泵压水)或人工架,用 250 ~ 330 mm 的钻头,在井管四周打小眼,眼中心与井管外壁相距 50 cm 左右,如井管弯曲,就适当远一点。打眼深度可以比坏管处适当钻深一些。一般在井周围打 3 ~ 6 个孔,打眼时要隔一个孔打一个孔,或采用对角线的位置打孔。孔打成后,就用胶泥球填至地面,打一眼封闭回填一眼。如漏咸水严重或眼与管的距离较大,可适当多钻几个孔,若孔数超过 5 个,最好分两层钻孔,其布置形式见图 5-2-17,以应能防止串孔或塌孔。打眼时,眼要打直,切记不要把井管打坏或碰伤,眼必须钻到管外孔洞,并用胶泥球填平,才能达到封闭咸水的目的。修好以后,不要马上抽水,因为回填的胶泥球,还是呈稠浆状,隔水性不好,且易被水冲动,因此一般在修好以后,隔一个月左右,方可使用。

图 5-2-17 封闭孔布置示意图

如机井由于井管被碰坏有漏洞,造成水质变咸,可采用小径套管封闭修补法或水泥修补法进行修理。

3）清洗滤水管

滨海地区的机井,常因氢氧化钙、氢氧化镁等沉淀物的填塞,使滤水管的有效孔隙率逐年减少,机井出水量大幅度下降。有的单位采用酸处理法,收到较好的效果。但采用此法时,对非抗酸的钢管应在加入盐酸的同时,加抗腐蚀剂,这样可以保证氧化物溶解而不与纯金属起作用,以保护井管。

当井内盐酸在抽水中完全洗净后,可将硫酸放入井内,借以破坏附在滤水管上的有机物质。这样,利用双酸冲洗,能使机井的出水量显著提高。使用此法时应注意酸液浓度要适宜,不能让酸液腐蚀损坏井管。此外,还有采用钢丝刷洗井、活塞洗井及空气压缩机强力冲洗等机械冲洗法进行冲洗,效果也很好。但操作时,应考虑井管质量、强度等情况,切记不要损伤井管。

4）修理堵塞井

由于对机井管理不严,自然或人为造成机井井孔堵塞时,可用下述方法修理:

（1）小口径钻进法:多用于被砖石瓦块堵塞的井。操作方法和钻凿井孔一样,就是用直径较小的钻头钻进,将堵塞物扫净,清洗井孔后,即可抽水。但需要注意以下几点:①钻机安装要垂直井管中心位置,免得把井管碰坏。②钻进时要慢转、轻压、大水量。③泥浆不要过稠或过稀,避免扫除的堵塞物冲洗不净或滤水管堵塞。

（2）冲抓锥掏洗法:就是用人工架打井所用的 3 英寸或 4 英寸冲抓锥掏洗,如图 5-2-18 所示。此法多适用于井孔被泥沙、杂草等物堵塞的情况。用冲抓锥把堵塞物掏洗干净,直至原井深,并清洗井孔,即可抽水。在掏洗时,应注意锥头的提升和下降速度要慢,冲击时要轻要稳,避免把井管撞坏。

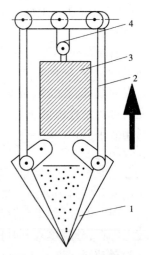

1—抓片;2—连杆;3—压重;4—滑轮
图 5-2-18　冲抓锥示意图

（3）空压机冲洗法:基本上和并列式洗井法近似,但也有所不同。就是它另外在出水管底部镶焊直径 20 mm 铁棍制成的小锥钩 4～6 个,其送风管则常用高压软胶管,以利操作。

冲洗时,将出水管沿堵塞物附近上、下冲击,把堵塞井内的砖石瓦块捣碎,并冲洗排至井外,随捣碎随冲洗排除,逐渐加长出水管至孔底,冲洗结束即可抽水使用。

若遇有较大的砖石瓦块,也可以使用出水管底部的小锥钩打捞。

2.3.2　水泵工作的常见故障和排除方法

2.3.2.1　概述

农用水泵结构比较简单,操作也不复杂,因此运行还是比较可靠的。但有时仍不免发生一些故障,如不及时消除,势必影响生产。水泵常见的故障大体上可分为水力故障和机械故障两类。如抽不出水或是出水量不足,发生气蚀现象等均为前一类故障;如泵轴断裂、轴瓦烧坏等则属于后一类性质的故障。发生故障的原因很多,但不外乎是制造质量不高、选用与安装不正确、操作保养不当、长期使用零部件未予修理更换和维护不好而引起的。因此,在发生故障时,必须注意以下几点:

（1）详细了解当时故障发生的情况,并进行系统的检查工作,以便分析和估计发生故障的原因。

（2）不要先忙于拆卸机器,应先运用仪表的读数,听声音、看振动等外部检查方法,正确弄清故障在哪里,决定是否需要拆卸机件进行检查或修理。

（3）由于事故情况变化较为复杂,牵涉的范围也较广,应针对具体情况作具体的分析,然后提出解决方法,予以消除。

2.3.2.2　水泵常见故障和排除方法

现将可能发生的各种故障及其原因和处理方法列表介绍如下:

（1）离心泵及蜗壳式混流泵的故障及其原因和消除方法见表 5-2-4。

（2）轴流泵及导叶式混流泵的故障及其原因和消除方法见表 5-2-5。

（3）潜水电泵的故障及其原因和消除方法见表 5-2-6。

表 5-2-4　离心泵及蜗壳式混流泵的故障及其原因和消除方法

故障现象	原因	消除方法
水泵不出水	（1）充水不足或泵内空气未抽完; （2）总扬程超过额定值较多; （3）进水管路漏气严重; （4）水泵转向不对; （5）水泵转速过低; （6）进水口或叶轮槽道内杂物堵塞,底阀不灵活或锈住; （7）吸水扬程太大; （8）叶轮严重损坏或装反; （9）填料函严重漏气; （10）叶轮固定螺母及键脱出	（1）继续充水或抽气; （2）改进管路装置,降低总扬程; （3）用火焰法检查,并堵塞漏气处; （4）改变转向; （5）用转速表检查,进行转速配套; （6）停机后清除杂物或除锈,运行期间及时清理前池杂物,提高检修质量; （7）降低水泵安装位置; （8）更换新叶轮; （9）压紧填料或重新更换新填料; （10）拆开修复紧固
水泵出水量不足	（1）进水口淹没深度不够,泵内吸入空气; （2）进水管接头处漏气; （3）进水管路或叶轮内有水草等杂物; （4）扬程太高; （5）转速不足; （6）减漏环或叶轮磨损过多; （7）动力机功率不足,转速减慢; （8）闸阀未完全打开或逆止阀堵塞; （9）填料函漏气; （10）叶轮局部损坏; （11）吸程过高	（1）增加进水管长度,或池面加木盖,阻止空气被吸入; （2）重新安装密实,或堵塞漏气处; （3）停机后设法清除杂物; （4）调整泵型; （5）调整机泵传动比,或调整皮带松紧度; （6）更换减漏环或叶轮; （7）加大配套功率; （8）闸阀完全打开清除逆止阀杂物; （9）压紧压盖或更换新填料打开密封水源阀门; （10）更换或修复叶轮; （11）降低安装高程或减小吸水管路损失

续表 5-2-4

故障现象	原因	消除方法
耗用功率太大	(1)转速太高； (2)泵轴弯曲、轴承磨损或损坏过大； (3)填料压得太紧； (4)叶轮与泵壳卡住； (5)流量及扬程超过使用范围； (6)直联传动,轴心不准或皮带传动过紧； (7)叶轮螺母松脱,叶轮与泵壳摩擦	(1)调整降低转速； (2)校正调直,更换轴承； (3)旋松压盖螺栓或将填料取出打扁一些； (4)调整达到一定间隙； (5)调整流量、扬程,使其符合使用范围或关小出水管闸阀,减少出水量,降低轴功率； (6)校正轴心位置,调整皮带松紧度； (7)紧固螺母
轴承发热	(1)润滑油量不足,漏油太多或油环不转； (2)润滑油质量不好或不清洁； (3)皮带太紧； (4)轴承装配不正确或间隙不当； (5)泵轴弯曲,或直联机泵轴线不同心； (6)受轴向推力太大,由摩擦引起发热或水泵负载过大； (7)轴承损坏	(1)加油、修理、调整； (2)更换适合的润滑油,用煤油或汽油清洗轴承； (3)适当放松； (4)调整、修正； (5)调直泵轴和校正调准； (6)注意平衡孔的疏通(指有平衡孔的泵)； (7)更换新轴承
填料函发热或漏水过多	(1)压盖上得过紧或过松； (2)水封环装置有误、缺水或水封阀门开得太大； (3)填料磨损过多或轴套磨损； (4)填料质量差； (5)轴承磨损过大	(1)松开压盖,使水滴连续滴出； (2)使水封环的位置对准水封管口； (3)更换填料或轴套； (4)符合质量标准的填料为棉质方形、浸入牛油中煮透,外面涂黑铅粉； (5)更换新轴承
水泵在运行中突然停止出水	(1)进水管路突然被杂物完全堵塞； (2)叶轮被吸入杂物打坏； (3)泵内吸入大量空气或真空破坏； (4)泵轴断裂	(1)停机后清除堵塞物； (2)停机后更换叶轮； (3)加深进水口淹没深度或用木板盖住； (4)更换泵轴

续表 5-2-4

故障现象	原因	消除方法
泵轴被卡死转不动	(1)叶轮和口环的间隙太小或不均匀; (2)泵轴弯曲; (3)填料与泵轴发生干摩擦,发热膨胀; (4)泵轴被锈住,轴承壳失圆和填料压盖螺丝拧得过紧; (5)轴承损坏,被金属碎片卡住	(1)更换或修理口环; (2)校正调直泵轴; (3)应向泵壳内灌水,待冷却后再启动; (4)应检修,松开压盖螺丝使其适度; (5)调换轴承,并清除碎片
水泵杂声和振动	(1)基础螺丝松动; (2)叶轮损坏或局部阻塞; (3)泵轴弯曲、轴承磨损或损坏过大; (4)直联传动两轴中心没有对正; (5)吸程过高; (6)泵内进杂物; (7)进水管路漏气; (8)进水管口淹没深度不够,产生气蚀; (9)叶轮及皮带轮或联轴器的拼帽螺母松动; (10)叶轮平衡性差	(1)旋紧; (2)更换叶轮或清除阻塞物; (3)校正和更换; (4)校正调准; (5)降低安装位置; (6)清除掉进的杂物; (7)加以堵塞; (8)加深淹没深度; (9)设法拼紧,使之紧固; (10)进行静平衡试验、调整

表 5-2-5 **轴流泵及导叶式混流泵的故障及其原因和消除方法**

故障现象	原因	消除方法
水泵不出水	(1)水泵转向不对,叶片装反; (2)叶片断裂成全部松动; (3)叶片上缠绕有大量水草; (4)叶轮淹没水深不够	(1)改变水泵转向,检查叶片安装角,改正装反的叶片,重新设计传动比,提高转速; (2)更换损坏叶片,重新安装叶片,紧固螺母; (3)停机回水冲刷几次,如还是不出水,则拆泵除去杂物; (4)降低水泵安装高度

续表 5-2-5

故障现象	原因	消除方法
水泵出水量不足	(1)叶片外圆磨损或叶片部分击碎; (2)扬程过高; (3)安装偏高,叶轮淹没深度不够; (4)水泵转速未达额定值; (5)叶片安装角度偏小; (6)叶片上绕有水草杂物; (7)进水池不符合设计要求	(1)拆开并更换叶片; (2)设法调节扬程,检查出水管路有无堵塞; (3)降低安装高程; (4)调换动力机或重新设计传动比,提高转速; (5)调大叶片安装角度; (6)停机回水冲刷几次,进水池加拦污栅; (7)水池过小应予放大,两台泵中心距太近,有抢水现象,应加隔板,进水口离池底太近应抬高
动力机超负载	(1)扬程过高,出水管路有阻塞物或拍门未全部开启; (2)水泵转速超过规定值; (3)橡胶导轴承磨损后,叶片外缘与泵壳内壁发生摩擦; (4)叶轮上绕有水草杂物; (5)叶片安装角度超过规定; (6)叶片紧固螺丝松动,叶片走动	(1)增加动力,清理出水管路,拍门全部开启; (2)重新进行转速配套; (3)检查橡胶导轴承后,予以更换,检查叶片磨损程度,重新调整安装; (4)停机回水冲刷几次,以清除杂物,并在进水池设拦污栅,防止杂物再进入; (5)调整叶片安装角度,使轴功率与动力相适应; (6)调整叶片后,旋紧螺丝
水泵杂声或振动	(1)叶片与泵壳内壁有摩擦; (2)泵轴与传动轴不同心或弯曲; (3)水泵或传动装置底脚螺丝松动; (4)叶片有部分被击碎或脱落; (5)叶片上绕有水草杂物; (6)叶片安装角度不一致; (7)水泵梁振动大; (8)进水流态不稳定,产生旋涡; (9)刚性联轴器四周间隙不一致; (10)轴承严重损坏; (11)橡胶导轴承紧固螺钉松动脱落; (12)叶轮拼紧螺母松动或联轴器销钉螺帽有松动	(1)检查调整叶轮与泵轴的垂直度; (2)先把两轴整直,后调整同心; (3)加固基础,拧紧螺母; (4)调换或装好叶片; (5)停机回水冲刷几次,在进水池设拦污栅; (6)校正叶片安装角度,使其一致; (7)检查水泵安装位置,如正确后还是振动,用顶斜撑加固大梁; (8)降低水泵安装高度,后墙与泵体间加隔板,防止旋涡产生,同一水池内各泵间应加隔板; (9)用松紧联轴螺丝来校准四周间隙,使其相等; (10)调换轴承; (11)应及时检查修复,不可继续使用; (12)检查后用扳手拼紧所有螺帽

表 5-2-6　潜水电泵的故障及其原因和消除方法

故障现象	原因	消除方法
水泵不出水或出水量不足	(1)电机反转; (2)动水位低于泵吸入口; (3)泵体或管道漏水; (4)叶轮松动或损坏; (5)叶轮不在工作位置; (6)管道或滤水网、叶轮、导流壳流道被堵塞; (7)转子和轴松动或转子断条; (8)密封环严重磨损; (9)电压频率较低	(1)任意调整电源两相的接头位置; (2)增加输水管,若还是不出水并超过泵扬程使用范围,建议更换高扬程水泵; (3)重新安装水泵或管道; (4)重新安装水泵或叶轮; (5)调整叶轮位置; (6)清除堵塞; (7)更换转子; (8)更换密封环; (9)停机待电压频率达到规定值时运行
机组剧烈振动或电流过大电流表指针摆动	(1)泵轴或电机轴弯曲; (2)泵轴、电机轴和轴承之间磨损过大; (3)止推轴承磨损或损坏; (4)推力盘紧固螺母损坏; (5)推力盘破裂; (6)叶轮、转子不平衡或转子断条; (7)电机转子扫膛; (8)水泵低扬程、大流量运行,电机超载; (9)井涌水量不足,间歇出水; (10)电机下端距井底过近	(1)修理更换泵轴或电机轴; (2)更换轴承; (3)更换止推轴承; (4)上好螺母或修好轴头; (5)更换推力盘; (6)重新平衡或更换转子; (7)找出原因进行修理; (8)增加闸阀控制流量,使泵在工况点运行; (9)增加闸阀控制泵出水量或建议更换高扬程水泵; (10)按要求安装电泵
电动机不能启动并有嗡嗡声	(1)有断相; (2)电压过低; (3)轴承抱死; (4)小叶轮与密封环锈死; (5)泵内有异物,叶轮不能转动	(1)修好断相; (2)调整电压; (3)整好轴承; (4)水泵旋转或拆下水泵重装; (5)取出异物
绝缘电阻过低绕组烧坏	(1)接头进水; (2)绕组破坏; (3)电缆破裂; (4)电机内缺水; (5)缺相运行; (6)长时间超载运行; (7)电机埋入井底泥沙中	(1)修好接头; (2)包扎好或更换绕组; (3)包扎好电缆; (4)电机内注满清水; (5)检查好线路和设备,保证正常运转; (6)降低负荷使电流不超过规定值; (7)按要求安装电泵

2.3.3　开关柜、电源线路检查及维护

配电装置运行过程中,由于过负荷、气候变化或制造、检修质量不良等原因,可能使装置中的某个设备存在缺陷,甚至会发生故障或短路事故。例如:由于油开关渗漏后油位下降到最低允许值,起不到灭弧作用,从而使油开关在切除负荷或短路电流时发生火灾事故;又如指示灯信号不明或指示错误时,引起运行管理人员不明真相地误操作,结果造成重大的设备或人身事故;保护装置接触松动或机构故障造成保护拒动或误动。因此,运行人员必须按规定定期地对配电装置进行巡视和检查。如遇短路或其他特殊情况,应对设备进行特殊检查。

2.3.3.1　高压开关柜与低压开关(配电)柜的检查与维护

开关柜可分为 1 000 V 以上和 1 000 V 以下两种。1 000 V 以上的开关柜称高压开关柜。1 000 V 以下的开关柜称低压开关柜。开关柜必须具有良好的电气特性和绝缘性能,工作灵敏,运行可靠;过负荷或短路时,能承受大电流所产生的机械应力和高温的作用,满足动稳定和热稳定的要求;保证设备操作、维护和机修方便,保证操作人员人身安全。

1)接通电源前的检查和准备

(1)仔细检查线路的布置和连接是否正确,电流互感器二次线圈接地是否良好。

(2)检查各部连接导线的接触是否良好,导线有无碰线或短路现象。

(3)检查各电器仪表有无损毁及受潮现象,电压表、电流表的指针是否指在零位。

(4)检查熔断器的熔丝或空气开关的整定值是否与电动机或电度表的容量相匹配。

(5)检查总开关及各分路开关是否在断开位置,操作机构是否灵活。

(6)检查开关柜内、配电盘后有无杂物。

(7)检查开关柜屏面、仪表外壳和其他电器的绝缘情况。使用摇表测量绝缘电阻时,应遵循安全规定。

(8)启动补偿器的过流继电器的油盒内是否充油,油质、油量是否合适。

(9)检查断路器的油位、油色、隔离开关的触头,合闸同期性。

2)接通电源带负荷后的检查

(1)监视电度表的转盘和计数器的转动是否正常。

(2)监视电压表和电流表的指示是否正常。

(3)检查转换开关是否灵活,内部电路是否接通,各相电流和电压是否平衡。

(4)检查各连接导线及其接头是否发热,过热时应查明原因并及时处理。

(5)注意配电盘上有无打火或冒烟等异常现象,如有,应立即断开电源灭火,直至消除隐患。

(6)注意油开关的油位、油色是否正常。

3)开关柜与配电柜的维护

每年要进行一次维修,主要内容是:清除灰尘、油垢,紧固导线接头,修理或更换有故障部件,修磨隔离开关、油开关、闸刀空气开关等触头,调整触头压力。对于高压开关柜还要进行定期测试,主要试验继电器保护的整定值,测量绝缘电阻,进行交流耐压试验。

2.3.3.2　电缆线路的运行维护检查

泵站中的电缆设备一般敷设在厂房内的电缆支架上,变电所至厂房的电缆由电缆沟引入厂房电缆支架。电缆的运行环境较好,受腐蚀影响小。泵站电缆设备一般都作为配电使用(如主机电力电缆),储备系数都较大,不会出现过负荷运行。所以,泵站电缆运行维护的主要工作,只需做好日常的巡视检查和绝缘预防性试验。

电缆的巡视检查项目主要有下列几项:

(1)室外露出地面的电缆保护钢管或角钢有无锈蚀、移位等现象,固定是否可靠。

(2)进入厂房的电缆沟口处不得有渗水现象。

(3)电缆沟盖板是否完好,沟内无积水和其他杂物,支架必须牢固,无松动锈烂现象。

(4)电缆终端头应完整清洁,引出线连接应紧固且无发热现象。电缆导体的温度不得超过最高允许温度。

(5)电缆终端头内是否漏油,铅包及封铅处有无龟裂或腐蚀现象。

(6)电缆铠装是否完整,有无锈蚀,铅包是否损坏,全塑电缆有无鼠咬痕迹。

(7)电缆接地线是否良好,有无松动及断股。电缆金属护层的对地电阻每年至少应测量一次。

(8)电缆负荷应不得超过其允许载流量。

模块 3　灌排工程管护

3.1　灌排渠（沟）管护

3.1.1　地下排水设施疏通机具的性能和使用方法

农田地下排水设施主要有管道和暗渠两种形式,由于淤积造成管道堵塞经常影响管道正常工作。

为维持排水管道的水流畅通,保证排水管道的正常工作,必须对排水管道做定期的检查、养护、疏通和修理。常用的方法有:

(1)竹劈疏通法。这种方法是一种简单又传统的排水管道疏通方法,在实际工作中,如单根不够长,可将两根竹劈接在一起,在疏通时,由上游检查井推入,从下游检查井抽出,先用竹劈穿通,然后用在竹劈头上扎一团布或铁丝,在竹劈上引接绳子打结并捆扎麻布包的方法处理竹劈,来回拖拉几次,可使管内沉积物松动,随水流冲走,或自制掏勺将沉积物掏出。

(2)水力清通法。水力清通是利用管中水或附近河湖水对排水管道进行清洗,清除管内淤积物的一种管道疏通法,常用充气球堵塞法。具体做法是:堵住上游检查井的出口,使井内水位上升至 1 m 左右时,突然放去气球内的空气,气球缩水,浮于水面。在上游水头的作用下,管道水高速流过,将淤泥冲入下游检查井中,然后用吸泥车抽走。近年来,一些地方采用水力冲洗车疏通管道,车上附有盛水罐。冲洗前,高压泵将水升压至 1.1 ~ 1.2 MPa,通过胶管和喷头冲洗管内沉积物,同时推动喷头前进,冲松的泥浆随水冲入下游检查井内,由吸泥车吸走。水力清通法有操作简便、效率高、工作方便的特点。

(3)管道疏通器疏通法。它是地下管道疏通新技术,由一台 3.2 kW 高转速电动机、几根钢丝、电缆、牵引绳、滑轮以及一些附属小配件组成,见图 5-3-1,主要是在电动机的转动轴端安装搅动装置。电动机外廓装上 4 个滑轮,滑轮可以装卸,直径有 7.5 ~ 16 cm 不等,主要为适合各种管道尺寸施工,在电动机的末端连接电缆。施工中利用电动机转轴转动搅动装置,搅动装置把淤泥搅烂,实现泥、水混合,在水流的作用下带动泥浆流出管道。

(4)排水设施疏通的新技术。排水设施疏通新技术的施工方法主要有以下几方面:第一步,施工前一天,先对计划清淤的管道灌水以达到软化淤泥的目的。第二步,对计划清淤管道的起始端用铁锹把管中的淤泥清理 1 m 左右的距离,便于清淤设备的安放。第三步,将牵引绳的一端固定在塑料泡沫球上,并把泡沫球放入管道起始端,然后用灌溉泵站进行灌水,使塑料泡沫球随着水流牵引着牵引绳到达管道末端,完成绳串渠的步骤。第四步,用牵引绳末端与清淤设备顶端拉环完成固定连接,并将清淤设备放入管道内。第五步,通过控制开关开启电机,电机顶端的搅动装置快速旋转,迅速搅烂淤泥,淤泥与事先灌

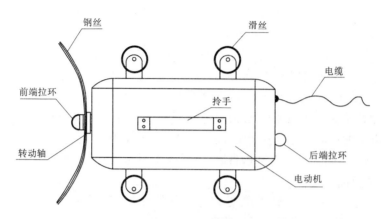

图 5-3-1　地下灌溉管道清淤机

入管道内的清水混合,形成泥浆水,流至管外。第六步,清淤过程中,机器的行走采用人力牵引向前,通过人力的缓慢拉动使清淤设备向前走动,直到管道末端,清淤完成。第七步,完成管道清理后,在渠道的末端将牵引绳等拆除,把清淤设备抬出管道并对其进行清理。

3.1.2　渠道维修技术

渠道常见病害有裂缝、沉陷、滑坡、冲刷、淤积、冻胀、蚁害等。常见病害主要有以下处理措施。

3.1.2.1　渠道冲坑的处理

根据渠底冲槽、坑的深浅及宽窄程度进行处理。如所冲的槽坑不严重,可用黏土填满并夯实与渠底齐平;当所冲槽坑较深时,可先用大卵石或碎石填塞,然后用黏土填平夯实,也可先装竹(铅丝)笼填槽后,再用黏土或混凝土堵塞整平,以防止渠底再冲坏。

3.1.2.2　渠道淤积的处理

渠道淤积的处理从防淤和清淤两方面采取措施。

(1)防淤措施。①设置防沙、排沙设施,减少进入渠道的泥沙。②调整引水时间,避开沙峰引水。在高含沙量时,减少引水流量;在低含沙量时,加大引水流量。③防止客水挟沙入渠。防止山洪、暴雨径流进入渠道,避免渠道淤积。④衬砌渠道。减小渠道糙率,加大渠道流速,提高挟沙能力,减少淤积。

(2)清淤措施。①水力清淤。在水源比较充足的地区,可在非用水季节,利用含沙量少的清水,按设计流量引入渠道,利用现有排沙闸、泄水闸、退水闸等泄水拉沙,按先上游后下游的顺序,有计划地逐段进行,必要时可安排受益农户参与,使用铁锹、铁耙等农具搅拌,加速排沙。②人工清淤。在渠道停水后,组织人力,使用铁锹等工具,挖除渠道淤沙。③机械清淤。主要是用挖泥船、挖掘机、推土机等工程机械来清理渠道淤积泥沙。机械清淤速度快、效率高,降低劳动强度、节省大量劳力。

3.1.2.3　渠道滑坡的处理

渠道滑坡的处理可采取排水、减载、反压、支挡、换填、改暗涵,或者加对撑、倒虹吸、渡槽和渠道改线等措施。

(1)砌体支挡。渠道滑坡地段,地形受限,单纯削坡土方量较大时,可在坡脚及边坡砌筑各种形式的挡土墙支挡,用于增强边坡抗滑能力。

(2)换填好土。渠道通过软弱风化岩面等地质条件差的地带,产生滑坡的渠段,除削坡减载外,还可考虑换填好土,重新夯实,改善土的物理力学性质,达到稳定边坡的目的。一般应边挖边填,回填土多用黏土、壤土或壤土夹碎石等。

(3)明渠改暗涵或加支撑。傍山渠道由于地质条件差、山坡过陡,易产生滑坡和崩塌,造成渠道溃决。若采用削坡减压、砌筑支挡困难或工程量过大,难以维持边坡稳定,可将明渠改为暗涵。暗涵形式有圆拱直墙、箱涵或盖板涵,涵洞上面回填土石,恢复山坡自然坡度或做成路面。

(4)渠道改线。对中小型渠道,处在地质条件很差,甚至在大滑坡或崩塌体上时,渠道稳定性没有保证,应考虑改变渠道线路。

3.1.2.4　渠道沉陷的处理

对新建土渠,开始放水时,发生全面沉陷;注意观察、测量沉陷情况,再按原设计要求将渠堤加高培厚,并适当地预留超高,以防止再沉陷。经过二三年使用和雨季湿润沉实,就能基本达到稳定。

在长期不过水的旧渠道上,由于植物生长、鼠蚁活动等的影响或渠基底层为溶洗过的岩层,或盐碱土中的盐碱质被溶解,也可能产生局部下沉。应在停水时期进行锥探,探清隐患深度及范围,探清后及时灌浆堵塞或重新翻修夯实。并在下一次放水时,仍要注意观察,检验处理的结果,如仍有沉陷,再进行处理。

3.1.3　防渗结构隐患探测和处理

3.1.3.1　渠道防渗结构破损类型

渠道防渗结构破损现象,从本质上可归纳为材质破损和结构破损两个方面。材质破损指由于受风吹、日晒、雨水冲刷、冻融胀缩等的影响,尤其是大多材料常年浸水,承受干湿交替、冻融循环,导致土质风化,石材、混凝土等的表层剥落、开裂、风化、止水材质老化,从而使结构材料的强度降低,耐久性减弱,抗渗性能减弱等。结构破损有两个方面的因素:①人为因素,包括设计、施工和管理等;②自然因素,包括混凝土的碳化、侵蚀破坏、表层剥落、浆砌块体风化等。我国南方主要是渠基土的运动产生破坏,北方渠道破损的主要原因为冻胀。

两种破坏形式虽不相同,但最后都将导致渠道节水功能的下降。另外,随着渠道断面输水糙率不断变大,渠道的过水能力也会大大降低,严重的会导致整个渠道丧失输水功能。

3.1.3.2　各种类型防渗渠道的修补

1)土料和水泥土防渗层的修理

土料防渗层出现的裂缝、破碎、脱落、孔洞等病害,应将病患部位凿除,清扫干净,用素土、灰土等材料分别回填夯实,修平整。

水泥土防渗层的裂缝,可沿缝凿成倒三角形或倒梯形,并清洗干净,用水泥土或砂浆填筑抹平;或者向缝内灌注黏土水泥浆。对破碎、脱落等病害,可将病患部位凿除,然后用水泥土或砂浆填筑抹平。

2）砌石防渗层的修理

砌石防渗层出现的沉陷、脱缝、掉块等病害,应将病患部位拆除,冲洗干净,不得有泥沙或其他污物粘裹。再选用质量、大小适合的石料,坐浆砌筑。个别不满浆的缝隙,再由缝口填浆,并予捣固,务使砂浆饱满。对较大的三角缝隙,可用手锤揳入小碎石,做到稳、紧、满。缝口可用高一级的水泥砂浆勾缝。

对一般较平整的裂缝,可沿缝凿开,并冲洗干净,然后用高一级的水泥砂浆重新填筑、勾缝。对外观无明显损坏、裂缝细而多、渗漏较大的渠段,可在砌石层下进行灌浆处理。

3）膜料防渗渠道的修理

膜料防渗层损坏,可用同种膜料粘补。膜料防渗常见的病害,主要是保护层的损坏,如保护层裂缝或滑坍等,可按相同材料防渗层的修补方法进行修理。

4）混凝土防渗层的修理

(1)现浇混凝土防渗层的裂缝修补。当混凝土防渗层出现裂缝后仍大致平整,无较大错位时,如缝宽小,可用过氯乙烯胶液涂料粘贴玻璃丝布的方法,进行修补。如缝宽较大,可采用填筑伸缩缝的方法修补。对缝宽较大的渠道,可用下列填塞与粘贴相结合的方法修补:①清除缝内、缝壁及缝口两边的泥土、杂物,使之清洁、干燥;②缝壁涂刷冷底子油;③将煤焦油沥青填料或焦油塑料胶泥填入缝内,填压密实,使表面平整光滑;④填好缝1~2 d后,沿缝口两边各宽5 cm涂刷过氯乙烯涂料一层,随即沿缝口两边各宽3~4 cm粘贴玻璃丝布一层,再涂刷涂料一层,贴第二层玻璃丝布,最后涂一层涂料即完成。涂料要涂刷均匀,玻璃丝布要粘平贴紧,不能有气泡。

(2)预制混凝土防渗层砌筑缝的修补。预制混凝土板的砌筑缝,多是水泥砂浆缝,容易出现开裂、掉块等病害。修补方法是:凿除缝内水泥砂浆块,将缝壁、缝口冲洗干净,用与混凝土板同强度等级的水泥砂浆填塞,捣实抹平后,保湿养护不得少于14 d。

(3)混凝土防渗层板表层损坏的修理。混凝土防渗层板表层损坏,如剥蚀、孔洞等,可采用水泥砂浆或预缩砂浆修补,必要时还可采用喷浆法修补。

①水泥砂浆修补。首先必须全部除掉已损坏的混凝土,并对修补部位进行凿毛处理,冲洗干净,然后在工作面保持湿润状态的情况下,将拌好的砂浆用木抹抹到修补部位,反复压平,用铁抹抹光后,保湿养护不少于14 d。当修补部位深度较大时,可在水泥砂浆中掺适量砾料,以减少砂浆干缩和增强砂浆强度。

②预缩砂浆修补。预缩砂浆是经拌和好之后再归堆放置30~90 min才使用的干硬性砂浆。当修补面积较小时,如无特殊要求,应优先采用。

修补时,先将修补部位的损坏混凝土清除,凿毛、冲洗干净后,再涂一层厚1 mm的水泥浆(水灰比为0.45~0.50),然后填入预缩砂浆,并用木锤捣实,直至表面出现少量浆液,最后用铁抹反复压平抹光,并盖湿草袋、洒水养护。

③喷浆修补。喷浆修补是将水泥、砂和水的混合料,经高压通过喷头喷射至修补部位。目前多用干料法喷浆修补。

④混凝土防渗层的翻修。混凝土防渗层损坏严重,如破碎、错位、滑坍等,应拆除损坏部位,处理好土基,重新砌筑。砌筑时要特别注意将新旧混凝土的接合面处理好。接合面

凿毛冲洗后,需涂一层厚1 mm的水泥净浆,才能开始砌筑混凝土。砌筑好的混凝土,要注意保湿养护。翻修中拆除的混凝土要尽量利用。如现浇板能用的部分可以不拆除;预制板能用的,尽量重新使用;破碎了的混凝土,能用的石子,也可作混凝土集料使用等。

3.1.4 沥青混凝土及沥青砂浆的破损修补方法

3.1.4.1 沥青混凝土和沥青砂浆的概念

沥青混凝土按所用结合料不同,可分为石油沥青的和煤沥青的两大类;有些国家或地区亦有采用或掺用天然沥青拌制的。按所用集料品种不同,可分为碎石的、砾石的、砂质的、矿渣的等数类,以碎石采用最为普遍。按混合料最大颗粒尺寸不同,可分为粗粒(35～40 mm以下)、中粒(20～25 mm以下)、细粒(10～15 mm以下)、砂粒(5～7 mm以下)等数类。按混合料的密实程度不同,可分为密级配、半开级配和开级配等数类,开级配混合料也称沥青碎石。其中,热拌热铺的密级配碎石混合料经久耐用,强度高,整体性好,是现代水利工程及其他工程项目防渗性能的代表性材料,应用非常广泛。

3.1.4.2 沥青混凝土和沥青砂浆的破损现象

沥青混凝土和沥青砂浆的破损现象一般表现为与基层黏结不牢,用脚踏或手摁有弹性感,表面发软;表面粗糙、松散,集料之间黏结不牢;表面有明显的裂缝。

沥青混凝土建筑物建成后,都会产生各种形式的裂缝。初期产生的裂缝对沥青建筑物的使用性能基本上没有影响,但随着表面雨水的侵入,导致沥青混凝土强度下降,在后期荷载作用下,沥青建筑物产生结构性破坏。沥青建筑物裂缝的形式是多种多样的,裂缝从表现形式可分为横向裂缝、纵向裂缝和网状裂缝三种。

3.1.4.3 沥青混凝土和沥青砂浆的破损修补方法

沥青混凝土和沥青砂浆的破损修补方法一般是将缺陷部位挖除,清理干净,预热后刷一道热沥青,然后用同类材料填补、墩实、烫平。

1)按修补工艺分类

按照修补工艺一般可以分为冷补法和热补法两种方法。

(1)冷补法。首先测定坑槽的深度,划出切槽修补的范围,用液压风镐切槽,用高压风枪将槽底、槽壁废料及粉尘清除干净。然后用喷灯烘干槽底、槽壁,并在其表面均匀喷洒一薄层粘层油。最后将准备好的热料填补至坑槽中,如厚度大于6 cm将分层填筑,从四周向中间碾压。

(2)热补法。首先根据坑槽修补范围确定热辐射加热板区域,将加热板调到合适位置,加热3～5 min,使被修补区域软化。然后将准备好的热料放到被修补处,搅拌摊平,并从四周向中间碾压。

2)按修补材料情况及修补工艺分类

按照修补材料情况及修补工艺分为冷料冷补、热料热补和热料冷补三种方法。

(1)冷料冷补工艺:该施工工艺主要用于应急性修补,通常先要开槽成型,将待补坑槽松散物、灰尘或淤泥清除,倒入冷补料。松铺系数为1.2～1.5,摊铺均匀,保证坑槽周边材料充足。但不要漫散至坑槽边沿外。后用夯锤或振动式路碾机压实,深度在6 cm以上的坑槽必须分层投料夯实。若密实度不足,则经车辆行驶碾压,修补处会略有下沉,此时不必挖除坑内原填冷补料,只需将更细一级的冷补料铺上压实即可。为防止此类情况的发生,通常使修补后坑槽地表面略高于周围 5 ~ 10 mm。运行一段时间修补处即会与原建筑物基面持平。每桶 25 kg 装的冷补材料可修补面积约为 50 cm × 50 cm、深 4.5 cm 左右的坑槽。使用冷补料只需要大约 10 min 即可开放交通。

(2)热料热补工艺:随着养护设备的发展,逐渐采用加热设备进行沥青混凝土或沥青砂浆的就地热修补,能较好地解决接缝的问题,并且热修补技术明显提高施工质量。市场上使用的设备为热修补设备等,其主要原理是采用 100% 高强度辐射热加热墙,先将沥青建筑物加热、耙松、喷洒乳化沥青,使沥青料再生,再加入热的新料,用自带的压路机将其压实,能够达到很好的修补效果。这类就地热修补设备的主要工艺包括:测定破坏部分的范围与深度,按"圆洞方补、斜洞正补"的原则,划出坑槽修补轮廓线(正方形或长方形),适当外移 5 cm 左右,使得接缝处理效果更好;将加热板调整到合适的位置,选择适当的加热区域;用加热板加热待修的区域,可以自行设定时间,一定时间后建筑物被软化;耙松软化的建筑物,切边;喷洒乳化沥青形成一层黏结沥青,从料仓中输出一直保温的新的沥青混合料;摊铺整平,再喷洒适量乳化沥青作为再生剂;由边部向中间反复压实 4 ~ 6 遍。

(3)热料冷补工艺:热料冷补适合于雨天抢救性修复。通常建筑物在使用几年后,一场雨会引起建筑物出现很多个坑槽。为了确保建筑物的运行安全,可以利用热修补设备的加热仓保温热料,沿线填补坑槽。此时不用对原始坑槽进行处理,填满后直接压实,待好天后用加热墙对原修补坑槽接缝处进行加热处理。这样既达到了建筑物安全防范的应急处理,同时也不影响建筑物的修补质量,此措施越来越多地被高速公路养护单位在雨天施工时所采用。

3)按裂缝的成因确定处理方法分类

按照裂缝的成因确定的处理方法有以下几种:

(1)纵向裂缝的处理方法主要有以下几种:①对于缝宽小于 3 mm 的裂缝可不做处理,缝宽大于 3 mm、小于 5 mm 的纵向裂缝,可将缝隙刷扫干净,并用压缩空气吹净尘土后,采用热沥青或乳化沥青灌缝撒料法封堵。②如纵缝进一步发展,出现啃边、错台且裂缝宽大于 5 mm,则需铣刨上面层和中面层(铣刨宽度为裂缝两侧各 1 m),并对裂缝按方法①先行填实,沿纵缝铺设玻璃格栅,摊铺中面层,然后在中面层上沿纵向每隔 5 m 设宽为 1.2 m 的玻璃格栅,最后再摊铺上面层。③对于尚未稳定的纵向裂缝,除按方法①处理外,还应根据裂缝成因,采取排水、边坡加固等措施,以使裂缝稳定,不继续发展。

(2)横向裂缝的处理方法主要有以下几种:①对于基层开裂引起的反射裂缝及沥青混凝土温缩等引起的横向裂缝,如缝宽较小可不予处理,如宽度在 3 mm 以上,可将缝隙刷扫干净,并用压缩空气吹净尘土后,采用热沥青或乳化沥青灌缝撒料法封堵。如缝宽在 5 mm 以上,可将缝口杂物清除,或沿裂缝开槽后用压缩空气吹净,采用砂料式或细粒式热拌沥青混合料填充捣实,并用烙铁封口。②对于由土基沉降引起的横向裂缝,如出现错台、啃边、裂缝宽度大于 5 mm 以上的,则需沿横缝两侧各 50 ~ 100 cm 范围开槽,挖除上面层,按照方法①先将裂缝填实,然后沿横缝加铺玻璃格栅,重新摊铺上面层。

(3)网裂的处治方法如下:对于轻微网裂可用玻璃纤维布罩面,对于大面积的网裂、常加铺乳化沥青封层或在补强基层后,再重新罩面,修复建筑物。

3.2 灌排渠(沟)系建筑物管护

3.2.1 闸门及其止水维修和更换方法

3.2.1.1 闸门维修项目及处理方法

1)门体缺陷的处理

(1)门体变位的处理:门体变位是指闸门偏离了正常工作位置,或发生上下游或左右方向的倾斜,或发生侧向偏移,严重地妨碍了闸门的正常运行,其处理措施为:两个卷扬筒或同一个卷扬筒上左右绳槽底直径的相对误差较大,使闸门造成左右向倾斜时,可使用环氧树脂与玻璃布混合粘贴的方法补救直径较小的卷筒,达到卷筒直径一致。也可使用两根不同直径的钢丝绳来调整,但采取这种处理措施,决不容许减小钢丝绳的设计直径来调整。对椭圆度与锥度等超过设计要求的卷筒,必须更换。

如因钢丝松紧不一而引起闸门左右向倾斜,可重绕钢丝绳或在闸门吊耳上加装调节螺栓与钢丝绳连接,调整闸门使其水平。

(2)门叶变位与局部损坏的处理:门叶构件由于生锈、剧烈振动和强大外力冲击等原因,引起门叶较大的残余变形或局部损坏,会直接影响闸门的安全运行。必须根据具体情况,针对产生缺陷的原因,确定造当的修理措施。

(3)门叶构件和面板锈蚀的处理:门叶构件锈蚀严重的,一般可采用加强梁格为主的方法加固。面板锈蚀减薄,在较严重的部位,可补焊新钢板加强。新钢板的焊接缝应在梁格部位,另外也可使用环氧树脂黏合剂粘贴钢板补强。

(4)外力造成局部变形或损坏的修理:当闸门在使用中受剧烈振动和外力的影响而造成局部变形或损坏的,可采用如下方法修理:

钢板、型钢或焊缝局部损坏或开裂时,可进行补焊或更换新钢材,但补强所使用的钢材和焊条必须符合原设计的要求。焊接质量应符合《水工建筑物金属结构制造、安装及验收规范》(SLJ 201—80 及 DLJ 201—8)的有关规定。《水利水电工程钢闸门制造、安装及验收规范》(GB/T 14173—2008)。

门叶变形的,应先将变形部位矫正,然后进行必要的加固。在常温情况下,一般可用机械进行矫正;但对变形不大的或不重要的构件,也可用人工锤击矫正,但锤击时需要在钢材表面垫上垫板,且锤击凹坑深度不得超过 0.5 mm。热矫正时,温度应加热到 600 ~ 700 ℃,利用不同温度的收缩变形来矫正。矫正后应先做保温处理,然后放置在空气中冷却。

(5)检验:门叶结构经修理后,常用的检验方法有磁粉探伤、煤油渗漏试验、超声波探伤等无损伤法。煤油渗漏试验,是在焊缝一面涂上石灰浆,待干燥后再在另一面涂浸煤油,如石灰浆一面有煤油斑迹,则该焊缝有裂纹。

(6)气蚀引起局部剥蚀的修理:可在剥蚀部位进行喷镀或堆焊补强,或将局部损坏的钢材加以更换。无论补强或更换都须使用抗蚀能力较强的材料。

2）支承行走机构的检修

（1）滚轮锈蚀卡阻的处理。拆下锈死的滚轮,将轴和轴瓦清洗除锈后涂上润滑油脂。没有注润滑油设施的,应在轴上加钻油孔,轴瓦上开油槽,用油杯或黄油枪加注油脂润滑。

轴与轴承的摩擦部分应保持设计的间隙公差,如因磨损过大且超过允许范围,应更换轴瓦。为了减少闸门的启闭力,可采用摩擦系数较小的压合胶木轴瓦或尼龙轴瓦等。

滚轮检修后的安装标准必须达到的要求:平板定轮闸门滚轮的组装应控制四个轮子在同一平面内,其中一个轮子离开其他三个轮子形成的平面偏离值不得超过 ±2 mm;轮子对平行水流方向的竖直面和水平面的倾斜度不得超过轮径的0.2%;同一侧轮子的中心偏差不得超过 ±2 mm。

（2）弧形闸门支铰转动不良的处理。弧形闸门支铰是闸门转动中枢,它产生故障的原因及检修步骤如下:

①弧形闸支铰故障原因:由于支铰座位置过低,细小的泥粒沉积于轴瓦与支轴的间隙中,日久便结成硬质泥垢,增加摩擦阻力。支铰轴与轴承间无润滑设施时,只能从铰链与支铰座的空隙外向轴加注油脂,这样难以达到润滑的目的,当较长时间不使用时,容易发生卡阻故障。

②支铰的检修步骤:

先卸掉外部荷载,把门叶适当垫高,使支铰轴受力降低到最低限度,然后加以支撑固定,以利拔取支铰轴。

用油漆溶剂与人工敲铲相结合的办法,清除支铰轴与铰链各缝隙间的旧漆与污垢,并用柴油或煤油向轴瓦的缝隙渗灌,为取轴做好准备。

③拔取支铰轴。对卡阻严重的轴,可先将止轴板拆掉再用油压千斤顶或螺栓千斤顶拔轴法拔出,拔轴时注意缓慢施力,使轴受力比较均匀,并在适当时间用锤轻敲振动;对卡阻现象不太严重的,可用冲撞顶轴法拔出支铰轴。将轴和油孔洗净加油润滑后再行安装。

（3）压合胶木变形及裂缝的处理:当压合胶木使用后发生变形或微裂,使摩擦系数增大,影响闸门正常运用时,必须根据损坏情况分别采取如下修理措施。

轻微开裂的修理:当裂纹宽度不超过0.2 mm、深度不超过5 mm 时将裂缝刨掉,由于压合胶木切削而减薄的部分,应在胶木滑道夹槽底面垫钢板加以调整。

压合胶木的更换:压合胶木严重磨损或失效后,应予更换,其更换方法为:压合胶木块加工前应在 70~80 ℃的石蜡溶液中干燥 80 h 左右,使其含水率降低到5%以下,干燥后其挠度不得超过长度的1/200,端部裂缝深度不得大于0.2 mm。压合胶木的侧面、底面及端面粗糙度应达到6.3,单块胶木宽度尺寸的偏差应在 +0.1 mm 范围内。压合胶木拼成轴瓦或入夹槽,应使胶木主要纤维的端部承受压力,即主要木纹方向与受力方向一致。在压合前,压合胶木与滑槽表面要涂一层酚醛树脂。压合胶木压入夹槽底应严密而无间隙,以塞尺检查胶木两端部,深30 mm、宽20 mm 的局部间隙不应超过0.2 mm。

3.2.1.2　止水装置的检修

闸门水封装置,采用橡胶密封,其修理方法如下:

（1）更换新件:橡胶水封使用日久老化、失去弹性和磨损严重的,应更换新件。安装新水封时,应用原水封压板在新橡胶水封上画出螺孔,然后冲孔,孔径应比螺栓小 1~2

mm,严禁烫孔。

(2)局部修补:由于水封预埋件安装不良,而使橡胶水封局部撕裂的,除改善水封预埋件外,可割除损坏部分,换上相同规格尺寸的新水封。新、旧水封接头的处理方法有:将接头切割成斜面,并将它锉毛,涂上黏合剂黏合压紧,再用尼龙丝或锦纶丝缝紧加固,尼龙丝尽量藏在橡胶内不外露,缝合后再涂上一层黏合剂,保护尼龙丝不被磨损,2 d 后才可使用。采用生胶热压法黏合,胶合面应平整并锉毛,用胎模压紧,借胎模传热,加热温度为200 ℃左右,胶合后接头处不得有错位及凹凸不平现象。

(3)离缝加垫:闸门顶、侧水封与门槽水封,存在与水封座接触不紧密而有离缝时,可在固定的橡胶水封部位的底部,加垫适当厚度的垫块(橡胶片或扁铁)进行调整。

(4)橡胶水封更新或修理后的标准:水封顶部所构成的平面不平度不得超过 2 mm,水封与水封座配合的压缩量应保持 2~4 mm。

3.2.2　启闭机的维修技术

3.2.2.1　启闭机的保养

(1)机体清洁是最简单、最基本却很重要的保养措施。及时清扫电动机外壳的灰尘和污物,轴承的润滑油脂要足够并保持清洁,定子与转子之间的间隙要均匀,检查和量测电机相间及相对铁芯的绝缘电阻是否受潮,保持干燥。

(2)操作设备养护。通过定期检查、紧固和调整操作设备,使设备接触良好,机械传动部件要灵活自如,接头连接要安全可靠,限位开关要经常检查调整,保险丝严禁用其他金属丝代替。

(3)启闭机的润滑。启闭设备的寿命很大程度上取决于润滑。油料要有选择,高速转动轴承要用润滑脂润滑,由钠皂与润滑脂制成钠基润滑脂,熔点高,温度达 100 ℃时使用仍可保证安全;钙基润滑脂由钙皂与矿物质油混合制成,它适用于水下及低速传动装置的润滑部件,如启闭机的起重机构,比如齿轮、滑动轴承、起重螺杆、弧形门支铰、闸门滚轮、滑轮组等;变速器、齿轮联轴节等封闭或半封闭的部件也须常用润滑油润滑。

3.2.2.2　启闭机维修

1)螺杆式启闭机承重螺母和推力轴承的维修

(1)承重螺母磨损的修理。螺杆式启闭机的启闭力是由螺母与螺杆的螺纹面之间的接触作用产生的。如润滑条件差,承重螺母易磨损,特别是螺杆偏斜、弯曲后,螺母承力不均,磨损更为加剧。承重螺母的磨损超过设计要求时,应更换新件,以免引起坠门事故。

螺母螺纹若产生破碎及裂纹等缺陷,应更换新螺母。更换时螺母螺纹中心线对推力轴承配合面的不垂直度应不超过表 5-3-1 的规定。

表 5-3-1　螺母螺蚊中心线对推力轴承配合面的允许公差

孔的长度或测量半径(mm)	≤50	50~100	100~250	250~500
在 100 mm 长度或半径上测量的允许公差(mm)	0.02	0.03	0.04	0.06

(2)推力轴承磨损的修理。螺杆启闭机轴承一般采用球形或锥柱推力轴承。如推力轴承磨损过大或钢球(锥柱)及推力轴承座等发生微裂,应更换新件。

2）卷扬机钢丝绳的修理

钢丝绳常在水下及阴暗潮湿环境中工作，容易锈蚀、断丝；有些钢丝绳在卷筒上排列不良造成钢丝绳轧伤；有些因滑轮组有故障，也会造成钢丝绳轧伤。钢丝绳的锈蚀轧伤、断丝均将削弱其强度，影响闸门的安全启闭，必须及时修理。

钢丝绳断丝数不得超过表 5-3-2 的规定。如超过表 5-3-2 规定，应采取如下措施：

表 5-3-2　钢丝绳断丝数允许值

钢丝绳最初安全系数	钢丝绳结构形式							
	$6 \times 19 = 114 + 1$		$6 \times 37 = 222 + 1$		$6 \times 61 = 366 + 1$		$18 \times 19 = 342 + 1$	
	钢丝绳必须报废的标准（一个节距间破断钢丝数）							
	逆捻	顺捻	逆捻	顺捻	逆捻	顺捻	逆捻	顺捻
6 以下	12	6	22	11	36	18	36	18
6~7	14	7	26	13	38	19	38	19
7 以上	16	8	30	15	40	20	40	20

（1）调头。当钢丝绳一端有锈斑或断丝时，其长度不超过卷筒上预绕圈的钢丝绳长度，可采取钢丝绳调头使用。

（2）搭接。两根钢丝绳搭接使用，限于直径 22 mm 以下的才能采用，同时接头部位应通过滑轮和绕上卷筒。搭接时应采用叉接法，叉接长度不少于钢丝绳直径的 30 倍，并经接力试验合格后才能使用。搭接部位宜浇锌或锡保护。

（3）更换。上述两种方法均不能采用时，应更换新的钢丝绳。

3.2.3　拦污栅维修方法

3.2.3.1　拦污栅使用中的常见问题

1）拦污栅发生阻塞

拦污栅的作用就是阻止水草、树根、生活垃圾等异物进入进水流道，防止其对水工建筑物和水力机械造成危害，使泵站的运行受到影响。水中这些杂物在水中的比重不同，在拦污栅前的聚集状态也不同。栅上部多为比重较小的水草，栅中下部多为比重较大的编织袋、尼龙制品等悬浮物，栅底部多为树桩、砂石块、淤泥等。但是，上游水流所带来的杂物碎块的数量一般无法估计和控制，所以拦污栅前堆积的污物经常不能及时清理，就会使拦污栅发生阻塞，以致过流能力降低，影响水泵机组的正常运行。

2）拦污栅发生锈蚀

拦污栅为空间钢架与平台板的组合结构，常年在水流中浸泡，必然会产生一定的锈蚀。拦污栅发生锈蚀虽没有阻塞造成的后果严重，但锈蚀会导致拦污栅过水面积减少，增加水头损失，减小了拦污栅的过流能力，同时也影响了水泵的效率。

3）拦污栅的振动问题

水流在通过拦污栅时，在局部损失发生的局部范围内，栅条尾部脱流产生的卡门涡阶引起横向激振力，该激振力的频率随流速的增加而增加。当拦污栅表面作用力的频率与拦污栅的固有频率一致或接近时,将引起拦污栅共振,从而导致拦污栅的破坏。随着水流雷诺数的增加,栅后可出现层流、周期性尾流及紊流尾流三种流态。周期性尾流将激起拦污栅结构的周期性振动;紊流尾流则使结构产生随机性振动。栅条的自振频率取决于栅条的尺寸、形状、连接方式。

3.2.3.2　拦污栅的检查

拦污栅的检查包括污物检查和栅体检查。污物检查一般可通过定期检测拦污栅前后压差的方法间接了解,也可以采用水下电视检查。栅体检查一般结合拦污栅清污进行。检查内容一般包括栅体锈蚀情况、栅条是否完好、支承框架有无变形、吊耳及连接是否完好、焊缝和裂缝的检查等。

3.2.3.3　拦污栅的管理维修

由于污物堆积、振动、锈蚀等原因,拦污栅常出现栅条的变形、脱落、支承框架变形、销轴锈死、焊缝开裂等缺陷。

对栅条和支承框架的变形,可采用机械矫正和热矫正法进行处理,变形严重时应予报废,更换新件。矫正后的拦污栅可适当在主梁翼缘贴补加强板进行加固。

对于销轴锈死现象,应拆卸除锈并对销轴表面进行镀铬处理。

对抽水蓄能电站的拦污栅,如果出现栅条脱落或断裂、支承框架变形、焊缝开裂等现象,应增加结构刚度,缩短栅条支承间距,提高焊接质量。

3.2.4　建筑物表面损坏形式

3.2.4.1　建筑物表面损坏现象及原因

水工混凝土建筑物,往往由于设计考虑不周、施工质量不妥、管理不善或其他因素的影响,引起不同程度的表层损坏,主要有表面剥落、蜂窝、麻面、冲刷、裂缝损坏等缺陷。

混凝土表层损坏一般是造成表面不平整和表层混凝土松软,引起局部剥蚀,并不断扩大。在钢筋混凝土中,由于表层损坏使保护层减薄或钢筋外露,导致钢筋锈蚀,降低钢筋混凝土的承载能力。有些损坏严重的,还会削弱结构强度,削弱了耐久性及抗渗能力。过流建筑物容易导致空蚀破坏,甚至会被水流掀走,使建筑物失稳而破坏。至于水化学侵蚀的长期作用,还会往内部发展,造成混凝土强度降低,缩短建筑物的使用年限,使建筑物运行效率降低,增加运行期维修费用。建筑物表面损坏现象及原因见表5-3-3。

3.2.4.2　建筑物表面损坏的检查

建筑物运行管理中应加强检查和记录,如建筑物表面剥落、蜂窝、麻面、冲刷损坏等外观状况变化。对建筑物表面缺陷进行观测,掌握好缺陷的现状和发展,以便分析其对建筑物的影响和研究表面损坏的处理措施。

建筑物的表面损坏检查观测,首先应将其编号,然后分别观测其所在的位置、范围和深度。损坏范围的观测通常是在损坏部位四周用油漆做上标志,然后将混凝土表面画上方格来进行量测。对于表面裂缝可在裂缝的两侧埋设标点,用游标卡尺测定标点的间距,以分析缝宽的变化。裂缝的深度一般采用金属丝探测,也可采用超声波探伤仪、钻孔取样和孔内电视照相等方法观测。

表 5-3-3　混凝土表层损坏现象及原因

现象	原因	常见部位
拆模后混凝土表面有蜂窝、麻面、集料架空和外露、模板走样、接缝不平	施工质量不好,混凝土强度不够	各部位均可发生
高速水流冲刷、淘刷磨损、气蚀等使混凝土表层形成麻面、集料外露、疏松脱壳等	(1)流速大于混凝土表面允许流速; (2)水流边界条件不好,高速水流时,引起气蚀破坏; (3)水流中挟有大量砂石等推移质或悬浮物; (4)消力池、护坦上有砂石、混凝土块等杂物	(1)与水流接触的表面,特别是底板表面; (2)过水建筑物急变部位、断面突变、不平整部位
冻融、风化剥蚀,使混凝土表层疏松脱壳或成块脱落	(1)严寒地区冰冻及干湿交替循环作用; (2)有侵蚀性水的化学侵蚀作用	水位变化区及冰经常接触的部位
撞击破坏使混凝土表层成块脱落或形成凹凸不平	机械、船舶或其他坚硬物体撞击	各部位均可发生

3.2.5　建筑物排水设施的修复

水工混凝土建筑物的止水排水设施根据其所处部位及重要性的不同,大致可分为三种结构形式:①挡水坝前沿各混凝土坝段分缝间的止水,直接挡上游水位;②挡水坝前沿后块混凝土分缝间的止水;③消力池护坦、防冲铺盖、防渗板等混凝土块间的止水排水系统。

止水排水系统由于设置在混凝土结构物内部,其缺陷难以发现,检修处理则更困难。造成缺陷的原因有漏埋、错埋、浇空、材质缺陷、堵塞以及施工损坏等,应尽可能在施工过程中及时进行缺陷检查和处理。这不仅可降低其处理难度,还可节省后期处理工程量和费用。

3.2.5.1　建筑物止水排水缺陷处理措施

1)引排

引排即把因止水排水失效所造成的渗漏水集中在某一处或某几处引出、排掉,以减小结构物底部的渗透压力。葛洲坝大江船闸在下游基坑进水后的止水排水缺陷临时处理时就采取了引排的办法。具体做法是:沿着渗漏水缝面凿毛后,用水泥水玻璃砂浆(配比见表5-3-4)嵌缝,把缝中的漏水集中到一个或几个集中点,通过埋设的排水管引至缝外,排入廊道排水沟。这种方法施工简便,费用较低,适用于缺陷不很严重、渗漏量不很大以及其他方法难以施行的部位。

表5-3-4　水泥水玻璃砂浆配比(重量比)

水玻璃	52.5级水泥	细砂(石英粉)
100	10 ~ 15	10 ~ 15

2)封堵

封堵即从建筑物外表或止水排水系统外围进行围堵。葛洲坝二江泄水闸、大江冲砂闸护坦、大江船闸闸室底板Ⅰ及Ⅱ区的止水排水系统缺陷处理均采取了封堵的办法。封堵又可分为外堵和内堵两种。

外堵是在止水系统的迎水缝面再增加一道橡皮止水(见图5-3-2),葛洲坝大江船闸闸室底板Ⅰ及Ⅱ区部位即采用外堵办法处理。具体做法是:将缝面全线凿出一道宽20 cm、深3 ~ 6 cm 的矩形槽,用水或丙酮溶液清洗槽面,待干燥后,在槽面涂一层环氧基液(配比见表5-3-5),随后用环氧砂浆(配比见表5-3-5)敷平槽口毛面,再在铺垫的基面上涂覆一层环氧基液,贴上先用硫酸溶液处理好的橡皮带(宽16 ~ 18 cm),然后在缝口嵌泡沫塑料或其他材料的隔缝条,再涂一层环氧基液,最后用环氧砂浆整平抹光。

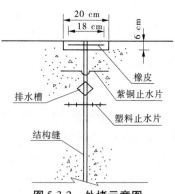

图5-3-2　外堵示意图

表5-3-5　环氧材料配比(重量比)

名称	主剂	增韧剂	活性剂	固化剂	稀释剂	填料	
	6101 号	650 号或 304 号	501 号	乙二胺(或二乙烯三胺)	丙酮	石英粉	石英砂
环氧砂浆	100	30	20	10(16)		175 ~ 200	525 ~ 600
环氧基液	100	30	20	10(16)	5		

外堵除用环氧贴橡皮外,也可用其他性能类似的材料。

内堵是用弹性堵漏材料在止水系统周围做灌缝处理(见图5-3-3),葛洲坝大江冲砂闸下游护坦止水排水部位的缺陷就是采用内堵方法处理的。具体做法是:通过廊道或从建筑物表面就近向缝面钻直径38 ~ 48 mm 的骑缝孔或斜穿孔,向钻孔压水检查钻孔与缝面的连通情况,如果连通不好,则此孔作废,应予回填。

如果连通良好,则埋设灌浆管,随后用高压

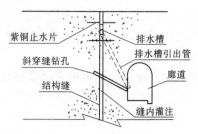

图5-3-3　内堵示意图

水将孔冲洗干净再进行灌浆。灌浆结束后割管封孔,完成内堵。灌缝材料采用丙凝、丙强、弹性聚氨酯和氰凝浆液等。丙凝和丙强浆液(配比见表 5-3-6 和表 5-3-7)的强度和韧性比弹性聚氨酯(配比见表 5-3-8)和氰凝低,使用寿命相对较短,在伸缩变形量较大的部位更短,大致适用于维持 5～8 年左右的部位。弹性聚氨酯能维持 15 年以上,氰凝的耐久性更优于弹性聚氨酯。但它们的造价要比丙凝、丙强的造价高得多,配比工艺也复杂得多。

表 5-3-6　丙凝浆液配比(重量比)

A 液				B 液	
丙烯酰胺	双丙烯酰胺	三乙醇胺	水	过硫酸胺	水
9.5～14	0.5～0.75	0.5～0.8	43～47	0.5～1.0	43～47

表 5-3-7　丙强浆液配比(重量比)

A 液				水泥	B 液	
丙烯酰胺	双丙烯酰胺	三乙醇胺	水		过硫酸胺	水
7.2	0.38	0.45	38	76	0.45	38

注:本表仅给出了丙凝:水泥 =1∶1 的丙强浆液配比。

表 5-3-8　弹性聚氨酯配比(重量比)

蓖麻油预聚体	N220 聚醚预聚体	30% 混合摩卡溶液
100	300	204.7

3)灌浆

灌浆即对止水排水系统本身做回填灌浆,将止水排水槽全部灌死,废弃原有的功能。这种措施只是在缺陷相当严重,运用其他办法难以奏效的情况下才采用。

具体做法是:直接从止水排水槽引出灌浆管,向排水槽内灌浆,灌浆压力以等于或接近于该部位的工作水头为宜。如果排水槽引出管漏水量偏大或被堵塞难以施灌,也可在廊道内或坝体外部就近钻孔至排水槽,以钻孔作为进浆管或回浆管进行灌浆。在灌浆施工中,当同一区的其他引出管或钻孔中冒出浆液后,即封堵管门,使压力上升,并稳定到设计灌浆压力,这时即表明该区整个排水槽已被灌满,灌浆可以结束。灌浆材料同样可采用丙凝、丙强、弹性聚氨酯、氰凝等。

3.2.5.2　使用反滤土工织物维修建筑物排水设施

土工织物反滤层的施工:土工织物反滤层必须和透水料一起使用才能形成反滤排水体,透水料应不带尖角,以免顶破土工织物,透水料的粒径和厚度应满足设计要求。铺设前应对土工织物进行质量复检,如材质是否均匀,强度、渗透和抗淤堵性能是否满足设计要求等。铺设时应避免土工织物折叠、打皱等,幅间搭接宜采用专用设备缝合,搭接宽度≥5 cm。铺设时应避免土工织物破损,一旦发现,应予剔除废弃,不得使用,同时还应避免泥土或杂物弄脏土工织物,以免影响渗透效果。土工织物应得到有效保护,施工时防止被阳光长时间照射,以防老化。在具体施工环节,还应注意以下几点:①铺设土工织物前,应对建筑物进行削坡整平,然后铺设 10 ~ 15 cm 厚中细砂,中细砂要求洒水振捣密实。②土工织物反滤层的铺设方法应从建筑物脚向顶部铺设,不要绷拉过紧,以免建筑物有不均匀变形时,拉坏了土工织物。土工织物用锦纶线双排缝合,搭接宽度 20 cm 左右,缝合线至边距不小于 5 cm,土工织物应预留 4% 的褶皱长度。③铺设完成后,应立即在土工织物上铺设保护层,保护层厚度不要小于 10 cm,可以采用透水性良好的砂砾料。

3.2.6　浆砌石、混凝土等建筑物深层裂缝的处理

3.2.6.1　浆砌石建筑物深层裂缝处理

裂缝按产生的原因,可分为沉陷性裂缝和应力性裂缝两类。沉陷性裂缝主要因砌体基础软硬不一,发生不均匀沉陷所致。应力性裂缝则是由于石料强度不够、砂浆强度等级过低以及砌筑施工质量控制不严等造成的。当砌体产生上述裂缝后,降低建筑物的抗渗能力,严重时,还会引起管涌、流土现象,危及建筑物的安全。

对于砌体裂缝的处理,常用的措施有堵塞封闭裂缝、局部翻修嵌补、彻底翻修以及辅助性补强加固等。

(1)堵塞封闭裂缝。用砂浆沿裂缝滴入(自下而上进行),缝隙填满后,应用铁抿自下而上依次塞缝并抿光。

(2)局部翻修嵌补。如裂缝较严重,应将其沿线拆除一部分,清洗干净后,用混凝土填塞嵌补,嵌补好后,应与原平面保持一致,并用铁抿抿光,洒水加以养护。

(3)彻底翻修。若属基础冲坏出现的不均匀沉陷裂缝,用上述方法不能解决,只能采取彻底翻修措施。彻底翻修是将原砌体裂缝范围全部拆除后,重新进行砌筑。

(4)辅助性补强加固。在不影响渠道过水断面的前提下,除对裂缝进行填塞外,加强基础,预防沉陷,或在其表面再进行衬护加固处理。

3.2.6.2　混凝土建筑物深层裂缝处理

钻孔灌浆通常指在裂缝内部采用灌浆处理。灌浆材料可根据裂缝的性质、开度、施工条件等,选用水泥、沥青和化学材料。

水泥灌浆,一般适用于开度大于 0.3 mm 的裂缝,其灌浆的施工程序是:先在建筑物上钻孔、冲刷、埋管,然后灌注。

化学灌浆材料具有较高的黏结强度和良好的可灌性。适用于开度小于 0.3 mm 或更细微的裂缝,同时还能调节凝结时间,以适应各种情况下的堵漏防渗要求。因此,凡是不能用水泥灌浆进行内部处理的裂缝,均可采用化学灌浆。灌浆的材料主要有环氧树脂灌浆材料和丙烯酸酯类灌浆材料两种。

(1)环氧树脂灌浆材料。它是一种补强、固结灌浆材料,在处理由于各种原因所造成的混凝土建筑物的开裂等缺陷的过程中发挥了较好的作用。环氧树脂灌浆材料如按稀释剂的种类来分类,可归纳为三类:①非活性稀释剂体系的环氧树脂灌浆材料。这是由丙酮、二甲苯等非活性稀释剂和环氧树脂混合组成的。此类浆液配制简单,黏度较低,使用方便,建筑工程方面采用较多,也曾用来处理地震后混凝土梁柱的裂缝。②活性稀释剂体系的环氧树脂灌浆材料。这里用活性稀释剂代替非活性稀释剂配制而成的环氧树脂灌

浆。由于现有的活性稀释剂本身的黏度一般都比非活性稀释剂大,稀释效果不太理想,故灌浆的可灌性受到一定限制。③糠醛—丙酮稀释剂体系的环氧树脂灌浆材料。用糠醛—丙酮作为混合稀释剂的环氧树脂浆液,在我国采用较广。目前通常又有糠醛—丙酮、半醛亚胺和糠叉丙酮三种形式的稀释剂,而其中尤以糠醛—丙酮稀释剂应用最广。

（2）甲基丙烯酸酯类灌浆材料,亦称甲凝,是一种固结性能良好的高分子化学灌浆材料。材料的抗压、抗拉强度较高,黏度小,可灌入更细小的裂缝中,并与混凝土有较好的黏结能力,收缩性和吸水性均小,而且耐化学性好,聚合凝固时间可控制在几分钟至几小时。

3.2.7　钢筋混凝土建筑物的补强加固

3.2.7.1　目前常用的加固方法

目前,工程上常用的钢筋混凝土结构补强加固方法主要如下所述。

1）加大截面加固法

加大截面加固法是通过增加原构件的受力钢筋,同时在外侧重新浇筑混凝土以增大构件的截面尺寸,来达到提高承载力的目的。其优点是可以同时增大构件的刚度、承载力和变形能力,部分情况下也可以加强连接的可靠性。

2）外包钢加固法

外包钢加固法是用乳胶水泥、环氧树脂化学灌浆或焊接等方法对梁柱外包型钢进行加固。该方法主要是通过约束原构件来提高其承载力和变形能力的。

3）预应力加固法

预应力加固法是通过预应力钢筋对构件施加体外预应力,以承担梁、屋架和柱所承受的部分荷载,从而提高构件的承载力。

4）粘钢加固

粘钢加固是在混凝土构件表面用特制的建筑结构胶黏结钢板,是提高结构承载能力和变形能力的一种加固方法。其优点是简单、快速,施工时对生产活动和居民生活影响较小。

5）玻璃钢加固

玻璃钢是一种复合材料,它具有与混凝土的线膨胀系数相近、比强度高、优良的电磁绝缘性等特点,可分别在梁底面和侧面粘贴玻璃钢来增强钢筋混凝土梁的抗弯承载力和抗剪承载力,并改善梁的变形性能。

6）喷射混凝土技术

喷射混凝土是借助喷射机械,利用压力喷射到受喷面上凝结硬化而成的一种混凝土。喷射混凝土具有较高的力学性能和良好的耐久性,特别是与混凝土、砖石、钢材有很高的黏结强度,可以在结合面上传递拉应力和剪应力。

对于上述加固方法,国内外的很多科研机构都已进行了大量的研究工作,并且大都已应用于实际工程,这在很多文献中都有记载。然而,这些加固方法都有一定的缺陷,除去带有共性的化学腐蚀问题外,像粘钢加固法,还会增加构件自重、结点不易处理、施工难度大等。为此,工程界需要新兴的、科技含量较高的加固技术。

近年来,纤维材料在土木工程中的应用一直是国内外研究的热点。随着材料技术的发展,现在已开发出来了多种高科技纤维,上面提到的玻璃钢(玻璃纤维增强塑料)就是其中的一种。在所有的技术中属于最成熟,也是用量最大的一种高科技材料。随着碳纤维材料被应用于建筑业,碳纤维加固混凝土结构新技术随之出现。

3.2.7.2 碳纤维加固混凝土结构的技术特点

碳纤维有很多种,其中 PNA 基碳纤维具有优异的物理力学性能、良好的黏结性、耐热性及抗腐蚀性等特点,非常适用于土木工程领域。用于建筑结构补强加固的碳纤维材料,其强度一般为建筑用钢材的十几倍,弹性模量与建筑钢材在同一水平上并略有提高,是一种优良的结构加固用材料。碳纤维材料的这些特点,为建筑结构的补强与加固提供了技术支持。

与原有的加固方法比较,碳纤维材料加固技术具有明显的技术优势,主要体现在如下方面。

1)高强高效

由于碳纤维材料具有优异的物理力学性能,在对混凝土结构进行加固补强过程中可以充分利用其高强度、高模量的特点来提高结构及构件的承载力和延性,改善其受力性能,以达到高效加固的目的。

2)耐腐蚀性能及耐久性

碳纤维材料的化学性质稳定,不与酸、碱、盐等化学物质发生反应,因而用碳纤维材料加固后的钢筋混凝土构件具有良好的耐腐蚀性及耐久性,解决了其他加固方法所遇到的化学腐蚀问题。

3)不增加构件的自重及体积

碳纤维布质量轻且厚度薄,经加固修补后的构件,基本上不增加原结构的自重及尺寸,也就不会减少建筑物的使用空间,这在"寸土寸金"的经济社会中无疑是重要的。

4)适用面广

由于碳纤维布是一种柔性材料,而且可以任意地裁剪,所以这种加固技术可广泛地应用于各种结构类型、各种结构形状和结构中的各种部位,且不改变结构及不影响结构外观。同时,对于其他加固方法无法实施的结构和构件,诸如大型桥梁的桥墩和桥板,以及隧道、大型筒体及壳体结构工程等,碳纤维加固技术都能顺利地解决。

5)便于施工

将碳纤维材料用于加固混凝土结构,在施工现场不需要大型的施工机械,占用施工场地少,而且没有湿作业,因而工效很高。

3.2.7.3 碳纤维加固技术的应用

碳纤维材料在土木工程领域的应用已非常广泛,概括起来主要有以下几个途径:

(1)在搅拌混凝土的同时加入短纤维制成碳纤维混凝土,用于新建结构。

(2)长丝制成束状(棒材)在现浇混凝土中代替钢筋用于新建结构,主要用于海洋结构及对电磁波有特殊要求的结构,现已有研究并开始应用于实际工程。

(3)将碳纤维制成织物(片材),粘贴到混凝土表面用于结构的补强与加固,是重点研究的一个方面,也是实际工程中应用最多的一种。

随着人们对碳纤维加固混凝土结构技术优势认识的逐渐提高,现在国内已有越来越多的高校和科研机构开始重视这一新兴加固技术的科学研究和应用,并投入了大量的资金和人力来发展和完善这一技术。

3.2.8　建筑物防冰冻维护

我国北方地区气候寒冷,冬季与水接触的建筑物常因冻胀作用而遭到破坏。如东北地区土坝上游护坡常因冰拔或冰推而破坏;混凝土坝的迎水面水位变化区常因冻融而破坏,表现为混凝土表面酥松剥落、强度降低;渠系建筑物的柱基甚至会被冻胀拔起。如不及时进行修补,则会影响建筑物的安全运行。

3.2.8.1　冰冻对混凝土建筑物的破坏

混凝土建筑物常发生冻融破坏,表现为表面酥松、层状脱落、强度降低,影响建筑物的使用。如我国丰满大坝溢流面表层出现的混凝土面有许多条带疏松层状脱落,影响大坝使用。

混凝土建筑物之所以发生冻融破坏,是由于混凝土内部存在渗水孔隙,孔隙中又有水,这些水结冰时体积膨胀 9%,产生膨胀压力,作用在孔隙或毛细管壁上,同时,混凝土在冻结过程中,还可能出现过冷水在孔隙中迁移,在混凝土中产生渗透压力,也作用在管壁上,这两种压力在混凝土冻结过程中出现,在融化过程中消失,如此周期性地作用,会使孔隙壁产生微裂缝,并逐渐扩展增多,强度降低,混凝土表面开始剥落甚至整体破坏。

3.2.8.2　冰冻对水工建筑物的破坏形式

水工建筑物根据破坏原因不同,通常可分为冰推破坏、冰拔破坏和冻冰冲击破坏三种。

1) 冰推破坏

在水位变化不大的条件下,冰层膨胀产生的静冰压力将土堤的护坡推起造成的破坏。在我国东北、西北较寒冷地区的多数灌排渠道,都不同程度地存在这种现象。冰推破坏与堤坡土的冻胀压力大小、护坡的结构形式有关。当堤坡抗冰推强度小于冰层与堤坡间的冰推力时,护坡即破坏。当堤坡的抗冰推强度大于堤坡与冰层间的冻结力时,冻结面被剪开,冰层顺坡延伸,形成爬坡,此时护坡不会产生大面积的破坏。

冰推破坏形式有:

(1) 结冰初期,护坡面板较薄且冰面以上护坡较短,护坡未和堤的土体冻结在一起时,冰推作用使护坡板沿垫层滑动。

(2) 护坡板块不平整或护坡整体性差(如块石护坡),冰推后会出现局部隆起。若为小块混凝土板,则沿水面附近几块混凝土板受冰推后,因受上部护坡阻挡而出现隆起架空现象。

(3) 冰层厚,冰压力和冻结力均较大时,护坡抗冰推能力较强,护坡和冻土一起沿冻融较界面整体上推,有时上部会出现隆起脱空现象。

2) 冰拔破坏

冰层和护坡破坏在一起,渠道水位上升时,护坡板(块)、齿墙等被拔起、旋转或松动。渠道水位下降时,因冰块与护坡冻结在一起,护坡受到向冰面下降的弯矩,故护坡板翘起,齿墙向渠道内倾斜。渠道水位下降愈快,冰拔现象愈严重,特别是当护坡板(块)尺寸很小时,表面粗糙或整体性差的预制板、块石护坡等,其冰拔破坏更为严重。

　　3)冻冰冲击破坏

　　在初春解冻时,渠道内冰裂成块,在风力与水力作用下向渠道内边坡涌进,大量冰块被推上渠坡甚至超过渠顶,导致渠堤坡被冲击破坏。

3.2.8.3　水工建筑物冰害的防治

　　水工建筑物受冰害的主要部位有护坡、溢洪道闸门、输水建筑物、泄水建筑物的进水口闸门、拦栅及支架,以及进口两侧的导墙等。除在结构上采取防冻加强措施外,对已建工程可以采取其他必要的防冰冻措施。通过几年的工作,积累总结以下防治措施。

　　1)防止建筑物周边结冰的措施

　　(1)挠动水面防冻法。主要方法有压力充气法、压力充水法、调节水位法及加热法等。

　　压力充气法,是通过压缩空气使表层和下层强制对流,防止建筑物前的水冻结。

　　压力充水法,是用潜水泵把库内温度较高的水抽上来,用穿有小孔的管道布设在建筑物周边进行喷射,挠动和加热建筑物周边水体防止结冰。

　　(2)加热防冻法:有热风法、电热法和热水法。

　　热风法,是通过喷风管上的大量小孔,将热风送到加热部位,适用于闸门槽侧边、底部和背面。此法防冻效果好,维修容易,但设备费用高,用电量大。

　　电热法,是用电热管等电红加热器,直接或间接使物体加热。优点是设备简单,加热效果好,适用于闸槽侧壁和底部,但易断红,外露时易损坏。

　　热水法,是用管道将热水(汽)通至需要防冻部位,需要锅炉及较长保温管道,热量损失大,费用较高。

　　2)在结构及管理上采用防护措施

　　在冰冻地区的护坡,应有足够的重量,砌筑整体性要好,且应有较好的表面平整度。通常,用混凝土板或石料较好,在选料时应选抗冻性强的石料。施工时石料应相互咬紧。护坡厚度及块径大小应由抗冻计算确定或参考当地成功的经验。混凝土板块的整体性差和重量较轻,厚度大小由冰情及风浪条件确定,在寒冷地区一般应大于 20 cm。

　　3)合理确定建筑物的位置和布置

　　取水结构物进水塔应避免设在离坝较远的水库中,并以竖井式结构为好,否则应尽量贴近坝坡,加强结构刚度。泄洪闸的位置尽量后移,使闸前有一定长度的引渠或喇叭口段。水库建筑物的防冰防冻害问题有许多地区和单位都在进行探索,随着工程管理工作的深入,将会有更多更好的经验得到运用和推广。

3.2.9　预缩砂浆的配制与使用

　　采用预缩砂浆对上述混凝土缺陷进行处理,技术可靠,施工工艺简单,造价低,对环境及施工人员无危害,运行可靠。

3.2.9.1　预缩砂浆的组成和配制

　　1)预缩砂浆的材料与配合比

　　预缩砂浆对原材料的要求比普通砂浆高,一般水泥宜选用强度等级 42.5 以上的普通硅酸盐水泥,砂采用颗粒坚硬清洁的河砂或人工砂,其砂中粒径小于 0.16 mm 的颗粒含量应控制在 5% ~ 8%,细度模数为 2.3 ~ 3.0,最大粒径根据每层铺设厚度来定,当每层铺设厚度为 7 ~ 10 mm 时,最大粒径小于 5 mm。外加剂宜采用引气剂。

预缩砂浆的配合比:水灰比 0.3 ~ 0.4,灰砂比为 1:2 ~ 1:2.5,引气剂为水泥用量的 0.03% ~ 0.06%。预缩砂浆水灰比的控制是非常重要的,现场控制加水量,以拌好的砂浆手捏成团,手上潮湿又不出水为度。

2)预缩砂浆的配制工艺

预缩砂浆的配制拌和与普通砂浆一样,可采用人工拌和或机械拌和,有条件的应尽量采用机械拌和,因预缩砂浆属干硬性拌和物,采用机械拌和容易保证拌和物的均匀性,以保证砂浆质量。人工拌和时其拌和次数不少于 4 ~ 5 遍,每次拌和量根据施工能力来确定,拌和物形成后立即归堆存放,存放时应避免阳光直接照射,也不能置于风口上,必要时可搭设凉棚。

预缩堆放时间的长短对预缩砂浆质量影响较大,时间过短,起不到有效减小收缩率的功效,过长涂抹难度增大,直接影响施工的密实性。因此,在实际施工中应根据拌和水的多少且又便于施工工艺完成来合理确定砂浆预缩时间,一般控制在 0.5 ~ 1 h。在实验室条件下,即空气相对湿度为 55%,温度 21 ℃时,通过对不同水灰比的砂浆,停放不同时间的失水量进行测定,并根据失水量与收缩的关系拟合收缩值如表 5-3-9 所示。

表 5-3-9　不同水灰比与停放时间的收缩值　　　　　　（单位:×10⁻⁶）

水灰比	时间		
	0.5 h	1 h	2 h
0.30	120	200	320
0.35	200	520	1 000
0.40	300	1 280	2 100

由表 5-3-9 可知:水灰比增大,收缩值增大且随时间延长变化相对较大;而水灰比减小,收缩值减小且随时间延长变化相对较小,这主要是由于水灰比增大吸附水增大,而吸附水的逸出对砂浆收缩影响较大。因此,配制预缩砂浆时在满足工艺操作前提下采用小的水灰比,不仅缩短预缩时间,同时可获得较小的收缩,提高砂浆的抗裂性和强度。

配制预缩砂浆的另一重要因素是周围介质的相对湿度,已有文献研究表明,空气相对湿度大于 90% 或试件置于水中则产生膨胀,因此预缩砂浆应置于“干燥”(未饱和)空气中。

3.2.9.2　预缩砂浆施工与质检

预缩砂浆采用人工涂抹的方法与普通砂浆的基本相同,但每层涂抹时应用木抹子拍压实,对于凹陷较深部位可用木锤击实,必要时可采用平板振捣器振实,分层回填涂抹时,层间用钢丝刷刷毛,每层抹压遍数以表面泛浆为止。修补混凝土工艺流程如下:

混凝土表面人工凿毛去掉表面脆弱部分→用高压水冲洗干净→用砂布擦去游离水分(必要时采用喷灯吹烤表面)→刷水灰比为 0.5 的水泥净浆→涂抹预缩砂浆(分层进行,

最后一层压光抹面)→养护(洒水养护7 d以上)。

对于产生裂缝部位的混凝土应根据裂缝宽度的大小进行处理,一般裂缝宽度 > 2 mm,先骑缝人工敲凿成"V"形槽,然后涂刷净浆回填预缩砂浆,必要时回填细石混凝土,再按上述修补程序修补;裂缝宽度 < 2 mm,可不做处理而直接修补。

质量检查:修补3 ~ 4 d后(抗压强度5 ~ 10 MPa)用小铁锤敲击检查,声音清脆,则说明质量良好;若声音沙哑,则可能分层脱壳或结合不良,应凿除重做。

工程应用实践证明,采用预缩砂浆对小型水利工程中的混凝土缺陷修补,具有较好的经济效益,能较好地满足抗渗、抗磨性与加固要求,技术可靠,施工简单。

3.3 机井和小型泵站管护

3.3.1 泵站机组的日常维修

3.3.1.1 水泵的日常维修

水泵除日常维护管理外,在灌排结束后应进行一次维修,维修项目有:

(1)检修并清洗轴承、油槽、油杯,更换润滑油。一般,滑动轴承运行200 ~ 300 h后应换油一次,滚动轴承运行1 500 h后应换油一次。

(2)检查并调整离心泵叶轮、口环间隙,检修或紧固松动的叶轮螺母,若叶轮磨损严重应及时修理。

(3)处理或更换变质硬化的填料。新盘根的切口应该倾斜。填入填料函时,相邻两圈盘根的对口处要错开120° ~ 180°。

(4)检查并紧固各部分的连接螺丝。

(5)检查离心泵轴套锁紧螺母有无松动。

(6)检查轴流泵橡胶轴承的磨损情况,调整轴与轴承之间的间隙,若橡胶轴承磨损严重必须及时更换。

(7)检查轴流泵动叶外壳及叶片的损坏情况,并测定其间隙,必要时进行修补。

3.3.1.2 电机的日常维修

电动机应经常做好防灰尘、防污物及潮湿侵害的工作,如经常保持机房内干燥、清洁,停车后套上防尘防冻布罩等。

(1)清扫电机及启动设备的外部。除定期检修外,还应经常地进行电动机外部清洁工作,并用干燥压缩空气(不能大于0.2 MPa)吹净电机的内部,一年至少一次。

(2)测量定转子间的空气隙。

(3)清洗轴承。

(4)检查滑环、电刷及电刷盒的情况。

(5)检查启动装置。

(6)机组中心线检查和校正。

(7)紧固零件是否松动。

3.3.2　水泵的叶轮损坏情况检查与维修

3.3.2.1　水泵的叶轮损坏情况检查

(1)检查叶轮表面有无裂纹。

(2)有无因气蚀严重而使表面形成砂眼或穿孔。

(3)有无因冲刷而使叶轮壁变薄,以致影响机械强度。

(4)叶片有无被固体杂物击碎。

(5)叶轮入口处有无发生较严重的偏磨现象。

(6)检查叶轮与口环之间的间隙。

3.3.2.2　叶轮修理

修理叶轮的方法有补焊修理和涂抹环氧砂浆材料两种方法。

1)补焊修理方法

(1)当叶轮腐蚀不严重或砂眼不多时,可以用补焊方法修理,铁制叶轮一般可用黄铜焊补。

(2)焊补方法:把叶轮放置在炭火上加热到 600 ℃左右,在补焊处挂锡,再用气焊火焰把黄铜棒熔到砂眼里。焊件厚度为 14 ~ 20 mm 时,用 6 号焊嘴,焊件厚度为 20 ~ 30 mm 时,用 7 号焊嘴。焊完后移去炭火,用石棉板覆盖保温,使它慢慢冷却下来,以免产生裂纹。冷却后,可以上车床修平。如叶轮入口处磨损沟痕或偏磨现象不严重,可用砂布打磨。在厚度允许的情况下,亦可车光。

(3)修复后的叶轮,必须进行静平衡试验,以消除或减少偏重现象。静平衡检查时,先将叶轮装在短轴上,然后安置在平衡架的刀口上,如图 5-3-4 所示。刀口是两条三角铁,刀口厚 2 ~ 3 mm,应加工平滑。刀口的长度,以轴能回转 1.5 ~ 2 转为准,再长一些也可以。

1—叶轮;2—平衡架的刀口;
3—磁性铁片

**图 5-3-4　叶轮静平衡
试验示意图**

用手将平衡架上的叶轮拨动一下,叶轮便开始转动以至摆动。最后叶轮静止下来,叶轮最重的部分转到最下的位置。这时在叶轮最上位置处,放上一磁性铁片(因铁片带有磁性可吸附在铸铁件上)。然后继续将叶轮转动一下,如静止下来后,叶轮的位置仍然是上次的情况,说明放的磁性铁片太小,可以更换一块大的磁铁片。经过几次转动并调整磁铁片,直到拨动叶轮时,可以停在任何位置为止,这时磁铁片的重量就是偏重的重量。

磁铁片的厚度,应选择得比叶轮壁厚度薄 3 mm,外形做成与轮缘同心的圆弧环状,制成长度不等的数片,磁铁片的比重应与叶轮相同。

然后在没有放磁铁片的相对位置上,把磁铁片形状画好,再到铣床或车床上按画线形状铣削。铣削的深度与磁铁片的厚度相同。这样,铣去的重量正好是偏重的重量,还可以保持轮壁的厚度,在铣削后不少于 3 mm,用起来较为方便。

2)用环氧材料修补水泵的方法

近年来,水利工地上用环氧材料修补受气蚀磨损的水泵泵壳和叶轮,经过一些机电排灌站的试用,证明这是一种简易经济的较好方法。

修补工艺为先用风砂枪除锈(风压 0.3 ~ 0.35 MPa,如没有风砂枪,用人工除锈亦可),除锈以后,清理表面,使其无油、无污、无水,然后在表面刷一层厚度不超过 1 mm 的环氧基液,大约过 30 min,待基液稍稍变稠,再用抹刀按泵原轮廓线抹上环氧砂浆,反复抹压(约 1.5 h),直至砂浆不再流动。涂抹完后,放在室内,按砂浆凝固条件进行常温养护 7 d(温度在 20 ℃左右)后,方可投入运转。

环氧材料的配方见表 5-3-10。

表 5-3-10　环氧材料的配方(按重量比)

环氧基液	环氧树脂(6101#)	100
	聚酯树脂(304#)	30
	固化剂(乙二胺)	10
环氧砂浆	环氧树脂	100
	聚酯树脂	30
	固化剂(乙二胺)	10
	填料(石英粉)	100
	砂子	450
	甲胎橡皮粉,铁粉	100

为了提高抗气蚀性能,在配方中加入橡皮粉,为了提高抗磨性能再加入铁粉。用砂量的增减依砂浆和易性和涂抹方便而定,砂子为最大粒径为 0.6 mm 的石英砂。

环氧材料有很好的抗磨性能和抗气蚀性能,对于一些气蚀和磨损较大的水泵均可以采用,同时具有黏结力强、强度高、成本低、操作工艺简便等优点,在修补水泵方面已得到广泛使用,可逐步代替焊补的方法。

3.3.3　轴承、水封环损坏情况检查和更换

3.3.3.1　轴承检查与修理

由于轴承在整个水泵运行中承受较大的力,所以是比较容易损坏的零件。轴承的形式、种类不同,修理的方法也不同。

1)滑动轴承的检查和修理

滑动轴承的轴瓦是用铜锡合金铸造的,是最易磨损或烧毁的零件,因而重新浇铸乌金(巴氏合金)成为滑动轴承修理的主要内容之一。

(1)浇铸乌金应先将轴瓦洗净加热,使旧乌金熔化除去,并保持轴瓦清洁。将清洁的轴瓦放到图 5-3-5 所示的浇铸装置上,浇铸乌金,底板表面要求光平,以免乌金自轴瓦底部流出。型芯的直径要比轴的直径小 5 ~ 10 mm,准备乌金收缩和加工余量。

(2)轴瓦的研刮。在泵轴上涂一层红铅油,再把泵轴放在轴瓦上转动两圈,取出泵轴,这时在轴瓦表面会看到许多大小分布不均匀的小黑点,表示轴瓦高出的部分,应用刮刀轻轻将这些小黑点刮去,经过多次研刮,最后小黑点会均匀密布,从而符合要求。对于痕迹深的黑点,着刀力应稍微重些。刮时应先刮下轴瓦,后刮上轴瓦。对于新瓦,由于经过车削以后表面比较粗糙,同样需要研刮。

一般调整轴承间隙时,用 3 根软铅丝(电器保险丝)分别放在间隙处,然后拧紧轴承上下盖的连接螺丝,拆开后用外径千分尺或游标卡尺测量被压扁的软铅丝的厚度。若太厚,表明间隙太大,可把上下盖之间的垫片拿去几片,厚度太小时要增加垫片。

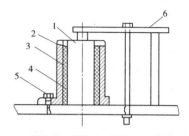

1—型芯;2—纸筒;3—合金;4—瓦套;
5—螺栓;6—压紧型芯装置

图 5-3-5　浇铸轴瓦合金装置

2)滚动轴承的检查和修理

滚动轴承一般平均使用寿命在 5 000 h 左右,如果使用过久或维护安装不良,就能造成磨损过限、沙架损坏以及座圈裂损等毛病。除沙架可以配制新的外,一般需换新品,有的也可自行调换装配使用,不必把整只轴承换掉。其他轴承(如推力轴承)也有这样处理的。

滚动轴承径向间隙标准见表 5-3-11。

表 5-3-11　滚动轴承径向间隙标准

轴承直径(mm)	径向间隙(mm)		
	滚珠轴承	滚柱轴承	极限值
20 ~ 30	0.01 ~ 0.02	0.03 ~ 0.05	0.1
35 ~ 50	0.01 ~ 0.02	0.05 ~ 0.07	0.2
55 ~ 80	0.01 ~ 0.02	0.06 ~ 0.08	0.2
85 ~ 120	0.02 ~ 0.03	0.08 ~ 0.10	0.3
130 ~ 150	0.02 ~ 0.04	0.10 ~ 0.12	0.3

轴承径向间隙用塞尺测定,如果轴承磨损超过规定值,应予换新。

3)橡皮轴承的修理

轴流泵上的橡皮轴承,多数由于磨损太大而需要更换。有些产品更换轴承时需连轴承外套一齐换新,有些产品更换时只需把轴承的橡胶部分更换,外套仍可使用。一般橡胶轴承在运行 5 ~ 10 年以后更换一次。橡胶轴承与轴的装配间隙见表5-3-12。间隙如果超过极限值,应换轴承。

表 5-3-12　橡皮轴瓦与轴的装配间隙　　　　　　　　　　(单位:mm)

泵型	轴径	装配间隙	极限值
14ZLB-70	Φ 56		0.2
20ZLB-70	Φ 56	0.07 ~ 0.13	0.2
28ZLB-70	Φ 90	0.85 ~ 0.155	0.28

3.3.3.2　轴向密封装置(填料函)的检修

轴向密封装置包括轴套和填料的修理。

1)轴套修理

填料装置的轴套(无轴套时则为泵轴),磨损较大或出现沟痕时,应换新品。若无轴套,可将轴颈加工镶套。

2)填料修理

填料用久以后,就会失去弹性。因此,检修时必须更换新的。因为填料是正方形截面,所以装上之前应预先切割好。每圈两端可用对接口或斜接口。填料与泵轴之间,应有很好的配合,并有一定的间隙。安装前在机油内浸透,逐圈装入。接口要错开(不得小于120°),填料压盖、挡环、水封环磨损过大时,应更换新件。

3.3.3.3　承磨环(口环)的检修

口环如已破裂,或它与叶轮间的径向间隙已超过表5-3-13的规定,应进行修理或更换。新口环的内径应按叶轮入口外径来配制。叶轮与口环之间的径向间隙应符合表5-3-13的规定。如叶轮进水口外径磨损,可车削以消除沟痕和椭圆,然后配制内径缩小的口环。一般可车削三次。

表5-3-13　叶轮与口环之间的径向间隙　　　　　　　　　(单位:mm)

口环内径	叶轮与口环的装配间隙(径向)	磨损后的间隙(半径方向)
80 ~ 120	0.090 ~ 0.220	0.48
120 ~ 150	0.105 ~ 0.255	0.60
150 ~ 180	0.120 ~ 0.280	
180 ~ 220	0.135 ~ 0.315	0.70
220 ~ 260	0.160 ~ 0.340	
260 ~ 290	0.160 ~ 0.350	0.80
290 ~ 320	0.175 ~ 0.375	
320 ~ 360	0.200 ~ 0.400	

3.3.4　设备接地、避雷接地断线、短路等显性安全隐患的排查

3.3.4.1　设备接地

在中性点直接接地系统中,如发生单相接地,则形成单相接地短路,此时接地电流很大,由继电保护(如零序保护、母线保护)动作而断开故障设备或送电线路,使系统故障消除。

在中性点不接地或经消弧线圈接地的系统中,如发生单相接地,则允许短时运行而不切断故障设备,从而提高了供电的可靠性。但是由于在这种系统中,若一相发生接地,其他两相对地电压升高为相电压的3倍,特别是当发生间歇性电弧接地时,则未接地相对地电压可能升高到2.5~3.0倍,这种过电压对系统的安全威胁很大,可能使其中一相的绝缘被击穿,发展成为两相接地短路。因此,值班人员应迅速寻找接地点,并及时给予隔离。

1)单相接地时的现象

当中性点非直接接地系统发生单相接地时,一般出现下列征象:

(1)警铃响,"系统接地"光字信号出现。

(2)绝缘监视电压三相指示值不同,接地相电压降低或等于零,其他两相电压升高或

为线电压,此时为稳定接地。

(3)绝缘监视电压也可能不停摆动,则为间歇性接地。

(4)接地自动选择装置可能启动。

(5)用户和其他车间可能发现的异常现象。

2)接地选择的方法和顺序

接地选择工作应在值班调度员或泵站站长的领导下进行:

(1)尽快停用有可疑现象的用电设备(如新投入运行就出现系统接地信号,或用电设备有焦味、漏气、漏水等)。

(2)如接地自动选择装置已启动,首先观察其选择情况,若自动装置选出某一馈电线,应联系用户停用。

(3)利用并联电源,转移检查负荷及电源。

(4)如接地自动选择装置未选出,可采用分割系统法,缩小接地范围。

(5)当选出某一部分系统接地时,则利用自动重合闸装置对送电线路瞬停寻找。

(6)利用倒换备用母线运行的方法,顺序鉴定电源设备(变压器等)、母线及电压互感器等是否接地。

(7)选出故障设备后,将其停电,通知检修人员处理。

3)寻找接地点的注意事项

(1)在进行寻找接地点的倒闸操作中或巡视配电装置时,值班人员应穿上绝缘靴,戴上绝缘手套,并不得触及接地金属物。

(2)在进行寻找接地点的每一操作项目后,必须注意观察绝缘监视信号及表计的变化和转移情况。

(3)在进行寻找接地点的倒闸操作时,应严格遵守倒闸操作的原则,严防非同期并列事故的发生。

(4)在采用分割系统法选择寻找接地时,应考虑以下几点:保持功率的平衡,继电保护的相互配合,消弧线圈补偿适当。

(5)在系统接地时,不得拉合消弧线圈隔离开关。在某些情况下,如各相对地电容显著地不相等或电压互感器低压侧熔丝烧断时,监视绝缘的仪表指示可能不正确,此时值班人员应认真分析正确判断,并联系处理。

3.3.4.2　避雷接地断线

雷击避雷线断线,在电力系统中时有发生。避雷接地断线的特点是:雷击造成邻杆多相绝缘子闪络或单相绝缘子闪络伴随系统中性点击穿接地,断线位置多在避雷线悬垂线夹、并勾线夹或耐张线夹等连接接触部分端部,断线点有明显熔断痕迹,断线点周围线上无弧光烧伤痕迹。

避雷接地断线检查项目主要有:

(1)检查避雷针是否有锈蚀,其接引下线是否完好,并校核每根避雷针的保护范围,以了解全厂所有建筑物和电气设备是否都处于避雷针的保护范围以内。

(2)检查每根引下线是否都是完好的,电阻是否增大,有无锈蚀、断线等。

(3)测量接地网的接地电阻。

（4）对所有电力避雷器,无论是阀型避雷器,还是氧化锌避雷器,都要按规程进行预防性试验,试验结果要合格。

（5）检查和校核低压避雷器,包括低电压外引线和各种信号线的 SPD,是否都按要求安装,它们的性能是否完好。

3.3.4.3　短路

电气线路上,由于种种原因相接或相碰,产生电流忽然增大的现象称短路。相线之间相碰叫相间短路;相线与地线、与接地导体或与大地直接相碰叫对地短路。在短路电流忽然增大时,其瞬间放热量很大,大大超过线路正常工作时的发热量,不仅能使绝缘烧毁,而且能使金属熔化,引起可燃物燃烧发生火灾。

造成短路的主要原因有:

（1）线路老化,绝缘破坏而造成短路。

（2）电源过电压,造成绝缘击穿。

（3）小动物(如蛇、野兔、猫等)跨接在裸线上。

（4）人为的多种乱拉乱接造成。

（5）室外架空线的线路松弛,大风作用下碰撞。

（6）线路安装过低与各种运输物品或金属物品相碰造成短路。

第6篇　操作技能——技师

模块 1　灌排工程施工

1.1　灌排渠(沟)施工

1.1.1　特种土渠基处理方法

对不良的特种土渠基,应区别情况按特定方法进行处理。

1.1.1.1　湿陷性黄土渠基

为保证湿陷性黄土地基上渠道的安全和正常使用,在绝大多数情况下都必须考虑地基处理,湿陷性黄土地基处理的目的是消除黄土的湿陷性,同时提高地基的承载能力。常用的方法有:预浸水法、强夯法、深翻回填法和垫层法等。各种处理方法都有其适用范围及局限性。其适用范围如下:深翻回填法适用于大中型渠道地基,适宜处理深度 4 m,夯翻深度不小于 1.0 ~ 1.5 m;垫层法适用于地下水位以上,1 ~ 3 m 厚度的土层处理,一般要求单层铺设厚度不大于 30 cm,灰土垫层的灰土比宜为 2∶8 或 3∶7,垫层压实系数宜采用 0.93 ~ 0.95。

下面主要介绍预浸水法和强夯法的施工。

1)预浸水法

预浸水法能够处理湿陷层厚度大于 10 m 的自重湿陷性黄土,对于非自重湿陷性黄土,若不施加附加应力,使饱和黄土所受到的附加应力与上覆土体自重之和大于其湿陷起始压力,则不能起到消除湿陷性的作用。

A. 预浸水标准

根据现场预浸水试验,在预浸水中,浸水水深宜不小于 30 cm。浸水变形标准为最后 5 d 的平均湿陷量小于 1 mm/d。

B. 预浸水施工方法

(1)施工工序。预浸水施工是按渠道打坝→水泵注水→渠道浸泡→渠道排水→基础检查、处理的工序过程依次分段进行的。

(2)预浸水的要求。①浸水:预浸水前应先将渠道开挖填筑成型,对渠道分段设隔堤进行预浸水,分段长度应根据地形条件、挖填方情况以及施工单位配备的抽水设备的抽水能力确定,一般宜为 100 ~ 300 m。预浸水施工准备完成后,根据所分浸水段落长度,即开始注水,在注水过程中,注水管出口处应设防冲设施,防止水流对渠道产生冲蚀破坏。在进水过程中为了减少水量蒸发及地形等因素的影响,注水设备应采用大流量高扬程水泵。②停水条件及稳定标准:根据沉降观测结果,连续浸水时间以湿陷变形稳定为准,其稳定标准为最后 5 d 平均湿陷量小于 1 mm/d。

C. 渠道预浸水后处理

渠基湿陷稳定将水排走后,人工将渠基表面耙松,以免引起渠基表面龟裂。当渠基含水率降至最优含水率以下 2% ~ 3% 时,对渠基进行清理。清理完成后,进行压实处理。对于渠基因注水产生的裂缝,视裂缝开展程度的不同,采取不同的方法进行处理。对于裂缝深度在小于 1 m 的段落,将此段渠堤开挖至裂缝以下 0.2 m 之后,按照规范要求分层进行回填、碾压,压实度指标为 98%;对于裂缝深度大于 1 m 的部位,可采用自流灌泥浆法填塞裂缝。

预浸水法一般适用于湿陷性黄土厚度大、湿陷性强烈的自重湿陷性黄土场地。此法用水量大,工期长。因此,预浸水只能在具备充足水源,又有较长施工准备时间的条件下才能采用。

(1)自重湿陷性黄土预浸水处理应注意的主要问题:①尽快实施预浸水处理施工,以便为停水后土体含水率的降低提供充足的时间,以提高地基的承载力,减小地基的变形量;②对大厚度非自重湿陷性黄土预浸水处理所需的总耗水量,沉降变形稳定标准,从浸水至下沉稳定所需的时间,停水后土体含水率变化与时间、承载力、压缩性的关系等应有一个清醒的认识;③预浸水要求的施工时间较长,因此应提前做好工期的合理安排,适应工程进度的要求;④进入渠道的注水管必须放置在渠道底部并加防冲处理,防止对渠堤进行冲刷,保证渠堤的安全;⑤加强巡视,掌握渠堤顶及渠道外边坡的变化,防止渗漏对下游农田等的破坏。

(2)强湿陷性地基的处理。除采用浸水预沉法处理外,也可采用深翻回填渠基、设置灰土夯实层、打孔浸水重锤夯压或强力夯实等处理方法。

2)强夯法

强夯法适用于地下水位以上、饱和度 ≤60% 的湿陷性黄土的整体或局部的处理,消除湿陷性黄土层的有效深度为 3 ~ 12 m。强夯施工前,应在施工现场有代表性的场地上选取一个或几个试验区,进行试夯或试验性施工。试夯点数应根据场地复杂程度、土质均匀性和渠道等级综合因素确定。夯点和试夯次数应根据试夯结果确定。

A. 强夯法的要求

(1)土的天然含水率宜低于塑限含水率 1% ~ 3%,当天然含水率低于 10% 或大于塑限含水率 3% 时,宜对土进行增湿或晾晒。

(2)夯击遍数应根据地基土的性质确定,一般情况下,可采用 2 ~ 3 遍,最后再以低能量夯击一遍。对于渗透性弱的细粒土,必要时夯击遍数可适当增加。

(3)两遍夯击之间应有一定的时间间隔。间隔时间取决于土中超静孔隙水压力的消散时间。当缺少实测资料时,可根据低级土的渗透性确定,对于渗透性较差的黏性土地基的间隔时间,应不少于 3 ~ 4 周;对于渗透性好的地基土可连续夯击。

(4)夯击点位置可根据建筑结构类型,采用等边三角形、等腰三角形或正方形布置。第一遍夯击点间距可取 5 ~ 9 m,以后各遍夯击点间距可与第一遍相同,也可适当减小。对于处理深度较大或单击夯击能较大的工程,第一遍夯击点间距宜适当增大。

B. 施工

(1)一般情况下夯锤重可取 10 ~ 20 t,其底面形式宜采用圆形。锤底面积宜按土的性质确定,锤底静压力值可取 25~40 kPa,对于细颗粒土锤底静压力宜取小值。锤的底面宜对称设若干个与其顶面贯通的排气孔,孔径可取 250~300 mm。

(2)强夯施工宜采用带自动脱钩装置的履带式起重机或其他专用设备。采用履带式起重机时,可在臂杆端部设置辅助门架,或采取其他安全措施,防止落锤时机架倾覆。

(3)当地下水位较高,夯坑底积水影响施工时,宜采用人工降低地下水位或铺填一定厚度的松散性材料。夯坑内或场地积水应及时排除。

(4)强夯施工前,应查明场地范围内的地下构筑物和各种地下管线的位置及标高等,并采取必要的措施,以免因强夯施工而造成破坏。

(5)当强夯施工所产生的振动,对邻近建筑物或设备产生有害的影响时,应采取防振或隔振措施。

(6)强夯施工可按下列步骤进行:①清理并平整施工场地;②标出第一遍夯点位置,并测量场地高程;③起重机就位,使夯锤对准夯点位置;④测量夯前锤顶高程;⑤将夯锤起吊到预定高度,待夯锤脱钩自由下落后,放下吊钩,测量锤顶高程,若发现因坑底倾斜而造成夯锤歪斜,应及时将坑底整平;⑥按设计规定的夯击次数及控制标准,完成一个夯点的夯击;⑦重复步骤③~⑥,完成第一遍全部夯点的夯击;⑧用推土机将夯坑填平,并测量场地高程;⑨在规定的时间间隔后,按上述步骤逐次完成全部夯击遍数,最后用低能量满夯,将场地表层松土夯实,并测量夯后场地高程。

(7)强夯施工过程中应有专人负责下列监测工作:①开夯前应检查夯锤重和落距,以确保单击夯击能量符合设计要求;②在每遍夯击前,应对夯点放线进行复核,夯完后检查夯坑位置,发现偏差和漏夯应及时纠正;③按设计要求检查每个夯点的夯击次数和夯沉量。

(8)施工过程中应对各项参数及施工情况进行详细记录。

C.质量检验

(1)检查强夯施工过程中的各项测试数据和施工记录,不符合设计要求时应补夯和采取其他有效措施。

(2)强夯施工结束后应间隔一定时间方能对地基质量进行检验。对于碎石土和砂土地基,其间隔可取 1~2 周;低饱和度的粉土和黏性土地基可取 2~4 周。

(3)质量检验的方法,宜根据土性选用原位测试和室内土工试验。

1.1.1.2 膨胀土渠基的处理

膨胀土一般是指黏粒成分主要由强亲水性矿物组成,具有吸水膨胀、失水收缩特性的黏性土。由于它一般强度较高,压缩性低,所以易被误认为是较好的地基土。建在膨胀地基上的建筑物会随季节、气候变化反复不断地产生不均匀升降,而造成渠道裂缝甚至破坏。对膨胀土地基,应进行详细工程地质勘察,查明地基土的物理力学性质,进行室内土样胀缩试验,确定胀缩等级,进行场地的综合评价,再进行地基处理。以下讲述不同情况的处理措施。

1)换土法

换土法是挖出渠基中一定范围内的膨胀土后,换以非膨胀土或粗粒土等材料,并分层夯实(或压实、振实)。置换后的土层称垫层。这种方法适用于中、强膨胀土,换土的厚度应根据膨胀土膨胀等级选取,换取的最小厚度满足隔离层抵抗膨胀变形的要求。一般中膨胀土用 1.0~1.5 m,强膨胀土用 2.0 m。

换填砂砾石时,压实系数不应小于 0.93;换填土料时,大、中型渠道压实系数不应小于 0.95,小型渠道不应小于 0.93。

2)土性改良措施

土性改良措施主要是通过膨胀土掺入石灰或水泥的办法解决,主要利用石灰和水泥固化作用。石灰掺量一般为 4%~8%,进行灰土压实处理,衬砌灰土厚 20~30 cm,干密度不小于 1.55 g/cm³。水泥土的水泥含量一般为 7%~10%,处理厚度为 20~30 cm。

1.1.1.3　盐渍土渠基处理

盐渍土是指不同程度的盐碱化土的统称。分布在内陆干旱、半干旱地,滨海地区也有分布。一般氯化钠盐渍土渠基,可不进行处理;碳酸钠盐渍土渠基,宜采用适应基土变形的渠道断面和防渗结构;盐胀土渠基,可采用砂砾石或灰土等非盐胀土置换,也可采用添加剂进行化学处理,使盐胀土转化为非盐胀土。

盐渍土渠道一般采用填方形式,渠底高程应结合当地气候特征、水文地质、土壤盐渍化程度等因素综合确定。

1.1.1.4　冻胀土渠基处理

冻胀土渠基的处理方法主要有:

(1)置换法。置换法是在冻结深度内将冻胀性土换成非冻胀性材料的一种方法,通常采用铺设砂砾石垫层。砂砾石垫层不仅本身无冻胀,而且能排除渗水和阻止下卧层水向表层冻结区迁移,所以砂砾石垫层能有效地减少冻胀,防止冻害现象发生。

(2)隔垫保温。将隔热保温材料(如炉渣、石蜡渣、泡沫水泥、蛭石粉、玻璃纤维、聚苯乙烯泡沫板等)布设在衬砌体背后,以减轻或消除寒冷因素,并可减少置换深度,隔断下层土的水分补给,从而减轻或消除渠床的冻深和冻胀。

目前采用较多的是聚苯乙烯泡沫塑料,具有自重轻、强度高、吸水性低、隔热性好、运输和施工方便等优点,主要适用于强冻胀大中型渠道,尤其适用于地下水位高于渠底冻深范围且排水困难的渠道。

(3)压实。压实法可使土的干密度增加,孔隙率降低,透水性减弱。密度较高的压实土冻结时,具有阻碍水分迁移、聚集,从而削减甚至消除冻胀的能力。压实措施尤其对地下水影响较大的渠道有效。

(4)防渗排水。当土中的含水率大于起始冻胀含水率,才明显地出现冻胀现象,因此防止渠水和渠堤上的地表径流入渗,隔断水分对冻层的补给,以及排除地下水,是防止地基土冻胀的根本措施。

1.1.2　渠道土方工程施工方案与施工计划编制方法

1.1.2.1　渠道土方工程施工方案的编制

施工方案是根据设计图纸和说明书,决定采用哪种施工方法和机械设备,以何种施工顺序和作业组织形式来组织项目施工活动的计划。施工方案确定了,就基本上确定了整个工程施工的进度、劳动力和机械的需要量、工程的成本、现场的状况等。所以说,施工方案的优劣,在很大程度上决定了施工组织设计质量的好坏和施工任务能否圆满完成。施工方案包括施工方法与施工机械选择、施工顺序的合理安排以及作业组织形式和各种技术组织措施等内容。

1)施工方案制订的原则

(1)施工方案的制订必须符合现场的实际情况,有实现的可能性。

(2)施工方案的制订必须满足合同要求的工期。

(3)施工方案的制订必须确保工程质量和施工安全。

(4)施工方案的制订应在合同价控制下,尽量降低施工成本,使方案更加经济合理,增加施工生产的盈利。

2)施工方法的选择

施工方法是施工方案的核心内容,它对工程的实施具有决定性的作用。正确地选择施工方法是确定施工方案的关键。各个施工过程均可采用多种施工方法进行施工,而每一种施工方法都有其各自的优势和使用的局限性。确定方案的任务就是从若干可行的施工方法中选择最可行、最经济的施工方法。确定施工方法应突出重点,凡是采用新技术、新工艺和对工程质量起关键作用的项目,以及工人在操作上还不够熟练的项目,应详细而具体,不仅要拟订进行这一项目的操作过程和方法,而且要提出质量要求,以及达到这些要求的技术措施,并要预见可能发生的问题,提出预防和解决这些问题的办法。对于一般性工程和常规施工方法则可适当简化,但要提出工程中的特殊要求。

A.施工方法选择的依据

(1)工程特点。主要依据渠道工程项目的规模、技术要求等方面。

(2)工期要求。要明确本工程的总工期和各分部、分项工程的工期是属于紧迫、正常和充裕三种情况的哪一种。

(3)施工组织条件。主要指气候等自然条件、施工单位的技术水平和管理水平,所需设备、材料、资金等供应的可能性。

(4)标书、合同书的要求。主要指招标书或合同条件中对施工方法的要求。

(5)设计图纸。主要指根据设计图纸的要求,确定施工方法。

B.灌排渠(沟)土方施工方法的选择

灌排渠(沟)土方工程施工涉及渠槽开挖与渠堤填方,渠沟土方工程施工的总体方法有人工施工、机械施工及机械为主人工辅助的施工方法。一般有条件时,渠道土方施工均采用机械为主人工辅助的方法进行。只是对于机械难以到达的部位或者机械难以操作完成的坡面修整和狭窄部位才考虑人工施工。施工方法的确定与机械选择是密不可分的,在现代化的施工条件下,施工方法的确定,主要还是选择施工机械、机具的问题,这有时甚至成为最主要的问题。确定施工方法,有时由于施工机具与材料等的限制,只能采用一种施工方案。可能此方案不一定是最佳的,但别无选择,这时就需要从这种方案出发,制定更好的施工顺序,以达到较好的经济性,弥补方案少而无选择余地的不足。

对于渠道土方开挖来说,开挖部位不同,施工要求及施工方法就不同。如高边坡开挖,可采用分层开挖,当开挖体单薄时须采用人工开挖,开挖体厚实时,能布置机械作业即可采用机械开挖的方法进行。渠床开挖时,一般中心都是采用机械开挖,边坡采用人工挂线开挖,当有红外线导向挖掘机时,边坡就可采用机械修正。

填方渠道施工主要是保证压实质量和提高施工效率。在方法上有人工压实和机械压实,现代工程中以机械压实方法最为普遍。根据压实土料的性质、断面大小和工期要求可以选择不同压实机械类型。

3)施工机械的选择和优化

施工机械对施工工艺、施工方法有直接的影响,施工机械化是现代化大生产的显著标志,对加快建设速度、提高工程质量、保证施工安全、节约工程成本起着至关重要的作用。因此,选择施工机械成为确定施工方案的一个重要内容。机械选择一是选择挖运及碾压机械的类型,二是确定机械的规格、容量和性能。

在开挖、运输、压实过程中,所采用的挖掘机、运输机械及压实机械的型号规格应根据灌排渠沟的大小、土质、工期等因素确定。挖掘机械有单斗挖掘机和多斗挖掘机,主要采用的是单斗挖掘机。单斗挖掘机有正向铲和反向铲,其选择应根据断面大小和道路布置等因素综合考虑。运输机械主要是自卸汽车,如果是小型渠道施工就采用小型农用机械等。压实机械的选择,如果是大型工程,就用大吨位的压实机械如振动碾、羊脚碾、气胎碾、夯板等,如果属于小型工程,就用小型压实机械,如拖拉机或小吨位压路机或者打夯机、振动夯等。在机械配置中还要考虑挖、运、压机械的合理匹配。

在确定机械时主要考虑下列问题:

(1)应尽量选用施工单位现有的机械,以减少资金的投入,充分发挥现有机械效率。若现有机械不能满足工程需要,则可考虑租赁或购买。

(2)机械类型应符合施工现场的条件。施工条件指施工场地的地质、地形、工程量大小和施工进度等,特别是工程量和施工进度计划,是合理选择机械的重要依据。一般来说,为了保证施工进度和提高经济效益,工程量大应采用大型机械;工程量小则应采用中小型机械。

(3)要考虑所选机械的运行费用是否经济,避免大机小用。施工机械的选择应以能否满足施工的需要为目的。

(4)施工机械的合理组合。选择施工机械时,要考虑各种机械的合理组合,这样才能使选择的施工机械充分发挥效率,避免挖运机械容量不匹配的问题,以免降低施工效率:①首先选择主导施工过程的施工机械。②选择与主导施工机械配套的备种辅助机具。为了充分发挥主导施工机械的效率,在选择配套机械时,应使它们的生产能力相互协调一致,并能保证有效地利用主导施工机械。③应充分利用施工企业现有的机械,并在同一工地贯彻一机多用的原则。④提高机械化和自动化程度,尽量减少手工操作。

(5)选择施工机械时应从全局出发统筹考虑。渠道工程作业线长,作业面分散,在选择机械时要考虑所承担的同一现场或附近现场其他工程的施工机械的使用。

4)施工顺序的选择

施工顺序是指施工过程之间施工的先后次序,它是编制施工方案的重要内容之一。施工顺序安排得好,可以加快施工进度,减少人工和机械的停歇时间,并能充分利用工作面,避免施工干扰,达到均衡、连续施工的目的,并能实现科学地组织施工,做到不增加资源,加快工期,降低施工成本。对于渠道工程施工,应首先根据施工特性和施工要求安排施工区(段),然后安排各区(段)的开挖施工顺序。

施工顺序确定中应考虑的因素如下：

（1）统筹考虑各施工过程之间的关系。在渠道土方工程施工过程中，任何相邻的施工过程之间总是有先有后，有些是由于施工工艺的要求而固定不变的，也有些不受工艺的限制，有一定的灵活性。如同一断面开挖时先挖中槽后修坡，自上而下分层进行开挖是一种固定的顺序，而不同渠段开挖的次序就是灵活的。

（2）考虑施工工期与施工组织的要求。合理的施工顺序与施工工期有较密切的关系，施工工期影响到施工顺序的选用。可以多开作业工作面，并在各区段之间与混凝土工程综合考虑采用流水作业的方式进行。

划分施工块、施工段的部位也是决定施工流水作业时应考虑的因素。在确定施工分段部位时，应尽量利用建筑物的伸缩缝、沉降缝、平面有变化处和留槎接缝不影响结构整体性的部位，且应使各段工程量大致相等，以便组织有节奏流水施工，并应使施工段数与施工过程数相协调，避免窝工；还应考虑分段的大小应与劳动组织（或机械设备）及其生产能力相适应，保证足够的工作面，便于操作，提高生产效率。

一般情况下，满足施工工艺条件的施工方案可能有多个，因此还应考虑施工组织的要求，通过对方案的分析、对比，选择经济、合理的施工顺序。通常，在相同条件下，应优先选择能为后续施工过程创造良好施工条件的施工顺序。

（3）考虑施工质量的要求。确定施工顺序时，应以充分保证工程质量为前提。当有可能出现影响工程质量的情况时，应重新安排施工顺序或采取必要的技术措施。

（4）考虑当地的气候条件和水文地质要求。在安排施工顺序时，有地下水影响的渠段不宜安排在冬季进行。

（5）安排施工顺序时应考虑经济和节约，降低施工成本。合理安排施工顺序，加速周转材料的周转次数，并尽量减少配备的数量。通过合理安排施工顺序可缩短施工工期，减少管理费、人工费、机械台时费等，降低工程成本，给项目带来显著的经济效益。

（6）考虑施工安全要求。在安排施工顺序时，应力求各施工过程的搭接不致产生不安全因素，以避免安全事故的发生。渠槽深度大或者高边坡开挖时必须自上而下分层进行。

5）技术组织措施的设计

技术组织措施是施工企业为完成施工任务，保证工程工期，提高工程质量，降低工程成本，在技术上和组织上所采取的措施。

A. 技术措施

技术措施主要从以下几方面考虑：

（1）提高劳动生产率、提高机械化水平、加快施工进度方面的技术组织措施。例如，推广新技术、新工艺方面采用修坡机修坡等技术，合理安排挖、运、填的时间使之能够协调进行。

（2）提高工程质量、保证生产安全方面的技术组织措施。

（3）施工中节约资源，包括节约材料、动力、燃料和降低运输费用的技术组织措施。

B. 工期保证措施

（1）施工准备抓早、抓紧。尽快做好施工准备工作，认真复核图纸，进一步完善施工组织设计,落实重大施工方案,积极配合业主及有关单位办理征地拆迁手续。

(2)采用先进的管理方法(如网络计划等)对施工进度进行动态管理。根据施工情况变化,不断进行设计、优化,使工序衔接、劳动力组织、机具设备、工期安排等有利于施工生产。

(3)加强物资供应计划的管理。每月、旬提出资源使用计划和进场时间。

(4)对控制工期的重点工程,优先保证资源供应,加强施工管理和控制。如现场昼夜值班制度,及时调配资源和协调工作等。

(5)安排好冬、雨季的施工。根据当地气象、水文资料,有预见性地调整各项工作的施工顺序,并做好预防工作,使工程能有序和不间断地进行。

(6)注意设计与现场校对,及时进行设计变更。工程项目施工过程常因地质的变化而引起设计变更,进而影响施工进度。为保证工期的要求,要协调各方面的关系,尽量减少对施工进度的影响。如积极地与监理联系,取得认可,再与设计单位联系,早点提出变更设计等。

(7)确保劳动力充足、高效。根据工程需要,配备充足的技术人员和技术工人,并采取各项措施,提高劳动者技术素质和工作效率。强化施工管理,严明劳动纪律,对劳动力实行动态管理,优化组合,使作业专业化、正规化。

C.质量保证措施

保证质量的关键是对工程对象经常发生的质量通病制订防治措施,从全面质量管理的角度,把措施定到实处,建立质量保证体系,保证"PDCA循环"的正常运转,全面贯彻执行国际质量认证标准(ISO 9000系统)。对采用的新工艺、新材料、新技术和新结构,必须制订有针对性的技术措施,以保证工程质量。常见的质量保证措施有:

(1)质量控制机构和创优规划。

(2)加强教育,提高项目的全员综合素质。

(3)强化质量意识,健全规章制度。

(4)建立分部分项工程的质量检查和控制措施。

(5)全面推行和贯彻ISO 9000标准,在项目开工前,编制详细的质量计划,编写工序作业指导书,保证工序质量和工作质量。

D.工程安全施工措施

安全施工措施应贯彻安全操作规程,对施工中可能发生安全问题的环节进行预测,提出预防措施。杜绝重大事故和人身伤亡事故的发生,把一般事故降低到最低限度,确保施工的顺利进展,安全施工措施的内容包括:

(1)全面推行和贯彻职业安全健康管理体系(GB/T 28000—2001)标准,在项目开工前,进行详细的危险辨识,制定安全管理制度和作业指导书。

(2)建立安全保证体系,项目部和各施工队设专职安全员,专职安全员属质检科,在项目经理和副经理的领导下,履行保证安全的一切工作。

(3)利用各种宣传工具,采用多种教育形式,使职工树立安全第一的思想,不断强化安全意识,建立安全保证体系,使安全管理制度化、教育经常化。

(4)各级领导在下达生产任务时,必须同时下达安全技术措施;检查工作时,必须总结安全生产情况,提出安全生产要求,把安全生产贯彻到施工的全过程中去。

(5)认真执行定期安全教育、安全检查制度,设立安全监督岗,发挥安全监督人员的作用,对发现的事故隐患和危及工程、人身安全的事项,要及时处理,并做记录,及时改正,落实到人。

(6)施工临时结构前,必须向员工进行安全技术交底。对临时结构必须进行安全设计和技术鉴定,合格后方可使用。

(7)石方开挖必须严格按施工规范进行,炸药的运输、储存、保管都必须严格遵守国家和地方政府制定的安全法规,爆破施工要严密组织,严格控制药量,确定爆破危险区,采取有效措施,防止人、畜、建筑物和其他公共设施受到危害,确保安全施工。

(8)架板、起重、高空作业的技术工人,上岗前要进行身体检查和技术考核,合格后方可操作。高空作业必须按安全规范设置安全网,拴好安全绳,戴好安全帽,并按规定佩戴防护用品。

(9)工地修建的临时房、架设的照明线路、库房,都必须符合防火、防电、防爆炸的要求,配置足够的消防设施,安装避雷设备。

E. 施工环境的保护措施

为了保护环境,防止污染,尤其是防止在城市施工中造成污染,在编制施工方案时应提出防止污染的措施。主要包括以下几方面:

(1)积极推行和贯彻环境管理体系(ISO14000)标准,在项目开工前,进行详细的环境因素分析,制定相应的环境保护管理制度和作业指导书。

(2)对施工环境保护意识进行宣传教育,提高对环境保护工作的认识,自觉地保护环境。

(3)保护施工场地周围的绿色覆盖层及植物,防止水土流失。

(4)施工过程中的废油、废水和污水不准随意排放,必须经过处理后才能排放。

(5)在人群居住附近的施工项目要防止噪声污染。

(6)机械化程度比较高的施工场所,要对机械工作产生的废气进行净化和控制。

F. 文明施工措施

加强全体职工职业道德的教育,制定文明施工准则。在施工组织、安全质量管理和劳动竞赛中切实体现文明施工要求,发挥文明施工在工程项目管理中的积极作用。

(1)推行施工现场标准化管理。

(2)改善作业条件,保障职工健康。

(3)深入调查,加强地下既有管线保护。

(4)做好已完工工程的保护工作。

(5)不扰民及妥善处理地方关系。

(6)广泛开展与当地政府和群众的共建活动,推进精神文明建设,支持地方经济建设。

(7)尊重当地民风民俗。

(8)积极开展建家达标活动。

G. 降低成本的措施

施工企业参加工程建设的最终目的是在工期短、质量好的前提下,创造出最佳的经济效益,所以应制订相应的降低成本措施。这些措施的制订应以施工预算为尺度,以企业(或基层施工单位)年度、季度降低成本计划和技术组织措施计划为依据进行编制。降低成本措施应包括节约劳动力、节约材料、节约机械设备费用、节约工具费、节约间接费、节约临时设施费、节约资金等措施。一定要正确处理降低成本、提高质量和缩短工期三者的关系,对措施要计算经济效果。具体的降低成本措施如下:

(1)严格把住材料的供应关。

(2)科学组织施工,提高劳动生产率。

(3)完善和建立各种规章制度,加强质量管理,落实各种安全措施,进一步改善和落实经济责任制,奖罚分明。

(4)加强经营管理,降低工程成本。

(5)降低非生产人员的比例,减少管理费用开支。

6)施工方案评价

为了提高经济效益,降低成本,保证工程质量,在施工组织设计中对施工方案的评价(技术经济分析)是十分重要的。施工方案评价是从技术和经济的角度,进行定性和定量分析,评价施工方案的优劣,从而选取技术先进可行、质量可靠、经济合理的最优方案。

A. 定性分析

定性分析是对施工方案的优缺点从以下几个方面进行分析和比较的:

(1)施工操作上的难易程度和安全可靠性。

(2)为后续工程提供有利施工条件的可能性。

(3)对冬、雨季施工带来的困难多少。

(4)选择的施工机械获得的可能性。

(5)能否为现场文明施工创造有利条件。

B. 定量分析

定量分析一般是计算出不同施工方案的工期指标、劳动消耗量、降低成本指标、主要工程工种机械化程度和三大材料节约指标等来进行比较。其具体分析比较的内容有:

(1)工期指标。工期反映国家一定时期和当地的生产力水平。应将该工程计划完成的工期与国家规定的工期或建设地区同类型建筑物的平均工期进行比较。

施工工期按下式计算

$$T = \frac{Q}{V} \tag{6-1-1}$$

式中　Q——工程量;

　　　V——单位时间内计划完成的工程量。

(2)施工机械化程度。施工机械化程度是工程全部实物工程量中机械施工完成的比重。其程度的高低是衡量施工方案优劣的重要指标之一。

$$施工机械化程度 = 机械完成实物量 / 全部实物量 \times 100\% \tag{6-1-2}$$

(3)降低成本指标。降低成本指标的高低可反映采用不同施工方案产生的不同经济效果。其指标可用降低成本额和降低成本率表示。

$$降低成本额 = 预算成本 - 计划成本 \tag{6-1-3}$$

$$降低成本率 = 降低成本额/预算成本 \times 100\% \tag{6-1-4}$$

（4）主要材料节约指标。主要材料根据工程不同而定,靠材料节约措施实现。可分别计算主要材料节约量、主要材料节约率。

$$主要材料节约量 = 预算用量 - 计划用量 \tag{6-1-5}$$

$$主要材料节约率 = 主要材料节约量/预算用量 \times 100\% \tag{6-1-6}$$

（5）单位土方量劳动消耗量。单位土方量劳动消耗量是指完成单位土方量合格产品所消耗的劳动力数量。它可反映出施工企业的生产效率和管理水平,以及采用不同的施工方案对劳动量的需求。劳动消耗量可以反映施工机械化程度与劳动生产率水平。劳动消耗量 N 包括主要工种用工（n_1）、辅助工作用工（n_2）以及准备工作用工（n_3）,即 $N = n_1 + n_2 + n_3$。

1.1.2.2　渠道土方施工计划编制

1）计划管理的任务

计划管理的主要任务就是通过系统分析,合理地使用本企业的人力、物力与财力,把施工生产和经营活动全面组织起来,以生产、经营活动为主体,制订各项专业计划,综合平衡,相互协调,最后形成一个完整的综合计划,在执行中不断改善施工生产经营活动的各项技术经济指标,使施工活动各环节有计划地进行,做到均衡施工。

2）施工计划的编制步骤

编制计划一般可按以下几个步骤进行:

（1）确定目标。视计划的种类而异。对于渠道土方工程主要是确定各个时期所要完成渠段以及开挖与填筑任务量。

（2）计划准备。为了编制计划,必须摸清情况,准备资料。例如,收集各种定额,分析设计、资源、加工、运输等方面的情况并掌握有关的信息。

（3）计划草案。各项计划往往存在多个可行性方案,为了选择最优的方案,需要分别编出不同的计划草案,以供择优选定。

（4）计划评价。对各计划草案进行分析,列出其优点、缺点、现实性和有关经济指标。

（5）计划定案。在各计划草案经过分析评价之后,即可通过决策,选择一个方案,作为正式计划,付诸实施。与此同时,还要编制与主体计划相应的专业计划,如成本计划、物资供应计划、机械装备计划等。

尽管计划的类别各有不同,但编制步骤基本相同,只是在具体项目、内容、指标方面有不同的要求和不同的形式而已。

3）几种计划的编制

水利工程建设中常用的计划有施工措施计划和施工作业计划。

（1）施工措施计划。施工措施计划是计划管理的基本依据,是施工组织设计中各项进度安排的具体化。根据工程施工的特点,施工措施计划可以按年度、专题或分部分项进行编制。

编制年度施工措施计划时,应根据施工企业的年度施工任务、施工组织设计中的计划安排以及工程施工的实际进展状况而定。在年度施工措施计划中,必须明确提出本年度的主要施工任务,通常都以通水等为中心,提出渠道各个渠段必须完成的工程量和形象进度,并以此为中心,全面安排和落实各项临时工程、物资器材供应、劳动力安排、机械设备调配等计划。在年度施工措施计划中,对于关键部位关键项目的施工,还应从施工方法、技术措施、场地布置等方面进行研究和落实。对于冬季、雨季、夏季施工以及复杂地基处理等重大技术问题,常需编制专题施工措施计划。专题施工措施计划不同于年度施工措施计划,前者着重在技术措施上进行研究和安排,后者主要在施工进度上进行安排和落实。专题施工措施计划必须就专题所涉及的施工任务,在施工方法、施工程序、施工布置、施工质量、施工安全以及场内外、前后方的协调配合等方面,从技术组织措施上进行论证和落实,并提出相应的施工规程和规范。

分部分项工程施工措施计划是现场具体安排施工的行动计划。其主要内容与上述两种措施计划类似,只是在进度安排、技术措施上更加具体,更加落实,更加切合基层施工单位的实际,这种计划是由基层施工单位编制的。

(2)施工作业计划。在编制施工进度计划时,不可能考虑到施工过程中的一切变化情况,因而不可能一次安排好未来施工活动中的全部细节,所以施工进度计划还只能是比较概括的,很难直接据以下达施工任务。因此,还必须有更符合当时情况,更为细致具体的短时间的计划,这就是施工作业计划。施工作业计划是根据施工组织设计和现场具体情况,灵活安排,平衡调度,以确保施工进度和施工单位计划任务实现的具体执行计划。它是施工单位的计划任务、施工进度计划和现场具体情况的综合产物,它把这些都协调起来,并把任务直接下达给每一个执行者,成为工程施工的直接指导文件。同时,它也是施工调度管理与任务监督的基本依据。

施工作业计划有月作业计划、旬作业计划和日作业计划。

施工作业计划一般由以下三部分组成:①施工任务与施工进度。列出计划期间内应完成的工程项目和实物工程量,开工与竣工日期,以及形象进度安排。它是编制其他部分的依据。②完成计划任务的资源需要量。这一部分是根据计划施工任务所编制的材料、劳动力、机具、预制加工品等需要量计划。③提高劳动生产率和降低成本的措施计划。

除此以外,通常还有一个总的指标汇总表。至于表格形式及数量多少,则因需要和习惯而异。

作业计划是直接指导施工的,因此编制作业计划时,编制人员一定要深入现场,掌握第一手材料。作业计划一般是通过施工任务书方式下达给施工队(组)的,这种任务书,也是经济核算的原始凭证。表 6-1-1 所示的是月度施工作业计划的例子。

在计划管理中通常将施工作业计划中的各项工程任务,用工程任务单的形式(见表 6-1-2)下达到工程队(组)去完成,工程任务单也是工程队(组)进行经济核算的依据。

表6-1-1　月度施工作业计划

编号	工程项目	工程量		工程部位	劳动或机械定额	主要机械及劳力配备	分旬进度（m²）		
		单位	数量				上旬	中旬	下旬
1	心墙黏土填筑	m²	11 860	高程××～××m	370 m²/台班	1台5 t羊脚碾等	3 795	3 795	4 270
2	坝壳砂砾填筑	m²	38 000	高程××～××m	667 m²/台班	2台15 t气胎碾等	11 695	11 695	14 610
3	……								

表6-1-2　工程任务单

工程队（组）_____　19____年____月　　　　　　　编号_____

工程项目	计量单位	计划任务			实际完成*			人工*	备注
		工程量	劳动定额	劳动工日数	工程量	核算定额工日数	实用工日数	节约（＋）超支（－）	
150#混凝土齿墙（右段）	m³	120	2.66 工日/m³	319	120	319	310	＋9	
技术操作及安全要求					质量评定		自检监定		

注：＊栏内数字是完成后填写的。

1.1.3　防渗衬砌渠道施工方案编制方法

防渗衬砌渠道施工方案的编制方法与渠道土方工程施工方案的编制是类似的，同样涉及确定施工流向、施工程序、主要分部分项工程的施工方法、施工机械的选择、单位工程施工的流水组织、主要的技术组织措施等。只是两者在这些方面所考虑的具体内容不同罢了。

1.1.3.1　确定施工流向

施工流向是指一个单位工程（或施工过程）在平面上或空间上开始施工的部位及其进展方向。它主要解决一个建筑物（或构筑物）在空间上的合理施工顺序问题。

对于防渗衬砌渠道可按其断面形式或大小不同、衬砌材料和结构形式不同，或者按一定长度等分区分段地确定出在平面上的施工流向。

施工流向的确定，涉及一系列施工过程的开展和进展，是施工组织的重要环节。为此，在确定施工流向时应考虑以下几个因素：

（1）建设单位对生产和使用的要求。根据建设单位的要求对生产和使用急需的渠段先施工，这往往是确定施工流向的基本因素，也是施工单位全面履行合同条款的应尽义务。

（2）技术复杂、工期长的区段先行施工。单位工程各部分的繁简程度不同，一般对技术复杂、新结构、新工艺、新材料、新技术、工程量大、工期较长的渠段或部位先施工。

（3）工程现场条件和施工方法、施工机械。工程现场条件，如施工场地的大小、道路布置等，以及采用的施工方法和施工机械，是确定施工起点和流向的主要因素。

（4）施工组织的分段。划分施工块、施工段的部位也是决定施工起点流向时应考虑的因素。在确定施工流向的分段部位时，应尽量利用建筑物的伸缩缝、沉降缝、平面有变化处和留槎接缝不影响结构整体性的部位，且应使各段工程量大致相等，以便组织有节奏流水施工，并应使施工段数与施工过程数相协调，避免窝工；还应考虑分段的大小应与劳动组织（或机械设备）及其生产能力相适应，保证足够的工作面，便于操作，提高生产效率。

1.1.3.2　确定施工程序

施工程序是指单位工程中各分部工程或施工阶段的先后次序及其制约关系，主要是解决时间搭接上的问题。确定时应注意以下几点：

（1）施工准备工作。单位工程开工前必须做好一系列准备工作，尤其是施工现场的准备工作。在具备开工条件后，还应写出开工报告，经上级审查批准后方可开工。

单位工程的开工条件是：施工图纸经过会审并有记录，施工组织设计已批准并进行交底，施工合同已签订且执照已办理，施工图预算和施工预算已编制并审定，现场障碍物已清除且"三通一平"已基本完成，永久性或半永久性坐标和水准点已设置；材料、构件、机具、劳动力安排等已落实并能按时进场，各项临时设施已搭设并能满足需要；现场安全宣传牌已竖立；安全防火等设施已具备。

（2）施工程序。对于渠道防渗衬砌，一般是按照"先渠底，再边坡，后渠顶"的施工程序进行的。

1.1.3.3　施工顺序确定

渠道衬砌顺序的安排要根据地形条件、工期及混凝土浇筑方式来进行。就混凝土防渗衬砌施工顺序来说，一般都是按照定位放线、安装模板、混凝土浇筑养护、拆除模板、结构缝防渗处理这样一个次序过程进行的。结构缝防水处理根据使用的材料，应在混凝土硬化达到设计强度且干燥后才可进行。

1.1.3.4　选择施工方法

正确地选择施工方法和施工机械是施工组织设计的关键。它直接影响着施工进度、工程质量、施工安全和工程成本。

（1）选择施工方法的基本要求：①满足主导施工过程的施工方法的要求。②满足施工技术的要求。③符合机械化程度的要求。④符合先进、合理、可行、经济的要求。⑤满足工期、质量、成本和安全的要求。

（2）主要分部分项工程施工方法的选择：①砌筑工程。包括：组砌方法和质量要求，弹线和皮数杆的控制要求，脚手架搭设方法和安全网的挂设方法等。②钢筋混凝土工程。包括：选择模板类型和支模方法，必要时进行模板设计和绘制模板放样图；选择钢筋的加工、绑扎、连接方法；选择混凝土的搅拌、输送和浇筑顺序及方法，确定所需设备类型和数量，确定施工缝的留设位置；确定预应力混凝土的施工方法和其所需设备等。③预制块吊装工程。包括：确定结构吊装方法；选择所需机械，确定构件的运输和堆放要求，绘制有关构件预制布置图等。

1.1.3.5　施工机械的选择

施工方法的选择必然要涉及施工机械的选择，机械化施工作为实现建筑工业化的重

要因素,施工机械的选择将成为施工方法选择的中心环节。在选择施工机械时应注意以下几点:

(1)首先选择主导施工过程的施工机械。

(2)选择与主导施工机械配套的备种辅助机具。为了充分发挥主导施工机械的效率,在选择配套机械时,应使它们的生产能力相互协调一致,并能保证有效地利用主导施工机械。

(3)应充分利用施工企业现有的机械,并在同一工地贯彻一机多用的原则。

(4)提高机械化和自动化程度,尽量减少手工操作。

1.1.3.6　主要的技术组织措施

技术组织措施是指为保证质量、安全、进度、成本、环保、季节性施工、文明施工等,在技术和组织方面所采用的方法。应在严格执行施工验收规范、检验标准、操作规程等前提下,针对工程施工特点,制定既行之有效又切实可行的措施。

1)技术措施

技术措施的内容包括:

(1)施工方法的特殊要求和工艺流程。

(2)水下和冬雨季施工措施。

(3)技术要求和质量安全注意事项。

(4)材料、构件和机具的特点、使用方法和需用量。

2)质量措施

(1)确定定位放线、标高测量等准确无误的措施。

(2)严格执行施工和验收规范,按技术标准、规范、规程组织施工和进行质量检查,保证质量。如强调隐蔽工程的质量验收标准和隐患的防止;混凝土工程中混凝土的搅拌、运输、浇灌、振捣、养护、拆模和试块试验等工作的具体要求;新材料、新工艺或复杂操作的具体要求、方法和验收标准等。

(3)将质量要求层层分解,落实到班组和个人,实行定岗操作责任制、三检制。

(4)强调执行质量监督、检查责任制和具体措施。

(5)推行全面质量管理在建筑施工中的应用,强调预防为主的方针,及时消除事故隐患;强调人在质量管理中的作用,要求人人为提高质量而努力;制定加强工艺管理,提高工艺水平的具体措施,不断提高施工质量。

3)安全措施

(1)严格执行安全生产法规,在施工前要有安全交底,保证在安全的条件下施工。

(2)保证土石方边坡稳定的措施。

(3)明确使用机电设备和施工用电的安全措施,特别是焊接作业时的安全措施。

(4)防止吊装设备、打桩设备倒塌措施。

(5)季节性安全措施,如雨季的防洪、防雨,暑期的防暑降温,冬季的防滑、防火等措施。

(6)施工现场周围的通行道路和居民保护隔离措施。

(7)保证安全施工的组织措施,加强安全教育,明确安全施工生产责任制。

4）降低成本措施

（1）综合利用吊装机械,减少吊次,节约台班费。

（2）提高模板精度,采用整装整拆,加速模板周转,以节约木材和钢材。

（3）在混凝土、砂浆中掺加外加剂或掺合剂,以节约水泥。

（4）采用先进的钢筋焊接技术以节约钢筋,加强技术革新、改造,推广应用新技术、新工艺。

1.1.3.7　施工方案评价

施工方案评价详见"1.1.2 渠道土方工程施工方案与施工计划编制方法"。

1.1.4　工程施工程序及竣工图绘制方法

1.1.4.1　工程施工程序

工程施工就是把设计付诸于实施的活动过程,是依据设计,通过相关的准备、现场作业等活动完成工程设施的修建,最后对完建的工程设施进行竣工验收,验收合格后才能投入应用。

施工程序是指单位工程中各分部工程或施工阶段的先后次序和其制约关系。

水利工程建设程序一般分为:项目建议书、可行性研究报告、初步设计、施工准备(包括招标设计)、建设实施、生产准备、竣工验收、后评价等阶段。初步设计以后到投产运行期间的建设活动作为另一大阶段,称为项目建设实施阶段。工程施工是建设实施阶段的活动内容,是工程设施形成的具体实践活动。

就某一具体工程设施来说,施工程序有所不同,渠道工程的施工程序为:施工准备(包括图纸会审施工组织设计编制),测量放样,渠道开挖与填筑,防渗体施工,质量验收等。

1.1.4.2　竣工图绘制方法

1）竣工图与施工图

竣工图是建设工程在施工过程中产生的,用以真实记录建设工程竣工所编绘的图纸。施工图是建设工程施工前产生的,是施工的依据。

施工图是编绘竣工图的基础,施工图纸和施工时的设计变更、工程洽商记录等对施工图的修改是编绘竣工图的依据,竣工图是施工图实施后的记录,是施工图的实施结果。

2）竣工图的类型

竣工图归纳起来可分为四种类型:

（1）绘制的竣工图或称重新绘制的竣工图。

（2）在计算机上修改输出的竣工图。

（3）在二底图上修改的竣工图。

（4）利用施工蓝图改绘的竣工图。

3）编绘竣工图基本要求

要遵守国家制图规范、标准、规定;图面整洁,线条、字迹清楚;利于长期安全保管。

（1）按制图标准修改。编绘竣工图要遵守工程制图标准,并做到:

①绘制竣工图时,要遵守工程制图标准,与施工结果相一致。

②利用施工图进行修改时,凡是工程建成后与原施工图不相符的内容,均要用绘图的方法在施工图上进行修改,做到图实相符。不允许只用文字说明代替绘图修改,更不允许在图纸上抄录工程洽商记录或附上洽商图等修改依据来代替图纸修改。

(2)图面整洁,线条、字迹清晰:

①绘制的竣工图及其晒制的蓝图要保证图纸质量,图面整洁、干净,无污染线条、字迹清楚。

②修改的竣工图。修改后的图纸图面整洁、清晰、无污染、无覆盖,不允许有线条、字迹模糊不清,更不允许有涂抹、补贴等现象。

(3)绘图及标注要准确。

绘图采用工程图规定的绘图方法及规范要求的统一格式和统一符号,竣工图的内容、说明和标注要准确。对于用施工蓝图改绘的竣工图,修改的部位必须标明变更依据;对于利用二底图改绘的竣工图必须做修改备考表,对于在计算机上修改输出的竣工图也要做修改备考表,以备修改内容与修改依据相对照。

4)绘制竣工图的方法

绘制竣工图的几种方法如下:

(1)计算机改绘。利用工程设计软件在计算机上绘制的工程施工图,或利用相应软件将工程施工图扫描到计算机中,在计算机上根据施工结果对施工图进行修正,输出修正后的图纸,并在图纸上加盖竣工图章,便形成在计算机上修改输出的竣工图。

①改绘方法。将施工图上无用和废弃的线条、数字、符号、字迹等全部去掉,在实际位置上绘出修改时增加的线条、数字、符号、字迹等内容。在图纸上将去掉和增加的内容列出备考表,将修改内容和修改依据等写清楚,以备查考。修改完毕后,输出纸质的图纸,并在图纸上加盖竣工图章,也可以将修改后的图纸压制成光盘输出,与纸质竣工图一起归档。

②改绘要求。在计算机上修改输出的竣工图应按修改要求精心绘制,并绘修改备考表和在输出的图纸上加盖竣工图章。

③成果的输出。在计算机上修改输出的竣工图,其成果为输出打印的纸质图纸或复制的光盘。

(2)二底图上修改竣工图。在利用设计施工图底图或蓝图采用机器复制的办法制成的二底图上,将工程洽商记录、设计变更等需要修改的内容进行修正,使修改后的二底图与工程实际相符,并在修改后的二底图或由它晒制的蓝图上加盖竣工图章,用这种方法编绘的图纸叫作在二底图上修改的竣工图。

在二底图上修改的竣工图主要采用的修改方法是刮改和绘修改备考表。①刮改。凡是图纸修改后无用的数字、文字、线段、符号等均应刮掉,而需要添加的内容均须用绘图的方法在图纸修改处绘制和书写。刮改时要注意刮改质量,一是对刮掉的内容不要留痕迹;二是不能刮破而影响图纸质量;三是不能因多次修改而影响图面的质量,要做到图面整洁,字迹线条清晰。②修改备考表。在二底图上应绘修改备考表,其形式与在计算机上修改输出的竣工图中的修改备考表相同。做到修改的依据和修改部位及内容与修改依据文件相一致。修改备考表的内容包括修改依据、修改部位(内容)、修改人和修改日期。修改备考表一般应绘在图标栏上方或专门设置的位置。

(3)利用施工蓝图改绘的竣工图。

利用施工蓝图改绘的竣工图是在施工蓝图上用作图的方法,对凡与建设工程建成后的实际不相符的内容进行修改,标注修改依据,并将修改后的蓝图加盖竣工图章形成的图纸。利用施工蓝图改绘竣工图的方法是目前普遍采用的编绘竣工图的方法,因为它具有比其他类型竣工图更多的优点和实用性。

利用施工蓝图改绘竣工图的方法归纳起来有五种:杠改法、叉改法、补绘法、补图法、加写说明法。

①杠改法。杠改法是在施工蓝图上将取消或需要修改的数字、文字、符号等内容用一横杠杠掉(不是涂抹掉)表示取消,在适当位置补绘修改后的内容,并用带箭头的引出线标注修改依据的方法。

杠改法一般适用于尺寸、数字、设施点的编号和型号、门窗型号、设备型号、灯具型号和数量、钢筋型号和数量、管线和测量点的编号、坐标及高程值、注解说明的数字、文字、符号等的取消或改变。

杠改法的具体做法分为取消、修改、标注三步。

ⅰ.取消。将施工图上取消的内容,即修改前的数字、文字、符号用一横杠杠掉,表示取消,达到能看清原设计的内容又知道已被取消的目的。表示取消只划一横杠,不允许划几道杠,更不允许涂抹。

ⅱ.修改。属于修改的内容,应在取消的内容附近空白处补上修改后的新内容。特别注意附近二字,应能表示清楚是本处修改后的内容。另外,凡文字、数字、符号补写在图纸上时,也属于填加的内容。

ⅲ.标注。标注指的是修改依据的标注。一般标注修改依据的办法是从修改处划一带箭头的引出线,箭头指向修改部位,在引出线上标注修改依据。修改依据的写法是"见×(年)、×(月)、×(日)洽商×条"或"见×号洽商×条"。如无依据性文件,应注明"无洽商"和必要的说明。用带箭头的引出线标注修改依据的目的是要与图纸中的引出线相区别,箭头指向修改部位是表明修改位置。

②叉改法。在施工蓝图上将应去掉或修改前的内容,打叉表示取消,在实际位置绘出修改后的内容,并用带箭头的引出线标注修改依据的方法,称为叉改法。这种方法与杠改法一样是经常使用的修改方法。

叉改法一般适用于线段、图形、图表的取消或改变,如剖面线、尺寸线、图表、大样图、设施、设备、门窗、灯具、管线、钢筋等的取消或改变。对杠改法难于表示的取消的内容,应使用叉改法进行修改。

叉改法的具体做法与杠改法一样,有取消、修改、标注三个步骤:

ⅰ.取消。将取消和修改前的内容,属于线段、图形、图表的,用打"×"表示取消。如取消的内容面积大或长度长,打一个"×"难于表示清楚时,可以打几个"×",以表示清楚为准。

ⅱ.修改。属于修改的内容,应正确地在施工蓝图上绘制。绘制应按照修改依据和施工结果,在实际位置上完整、准确地绘出。绘图时要注意绘制的技巧和精度,特别是管线工程的绘制要满足精度要求。

ⅲ.标注。标注修改依据的方法与杠改法相同。

③补绘法。在施工蓝图上将增加、补充、遗漏的内容按实际位置绘出,或将增加和需要修改的内容在本图上绘大样图表示,并用带箭头的引出线标注修改依据的方法称为补绘法。补绘法改绘竣工图,应注意可在原图实际位置绘出,也可以在本图空白处绘制大样图表示。

补绘法适用于设计新增加的内容、设计时遗漏的内容、设计时暂时空缺的内容等在蓝图上的绘制,一般要按施工结果补绘在实际位置上,如果增加、补充和修改的内容绘制在本图实际位置上有困难,或补绘后图面混乱、分辨不清等影响图纸质量时,也可在本图空白处绘大样图补绘。

补绘法的具体做法分为绘制、标注两步:

ⅰ.绘制。绘制分按实际位置绘制和绘大样图绘制两种。按实际位置绘制是将增补和修改的内容,按实际位置、比例和制图规范要求将增补和修改的内容完整、准确地绘制在实际位置上,要满足图面清晰等质量要求。绘大样图绘制是将增补和修改的内容在本图的空白处绘大样图予以补绘。绘制大样图要按制图规范进行,应选择适当的比例、图面,准确地绘制。在实际位置和大样图位置分别标明绘制大样图的标识和大样图的图名。

ⅱ.标注。对于补绘法标注修改依据的要求与杠改法相同,但应注意修改依据的标注要在修改处(实际位置)和绘大样图处均要标注。

④补图法。当某一修改内容或增补的内容在原施工蓝图上无法改绘,或在原施工蓝图上改绘将造成图面混乱,难以绘制清楚时,采用另绘补图完成修改,这种利用绘补图修改的方法称为补图法。补图法是补绘法的一种补充形式。

补图法适用于某一修改或增补的内容在原施工蓝图上实际位置和本张图纸空白处难以绘制时,采用绘补图来实现对修改内容的修正或补充,既能达到修改目的,又不破坏原施工蓝图的质量。实际上设计单位在补充新增加内容时常采用绘补图的方法,而利用施工蓝图改绘竣工图时采用补图可看作是设计人员绘补图的延续。

绘补图的具体做法分为绘补图和标注修改依据两步:一是绘补图。根据修改的部位和修改的内容用制图的方法在图纸上正确绘出图形,绘制的补图可能为剖面图、大样图、图表等不同形式的图面,要求每幅图均应书写图名。应根据绘制补图的内容和图面的大小选择不同规格的图纸。在一张补图上可以绘制几个不同图号、不同部位的修改图,只要能区分开来即可。特别注意每张补图都要绘制图标,图标可按本套施工图纸的图标形式绘制,并统一编写图号,按本张图纸的内容编写图名。二是标注修改依据,应当做到前后呼应。首先,在需增补或修改的原施工蓝图修改位置处标注修改依据,有必要时应画出修改范围,并标注补图(或修改图)的图名和必要的说明,以及补图(或修改图)所在补图的图号等;其次,在绘制的补图(或修改图)的补图位置标注修改依据,同时注明本修改图是哪张图纸(图号)哪个部位的补图(或修改图),使修改依据的标注做到原图和补图前后呼应,易于查找;最后,当某一张补图上有几个修改图时应当分别标注修改依据和说明。

⑤加写说明法。凡在施工蓝图上用文字表述图纸的修改和补充,或在施工蓝图上绘图修改后仍需加以简要文字说明达到修改目的的办法称为加写说明法。加写的文字说明应尽量简单、精练,一目了然。

加写说明法一般适用于:施工图上说明类型的文字修改,修改依据的简化标注,用作图法修改后仍需必要的文字说明才能完全表述清楚;改绘后的修改图纸须适当加写必要的说明等。但应注意的是,凡是能用绘图方法进行修改的内容一般采用作图的方法修改,一律不必加写说明。

利用施工蓝图改绘的注意事项:按图施工没有任何改动的图纸,应在施工蓝图上加盖竣工图章,此图即为竣工图;对于施工蓝图的封面应加盖竣工图章后作为竣工图归档;对于施工蓝图的目录应加盖竣工图章后作为竣工图归档。对作废的图纸应采用杠改法在目录上取消。

5)竣工图章

竣工图章和竣工图标是竣工图的标志。施工蓝图上加盖竣工图章,本张图纸就由施工阶段的图纸变成了竣工阶段的图纸;用二底图改绘的竣工图在改绘的二底图或晒制的蓝图上加盖竣工图章后,便成为竣工图;在计算机上修改后输出的图纸,加盖竣工图章后,便成为竣工图。竣工图要绘制竣工图标。

(1)竣工图章(标)的内容。竣工图章的基本内容应包括:有明显的"竣工图"字样和编制单位名称、制图人、审核人、技术负责人和编制日期,对监理单位实施工程档案监理的工程应有监理单位名称、总监和现场监理。

竣工图标的基本内容除竣工图章上的内容外,还应包括工程名称、工程号,以及本图的图号、图名、比例等项内容,如本工程档案由监理单位监理,还应有监理单位名称、总监、现场监理等项内容。

(2)竣工图章(标)的位置。竣工图章加盖的位置在原图标栏右上方。如此处有设计或修改的内容,可在原图标栏附近加盖,如原图标栏附近均有内容,可在图标栏周围找一个内容比较少的地方加盖。总之,竣工图章不得离开原图标。

竣工图图标应绘制在图纸的右下角,与施工图图标的位置相同。

(3)竣工图章(标)的签章。认真填写竣工图章(标)上的各项内容,要齐全完整。

1.2　灌排渠(沟)系建筑物施工

1.2.1　特殊地层的灌浆处理方法

灌浆技术作为水工建筑物地基处理中常用和重要的工程措施,在大坝坝基防渗和加固处理中得到广泛的应用。大多数水库、大坝的地基均需进行处理后,才能达到稳定与防渗的要求。在水利水电工程坝基灌浆中,经常会遇到大吸浆量地层、特大漏水通道、正在冒水的堵水、承压水和岩溶地段等情况。

1.2.1.1　大吸浆量情况的灌注方法

在一般的裂隙岩层中灌浆,多数情况可在 1~3 h 之内结束灌浆,单位耗灰量通常不超过 100 ~ 200 kg/m。然而,有时会出现大量吸浆不止,灌浆难以结束的情况,其主要原因是地层的特殊结构条件促使浆液从附近地表冒出,或沿着某一固定的通道流失。大吸浆量地层一般可按以下原则进行处理:

(1)降压。用低压甚至用自流式灌浆,待裂隙逐渐充满浆液,浆液的流动性降低后,再逐渐升高压力,按常规要求进行灌浆。

(2)限流。限制注入率不大于 10 ~ 15 L/min,以减小浆液在裂隙里的流动速度,促使浆液尽快沉积。待注入率明显减小后,将压力升高,使注入率基本保持在 10 ~ 15 L/min 水平,直至达到灌浆结束标准后结束灌浆。

(3)浓浆灌注。采用最稠的水泥浆(一般为 0.5∶1)进行灌注。

(4)加速凝剂。在最稠的浆液(一般为 0.5∶1)中掺入水玻璃、氯化钙速凝剂。

(5)灌注水泥砂浆。根据灌注情况,掺砂量可以按水泥重量的 10%、20% 、…、100% 逐步增加;砂的粒径也可逐渐变粗。将砂浆搅拌均匀后,用砂浆泵灌注。

(6)间歇灌浆。在灌注一定数量水泥或灌注一定时间后,停止灌浆一段时间。每次间歇之前,水泥灌浆量或灌浆时间根据地质情况、灌浆目的确定。间歇时间通常为 2 ~ 8 h,这种特殊情况的灌浆,结束时不一定要达到设计压力;若无法在设计压力下结束灌浆,可低压结束灌浆,待凝一段时间后扫孔、复灌,复灌时争取在设计压力下结束灌浆。

1.2.1.2　特大漏水通道的灌注方法

采取定向爆破法建造的堆石坝,在坝肩岩体中容易产生因大爆破而导致的特大裂隙;在可溶性岩石地区,由于溶蚀形成的喀斯特溶洞、溶沟造成大量漏水的情况时有发生。对这种特大漏水通道,若采用常规灌浆方法,不仅会耗费大量的材料,而且有时根本没有成效。对此,要根据不同情况进行处理。

1)无水流作用和倾角较缓的大裂隙

首先采用浓浆、水泥砂浆或间歇灌浆进行处理。若效果不明显,则可改用定量灌注稳定浆液或混合浆液。稳定浆液适用于遇水性能恶化、注入量大的地层。混合浆液包括水泥砂浆、水泥黏土浆、水泥粉煤灰浆和水泥水玻璃浆等。

2)有水流作用或倾角较陡的大裂隙、大孔洞

(1)冲填级配料。在孔口用稠水泥浆冲灌粗砂和砾石(粒径由小到大)。若灌注一段时间后仍无效果,再改用浓浆冲灌级配粒料。配料时可先搅拌成一定稠度的浆液从孔口倒入,等灌满后用常规方法进行灌注。所谓级配料,应是包括土、砂、砾石等粗细颗粒都有的混合料,能自然形成反滤层。其中包含的粒料应是先细后粗,逐级探索,到某一级再也灌不进时即停止。每级灌入的数量根据判断掌握,可为 100 ~ 1 000 kg。粒料的分级,可采用 2 ~ 5 mm、5 ~ 10 mm、10 ~ 20 mm、20 ~ 40 mm、40 mm 5 级。充填粒料的目的,主要是希望用某一级砾石在窄缝处形成"架桥",迅速将缝隙在中途堵住,以便于形成反滤层,最后将通道堵死。

(2)模袋灌浆。模袋采用尼龙、聚酯或聚丙烯等材料用特殊的纺织工艺织成,织物强度高。在灌浆压力作用下,模袋内水泥浆中的水分可由袋内析出,而水泥颗粒不会外漏。这样可以降低水灰比,提高固结强度,缩短固结时间。水泥浆液在模袋中凝固,在水下不具有分散性,当水流较大时不会被冲失;模袋在压力作用下能产生变形,适应不同形状的

溶洞,有利于堵塞。施工时首先往袋内灌注水灰比为0.8、0.6或1.0的水泥浆,然后将充满水泥浆的模袋经钻孔投入孔内,孔内模袋达到一定数量后,再在原孔位进行灌浆处理。

(3)双浆液灌浆。双浆液灌浆是化学灌浆中的一种,也属于控制灌浆的范畴。水泥浆液和速凝剂(一般采用水玻璃)分别从两个灌浆管进入混合器,水泥浆和水玻璃在混合器中充分混合后,在速凝前到达孔底。为了达到预期的防渗效果和满足防渗体的强度要求,需要对浆液的扩散距离进行控制。浆液既不能扩散得太远造成材料的浪费,又不能因浆液的扩散范围太小使防渗体的强度不够。如果浆液凝结时间太短,灌浆孔将被堵住;如果浆液凝结时间太长,在混合物到达地层前将被冲走。如何有效地控制灌浆,形成有效的截水墙来堵水,对岩溶地区灌浆非常关键。为此,往往需要通过现场的试验来确定双浆液灌浆中的浆液比例、灌浆压力、灌浆流量等施工参数,以达到有效封堵大漏洞的目的。

1.2.1.3　正在冒水情况的堵水灌浆方法

正在冒水情况的堵水灌浆可根据具体情况分别采取措施。

1)从较大的集中漏水点冒水

此种情况多发生在岩溶地区和混凝土中有特大缺陷的地方。应针对出水点,根据出水量的大小,先埋设一段适当直径的孔口管,将水集中引到管中导出,再将周围可能冒水冒浆的岩缝和孔洞封堵好,然后从孔口管中进行反压灌浆。反压灌浆的压力为 $P = P_1 + P_2$,其中,P_1 为孔口管关闭后的水稳定压力,P_2 为正常情况下的灌浆压力。

2)沿裂隙冒水或浸水

对于冒水量较大的,可采用以下步骤进行处理:①钻若干个与裂隙相交的深孔,埋上孔口管,将裂隙水从管中引出;②在深孔之间钻若干个与裂隙相交的浅孔,埋上孔口管;③沿裂隙口凿槽,先用棉纱、麻刀等对裂隙进行封堵,然后用砂浆填槽;④对浅孔用较低压力灌浆;⑤浅孔待凝一段时间后,对深孔用较高压力进行灌浆。

对于冒水量较小的,可先沿裂隙凿一深5~10 cm的U形槽,在槽的底部铺一铁皮,穿过铁皮埋设若干根灌浆管,其中裂隙的最底部和最高部各有一根。用速凝砂浆将槽填平,砂浆达到一定强度后,从裂隙的较低端向上依次灌浆。

1.2.1.4　有承压水条件下的灌浆

从灌浆孔中涌出承压水有两种情况:一是灌浆地层处于具有较高压力水源的含水层中;二是水库已经蓄水,在低于库水位的廊道或洞中进行灌浆。

此时灌浆压力一定要高于涌水压力,否则浆液将无法灌入。如果稳定涌水压力为 P_3,要求的灌浆压力为 P_4,那么此时的灌浆压力应为 $P = P_3 + P_4$。同时为了避免因灌浆压力过高引起地层被压裂或引起基础抬动,应保证 $P < P_0$。P_0 为地层所能承受的极限压力。承压水条件下,灌浆一般可以按以下方法进行:

(1)压力屏浆法。在正常灌浆达到结束标准后,仍维持原水泥浆的浓度或改用5:1的稀浆,以相同的压力继续循环灌注一定时间(如4~8 h)后再结束,以防止已灌入裂隙内的浆液回流。

(2)闭浆。所谓闭浆,就是在达到灌浆结束标准后,立即关闭回浆管阀门和进浆管阀门,使灌入的浆液仍暂时处于受压状态,待凝一定时间后,打开阀门,检查是否还往外涌水,如无涌水现象,则认为合格。闭浆时间一般为6~8 h。

(3)浓浆结束。在正常灌浆达到结束标准后,改用 0.5∶1 的浆灌注。当回浆浓度也达到 0.5∶1 时,再继续灌注 30 min 后,立即将回浆管阀门和进浆管阀门关闭进行闭浆。

(4)化学灌浆。如经过上述方法处理后效果仍不显著,可考虑采用化学灌浆方法。先采用上述方法将灌浆孔段的注入率减小到一定程度,例如小于 3~5 L/min,然后采用化学灌浆方法进行灌浆。化学溶液在岩石内很快凝聚,不仅可以将细小裂隙灌注密实,也可将涌水堵住。

1.2.1.5 岩溶地段的处理

岩溶发育地段的灌浆一般多凭经验或参考同类工程的实践和灌浆试验成果进行。岩溶地段灌浆根据有无充填物采用不同的方法处理。

1)无充填物情况

(1)对于大空洞岩溶,可采用直接回填高流态的混凝土,集料最大粒径小于 20 mm,混凝土强度等级一般为 C15。若岩溶发育较深则需采用溜槽、导管浇筑方式,以避免混凝土出现分离。灌注后待凝 7 d,然后重新扫孔再灌注水泥浆。

(2)对于空洞较大的岩溶,也可扩大灌浆孔孔径,往孔内投入粒径小于 40 mm 的干净碎石,填满后再灌注水泥砂浆。灌注后待凝 3 d,然后重新扫孔进行简易压水,根据压水资料确定灌注水泥浆、水泥砂浆或其他混合浆液。

(3)对于空洞较小的岩溶,可灌注水泥砂浆或其他混合浆液。灌注后待凝 3 d,重新扫孔、简易压水,根据压水资料确定灌注水泥浆、水泥砂浆或其他混合浆液。

2)有充填物情况

对于有充填物的岩溶,视岩溶规模的大小及深度可采用适当的方式进行处理。

(1)高压灌浆法。采用不冲洗的高压水泥灌浆处理岩溶,即利用较高灌浆压力将充填物挤压密实,提高其抗渗稳定性,并利用高压水泥浆的劈裂作用,使水泥浆以条带状向土体中穿插,纵横交错形成网格包裹。但在较大溶洞地区,因钻进不易成孔,需下套管或先用旋喷法将溶洞充填物加固后再进行高压灌浆。

(2)高压旋喷灌浆法。高压旋喷灌浆法又称旋喷法,是利用钻机把带有特殊喷嘴的灌浆管钻进至土层的预定位置后,用高压脉冲泵将水泥浆液通过钻杆下端的喷射装置,向四周以高速喷入土体,借助流体的冲击力切削土层,使喷流射程内土体遭受破坏,与此同时钻杆一面以一定的速度旋转,一面低速徐徐提升,使土体与水泥浆充分搅拌混合,胶结硬化后即在地基中形成直径比较均匀、具有一定强度的圆柱体(称为旋喷桩),从而使地基得到加固。根据使用机具设备的不同,旋喷法分为单管法、二重管法和三重管法。

(3)花管灌浆法。在含沙含泥岩溶地段进行高压灌浆难以成孔,若以带孔眼的钢管插入溶洞内形成人造孔壁,则可防止塌孔。在灌浆过程中也不易被砂土颗粒堵塞高压阀门或灌浆设备,浆液可以较大的压力通过花眼射入土层。利用高压力的作用,水泥浆可以进入到砂土层中去,或将充填物压密,挤出其所含水分,达到灌注、压实充填物的目的。

(4)浅层含泥岩溶的处理。对于埋藏较浅或出露在灌浆隧洞周围的大规模岩溶,挖除充填物并回填混凝土,再进行回填灌浆。

(5)深层岩溶的处理。当岩溶埋藏较深(如超过 50 m),采用花管法或旋喷法等辅助措施均有困难时,可先在岩溶周围进行灌浆,使岩溶充填物逐步被水泥浆体挤压、固结,然后按逐序加密的原则进行溶洞部位的钻孔灌浆。

　　上述灌浆处理方法各有优缺点。大吸浆量情况的处理方法具有操作简单、施工快捷等优点,但有时可能因浆液扩散过远造成浆液浪费。特大漏水通道采用的处理方法操作相对复杂些,但体现了控制灌浆的思想,既可保证处理效果又可节约材料、减少投资。岩溶地区的地层情况多变,岩溶发育地段的灌浆处理一般多凭经验或参考同类工程的实践和灌浆试验成果进行。总之,对于水利水电工程坝基灌浆过程中遇到的各种特殊地层,应根据具体情况,采取一种或多种措施进行处理,才能达到预期的效果。

1.2.2　施工进度计划编制

　　单位工程施工进度计划是在确定了施工方案的基础上,根据规定工期和各种资源供应条件,按照施工过程的合理施工顺序及组织施工原则,用图表的形式(横道图或网络图)对一个工程从开始施工的各个项目,确定其在时间上的安排和相互间的搭接关系。在此基础上方可编制月度、季度计划及各项资源需要量计划。所以,施工进度计划是单位工程施工组织设计中一项非常重要的内容。

1.2.2.1　施工进度计划的作用

　　单位工程施工进度计划的作用有如下几点:

　　(1)控制单位工程的施工进度,保证在规定工期内完成符合质量要求的工程任务。

　　(2)确定单位工程的各个施工过程的施工顺序、施工持续时间及相互衔接和合理配合关系。

　　(3)为编制季度、月度生产作业计划提供依据。

　　(4)制订各项资源需要量计划和编制施工准备工作计划的依据。

1.2.2.2　施工进度计划的分类

　　单位工程施工进度计划根据施工项目划分的粗细程度,可分为控制性与指导性施工进度计划两类。控制性施工进度计划按分部工程来划分施工项目,控制各部分工程的施工时间及其相互搭接配合关系。它主要适用于工程结构较复杂、规模较大、工期较长而需跨年度施工的工程,还适用于工程规模不大或结构不复杂但各种资源(劳动力、机械、材料等)不落实的情况,以及建筑结构、建筑规模等可能变化的情况。编制控制性施工进度计划的单位工程,当各分部工程的施工条件基本落实之后,在施工之前还应编制各分部工程的指导性施工进度计划。指导性施工进度计划按分项工程或施工过程来划分施工项目,具体确定各分项工程或施工过程的施工时间及其相互搭接配合关系。它适用于施工任务具体而明确、施工条件基本落实、各种资源供应正常、施工工期不太长的工程。

1.2.2.3　施工进度计划的编制依据

　　编制单位工程施工进度计划,主要依据下列资料:

　　(1)经过审批的建筑总平面图及单位工程全套施工图,以及地质地形图、工艺设计图、设备及其基础图,采用的各种标准图集等图纸及技术资料。

　　(2)施工组织总设计对本单位工程的有关规定。

（3）施工工期要求及开、竣工日期。

（4）施工条件、劳动力、材料、构件及机械的供应条件，分包单位的情况等。

（5）主要分部分项工程的施工方案，包括施工程序、施工段划分、施工流程、施工顺序、施工方法、技术组织措施等。

（6）施工定额。

（7）其他有关要求和资料，如工程合同等。

1.2.2.4　施工进度计划的编制程序

单位工程施工进度计划的编制程序如图 6-1-1 所示。

1.2.2.5　单位工程施工进度计划的编制方法与步骤

（1）熟悉并审查施工图纸，研究有关资料，调查施工条件。

施工单位（承包商）项目部技术负责人在收到施工图及取得有关资料后，应组织工程技术人员及有关施工人员全面地熟悉和详细审查图纸，并参加建设、监理、施工等单位有关工程技术人员参加的图纸会审，由设计单位技术人员进行技术交底，在弄清设计意图的基础上，研究有关技术资料，同时进行施工现场的勘察，调查施工条件，为编制施工进度计划做好准备工作。

（2）划分施工过程并计算工程量。

编制施工进度计划时，应按照所选的施工方案确定施工顺序，将分部工程或施工过程（分项工程）逐项填入施工进度表的分部分项工程名称栏中，其项目包括从准备工作起至交付使用时为止的所有土建施工内容；对于次要的、零星的分项工程则不列出，可并入"其他工程"，在计算劳动量时，给予适当的考虑即可。水、暖、电及设备一般另做一份相应专业的单位工程施工进度计划，在土建单位工程进度计划中只列分部工程总称，不列详细施工过程名称。

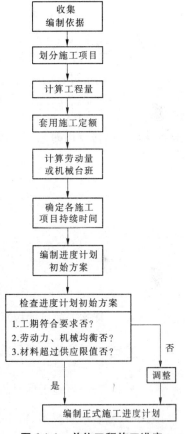

图 6-1-1　单位工程施工进度
计划编制程序

编制单位工程施工进度计划时，应当根据施工图和建筑工程预算工程量的计算规则来计算工程量。若已编制的预算文件中所采用的预算定额和项目划分与施工过程项目一致，就可以直接利用预算工程量；若项目不一致，则应依据实际施工过程项目重新计算工程量。计算工程量时应注意以下几个问题：①注意工程量的计算单位。直接利用预算文件中的工程量时，应使各施工过程的工程量计算单位与所采用的施工定额的单位一致，以便在计算劳动量、材料量、机械台班数时可直接套用定额。②工程量计算应结合所选定的施工方法和所制订的安全技术措施进行，以使计算的工程量与施工实际相符。③工程量计算时应按照施工组织要求，分区、分段、分层进行。

（3）套用施工定额，确定各施工过程的劳动量和机械台班需要量。

根据所划分的施工过程（施工项目）和选定的施工方法，套用施工定额，以确定劳动量及机械台班量。

施工定额有两种形式，即时间定额 H 和产量定额 S。时间定额是指完成单位建筑产品所需的时间；产量定额是指在单位时间内所完成建筑产品的数量，二者互为倒数。

若某施工过程的工程量为 Q，则该施工过程所需劳动量或机械台班量可由下式进行计算

$$P = \frac{Q}{S} \quad \text{或} \quad P = QH, H = \frac{1}{S} \tag{6-1-7}$$

式中　P——某施工过程所需劳动量、工日或机械台班量；

　　　Q——施工过程工程量；

　　　S——施工过程的产量定额；

　　　H——施工过程的时间定额。

这里应特别注意的是，如果施工进度计划中所列项目与施工定额中的项目内容不一致，例如施工项目是由同一工种，但材料、做法和构造都不同的施工过程合并而成时，施工定额可采用加权平均定额，计算公式如下

$$S' = \frac{\sum_{i=1}^{n} Q_i}{\sum_{i=1}^{n} P_i} \tag{6-1-8}$$

$$\sum_{i=1}^{n} P_i = P_1 + P_2 + \cdots + P_n = \frac{Q_1}{S_1} + \frac{Q_2}{S_2} + \cdots + \frac{Q_n}{S_n} \tag{6-1-9}$$

$$\sum_{i=1}^{n} Q_i = Q_1 + Q_2 + \cdots + Q_n \tag{6-1-10}$$

式中　S'——某施工项目加权平均产量定额；

　　　$\sum_{i=1}^{n} P_i$ ——该施工项目总劳动量；

　　　$\sum_{i=1}^{n} Q_i$ ——该施工项目总工程量。

对于某些采用新技术、新工艺、新材料、新方法的施工项目，其定额未列入定额手册时，可参照类似项目或进行实测来确定。"其他工程"项目所需的劳动量，可根据其内容和数量，并结合施工现场的实际情况以占总劳动量的百分比计算，一般为10%～15%。

水、暖、电、设备安装等工程项目，在编制施工进度计划时，一般不计算劳动量或机械台班量，仅表示出与一般土建单位工程进度相配合的关系。

（4）确定工作班制。

在进行施工进度计划编制时，考虑到施工工艺要求或施工进度的要求，需选择好工作班制。通常采用一班制生产，有时因工艺要求或施工进度的需要，也可采用两班制或三班制连续作业，如浇筑混凝土即可三班连续作业。

(5)确定施工过程的持续时间。

根据施工条件及施工工期要求不同,有定额计算法、工期计算法、经验估算法等三种方法。

$$t = \frac{V}{kmnN} \tag{6-1-11}$$

式中　V——项目工程量;

　　　m——日工作班数;

　　　n——每班工作的人数或机械设备台数(按施工劳动相合拟定);

　　　N——人或机械台班产量定额。

对于有些新型项目或研究项目,为了便于对施工进度进行分析比较和调整,需要定出施工延续时间的可能变动幅度,常用三值估计法计算。

$$t = \frac{t_a + 4t_m + t_b}{6} \tag{6-1-12}$$

式中　t_a——最乐观时间,即最紧凑的估计时间(最短时间);

　　　t_b——最悲观时间,即最松动的估算时间(最长时间);

　　　t_m——最可能的估计时间(能达到的可能性最大时间)。

(6)编制施工进度计划的初始方案。

编制施工进度计划的初始方案时,必须考虑各分部分项工程合理的施工顺序,尽可能按流水施工进行组织与编制,力求使主要工种的施工班组连续施工,并做到劳力、资源计划的均衡。编制方法与步骤如下:①先安排主要分部工程并组织其流水施工。主要分部工程尽可能采用流水施工方式编制进度计划,或采用流水施工与搭接施工相结合的方式编制施工进度计划,尽可能使各工种连续施工,同时也能做到各种资源消耗的均衡。②安排其他各分部工程的施工或组织流水施工。其他各分部工程的施工应与主要分部工程相结合,同样也应尽可能地组织流水施工。③按工艺的合理性和施工过程尽可能搭接的原则,将各施工阶段的流水作业图表搭接起来,即得到单位工程施工进度计划的初始方案。

(7)检查调整施工进度计划的初始方案。

①施工顺序检查与调整。施工进度计划中施工顺序的检查与调整主要考虑以下几点:各个施工过程的先后顺序是否合理;主导施工过程是否最大限度地进行流水与搭接施工;其他的施工过程是否与主导施工过程相配合,是否影响到主导施工过程的实施以及各施工过程中的技术组织时间间歇是否满足工艺及组织要求,如有错误之处,应给予调整或修改。

②施工工期的检查与调整。施工进度计划安排的施工工期应满足上级规定的工期或合同中要求的工期。不能满足时,则需重新安排施工进度计划或对各分部分项工程持续时间等进行修改与调整。

③劳动量消耗的均衡性。对单位工程或各个工种而言,每日出勤的工人人数应力求不发生过大的变动,也就是劳动量消耗应力求均衡,劳动量消耗的均匀性是用劳动量消耗动态图表示的。它是根据施工进度计划中各施工过程所需要的班组人数统计而成的,一般画在施工进度水平图表中对应的施工进度计划的下方。

在劳动量消耗动态图上不容许出现短时期的高峰或长时期的低陷情况,如图6-1-2所示。

如图6-1-2(a)所示为短时期高峰,即短时期工人人数多,这表明相应增加了为工人服务的各种临时设施;如图6-1-2(b)所示为长时期低陷,说明在长时间内所需工人人数少,如果工人不调出,则将发生窝工现象;如工人调出,则各种临时设施不能充分利用;如图6-1-2(c)所示为短时期低陷,甚至是很大的低陷,这是可以容许的,因为这种情况不会发生什么显著影响,只要把少数工人的工作量重新安排,窝工现象就可以消除。

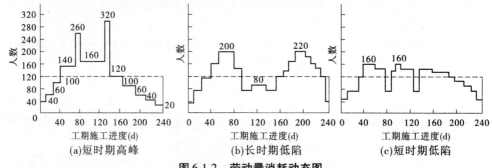

图 6-1-2　劳动量消耗动态图

劳动消耗的均衡性可用劳动力均衡性系数 K 进行评价

$$K = \frac{最高峰施工期间工人人数}{施工期间每天平均工人人数} \qquad (6\text{-}1\text{-}13)$$

最理想的情况是 K 接近于1,在2以内为好,超过2则不正常。

④主要施工机械的利用程度。在编制施工进度计划中,主要施工机械通常是指混凝土搅拌机、灰浆搅拌机、自行式起重机、塔式起重机等,在编制的施工进度计划中,要求机械利用程度高,可以充分发挥机械效率,节约资金。

应当指出,上述编制施工进度计划的步骤并不是孤立的,有时是相互联系、串在一起的,有时还可以同时进行。但由于建筑施工受客观条件影响的因素很多,如气候、材料供应、资金等,使其经常不符合设计的安排,因此在工程进行中应随时掌握施工情况,经常检查,不断进行计划的修改与调整。

1.2.3　建筑物施工中的新技术、新工艺

随着大型调水工程的兴建,大断面渠道衬砌技术及施工设备也随之发展起来。渠道混凝土衬砌有预制板衬砌和现浇混凝土衬砌两种方式。由于预制板衬砌存在较多缺点,所以大断面渠道一般都采用现浇混凝土衬砌。

在国外,大型调水渠道一般都采用现浇混凝土衬砌,机械化施工水平较高。我国大型调水工程刚刚起步,通过大型调水工程,在衬砌技术、机械设备、施工工艺等诸多方面进行了有益的探讨,并取得了很好的效果。随着科技的发展和新材料、新技术的应用,渠道机械化衬砌施工工艺的逐步完善,以及渠道机械化衬砌设备的国产化程度的提高,渠道机械化衬砌的成本将越来越低。

1.2.3.1　混凝土机械衬砌的优点

渠道混凝土机械衬砌施工的优点可归纳如下:

（1）衬砌效率高，一般可达到 200 m³/h，约 20 m。

（2）衬砌质量好，混凝土表面平整、光滑，坡脚过渡圆滑、美观，密实度、强度也符合设计要求。

（3）后期维修费用低。

1.2.3.2　混凝土机械衬砌的施工程序

机械衬砌又分为滚筒式、滑模式和复合式。一般在坡长较短的渠道上，可以采用滑模式。滚筒式的使用范围较广，可以满足各种坡长的要求。根据衬砌混凝土施工工序要求，在渠道已经基本成型后，坡面应预留一定厚度（可视土方施工者的能力，预留 5 ~ 20 cm）的原状土。施工程序如图 6-1-3 所示。

1.2.3.3　混凝土机械衬砌的工艺要求

1）轨道铺设

轨道铺设应满足以下要求：

（1）轨道基础应夯实均匀，受力后不出现局部塌陷。

（2）轨道安装平直，上下两条轨道的中心距与高差保持一致。

（3）轨道中心到坡脚的距离，根据机架长度和施工工艺确定。根据设计图纸要求，渠底轨道高程尽可能抬高，以防水淹下沉。

（4）衬砌机机架高度，以渠底轨道高程为准，可根据实际情况安装并调整。

2）机组安装

各台机器安装时，先在平整场地上组装机架，然后吊到斜坡上，再依次安装行走部分、动力部分和工作装置。安装行走小车时，按衬砌前进方向主动在后、从动在前。机架与液压支腿的栓接位置，要提前进行计算，避免机架安装过高。

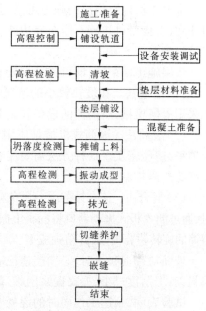

图 6-1-3　混凝土衬砌施工程序

3）修坡

A. 清坡的一般程序

坡脚齿墙按要求砌筑完后，方可进行削坡。削坡分三步进行：

（1）粗削。削坡前先将河底塑料薄膜铺设好，然后，在每一个伸缩缝处，按设计坡面挖出一条槽，并挂出标准坡面线，按此线进行粗削找平，防止削过。

（2）细削。是指将标准坡面线下混凝土板厚的土方削掉。粗削大致平整后，在两条伸缩缝中间的三分点上加挂两条标准坡面线，从上到下挂水平线依次削平。

（3）刮平。细削完成后，坡面基本平整，这时要用 3 ~ 4 m 长的直杆（方木或方铝），在垂直于河中心线的方向上来回刮动，直至刮平。

B. 清坡的方法

（1）螺旋式清坡机。该机械在较短（≤10 m）的坡面上效果较好，通过一镶嵌合金的连续螺旋体旋转，切削土体，弃土可以直接送至渠顶。但在过长的坡面上不适用，因为过长的螺旋需要的动力较大,且挠度问题难以解决。

(2)滚齿式清坡机。该清坡机沿轨道顺渠道轴线方向行走,一定长度的滚齿旋转切削土体,切削下来的土体抛向渠底,形成平整的原状土坡面。一幅结束后,整机前移,进行下一幅作业。

先由一台削坡机粗削坡,削坡机保留 3 ~ 4 mm 的保护层。待具备浇筑条件时,由另一台削坡机精削坡一次修至设计尺寸,并及时铺设保温防渗层。

4)保温防渗层铺设

按设计要求铺设砂石垫层、保温板、复合土工膜等保温防渗层。

底部平面碎石垫层施工,采用自卸汽车运输、卸料,有挖掘机或推土机摊平振实。

渠道边坡碎石垫层的施工可采用自卸汽车运输级配碎石,从堤顶卸至移动式皮带机料斗内,由皮带机将碎石撒布在边坡上部,人工初步摊平后,再由摊铺机摊平压实。

5)混凝土衬砌

垫层施工结束后,即可进行混凝土施工。混凝土衬砌施工可采用以下几种方式:

(1)滑模法。在坡长较小的情况下,可以采用滑模机械施工。在渠坡较长的情况下,如采用滑模机械,所需要的设备较庞大。

(2)滚筒法。滚筒式机械是应用较广的机械,利用滚筒在轨道上行走、旋转,将混凝土摊平,挤压密实。这种方法需要注意的两个问题是:桁架的挠度不能过大,混凝土的密实度要严格控制。

(3)复合法。该套设备由一台布料机和一台成型机联合作业。布料机在均匀布料的同时,通过插入板式振动器口将混凝土振动密实并基本成型。成型机在其后工作,通过小偏心滚筒的旋转进行提浆,并精确成型。所形成的混凝土表面有厚度为 3 mm 左右的砂浆。

坡面衬砌混凝土时,必须严格控制混凝土坍落度,坍落度过大,有料时易下滑,无法振捣衬砌;坍落度过小,振捣提浆困难,影响施工进度与表面质量。

试验表明,到达工作面时的混凝土坍落度以 5 cm 左右为宜。为了提高混凝土拌和物的和易性,可用超量取代法添加粉煤灰以及引气减水剂等。

布料时,应挂落料斗,落料斗距衬砌面以 30 cm 为宜。刮料器必须压紧,防止漏浆,同时适当控制刮料器上下的运动速度,使混凝土料物分布均匀,减少人工辅助劳动量。

边坡混凝土衬砌是整个施工过程的关键工序,必须满足衬砌高程准确、拨料器高度合适、振动力适中、衬砌速度均匀、表面处理及时等要求。

6)切缝与密封

可利用机组切刀切缝,也可利用电动切缝机切缝。前者施工烦琐,效率低;后者切缝规则,符合设计要求。达到规定强度后及时切缝,切缝时必须控制好缝宽与缝深,防止切缝深浅不一、密封困难而引起不规则裂纹。

现在的衬砌工程施工,其伸缩缝处理通常采用 PT 胶泥灌注。灌注前应将缝冲洗干净、晾干。为防止将坡上塑料薄膜及土工布烫坏,在缝中可铺 0.5 cm 厚的净砂,将熬制好的 PT 胶泥自上而下分两次进行浇注,浇满为止。

渠道收缩缝和伸缩缝也可采用聚乙烯泡沫条和双组分聚硫建筑密封膏充填密封。填充时,先清洗缝面、晾晒干燥,按比例配制密封膏,充分混合后,用施膏枪将密封膏挤入缝内并压平,或用刮刀将密封膏刮入缝内并压平。

1.2.4　建筑物施工质量的检查和评定

质量评定时必须对施工过程的每一环节进行质量检查,一是对质量形成起到控制作用,二是增强最终质量的保证程度。

1.2.4.1　质量检查

1)材料质量检查

A. 水泥质量检查

每批水泥均应有厂家的品质试验报告。承包人应按国家和行业的有关规定,对每批水泥进行取样检测,必要时还应进行化学成分分析。检测取样以 200 ~ 400 t 同品种、同强度等级水泥为一个取样单位,不足 200 t 时也应作为一个取样单位。检测的项目应包括水泥强度等级、凝结时间、体积安定性、稠度、细度、比重等试验,监理人认为有必要时,可要求进行水化热试验。

B. 水的质量检查

拌和及养护混凝土所用的水,除按规定进行水质分析外,应按监理人的指示进行定期检测,在水质改变或对水质有怀疑时,应采取砂浆强度试验法进行检测对比,如果水样制成的砂浆抗压强度低于原合格水源制成的砂浆 28 d 龄期抗压强度的 90%,该水不能继续使用。

C. 钢筋质量检查

每批钢筋均应附有产品质量证明书及出厂检验单,承包人在使用前,应分批进行以下钢筋机械性能试验:

(1)钢筋分批试验,以同一炉(批)、同一截面尺寸的钢筋为一批,取样的质量不大于 60 kg。

(2)根据厂家提供的钢筋质量证明书,检查每批钢筋的外表质量,并测量每批钢筋的代表直径。

(3)在每批钢筋中,选取经表面质量检查和尺寸测量合格的两根钢筋中各取一个拉力试件(含屈服点、抗拉强度和延伸率试验)和一个冷弯试验,如一组试验项目的一个试件不符合定数值,则另取 2 倍数量的试件,对不合格的项目做第二次试验,如有一个试件不合格,该批钢筋为不合格产品。

D. 混凝土质量检查

(1)混凝土在拌制和浇筑过程中应按下列规定进行检查:①检查拌制混凝土所用原材料的品种、规格和用量,每一工作班至少两次。②检查混凝土在浇筑地点的坍落度,每一工作班至少两次。③在每一工作班内,当混凝土配合比由于外界影响有变动时,应及时检查。④混凝土的搅拌时间应随时检查。

(2)检查混凝土质量应进行抗压强度试验。对有抗冻、抗渗要求的混凝土,尚应进行抗冻性、抗渗性等试验。①混凝土的抗渗、抗冻要求,应在混凝土配合比设计中予以保证。因此,应适当地取样成型,以检验混凝土配合比。当有其他特殊要求时,由设计与施工单位另作规定。②每一浇筑块混凝土方量不满足以上规定数字时,也应取样成型一组试件。

③3 个试件应取自同一盘混凝土。

（3）现场混凝土质量检验以抗压强度为主，同一强度等级混凝土试件的数量应符合下列要求：非大体积混凝土：28 d 龄期，每 100 m³ 成型试件 3 个；设计龄期，每 200 m³ 成型试件 3 个。对于抗拉强度：28 d 龄期，每 2 000 m³ 成型试件 3 个。混凝土试件应在机口随机取样成型，不得任意挑选。同时，需在浇筑地点取一定数量的试件，以资比较。

（4）每组 3 个试件应在同盘混凝土中取样制作，并按下列规定确定该组试件的混凝土强度代表值：①取 3 个试件强度的平均值。②当 3 个试件强度中的最大值或最小值之一与中间值之差超过中间值的 15% 时，取中间值。③当 3 个试件强度中的最大值和最小值与中间值之差均超过中间值的 15% 时，该组试件不应作为强度评定的依据。

（5）混凝土的质量评定按下列标准进行：①按许可应力法设计的结构（如大坝等），混凝土的极限抗压强度是指设计龄期 15 cm 立方体强度。同批试件（$n \geqslant 30$ 组）统计强度保证率最低不得小于 80%。②按极限状态法设计的钢筋混凝土结构（如厂房等），同批试件（$n \geqslant 30$ 组）的统计强度保证率最低不得小于 90%。

（6）同批混凝土的施工质量匀质性指标，以现场试件 28 d 龄期抗压强度离差系数 C_v 值表示，其评价标准见表 6-1-3。

表 6-1-3　现场混凝土抗压强度离差系数 C_v 的评价标准

混凝土强度等级	等级			
	优秀	良好	一般	较差
< C20	<0.15	0.15 ~ 0.18	0.18 ~ 0.22	>0.22
≥ C20	<0.11	0.11 ~ 0.14	0.14 ~ 0.18	>0.18

（7）混凝土强度的合格评定。

混凝土强度的评定应按下列要求进行。

①统计方法评定。

i．当混凝土的生产条件在较长时间内能保持一致，且同一品种混凝土的强度变异性能保持稳定时，应由连续的三组试件代表一个验收批，其强度应同时符合下列要求

$$m_{fcu} \geqslant f_{cu,k} + 0.7\sigma_0 \qquad (6\text{-}1\text{-}14)$$

$$f_{cu,min} \geqslant f_{cu,k} - 0.7\sigma_0 \qquad (6\text{-}1\text{-}15)$$

当混凝土强度等级不高于 C20 时，其强度的最小值尚应满足下式要求

$$f_{cu,min} \geqslant 0.85 f_{cu,k} \qquad (6\text{-}1\text{-}16)$$

当混凝土强度等级高于 C20 时，其强度的最小值尚应满足下式要求

$$f_{cu,min} \geqslant 0.90 f_{cu,k} \qquad (6\text{-}1\text{-}17)$$

式中　m_{fcu}——同一验收批混凝土立方体抗压强度的平均值，N/mm²；

$f_{cu,k}$——混凝土立方体抗压强度标准值，N/mm²；

σ_0——验收批混凝土立方体抗压强度标准差，N/mm²；

$f_{cu,min}$——同一验收批混凝土立方体抗压强度最小值，N/mm²。

上述各不等式的左边都是样本的验收函数,不等式的右边是规定的验收界限。只有当各要求同时满足时,才为合格。

ii. 当混凝土的生产条件在较长时间内不能保持一致,且混凝土强度变异性不能保持稳定时,或在前一个检验期内的同一品种混凝土没有足够的数据用以确定验收批混凝土立方体抗压强度的标准差时,应由不少于 10 组的试件组成一个验收批,其强度应同时满足下列公式的要求

$$m_{fcu} - \lambda_1 s_{fcu} \geqslant 0.9 f_{cu,k} \tag{6-1-18}$$
$$f_{cu,min} \geqslant \lambda_2 f_{cu,k} \tag{6-1-19}$$

式中　s_{fcu}——同一验收批混凝土立方体抗压强度的标准差,N/mm^2;

λ_1、λ_2——合格判定系数,见表6-1-4。

表 6-1-4　混凝土强度的合格判定系数

试件组数	10～14	15～24	≥25	试件组数	10～14	15～24	≥25
λ_1	1.70	1.65	1.60	λ_2	0.90	0.85	

②非统计方法评定。

对零星生产的预制构件的混凝土或现场搅拌批量不大的混凝土,可采用非统计方法评定。此时,验收混凝土的强度必须同时符合下列要求

$$m_{fcu} \geqslant 1.15 f_{cu,k} \tag{6-1-20}$$
$$f_{cu,min} \geqslant 0.95 f_{cu,k} \tag{6-1-21}$$

2)工程质量检查

(1)开挖质量的检查和验收。

土方明挖工程完成后,承包人应会同监理人进行以下各项的质量检查和验收:①地基无树根、草皮、乱石,坟墓、水井、泉眼已处理,地质符合设计要求。②取样检测基础土的物理性能指标,要符合设计要求。③岸坡的清理坡度符合设计要求。④坑(槽)的长或宽,底部标高,垂直或斜面平整度满足设计要求,在允许偏差范围内。

(2)石方明挖的质量检查和验收。①边坡质量检查和验收。对于岩石边坡开挖后,应进行以下项目的检查:保护层的开挖,布孔是否是浅孔、密孔、少药量、火炮爆破。岸坡平均坡度应小于或等于设计坡度。开挖坡面应稳定,无松动岩块。②岩石基础检查和验收。承包人应会同监理人进行以下各款所列项目的质量检查和验收:保护层的开挖,布孔是否是浅孔、密孔、少药量、火炮爆破。建基面无松动岩块,无爆破影响裂隙。断层及裂隙密集带,按规定挖槽。槽深为宽度的 1～1.5 倍。规模较大时,按设计要求处理。多组切割的不稳定岩体和岩溶洞穴,按设计要求处理。对于软弱夹层,厚度大于 5 cm 者,挖至新鲜岩层或设计规定的深度。对于夹泥裂隙,挖 1～1.5 倍断层宽度,清除夹泥,或按设计要求进行处理。坑(槽)长、宽,底部标高,垂直或斜面平整度应满足设计要求,并在允许偏差范围内。

（3）填筑材料的质量检查。

料场质量控制应按设计要求与本规范有关规定进行，主要内容包括：①是否在规定的料区范围内开采，是否已将草皮、覆盖层等清除干净。②开采、坝料加工方法是否符合有关规定。③排水系统、防雨措施、负温下施工措施是否完善。④坝料性质、含水率（指黏性土料、砾质土）是否符合规定。

设计应对各种填筑材料提出一些易于现场鉴别的控制指标与项目，具体如表 6-1-5 所示。其每班试验次数可根据现场情况确定。试验方法应以目测、手试为主，并取一定数量的代表样进行试验。

表 6-1-5　建筑材料控制指标

坝料类别	控制项目与指标	备注
黏性土	含水率上、下限值 黏粒含量下限值	
砾质土	允许最大粒径 含水率上、下限值，砾石含量上、下限值	
反滤料	级配，含泥量上限值，风化软弱颗粒含量	
过渡料	允许最大粒径，含泥量	
坝壳砾质土	粒径小于 5 mm 含量的上、下限值，含水率的上、下限值	
坝壳砂砾料	含泥量及砾石含量	
堆石	允许最大块径，粒径小于 5 mm 粒径含量，风化软弱颗粒含量	

（4）土料填筑质量检查。

在施工过程中，进行土料填筑时，主要检验和检查的项目如下：①土料铺筑，含水率适中，无不合格土，铺土均匀，铺土厚度满足设计要求，表面平整，无土块，无粗料集中，铺料边线整齐。②上、下层铺土之间的结合处理，砂砾及其他杂物清除干净，表面刨毛，保持湿润。③土料碾压，无漏压、欠压，表面平整，无弹簧土、起皮、脱空或剪力破坏现象，压实指标满足设计干密度的要求。④接合面处理，进行削坡，湿润，刨毛处理，搭接无界。

1.2.4.2　工程质量评定

工程质量评定是依据某一质量评定的标准和方法，对照施工质量的具体情况，确定质量等级的过程。

1）工程质量评定的依据

工程质量评价的依据是《水利水电基本建设工程单元工程质量等级评定标准》（DL/T 5113.1—2005），工程承发包合同中采用的技术标准，工程试运行期的试验及观测分析成果。

2）项目划分

按照工程的形成过程，考虑设计布局、施工布置等因素，将水利水电工程依次划为单位工程、分部工程和单元工程。单元工程是进行日常考核和质量评定的基本单位。

(1)单位工程划分。单位工程,指具有独立发挥作用或独立施工条件的建筑物。单位工程通常可以是一项独立的工程,也可以是独立工程的一部分,一般按设计及施工部署划分。

渠道工程,按渠道级别(干、支渠)或工程建设期、段划分,以一条干(支)渠或同一建设期、段的渠道工程为一个单位工程。大型渠道建筑物也可以每座独立的建筑物为一个单位工程,如进水闸、分水闸、隧洞。

(2)分部工程划分。分部工程,指在一个建筑物内能组合发挥一种功能的建筑安装工程,是组成单位工程的各个部分。对单位工程安全、功能或效益起控制作用的分部工程称为主要分部工程。

同一单位工程中,同类型的各个分部工程的工程量不宜相差太大,不同类型的各个分部工程投资不宜相差太大,工程量相差不超过50%;每个单位工程的分部工程数目,不宜少于5个。

(3)单元工程划分。单元工程是分部工程中由几个工程施工完成的最小综合体,是日常考核工程质量的基本单位。对不同类型的工程,有各自单元工程划分的办法。

水利水电工程中的单元工程一般有三种类型:有工序的单元工程、不分工序的单元工程和由若干个桩(孔)组成的单元工程。如:钢筋混凝土单元工程可以分为基础面或施工缝处理、模板、钢筋、止水伸缩缝安装、混凝土浇筑五个工序。

软基和岸坡开挖工程:按施工检查验收区、段划分,每一区、段为一个单元工程。

混凝土工程:按混凝土浇筑仓号,每一仓号为一个单元工程。

钢筋混凝土预制构件安装工程:按施工检查质量评定的根、套、组划分,每一根、套、组预制构件安装为一个单元工程。

3)工程质量评定

质量评定时,应从低层到高层的顺序依次进行,这样可以从微观上按照施工工序和有关规定,在施工过程中把好质量关,由低层到高层逐级进行工程质量控制和质量检验。其评定的顺序是:单元工程、分部工程、单位工程、工程项目。

A.单元工程质量评定标准

单元工程质量分为合格和优良两个等级。

单元工程质量等级标准是进行工程质量等级评定的基本尺度。由于工程类别不一样,单元工程质量评定标准的内容、项目的名称和合格率标准等也不一样。

评定标准:将工程质量检查内容分为主要检查项目、检测项目和其他检查项目、其他检测项目,并在说明中把单元工程质量等级标准分为土建工程、金属结构工程和机电设备安装工程三类。

(1)土建工程。

合格:主要检查项目、检测项目全部符合要求,其他检查项目基本符合要求,其他检测项目70%及其以上符合要求。

优良:主要检查项目、检测项目全部符合要求,其他检查项目符合要求,其他检测项目90%及其以上符合要求。

(2)金属结构工程。

合格:主要检查项目、检测项目全部符合要求。其他检查项目符合要求,其他检测项目80%及其以上符合要求。

优良:主要检查项目、检测项目全部符合要求,其他检查项目符合要求,其他检测项目95%及其以上符合要求。

(3)机电设备安装工程。

各检查项目全部符合质量标准,实测点的偏差符合规定者,评为合格;重要检测点的偏差小于规定者,评为优良。

B. 水利水电工程项目优良品率的计算

(1)分部工程的单元工程优良品率。

分部工程的单元工程优良品率 = 单元工程优良个数/单元工程总数 × 100%

(2)单位工程的分部工程优良品率。

单位工程的分部工程优良品率 = 分部工程优良个数/分部工程总数 × 100%

(3)水利工程项目的单位工程优良品率。

水利工程项目的单位工程优良品率 = 单位工程优良个数/单位工程总数 × 100%

C. 单位工程外观质量评定

外观质量评定工作是在单位工程完成后,由项目法人(建设单位)组织、质量监督机构主持,项目法人(建设单位)、监理、设计、施工及管理运行等单位组成外观质量评定组,进行现场检验评定。参加外观质量评定组的人员,必须具有工程师及以上技术职称。评定组人数不少于5人,大型工程不应少于7人。

(1)确定检测数量。全面检查后,抽测25%,且各项不少于10点。

(2)评定等级标准。测点中符合质量标准的点数占总测点数的百分率为100%,评为一级;合格率为90%~99.9%时,评为二级;合格率为70%~89.9%时,评为三级;合格率小于70%时,评为四级。每项评分得分按下式计算:

$$各项评定得分 = 该项标准分 × 该项得分百分率$$

(3)混凝土表面缺陷指混凝土表面的蜂窝、麻面、挂帘、裙边、小于3 cm的错台、局部凸凹表面裂缝等。如无上述缺陷,该项得分率为100%,缺陷面积超过总面积5%者,该项得分为0。

(4)带括号的标准分为工作量大时的标准分。

D. 分部工程质量评定等级标准

合格标准:

(1)单元工程质量全部合格。

(2)中间产品质量及原材料质量全部合格,金属结构及启闭机制造质量合格,机电产品质量合格。

优良标准:

(1)单元工程质量全部合格,其中有50%以上达到优良,主要单元工程、重要隐蔽工程及关键部位的单元工程质量优良,且未发生过质量事故。

(2)中间产品质量全部合格,其中混凝土拌和物质量达到优良。原材料质量、金属结构及启闭机制造质量合格,机电产品质量合格。

重要隐蔽工程：指主要建筑物的地基开挖、地下洞室开挖、地基防渗、加固处理和排水工程等。

工程关键部位：指对工程安全或效益有显著影响的部位。

中间产品：指需要经过加工生产的土建类工程的原材料及半成品。

E. 单位工程质量评定标准

合格标准：

(1)分部工程质量全部合格。

(2)中间产品质量及原材料质量全部合格，金属结构及启闭机制造质量合格，机电产品质量合格。

(3)外观质量得分率达到70%以上。

(4)施工质量检验资料基本齐全。

优良标准：

(1)分部工程质量全部合格，其中有50%以上达到优良，主要分部工程质量优良，且施工中未发生过重大质量事故。

(2)中间产品质量全部合格，其中混凝土拌和物质量达到优良，原材料质量、金属结构及启闭机制造质量合格，机电产品质量合格。

(3)外观质量得分率达到85%以上。

(4)施工质量检验资料齐全。

外观质量得分率，指单位工程外观质量实际得分占应得分数的百分数。

F. 工程项目质量评定标准

合格标准：单位工程质量全部合格。

优良标准：单位工程质量全部合格，其中有50%以上的单位工程优良，且主要建筑物单位工程为优良。

G. 质量评定工作的组织与管理

(1)单元工程质量由施工单位质检部门组织评定，建设(监理)单位复核。

(2)重要隐蔽工程及工程关键部位在施工单位自评合格后，由建设(监理)、质量监督、设计、施工单位组成联合小组，共同核定其质量等级。

(3)分部工程质量评定在施工单位质检部门自评的基础上，由建设(监理)单位复核，报质量监督机构审查核备。大型枢纽主体建筑物的分部工程质量等级，报质量监督机构审查核定。

(4)单位工程质量评定在施工单位自评的基础上，由建设(监理)单位复核，报质量监督机构核定。

(5)工程项目的质量等级由该项目质量监督机构在单位工程质量评定的基础上进行核定。

(6)质量监督机构应在工程竣工验收前提出工程质量评定报告，向工程竣工验收委员会提出工程质量等级的建议。

1.2.5　施工调度方案的编制

施工调度的主要任务是按照施工作业计划调度劳动力、材料和机械设备,对施工中临时发生的矛盾及时解决,保证工程施工有条不紊地顺利进行。施工调度工作最为主要的是能够编制资源需要量计划,同时能够根据完成任务进展情况进行计划调整。

资源需要量计划是指施工所需要的劳动力、材料、构件、半成品构件及施工机械计划,应在单位工程施工进度计划编制好后,按施工进度计划、施工图纸及工程量等资料进行编制。编制这些计划,不仅可以保证施工进度计划的顺利实施,也为做好各种资源的供应、调配、落实提供了依据。

1.2.5.1　劳动力需要量计划

劳动力需要量计划,主要是为安排施工现场的劳动力,平衡和衡量劳动力消耗指标,安排临时生活福利设施提供依据。其编制方法是将各施工过程所需的主要工种的劳动力,按施工进度计划的安排进行叠加汇总而成的。其表格形式见表6-1-6。

表6-1-6　劳动力需要量计划

序号	工种名称	劳动量（工日）	××月					××月				
			1	2	3	4	…	1	2	3	4	…

1.2.5.2　主要材料需要量计划

主要材料需要量计划是施工备料、供料、确定仓库和堆场面积及做好运输组织工作的依据,根据施工进度计划表、施工预算中的工料分析表及材料消耗定额、储备定额进行编制。其表格形式见表6-1-7。

表6-1-7　主要材料需要量计划

序号	材料名称	规格	需要量		供应时间	备注
			单位	数量		

1.2.5.3　构件和半成品构件需要量计划

构件和半成品构件的需要量计划主要用于落实加工订货单位,并按所需规格、数量和时间组织加工、运输及确定仓库或堆场。它是根据施工图和施工进度计划编制的。其表格形式见表6-1-8。

1.2.5.4　商品混凝土需要量计划

商品混凝土需要量计划主要用于落实购买商品混凝土,以便顺利完成混凝土的浇筑工作。商品混凝土需要量计划是根据混凝土工程量大小进行编制的。其表格形式见表6-1-9。

表 6-1-8　构件和半成品构件需要量计划

序号	构件名称	规格	图号	需要量		使用部位	加工单位	供应日期	备注
				单位	数量				

表 6-1-9　商品混凝土需要量计划

序号	混凝土使用地点	混凝土规格	单位	数量	供应时间	备注

1.2.5.5　施工机械需要量计划

施工机械需要量计划主要是确定施工机具的类型、规格、数量及使用时间,并组织其进场,为施工的顺利进行提供有利保证。编制的方法是将施工进度计划表中的每一个施工过程所用的机械类型、数量,按施工日期进行汇总。在安排施工机械进场时间时,应考虑到某些机械需要铺设轨道、拼装和架设的时间,如塔式起重机等。其格式见表 6-1-10。

表 6-1-10　施工机械需要量计划

序号	机械名称	规格型号	需要量		货源	使用起止日期	备注
			单位	数量			

1.2.6　闸门启闭机安装

1.2.6.1　闸门的安装方法

闸门按其结构形式可分为平面闸门、弧形闸门及人字闸门三种。闸门按门体的材料可分为钢闸门、钢筋混凝土闸门、钢丝水泥闸门、木闸门及铸铁闸门等。

所谓闸门安装,是将闸门及其埋件装配、安置在设计部位。由于闸门结构的不同,各种闸门的安装,如平面闸门、弧形闸门和人字闸门的安装等,略有差异,但一般可分为埋件安装和门叶安装两部分。平板闸门安装前文已经介绍,下面仅对弧形闸门安装进行介绍。

1)弧形闸门安装

弧形闸门由弧形面板、梁系和支臂组成,如图 6-1-4 所示。弧形闸门的安装,根据其安装高低位置不同,分为露顶式弧形闸门安装和潜孔式弧形闸门安装。

(1)露顶式弧形闸门安装。

露顶式弧形闸门包括底槛、侧止水座板、侧轮导板、铰座和门体。安装顺序为:①在一

期混凝土浇筑时预埋铰座基础螺栓,为保
证铰座的基础螺栓安装准确,可用钢板或
型钢将每个铰座的基础螺栓组焊在一起,
进行整体安装、调整、固定。②埋件安装,
先在闸孔混凝土底板和闸墩边墙上放出各
埋件的位置控制点,接着安装底槛、侧止水
导板、侧轮导板和铰座,并浇筑二期混凝
土。③门体安装,有分件安装和整体安装
两种方法。分件安装是先将铰链吊起,插
入铰座,于空间穿轴,再吊支臂用螺栓与铰
链连接;也可先将铰链和支臂组成整体,再
吊起插入铰座进行穿轴;若起吊能力许可,
可在地面穿轴后,再整体吊入。两个支臂
装好后,将其调至同一高程,再将面板分块
装于支臂上,调整合格后,进行面板焊接和
将支臂端部与面板相连的连接板焊好。门
体装完后起落 2 次,使其处于自由状态,然
后安装侧止水橡皮,补刷油漆,最后再启闭
弧门检查有无卡阻和止水不严现象。整体
安装在闸室附近搭设的组装平台上进行,
将两个已分别与铰链连接的支臂按设计尺
寸用撑杆连成一体,再于支臂上逐个吊装
面板,将整个面板焊好,经全面检查合格

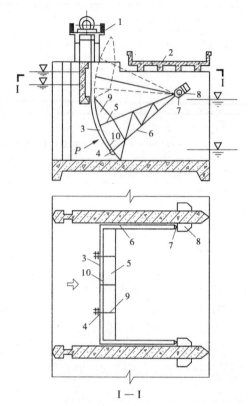

1—工作桥;2—公路桥;3—面板;4—吊耳;5—主梁;
6—支臂;7—支铰;8—牛腿;9—竖向隔板;10—水平次梁

图 6-1-4　弧形闸门布置

后,拆下面板,将两个支臂整体运入闸室,吊起插入铰座,进行穿轴,而后吊装面板。此法
一次起吊重量大,两个支臂组装时,其中心距要严格控制,否则会给穿轴带来困难。

（2）潜孔式弧形闸门安装。

设置在深孔和隧洞内的潜孔式弧形闸门,顶部有混凝土顶板和顶止水,其埋件除与露
顶式相同的部分外,一般还有铰座钢梁和顶门楣。安装顺序为:①铰座钢梁宜和铰座组成
整体,吊入二期混凝土的预留槽中安装。②埋件安装,深孔弧形闸门是在闸室内安装的,
故在浇筑闸室一期混凝土时,就需将锚钩埋好。③门体安装方法与露顶式弧形闸门基本
相同,可以分体装,也可整体装。门体装完后要起落数次,根据实际情况,调整顶门楣,使
弧形闸门在启闭过程中不发生卡阻现象,同时门楣上的止水橡皮能和面板接触良好,以免
启闭过程中门叶顶部发生涌水现象。调整合格后,浇筑顶门楣二期混凝土。④为防止闸
室混凝土在流速高的情况下发生空蚀和冲蚀,有的闸室内壁设钢板衬砌。钢衬可在二期
混凝土时安装,也可在一期混凝土时安装。

2）人字闸门安装

人字闸门由底枢装置(见图 6-1-5)、顶枢装置(见图 6-1-6)、支枕装置(见图 6-1-7)、
止水装置和门叶组成。人字闸门分埋件和门叶两部分进行安装。

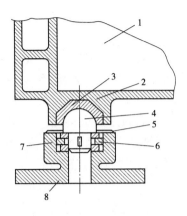

1—门叶;2—上盖;3—轴衬;
4—半圆球轴;5—压板;6—垫圈;
7—橡皮圈;8—底枢轴座

图 6-1-5　底枢装置结构简图

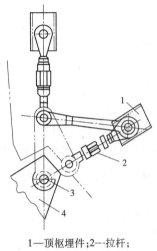

1—顶枢埋件;2—拉杆;
3—轴;4—门叶

图 6-1-6　顶枢装置结构简图

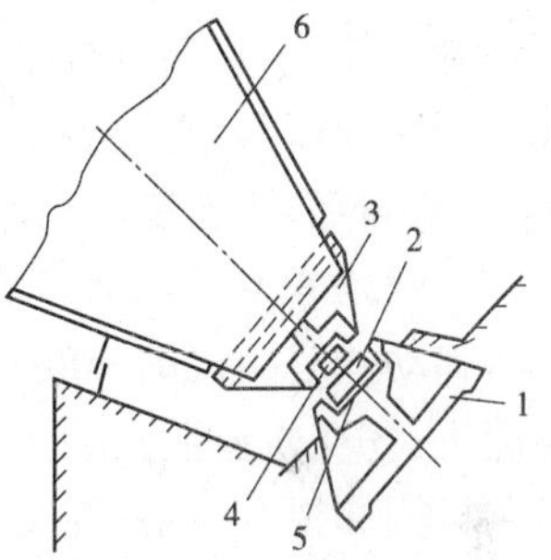

首先在底枢轴座上安装半圆球轴(蘑菇头),同时测出门叶的安装位置,一般设置在与闸门全开位置呈 120°～130°的夹角处。门叶安装时需有两个支点,底枢半圆球轴为一支点,在接近斜接柱的纵梁隔板处用方木或型钢铺设另一临时支点。根据门叶大小、运输条件和现场吊装能力,通常采用整体吊装、现场组装和分节吊装等三种安装方法。

1.2.6.2　启闭机的安装方法

将启闭闸门的起重设备装配、安置在设计确定部位的工程称作闸门启闭机安装。在水工建筑物中,专门用于各种闸门开启与关闭的起重设备称为闸门启闭机。

1—枕座;2—枕垫块;3—支座;
4—支垫块;5—垫层;6—门叶

图 6-1-7　支枕装置结构简图

闸门启闭机安装分固定式启闭机安装和移动式启闭机安装两类。固定式启闭机主要用于工作闸门和事故闸门,每扇闸门配备 1 台启闭机,常用的有卷扬式启闭机、螺杆式启闭机和液压式启闭机等几种。移动式启闭机可在轨道上行走,适用于操作多孔闸门,常用的有门式、台式和桥式等几种。

1)固定式启闭机的安装

大型固定式启闭机的一般安装程序:①埋设基础螺栓及支承垫板;②安装机架;③浇筑基础二期混凝土;④在机架上安装提升机构;⑤安装电气设备和保护元件;⑥连接闸门做启闭机操作试验,使各项技术参数和继电保护值达到设计要求。

(1)卷扬式启闭机的安装。

卷扬式启闭机由电动机、减速箱、传动轴和绳鼓组成。卷扬式启闭机是由电力或人力驱动减速齿轮,从而驱动缠绕钢丝绳的绳鼓,借助绳鼓的转动,收放钢丝绳使闸门升降。

固定卷扬式启闭机安装顺序:①在水工建筑物混凝土浇筑时埋入机架基础螺栓和支承垫板,在支承垫板上放置调整用楔形板。②安装机架。按闸门实际起吊中心线找正机架的中心、水平、高程,拧紧基础螺母,浇筑基础二期混凝土,固定机架。③在机架上安装、调整传动装置,包括电动机、弹性联轴器、制动器、减速器、传动轴、齿轮联轴器、开式齿轮、轴承和卷筒等。

固定卷扬式启闭机的调整顺序为:①按闸门实际起吊中心找正卷筒的中心线和水平线,并将卷筒轴的轴承座螺栓拧紧;②以与卷筒相连的开式大齿轮为基础,使减速器输出端开式小齿轮与大齿轮啮合正确;③以减速器输入轴为基础,安装带制动轮的弹性联轴器,调整电动机位置使联轴器的两边的同心度和垂直度符合技术要求;④根据制动轮的位置,安装与调整制动器,若为双吊点启闭机,要保证传动轴与两端齿轮联轴节的同轴度;⑤传动装置全部安装完毕后,检查传动系统动作的准确性、灵活性,并检查各部分的可靠性;⑥安装排绳装置、滑轮组、钢丝绳、吊环、扬程指示器、行程开关、过载限制器、过速限制器及电气操作系统等。

(2)液压式启闭机的安装。

液压式启闭机由机架、油缸、油泵、阀门、管路、电机和控制系统等组成。油缸拉杆下端与闸门吊耳铰接。液压式启闭机分单向和双向两种。

液压式启闭机通常由制造厂总装并试验合格后整体运到工地,若运输保管得当,且出厂不满一年,可直接进行整体安装,否则,要在工地进行分解、清洗、检查、处理和重新装配。安装程序为:①安装基础螺栓,浇筑混凝土;②安装和调整机架;③油缸吊装于机架上,调整固定;④安装液压站与油路系统;⑤滤油和充油;⑥启闭机调试后与闸门联调。

2)移动式启闭机的安装

移动式启闭机的一般安装程序:①埋设轨道基础螺栓;②安装行走轨道,并浇筑二期混凝土;③在轨道上安装大车构架及行走台车;④在大车梁上安装小车轨道、小车架、小车行走机构和提升设备;⑤安装电气设备和保护元件;⑥进行空载运行及负荷试验,使各项技术参数和继电保护值达到设计要求。

移动式启闭机安装在坝顶或尾水平台上,能沿轨道移动,用于启闭多台工作闸门和检修闸门。常用的移动式启闭机有门式、台式和桥式等几种。

移动式启闭机行走轨道均采取嵌入混凝土方式,先在一期混凝土中埋入基础调节螺栓,经位置校正后,安放下部调节螺母及垫板,然后逐根吊装轨道,调整轨道高程、中心、轨距及接头错位,再用上压板和夹紧螺母紧固,最后分段浇筑二期混凝土。

1.2.7　设备构件起吊和运输的安全技术

1.2.7.1　吊装安全操作一般技术要求

在吊装作业中,为了保证吊装施工的质量和安全,必须按照吊装安全技术要求进行操作。

(1)起吊构件前,应由负责人检查所吊构件的绑扎情况,认为可靠后,方可试吊。试吊时,应先吊离地面 10～15 cm,检查起重机械稳定性、制动灵敏性及绑扎牢固性,确定情况正常后,方可继续提升。

(2)起吊构件应均匀平稳地起落,避免冲击现象。严禁构件在空中停留或整修。

(3)构件就位后,必须切实放稳,做好接头或临时固定。

（4）吊装工作区域应严禁非工作人员入内。起吊构件下面,不得有人停留或通行。起重机停止工作时,吊钩上不得悬挂构件,吊钩必须升到高处,以免摆动伤人。

（5）吊装人员需戴安全帽和手套,高空作业人员上下应尽量用吊篮和爬梯,并需要使用安全带,禁止双层作业,作业区下面不应有人。在 6 级以上大风、暴雨、打雷及大雾天气,应停止露天高空吊装工作。

（6）用卷扬机提升构件时,工作前必须检查制动装置。工作完毕后,手摇卷扬机应取下摇柄。钢丝绳在卷筒上最少要留 2~3 圈,末端要系结牢固。

（7）上班前及起吊过程中,必须有专人负责检查吊装设备、索具和地锚等是否有损坏和松动现象。

（8）通信联络信号必须为所有吊装人员所熟悉。应有专人负责指挥起重机、卷扬机、绞盘等的工作,做到指挥统一、步调一致。

1.2.7.2　闸门起重运输安全技术

闸门安装前,施工单位编制详细的起重运输专项安全技术方案,经主管技术、安全部门审核,报业主和监理工程师审批后,方可予以实施。

1）闸门起重运输人员要求

（1）起重、运输作业的各工种(含司机)应持证上岗,且身体健康,作业时应遵守本工种安全操作的技术规定。

（2）作业前应将任务了解清楚,确定可靠的工作方法,作业人员对任务和方法均无疑问后,方可开始作业。

（3）起重作业中,未经批准,不应对起重机的各部件进行更换或改装。

（4）严禁任何人在吊件下停留作业。

2）大件起重运输作业要求

（1）大件、超长超宽件在运输与吊装前应制订安全技术措施并成立专门临时组织机构,统一指挥,每次作业前必须提前向有关部门办理相关运输许可手续。

（2）大件运输与吊装的临时专门组织机构应分工明确,责任到人。各专业组在大件吊装前必须按职责认真检查各项安全准备工作,并应满足安全技术措施的要求,在大件吊装过程中进行监控,发现问题及时向总指挥报告。在非紧急情况下不得擅自越级指挥。

（3）大件运输应根据设备的重量、外形尺寸、道路条件等因素,选用适当的运输和装卸车手段,应对线路沿途路宽、限高和最小弯道半径,路面上方架空线的垂直高度,道路所经桥梁、涵洞、隧道允许通过的最大重量、尺寸,以及沿线最大纵坡率等进行仔细勘测,选择满足大件运输的道路进行运输。清除有影响的障碍物,并对不良路段进行处理。

（4）大件的装载应选用适宜的装载车辆,不允许超载。装车前应复核大件的重心,计算运输车辆的轮压力,根据大件的尺寸、重量计算货物在运输车辆上的稳定性。装车时须根据设备的状况,制作相应的托盘、支架、垫板等,并应在车辆与大件接触部位支垫橡皮或软木板。

（5）装载车辆应停在坚实平整的地面上,注意离边缘的距离。装车前应在车板上放样,标出大件货物摆放位置并在支垫位置摆放支垫物,装载应均衡平稳且应将闸门中心对准车辆中心,不应偏装。

(6)闸门在运输车辆上应摆放平稳可靠,并应对参与大件运输的车辆、捆绑工器具以及支垫物进行检查。应选用合适的钢丝绳、纤维带、卡环、倒链、拉紧器等器械进行捆绑。经检查捆绑牢固后方可发令开车。

(7)大件运输车队应由清障车、大件运输车、工具车等车辆组成,并应在车头、尾悬挂红旗、红灯等标志,必要时应与当地交通管理部门联系全程封道,保证大件运输安全。

(8)运输时应根据大件的特点,控制车速,并应有防止冲撞与震荡、受潮、损坏以及防止变形的措施。

(9)大件吊装作业应符合下列规定:①吊装作业应统一指挥,操作人员对信号不明确时,不得随意操作。②闸门上的吊耳、悬挂爬梯应经过专门的设计验算,由技术部门审批,质量安全部门检查验收,经检查确认合格后方可使用(吊耳材质和连接焊缝需检验)。③采用临时钢梁或龙门架起吊闸门时,应对其结构和吊点进行设计计算,履行正常审查、验收手续,必要时还应进行负荷试验。④起吊大件或不规则的重物应拴牵引绳。⑤闸门起吊离地面 0.1 m 时,应停机检查绳扣、吊具和吊车刹车的可靠性,观察周围有无障碍物。应上下起落 2~3 次确认无问题后,才可继续起吊。已吊起的闸门作水平移动时,应使其高出最高障碍物 0.5 m。

1.2.7.3 钢管运输安全技术

1)道路运输

(1)超长、超高、超宽的钢管运输时,事先应组织专人对路基、桥涵的承载能力、弯道半径、险坡以及沿途架空线路高度、桥涵净空和其他障碍物等进行调查分析,确认可行并办理相关运输审批后,方可实施。

(2)钢管在运输时,宜使用托架,并与运输车辆联结牢固。应保证运输中托架平稳,钢管应加固捆绑,棱角处应垫木板、管子皮或其他柔软垫物。

(3)对"三超"钢管运输时应配备开道车、工具车和指挥车。

(4)用于钢管运输的各种机动车严禁带病或超载运行。

(5)车辆在施工区域行驶,时速不应超过 15 km/h,洞内时速不应超过 8 km/h,在会车、弯道、险坡段时速不应超过 3 km/h。

2)明管安装运输

明敷钢管从卸车点至安装部位的运输应采用轨道运输方式,且应符合下列规定:

(1)用于明敷钢管运输的轨道及其支墩应牢固可靠。轨道跨距应满足钢管侧向稳定性的要求,宜按钢管直径的 50%~60% 进行选取;支墩间距应以钢轨能承受钢管运输时产生的载荷、不发生明显弯曲为宜。

(2)使用临时拖运小车进行钢管运输的,小车宜设有车轮;如采用滑动运输则应在钢轨表面涂抹油脂润滑。

(3)主滑车及其锚环、牵引钢丝绳等应经过计算校核,且具有 5 倍以上的安全系数,正式运输前还应进行外观检查,必要时还应进行负荷试验;对因工程需要而长期运行的,对牵引系统应定期检查,发现钢丝绳有断丝现象的,应及时予以更换。

(4)斜坡道上进行钢管运输时,应对钢管可能存在的倾翻力矩进行验算,必要时应采取抗倾翻措施。

（5）钢管应与运输载具之间可靠固定，牵引钢丝绳宜与钢管运输方向一致。

（6）钢管运输时，无关人员严禁靠近受力的钢丝绳和滑车，严禁进入破断可能回弹的一侧，更严禁在可能倾翻的下侧停留。

（7）使用滚杠运输钢管，其两端不宜超出钢管直径过长，摆滚杠的人严禁站在倾斜方向的一侧，不应戴手套，而且严禁把手指插在滚杠筒内操作。

3）地下钢管安装运输

地下（洞内）钢管从卸车点至安装部位采用轨道运输方式，且应符合下列规定：

（1）地下钢管轨道运输时，其两侧应留有 0.6 m 以上的空间，满足人员安全通行的需要。

（2）钢管洞内卸车和运输牵引的主地锚钩采用预埋锚杆（或锚杆群）固定的，正式投入使用前，应进行负荷试验，以验证其承载能力。

（3）竖井或斜井内运输钢管时，所有人员严禁进入钢管下方。

（4）牵引钢丝绳与地面接触处，应设置导引或承载辊轮，以减小钢丝绳的磨损。

（5）在直井或隧洞内工作，若发现洞内岩石松动有塌方征兆，工作人员应立即离开险区，并立即上报，经采取安全防护措施后方可恢复施工。

1.2.7.4　钢管吊装安全技术

（1）起吊前应先清理起吊地点及运行通道上的障碍物，并在工作区域设置警示标志，通知无关人员避让，工作人员应选择恰当的位置及随物护送的路线。

（2）钢管吊运时，应计算出其重心位置，确认吊点位置；应计算、校核所用吊具。用钢丝绳吊装时，应将钢丝绳绕钢管一圈后锁紧，或焊上经过计算和检查合格的专用吊耳起吊，严禁用钢丝绳兜钢管内壁起吊。钢管起吊前应先试吊，确认可靠后方可正式起吊。

（3）吊运时如发现捆绑松动或吊装工具发生异常响声，应立即停车进行检查。

（4）翻转时应先放好旧轮胎或木板等垫物，工作人员应站在重物倾斜方向的对面。翻转时应采取措施防止冲击。

（5）大型钢管抬吊时，应有专人指挥，专人监控，且信号明确清晰。

（6）利用卷扬机吊装井内钢管时，除执行起重安全技术规范外，还应符合下列要求：①井口上下应有清楚的联系信号和通信设备。②卷扬机房和井内应装设示警灯、电铃。③听从指挥人员的信号，信号不明或可能引起事故时，应暂停作业，待弄清情况后方可继续操作。操作司机不应在精神疲乏时工作。④卷扬机运行时，严禁跨越或用手触摸钢丝绳。⑤竖井工作人员应将所有工具放置在工具袋内或安全位置。

1.2.7.5　一些设备主要部件吊装安全技术

（1）主要部件吊装前，桥机和吊具应进行全面检查，制动系统应重新进行调整试验。采用两台桥机或两台小车进行吊装时，应进行并车试验，检查两台桥机的同步性。起吊时电源应可靠。

（2）主要部件吊装时，应制订安全技术措施和进行安全技术交底，成立临时专门组织机构负责统一指挥。

（3）主要部件吊装前，应对部件本身和即将吊入的部位彻底清扫干净。

（4）吊装时，应采用专用吊具。吊具安装完后，应经过认真检查，确认安全后，方可进行吊装。

（5）主要部件起吊时应检查桥机起升和下降、大车和小车行走情况和制动器试验。起升的刹车制动试验在部件起升 0.1 ~ 0.3 m 时进行，确认制动器工作正常后，再正式起吊。

1.2.8　涂料及喷涂工艺

1.2.8.1　涂料的类别

1）涂料的基本成分和作用

涂料的基本成分分为成膜物质、着色剂和助剂。成膜物质是涂料的主要成分，它是涂料的基础，没有它就不能成为涂料。一般，作为成膜物质的是油料和树脂两大类。采用油料作为主要成膜物质的叫油性漆，采用树脂作为主要成膜物质的叫树脂漆，而油料和一些天然树脂合用作为主要成膜物质的则习惯上叫油基漆。着色剂不但可以使涂料具有色彩，而且能使涂膜的性能得到改善。着色剂可分为着色颜料和体质颜料等。助剂分为增塑剂、增光剂、乳化剂、消泡剂、消光剂、稳定剂、固化剂、分散剂、防沉淀剂、防结皮剂、光吸收剂等。它们能改善涂料的加工、稳定、成膜以及涂料的质量和使用等性能。

2）涂料的种类

涂料的种类很多，分类也比较复杂，有的按使用对象分，如防锈漆、绝缘漆、地板漆、鱼网漆、黑板漆、铅笔漆等；有的按使用效果分，如皱纹漆、锤纹漆、闪光漆、裂纹漆等；有的按漆膜光泽的强弱分，如半光漆、无光漆等；有的按施工层次分，如腻子、底漆、面漆、罩光漆等；有的按施工方法分，如喷漆、电泳漆、烘漆等。这样既不统一，也不科学。因此，我国原石油化工部对涂料的分类和命名统一了原则，颁布了"涂料产品分类命名"标准。

根据部颁标准，涂料的分类原则是以涂料基料主要成膜物质为基础。若主要成膜物质是由两种以上的树脂混合而成，则按在涂膜中起主要作用的一种树脂为基础。

结合我国目前涂料品种的具体情况，将涂料分为 17 大类，具体见表 6-1-11。

表 6-1-11　涂料分类

代号	类别	主要成膜物质
Y	油脂漆类	天然植物油、精油（熟油）、合成油等
T	天然树脂漆类	松香及其衍生物、虫胶、干酪素、动物胶、大漆及其衍生物等
F	酚醛树脂漆类	改性酚醛树脂、纯酚醛树脂
L	沥青漆类	天然沥青、石油沥青、煤焦沥青
C	醇酸树脂漆类	甘油醇酸树脂、季戊四醇醇酸树脂、其他改性醇酸树脂
A	氨基树脂漆类	脲醛树脂、三聚氰胺甲醛树脂、聚酰亚胺树脂等
Q	硝基漆类	硝基纤维素酯
M	纤维素漆类	乙基纤维素、苄基纤维素、羟甲基纤维素、醋酸纤维、醋酸丁酸纤维以及其他纤维酯及醚类
G	过氯乙烯漆类	过氯乙烯树脂、改性过氯乙烯树脂

续表 6-1-11

代号	类别	主要成膜物质
X	乙烯漆类	氯乙烯共聚树脂、聚醋酸乙烯及其共聚物、聚乙烯、醇缩醛树脂、聚二乙烯乙炔树脂、含氟树脂、聚苯乙烯树脂、氯化聚丙烯树脂
B	丙烯酸漆类	丙烯酸酯树脂、丙烯酸共聚物及其改性树脂
Z	聚酯漆类	饱和聚酯树脂、不饱和聚酯树脂
H	环氧树脂漆类	环氧树脂、改性环氧树脂
S	聚氨酯漆类	聚氨基甲酸酯
W	元素有机漆类	有机硅、有机钛、有机铝等元素有机聚合物
J	橡胶漆类	天然橡胶及其衍生物、合成橡胶及其衍生物
E	其他漆类	未包括在以上所列的其他成膜物质,如无机高分子材料等

3）油漆的溶剂

凡是用来溶解油料、树脂、纤维素、衍生物等油漆成膜物质的挥发性液体称为溶剂。溶剂兼有稀释的作用。它是液体油漆的主要组成部分。常用的有以下几种:

(1)松节油:是无色呈淡黄色的透明液体,有特殊气味,挥发速度一般。能溶解天然树脂、油类。多用于酯胶漆、酚醛漆和醇酸漆中。

(2)松香水:又叫200号溶剂汽油。无色透明液体,挥发速度与松节油相似,毒性小,价格低,是目前钢桶行业的外用漆中酚醛调和漆等油性漆和醇酸漆中用量最大的一种溶剂。

(3)纯苯:无色透明液体,有芳香气味。有毒,易燃、易爆。挥发速度快、溶解力强。多存在于硝基漆或脱漆剂中,也部分存在于钢桶内用的环氧漆的稀释剂中。

(4)甲苯:无色透明液体,有芳香气味,挥发速度仅次于苯,有毒。用作醇酸、硝基、过氯乙烯、丙烯酸等漆的稀释剂。在钢桶行业的环氧漆稀释剂中也有部分存在。

(5)二甲苯:无色透明液体,有芳香气味,挥发速度一般,溶解力次于甲苯,但强于松节油和松香水。用途同甲苯,毒性比苯、甲苯小。在钢桶行业的多种油漆稀释剂中都是主要成分。

(6)醋酸乙酯、醋酸丁酯:无色可燃性液体,有果香味。溶解力强,常用于硝基漆稀释剂和防潮剂中,也部分存在于钢桶内涂环氧漆稀释剂中。

(7)乙醇:是一种极性有机溶剂。无色透明易燃液体,有酒味,挥发速度较快,易吸潮。与水无限混溶,能溶解虫胶和醇溶性树脂。与硝基漆的溶剂合用时,可作为硝基漆的助溶剂。但用量不能过大,否则易使漆膜泛白。

(8)丙酮:这是一种挥发极快的有机溶剂。有酸苦味,无色,易燃。能溶解油料、树脂和橡胶。也能与水和乙醇混溶。易吸潮。多用于过氯乙烯漆和硝基漆中。

(9)环己酮:是一种无色油状液体,有丙酮气味。性能稳定,不易挥发。在漆中可改善漆膜平润性,防止漆膜发白,多用作喷漆的助溶剂。也是钢桶内涂环氧漆稀释剂的组成成分之一。

（10）苯乙烯、汽油：苯乙烯是一种无色易燃液体，有芳香气味，专用于不饱和聚酯漆中。汽油易挥发，易燃，多用于清洗油漆工具或配制油色、底漆。

1.2.8.2　喷涂施工

1）施工技术准备

组织技术人员熟悉图纸，掌握设计意图，按施工组织设计、规范和质量评定标准做好技术交底。编制材料计划及各分部分项技术措施。

2）材料准备

（1）水工钢结构工程防腐蚀材料品种、规格、颜色应符合国家有关技术指标和设计要求，应具有产品出厂合格证。

（2）水工钢结构工程防腐蚀材料有底漆、中间漆、面漆、稀释剂和固化剂等。

3）作业条件

（1）防腐涂装工程前钢结构工程已检查验收，并符合设计要求。

（2）防腐涂装作业场地应有安全防护措施，有防火和通风措施，防止发生火灾和人员中毒事故。

（3）露天防腐施工作业应选择适当的天气，大风、雨、严寒等均不应作业。

4）除锈工艺要求

（1）应严格按设计规定的除锈方法进行，并达到规定的除锈等级。

（2）防腐前钢材表面的毛刺、焊缝药皮、焊接飞溅物、油污、尘土等污染物清理干净。

（3）材料准备。晒砂、喷砂施工：启动空压机，并将压力控制在 0.75 ~ 0.78 MPa，将空气通过油水分离器后送到砂罐入口处，用气压使干砂从喷嘴喷出，喷嘴最小直径为 8 mm，喷嘴出口端的直径磨损量超过起始内径的 20% 时，需更换喷嘴。控制喷嘴在金属表面均匀移动，喷嘴距金属表面为 8 ~ 35 cm，角度与金属表面构成 30° ~ 70°。经过喷砂的金属表面全部露出金属本色，没有明显的阴影条纹、斑痕等，并显出一定的粗糙度，达到国家标准或设计要求。砂罐停止供砂，用空压机吹出的高压气流吹净金属表面的砂尘，特殊部位用溶剂清洗。

（4）除锈后的钢材表面，必须用压缩空气或毛刷等工具将尘和残余磨料清除干净，方可进行下道工序。

（5）除锈验收合格的钢材，在厂房存放的应于 24 h 内喷涂完底漆，在厂房外存放的应于当班喷涂完底漆。

5）喷涂工艺要求

涂料开桶前，应充分摇匀。开桶后，原漆应不存在结皮、结块、凝胶等现象，有沉淀应能搅起，有漆皮应除掉。

涂装施工过程中，应控制油漆的黏度、稠度、稀度，兑制时应充分搅拌，使油漆色泽、黏度均匀一致。调整黏度必须使用专用稀释剂，如需代用，必须经过试验。

涂刷遍数及涂层厚度应执行设计要求规定。

涂装间隔时间根据各种涂料新产品说明书确定。

进行喷涂时，必须将空气压力、喷出量和喷雾幅度等参数调整适应程度，以保证喷涂质量。喷涂距离控制:喷涂距离过大,油漆易落散,造成漆膜过薄而无光,漆膜距离过近,漆膜易产生流淌和橘皮现象。喷涂距离应该根据喷涂压力就喷嘴大小来确定,一般用大口径喷枪的喷涂距离为 200~300 mm,使用小口径喷枪的喷涂距离为 150~250 mm。喷涂时,必须注意作业空间的气温和空气湿度,气温低于 5 ℃ 或构件温度超过 40 ℃时,不宜进行涂层作业;空气湿度大于 85%,或构件表面有结露时,不宜进行喷涂作业。

喷涂时,喷枪的运行速度应控制在 30~60 cm/s 范围内,并应运行稳定,喷枪应垂直于喷涂物表面。如喷枪角度倾斜,漆膜易产生条纹和斑痕。喷涂时,喷幅搭接的宽度,一般为有效喷雾的 1/4~1/3,并保持一致。暂停喷涂工作时,应将喷枪端部浸泡在溶剂中,以防涂料干固堵塞喷嘴。

喷枪使用完后,应立即用溶剂清洗干净。枪体、喷嘴和空气帽应用毛刷清洗。气孔和喷漆孔遇有堵塞,应用木钎疏通,不准用金属或铁钉疏通,以防损伤喷嘴孔。

6)涂装质量要求

(1)构件表面清洁度和粗糙度以现场随机检测为准,但必须达到工艺要求,并按要求做好原始记录。

(2)外观要求:构件表面无误涂、漏涂,涂层不应脱皮,返锈,涂装表面目测达到平整均匀,无气泡,无明显流挂等现象。

(3)漆膜检测以漆膜测厚仪随机检测为准。三点检测应有两个或两个以上达到工艺要求厚度的 90%,并做好原始记录。

(4)对所有原始的资料、数据,整理归档。

7)成品验收

按《钢结构工程质量验收规范》(GB 50205—2001)标准执行。

8)成品保护

(1)钢构件涂装后应加以临时围护隔离,防止踏踩,损伤涂层。

(2)钢构件涂装后,在 4 h 之内如遇有大风或下雨,应加以覆盖,防止粘染尘土和水气、影响涂层的附着力。

(3)涂装后的构件需要运输时,应注意防止磕碰,防止在地面拖拉,防止涂层损坏。

(4)涂装后的钢构件勿接触酸类液体,防止咬伤涂层。

1.2.9　建筑及安装工程预决算编制

1.2.9.1　建筑及安装工程预算编制

施工图预算是在施工图设计完成后,根据施工图设计图纸、现行预算定额、费用定额以及工程施工现场条件及有关规定,所编制的一种确定建筑安装工程造价的文件。施工图预算应在已批准的初步设计概算的控制下进行编制。

对已确定实行招标承包制的水利水电工程建设项目,为满足业主投资控制和管理的要求,按照总量控制、合理调整的原则编制的内部预算,称业主预算(或称执行概算),也属施工图预算。

1)施工图预算的内容

施工图预算有单位工程预算、单项工程预算和建设项目总预算。单位工程预算是根据施工图设计文件、现行预算定额、费用定额以及人工、材料、设备、机械台时等预算价格资料,以一定方法,编制单位工程的施工图预算。单位工程预算包括建筑工程预算和设备安装工程预算。汇总所有各单位工程施工图预算,称为单项工程施工图预算;再汇总所有各单项工程施工图预算,便是一个建设项目建筑安装工程的总预算。一般汇总到单项工程施工图预算即可。

2)施工图预算的编制依据

(1)施工图纸及说明书和标准图集。经审定的施工图纸、说明书和标准图集,完整地反映了工程的具体内容,各部的具体做法、结构尺寸、技术特征以及施工方法,都是编制施工图预算的重要依据。

(2)现行预算定额及单位估价表。国家和地区颁发的预算定额及单位估价表和相应的工程量计算规则,是编制施工图预算确定分项工程子目、计算工程量、选用单位估价表、计算直接工程费的主要依据。

(3)施工组织设计或施工方案。施工组织设计或施工方案中包括了与编制施工图预算必不可少的有关资料,如建设地点的水文、地质情况、工程的施工方法、机械使用等影响工程造价的情况。

(4)材料、人工、机械台班预算价格及调价规定。材料、人工、机械台班预算价格是预算定额的三要素,是构成直接费的主要因素。尤其是材料费,在工程成本中占的比重大,而且在市场经济条件下,还受市场的影响。为使预算造价尽可能接近实际,各地区主管部门都会出台相关的调价规定。因此,合理确定材料、人工、机械台时预算价格及其调价规定是编制施工图预算的重要依据。

(5)建筑及安装工程费用定额。建筑及安装工程费用定额包括了各省、市、自治区和各专业部门规定的费用定额及计算程序。

(6)预算员工作手册及有关工具书。预算员工作手册及有关工具书提供一些标准构件的计算公式及计算过程中涉及的一些参考数据,如各种型号的钢筋每延米的重量、混凝土配比等,这些都是编制施工图预算过程中需要用到的依据。

3)施工图预算的编制方法和程序

施工图预算由成本(直接费、间接费)、利润和税金构成。其编制可采用工料单价法和综合单价法。在我国多以综合单价法为主。

所谓综合单价,即分部分项全费用单价,它包括了人工费、材料费、机械台时费,有关文件规定的调价、间接费、利润、税金,现行取费中有关费用,以及采用固定价格的工程所测算的风险金等全部费用。

分部分项工程完全价格 = 分部分项工程量 × 分项工程综合单价

单位工程施工图预算造价 = ∑分部分项工程完全价格 + 措施项目完全价格

目前,水利工程施工图预算中对于主体工程部分多套用消耗量定额,采用综合单价法计算其预算造价。对于一些图纸不详或其他次要工程,则直接以估算工程量乘以参考指标;包干使用的项目可以用百分率法计算。

4)施工图预算的编制步骤

(1)收集资料。资料包括人、材、机的市场价格等所有前文所提及的编制依据,一些区域特性明显的材料(如砂、卵石)价格信息尤其重要。

(2)熟悉图纸和预算定额。

(3)编写编制说明。编制说明的内容主要包括编制过程中用到的编制依据、特殊的计算过程及其他需要说明的事项。

(4)划分工程项目和计算工程量。根据水利工程项目划分原则,在熟悉图纸的基础上,参照计量规则,划分工程项目,计算相应工程量。预算工程量有设计工程量(图纸工程量)、施工中超挖、超填及施工附加量之和,将计算量填至相应表格。

(5)编制人、材、机基础预算单价。

(6)计算工程单价。

水利工程概(估)算单价分为建筑工程单价和安装工程单价两类,它是编制水利工程建安工程投资的基础。

①工程单价的概念。工程单价是指以价格形式表示的完成单位工程量(如 $1\ m^3$、$1\ t$、1 套等)所耗用的全部费用。包括直接工程费、间接费、企业利润和税金等四部分内容。

②工程单价组成的三要素。建筑安装工程单价由"量、价、费"三要素组成。

量:指完成单位工程量所需的人工、材料和施工机械台时数量。需根据设计图纸及施工组织设计等资料,正确选用定额相应子目的规定量。

价:指人工预算单价、材料预算价格和机械台时费等基础单价。

费:指按规定计入工程单价的其他直接费、现场经费、间接费、企业利润和税金。需按规定的取费标准计算。

(7)计算工程造价。

5)基础单价——人工预算单价计算

基础单价是编制工程单价的基本依据之一,也是编制工程概预算最基本的资料,它包括人工预算单价,材料预算价格,电、风、水预算价格,施工机械台时费,砂石料单价等。基础单价编制的准确与否,将直接影响工程单价的正确程度,从而影响工程预算编制的质量。

(1)人工预算单价的组成与计算方法。根据现行规定,人工预算单价包括下列内容,具体计算方法如下:

①基本工资。

基本工资(元/工日) = 基本工资标准(元/月) × 地区工资系数 × 12月 ÷ 年应工作天数 × 1.068

②辅助工资。

地区津贴(元/工日) = 津贴标准(元/月) × 12月 ÷ 年应工作天数 × 1.068

施工津贴(元/工日) = 津贴标准(元/天) × 365 天 × 95% ÷ 年应工作天数 × 1.068

夜餐津贴(元/工日) = (中班津贴标准 + 夜班津贴标准) ÷ 2 × (20% ~ 30%)

节日加班津贴(元/工日) = 基本工资(元/工日) × 3 × 10 ÷ 年应工作天数 × 35%

③工资附加费。

职工福利基金(元/工日) = [基本工资(元/工日) + 辅助工资(元/工日)] × 费率标准(%)

工会经费(元/工日) = [基本工资(元/工日) + 辅助工资(元/工日)] × 费率标准(%)

养老保险费(元／工日) = [基本工资(元／工日) + 辅助工资(元／工日)] × 费率标准(%)

医疗保险费(元／工日) = [基本工资(元／工日) + 辅助工资(元／工日)] × 费率标准(%)

工伤保险费(元／工日) = [基本工资(元／工日) + 辅助工资(元／工日)] × 费率标准(%)

职工失业保险基金(元／工日) = [基本工资(元／工日) + 辅助工资(元／工日)] × 费率标准(%)

住房公积金(元／工日) = [基本工资(元／工日) + 辅助工资(元／工日)] × 费率标准(%)

则　　　人工工日预算单价(元／工日) = 基本工资 + 辅助工资 + 工资附加费

人工工时预算单价(元／工时) = 人工工日预算单价(元／工日) ÷ 日工作时间(工时／工日)

以上式中 1.068 为年应工作天数内非工作天数的工资系数。根据现行编制规定,在计算夜餐津贴时,式中百分数取 20%。

（2）人工预算单价的计算标准。

2002 年水利部颁布的《水利工程设计概(估)算编制规定》给定了人工价格相关计算标准：

规定有效年应工作天数为 251 工日(年日历天数 365 天减去双休日 104 天、法定节日 10 天)。日工作时间：8 工时/工日。

基本工资标准是以六类工资区给定出了各级别工种的工资标准,其他工资区类的基本工资标准依据六类区工资标准与调整系数之乘积进行计算。

辅助工资标准按规定计列,其中地区津贴按国家、省、自治区、直辖市的规定计算。初级工的施工津贴标准按规定数值的 50% 计取。

工资附加费标准也按规定计列,其中养老保险费和住房公积金也是按省、自治区、直辖市规定计列。

6)基础单价——材料预算价格

材料是指用于建筑安装工程中,直接消耗在工程上的消耗性材料、构成工程实体的装置性材料和施工中重复使用的周转性材料,是建筑安装工人加工或施工的劳动对象。

材料预算价格是指材料(包括构件、成品及半成品)由来源地或交货地点运到施工工地分仓库或相当于工地分仓库(材料堆放场)的出库价格,材料从工地分仓库至施工现场用料点的场内运杂费已计入定额内。

（1）主要材料。

主要材料是指工程施工中用量大或用量虽小但价格昂贵,对工程造价影响大的材料。这类材料的价格应按品种逐一详细计算。

水利水电工程常用的主要材料有：水泥、粉煤灰、钢材、木材、油料、火工产品、电缆和母线等。在大量用沥青混凝土防渗的工程中,沥青应视为主要材料；水闸施工中若用紫铜片止水,量虽小但价格高,应视为主要材料。

材料预算价格一般包括材料原价、包装费、运杂费、运输保险费、采购及保管费五项,其中材料的包装费并不是对每种材料都可能发生,例如散装材料不存在包装费；有的材料包装费则已计入出厂价。主要材料预算价格计算公式如下：

材料预算价格 = (材料原价 + 包装费 + 运杂费) × (1 + 采购及保管费率) + 运输保险费

（2）其他材料(次要材料)：是相对主要材料而言的,两者之间并没有严格的界限,要根据工程对某种材料用量的多少及其在工程投资中的比重来确定。

7)基础单价——电、风、水预算价格

电、风、水在水利水电工程施工过程中耗用量大,其价格将直接影响到施工机械台时费的高低,因此在编制电、风、水预算价格时,应根据施工组织设计确定的电、风、水的供应方式、布置形式、设备配置情况等资料分别计算。

(1)施工用电价格。

水利水电工程施工用电,一般有外购电(由国家或地方电网及其他电厂供电)和自发电(由项目法人或承包人自建发电厂发电)两种形式。

施工用电价格由基本电价、电能损耗摊销费和供电设施维修摊销费组成。

①外购电电价 J_w:

$$J_w = \frac{J}{(1-k_1)(1-k_2)} + C_g \tag{6-1-22}$$

式中 J_w——外购电电价,元/kWh;

J——基本电价,元/kWh,包括电力建设基金、电网电价等各种有关规定的加价,按国家有关部门批准的各省、市、自治区非工业及普通工业用电电价执行;

k_1——高压输电线路损耗率,初步设计阶段取4%~6%,线路短、用电负荷集中取小值,反之取大值;

k_2——变配电设备及配电线路损耗率,初步设计阶段取5%~8%,线路短、用电负荷集中取小值,反之取大值;

C_g——供电设施维修摊销费(变配电设备除外),理论上,供电设施维修摊销费应按待摊销的总费用除以总用电量(包括生活用电)计算,但由于具体计算烦琐,初步设计阶段施工组织设计深度往往难以满足要求,因此编制概(估)算时可采用经验指标直接摊入电价计算。初步设计阶段取0.02~0.03元/kWh。

为施工用电架设的施工场外供电线路,如电压等级在枢纽工程35 kV、引水及河道工程10 kV及以上,场外供电线路、变电站等设备及土建费用,按现行规定列入施工临时工程中的施工场外供电工程项目内。

②自发电电价 J_z:

$$J_z = \frac{C_T}{\sum p \cdot K \cdot (1-k_1)(1-k_2)} + C_g + C_L \tag{6-1-23}$$

式中 J_z——自发电电价,元/kWh;

C_T——柴油发电机组(台)时总费用,元;

$\sum p$——柴油发电机额定容量之和,kW;

K——发电机出力系数,一般取0.80~0.85;

k_1——厂用电率,取为4%~6%;

k_2——变配电设备及配电线路损耗率,取5%~8%;

C_g——供电设施维修摊销费,同外购电;

C_L——单位冷却水费,采用循环水冷却时,$C_L = 0.03 \sim 0.05$ 元/kWh,若采用水泵供给非循环水冷却,则水泵组(台)时费应计入 C_T 之内。

如果工程为自发电与外购电共用,则按外购电与自发电电量比例加权平均计算综合电价。

(2)施工用风价格。

施工用风价格由基本风价、供风损耗和供风设施维修摊销费组成。

施工用风价格可按下式计算

$$J_风 = \frac{C_T}{\sum Q \cdot t \cdot K \cdot (1 - k_1)} + C_g + C_L \qquad (6-1-24)$$

式中　　$J_风$——风价,元/m^3;

　　　　C_T——空气压缩机组(台)时总费用,元;

　　　　$\sum Q$——空压机额定容量总和,m^3/min;

　　　　t——台时时间,60 min;

　　　　K——能量利用系数,取 0.70~0.85;

　　　　k_1——供风损耗率,取 8%~12%;

　　　　C_g——供风设施维修摊销费,取 0.002~0.003 元/m^3;

　　　　C_L——单位冷却水费,采用循环冷却水时,$C_L = 0.005$ 元/m^3,采用水泵供给非循环水冷却,则水泵组(台)时费应计入 C_T 之内。

(3)施工用水价格。

水利水电工程施工用水分为生产和生活用水。生产用水包括施工机械用水、砂石料筛洗用水、混凝土拌制和养护用水等;生活用水不在水价计算范围内。

施工用水价格由基本水价、供水损耗摊销费和供水设施维修摊销费组成。

施工用水价格可按下式计算

$$J_水 = \frac{C_T}{\sum Q \cdot K \cdot (1 - k_1)} + C_g \qquad (6-1-25)$$

式中　　$J_水$——水价,元/m^3;

　　　　C_T——水泵组(台)时总费用,元;

　　　　$\sum Q$——水泵额定容量之和,m^3/h;

　　　　K——能量利用系数,取 0.75~0.85;

　　　　k_1——供水损耗率,取 8%~12%,供水范围大,扬程高,采用两级以上泵站供水系统取大值,反之取小值;

　　　　C_g——供水设施维修摊销费,取 0.02~0.03 元/m^3。

8)基础单价——施工机械台时费

施工机械台时费是指一台机械在一个小时(台时)内,为使机械正常运转所支出和分摊的各项费用之和。

水利工程施工机械台时费由一类费用和二类费用组成。

一类费用包括折旧费、修理及替换设备费(含大修理费、经常性修理费)和安装拆卸费,现行部颁定额是按定额编制年的价格水平以金额形式表示,编制台时费时,应按编制年价格水平进行调整,具体按国家有关规定执行。

二类费用是指施工机械正常运转时机上人工、动力、燃料消耗费,以工时数量和实物消耗量表示,编制台时费时按国家规定的人工预算工资和工程所在地的物价水平分别计算。

定额机械台时费的计算

一类费用 = 定额金额 × 编制年调整系数

二类费用 = 定额机上人工工时 × 人工预算单价 + $\sum$(动力燃料额定消耗量 × 预算价格)

9)基础单价——混凝土、砂浆材料单价

(1)混凝土材料单价的计算。混凝土材料单价是指按施工配合比配制的每立方米混凝土中砂、石、水泥、水、掺合料及外加剂等各种材料的费用之和。

混凝土配合比可参照预算定额附录中所列出的各类混凝土(包括纯混凝土、掺外加剂混凝土、掺粉煤灰混凝土以及碾压混凝土等)配合比量。

(2)砂浆材料单价的计算。计算方法与混凝土材料单价的计算基本相同。

10)建筑工程预算单价的计算方法

(1)建筑工程预算单价的编制步骤:①了解工程概况,熟识设计图纸,收集基础资料,确定取费标准。②根据工程特征和施工组织设计确定的施工条件、施工方法及设备配备情况,正确选用定额子目。③根据本工程基础单价和有关费用标准,计算直接工程费、间接费、企业利润和税金。

(2)建筑工程单价编制方法(表列式)。

需要注意的是,工程预算编制办法对一些材料(如水泥、砂石、块石等)给定有限价,当这些材料的预算价高于限价时,以限价值进入直接费参与相关费用的计算,差额部分单列,与企业利润之后考虑税金计算。当其预算价低于限价时,即按预算价进入直接费。

工程单价计算程序如表 6-1-12 所示。

表 6-1-12 建筑工程单价计算

序号	项目	计算方法
(一)	直接工程费	直接费 + 其他直接费 + 现场经费
1	直接费	人工费 + 材料费 + 机械使用费
(1)	人工费	$\sum$定额劳动量(工时) × 人工预算单价(元/工时)
(2)	材料费	$\sum$定额材料用量 × 材料预算价格
(3)	机械使用费	$\sum$定额机械使用量(台时) × 施工机械台时费(元/台时)
2	其他直接费	直接费 × 其他直接费率
3	现场经费	直接费 × 现场经费费率
(二)	间接费	(一) × 间接费率
(三)	企业利润	[(一) + (二)] × 企业利润率
(四)	材料价差	$\sum$(材料预算价 - 规定限价) × 材料定额消耗量
(五)	税金	$\sum$[(一)~(四)] × 税率
	工程单价	$\sum$[(一)~(五)]

11) 安装工程单价的计算方法

安装工程单价的编制步骤与建筑工程一样。安装工程定额包括机电设备和金属结构设备的安装。定额表现形式有两种:一种是实物量形式,即给出了安装设备所需的人工材料和机械的消耗数量。另一种是费率形式,这种形式表示的定额计算出来的单价是人工材料和机械费占设备原价的百分率。所以,安装费还要再通过设备费来计算。

在安装工程中,一些安装子目还涉及未计价的装置性材料,这类材料它本身属于材料,但又是被安装对象,安装后构成工程的实体,交付工程使用。对这类材料,预算编制办法规定其材料费在企业利润之后单列计算,只考虑其税金计算,不参与相关费用计算。

安装工程单价具体计算方法见表 6-1-13 和表 6-1-14。

表 6-1-13　实物量形式安装工程单价计算

序号	项目	计算方法
(一)	直接工程费	直接费 + 其他直接费 + 现场经费
1	直接费	人工费 + 材料费 + 机械使用费
(1)	人工费	∑定额劳动量(工时)×人工预算单价(元/工时)
(2)	材料费	∑定额材料用量×材料预算单价
(3)	机械使用费	∑定额机械使用量(台时)×施工机械台时费(元/台时)
2	其他直接费	直接费×其他直接费率
3	现场经费	人工费×现场经费费率
(二)	间接费	人工费×间接费率
(三)	企业利润	(直接工程费 + 间接费)×企业利润率
(四)	未计价装置材料费	∑未计价装置性材料用量×材料预算单价
(五)	税金	∑[(一)~(四)]×税率
	工程单价	∑[(一)~(五)]

表 6-1-14　费率形式安装工程单价计算

序号	项目	计算方法
(一)	直接工程费	直接费 + 其他直接费 + 现场经费
1	直接费	人工费 + 材料费 + 装置性材料费 + 机械使用费
(1)	人工费	定额人工费(%)×设备原价
(2)	材料费	定额材料费(%)×设备原价
(3)	装置性材料费	定额装置性材料费(%)×设备原价
(4)	机械使用费	定额机械使用费(%)×设备原价

续表 6-1-14

序号	项目	计算方法
2	其他直接费	直接费×其他直接费率
3	现场经费	人工费×现场经费费率
（二）	间接费	人工费×间接费率
（三）	企业利润	（直接工程费＋间接费）×企业利润率
（四）	税金	（直接工程费＋间接费＋企业利润）×税率
	安装工程单价	直接工程费＋间接费＋企业利润＋税金

12）建筑及安装工程单价计算的取费

工程单价计算中，一些费用（包括其他直接费、现场经费、间接费、企业利润、税金等）是按相关费用的费率进行计算的，其费率值应依据预算编制办法的规定按地区和工程类别分类计取。

13）工程单价计算表

工程单价均采用表格形式计算（见表6-1-15），根据工程项目套取定额，按计价程序得出项目的综合单价。

表 6-1-15　单价分析

项目名称：　　　　　　　　　　　工作内容：
定额编号：　　　　　　　　　　　分析单位：

编号	名称及规格	单位	数量	单价(元)	合计(元)	备注

选用定额子目时，应注意工程项目的施工内容做法要与定额子目的工作内容相一致，否则是不能套用的，应重新编制子目定额。

选中（或确定）定额子目后，将人工、材料、机械消耗量摘录到单价表中，按间接费、企业利润到税金的层次顺序计算出这些相关费用，进行汇总即得项目综合单价。

单价表的填写应注意：表头要列明项目名称、工作内容、定额编号、分析单位，表内合计保留两位小数。

14）工程预算造价计算

待所有工程项目的单价分析完成后，用工程量乘以相应的单价计算出分部分项工程项目预算价，然后逐级汇总即为工程预算造价。可按表6-1-16进行计算。

应注意：表中项目名称一列应按工程分类分层次进行编列，工程量按基本单位量计列，单价按基本单价计入，合计按元取整计入。

表 6-1-16　建筑工程预算

项目编号	项目名称	单位	工程量	单价(元)	合计(元)	备注

涉及的临时工程,也可按表 6-1-16 形式计算。

对于安装工程还应计算设备费,所以按表 6-1-17 进行计算。

表 6-1-17　安装工程预算

项目编号	项目名称	单位	工程量	单价(元)		合计(元)		备注
				设备	安装工程	设备	安装工程	

15)编写编制说明

说明的内容主要包括编制过程中用到的编制依据、特殊的计算过程及其他需要说明的事项。具体说明略。

值得注意的是,以上表格形式、表头内容各地都有不同,如单价分析表有的格式称为建筑工程分析表,但其反映的内容基本要素是一致的,实际操作过程中要注意根据情况灵活填制。

1.2.9.2　竣工决算

1)竣工决算的概念

竣工决算是由建设单位编制的反映建设项目实际造价和投资效果的文件,是竣工验收报告的重要组成部分。

2)竣工决算编制的基本要求

编制竣工决算的目的,在于全面反映竣工的实际建设成果和造价情况。对已完成建设活动并具备验收交付使用条件的项目,建设单位应根据国家关于竣工的规定,正确、及时、完整地编好工程竣工决算。工程竣工决算需符合以下要求:

(1)竣工决算的内容必须真实完整。

(2)竣工决算的数字必须准确。

(3)竣工决算的编制必须依现行制度规定,建设单位必须在建设项目竣工以后的一个月内编好竣工决算,并经开户银行审查签证,上报有关部门。如一个月内编出确有困难,报经负责审批该竣工决算的财务部门同意后,要适当延长期限,但最迟不得超过 3 个月。

3)竣工决算的编制步骤

(1)收集、整理、分析资料。

(2)重新核实各单位工程、单项工程造价。

(3)将审定的待摊投资、其他投资、待核销基建支出和非经营项目的转出投资,按照国家有关规定,严格划分和核定后,分别计入相应的基建支出(占用)栏目内。

(4)编制竣工财务决算说明书。按前面已述要求编制,力求内容全面、简明扼要、文字流畅、说明问题。

(5)认真填报竣工财务决算报表。

(6)认真做好工程造价对比分析。

(7)清理、装订好竣工图。

(8)按国家规定上报审批、存档。

4)编制依据

竣工财务决算的编制依据应包括以下方面:

(1)国家有关法律法规。

(2)经批准的设计文件、项目概(预)算。

(3)主管部门下达的年度投资计划,基本建设支出预算。

(4)经主管部门批复的年度基本建设财务决算。

(5)项目合同(协议)。

(6)会计核算及财务管理资料。

(7)工程价款结算、物资消耗等有关资料。

(8)其他有关项目管理文件。

5)编制内容

竣工财务决算应包括项目从筹建到竣工验收的全部费用,即建筑工程费、安装工程费、设备费、临时工程费、其他费用、预备费、建设期还贷利息和水库淹没处理补偿费。

竣工财务决算应由以下 4 部分组成:

(1)竣工财务决算封面及目录。

(2)竣工工程的平面示意图及主体工程照片。

(3)竣工财务决算说明书。

(4)竣工财务决算报表。

由于大、中、小型建设项目的建设规模不同,其竣工决算的基本内容、繁简程度也不一样。竣工财务决算说明书应总括反映竣工项目建设过程,建设成果的书面文件。其主要内容应包括:

(1)项目概况。主要是建设项目的一些基本情况,如建设缘由、历史沿革、项目设计、建设依据、初步设计概算的批准日期等。对设计变更、工期提前或延迟要说明情况,找出原因。

(2)概(预)算及计划执行情况。概(预)算批复及调整,概(预)算执行,计划下达及执行等情况。

(3)投资来源及运用情况。包括投资构成、资本结构、投资性质等。

(4)招(投)标及合同执行情况。

(5)投资包干以及包干结余,基建收入,基建结余资金的形成和分配等情况。如对结余的设备、材料所提出的处理意见,再有对验收投产后遗留的少量尾工的处理等,都要加以分析和说明。

(6)移民及土地征用情况。

(7)财务管理方面情况,工程价款结算、会计财务处理、债权债务清偿、财产物资清理情况。如财务管理工作及执行财经纪律情况等。

(8)项目效益及主要技术经济指标的分析计算。

(9)存在的主要问题及其处理意见。

(10)其他需说明的问题。竣工决算说明书要做到内容全面、完整,对有关事项的说明要表达清楚,力争详细、完备。

(11)编表说明。

6)竣工决算报表

竣工财务决算报表应包括以下 9 个表格:

(1)水利基本建设竣工项目概况表,反映竣工项目主要特性、建设过程和建设成果等基本情况。

(2)水利基本建设项目竣工财务决算表,反映竣工项目的综合财务情况。

(3)水利基本建设项目年度财务决算表,反映竣工项目历年投资来源、基建支出、结余资金等情况。

(4)水利基本建设竣工项目投资分析表,以单项、单位工程费用项目的实际支出与相应的概(预)算费用相比较,用来反映竣工项目建设投资状况。

(5)水利基本建设竣工项目成本表,反映竣工项目建设成本结构以及形成过程情况。

(6)水利基本建设竣工项目预计未完工程及费用表,反映预计纳入竣工财务决算的未完工程及竣工验收等费用的明细情况。

(7)水利基本建设竣工项目待核销基建支出表,反映竣工项目发生的待核销基建支出明细情况。

(8)水利基本建设竣工项目转出投资表,反映竣工项目发生的转出投资明细情况。

(9)水利基本建设竣工项目交付使用资产表,反映竣工项目向不同资产接收单位交付使用资产情况。

大、中、小型项目应按以下要求分别编制报表:

(1)大、中型项目必须编制上述规定的全部表格。

(2)小型项目必须编制水利基本建设竣工项目概况表、水利基本建设项目竣工财务决算表、水利基本建设竣工项目预计未完工程及费用表、水利基本建设竣工项目待核销基建支出表、水利基本建设竣工项目转出投资表、水利基本建设竣工项目交付使用资产表,跨年度实施的项目尚须编制水利基本建设项目年度财务决算表。

7)编制方法

项目法人应从项目建账开始,以项目概(预)算中单项、单位工程和费用明细项目等为基础进行成本核算,使之与项目概(预)算的费用构成在口径上保持一致。

项目法人在项目完建后,必须及时做好竣工财务决算编制的各项基础工作。其主要内容应包括:

（1）资金计划的核实及核对工作。

（2）财产物资、已完工程的清查工作。

（3）合同清理工作。

（4）价款结算、债权债务清理、包干结余及竣工结余资金分配等基本建设结算清理工作。

（5）竣工年度财务决算的编制工作。

（6）有关资料的收集、整理工作。

8）费用分摊方法

项目法人应正确分摊待摊费用,对能够确定由某项资产负担的待摊费用,直接计入该资产成本;不能确定负担对象的待摊费用,应根据项目特点采用合理的方法分摊计入受益的各项资产成本。

（1）按概算数的比例分摊:

预定分配率 = 概算中各项待摊费用项目的合计(扣除可直接计入的部分)／概算中建筑安装工程投资安装设备投资和其他投资中应负担待摊费用部分 × 100%

某资产应分摊待摊费用 = 该资产应负担待摊费用部分的实际价值 × 预定分配率

（2）按实际数的比例分摊:

实际分配率 = 上期接转和本期待摊费用合计(扣除可直接计入的部分)／上期结转和本期发生的建筑安装的工程投资和其他投资中应负担待摊的费用部分 × 100%

某资产应分摊待摊费用 = 该资产应负担待摊费用部分的实际价值 × 实际分配率

项目法人应正确计算项目建设成本及核销和转出投资。

1.3　机井和小型泵站施工

1.3.1　常用钻机主要性能要素及选择

1.3.1.1　转盘式钻机的特点及适用条件

转盘式钻机主要靠钻头在井底回转切削或研磨破碎岩石。因此,这种钻机适宜在不同深度的各种岩层中钻进,因此对于钻进黏土、壤土、砂土、风化页岩及少量砂砾地区,均能较好地发挥其机械性能。钻进孔径最大可达 600 mm。适于农田机井建设以及工业、民用供水管井的钻凿。

1.3.1.2　冲击钻机的特点及适用

它与回转式钻机比较,具有设备简单,操作简便,不需大量优质钢材,适于砂、卵石、砾石和坚硬地层钻进。可打大孔、直孔,并能取得较好的钻进效果。因此,在农村机井建设和水文勘探等大口径的水井钻凿中,是一种使用较普遍的打井机械。

1.3.1.3　常用钻机的选择

在进行钻机选择时,应根据管井设计的孔深、孔径、地质及水文地质条件,并考虑钻机运输、施工、水电供应条件等因素,按表 6-1-18 的规定选用。

表 6-1-18　常用钻机选择

钻机类型	钻机型号	产地	开孔直径（mm）	钻孔深度（m）	适应地层
回转式正循环	SPJ-300	上海	500	300	松散层和基岩层
	SPC-300H	天津	500	300	
	SPCT-600	天津	500	600	
	红星 S-400	河南	650	400	
	红星 S-600	河南	650	600	
	TSJ-1000	河北	425	1 000	
	济宁 150	山东	650 ~ 800	150	黏性土和砂土类
	锅锥	河南	1 100	50	
回转式反循环	QZ-200	吉林	400 ~ 1 500	200	黏土、砂、卵砾石层
冲击式	CZ-22	山西	750	200	松散层
	CZ-30	山西	1 000	250	
	8JC250	河北	300 ~ 800	250	黏土、砂、卵砾石层
冲抓式	8JZ 系列	浙江	600 ~ 1 500	50	黏土、砂、卵砾石层、大漂石

1.3.2　泵站基础处理方案

前面对特种土基处理方法进行了学习,下面主要针对泵站基础为岩基时的情况如何进行处理进行阐述。岩基的处理主要是对裂隙的处理。

1.3.2.1　裂隙分类

裂隙是指岩石的裂缝,是岩石中发育有一定长度、具有一定延展方向的不连续面,包括节理、劈理、面理、小断层。有些裂隙的断面可以很平滑,有些则很粗糙。有些裂隙横平竖直非常整齐(成组出现,以 X 节理为代表),将岩石切割得井井有条。裂隙的分类方法很多,裂隙按成因可分为原生裂隙和次生裂隙,原生裂隙为岩石成岩过程中形成的,如层理,而次生裂隙则为岩石形成后在外力作用下形成的裂隙,如断层、节理等。按产生裂隙的力来源分为构造裂隙和非构造裂隙。按力的性质分为剪切裂隙和张性裂隙。不同的裂缝对地基产生着不同的影响,本书根据裂隙所处工程部位、规模大小和工程性状,将裂隙分为 5 种类型。

(1)卸荷裂隙,位于斜坡边缘,一般上部张开而下部呈闭合状,常被黏性土充填,偶见植物根系和地下水滴浸。

(2)软弱夹层,范围较广,泥化夹层、相对较软的岩性带均可划入这个范畴,其形成的原因一般是由于局部岩性变化或岩体内具有某种特性的矿物质(亲水矿物、可溶矿物)相对富集加上地下水的长期作用,这种带一般不连续,成团块状或局部成面状,分布范围有限。

（3）缓倾型裂隙，其所处位置十分重要，如果在平缓的场地，裂隙面不临空，在地基中出现对建筑影响不大，处理简单，一旦裂隙位于斜坡地段，并且裂隙面临空，则对场地稳定性起着控制性的作用。

（4）陡倾型裂隙，一般属构造节理，裂隙面比较平直，有一定规模。

（5）中间型裂隙，介于缓倾和陡倾型之间，问题的类型较多，比较难以处理。

1.3.2.2　裂隙对地基的影响

岩石裂隙的存在不仅降低了岩石的强度，同时也使岩石的透水性能加强。裂隙越大、发育率越高，强度越低。如果裂隙发育的方向单一，则裂隙间的连通性较差，渗透性也就较小。如果裂隙间彼此交错发育，则裂隙间的连通性好，岩石的渗透性就强，对场地的稳定不利。有单个裂隙的地基承载力并不随裂隙倾角的变化而递增或递减，随着倾角的增加，承载力起初是逐渐减小，当达到某个极小值后，承载力反而逐渐变大。虽然裂隙强度对岩石地基的承载力影响很大，但当裂隙倾角比较小或比较大时，对承载力影响不大，除此之外，裂隙位置也对承载力影响很大，若裂隙距基础很近，承载力会大幅度降低。

1.3.2.3　处理方法

通常情况下，在构造运动较弱的地区，岩石裂隙主要表现为节理的形式，规模不大，延伸短，基本没有位移，对这种裂缝，一般采取剔打、清缝、灌浆等方法进行处理。陡倾的裂缝，比如垂直的裂缝，可采用混凝土塞；对于介于平缓型和陡倾型的中间型，主要还是采用换填一定深度内的部分软土，换填方式一般采用放阶式剔打，与基础放阶类似。除常用方法外，也可根据一些具体情况，采取行之有效的其他方法，如采用钢筋混凝土梁板跨越，或刚性较大的平板基础覆盖，但支点必须放在较完整的岩石上，也可用调整柱距的方法处理。

1.3.3　泵站施工方案的制订

施工方案编制的一般方法在1.1.2已做了讨论，这里着重就泵站工程施工方案编制中施工方法的选择、机械选择、施工顺序的选择等几个主要内容做一讨论。

1.3.3.1　施工方法的选择

泵站项目构成较多，结构复杂，所处自然环境包括气象水文地质条件迥异，施工技术难度较大，不同项目其施工方法不同，即使同一类型的项目也会因自然环境条件的不同而需采用不同的方法。施工方法的确定：一是对某一项目当有几种方法可以完成时，在其中选择一个较为合理的；二是对各类项目就其施工方法进行具体的说明。作为施工方案的组成内容，确定的施工方法应突出重点，对于采用了新技术、新工艺的项目，或对工程质量起关键作用的项目，或在人工操作方面还不够熟练的项目，其确定的施工方法应详细而具体，不仅要拟订进行这一项目的操作过程和方法，而且要提出质量要求，以及达到这些要求的技术措施，并要预见可能发生的问题，提出预防和解决这些问题的办法。对于一般性工程和常规施工方法，则可适当简化，但要提出工程中的特殊要求。

1）土方工程施工方法选择

（1）场地清理的施工方法选择可以简要提出是采用人工方法还是机械方法，并就清理的范围与程度提出标准与要求。

(2)土方开挖的施工方法选择应主要突出的内容包括:①施工开挖平面布置图;②具体施工方法与施工措施;③开挖方式及要求,如自上而下分层开挖,标高控制要求,不允许超挖或欠挖的要求;④采用的施工设备类型;⑤出渣料措施;⑥边坡保护与安全措施;⑦排水措施。其中,边坡保护措施应详细具体。

(3)土方回填的施工方法选择,其内容应包括:①施工布置(包括取土场的位置);②施工方法;③施工机械选择;④进度安排;⑤安全措施;⑥主要压实参数;⑦质量保证措施。其中压实参数、质量保证措施应详细具体。

2)混凝土工程施工方法选择

混凝土工程施工包括混凝土的材料试验、供应、储存、配合比的试验与选定,混凝土的运输、浇筑、温控、养护、保护、修补及质量保证等所需的各项工作。

主要对混凝土施工的拌和运输浇捣方法与机械类型进行详细具体安排。对混凝土质量控制的措施也应详细而具体。

3)砌石(砖)工程的施工方法选择

砌石施工包括原材料采购、清基、放线、拌浆、试验、砌筑、勾缝、养护、质量检查等各施工作业所需的各项工作。

对浆砌石施工要求应有详细安排。

4)主、副厂房工程施工方法的选择

厂房施工主要是混凝土现浇还是吊装的方法安排,如果采用吊装方法进行,应详细安排吊装机械与质量安全措施,还有设备的类型及布置。

5)机泵安装及其他机电设备安装施工方法的选择

机泵安装是泵站工程的重点和难点之一,应予以高度重视。对安装过程中各施工工艺的每一工序环节的技术与措施以及质量标准都要制定得详细而具体,机泵的各种参数均要符合规范要求。具体内容应以设计图纸及规范为依据。

其他设备包括电气设备安装、调试工程、闸门、启闭机及起重机安装工程、蝶阀安装、起重机的安装。

(1)电气设备安装应突出安装的规范标准与质量要求。试验质量等级评定见原能源部、水利部颁发的水利水电基本建设工程单元工程质量等级评定标准及原水利、电力工业部颁发的水工建筑物金属结构制造、安装及验收规范和产品说明书中有关规定。

(2)蝴蝶阀安装也应该突出安装技术要求。如安装前应对基础预埋件进行检查,其高度偏差不超过 $0 \sim 5$ mm,位置偏差不超过 10 mm。验收前,要通过空试和压力试验,且全部满足要求。

(3)起重机的安装要对试运行做出细致要求,包括无负荷试运转时电气和机械部件、静负荷试运转、动负荷试运转的要求。具体应详细提出安装标准与要求,为此而采取技术措施。主要提出:①无负荷试运转时,电气和机械部件安装要求。如电动机运行平稳,三相电流平衡;电气设备无异常发热现象;限位装置、保护装置及联锁装置等动作正确、可靠;控制器接头无烧损现象;行车行走时,滑块滑动平稳,无卡阻、跳动及严重冒火花现象;所有机械部件运转时,无冲击声及其他异常声音,所有构件连接处无松动、裂纹和损坏现象;所有轴承和齿轮应有良好的润滑、机箱无渗油现象,轴承温度不得大于 65 ℃。运行时,制动闸瓦应全部离开制动轮,无任何摩擦;钢丝绳在任何条件下,不与其他部件碰刮。定、动滑轮转动灵活,无卡阻现象。②静负荷试运转要求。如升降机构制动器能制止住 1.25 倍额定负荷的升降且动作平稳、可靠;小车停在桥架中间,起吊 1.25 倍额定负荷,离地约 10 mm,停留 10 min,卸去负荷,小车开到跨端,检查桥架的变形,反复三次后,测量主梁实际上拱度应大于 0.8 L/1 000(L 为跨度);小车停在桥架中间,起吊额定负荷,测量主梁下挠度不应大于 L/700(L 为跨度)。③动负荷试运转要求。如升降机构制动器能制止住 1.1 倍额定负荷的升降,且动作平稳、可靠;行走机构制动器能刹住大车及小车,同时不使车轮打滑或引起振动和冲击。

6)水力机械辅助设备安装方法选择

水力机械辅助设备包括各类测量装置、自动化元件、各类阀门、管路、真空泵、排水泵等。

主要的技术标准与要求包括:各类设备重新组装后,手动盘车与动作平稳性以及无卡阻等不正常状况,接通电源试运行和检查动作情况都要达到各项技术指标的要求;各种阀类动作灵活性、行程、开度符合设计的要求,按规范要求做密封和耐压试验;由机械、电气人员协作,对自动化元件进行试验调整,其动作正确、灵敏、可靠,并按规定调整好整定值;按设计图纸指定的位置安装各类设备,要求坐标位置正确,水平度、垂直度达标准的要求,一般情况下设备安装时的纵横中心线与设计位置偏差不超过 ± 10 mm,标高与设计偏差不应超过 + 20 mm 或 - 10 mm。

辅机管路安装时,管道的弯制、管件的制作均符合《泵站施工规范》(SL 234—1999)的要求;压力管路在浇筑混凝土之前严密性耐压试验的要求;明管安装时的配装要求,如要求横平竖直,安装位置与设计值的偏差一般不大于 10 mm,自流管应注意管路的坡度与流向,配装后的焊接与清理要求;清理后正式安装和整体耐压试验,对试验压力和耐压时间的要求。

管路及设备防腐涂装按设计要求进行,如涂料类别和颜色及各种标示,除达到防腐效果外,还要求格调美观,服从厂房总体布局,外观涂装不允许有流挂、褶皱、薄厚不匀或漏涂,必须光亮、舒畅、鲜明,标示牌应按设计要求或有关规范统一制作,放置的位置要正确、牢固、不易被移动。

安装结束并检查合格后进行分部试运行的规定,如分部试运行工作应按批准的试运行措施进行,机械部分试运行时间,按设备技术文件的规定,一般可连续运行 2 ~ 8 h。试运行应满足以下要求:轴承及转动部分无异常状态,轴承工作温度稳定,振动不超过 0.1 mm,无漏油、漏水和漏气现象等。

7)压力管道安装方法选择

(1)对钢管及管件安装应做出详细的安装标准与要求。如钢管外径及壁厚尺寸偏差应符合钢管制造标准和设计要求,钢板卷管的质量应符合有关规定;表面状况、涂漆质量、尺寸偏差等外观检查质量要求;水压试验标准要求;管道法兰面与管道中心线应互相垂直,两端法兰面平行,法兰面凸台的密封沟正常。

(2)法兰连接的要求,如法兰连接性能良好,法兰连接时应保持平行,其偏差不大于法兰外径的 15/1 000,且不大于 2 mm;螺栓孔中心偏差一般不超过孔径的 5%;法兰连接应使用同一规格螺栓,安装方向一致,紧固后外露长度一般不宜大于2倍螺距。

(3)管道的坡向、坡度符合设计的要求。如管道连接不得用强力对口,加热管道,加偏垫或多层垫等方法来消除按接口端面的空隙、偏差、错口等缺陷,安装工作间断时,应及时封闭敞开的管口。

(4)管道阀件安装的要求。如与阀件连接的管道,露出混凝土墙面的长度,一般不小于50 mm;沿水流方向的阀件安装中心线,应根据水泵或钢管的中心确定;横向中心线与设计中心线的偏差,一般不大于15 mm。阀件的水平和垂直度,在法兰焊接后其偏差不应大于1 mm/m。

(5)填料或补偿器(伸缩节)的安装要求。如与管道保持同心,不得歪斜,不应有卡阻现象;在靠近补偿器的两侧应有导向支座,以保证自由伸缩,不偏离中心;补偿器的伸缩量应符合设计要求,允许偏差为±5 mm。

(6)钢管镇墩、支墩应满足设计要求。如保证钢管在安装过程中不发生位移和变形,鞍式支座的顶面弧度,用样板检查,其间隙不应大于2 mm。

(7)滚轮式和摇摆式支座的支墩垫板高程要求。如纵、横向中心偏差不应超过5 mm,与钢管设计轴线的不平行度不应大于2/1 000,安装后能灵活动作,无卡阻现象,各接触面应接触良好,局部间隙不应大于0.5 mm。

(8)金属管道的安装中对管道焊缝位置的要求。如直管段两环缝间距不小于100 mm,按照安装顺序逐条进行,并不得在混凝土浇筑后再焊接内缝;焊缝距弯管(不包括压制和热弯管)起弯点不得小于100 mm;卷管的纵向焊缝应置于易检修的位置;在管道焊缝上不得开孔,若必须开孔,焊缝应经无损探伤检查合格;有加固环的卷管,加固环的对接焊缝应与管道纵向焊缝错开,其间距不小于100 mm,加固环距管道的环向焊缝不应小于50 mm。钢管安装后,必须与镇墩、支墩和锚栓焊牢,并将明管内、外壁和埋管内壁的焊疤等清理干净,局部凹坑深不应超过板厚的10%,且不大于2 mm,否则应予补焊。

(9)水压试验的要求。如钢管试压时,应缓缓升压至工作压力,保持10 min;对钢管进行检查,情况正常,继续升至试验压力,保持5 min,再降至工作压力,保持30 min,并用0.5~1.0 kg小锤在焊缝两侧各15~20 mm处轻轻敲击,整个试验过程中应无渗水和其他异常情况。

1.3.3.2　施工机械的选择和优化

泵站施工机械的选择与施工方法的选择是相辅相成的。在现代化的施工条件下,施工方法的确定,主要还是选择施工机械、机具的问题,这有时甚至成为最主要的问题。在泵站施工中,涉及土建部分的有土方开挖与运输,混凝土拌和、运输、浇捣,安装工程部分用的吊装设备及工器具。泵站施工设备的选择同样还要从以下几个主要方面考虑:

(1)在选用施工机械时,应尽量选用施工单位现有机械,以减少资金的投入,充分发挥现有机械效率。若现有机械不能满足工程需要,则可考虑租赁或购买。

(2)机械类型应符合施工现场的条件。施工条件指施工场地的地质、地形、工程量大小和施工进度等,特别是工程量和施工进度计划,是合理选择机械的重要依据。一般来说,为了保证施工进度和提高经济效益,工程量大应采用大型机械,工程量小则应采用中小型机械。

（3）施工机械的种类和型号应尽可能少。为了便于现场施工机械的管理及减少转移，对于工程量大的工程应采用专用机械；对于工程量小而分散的工程，则应尽量采用多用途的施工机械。

（4）要考虑所选机械的运行费用是否经济，避免大机小用。施工机械的选择应以能否满足施工的需要为目的。

（5）施工机械的合理组合。选择施工机械时，要考虑各种机械的合理组合，这样才能使选择的施工机械充分发挥效率。合理组合：一是指主机与辅机在台数和生产能力上的相互适应；二是指作业线上的各种机械互相配套的组合。

①主机与辅机的组合，一定要设法在保证主机充分发挥作用的前提下，考虑辅机的台数和生产能力。

②作业线上各种机械的配套组合。一种机械化施工作业线是由几种机械联合作业组合成一条龙施工才能具备整体生产能力。如果其中的某种机械的生产能力不适应作业线上的其他机械，或机械可靠性不好，都会使整条作业线的机械发挥不了作用。如在厂房工程中的混凝土拌和机、塔吊、吊斗的一条龙施工，就存在合理配套组合的问题。

1.3.3.3　施工顺序的选择

（1）泵站工程由于构成复杂，项目内容较多，工程类型多样，所以施工顺序的安排就显得格外重要。泵站施工顺序方案从整体来说一般按主副厂房→机电设备基础、电缆沟施工，进出水池施工→机电设备安装、金属结构设备及压力钢管安装→机电设备调试→试运行→投入运行的顺序组织施工。主要工程任务如期完成后，其余工程主副厂房装饰、照明、生活区设施机井水塔等辅助改造以后陆续完成。

（2）泵站水泵安装顺序一般为正序安装。但当泵站进水口水位较高以及工期条件受到制约时也可以采用倒序安装。倒序安装时先行安装泵站内外墙穿墙管，浇筑二期混凝土，再利用进水口侧工作闸门及出水口拍门进行止水，在干地条件下进行水泵主机安装。倒序安装方案实施的关键要素是控制好进出口穿墙安装、二期混凝土的浇筑、进水口闸门及出水口拍门的安装等4个方面的施工质量。

（3）确定合理施工顺序的方法。

合理的施工顺序是指在保证后续工作的开工要在本工作提供必需的作业条件下才能开始，后续工作的开工并不影响本工作作业的连续性和顺利进行。

确定同类工程的最优施工顺序，实际上是提高施工组织经济性的一种方法。下面介绍一种最优施工顺序的选择方法——约翰逊－贝尔曼法则。

①完成多项任务两个施工过程的施工顺序问题。

约翰逊－贝尔曼法则的基本思想是：现行工作施工工期最短的要排在前面施工，后续工作施工工期短的应排在后面施工。即首先列出多道工作的工作持续时间表，然后依次选取最小数，而且每列只选一次，若此数属于先行工作，则从前排，反之则从后排。

现结合例题来说明工程排序的方法和步骤。

现有5个工程，均需由A施工队来完成，作业持续时间见表6-1-19。试确定其最优施工顺序。

第一步，填写工作持续时间表，见表6-1-19。

表 6-1-19　工作持续时间

工作名称	工作编号				
	①	②	③	④	⑤
A	8	2	10	4	10

第二步,绘制施工次序排列表,见表 6-1-20。

表 6-1-20　施工次序排序

填表次序	施工次序				
	1	2	3	4	5
Ⅰ	②				
Ⅱ		④			
Ⅲ			①		③
Ⅳ				⑤	
表中最小数	2	4	8	10	8
工程号	②	④	①	⑤	③

第三步,填表排序,即按法则填充表 6-1-20,从而可将各项工程的施工次序排列出来。

根据表 6-1-19,各项任务的施工次序排列如下:

第一个最小数为 2,属于先行工作,对应的工程为②,故②号工程应最先施工,删除该工程。

第二个最小数为 4,属于先行工作,对应的工程为④,故④号工程应先施工,删除该工程。

第三个最小数为 8,对应的工程为①、③,将①号工程排第三位施工,则③号工程为最后施工。

依次得到工程施工顺序为:②—④—①—⑤—③。

第四步,绘制施工进度图,确定总工期。本例流水施工原理按组织施工,绘制施工进度图(略),其总工期为 44 周。

如果不是按约翰逊-贝尔曼法则确定的序列施工,一般不能取得最短施工总工期。比如本例若按①—②—③—④—⑤的次序施工,其总工期为 47 周。

②完成多项任务三个施工过程的施工顺序问题。

对于这类问题,如果满足以下两个条件之一的,则可把三个施工工程简化为两个工种后,按前述两个施工过程寻优:

ⅰ.第一个施工过程中的最小施工持续时间大于或等于第二个施工过程中的最大施工持续时间。

ⅱ.第三个施工过程中的最小施工持续时间大于或等于第二个施工过程的最大施工

持续时间。

对于多项任务三个施工过程的排序问题,只要符合上述两条中的一条时,即可按下述方法求得最优施工次序:

第一步,将各项任务中第一个施工过程和第二个施工过程的施工持续时间依次加在一起。

第二步,将各项任务中第二个施工过程和第三个施工过程的施工持续时间依次加在一起。

第三步,将上两步中得到的施工工期序列看作两个施工过程的施工持续时间。

第四步,按上述多项任务两个施工过程的排序方法,求出最优施工次序。

第五步,按所确定的施工次序绘制施工进度图,确定施工总工期。

如果多项任务三个施工过程,不能满足上述特定条件,就不能用上述简化方法,通常是采用一种称为树枝图的方法,但其计算比较复杂。因此,通常对不能满足特定条件的多项任务三个施工过程的施工顺序安排,也按三个施工过程简化为两个施工过程的方法作为其近似解。

③多项任务,施工过程多于三道时,施工次序的确定。

ⅰ.当施工过程多于三道时,求解最优次序的方法比较复杂,但仍可采用将施工过程持续时间按一定方式合并的办法,分别应用约翰逊－贝尔曼法则,求出相应的总工期,最后从中选取总工期的最小值,即可确定施工顺序的最优安排。

ⅱ.施工顺序的安排,除考虑施工速度外,同时还要考虑施工费用、施工质量和安全。因此,必须从实际出发,全面加以考虑,使施工顺序的确定能够为好、快、省并安全地完成施工任务创造条件。

1.3.4　泵站施工计划的编制

泵站项目构成复杂,专业内容多样,所需资源种类多,所以施工计划包含的内容广泛,但最为主要的是安排好各类工程的时间进程和资源需求供应,这对顺利完成泵站施工是至关重要的。

1.3.4.1　施工进度计划的编制

施工进度计划是在选定施工方案的基础上,根据规定工期和各种资源供应条件,按照施工过程的合理施工顺序及组织施工的原则,用横道图或网络图,对工程项目从开工到竣工的全部施工过程在时间上和空间上的合理安排。

施工进度计划是施工组织设计中最重要的组成部分,它必须配合施工方案的选择进行安排,它又是劳动力组织、机具调配、材料供应以及施工场地布置的主要依据,一切施工组织工作都是围绕施工进度计划来进行的。

1)施工进度的编制目的和基本要求

(1)编制施工进度计划的目的是要确定各个项目的施工顺序和开工、竣工日期。一般以月、旬、周为单位进行安排,从而据此计算人力、机具、材料等的分期(月、旬、周)需要量,进行整个施工场地的布置和编制施工预算。

(2)编制施工进度计划的基本要求是:保证拟建工程在规定的期限内完成;迅速发挥

投资效益,保证施工的连续性和均衡性;节约施工费用。

(3)施工进度计划一般用横道图和网络图的形式表示。

2)施工进度计划的编制依据

(1)合同规定的开工、竣工日期。

施工组织设计不分类别都是以开工、竣工为期限,安排施工进度计划的。实施性施工组织设计是以合同工期的要求作为工程的开工与交工时间安排施工进度计划的。

(2)工程图纸。

熟悉设计文件、图纸,全面了解工程情况,设计工程数量,工程所在地区资源供应情况等;掌握工程中各分部、分项、单位工程之间的关系,避免出现施工安排上的倒顺影响施工进度计划。

(3)有关水文、地质、气象和技术经济资料。

对施工调查所得的资料和工程本身的内部联系,进行综合分析与研究,掌握其间的相互关系和联系,了解其发展变化的规律性。

(4)主导工程的施工方案。

根据主导工程的施工方案(施工顺序、施工方法、作业方式)、配备的人力及机械的数量计算完成施工项目的工作时间,排出施工进度计划图。编制施工进度计划必须紧密联系所选定的施工方案,这样才能把施工方案中安排的合理施工顺序反映出来。

(5)各种定额。

编制施工组织设计时,收集有关的定额及概算(或预算)资料,如设计采用的预算定额(或概算定额)、施工定额、工程沿线地区性定额、预算单价、工程概算(或预算)的编制依据等。有关定额是计算各施工过程持续时间的主要依据。

(6)劳动力、材料、机械供应情况。

施工进度直接受到资源供应的限制,施工时可能调用的资源包括:劳动力数量及技术水平,施工机具的类型和数量,外购材料的来源及数量,各种资源的供应时间。资源的供应情况直接决定了各施工过程持续时间的长短。

3)施工进度计划的种类

单位工程施工进度计划应根据工程规模的大小、结构复杂程度、施工工期等来确定编制类型,一般分为两类:

(1)控制性施工进度计划。

控制性施工进度计划多用于施工工期较长、结构比较复杂、资源供应暂时无法全部落实,或工作内容可能发生变化和某些构件(或结构)的施工方法暂时还无法确定的工程。它往往只需编制以分部工程项目为划分对象的施工进度计划,以便控制各分部工程的施工进度。

(2)实施性施工进度计划。

实施性施工进度计划是控制性施工进度计划的补充,是各分部工程施工时施工顺序和施工时间的具体依据。此类施工进度计划的项目划分必须详细,各分项工程彼此间的衔接关系必须明确。根据实际情况,实施性施工进度计划的编制可与编制控制性进度计划同步进行,也可滞后进行。

4）施工进度计划的编制程序和步骤

（1）熟悉设计文件。

设计文件是编制进度计划的根据。首先要熟悉工程设计图纸，全面了解工程概况，包括工程数量、工期要求、工程地区等，做到心中有数。

（2）调查研究。

在熟悉文件的基础上进行调查研究，它是编制好进度计划的重要一步。要调查清楚施工的有关条件，包括资源（人、机、材料、构配件等）的供应条件、施工条件、气候条件等。凡编制和执行计划所涉及的情况和原始资料都在调查之列。对调查所得的资料和工程本身的内部联系，还必须进行综合的分析与研究，掌握其间的相互关系和联系，了解其发展变化的规律性。

（3）确定施工方案。

按照前述的方案进行进度计划的制订，但在实际中施工方案的制订与施工进度计划的编制是交叉进行、互相协调进行调整。

（4）划分施工过程（工序）。

①编制施工进度计划，首先应按施工图纸和施工顺序，将拟建工程的各个分部分项工程按先后顺序列出，并结合施工方法、施工条件和劳动组织等因素，加以适当调整，填在施工进度计划表的有关栏目内。通常，施工进度计划表中只列出直接在建筑物或构筑物上进行施工的建造类施工过程以及占有施工对象空间、影响工期的制备类和运输类施工过程，如钢筋混凝土柱、屋架等的现场预制。

②施工过程划分的粗细程度应根据施工进度计划的具体需要而定。控制性进度计划，可划得粗一些，通常只列出分部工程名称；而实施性进度计划则应划分细一些，特别是对工期有直接影响的项目必须列出。

③施工过程的划分要结合所选择的施工方案。

④所有施工过程应基本按施工顺序先后排列，所采用的施工项目名称应与现行定额手册上的项目名称相一致。

⑤设备安装工程和水暖电卫工程通常由专业工程队组织施工。

（5）计算工程量，并查出相应定额。

工程量计算应严格按照施工图纸和现行定额中对工程量计算所作的规定进行。如果已经有了预算文件，则可直接利用预算文件中有关的工程量。当某些项目的工程量有出入但相差不大时，可按实际情况予以调整。

（6）确定劳动量和机械台班数量。

根据各分部、分项工程的工程量、施工方法和现行劳动定额，结合本单位的实际情况计算各施工过程的劳动量或机械台班数。计算公式如下

$$P = Q/S$$

或

$$P = QH \tag{6-1-26}$$

式中　P——完成某施工过程所需的劳动量（工日或台班）；

Q——某施工过程的工程量，m^3、m、$t\cdots$；

S——某施工过程的人工或机械产量定额，m^3/工日或台班、m/工日或台班、t/工日

或台班…；

H——某分部分项工程人工或机械的时间定额，工日或台班/m³、工日或台班/m、工日或台班/t…。

(7)确定各施工过程的作业持续时间。

计算各施工过程的作业持续时间主要有两种方法：

①按劳动资源的配备计算持续时间。

该方法是首先确定配备在该施工过程作业的人数或机械台数，然后根据劳动量计算出施工持续时间。计算公式如下

$$t = P/(RN) \tag{6-1-27}$$

式中　t——某施工过程的作业持续时间；

　　　R——该施工过程每班所配备的人数或机械台数；

　　　N——每天工作班数；

　　　P——劳动量或机械台班数。

②根据工期要求计算。

首先根据总工期和施工经验，确定各分部分项工程的施工天数，然后按劳动量和班次，确定出每一分部分项工程所需工人数或机械台数，计算式如下

$$R = P/(tN) \tag{6-1-28}$$

在实际工作中，可根据工作面所能容纳的最多人数（最小工作面）和现有的劳动组织来确定每天的工作人数。在安排劳动人数时，应考虑以下问题：

ⅰ.最小工作面。是指为了发挥高效率，保证施工安全，每一个工人或班组施工时必须具有的工作面。一个施工过程在组织施工时，安排人数的多少会受到工作面的限制，不能为了缩短工期而无限制地增加工人人数，否则，会造成工作面不足而出现窝工。

ⅱ.最小劳动组合。在实际工作中，绝大多数施工过程不能由一个人来完成，而必须由几个人配合才能完成。最小劳动组合是指某一施工过程要进行正常施工所必需的最少人数及其合理组合。

ⅲ.可能安排的人数。根据现场实际情况（如劳动力供应情况、技工技术等级及人数等），在最少必需人数和最多可能人数的范围内，安排工人人数。通常，若在最小工作面条件下，安排了最多人数仍不能满足工期要求，可组织两班倒或三班倒。

(8)安排施工进度计划，制订进度计划的初始方案。

在编制施工进度计划时，应首先确定主导施工过程的施工进度，使主导施工过程尽可能连续施工。其余施工过程应予以配合，服从主导施工过程的进度要求。

(9)工期的审查与调整。

时间参数计算完毕后，首先审查总工期，看是否符合合同规定的要求。若不超过，则在工期上符合要求。若超过，则压缩调整计划工期，如做不到，则要提出充分的理由和根据，以便就工期问题与建设部门做进一步商谈。

(10)资源审查和调整。

估算主要资源的需要量，审查其供应与需求的可能性。

若某一段时间内供应不能满足资源消耗高峰的需要，则要求这段时间的施工工序加

以调整,使它们错开时间,减少集中的资源消费,使其降到供应水平之下。

(11)编制可行的进度计划方案,并计算技术经济指标。

经工期和资源的调整后,计划能适应现有的施工条件与要求,因而是切实可行的。可绘出正规的网络图或横道图,并附以资源消耗曲线。

1.3.4.2　资源需要量计划编制

资源需要量计划编制时应首先根据工程量查相应定额,便可得到各分部分项工程的资源需要总量;然后根据进度计划表中分部分项工程的持续时间,得到某分部分项工程在某段时间内的资源需要量平均数;最后将进度计划表纵坐标方向上各分部分项工程的资源需要量按类别叠加在一起并连成一条曲线,即为某种资源的动态曲线图和计划表。

1)劳动力需要量计划

劳动力需要量计划主要作为安排劳动力、调配和衡量劳动力消耗指标、安排生活及福利设施等的依据。

劳动力需要量是根据工程的工程量和规定使用的劳动定额及要求的工期计算完成工程所需要的劳动力。在计算过程中要考虑扣除节假日和大雨、雪天对施工的影响系数,另外还要考虑施工方法,是人力施工,还是半机械施工或机械化施工。因为施工方法不同,所需劳动力的数量也不同。

A. 人力施工劳动力需要量的计算

(1)人力施工在不受工作面限制时,可直接查定额,与工程量相乘,计算需要的总工作天数,并除以工期,即得劳动力数量。其计算公式如下

$$R = \frac{QS}{T} \tag{6-1-29}$$

式中　R——劳动力的需要量;

　　　Q——人力施工的工程量;

　　　T——工程施工的工作天数;

　　　S——工程劳动定额。

考虑法定的节假日和气候影响,工程施工的工作天数将小于其日历天数。其计算可按下式进行

$$T = 施工期的日历天数 \times 0.71K \tag{6-1-30}$$

式中　0.71——节假日换算系数;

　　　K——气候影响系数,其取值随不同地区而变化。

(2)人力施工受到工作面限制时,计算劳动力的需要量必须保证每个人最小工作面这个条件,否则会在施工过程中出现窝工现象。每班工人的数量可按式(6-1-31)计算

$$R = 施工现场的作业面积(m^2) / 工人施工的最小工作面积(m^2/人) \tag{6-1-31}$$

B. 半机械化施工方法施工时所需劳动力的计算

(1)半机械化施工方法主要是有的施工项目采用机械施工,有的施工项目采用人力施工。如路基土石方工程,填、挖、运、压实等工序采用机械施工,而边坡、路拱、路肩修整及边坡夯实采用人工施工。

(2)半机械施工方法在计算劳动力需要量时除根据定额和工程量外,还要考虑充分

发挥机械的工作效率和保证工期的要求,否则会出现窝工或者机械的工作效率降低的情况,影响工程施工成本。

C.机械化施工方法所需劳动力的计算

机械化施工方法所需要的劳动力主要是司机及维修保养人员和管理人员(机械辅助施工人员)。因此,计算机械化施工方法所需的劳动力与机械的施工班次有关,每日一班制配备的驾驶员少于多班次工作的人数,辅助人员也相应较少。另外,与投入施工的机械数量有关,投的多,所需要劳动力也多。只有同时考虑上述两个方面的问题,才能够较准确地计算所需的劳动力数量。

D.计算劳动力数量时选择的定额标准不同,其结果也是不同的

编制指导性施工组织设计时必须按标书上的要求和规定执行。编制实施性施工组织设计时可根据本企业的定额标准或结合施工项目具体情况采取一些补充定额。因为实施性施工组织设计是编制施工成本的依据,而施工成本是项目经济承包及施工队、班(组)经济承包的依据。因此,计算劳动力数量时不采用偏高或偏低的定额。

劳动力需要量计算完成后,需要将施工进度计划表内所列各施工过程每天(或周、旬、月)所需的工人人数按工种汇总列成表格。其表格形式见表6-1-21。

表 6-1-21　　劳动力需要量计划

序号	工作名称	工种类别	需要量	月份						
				1	2	3	4	5	6	…
1										
2										
汇总										

2)施工机具需要量计划

施工机具需要量计划主要用于确定施工机具类型、数量、进场时间,以及落实机具来源的组织进场。其编制办法是将施工进度计划表中的每一个施工过程,每天所需的机具类型、数量和时间进行汇总,便得到施工机具需要量计划表。其表格形式如表6-1-22所示。

表 6-1-22　　施工机具需要量计划

序号	机具名称	型号	需要量		货源	使用起止时间	备注
			单位	数量			
1							
2							

3)主要材料需要量计划

材料需要量计划表是作为备料、供料,确定仓库、堆场面积及组织运输的依据。其编制方法是根据施工预算的工料分析表、施工进度计划表、材料的储备和消耗定额,将施工中所需材料按品种、规格、数量、使用时间计算汇总,填入主要材料需要量计划表。其表格

形式见表6-1-23。

表6-1-23　主要材料需要量计划

序号	材料名称	规格	需要量		供应时间	备注
			单位	数量		
1						
2						

4）构件和半成品需要量计划

构件和半成品需要量计划主要用于落实加工订货单位,并按照所需规格、数量、时间,组织加工、运输和确定仓库及堆场,可按施工图和进度计划编制。其表格形式见表6-1-24。

表6-1-24　构件和半成品需要量计划

序号	品名	规格	图号	需要量		使用部位	加工单位	供应日期	备注
				单位	数量				

1.3.5　机电设备的安装定位

1.3.5.1　配电盘的安装

配电盘在安装时应按图纸检查外形尺寸,仪表及配电设备在盘上的位置,按接线图详细校核其线路连接方式。

低压配电盘通电前应用500 V摇表测量带电部分与不带电部分的绝缘电阻,绝缘电阻按屋内配电装置要求不应低于2 MΩ。

配电盘应安装在室内光线明亮、空气流通、不受日晒和雨淋的靠壁处,并尽量接近穿墙瓷套管,以节省导线。

配电盘应垂直安装,倾斜度不得超过5°,它的底部和地面、背部和墙壁必须很好地固定。

配电盘内的电气设备要在盘后进行检修的,配电盘应离墙0.8～1 m,电气设备可在盘前进行检修的,配电盘可靠墙安装。

1.3.5.2　变压器的安装

（1）把变压器抬至基础的过程中,不能碰触油枕、出线瓷套管、温度计等易损附件,放下时切忌震动。在一般情况下,变压器上出线瓷套管排列的方向,应与终端杆横担的方向一致。变压器放好后,用水平仪在变压器顶盖横直两个方向校验水平。

（2）变压器两侧引线的截面必须符合规定,与出线瓷套管连接必须紧密良好,高压侧引线至围栏距离不应小于 0.5 m,低压侧引线至围栏距离不小于 0.25 m。低压侧引线一般需经低压支持杆通向机房,导线穿过墙壁必须采用穿墙瓷套管。在导线穿过墙壁处,还需有比穿墙瓷套管入口处稍低的弯下部分,以免雨水引入套管内。

(3)变压器工作接地、零相工作接地的接地体,均应埋设在变压器基础附近。防雷接地的接地体,应埋设在终端杆附近,它们彼此间的距离不得小于 5 m。

(4)在距离变压器 2.5 m 的周围,应装置不低于 1.7 m 的围栅(如竹篱、泥墙等),以免人畜闯入发生危险,在距离变压器 1.5 m 周围的地面上应铺设经过打实的碎石、黄砂或炉渣,防止杂草滋生。

(5)变压器围栏的门应开设在低压侧,平时上锁。

1.3.5.3　电机的安装

电机安装的工作内容包括设备起重、运输、定子、转子、轴承座和机轴的安装调整等钳工装配工艺,以及电机绕组接线、电机干燥等工序。大型电机的安装,包括设备起重运输和机件装配等工序,均由起重工和钳工担任。本节着重介绍中小型电机的安装。

1)电机的搬运和检查

(1)搬运电机时,应注意不要使电机受到损伤、受潮和弄脏,并要注意安全。

(2)如果电机由制造厂装箱运来,在还没有运到安装地点前,不要打开木箱,应将电机储存在干燥的房间内,并用木板垫起来,以防潮气侵入电机。

(3)中型电机从汽车或其他运输工具上卸下来时,可用起重机械;如果没有这些机械设备,可在地面与汽车间搭斜板,将电机平推在板上,利用斜板慢慢地滑下来,但必须用绳子将机身重心拖住,以防滑动太快或滑出木板。在斜板上滑动时,不能用滚杠垫在电机下面。所用木板的厚度要在 50 mm 以上。为了避免斜板弯曲,斜板下面可垫上木板或石块。

(4)搬运大型电机时,电机下面可垫一块排子,再在排子的下面塞入滚杠。滚杠可用同一口径的金属管或圆木做成。如果电机是装箱搬运,可将滚杠直接放在箱子下面,然后用铁棒或木棒撬动。需要改变箱子移动方向时,可将摆在前面的滚杠斜放。在狭窄的地方,不要站在箱子的侧面,也不要用手来校正滚杠,以免发生危险。

(5)质量在 100 kg 以下的小型电机,可以用铁棒穿过电机上部的吊环做成担架,由人力来搬运。但不能用绳子套在电机上的皮带盘或转轴上,也不要穿过电机的端盖孔来抬电机。吊运用各种索具,必须结实可靠。电机经长途运输或装卸搬运,难免受风雨侵蚀及机械损伤,电机运到现场后,应仔细检查和清扫。检查内容如下:

①电机的型号与容量是否与图纸符合。

②外形是否有撞坏的地方,转子有无窜动,转动有无不正常的现象和声音。

③电机绕组有无短路、断线等情况,电刷、滑环、整流子等各部零件有无损坏或松脱的地方。电机所附地脚螺丝是否齐全。

④检查定子与转子的间隙,可用塞尺测量,塞尺放在转子两端,将转子慢慢转动 4 次,每次转 90°,测量要求:一是凸极式电机应在各磁极下面测定;二是隐极式电机分四点测定;三是直流电机磁极下各点空气间隙的相互误差,当间隙在 3 mm 以下时,不应超过 20%,当间隙在 3 mm 及以上时,不应超过 10%;四是交流电机各点空气间隙的相互差不

应超过 10%。

电机经检查后,应用手动吹风器将机身上尘垢吹扫干净。如电机较大,最好用压力不超过 2 个大气压的干燥的压缩空气吹扫。

2)电机的安装和校正

(1)电机的安装。电机通常安装在基座上,基座固定在基础上。电机的基础一般用混凝土或砖砌成。混凝土基础要在电机安装前 15 d 做好;砖砌基础要在安装前 7 d 做好。用水平尺检查基础高度,用卷尺检查基础各部分尺寸。基础面应平整,基础尺寸应符合设计要求,并留出装地脚螺丝的孔,其位置应正确,孔眼要比螺丝大一些,便于灌浆。地脚螺丝的下端要做成钩形,以免拧紧螺丝时,螺丝跟着转动。浇灌地脚螺丝可用 1:1 的水泥砂浆,灌浆前应用水将孔眼灌湿冲净,然后灌浆捣实。

安装电机时,质量在 100 kg 以下的小型电机,可用人力抬到基础上。比较重的电机,应用滑轮组或倒链安装。

(2)电机的校正。电机的校正有两个内容:即纵向、横向水平校正和传动装置校正。

电机的水平校正,一般用水准器(水平仪)进行。并用 0.5~5 mm 厚的钢片垫在机座下,来调整电机的水平,但不能用木片或竹片来代替,以免影响安装质量。

1.3.5.4 水泵安装就位

1)设备验收与检查

(1)设备到达安装工地后,应由承包人组织有关人员进行技术验收,检查各项技术文件和资料,检验设备质量和规格数量。

(2)设备在安装前应进行全面清理和检查,对重要部件的主要尺寸及配合公差进行校核。安装时各金属滑动面应涂油脂。设备组合面应光洁无毛刺。

(3)设备验收后应连同其技术资料、专用工具及配件等分类登记入库,妥善保管。

(4)设备保管仓库分露天存放场、敞棚、仓库、保温库四类。泵站所需的各类器材、设备应根据用途、构造、质量、体积、包装、使用情况及当地气候条件,按要求进行选择存放。设备维护保管技术应按有关规程和规定执行。

2)土建工程的配合

(1)机组设备安装前,各单位、工种之间应密切配合,做好下列工作:①与设计、项目监理单位共同审查有关技术资料和图纸,并商讨有关重大技术和安全措施;②制订符合实际的安装计划及进度表。

(2)安装前土建工程应提供下列技术资料:①主要设备基础及建筑物的验收记录;②建筑物设备基础上的基准线、基准点和水准标高点;③安装前的设备基础混凝土强度和沉陷观测资料。

(3)安装前泵站土建工程应具备下列条件:①具备行车安装的技术条件;②机组基础混凝土已达到设计强度的 70% 以上;③站房内的沟道和地坪已基本做完,并清理干净,对有条件的部位可先做混凝土粗地面,并建好设备进厂通道;④厂房已封顶不漏雨雪,门窗能遮蔽风沙;⑤建筑物装修时不影响安装工作的进行,并保证正在安装及已经安装就位的机电设备不受影响。

(4)主机组的基础与预埋件。

①主机组基础的标高应与设计图纸相符,其允许偏差在 ±10 mm 范围内。基础纵向中心线应垂直于横向中心线,与泵站机组设计中心线的偏差不大于 5 mm。

②主机组的基础与进出水流道(管道)的相互位置和空间几何尺寸应符合设计要求。

③地脚螺栓预留孔应符合下列规定:预留孔内必须清理干净,无横穿的钢筋和遗留杂物;螺栓孔的中心线对基准线的偏差不大于 5 mm;孔壁铅垂度误差不得大于 10 mm,孔壁力求粗糙。

④预埋件的材料、型号及安装位置,均应符合图纸要求。

⑤在安装时,如发现主机组基础有明显的不均匀沉陷影响机组找平、找正和找中心,不得继续进行安装。

⑥根据制造厂的产品说明书,确定水泵基础安装尺寸,设备上定位基准的面、线或点,对安装基准线的平面位置,其允许偏差不得超过 ±2 mm,标高允许偏差不应超过 ±1 mm。

⑦水泵各部件组合面应无毛刺、伤痕,加工面应光洁,各部件无缺陷,并配合正确。

⑧水泵安装的纵横向水平偏差不得超过 0.1 mm/m。水平测量应以水泵的水平中开面、轴的外伸部分、底座的水平加工面等为基准。

1.3.6　泵站施工预决算编制

泵站施工图预算与"1.2.9 建筑及安装工程预决算编制"中介绍的建筑工程和安装工程预算的编制方法基本相同,只是泵站工程构成内容相对于一般渠道建筑物更为齐全和复杂,涉及建筑工程部分和金属结构设备与安装,电气设备与安装,临时工程等,所以与一般建筑物工程预算费的编制不同之处在于泵站涉及机电设备有关费用的计算内容,另外在取费规定方面也有所不同。本节就设备安装单价编制的规定做一介绍。

1.3.6.1　设备安装工程概算单价编制注意事项

1)定额适用范围

现行定额适用于海拔 2 000 m 以下地区的建设项目,海拔 2 000 m 以上地区,其人工和机械定额乘规定的调整系数。

海拔高度以厂房顶部海拔高度为准。一个建设项目只采用一个调整系数。

2)安装费计算

按设备重量划分子目的定额,当所求设备的重量介于同型设备的子目之间时,可按插入法计算安装费。

$$A = (C - B) \times (a - b)/(c - b) + B \qquad (6\text{-}1\text{-}32)$$

式中　A——所求设备的安装费;

B——较所求设备小而最接近的设备安装费;

C——较所求设备大而最接近的设备安装费;

a——A 项设备的重量;

b——B 项设备的重量;

c——C 项设备的重量。

3)装置性材料费计算

"装置性材料"是个专用名词。它本身属于材料,但又是被安装对象,安装后构成工程的实体,与设备本体一并交付使用。

装置性材料可分为主要装置性材料和次要装置性材料。

(1)主要装置性材料:本身作为安装对象的装置性材料,在"项目划分"和"预算定额"中均以独立的安装项目出现,如电缆、母线、轨道、管路、滑触线、压力钢管等。编制概算时,应根据设计确定的型号、规格、数量,乘以该工程材料预算单价,在定额以外另外计价(主要装置性材料本身的价值在安装定额内并未包括,需要另外计价。所以,主要装置性材料又叫未计价装置性材料)。在定额中,未计入这些主要装置性材料的用量。在计算单价时要按照设计确定的规格型号,计入损耗,只计取税金计入安装工程单价。

计算未计价装置性材料价值时,其用量要考虑一定的操作损耗。操作损耗率一般在定额里给有各种装置性材料的指标值,计算时可直接查用。

对未计价的装置性材料的安装费涉及的项目,一般也在定额里列有子目名称,计算时,哪些项目有装置性材料,都可以由给定的表查对。

(2)次要装置性材料:机电设备及金属结构设备在安装过程所需的装置性材料,它们品种多,规格杂,且价值也较低,在安装费子目中已经包含了,不能单独列项计算投资。次要装置性材料已计入定额中,也叫已计价装置性材料费。

4)现行定额包括的工作内容和费用

(1)设备安装前后的开箱、检查、清扫、滤油、注油、刷漆和喷漆工作。

(2)安装现场的水平搬运和垂直搬运。

(3)随设备成套供应的管路及部件的安装。

(4)设备单体试运转、管和罐的水压试验、焊接及安装的质量检查。

(5)现场脚手架、施工平台的搭拆工作及其材料的摊销,专用特殊工器具的摊销。

(6)竣工验收移交生产前对设备的维护、检修和调整。

(7)次要的施工过程和工序。

(8)施工准备及完工后的现场清理工作。

(9)现行定额各章说明的工作内容。

5)设备与材料的划分原则

(1)制造厂成套供货范围内的部件、备品备件、设备腔体内的定量填充物(透平油、变压器油、六氟化硫气体)等均作为设备。

(2)不论设备成套供货,现场加工或零星购置的贮气罐、阀门、盘用仪表、机组本体上的梯子,平台和栏杆等均作为设备,不能因为供货来源不同而改变设备的性质。

(3)管道和阀门如构成设备本体部件,应作为设备,否则应作为材料。

(4)随设备供应的保护罩、网门等,凡已计入相应设备出厂价格内的,应作为设备,否则作为材料。

(5)电缆、电缆头、电缆和管道用的支架、母线、金具、滑触线和架、屏盘的基础型钢、钢轨、石棉板、穿墙隔板、绝缘子、一般用保护网、罩、门、梯子、平台、栏杆和蓄电池木架等均作为材料。

(6)制作压力钢管用的钢板也作为材料。

(7)安装工程所用的材料分两种:一种是消耗性材料,如电焊条、乙炔、氧气等;另一种是装置性材料,属材料性质,本身又是安装对象,如电缆、轨道等。安装后构成工程实体。

1.3.6.2　设备费的计算

1)设备费组成

设备费由设备原价、运杂费、运输保险费和采购保管费组成。

A. 设备原价

国产设备,以出厂价为原价。凡由国家各部委统一定价的定型产品,采用正式颁发的现行出厂价格,非定型和非标准产品,采用与厂家签订的合同价(或提供的报价),也可由预算人员参照有关资料估价。

B. 运杂费

运杂费指设备由厂家运至工地安装现场所发生的一切运杂费用。主要包括调车费、装卸费、运费、包装绑扎费、变压器充氮费以及其他可能发生的杂费。设备运杂费,分主要设备与其他设备按占设备原价的百分率计算。

(1)主要设备运杂费率按表6-1-25计算。设备由铁路直达,或由铁路、公路联运时,分别按里程求得费率后叠加计算。如果设备由公路直达,应由公路里程计算费率后再加公路直达基本费率。特大(重)件运输另加道路桥涵加固措施费。

表 6-1-25　主要设备运杂费率　　　　　　　　(%)

设备分类	铁路		公路		公路直达基本费率
	基本运距 1 000 km	每增运 500 km	基本运距 50 km	每增运 10 km	
主阀、桥机	2.99	0.70	1.85	0.18	1.33
主变压器					
12 万 kVA 及以上	3.50	0.56	2.80	0.25	1.20
12 万 kVA 以下	2.97	0.56	0.92	0.10	1.20

(2)其他设备运杂费率按表6-1-26选用。工程工点距铁路线近者取小值、远者取大值。费率表中未包括新疆、西藏工区,可视具体情况另行计算。

表 6-1-26　其他设备运杂费率　　　　　　　　(%)

类别	适用地区	费率
I	北京、天津、上海、江苏、浙江、江西、山东、安徽、湖北、湖南、广东、山西、河北、陕西、辽宁、吉林、黑龙江等省、直辖市	4 ~ 6
II	甘肃、云南、贵州、广西、四川、重庆、福建、海南、宁夏、内蒙古、青海等省、自治区、直辖市	6 ~ 8

其他设备运杂费根据不同地区,采用同一费率计算。

(3)运输保险费按有关规定计算。

国产设备的运输保险费率可按工程所在省、自治区、直辖市的规定计算,省、自治区、直辖市无规定的,可按中国人民保险公司的有关规定计算。进口设备的运输保险费按相应规定计算。

(4)采购保管费按原价、运杂费之和的0.7%计算。

采购保管费指建设单位和施工企业在负责设备及保管过程中发生的各项费用。主要包括:①采购保管部门工作人员的基本工资、辅助工资、工资附加费、劳动保护费、教育经费、办公费、差旅交通费、工具用具使用费等;②仓库、转运站等设施的检修费、固定资产折旧费、技术安全措施和设备的检验试验费等。

采购及保管费按设备原价、运杂费之和的0.7%计算。

运杂综合费率 = 运杂费率 + (1 + 运杂费率) × 采购保管费率 + 运输保险费率

上述运杂综合费率,适用于计算国产设备运杂费。进口设备的国内段运杂费应按上述国产设备运杂综合费率,乘相应国产设备原价水平占进口设备原价的比例系数,调整为进口设备国内段运杂综合费率。

2)设备安装工程单价的编制

《水利水电设备安装工程概算定额》以实物量为主要表现形式,以设备原价为计算基础,以安装费率为辅助表现形式。定额包括的内容为设备安装和构成工程实体的主要装置性材料安装的直接费(含人工、材料、装置性材料、机械使用量)。安装工程单价中的其他直接费、现场经费、间接费、企业利润和营业税、城市维护建设费、教育费附加等税金,应另按有关规定进行计算。

(1)安装费率的应用:

以设备原价作为计算基础,安装工程人工费、材料费、机械使用费和定额装置性材料费均以费率(%)形式表示,除人工费率外,使用时均不做调整,视为和设备原价一起同步增长。其计算式为

安装工程费 = 设备原价 × 安装费率(%)

①人工费率的调整,应根据定额主管部门当年发布的北京地区人工预算单价,与该工程设计概(估)算采用的人工预算单价进行对比,测算其比例系数,据以调整人工费率指标。

②关于进口设备,若采用安装费率计算安装费,应按现行定额的相应费率,乘以相应国产设备原价对进口设备原价的比例系数,换算为进口设备安装费率后,就可以求出进口设备的安装费。

(2)实物量的应用:

①现行定额中人工工时、材料、机械台时等均以实物量表示。其中,材料和机械仅列出主要品种的型号、规格及数量;若品种、型号、规格不同,均不做调整。其他材料和一般小型机械分别按占主要材料费和主要机械费的百分率计列。

②使用电站主厂房桥式起重机进行安装工作时,桥式起重机台时费内不计基本折旧费和安装拆卸费。

模块 2　灌排工程运行

2.1　灌排渠(沟)运行

2.1.1　抗旱技术要求

干旱灾害,是指由于降水减少、水工程供水不足引起的用水短缺,并对生活、生产和生态造成危害的事件。

2.1.1.1　干旱

1)干旱的概念

干旱是因长期少雨而空气干燥、土壤缺水的气候现象。根据干旱的不同成因可以将干旱分为以下三类:

(1)气象干旱:不正常的干燥天气时期,持续缺水足以影响区域引起严重水文不平衡。

(2)农业干旱:是指在农作物生长发育过程中,因降水不足、土壤含水率过低和作物得不到适时适量的灌溉,致使供水不能满足农作物的正常需水,而造成农作物减产。

(3)水文干旱:在河流、水库、地下水含水层、湖泊和土壤中低于平均含水率的时期。

2)旱情等级划分

根据干旱缺水的严重程度,将干旱分为轻度干旱、中度干旱、严重干旱和特大干旱四个等级。

(1)轻度干旱:连续无降雨天数,春季达 16 ~ 30 d、夏季 16 ~ 25 d、秋冬季 31 ~ 50 d。受旱区域作物受旱面积占播种面积的比例在 30% 以下;因旱造成农(牧)区临时性饮水困难人口占所在地区人口比例在 20% 以下;因旱城市供水量低于正常需求量的 5% ~ 10% ,出现缺水现象,居民生活、生产用水受到一定程度的影响。

(2)中度干旱:连续无降雨天数,春季达 31 ~ 45 d、夏季 26 ~ 35 d、秋冬季 51 ~ 70 d。受旱区域作物受旱面积占播种面积的比例达 31% ~ 50%;因旱造成农(牧)区临时性饮水困难人口占所在地区人口比例达 21% ~ 40%;因旱城市供水量低于正常日用水量的 10% ~ 20% ,出现明显的缺水现象,居民生活、生产用水受到较大影响。

(3)严重干旱:连续无降雨天数,春季达 46 ~ 60 d、夏季 36 ~ 45 d、秋冬季 71 ~ 90 d。受旱区域作物受旱面积占播种面积的比例达 51% ~ 80%;因旱造成农(牧)区临时性饮水困难人口占所在地区人口比例达 41% ~ 60%;因旱城市供水量低于正常日用水量的 20% ~ 30% ,出现明显缺水现象,城市生活、生产用水受到严重影响。

(4)特大干旱:连续无降雨天数,春季在 61 d 以上、夏季在 46 d 以上、秋冬季在 91 d 以上。受旱区域作物受旱面积占播种面积的比例在 80% 以上;因旱造成农(牧)区临时性饮水困难人口占所在地区人口比例高于60%；因旱城市供水量低于正常日用水量的30%，出现极为严重的缺水局面，城市生活、生产用水受到极大影响。

3）干旱预警划分

根据旱情可分为蓝色预警、黄色预警、橙色预警、红色预警。

（1）蓝色预警：即轻度干旱，多个区县发生一般干旱，或个别区县发生较重干旱等。

（2）黄色预警：即中度干旱，多个区县发生较重干旱，或个别区县发生严重干旱等。

（3）橙色预警：即严重干旱，多数区县的多个乡镇发生严重干旱，或一个区县发生特大干旱等。

（4）红色预警：即特大干旱，多个区县发生特大干旱，多个县级城市发生极度干旱。

2.1.1.2　抗旱技术

抗旱，指采取措施，减轻干旱造成的损害。抗旱的技术措施如下。

1）加强旱情预防预报，增强防御能力

增强防御和减轻自然灾害能力，要用不断发展的科学认识自然，用现代科学技术手段防灾减灾，依靠科技进步，提升灾情研究、监测、预报和预警水平。通过建立旱情分析及抗旱统计信息系统，利用先进、科学的气象卫星遥感遥测技术，结合地面土壤墒情监测网的实测资料，对土壤墒情的动态变化情况进行实时监测，快速、准确地捕捉旱情分布及其演变信息，分析受旱程度和旱情发展趋势，提供土壤墒情信息彩图，加强旱情的预测和预报，为决策部门提供及时、准确的旱情及抗旱信息。科学地评估旱灾损失和抗旱效益，提出防旱、抗旱、减灾决策建议，使旱灾造成的损失降低到最低程度。

2）加快水利现代化进程，提高水资源利用效率

大力抓好水利信息化建设，完善和提升各大型灌区、各级水利管理部门水情水质监测及调度决策支持系统，显得尤为重要。这一目标完全实现后，将大大提高信息采集、传输的时效性和自动化水平，为实现水资源的优化配置提供更加强有力的手段，为防汛抗旱决策提供更为准确的科学依据，为水利更好地服务于经济社会发展创造条件。

3）大力发展节水农业，增强抗旱意识

农业是用水大户，解决农业用水问题，既要因地制宜增加抗旱水源，积极开展春季农田水利基本建设，鼓励农民对直接受益的小型农田水利设施投工投劳，又要大力推广节水灌溉技术，扩大有效灌溉面积，培育和推广优良粮食品种。加强对保护性耕作技术、冬小麦综合节水技术等现有节水农业技术的集成推广。全面推行农业节水抗旱技术。

（1）推广节水灌溉技术。

①节水地面灌水技术。改土渠为防渗渠输水灌溉，可节水20%左右。在习惯大水漫灌或大畦大沟灌溉的地方，推广宽畦改窄畦，长畦改短畦，长沟改短沟，控制田间灌水量，提高灌水的有效利用率，是节水灌溉行之有效的措施。

②管灌。即管道输水灌溉，就是将低压管道埋设地下或铺设地面将灌溉水直接输送到田间，常用的输水管多为硬塑管或软塑管。该技术具有投资少、节水、省工、节地和省能耗等优点。与土渠输水灌溉相比管灌一般可省水30%～50%。

③微灌技术。有滴灌、微喷灌、渗灌及微管灌等，是将灌水加压、过滤，经各级管道和灌水器具灌溉作物根部的一种灌溉技术。微灌属于局部灌溉，只湿润部分土壤。对部分

密播作物适宜。微灌技术的节水效益更显著。与地面灌溉相比,可节水80%~85%。微灌可以与施肥结合,利用施肥器将可溶性的肥料随水施入作物根区,及时补充作物所需要的水分和养分,增产效果好。目前,微灌一般应用于大棚栽培和高产高效经济作物。

④喷灌技术。是将灌溉水加压,通过管道,由喷水嘴将水喷洒到灌溉土地上,与地面输水灌溉相比,喷灌一般能节水50%~60%。但喷灌所用管道需要压力高,设备投资较大,能耗较大,成本较高,目前多在高效经济作物或经济条件好、生产水平较高的地区应用。

⑤关键时期灌水。在水资源紧缺的条件下,应选择作物一生中对水最敏感对产量影响最大的时期灌水,如禾本科作物拔节初期至抽穗期和灌浆期至乳熟期、棉花花铃期和盛花期、大豆的花芽分化期至盛花期等。在关键时期灌水可提高灌溉水的有效利用率。

⑥利用科学的水土保持方法,改善生态环境,提高土壤含水量,减少干旱的发生频率。

(2)大力提倡节水抗旱栽培技术。

①深耕深松。以土蓄水,深耕深松,打破犁底层。加厚活土层,增加透水性,加大土壤蓄水量。减少地面径流,更多地储蓄和利用自然降水。据在棕壤土上试验,小麦秋种前深耕29 cm加深松到35 cm,其渗水速度比未深耕松地快10~12倍,较大降水不产生地面径流,使降水绝大部分蓄于土壤中。据测定,活土层每增加3 cm,每亩蓄水量可增加70~75 m³。加厚活土层又可促进作物根系发育,扩大根系吸收范围,提高土壤水分利用率。

②选用抗旱品种,以种省水。不同作物间的耐旱性差异较大,被称为作物界骆驼的谷子、地瓜、花生等作物抗旱性强,在缺水旱作地区应适当扩大种植面积。同一作物的不同品种间抗旱性也有较大差异。抗旱品种较一般品种根系发达,具有深而广的贮水性和调水网络,具有受旱后较强的水分补偿能力。

③增施有机肥,平衡施肥。以肥补水,增施肥料,可降低生产单位产量用水量,在旱作地上施足有机肥可降低用水量50%~60%。在有机肥不足的地方要大力推行秸秆还田技术,增加土壤有机质,提高土壤的抗旱能力。平衡施肥,合理施用化肥,也是提高土壤水分利用率的有效措施。

④防旱保墒的田间管理。主要是正确运用中耕和镇压保蓄土壤水分。

⑤地面覆盖保墒。一是薄膜覆盖。在春播作物上应用可增温保墒,抗御春旱,盖膜麦田比裸地麦田土壤水分高3%~5%,小麦增产20%左右。二是秸秆覆盖。即将作物秸秆粉碎,均匀地铺盖在作物或果树行间,减少土壤水分蒸发,增加土壤蓄水量,起到保墒作用。

(3)增强化学调控抗旱措施。

①保水剂。它是由同分子构成的强吸水树脂,能在短时间内吸收其自身重量几百倍至上千倍的水分,将保水剂用作种子涂层。幼苗蘸根,或沟施、穴施,或地面喷洒等方法直接施到土壤中,就如同给种子和作物根部修了一个小水库。使其吸收土壤和空气中的水分,又能将雨水保存在土壤中,当遇旱时它保存的水分能缓慢释放出来,供种子萌发和作物生长需要。保水剂可使小麦增产10%~15%,地瓜增产30%~35%,棉花、花生增产18%~21%。

②抗旱剂。抗旱剂目前应用较广泛的主要是黄腐酸制剂,属于抗蒸腾剂,叶面喷洒能

有效地控制气孔的开张度,减少叶面蒸腾,有效地抗御季节性干旱和干热风的危害。喷洒一次可持效 10 ~ 15 d。抗旱剂除叶面喷洒外,还可用作拌种、浸种、灌根和蘸根等,提高种子发芽率,出苗整齐,促进根系发达,可缩短移栽作物的缓苗期,提高成活率。

2.1.2　防汛技术要求

2.1.2.1　防汛的基本概念

防汛指为防止和减轻洪水灾害,在洪水预报、防洪调度、防洪工程运用、抢险救灾等方面进行的有关工作。主要工作内容包括:天气形势预测、洪水水情预报、防洪工程调度运用、抢险及救灾、非常情况应急措施等。

汛期是指江河、湖泊洪水在一年中明显集中出现,容易形成洪涝灾害的时期。根据洪水发生的季节和成因不同,我国的汛期分为伏汛、秋汛、凌汛和春汛(桃汛)四种。海河流域一般以伏汛为主,有些年份也会发生秋汛。汛期时间为 6 ~ 9 月,其中 7 月下旬至 8 月上旬为主汛期,是暴雨洪水相对集中的时期。

洪水是相对特大的径流而言的。这种径流往往因河槽不能容纳而泛滥成灾。根据洪水形成的水源和发生时间,一般可将洪水分为春季融雪洪水和暴雨洪水两类。一般洪水:重现期小于 10 年。较大洪水:重现期 10 ~ 20 年。大洪水:重现期 20 ~ 50 年。特大洪水:重现期超过 50 年。防御措施主要是每年对河堤的险工险段加高加固及水毁河堤修复,同时组织受益区群众投工投劳进行清淤排障。

2.1.2.2　防汛工作方针

防汛工作的方针是"安全第一,常备不懈,以防为主,全力抢险"。保障人民生命财产安全、社会稳定和经济社会可持续发展是防汛工作的根本目的,因此对防汛工作来说,"安全第一"是指导思想,"常备不懈,以防为主"是思想意识,"全力抢险"是保障措施。

2.1.2.3　防汛工作的基本原则

防汛工作实行全面规划,统筹兼顾,预防为主,综合治理,兴利与除害相结合,局部利益服从全局利益,开发利用和保护水资源应当服从防洪总体安排的原则。

2.1.2.4　防汛工作的基本任务

1)防汛的基本任务

密切监视天气形势,做好洪水预报,制订各类防汛预案。当洪水位超过警戒水位,威胁防汛工程安全时,采取有力措施,日夜防守,及时抢险,确保防洪工程安全;当遇到工程设计标准洪水时,要动员社会各方面力量,全面防守,全力抢护,保证重要目标度汛安全;当遇到超标准洪水时,要充分利用工程设施的防洪潜力,应采取紧急有效的非常措施,尽最大努力减轻洪水灾害的损失,保障人民生命财产安全和经济建设的顺利发展。

2)防汛工作的目标和任务

防汛工作总的目标和任务是:积极采取有效的防御措施,确保大江大河、大中水库安全度汛;强化措施,力保中小河流、小型水库安全。最大限度地减轻洪水灾害的影响和损失,保障经济建设顺利进行、人民生命财产安全和社会稳定。遇标准以内洪水大江大河堤防不决口、大中型水库不垮坝、大中城市保安全、重要交通干线不中断;遇超标准洪水,采取非常措施,尽量减少灾害损失。

3）防汛工作主要内容

防汛工作分为汛前准备、汛期工作、汛后总结三个阶段，主要包括以下几个方面内容：

（1）建立健全防汛组织，落实防汛任务和岗位职责。灌区管理单位（局、处）一般都应设立防汛办公室或防汛指挥部，负责所管工程范围的防汛指挥调度与抢修施工组织领导和技术工作。在群众性防汛组织中，重点建筑物由附近民兵组成的防汛基干队，配合渠道维护工日夜轮班守护。同时，由当地防汛指挥机构统一布置，组织群众性防汛抢险队，落实人员、物料、任务、负责人，做到召之即来，来之能战，战之则胜。

（2）制订防御洪水方案，订立防洪工作计划，建立防洪制度。在汛前，要组织进行防汛抢险，了解渠道及其建筑物安全度汛状况，并根据设计防洪标准和洪水频率，认真分析可能出现的险情，制订防御洪水方案和工作计划，组织汛前加固工程，搞好清障工作，并分段规定渠道防洪警戒水位和保证水位，建立汛情传报网络，制定汛前传报制度和巡渠检查、值班守护与请示汇报制度等防汛工作制度。

（3）做好防汛物资、器材及通信、照明设备等准备工作。在汛前，管理单位要根据防御洪水方案和防洪计划，储备一定数量的防汛抢险物资。工程现场应本着依靠群众、就地取材的原则，组织受洪水威胁的单位和群众采集一定数量的砂石、土料，储备一定的防汛抢险物料。

2.1.2.5　汛期渠道及其建筑物的运用管理

（1）汛期，渠道水位、流量、流速的控制标准应在灌溉控制标准的基础上适当降低。在汛情发生或局部降暴雨时，应根据汛情、雨情分析判断洪水入渠时间及其影响，提前做好停水及减水准备，并制定好分段排水措施。如汛期洪水突涨或暴雨强度很大，洪水骤然入渠危及工程安全来不及请示汇报，渠道管护人员可先采取排洪措施抢险，并及时向相关部门汇报险情排除动态。洪水过后，应根据旱情、雨情情况恢复通水。

（2）加强检查、观察工作，坚持巡渠、值班制度，建立汛情预警机制，汛前对工程进行全面检查并进行抗风险评价。在汛期，各单位要设防汛指挥中心，并专人24 h昼夜值班，负责信息的传递收报。降暴雨时，渠道巡护人员重点监视渠道、水库、交叉河道处水位变化，昼夜巡查，隐患工程处要专人值守监测险情。检查观测应注意通信线路、电话设备及闸门启闭设备，每日进行试机，及时排除故障，保障通信畅通，启闭闸门灵活。雷雨季节，还要做好防雷设施的维护工作，保证人身与工程安全。

（3）加强汛情、雨情测报和上情下达、下情上报工作。在汛期，各单位要严格按照汛前建立的传报网络，准确及时地收发报有关水文、水位、气象、汛情、雨情并及时向有关部门和管护单位传递信息，做到准确、无误、及时、完整。渠道维护人员应按规定及时汇报水情、雨情、汛情，并做好与当地防汛部门和政府的联系，相互传递信息，了解汛情动态，协助检查落实防汛工作，实现信息共享。

（4）加强工程维修养护，确保安全度汛。渠道停水后，应及时修复、加固损坏毁坏工程，疏通渠道，清理杂物，保证渠道畅通，以便及时恢复防汛和灌溉需求。

水利工程安全管理与抢险，应贯彻"安全第一，常备不懈，预防为主，全力抢险"的方针，局部利益服从全局利益，将保障人民的生命安全作为首要目标，建立、健全安全生产责任制，把安全工作具体落实到人。

2.1.3　工程险情应急处理

当工程发生险情时,应根据险情迅速制订应急处理方案。

应急措施一般包含在各类应急预案中。作为输水工程,运行过程中出现应急情况时,一般需要对运行状况进行紧急调整,即应急控制,同时采取措施进行抢险、紧急检修等。本部分内容主要描述应急控制的相关内容。

应急控制为当发生重大自然灾害、渠道溃堤、水污染、电力及设备等事故时,使输水中断或需要临时采取措施控制渠道输水运行的应急调度。

在接到应急指挥领导小组关于自然灾害或事故发生的报告后,应立即调查清楚事故发生的地点、规模、事故类型,分析事故对输水的影响,根据现场情况和灾害类型迅速制订出渠道应急调度方案。

系统发生事故时,各运行管理单位调度值班员应在指挥中心调度值班长的统一指挥下进行应急调度,并对应急调度的正确性和迅速性负责。超出处理范围的事故,应随时向有关领导汇报情况。

发生重大自然灾害、渠道溃堤等事故时,应及时了解抢险进展,及时采取相应的调度措施。

处理系统运行事故时应做到:

(1)迅速限制事故发展,消除事故根源,解除对人身或设备和系统安全的威胁。

(2)当同时发生多起事故时,根据轻重缓急的不同,先处理危害较大的事故。

(3)及时向相关单位通报。

系统发生事故时,与事故有关的运行管理单位的运行值班员应迅速、简明扼要地将事故情况报告指挥中心,并按调度指令进行处理。对无须等待调度指令可由运行管理单位自行处理的,应一面自行处理,一面将事故情况报告指挥中心,事故处理后,再作详细汇报。

为了防止事故扩大和减少事故损失,下列情况可不待调度指令,事故单位立即自行处理,但事后应尽快报告调度:

(1)对人身或设备设施安全有威胁的。

(2)在闸门启闭过程中停电,用备用发电机恢复用电启闭闸门。

(3)现场规程规定的可先处理后报告的其他情况。

发生影响全线输水的险情后,应立即通过总干进水闸和沿线各控制闸、退水闸、渠道本身的调节能力进行合理调节、配合联动,妥善处理,避免险情的进一步扩大,减小损失。

在渠道应急控制过程中,事故点下游应注意控制水位降落速度,避免渠道边坡滑坡或衬砌板破坏;事故点上游渠道应注意水位上涨的速度,防止漫堤、淹没泵站等事故。

(4)当某处发生溃堤事故时,立即关闭事故点相邻的上游节制闸,同时开启配套的退水闸,尽快关闭事故点上游其他各节制闸。事故点上游节制闸关闭应采取从下到上的顺序或同步关闭的方式。同时注意观察各闸前水位,适时提起相应的退水闸使闸前水位不超过设计水位。事故点以下各级节制闸适当调节控制,避免水位的降速过大,引起衬砌板滑坡。事故点相临的下游节制闸,对不能承受反向水压力(反向水位差)的弧形闸门(暂定为弧形闸门不能承受反向水压力），则不要关闭，但应尽快关闭检修闸门，提起配套的退水闸，以防止或减少水体向事故点倒流，影响抢险。

当滑坡面积较小，不影响输水或影响较小，短期内可完成修复时，可适当控制事故点上游节制闸，降低事故点水位，进行渠道修复或加固。

发生险情时，节制闸、退水闸的控制应分 2 ~ 3 次完成，以免造成渠道内水位波动过大，加剧险情。

当应急处理告一段落，应迅速向有关领导汇报事故情况。

应急控制过程中，各级运行人员应坚守岗位，各负其责，严格执行指挥中心的指令，多观测、勤巡视，发现问题及时汇报。

2.1.4　排水沟病害类型及处理方法

排水渠系工程使用年久，常会发生各种不同程度的变形毁坏，主要是坍塌淤积。一般来说，沙壤土地上的明式排水网的变形较重壤土或黏性土壤上的排水网变形严重；暗管排水网变形较小，比较耐久，但是造价较高，一般多在田间排水网使用。

排水渠系网建成后变形的原因有自然形成和人为造成两个方面。有些明式排水渠道投入使用后由于渠床土壤质地、地下水状况、气温冻胀等不同情况而变形；有的排水渠系设计施工中对流速、泥沙、冻胀等因素考虑不周，在运用过程中，形成变形；有的管理运用过程中由于人为的堵塞、拦截、破坏等原因，也会造成局部变形损坏。排水沟网工程变形毁坏及处理方法见表 6-2-1。

表 6-2-1　排水沟网工程变形毁坏及处理方法

变形毁坏的形式	产生的原因	修复方法
沼泽土的沉陷	1. 由于沼泽土层变得密实，沟深减少； 2. 由于下层沼泽土沉陷，沟底下陷； 3. 由于边坡和沟底的不均匀沉陷，横断面和纵断面变形； 4. 由于沟底和边坡的沉陷，原来埋在土中的树桩和树干露出在边坡和沟底上	1. 疏浚沟道； 2. 不需要修理； 3. 清理沟底和边坡； 4. 拔除和切去露出的树桩和树干并清理到设计标高
边坡的损毁	1. 由于稀泥和盐类从边坡后流出，边坡和排水土壤表层塌落到沟道中； 2. 由于弃土堆的压力，沼泽土层隆起； 3. 在气候因素（冰冻等）的影响下，边坡表层发生龟裂和剥落； 4. 由于地表水流入沟中而冲刷边坡，在地下水渗出的作用下，边坡塌坡和破坏； 5. 由于修筑渡口、生活取水点等而破坏边坡	1. 修整塌坡的断面，随后加固边坡的基础； 2. 去除和铲平弃土堆，随后清理和平整沟底和边坡； 3. 在边坡上种草或铺草皮，定期清理沟道； 4. 排走地表水和修建渗出的地下水的引水工程，用盖面、草皮和种草等办法加固边坡； 5. 划出专门地点设置专门的建筑物以适应居民的日常生活用水的需要

续表 6-2-1

变形毁坏的形式	产生的原因	修复方法
沟底和边坡的冲刷	1. 水的流速过大冲刷沟床,冲刷横断面; 2. 沟道交叉地点沟底和边坡的冲刷; 3. 沟道在其与承泄区或其他级沟道联结时沟口部分的冲刷; 4. 流量很大的排水闸喇叭口出口部分的冲刷; 5. 沟道在曲率半径小的转变地点上的冲刷; 6. 在裁弯取直沟段承泄区的冲刷	1. 借修建小跌水和陡坡来减缓坡降; 2. 局部地减缓坡降,加固冲刷段,借种草加固边坡,修建立体交叉建筑物; 3. 在各沟道联结地点修建跌水或陡坡; 4. 用草皮或其他护砌工程加护边坡和喇叭口; 5. 加固凹岸,修建护屏,增大曲率半径; 6. 浚深裁弯取直的沟段
沟道淤积	1. 沟中沙和淤泥的沉积; 2. 细颗粒土壤的淤积; 3. 位于河滩上的沟道被洪水淹没造成的淤积; 4. 由发展的侵蚀沟和受冲刷的喇叭口等带来的冲刷物沉积在承泄区中; 5. 沟道在相交地点或未经加固宽阔的蓄水池的淤积; 6. 在洪水时期由于形成壅水,沟道中沉积泥沙; 7. 由于水流不均匀和流速低,河流和沟道发生淤积; 8. 沟道中建筑物的崩落、弃土堆、树桩,以及其他位于沟边的物体被风吹和水冲而淤积沟道网; 9. 在修筑堰、水底铺梢以便通行和修理行车桥的地方泥沙的沉积; 10. 浮运木材的沟道被沉没的木材和垃圾所阻塞(在河中的捕鱼栅和横堤旁)	1. 加固冲刷段,修建沉沙池,清除沟道中泥沙; 2. 沟道清淤; 3. 修建导流丁坝和导流板以偏离泥沙和冲刷旧有的沉积,沟道清淤; 4. 借种树加固侵蚀和沟道的出口部分,修筑跌水等; 5. 用天然加固的方法(种树和种草等)加固蓄水池的受冲刷地段; 6. 修筑导流丁坝,清除沟道中的泥沙; 7. 修筑改善沟中坡降和水流的整治工程; 8. 移去弃土堆,清除沟边和平台上的树桩、树木和其他可能掉入沟中的物体; 9. 清除泥沙,在水底铺梢和行车桥中修筑冲刷段; 10. 清除浮运时沉在水中的木材,拆除捕鱼栅和横堤

2.1.5　灌溉水利用系数的测算方法

2.1.5.1　水的利用系数的概念

完整的输配水灌溉渠道包括干渠、支渠、斗渠、农渠和毛渠。其中,农渠以上输配水量称为渠系水,农渠以下输配水量称为田间水。

1)渠道水利用系数

某渠道的出口流量(净流量)与入口流量(毛流量)的比值,称为渠道水利用系数。即某渠道下断面的流量与上断面流量的比值,称为该段渠道的渠道水利用系数。渠道水利用系数等于该渠道同时期放入下一级渠道的流量(水量)之和与该级渠道首端进入的流量(水量)的比值。也就是说,渠道水利用系数反映的是单一的某级渠道的输水损失,公式表示如下

$$\eta_{渠道} = Q_{净}/Q_{毛} = Q_{下}/Q_{上} \tag{6-2-1}$$

2)渠系水利用系数

渠系水利用系数是指各级固定渠道水利用系数的乘积或末级固定渠道放出的总水量与渠首引进的总水量的比值。渠系水利用系数反映了从渠首到末级渠道的各级输、配水渠道的输水损失,表示了整个渠系的水的利用率,其值等于各级渠道水利用系数的乘积。

$$\eta_q = \eta_g \eta_z \eta_d \eta_n \tag{6-2-2}$$

式中　η_q——渠系水利用系数;

　　　η_g、η_z、η_d、η_n——干、支、斗、农渠的加权平均渠道水利用系数。

3)田间水利用系数

田间水利用系数是指农渠以下(包括临时毛渠直至田间)的水的利用系数,计划湿润层内实际灌入的水量与进入毛渠的水量的比值称为田间水利用系数,通常以 $\eta_{田}$ 表示。在田间工程配套齐全、质量良好、灌水技术合理的情况下,田间水利用系数可达到0.90,而水田可达到0.90~0.95。

$$\eta_{田} = W_j/W_t = m_j A_j/W_t \tag{6-2-3}$$

式中　m_j——设计净灌水定额,m^3/hm^2;

　　　A_j——末级固定渠道控制的实灌面积,hm^2;

　　　W_t——末级固定渠道放出进入田间的总水量,m^3。

4)灌溉水利用系数

灌溉水利用系数又称灌溉水利用率,是指灌入田间的有效水量与灌溉水源引进的总水量的比值,即田间所需的净水量与渠首引入水量之比。它由渠系水利用系数与田间水利用系数两部分组成。通常灌溉水利用系数应等于渠系水利用系数与田间水利用系数的乘积。

$$\eta_{灌溉水} = Q_{田间净}/Q_{渠首引} = \eta_q \eta_{田} \tag{6-2-4}$$

2.1.5.2　渠系水利用系数传统测定方法

1)动水测定法

根据渠道沿线的水文地质条件,选择有代表性的渠段,中间无支流,其长度应满足以下要求:渠道顺直段长度应不小于渠道宽度的10倍。

观测上、下游两个断面相同时段的流量,其差值即为损失水量。由此可以用下式计算渠段水利用系数。

$$\eta_{渠道} = Q_{净}/Q_{毛} = Q_{下}/Q_{上} \tag{6-2-5}$$

2)静水测定法

选择一段具有代表性的渠段,长度50~100 m,两端堵死,渠道中间设置水位标志,然

后向渠中充水,观测该渠段内水位下降过程,根据水位变化即可计算出损失水量 $W_{段损}$ 和渠道水利用系数 $\eta_{渠道}$。

$$\eta_{渠道} = 1 - W_{段损}/W_{段首} \qquad (6\text{-}2\text{-}6)$$

2.1.5.3　田间水利用系数的测定法

在灌区中选择有代表性的灌溉地块,通过实测灌水前后 $1 \sim 3$ d 内土壤含水率的变化,计算净灌水定额,用下式算出田间水利用系数

$$\eta_{田} = 10^2 \times (\beta_2 - \beta_1)\gamma HA_j/W \qquad (6\text{-}2\text{-}7)$$

式中　β_1、β_2——灌水前后作物计划湿润层的土壤含水率(以干土重的百分数表示);

　　　γ——土的干密度,kg/m^3;

　　　H——作物计划湿润层深度,m;

　　　W——末级固定渠道放出进入田间的总水量,m^3;

　　　其他符号意义同前。

2.1.5.4　灌溉水利用系数的测定

灌溉水利用系数的测定方法有首尾测定法、典型渠段测量法等。

1)首尾测定法

首尾测定法指不必测定灌溉水、配水和灌水过程中的损失,而直接测定灌区渠首引进的水量和最终储存到作物计划湿润层的水量(净灌水定额),从而求得灌溉水利用系数。这样,可绕开测定渠系水利用系数这个难点,减少了许多测定工作量。

首尾测定法是建立在灌区进行灌溉试验的基础上,因此也可称灌溉试验法或净灌水定额法。该方法克服了传统测定方法工作量大等缺点,适用于各种布置形式的渠系,但只是单纯为了确定灌区的灌溉水利用系数,不能分别反映渠系输水损失和田间水利用的情况。如在任何一级渠道上防渗,降低渠道透水性,提高渠道水利用系数,都会收到同样的效果。

测定方法:在灌区中根据自然条件、作物种类的不同,选择典型灌溉地块,测定灌区每次灌水时,渠首引进的水量和作物净灌水定额以及实灌面积,用式(6-2-8)计算第 j 次灌水的灌溉水利用系数 η_j

$$\eta_j = \sum_{i=1}^{n} m_i A_i/W_j \qquad (6\text{-}2\text{-}8)$$

式中　m_i——第 i 种作物的净灌水定额;

　　　A_i——第 i 种作物的实灌面积;

　　　W_j——第 j 次灌水渠首总引水量;

　　　n——灌区作物种植种类。

求出灌区每次灌水的灌溉水利用系数后,利用每次渠首总引水量进行加权平均求得灌区该年的灌溉水利用系数 η_a,即

$$\eta_a = \sum_{j=1}^{m} \eta_j W_j/W_a \qquad (6\text{-}2\text{-}9)$$

式中　W_a——灌区渠首年总引水量;

　　　m——灌区全年灌溉次数。

也可用灌区年度灌溉净用水总量推求灌区灌溉水利用系数。灌区年度灌溉净用水总量等于灌区内该年度所有种植作物的总灌溉定额之和。因此,可在灌区中选择典型区,通过灌溉试验确定各种作物的总灌溉定额。通过测定灌区渠首年度总引水量、各种作物的实灌面积,即可用式(6-2-10)计算灌区该年度的灌溉水利用系数 η_a。

$$\eta_a = \sum_{i=1}^{n} M_i A_i / W_a \qquad (6-2-10)$$

式中　M_i——灌区某种作物的总灌溉定额。

首尾测定法,是建立在灌区进行灌溉试验的基础上,因此也可称灌溉试验法或净灌水定额法。该方法克服了传统测定方法工作量大等缺点,适用于各种布置形式的渠系,但只是单纯为了确定灌区的灌溉水利用系数,不能分别反映渠系输水损失和田间水利用的情况。首尾测定法计算见表6-2-2。

表6-2-2　首尾测定法计算

作物种类	种植面积(万亩)	灌溉定额(m³/亩)	净耗水量(万 m³)
小麦			
玉米			
棉花			
水稻			
合计			
渠首放水量			
$\eta_{水}$(首尾法)			

2)典型渠段测量法

(1)典型渠段损失水量。

测量时段内的损失水量 $W_{损失}$ 为

$$W_{损失} = W_首 - W_尾 - \sum W_t \pm \Delta W_渠 \qquad (6-2-11)$$

式中　$W_首$——测量时段内典型渠道(渠段)首部测量断面的累计水量;

　　　$W_尾$——测量时段内典型渠道(渠段)尾部测量断面的累计水量;

　　　$\sum W_t$——测量时段内正常运行的下级渠道测量断面的累计水量;

　　　$\Delta W_渠$——测量始末典型渠道(渠段)蓄水量的变化,增加的情况取"－"号,减少的情况取"＋"号。

要求水位、流量在测量时段内基本恒定,渠段首部、分水口及渠段尾部可同时测量。

(2)典型渠段的输水损失率 $\delta_{典型渠段}$

$$\delta_{典型渠段} = W_{损失} / W_首 \qquad (6-2-12)$$

(3)典型渠道单位长度的输水损失率 $\sigma_{典型渠道}$。

实际渠道不论是按续灌方式运行还是按轮灌方式运行,都是在分水情况下运行,流量自渠首至渠尾逐渐减小,单位长度的损失水量也相应减少,故由典型渠段的输水损失率计算实际渠道单位长度输水损失率时,必须进行修正换算。

典型段选定后,影响渠系水利用系数的因素主要有流量变化情况、沿程分水情况及典型段选择的位置情况,因此引入 k_1、k_2、k_3 三个修正系数。典型渠道单位长度的输水损失率计算式如下

$$\sigma_{典渠段} = \left[k_2 + k_3(k_1 - 1)(1 - k_2) \right] \frac{\delta_{典渠段}}{L_{典渠段}} \qquad (6\text{-}2\text{-}13)$$

式中　$L_{典渠段}$——典型渠段的长度,若测量段为整条典型渠道,$L_{典渠段}$ 为整条典型渠道的长度,km;

k_1——输水系数,$k_1 = 1 + \dfrac{Q_e}{Q_0}$;

Q_0——渠首流量;

Q_e——渠尾出流流量;

k_2——分水系数,实际渠道的分水情况是很复杂的,为便于应用,简化为线性分水,即假定换算到单位渠长上的分水量,自渠首至渠尾呈直线变化。如果进一步假定灌溉定额没有区别,则分水系数 k_2 可以用渠道控制区的宽度表示。

$$k_2 = 0.5\left(1 - \frac{1}{6} \cdot \frac{\Delta B}{B}\right) \qquad (6\text{-}2\text{-}14)$$

式中　B——渠道控制区的平均宽度;

ΔB——在控制区宽度呈线性变化的假定下,首部与尾部的宽度差。

如果实际渠道接近均匀分水,即上下游控制面积区别不大,则 $k_2 = 0.5$;$k_3 = 0.5 + L_1/L$,L_1 为典型渠段中心点到典型渠道渠首的距离,L 为典型渠道的长度。k_1、k_2、k_3 计算见表 6-2-3。

(4)渠道单位长度的输水损失率 $\sigma_{渠道}$(见表 6-2-4)

$$\sigma_{渠道} = \sum \sigma_{典渠道i} L_{典渠段i} / \sum L_i \qquad (6\text{-}2\text{-}15)$$

(5)某级渠道的输水损失率 $\delta_{渠道}$ 为

$$\delta_{渠道} = \sigma_{渠道} L_{渠道} \qquad (6\text{-}2\text{-}16)$$

式中　$L_{渠道}$——该级渠道的平均长度,km,即该级渠道的总长度除总条数。

(6)某级渠道的水利用系数 η 为

$$\eta = 1 - \delta_{渠道} \qquad (6\text{-}2\text{-}17)$$

(7)灌溉水利用系数。

用上述方法可以确定出各级渠道的利用系数,由渠道水利用系数,按式(6-2-2)可以确定出渠系水利用系数。则灌溉水利用系数 $\eta_水$ 为

$$\eta_水 = \eta_q \eta_{田间}$$

中央文件提到的灌溉水利用系数的目标:

(1)2015 年我国农业灌溉用水有效利用系数达到 0.53,累计增加 0.03。(十二五规划纲要)

(2)到 2020 年,农田灌溉水有效利用系数提高到 0.55 以上。(2011 年中央一号文件)

(3)到 2030 年,农田灌溉水有效利用系数提高到 0.6 以上。《全国水资源综合规划》

表 6-2-3　典型渠道 k_1、k_2、k_3 计算

渠道类型	Q_0	Q_e	k_1	ΔB	B	k_2	L_1	L	k_3
(1)	(2)	(3)	(4)	(5)	(6)	(7)	(8)	(9)	(10)
干渠									
支渠									

表 6-2-4　渠道单位长度的输水损失率计算

渠道类型	$W_{首}$	$W_{尾}$	$\sum W_i$	ΔW	$W_{损失}$	$\delta_{典渠段}$	$L_{典渠段}$	$\sigma_{典渠段}$
(1)	(2)	(3)	(4)	(5)	(6)	(7)	(8)	(9)
干渠								
支渠								

2.1.6　用水计划编制方法

计划用水是灌区用水管理的中心环节,也是灌区提高灌溉用水管理水平,充分发挥灌溉工程效益的重要措施。所谓计划用水,就是按照作物的需水要求和灌溉水源的供水情况,结合农业生产条件与渠系的工程状况,有计划地蓄水、引水、配水和灌水,达到适时适量地调节土壤水分,满足作物高产稳产的需求,并在实践中不断提高单位水量的增产效益。无论是大灌区,还是小灌区,都要做好用水管理工作,都必须开展科学的计划用水管理工作。实行计划用水,必须在用水之前编制用水计划,用水计划是灌区(干渠)从水源取水并向各用水单位或各级渠道配水的计划。它是水利管理单位引水、配水的依据,也是各用水单位安排灌溉的依据。

2.1.6.1　灌区各级用水计划的编制

灌区用水计划包括渠首引(取)水计划和渠系配水计划两大主要部分,配水计划在初级工部分已经学习,这里仅学习渠首引水计划的拟订。

河源供水流量分析的任务是要合理确定某一灌溉时段内河源的平均来水流量及其季、月、旬(或 5 日)的流量过程。其方法如下。

(1)成因分析法。

利用实测的径流、气象系列资料,从成因上分析水文、气象等因子与河源径流的关系,并绘制相关图或建立降水径流相关方程式等。在此基础上也可根据前期径流和降水预报来估算河流的径流过程。由于各时段径流成因不一,在分析方法上有退水趋势法和流域

降水径流相关法等。

①退水趋势法:主要适用于汛后河流的退水时段,其径流变化主要受前期径流的影响,由此建立前后期径流相关关系式。

②流域降水径流相关法:主要适用于雨季和汛期,径流成因主要是降水,春汛期还受气温的影响,有的可用前期降水或前期径流为参数。

例如,某灌区年平均降雨量 510 mm,根据渠首水文站 21 年(1959～1979 年)的水文及气象资料分析,冬灌期(10 月至翌年元月底)河源径流处于汛后的退水期;而夏灌期(6～9 月),前期降水对径流影响小,后期进入雨季,径流的大小与同期降水变化相关密切,此外灌季前期 3 月平均流量对径流也有一些影响,故以 3 月流量为前期影响参数,建立夏灌期流域降水量与本灌季径流的相关曲线(见图 6-2-1)。

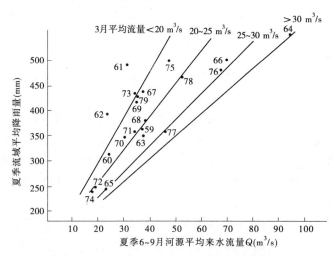

图 6-2-1　某灌区夏季河源来水流量预报方案图

(2)平均流量分析法。根据多年实测资料,按日平均流量,将大于渠首引水能力的部分削去,再按旬或 5 日求其平均值,作为设计的河源来水流量。这种方法虽然粗略,但所分析的成果,接近多年出现的平均情况,且简单易行,只要有若干年河源水文资料即可开展工作,因而中小灌区采用得较多。

(3)经验频率分析法。

河源的供水流量最好是根据气象、水文预报推算确定。对缺乏资料的情况,可根据渠首水文站多年观测资料用经验频率方法分析确定。观测期限越长,河流水文资料越多,则分析成果的准确性也越大,一般至少应有连续 15 年以上的观测资料。

采用经验频率方法,可按下列两公式推算河源供水流量出现的频率

$$P = \frac{m}{n+1} \times 100\% \qquad (6-2-18)$$

$$P = \frac{m-0.3}{n+0.4} \times 100\% \qquad (6-2-19)$$

式中　P——保证率或出现的频率;

　　　m——排列项次或顺序号码;

n——观测资料的年数。

(4)确定渠首可能引入的流量。当河流水源的设计年来水流量确定以后,即可相应地确定渠首可能引入的流量。若水源仅供给一个灌溉系统的用水,则可按照水源设计年来水流量、对水源的控制能力及渠首工程最大引水能力、直接确定渠首可能引入的流量。在无坝引水的情况下,渠首的引水量与水源的水位关系很大,因而不仅要确定河源流量,还应确定水位,然后根据这些水位、流量与渠首进水闸底高程关系而求得渠首可能引入的流量。若水源同时供给几个灌区用水,则应由上一级管理机构统筹分析水源情况和各灌区需水要求,确定各灌区的引水比例,以此来安排本灌区的引水量。

抽水灌区如水源流量大于抽水机出水量很多,则水源分析应以水位为主。但在分析水位时,应考虑抽水后水位的变化,并根据变化后的水位扬程及机械效率等因素确定每个时期渠首抽水机的出水量。

在含沙量大的河流上,渠首可能引入的流量还受泥沙含量的影响,对于这样的河流应分析其含沙量出现的频率。

(5)供需水量平衡。确定了渠首可能引入的流量后,根据需要可按灌季或轮期进行供需水量的平衡计算,以确定出渠系引水计划。

①轮期的划分:轮期就是一个配水时段。把一个灌溉季节划分为几个轮期,有利于协调供需矛盾,也有利于结合作物需水情况合理灌溉。在用水不紧张时,可将作物一次用水时间作为一个轮期;在用水紧张水源不足时,为了达到均衡受益,可将作物一次用水时间划分为 2 ~ 3 个轮期。在划分轮期时,还要适当安排灌前试渠,每轮末储备水,含沙超限引洪淤灌或停灌的天数。

②供需水量平衡计算:计算灌溉需水量应由下而上分别统计整理出本灌季各基层管理站及各级渠系的作物种植面积、各级渠道水的利用系数,以及各月的气温、降雨量及各轮期河源来水流量等预报参数;然后根据各主要作物的灌溉制度及实际用水的管理经验,全灌区灌溉水的利用系数 $\eta_水$,进行各轮期的供需水量平衡分析,即根据已初步确定的渠首引水流量 Q_Y,灌溉面积 F,轮期用水天数 T,平均灌水定额 M,试算灌溉需水流量

$$Q_X = \frac{FM}{86\ 400T\eta_水} \quad (\text{m}^3/\text{s}) \tag{6-2-20}$$

若某轮期可能引入的流量(Q_Y)等于或大于灌溉需要的流量(Q_X),以灌溉需要的流量作为计划的引水流量($Q_X = Q_Y$);若 $Q_Y < Q_X$,则必须进行用水调整:如缩小灌溉面积 F,降低灌水定额 M,或延长轮期用水天数 T 等,如此需要反复修改,直至保持水量平衡且切合灌区用水实际。有条件的灌区还可利用补充水源以弥补水源流量不足。根据修正后的水量平衡计划,就可编制灌区引(取)水计划(见表6-2-5)。灌区引水计划一般按季度编制,如春灌引水计划或夏灌引水计划等。

2.1.6.2 水量调配

在一般情况下,对已定好的用水计划不得随意变动。如果放水时实际的气象、水源、灌溉面积等条件与计划出入较大,则应调整、修改用水计划,进行水量调配。因此,水量调配是执行用水计划的中心内容。

表 6-2-5　某灌区××××年冬灌供需水量平衡与引水计划

轮期	起止日期（月-日）		试渠天数	轮期用水天数	储备水天数	灌溉作物及用水次数	灌溉成数（%）	灌溉面积（万亩）	灌水定额（m³/亩）	灌溉水利用系数	渠首计划引水量		河流供水流量（m³/s）	灌溉效率（亩）	备注
	起	止									m³/s	万 m³			
1~2	05-19	06-10	2	20	1	秋禾泡田	100	6.0	50	0.55	3.15	545.0	3.2~3.6	950	
3~4	06-11	06-30		19	1	棉花一次	100	4.5	40	0.55	2.01	327.0	2.1~2.5	1 190	
5~6	07-01	07-31		23	8	秋禾一次 棉花二次	100 100	6.0 4.5	45 40	0.55	4.12	820.0	4.2~5.3	1 110	
7~8	08-01	08-31		28	3	秋禾二次 棉花三次	100 40	6.0 1.8	45 40	0.55	2.57	625.0	4.8~6.8	1 060	
9	09-01	09-12		10	2	秋禾三次	50	3.0	45	0.55	2.84	245.0	6.0	1 060	
合计	05-19	09-12	2	100	15	秋禾 棉花	350 240	19.2 10.8		0.55		2 562		1 040	

注：灌溉效率即为单位流量在 24 h 内能灌溉的面积。

水量调配就是通过科学合理地调配水资源、泵站机组（提水灌区）执行用水计划的引水、输水、配水任务。用水计划通过水量调配得以落实。

1）水量调配的基本原则

灌区水权集中在灌区管理局（处），水量调配应由管理单位统一安排，其他任何单位和个人无权调配水量。灌区水量调配的基本原则是：水权集中、统筹兼顾、分级管理、均衡受益。

2）水量调配工作的要求

（1）水量调配必须做到"统一领导、水权集中、专职调配"。由管理局水量调配职能单位配水站和专职水量调配人员负责全灌区总干渠、干渠的水量调配。各管理站的水量调配组和专职水量调配人员负责系统内分干、支渠的水量调配。支渠管理员负责斗渠的水量调配。斗管员负责斗以下渠道的水量调配，并组织实施田间灌溉。

（2）水量调配的核心内容是"稳、准、均、灵"。"稳"即水位流量相对稳定；"准"即水量调配及时准确；"均"指各单位均衡用水；"灵"指根据水源变化、气象条件、机组工况等灵活调配。

（3）水量调配人员要求。熟悉用水计划、灌区概况、工程情况、地形地貌、灌排渠系布置、泵站机组性能、建筑物位置、险工段、渠道及建筑物的正常流量和加大流量、警戒水位、渠道的不淤流速和不冲流速、不同流量的流程时间、井灌能力、水的利用率、渠道挟沙能力、灌水定额，与调配有关的指标、定额、文件、图表等。全面掌握运行情况，熟练使用基本参数表册，熟练操作自动化系统，正确回答各方问询，准确描述各系统配水情况、开机情况、运行情况，及时汇报和传递水情信息。能够根据水位变幅判断余缺水量；能够根据观测水位判断机组运行工况。对出现的问题能分析原因，提出解决方案建议。

（4）有计划地施测各项资料，如各级渠道水利用系数、渠系水利用系数；做好渠道测流工作，绘制各监测断面的水位流量关系曲线；经常性校对量水建筑物，提高量水精度。

（5）工作要求。行水期间昼夜轮流值班，详细填写配水日志，及时传递水情信息，准确预报水流动态,正确发布调度指令,做好信息的上传下达,加强各级水情信息、用水情况的沟通和交流,及时反馈给相关单位和人员。

(6)水量结算。水量要日清轮结,定期公布。公布内容包括渠首引水量、各管理站用水量、斗口落实量、计划完成情况、指标完成情况、灌溉面积等。

3)水量调配方法

(1)当实际引入流量大于或小于计划流量时,各级渠道应按预先制定的应变配水方式和比例配水,并应符合下列要求:①个别渠道由于输水能力、输沙能力的限制,或其他原因造成引水量短缺时,可由储备水量或调动其他渠道机动水量补给;②多数渠道用水不平衡时,应在一个轮期中间或末期调整配水比例,在本轮结束前达到平衡。

(2)特殊情况下调配水量应符合下列要求:①遇6级以下大风,应加强护渠,正常输水;6~8级大风,可适当减水;8级以上大风,应立即停水。冬灌时宜按土壤墒情、低温持续时间和渠系防冻能力等因素考虑停水与否。②遇河流来水量发生急剧变化,应迅速调整用水计划。③干支渠道输配水可采用续灌方式,但当河源或干渠流量减少到一定程度,不利于续灌时,在干渠或支渠之间应进行轮灌或分组轮灌。轮、续灌的确定和分组,可根据灌区实际情况而定。④输水期间遇突降暴雨,可视暴雨延续时间和强度,按照灌区运用方案调度,严禁随意关闸退水。

(3)河流流量变化大的自流引水灌区,灌溉季节引入流量经常不足时,可利用非灌溉季节河流水量较丰时机,进行储水灌溉。渠井结合的灌区可引水回灌,补充地下水水源。

(4)严重缺水地区应积极利用当地雨水径流,采用院场、地块、屋顶等有利条件拦蓄雨水径流于涝池、旱井中。亦可利用平板坝、橡胶坝等拦截河沟流水增加抗旱水源。

(5)各种水源的灌区应充分发挥大气水、地面水、土壤水和地下水相互联调的作用。

(6)自流引水为主的灌区,库、塘、井水应按其使用权,在受益范围内统一调配。渠水不足时,以库、塘、井水补渠水,提高灌溉保证率;渠水有余时,以渠水补库、塘、井水。

(7)以蓄为主,蓄、引、提相结合的灌区,调配水量时应符合下列要求:①蓄水时,先蓄远塘(库),后蓄近塘(库);先蓄高塘(库),后蓄低塘(库);先蓄集雨面积小的塘(库),后蓄集雨面积大的塘(库)。②在当地地面径流不能使塘水蓄满时,可利用非灌溉季节引水或提水灌塘。③用水时先用活水,后用死水;先用塘水,后用库水;先用低处水,后用高处水。在水量调配中,先灌远田,后灌近田;先灌高田,后灌低田;先灌水田,后灌旱地。

2.2　灌排渠(沟)系建筑物运行

2.2.1　建筑物常见病害处理方法

渠系建筑物常见的损坏现象主要有沉陷、裂缝、倾斜、渗漏、滑坡与鼓肚、冲刷、磨损、基土流失沉陷及木结构腐蚀等。现将各种损坏现象发生原因及处理方法分述如下。

2.2.1.1　沉陷

建筑物运行过程中,如发生基础沉陷,轻则影响正常运行,重则破坏甚至倒塌,其沉陷的原因及处理方法一般是:

（1）地基承载能力较差,一般可采取加固地基的方法,如水泥灌浆、加固桩基等,以提高地基的承载能力。

（2）水流淘刷基础,土壤流失,先采取防冲刷、截渗、增加反滤层等措施,制止继续淘刷,再将淘刷部分填实加固。

（3）地基如有隐患,应查明原因及状况,分情况加以处理。

（4）黄土地基易于湿陷,应采取防渗措施,也可以在建筑物上下游增设防渗墙以截断渗流,防止继续沉陷。已经沉陷的部位,应按原设计材料加高至原设计高程。

2.2.1.2　裂缝

产生裂缝的原因归纳起来主要有以下几种。

（1）温度裂缝。如渡槽立柱、多孔闸的闸墩、大坝坝体、管道、桥梁的混凝土栏杆等裂缝。应根据当地具体情况、按照温差的大小、用覆盖物调整温差,或增加伸缩缝等办法处理。

（2）地基不均匀引起的裂缝。如果地基发生不均匀沉陷,引起建筑物整体或局部裂缝,首先对地基沉陷进行处理,然后用沥青或环氧树脂等材料对裂缝进行封闭处理。

发现沉陷裂缝后,必须严加观测,研究掌握变化情况,如地基沉陷已稳定,不影响建筑物安全时,可对裂缝只做封闭处理。

（3）超负荷裂缝。常出现在桥梁板和挡土墙面等处,应采取加固措施,并严禁超负荷。

（4）冻胀裂缝。冻胀引起建筑物裂缝,大部分是混凝土板衬砌工程,板下土壤冻胀向上顶起,致使板面裂缝。

2.2.1.3　倾斜

倾斜主要是由于地基受冲刷出现了不均匀沉陷,侧压力过大或受力不平衡等原因引起的,不论局部或整体倾斜,均会妨碍建筑物正常运行和安全。因此,必须加强观测,掌握发展动态,采取地基灌浆、增打桩基、加梁支撑、加固及整修断面以及开挖周围土基,重新回填等方法处理。

2.2.1.4　渗漏

（1）裂缝渗水。对于气温变化而引起胀缩或因地基下沉而尚未稳定的渗水裂缝,一般用塑性材料处理,以适应继续变化的要求。一般常用的塑性材料有沥青、橡胶等。其修补方法是将裂缝凿开、清洗,而后用橡胶或沥青麻布填塞,对已经稳定下来,不再受气温变化影响的渗水裂缝,可将修补部位凿毛、湿润处理,然后将拌和好的砂浆抹到裂缝部位,压实养护,或用喷浆防渗。水玻璃是一种较好的防水剂和速凝剂,如与水泥拌和使用,可以很快地堵塞漏水。

（2）建筑物止水漏水。如闸门止水橡胶、伸缩缝内填料、止水橡皮及止水铜片的损坏等。要及时修理更换。

（3）建筑物施工质量差而漏水。如砖石砌体灰浆未填实,构缝不密实,混凝土制品未捣固,管道接头封闭不严等发生漏水。一般处理办法是用水泥砂浆抹面、喷浆、涂抹沥青和用沥青油麻、石棉水泥等填塞,建筑物破坏严重的,则应大修或改建。

(4)建筑物基础渗漏。其主要原因是上游水头过大,防渗设备破坏或没有防渗设施;或基础地质松散、破碎、透水性较强等。处理办法是:降低上游水位;修复或增加防渗设施,如在上游铺黏土覆盖,修建截水墙,防渗板桩,进行帷幕灌浆等,以减少或截堵渗漏量。较大建筑物在基础上游,加强反滤设施以降低渗透压力,防止基础土粒的流失。

2.2.1.5　冲刷与磨损

建筑物投入运行后,常在上下游发生不同程度的冲刷,特别是渠系建筑物下游护底及护坡,护岸工程坝头和坝脚等。在高速水流部分多发生冲刷磨损。

(1)建筑物进出口与土渠相接的地方冲刷,其主要原因是水流断面、流态变化,流速加大,消力不够等。冲刷较严重的可采取边坡、渠底加糙,加深齿墙,延长护砌段,加大或增设消能设施等办法处理。对流速不大,塌岸严重地段,可采取打桩编柳等生物措施,也可用土工编织袋装土或块石护砌防冲。

(2)跌水、陡坡下游冲刷,主要原因是跌口单宽流量过大,消力池长度、深度不够或型式不良,渐变段太短,连接不顺直等。解决办法是:①对下游冲刷段进行砌石护砌;②加长、加深消力池,对消力设施进行改善;③结合渠道防渗,对下游渠道护砌。

(3)高速水流对建筑物磨损。陡坡、跌水的陡坡段,拦河坝的坝面、泄水闸、冲砂闸的闸底等部位,由于长期承受高速水流冲刷,常发生严重的磨损。可用高强度水泥砂浆填实抹平,或喷浆修平。抗磨能力较高的部位,可用环氧树脂等耐磨材料涂抹。

2.2.1.6　滑坡与鼓肚

衬砌渠道及建筑物出口的两边护岸,常发生滑坡或鼓肚现象,其原因是:

(1)衬砌体背后的土压力过大,土坡高而陡或堆放重物所引起。

(2)底部结构不合理或水流冲刷根基。

(3)降水或其他来水侵入土坡,使土壤饱和,土压力增大。

(4)冻胀影响。

处理时针对发生原因,采取改变结构型式,放缓边坡,减小土壤压力,修建排水沟,铺设垫层等措施。对于已经发生滑坡和鼓肚的地段,要尽快地翻修处理以防扩大。

2.2.2　砌石工程的修理

2.2.2.1　干砌护坡修理

(1)损坏原因:护坡与水面交界处,长期受风浪袭击,块石下面的反滤层及泥土被水吸出,能引起大面积塌坡。施工质量不好,土坡没有夯实,产生不均匀沉陷,或块石大面向上,底部架空,长期经水流冲刷,使块石松动,坡面变形塌陷。堤顶封边没有做好,让雨水进入反滤层土坡,把滤层及泥土带走,引起塌坡。

(2)修补方法:一般塌坡,先清除块石,把冲刷深的土坑回填砂砾石,重新砌筑干块石面层,砌筑时要注意块石间互相挤紧,切勿填塞碎片石或风化石,以防受力折断,松动塌坡。若成片塌坡,应清除块石,整修土坡,回填反滤层,重新砌筑面层。顶部封面,应选用大块石砌筑,缝口要相互错开,砌毕后,块石的凹槽处用黏土回填夯实。

2.2.2.2　干砌海漫修理

（1）损坏原因：设计不周，流速过大，超过干砌块石允许承受的流速 2.5 ~ 4.0 m/s。施工时干砌块石太小，反滤层过薄，该采用双层块石的，采用了单层块石，下层土壤被冲走，形成坑槽。块石间没有挤紧，也是损坏的重要因素。

（2）修理方法：汛期抢险时，在条件允许时，暂时关闭闸门，断流抢修。若无闸门控制，以抛大块石或铅丝笼块石为主，适当加长护底的抛石长度。灌排结束后，进行岁修，清除冲刷坑中的石料，回填土层，进行夯实。损坏的干砌段改成浆砌段，并接长干砌海漫段，加做防冲槽。

2.2.2.3　浆砌挡土墙修理

（1）损坏原因：设计不周，墙身过薄，墙后水压力考虑过小；地基处理不当，引起基础不均匀沉陷；墙身没有排水设施，墙后水位过高，水平推力超过允许范围；施工时，浆砌体内没有砌实、灌实或砌筑砂浆过稀、质量差；勾缝工作没有做好，引起渗水漏水现象。

（2）修理方法：注意排除墙后积水；开沟导走地下水，降低过高的地下水位；禁止墙后堆放重物。总之，设法减少墙后水压力和土压力。平时要注意检查表面砂浆勾缝有无脱落，有无渗水、漏水现象。发现后，应及时找出原因，进行修复加固，否则可能引起墙身开裂、倾斜或倒塌。

2.2.2.4　浆砌石护坡和护底修理

（1）损坏原因：护坡的损坏，主要是由于土坡压实不够，浆砌块石后土坡下沉，致使浆砌石架空，继而断裂下沉，破坏浆砌层。地面水灌入土坡面，带走浆砌石后的垫层、土层；或由于水流过急，造成勾缝冲坏，护坡倒塌。护底的损坏，主要是由于闸门开启不当，下游水流过急，冲坏浆砌石护底；或施工质量不好，没有砌实、砌稳、砌平。

（2）修理方法：对浆砌护坡隆起、破碎，勾缝脱落，缝隙开裂的部位，应挖出原砌块石，整治土坡、回填砂石，重新砌筑面层，并做好上口封边工作。对浆砌护底的冲刷淘空、塌陷、凸起破坏部位，必须彻底进行翻修，清除原有块石，对冲坏的土坡凹坑，整平夯实，填好滤层，重新砌筑，并做好勾缝工作。

2.2.3　水工建筑物水流形态的观测

水工建筑物水流形态的观测，包括水流平面形态、水跃、水面曲线和挑射水流的观测，其目的是了解建筑物过流时的水流状况，以判断建筑物的工作情况是否正常，消能设备的效能是否符合设计要求，建筑物上下游河道是否会遭受冲刷或淤积。

水流形态的观测是水工建筑物在运用过程中的一项经常性的观测项目，通常与上下游水位、流量、闸门开度、风力、风向等项的观测同时进行。

2.2.3.1　水流平面形态观测

水流平面形态观测的内容包括水流的方向、旋涡、回流、水花翻涌、折冲水流、水流分布，观测的方法是通过目测、摄影或浮标测量将水流情况测记下来。在进行目测和摄影时，为了便于观察和拍照，可在水流表面上撒上锯屑、稻壳、麦糠等漂浮物，以显示水流行迹。

2.2.3.2 水跃和水面曲线观测

水跃和水面曲线的观测,一般是采用方格网法和水尺组法。

方格网法是在建筑物两岸侧墙上绘制方格网,网格的间距视建筑物尺寸而定,一般纵向线的间距可采用1 m,横线的间距可采用0.5~1.0 m,线条的宽度为3~5 cm,用白色磁漆绘制。观测时,观测人员站立对岸,用目测或望远镜观测水流的水面在方格网上的位置,并将其按一定比例(一般可采用1/100)描绘在图纸上。

水尺组法是沿水流方向在建筑物两岸侧墙上设立一组水尺,水尺的间距和刻度以能按要求精度测出水跃或水面曲线为准。观测时将水流的水面在各水尺上的位置测记下来,并将其描绘在图上。

2.2.3.3 挑射水流观测

挑射水流的观测包括水面线的形状、射流最高点和落水点的位置、冲刷坑位置和水流掺气情况。

观测的方法通常采用摄影或在建筑物两岸布设观测基点,架设经纬仪,采用前方交会法进行测量。一般是在夜间,用投光灯照射水流表面的测点,再用经纬仪进行观测。

2.2.3.4 高速水流的观测

观测高速水流的目的是了解高速水流对建筑物的影响,以便采取措施改善建筑物的运用方式,同时也为设计和科研提供资料。

高速水流的观测内容包括振动、脉动压力、负压、进气量、空蚀和过水面压力分布等。

1)水工建筑物振动观测

水工建筑物在运用过程中常常会受到动荷载的作用,使建筑物处于振动状态。振动观测的目的就是了解建筑物振动的效应,以判断其对建筑物的影响,以便采取措施,保证建筑物的安全。

水工建筑物易产生振动的部位主要有闸门、阀门、钢管道、工作桥大梁等。

振动观测所采用的观测仪器有:

(1)电测仪器。通常由感应部分、扩大部分和显示部分组成,观测时只需将感应部分与振动物体相接触,即可从显示部分(一般为示波仪)观测出振幅和频率。

(2)接触式振动仪。由触杆、传动杆、笔杆、定时器和记录机构组成,观测时将触杆与振动物体相接触,则物体的振动即可通过传动杆由笔杆记录在纸上。

(3)振动表。由千分表、稳定铅块、弹簧和测微杆组成,如图6-2-2所示。观测时将振动表的弹簧放置在振动物体表面,弹簧在上部重量的作用下随着振动而压缩和伸张,测微杆也因此而产生振动,此时即可由千分表上指针摆动的范围读出相对振幅。振动表的缺点是不能测出绝对振幅和频率。

2)水流脉动压力观测

高速水流的压力脉动会引起建筑物上瞬时荷载的增大,使结构产生振动,而且还可能使建筑物产生空蚀。脉动压力的观测主要是观测压力脉动的振幅和频率。

建筑物产生压力脉动的部位,主要有闸门底缘、闸门和闸墩后面、隧洞和泄水管道出口处、溢流坝面、护坦上下表面等。

脉动压力的观测多采用电阻式脉动压力传感器(见图 6-2-3),它是在金属膜片的上下面粘贴电阻应变丝所构成,当膜片在外力作用下产生变形时,电阻应变丝也产生变形(伸长或缩短),电阻的变化又表现为线路上电流的变化,所以电流的不同变化就反映了作用在金属膜片上外力(压强)的变化。目前已研制成灵敏度较高、稳定性较好的 FTF 型电阻式脉动压力传感器。

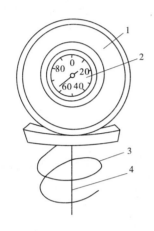

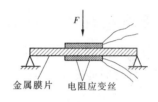

1—稳定铅块;2—千分表;3—弹簧;4—测微杆

图 6-2-2　振动表示意图　　　　图 6-2-3　电阻式脉动压力传感器示意图

3)负压观测

在高压闸门的门槽、门后顶部、进水喇叭口、溢流面、反弧段末端、消力齿槛的表面等水流边界条件突变的部位,常常会产生负压,进行负压的观测就是为了研究负压对建筑物的影响,以及应采取的改善措施。

负压的观测多采用负压观测管,这是一根直径为 18 mm 或 25 mm 的金属管,施工时埋入测点,使管口与建筑物表面齐平,管的另一端则引入廊道或观测井中,并与真空压力表或水银压差计相连接。观测时,由于水流脉动的影响,真空压力表指针和水银压差计中的液面极不稳定,因此只需测读压力的最高值、最低值及平均值。

4)进气量观测

在泄水建筑物的闸门下游侧,由于水流极不稳定,常常会产生空蚀和引起闸门振动,因此一般都设置通气管道,及时进行补气和排气,以改善建筑物的运用条件。进气量的观测就是为了了解通气管道的工作效能。

进气量的观测一般采用孔口板法、毕托管法和风速仪法。

5)空蚀观测

在建筑物的某些部位,如泄水建筑物的反弧段及其下游、闸门门槽、底孔闸门下游、溢流坝面、挑流鼻坎、消力墩和消力槛的侧面及背面,在高速水流通过时,其表面常常会产生空蚀。空蚀对建筑物的破坏很大,必须加以防止。

空蚀的观测,通常是用沥青、石膏、橡皮泥等材料,先称好重量,然后再填入空蚀部位,将原先所称的重量减去剩余材料的重量,除以材料的容重,即为空蚀的体积。空蚀的平面分布可采用摄影法或测绘法进行观测。

6）过水面压力分布观测

对于溢流坝面、泄水管道喇叭口表面、隧洞洞壁等过水面上的压力分布，通常是在这些过水面上布置一组测压管，根据测压管中的水面高程来确定压力的分布。

测压管通常采用直径 50 mm 的金属管或塑料管，进水管段的直径约 18 mm，两者用渐变管连接。安装时，进水管口应与过水面齐平，另一端则引入观测廊道、观测井或墩顶，用水银压差计或压力表进行观测。

2.3　机井和小型泵站运行

2.3.1　泵站运行过程异常情况诊断

泵站在运行过程中会由于各种各样的原因出现异常情况或故障，为减少故障频率和在出现异常情况时能够尽快作出准确判断，及时处理，降低故障所造成的损失，应掌握下列内容。

2.3.1.1　水泵运行过程的异常情况

水泵运行过程的异常情况见第 5 篇水泵工作的常见故障和排除方法。

2.3.1.2　电动机、变压器、开关柜常见的故障及原因

电动机、变压器、开关柜常见故障及其原因分别见表 6-2-6 ~ 表 6-2-8。

变压器所发生的故障中，主要是绕组故障，其次是套管故障和分接头装置故障。

表 6-2-6　电动机常见故障及其原因

故障现象	原因
电动机不能启动或转速较额定值低	1. 可能是熔丝烧断或电源电压太低； 2. 定子绕组或外部线路中有一相断开； 3. 鼠笼式电机，转子断条，能空载启动，但不能加负载； 4. 绕线式电机转子绕组开路或滑环与碳刷接触不良； 5. 应接成"△"形的电动机，误接成"Ｙ"形，因此电动机空载可以启动，则不能满载； 6. 电动机负载过大； 7. 定子三相绕组中有一相接反； 8. 电动机或水泵内有杂物卡阻； 9. 轴承磨损、烧毁或润滑油冻结
电动机空载或加负荷时三相电流不平衡	1. 电源电压不平衡； 2. 定子绕组有部分线圈短路，同时线圈局部过热； 3. 重换定子绕组后，部分线圈匝数有错误

续表 6-2-6

故障现象	原因
电动机过热	1.过负荷； 2.电源电压过高或过低； 3.三相电压或电流不平衡； 4.定子铁芯质量不高,铁损太大； 5.转子与定子摩擦； 6.定子绕组有短路或接地故障； 7.电动机在启动后,单相运行； 8.通风不畅或周围空气温度过高
电动机有不正常的振动和响声	1.电动机基础不牢固,地脚螺钉松动； 2.安装不良,机组不同心； 3.电动机转轴上的皮带不平衡； 4.转子与定子碰擦； 5.空气间隙不均匀； 6.一相电源中断,或电流电压突然下降； 7.三相电不平衡,发出嗡嗡声
轴承过热	1.滑动轴承因轴颈弯曲,轴颈或轴瓦不光滑或两者间隙太小； 2.滚珠轴承或滚柱轴承和电动机转轴的轴心线不在同一水平或垂直线上,滚珠或滚柱不圆或碎裂,内外座圈锈蚀或碎裂； 3.润滑油不足或太多； 4.皮带过紧

表 6-2-7　变压器常见的故障及原因

故障现象	原因
绕组短路或接地	1.绝缘自然老化； 2.绝缘受潮； 3.变压器油劣化； 4.油道堵塞,局部过热； 5.运行温度太高未采取措施； 6.油面过低； 7.绕组绕制不当,局部绝缘受到损伤； 8.过电压击穿绝缘
绕组变形	1.制造装配不良,压制不紧； 2.短路电流电动力的作用
绕组断线	1.接头焊接不良； 2.短路电流的冲击； 3.制造上的缺陷,强度不够

续表 6-2-7

故障现象	原因
套管爆炸及闪络	1. 密封不严,绝缘受潮劣化; 2. 呼吸器配置不当; 3. 表面积灰脏污
分接开关烧损	1. 动触头弹簧压力不够; 2. 连接螺栓松动; 3. 有载调压装置安装和调整不当; 4. 绝缘板绝缘不良
铁芯过热或烧损	1. 硅钢片片间绝缘脱皮或损坏; 2. 芯螺栓绝缘损坏,造成铁芯两点接地

表 6-2-8　开关柜常见的故障及原因

故障现象	原因
绝缘故障	环境条件恶劣破坏绝缘件性能、绝缘材料的老化破损、小动物进入等原因造成的短路或击穿
操作机构故障	分、合线圈烧坏,机构卡死或不灵活
保护元器件造成的故障	熔断器额定电流选用不当,继电器整定时间不匹配
不按操作规程造成的事故	未按操作规程操作造成的误分误合或造成元器件损坏
由于环境变化引起的故障	环境温度、湿度及污染指数等的急剧变化

2.3.1.3　电缆常见故障及原因分析

1)漏油(油浸式电缆)

(1)电缆过负荷运行,温度过高因而产生很大的油压。

(2)电缆两端安装位置的高低差过大,致使低端电缆内油的静压力过大。

(3)电缆中间接头或终端头的绝缘带包扎不紧,封焊不好。

(4)充油电缆终端头套管裂纹、密封垫不紧或损坏。

(5)电缆铅包折伤或机械碰伤。

2)接地和短路

(1)负荷过大,温度过高,造成绝缘老化。

(2)电缆中间接头和终端头因制作密封不严,水分进入或者接头接触不良而造成过热,使绝缘老化。

(3)电缆上有小孔或裂缝,或电缆受化学腐蚀、电解腐蚀而穿洞,或被外物刺穿,使潮气侵入电缆内部。

(4)敷设时电缆弯曲过大,绝缘和屏蔽带受损伤断裂。

(5)瓷套管脏污、裂纹(室外受潮或漏进水)造成放电。

(6)受外力作用,造成机械破损。

3)断线

电缆因敷设处地基沉陷等而使其承受过大的拉力,致使导线被拉断或接头被拉开。

2.3.2 泵站机组运行计划的制订

灌区或排水区或城市(镇)需要的流量是根据工程性质、作用、作物种植情况、水文、气象、用水量等各种因素确定的。随着这些条件的逐年变化,流量也不相同。

泵站所提供流量的大小,取决于泵站的扬程、水泵的性能及开机台数等因素。

另外,扬程变化后水泵的流量、效率、装量效率、运行时间、耗电量及运行费用等都会发生变化。

因此,制订运行方案是在满足流量的前提下,合理地确定水泵的运行方式、开机台数和顺序,以达到泵站运行能耗少、运行费用低、经济运行的目的。

2.3.2.1 泵站经济运行方案的确定

泵站工程建成后,每年都应该制订好排水或用水计划,而不是盲目开机,随意运行。这样才能使泵站充分发挥作用,在能耗较少的情况下,最大限度地发挥泵站的效用。

泵站运行时,对各台水泵还必须决定水泵的转速或叶轮直径(具有数个不同直径叶轮的离心泵)或叶片角度(对叶片角度可调的轴流泵和混流泵)。

总之,通过可能实现的多种控制手段,使泵站在满足流量要求的前提下,达到节能,并能获得最大的经济效益。

泵站的经济运行方式,根据不同泵站的实际情况有多种方案,但主要有:

(1)按泵站效率最高的方式运行。

(2)按水泵效率最高的方式运行。

(3)以泵站耗能最少的方式运行。

(4)以泵站运行费用最低的方式运行。

(5)按最大流量(满负荷)的方式运行。

2.3.2.2 泵站运行调度

在安全可靠地完成供排水任务的前提下,通过对供排水区域内所辖工程设施的科学调度和联合运用,使泵站在最经济的工况下运行,称为泵站工程的经济运行。与此相应的运行方式,称为经济运行方式或最优运行方式。

泵站工程经济运行,是用系统分析方法,对泵站工程和供排区,以及有关的水利设施进行综合性的分析比较,通过建立系统的数学模型,用最优化技术求得最优解。泵站最优运行方式,服从于一定的最优准则。最优准则是建立目标函数方程的依据。

对于水泵选型配套及管路设计比较合理的泵站,水泵最高效率对应的工况点,与泵站效率最高对应的工况点相差很小。可以认为,按水泵效率最高的运行方式可获得较高的泵站效率,从而达到能源消耗较少、运行费用较低的目的。

但对水泵选型和管路设计不合理的泵站,水泵效率高时,管路效率、动力机效率及进出水池效率不一定最高,因此泵站效率也不一定最高。也就是说,在水泵选型和管路设计不合理的情况下,水泵的最高效率和泵站的最高效率偏离较远,若按水泵效率最高的方式运行,则可能造成较大的能源浪费。

对于排水泵站,在特大暴雨后,常常要求尽快地把排水区的涝水排走,因此泵站应按动力机满负荷时的最大流量运行。这时可能泵站效率不是最高,但按最大流量运行可使排水区内的损失最小。因此,在这种特殊情况下,按满负荷运行也是经济合理的。

由上述简单分析可知,泵站经济运行涉及面较宽,影响因素也较复杂。需根据具体的情况,进行泵站的优化调度和经济运行,选择合理运行方式。

1)单泵站运行调度

单泵站运行调度主要包括泵站内机组的开机顺序、台数及其运行工况的调节;泵站与配套工程,如涵闸、渡槽等的联合运行;泵站运行与供排水计划的调配。

2)梯级泵站的运行调度

梯级泵站的运行调度主要包括泵站水源与各级泵站的提水能力,以及各站相应供水计划间的科学调度;各级泵站间的开机顺序、台数的控制,以及各级之间流量的合理调配;各级泵站间与其配套工程设施间的联合调度。

3)流域性(区域性)泵站群的运行调度

流域性(区域性)泵站群的运行调度主要包括泵站群中各单泵站的运行调度;泵站群中部分泵站间的联合运用调度;泵站群与其所在流域(区域)内,实现供排水计划的运行调度;泵站群与流域(区域)内其他水利设施(水库、塘坝、闸涵等)的运行调度。

2.3.2.3　泵站经济运行

泵站的经济运行方式,根据不同泵站的实际情况有多种方案,但主要有五种方式。由上分析可知,泵站需根据具体的情况,选择合理的运行方式。

1)离心泵车削叶轮运行

离心泵车削叶轮是一种既简单又经济的水泵节能措施,特别适宜于泵站扬程变化很小,但偏离水泵额定扬程较远的情况。

为使水泵达到经济运行的目的,常按水泵效率最高的方式运行。这时,车削后叶轮直径按下列步骤确定:

(1)由车削定律知叶轮车削前后各性能参数与叶轮外径的关系为

$$\frac{Q}{Q_a} = \frac{D_2}{D_{2a}}, \frac{H}{H_a} = \left(\frac{D_2}{D_{2a}}\right)^2, \frac{N}{N_a} = \left(\frac{D_2}{D_{2a}}\right)^3 \qquad (6\text{-}2\text{-}21)$$

(2)根据水泵的额定流量 Q_0 和额定扬程 H_0,求出车削抛物线方程,并绘出车削抛物线(见图6-2-4)。

$$K_0' = \frac{H_0}{Q_0^2} \qquad (6\text{-}2\text{-}22)$$

车削抛物线方程为

$$H = K_0' Q^2 \qquad (6\text{-}2\text{-}23)$$

（3）根据管路阻力参数 S 和泵站运行时多年平均净扬程 H_{st} 求得抽水装置所需要的扬程 $H = H_{st} + SQ^2$。

（4）求叶轮车削后在净扬程 H_{st} 下的流量 Q_a 和扬程 H_a。为了保证水泵车削后保持在最高效率点工作，车削后的工况点应在最高效率的抛物线 $H = K_0' Q^2$ 上。为此，水泵的工况点应落在 A_a 点上（见图 6-2-4），即 $H = K_0' Q^2$ 和 $H = H_{st} + SQ^2$ 这两条曲线的交点。解此二式可得车削后的流量 Q_a 和扬程 H_a。

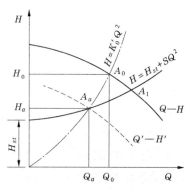

图 6-2-4　车削量的确定

$$Q_a = Q_0 \sqrt{\frac{H_{st}}{H_0 - SQ_0^2}} \qquad (6\text{-}2\text{-}24)$$

$$H_a = H_0 \frac{H_{st}}{H_0 - SQ_0^2} = \frac{H_{st}}{1 - \dfrac{S}{K_0'}} \qquad (6\text{-}2\text{-}25)$$

（5）求车削后的叶轮直径。

$$D_{2a} = D_2 \sqrt{\frac{H_{st}}{H_0 - SQ_0^2}} \qquad (6\text{-}2\text{-}26)$$

（6）求实际车削量 ΔD。实际车削量 $\Delta D = D_2 - D_{2a}$，但是如车削量超过了一定范围，则叶片端部变粗，叶轮与泵壳之间的间隙过大，增加了回流损失，使车削前后水泵的效率不相等。因此，实际车削量应不大于所允许的车削量。

2）水泵变速运行

当泵站扬程变化幅度较大，且泵站多年平均净扬程与水泵额定扬程相差较大、不宜采用车削叶轮的方法时，还可采用调节转速的运行方式。

改变水泵转速的方法具有良好的节能效果，这已被国内外许多实践所证明。水泵运行时最佳转速可按下列步骤确定。

（1）比例律。

根据水泵的比例律，水泵的工作参数与转速有如下关系

$$\frac{Q_1}{Q_2} = \frac{n_1}{n_2}, \frac{H_1}{H_2} = \left(\frac{n_1}{n_2}\right)^2, \frac{P_1}{P_2} = \left(\frac{n_1}{n_2}\right)^3 \qquad (6\text{-}2\text{-}27)$$

（2）确定相似工况抛物线方程。

$$H = KQ^2$$

在这条曲线上的点都具有相似的工作状况，因而各参数都符合比例律。

（3）确定调速后的水泵流量和扬程。

设泵站的净扬程为 H_{st}，管路阻力参数为 S，则抽水装置所需要扬程曲线为 $H_r = H_{st} +$

Q^2,与相似工况抛物线方程联解得

$$Q = \sqrt{\frac{H_{st}}{K - S}} \tag{6-2-28}$$

$$H = \frac{H_{st}}{1 - \dfrac{S}{K}} \tag{6-2-29}$$

（4）水泵最佳转速的确定。

为了保证水泵能在最高效率点工作,故上述相似工况抛物线应通过水泵的设计点。若水泵的额定流量为 Q_0、额定扬程为 H_0,则代入式(6-2-28)得

$$\left.\begin{array}{l} Q = Q_0 \sqrt{\dfrac{H_{st}}{H_0 - SQ_0^2}} \\[3mm] H = H_0 \dfrac{H_{st}}{H_0 - SQ_0^2} \end{array}\right\} \tag{6-2-30}$$

将式(6-2-30)代入比例律公式,即可得水泵运行的最佳转速: $n = \dfrac{Q}{Q_0}n_0$ 或 $n = \sqrt{\dfrac{H}{H_0}}n_0$。

当机组台数较多时,每台机组的性能存在着差异。因此,在确定运行方案时,也应选择正确的开机顺序。在部分机组运行时,选择其中效率高、运行费用最少的机组运行。图6-2-5为不对称运行时进出水池的流态。

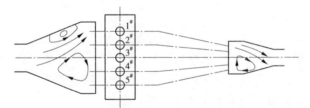

图6-2-5　不对称运行时进出水池的流态

在实际运行中,有的按机组编号的顺序运行,即先开 $1^\#$ 机组,当1台机组无法满足供排流量要求而需要增加流量时,再开 $2^\#$、$3^\#$ 机组……如图6-2-5所示。也有的是因机组的制造或安装质量不同,先开启制造安装质量较好的机组。这些运行方式常常造成泵站机组的不对称运行,影响进出水池流态。它一方面会使池内产生回流,引起泥沙淤积;另一方面对进水管路较短的水泵,特别是大型立式轴流泵,以及只有进水喇叭管而无吸水管路的中小型立式轴流泵,这种不对称的流态所形成的旋涡,对水泵运行时的性能影响很大。因此,在选择开机顺序时,应尽可能地对称运行。如图6-2-6所示的泵站,只需1台机组运行时,应开启 $3^\#$ 机组。若需3台机组运行,则应开启 $3^\#$、$2^\#$、$4^\#$ 机组或 $3^\#$、$1^\#$、$5^\#$ 机组等。若需2台机组运行,则应开启 $2^\#$、$4^\#$ 机组或 $1^\#$、$5^\#$ 机组等。

模块 3　灌排工程管护

3.1　灌排渠（沟）管护

3.1.1　灌排渠（沟）的维修管护

灌排沟渠在运行使用中，常会发生塌坡、渗漏、冲刷、淤积，甚至漫溢、溃决等，影响灌排沟渠正常效用的发挥。为了确保渠系安全运行，提高水的利用率，必须对灌排沟渠做好管理和养护工作。

3.1.1.1　灌溉渠道的管理和养护

1）渠道的管理

为确保灌溉渠道的完好，必须制定一些规章制度，以保证各级渠道能正常工作，具体应做到以下几点：

（1）未经管理部门批准，不得在渠道上设置任何工程和向渠道内排泄废水、污水。

（2）不得在渠道内外边坡种植庄稼、放牧，禁止在渠道内炸鱼、毒鱼、挖坑、扒口等。

（3）严禁向渠道内倾倒垃圾及其他废物，以防止污染和阻水。

（4）渠道放水时，其水位、流量等必须按规定控制，不得任意抬高水位或加大流量，放水和停水的流量应逐渐增减，新渠试放水时更不可骤然泄放。

（5）在填方渠段外坡附近，不得任意打井、挖塘，以防填方坍塌。

（6）在平整土地、修整渠道时，应注意留够断面尺寸和坡比，使之符合设计要求，以保证输水能力和满足稳定的要求。

2）渠道的养护

渠道的养护主要是指对渠道的冲、淤、渗的处理。

A. 渠道的防冲

渠道在输水过程中常有冲刷垮岸的现象，对正常运行是极为不利的，应对产生冲刷的原因予以调查了解，以便采取相对应的措施。常见的产生冲刷的原因有：比降过大以致流速超过一定限度而形成冲刷。可采用设置跌水、潜堰等来调整流速、降低比降。渠道弯曲过急，对凹岸形成冲刷。通常应尽量截（裁）弯取直，或加大其弯曲半径来克服。但有时这两种方法都无法实施或困难较大，则采用砌石防护或打桩护岸。建筑物下游消能不好，造成冲刷。这种情况应增设或改进消能设备，延长砌护长度，夯实护披与土渠衔接处的岸坡。渠道土质不好，施工质量差，又未采取衬砌措施，引起大范围冲刷时，可采取渠床夯实或渠道衬砌等措施，提高渠道稳定性，以防止冲刷。渠道管理不善，流量突增猛减，水流淘刷或漂浮物撞击渠坡时，应加强管理，科学调控，保持流量均匀，消除漂浮物。

B. 防淤

(1)设置防沙、排沙设施,减少进入渠道的泥沙。

(2)调整引水时间,避开沙峰引水。在高含沙量时,减少引水流量;在低含沙量时,加大引水流量。

(3)防止客水挟沙入渠。防止山洪、暴雨径流进入渠道,避免渠道淤积。

(4)衬砌渠道。减小渠道糙率,加大渠道流速,提高挟沙能力,减少淤积。

C. 防渗渠道的养护

(1)土料防渗渠道的养护。以土料(如黏土、二合土或三合土等)为防渗层的渠道,若停水过久,为防止土料因干涸开裂,应定期放水湿润;为防止植物根枝穿透破坏,要注意清除杂草,及时修补、压实出现的孔洞;为防止雨水或地表水直接进入渠道冲坏防渗层,要注意保持渠堤顶向外倾斜或堤外设置截流沟;为防止冻坏土料防渗层,在严寒到来之前,应提早放空渠道。

(2)砌石护面防渗渠道的养护。主要是做好检查工作,防止砌石下的基础被淘空或沉陷过大致使砌体悬空,故一经发现,应立即予以填筑,以免造成大面积破坏;在停水期,应对脱落的勾缝、松动的砌块给予修补,保证来年(或下次)过水时防渗有效。

(3)混凝土衬砌渠道的养护。应对伸缩缝进行认真检查,发现伸缩缝或缝内填料脱落,应及时修补。因为伸缩缝是混凝土衬砌渠道的薄弱环节,若处理不好,很容易形成集中渗流通道,而危及渠道安全;要防止地面径流直接灌入或淘空衬砌层基础,保持两侧渠顶平台和截水(或排水)沟的完好;混凝土板如有损坏,要及时修补或更换。

(4)塑料薄膜、沥青防渗渠道的养护。主要是要保持防渗层不被植物扎根穿破、不被人或动物损坏,应注意经常清除渠道中杂草等植物,如发现有贯穿的孔洞或裂缝,可用灌注热沥青的方法进行修补,或局部重做,以保持完好。

(5)渠道的防洪防决。由于洪水的入侵,或渠堤上存在隐患,或扒口后回填不符合标准,或过水管理不当(流量过大,水位过高),或渠道上建筑物出现问题等,致使渠道不能正常工作,甚至溃决。所有这些都应制定一定的规章制度予以约束,并采取相应的措施、对策,加强管理,防患于未然。

3.1.1.2 排水沟的管理和养护

目前,灌区所采用的排水形式有两种:一种是明沟(河)排水,另一种是暗沟(管)排水。排水系统是防洪、防涝、防渍、防治土壤盐碱化的重要工程设施,它的作用是排泄地面径流,降低和控制地下水位。

目前不少地方对排水系统的管理仍很薄弱,没有专门的管理组织、人员及规章制度,在水流通道上设置障碍阻碍过水;垦占沟坡,致使沟坡土壤流失、塌坡、缺口、淤积沟床等,所以应加强对排水系统的管理和养护工作。

1)明沟的管理和养护

明沟的管理要建立专门的组织机构,明确管理人员职责,制定并落实各项管理措施,要求做到明沟水流通畅,沟内无阻水障碍物;保持沟道断面标准,防止塌坡、垮岸;不得向沟内倾倒垃圾、堆放杂物、排放污水;在河沟保护范围内不得取土、开洞、挖坑、立窑、埋葬、爆破、耕种等;排水沟从田间至干沟应按系统逐级排水,不得越级;地面径流不得任意流入排水沟内,以免冲坏沟道坡岸。

(1)整修岸坡。对缺损的岸坡应及时修补,裂缝应开挖回填或灌浆治理。

(2)除草清淤。沟内淤积和生长的水草对排水影响很大,应及时清除。清淤时,先测定沟底高程,按统一比降,确定各段挖淤厚度,以防止高低不平。

(3)防止冲刷。将各级沟的出口做成喇叭形,俗称喇叭口。喇叭口的长度按两级沟底高程差计算,小沟为30倍高程差,中沟为50倍高程差,大沟为100倍高程差左右。边坡也应渐变至与下级沟坡相同。对于冲刷比较严重的,可采用护砌或设跌水或调整比降等方法来防止冲刷。

(4)清除杂物。对阻水的建筑物、工程设施和杂物,应坚决予以拆除。对桥涵配套规划,应尽快落实,不得随意设置路坝,若确因需要,而又来不及修建桥涵的,则应明确专人负责,汛期到来之前予以拆除。对建桥留下的土胎,应列入施工任务,予以及时拆除。

2)暗沟(管)的管理和养护

暗沟(管)是埋于地下的排水工程,因为是隐蔽的,所以更需注意做好检查观测,掌握工程情况,做好管理和养护工作。要制定章程并指定专人负责对暗沟(管)进行巡视,及时进行检查和清理,以确保正常运行。一般暗沟(管)的管理和养护应做好以下几个方面的工作:

(1)保持排水口的清洁畅通和排水口堤坡防冲护砌的完好。安设栅栏并保持其完好,以防止杂物落入及小动物进入筑窝而阻塞水流;排、集水井口应设置井盖或护栏,以防止异物进入及人畜伤害事故。

(2)定期清理集、排水井内的沉砂池,以防淤塞管道。

(3)定期巡查暗沟暗管的完好情况,发现管道断裂、堵塞或接头缝隙太大,就立即维修或更换。

(4)对于暗管中出现的铁锰矿物质沉积物应予清除,清除时可在管道的上游端压入二氧化硫气体,使铁锰沉积物结核溶解,再用水进行清洗,直至全部清除。

(5)暗管被淤塞时,应及时设法疏通,常用的有刮擦法、冲洗法和疏通法。

3.1.2 国内外灌排渠(沟)管护新技术、新材料、新方法

3.1.2.1 依靠科技进步,因地制宜地推广应用新技术、新成果

国内大型灌区运行管理有百年的历史,在渠道管护工程建设方面也积累了一定的经验,特别是20世纪90年代以来,结合生产实践进行了多项试验研究工作,先后完成了水泥土复合材料渠道衬砌试验研究、抛物线形混凝土防渗渠道的抗冻胀性能研究等项目。在近年来的渠道防渗工程中,特别注重已取得的研究成果应用,通过总结灌区内渠道横断面设计经验及相关研究成果,根据水流条件、抗冻胀效果、施工难易程度、结构美观等综合考虑,在不同级别的渠道上先后选用了梯形、抛物线形、圆弧底形、U形等多种结构型式,形成了大型渠道梯形、中小型渠道曲线形的最佳断面组合。

对于中小型渠道抛物线形断面的设计,还通过探讨理论上的最优断面,结合施工中的具体问题摸索出了一套选定抛物线形断面方程的简便方法。

3.1.2.2　注重新材料应用,提高渠道防渗工程技术含量

伴随着科学技术的迅猛发展,多种可适用于渠道防渗工程的新型材料应运而生。在近几年的防渗工程中,以规范为基础,在满足规范设计要求的前提下,推广适用 PE 闭孔泡沫塑料板、806 树脂油膏、聚苯乙烯泡沫保温板、丹强丝(抗裂合成纤维)等新型填缝、保温、抗渗、抗裂材料。

(1)PE 闭孔泡沫塑料板的应用。

近年实施的续建配套项目中,在干渠险工段、支斗渠等渠道混凝土衬砌工程中均使用 PE 闭孔泡沫塑料板作为混凝土防渗板接缝材料。该材料具有密度小、回复率高、独立的气泡结构、表面吸水率低、防渗透性能好、耐老化性能优良、低温不脆裂、高温不流淌等特点;同时该材料可按断面形状裁剪或黏结,施工非常方便。

PE 闭孔泡沫塑料板的厚度、间距(混凝土接缝宽度和分块尺寸)根据规范和当地温差计算确定,一般以厚度 10 mm、间距 3 ~ 4 m 控制为宜,跳仓浇筑时,将其与边模板固定好,木模板可用铁钉固定,钢模板用卡子固定,避免混凝土入仓振捣过程中闭孔塑料板向上移动,混凝土终凝 24 h 后即可拆模,闭孔塑料板与混凝土已经凝结在一起,覆膜或洒水养护。在跳仓完成 3 d 以后,可补仓浇筑,此时要注意施工人员不能踩踏已浇筑板边缘,避免将已经浇筑好的闭孔塑料板剥离。连仓浇筑时要注意:首块混凝土板浇筑完成后,不能立即撤掉模板,应待第二块入仓振捣一遍后,再将连仓模板拆除,填平放置模板处混凝土,再经过振捣、磨光、压面,依次连续浇筑。为提高板缝的抗渗能力,可在接缝混凝土板下部铺设 100 mm 宽的油毡条。

(2)聚苯乙烯保温板的应用。

聚苯乙烯泡沫板是由可发性聚苯乙烯颗粒为原料,经加热预发泡,在模具中加热成型而制成的具有微细闭孔结构的泡沫塑料板材。该材料具有重量轻、导热系数低、吸水率很小、化学性能稳定、抗老化性能高、耐久性好、自立性好、施工中易于搬运等优点;缺点是耐热性低。主要用于建筑墙体,起到保温隔热的作用。

保温板对提高基土地温显著。由于保温板保温隔热作用,可有效缓解基土与外界的热交换速度,使地基土在冻结过程中温度降低减缓,保温板愈厚表现愈明显。据试验数据统计,平均保温板每厘米厚提高地基土温度在 1 ℃左右。保温板可明显减小基土冻结深度。由于保温板导热系数低,能有效缓解冻结速率,抑制冻深发展,随着板厚增加,冻深呈线性规律减少,在试验条件下,平均每厘米厚保温板对冻深减少 10 cm 左右。

保温板能够抑制基土水分变化,这是由于铺设保温板后,冻结锋面推进变缓,基土温度梯度较小,水分迁移及原驻水重分布的能力较弱,使冻结过程中冻结锋面与地下水的距离逐渐加大,水分迁移路径相对增大,不利于水分迁移,从而减少了地基土的冻胀量。保温板对基土冻胀有明显的抑制作用。据试验结论:东面走向渠道阴坡上部铺设 3 cm、4 cm、5 cm 厚保温板可削减冻胀量 52%、97%、100%;阴坡中部铺设 5 cm、8 cm、10 cm 保温板可削减冻胀量 39%、72%、82%。阳坡上下均铺设 3 cm 厚保温板可基本消除冻胀量。南北走向渠道阴、阳坡上部铺设 4 cm、下部铺设 5 cm 厚保温板可基本消除冻胀量,渠底铺设 5 cm 厚保温板可削减冻胀量 92.5%;渠底铺设 8 cm 厚保温板可完全消除冻胀量。

近年来,该项技术已在内蒙古大型灌区骨干渠道大面积推广应用,衬砌骨干渠道 267

km,聚苯乙烯保温板的使用量达到 22.3 万 m³。提高了骨干渠道的使用寿命,达到了"防渗、抗冻、经济、可行"的目的。

(3)806 树脂油膏填缝材料的应用。

与传统的沥青油膏相比,新型防水油膏——806 树脂油膏具有韧性好,黏结力强,低温不易裂等特点,且使用寿命长,施工简单。自 20 世纪 90 年代末期在一些大型灌区续建配套工程中使用以来,806 树脂油膏已经在很多灌区得到了全面推广应用,止水效果良好。

(4)丹强丝(抗裂合成纤维)材料的应用。

丹强丝是一种新型高分子建筑材料,主要作用是应用于各类混凝土(砂浆)制品,能够显著提高制品的抗裂、抗渗、抗冲磨、耐冻融等功效,广泛应用于水利工程、公路、桥梁、厂房、高层建筑、地下建筑等。

丹强丝纤维为水溶性包装,对混凝土集料、外加剂、掺合剂、水泥都不会有任何冲突,对搅拌设备也没有特别的要求。施工时,可根据配比直接将整袋纤维投入搅拌机或分次投入,适当延长搅拌时间(通常延长搅拌 50~60 s)即可。丹强丝纤维是无毒无味高分子材料,使用时安全性高,按一般劳动保护常规施工即可。经与素混凝土衬砌段进行比较,抗裂、抗渗、耐冻融性能显著提高。

(5)土壤固化剂新材料的应用。

土壤固化剂是在常温下能直接胶接土体中土壤颗粒或能够与黏土矿物反应生成胶凝物质的硬化剂。目前,土壤固化剂可分为三类:电离子类固化剂、生物酶类固化剂、水化类固化剂。

水化类土壤固化剂主要由石灰石、黏土、石膏等矿物质按比例拌和后,经过一定工艺加工而成为固体粉状物质。将固化剂、土壤、水按一定比例拌和后,便将土壤颗粒胶结成整体形成固化土。对拌和物机械施压,逐出土壤中气体,可使土壤胶结体形成有相当抗压强度和抗渗能力的固化土。

固化土衬砌渠道可预制或现浇。预制:筛土—加固化剂—拌和—加水拌和—机械加压—养护—搬运—铺砌安装。现浇:将湿拌均匀的固化土拌和料均匀地铺撒到已清好的地基表面,铺撒厚度 8~10 cm,将表面摊平整后,碾压须 3 遍以上,压实干密度不得小于 1.6 g/cm³。

采用土壤固化剂预制板衬砌渠道,设计断面为梯形断面,采用 0.3 mm 厚聚苯乙烯膜防渗,5 cm 厚预制固化板护面,板下设 3 cm 厚固化泥过渡层,边坡系数 1:1。

衬砌渠道冻胀变形较均匀,消融后自然复位,整个坡面无隆起或沉陷破坏现象。对比测试结论表明:固化土预制块与混凝土预制块衬砌的渠道的冻结、冻胀规律基本相同,因此在冻胀量较小的田间渠道可选用固化土预制块衬砌,渠道断面宜采用梯形。将固化土加工制成预制板衬砌渠道可就地取材,节省大量砂石料,预制固化板是预制混凝土板造价的 65.1% 左右,即可降低生产成本 34.9%。

(6)膨润土防水毯新材料的应用。

膨润土防水毯(GCL)是将级配后的膨润土颗粒均匀混合后,经特殊的针刺工艺及设备,把高膨胀性的膨润土颗粒均匀牢固地固定在两层土工布之间,制成柔性膨润土防水毯材料,既具有土工材料的固有特性,又具有优异的防水防渗性能。膨润土防水毯靠膨润土层防渗,膨润土上下土工织物层作为防护材料,防水毯能在拉伸、局部下陷、干湿循环和冻融循环等情况下,保持极低的透水性,同时还具有施工简易、成本低、节省工期等优点。

为使膨润土防水毯更好地适应冻胀变形,并且可以自然复位,衬砌渠道断面宜采用梯形断面弧形坡脚的形式。膨润土防水毯不允许暴露在表面,需设保护层。刷水泥砂浆保护层与防水毯黏结较好,且柔性较好,可适应变形,是一种较好的护面形式。膨润土防水毯和预制混凝土板两种衬砌渠道相比较,可节约成本29.1%,施工较简单,工期缩短30%~50%。采用膨润土防水毯衬砌渠道与未衬砌渠道相比较,可减少渗漏损失50%以上。基土融通后,渠道坡面没有明显的残余变形量,说明膨润土防水毯具有较好的柔性,复位较好。

3.2　灌排渠(沟)系建筑物管护

3.2.1　建筑物表面修补技术

外物撞击、水流冲刷、设计施工质量造成的先天不足,或在水饱和状态下承受反复冻融等,均会导致水工建筑物混凝土表面破损。混凝土表面破损后,如未能及时修复,将不断引发新的破损,乃至大面积钢筋外露、锈蚀或完全锈断,减少有效断面,使构件承载力下降,影响工程安全。因此,混凝土表面有蜂窝或老化破损程度达保护层厚度的3/4以上、钢筋开始锈蚀至构件产生锈蚀缝或空鼓、起翘等症状时,就应修补。

3.2.1.1　修补材料

修补材料对增加混凝土表面密实度及表面强度,提高混凝土的抗渗透、抗碳化、抗冻融等性能,延长混凝土的寿命,增加混凝土工程的使用年限而言非常重要,加入一定量添加剂的混凝土是较为常用的一种修补材料,且修补效果较好,目前常用的添加剂有以下几种。

1)粉煤灰

在混凝土中掺入适量粉煤灰,可有效改变混凝土的内部结构,使其内部毛细孔变细,减少连通毛细孔,形成无数微小的封闭气泡,从而提高混凝土的密实性和抗冻融性。粉煤灰的掺入量与混凝土的设计强度、水泥强度等级有关,应通过试验确定。小型工程其掺入量一般为20%~40%(基数为水泥与粉煤灰重量总和)。

2)防渗剂

在待修补面结合层使用的水泥浆中加入防渗剂,可防止因新补砂浆的水分在其凝固前被旧混凝土迅速吸干产生的脱壳,即空鼓现象。

3)膨胀剂

在砂浆中掺入少量膨胀剂,可以解决原基底混凝土不收缩而新抹砂浆收缩导致裂缝的问题。

4)阻锈剂

在待用砂浆中掺入一定数量的阻锈剂,如掺入1%的亚硝酸钠,即可有效保护原混凝土中已锈蚀的钢筋。

5）高效减水剂

在砂浆拌制过程中加入一定量的减水剂，可有效控制用水量，降低水灰比，节省水泥。水灰比过大会影响新补层的强度，且砂浆稠度越小越易产生裂缝。UNF-5 高效减水剂减水效果较好，掺入水泥质量的 0.5%，就可以节省水泥 10% 左右。

6）外用涂料

为增加修补和预防效果，有时需在新修补的混凝土表面涂保护性涂层；或在构件已破损、但还处于混凝土劣化仅至钢筋表层、钝化膜破坏、钢筋还未锈蚀时，在钢筋及未修补的表面均匀涂抹保护层，防止碳化、侵蚀、渗透等。水泥浆（净浆）具有较好的防碳化能力；环氧砂浆涂料黏结力强，水密性、气密性好；改性乳化沥青涂料黏结力、变形能力及防水、防渗透性较好，且经济实惠。

3.2.1.2 施工工艺

一般采用"凿旧补新"的方法，即把混凝土表面破损部分清除干净，贴、涂同质量的修补材料。为使修补材料与原混凝土表面结合良好，必须严格控制施工工艺，并按一定程序进行。

1）清理

将待修补的混凝土表层人工或机械凿毛至露出坚硬、牢固（用铁器敲打看有无空洞）的混凝土面作为基底，然后用钢丝刷和水刷洗，有条件时可用高压风枪或高压水枪将碎屑、灰尘清除干净，并扫除积水，以确保新老混凝土结合紧密。

2）涂刷与铺填

浇砂浆前，先用掺有防渗剂的水泥浆涂刷基层，涂刷厚度为 0.5~1 mm，然后铺填砂浆，并振捣密实，直至表面出现浆液。但由于施工中存在种种不利因素，特别是垂直工作面不易挂浆，要注意砂浆掉落造成的损失，个别构件可在新老混凝土之间加锚固筋予以联结，以提高新老混凝土的整体性，减少新填混凝土的震动作用。此时锚筋只起联结作用，没有支撑作用。

3）压光

粉抹及压光须掌握好时间，压光过早，因其自重的影响，易产生水平向裂缝，因此压光宜在水泥临近终凝时为宜。

4）养护

及时有效的养护十分重要，不仅要在其未达到足够强度前，保持潮湿及一定的温度，还要尽量防止水流冲刷及外物撞击，以达到理想的修补效果。

3.2.1.3 修补方法

（1）水泥砂浆修补法。

水泥砂浆修补的工艺比较简单，首先必须全部清理掉损坏的混凝土，并对修补部位进行凿毛处理，然后在工作面保持湿润状态情况下，将拌和好的砂浆用铁抹抹到修补部位，反复压光后，按普通混凝土的要求进行养护。当修补部位深度较大时，可在水泥砂浆中掺适量砾料，以增强砂浆强度和减少砂浆干缩。

（2）喷浆修补法。

喷浆修补是将水泥、砂和水的混合料,经高压通过喷头喷射至修补部位。喷浆一般分为刚性网喷浆、柔性网喷浆和无筋喷浆。

（3）喷混凝土修补法。

喷混凝土是用高压将混凝土拌和料以高速运动注入修补部位。它的密度及抗渗能力比一般混凝土强,而且具有快速、高效,不用模板以及运输、浇筑、捣固结合在一起的优点。

（4）压缩混凝土修补法。

压缩混凝土是将有一定级配的洁净粗集料预先填入模板内并埋入灌浆管,然后通过压力泵把水泥砂浆压入粗集料间的空隙中胶结而成的密实混凝土。

（5）环氧材料修补法。

环氧材料用于混凝土表面修补的有环氧基液、环氧石英膏、环氧砂浆、环氧混凝土等。环氧材料有较强的抗渗能力和较高的强度,能与混凝土等材料很好地黏结,是一种很好的修补材料,但价格较高。当深度超过 2 cm 时可先用预缩砂浆填补,而将表面预留 0.5~1 cm 深度,再涂抹环氧砂浆作保护层。

3.2.2　建筑物表面喷浆修补

喷浆修补是将水泥、砂和水的混合料,经高压通过喷头喷射到裂缝部位,达到封闭裂缝、防渗堵漏或提高混凝土表面抗冲耐蚀能力的目的。根据裂缝部位、性质和修理要求,可分别采用无筋素喷浆、挂网喷浆,或挂网喷浆结合凿槽嵌补等修理方法。

3.2.2.1　无筋素喷浆

无筋素喷浆就是在裂缝部位的混凝土表面喷射一层水泥砂浆防护层。由于无筋素喷浆的喷浆层与原混凝土的温度变形不一致,以及裂缝渗水和冰冻等原因,会引起喷浆层开裂或脱落,因此只适合分布面积较大的轻微裂缝。

3.2.2.2　挂网喷浆

挂网喷浆是指喷浆层有金属网,起保护面作用或承担结构应力。材料与配比干法施工要求:32.5~42.5 普通硅酸盐水泥;砂料细度模数以 2.4~3.4 为宜,砂料含水率3%~5%;钢筋网由 ϕ4~6 mm 钢筋做成,网格尺寸 100 mm × 100 mm~150 mm × 150 mm,结点宜焊接;钢丝网,由 ϕ4~6 mm 钢丝做成,网格尺寸 50 mm × 50 mm~60 mm × 60 mm 及10 mm × 10 mm~20 mm × 20 mm,结点可以编结或结扎;锚筋,采用直径 6~10 mm 钢筋,架立筋用 ϕ6~8 mm 钢筋。灰砂比(重量比)根据不同部位、喷射方向确定。一般仰喷 1:2~1:3,侧喷 1:3~1:4.5,俯喷 1:2.5~1:3.5。水灰比通过现场试喷确定,常采用0.30~0.50。

修补工艺:喷浆前先把被喷面凿毛洗净,制作、安装好钢筋网;喷浆时喷浆机工作压力应控制在 0.25~0.4 MPa,根据输料软管长度和输料的垂直高度确定。当输料管长25~45 m,升高 5 m 时,喷浆机工作压力 0.25~0.35 MPa;管长 45~70 m,升高 10 m,压力0.35~0.4 MPa;管长 100~120 m,压力 0.35~0.4 MPa。供水管中的压力应比喷浆机的工作压力高 0.05~0.1 MPa。喷嘴与受喷面间的距离一般要求 80~120 cm。喷射方向,应与受喷面垂直。每次喷层厚度,根据不同喷射条件确定。仰喷时不宜超过 20~30 mm,

侧喷时不宜超过 30~40 mm,俯喷时不宜超过 50~60 mm。喷浆完毕后 2 h,即进行抹压洒水养护工作。

3.2.2.3　挂网喷浆结合凿槽嵌补填预缩砂浆的施工程序

施工程序为:

凿槽→打锚筋孔→凿毛冲洗→固定锚制→填预缩砂浆→涂抹冷沥青胶泥,焊接架立钢筋→
挂网→被喷面冲洗湿润→喷浆→养护

施工工艺:先沿裂缝凿槽,回填预缩砂浆与混凝土面齐平,并进行养护;预缩水泥砂浆达到设计强度时,停止养护,使表面干燥,涂一层薄沥青漆。沥青漆的配比是沥青:汽油为 4:6。制作时,先将沥青(60# 或 30#)加热至 180 ℃除去水分和杂物,并冷却至 100~120 ℃,将汽油通过一根直径 6~10 mm 的橡皮管徐徐注入沥青内,不断搅拌,直至均匀。涂沥青漆半小时后,再涂冷沥青胶泥。冷沥青胶泥重量配比为 60# 沥青占 40%,生石灰占 10%,水占 50%,砂占前三者总数的 15%。沥青胶泥总厚度 1.5~2.0 cm,分 3~4 层涂抹,每层间隔时间 2~3 h。涂抹后应对流淌的部位进行修整,保持内部密实,表面平整。待冷沥青胶泥凝固不流淌时,挂网喷浆。喷浆厚度不小于 5 cm。

3.2.2.4　挂网喷浆结合槽嵌填沥青水泥

材料选择:沥青,采用石油沥青,严寒地区用 100#,一般地区用 60#,炎热地区用 30#。橡皮厚为 0.5~1.0 cm,使用时橡皮表面应涂沥青漆。麻布,在沥青中加麻布主要增加沥青拉力,要求麻布结实。水泥 42.5 级以上要求过筛。配比见表 6-3-1。

表 6-3-1　嵌填材料配比(重量)

材料名称	配比					备注
	沥青	汽油	水泥	砂	水	
沥青漆	1	1				即水泥45%, 沥青55%
沥青水泥	1.22		1			
水泥砂浆			1	3	0.55	

(1)施工程序:

凿槽打孔→凿毛冲洗→埋锚筋→涂沥青漆→填沥青水泥和麻布→加橡皮→压条→挂网→喷水泥砂浆

(2)技术要求:凿槽宽 20 cm,深 5~6 cm,槽两边凿毛,洗刷干净,干燥后涂沥青漆。嵌填沥青水泥时,每填至 1 cm 厚铺一层麻布,一般铺 5~6 层,铺设时要层层压实。槽的表面用橡皮覆盖,橡皮用铁板或螺栓压紧,使其与混凝土紧密结合。在表面上喷水泥砂浆以保护橡皮和螺栓,如图 6-3-1 所示。

当裂缝内有渗水时,则沥青漆、沥青水泥和原混凝土面不好黏结,可先用防水快凝灰浆止水,即在已凿好的槽内再往下凿一宽 15 cm、深 3 cm 的弧形槽,槽内先填防水快凝灰浆,止水后,再填一层 1:3 的水泥砂浆(最好能填预缩砂浆),如图 6-3-2 所示。

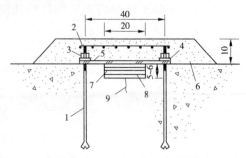

1—M16 螺栓;2—铅丝网;3—螺母;
4—垫板厚 8 mm;5—橡皮厚 10 mm;6—砂浆;
7—沥青水泥;8—麻布;9—裂缝

图 6-3-1　无渗漏处理示意图（单位:cm）

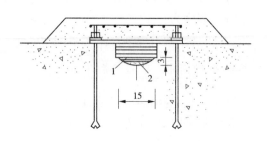

1—1:3的水泥砂浆;2—防水快凝砂浆

图 6-3-2　有渗漏处理示意图（单位:cm）

3.2.3　建筑物裂缝维修方案

3.2.3.1　裂缝调查与分析

裂缝成因调查包括对材质与施工质量、设计计算与构造、使用环境与荷载等方面的调查,是为裂缝分析提供依据的。材质与施工质量调查主要是核查设计资料、施工记录、保证资料,并有针对性地辅以现场检测,包括水泥品种及其安定性,混凝土的强度、密实性、养护情况,混凝土搅拌用料、配合比、试块强度、浇捣时间、养护条件、气候环境,混凝土中氯盐含量、外加剂性能及用量、钢筋位置及数量、模板刚度及支撑情况等。设计计算与构造重点是查结构方案及布置、荷载项目及取值、计算简图及分析方法、结构抗裂计算结果、配筋以及构造措施等是否满足规范,是否符合实际,是否合理。使用环境与荷载主要是分析结构在使用中的温度、湿度变化,是否存在有害介质作用,实际荷载状况等。

通过裂缝现状观测、成因调查判明是结构性裂缝还是非结构性裂缝。结构性裂缝多是由于结构应力达到限值造成承载力不足引起的,是结构破坏开始的特征或是结构强度不足的征兆,是比较危险的。非结构性裂缝是自身应力形成的,对结构承载力的影响不大。

裂缝宽度很小,长度短而浅,局限在受拉区,一般危险性较小。这种表面裂缝多是非结构性裂缝。裂缝宽度愈大,深度愈深,意味着钢筋和混凝土之间黏结力破坏程度愈大,钢筋愈容易锈蚀,将严重影响构件的整体性。裂缝长度愈长,伸到受压区贯穿部分截面或整个截面,往往是破坏征兆,使用寿命已近终结。通常贯穿性裂缝多是结构性裂缝,危险性较大。裂缝的宽度、长度保持恒定不变的属于稳定裂缝,只要其宽度不大,符合规范要求,其危险性较小,属安全构件。裂缝的宽度和长度随时间不断扩展,说明钢筋应力可能接近或达到流限,对承载力有严重的影响,应及时采取措施。

3.2.3.2　裂缝的检测

裂缝检测就是裂缝现状检查,目的是查明裂缝的形式、裂缝位置、裂缝走向、裂缝宽度、裂缝深度、裂缝长度、裂缝发生及开展变化的时间过程,裂缝是否稳定,裂缝内有无盐析、锈水等渗出物,裂缝表面的干湿度,裂缝周围材料的风化剥离程度等。通过现状检测并绘制裂缝分布图,为进行裂缝分析和危害性评定提供依据。裂缝外观检测常用的仪器有刻度放大镜、裂缝对比卡等。裂缝深度主要采用超声波法探测或直接钻芯法检测。

检测的一般步骤如下:

(1)绘制裂缝分布图。先画出产生裂缝构件的形状,然后将裂缝的位置、长度标于图上,并对每条裂缝进行编号和注明裂缝出现时间。为便于研究分析,裂缝图应根据构件逐一绘制展开图,并在图上标明方位。当裂缝数量较多时,可在构件有裂缝的表面画上方格,方格尺寸依据构件的大小以 200～500 mm 为宜,在裂缝的一侧用毛笔或粉笔沿裂缝画线,然后依据同样的位置翻样到记录本上,对于特殊形状的裂缝还要拍照和摄像。

(2)测定裂缝宽度。裂缝宽度是确定裂缝性质、危害程度的重要指标,是裂缝观测必须检测的内容。测定时把裂缝全长分为四等分。测定裂缝方向上的垂直宽度时,使用带有刻度的专用显微镜,将刻度与缝口垂直,量出缝口宽度,记下读数并标于图上。也可以采用裂缝卡通过放大镜估计裂缝宽度,但这种方法误差较大。裂缝长度可用钢尺测量,在裂缝的端部要有标志,标上日期,以观测裂缝的发展。在测定裂缝长度和宽度的同时,须同时确认保护层厚度,保护层混凝土厚度不宜用錾凿开时,可用钢筋探测器找出其厚度。

(3)测定裂缝深度。裂缝深度是否到达了钢筋表面,对结构的耐久性是十分重要的。如果裂缝深度贯穿了构件的断面,那么防水方面就成为问题了。检测裂缝的深度通常用超声波方法。超声波法是利用声波在两种不同介质的交界面上会发生反射这一性质,透过的能量减小,通过所测得的声时与探头之间的关系推算出裂缝的深度。这种方法检测方便,但受所检测构件中钢筋的影响,对钢筋间距较密的结构,其检测结果的可信度受到一定的影响。因此,用超声波测试裂缝深度,要在避开钢筋的位置上进行,而且仅对一些受力裂缝比较合适,因为这种裂缝两边的混凝土一般是完全分离的。而有些裂缝,虽然混凝土结构裂缝的检测与修复比较深,但两边的混凝土并未完全分离,这样的裂缝用超声波检测其深度是不太准确的。对于裂缝不深且其走向大致成一直线的构件,可以采用直接取芯的方法进行检测。这种方法是在有裂缝的位置,沿深度方向钻取混凝土芯样,这样可以在芯样侧面直接测量裂缝深度,其缺点是对构件有一定的破损。

(4)裂缝发展情况观测。对于活动裂缝,应进行定期观测,专用仪器有接触式引伸仪、振弦式应变仪等,最简单的办法是骑缝涂抹石膏饼观察。在典型裂缝位置处抹 50 mm 左右见方的石膏饼,由于石膏饼一般凝固较快,且不会产生收缩裂缝,只要观察石膏饼是否沿原裂缝开裂,就可确定裂缝是否在继续发展。石膏饼开裂宽度大,说明裂缝增长也大,将裂缝的变化情况亦记于图上。通过以上观测绘制形成的裂缝图,即可作为裂缝分析的依据。

3.2.3.3　裂缝修复措施

通过裂缝调查、分析后,根据裂缝的现状及未来发展的预测,结构所处的环境及继续使用的年限,要求结构恢复程度等因素着手进行裂缝处理。裂缝处理的原则首先应能保证裂缝处理后结构原有的承载能力、整体性以及防水、抗渗性能;其次要考虑温度、收缩应力较长时间的影响,以免处理后再出现新的裂缝;再次应防止进一步的人为损伤结构和构件,尽量避免大动大补,并尽可能保持原结构的外观。裂缝的类型不同,修复处理的方法

也不相同,裂缝一般的处理方法有如下几种:

(1)表面修补。表面修补是通过密封裂缝表面以提高其防水性及耐久性的方法。该方法适用于对结构承载力无影响的浆材难以灌入的细而浅的裂缝,深度未达到钢筋表面的微细裂缝(一般宽度小于0.2 mm)。修补用的材料必须具有密封性、抗渗性和耐老化性,与混凝土的变形要相适应,大面积处理时应注意防止空鼓、起皮。表面修补法主要有表面涂抹环氧树脂、聚氨酯、聚合物砂浆等,表面粘贴常采用玻璃丝布、碳纤维布、土工膜。修补处理前应将裂缝附近的灰尘浮渣清除干净,采用表层粘贴封闭时,应对结构面进行打磨处理。

(2)内部修复。内部修复是采用压浆泵将黏结剂及密封剂浆液灌入裂缝深部,由于胶结料在裂缝内部凝结、硬化而起到补缝作用,从而达到恢复结构的整体性、耐久性及防水性的目的。灌浆材料一般要求具有较好的流动性,且具有一定的黏结强度。常用的灌浆材料有水泥和化学材料,可按裂缝的性质、宽度、施工条件等具体情况选用。一般对宽度大于0.5 mm的裂缝,可采用水泥灌浆;对宽度小于0.5 mm的裂缝,宜采用化学灌浆。化学灌浆材料主要为环氧树脂和聚氨酯等。压力灌浆分为低压注入和高压注入两种方式,应根据修复的结构类型和裂缝种类选择适合的注入方式。低压注入适合宽度较细、深度较浅的建筑物裂缝;高压注入适合宽度较宽、深度很深的建筑物裂缝。目前国内较为成熟的"YJ-自动压力灌浆技术",是一项包括材料、机具、施工的综合技术,利用低压原理,依靠内部弹簧压力和毛细管作用将树脂注入微细裂缝。

(3)加固补强。对于因承载能力不足所产生对整体性、承载能力有较大影响的深层及贯穿性的裂缝,单纯修补已经不够,尚需进行补强加固。结构加固补强是为了防止裂缝再出现和扩展,保证结构安全。结构补强的方法很多,主要有加大截面法、外包角钢法、粘钢法、粘贴碳纤维法以及预应力加固法等。加固方法的选择,应根据检测分析结果、结构功能降低及加固原因,结合结构特点、当地具体条件、新的功能要求等因素综合分析后确定。与修补处理不同,由于加固处理的目的在于恢复因裂缝降低的混凝土构件的承载力,涉及建筑物的结构安全和使用功能的改变,因此必须在确认安全的基础上计算承载力,提出合理详细的方案。

裂缝修理方法选择见表6-3-2。

3.2.4 常用建筑物止水、排水材料的使用

3.2.4.1 橡胶止水带的使用

(1)天然橡胶。具有优异的弹性和良好的加工性及温度适应性,但抗臭氧能力差,暴露在空气或经受阳光照射时易老化,适用温度范围为-35～60 ℃。

(2)氯丁橡胶。性能优良的通用橡胶,具有耐候、耐老化性、阻燃、耐化学腐蚀性,适用温度范围为-25～60 ℃,成本较高。

(3)三元乙丙橡胶。常用的止水板材,为多孔弹性橡胶。具有优异耐臭氧、耐老化、耐低温性能和抗酸碱腐蚀、优良电绝缘性,适用温度范围为-40～60 ℃,但自身为非极性材料,较难与混凝土表面牢固黏结,强度较低。

表 6-3-2　裂缝修理方法选择

裂缝种类和特征	渗水现象	对结构强度影响	处理方法	备注
龟裂缝	不渗水	影响抗冲耐蚀能力	表面涂抹环氧砂浆或其他材料	指高流速面
开度大于 0.5 mm 的裂缝	不渗水	无影响	表面粘贴条状砂浆或其他材料	指钢筋混凝土结构
开度大于 0.5 mm 的少数裂缝	小量渗水	无影响	表面凿槽嵌补或喷浆	
数量多、分布长的细微裂缝	渗水	无影响	表面涂抹水泥浆、喷浆或增做防水层	在迎水面处理
渗透压力对稳定无影响的裂缝	渗漏量较小	无影响	表面凿槽引流后嵌补水泥砂浆或其他材料	在渗水口处理
渗透压力对稳定有影响的裂缝	渗漏量较大	无影响	表面粘贴或凿槽嵌补水下环氧材料，或钻孔进行内部灌浆处理	表面处理时，在渗水进口处进行
对结构强度有影响的裂缝	渗水或不渗水	削弱或破坏	浇筑新混凝土或钢筋混凝土补强，钻孔灌浆、喷浆或钢板衬护，锚筋锚固或预应力锚索加固，或其他措施。有渗水的还要结合表面堵漏处理	采用一种或结合使用两种以上的修理方法。沉陷应先加固基础
受温度变化影响的裂缝	渗水	无影响或有影响	环氧砂浆、粘贴橡皮等柔性材料，喷浆或钻孔灌浆	对整体性无影响的采用表面处理，有影响的采用内部处理
一般伸缩缝开裂	不渗水	无影响	按不同深度选用不同材料表面凿槽嵌补	
环向温度裂缝和伸缩缝	渗水	无影响	表面凿槽嵌补沥青砂浆或环氧砂浆，钢板压橡皮或胶粘剂粘贴橡皮	指隧洞、涵洞、倒虹吸管及渡槽等
施工冷缝	渗水或不渗水	有影响	钻孔灌浆或其他措施	
	渗水	无影响	表面凿槽嵌补或喷浆	在迎水面处理

（4）丁腈橡胶。最大优点是耐油性较好、耐磨损。

（5）合成橡胶。强度略低于天然橡胶，抗老化、耐臭氧、耐低温性能均较好。缺点是价格高，同时接头困难，需用较高的温度和压力进行硫化连接。

上述几种橡胶是橡胶止水带常用的基材，主要应用在渡槽、水坝、涵闸等水工建筑物，其主要防水机理是利用弹性密封止水，具有很好的弹性和延伸性。但长时间使用，会发生橡胶老化,且不能适应大的变形缝设计,施工时易发生止水带扭曲、损坏,造成绕渗。适用于伸缩缝位移变形要求不太高的水工建筑物。

橡胶止水带是在混凝土浇筑过程中部分或全部浇筑埋进混凝土中。

在浇混凝土以前先要使其在界面部位保持平展,接头部分黏结紧固,再以适当的力充分浇捣、振捣混凝土来定位止水带,使其与混凝土良好地结合,以免影响止水效果。

止水带在施工中应注意以下事项:①在施工过程中,由于混凝土中有许多尖角的石和锐利的钢筋,所以在浇捣和定位止水带时,应注意浇捣的冲击力,以免由于力量过大而刺破橡胶止水带。如果发现有破裂现象应及时修补,否则在接缝变形和受水压时橡胶止水带抵抗外力的能力就会大幅度降低。②固定止水带时,只能在止水带的允许部位上穿孔打洞,不得损坏本体的部分。③在定位橡胶止水带时,一定要使其在界面部位保持平展,更不能让止水带翻滚、扭结,如发现有扭结不展现象应及时进行调整。④在浇注固定止水带时,应防止止水带偏移,以免单侧缩短,影响止水效果。⑤在混凝土浇捣时还必须充分振捣,以免止水带和混凝土结合不良而影响止水效果。⑥止水带接头必须黏接良好,如施工现场条件具备,可采用热硫化连接的方法。不加任何处理的所谓"搭接"是绝对不允许的。

橡胶止水带一般放在底板和墩墙的接缝处,因为成品是打卷的,展开铺贴时也就不平整。以前的处理办法是,底板浇筑混凝土收面时,在墩墙内部位(墩墙和钢筋之间)压槽,比止水带略宽 1 cm,深度 1 cm。封模时安放止水带,放在槽内就很平整,用长度小于墩墙厚的 6 个圆钢垂直压在止水片上,间距 1.5 m,两头与墙纵筋点焊。这样止水片就无法打卷了。

橡胶止水在先施工一侧的加固,一般采用钢筋骨架托着,再用钢筋压住,类似夹子那种形状。所以说,加固起来也是很浪费材料的。

3.2.4.2　塑料类止水材料

塑料类止水材料主要包括 PVC 止水带、塑料油膏类止水材料。

(1)PVC 止水带暴露在空气中或经受阳光照射时容易发生老化,耐低温性能差,当温度低至 6 ℃时,PVC 会变脆,承受接缝拉伸时容易发生断裂,造成止水失效。因此,在低温寒冷地区,不宜采用 PVC 止水带。使用时,需加强施工期间的保护,防止长时间阳光或紫外线照射。目前,市场上出现了一种 PVC 改性产品:H2 - 86 型塑料止水带。其特点是拉伸强度、伸长率均高,硬度较大,脆性温度为 - 46.9 ℃、耐寒性好,吸水率低。另外,还可把聚氯乙烯加工制成具有良好耐候性、耐臭氧和耐热老化性、价格便宜的土工膜防水卷材。最大缺点是与混凝土的胶结强度不高,一般应采用适当的胶粘剂来达到与混凝土的较好黏结。

(2)塑料油膏和聚氯乙烯胶泥类止水材料一般是由煤焦油、聚氯乙烯或聚乙烯塑料、增塑剂、溶剂与填料配成的弹性膏状物质。它是一种炎夏不流淌、寒冬柔软、黏着力强、弹性好、耐腐蚀、老化缓慢、冷施工、价格较低的止水材料。但冬季无弹性,与混凝土不能很好黏结,在大型水工建筑物止水中很少采用。

3.2.4.3　密封胶类止水材料

防水密封胶分为 3 个档次:低档的为聚氯乙烯、改性沥青;中档为氯丁、丁基、丙烯酸酯、氯磺化聚乙烯;高档为聚硫、有机硅、聚氨酯。低档密封胶耐老化性能差,难以在剧烈变化的恶劣环境中应用;中档密封胶柔韧性较差,无法适应大幅度的变形,如果制成柔软性品级,又失去了优良的黏结性能;高档密封胶一般为室温硫化型,具有优良的力学性能及耐老化性。广泛用于建筑行业中水泥接缝、玻璃幕墙、铝合金门窗等的黏结密封,各种建筑幕墙的填缝密封、玻璃门窗的安装密封、室内卫生洁具的黏结密封及公路、桥梁、高速公路、机场跑道等混凝土路面的间缝、伸缩缝的嵌缝密封,在水利工程中则少有应用。

3.2.4.4 金属类止水材料

金属类止水材料主要包括紫铜类、不锈钢类及镀锌铁板、镀锌钢板类。其中,紫铜类和不锈钢类止水材料在各种接缝中应用较广。

紫铜分为软铜、硬铜、半硬铜等种类。硬铜和半硬铜在使用时需在 300~400 ℃高温下退火处理,但无法有效消除应力,造成温度应力集中和铜片氧化。软铜具有较大的伸长率,能更好地适应变形性,在加工成型时不易发生破坏。目前,在伸缩缝止水应用中,出现了"F"形、"W"形、"Ω"形铜止水带。水工建筑止水带规范中规定:作为止水带,铜片的伸长率应不小于 20%。

1)不锈钢类止水带

不锈钢类止水带虽然伸长率与铜止水带相当,但刚性相对铜止水带较大,当发生位移变形时,在混凝土中将承受较大的应力。不锈钢止水带的焊接工艺比较复杂,故一般常用于需要与预埋钢构件连接的止水部位。不锈钢类止水带具有较好的韧性和较高的强度,分为"W"形、"F"形和"波纹"形等。

2)金属类止水材料特点及应用

金属类止水材料具有一定的抗腐蚀能力,强度较高,但与混凝土咬合性较差,成本较高。运用热施工,操作较复杂。金属类止水材料在使用时,与其他防水材料一起配合使用。在大坝等伸缩缝应用时,一般选用 2 层或 3 层止水方式,金属类止水材料一般用作紧靠迎水面的底层。

3.2.4.5 复合止水材料

复合止水材料是指用化学和物理的方法,结合多种止水材料的特点,制备出性能优异、应用范围广泛,能够满足各种止水要求的止水材料,它是止水材料发展的新方向。

目前,市场上出现的复合止水材料有遇水膨胀橡胶、各种新型复合止水带、各种改性密封胶等。

遇水膨胀橡胶的主体是高聚合度碳、氢链结构的疏水性橡胶,如果在橡胶中混入亲水性物质或在主链上接枝一些亲水性基团,就制成了遇水膨胀橡胶。它具有一般弹性材料压缩、复原、止水、密封的功能,又具有遇水膨胀、以水止水的双重止水功能。

一些专利中出现的新型止水带也属于复合止水材料,如金属与橡胶复合,橡胶与塑料或与其他嵌缝材料复合等。目前市场上应用较多的复合止水材料有 GB 系列、SR 系列、BW 和 GBW 等止水材料,广泛地应用于大坝、渡槽、涵闸等建筑物的伸缩缝及变形缝。

另外,化学改性制得的复合止水材料也因其优异的性能,得到越来越广泛的应用,如各种改性密封材料,包括硅烷改性聚醚、硅烷改性聚氨酯、环氧改性聚氨酯、硅酮-丙烯酸及蓖麻油改性聚氨酯等。复合止水材料因其优越的性能将越来越多地在建筑伸缩缝、间缝上发挥作用,起到更好的止水效果。

3.2.4.6　工程排水设施的使用

防渗设计一般采用防渗与排水相结合的原则。即在高水位侧采用铺盖、板桩、齿墙等防渗设施,用以延长渗径、减小渗透坡降和闸底板下的渗透压力;在低水位侧设置排水设施,如面层排水、排水孔或减压井与下游连通,使地基渗水尽快排出。

对黏性土地基,布置轮廓线时,排水设施可前移到闸底板下,以降低板下的渗透压力,并有利于黏性土加速固结,以提高闸室稳定性,防渗常用水平铺盖而不用板桩。对于砂性土地基,当砂层很厚时,采用铺盖与板桩相结合的型式,排水设施布置在护坦上。必要时,铺盖前端再加设一道短板桩;当砂层较薄,下面有不透水层时,将板桩插入不透水层。

1)砂砾料贴坡排水法

这种方法是将背水侧坡面的草根、石子清除掉(清除深度不小于 30 cm),并喷射除草剂,再在背水坡面铺 20 cm 厚的粗砂,再依次铺厚 20 cm 的小石子、20 cm 厚的大石子,最后铺 30 cm 厚的块石护坡。

2)土工织物贴坡排水法

这种方法与砂砾料贴坡排水法类似,先清除背水侧坡面的草根、石子,再在背水侧坡面上铺一层透水土工织物,然后在透水土工织物上铺设一层 50 cm 厚的粗砂,最后在粗砂上铺 30 cm 厚的块石护坡。砂砾料贴坡排水法及土工织物贴坡排水法适用于堤身土体沙性较重的场所。

3)透水压浸平台法

这种方法是在堤坡的背水侧填筑比堤身透水性大的材料,透水压浸平台应高出堤身渗透破坏处 1 m 以上,透水压浸平台顶宽一般为 2~4 m,坡度为 1:3~1:5,采用透水压浸平台,增大了堤身断面,从而延长了堤身的渗径,达到稳定堤身的目的。透水压浸平台法适用于堤身渗透破坏范围较广、堤身断面单薄、背水侧堤坡较陡、外滩比较狭窄的情况。如果填筑透水压浸平台的材料透水性大,则透水压浸平台的断面可取小一些,反之应取大一些。如果堤身较高,则可以采用两级或多级压浸平台,填筑压浸平台之前应清除堤坡上的草皮和杂物,清除深度一般为 20 cm,并喷射除草剂。另外,填筑压浸平台时应注意分层压实。

4)排渗井

这种方法是在背水侧打孔,以便降低堤内覆盖层的承压水头,从而有效地防止管涌的发生。排渗井法一般适用于覆盖层较厚的情况,完好的排渗井可以削减大部分水头,如果定期采用潜水泵抽注水双向洗井的方式冲洗排渗井,可以延长排渗井的使用寿命并保证其使用效果。

5)减压沟

当覆盖层较薄时,可采用减压沟排渗,减压沟应深入透水层 1 m 以下。为了保证减压效果,减压沟应填入透水性能较强的砂石料,颗粒分布应下粗上细。减压沟的布设形式最好为暗沟,因为明沟易受风沙和地表水的影响而发生堵塞。另外,暗沟维护也比较方便。对于透水层为粉细砂的堤基,采用排渗井和减压沟进行堤基防渗效果较差,因为粉细砂容易使排渗井和减压沟发生淤堵。

6）土工膜

土工膜一般适用于透水层较薄的堤基。该方法是采用开槽机开槽,然后将土工膜置入槽中,再在两侧灌入黏土进行堤基垂直防渗。与其他垂直防渗措施相比,采用土工膜法比较经济。当然,采用土工膜进行垂直防渗受到一定的水文地质条件限制,如果堤基中存在有大量的石块或纯中粗砂情况,一般不宜采用土工膜进行垂直防渗。另外,若堤基地下水位较高,施工场地地基很软,致使施工设备不能放置或放置后带负荷工作时地基不能承受其压力,也不宜采用土工膜进行垂直防渗。

3.2.5　闸门螺杆的校正、校直和更换

螺杆式闸门启闭机在开关闸门时可以在一定水位差的情况下实现,克服了钢丝绳卷扬式启闭机在关闸门时,只能靠闸门自重的缺点,螺杆式启闭机在中、小型水利工程中使用比较普遍。

螺杆式闸门启闭机常见的故障有:缺油磨损、螺杆弯曲、超负荷磨损。螺杆式闸门启闭机由电动机、皮带传动装置、蜗杆、蜗轮、螺旋盘母、螺杆、轴承、电气控制元件等部件组成。

3.2.5.1　缺油磨损

螺杆式闸门启闭机缺油会造成各个部件形成不同程度的磨损,主要表现为螺杆与螺旋盘母间的磨损,一般螺杆是采用45#轴钢材料来加工的,螺旋盘母一般是采用黄铜或铸铁材料加工,闸门开关时通过螺旋盘母的转动来推拉螺杆向上下运动,从而实现开关闸门。螺旋盘母与蜗轮是同一个部件,只是齿轮外周是蜗轮齿,内周是螺杆内牙,螺旋盘母的转动也就是蜗轮的转动,它是通过蜗杆的转动来带动的。螺杆的材料一般也是采用45#轴钢,螺杆两边由两个滚珠轴承固定,蜗轮由一个平面轴承和一个滚珠轴承来固定,升降闸门时提升力就是蜗轮上来承受的。因此,螺杆式闸门启闭机在缺油的情况下运行时,使螺杆与螺盘母间、蜗轮与蜗杆间、轴承的滚珠与内外圈间的摩擦力增大,发热增加,从而产生金属疲劳磨损,使元件的韧性、强度下降,一般比较易磨损的部件是蜗轮。

维护保养方式,平时要定期进行维护保养,及时清理螺杆上的灰尘和杂物,定期对启闭机各部件进行加油,由于螺杆式闸门启闭机属于较低速重载机械,运行时相互摩擦的部件要产生保护油幕才能减小部件间的磨损,润滑油要采用3号锂基脂润滑油。

3.2.5.2　螺杆弯曲

螺杆式闸门启闭机在关闸时,遇到闸槽内或闸门底有硬物卡死或顶住时,闸门无法行至全关位置,控制闸门的行程开关在闸门未到全关位置时又未能发出停止电机运转的信号,这样的情况下电机继续运转,使螺杆产生弯曲变形。原来螺杆的牙距是相等的,螺杆弯曲变形后,螺杆弯曲处的牙距变成一边大一边小,在升降闸门时,螺旋盘母经过螺杆弯曲处时就造成启闭机及闸门振动,使螺杆式闸门启闭机的各部件产生金属疲劳磨损,使元件的韧性、强度下降。严重时还会出现卡死现象,在水闸要开关时会造成很严重的后果,因此出现此类故障时要立即采用有效的抢修方法。

维护保养方式,平时要定期对闸槽及闸底的杂物进行清理,对控制的行程开关电路进行测试。对电机与蜗杆间的皮带传动装置的松紧度要适中,使有硬物卡住闸门而闸门不

能行至全关位置时,电机与皮带间能产生打滑,使电机传送出来的力小于螺杆弯曲的力,不造成螺杆弯曲。但皮带传动装置也不能过松,过松会使闸门在带水位差时不能关闸。若螺杆弯曲变形,要立即将螺杆重新调直,由于螺杆机的螺杆既连接水闸闸门,又不易在螺杆机内拆卸,而且修复的时间要及时,因此要采取在现场螺杆吊带闸门调直。螺杆弯曲点会在螺杆启闭机与闸门连接处的中间,即螺杆的两端都是固定的。调直螺杆时不能用铁锤等硬物直接敲打螺杆,以防损坏螺杆上的螺牙。要采用在螺杆上做好标记,然后用钢丝绳固定在螺杆弯曲的反方向上,再在螺杆弯曲的反方向上做一稳固的固定点,在固定点处钩住手动葫芦,再用手动葫芦的吊钩钩住钢丝绳,然后张紧钢丝绳,使螺杆恢复垂直。在修复的过程中要用直尺靠在螺杆上来检测螺杆的修正情况,当直尺靠在螺杆上与原螺杆弯曲的反方向有 5 cm 差距时,就松开手动葫芦和钢丝绳,螺杆就能恢复垂直,螺杆上的牙距也基本上相同,然后加润滑油。

3.2.5.3　超负荷磨损

螺杆式闸门启闭机在开关闸门时,超出设计运行水位开关,使螺杆式闸门启闭机超负荷运行,造成螺杆与螺旋盘母间的压力超大,容易磨损螺旋盘母上的螺牙,同时也容易磨损承托螺旋盘母的平面轴承。螺杆式闸门启闭机超负荷运行时蜗轮与蜗杆间的扭转力也超大,也会造成蜗轮与蜗杆间的直接磨损。总之,螺杆式闸门启闭机超负荷运行时会使螺杆式闸门启闭机发热增加,从而产生金属疲劳磨损,使元件的韧性、强度下降。

维护保养方式:管理人员要认真分析水情,及时开关闸门,严禁在超设计运行水位情况开关闸门。

3.2.6　启闭机整体维修方案、实施计划和预算的编制

水闸工程中启闭机及机电设备运行工况的良好程度,直接关系到水闸运行安全和工程效益的充分发挥。因此,采取适当、合理、有效的方法,对水闸工程中的启闭机及机电设备进行维修保养是保证工程安全的首要因素,启闭机的维修保养应本着安全第一、预防为主的原则,必须做到经常维护,随时维修,养重于修,修重于抢。启闭机维修保养的作用经常对启闭机进行必要的维护作业可以减少磨损,消除隐患和故障,保持设备始终处于良好的技术状况,以延长使用寿命,减少运行费用,确保安全可靠地运行启闭机。维修保养的闸门启闭机是用来对闸门起吊、装卸和安装作业的起重机械,它广泛地应用于水工建筑物中。在生产运行中,因启闭机存在结构尺寸大、启闭力大、运行频率低、荷载变化大、所处环境差等特点,要求其必须具有高度可靠性。正确的检修与维护管理方法是保证启闭机具有高度可靠性的重要技术保障。

养护修理工作分为经常性养护维修、岁修、大修和抢修。经常性养护维修主要是根据检查时发现的缺陷进行正常的保养维修和局部修补。岁修主要是根据汛后检查发现的工程缺陷或问题进行整修和局部改善,由管理人员提出岁修方案,进行实施,一年一次,时间一般安排在 10 月 15 日至次年的 4 月 15 日。大修是当水闸工程发生较大损坏,修复工程最大,技术复杂,影响工程安全时进行的修理。一般为 15 年一次,时间和岁修时间一致。抢修是当水闸工程主要结构、启闭设施发生重大或紧急事故,影响水闸安全时所组织的修理,抢修时间为发生重大或紧急事故时的即时修理。

3.2.6.1　启闭机的检修

检修是检测和修理的简称。通过检测发现设备的故障、隐患和存在的问题,为修理提供依据。通过修理,解决存在问题,使其恢复原有的性能。

1)检测

检测包括检查、测量和故障分析。所谓检查,一般是通过看、摸、听、闻等直观的方法,即"看其表、摸其温、听其声、闻其味",对设备的状况进行查验,以使确定设备工作是否正常;而测量是指借助各种量具、仪表等对设备及零部件进行测试,以便确定它们是否符合要求,满足工作需要;故障分析是针对检查发现的声响、温度、气味等异常现象,结合以往的运行和检修记录做出科学的分析判断,作为制订修理计划和修理方案的依据。

(1)检查的分类。检查分为经常检查、定期检查和特殊检查三类。

经常检查包括运行检查和定期巡视。运行检查又分为运行前、运行中和运行后的检查。定期巡视的周期,由具体情况而定,一般为旬或月。

定期检查包括汛前检查、汛后检查和冰冻检查。汛前检查的目的是确保安全度汛。其内容主要是与启闭机准确、灵活、安全可靠运行有关的项目。汛后检查是比较全面的检查。根据检查的结果,制订下年的检修计划。所以,汛后检查也是最重要的常规检查。此外,寒冷地区冰冻前要进行检查。其内容主要是与防寒防冻有关的项目和设备,确保冬季安全运用。

特殊检查包含两方面内容:一是当发生特大洪水、暴风雨、强烈地震等灾害时,要对启闭机进行检查;二是当知道外单位管理的启闭机相同部位要进行检查。因为同型号的启闭机很可能发生相同的问题,这是一种借鉴检查。

(2)测量。测量分为零部件测量和整机性能测试。零部件测量包括零部件自身的测量和零部件之间相互位置的测量。零部件测量包括外形尺寸、形位公差、位置公差、间隙的测量和内部缺陷的探测。对于零部件内部缺陷的检测,除敲击探伤法外,常用的有磁性探伤仪和超声波探伤仪。整机性能测量项目包括启闭力、速度、电压、电流、绝缘等。

(3)故障分析。故障分析主要是针对检查的结果进行分析判断,找出故障,加以排除。故障分析的基本依据,是设备的工作原理、零部件的运动状况、受力状况以及它们的配合关系。结合运行检修记录,对检查发现的异常现象,由浅入深,由表及里,进行综合分析判断。

2)修理的分类

闸门启闭机的修理一般分为养护维修、定期修理和抢修。

(1)养护维修是针对经常检查发现的故障隐患进行局部修理,以保持设备完好,通常结合维护保养进行。

(2)定期修理又分为小修和大修两种,小修又叫岁修,一般以年为周期。它是年末根据全年运行检查,特别是汛后大检查所发现的问题,制订检修计划,安排下年修理。大修根据设备大小和复杂程度,又分为整机大修和部件大修。大修是一种恢复性的修理,其周期根据运行状况和环境条件,一般为 5~10 年,有的甚至更长些。

(3)抢修是紧急修理作业。在运行过程中如突然发生事故和故障,必须紧急处理。

抢修是闸门启闭机械最不希望出现的事后修理作业。特别是泄洪闸门启闭机械,在防汛泄洪期间出现了事故,即使抢修,也很可能造成不可挽回的巨大损失。

3.2.6.2　启闭机的维护

维护是闸门启闭机运行管理的重要内容。因为闸门启闭机的维修原则是"安全第一,预防为主"。必须做到"经常维护,随时维修,修重于抢"。所以,认真做好闸门启闭机的维护工作是贯彻这一原则的具体表现。

1)维护的重要性

维护就是对经常检查发现的缺陷和问题,随时进行保养与局部修补,以保持工程及设备完好。启闭机械在使用过程中由于磨损、受力、振动和时效等原因,会引起设备的动力性、经济性和安全可靠性能降低,产生隐患和故障。因此,必须根据设备技术状况、变化规律,经常进行必要的维护作业,减少磨损,消除隐患和故障,保持设备始终处于良好的技术状况,以延长使用寿命,减少运行费用,确保安全可靠地运行。

2)维护的内容

维护可概括为清洁、紧固、调整、润滑八字作业。

(1)清洁:启闭机械在运行过程中,由于油料、灰尘等影响,必然会引起设备表面及关键部位的脏污。严重时,可使设备不能正常运转,甚至会引起事故。因此,必须定期进行清洁工作。清洁是针对启闭机的外表、内部和周围环境的脏、乱、差所采取的最简单、最基本却很重要的保养措施。

(2)紧固:启闭机的紧固连接,虽然在设计、安装时已采取了相应的防松措施,但在工作过程中由于受力振动等原因,可能还会松动。紧固件松动的影响,与其自身的作用相关联。如钢丝绳压紧螺栓和吊具连接螺栓等松动,会改变被动连接零部件的受力和运动情况,并构成事故隐患。

(3)调整:启闭设备在运行过程中由于松动、磨损等原因,引起零部件相互关系和工作参数的改变,如不及时调整,会引起振动和噪声,导致零件磨损加快。通常调整的内容有以下几方面:一是各种间隙调整。如轴瓦与轴颈、滚动轴承的配合间隙;齿轮啮合的顶、侧间隙;制动器闸瓦与制动轮之间的松闸间隙等。二是行程调整。如制动器的松闸行程,离合器的离合行程,安全限位开关的限位行程和闸门启闭位置指示行程等。三是松紧调整。如弹簧弹力的大小调整等。四是工作参数调整。如电流、电压、制动力矩等的调整。

(4)润滑:在启闭设备中,凡是有相对运动的零部件,均需要保持良好的润滑,以减少磨损,延长设备寿命;降低事故率,节约维修费用,并降低能源消耗等。

3.2.6.3　实施计划及预算编制

依据年度工程维修养护经费预算、《水利工程维修养护定额标准》及修订意见、工程管理标准等,结合水管单位的实际情况,编制年度灌排渠(沟)工程维修养护实施方案。

工程维修预算在维修养护资金额度内,合理确定维修养护项目,编制年度工程维修养护实施方案。维修养护实施方案包括日常维修养护和专项维修养护两部分。

启闭机的岁修、大修和抢修预算应根据工程的实际情况进行编制。

3.3　机井和小型泵站管护

3.3.1　小型泵站整体维修方案、实施计划

为了恢复和提高机电设备的技术状态,每年排灌季节结束后,应进行必要的检修。首先,组织机电运行工人对机电设备进行检查,并查阅技术档案和当年运行日记,根据设备的使用状况和技术状态编制检修计划,报送主管部门。

(1)检修计划的表式可根据具体情况自行设计。其内容应包括:需要检修的设备名称、台数、编号,上次检修的日期及检修后的运行小时,当年曾经发生的故障,目前存在的缺陷,计划检修的内容,检修部位和内容、技术要求及质量标准、检修人员,劳力组合、所需的工具,备品、备件,材料规格及数量和经费,计划检修期限,保安措施,自行修理或送厂修理等。还应说明需要上级分配的材料、零配件和需要上级帮助解决的资金。备好检修记录的表格。

(2)检修计划批准后,即组织力量进行检修。在检修过程中,要注意检修质量和进度,并将零件更换和缺陷处理情况做好记录。

(3)每台设备检修完毕后,都要进行试运行,要由车间负责人验收,并将检修情况记入"技术档案",以备下次检修或分析故障时查考。全部机电设备检修完毕后,要将检修情况书面向主管部门汇报。机组、变压器等主要设备要在大修完成后 30 d 内提交大修工作报告。

3.3.2　小型泵站水泵的故障排除

水泵累计运行 2 000 h,应进行解体大修,全面检查并处理缺陷。除完成小修项目外,大修项目还有:

(1)进行全面的清洗工作:清洗拆开的泵壳等部件的法兰接合面;把叶轮、叶片、口环、导叶体、轴套、轴承处的水垢、铁锈刮去;清洗轴承、轴套、轴承油室;用清水洗净橡胶轴承,晾干后涂滑石粉;用煤油清洗所有的螺丝。

(2)检查水泵外壳有无裂缝、损伤、穿孔;接合面或法兰连接处有无漏水、漏气现象,必要时进行修补。

(3)必要时更换离心泵的口环、叶轮、轴套。

(4)检查轴瓦有无裂缝、斑点、乌金磨损程度、与瓦胎接合是否良好,必要时进行轴瓦间隙调整处理。

(5)检查滚动轴承滚珠有无破损,间隙是否合格,在轴上安装是否牢固,必要时更换轴承。

(6)检查轴流泵的叶片在动叶头上固定是否牢固,必要时更换损伤叶片。

(7)校正水泵机组的靠背轮中心。

(8)对于偏磨严重的轴流泵机组,应测定其同心度及主轴的摆度。

（9）送厂修理（如修补泵轴、轴颈镀铬等）。

水泵检修完毕后，应在各加工表面涂抹黄油，重新装配好。同时，对阀门也要进行如下检查：橡胶垫是否变质或损坏，门轴是否磨损，启闭是否灵活准确等，并清洗油泥。还要将水泵进、出水管（钢管）涂上沥青，以防生锈。

（10）修理磨成椭圆形或锥形的汽缸，修理有裂纹的汽缸体或汽缸盖。

（11）清理电动机整流子的油垢，修理磨损电刷和调整电刷压力。

模块 4　培训与管理

4.1　技术管理

4.1.1　技术管理总结报告的编写

4.1.1.1　工程技术总结的意义

所谓的工程技术总结,是指对已经做过的工程内容可以是整个项目或某个专项进行分析整理。它描述做了些什么,如何做的,做的效果如何。总结就是以后的经验,是实践的结果。

4.1.1.2　工程技术总结的特点

工程技术总结主要表现在自我性、客观性、经验性三个方面。

(1)工程技术总结要求专业技术人员对已经做过的工作进行收集整理。通过收集整理,提高认识,获得经验,为以后的工作打下基础。

(2)客观性。总结强调科学性,总结经验不需要华丽的语言,要就事论事,辩证分析,力求得出科学结论。

(3)经验性总结还必须从理论的高度概括经验教训。凡是正确的实践活动,总会产生物质和精神两个方面的成果,作为精神成果的经验教训,从某种意义上说,比物质成果更宝贵,因为它对今后的社会实践有着重要的指导作用。这就要求在总结过程中,必须正确反映客观事物的本来面目,找出正反两方面的经验,得出规律性的认识,这样才能达到总结的目的。

4.1.1.3　工程技术资料的收集

收集资料的主要内容有:工程施工时人员、机械配置资料,施工的工期安排,使用的材料、主要的施工工艺、在施工过程中出现的问题及处理方法、变更资料,业主、监理、设计等单位下发的主要文件、会议纪要、批复的报告,上报业主的报告或文件,获得的各种荣誉、大事记等,可以是工程日记,必要的照片,甚至是录像资料。

基础资料的收集要靠平时的日积月累,要养成对日常工作做记录的习惯,特别是公司要求的施工日记。当然,好的记录、好的技术总结是在做好总结工作的基础上写出来的。没有钻研精神,对工作应付了事形成不了好的总结。

4.1.1.4　如何写工程技术总结

1)工程技术总结的分类

工程技术总结分为综合性技术总结和单项工程技术总结两大类。综合性技术总结是针对某一综合工程施工进行的技术总结。单项工程技术总结是针对专项技术和典型经验的总结。

2）工程技术总结的编写原则

（1）工程技术总结不仅需要侧重于技术成果的论述，同时也应具有管理方面的综合内容，要反映出施工企业将科技转化为生产力这一创造性劳动的过程和成就，真实反映施工全过程，实事求是地总结经验和教训，做到不遗漏、不夸张。

（2）对创新的技术和方法或具有借鉴作用的经验与教训，要重点深入分析，对今后施工提出建议。

（3）技术创新部分是工程技术总结的灵魂，对新工艺、新材料、新技术、新设备的应用及具有特色的工艺方法应重点叙述，着力提高总结的技术含量。

3）工程技术总结的编写内容

A. 综合性工程技术总结的编写内容

（1）工程概况，即工程建设项目的地理位置、规模、特征，修建的政治、经济与国防意义，在系统中的地位和作用；地理位置和自然特征；项目立项和修建意义；建设规模和主要技术条件；工程造价、工期、开竣工日期；招标投标情况；承建单位及负责人；监理单位；设计单位。

（2）设计概况：勘察设计过程，技术标准，主要工程数量，工程重难点。

（3）施工过程：施工组织编制与效果分析，施工准备（包括施工部署及施工过程），施工工艺（工程技术难点与解决情况，即新技术的应用，并将取得的经济及社会效益），主要设计变更。

（4）工程质量：质量标准，质量管理，质量监控措施与手段，质量问题及处理。

（5）成本控制。

（6）安全管理。

（7）劳力组织。

（8）施工机械管理。

（9）主要材料与标准。

（10）竣工数量。

（11）成本管理与财务分析。

（12）工程验交情况与评价。

（13）环境保护与职业健康。

（14）精神文明建设（包括与建设、设计、监理单位之间的配合）。

（15）经验和教训。

（16）工程获奖情况。

（17）施工大事记。

（18）图片资料（在施工过程中要加强收集并注明施工部位）。

B. 单项工程技术总结

单项工程技术总结参照综合性技术总结的格式编写。

4.1.1.5　工程技术总结的编写要求

（1）要善于抓重点。总结涉及工程施工的方方面面，但不能不分主次、轻重，而必须抓住重点。重点是指工作中取得的主要经验，或发现的主要问题，或探索出来的客观规律。

（2）要写得有特色。总结经验是提高的重要方法，任何单位或个人在开展工作时都有自己一套不同于别人的方法，经验体会也各不相同，写总结是在充分占有材料的基础上，要认真分析、比较、找重点，不要停留在一般化上。

（3）要注意观点与材料的统一。总结中的经验体会是从实际工作中，也就是从大量事实材料中提炼出来的，具有实用价值，不是凭空捏造的。

（4）语言要准确、简明。总结的文字要做到判断明确，就必须用词准确，用例确凿，评断不含糊。简明则是要求在阐述观点时，做到概括与具体相结合，做到文字朴实、简洁。

（5）总结中能量化的要量化，要定性分析和定量分析结合起来。从客观事实出发，防止感情用事，以免总结流于形式。此外，搞好总结还要注意重视调查研究，熟悉情况。总结的对象是过去的工作，在工作中有可能是多人完成的，但是写总结的时候往往是一人主笔，所以要向参加的主要人员进行调查了解，努力掌握全面情况和了解整个工作工程，只有这样，才能全面总结，避免以偏概全。

4.1.2　技术交底的内容和方法

水利工程施工技术交底，是在某一单位工程开工前，或一个分项工程施工前，由主管技术领导向参与施工的人员进行的技术性交待，其目的是使施工人员对工程特点、技术质量要求、施工方法与措施和安全等方面有一个较详细的了解，以便于科学地组织施工，避免技术质量等事故的发生。各项技术交底记录也是工程技术档案资料中不可缺少的部分。

4.1.2.1　施工技术交底的一般分类

（1）设计交底，即设计图纸交底。这是在建设单位主持下，由设计单位向各施工单位（土建施工单位与各专业施工单位）进行的交底，主要交待建筑物的功能与特点、设计意图与要求和建筑物在施工过程中应注意的各个事项等。

（2）施工设计交底。一般由施工单位组织，在管理单位专业工程师的指导下，主要介绍施工中遇到的问题和经常性犯错误的部位，要使施工人员明白该怎么做，规范上是如何规定的等。

（3）专项方案交底、分部分项工程交底、质量（安全）技术交底等。

施工技术交底是在施工企业内部分级进行、分级管理的，但最重要、最关键的仍是对施工班组一级的技术交底。

4.1.2.2　施工技术交底的内容

施工技术交底的内容应包括：施工班组承担的施工任务、内容和工期；施工图要求；施工组织设计的布置；细部做法、操作规程和验收规范；质量要求以及达到这些质量要求的技术措施；质量通病的克服；安全施工注意事项；施工任务完成情况的奖罚等。当然，除拟定保证质量的技术措施外，还应提出节约材料措施和安全施工措施，确保多快好省又安全地完成施工任务。

4.1.2.3　施工技术交底的文件编制

1）施工技术交底文件的编写要求

施工技术交底文件是由施工单位技术管理人员在工程监理人员指导及设计人员协助

下编制的技术性文件,其编写应以是否能满足指导施工为标准,因此必须具有针对性、预见性、可行性、完整性和告诫性。

(1)针对性。施工技术交底文件的编写应针对班组所担负的施工任务和特点进行,不能完全按分项工程或工种划分归类进行,所以交底文件最好在施工任务下达的同时进行。在拟定施工方法时应突出重点,例如对采用新工艺、新材料或工人在操作上还不够熟练的项目应详细而具体。按常规做法和工人熟练的项目,只要提出这些项目在本工程上的一些特殊要求就行了。

(2)预见性。编写前要早作准备,多加琢磨,集思广益,将可能发生的问题预先考虑好,并提出切实可行的解决措施,同时提出必要的安全措施,尽量不留没有针对措施的隐患,将问题消灭在萌芽状态。这一点非常重要。

(3)可行性。编写的内容不笼统、不教条,确实能解决实际问题,特别是对工程细部的做法、克服质量通病的办法要切实可行,可操作性强。

(4)完整性。编写的内容要全面又能突出重点,这就要求在编写技术交底文件前需认真熟悉图纸,掌握工程特点和设计要求、施工组织设计部署的调整、工程细部做法以及操作规程和验收规范等。

(5)告诫性。编制时,要将施工任务应该怎样做,禁止怎样做,达到的目标是什么,如果违反了或达不到要求将如何处置的内容写进去。交底时应向施工人员讲清楚,使技术交底对施工者具有一定的约束力,保证它的严肃性。

2)施工技术交底的基本要求

施工技术交底的基本要求是及时、备忘和众所周知。

(1)施工技术交底的作用是及时指导施工的正常进行,因此技术交底工作必须在施工任务开始前进行,以便有据可依。

(2)进行施工技术交底应该和施工班组履行书面签字手续,以示备忘。口头交底是随时随地进行的,是对施工者随时地提醒,但还不够,应该有书面形式对施工者所承担的责任进行备忘,以便管理和跟踪,确保技术交底的内容得到落实。

(3)施工技术交底的内容应该让参加该项施工任务的有关人员全面了解。在作书面技术交底时,除有有关班组长签字外,还应在每项施工任务开始前,将所有人员召集起来,将技术交底的内容及比较重要的部分详细讲述,若辅以画图讲解更好。施工前技术交底,能使施工人员明白该做什么和怎么去做,以提高劳动效率,正确施工,保证质量。

3)施工技术交底后的全过程管理

施工技术交底贯穿施工全过程。施工技术交底工作不能因交完了就可以束之高阁,一劳永逸了。相反,需要加强施工全过程的技术交底管理与监督,使其能真正发挥技术交底的应有作用,因此应注意以下两点:

(1)施工技术交底是辅助指导施工的技术文件,是以分项工程的部位为任务对象进行的,只要施工没有结束,交底就一直存在。技术交底在工程施工的全过程是分阶段进行的,对施工周期较长的分项工程施工任务,还应隔一定时间再重复进行交底,以提醒施工班组,使之重视,并可随时补充施工中发现的技术交底不足或忽略之处。此外,施工中也可能出现一些意想不到的新情况、新问题,在整个施工过程中需及时、反复进行交底。

（2）接受交底的施工班组必须随时对照交底要求认真施工；交底者则按交底要求对施工全过程予以监督指导，检查施工班组是否按图纸内容、设计要求进行施工，是否按规程操作，是否达到验收规范要求，制止和纠正违反技术交底要求的施工行为，兑现交底中的奖惩条件，确保技术交底的约束力和严肃性。

施工阶段的主要任务是按照计划文件的要求和设计图纸的内容，组织人力、物力，把工程项目迅速建成，使之早日交付使用。而现代水利工程，尤其是大型水利工程的施工更是一项十分复杂的生产活动，在这一复杂的生产活动中，施工技术交底是一项重要内容和关键环节，将直接影响施工进度和工程质量及安全，因此必须做好施工交底工作。

4.2　技术培训

4.2.1　培训讲义和培训计划的编写

4.2.1.1　培训计划的制订

职工培训是提高职工业务水平及工作能力的有效办法，因此有组织地进行培训有利于提高企业员工的素质，培训时首先要制订培训计划。培训计划制订的步骤如下。

1）进行培训需求分析

培训需求分析是通过对培训对象、行业技术专家及管理人员的调查，了解对技术培训的需求。之所以要选择培训对象、专业技术专家和管理人员作为调查对象，是因为他们可以从不同角度来阐述需求。培训对象一般是从他自己现实从事的工作角度来陈述，需求技术专家应侧重从该岗位发展的角度展望该岗位"将要干什么"，而管理人员则会从客观环境的要求来阐述这一岗位还"应该干什么"。这样就可以从现实和发展两方面了解岗位的培训需要。

2）明确培训目的，设计培训内容

通过培训需求分析，明确培训目的，确定培训内容，有时所需要培训的内容可能比较多，根据需求确定哪些是比较紧急的或者重要的来进行排序，确定先进行哪些培训。灌排工程工技能培训（初、中、高级工）主要按照职业技能标准的要求进行，通过培训让学员掌握作为灌排工程工应该掌握的基础知识及某一工种所应达到的基本操作技能。

3）根据培训对象，设计培训方法，安排培训时间

根据不同的培训对象的组成，可以安排集中培训，或者直接在工作中一边实践一边培训，可根据培训对象的不同及培训内容的不同选择不同的培训形式及安排不同的时间。

4）培训地点

技能培训既有基础知识培训又有操作技能培训，因此培训地点应选择在既能够进行课堂教学又方便进行现场教学的地方，这样便于学生进行操作训练。

5）培训教师安排

根据需要安排培训教师，培训教师可以是单位内部的技师或高级技师，也可以是外聘的具有中级以上专业技术职务任职资格的专业技术人员。具体安排哪些人进行培训，主要取决于培训对象及培训教师的个人特长。

6)培训预算

进行培训预算,根据培训的对象、场地及师资进行培训预算,包括场地费、讲师费等。

4.2.1.2　培训讲义的编写

培训讲义,是对学员传授知识,培训技能的重要工具,是教师教学和学员学习的主要依据及考核标准,是实施岗位培训计划的基本保证。讲义质量的好坏直接关系到岗位培训质量的高低。因此,编写出科学性、针对性、实用性强,岗位、专业配套,质量较高的培训教材,是岗位培训的重要内容。培训讲义应按照以下步骤进行编写。

1)确定培训讲义编写的原则

(1)针对性和实用性要强。

岗位培训是对岗位从业人员进行的以履行岗位职责和任务为目标,以提高本职工作能力和生产技能为重点的定向培训。岗位培训的职业性和定向性,决定了培训讲义的内容必须突出针对性和实用性。

(2)岗位培训讲义应以岗位规范为标准。

岗位规范(岗位标准、工人技术等级标准、职业技能鉴定标准)的具体要求和岗位生产工作的实际需要,作为确定讲义内容深度、广度的准绳和依据。按照岗位培训的任务和要求,岗位培训讲义应以提高岗位工作能力和生产技能、实现岗位任职资格为目标,建立以岗位能力为中心的教材体系。

(3)培训讲义应反映当代有关的新理论、新思想、新科学、新技术、新成果,使讲义具有先进性。教材不仅要包含当前生产工作所需要的知识和技能,还应有一些未来所需要的知识和技能。要尽可能适应知识和技术更新、产业结构调整、企业升级发展和技术改造、产品更新换代、经营管理改革、工种岗位调整的需要,在教材中适时增加有关的新技术、新工艺、新材料、新设备、新手段和新方法的内容,反映新的生产技术和经营措施、新的经验和发明创造、新的工作进展和成果,帮助学员增强适应能力和竞争能力。

(4)讲义编写要贯彻以"职业活动为导向,以职业能力为核心"的思想,即讲义内容以职业能力为主线展开,强调知识内容为操作技能服务,这就要求操作技能内容具有可操作性和实用性,对职业活动有指导意义。理论知识内容以阐述结论性内容为主体,简洁明了。

2)培训讲义的编写

(1)确定培训内容。

教材内容应以岗位规范为依据,岗位规范是对从事某一岗位工作从业人员必须具备的政治思想与职业道德、文化和专业理论知识、工作能力与生产技能等任职条件应达到的要求,是衡量从业人员业务技术水平的考核标准。因此,岗位培训教材应以岗位规范的具体要求和岗位生产工作的实际需要,作为确定教材内容深度、广度的准绳和依据。岗位需要什么就编写什么,需要多少就编写多少,以需定学,有的放矢,按需选材,按需施教。

(2)进行教学单元设计。

教学单元设计是对定向培训目标的进一步具体化,是进行培训活动的指导性文件。教学单元设计的内容包括学习单元、每个学习单元的行为目标、每个行为目标的学习模块、学习模块的主要编写内容、考核标准、学时安排、相关单元和相关培训内容。根据这些内容最终形成学习单元设置表或培训大纲。

有了编写内容和结构,至于具体的编写则是水到渠成的事了。

4.2.1.3 实施培训

实施培训的主要步骤如下:

(1)做好培训准备。根据培训计划,首先要落实好培训地点。通过各种渠道,让学员了解培训计划,并事先做好工作安排,按时参加培训。

(2)明确培训方法。培训方法和目标是紧密相连的,方法得当,培训效果较好。一般应采取理论联系实际、室内教学和现场教学相结合的培训方法。具体可通过讲演、观看科技录像、动手操作、相互交流等方法进行培训。

(3)选好培训讲义。培训讲义要适合培训目标和学员的实际需要。在培训前把准备好的讲义、资料等先发给学员,让其预习并听取学员对培训讲义的意见,以进行必要的修改,真正使其适合培训的需要。

(4)加强培训考核。做好培训考核工作,是增强培训效果的关键。应着重考核学员的实际动手能力,把考核的重点放在解决生产实际问题上面,应尽量避免不必要的理论考试。

(5)做好培训总结。培训结束,应及时做好培训总结工作,以总结培训过程中的经验和教训,既可作为搞好下一次培训的一个依据,也可检查学员通过培训所取得的效果。总结主要应包括下列内容:一是知识、技能的掌握情况以及观念的转变情况;二是培训学习过程中的一些体会;三是培训学习以后的工作目标和具体打算。总结还可以对讲义的选用、教师的教学方法等提出合理化的建议。

第7篇 操作技能——高级技师

模块 1　灌排工程疑难问题处理

1.1　灌排渠(沟)诊断处理

1.1.1　傍山堰边渠道稳定性诊断

山区的渠道通常具有渠道多、渠线长、位置分散等特点。因此,对于山区来说,渠道的管理、维护、加固就是一项涉及面很广,工作量很多的经常性的艰巨工作。对于山区渠道而言,危害最大,也最为常见的水毁形式便是渠道滑坡。

渠道滑坡是由于渠线经过地段地质、土壤条件差,开挖渠道后破坏了岸坡地层的自然平衡,加之在水的作用下而引起的。具体的原因有:

(1)不良的地质条件,渠墙建于结构松散、抗剪强度和抗风化能力低软的弱土层、断层以及风化土层,以及在水的作用下性质容易发生变化的松散覆盖层、黄土、红黏土等土层之上;从地质构造条件来说,组成渠道斜坡岩、土体有被各种构造面切割分离成不连续状态,加之构造面为降雨等水流进入斜坡提供了通道,在这种情况下,极容易发生滑坡。同时,从水文地质条件来说,地下水浸湿渠坡或涌出,对渠坡形成软化作用,降低了渠坡的强度,引起渠墙失稳。

(2)大量的雨水渗入渠墙,或渠道超水位运行,水流溢出渠道渗入土层,使土层软化或饱和,一方面使得滑坡体总重力增加,下滑力增大,另一方面也降低了渠墙抗滑能力。尤其是长时间降雨,雨水直接由渠墙的滑坡体边界裂隙流入滑床,加上渗入滑体的雨水,导致滑体与滑床之间的摩擦力降低,导致整体滑动。

(3)渠道边坡设计过陡。强度一定的土石,有一个极限的边坡比,即边坡高度与水平长度之比,在这个边坡比范围之内,斜坡是稳定的,但是一旦超过这一极限,斜坡就不稳定。因此,当开挖边坡时边坡比值设计过大,导致渠道边坡过陡,那就无异于为产生渠道滑坡创造了条件。

(4)不当的施工方法加大了坡体的滑动力,引起滑坡,尤其是在施工中采用不适宜的爆破而产生的强烈振动会使渠道斜坡岩土体受振而松动,降低坡体的抗滑能力,诱发滑坡的发生。调查研究表明,灌区内最先发生的滑坡,大多是原开挖渠道时用定向爆破方法施工所致,多数滑坡面在振动波影响范围内产生,这是一个很好的例证。

(5)新、老土(石)结合质量不好,会在新老土的结合处形成滑床,引起结合料的滑动。

1.1.2　高填方渠段不均匀沉陷诊断和处理

1.1.2.1　隐患类型

(1)填方渠段存在不均匀沉陷,导致渠道纵、横向裂缝,填方大堤长期浸坡、漏水。裂缝出现的原因主要是填方不均匀沉陷,以致填方裂缝较多。裂缝又根据发展方向不同分为横向裂缝和纵向裂缝。横向裂缝的走向与填方轴线垂直,一般分布在填方两端 20～30 m 范围内,一般宽 1～5 mm,最宽 5 cm,破碎带宽达 30 cm。断裂面较粗糙,形状不整齐,裂缝一般深 2～3 m 即尖灭。横向裂缝占裂缝的 90% 以上。纵向裂缝的发展方向大致平行于填方轴线,数量少,最长可达数十米,以其成因可分为沉陷缝和滑坡缝。还有一些深层的纵向缝一般不易发现。水平缝的破裂面大致是水平分布,出现在填方顶部以下某一深度,因沉陷不均而产生的拱效应所致。干缩缝是由于填土失水干燥而引起的,多发生在填方体表面,与滑坡缝、变形缝有明显的区别。

(2)填方体与原土基及渡槽进出口砌石渠接头处理不好,渠底板下沉开裂,漏水冲蚀地基,形成空洞。空洞是由于不均匀沉陷,在填方裂缝处,产生了较宽的破碎带,并继续发展,其中松动和悬架的土体塌落后,形成了空洞。另外,由于填筑的土料水分很小,夯实不好或因冬季施工,冻土块原封不动地堆在填方体内,土块之间也形成了连通的空洞。

(3)填土方之前没有清基,基础面存在着大量墓穴洞、树枝、树根、杂草等易烂杂物没有清除及处理。留下基底空洞,构成漏水、塌陷的隐患。

(4)填方质量差,夯填不密实、土料差、透水性强、隙缝多。在水压力作用下,堤身渗漏、散浸,坡堤下穿涌流土导致大堤产生众多的内部洞穴。

1.1.2.2　隐患险情与预防

构成高填方渠段工程质量先天不足,引发水毁事故,威胁国家和人民群众的生命财产安全。这些高填方渠道地处高水位,一旦垮堤,势必冲毁重要设施及民房,短期内修复困难。维修期内势必中断供水,人民群众的生活、生产秩序将处于混乱状态,由此导致的社会影响和经济损失将是非常严重的。

针对上述问题,需强化管理,加强巡视、观察,力求及时发现隐患险情预兆,及时采取抢修措施,防患于未然,同时还应采取一些成熟的特殊除险加固措施。

1.1.2.3　处理方案

根据存在的隐患,经分析比较,因地制宜,对症下药,采取综合治理方案,措施如下:

(1)应用黄泥灌浆技术实施对填方体的充填、固结、防渗灌浆,控制填方下沉、稳定堤身。

(2)渠道明显的纵、横向裂缝以及地漏通道采取黄黏土加铺塑膜夯堵办法,以取得立竿见影效果。

(3)应用现浇厚 6 cm 的 C20 混凝土,底加铺 PVC 塑膜,渠道三面防渗。

(4)填方外坡脚铺砌斜卧式反滤体,护坡压脚。预防穿涌流土而构成堤身内部洞穴,确保填方大堤稳定。

黄泥灌浆防渗,对填方体充填、固结、补强具有独特效果,但灌浆并非万能,必须与其他工程措施结合起来,效果才能显著。渠内明显漏洞应采取堵塞的办法可取得立竿见影的效果,填方体与渡槽进、出口石渠连接处,因承受水压大,往往易产生渗漏,灌浆时,应灵活调整浆液配方,合理应用。过水断面结合混凝土现浇加底铺塑膜三面防渗,构成高强度、轻型防渗面,防渗与防冲效果良好,经济合理。外坡下的反滤体护砌,有效地保持堤身的稳定。根据各高填方隐患不同特征,对症下药,综合治理,取得经济、安全、持久、稳定的效果。

1.1.3　特种土渠基处理方案的编制

1.1.3.1　湿陷性黄土渠基的处理方法

　　黄土的湿陷变形是黄土的突出特性,由于黄土的湿陷变形具有突变性、非连续性和不可逆性,往往对工程产生严重的危害。为了保证湿陷性黄土地区建筑物的安全和正常使用,在绝大多数情况下都必须采取地基处理措施。然而,地基处理费用很高,有时占工程总造价的 20% ~ 30%,工期较长,一般占总工期的 1/4 还多,因此地基处理方案的选择必须高度谨慎,力求做到技术经济上的合理性。湿陷性黄土地基处理方法很多,可以概括如下。

　　(1)基本消除黄土地基的湿陷性方法:①换土垫层法:有素土垫层和灰土垫层,将填筑的黄土分层夯实,使填土密实度大,孔隙小,具有强度高、压缩变形小的特点。但该法只能消除垫层厚度以内的湿陷性,一般处理深度 1 ~ 3 m。②强夯法:将适宜含水率的黄土,采用重锤夯实,夯后黄土地基的强度和均匀性都有保障,但该法有效处理深度一般为 3 ~ 12 m。③挤密法:在黄土地基上采用机械、人力或爆破成孔,孔内填最优含水率的土或灰土桩,挤密适宜湿度的湿陷性黄土,该法可处理深度 5 ~ 15 m。④预浸水法:一般处理自重湿陷性黄土地基,可消除地面下 6 m 以下湿陷性黄土层的全部湿陷性。此外,对于深厚湿陷性黄土地基,还可以采用孔内深层夯实处理技术,即 DDC 处理方法等。

　　(2)桩基础穿透湿陷性黄土层方法:将桩基础穿透湿陷性黄土层直接作用在持力土层上,躲过湿陷性黄土层带来的工程问题。这种桩基础主要是灌注桩。

　　(3)完全防水的方法:在湿陷性黄土地基上,采用隔水材料做好防水,避免地基的湿陷性。常用的隔水材料有灰土、油毡以及各种 PVC 和 PE 膜等。

　　在这三类湿陷性黄土地基处理方法中,完全防水的方法不可取,原因是渠道工程不可能做到完全防水;桩基础穿透湿陷性黄土层方法由于造价太高也不可取;通过分析比较,对于渠道工程,基本消除黄土地基的湿陷性方法比较适宜。

1.1.3.2　塬边渠道黄土高边坡的增稳措施

　　黄土塬边修建了渠道以后,由于渠道从高边坡拦腰开挖,坡面开挖卸载,形成了应力集中和临空条件,使剪应力增大,滑动势能增大;渠道在运行中,由于渠道的渗水作用、降雨作用、塬面灌溉和人为用水作用使地下水位上升,软化了土体,减小了土体的抗滑能力;坡脚不适当的挖土和人为活动的影响增加了坡体失稳因素。这就是塬边渠道高边坡常常发生滑坡的原因。例如陕西宝鸡峡引渭灌溉工程,渠道要经过 98 km 黄土塬边斜坡地带,从 1971 ~ 1984 年渠道通水后 13 年间,累计滑塌 89 次,滑塌方量 190 余万 m^3。1984 年 11 月 21 日,86 km 段(魏家堡附近)渠道左岸发生了大滑坡,滑塌土方约 15 万 m^3,堵塞渠道 130 m,使塬上 11.3 万 hm^2 小麦冬灌受到很大影响,到目前为止在高边坡地段险情迹象仍存在,如许多群众窑洞出水、坡脚鼓肚、地表开裂、沉陷等时有发生。

　　在长期的塬边渠道黄土高边坡的治理过程中,已形成了较系统的方法。主要有:①通过计算选取合理的边坡坡比,既要保证边坡稳定又要节省工程造价。②在平均坡比不变的条件下,一般在坡高的 1/2 或稍高处设 6 ~ 12 m 宽的大平台,较一坡到顶或小平台的坡型,既经济又安全。因为在平台以下采用缓坡,少挖土方量,可以增强边坡土体的抗滑能力,大平台以上采用陡坡,可使平台加宽,相应地减少了边坡土体的滑动力。③为了防止黄土渠坡由于雨水作用产生的坡面冲刷、坡顶陷穴或溶洞等危害,同时为了防止坡体由于渗流、灌溉以及人为活动的影响而导致的地下水位升高,进而造成渠坡失稳现象,采用立体排水系统,增强土体的自身稳定性。对于坡体,采用水平钻打孔排出土体内的地下水;对于坡面,采用由天沟、侧沟、平台排水沟和吊沟组成的坡面排水系统。④渠堤以上黄土高边坡的坡脚是应力集中带,受到应力松弛和剥落、冲刷的交替作用,为了防止由于这些作用而逐渐降低边坡稳定性导致渠坡的整体破坏,常在坡脚处采用砂浆块石护坡或采用喷锚支护增稳措施。

1.1.3.3　膨胀土渠道的稳定性

(1)膨胀土是由膨胀性黏土矿物蒙脱石、伊利石等组成的,具有胀缩性、超固结性、多裂隙性以及强度衰减特性的一类特殊黏性土。主要分布在长江流域,绝大多数膨胀土集中分布在二级阶地以上、盆地及平原地区。膨胀土的工程特性中,胀缩性是其内因,是由它的矿物成分和特殊物质结构所决定的,表现出干燥时体积收缩,土体处于坚硬状态;变湿时体积膨胀,土体处于软化的状态;裂隙性是关键因素,裂隙使土体的整体性减小,强度降低;超固结性是促进因素,使土体产生渐进破坏。膨胀土的工程特性决定了其边坡失稳破坏的特点,主要有:①由于气候的影响,边坡出现浅层滑塌现象,一般是 3 ~ 4 m,最多是6 m。②膨胀土边坡滑动多在边坡的上半部,然后逐级牵引向上发展。③在众多的膨胀土边坡破坏的调查中发现有的边坡坡比 1∶5,仍然产生滑坡。④不少边坡在运行了多年以后还产生滑波。例如驷马山引江水道是连接长江与滁河的人工开挖渠道,引江流量 230 m³/s,分洪流量 500 m³/s,最大切岭深 34 m。1969 年 12 月动工开挖,1971 年 12 月竣工,渠道底宽 14 ~ 27 m,边坡 1∶3 ~ 1∶3.5,运行中 1974 年发生第一处滑坡后,到 2002 年已发生滑坡 10 处,而且 20 多年后渠坡仍有滑坡迹象。⑤在多雨季节是滑坡最易发生的时期,特别是在长期干旱以后的第一个雨季,滑坡会成群出现。⑥阳坡是气候变化较为剧烈的地方,所以膨胀土边坡的破坏多发生在阳坡。

由于膨胀土复杂的工程特性,膨胀土地区修建的渠道常常发生地基和边坡破坏,造成巨大的经济损失。例如南水北调安阳段有一处弱膨胀土渠道,在修建过程中,由于 2010年 8 月连续降雨,4 km 多的渠道产生大面积滑塌破坏,现场情况惨不忍睹。

(2)膨胀土渠道边坡稳定分析必须反映膨胀土复杂的工程特性和独特的渠坡破坏特性,这主要体现在破坏面、强度参数的选取上:①膨胀土边坡的破坏面选取。在破坏面确定方面,在一定条件下,要考虑裂隙的分布和数量、裂隙的产状变化规律、充填物性质等,根据裂隙的这些性质判断出可能的破坏面。②膨胀土边坡稳定计算的强度参数选取。一般情况下,膨胀土的峰值抗剪强度是相当高的,但是从失稳的膨胀土边坡反算出的抗剪强度却远远低于其峰值强度,一般在峰值强度和残余强度之间。滑动面上强度参数的取值要根据不同土层结构特点、地质条件、地下水情况由土工试验确定。强度参数宜采用三轴压缩试验确定,残余强度参数宜采用反复剪切试验确定。

(3)膨胀土边坡破坏表现出多种特点,提醒人们应采取针对措施以增强边坡的稳定性。在长期工程实践中,积累了丰富的经验,提出了很多好的膨胀土地基和边坡处理方

法,在选择膨胀土渠坡的增稳处理措施时,可选择其中一种或多种相结合的方法,处理深度应根据分析计算确定:

①适应基土变形的渠道断面和防渗结构措施。主要是考虑结构与地基的共同作用,规范指出:当地基变形值小于 5 cm 时,可采用适应基土变形的渠道断面和防渗结构;当基土变形值大于 5 cm 时,应采用处理渠基的方法,或二者联合的方法。适应基土变形的渠道断面形式有 U 形、弧形、弧形底梯形、弧形坡脚梯形、宽浅矩形等;防渗结构有柔性结构、柔性与刚性复合结构(混凝土板与塑膜复合式)、形式改善的刚性结构(架空梁板式 - 预制∏形板、预制空心板式结构)等。

②换土措施。将膨胀土部分挖除,用非膨胀土或粗粒土包盖。换土的厚度要考虑因降雨引起土体含水率急剧变化带的深度,换土质量符合各项技术指标要求。例如:河南南阳刁南灌区北干渠 1# 水闸下游渠段换土厚度 1.5 m,断面坡度 1:2,运行近 20 年,渠坡未发生破坏迹象。宁夏盐环定扬黄工程龚儿庄泵站地基膨胀土采用换土处理方法,换成3:7灰土,厚 2.5 m。南水北调中线工程线路长 1 427.17 km,其中穿越膨胀岩土渠段累计长约 340 km,从科研报告看,处理的主要措施还是换土方案,强、中膨胀土的换土厚度分别为 2.5 m 和 2.0 m。

③土性改良措施。主要有石灰固化作用和水泥固化作用。我国广西上思那板北干渠有些渠段,采用膨胀土掺8%的石灰,衬砌灰土厚 40 cm,表面盖 30 cm 厚的水泥砂浆;有些渠道膨胀土掺6% 水泥作护坡材料,厚 20 cm,表面覆盖厚约 30 cm 水泥砂浆,该渠处理后 30 多年来运行正常。

④坡面防护措施。主要是种植草皮,坡面设置排水系统防止雨水冲刷。该措施大多应用于渠道外坡和衬砌以上渠坡。

⑤坡体排水措施。采用某种排渗措施将膨胀土渠坡内部积水排至体外以增强渠坡的稳定性。安徽省驷马山引江工程渠坡治理就曾采用竖井结合水平孔排渗方案。经过多年运行,渠坡再没有发生滑塌,从测压管水位观测情况看,渠坡向有利于稳定的趋势发展。

⑥加筋土措施。将土工合成材料在渠坡内不同高度分层铺设,使其与土体共同作用来增强渠坡的稳定性,加筋材料有纤维、土工织物、土工格栅等,对于渠道边坡土工格栅效果更佳。土工格栅选型、土工格栅自由段长度、锚固长度、分层填土厚度等技术数据,应根据工程需要和渠坡稳定分析确定。

1.1.3.4　分散性土渠道的稳定性

分散性土具有易被水冲蚀的特性,容易被雨水淋蚀产生冲蚀孔洞和被渗流水冲蚀出现管涌破坏。分散性土对渠道工程产生的破坏非常严重,20 世纪 50 年代在澳大利亚首先发现,60 年代在美国也相继发现,70 年代我国黑龙江省在兴建北部引嫩灌区等工程时,同样发现了分散性土对工程带来的严重破坏,其后在湖北、浙江、广西、辽宁、山东、河南、吉林等省区的水利工程建设中,相继都有发现。分散性土对渠道工程产生的破坏虽然非常严重,但只要通过试验,鉴别其分散性,采取有效措施,在分散性土基上修建渠道工程是安全可行的。根据现行相关规范将分散性土定名为高抗蚀性土、非分散性土、过渡性土和分散性土。然后,根据分散性土的易被水冲蚀、易被雨水淋蚀和易发生渗透管涌破坏的特性,提出渠道地基和边坡的工程处理措施。

（1）对分散性土渠基和渠坡采用防雨水淋蚀措施。应根据当地的降雨强度和雨量以及土的分散程度、坡高等，设计防水设施和排水系统。例如 20 cm 厚灰土压实处理、换填一定厚度的非分散性土处理和土工膜防渗处理等。

（2）对分散性土渠基和渠坡采取防渗流冲蚀和防渗透管涌措施。采用水利工程中常用的迎水坡防渗背水坡反滤的方法。成功的经验表明，渠道的迎水坡采用土工膜防渗，背水坡采取反滤砂或土工布反滤保护的措施对增强渠道边坡的稳定性效果非常好。

1.1.3.5　盐渍土渠道的稳定性

我国的盐渍土主要分布在西北干旱地区的新疆、青海、甘肃、内蒙古等地势低平的盆地和平原中。主要工程特性有：①盐渍土的固、液和气三相组成与一般土不同，液相中含有盐溶液，固相中含有结晶盐。由于相转变作用，现行的土工试验方法对盐渍土不完全适用。②盐渍土在水的作用下，强度显著降低。③有些盐渍土地基浸水后，因盐溶解产生溶陷。④含硫酸钠土的地基，在温度和湿度变化时，会产生体积膨胀。⑤盐渍土中的盐溶液可以导致建筑物和地下埋设的设施的材料腐蚀等。

盐渍土的分类：盐渍土的分类方法很多，但主要根据含盐的性质、含盐量的多少、盐在水中溶解的难易程度、盐渍土的地理条件等进行分类。分类的目的是盐渍土的类别对各行业的危害程度。例如，农业上是考虑对一般农作物生长有害程度，按可溶盐类别和含量进行分类，而工程上则考虑对工程使用的影响。所以各部门都可根据各自的特点和需要来划分盐渍土的类别，这样就出现了各分类标准之间存在较大差距。《岩土工程勘察规程》（GB 50021—2001）将盐渍土分为弱盐渍土、中盐渍土、强盐渍土、超盐渍土，通过分析认为较为符合渠道工程实际。

根据多家科研单位的多年研究，以及公路、铁路和水利部门多年经验，盐渍土填方地基的稳定性优于挖方地基，在渠道选线时尽量考虑采用填方地基。新疆引额济乌平原明渠工程硫酸（亚硫酸）盐渍土地区设计时就曾尽量采用填方渠道。

并不是所有盐渍土都能作为填方渠道的填料，根据渠道运行特点，由盐渍土程度和渠道填料的平均含盐量多少规定该盐渍土是否可作为填料。

在盐渍土地基加固方面，规定了工程处理原则：氯化钠盐渍土渠基，可不进行处理；碳酸钠盐渍土渠基，宜采用适应基土变形的渠道断面和防渗结构；盐胀土渠基，可采用砂砾石或灰土等非盐胀土置换，也可采用添加剂进行化学处理，使盐胀土转化为非盐胀土。

1.1.4　防汛抗旱应急预案编制

防汛抗旱是各级水行政主管部门的一项重要职责，为做好水资源管理和水旱灾害突发事故的应急处置工作，有效预防、及时控制和消除水旱灾害突发事故的危害，减轻人员伤亡和财产损失及不良社会影响，保证防汛抗旱工作高效有序进行，制订本部门、本单位的防汛抗旱应急预案是十分必要的。

1.1.4.1　防汛抗旱应急预案的一般编制过程

防汛抗旱应急预案编制一般经历资料收集、预案大纲编制、预案编制、预案修改完善、预案征求意见、预案正式发布等阶段。

（1）资料收集阶段。选派人员组成预案编制小组。编制小组组织人员广泛收集突发公共事件、防汛抗旱和应急处置方面的相关法律法规及部门规定,为防汛抗旱应急预案编制收集广泛的编制依据和参考资料。

(2)预案大纲编制阶段。编制小组在广泛查阅法律法规和相关资料的基础上,构思防汛抗旱应急预案的总体框架;经专家评审后确定防汛抗旱应急预案大纲。

(3)预案编制阶段。在确认防汛抗旱应急预案大纲合理可行的前提下,编制小组开展编制工作,形成防汛抗旱应急预案(草稿)。

(4)预案修改完善阶段。组织专家评审防汛抗旱应急预案(草稿),编制小组根据专家意见修改完善防汛抗旱应急预案(草稿),形成防汛抗旱应急预案(征求意见稿)。

(5)预案征求意见阶段。就防汛抗旱应急预案(征求意见稿)向上级主管部门、预案涉及的有关部门和单位、有关利益各方或社会公众认真征求意见。

(6)预案正式发布阶段。编制小组认真汇总和吸收有关意见后,形成防汛抗旱应急预案(报批稿),经具有管理权限的有关部门批准后在一定范围内发布。

1.1.4.2　防汛抗旱应急预案的主要内容

根据《国家防汛抗旱应急预案》《国务院有关部门和单位制定和修订突发公共事件应急预案框架指南》等有关文件的规定,防汛抗旱应急预案主要包括总则、应急指挥体系及职责任务、预防和预警机制、应急响应、应急保障、附则、附录等7个章节。

(1)总则,主要说明预案编制目的、依据、适用范围、工作原则等内容。

(2)应急指挥体系及职责任务,主要说明根据实际组建的领导小组及其职责、各部门和各单位职责、工作组职责等。

(3)预防和预警机制,主要说明应急处置的准备工作,主要包括收集预警信息、采取的预警行动以及应急处置所需的支持系统等。

(4)应急响应,是应急预案的核心部分,应根据实际情况划分应急响应等级,以及每级应急响应的启动条件和响应行动。应急响应主要工作内容为:收集事件信息、上报事件信息、应急响应启动、指挥调度、应急抢险、后期处置等。

(5)应急保障,主要说明为保证应急响应及时有效地启动,人员、物资、应急系统等保障系统的要求。

(6)附则,主要包括名词术语解释、预案更新、预案管理、预案实施时间等内容。

(7)附录,主要包括通讯录、指挥体系图、事件报告流程、响应流程等防汛抗旱应急预案涉及的各种附图和表格。

1.1.4.3　防汛抗旱应急预案编制要点

防汛抗旱应急预案编制既要遵循国家法律法规和部门规章制度的规定,又要切合工作实际,因此编制过程中应着重把握以下重点:

(1)借鉴经验。在编制过程中,编制小组应广泛收集相关资料,总结和吸收防汛抗旱应急处置的成功经验。

(2)以法律法规为依据。应急处置工作是一项政策法规性极强的工作,关乎广大人民群众的生命财产安全,具有重大社会影响。编制小组在预案编制工作中,应认真学习《中华人民共和国防洪法》《国家防汛抗旱应急预案》《国务院有关部门和单位制定和修订突发公共事件应急预案框架指南》等相关法律法规和部门规定,保证防汛抗旱应急预案的合法性。

（3）注重工作实际。防汛抗旱是各级水行政主管部门的一项重要职责,防汛抗旱应急预案的编制一定要结合其独特性,切合工作实际,充分发挥各部门各单位的职能和特点,使防汛抗旱应急预案在应急处置中快速有效地启用。

（4）广泛征求意见。编制小组在编制过程中,应始终注重博取众长、吸取经验,通过专家评审和发送征求意见稿等多种形式认真征求各部门和各单位的意见和建议,使防汛抗旱应急预案能够经受实践的检验和证明,发挥较好的实际运用效果,最大限度地降低人员伤亡和财产损失。

1.1.5　灌排渠（沟）工程年度管护施工计划的编制

水利工程管护年度计划的编制技术要求高,系统性强,应在调查研究的基础上慎重编制。通过编制工程维修养护规划和年度计划,可以指导一个水管单位一个时期的工程管理工作,有利于规范化管理,有利于提升水管单位的整体管理水平,应该在实践中加以完善和落实。

1.1.5.1　管护文件编制原则和依据

水利工程维修养护项目的实施进一步规范,维修养护人员的工作积极性大大提高,工程面貌有了较大改观。为推动水利工程维修养护工作的顺利开展,更加规范维修养护项目的实施,水利工程管护单位需编制水利工程维修养护实施方案,作为维修养护项目实施的依据。因此,编制水利工程维修养护实施方案,可为维修养护项目的实施奠定基础,标志着水利工程维修养护将采取更为科学有效的管理措施,逐步向正规化、规范化管理的轨道迈进。

1）编制原则

水利工程维修养护实施方案是合同签订和项目实施的依据,按照上级主管部门对工程进行全面整修、工程面貌得到显著改善的要求,编制年度灌排渠（沟）工程维修养护实施方案。

2）编制依据

依据年度灌排渠（沟）工程维修养护经费预算、《水利工程维修养护定额标准》及修订意见、灌排渠（沟）工程管理标准等,结合水管单位的实际情况,编制年度灌排渠（沟）工程维修养护实施方案。

1.1.5.2　管护文件编制内容

灌排渠（沟）工程维修养护在维修养护资金额度内,合理确定维修养护项目,编制年度工程维修养护实施方案。维修养护实施方案包括日常维修养护和专项维修养护两部分。

1）合理划分日常和专项维修养护项目

为合理划分日常维修养护和专项维修养护项目,搞好维修养护工作的开展,实施方案编制过程中,将需经常维护、难以量化的维修养护项目划为日常维修养护项目;工程量大、较好量化、投资比较集中的项目划为专项维修养护项目。对日常维修养护要区分工程类别,按主体工程、生物措施、标志标牌、附属设施及工程保护等分项编写;专项工程按渠顶维修养护、渠坡整修、草皮补植、根石加固、整险与水毁工程修复、坝岸整修及管理房维修等分类编写。按上级主管部门对工程整修的要求、工程面貌得到显著改善的要求,详细计算重点维修养护项目的投资,计算日常维修养护项目的投资,保证日常维修养护和专项维修养护项目划分的合理性,确保日常维修养护项目的顺利实施和专项维修养护项目的重点突破。

2)搞好日常和专项维修养护的结合

日常维修养护和专项维修养护项目的划分是按照上级专项维修养护经费的要求,结合维修养护任务,参照水管单位的实际情况划分的,并非截然分开。维修养护项目实施过程中,专项维修养护项目的实施要为日常维修养护创造条件,日常维修养护项目的实施要为专项维修养护奠定基础,做好日常维修养护和专项维修养护结合,将日常维修养护和专项维修养护作为一个整体考虑,综合协调实施,搞好灌排渠(沟)工程维修养护工作。

1.1.5.3　实施方案的编制

1)搞好工程普查

为使灌排渠(沟)工程维修养护实施方案编制得准确、完整、规范,具有较强的实用性和可操作性,依据工程管理标准,对辖区内工程情况进行拉网式普查,详细掌握工程现状资料,了解工程各部位存在的问题及应采取的维修养护方法。根据工程普查情况,合理确定日常维修养护与专项维修养护项目及工作量,为灌排渠(沟)工程维修养护实施方案的编制提供条件。

2)严格方案编制

年度灌排渠(沟)工程维修养护实施方案要客观反映水管单位的工程现状,按照分段、分部位分析存在的问题,以合理养护为出发点,根据《水利工程维修养护定额标准》、渠道工程管理标准,结合水管单位工程普查情况,高标准、严要求,按照精细化管理的目标,精心编制各类工程维修养护实施方案。

3)分步实施

根据上级主管部门对工程进行全面整修、工程面貌得到显著改善的要求,结合灌排渠(沟)工程普查情况,按照轻重缓急、依据标准、精细管理、分段整修的原则,确定当年需维修养护的专项工程项目,有步骤、有计划、有重点地实施,干一段,成一段,靓一段,逐步实现工程面貌的根本改观。

4)健全制度

按照规范化、系统化和制度化的要求,灌排渠(沟)工程维修养护实施方案编制过程中,严格按照上级有关法规、规定和标准进行,建立健全一系列规章制度,提高管理人员的工作积极性和主动性。落实专人,专职负责,细化管理,增强实施方案编制人员的责任心和使命感,认真做好实施方案的编制工作。

5)提高编制质量

灌排渠(沟)工程维修养护实施方案是维修养护合同签订和项目实施的重要依据,编制质量的高低直接影响当年维修养护项目的实施。水管单位领导要高度重视维修养护实施方案的编制工作,抽调得力人员,在对辖区灌排渠(沟)工程进行翔实核查的基础上,熟练掌握辖区内灌排渠(沟)工程现状、存在的问题及维修养护措施,按照轻重缓急的原则,依据工程管理规范、规定和标准,逐类、逐段确定维修养护项目,做到不遗不漏,问题发现得准,维修养护措施得当。按照《水利工程维修养护定额标准》及修订意见,准确计算维修养护项目工作量,合理使用单价,确定维修养护项目费用。制订维修养护实施计划及实施步骤,使其符合实施的技术要求及实际情况。多方面相互制约、相互促进、协调实施。提高实施方案编制的质量,使维修养护实施方案具有较强的可操作性,对维修养护合同的签订和项目的实施起到较好的指导作用。

1.1.5.4　实施方案的审查与审批

实施方案审查是灌排渠(沟)工程维修养护实施方案实施前的一个重要环节,实施方案编制过程中,由于编制人员的经历、能力具有一定的局限性,往往存在遗漏或不切合实际的地方,因此搞好实施方案的审查具有重要意义。实施方案审查时,主管单位、水管单位、养护企业领导和工程、财务等专业技术人员到会,同时,邀请部分上级主管部门的老专家、技术骨干参加。严格按照渠道工程管理标准、《水利工程维修养护定额标准》及修订意见等有关规定及标准,结合当年水利工程维修养护经费预算和水管单位的实际情况进行审查,将维修养护专项工程作为审查的重点,对不符合要求的灌排渠(沟)实施方案不予通过,高标准、严要求,使维修养护实施方案接近或达到设计水平,为维修养护项目的实施奠定基础。经过审查的实施方案,报上级有关部门审批,批复后作为维修养护合同签订和项目实施的依据。实施过程中,如有项目变动,报请方案审批部门批准后执行。

1.2　灌排工程建筑物诊断处理

1.2.1　地基处理方案的编制

近年来,我国水利水电建设快速发展,建设项目的数量和规模达到了前所未有的水平。随着地质条件较好的工程项目的不断开发,有的新建工程需要建在地质条件复杂、软弱的地基上。

通常将不能满足建筑物要求的地基,统称为软弱地基或不良地基,主要包括:软黏土、冲填土、饱和粉细砂、湿陷性黄土、膨胀土、多年冻土、岩溶等。对于水利水电工程建筑物来说,不良地基对建筑物的影响主要表现在如下方面:

(1)山区地基条件比较复杂,主要表现在地基的不均匀性和场地的稳定性两方面,山区基岩表面起伏大,且可能有大块孤石,这些因素常会导致建筑物产生不均匀沉降。地质条件差,不能满足上部结构抗滑稳定的要求,地基可能产生局部或整体剪切破坏。

(2)基础的沉陷量过大或不均匀,地基产生这样的原因主要是由于岩(土)层本身的承载能力不足以满足建筑物的要求,或因地基岩(土)层强度不一,分布不均匀或岩石地基中有软弱破碎带分布,在外荷载作用下,沉陷值或不均匀沉陷值超过容许值。

1.2.1.1　地基处理方法的选择

在选择地基处理方案前,应完成下列工作:

(1)收集详细的工程地质、水文地质及地基基础设计资料等。

(2)根据工程的设计要求和采用天然地基存在的主要问题,确定地基处理的目的、处理范围和处理后要求达到的各项技术经济指标等。

(3)结合工程情况,了解本地区地基处理经验和施工条件以及其他地区相类似的场地上同类工程的地基处理经验和使用情况等。

地基处理方法的确定可按下列步骤进行:

(1)根据拟建建筑物性质,结合场地工程地质条件,初步选定几种可供考虑的地基处理方案。

(2)对初步选定的各种地基处理方案,分别从加固原理、适用范围、预期处理效果、材料来源及消耗、机具条件、施工进度和环境的影响等方面进行技术经济分析和对比,选择最佳的地基处理方法。

(3)对已选定的地基处理方法,应进行现场试验或试验性施工,并进行必要的测试,以检验设计参数和处理效果,如达不到要求,应查找原因采取措施或修改设计。

1.2.1.2　不良地基一般处理方法

地基加固或处理,按其原理和做法的不同可分为以下四类:①排水固结法:利用各种方法使软黏土地基排水固结,提高土的强度。②振密、挤密法:采取各种措施,如振动、挤密等,使地基土体增密,提高土的强度。③置换及拌入法:以砂、碎石等材料置换软土地基中部分软土,或向地基中注入化学药液产生胶结作用,形成加固体,以达到提高地基承载力的目的。④加筋法:在地基中埋设强度较大的土工聚合物,以达到加固地基的目的。

1)基础软弱带的处理

软土在我国沿海地区分布较广,长江三角洲、珠江三角洲、渤海湾等沿海地区都有大面积的软土。这些地区的软土层以海相沉积为主,其固体成分主要为有机质和矿物质的综合物,厚度为数米至数十米。

地基基础软弱带按其倾角大小可分为高中倾角软弱带(倾角一般大于 30°)和缓倾角软弱带(倾角一般小于 30°),其对建筑物的影响是不同的,处理的方法也不一样。

(1)高倾角软弱带处理:①挖出软弱带回填混凝土,做成混凝土塞,开挖深度一般为软弱带宽度的 1～1.5 倍,两侧开挖边坡 1:0.5～1:1;②软弱带与库水相通的上游端,开挖防渗井回填混凝土或设置防渗齿墙;③当高倾角软弱带位于坝肩时,可设置混凝土传力墙、传力框架或进行预应力锚固;④当坝基裂隙带密集发育时,可清除松散体回填混凝土或设置防渗齿墙。

(2)缓倾角软弱带处理:①将软弱带开挖清除回填混凝土;②设置穿过软弱带的防滑齿墙;③高压喷射清除软弱物质回填或灌注水泥浆及砂浆;④穿过软弱带时进行预应力锚固;⑤沿软弱带设钢筋混凝土抗剪键,或穿过软弱带设抗剪桩。

2)膨胀土的处理

膨胀土土层中的黏粒成分主要由强亲水矿物组成,在环境的温度和湿度变化时可产生强烈的胀缩变形,多呈硬塑状态,吸水后膨胀,土层产生较大膨胀力,失水后收缩,因而使建筑物变形、沉陷。

膨胀土地基的处理原则主要是防止水对地基的影响,其处理的方法一般是:地基开挖后注意及时保护,防积水、暴晒或冰冻;采用截水墙或阻水帷幕,截断外界因素(主要是水)对地基的影响;采用穿过膨胀土层,桩端置于非膨胀土层的桩基。

3）可液化土层的处理

饱和粉细砂及部分粉土，虽然在静载作用下具有较高的强度，但在地震力的反复作用下有可能产生液化，地基会因液化而丧失承载能力。常用处理的方法是：①将可液化土层开挖清除，置入其他强度较高、防渗性能良好的材料；②振冲挤密或分层振动压实；③四周用混凝土围墙封闭，防止其向四周流动；④穿过可液化土层设置砂桩或灰土桩。

4）淤泥质软土的处理

淤泥质软土包括淤泥质土、泥炭、腐泥，以及其他含水率特高、抗剪强度低、承载力低、压缩性大的土。由于其质软，易产生高压缩变形、侧向膨胀、滑移或挤出，影响上部建筑物的稳定。

（1）桩基法。淤土层较厚，难以大面积进行深处理时，对于中小型水工建筑物，可采用打桩的办法进行加固处理。

（2）换土法。当淤土层厚度在 4 m 以内时，采用挖除淤土层，换填砂壤土、灰土、粗砂、水泥土。1999 年，在某县大套一站排灌闸施工中，就地利用废河堤上的粉砂土，同水泥按 9∶1 配比拌成水泥土，换填了 3 m 厚的淤泥土层，效果很好，工程至今安全运行。

5）喀斯特地基处理

喀斯特又称岩溶，它是石灰岩、白云岩、泥灰岩、大理石、岩盐、石膏等可溶性的岩层受水的化学和机械作用而形成的溶洞、溶沟、裂隙等。

水利水电工程喀斯特地基大体上可分为两种类型：一是在建筑物区喀斯特洞穴、溶隙强烈发育，形成交叉溶蚀网络，此类地基强度不均匀，透水性强，且易出现管涌，影响建筑物稳定。二是个别或少数较大的洞穴，溶蚀管道分布于坝基，形成主要漏水管道，此种洞穴管道有时充填或半充填，使局部地基承载力降低，破坏了地基岩体的均一性，易产生不均匀沉陷。两种类型的喀斯特地基，处理的方法亦不同。前者以清除置换、截断渗水、降低扬压力，提高溶蚀破碎带的力学强度和完整性为主。后者以防渗堵漏为主，并清除或处理充填物，以提高其力学强度。

不良地基在工程建设中是常见的难题，不良地基处理的方法很多，由于不同建筑物对地基基础强度的要求不同，而且各种不良地质因素对建筑物的影响程度也有很大的区别，因此处理的方法自然也不一样。各种处理方法都有其局限性和一定的适用范围，同一方法不可盲目套用，根据具体工程综合考虑，优先选用适合于本工程具体条件、便于就地取材、技术上可靠、经济上合理、又能满足施工进度要求的处理方法。

1.2.2 水工建筑物年度管护施工计划的编制

水利工程维修养护规划是对一定的时间段工程管理的重点和侧重点的描绘，可分为三年规划、五年规划等；而年度计划是在规划的基础上对管理的重点进行空间谋划，也可称为年度实施方案。编制维修养护规划和年度计划的意义在于：①有利于强化工程维修养护管理，提高整体管理水平。②有利于规范养护资金的使用，提高维修养护资金的使用效益。③有利于增加计划性，避免盲目性。规划和计划是指导性纲领性文件，可以较好地指导水管单位的工程管理工作。④有利于统一思想和认识，水管体制改革后的初始阶段编制规划和年度计划,可以解决干什么、怎么干、干到什么程度的问题。⑤有利于更好地联系实际,细化养护经费的使用项目和途径。维修养护经费定额反映一个行业的平均先进水平,是一个多年平均值,项目固定,单价固定。上级批复的维修养护经费,是按照一个水管单位管辖的工程数量,依照维修养护经费定额标准进行测算核实后批复的,必须根据批复情况加以细化和适当的调整才能更好地贴近实际。

编制水利工程维修养护规划和年度计划的依据:①《水利工程维修养护定额标准》及修订意见;②有关工程管理的法律、法规、规定、规范和行业标准;③批复的年度维修养护经费预算;④工程设计资料、普查资料、隐患探测资料、运行观测资料等;⑤主管部门的指导性意见。

编制水利工程维修养护规划和年度计划时,首先对各类工程进行详细普查,分析存在的主要问题,理清规划思路,确定规划原则,明确规划目标及年度目标划分项目内容,核算工程量及经费预算,落实保障措施。

(1)维修养护实施方案中应客观反映各水管单位所辖堤防、河道整治、水闸等工程的管理现状,按照工程类别分段、分部位分析存在的问题,如堤防工程从防浪林边界开始,分临河护堤地、堤脚、堤坡、堤顶、堤肩、排水沟、背河堤坡、淤背区、淤背区边坡、背河护堤地、行道林、适生林、草皮防护、备防土石料、标志牌(碑)、上堤辅道等的现状。详细列出各部位存在的突出问题,分堤段确定维修养护项目,按照高标准、精细化的要求,编制各类工程的维修养护实施方案。实施方案编制内容包括日常维修养护和维修养护专项两部分。应首先确定养护专项的投资比例和项目,然后确定日常养护投资和内容。对于日常维修养护要区分工程类别,按工程主体、生物措施、标志标牌、附属设施及工程保护等分项编写。对于工程量较大、投资比较集中的项目,如堤坡堤脚整修、堤顶道路维修、根石加固整险与水毁工程修复、坝岸整修以及土牛台、房台清理等应安排维修养护专项。

(2)日常维修养护项目一般分单项工程,参照养护定额所列项目进行编制,堤防工程按照不同级别不同类别的堤防分别依据定额所列项目进行编列,控导工程按不同位置的工程分别依据定额项目进行项目编列,可以结合实际适当增加和减少部分项目。日常维修养护项目确定后,要依据养护定额和养护工程的数量确定每个分项的维修养护工作量。单价一般采用定额单价,但是对于石方单价,要根据不同工程的运距分析石料单价,不应采用定额单价。

(3)维修养护专项的项目确定,应根据实际进行。确定每个养护分项的工作量或工程量,应进行实际的测量和计算,要附详细的工程量计算表,单价在维修养护定额中有的,尽量直接采用,没有的项目要根据基本建设定额进行单价分析后确定单价。

(4)维修养护资金不能跨工程类别使用,但同一工程类别可以统筹使用。堤防和控导工程的资金不能交叉使用,但是不同堤防和不同控导工程的养护资金可以调剂使用。如:二级一类堤防的资金可以用到一级一类堤防工程上去,甲险工的资金可以用到乙控导工程上等。

(5)各类工程存在问题必须要详细、要具体到工程部位。养护内容应该尽量详细、具体,施工部位、养护标准、质量等要详细描述,工期安排要详细、明确、合理。

1.2.3　施工组织设计的编制

1.2.3.1　施工组织设计编写要求

1）施工组织设计的编写依据

施工组织设计应依据有关规范、标准和规定、批准的基本建设文件、上级主管部门下达的施工任务、批准的初步设计或扩大初步设计、概预算、施工合同等有关资料进行编写。

2）施工组织设计的编写内容

不同阶段的施工组织设计,内容的侧重点不同,要求也不尽相同,大致内容包括:工程概况和特点分析、施工部署和主要工序的施工方案、施工准备计划、施工进度计划、施工资源需要量计划、施工平面图和技术经济指标分析等。其中,施工方法、施工机械、进度计划是施工组织设计编写的重点内容,应根据工程的复杂程度、技术要求、工期,结合工程施工的具体情况,有针对性地进行编写。

1.2.3.2　施工组织设计的编写

施工组织设计是以整个建设项目为对象,根据初步设计或扩大初步设计图纸、其他有关资料和现场条件编写,用以指导各项施工准备和施工活动的技术经济文件。

1）施工部署

施工部署的内容和侧重点根据建设项目的性质、规模和客观条件的不同而有所不同,一般包括确定工程开展程序、拟订主要工序的施工方案、明确施工任务的划分与组织安排、编写施工准备工作计划等内容。

（1）确定工程开展程序。

根据工程项目总目标的要求,确定合理的工序分期分批开展的程序。结合工程的具体特点,合理地将工程项目划分为单元、分部、单位工程,在保证质量的前提下,实行分期分批建设,尽早投入使用。对工程各部分统筹安排,保证重点,兼顾一般,严格按照基本建设程序和施工工艺进行施工,考虑季节和天气等不利因素对施工的影响,确保工程项目按照合同工期完成建设任务。

（2）拟订主要工序的施工方案。

为了进行技术和资源的准备,保证施工顺利开展和现场的合理布置,根据工程建设的实际情况,对工程项目中工程量大、技术要求高、施工难度大、工期长,对整个工程建成起关键性作用的单元、分部工程和工程的重要部位、关键工序要拟订施工方案。施工方案包括施工方法、施工工艺流程、施工机械设备等。施工方法的确定要兼顾技术的先进性和经济的合理性,根据不同工程的具体特点,采用不同的方法,尽可能采用新材料、新技术、新工艺、新结构,提高工程建设的科技含量,增强工程的抗洪强度,缩短工期,降低能耗。施工工艺应先进、合理,减少施工环节,保证施工质量。由于施工条件、施工方法的不同,施工机械的选择也多种多样。施工机械的选择应与施工方法要求相一致,不同的施工机械适用于不同的施工方法。根据工程的具体特点、工程量大小、工期长短、周围环境条件等拟订方案,优先选择主导工程的施工机械,满足工程建设的需要,保持机械设备的良好状态,在各个环节上能够实现综合流水作业,减少机械设备的拆、装、运的次数。同时,选择与主导机械相配套的辅助机械或运输工具,配套机械设备的性能应与主导机械设备的性能相适应,确保主导施工机械工作效率的充分发挥。

2)施工进度计划

为确定各个工序及其主要工种、准备工作、工期、施工现场的劳动力、材料、施工机械的需要数量和调配情况,需要编写施工进度计划。施工进度计划是施工现场各工序施工活动在时间上的体现,应依据施工方案和工程项目的施工顺序进行编写,将各工序的施工顺序分别列出,在控制期限内进行各项工程的具体安排。控制期限应考虑施工单位的施工技术与管理水平、机械化程度、劳动力和材料供应,同时考虑拟建工程的结构类型、现场地形、施工环境条件等因素加以确定。施工进度计划应能保证拟建工程在规定的工期内完工,尽早发挥投资效益,保持各工序施工的连续性和均衡性,节约施工费用,降低工程成本。在安排进度时,要分清主次、抓住重点,同时施工的工序不宜过多,以免分散有限的人力和物力。保证的重点放在工程量大、施工时间长、质量要求高、施工难度大、影响后续工程施工及对整个建设项目顺利完成起着关键作用的工序上,这些工序在施工期间应优先安排,重点考虑。尽量使各工种的施工人员、施工机械能够连续作业,使劳动力、施工机具和物资消耗量达到均衡,避免出现突出的高峰和低谷,便于劳动力、施工机械和原材料供应,便于组织流水施工作业。

3)资源需要量计划

(1)材料用量计划。根据工程量汇总表中所列各工序分工种的工程量,按照定额要求,得出各工序所需要的材料用量,再根据进度计划表,估算出材料在某段时间内的需要量,编写出材料需用量计划。

(2)劳动力计划。劳动力综合需要量计划是组织劳动力进场的依据,应根据工程量汇总表中列出的各工序分工程量,按照定额计算出各工序主要工种的劳动量工日数,再根据进度计划表中各工序分工种的技术时间,得到各工序在某段时间里平均劳动力数量进行编写,制定劳动力计划表。

(3)机械用量计划。根据施工进度计划、主要工序的施工方案和工程量,套用机械产量定额,计算出主要施工机械的需要量。运输机械、辅助机械的需要量根据运输量和实际需要计算。

4)施工平面图

施工平面图是布置施工现场的依据,是进行施工准备、实现文明施工、规范施工现场、减少临时设施费用的前提。根据各种设计资料、施工方案、材料储存运输等情况进行施工平面图布置,施工平面图需要将拟建工程的位置、尺寸、临时设施、永久性测量标桩标注清楚。布置好场外交通、仓库与材料的堆放位置、加工厂、内部运输道路及生活临时设施等,做到紧凑合理、方便通畅,减少各工种之间的相互干扰,尽可能利用各种原有设施,降低临时设施费用,方便生活、生产,满足安全防火和劳动保护的要求。

1.2.3.3　施工组织设计的技术经济分析

对施工组织设计进行技术经济分析,是论证所编写的施工组织设计在技术上是否可行、经济上是否合理,选择符合工程建设实际的最佳方案,并寻求节约的途径,力求使能耗降低到最低限度。技术经济分析要灵活运用定性分析方法,有针对性地应用定量分析方法,分析时应抓住施工方案、施工进度计划和施工平面图三大重点,区别对待主要指标、辅助指标和综合指标。对施工方案进行技术经济分析,有助于在保证质量的前提下优化方案,选择符合工程建设实际,使人力、机械合理搭配,工艺先进的方案,便于实现流水作业,提高生产效率,降低生产成本。对进度计划进行分析,有助于优化施工进度与搭接关系,缩短工期,选择各工序之间衔接良好的施工进度计划。对施工平面图进行分析,是为了使施工平面图布局合理,方便施工,合理利用场地,降低临时设施费用,达到节约、辅助决策的目的。综合分析是通过分析各主要指标,评价施工组织设计的优劣,正确处理工期、质量、投资三者之间的关系,做到在保证质量的前提下,工期合理,能耗最低,为施工组织设计的审批提供决策依据。

1.2.4　工程总预(决)算的编制

水利是国民经济的基础设施和基础产业,水利工程基本建设在国民经济发展中占有十分重要的地位。

水利工程预(决)算是小型工程建设的重要依据,是确定水利工程造价,有效地控制工程造价,保证项目目标管理实现的根本。水利工程概预算定额是专门用来编制水利工程概预算的,是确定水利工程投资和造价的重要依据。

1.2.4.1　水利工程的特点

(1)稳定性及受力要求。水利工程大都是依河而建,因而对其建筑物的稳定性要求比较高,它不仅要承受各种静水压力,还要承受各种动水压力,受力条件复杂,稳定性要求高。

(2)防渗问题。水工建筑物在其上下游有水头差的情况下,建筑物内部及地基还会产生渗流,渗透压力会引起建筑物的变形破坏,因而要做好水工建筑物的防渗问题。

(3)消能问题。水工建筑物要经受大水流的强烈冲击,所以要解决水工建筑物的消能,消能问题是水利工程预(决)算中必须重视的问题。

1.2.4.2　预(决)算编制的依据

目前在编制水利工程预(决)算时,现行的定额有:中华人民水利部水总〔2002〕116号文颁布的定额《水利建筑工程预算定额》《水利工程施工机械台时费定额》《水利工程概预算补充定额》《水利工程设计概(估)算编制规定》,以及本省水利工程预决算方面的文件和规定。

1.2.4.3　预(决)算对编制人员的要求

由于水利工程预(决)算的编制是一项很烦琐而又必须很细致地去对待的技术与经济相结合的核算工作,不仅要求编制人员要具有一定的专业技术知识,包括工程设计、施工技术等系统的工程知识,而且还要有较高的预算业务素质。在实际工作中,由于新技术、新结构和新材料的不断涌现,导致定额缺项或需要补充的项目与内容也不断地增多等原因,定额换算有时不合理,因此应高度重视概预算编制人员业务素质的提高和责任心的培养。

1)预(决)算编制人员要具有较高的业务素质

编制人员要刻苦钻研业务知识,及时学习和掌握国家、地方有关部门颁布的水利工程造价管理的新规定、新政策;积极深入工程材料市场调查,及时收集和掌握工程材料市场的价格动态信息;熟悉水利工程定额内容和工程量计算标准,熟悉招标法规和招标文件,熟悉和水利工程建设有关的经济法律、法规政策,熟悉计算机知识,不断提高和丰富自己的业务知识水平。

2)编制人员要对所属工程进行排查

编制水利工程预(决)算前,应对管辖范围内的所属工程进行检查,分析现有工程的现状、存在的问题等,制订出切实可行的预算方案。

3)编制人员要熟悉图纸

编制人员应熟悉设计资料、结构特点及设计意图,认真核对设计图纸及有关表格。当设计图纸上的工程细目数量不能满足概预算编制要求时,还需做必要的计算或补充,对设计文件上提出的施工方案有时需要补充和完善。

4)编制人员要重视对施工方案的分析

对于与设计阶段有配套的施工组织设计文件应认真分析其可行性、合理性、经济性。因为施工方案将直接影响概、预算金额的高低和定额的查用。同一工程内容,可以采用不同的施工方法,如:土方工程,有人工挖土方和机械挖土方两种,应根据工程设计的意图和要求并同工程实际相结合选择最经济最适合的施工方法。施工方法确定以后选配与之相适应的施工机械。

5)预(决)算编制人员要正确进行单价编制

单价编制是一个专业性、政策性很强的环节,编制人员应根据施工图纸和实际情况,灵活运用专业知识和各项规定、标准合理确定工程单价,做到实事求是、客观公正。单价编制主要有以下几个方面:

(1)定额的正确选用。定额是根据一定时期的生产力水平和产品的质量要求,规定在产品生产中人力、物力或资金消耗的数量标准。确切地说,定额就是在合理的劳动组织和合理地使用材料和机械的条件下,完成单位合格产品所消耗的资源数量标准。

小型水利工程在编制预(决)算时应选用省级水利部门组织编写的水利工程配套定额及费用标准,大型工程或由中央投资及中央参与投资的地方大中型水利工程项目在编制预(决)算时应选用水利部颁布的水利工程定额及费用标准。

水利工程类型应与水利工程专业定额相配套,跨地区施工的水利工程,执行工程所在地区相应的水利工程专业预算定额;人工、材料、机械台班单价取用应符合地区规定;预结算中的分项工程名称、规格、计量单位应与定额一致,无错套、高套定额的现象;材料价差调整,要审核材料调整的品种、规格是否符合规定,材料价格是否符合当地当时的实际情况,材料的耗用量计算是否准确,提供材料价款的扣除是否正确。

(2)正确计算工程数量。工程量是工程预(决)算造价形成的重要因素之一,在编制预(决)算时应对各分项工程量按工程量计算原则进行计算,一是正确摘取设计图表中的工程数量,并注意计量单位、计算规则应与定额的计量单位和计算规则一致。有些虽然工程量与定额单位相统一,但存在一定的换算关系。二是对设计文件中缺少或未列的工程量进行补充计算。一个项目,完整的预(决)算造价除包括施工图纸上的工程数量外,还应考虑与施工方案及施工组织措施相关的其他工程涉及的工程量,如围堰、施工排水、施工临时路面维修及体积变化引起的工程量变化。

（3）工程量要认真审核。对它的审核主要是根据施工图纸、竣工图纸、隐蔽工程记录、变更修改通知、监理现场签证等资料和合同文件中有关工程量计算方法的规定及全国统一的工程量计算标准，查对工程量计算是否准确，是否符合国家统一的计算标准，有无重算、错算和漏算。

（4）主要材料预算价格的编制。对水工建筑物中经常用到的主要材料要编制主要材料预算价格。如常用的主材水泥、黄砂、块石、碎石等。要根据所建工程的地理位置，收集当地料场的价格信息或根据当地政府发放的市场动态价格，了解其材料的价格、质量等，综合分析后确定其运输方式，再根据确定后的材料价格、运输方式、运杂费等计算出主要材料的预算价格。

（5）其他费用的编制。其他费用主要包括其他直接费、间接费、计划利润、税金。对它的审核着重注意费用定额必须与所用的预算定额相配套，不得任意搭配；费率选用应符合水利工程的类型、级别、施工单位的性质，并要注意与工程地点、时间的变化相适应；取费基础是否正确，现行取费基础有工程直接费、人工费两种，这两种费用决不能混淆；对工期长、费率标准在施工期间发生变化的，应根据施工进度确定各施工期完成的工程量分别核算，并按照当期费率计算工程费用。

6）注意表格之间的内在联系，理清交叉关系

仔细阅读有关说明及定额表下注解或表格，它们是一个有机的整体，互相联系，互相补充，切不可前后矛盾。有关说明及定额表下注解均非常重要，它说明定额的适用范围，编制的注意事项，以及工程量计算的原则等。熟悉设计内容，了解建设条件，掌握基础资料，正确引用规定的定额、取费标准和材料及设备价格，严格执行国家的方针、政策和有关制度，符合水利工程设计规范和施工技术规范，才能编制出高质量的预（决）算文件。

1.2.5　建筑物应力集中部位的破损处理

1.2.5.1　应力集中现象及概念

材料在交变应力作用下产生的破坏称为疲劳破坏。通常，材料承受的交变应力远小于其静载下的强度极限时，破坏可能发生。另外，材料会由于截面尺寸改变而引起应力的局部增大，这种现象称为应力集中。对于由脆性材料制成的构件，应力集中现象将一直保持到最大局部应力到达强度极限之前。因此，在设计脆性材料构件时，应考虑应力集中的影响。对于由塑性材料制成的构件，应力集中对其在静荷载作用下的强度则几乎无影响。所以，在研究塑性材料构件的静强度问题时，通常不考虑应力集中的影响。

承受轴向拉伸、压缩的构件，只有在预加力区域稍远且横截面尺寸又无剧烈变化的区域内，横截面上的应力才是均匀分布的。然而实际工程构件中，有些零件常存在切口、切槽、油孔、螺纹等，致使这些部位上的截面尺寸发生突然变化。如开有圆孔和带有切口的板条，当其受轴向拉伸时，在圆孔和切口附近的局部区域内，应力的数值剧烈增加，而在离开这一区域稍远的地方，应力迅速降低而趋于均匀。这时，横截面上的应力不再均匀分布，这已为理论和试验证实。

在静荷载作用下，各种材料对应力集中的敏感程度是不同的。像低碳钢那样的塑性材料具有屈服阶段，当孔边附近的最大应力达到屈服极限时，该处材料首先屈服，应力暂

时不再增大。如外力继续增加,增加的应力就由截面上尚未屈服的材料所承担,使截面上其他点的应力相继增大到屈服极限,该截面上的应力逐渐趋于平均。因此,用塑性材料制作的零件,在静荷载作用下可以不考虑应力集中的影响。而对于组织均匀的脆性材料,因材料不存在屈服,当孔边最大应力的值达到材料的强度极限时,该处首先断裂。因此,用脆性材料制作的零件,应力集中将大大降低构件的强度,其危害是严重的。这样,即使在静荷载作用下一般也应该考虑应力集中对材料承载能力的影响。然而,对于组织不均匀的脆性材料,如铸铁,其内部组织的不均匀性和缺陷,往往是产生应力集中的主要因素,而截面形状改变引起的应力集中就可能成为次要的,它对于构件的承载能力不一定会造成明显的问题。

混凝土中产生裂缝有多种原因,主要是温度和湿度的变化,混凝土的脆性和不均匀性,以及结构不合理,原材料不合格(如碱集料反应),模板变形,基础不均匀沉降等。混凝土硬化期间水泥放出大量水化热,内部温度不断上升,在表面引起拉应力。后期在降温过程中,由于受到基础或老混凝土的约束,又会在混凝土内部出现拉应力。气温的降低也会在混凝土表面引起很大的拉应力。当这些拉应力超出混凝土的抗裂能力时,即会出现裂缝。

温度应力的形成过程可分为以下三个阶段:

(1)早期:自浇筑混凝土开始至水泥放热基本结束,一般约30 d。这个阶段的两个特征,一是水泥放出大量的水化热,二是混凝土弹性模量的急剧变化。由于弹性模量的变化,这一时期在混凝土内形成残余应力。

(2)中期:自水泥放热作用基本结束时起至混凝土冷却到稳定温度时止,这个时期中,温度应力主要是由于混凝土的冷却及外界气温变化所引起的,这些应力与早期形成的残余应力相叠加,在此期间混凝土的弹性模量变化不大。

(3)晚期:混凝土完全冷却以后的运转时期。温度应力主要是外界气温变化所引起的,这些应力与前两种的残余应力相叠加。

根据温度应力引起的原因可分为两类:

(1)自生应力:边界上没有任何约束或完全静止的结构,如果内部温度是非线性分布的,由于结构本身互相约束而出现的温度应力。例如,桥梁墩身,结构尺寸相对较大,混凝土冷却时表面温度低、内部温度高,在表面出现拉应力,在中间出现压应力。

(2)约束应力:结构的全部或部分边界受到外界的约束,不能自由变形而引起的应力。如箱梁顶板混凝土和护栏混凝土。

这两种温度应力往往和混凝土的干缩所引起的应力共同作用。

要想根据已知的温度准确分析出温度应力的分布、大小,是一项比较复杂的工作。在大多数情况下,需要依靠模型试验或数值计算。

1.2.5.2　现实中避免应力集中的一些方法

1)结构设计中,应力集中避免与利用

受力零件或构件在形状、尺寸急剧变化的局部出现应力显著增大现象。如传动轴轴肩圆角、键槽、油孔和紧配合等部位,受力后均产生应力集中。这些部位的峰值应力从集中点到邻近区的分布有明显的下降,呈现很高的应力梯度。零件的早期失效常发生在应力集中的部位,因此了解和掌握应力集中问题,对机械零件的合理设计和减少机械的早期失效有重要意义。

弹性力学中的一类问题,应力在固体局部区域内显著增高的现象,多出现于尖角、孔洞、缺口、沟槽以及有刚性约束处及其邻域。应力集中会引起脆性材料断裂,使物体产生疲劳裂纹。在应力集中区域,应力的最大值(峰值应力)与物体的几何形状和加载方式等因素有关。局部增高的应力值随与峰值应力点的间距的增加而迅速衰减。由于峰值应力往往超过屈服极限而造成应力的重新分配,所以实际的峰值应力常低于按弹性力学计算出的理论峰值应力。反映局部应力增高程度的参数称为应力集中系数 k,它是峰值应力与不考虑应力集中时的应力的比值,恒大于 1 且与载荷大小无关。在无限大平板的单向拉伸情况下,其中圆孔边缘的 k 值取 3;在弯曲情况下,对于不同的圆孔半径与板厚比值,k 值取 1.8 ~ 3.0;在扭转情况下,k 值取 1.6 ~ 4.0。

为避免应力集中造成构件破坏,可采取消除尖角、改善构件外形、局部加强孔边以及提高材料表面光洁度等措施;另外还可对材料表面做喷丸、辊压、氧化等处理,以提高材料表面的疲劳强度。通过等效线荷载施加值得一试,不过线荷载分布长度不宜太大。曲线预应力筋作用按照等效荷载作用替代,端头轴力按照实际锚具承压端板大小划分一个面,在此面作用轴压力,可以解决集中力过大的问题。在水利工程中,大坝的坝踵附近以及坝内廊道附近的应力局部增高是应力集中的典型实例。

由于应力集中能使结构发生裂纹,甚至断裂,需采取措施,防止因应力集中而造成的结构损坏,主要措施有:①改善结构外形,避免形状突变,尽可能开圆孔或椭圆孔;②结构内必须开孔时,尽量避开高应力区,而在低应力区开孔;③根据孔边应力集中的分析成果进行孔边局部加强。

2)实际工程中圆滑的角避免应力集中

在制作各种拉力工具时,拉脚的拐弯处应设圆角,这是为了避免应力集中。应力集中指由于受力构件几何形状、外形尺寸发生突变而引起的局部范围内应力显著增大的现象。应力集中会造成构件的断裂。圆角的大小应根据工具的外形尺寸决定,太大影响工具的效应,太小工具容易断裂损坏。对于常用的较小拉制工具,圆角半径在 2 ~ 3 mm 为佳,较大在 5 mm 左右。对于特殊形状的工具应根据实际情况确定,但或大或小必须留圆角。

为避免应力集中造成构件破坏,可采取消除尖角、改善构件外形、局部加强孔边以及提高材料表面光洁度等措施,避免形状突变,尽可能开圆孔或椭圆孔;根据孔边应力集中的分析成果进行孔边局部加强;另外还可对材料表面做喷丸、辊压、氧化等处理,以提高材料表面的疲劳强度。为增大集中应力,可对材料外形及加工方式、加工部位进行合理的机械设计,通过相应试验及计算选择合适的材料,从而实现应力集中的利用与避免。

为了防止裂缝,减轻温度应力可以从控制温度和改善约束条件两个方面着手。

控制温度的措施如下:

(1)采取改善集料级配,用干硬性混凝土,掺混合料,加引气剂或塑化剂等措施以减少混凝土中的水泥用量。

(2)拌和混凝土时加水或用水将碎石冷却以降低混凝土的浇筑温度。

(3)热天浇筑混凝土时减少浇筑厚度,利用浇筑层面散热。

（4）在混凝土中埋设水管，通入冷水降温。

（5）规定合理的拆模时间，气温骤降时进行表面保温，以免混凝土表面发生急剧的温度梯度。

（6）施工中长期暴露的混凝土浇筑块表面或薄壁结构，在寒冷季节采取保温措施。

改善约束条件的措施是：

（1）合理地分缝分块。

（2）避免基础过大起伏。

（3）合理安排施工工序，避免过大的高差和侧面长期暴露。

此外，改善混凝土的性能，提高抗裂能力，加强养护，防止表面干缩，特别是保证混凝土的质量对防止裂缝是十分重要的，应特别注意避免产生贯穿裂缝，出现后要恢复其结构的整体性是十分困难的，因此施工中应以预防贯穿性裂缝的发生为主。

1.2.5.3 混凝土裂缝的修补方法

混凝土建筑物由于裂缝及其他原因造成混凝土表层损坏、不平整或局部剥蚀，如不及时处理就会导致钢筋锈蚀，降低结构强度，缩短建筑物的使用年限。所以，必须重视和处理混凝土的表层损坏。

1）表面涂抹

表面涂抹的方法是使用水泥浆、水泥砂浆、防水快凝砂浆、环氧基液及环氧砂浆等材料涂抹在裂缝等损坏部位的混凝土表面。

（1）水泥砂浆涂抹。先将裂缝附近的混凝土表面凿毛，并可能使粗糙面平整，经洗刷干净后，洒水使之保持湿润，然后用1:1～1:2的水泥砂浆在其上涂抹。涂抹时混凝土表面不能有流水，最好先用纯水泥浆涂刷一层地浆（厚度为0.5～1 mm），再将水泥砂浆一次或分几次抹完，抹浆不宜过厚或太薄。涂抹的总厚度一般为1.0～2.0 cm，最后用铁抹压实、抹光。砂浆配制时所用砂子一般为中细砂。水泥可用普通硅酸盐水泥，其强度等级不低于42.5。温度高时，涂抹了3～4 h后即需洒水养护，并防止阳光直射；冬季应注意保温，且不可受冻，否则所抹的水泥砂浆受冻后轻则强度降低，重则报废。

（2）防水快凝砂浆涂抹。为了加速和提高防水性能，可在水泥砂浆内加入防水剂，即快凝剂。防水剂可采用成品，也可自行配制。若自行配制可参考按重量配比为：硫酸铜、重铬酸铜、硫酸亚铁、硫酸铅钾、硫酸铬钾等五种材料各为1，硅酸钠为400，水为40配合而成。防水快凝灰浆和砂浆的配制，是先将水泥或水泥与砂加水搅拌，然后将防水剂注入并迅速搅拌均匀，立即用铁抹刮涂在混凝土面上，并压实抹光。由于快凝灰浆或砂浆凝固快，使用时应随拌随用，一次拌量不宜过多，可以一人拌料一人涂抹。

（3）环氧砂浆涂抹。根据裂缝情况不同可选用不同的配方。如对干燥状态的裂缝，可用普通环氧砂浆；对潮湿状态的裂缝，则宜用环氧焦油砂浆或用以酮亚胺作固化剂的环氧砂浆。

2）表面贴补

表面贴补就是用胶粘剂把橡皮或其他材料粘贴在裂缝部位的混凝土面上，达到封闭裂缝防渗堵漏的目的。主要有以下几种方式：①橡皮等止水材料贴补；②玻璃布粘贴；③紫铜片和橡皮联合贴补。

3）凿槽嵌补

凿槽嵌补是沿混凝土裂缝凿一条深槽，槽内嵌填各种防水材料，如环氧砂浆及预拌砂浆（干硬性砂浆）等，以防渗水。

4）喷浆修补

喷浆修补是在裂缝部位并已凿毛处理的混凝土表面，喷射一层密实而强度高的水泥砂浆保护层，达到封闭裂缝、防渗堵漏或提高混凝土表面抗冲耐蚀能力的目的。根据裂缝的部位、性质和修理要求，可以分别采用无筋素喷浆、挂网喷浆或挂网喷浆结合凿槽嵌补等修理方法。

裂缝的内部处理，是指在裂缝内部采用灌浆方法进行处理。通常为钻孔后进行喷浆，对于浅缝或仅需防渗堵漏的裂缝，则可以用灌浆的方法。灌浆材料常用水泥和化学材料，可按裂缝的性质、开度及施工条件等具体情况选定。对于开度大于 0.3 mm 的裂缝，一般可采用水泥灌浆；对于开度小于 0.3 mm 的裂缝，宜采用化学灌浆；对于渗透流速较大或受温度影响的裂缝，则不论其开度如何，均宜采用化学灌浆处理。

1.2.6　水工建筑物薄壳结构破损处理

U 形薄壳渡槽具有结构轻巧、造型好、整体性强、纵向刚度大、横向内力小、水力条件优越等优点，因此在跨河输水工程当中应用较多。但是，由于其施工要求相对较严，稍有不妥就会造成严重后患。渡槽槽身由于结构单薄，在采取修补加固措施时，要特别注意加固后是否对过水能力造成影响，且不能过分增大槽身的自重。

混凝土裂缝按其发育变化趋势可分三种类型：一是稳定性裂缝，这种裂缝的特点是深度、长度、宽度不再发展，已经稳定；二是伸缩性裂缝，这种裂缝多数随气温变化和外力作用的改变而有一定规律的开合；三是发育性裂缝，这种裂缝成因复杂，一般具有向纵深和周围扩大发展的趋势。针对伸缩缝的漏水处理问题，就是要修补止水。目前常用的办法有表面板止水、化学灌浆止水和骑缝清理用弹性材料填塞等。其中，较先进的有聚氨酯遇水膨胀密封胶，具有强度高、弹性好、耐磨耐寒、不易蠕变而挤出等优点。而槽壳内底的混凝土网状脱落问题则较为复杂，处理的结果既要具有粘贴作用，更要具有补强性能。然而，传统的以水泥为基础的无机材料处理效果往往黏结度都不高，以树脂为基础的有机材料虽然解决了黏结度问题，但同时却带来了补强性能的不足。因此，较合适的选择就是使用兼有上述二者优点的复合材料，因此槽身破损的修补加固常用方法有环氧树脂砂浆法、内衬丙乳水泥砂浆法、环氧砂浆、环氧混凝土等方法。

1.2.6.1　施工程序

（1）用钢丝刷清除开裂、脱落处的松动混凝土，并用风、水枪冲洗干净，使工作面尽可能平整、干燥、无油、无污。

（2）用机械方法除去裸露钢筋表面的尘锈及油污，然后用丙酮擦洗一遍，使钢筋表面生成一层极性氧化膜。否则在锈裂的地方填补一切材料都是无效的。

（3）使用环氧树脂砂浆（或混凝土）填补开裂、脱落处，并处理仍旧完好的混凝土，更新、恢复混凝土保护层。

（4）对已修补的部位进行保护处理，保护期一般不少于 7 d。

1.2.6.2　环氧砂浆(环氧混凝土)施工注意事项

(1)必须按操作规程和配比要求施工。

(2)工作面必须凿毛、刨毛或刷毛,并保持整洁、干燥,这是能否保证施工质量的关键所在。

(3)施工现场环境温度以选择15~40 ℃为宜。

(4)施工现场人员注意佩戴手套、口罩、眼镜等劳保用品,并不许带火种进入施工现场。

(5)环氧材料随配随用,不留多余。

(6)侧面脱落处应先涂基液,再抹砂浆,然后立即支模,一次完成,以防结合不紧。

(7)涂刷工具用完后,及时用丙酮清理干净,然后将刷毛浸在水中与空气隔绝,防止固化,以便再用。

(8)如果人体与环氧材料接触,可用酒精、肥皂与清水多次清洗,但严禁用有机溶剂清洗。

(9)施工用具及残液不许随便抛弃或投入河中,应集中处理,避免污染环境。

1.2.6.3　环氧树脂砂浆施工工艺及注意事项

(1)环氧树脂砂浆施工时,应尽量使环境温度不低于15 ℃,但也不能太高,一般不得超过40~45 ℃。

(2)为了使新老材料之间有牢固的黏结力,需在处理好的混凝土基础面涂刷一层环氧基液,力求薄而均匀并湿润全部修补面。已刷环氧基液的基础面应注意保护,防止杂物灰尘等落于其上。

(3)涂刷环氧基液后应等待30~60 min,使基液中气泡消除,再填筑环氧树脂砂浆。

(4)环氧树脂砂浆铺摊应均匀,分层反复抹压,平铺填筑时,每层厚1.0~1.5 cm,底层厚0.5~1.0 cm;斜面、立面施工时应加大稠度,每层厚度宜在0.5~1.0 cm;厚度较大的应分层架立贴有聚氯乙烯薄膜的模板,分层填压。

(5)施工完成后,应注意保温养护,一般夏季养护2 h,冬季养护7 h。

(6)因环氧树脂砂浆终凝时间较短,要随用随拌,以免浪费。

1.2.6.4　丙乳水泥砂浆施工工艺及注意事项

丙乳水泥砂浆是一种新型的修补、防腐、抗冻、抗渗材料,是水泥砂浆和混凝土的聚合物改性剂,它具有优异的黏结、抗裂、抗渗、抗冻和抗氯离子、硫酸根离子、耐磨、耐老化等性能,丙乳水泥砂浆的抗渗性应比普通水泥砂浆提高1倍,黏结度提高1倍以上,吸水率仅为普通水泥砂浆的1/4,而且价格也仅为环氧水泥砂浆的50%左右。

(1)将破损的混凝土基础面清理干净后,涂抹丙乳砂浆前,先用丙乳基液打底,涂刷时力求薄而均匀,15 min左右即可涂抹丙乳水泥砂浆。

(2)丙乳水泥砂浆施工及养护温度以5~30 ℃为宜,涂抹速度要快,力求一次抹平,避免反复抹面,并保证表面密实;当厚度大于1 cm时,必须分层施工,分层时间间隔为2~6 h,前一层干后进行下层施工;丙乳水泥砂浆抹面收光后,表面触干即要立即进行喷雾养护或覆盖塑膜、草袋进行潮湿养护7 d,然后自然养护21 d后才可承受荷载;丙乳水泥砂浆养护结束达标后,表层需再涂一层丙乳基液,涂刷要求均匀平整,表面光滑。

模块 2　培训与管理

2.1　ISO 9000 对灌排工程施工质量监督、检查、考核的要求

建立灌排工程质量管理体系,就要从灌排工程自身特点出发,依据系统论的思想,遵循戴明循环(PDCA)的循环原理。PDCA 是由美国质量管理统计学专家戴明在 20 世纪 60 年代初提出的,因此称之为戴明循环。PDCA 是开展质量管理活动的一种基本方式和工作程序。其中 P 表示 plan(计划),D 表示 do(执行),C 表示 check(检查),A 表示 action(处理)的缩写。它反映了进行管理工作必须经过的四个阶段。并按照这四个阶段不断循环下去,周而复始,可使工程质量持续上升、不断改进。

2.1.1　质量方针和质量目标

质量方针是指由一个组织的最高管理者正式发布的该组织总的质量宗旨和质量方向。因此,灌排工程的质量方针就是工程所追求的宗旨和方向。制定质量方针时要紧密结合 ISO 9000 族标准"以顾客为关注点"的核心思想,并结合灌排工程具体工程特点制定。因此,灌排工程施工中的顾客满意率以及产品合格、优良率即是质量方针的主要内容。

质量目标则是质量方针的具体化,质量目标必须是可测量的、可量化的。质量目标依据质量方针规定的范围进行开展,按层次由上至下进行质量目标的分解,必须保证质量目标分解的充分有效,使质量目标落实到每一个职工。

2.1.2　质量体系的建立

灌排工程质量体系建立应依据项目招标文件中列出的要求、规程、规范、合同,相关国家法规、建设单位有关规定、要求等。工程质量保证体系包含文件内容,质量策划,文件和资料控制管理,对不同厂家提供的监测仪器产品的验证,监测仪器的标识和可追溯性,监测仪器设备的检验,监测成果的检查、验收、质量评定及归档管理,对不合格的监测仪器及测试成果的控制和处理,监测成果质量记录的管理,内部质量评价和质量统计等。

质量管理体系文件是组织描述质量管理体系的一整套系列文件,也是质量管理体系存在的基础,是灌排工程执行质量管理措施的重要指导性规范。编制好质量管理体系文件是有效地实现工程质量管理提升的重要途径。质量管理体系文件通常包括:质量手册、程序文件、文件记录和表格汇编等。

2.1.2.1　质量手册

质量手册是具有总纲性质的文件,规定灌排工程质量方面的宗旨和方向,概括性地描述质量管理体系,包括范围、过程等。其主要包括:对灌排工程质量方针和目标的阐述、各

组织机构和管理职责以及各个程序过程的相互关系。

2.1.2.2 程序文件

程序是灌排工程进行各项活动的过程,而规范、标准化这些活动过程的文件是程序文件。对灌排工程程序从管理和技术两个方面进行详细的要求。这一层次的文件属于指示性文件,描述为实施质量管理体系各部门及相关人员应开展的活动,包括5W1H,即 What(做什么),Why(为什么),Who(谁来做),Where(在哪做),When(什么时候做),How(怎样做)。由于程序文件处于体系文件的第二层,对上它是质量手册的具体化,对下它又引出相应的支持性文件,如工作指导书。因此,它在整个文件体系中起到了承上启下的作用。

2.1.2.3 支持性文件

这一层次的文件是灌排工程质量管理体系运行的基础,一般情况下主要包括两大方面,即作业指导书和质量记录。作业指导文件,主要解决的是"如何做"的问题,文件要详细描述过程和活动的具体操作方法和每一步骤的具体工作内容或操作要领。应用在各种岗位的规章制度和规定,如:"质量员工作规范、混凝土拌和楼操作规程等"。质量记录是即时信息的传递载体,可以作为客观事实的证据,主要是表格和报告形式的,其数量占文件的大多数。

2.1.3 质量管理机构

2.1.3.1 组织机构的建立

灌排工程建立 ISO 9000 质量管理体系时,应首先确立组织机构,组织机构可以协调、沟通质量管理体系的运行。一般情况下,灌排工程单位会建立工程质量管理体系办公室,这并不是一个新的部门,只需具备其职能即可。在此基础上,由灌区最高管理者指定一名管理者担任管理者代表。管理者代表除履行原有的工作任务外,还应履行以下职责:确保质量管理体系所需的过程得到建立、实施和保持;向最高管理者报告质量管理体系的业绩和改进需求;确保每个工程参与者的工程质量意识;承担与质量管理体系有关的外部事宜的协调。

灌排工程在组织机构形成的基础上,为实现质量目标,大到每个职能部门小到每位员工都有自己需要完成的任务、承担的职责。各级岗位的职责、权限得到明确的同时,单位还要通过培训、沟通使全体员工不仅了解本岗位的工作职责,还要了解其他部门和岗位的职责以及相互关系,从而确保各个过程能顺畅有效地运行。

2.1.3.2 员工培训

在组织机构设立完毕后,由于 ISO 9000 族标准在各灌排系统工程中没有普遍使用,整个系统上下对这一标准还比较陌生。基于这个原因,灌排工程应面向全体人员进行标准的学习与贯彻。当然,这一培训对于不同层次、不同类型的人员是不同的,每一层次和类型的人员都要结合其在质量管理体系建立过程中承担的责任进行专门培训。对全体员工的培训可分为以下三类进行。

1)管理者培训

咨询师对管理层的领导和中层干部针对 ISO 9000 族标准的知识和观念进行专题培

训与书面考核,使他们了解整个管理过程中存在的问题,从而让他们发挥带头作用,为 ISO 9000 质量管理体系的建立提供根本保障。

2) 全体基层职工培训

邀请咨询师给全体基层施工人员开设专题讲座,让全体基层职工明确整个系统建立 ISO 9000 质量管理体系的重要性,了解 ISO 9000 质量管理体系的内容、要求和本质,了解 ISO 9000 质量管理体系在灌排系统工程施工中的应用。

3) 内部质量审核员培训

内部质量审核员(以下简称内审员)是系统编写 ISO 9000 质量管理体系文件的主要人员,是质量管理体系文件编写质量的根本保证。整个系统按职工人数 2% ~ 3% 的比例确定内审员名单并参加具有培训资质的认证培训机构统一培训、考试,取得国家承认的内审员证书。内审员中既有系统领导、部门负责人,也有优秀的基层人员。

2.1.3.3　施工现场质量管理机构

项目经理部以项目经理为核心,采取项目经理负责制下的质量保证体系,项目经理为施工质量第一责任人,对工程施工质量负全面责任。

项目部成立质量管理领导小组,施工技术部和质量管理部技术人员共同组成质量管理小组,质量管理领导小组成员由主管各业务领导组成,组长由项目经理担任。项目质量管理部设专职质量检查工程师,各作业队和作业班组设专职检查员,通过对日常施工过程的质量检查、监督和现场质量检验,具体管理和控制工程建设各施工环节的质量。以达到质量责任层层分明,质量控制步步到位。

各级质量管理人员在质量管理过程中,严格执行项目质量管理小组根据本工程特点编制的"质量计划",实施质量管理小组制订的管理制度,检查项目和每个施工工序的施工质量,做好原始记录,整编每月质量报表及竣工资料。质量管理领导小组定期召开各作业层参加的质量分析会议,及时发现存在的问题,研究和制定改进措施,并定期汇报月、季度和年生产质量情况,根据各方的意见落实和改进质量防范措施。

项目经理:现场质量管理领导小组组长,为工程施工质量的第一责任人,全面负责工程施工质量的实施,负责重大质量防范措施的批准、执行,负责对重大质量责任事故的调查、处理。

项目总工程师:接受项目经理委托,接受质量管理委员会和项目经理的直接领导,全面负责工程施工质量的执行和实施,领导技术和质管人员制定施工质量控制实施细则,协调土建施工与机电施工良好配合,对现场施工质量的实施进行定期检查;负责对项目经理和质量管理领导小组汇报现场土建施工及金属设备安装质量的实际情况,对存在问题的提出整改措施。同时协助项目经理从技术角度对工程质量的执行和实施提出意见,审查内部编写的施工质量控制文件,监督工程技术措施的执行情况,对质量问题和质量隐患提出整改意见。

质量管理小组:由项目部各主要部门领导组成,对本部门的质量执行和落实情况进行监督控制,在定期的内部质量工作会议上,通报本部门质量执行情况。负责质量会议和质量检查,负责编制内部质量管理实施手册。

施工技术部:在制订施工技术方案的同时,负责对工程各施工工序的完工质量控制提出要求,并根据现场实施情况,及时提出整改措施。

经营管理部:负责对工程质量的投资进行计划、统计和成本控制,以期质量达到设计要求的同时,工程成本最小。

物资机电部:负责对工程所采用的原材料、设备零配件的采购进行质量检验和验收签证,按照计划调拨物资和设备。

质量管理部:落实质量管理小组质量管理意见的具体部门,负责对工程所有施工项目的施工质量指导、监督,对单元工程质量进行复检和签收认证,管理实验室和检测小组,并对整个工程的所有单元工程的质量检查结果进行记录备案,是工程质量保证的关键部门。

各作业班组:根据内部质量管理手册和施工技术方案,完成工程所有项目的施工任务,在施工过程中,根据质量控制要求,严格施工程序,是按照作业规程施工的主体,也是保证工程质量的主体。

2.1.3.4 灌排工程质量管理体系的运行

在文件化的质量管理体系建立后,灌排工程全体人员通过学习培训之后质量管理体系开始试运行。通过试运行可以考查质量体系文件的有效性和协调性,并对显现出的问题采取及时的改进和纠正措施,进一步完善质量体系文件。

1)质量信息管理

灌排工程质量管理体系在运行的过程中肯定无法避免地出现一些问题,因此需加强对质量信息的管理,质量信息管理包括信息的收集、汇总、分析、保存、传递、反馈和处理。通过制定并保持质量记录,对记录的收集、编目、归档、保管和处理,使各项质量活动处于受控状态,保证质量管理体系的有效运行。

2)内部审核

内部审核是灌排工程实施 ISO 9000 质量管理体系必不可少的动力。体系试运行一段时间后(一般不超过半年),单位可组织第一次施工质量管理体系内部质量审核,以便系统地发现工程质量管理体系试运行在符合性和有效性方面存在的问题,推进质量管理体系的改进。当第一次内部审核发现的不合格项达到 90% 以后,可进行第二次内部质量审核,对运行的质量管理体系进一步系统检查,推进质量管理体系的深入改进。

3)管理评审

管理评审是在内部审核的基础上进行的,通常由最高管理者负责,高层领导参加,定期进行。管理评审主要是对质量管理体系的运行现状和适应性进行客观公正的评价。具体评审的内容包括工程质量审核结果;建设方、监理的意见和建议及其处理情况;施工质量问题,以及针对这些问题采取的纠正和预防措施的实施效果;工程质量管理体系运行状况及其与选定的 ISO 9000 族标准的符合程度,特别是对体系文件的变更状况及修改后是否符合标准要求和工程实际;前次管理评审结果等。

2.1.3.5 施工过程质量控制

严格按照 ISO 9001—2000 版质量认证体系及"初检→复检→终检"的三级检验制度对本标工程的施工质量进行全过程控制,以保证施工各个过程处于受控状态。

1)施工前控制

(1)由项目经理部总工程师组织施工技术部、质量管理部和有经验的技工,精心编制实施阶段的施工组织设计文件、施工总进度计划、劳动力计划、机械设备和材料使用计划，从宏观上对工程建设进行控制，以使施工按计划有序进行。规范有序的施工是按计划实现工程质量目标的前提。

（2）在施工组织设计中，根据工程特点，详细制定各分部工程的施工程序和施工工艺，根据合同文件提出工程质量控制要点和相应的控制计划。对关键工序、重点部位进行典型重点控制。

（3）组织有关人员详细阅读设计文件，加强与设计、业主和监理工程师的沟通，透彻理解设计人员和业主的意图。

2）施工过程中的质量控制

A. 施工准备工作质量控制

各项工作所需的材料和工程设备，均由专人负责采购、验收、运输和保管。采购的建筑原材料对每一批次的进场材料进行质量检查验收，验收合格后方可入库。

B. 施工过程中的质量控制

（1）强化施工过程的质量控制。

工程施工质量控制实行"以单元工程为基础、工序控制为手段"的程序化管理模式。不断优化施工组织设计，加强技术交底，在保证工程安全的前提下，根据现场条件的变化或出现的问题，及时调整、变更或优化施工方案。优化的目的不但要方便施工，还要保证结构技术要求，确保施工质量。同时，通过技术交底和交流，加强和设计、监理及业主的沟通，严格按照设计图纸文件进行施工。在施工中若发现设计图纸有问题，应及时上报监理工程师，得到正确依据后方可进行施工，工程技术人员要深入现场，做好技术交底，并做好记录。

积极采用成功的先进经验、新技术、新工艺、新材料，确保施工质量。严格工作作风，认真编制施工方案、技术措施和作业指导书，做好仓面的施工设计和资源组织准备工作；严格按照设计图纸和施工规程精心施工，严格执行模板加工及验收标准，避免混凝土表面的错台、挂帘现象，加强对止水片、止浆片及预埋管道的检查和维护，加强混凝土振捣，认真做好混凝土的温控养护。认真按"三检制"（班组初检、施工队复检、经理部质量管理部或质量管理小组终检）进行单元工程的自检。

加强现场旁站，严格质量把关。项目部配备一批素质较高、年龄和职称结构相对合理的专业质检人员，在施工过程中不断补充完善施工质量工作实施细则。严格控制材料、设备的进场检验，严禁不合格产品进入工地。在施工过程中，按规定采取旁站监理、巡视检查和平行检验等形式，按作业程序及时跟班到位进行监督检查，做好现场记录，对施工的重要部位、关键工序严格实行旁站制度。一旦发现问题及时提出并督促处理，对达不到质量要求的工序不签字，不允许进入下一道工序施工。

对质量要求高或施工质量不易保证的部位，应制定专门施工质量保证措施，并作为施工措施的组成部分。施工前技术人员、质量管理人员对施工厂（队）班组进行详尽的技术交底并做好交底记录。在施工进行过程中检查和指导，深入推行质量安全月和质量竞赛活动。对施工质量管理有突出贡献的单位和个人给予表彰和奖励，质量管理差的单位给予批评、罚款，做到奖、罚分明。

（2）项目部现场值班,做好组织协调工作。项目部人员实行现场值班制,理顺现场生产关系,协调不同施工地点和施工工序质检出现的相互干扰和矛盾,依靠并充分发挥监理工程师的作用,加强对工作的监督。

（3）对质量问题严格处理,不留隐患。对于施工过程中发现的质量问题,遵循"四不放过"原则进行调查处理。

在施工过程中对发生的质量事故坚持"四不放过"（事故原因未查明不放过、责任人未处理不放过、整改措施未落实不放过、有关人员未受到教育不放过）的原则,在认真分析事故原因、总结事故教训的同时,严肃处理事故责任者,严格按照设计要求进行补救施工,做到不留隐患。对重大质量事故立即报项目部、总工程师和质量管理部,同时会同设计单位、监理工程师共同研究,制定处理措施。严格按照质量标准进行工程的质量评定和验收工作,努力提高单元工程一次验收合格率。

通过召开质量问题现场教育会、举行质量问题警示展等多种形式,提高全员的质量意识和责任心,对出现的重大质量问题,剖析质量体系运作和质量控制过程中的薄弱环节,认真吸取教训,进一步提高质量意识,并落实整改措施。

2.1.3.6　灌排工程施工质量改进措施

质量管理体系的改进与完善是质量管理的内容之一。目的在于提高质量管理体系的有效性,为组织、顾客和其他相关方提供更多的收益。通过对质量管理信息的分析和处理以及有计划地评审所发现的不合格项或不合格趋势,对其原因进行调查分析,制定纠正和预防措施。对纠正和预防措施要保持跟踪调查,验证其效果如何,防止以后出现类似的问题。

2.2　大型灌区信息化建设

2.2.1　灌区信息化的定义

灌区信息化就是充分利用现代信息技术,深入开发和广泛利用灌区信息资源,大大提高信息采集和加工的准确性以及传输的时效性,做出及时、准确的反馈和预测,为灌区管理部门提供科学的决策依据,全面提升灌区经营管理的效率和效能。它不仅仅是信息设备和软件的简单堆砌,而且是几乎涵盖了灌区业务所有方面的一个全新概念,具体来说应该从以下三个方面分别描述:

（1）灌区信息化是一种全新的管理理念。无论是工程建设还是生产管理,决策者要充分利用信息资源,通过整理、分析和量化各种指标作为决策依据,避免"经验论"和"拍脑袋"决策。

（2）灌区信息化是一种高效的管理手段。通过将历史信息和动态实时信息作为生产调度和绩效考核的标准,结合机构改革实现各部门之间的信息共享,使管理目标更加具体明确,部门之间协调得力,最大程度完善管理体制和提高管理水平。

（3）灌区信息化是一个全面的管理系统。这个系统由硬件和软件构成,硬件是基于计算机、自动控制、信息网络技术的集信息采集、目标控制和信息传输为一体的集成化信息系统;软件则是能使硬件发挥最大效用的,将信息整理、计算、分析,以实现辅助决策、科学调度的计算机应用软件系统以及相应的管理制度和管理方式的总称。

2.2.2　大型灌区信息化建设的必要性

2.2.2.1　大型灌区的重要地位

大型灌区在我国的重要地位人所共知,402 个大型灌区总有效灌溉面积2.4 亿亩,占全国耕地面积的 13% ,是我国农业生产的主力军。大型灌区粮食产量占全国的 22% ,商品粮率达 80% ,是我国粮食安全的重要保障;农业生产总值占全国的近 1/3,是我国农业和农村经济增长的重要支撑;提供了占全国总量约 1/7 的城镇生活用水和工业用水,受益人口 2 亿多,是我国经济社会发展的重要基础设施;灌区良好的人工生态体系起到改善生态环境、涵养水源、净化空气、抑制水土流失、减轻风沙威胁等作用,部分大型灌区还承担其区域水资源调配的任务,是当地生态环境保护的重要依托。

2.2.2.2　大型灌区信息化建设的必要性

(1)新的治水思路的要求。

信息化是我国水利现代化的必然选择。要解决新世纪水利面临的三大问题,就必须突破传统的治水思路,充分依靠科技进步,通过加强水利信息化建设,推进水利的现代化。灌区信息化是提高灌区的管理、服务水平和质量,降低成本的重要手段,是实现"总量控制"和"定额管理"两套指标体系的重要措施,是灌区今后建设和发展的必然方向。

(2)提高工程安全运行保证的关键措施。

很多灌区本身就具有防汛任务,尤其山丘区灌区,傍山渠道多,集雨面积大,容易形成坡面径流,威胁渠道或建筑物安全。通过信息化建设,对水雨情实时监测,及时分析对比,提出防汛预案,最大程度确保工程安全运行和当地人民群众生命财产安全。

(3)提高科学管理水平的重要途径。

从灌区本身需求来看,目前普遍存在管理能力的建设与提高相对滞后的问题,灌区管理和行业管理大量资料信息仍以手工作业为主,各级行业主管部门难以及时准确全面了解灌区及行业发展状况及变化趋势,灌区管理目标无法量化。通过信息化建设可以大幅度提高管理水平,更加有效地管理工程,合理调配水资源,使效益最大化。此外,随着改革开放的不断深入,用水户对灌区的要求不断提高,通过信息化建设可提高灌区为用水户服务的质量和水平,为用水户适时、适量、安全供水。

(4)提高水的利用效率的重要途径。

灌区传统配水方法无法实现实时适量调配,且难以有效利用历史资料进行分析,影响自身管理水平提高,水的利用率偏低。信息化建设的最大优势就是大大增强信息的时效性和准确性,进行手工无法完成的大量信息后处理,制订出科学的灌溉、排洪调度方案,从而提高灌区的灌溉用水效率和效益。

(5)促进农村水利行业管理现代化的根本手段。

过去农村水利建设主要靠发动群众,管理主要靠经验,数据不完整,而且时效性差,管理十分粗放。灌区信息化建设可以大大提高行业管理数据的全面性、准确性和适时性,为科学管理和决策提供可靠依据,促进行业管理现代化。

2.2.3　灌区信息化发展的目标

根据《全国水利信息化规划纲要》所确定的目标,结合全国大型灌区建设与管理现状,按照"科学规划、分步实施、因地制宜、先进适用、高效可靠"的原则,以需求为导向,长远目标与近期目标相结合,因地制宜,讲求效益,通过试点、示范,逐步建立起能有效促进灌区技术优化升级和提高灌区管理水平的信息系统。

灌区信息化的最终目标是实现灌区管理的现代化。灌区管理现代化的基本任务与内容包括灌溉用水信息管理现代化、灌溉工作及灌溉设施管理现代化以及灌区行政事务与附属设施管理现代化。因此,灌区信息化建设应围绕上述基本任务与内容开展工作。

灌区信息化建设的最终目标是建立一个以信息采集系统为基础、以高速安全可靠的计算机网络为手段,以 3S 技术和决策支持系统为核心的现代化灌区管理系统。

灌区信息化试点建设目标是运用先进的数据采集、传输和处理手段,通过试点、示范,初步建立起能提高灌区管理水平、促进灌区技术优化升级和提高用水效率的水管理信息系统,为灌区水资源的优化配置、高效利用提供调度运行决策支持,从而为整个行业的信息化建设奠定基础。

2.2.4　大型灌区信息化建设的主要内容

大型灌区信息化建设的内容包括灌区自身的信息化建设和大型灌区行业管理信息化两部分内容。

2.2.4.1　**灌区信息化建设内容**

灌区信息化概括起来就是测、控、传、软四个方面。实践中人们通常把信息系统形象地比喻成人的工作过程,"测控点"就像人的五官和手脚,将信息收集,并转化为系统能够接受的方式(数字化),上传给信息中心,亦或接受上级指令,转化为物理控制方式来控制目标;"数据传输"就相当于神经网络,上传下达各种数据、指令;"软件系统"就好比是整个系统的大脑,执行"思考"的功能,收集管理决策所需要的所有数据,通过各类软件分析处理,产生决策结果,如管理调配目标或用水计划等。

1)监测系统建设内容

监测系统内容主要包括雨情、水情、闸位、工情、墒情、水质、气象和视频等方面的内容。这些内容根据灌区实际情况和所处地域又有很大不同。

(1)雨情监测。在水库灌区和南方山区布点相对密集,而对于北方则可较疏,西北干旱地区则必要性不大。目前主要采取的技术包括翻斗式、容栅式雨量计等。

(2)水情监测。水情包括水位和流量,是大型灌区信息化的基础数据之一。一般情况下,根据灌区管理单位的管理细致程度布点,主要是闸前、闸后,各级交接断面,重要配水点,以及在田间与收费相关的计量等。目前水位测量采取的主要技术包括压力、浮子、超声波、声波、电容、磁滞伸缩等,流量监测除泵站管道输水部分有采用电磁流量计外,基本都采用建筑物量水配合自动水位采集装置计算流量和用水量。

(3)闸位监测。闸位监测一般情况是结合闸门控制统一考虑,但不排除一部分目前由于投资或技术等原因,无法实现控制而仅仅监测闸位的信息点。布点针对主要的分水、节制和泄洪闸。主要技术有编码式、模拟量和超声波等。

（4）工情监测。主要是指水工建筑物和衬砌渠道的应力、裂缝、位移、变形、渗漏等方面的数据信息，目前除大坝外极少采用。

（5）墒情监测。是土壤水分运动的情况，由于其"以点代面"的代表性差，成本较高而一直存在争议，目前大多为试验性质，很难融入灌区具体管理工作。技术主要包括电导率测量法、时域反射法和中子测量法等。

（6）水质测量。由于灌区供水任务逐步增多，水质测量越来越受到重视，尤其与人体健康关系密切的浊度、氯化物、重金属、溶氧等参数。布点一般为水库或供水出口。由于在线测量成本非常高，目前只有四川都江堰灌区投入实际生产。主要采取化学方法结合电子技术，根据测量参数不同，具体技术也有所区别。

（7）气象监测。主要是与灌溉相关的温度、湿度、气压、风向、风速、降雨、蒸发、光照、地温等气象要素的监测。由于与气象部门的信息共享较难，部分灌区自建小型气象站，用以在线监测小范围内的气象状况，一般采用一体化自动气象站。

（8）视频监测。可视化管理是当前较为流行的技术，足不出户看到各个管理节点的工况，例如闸门、重要建筑物等。由于视频传输对网络带宽要求较高，过多的测点势必造成网络投资激增，因此实际应用范围也较小。

以上的监测内容就基本构成了灌区数据采集的核心，其工作方式包括：在线监测，即固定测点，实时传输上报；自报监测，即固定测点，按照定时或规定变幅自动上报；自记监测，即固定测点，将测量数据当地保存，隔一段时间通过人工取回；便携巡检，即动态测点，配备一定数量的便携式仪器定期巡检，通过数据接口上报；人工监测，即在传统人工监测的基础上通过计算机将信息数字化以后上报。

监测系统是大型灌区信息化管理动态数据的主要来源，是硬件建设的基本内容，其监测的项目和精度都应结合灌区需要有所取舍，监测点的数量依据管理的细化程度和投资多少确定，监测的方式应根据技术的发展而不断发展，其建设是一个长期过程。

2）控制系统建设内容

控制系统对于灌区来说控制目标一般只有闸门和泵站两个对象。

闸门的控制分有开度调节和无开度调节两种，主要针对分水闸、节制闸和泄洪闸。目前技术主要是针对传统螺杆、卷扬、液压启闭机的控制系统增加自动控制功能，除实现远控、遥控、集中控制外，还能根据上下游水位实现过流量、闸位开高等闭环控制。具体来说，前者就是信息中心（一般为管理局）、信息分中心（一般为管理站）或闸控点（一般为管理所），无需到闸门所在现场就能直接进行启或闭的操作；后者则是指给出一段时间内指定的流量或闸位开高的目标值，由闸门控制系统现场自动调节。由于闸门一般位置偏远，能源供给、防尘防水、防盗防破坏的要求较高，近年来很多单位在这方面也做了很多研究，尤其是太阳能光伏供电技术已比较成熟。

泵站控制由于有很多工业自动控制技术可以借鉴或直接采用，一般跟随机电设备改造、节能改造等项目统一考虑，而多级泵站之间的协调调度才是提水灌区信息化的主要建设内容。

控制部分是实现配水、调度的具体动作，同样是大型灌区信息化硬件建设的基本内容,"控制点"数量的确定取决于管理方式和投资规模。建设方式一般是先骨干,后分支,也有按控制区域,沿某一渠系(如某一支渠)自上而下成片建设的。

3)网络建设内容

通信网络是灌区信息化的载体,是数据、视频、语音传输的途径,目前主要使用自建网或公网,方式包括有线和无线,有线技术主要有光缆、电缆、电力线载波等,无线技术主要有微波、超短波、GPRS/CDMA 等。一般分层次建设,管理局→管理站→管理所→信息点。由于灌区地域广阔,地形复杂,位置偏僻,往往用一种方式难以解决全部通信问题,因此大多灌区采用混和组网的方式。近年来,随着公网的快速发展,越来越多的专家建议和灌区的选择都倾向于公共网络,其优点主要体现在不用用户自己维护,稳定性、安全性有保障等,但是由于公网覆盖面积有限,而且使用费用仍然偏高,大部分灌区目前还是选择自建网或部分采用公网。

4)软件建设内容

软件是灌区信息化能否发挥作用的关键所在。信息系统对提高管理水平的最主要作用:一是代替部分手工作业,提高劳动生产率;二是通过计算机强大的计算能力分析数据,提供更精确的辅助决策支持。从近几年灌区信息化建设过程来看,大部分灌区重视硬件而忽略软件,使软件开发工作成为一个相对薄弱的环节。尤其是应用系统的开发,由于其技术含量高,专业性强,灌区之间差异大,从而造成通用平台开发周期长、难度大、投资高,目前尚无成熟产品。

一般把灌区信息化软件分为两大类:

(1)专业业务软件。

专业业务软件是以水管理为核心的软件系统。包括预测预报、水量综合调度、水流模拟仿真、测控操作等方面。工作流程就是通过预测预报软件提供来水和需水的数据作为决策依据,根据这些依据通过计划调度软件产生用水计划和防洪等预案,通过模拟仿真进一步调整完善预案,最后通过测控操作软件实现自动调度控制,避免人为干预。

预测预报软件主要包括来水与需水两方面。来水的情况直接关系到灌区可用水量和防洪安全,其核心是降雨径流预报。需水的情况则直接关系到调度方案的制订和水量分配,其核心是灌溉预报,同时要综合考虑发电和城市工业供水的需水情况。

水量综合调度是专业业务软件的核心内容,包括水库调度、泵站调度、渠系水调度等,它根据预测预报软件提供的辅助决策依据,结合经验与实际情况制订灌溉、发电、供水的计划,生成防洪预案和调度预案。

模拟仿真则是通过计算机模拟水库出入库、泵站提水和渠系水流状态,验证预案是否合理,并给出调整参考。

测控软件是最终的执行部分,属底层平台,它为预测预报提供必需的数据,同时执行生成的计划预案。

(2)综合业务管理软件。

综合业务管理软件是以工程管理为核心的软件系统。除工程管理(如工程现状、老化数据、运行工况、新建或改造状况等)外,还包括水电费征收、办公自动化(OA)、公用信息发布(网站等)、用水户协会管理、二级单位管理等内容。综合业务管理系统非常类似于企业 ERP 系统,这部分建设内容根据灌区管理需求的不同呈现出不同的侧重点,如山西夹马口的水费征收系统,石津、韶山灌区的工情管理系统等都很好地结合了灌区实际,取得了良好的效果。

2.2.4.2　行业管理建设内容

在行业管理方面进行了"全国大型灌区节水改造项目管理信息系统""大型灌区基础数据库管理系统""全国大型灌区电子地图管理系统",以及节水灌溉网站的开发建设。充分利用网络资源,建立技术支持平台、项目申报审批平台、项目管理平台等,使项目前期咨询、中期监督、后评价以及获取技术支持更加迅速、客观、高效。

模块 3　技术改造与试验研究

3.1　设备工艺改进

3.1.1　机电设备高效节能运行

泵站装置效率是反映抽水设备及泵站各部分效率的综合指标。因此,提高抽水设备及泵站各部分的效率是提高装置效率的重要途径。

3.1.1.1　提高水泵效率

水泵效率的高低与水泵设计、制造水平、运行情况和使用场合等情况有关。对水泵使用单位来说,一般可从下列几个方面采取措施:

(1)合理地选择水泵,使水泵的运行参数接近于实际所需的参数。搞好扬程配套。有些泵站由于选型不当或受供货限制,使用扬程偏高的水泵,致使水泵长期处于低效区运行。为使扬程配套,提高运行效率,对离心泵和混流泵可用变速或车削叶轮进行调整,对轴流泵可用变速或变角进行调整。当采取上述措施不能解决问题时,可调换叶轮或换泵。

(2)提高叶轮表面光洁度。实践证明,叶轮表面光洁度直接影响水泵效率。如出厂时清砂除刺不彻底或长期使用后表面粗糙,运行效率会明显下降。为此,可用砂轮磨去叶片正反面或前后盖板表面的粗粒,并用油石磨光。这样,可提高水泵效率。

(3)保证安装质量。安装质量差,会使水泵运行中产生振动、漏气、漏水和轴承及填料的磨损等问题。它们会直接耗费动力,严重影响水泵效率。因此,管路安装要密封、支承要牢固,防止管力传给水泵。轴承、填料函要安装正确,尽可能减少机械摩擦。

(4)控制密封间隙。离心泵和蜗壳式混流泵长期使用后,密封间隙会增大,特别是从多泥沙河流取水的水泵,磨损更快,致使内漏增加,效率降低。因此,在使用过程中,应定期拆开检查密封间隙,及时进行加工修理。

(5)保持良好的进水流态。进水池流态不好,旋涡多,水泵会大量吸进空气,不但直接减少流量,而且促使水泵振动,降低水泵效率。因此,在泵站运行中应尽量保持进水池流态稳定。具体办法是除进水口有足够的淹没深度外,进水池的平面形状和尺寸要适当。平时可在水面上漂浮大块木板灭涡。

(6)控制转速。采用控制转速的方法来调到所需的流量,节电效果最显著。这种调节是无级的,但初期投资较大。这种方法适用于大容量泵站及扬程变动范围较大的场合。

3.1.1.2　提高动力机效率

1)合理配备功率

在计算水泵的配套功率时,它的动力备用系数不宜过大,否则,会引起动力机负载不足。以电动机而论,负载不足会使电机的效率与功率因数明显下降。柴油机的负载不足也会使燃油消耗率显著增加。因此,动力机只有满载或接近满载的情况下运行时才有最好的经济性。对使用中的大机拖小泵或小机拖大泵的现象,均属动力配套不合理,应设法用水泵变速或换机等方法解决。

2)改善运行方式,调整用电计划

(1)电动机应选择得使额定功率与负荷相当,即尽可能地按"最佳功率"选用电动机,一般 80% ~ 100% 的负荷最适宜。如果负荷变动较大,则在轻载时,采取降压或调速等措施。

(2)调整负荷的大小,使其出力接近电动机的功率,避免电动机不能满载运行,甚至空载运行,减少电动机的启动次数。

(3)加强设备维修工作,定期维护电动机及其传动部分,以提高效率并延长其寿命;轴承定期清洗、加油润滑,以减少摩擦损失;定期检查其连接部分,以保证不致腐蚀或发热及电弧产生。

3)改善使用条件,提高机械与装置效率

(1)控制温升。动力机周围的温度过高,会降低动力机的运行效率。因此,要注意机房的通风散热,使动力机在规定的温升下运转,改进散热条件。

(2)更换效率低的旧设备,以既提高生产效率又节约电能为目标来更新设备。

(3)更换功率过大的电动机,使电动机在接近额定功率下运行。

4)提高电动机本身的效率或采用高效电动机

(1)防止在不平衡电压下运行。

(2)防止长时间无负荷运行。

(3)防止小负荷运行。

(4)防止在不必要的过大负荷下运行。

(5)防止在电压过高或过低的情况下运行。

(6)防止频率与电源频率不同的电动机运行。

(7)补偿电容器的容量配置合理。

(8)考虑采用变频调节或其他调速设施。

(9)合理采用高效电动机。

(10)改进电动机控制方式和控制设备。

3.1.1.3　提高传动效率

传动效率的高低与传动方式有关。联轴器的传动效率最高,但由于不能变速和改向以及制造低速动力机不够经济,因而广泛使用受到限制。当采用皮带传动时,要严格按照皮带传动的要求去设计、安装,力求高效率传动。

3.1.1.4　提高管路效率

管路效率的高低与管路的长度、直径、材质以及管路附属设备的类型和数量等有关。一般采取下列措施提高管路效率:

(1)缩短管路长度。小型泵站的进出水管路长度应最大限度地缩短。在管线的布置上可改折线为直线,以节省弯头,缩短管长。

(2)采用经济管径。一般情况下,管路的经济直径比水泵进出口直径要大,如已使用的管径偏小,可考虑用较大管径的管路来更换,降低流体的流速,减少管路的损失。

(3)减少不必要的管路附属设备,如减少弯头或阀门数量。过多的管路附属设备会引起较大的局部损失扬程,消耗大量能源。小型泵站中的管路附属设备可以大大简化。一般可以采用简易的充水装置(如手压真空泵、靠柴油机吸气或排气抽真空等),取消底阀,实现无底阀抽水。不用逆止阀,出口的拍门可加平衡锤等,以减少管路局部损失扬程。

(4)避免"高射炮"式出流。出水管出口,应淹没在出水池水面以下,以节省提水扬程。对于原有"高射炮"式出流的泵站,可用弯曲管段接入池中,形成虹吸式出流,也可节省部分扬程。即使是临时性的抽水,也应将出水口插入出水池水中或贴近出水池水面。

(5)使用内摩擦较小的管材并加涂层。

(6)防止管道内壁的水垢太厚。

(7)管路管径的变化要平顺光滑,不能突然加大或变细。

(8)调整水泵安装高度。

3.1.1.5　提高进出水池的效率

在泵站兴建时,应选择合适的进出水池形状与满足必要的尺寸,使建成的水池流态稳定,高效率运行。对已建成的水池,如属流态不稳,效率偏低者,可加做导流隔板,将进出水管口相互隔开。对每根进水管至池后壁的间距,也用隔板封闭,防止水流互相流动。

3.1.1.6　控制水源含沙量

在多泥沙河流上取水的泵站,因泥沙多,水容重大,促使水泵运行效率下降,叶轮和泵体也容易磨损,还易与气蚀作用互相促进,加速水泵损坏。一般含沙量控制在 5% ~ 8% 的范围内较为适宜。根据室内试验和现场测定,当离心泵含沙率为 10% 时,水泵流量减少 16% ,扬程降低 2.5% ,功率增大 7% ,效率降低 20% 。因此,要在进水池前设置沉沙建筑物和清淤吸泥设备,以处理水中泥沙,尽量减少过泵泥沙量。经过拦沙措施,可以拦截一部分泥沙,使之不进入泵内,减少对水泵的磨损和影响。但未拦截的泥沙,在前池中又极容易淤积,也会影响泵站的效率。

3.1.1.7　制订合理的运行方案

为使泵站能在最优状况下运行,应根据当地实际情况,制订出合理的运行方案。例如排涝站,为避免在高扬程下抽水排涝,可通过对水文气象预报资料的分析,应用计算机技术和计算机优化技术做出较合理的运行方案,对灌排工程从水源、枢纽、渠道输配水,直到田间适时适量灌溉的过程,包括各个运行调度环节和重要因素,进行科学分析和充分组合,选定最优的运行方案,力争在高效区多开机、开满机。目前,各大灌区已经普遍进行水位自动观测、流量自动计算、水资源调度等,效果明显。

3.1.2　新材料的施工

3.1.2.1　水泥基防水材料在裂缝处理中的应用

1)水泥基防水材料的性能及原理

(1)水泥基渗透结晶型防水材料是一种刚性防水材料,具有呼吸性、防水作用的永久性和独特的自修复能力,安全无毒。与水作用后,材料中含有的活性化学物质通过载体向混凝土内部渗透,在混凝土中形成不溶于水的结晶体,填塞毛细孔道,从而使混凝土致密防水。

（2）水泥基柔性防水材料是一种双组分、高聚物改性的水泥基防水材料,弥补了水泥基刚性防水材料抗拉强度过低、抗冲击强度差的弱点。与普通水泥砂浆相比,具有高强度、高韧性、高黏结性和耐酸碱性、抗渗透性以及低温固化等特点。通过自然蒸发和水化反应干燥成为黏结良好、柔韧、致密的防水涂膜,达到防水的目的。

2）施工方法及要求

（1）水泥基渗透结晶型防水材料。

①防水基面预处理:除去浮灰、浮浆、油脂等物,冲洗干净;铲除空鼓、疙瘩以及起皮等疏松部位;将表面打磨粗糙后用水浸透防水基层。

②制备料浆:按水泥基渗透结晶型防水材料: 水 =5:2（体积比）进行配置,搅拌均匀,每次拌料应在 25 min 内用完,使用过程中不得二次加水,料浆用量以干粉计约 1 kg/m²。

③在缝宽 δ <0.2 mm 的裂缝混凝土表面直接涂刷,涂刷范围为裂缝两侧各 10 cm,涂刷一遍,厚度约 1 mm。

④养护:当涂层固化到不会被洒水损坏时开始养护,以喷洒水雾为主,保持涂层湿润,养护 3 d 以上。养护主要是促进防水涂层的强度尽早体现,防止开裂,以更好地渗透。

⑤施工温度:施工环境温度不宜低于 5 ℃ 和高于 40 ℃。

（2）水泥基柔性防水材料。

①水泥基柔性防水材料涂抹前,基层混凝土强度应不低于设计值的 80%。

②基层应平整、坚固、洁净,如果有油污、孔洞等要进行清洗、修补处理。

③施工前,基层面保持基本干燥,无大面积潮湿面时即可施工。

④水泥基柔性防水材料 A 组（为粉料,用防潮纸袋包装,20 kg/袋）与 B 组（为液体材料）按重量比 1:1 的配比混合,搅拌均匀。搅拌时用砂浆搅拌机或手提电钻配以搅拌齿进行现场搅拌,搅拌时间比普通砂浆要延长 2～3 min。

⑤在裂缝两侧各 10 cm 范围内涂刷一遍,厚度 2 mm,表面应压实、抹平。

⑥水泥基柔性防水材料凝结后,进行自然养护,养护温度不低于 5 ℃。未达到硬化状态时,不得浇水养护或直接受雨水冲刷。

3.1.2.2　聚硫密封胶在裂缝处理中的应用

1）材料性能

双组分聚硫密封胶是指以液态聚硫橡胶为基料配制而成的,常温下能够自硫化交联的双组分密封胶,对金属及混凝土等材质具有良好的黏接性,可在连续伸缩、振动及温度变化下保持良好的气密性和防水性,耐久性甚佳。明渠专用聚硫密封胶是渠道工程选定的填缝材料。

2）施工方法及要求

（1）沿裂缝方向凿成一个宽 25 mm、深 38 mm 的"U"形槽沟,槽深为槽宽的 1.5 倍。

（2）清除缝内的污物及杂质,并保持缝内干燥。

（3）将混合好的双组分底涂液涂刷在被粘表面上,干燥成膜。

（4）按产品使用规定的配合比,将两个组分混合,达到色泽均匀无色差,填平密封处,并压实。

3.2　试验研究

3.2.1　工程试验的基本要求

灌排工程试验是一项重要的基础工作。它对保证工程安全,充分发挥工程效益,为工程设计、施工、运行和科学研究提供技术依据等具有重要意义。工程试验是根据工程设计、施工和运行需要,对某些项目的机理、效果和种种不同方案等进行的测试和论证,也包括一些对引进新技术、新工艺、新材料的应用研究。工程试验工作的基本要求是:试验项目选定合理、满足设计、施工和运行的实际需要;试验方法简便,符合有关技术规范和标准;试验的仪器和设备选择要先进、实用、经济、测试精度合乎要求;资料完整,统计和计算分析准确,结论真实,观点明确。

3.2.2　工程试验计划的制订

工程试验计划的制订是组织试验的初始工作,它包括项目的选定,试验目的、任务、内容、要求和所达到的预期效果等,以及对试验的时段安排、试验仪器的选择、人员配备、组织工作和所需经费的意见等,提出详细的工作计划,经有关上级部门批准后,即作为组织试验工作的依据。以下对计划编制中的有关问题作简要介绍。

3.2.2.1　试验项目的选定

工程试验项目是根据生产实际需要或结合科研确定的。水利工程和其他学科一样,是处在发展过程中的,存在着许多待解决的研究课题,需要通过工程试验来予以解决。

3.2.2.2　试验方法的确定和仪器设备的选择

工程设计、施工和管理单位应按照需要选定试验项目,参照有关规范、手册及设计文件,确定试验方法及试验仪器。

试验仪器设备的选择应遵循以下原则:

(1)观测精度能满足试验要求或某种专门目的的需要。

(2)仪器性能稳定,能长期、固定使用。

(3)观测作业不受或少受外界条件的干扰或限制,具有较强的抗干扰能力。

(4)观测方便、迅速、方法易掌握,成果不受或少受观测员素质影响。

(5)便于维护、校验、保养,价格经济合理。

(6)在有条件的情况下可实现遥测、自动巡回检测、电脑管理。

3.2.2.3　试验人员、经费计划制订

灌排工程试验在灌排工程设计、施工、管理中是十分重要的工作,它既有实用价值,又有科学意义,各级领导必须重视试验工作,把它放在重要位置。经过专业培训的试验人员,应该有固定的编制,而且必须固定下来,以保证试验工作有序地进行,保证观测数据的正确性、连续性和资料完整。对于试验的经费,应有年度计划,将人员工资、仪器设备购置费、维修更新费、图书资料购置费、资料的整理编印费用一并列入,报单位领导批准落实,以保证工程试验工作顺利进行。

3.2.3　工程试验大纲的编制

工程试验大纲是进行工程试验的主要技术文件,它是制订各项具体工作计划的基础。大纲编制得好坏,将影响下一阶段试验的整个效果。所以,在制订大纲时要反复研究,使其合理、完整、周密,并在编制过程中认真参照国家的有关法规、规范、手册和试验文件进行。大纲编制的主要内容如下:

(1)试验项目。

(2)试验的目的、意义、内容和任务。

(3)试验规程或细则。

(4)试验处理:处理因素及个数、处理执行办法、处理要求。

(5)化验分析项目。

(6)试验需要的仪器设备、材料、工具,包括现有的和必须添购的。

(7)试验要取得的成果。

3.2.4　试验资料整理和总结

试验资料是进行观测与试验的具体成果,必须保证资料的完整、准确和可靠。然后经过资料整编(包括分类和汇总),再通过计算、作图、统计等过程,进行定量分析,得出试验的结论。同时,还需要对工程试验工作进行全面总结,以便不断改进试验方法,提高试验工作质量。

3.2.4.1　试验资料的整理整编

1)短阶段资料整理工作

(1)审核记录及计算有无差错、遗漏,精度是否符合要求。

(2)进行成果统计,填制成果表和报告。

(3)绘制必要的曲线图。

(4)编制说明。

2)长阶段资料整编

(1)汇集资料。

(2)对资料进行考证、检查、校审、精度评定。

(3)编制试验成果表。

(4)绘制各种曲线图。

(5)编写观测情况及资料使用说明。

(6)刊印。

3.2.4.2　试验资料的绘图

绘制试验资料的过程线、分布图和相关图,是进行工程试验定性分析的常用方法。

过程线是以观测时间为横坐标,以所考查测值为纵坐标点绘的曲线。反映测值随时间而变化的过程,由此分析测值的周期性、极值大小及出现时间、各时期变化趋势及速度等。

分布图是以横坐标表示测点位置,以纵坐标表示测值所绘制的曲线或台阶图。它反映测值沿空间的分布情况。由它可以看出最大、最小值的位置,各点之间特别是相邻点间的差异大小等。

相关图是以一个坐标表示测值,另一坐标表示有关因素的散点图或连线图。它反映了测值和该因素的关系,如变化趋势、相关密切程度等。

3.2.4.3　试验资料的比较分析

多方面的直接对比可以使我们对试验值反映的情况作出初步的判断。如与上次试验值比较,不同材料试验值比较和设计计算及模型试验数值比较等。

3.2.4.4　试验资料的定量分析

对试验资料作定量分析,可以通过物理方法、统计方法或综合法三种途径来进行。

(1)物理方法。水工建筑物的观测对象,如变形、渗压、应力、应变等,都是物理量。这些量和外界荷载以及结构的尺寸、物理力学参数有关。通过有关计算和观测值加以联系对比,就能得出对成果的分析判断。

(2)统计方法。用随机类数学即概率论、数理统计、随机过程论等来对大量观测与试验数据进行统计方法处理,最后对得出的数学式和数据进行物理上的解释和分析,导出有用的结论。

(3)综合法。把物理方法和统计方法紧密地、有机地结合为一体。它兼有两种方法的优点而克服了各自的局限性。

参 考 文 献

[1] 水利部农村水利司.灌溉管理手册[M].北京:水利电力出版社,1994.

[2] 中华人民共和国水利部.GB/T 50600—2010 渠道防渗工程技术规范[S].北京:中国计划出版社,2011.

[3] 于彦博,宋崇能,等.防汛抗旱应急预案主要内容和编制要点[J].治淮,2007,8:42-43.

[4] 赵卫东.渡槽运用管理中常见问题及处理措施[J].硅谷,2012,6:136.

[5] 刘昌军,赵进勇,等.高密度电法仪在工程隐患探测中的应用[J].水利水电技术,2007,2(38):90-94.

[6] 何艳.灌溉渠道的常规养护和维修[J].农村科技,2011,11:70.

[7] 黄贤龙.混凝土建筑物裂缝抢险技术论析[J].沿海企业与科技,2011,4:103-105.

[8] 李志荣,薛松,等.螺杆式启闭机的安装、维修与养护[J].江苏水利,2004,12:27-28.

[9] 吴周炎,刘凤莲,等.某围堤施工中的灌水法密度试验[J].浙江水利科技,2008,7(4):81-82.

[10] 贺贤令,刘占宽,等.内蒙河套灌区排水沟边坡坍塌的防治措施[J].灌溉排水,1988,7(2):7-13.

[11] 屠慧林,施宁宁.平湖市农田地下灌溉渠道疏通新技术[J].浙江水利水电专科学校学报,2010,12(4):20-23.

[12] 牟汉书.浅谈穿堤建筑物土石结合部渗水抢护[J].中国新技术新产品,2007,10:104-105.

[13] 潘娜江.浅谈水利工程建设中对施工班组的技术交底[J].珠江现代建设,2002,4(2):8-9.

[14] 田献文,孟磊,等.浅谈水利水电基础工程施工中有关不良地基处理的新技术[J].中国水运,2012,7(7):176-177.

[15] 杨建平,寿伟.渠道衬砌混凝土裂缝分析与处理[J].山西水利科技,2009,5(2):43-45.

[16] 于华,张永山.砂砾料反滤层与土工织物反滤层施工要点[J].黑龙江水利科技,2011(1):259.

[17] 周厚责.水工混凝土建筑物止水排水系统缺陷处理[J].湖北水力发电,1996(1):52-53.

[18] 许厚材.水利水电工程基础灌浆中特殊地层的灌浆方法[J].水力发电,2005,9(9):36-38.

[19] 赵勇.谈如何编写建设工程项目管理工作总结[J].工程建设与设计,2012,3:148-152.

[20] 邢义川,宋建正.特殊土渠基与渠坡的稳定[J].中国水利水电科学研究院学报,2011,6(2):81-86.

[21] 周庆玉.土方压实机械的选择[J].水利科技与经济,2011,6(6):93-94.

[22] 韩振春,张立男,等.土工织物加筋土挡墙在排水沟边坡中的应用[J].东北水利水电,2007(1):38-39.

[23] 张震义,李海峰,等.新疆南岸干渠湿陷性黄土渠基处理[J].山西建筑,2007,10:362-363.

[24] 龚壁卫,包承纲.总干渠膨胀土渠坡处理措施探讨[J].长江科学院院报,2002,9:108-110.

[25] 王怀章,姜相镐.灌区水资源优化配置模型[J].长春工程学院学报(自然科学版),2004(1):42-43.

[26] 郑玉林.在运行状态下的渠道堵漏抢险技术[J].广西水利水电,2001(1):72-73.

[27] 于润桥.岗位技术培训教材编写方法研究[J].石油教育,1996,10:55-58.

[28] 孟玥.如何制定年度培训计划[J].中小企业管理与科技(下旬刊),2011,2.

[29] 刘志新.高密度电阻法(PPT)[D].北京:中国矿业大学,2010.

[30] 郑灿堂.应用自然电场法检测土坝渗漏隐患的技术[J].地球物理学进展,2005,9:854-858.

[31] 冯广志.渠系改造[M].北京:中国水利水电出版社,2004.

[32] 郭仲明.渠道维护工[M].郑州:黄河水利出版社,2002.

[33] 蔡胜华.注浆法[M].北京:中国水利水电出版社,2006.

[34] 何保喜.全站仪测量技术[M].郑州:黄河水利出版社,2005.

[35] 刘肇光,宗封仪.测量学[M].北京:中国建筑工业出版社,1995.

[36] 张曙光.长江三峡水利枢纽导流明渠截流与三期围堰工程[M].北京:中国水利水电出版社,2006.

[37] 郑瓦全.充灌袋填砂围堰技术在广州市南沙蕉门河闸桥及泵站工程施工中的应用[J].水利建设与管理,2007(6).

[38] 袁光裕,胡志根.水利工程施工[M].北京:中国水利水电出版社,2009.

[39] 苗兴浩.水利工程施工技术[M].徐州:中国矿业大学出版社,2008.

[40] 王昇,周兆桐.混凝土手册(第四分册)[M].长春:吉林科学技术出版社,1985.

[41] 李向东.施工员[M].北京:中国水利水电出版社,2007.

[42] 卜贵贤.水利水电工程施工技术[M].北京:中国水利水电出版社,2010.

[43] 邱振宇.水利工程施工[M].郑州:黄河水利出版社,1995.

[44] 杜成义.灌排工程工[M].郑州:黄河水利出版社,1999.

[45] 李国安.渠道防渗工程技术[M].北京:中国水利水电出版社,1999.

[46] 梁建林.施工员[M].北京:中国水利水电出版社,2009.

[47] 孙震,穆静波.土木工程施工[M].北京:人民交通出版社,2004.

[48] 韩振春,张立男,等.土工织物加筋土挡墙在排水沟边坡中的应用[J].东北水利水电,2007(1):38-39.

[49] 崔长江.建筑材料[M].郑州:黄河水利出版社,2002.

[50] 周克己.水利水电工程施工组织与管理[M].北京:中国水利水电出版社,1998.

[51] 李立增.工程项目施工组织与管理[M].成都:西南交通大学出版社,2007.

[52] 张长友.土木工程施工[M].北京:中国电力出版社,2008.

[53] 张文渊.灌区灌排沟渠的管理和养护[J].农村实用工程技术,1998(9).

[54] 刘玉兰,佟继强.关于渠道防渗工程新技术、新材料、新工艺的探索[C]//中国水利学会,2008学术年会论文集(上册).北京:中国水利水电出版社,2008.

[55] 刘杰胜,吴少鹏,陈美祝.伸缩缝止水材料的性能及应用[J].水科学与工程技术,2008(4).

[56] 黄少波.分析堤身与堤基防渗的方法[J].民营科技,2010(8).

[57] 李常升.水利工程质量监控与通病防治全书[M].北京:中国环境科学出版社,1999.

[58] 黄国兴,陈改新.水利工程混凝土建筑物修补技术及应用[M].北京:中国水利水电出版社,1986.

[59] 张开泉.山溪性河流引水防沙不足综述[J].西北水利科技,1986(4).

[60] 李赞堂.中国水利标准化近况、不足与对策[J].水利水电技术,2003(6).

[61] 黄靖.土石坝及堤防的滑坡及处理[J].沿海企业与科技,2011(8).

[62] 赵清理,李发领,熊巍巍.沙颍河堤防险工成因和治理[J].河南水利与南水北调,2009(9).

[63] 地基与基础工程专业委员会.地基与基础工程技术新进展[J].中国水利,2004:19-23.

[64] 陈亚凤,宋仕珠.浅谈淤泥质软土地基处理[J].西部探矿工程,2005,10.

[65] 张曙光,张宪柱,梁鲁伟.水利工程维修养护规划和年度计划的编制[J].科技信息,2008(33).

[66] 水利部水利建设经济定额站.水利工程设计概(估)算编制规定[M].郑州:黄河水利出版社,2002.

[67] 刘满敬,龚义寿,等.水利建筑工程概算定额[M].郑州:黄河水利出版社,2002.

[68] 宋崇丽. 水利建筑工程预算定额[M]. 郑州:黄河水利出版社,2002.

[69] 中国水利学会,水利工程造价管理专业委员会. 水利工程造价[M]. 北京:中国计划出版社,2002.

[70] 胡卫红. 水利工程概预算编制定额的正确选用[J]. 江淮水利科技,2008.

[71] 陈全会,边鹏,等. 水利水电工程定额与概预算[M]. 北京:中国水利水电出版社,2000.

[72] 闫飞,王守雷.浅议水利工程安全施工中的隐患合作[J].经济与科技,2012(6).

[73] 高慧芳. 水利水电工程安全员培训教材[M]. 北京:中国建材工业出版社,2010.

[74] 张思维. 水利工程施工[M]. 北京:水利电力出版社,1992.

[75] 樊惠芳. 灌溉排水工程技术[M]. 郑州:黄河水利出版社,2010.

[76] 徐泽林. 泵站机电设备维修工与泵站运行工[M]. 郑州:黄河水利出版社,1995.

[77] 蔡勇,周明耀.灌区量水实用技术指南[M]. 北京:中国水利水电出版社,2001.

[78] 水利部水利管理司,中国水利学会水利管理专业委员会.防汛与抢险[M]. 北京:中国水利水电出版社,1994.

[79] 江苏扬州水利学校,江苏农学院机电排灌系. 农用水泵[M]. 北京:水利电力出版社,1982.

[80] 万亮婷,袁俊森. 水泵及水泵站[M]. 郑州:黄河水利出版社,2011.

[81] 水利电力部农村水利司,水利电力科学研究院.打井技术[M]. 北京:水利电力出版社,1975.

[82] 於益民. 找水打井[M]. 北京:水利电力出版社,1995.

[83] 陕西省劳动保护中心.电工安全技术[M]. 西安:陕西人民出版社,1991.

[84] 吴中贻. 水力学与水文测验基础知识[M]. 郑州:黄河水利出版社,1995.

[85] 沈贤根. 机电排灌经营管理[M]. 北京:水利电力出版社,1982.

[86] 湖北省水利勘测设计院.大型电力排灌站[M]. 北京:水利电力出版社,1984.

[87] 水利分库试题集编审委员会.灌排工程工试题集[M]. 郑州:黄河水利出版社,1995.

[88] 水利部农村水利司.机井技术手册[M]. 北京:中国水利水电出版社,1995.

[89] 程斌.建筑材料[M]. 北京:中国水利水电出版社,2012.

[90] 刘儒博. 水利水电工程施工质量控制技术[M]. 北京:中国水利水电出版社,2010.

[91] 嵇国光,赵菁.ISO 9001 ISO 14001 OHSAS 18001 整合管理体系内部审核培训教程[M]. 北京:中国标准出版社,2008.

[92] 张伯平,党进谦.土力学与地基基础[M]. 北京:中国水利水电出版社,2008.

[93] 杨德生,光耀华.ISO 9001 ISO 14001 OHSAS 18001 一体化管理体系及内审员培训教程[M]. 北京:中国质检出版社,2012.

[94] 武桂枝.建筑材料[M]. 郑州:黄河水利出版社,2009.

[95] 穆创国.水利工程施工测量[M]. 北京:中国水利水电出版社,2010.

附录1 灌排工程工国家职业技能标准

(2009 年修订)

1 职业概况

1.1 职业名称

灌排工程工。

1.2 职业定义

从事农田灌排工程施工、运行和管护的人员。

1.3 职业等级

本职业共设五个等级,分别为:初级(国家职业资格五级)、中级(国家职业资格四级)、高级(国家职业资格三级)、技师(国家职业资格二级)、高级技师(国家职业资格一级)。

1.4 职业环境

室内、外,常温。

1.5 职业能力特征

上下肢灵活,动作协调;具有动手、观察、判断、学习能力。

1.6 基本文化程度

高中毕业(或同等学历)。

1.7 培训要求

1.7.1 培训期限

全日制职业学校教育,根据其培养目标和教学计划确定。晋级培训期限:初级不少于 260 标准学时;中级不少于 200 标准学时;高级不少于 180 标准学时;技师不少于 140 标准学时;高级技师不少于 100 标准学时。

1.7.2 培训教师

培训初级、中级、高级的教师应具有本职业技师及以上职业资格证书或本专业(相关专业)中级及以上专业技术职务任职资格;培训技师的教师应具有本职业高级技师职业资格证书或本专业(相关专业)高级专业技术职务任职资格;培训高级技师的教师应具有本专业(相关专业)高级专业技术职务任职资格。

1.7.3 培训场地设备

理论培训场地应具有可容纳 30 名以上学员的标准教室,并配备投影仪、电视机、播放设备及绘图仪器等。实际操作培训场所应具有 1 000 m² 以上能满足培训要求的场地,且有相应的测量仪器仪表、小型施工机械设备、量测水设备等必要的工具、量具、容器等,通风条件良好、光线充足、安全设施完善。

1.8　鉴定要求

1.8.1　适用对象

从事或准备从事本职业的人员。

1.8.2　申报条件

——初级(具备以下条件之一者):

(1)经本职业初级正规培训达规定标准学时数,并取得结业证书。

(2)在本职业连续见习工作2年以上。

(3)本职业学徒期满。

——中级(具备以下条件之一者):

(1)取得本职业初级职业资格证书后,连续从事本职业工作3年以上,经本职业中级正规培训达规定标准学时数,并取得结业证书。

(2)取得本职业初级职业资格证书后,连续从事本职业工作5年以上。

(3)连续从事本职业工作7年以上。

(4)取得经人力资源和社会保障行政部门审核认定的、以中级技能为培养目标的中等以上职业学校本职业(专业)毕业证书。

——高级(具备以下条件之一者):

(1)取得本职业中级职业资格证书后,连续从事本职业工作4年以上,经本职业高级正规培训达规定标准学时数,并取得结业证书。

(2)取得本职业中级职业资格证书后,连续从事本职业工作6年以上。

(3)取得高级技工学校或经人力资源和社会保障行政部门审核认定的、以高级技能为培养目标的高等职业学校本职业(专业)毕业证书。

(4)取得本职业中级职业资格证书的大专以上本专业或相关专业毕业生,连续从事本职业工作2年以上。

——技师(具备以下条件之一者):

(1)取得本职业高级职业资格证书后,连续从事本职业工作5年以上,经本职业技师正规培训达规定标准学时数,并取得结业证书。

(2)取得本职业高级职业资格证书后,连续从事本职业工作7年以上。

(3)取得本职业高级职业资格证书的高级技工学校本职业(专业)毕业生和大专以上本专业或相关专业的毕业生,连续从事本职业工作2年以上。

——高级技师(具备以下条件之一者):

(1)取得本职业技师职业资格证书后,连续从事本职业工作3年以上,经本职业高级技师正规培训达规定标准学时数,并取得结业证书。

(2)取得本职业技师职业资格证书后,连续从事本职业工作5年以上。

1.8.3　鉴定方式

分为理论知识考试和技能操作考核。理论知识考试采用闭卷笔试等方式,技能操作考核采用现场实际操作或模拟操作方式。理论知识考试和技能操作考核均实行百分制,成绩皆达60分及以上者为合格。技师、高级技师还须进行综合评审。

1.8.4　考评人员与考生配比

理论知识考试考评人员与考生配比为 1∶20,每个标准教室不少于 2 名考评人员;技能操作考核考评员与考生配比为 1∶5,且不少于 3 名考评员;综合评审委员不少于 5 人。

1.8.5　鉴定时间

理论知识考试时间不少于 90 min;技能操作考核时间不少于 60 min,综合评审时间不少于 30 min。

1.8.6　鉴定场所设备

理论知识考试在标准教室进行。技能操作考核在具有必要的设备、仪器仪表,工、量具及设施,通风条件良好,光线充足和安全措施完善的场所进行。

2　基本要求

2.1　职业道德

2.1.1　职业道德基本知识

2.1.2　职业守则

(1)遵守法律、法规和有关规定。

(2)爱岗敬业,忠于职守,自觉履行各项职责。

(3)工作认真负责,严于律己。

(4)刻苦学习,钻研业务,努力提高思想和科学文化素质。

(5)谦虚谨慎,团结协作,主动配合。

(6)严格执行施工工序,保证工程质量。

(7)坚持献身、负责、求实的水利行业精神。

(8)公平、公正、及时为用水户提供优质服务。

(9)注重运行安全,树立环保意识,坚持文明生产。

2.2　基础知识

2.2.1　测量基本知识

(1)灌排工程工常用的水准仪、经纬仪、标尺、卷尺测量仪器的规格、用途、使用方法。

(2)放线、记录、计算、测量图等基本知识。

(3)维护仪器的基本知识。

2.2.2　工程材料

(1)土的分类、透水性、边坡稳定性知识及应用。

(2)混凝土集料配比、粒径知识。

(3)混凝土强度等级、性能及应用。

(4)混凝土拌和、运输、浇筑、养护基本知识。

(5)混凝土强度、坍落度知识及应用。

(6)钢闸门、钢筋除锈、防护知识及应用。

(7)橡胶、沥青等止水、伸缩缝材料的性能及常识。

(8)土工织物和防渗膜料的性能及选用常识。

2.2.3　机械操作

(1)振捣、翻斗机械的性能及操作知识。

(2)清污、启闭机械的性能及操作知识。

(3)机械设备的日常维护知识。

(4)闸门、拦污栅等金属结构除锈、防腐处理常识。

2.2.4　量测水知识

(1)流速仪、流量计、固定堰流建筑物知识及应用。

(2)测流基本换算有关知识。

(3)测流设施的维护知识。

2.2.5　灌排渠系知识

(1)渠道纵横断面识读、绘制方法。

(2)灌溉排水系统的组成。

(3)灌排渠系布置的基本原则。

(4)灌溉设计标准、灌溉用水量。

(5)排水系统知识。

2.2.6　农作物田间管理知识

(1)主要农作物生长规律。

(2)主要农作物的水分需求。

(3)主要农作物的灌溉制度的确定有关知识。

2.2.7　安全生产与环境保护知识

(1)灌溉水质标准相关知识。

(2)输水过程安全防范知识。

(3)水环境保护相关知识。

(4)电气安全相关知识。

(5)工程施工安全相关知识。

2.2.8　工程设施运行知识

(1)渠道输水运行观测有关知识。

(2)水工建筑物运行观测有关知识。

(3)机电设备运行观测相关知识。

2.2.9　质量管理知识

(1)ISO质量管理认证相关知识。

(2)质量管理的性质与特点。

(3)质量管理的基本方法。

2.2.10　标准规程规范

(1)渠道防渗工程技术规范(SL 18—2004)。

(2)农田排水工程技术规范(SL/T 4—1999)。

(3)灌溉与排水工程技术管理规程(SL/T 246—1999)。

(4)机井技术规范(SL 256—2000)。

（5）节水灌溉技术规范（SL 207—98）。

2.2.11　法律法规知识

（1）《中华人民共和国水法》的相关知识。

（2）《中华人民共和国防洪法》的相关知识。

（3）《中华人民共和国水土保持法》的相关知识。

（4）《中华人民共和国水污染防治法》的相关知识。

（5）《中华人民共和国劳动合同法》的相关知识。

（6）《中华人民共和国水文条例》的相关知识。

（7）《取水许可和水资源费征收管理条例》的相关知识。

3　工作要求

本标准对初级、中级、高级、技师和高级技师的技能要求依次递进，高级别涵盖低级别的要求。

3.1　初级

职业功能	工作内容	技能要求	相关知识
一、灌排工程施工	（一）灌排渠（沟）施工	1. 能看懂渠（沟）设计图纸； 2. 能测绘渠（沟）纵横断面图； 3. 能按照施工放线开渠、挖沟和筑堤； 4. 能夯实、整平渠顶； 5. 能对回填土采样； 6. 能种植护渠林（草）	1. 水工识图基本常识； 2. 常用测绘器具常识； 3. 土方施工常识； 4. 林（草）种植常识； 5. 回填土采样常识； 6. 灌排渠（沟）名称、作用及分级标准，常用技术术语和计量单位
	（二）灌排渠（沟）系建筑物施工	1. 能填写施工现场日志； 2. 能进行围堰安全观查和记录上报； 3. 能进行施工期的水位观测并记录； 4. 能清理回填基面的杂物； 5. 能用砂石土料置换地基土； 6. 能进行小工作面土方开挖和土方回填； 7. 能贮存和保管钢筋、水泥、木材等建筑材料； 8. 能用混凝土搅拌机拌和混凝土； 9. 能使用振捣器进行混凝土振捣； 10. 能按规定要求进行混凝土养护	1. 施工表格记录方法； 2. 围堰安全常识、记录方法； 3. 水位观测的方法； 4. 基面清理的质量规定； 5. 地基土的处理方法； 6. 土方开挖及回填的方法； 7. 建筑材料保管常识； 8. 混凝土拌和知识； 9. 搅拌机、振捣器使用常识； 10. 混凝土养护常识
	（三）机井施工	1. 能调制钻孔用固壁泥浆； 2. 能适时补充钻孔泥浆； 3. 能测量井管长度，进行井管排列组合	1. 钻孔用固壁泥浆调制方法； 2. 井管排列顺序的规定

续表

职业功能	工作内容	技能要求	相关知识
二、灌排工程运行	(一)灌排渠(沟)运行	1. 能按用水计划进行分水、配水; 2. 能观测水位、流量,填写观测记录表; 3. 能巡查渠道,发现险情及时上报	1. 用水计划的执行和水量调配原则; 2. 水位、流量观测记录的方法 3. 渠道巡查上报制度
	(二)灌排渠(沟)系建筑物运行	1. 能按照调度指令启闭闸门; 2. 能记录运行工况及相关数据; 3. 能打捞清除行水期间建筑物前后的漂浮物	1. 建筑物闸门启闭操作方法; 2. 建筑物安全运行的要求及工况记录方法
	(三)机井和小型泵站运行	1. 能观察出水量、浑浊度的变化; 2. 能进行机井运行前杂物清理,保持设备整洁; 3. 能发现泵房、电源线路安全隐患; 4. 能按照调度指令开启水泵; 5. 能观察泵站运行状况是否正常,出现异常及时上报	1. 机井运行常识; 2. 安全用电基本常识; 3. 泵站运行和日常保养常识; 4. 泵站运行制度
三、灌排工程管护	(一)灌排渠(沟)管护	1. 能进行渠(沟)断面清理; 2. 能填平补齐渠顶路面; 3. 能进行护渠林草管护	1. 土渠(沟)管护常识; 2. 路面管护基本知识; 3. 林(草)管护、防病虫害知识; 4. 农药配置常识,喷洒器具结构、性能、操作常识
	(二)灌排渠(沟)系建筑物管护	1. 能设置安全警示标牌; 2. 能观察建筑物与渠(沟)结合部有无渗漏、管涌、沉陷等迹象; 3. 能对钢构件除锈并油漆养护; 4. 能对钢丝绳、启闭机擦油保养	1. 安全警示标牌的设置要求; 2. 建筑物损坏常见类型; 3. 钢构件的锈蚀物清除和油漆方法; 4. 钢丝绳、启闭机保养常识
	(三)机井和小型泵站管护	1. 能清理泵站进水池的漂浮物、淤积物; 2. 能进行泵房的清扫和除污; 3. 能对水泵、管路去污除尘和涂刷保养; 4. 能对水泵轴承注油、紧固部件	1. 泵站日常保养、运行、维护常识; 2. 水泵结构的组成、功能; 3. 水泵防腐处理常识

3.2　中级

职业功能	工作内容	技能要求	相关知识
一、灌排工程施工	（一）灌排渠（沟）施工	1.能进行灌排渠（沟）施工测量放样； 2.能测定回填土的含水率及干密度； 3.能用土、石、混凝土、膜料等进行渠道防渗衬砌； 4.能进行管道、管件及闸阀的安装； 5.能使用混凝土、生物、土工织物等材料进行排水沟护坡； 6.能按要求修建堤顶、堤坡排水系统	1.渠（沟）测量基本知识； 2.土壤含水率和密实度的测定方法； 3.土、石、混凝土、膜料等防渗衬砌的施工方法； 4.管道工程的施工方法； 5.排水沟边坡防护、施工方法； 6.渠道排水设施类型及施工方法
	（二）灌排渠（沟）系建筑物施工	1.能进行建筑物施工测量放样； 2.能在基坑内进行明式排水； 3.能用排水技术进行软基处理； 4.能根据基土情况选择开挖机械； 5.能按设计要求开挖基坑，并对不稳定边坡采取支挡措施； 6.能选用合格的石料； 7.能配制砌筑、勾缝水泥砂浆； 8.能使用坐浆法分层砌筑块石； 9.能加工、绑扎钢筋； 10.能安装螺杆式启闭机； 11.能进行预埋件的安装； 12.能安装拦污栅； 13.能在出机口和浇筑现场进行混凝土试块取样	1.工程测量基本知识； 2.基坑排水方法； 3.地基处理方法； 4.开挖机械性能常识； 5.基坑开挖方法和安全细则； 6.石料质量要求及检查规定； 7.砌筑、勾缝水泥砂浆配制方法； 8.浆砌石的砌筑方法； 9.钢筋加工技术、钢筋绑扎规范； 10.螺杆式启闭机、预埋件的安装方法； 11.拦污栅安装方法； 12.混凝土试块取样的方法
	（三）机井和小型泵站施工	1.能砌筑泥浆池； 2.能洗井和做抽水试验，并记录； 3.能进行泵站施工的基坑排水，能计算基坑积水量、渗水量等； 4.能进行水泵安装调试	1.泥浆池砌筑方法； 2.洗井和抽水试验的要求； 3.基坑排水方法； 4.水泵安装调试方法
二、灌排工程运行	（一）灌排渠（沟）运行	1.能观察渠（沟）运行水位、流态是否正常，并记录； 2.能观察、记录渠堤有无裂缝、沉陷、变形等现象； 3.能观察、记录排水沟淤堵和塌坡现象； 4.能检查记录管道工程及配套设施的运行状况	1.渠（沟）安全运行常识，记录方法； 2.管道运行状况检查知识

续表

职业功能	工作内容	技能要求	相关知识
二、灌排工程运行	(二)灌排渠(沟)系建筑物运行	1. 能按调度指令调控水位,保证建筑物安全运行; 2. 能观察闸门启闭后的水流状态和建筑物的工况,并记录; 3. 能对建筑物工程进行安全检查,并及时上报发现的险情	1. 建筑物安全运行的常识、记录方法; 2. 工程运行管理制度
	(三)机井和小型泵站运行	1. 能观察机井井口、井壁管的变形、裂缝,并记录; 2. 能检查水泵、主电机运行情况,整理原始记录; 3. 在冻害地区,冬季能排净泵体、管道积水; 4. 能检测多泥沙水源含沙量情况并记录	1. 机井常见病害检查和记录方法; 2. 泵站系统运行维护管理的基本常识; 3. 防冻害基本知识; 4. 含沙量检测方法
三、灌排工程管护	(一)灌排渠(沟)管护	1. 能对灌排渠道进行隐患探测; 2. 能加固堤坡,防止沟坡坍塌; 3. 能对管道工程及配套设施的漏水、沉陷进行维修; 4. 能对渠道排水设施进行维修养护	1. 渠道隐患类型及其探测方法; 2. 渠(沟)管理和养护方法; 3. 管道工程维修技术; 4. 渠道排水设施管理养护方法
	(二)灌排渠(沟)系建筑物管护	1. 能清理渡槽伸缩缝内杂物,对老化、毁坏的渡槽伸缩缝止水进行修补更换; 2. 能在建筑物进出口设立水尺; 3. 能处理建筑物干砌护坡的松动、塌陷、隆起和人为破坏; 4. 能处理浆砌石结构的裂缝、倾斜、滑动、错位、悬空等病害; 5. 能处理混凝土和钢筋混凝土建筑物的裂缝、渗漏、剥落、冲刷、磨损	1. 伸缩缝止水修补更换方法; 2. 水尺设置方法; 3. 砌石护坡的维修方法; 4. 混凝土建筑物常见病害处理方法
	(三)机井和小型泵站管护	1. 能处理机井井口、井壁管的变形和裂缝; 2. 能抽水洗井; 3. 能检查水泵、电机的油质、油位是否正常,及其配套设施连接状况; 4. 能对水泵压力油系统和润滑油系统注油	1. 机井维修养护的方法; 2. 泵站日常保养、运行、维护常识; 3. 水泵结构的组成、性能知识; 4. 油系统的养护知识

3.3　高级

职业功能	工作内容	技能要求	相关知识
一、灌排工程施工	(一)灌排渠(沟)施工	1. 能调试校正测量仪器; 2. 能对渠基工程地质状况进行探测和处理; 3. 能对渠基裂缝进行灌浆处理; 4. 能使用橡塑质止水材料进行渠道衬砌伸缩缝止水处理	1. 常用测量仪器结构性能及操作方法; 2. 渠基隐患探测方法和处理措施; 3. 灌浆技术操作规程; 4. 伸缩缝止水施工工艺
	(二)灌排渠(沟)系建筑物施工	1. 能进行施工围堰的填筑; 2. 能选择回填土料; 3. 能选择土方填筑压实机械; 4. 能计算开挖、回填土方量; 5. 能干砌、浆砌建筑物的护坡、护底、墩基及墩墙; 6. 能检查校正混凝土仓内模板、钢筋和预埋件; 7. 能进行混凝土料分层铺料和平仓振捣; 8. 能使用溜槽、溜管等缓降设备防止混凝土入仓落差过大发生离析现象; 9. 能检查、安装设备构件并判定零部件的完整性和完好性; 10. 能做闸门安装后的静平衡调整; 11. 能编制钢筋加工单	1. 围堰填筑方法; 2. 土料种类、用途; 3. 土方压实机械类型常识; 4. 土方开挖、回填计算方法; 5. 砌石的砌筑方法; 6. 模板作业的技术要求; 7. 混凝土分层铺料和平仓振捣的技术要求; 8. 混凝土垂直入仓的方法; 9. 安装前检查事项; 10. 静平衡调整方法; 11. 钢筋作业的知识
	(三)机井和小型泵站施工	1. 能按质量要求检查钻井设备零部件; 2. 能进行钻机和附属设备准备和安装; 3. 能在钻进过程中及时采样,并做地层编录工作; 4. 能对压力钢管及其连接部件进行除锈防腐; 5. 能采取防冻措施进行冬季施工	1. 钻井设备各零部件检查要求; 2. 钻机和附属设施安装规定知识; 3. 钻进中采样和地层编录方法; 4. 压力钢管表面除锈防腐知识; 5. 冬季施工方法
二、灌排工程运行	(一)灌排渠(沟)运行	1. 能判断渠道渗漏、变形类型,并提出险情处理方案; 2. 能对渠堤运行期沉陷、裂缝、漫溢进行应急处理; 3. 能用仪器进行水位、流速测量,并能进行流量、水量的计算	1. 渠道抢险基本知识; 2. 水位、流速测量及水量计算的基础知识
	(二)灌排渠(沟)系建筑物运行	1. 能检查启闭机是否灵活,钢丝绳有无断丝,丝杆有无损伤,闸槽有无障碍,闸门有无扭曲,转动部分润滑油是否充足,机电及安全保护设施是否完好; 2. 能检查闸门结构有无变形、裂纹、锈蚀、焊缝开裂、铆钉和螺栓松动; 3. 能对建筑物运行中出现的问题进行应急处理	1. 启闭机、闸门及机电设备安全运行检查知识; 2. 应急处理措施; 3. 建筑物的维修养护知识

续表

职业功能	工作内容	技能要求	相关知识
二、灌排工程运行	(三)机井和小型泵站运行	1. 能进行机井设备全面检查,处理常见险情; 2. 能观测水泵工作异常情况; 3. 能排除水泵运行中的常见故障; 4. 能进行开关柜、电源线路的维护	1. 机井隐患及处理方法; 2. 水泵的常见故障和排除方法; 3. 电路安全常识
三、灌排工程管护	(一)灌排渠(沟)管护	1. 能疏通地下排水设施; 2. 能提出渠道维修技术方案; 3. 能进行防渗结构的隐患探测和处理; 4. 能进行沥青混凝土、沥青砂浆防渗结构的破损修补	1. 疏通机具的性能和使用方法; 2. 渠道维修技术; 3. 防渗结构隐患处理方法; 4. 沥青混凝土及砂浆破损的修补方法
	(二)灌排渠(沟)系建筑物管护	1. 能维修更换损坏的闸门和建筑物止水; 2. 能保养和更换卷扬机钢丝绳; 3. 能检查养护和更换螺杆式闸门承重螺母和推力轴承; 4. 能维修拦污栅; 5. 能检查建筑物表面损坏的部位及类型; 6. 能对建筑物重要部位(如护坦、消力池等)的排水设施进行维修; 7. 能使用反滤土工织物维修建筑物排水设施; 8. 能处理浆砌石、混凝土等建筑物的深层裂缝; 9. 能补强加固钢筋混凝土建筑物; 10. 能进行建筑物防冰冻维护; 11. 能使用预缩砂浆修补混凝土表面破损	1. 闸门及其止水维修和更换方法; 2. 启闭机机械的维修技术要求; 3. 闸门的维修养护知识; 4. 拦污栅的结构和安装知识; 5. 建筑物表面损坏型式; 6. 排水设施的修复技术; 7. 建筑物裂缝处理方法; 8. 防冻胀技术; 9. 预缩砂浆的配制与使用方法
	(三)机井和小型泵站管护	1. 能完成泵站机组的日常维修; 2. 能检查水泵的叶轮损坏情况并进行修补; 3. 能检查轴承、水封损坏情况,并能更换常用配件; 4. 能发现设备接地、避雷接地断线、短路等显性安全隐患	1. 能掌握泵站机组基本技术资料和运行特性; 2. 水泵的常见故障的排除方法

3.4　技师

职业功能	工作内容	技能要求	相关知识
一、灌排工程施工	(一)灌排渠(沟)施工	1.能对特种土(湿陷性土、分散性土、膨胀土、盐胀土、冻胀土)渠基进行处理; 2.能制订土方施工方案,编制土方施工计划; 3.能制订渠道防渗衬砌施工方案; 4.能编制渠(沟)工程预(决)算; 5.能绘制竣工图,主持测量、放样、施工	1.施工方案和计划编制技术要求; 2.特种土渠基处理方法; 3.渠道防渗工程施工技术知识; 4.渠(沟)施工预(决)算编制方法; 5.工程施工程序、方法、制图知识
	(二)灌排渠(沟)系建筑物施工	1.能进行基础灌浆,处理灌浆过程中冒浆和串浆; 2.能编制施工进度计划; 3.能采用先进的施工工艺进行建筑物施工; 4.能检查和评定建筑物的施工质量; 5.能编制施工材料运输调度方案; 6.能制订闸门、启闭机的安装方案; 7.能制定设备、构件起吊和运输的安全措施; 8.能制定现场喷涂工艺措施; 9.能编制建筑物工程和安装工程预(决)算	1.冒浆和串浆处理的方法; 2.施工进度计划编制规定; 3.建筑物施工新技术、新工艺; 4.质量检查和评定技术要求; 5.施工调度方案的编制方法; 6.闸门启闭机的安装技术; 7.施工安全技术规程; 8.涂料类别和喷涂工艺; 9.建筑工程和安装工程预(决)算编制方法
	(三)机井和小型泵站施工	1.能根据现有条件选择钻机类型; 2.能制订泵站的基础处理方案; 3.能制订泵站施工方案; 4.能编制泵站施工计划; 5.能进行机电设备的安装定位; 6.能编制泵站施工预(决)算	1.常用钻机主要性能要素; 2.岩基、软基处理的方法; 3.泵站施工技术; 4.机电设备安装技术; 5.机井和小型泵站施工预(决)算的编制知识
二、灌排工程运行	(一)灌排渠(沟)运行	1.能对灌区内水资源开发利用提出合理化建议; 2.能对防汛抗旱工作提出合理化建议; 3.能制订工程险情应急处理方案; 4.能对排水沟边坡滑塌、冲刷、淤积提出处理方案; 5.能测算灌区灌溉水利用系数和灌溉效率; 6.能编制灌区管辖范围内完整的用水计划	1.地区水资源开发利用发展趋势; 2.防汛抗旱技术要求; 3.灌排渠(沟)运行的基础知识及技术规范有关内容; 4.工程抢险技术要求; 5.排水沟病害处理方法; 6.灌溉水利用系数和灌溉效率的测算方法; 7.用水计划编制方法

续表

职业功能	工作内容	技能要求	相关知识
二、灌排工程运行	(二)灌排渠(沟)系建筑物运行	1. 能根据现场报告,对工程运行中出现的问题提出处理意见; 2. 能对建筑物砌护工程出现的冲刷、淘空、松动、脱落、裂缝、倾斜、坍塌等险情提出处理方案; 3. 能对建筑物上下游的流态和建筑物的工况进行诊断,判别运行是否正常	1. 建筑物常见病害处理方法; 2. 渠道水力学知识
	(三)机井和小型泵站运行	1. 能对小型泵站运行过程中出现的异常情况进行诊断; 2. 能编制泵站机组运行计划; 3. 能编制泵站运行应急预案	1. 泵站运行技术特性及操作规程; 2. 泵站险情处理知识; 3. 水泵运行维护知识
三、灌排工程管护	(一)灌排渠(沟)管护	1. 能制订灌排渠(沟)的维修管护方案; 2. 能推广应用先进技术; 3. 能采用锥探法、电探法对灌排渠(沟)进行隐患探测	1. 灌排渠(沟)管护有关规范内容; 2. 国内外灌排渠(沟)管护新技术、新材料、新方法; 3. 隐患探测方法
	(二)灌排渠(沟)系建筑物管护	1. 能制订建筑物表面修补技术方案; 2. 能进行建筑物表面喷浆修补; 3. 能制订建筑物裂缝的维修方案; 4. 能观测建筑物垂直位移和水平位移; 5. 能选择建筑物止水、排水设施材料,制订修复方案; 6. 能校正、校直和更换闸门螺杆; 7. 能制订启闭机整体维修方案,编制实施计划和预算	1. 建筑物表面修复技术要求; 2. 裂缝处理的技术要求; 3. 建筑物位移观测方法; 4. 常用止水、排水材料的使用方法; 5. 机械校正、热校正工艺
	(三)机井和小型泵站管护	1. 能制订小型泵站整体维修方案,并编制实施计划和预算; 2. 能排除水泵故障	水泵故障和排除方法
四、培训与管理	(一)技术管理	1. 能撰写技术管理总结报告; 2. 能对施工人员进行技术交底	1. 技术管理总结报告编写方法; 2. 工程规划、设计、施工、管理技术及有关规程规范
	(二)技术培训	1. 能编写培训讲义和培训计划; 2. 能对初级、中级、高级灌排工程工进行业务培训	1. 培训讲义的编写知识; 2. 工程规划、设计、施工、管理技术,及有关规程、规范

3.5　高级技师

职业功能	工作内容	技能要求	相关知识
一、灌排工程疑难问题处理	(一)灌排渠(沟)诊断处理	1. 能进行傍山堰边渠道稳定性诊断； 2. 能进行高填方渠段不均匀沉陷诊断和处理； 3. 能制订特种土渠基处理方案； 4. 能解决渠(沟)工程施工中的关键性疑难问题，处理施工中的隐患和突发事故； 5. 能提出灌区内防汛抗旱预案； 6. 能编制渠(沟)工程年度管护施工计划； 7. 能制订渠(沟)抢险方案	1. 渠(沟)施工组织设计知识； 2. 抢险技术知识； 3. 渠(沟)施工技术与安全知识； 4. 渠(沟)的隐患、险工、坍塌、决口等处理知识； 5. 渠基处理技术； 6. 防汛抗旱相关知识； 7. 特种土渠基处理技术知识
	(二)灌排工程建筑物诊断处理	1. 能编制地基处理方案； 2. 能编制水工建筑物年度管护施工计划； 3. 能编制施工组织设计； 4. 能编制工程的总预(决)算； 5. 能进行建筑物应力集中部位破损处理； 6. 能检查处理施工中的安全隐患； 7. 能进行水工建筑物薄壳结构破损处理	1. 地基处理的有关知识； 2. 建筑物施工组织设计知识； 3. 各种设备的结构、性能、维修和故障排除的知识； 4. 混凝土冬季和夏季施工的有关知识； 5. 混凝土质量检查和评定的有关知识； 6. 建筑物施工技术与安全知识
二、培训与管理	(一)工程质量管理	1. 能按 ISO 9000 技术文件要求进行灌排工程施工质量监督、检查、考核； 2. 能结合实际提出灌排工程施工质量改进措施	1. ISO 9000 质量管理基础知识； 2. ISO 9000 质量管理体系； 3. ISO 9000 质量管理体系标准
	(二)培训	1. 能对灌排工程工技师进行培训； 2. 能进行新知识、新技术、新材料、新工艺的专题讲座	国内外机电设备、信息化设备、工程施工技术发展动态
三、技术改造与试验研究	(一)设备工艺改进	1. 能对机电泵站设备高效节能运行提出改进意见； 2. 能提出工程施工工艺改进意见，推广新材料应用	1. 泵站机电设备维护知识； 2. 新材料的性能
	(二)试验和研究	能通过试验和研究对灌排工程的施工、运行和管理技术提出合理化建议	试验研究方法与管理知识

4　比重表

4.1　理论知识

	项目	初级 （%）	中级 （%）	高级 （%）	技师 （%）	高级技师 （%）
基本要求	职业道德	5	5	5	5	5
	基础知识	35	25	10	10	5
相关知识	灌排工程施工	30	35	45	45	—
	灌排工程运行	15	25	30	20	—
	灌排工程管护	15	10	10	10	—
	灌排工程疑难 问题处理	—	—	—	—	45
	培训与管理	—	—	—	10	20
	技术改造与 试验研究	—	—	—	—	25
	合计	100	100	100	100	100

4.2　技能操作

	项目	初级 （%）	中级 （%）	高级 （%）	技师 （%）	高级技师 （%）
技能要求	灌排工程施工	50	60	65	50	—
	灌排工程运行	20	20	15	15	—
	灌排工程管护	30	20	20	20	—
	灌排工程疑难 问题处理	—	—	—	—	50
	培训与管理	—	—	—	15	25
	技术改造与 试验研究	—	—	—	—	25
	合计	100	100	100	100	100

附录2　灌排工程工国家职业技能鉴定理论知识模拟试卷(高级工)

注意事项

1. 考试时间:120分钟。
2. 请首先按要求在试卷的标封处填写您的姓名、准考证号和所在单位的名称。
3. 请仔细阅读各种题目的回答要求,在规定的位置填写您的答案。
4. 不要在试卷上乱写乱画,不要在标封区填写无关的内容。

	一	二	三	四	总分	统分人
得分						

得　分	
评分人	

一、单项选择题(第1~15题。请选择一个正确答案,将相应字母填入括号内。每题1分,共15分)

1. 职业道德是社会道德的重要组成部分,是社会道德原则和规范在(　　)中的具体体现。
   (A)人际交往
   (B)家庭生活
   (C)社会活动
   (D)职业活动

2. 所有从业人员的职业道德"五个要求":即爱岗敬业,(　　),办事公道,服务群众,奉献社会。
   (A)艰苦奋斗
   (B)助人为乐
   (C)勤俭节约
   (D)诚实守信

3. 下列关于探坑、探槽、探井法说法不正确的是(　　)。
   (A)探坑、探槽、探井法是了解渠堤等土工建筑物内部是否存在隐患或隐患情况常用的方法
   (B)一般通过渠道检查观察发现或判断有隐患迹象后,再确定位置开挖探坑、探槽或挖掘竖井
   (C)探坑、探槽、探井应根据探查范围、深度及土质情况选定
   (D)探坑的探查范围较大,深度较大

4. 当渠基遇枯井、墓穴、防空洞的隐患时,处理方法的正确是(　　)。
   (A)用混凝土防渗处理
   (B)浸水预沉法
   (C)开挖夯填法
   (D)换填土法

5. 下列关于伸缩缝材料要求说法不正确的是(　　)。

(A)黏结力强　　　　　　　　　　(B)抗变形性能大

(C)耐老化　　　　　　　　　　　(D)当地最高气温下不流淌

6. 下列关于伸缩缝清缝做法不正确的是(　　)。

(A)用小钩或扒钉掏去缝中杂物

(B)用竹刷或钢丝刷刷净缝壁、缝底

(C)用吹风器吹净缝中尘末

(D)如缝壁沾有湿土,可水冲洗干净,然后直接填缝

7. 下列针对不同情况的土方量计算说法不正确的是(　　)。

(A)基槽土石方量的计算可沿其长度方向分段进行,一般按长方体计算

(B)基坑的土石方量可以近似地按台体计算

(C)场地边坡的土方工程量,一般可根据近似的几何体进行计算,根据其形体可以分为三角棱锥体和三角棱柱体

(D)场地平整土方量计算,通常有方格网法和断面法

8. 下列关于渠道渗漏说法不正确的是(　　)。

(A)渠道经常出现的缺陷主要是渗漏、裂缝、沉陷冲刷

(B)引水渠道正常运行期间存在渗漏损失是不允许的

(C)如果发现渗漏的是浑浊水,且水量不断增大,就应及时处理

(D)渠道渗漏的应急处理方法是渠堤迎水面截渗防渗,以减少渗水量;在背水坡导渗或压渗,稳固堤身

9. 下列关于建筑物裂缝水上部分的应急处理方法不正确的是(　　)。

(A)砌石体可沿裂开的石缝处将灰缝凿深4~6 cm

(B)混凝土开裂时,可沿裂缝凿槽,槽形有V形、U形等,槽深4~6 cm

(C)裂缝可用环氧砂浆或防水快凝砂浆填满

(D)裂缝可用麻丝、棉絮、土工织物填满

10. 水泵常见的故障大体上可分为(　　)和机械故障两类。

(A)系统故障　　　　　　　　　　(B)水力故障

(C)机组故障　　　　　　　　　　(D)电力故障

11. 由于设计、施工原因造成的渠道防渗体的结构破损属于(　　)。

(A)自然因素　　　　　　　　　　(B)人为因素

(C)化学因素　　　　　　　　　　(D)物理因素

12. 启闭机调整的内容通常有以下几方面:一是各种间隙调整,二是行程调整,三是(　　)。

(A)高度调整　　　　　　　　　　(B)位置调整

(C)松紧调整　　　　　　　　　　(D)启闭力调整

13. 混凝土裂缝的深度一般采用金属丝探测,也可采用超声波探伤仪、钻孔取样和(　　)等方法观测。

(A)孔内电视照像　　　　　　　　(B)地震波测定

(C)同位素　　　　　　　　　　　(D)凿除

14. 混凝土建筑物裂缝灌浆中,(　　)材料具有较高的黏结强度和良好的可灌性。

(A)黏土灌浆　　　　　　　　　　(B)水泥灌浆

(C)化学灌浆　　　　　　　　　(D)高喷灌浆

15.在采用碳纤维材料对混凝土结构进行加固补强过程中可以充分利用其(　　)的特点。

(A)高强度、高模量　　　　　　(B)高柔性

(C)高弹性　　　　　　　　　　(D)抗腐蚀性

得　分	
评分人	

二、判断题(第 16~30 题。请将判断结果填入括号中,正确的填"√",错误的填"×"。每题 1 分,共 15 分)

(　　)16.所有从业人员的职业道德"五个要求"是:爱岗敬业,诚实守信,办事公道,服务群众,奉献社会。

(　　)17.锥探法是由人工或机械操纵管形锥杆,插入堤身,凭操作人员的感觉或灌砂、灌泥浆等,以判断新堤质量和旧堤内部有无隐患的一种探测方法。

(　　)18.强湿陷性地基,除采用浸水预沉法处理外,也可采用深翻回填渠基,设置灰土夯实层、打孔浸水重锤夯压或强力夯实等处理方法。

(　　)19.沥青砂浆系用沥青、普通水泥(或滑石粉、粉煤灰)、细砂或中砂制成。

(　　)20.当地基局部松软的软土层较薄时,可采用灰砂挤密桩局部挤密,根据要求土层承载能力,用调整布桩间距解决。

(　　)21.在水位高涨,可能出现漫溢时,应采取断然措施,迅速打开泄水闸,排除渠道内的水。

(　　)22.启闭机械主要是检查启闭机械是否运转灵活、制动准确,有无腐蚀和异常声响。

(　　)23.闸门启闭螺杆弯曲是由于闭门动力超过螺杆允许压力而引起的弯曲。

(　　)24.对于动力机功率不足而造成离心泵及蜗壳式混流泵出水量不足的故障,其排除方法是降低水泵安装位置。

(　　)25.水流在通过拦污栅时,有可能引起拦污栅振动,这种振动不会造成拦污栅的破坏。

(　　)26.土工织物在铺设时应尽量避免土工织物破损,如施工过程中,破损不严重时,可直接使用。

(　　)27.预应力加固方法是通过预应力钢筋对构件施加体外预应力,以承担梁、屋架和柱所承受的部分荷载,从而提高构件的承载力。

(　　)28.预缩砂浆采用人工涂抹的方法与普通砂浆的基本相同,每层涂抹时应用木抹子抹平即可。

(　　)29.补焊修理后的叶轮,必须进行静平衡试验,以消除或减少偏重现象。

(　　)30.砌体裂缝处理的措施有堵塞封闭裂缝、局部翻修嵌补、彻底翻修以及辅助性补强加固等。

得　分	
评分人	

三、多项选择题(第 31 ~ 40 小题,每题 3 分,共 30 分)

31. 下列关于块石护坡和大块石抛填质量检查项目与标准正确的是(　　)。
    (A) 抛填石料:粒径大小合理搭配,质地坚硬,可以适当使用风化石料
    (B) 抛石填筑:石料排紧填严,无淤泥杂质
    (C) 面石砌筑:禁止使用小石块,不得出现通缝、浮石、空洞
    (D) 面石用料:大小均匀、质地坚硬,不得使用风化石料,单块质量不小于 25 kg,最小边长不小于 20 cm,粒径不小于 50 cm

32. 下列关于浆砌石护坡砌筑方法正确的是(　　)。
    (A) 砌筑时,要先试放石料,对不规整的石料应做修凿,再铺砂浆
    (B) 铺筑砂浆时先铺基面砂浆,再推铺石块之间砂浆,最后翻石坐砌,并使灰浆挤紧
    (C) 由于护坡砌筑结构厚度较薄边坡坡度倾斜较缓,砌筑时应由侧边向中部,先底面后表面,由下向上逐层进行
    (D) 砌筑用的石块表面必须干净,砌筑前不应洒水,以便影响砂浆黏结

33. 钢管在实施防腐蚀措施前,彻底清除(　　)等,使之露出灰白色金属光泽。
    (A) 铁锈　　　　　　　　　　(B) 氧化皮和焊渣
    (C) 油污　　　　　　　　　　(D) 灰尘和水分

34. 为了保证闸门能够安全运行,闸门止水装置密封应(　　)。
    (A) 闸门闭门时无翻滚现象
    (B) 无冒流现象
    (C) 当门后无水时,有明显水流散射现象
    (D) 完好、可靠

35. 下列关于机井隐患说法中,正确的是(　　)。
    (A) 机井出水含砂的多少与机井使用寿命有密切关系,含砂量高,会使井泵迅速损坏,是机井的致命隐患
    (B) 井淤也是一种普遍的病坏井现象,每年坏井中,井淤不出水的约占 50%
    (C) 出水量减少会直接影响使用效果,甚至丧失使用价值
    (D) 水质变坏不会影响机井的使用,也不影响灌溉

36. 闸门水封装置,一般采用橡胶密封,其修理方法包括(　　)。
    (A) 更换新件　　　　　　　　(B) 热熔处理
    (C) 离缝加垫　　　　　　　　(D) 局部修补

37. 混凝土建筑物发生冻融破坏,表现为(　　),影响建筑物的使用。
    (A) 表面酥松　　　　　　　　(B) 层状脱落
    (C) 强度降低　　　　　　　　(D) 贯通裂缝

38. 水泵除日常维护管理外,在灌排结束后应进行一次维修,维修项目有(　　)。

(A)检修并清洗轴承、油槽、油杯,更换润滑油

(B)检查并调整离心泵叶轮、口环间隙

(C)检查泵外观是否完好

(D)处理或更换变质硬化的填料

39.电机的日常维修的内容有(   )。

(A)清扫电机及启动设备的外部　　　(B)测量定转子间的空气隙

(C)检查滑环、电刷及电刷盒的情况　　(D)清洗轴承

40.滚动轴承一般平均使用寿命在 5 000 h 左右,如果使用过久或维护安装不良,就能造成(   )等毛病。

(A)磨损过限　　　　　　　　　　　(B)座圈裂损

(C)内外圈有裂纹　　　　　　　　　(D)滚球损坏

得　分	
评分人	

四、简答题(第 41 ~ 45 题。每题 8 分,共 40 分)

41.简述水工建筑物裂缝及止水破坏的原因。

42.简述渠道防淤措施。

43.简述水工混凝土建筑物表面损坏型式。

44.简述预缩砂浆的配制工艺。

45.简述碳纤维加固混凝土结构的优势。

灌排工程工国家职业技能鉴定理论知识模拟试卷(高级工)答案

一、单项选择题

1. D　　2. D　　3. D　　4. C　　5. B　　6. D　　7. A　　8. B　　9. D　　10. B

11. B　　12. C　　13. A　　14. C　　15. A

二、判断题

16. √　　17. √　　18. √　　19. √　　20. ×　　21. ×　　22. √　　23. √　　24. ×　　25. ×

26. ×　　27. √　　28. ×　　29. √　　30. √

三、多项选择题

31. BCD　　　32. ABC　　　33. ABCD　　　34. ABD　　　35. ABC

36. ACD　　　37. ABC　　　38. ABD　　　39. ABCD　　　40. ABCD

四、简答题

41. 答:水工建筑物主体或构件,在各种外荷载作用下,受温度变化、水化学侵蚀,以及设计、施工、运行不当等因素影响,会出现裂缝。按裂缝特征可分为表面裂缝、内部深层裂缝和贯通性裂缝。严重的可造成建筑物断裂和止水设施破坏,通常会使工程结构的受力状况恶化和整体性丧失,甚至可能导致工程失事。

建筑物裂缝产生的原因:

(1)砌体灌浆不饱满,运行一段时间灰缝脱落,导致渗水。

(2)地基承载力不一或遭受渗透破坏,建筑物在自重作用下,产生较大的不均匀沉陷,造成建筑物裂缝或分缝止水破坏。

(3)遭遇超标准洪水,建筑物超载或受力分布不均,使工程结构拉应力超过设计安全值。

(4)地震、爆破、水流脉冲对建筑物的震动,地基液化,造成建筑物裂缝或分缝止水破坏。

42. 答:防淤措施有:①设置防沙、排沙设施,减少进入渠道的泥沙。②调整引水时间,避开沙峰引水。在高含沙量时,减少引水流量;在低含沙量时,加大引水流量。③防止客水挟沙入渠。防止山洪、暴雨径流进入渠道,避免渠道淤积。④衬砌渠道。减小渠道糙率,加大渠道流速,提高挟沙能力,减少淤积。

43. 答:水工混凝土建筑物,往往由于设计考虑不周、施工质量不妥、管理不善或其他因素的影响,引起不同程度的表层损坏,主要有表面剥落、蜂窝、麻面、冲刷、裂缝损坏等缺陷。

混凝土表层损坏一般是造成表面不平整和表层混凝土松软,引起局部剥蚀,并不断扩大。在钢筋混凝土中,由于表层损坏使保护层减薄或钢筋外露,导致钢筋锈蚀,降低钢筋混凝土材料的承载能力。有些损坏严重的,还会削弱结构强度,削弱了耐久性及抗渗能力。过流建筑物容易导致空蚀破坏,甚至会被水流掀走,使建筑物失稳而破坏。至于水化学侵蚀的长期作用,还会往内部发展,造成混凝土强度降低,缩短建筑物的使用年限,使建筑物运行效率降低,增加运行期维修费用。

44. 答:预缩砂浆的配制拌和与普通砂浆一样,可采用人工或机械拌和,有条件应尽量采用机械拌和,因预缩砂浆属干硬性拌和物,采用机械拌和容易保证拌和物的均匀性,以保证砂浆质量。人工拌和时其拌和次数不少于4~5遍,每次拌和量根据施工能力来确定,拌和物形成后立即归堆存放,存放时应避免阳光直接照射,也不能置于风口上,必要时可搭设凉棚。

预缩堆放时间的长短对预缩砂浆质量影响较大,时间过短,起不到有效减小收缩率的功效,过长涂抹难度增大,直接影响施工的密实性。

45. 答:(1)高强高效。

由于碳纤维材料优异的物理力学性能,在对混凝土结构进行加固补强过程中可以充分利用其高强度、高模量的特点来提高结构及构件的承载力和延性,改善其受力性能,达到高效加固的目的。

(2)耐腐蚀性能及耐久性。

碳纤维材料的化学性质稳定,不与酸碱盐等化学物质发生反应,因而用碳纤维材料加固后的钢筋混凝土构件具有良好的耐腐蚀性及耐久性,解决了其他加固方法所遇到的化学腐蚀问题。

(3)不增加构件的自重及体积。

碳纤维布质量轻且厚度薄,经加固修补后的构件,基体上不增加原结构的自重及尺寸,也就不会减少建筑物的使用空间,这在"寸土寸金"的经济社会中无疑是重要的。

(4)适用面广。

由于碳纤维布是一种柔性材料,而且可以任意地裁剪,所以这种加固技术可广泛地应用于各种结构类型、各种结构形状和结构中的各种部位,且不改变结构及不影响结构外观。同时,对于其他加固方法无法实施的结构和构件,诸如大型桥梁的桥墩、桥梁和桥板,以及隧道、大型筒体及壳体结构工程等,碳纤维加固技术都能顺利地解决。

(5)便于施工。

将碳纤维材料用于加固混凝土结构,在施工现场不需要大型的施工机械,占用施工场地少,而且没有湿作业,因而工效很高。

附录3　灌排工程工国家职业技能鉴定理论知识模拟试卷(技师)

注意事项

1. 考试时间:120分钟。

2. 请首先按要求在试卷的标封处填写您的姓名、准考证号和所在单位的名称。

3. 请仔细阅读各种题目的回答要求,在规定的位置填写您的答案。

4. 不要在试卷上乱写乱画,不要在标封区填写无关的内容。

	一	二	三	四	五	总分	统分人
得分							

得　分	
评分人	

一、单项选择题(第1~20题。请选择一个正确答案,将相应字母填入括号内。每题1分,共20分)

1. 所有从业人员的职业道德"五个要求",即(　　　),诚实守信,办事公道,服务群众,奉献社会。

(A)艰苦奋斗　　　　　　　　(B)爱岗敬业

(C)勤俭节约　　　　　　　　(D)助人为乐

2. 职业道德的(　　　)特点是指职业道德具有不断发展和世代延续的特征和一定的历史继承性。

(A)行业性　　　　　　　　　(B)实用性及规范性

(C)连续性　　　　　　　　　(D)社会性和时代性

3. 下列抢险的主要原则不正确的是(　　　)。

(A)抢护要及时,防止险情扩大　　(B)正确识别险情

(C)拟订正确的抢护方案　　　　　(D)抢早抢大

4. 下列排水沟塌坡的修复与防治不正确的是(　　　)。

(A)排水沟塌坡的主要原因在于排水沟的土质和断面构造

(B)采用复式断面

(C)采用植物固坡措施

(D)黏性土堰固坡

5. 以下关于水量调配的核心内容正确的是( )。

(A)"稳"即水位流量相对稳定

(B)"准"即水量调配及时

(C)"均"指各单位平均用水

(D)"灵"指根据水源变化、气象条件、机组工况等灵活调配

6. 下列关于建筑物滑坡与鼓肚原因不正确的是( )。

(A)衬砌体背后的土压力过大,土坡高而陡或堆放重物所致

(B)地基发生不均匀沉陷

(C)底部结构不合理或水流冲刷根基

(D)降水或其他来水侵入土坡,使土壤饱和,土压力增大

7. 下列关于干砌护坡损坏的原因不正确的是( )。

(A)护坡与水面交界处,长期受风浪袭击,块石下面的反滤层及泥土被水吸出

(B)施工质量不好,土坡没有夯实,产生不均匀沉陷

(C)块石大面向上,底部架空,长期经水流冲刷,使块石松动,坡面变形塌陷

(D)水流流速超过干砌块石允许承受的流速

8. 下列关于水工建筑物水流形态的观测目的正确的是( )。

(A)建筑物是否发生磨损

(B)判断建筑物的工作情况是否正常

(C)消能设备的效能是否符合设计要求

(D)建筑物上下游河道是否会遭受冲刷或淤积

9. 施工交底文件编写要求的针对性是指( )。

(A)编写应针对班组所担负的施工任务和特点进行

(B)编写前要早做准备、多加琢磨、集思广益

(C)编写的内容不笼统、不教条

(D)内容要全面又能突出重点

10. ( )是将有一定级配的洁净粗骨料预先填入模板内并埋入灌浆管,然后通过压力泵把水泥砂浆压入粗骨料间的空隙中胶结而成的密实混凝土。

(A)喷浆修补法 (B)喷混凝土修补法

(C)压缩混凝土 (D)环氧材料修补法

11. 在渠道土方施工方案评价中,以下不属于定性评价的内容是( )。

(A)施工操作上的难易程度和安全可靠性

(B)为后续工程提供有利施工条件的可能性

(C)降低成本指标

(D)对冬、雨季施工带来的困难多少。

12. 混凝土渠道衬砌防渗工程,预算成本为3 000万元,计划成本为2 800万元,该工程降低成本额为( )。

(A)180 万元　　　　　　　　　　　(B)200 万元

(C)250 万元　　　　　　　　　　　(D)300 万元

13. 在施工蓝图上将增加、补充、遗漏的内容按实际位置绘出,或将增加和需要修改的内容在本图上绘大样图表示,并用带箭头的引出线标注修改依据的方法是以下哪种做法。(　　)

(A)杠改法　　　　　　　　　　　(B)叉改法

(C)补绘法　　　　　　　　　　　(D)补图法

14. (　　)具有一定的抗腐蚀能力,强度较高,但与混凝土咬合性较差,成本较高。

(A)复合止水材料　　　　　　　　(B)塑料类止水材料

(C)密封胶类止水材料　　　　　　(D)金属类止水材料

15. 承压水条件下灌浆,不适宜采用的做法是(　　)。

(A)压力屏浆法　　　　　　　　　(B)闭浆

(C)灌注水泥砂浆　　　　　　　　(D)浆浓浆结束

16. 施工调度工作最为主要的是能够编制(　　),同时能够根据完成任务进展情况进行计划调整。

(A)工程量需用量计划　　　　　　(B)资源需用量计划

(C)工期需用量计划　　　　　　　(D)工作需用量计划

17. 固定式启闭机安装时不属于卷扬式启闭机的组成部分的是(　　)。

(A)电动机　　　　　　　　　　　(B)减速箱

(C)传动轴和绳鼓　　　　　　　　(D)油泵

18. 建筑工程及安装工程单价的计算方法中,在建筑工程单价编制中计算方法正确的是(　　)。

(A)直接工程费是直接费、其他直接费及现场经费之和

(B)间接费是用直接费与间接费率标准计算的

(C)其他直接费是根据人工费直接计算的

(D)有限价材料时,当预算价低于限价时,以限价值进入直接费参与相关费用的计算,差额部分单列与企业利润之后考虑税金计算

19. 在变压器的安装中,变压器两侧引线的截面必须符合规定,与出线瓷套管连接必须紧密良好,高压侧引线至围栏距离不应小于(　　),低压侧引线至围栏距离不小于0.25 m。

(A)0.2 m　　　　　　　　　　　(B)0.3 m

(C)0.4 m　　　　　　　　　　　(D)0.5 m

20. 资源需求量计划编制时应首先根据(　　)查相应定额,便可得到各分部、分项工程的资源需求总量。

(A)预算　　　　　　　　　　　　(B)工程量

(C)工作量　　　　　　　　　　　(D)机械台班数量

得　分	
评分人	

二、多项选择题(第21～30题。**请选择两个及以上正确答案,将相应字母填入括号内。每题错选或多选、少选均不得分,也不倒扣分。每题2分,共20分)**

21. 以下属于施工作业计划内容的是(　　)。

(A)列出计划期间内应完成的工程项目和实物工程量,开工与竣工日期,以及形象进度安排

(B)根据计划施工任务所编制的材料、劳动力、机具、预制加工品等需用量计划

(C)提高劳动生产率和降低成本的措施计划

(D)对于冬季、雨季、夏季施工以及复杂地基处理等重大技术问题,常需编制专题施工措施计划

22. 渠道防渗工程施工方案评价时,属于定性评价的内容是(　　)。

(A)施工操作上的难易程度和安全可靠性

(B)施工机械化程度

(C)主要材料节约指标

(D)选择的施工机械获得的可能性

23. 正在冒水情况的堵水灌浆,当遇到沿裂隙冒水或浸水时,对于冒水量较大的灌浆堵水正确做法是(　　)。

(A)钻若干个与裂隙相交的深孔,埋上孔口管,将裂隙水从管中引出;在深孔之间钻若干个与裂隙相交的浅孔,埋上孔口管

(B)沿裂隙口凿槽,先用棉纱、麻刀等对裂隙进行封堵,然后用砂浆填槽;对浅孔用较低压力灌浆

(C)可先沿裂隙凿一深5～10 cm的U形槽,在槽的底部铺一铁皮,穿过铁皮埋设若干根灌浆管,其中裂隙的最底部和最高部各有一根。用速凝砂浆将槽填平,砂浆达到一定强度后,从裂隙的较低端向上依次灌浆

(D)在(B)项做法之后,浅孔待凝一段时间后,对深孔用较高压力进行灌浆

24. 混凝土试件应在机口随机取样成型,不得任意挑选,每组3个试件应在同盘混凝土中取样制作,并按规定确定该组试件的混凝土强度代表值,以下符合规定的是(　　)。

(A)当3个试件强度中的最大值和最小值与中间值之差均小于中间值的15%时,该组试件不应作为强度评定的依据

(B)当3个试件强度中的最大值或最小值之一与中间值之差超过中间值的15%时,取中间值

(C)取3个试件强度的平均值

(D)当3个试件强度中的最大值和最小值与中间值之差均超过中间值的15%时,该组试件不应作为强度评定的依据

25. 以下属于施工机械需用量计划主要确定的内容是(　　)。

(A)施工机具的类型　　　　　　(B)施工机具的规格

(C)施工机具的购置资金　　　　(D)施工机具的数量及使用时间

26.湿陷性黄土地基处理的目的是消除黄土的湿陷性,同时提高地基的承载能力,以下宜作为湿陷性黄土渠基处理的方法是(　　　)。

(A)排水法　　　　　　　　　　(B)强夯法

(C)垫层法　　　　　　　　　　(D)混凝土灌注桩法

27.在建筑工程单价编制中计算方法正确的是(　　　)。

(A)直接工程费是直接费、其他直接费及现场经费之和

(B)间接费是用直接工程费与间接费率标准计算的

(C)其他直接费是根据人工费直接计算的

(D)有限价材料时,当预算价高于限价时,以限价值进入直接费参与相关费用的计算,差额部分单列与企业利润之后考虑税金计算

28.以下属于平面钢闸门的主要组成部分是(　　　)。

(A)面板、梁格系统　　　　　　(B)支承行走部件

(C)止水装置　　　　　　　　　(D)吊具

29.下列属于施工交底的内容是(　　　)。

(A)细部做法、操作规程和验收规范

(B)质量要求以及达到这些质量要求的技术措施

(C)安全施工注意事项

(D)质量通病的克服

30.施工交底文件编写要求是指(　　　)。

(A)针对性,施工技术交底文件的编写应针对班组所担负的施工任务和特点进行

(B)预见性,编写前要早做准备、多加琢磨,集思广益,将可能发生的问题预先考虑好

(C)可行性,内容不笼统、不教条,确实能解决实际问题

(D)先进性,应将先进的技术融入

得　分	
评分人	

三、判断题(第31～50题。请将判断结果填入括号中,正确的填"√",错误的填"×"。每题1分,共20分)

(　　)31.抢险工作统一指挥容易贻误战机。

(　　)32.水量调配的核心中"稳"即水位流量相对稳定。

(　　)33.建筑物进出口与土渠相接的地方冲刷,其主要原因是水流断面、流态变化,流速加大,消力不够等。

(　　)34.对于已经发生滑坡和鼓肚的地段,采取改变结构型式,放缓边坡,减少土壤压力,修建排水沟,铺设垫层等措施。

( )35. 排水系统的作用是排泄地面径流,降低和控制地下水位。

( )36. 水泵累计运行2 000 h,应进行解体大修,全面检查并处理缺陷。

( )37. 全站仪在工程中不能替代水准仪和经纬仪。

( )38. 击实试验是在室内研究土压实性的基本方法。

( )39. 灌区量水是按照用户要求,准确地从水源引水,向各级渠道配水和按需要向田间供水。

( )40. 梯形量水堰适于安设在比降较小、含沙量大的渠道上。

( )41. 在一定的土壤湿度范围内,作物需水量随土壤含水率的提高而减少。

( )42. Sh型泵主要由泵体,泵盖、叶轮、泵轴,口环、轴承和填料函等组成。

( )43. 不同的压实机械产生的压实作用外力不同,大体可分为碾压、夯击和震动三种基本类型。

( )44. 防洪保护区是指在防洪标准外受防洪工程设施保护的地区。

( )45. 渠系建筑物的主要观测项目有沉陷观测、平面位移观测、扬压力观测等。

( )46. 监测水工建筑物运用期间的状态变化和工作情况,在发现不正常现象时及时分析原因,采取措施,防止事故发生,并改进运用方式,以保证工程安全运用。

( )47. 渠道输水运行观测主要包括扬压力观测、倾斜观测、伸缩缝观测、渗漏量及运行状况观测等

( )48. 输水过程安全问题包括:建筑物安全、人身安全、水质安全、运行安全。

( )49. 危险源的识别和控制是一项事前控制,安全施工只有事前进行有效的控制才能避免和减少事故的发生。

( )50. 沉陷观测的方法是在建筑物上安设沉陷标点,并以地面上设置的水准点为标准,对沉陷标点进行精密水准测量,以求得建筑物各部位在不同时期的沉陷量。

得 分	
评分人	

四、简答(或计算、绘图)题(第51~58题。每题3分,共24分)

51. 简述浆砌石护坡和护底修理的修理方法。

52. 简述土质渠堤及土坝(堤)常用的破损探测方法。

53. 简述水泵全面清洗工作的内容。

54. 渠道预浸水后,对于渠基因注水产生的裂缝深度小于 1 m 的段落应如何处理?

55. 渠道土方施工顺序确定中应考虑的因素有哪些?

56. 竣工图可分为哪几种类型?

57. 在大吸浆量情况的灌注中,如何进行限流灌注?

58. 简述做好施工技术交底后的全过程管理。

得　分	
评分人	

五、综合(或论述)题(第 59 ~ 60 题。每题 8 分,共 16 分)

59. 试述建筑物发生沉陷时应如何处理。

60. 试述混凝土衬砌渠道施工方法的选择应从哪些方面进行。

灌排工程工国家职业技能鉴定理论知识模拟试卷(技师)答案

一、单项选择题

1. B　　2. C　　3. D　　4. D　　5. C　　6. D　　7. D　　8. A　　9. A　　10. C

11. C　　12. B　　13. C　　14. D　　15. C　　16. B　　17. D　　18. A　　19. D　　20. B

二、多项选择题

21. ABC　　　22. AD　　　　23. ABD　　　24. BCD　　　25. ABD

26. BC　　　27. ABD　　　28. ABCD　　29. ABCD　　30. ABC

三、判断题

31. ×　32. √　33. √　34. ×　35. √　36. √　37. ×　38. √　39. ×　40. ×

41. ×　42. √　43. √　44. ×　45. √　46. √　47. ×　48. √　49. √　50. √

四、简答(或计算、绘图)题

51. 答:对浆砌护坡隆起、破碎、勾缝脱落、缝隙开裂的部位,应挖出原砌块石,整治土坡、回填砂石,重新砌筑面层,并做好上口封边工作。对浆砌护底的冲刷淘空、塌陷、凸起破坏部位,必须彻底进行翻修,清除原有块石,对冲坏的土坡凹坑,整平夯实,填好滤层,重新砌筑,并做好勾缝工作。

52. 答:①探坑、探槽、探井法:即根据需要,由人工开挖成坑、槽、井,直观地了解隐患情况;

②锥探法:由人工或机械打锥,探查堤(坝)身有无隐患;

③同位素法:利用钻孔投入放射性示踪剂,进行监测,以判断隐患的性质和范围。

53. 答:水泵全面清洗工作的内容包括:清洗拆开的泵壳等部件的法兰接合面;把叶轮、叶片、口环、导叶体、轴套、轴等处的水垢、铁锈刮去;清洗轴承、轴套、轴承室;用清水洗净橡胶轴承,晾干后涂滑石粉;用煤油清洗所有的螺丝。

54. 答:对于裂缝深度小于 1 m 的段落,将此段渠堤开挖至裂缝以下 0.2 m 之后,按照规范要求分层进行回填、碾压,压实度指标为 98%。

55. 答:(1)统筹考虑各施工过程之间的关系。

(2)考虑施工工期与施工组织的要求。

(3)考虑施工质量的要求。

(4)考虑当地的气候条件和水文地质要求。

(5)安排施工顺序时应考虑经济和节约,降低施工成本。

(6)考虑施工安全要求。

56. 答:竣工图归纳起来可分为四种类型:

(1)绘制的竣工图或称重新绘制的竣工图。

(2)在计算机上修改输出的竣工图。

(3)在二底图上修改的竣工图。

(4)利用施工蓝图改绘的竣工图。

57. 答:限制注入率不大于 10 ~ 15 L/min,以减小浆液在裂隙里的流动速度,促使浆液尽快沉积。待注入率明显减小后,将压力升高,使注入率基本保持在 10 ~ 15 L/min 的水平,直至达到灌浆结束标准后结束灌浆。

58. 答:(1)施工技术交底是辅助指导施工的技术文件,是以分项工程的部位为任务对象进行的,只要施工没有结束,交底就一直存在。技术交底在工程施工的全过程是分阶段进行的,对施工周期较长的分项工程施工任务,还应隔一定时间再重复进行交底,以提醒施工班组,使之重视,并可随时补充施工中发现的技术交底不足或忽略之处。此外,施工中也可能出现一些意想不到的新情况、新问题,在整个施工过程中需及时、反复进行交底。

(2)接受交底的施工班组必须随时对照交底要求认真施工;交底者则按交底要求对施工全过程予以监督指导,检查施工班组是否按图纸内容、设计要求进行施工,是否按规程操作是否达到验收规范要求,制止和纠正违反技术交底要求的施工行为,兑现交底中的奖惩条件,确保技术交底的约束力和严肃性。

五、综合(或论述)题

59. 答:(1)当由地基承载能力较差引起沉陷时,一般可采取加固地基的方法,如水泥灌浆、加固桩基等,以提高地基的承载能力。

(2)水流淘刷基础,土壤流失引起的沉陷时,先采取防冲刷、截渗、增加反滤层等措施,制止继续淘刷,再将淘刷部分填实加固。

(3)地基如有隐患,应查明原因及状况,分情况加以处理。

(4)黄土地基易于湿陷,应采取防渗措施,也可以在建筑物上下游增设防渗墙以截断渗流,防止继续沉陷。已经沉陷的部位,应按原设计材料加高至原设计高程。

60. 答:选择模板类型和支模方法,必要时进行模板设计和绘制模板放样图;选择混凝土的搅拌、输送及浇筑顺序和方法,确定所需设备类型和数量,确定施工缝的留设位置;确定预应力混凝土的施工方法及其所需设备等。

施工机械的选择将是施工方法选择的中心环节。在选择施工机械时应注意以下几点:

(1)首先选择主导施工过程的施工机械。

(2)选择与主导施工机械配套的各种辅助机具。为了充分发挥主导施工机械的效率,在选择配套机械时,应使它们的生产能力相互协调一致,并能保证有效地利用主导施工机械。

(3)应充分利用施工企业现有的机械,并在同一工地贯彻一机多用的原则。

(4)提高机械化和自动化程度,尽量减少手工操作。